本书精彩实例效果赏析

360x
18x
Canon

S 8F 8880

3ds Max 2012
完全自学教程

尹 涛 翟晓男 编著

中国铁道出版社
CHINA RAILWAY PUBLISHING HOUSE

内容简介

本书共15章，详细讲解了3ds Max 2012的各种常用技术，具体内容包括：3ds Max 2012的基础知识，3ds Max场景对象的操作，创建几何体模型，对象修改器的使用，材质与贴图，高级建模工具，灯光与摄影机的运用，3ds Max渲染技术，环境与特效，动画基础知识，粒子与空间扭曲，最后通过几个大型实例深入讲解3ds Max的综合应用。本书包含的技术要点全面，表现技法讲解详细，非常适合游戏、工业造型、三维角色相关专业的初学者系统学习。

附书光盘内容为书中实例所需要的源文件和素材文件，以及实例制作的语音视频教学文件。

本书适合在校学生、从事三维设计的工作人员、工程建设人员、相关在职设计师和相关培训人员阅读，也可作为大中专院校游戏、影视、动漫等相关专业的教材。

图书在版编目（C I P）数据

3ds Max 2012完全自学教程 / 尹涛，翟晓男编著. --北京：中国铁道出版社，2012.4（2012.11重印）
ISBN 978-7-113-13955-1

Ⅰ. ①3… Ⅱ. ①尹… ②翟… Ⅲ. ①三维动画软件，3DS MAX 2012—教材 Ⅳ. ①TP391.41

中国版本图书馆CIP数据核字（2011）第255697号

书　　名：3ds Max 2012完全自学教程
作　　者：尹 涛 翟晓男 编著

责任编辑：于先军　　读者热线电话：010-63560056
特邀编辑：赵树刚
封面设计：张 丽　　封面制作：郑少云
责任印制：李 佳

出版发行：中国铁道出版社（北京市西城区右安门西街8号　　邮政编码：100054）
印　　刷：北京米开朗优威印刷有限责任公司
版　　次：2012年4月第1版　　2012年11月第2次印刷
开　　本：787mm×1 092mm　1/16　印张：33　插页：4　字数：779千
书　　号：ISBN 978-7-113-13955-1
定　　价：108.00元（附赠1DVD）

前　言

FOREWORD

随着计算机技术的飞速发展，CG艺术和技术也得到了长足的发展。三维创作是CG的重要分支。三维创作软件有很多，例如3ds Max、Maya、Softimage|XSI、Lightwave等都是三维创作的著名软件。

3ds Max介绍

3ds Max 是 Autodesk 公司开发的基于 PC 系统的三维动画渲染和制作软件。其前身是基于 DOS 操作系统的 3D Studio 系列软件，最新版本是 3ds Max 2012。在 Windows NT 出现以前，工业级的 CG 制作被 SGI 图形工作站所垄断。3D Studio Max + Windows NT 组合的出现降低了 CG 制作的门槛，首先开始运用在电脑游戏中的动画制作，随后开始参与影视片的特效制作，例如《X 战警》、《最后的武士》、《阿凡达》等。

应用范围

在应用范围方面，3ds Max广泛应用于广告、影视、工业设计、建筑设计、多媒体制作、游戏、辅助教学及工程可视化等领域。拥有强大功能的3ds Max被广泛地应用于电视及娱乐业中，比如片头动画和视频游戏的制作，深深扎根于玩家心中的劳拉角色形象就是3ds Max的杰作。在影视特效方面也有一定的应用。而在国内发展得相对比较成熟的建筑效果图和建筑动画制作中，3ds Max的使用率更是占据了绝对的优势。根据不同行业的应用特点，对3ds Max的掌握程度也有不同的要求，建筑方面的应用相对来说局限性要大一些，它只要求单帧的渲染效果和环境效果，只涉及比较简单的动画；片头动画和视频游戏应用中动画占的比例很大，特别是视频游戏对角色动画的要求要高一些；影视特效方面的应用则把3ds Max的功能发挥到了极致。

本书内容

本书共15章，详细讲解了3ds Max 2012的各种常用技术，具体内容包括：3ds Max 2012的基础知识，3ds Max场景对象的操作，创建几何体模型，对象修改器的使用，材质与贴图，高级建模工具，灯光与摄影机的运用，3ds Max渲染技术，环境与特效，动画基础知识，粒子与空间扭曲，最后通过几个大型实例深入讲解3ds Max的综合应用。本书包含的技术要点全面，表现技法讲解详细，非常便于游戏、工业造型、三维角色相关专业的初学者系统学习。

本书特色

本书内容新颖、版式美观、步骤详细，全书完全使用实例进行讲解，这些实例按知识点的应用和难易程度进行安排，从易到难，从入门到提高，循序渐进地介绍了3ds Max各种技术的使用方法和技巧。

1．实例丰富，实用性强

本书的每一个实例都是由3ds Max在行业中应用的实际案例改编而成的，针对性强、专业水平高。

2．一步一图，易懂易学

在介绍操作步骤时，每一个操作步骤后均附上对应的图示，并采用美观性强的排版方式进行图文结合讲解，图中配有相关的说明文字，可以使读者在学习过程中能够直观、清晰地看到操作的过程及效果，并便于理解。

3．视频讲解，读者易懂

本书应广大读者的迫切需求，采用视频化教程、配以丰富而典型的实例，完美地将3ds Max灯光、材质、渲染技术的基础知识讲解与具体实例制作紧密相结合，采用边讲解边操作的方式，对软件命令及应用做了深入细致的描述。书中实例题材广泛，涵盖CG艺术作品、工业产品设计、室内效果图设计、影视人物等诸多方面，在收录经典作品的同时，向读者展示了最前沿的技术与解决方案。

关于光盘

本书采用大容量DVD光盘，在里面保存了如下内容：

- 书中实例的工程文件。
- 书中实例制作的全程语音讲解的视频教学文件。

读者对象

- 在校学生。
- 从事三维设计的工作人员。
- 在职设计师。
- 培训人员。

编者致谢

在此要特别感谢在本书的编写过程中所有关心及支持我的朋友和家人们。因能力有限和个人理解偏差等原因，书中难免有不足之处，敬请读者批评、指正。

编　者

2012年2月

目 录

CONTENTS

Chapter 01 熟悉 3ds Max 2012 软件

Chapter 02 掌握 3ds Max 的界面

Chapter 03 3ds Max 场景对象的操作

Chapter 04 创建几何体模型

Chapter 05 对象修改器

Chapter 06 高级建模工具

Chapter 07 材质与贴图

Chapter 08 灯光与摄影机的运用

Chapter 09 渲染

Chapter 10 环境与特效

Chapter 11 动画基础

Chapter 14 综合训练：CG 风格的小卧室

Chapter 15 综合训练：机场画面

Chapter 01

熟悉3ds Max 2012软件

3ds Max是目前世界上最流行的3D制作软件，从建筑表现到影视动画、工业设计等各个方面都可以见到它的身影。正因为它广泛的流行度，越来越多的三维爱好者加入了学习3ds Max的行列。本章将带领读者走进三维制作的世界，让读者了解3ds Max是怎样的一款软件，它是如何工作的以及它的应用领域。

1.1 3ds Max软件简介

3ds Max是由Autodesk公司出品的一款综合性的三维制作软件（界面如图1-1所示），最早是运行在DOS系统下的3DS，诞生于20世纪80年代末。那时只要有一台386 DX 以上的电脑就可以圆一个电脑设计师的梦。图1-2所示为早期运行在DDS系统下的3D游戏。但是进入20世纪90年代后，PC业及Windows操作系统的进步使DOS下的设计软件在颜色深度、内存、渲染和速度上存在严重不足。同时，基于工作站的大型三维设计软件Softimage、Lightwave、Wavefront等在电影特技行业的成功，使3D Studio的设计者决心迎头赶上。3D Studio Max在这个背景下应运而生。

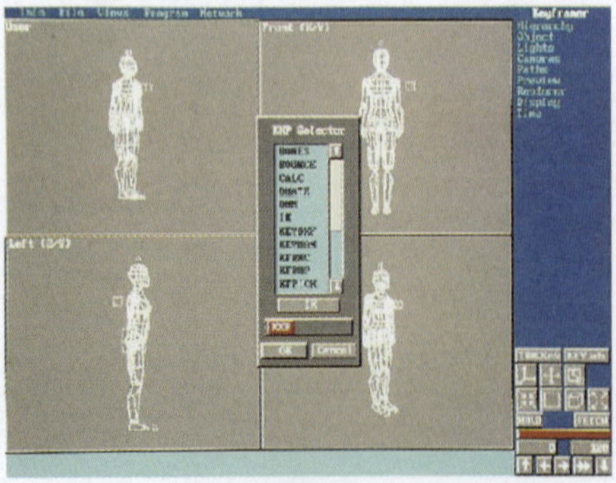

图1-1

图1-2

1996年能运行于Windows桌面系统下的第一款3ds Studio Max诞生，图1-3所示为3ds Max 1.0的图形操作界面。图1-4所示为最新版本3ds Max 2012的操作界面，可以看到3ds Max从诞生至今，其操作界面的特点并没有做太大的改动，以方便用户在软件升级的过程中能够快速地适应新版本软件。

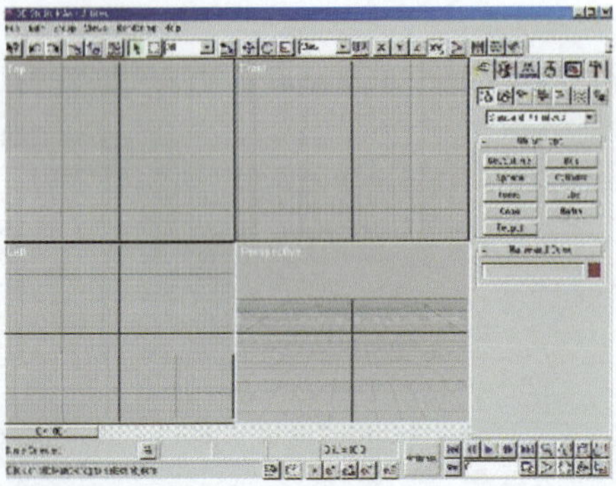

图1-3

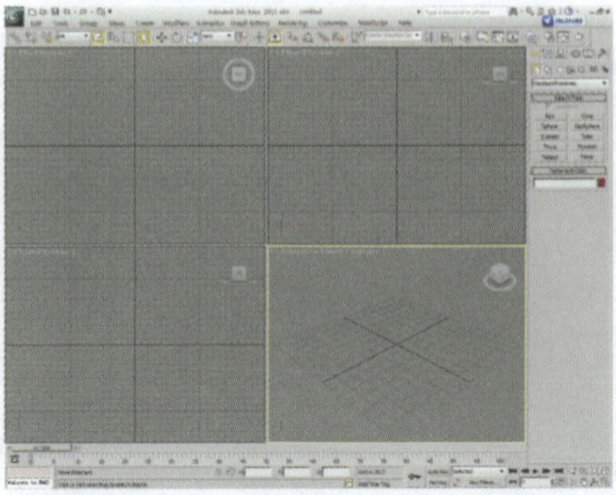

图1-4

1999年，Autodesk公司将收购的Discreet Logic公司和旗下的Kinetix公司合并，吸收了该软件的设计人员，并成立了Discreet多媒体分公司，专门致力于提供用于视觉效果、3D 动画、特效编辑、广播图形和电影特技的系统和软件。2005年3月24日，Autodesk宣布将其下属分公司Discreet正式更名为Autodesk媒体与娱乐部，而软件的名称也由原来的Discreet 3ds Max更名为Autodesk 3ds Max。用户在Autodesk的中文官方网站上可以查看有关3ds Max的最新消息，图1-5所示为Autodesk官网上的3ds Max产品介绍。

图1-5

1.2 3ds Max在行业领域中的应用

3ds Max的用户操作界面可以使建筑师、设计师、制图专家通过设计验证、概念搜索直观地通知设计过程。它与AutoCAD软件良好的兼容性确保了3ds Max在建筑设计以及室内展示等行业中举足轻重的地位，几乎所有的建筑和室内设计师都在使用3ds Max来进行表现。图1-6所示为使用3ds Max所表现的室外建筑模型。图1-7所示为3ds Max的室内效果展示。

图1-6

图1-7

3ds Max软件提供了世界级的Biped角色动画工具包，以及多边形建模工具。游戏工作者可以轻松地使用3ds Max设计角色的动作，通过集成的MAXScript脚本语言使他们能够通过直接访问软件来扩展3ds Max的功能并将其运用于各种游戏制作中。图1-8和图1-9所示为3ds Max参与制作的大型网络游戏魔兽世界的场景。

图1-8

图1-9

随着科技的不断进步，电影行业对于三维技术的应用越来越广泛，如今的大片80%的特技镜头都会由三维软件来制作完成。3ds Max开放的工作平台能够和众多的第三方插件一起使用，使得电影工作者能够根据特技的需要来选择各种类型的插件，因此，越来越多的科幻电影都开始使用3ds Max作为平台来进行特效的制作。图1-10所示为3ds Max参与制作的电影《后天》中的龙卷风特效。图1-11所示为电影《X战警》中的科幻场景。

图1-10

图1-11

1.3 3ds Max的安装与使用

3ds Max 2012分为正式版和Design设计版两种，本书所采用的是3ds Max 2012正式版。

3ds Max的一体化安装界面可以引导用户一步一步将3ds Max 2012安装在电脑上，而无须进行过多的参数设置。本节将向读者介绍3ds Max软件的安装过程以及基本的使用流程。

1．安装3ds Max的系统需求

根据应用硬件以及系统的不同，3ds Max分32位和64位两种版本，32位版本适用于32位的操作系统，64位版本适用于64位的操作系统。下面看一下安装3ds Max需要哪些软件和硬件方面的支持。

Autodesk 3ds Max 2012 软件需要以下的软件支持：

- Microsoft Windows XP Professional（Service Pack 2 或更高版本）。
- Microsoft Windows Vista（Business、Premium 和 Ultimate）。
- Microsoft Windows XP Professional x64。
- Microsoft Windows Vista 64 bit（Business、Premium 和 Ultimate）。
- Microsoft Internet Explorer 6 或更高版本。
- DirectX 9.0c*（要求）、OpenGL（可选）。

Autodesk 3ds Max 2012软件最低需要以下配置的系统：

- 电脑处理器：Intel Pentium 4或更高版本、AMD Athlon 64或Opteron 处理器。
- 内存：1 GB 内存（推荐使用 2 GB）。
- 硬盘：1 GB 交换空间（推荐使用 2 GB）。
- 显卡：Direct3D 10、Direct3D 9 或 OpenGL 功能的显卡，128 MB 内存。
- 外设：键盘和鼠标。
- 光驱：DVD-ROM 光驱。

知识应用：安装3ds Max 2012 原始文件：无 最终文件：无 核心技能：3ds Max 2012的安装	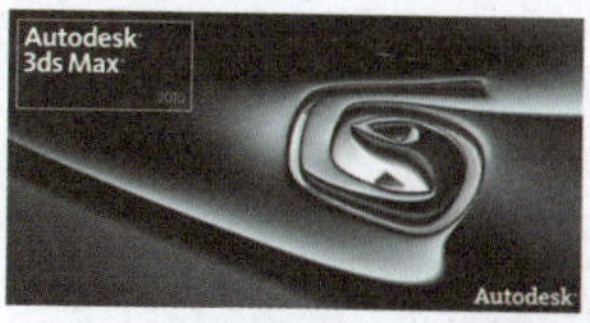

Step 1 双击Setup.exe文件，打开图1-12所示的3ds Max 2012的安装界面，然后单击Install（安装）按钮。

Step 2 选择安装产品选项后会进入到图1-13所示的界面，这里软件显示了相关的许可说明文件，选择接受即可。

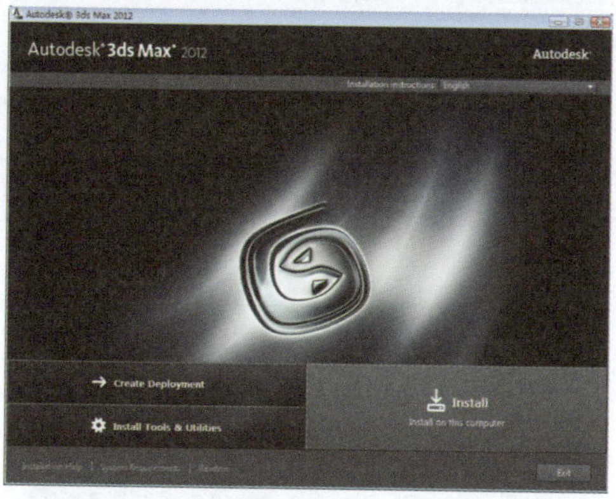

图1-12

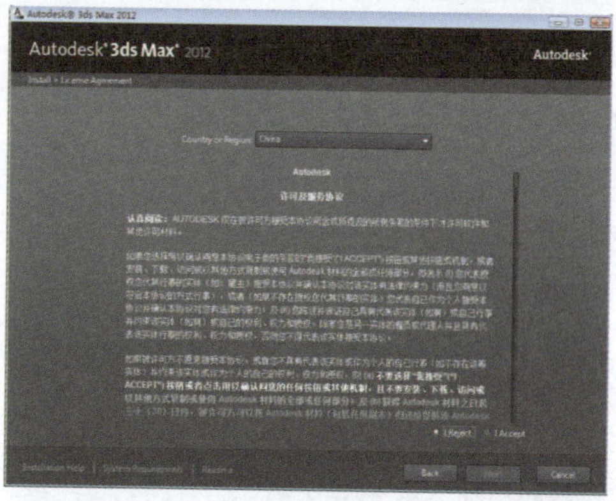

图1-13

Step 3 进入图1-14所示的许可协议界面，选择I Accept（我接受）单选按钮，然后单击Next（下一步）按钮。

Step 4 在打开的Product and User Information（产品和用户信息）界面中输入购买产品时所获取的安装序列号，如图1-15所示，单击Next（下一步）按钮。

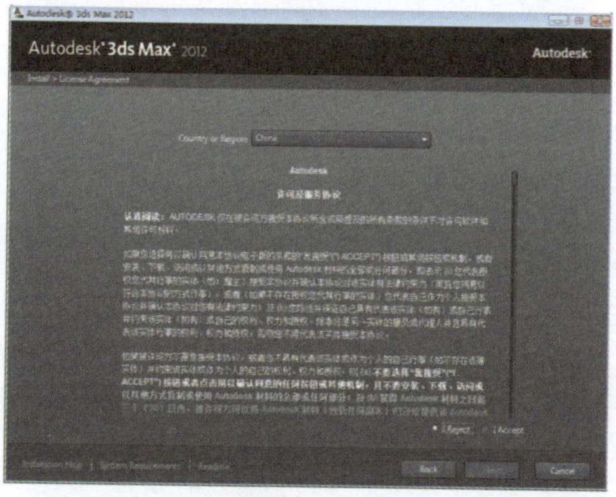

图1-14

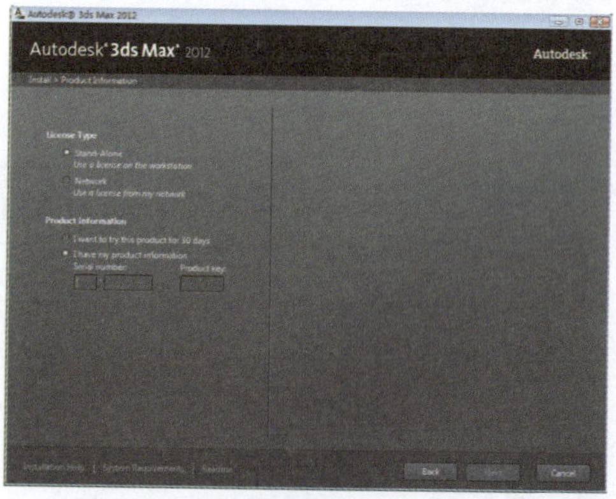

图1-15

Step 5 进入“自定义安装”界面，然后单击Configure（自定义）下拉列表，如图1-16所示。

Step 6 在打开的下拉列表中可以选择相关的安装选项，如图1-17所示。

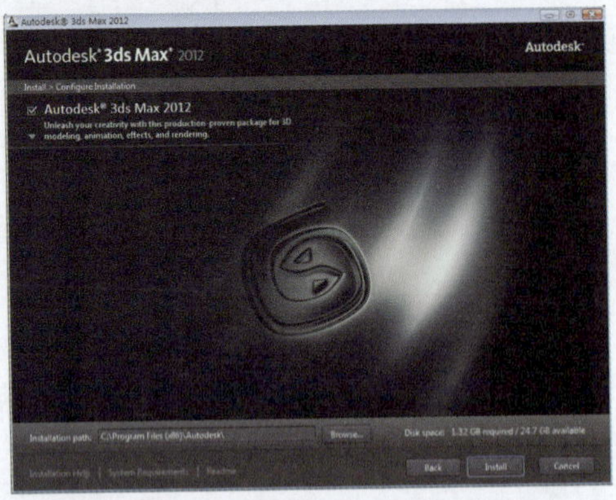

图1-16

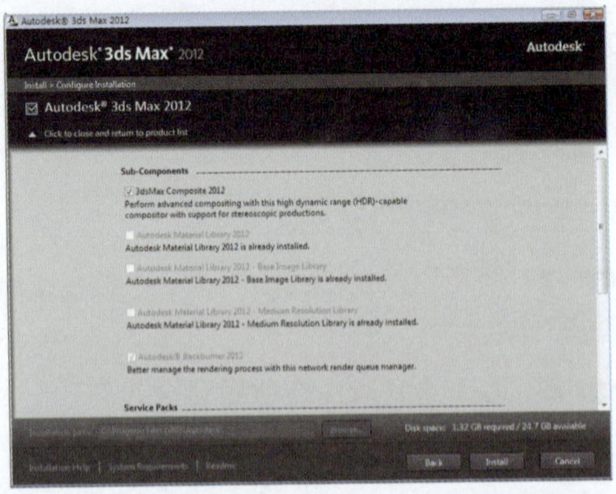

图1-17

Step 7 进入Select the Installation Location（选择安装路径）界面，在这里可以选择3ds Max 2012的安装路径，如图1-18所示，单击Next（下一步）按钮 Next 。

Step 8 双击3ds Max 2012的图标，就可以启动3ds Max 2012。图1-19所示为启动3ds Max 2012后的界面。

图1-18

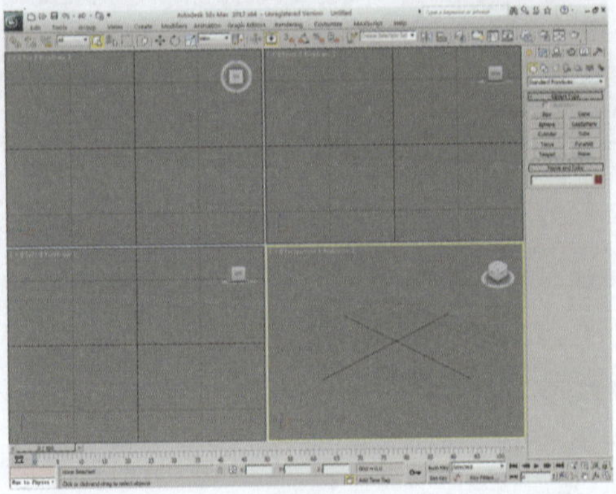

图1-19

1.4 3ds Max的工作流程

作为一款综合型的三维制作软件，3ds Max包含了有关三维制作的各方面，其中模型、材质、灯光、动画、环境特效、渲染输出是3ds Max最为基本也是最重要的几大部分，而几乎所有的三维制作都要经过这些环节。

1. 模型

建模是所有三维工作开始的第一个环节，三维场景中所需要表现的内容都要靠模型来体现，模型的精确与否会直接影响到最终的表现效果是否准确。获得模型的方法很多，用户可以通过3ds Max提供的丰富的建模工具来创建模型，也可以直接导入外部所搜集的模型素材。图1-20所示为一辆汽车的三维模型，图1-21所示为一套室内表现的模型。

图1-20

图1-21

2. 材质

模型能够表现物体的外观，但是并不能体现物体的表面效果，创建完模型后的下一个环节就是要给模型添加材质。材质能够表现物体的表面特征，是木制的还是金属的，等等。图1-22所示为所表现的金属材质效果，图1-23所示为所表现的玻璃材质效果。

图1-22

图1-23

3. 灯光

因为有光线的存在，所以我们的世界才会变得丰富多彩。3ds Max提供了种类丰富的灯光，灯光可以照亮场景，使场景中的对象产生阴影。只有给场景添加了灯光，我们所要表现的效果才会更加真实。

标准的基于参数化的灯光可以使用户方便地控制灯光的属性，而光度学灯光则依据真实世界灯光的特性，以热量单位来控制灯光的亮度。利用灯光可以将同一个场景表现为白天或者黑夜，图1-24所示为室外的日光效果，图1-25所示为室内人造光的效果。

图1-24

图1-25

4. 特效

为了使场景的效果变得更具有视觉冲击力，3ds Max提供了多种特效，例如，体积光、火焰、光晕等效果。特效可以丰富场景画面，增加场景的表现力。图1-26所示为体积光特效的效果，图1-27所示为光晕特效的表现效果。

图1-26

图1-27

5. 动画

如果是制作一幅静帧画面，那么在设置了灯光以及特效后就可以进行渲染了。而如果是制作一个三维动画短片，那么还需要进行动画的制作，使场景中的物体动起来。3ds Max提供了种类丰富的动画制作工具，从简单的关键帧动画到专业的动力学模拟，3ds Max都能得心应手地应付。

专业级的Biped角色工具以及CS骨骼系统可以很方便地制作角色动画，如图1-28所示；而PF粒子系统配合强大的reactor动力学，可以表现出逼真的爆炸动画效果，如图1-29所示。

图1-28

图1-29

6. 渲染输出

制作的最后一步就是对场景进行渲染输出。在3ds Max中制作完成的场景称为工程文件，只有对场景进行渲染，才能将材质、灯光以及特效表现出来。3ds Max自带的Mental Ray渲染器能够表现影视照片级别的渲染效果。开放式的平台能够使3ds Max兼容更多的第三方渲染插件。图1-30所示为在3ds Max中制作完成的工程文件，图1-31所示为渲染后得到的效果。

图1-30

图1-31

Chapter 02

掌握3ds Max的界面

3ds Max 是一款高端计算机三维动画软件，其集模型建立、动画制作和渲染于一体的智能化集成环境，其用户界面与一般的应用程序有所不同。对读者空间理解能力也有一定要求，尤其是个别首次接触三维软件的读者，对于物体在三维空间内的各种操作理解起来稍微有些难度。本章就主要向读者介绍 3ds Max 2012 界面的组成，并对每个组成部分进行简单的介绍。

2.1 3ds Max的界面组成

当启动3ds Max 2012后，显示的主界面即为用户界面，用户界面上每个选项、参数、卷展栏等的概念与意义是学习3ds Max的基础，只有熟知用户界面，才可以熟练地制作出炫目的模型，下面就来认识一下3ds Max 2012的用户界面。

3ds Max的用户界面主要分成菜单栏、工具栏、视口、命令面板、状态栏及各种控制工具区，图2-1所示为3ds Max 2012的用户界面。下面我们就通过系统地学习来一一掌握界面的各组成部分。

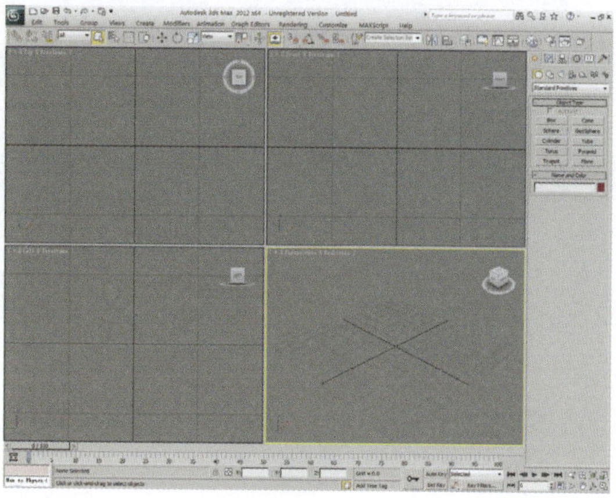

图2-1

2.1.1 标题栏

3ds Max 2012在标题上做了一定的改进，增加了应用程序按钮和快速访问工具栏，图2-2所示为3ds Max 2012的标题栏。

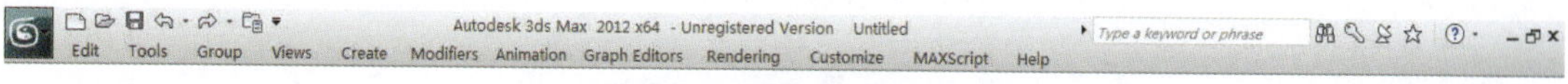

图2-2

位于左端的比较大的带有3ds Max标志的按钮是新增加的应用程序按钮，单击该按钮可以打开如图2-3所示的用于文件处理命令的应用程序菜单。该菜单中包含了New（新建）、Reset（重置）、Save（保存）、Open（打开）等常用的文件处理命令。

应用程序按钮右侧是新增加的快速访问工具栏，该工具栏中提供了6个快捷访问按钮，从左到右依次为New Sence（新建场景）、Open File（打开文件）、Save File（保存文件）、Undo Secne Operation（撤销场景操作）、Redo Secne Operation（重做场景操作）和Project Folder（项目文件夹）。

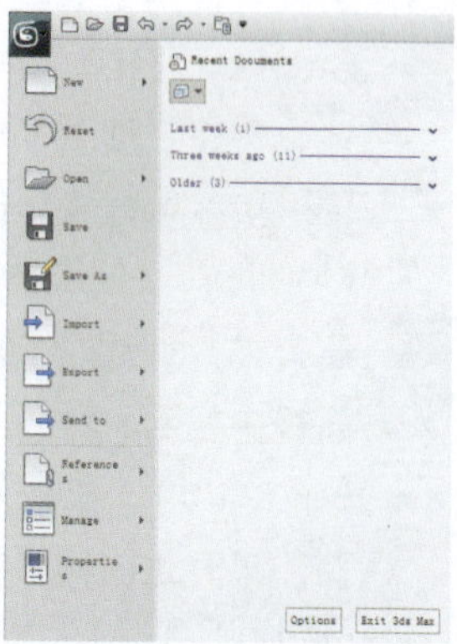

图2-3

注意

单击Project Folder（项目文件夹）按钮后面的下拉按钮可以打开快速访问工具栏菜单，在该菜单中可以设置取消工具栏中的按钮显示。

在标题栏的中间位置会显示3ds Max的版本信息以及当前所打开的文件的名称，如图2-4所示。标题栏的右侧是3ds Max的信息中心工具栏，该工具栏可以访问有关3ds Max和其他Autodesk产品的相关信息，从左到右所包含的按钮分别为Search（搜索）、Subscription Center（订阅中心）、Communication Center（通信中心）、Favorites（收藏夹）和help（帮助）。

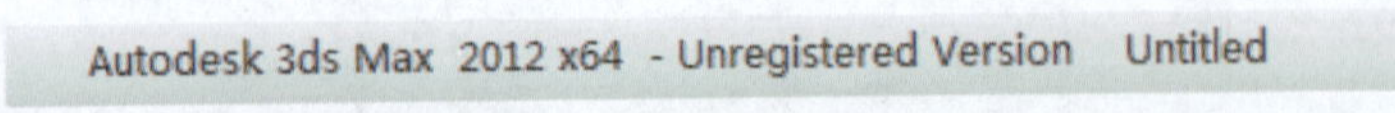

图2-4

2.1.2 菜单栏

菜单栏位于标题栏的下方，菜单栏中包含了3ds Max的所有编辑操作命令，共分为12大类。图2-5所示为3ds Max 2012的菜单栏。

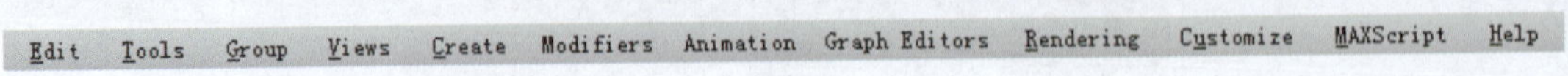

图2-5

- Edit（编辑）菜单：该菜单中囊括了3ds Max 2012一些基本的命令，其中包括暂存、全选、编辑命令选择集、对象属性等命令。
- Tools（工具）菜单：工具菜单中包括了一些对物体进行调整的命令，包括显示浮动窗口，对物体的显示状态进行调节。
- Group（组）菜单：组菜单中包括成组、解组、打开、关闭、附加、分离、炸开和集合命令，主要是对场景中的物体进行管理。
- Views（视图）菜单：视图菜单中包括栅格、视口背景、撤销视图更改、从视口中创建摄影机等命令，主要是对视口的显示方式进行管理。其中视口背景命令可在视口中添加一张可视的贴图，建模更加方便快捷。
- Create（创建）菜单：创建菜单中包括了3ds Max 2012的主要创建命令，包括创建基本体、创建扩展基本体及其他的一些创建命令，这些命令在命令面板中都能找到，为了方便一般在创建物体时都在命令面板中去找。
- Modifiers（修改器）菜单：修改器菜单中包括了对物体进行深入修改的一些主要修改器，如片面/样条线编辑、转化、自由形式变形器、UV坐标等，这些修改器也能在命令面板中找到。
- Animation（动画）菜单：动画菜单能对IK连接进行解算，对骨骼运动进行约束和控制，具有正向动力学和反向动力学的功能。
- Graph Editors（图表编辑器）菜单：图表编辑器菜单不仅能在制作动画时对运动的轨迹进行预览，对运动方式进行编辑，还可以对粒子的创建进行调整。

- Rendering（渲染）菜单：渲染菜单用于环境效果设定和对灯光效果的控制以及使用Video Post视频后期处理来达到图像与场景的完美结合。
- Customize（自定义）菜单：自定义菜单能使用户对界面布局、单位、视口配置等根据自己的喜好来设定，其中视口配置能对渲染方法、布局、安全框、自适应降级切换、区域、系统数据进行设置。在后面的章节中会详细讲解界面布局及单位设定。
- MAXScript（脚本）菜单：脚本菜单为3ds Max 2012提供了设置脚本的命令，用户可以将自己编写的脚本应用到场景中去。
- Help（帮助）菜单：在帮助菜单里有欢迎屏幕、教程、用户参考等命令，其中欢迎界面里可以访问关于用户界面概述、视口导航、创建对象、变换对象、修改对象、材质和动画的介绍。

2.1.3 主工具栏

在默认状态下主工具栏位于菜单栏的下方，它以按钮图标的形式提供了一些常用编辑操作命令的快捷访问方式。图2-6所示为3ds Max 2012的主工具栏。

图2-6

由于屏幕显示分辨率的原因，主工具栏中的按钮可能无法全部显示。将鼠标指针放置到工具栏的空白位置，待其显示为图2-7所示的“手”形状时，按住鼠标左键进行左右拖动即可将隐藏的工具按钮显示在屏幕中。

图2-7

按住主工具栏前端的双竖线可以拖动主工具栏到界面的其他位置，图2-8所示为将主工具栏放置在界面的左侧。如果拖动主工具栏到界面的中间后释放，会形成图2-9所示的一个单独的工具面板。

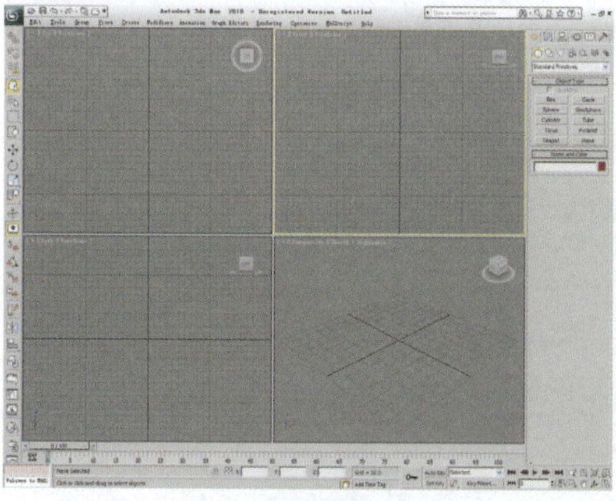

图2-8

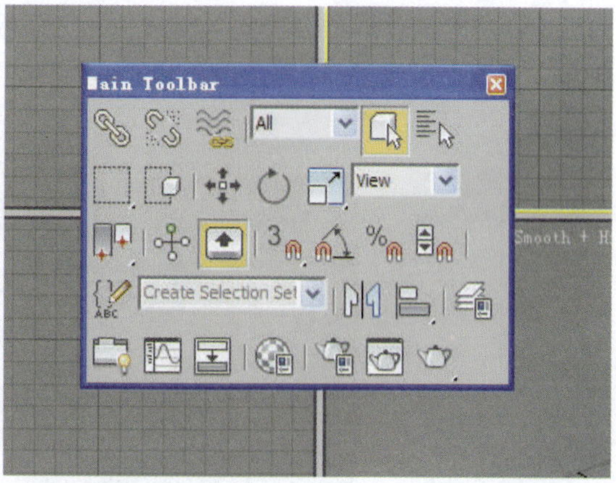

图2-9

主工具栏中主要按钮的含义如下：

- Select and Link（选择并连接）按钮：建立对象之间的连接。
- Unlink Selection（断开当前选择连接)按钮：取消物体与物体之间的连接。

- Bind to Space Warp（绑定到空间扭曲）按钮：将对象绑定到空间扭曲物体上。
- Select Object（选择对象）按钮：在场景中选择对象。
- Select by Name（按名称选择）按钮：可对场景中的物体按名称或颜色进行选择。
- Rectangular Selection Region（矩形选择区域）：在场景中单击并进行拖动，出现矩形的虚线框。虚线框中所包含的物体将被全部选择。
- Select and Move（选择并移动）按钮：选择一个对象并进行位置变换。
- Select and Rotate（选择并旋转）按钮：选择一个对象并进行旋转变换。
- Select and Uniform Scale（选择并缩放）按钮：选择一个对象并进行缩放变换。
- Mirror（镜像）按钮：创建选定对象的镜像副本。
- Align（对齐）按钮：将对象按照不同的方式对齐。
- Material Editor（材质编辑器）按钮：材质编辑器
- Render Setup（渲染设置）按钮：可对渲染输出的效果进行设置。
- Rendered Frame Window（渲染帧窗口）按钮：可快速打开渲染帧窗口，并预览上一次渲染场景图像效果。
- Render Production（快速渲染）按钮：对当前的视口进行快速渲染。

2.1.4 命令面板

命令面板提供了丰富的命令资源，利用该面板不仅可以创建各种几何体、图形、灯光和摄影机等对象，还可以对它们进行修改、建立层次关系、创建动画以及控制对象的显示、隐藏和冻结等。

命令面板位于操作界面的右侧，主要由Create（创建）、Modify（修改）、Hierarchy（层次）、Motion（运动）、Display（显示）以及Utilities（工具）6个命令面板组成，用户通过命令面板顶端的按钮可以在这几种类型之间进行切换。如果命令面板中所包含的卷展栏较多，可以按住命令面板的左侧边缘进行拖动展开命令面板，如图2-10所示。

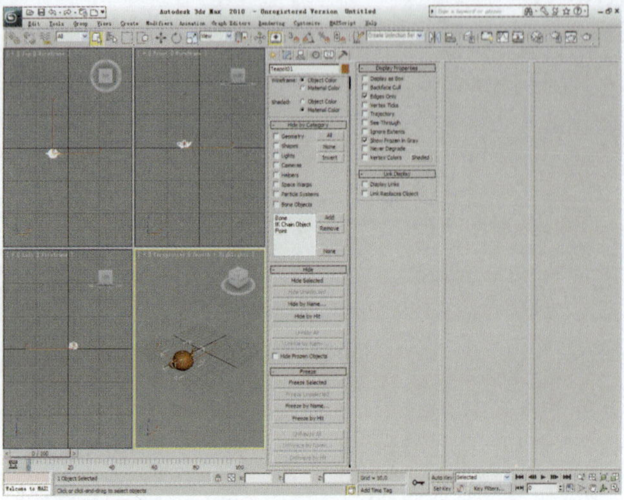

图2-10

Create（创建）命令面板主要用于场景对象的创建，通过该面板可以访问3ds Max中所有的对象类型创建，包括几何体、灯光、摄影机、粒子、骨骼等，图2-11所示为Create（创建）命令面板。当创建了物体后可以通过Modify（修改）面板来查看对象的参数以及添加修改器。图2-12所示为Modify（修改）命令面板。

Hierarchy（层次）命令面板主要用来控制对象的层级关系以及对象之间的链接关系，图2-13所示为Hierarchy（层次）命令面板中所包含的内容。Motion（运动）命令面板用来设置对象的运动信息，制作动画时所需要的控制器就在该面板中进行设置。图2-14所示为Motion（运动）命令面板中所包含的内容。

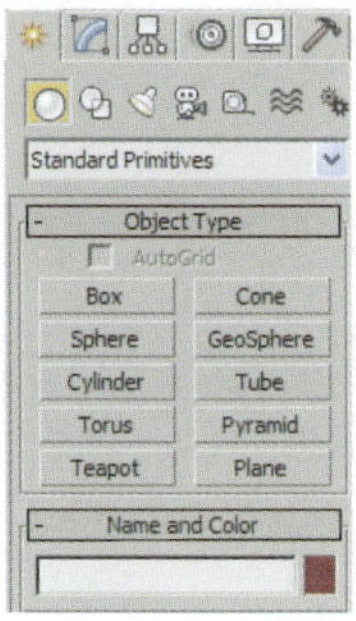

图2-11

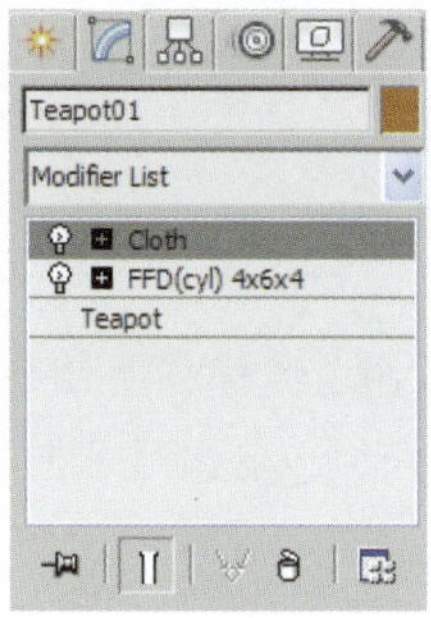

图2-12

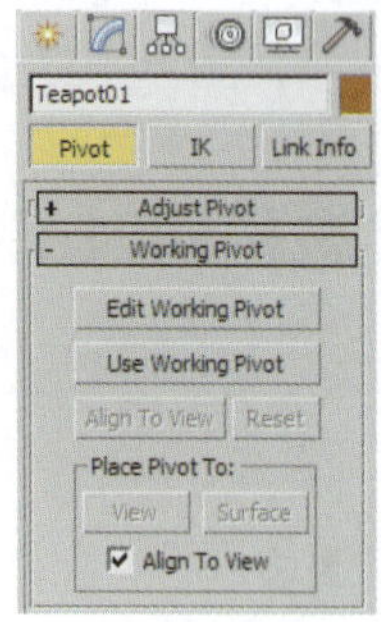

图2-13

Display（显示）命令面板用于控制3ds Max的视口显示，通过访问该面板可以查看场景中各种对象的颜色信息，显示或者隐藏指定类型的物体。图2-15所示为Display（显示）命令面板中所包含的信息。Utilities（工具）命令面板中包含了一些实用的工具程序，单击面板顶部的More（更多）按钮 More... ，可以打开显示其他实用工具的列表，如图2-16所示。

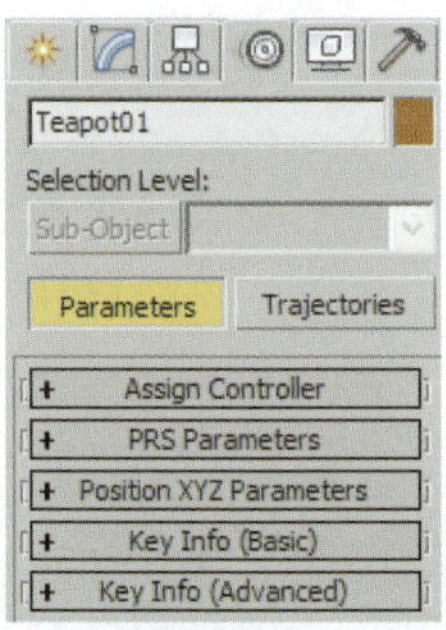

图2-14

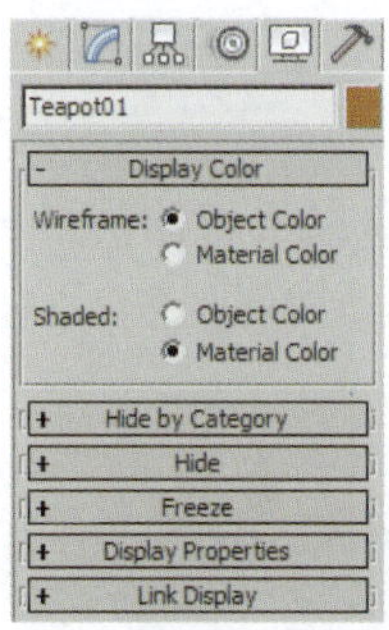

图2-15

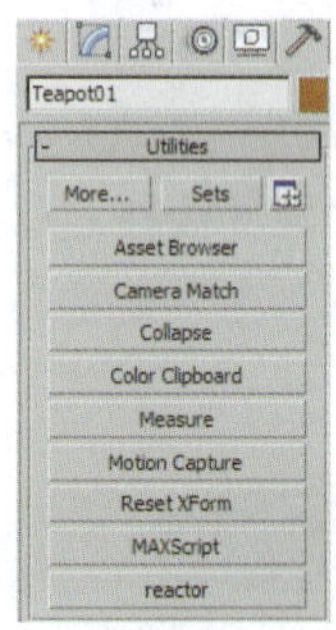

图2-16

2.1.5 视口

视口是3ds Max 2012的主要操作区域，所有对象的变换和编辑都在视口中进行，默认界面主要显示Top（顶）、Front（前）、Left（左）以及Perspective（透视）4个视口，用户可以从这4个视口中以不同的角度观察场景，默认视口布局如图2-17所示。每个视口都包含垂直和水平线，这些线组成了3ds Max的主栅格。顶视图、前视图和左视图显示的场景没有透视效果，这就意味着在这些视图中同一方向的栅格线总是平行的，不能相交。透视视图类似于人的眼睛和摄像机观察时看到的效果，视口中的栅格线是可以相交的，如图2-18所示。

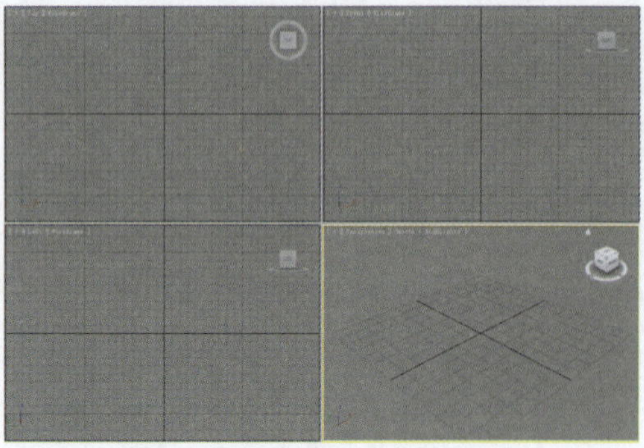

图2-17

图2-18

2.1.6 状态栏和时间控件

在视口的下方，有轨迹栏、MAXScript 迷你侦听器、状态栏、提示行、动画和时间控件以及视口控制工具等，通过这些工具，用户可以更好地创建和控制场景。

1. 时间滑块

在视口的下方是状态栏和动画时间控件，如图2-19所示。带有数字标尺的是时间滑块，该标尺显示了当前整个动画的时间长度。拖动时间滑块可以改变场景中当前所处的时间位置。

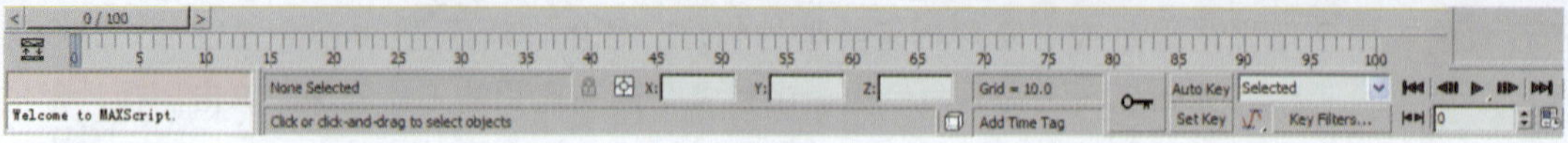

图2-19

2. 迷你轨迹编辑器

单击左端的曲线编辑器按钮可以将时间滑块转换为如图2-20所示的轨迹编辑器状态。在该类型下单击左端的Close（关闭）按钮可以关闭轨迹编辑器，回到原始的时间滑块状态。

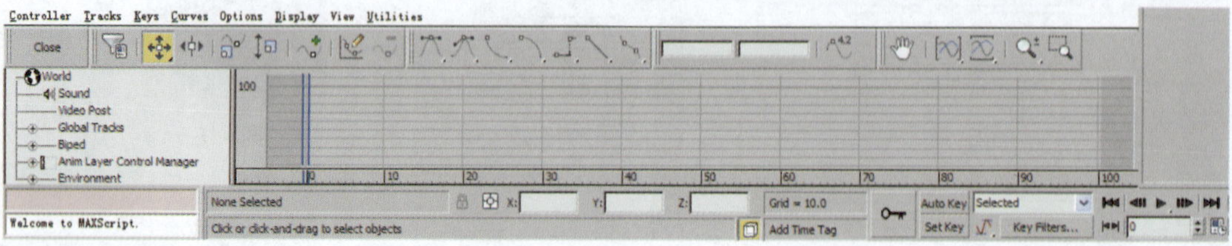

图2-20

3. 状态栏和提示栏

状态栏和提示栏位于操作界面的底部。其中状态栏用于显示习题的当前状态，提示栏可以根据当前选择的工具提示用户下一步可以进行的操作，如图2-21所示。X、Y、Z这3个输入框中显示的是当前场景中所选择的对象的坐标。单击左端的Selection Lock Toggle（锁定选择目标）按钮可以将所选择的对象锁定。

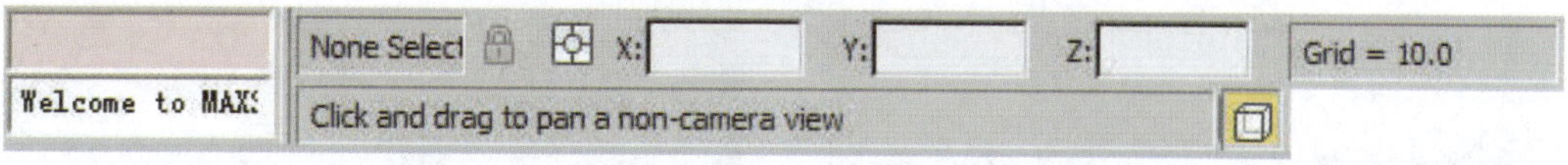

图2-21

4. 动画控制区

动画控制区主要用于记录动画、设置关键帧、播放动画以及控制动画的时间。在默认状态下，动画控制区位于视图控制区的左侧，如图2-22所示。

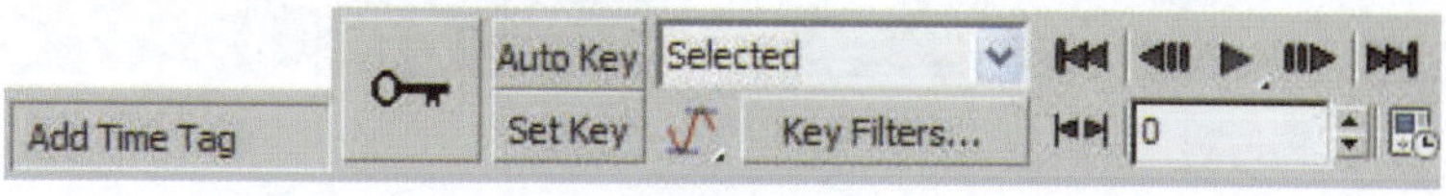

图2-22

动画控制区主要按钮的含义如下：

- Set Key（设置关键帧）：单击该按钮用以设置一个关键帧。
- Auto Key（自动关键帧）：启用自动关键帧模式用于记录动画。
- Set Key（设置帧）：该按钮和左端的钥匙按钮功能相同。
- Go to start（转至开头）：跳到动画的开头位置。
- Previous Frame（上一帧）：将时间滑块向前移动一帧。
- Play Animation（播放动画）：单击该按钮可以播放场景动画。
- Next Frame（下一帧）：将时间滑块向后移动一帧。
- Go to end（转到结尾）：跳到动画的结尾。
- Key Mode Toggle（关键点模式）：关键点模式可以在动画中的关键帧之间直接跳转。
- Time Config（时间配置）：单击该按钮可以打开时间配置面板进行动画设置。

2.2 使用3ds Max的视口

由于在3ds Max中进行的大部分工作都是在视口中单击和拖动，因此有一个方便使用的视口布局是非常重要的。许多用户发现，默认的视口布局可以满足他们的大部分需要，但是有时还需要对视口的布局、大小或者显示方式做些改动。这一节就讨论与视口相关的一些问题。

2.2.1 视口控制工具

3ds Max界面的右下角提供了一些视口操作工具，如图2-23所示，这些工具主要用来对视口进行旋转、放大等操作。在操作视口时，启用的视口会显示黄色的高亮边框，表示当前视口处于激活状态。

图2-23

Zoom（缩放视口）工具可以对当前启用的视口进行缩放操作。图2-24所示为使用缩放工具对Perspective（透视视口）进行放大，其他几个视口不发生变化。如果使用Zoom All（缩放所有视口）工具，不管当前激活的是哪个视口，其余的视口都会一起进行缩放变换，如图2-25所示。

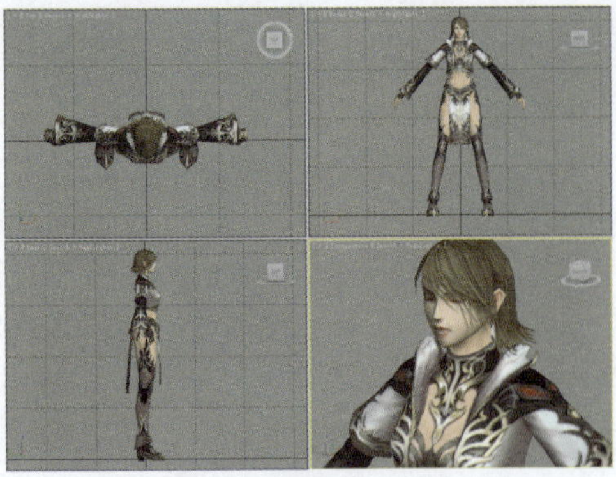

图2-24

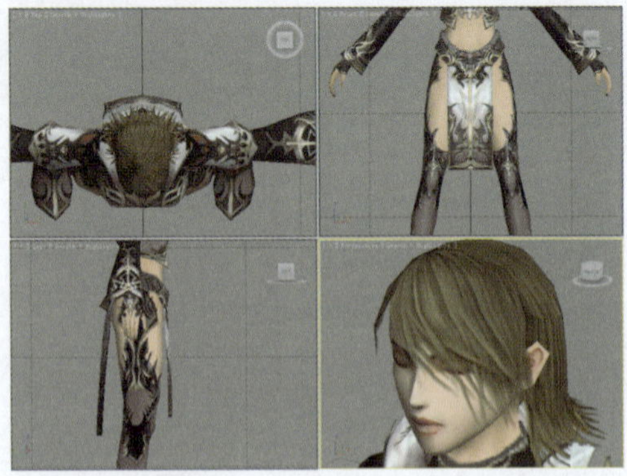

图2-25

Zoom Extents（最大化显示）工具可以将所有可见的对象在活动视口中居中显示。如图2-26所示，在Perspective（透视）视口中使用该工具让模型居中显示。Zoom Extents All（最大化显示所有视口）工具可以使所有视口中的对象居中最大化显示，如图2-27所示。

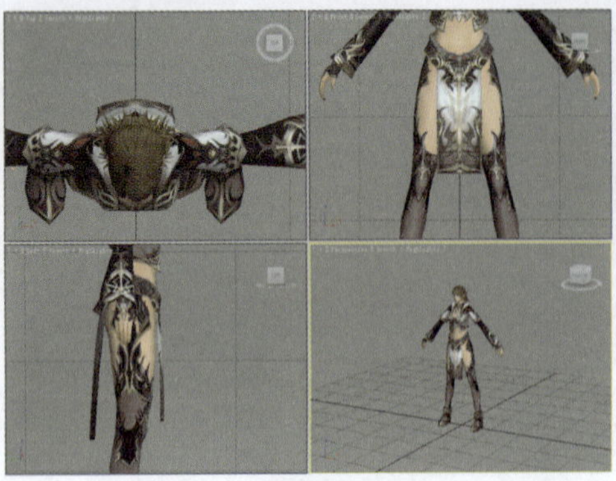

图2-26

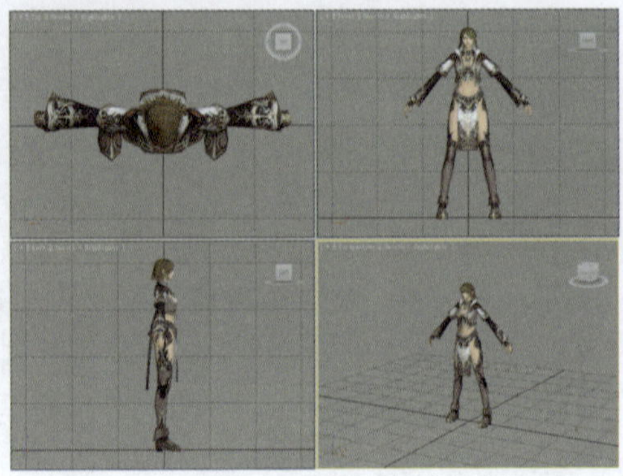

图2-27

Field of View（视野）工具可以调整视口中可见的场景数量和透视张角量，该工具只能在Perspective（透视）视口中使用，如果在其他正交视口中，该工具将变为Zoom Region（缩放区域），图2-28所示为在透视视口中扩大视野。Pan View（平移）工具可以在与当前视口平面平行的方向移动视图，图2-29所示为在Left（左）视口中将视口平移的效果。

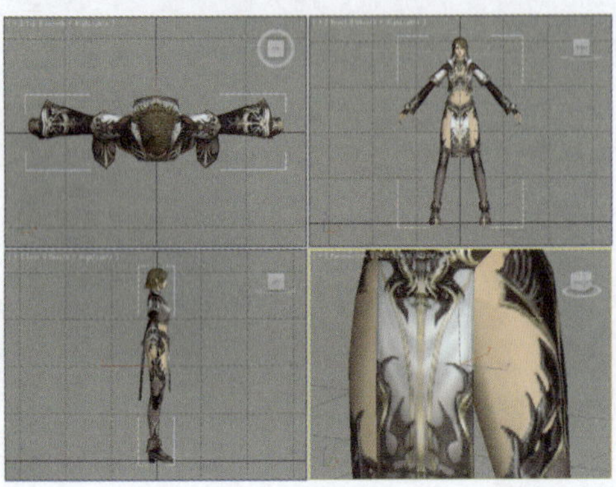

图2-28

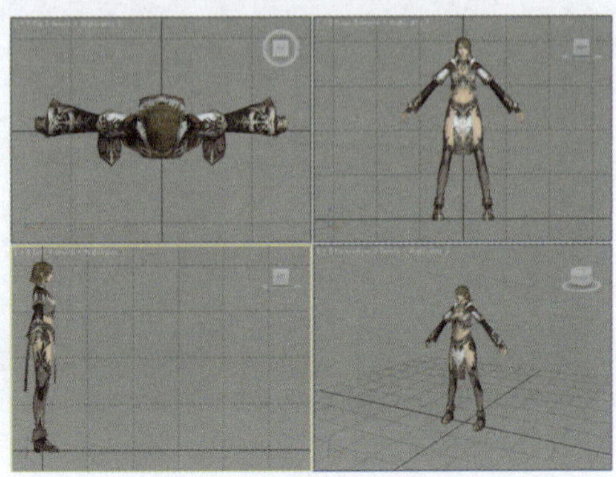

图2-29

启用Orbit（环绕）工具后将在视口中出现如图2-30所示的一个黄色的圆形线框，按住鼠标左键不放进行拖动，就可以对视口进行自由旋转，如图2-31所示。

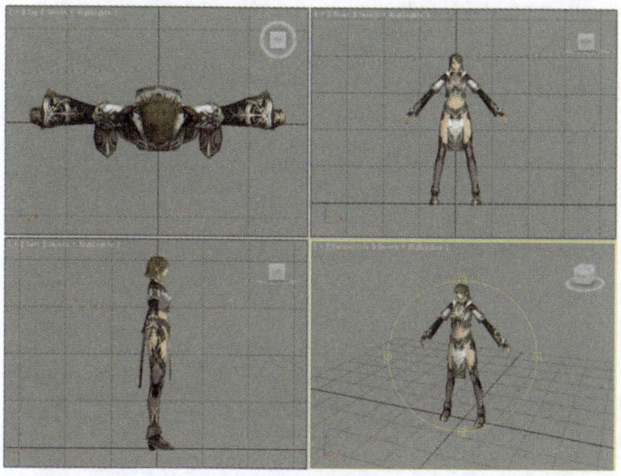

图2-30

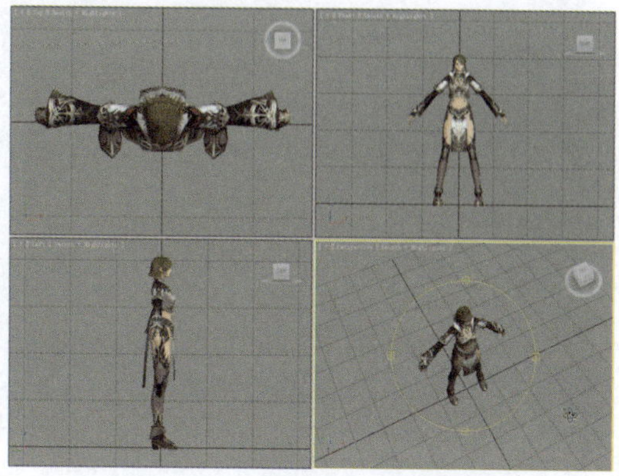

图2-31

单击Orbit（环绕）按钮不放会弹出下拉菜单，可以选择Orbit Select（环绕选择对象）工具，如图2-32所示。选择茶壶对象，使用Orbit Select（环绕选择对象）工具会以茶壶为中心旋转视口。如果使用的是Orbit Object（环绕对象）工具，则会以场景中所有对象的中心为基准进行旋转，如图2-33所示。

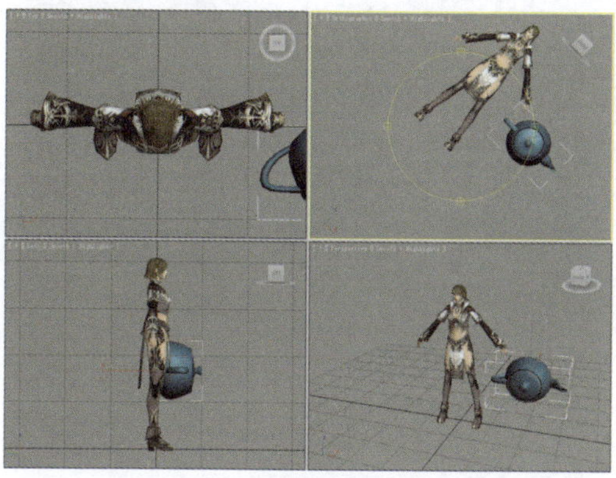

图2-32

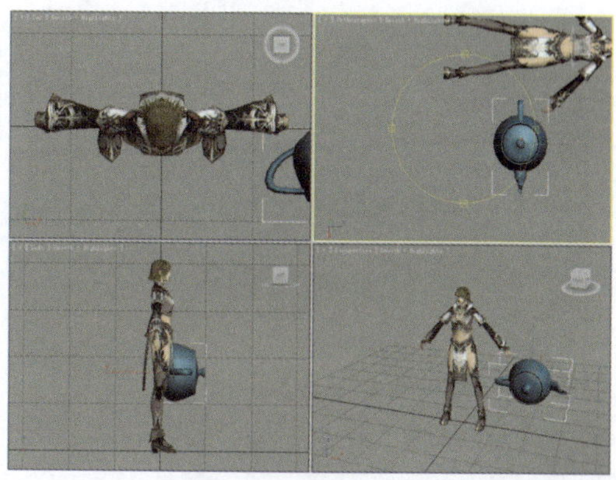

图2-33

2.2.2 自定义视口布局

在3ds Max 2012中，用户界面的默认布局为整个视口工作区域，由4个等大的独立视口组成，如图2-34所示，视图布局和大小并不是固定不变的，用户可以根据实际需要调整单个视口的大小、位置和更换预置的布局方式。选择Views（视图）>Viewport Configuration（视口配置）命令，弹出图2-35所示的Viewport Configuration（视口配置）对话框。

在Viewport Configuration（视口配置）对话框中选择Layout（布局）选项卡，如图2-36所示，在这里可以改变视口的布局。图2-37所示为改变视口布局后的效果。

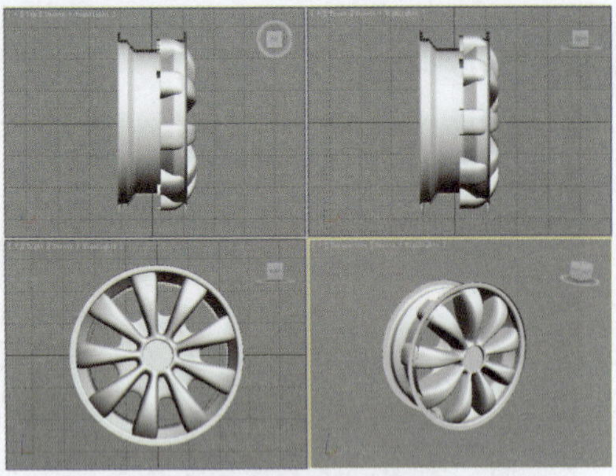

图2-34

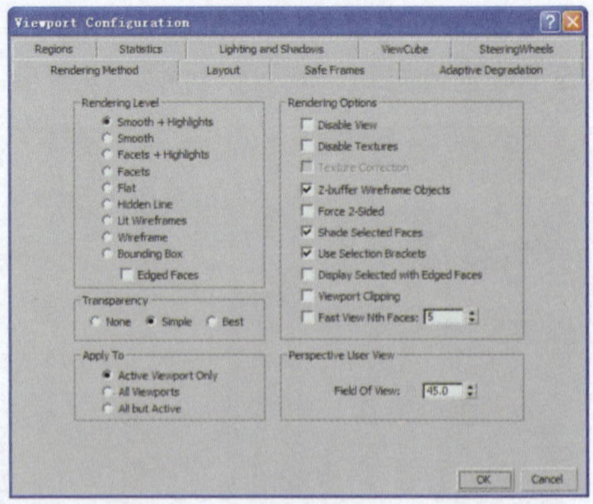

图2-35

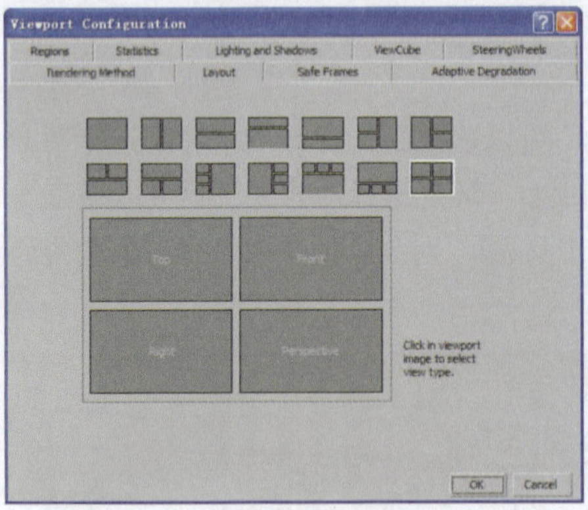

图2-36

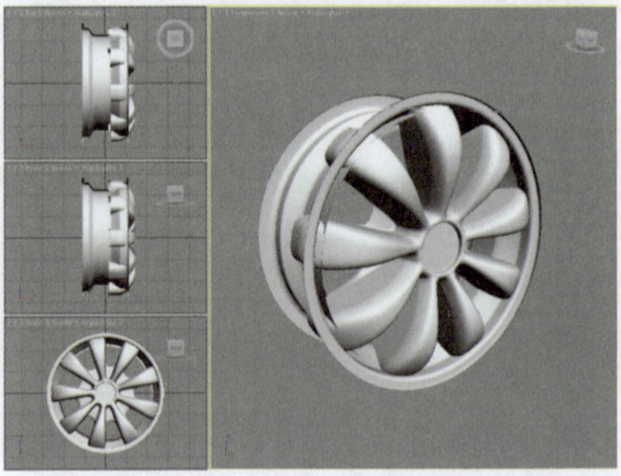

图2-37

2.2.3 改变视口的显示方式

在默认的状态下透视视口中显示为Smooth+Highlights（平滑+高光）模式，其他3个视口显示为Wireframe（线框）模式，如图2-38所示。在每一个视口的左上角都有视口选项工具条[+][Perspective][Smooth + Highlights]，前半部分显示的是视口类型，后半部分显示的是视口的显示类型。在视口显示类型选项上右击，弹出图2-39所示的快捷菜单，在这里可以更换视口的显示类型。

图2-38

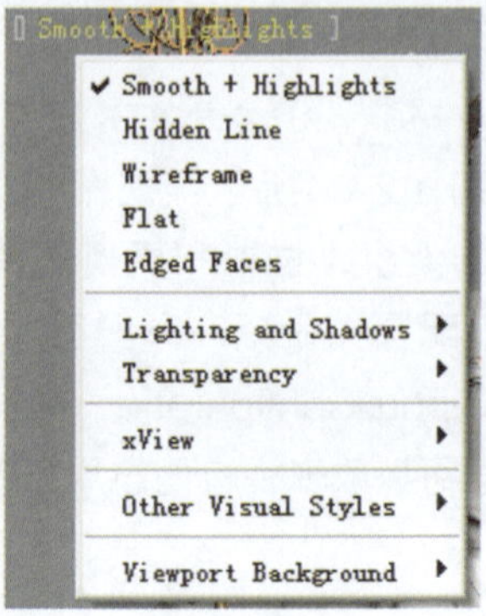

图2-39

在右下角的视口控件区域右击，可以直接打开Viewport Configuration（视口配置）对话框，并选择Rendering Method（渲染模式）选项卡，如图2-40所示，在这里可以对视口的显示进行详细的设置。

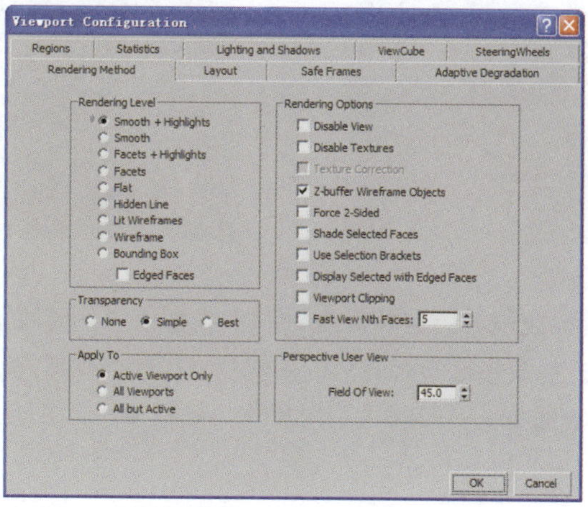

图2-40

Rendering Level（渲染）选项组中包含了10种视口渲染类型，下面详细介绍几种常用渲染类型的特点。

- Smooth + Highlight（平滑+高光）：该类型使用平滑着色渲染对象，并可以显示对象材质的反射高光效果，图2-41所示的对象可以看到比较明显的表面泛光效果。这是Perspective（透视）视口的默认显示类型。
- Edged Faces（边面）：启用Smooth + Highlights（平滑+高光）显示类型后，勾选Edged Faces（边面）复选框可以在平滑着色对象的同时显示出对象表面的线条结构，如图2-42所示。

图2-41

图2-42

- Facets + Highlight（面+高光）：该类型使用平面着色对象显示，并且能够显示出反射的高光效果，如图2-43所示，可以在对象的表面观察每一个面的效果。
- Facets（面）：该类型在显示平面着色对象的同时去掉了高光反射效果，如图2-44所示。

图2-43

图2-44

- Hidden Line（隐藏线段）：这种类型可以在线框模式下隐藏法线指向偏离视口的面和顶点，以及被附近对象模糊的对象的任一部分，如图2-45所示。
- Lit Wireframes（亮线框）：该类型将对象作为线框显示，并渲染对象的颜色，如图2-46所示。

图2-45

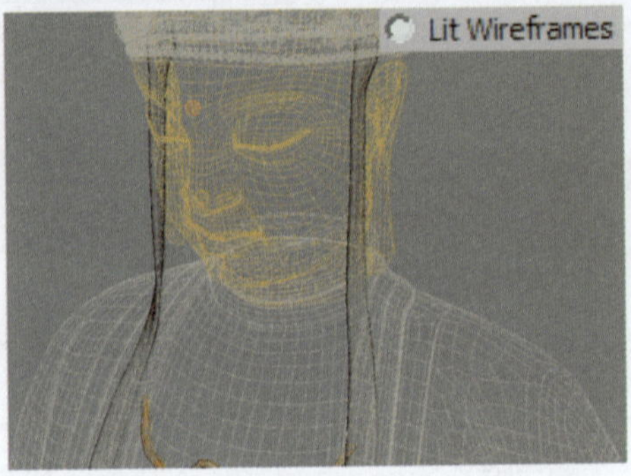

图2-46

- Wireframe（线框）：Wireframe（线框）类型是除Perspective（透视）视口外的视口默认的显示类型，将对象显示为线条模式，如图2-47所示。
- Bounding Box（边界框）：在这种类型下对象将显示为长方体边界框状态。这种类型在浏览复杂场景时比较有用，它可以极大地优化视口的浏览速度，如图2-48所示。

图2-47

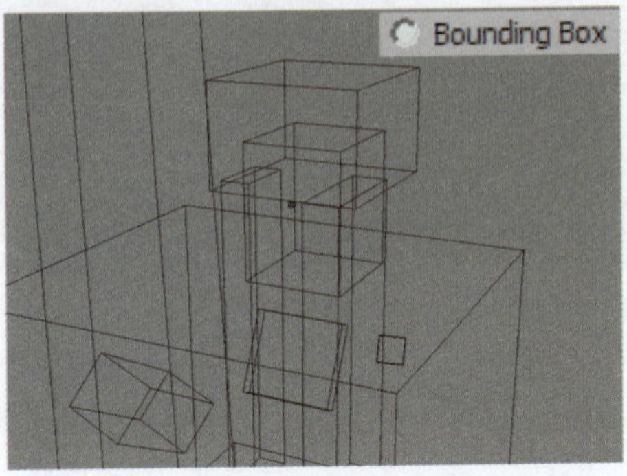

图2-48

2.2.4 了解视口选项

使用Rendering Options（渲染选项）选项组中的复选框可以修改着色模式或线框模式。这些选项只针对视口渲染器，而不是扫描线渲染器或其他任何渲染器，如图2-49所示。

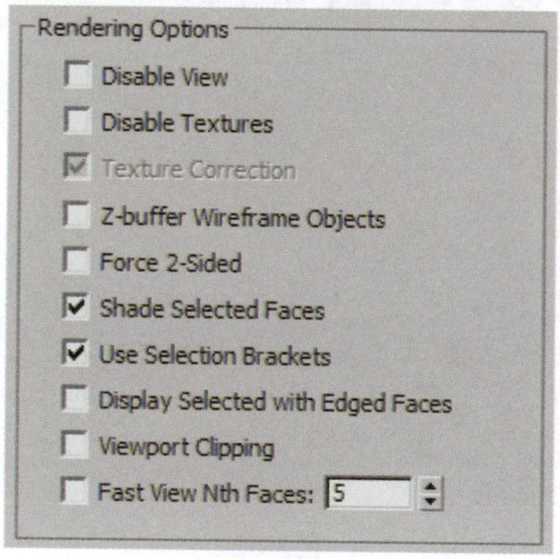

图2-49

Disable View（禁用视口）复选框可以禁用当前所激活的视口，勾选该复选框后将会在视口左上角的名称后显示Disabled（禁用）Front/Disabled。如图2-50所示，对Front（前）视口启用了禁用视口选项后，在其他视口中对模型进行压缩可以发现Front（前）视口中的对象没有发生变化。Disable Textures（禁用纹理）复选框可以在激活的视口中禁止显示纹理贴图效果，图2-51所示为在Front（前）视口中勾选了Disable Textures（禁用纹理）复选框后的效果。

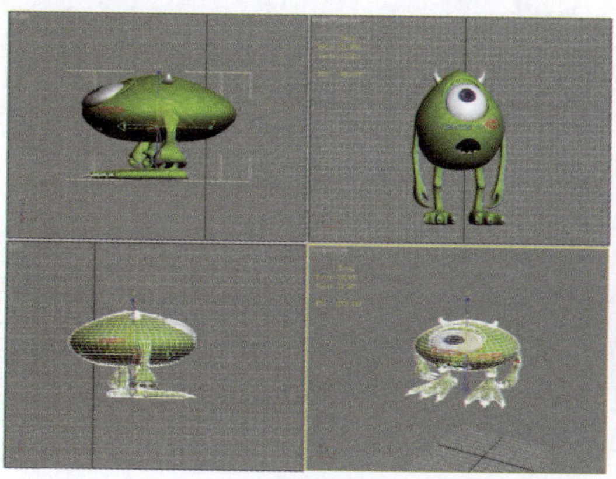

图2-50

图2-51

Z-buffer Wireframe Objects（Z缓冲区线框对象）复选框按照场景深度顺序绘制线框。通常只有在子对象选择由通过无序方式绘制的线“隐藏”时才需要此选项。Force 2-Sided（强制双面）复选框可以渲染对象的双面，如图2-52所示。

图2-52

Shade Selected Faces（明暗处理选择面）复选框可以对所选择的面进行明暗处理，默认状态下该复选框处于启用状态。图2-53中左侧视口显示的是明暗处理后的选择面，右侧视口中显示的是禁用该选项后的效果。Use Selection Brackets（使用选择边框）可以在视口显示中切换白色选择边框。在复杂场景中，当多个选择边框的显示使选定对象的所需视图变得模糊时，可以禁用此选项。如图2-54所示，勾选该复选框后选择对象时会在对象周围显示白色的矩形标记框。

图2-53

图2-54

Display Selected with Edged Faces（以边面模式显示选定对象）复选框在当视口处于着色模式时（如平滑、平滑+高光、面+高光或面）用于将沿着着色曲面出现选定对象的线框边缘，图2-55所示分别为启用和禁用该选项后的效果。启用Viewport Clipping（视口剪切）选项之后，交互设置视口显示的近距离范围和远距离范围。位于视口边缘的两个箭头用于决定剪切发生的位置，如图2-56所示。

图2-55

图2-56

2.2.5 改变视口背景

默认状态下视口背景显示为交叉的栅格，方便进行定位。通过右击视口左上角的选项，取消勾选Show Grids（显示栅格）可以不显示栅格背景。用户可以自定义视口的背景。在视口左上角的显示类型处右击，在弹出的快捷菜单中选择Viewport Background（视口背景）> Viewport Background（视口背景）命令，如图2-57所示，弹出图2-58所示的Viewport Background（视口背景）对话框。

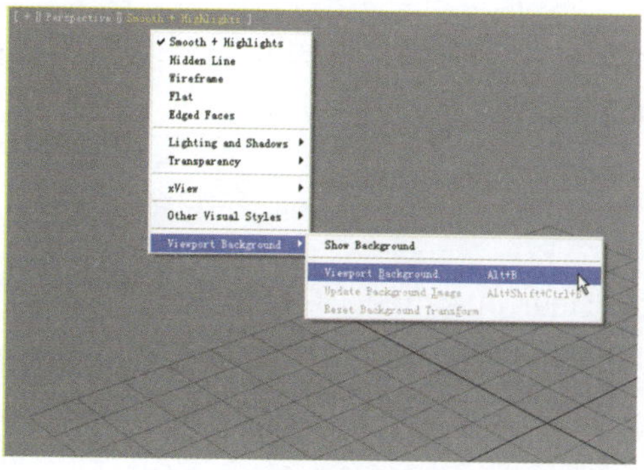

图2-57

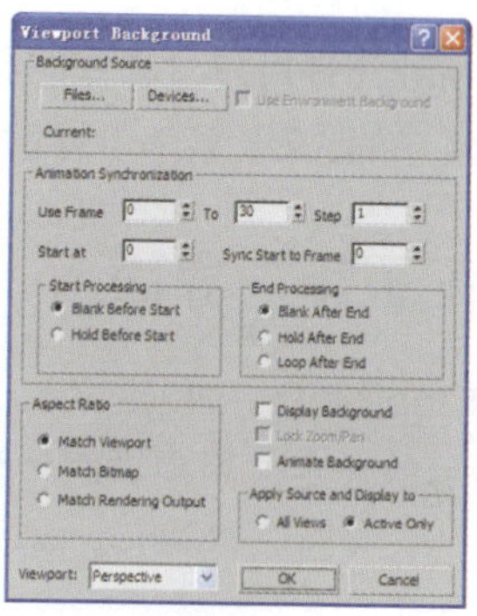

图2-58

单击Background Source（背景源）选项组中的File（文件）按钮，弹出图2-59所示的文件选择对话框，选择一张要用于视口背景的图片。选择图片后返回视口可以看到视口背景变成了所选择的图片，如图2-60所示。

图2-59

图2-60

在视口左上角右击，取消勾选Show Background（显示背景）可以不显示背景图片，如图2-61所示。如果对视口背景图片进行了更改，可以执行Update Background Image（更新背景图片）命令，如图2-62所示，执行该命令后会显示最新的视口背景效果。

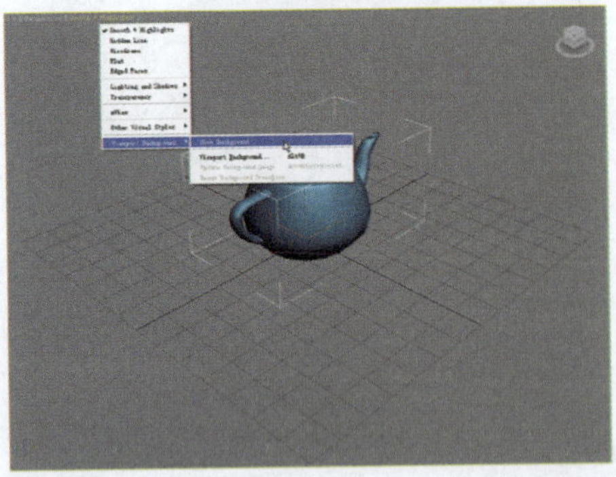

图2-61

图2-62

2.3 自定义用户界面

3ds Max允许用户对软件的界面进行自定义，以符合每一位使用者的习惯。在主菜单中的Customize（自定义）菜单下可以对用户界面进行设置。

2.3.1 配置用户界面

选择Customize（自定义）>Customize User Interface（自定义用户界面）命令，弹出图2-63所示的自定义用户界面对话框。该对话框中包含Keyboard（快捷键）、Toolbars（工具条）、Quads（四元菜单）、Menus（菜单）和Colors（颜色）5个选项卡。下面介绍常用的几个选项卡。

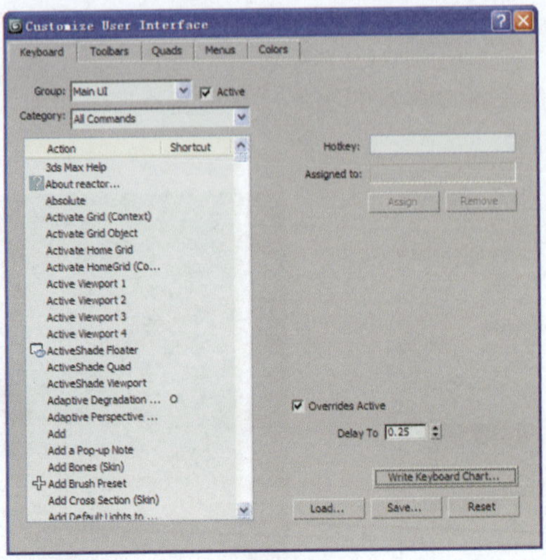

图2-63

Keyboard（快捷键）选项卡用于对所有的操作命令快捷键进行设置，对话框左侧的列表中显示了所有的操作命令。展开Group（组）下拉列表框可以按照类型对操作命令进行选择，如图2-64所示。从左边的列表框中选择一个命令，然后在右侧的Hotkey（热键）文本框中显示使用该命令的快捷键，如果该键已经被设置了操作命令，那么将会在下方的Assigned to（指定）文本框中显示该键所配置的命令名称，如图2-65所示。单击Assign（指定）按钮 Assign 就可以将该键重新指定到左侧所选择的操作命令上，原先的热键命令将不再起作用。

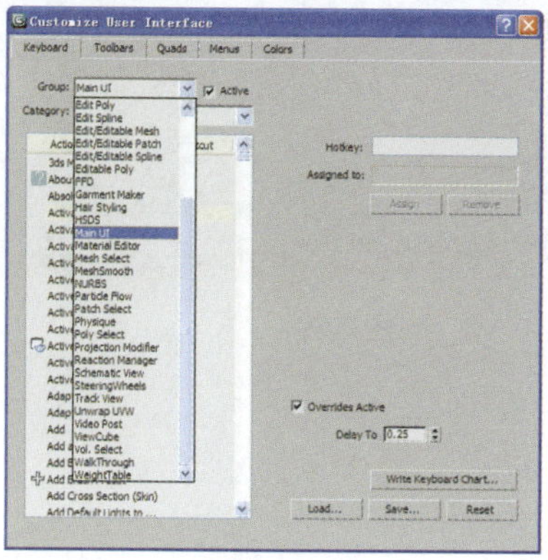

图2-64

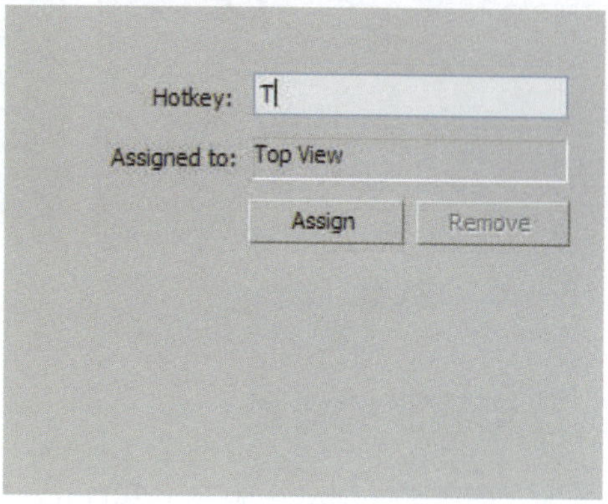

图2-65

在Toolbars（工具栏）选项卡中可以对已有的工具栏进行设置，还可以新建工具栏。在对话框右侧单击New（新建）按钮 New... ，在弹出的对话框中输入新建工具栏的名称，如图2-66所示，然后确定。这样就会新建一个工具栏，但此时该工具栏中没有工具，用户需要将列表中所需要的工具命令拖动到该工具栏中释放，这样就创建了一个自定义的工具栏，如图2-67所示。

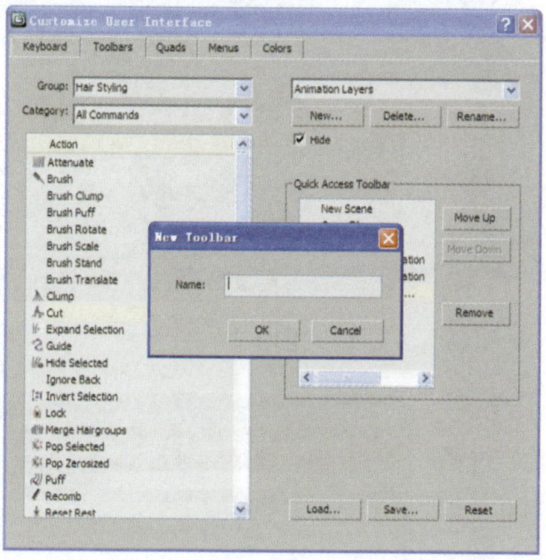

图2-66

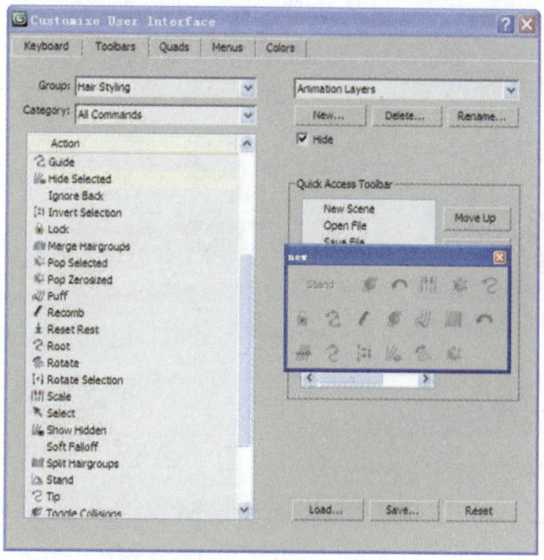

图2-67

Quads（四元菜单）和Menus（菜单）选项卡分别用来对视口中右击所弹出的四元菜单以及主菜单中的命令进行设置。Colors（颜色）选项卡用来对界面中的各种颜色进行设置。如果想更换视口的背景颜色，可以在Colors（颜色）选项卡的Elements列表框中选择Viewport Background（视口背景）选项，然后将右侧的Color（颜色）更改为所需要的颜色，如图2-68所示。图2-69所示为更改颜色后的视口背景效果。

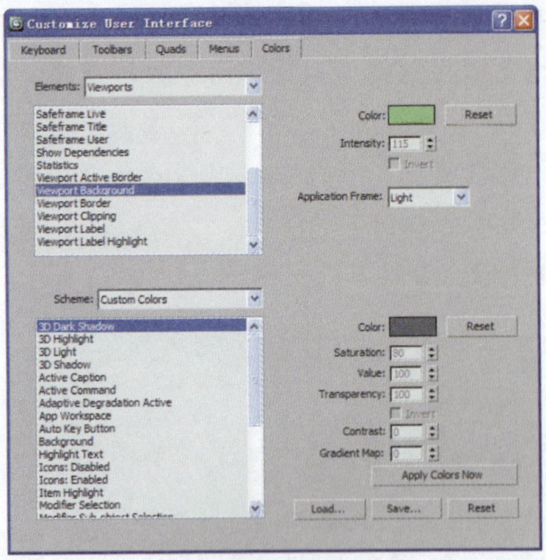

图2-68

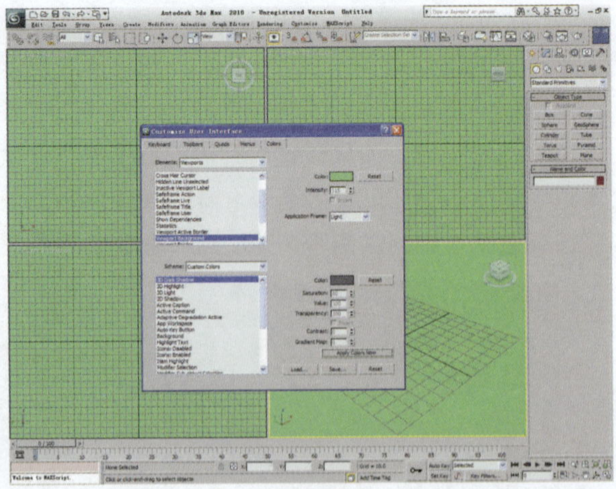

图2-69

2.3.2 改变界面的样式

3ds Max提供了Light（明亮）和Dark（暗）两种界面样式，分别如图2-70和图2-71所示。

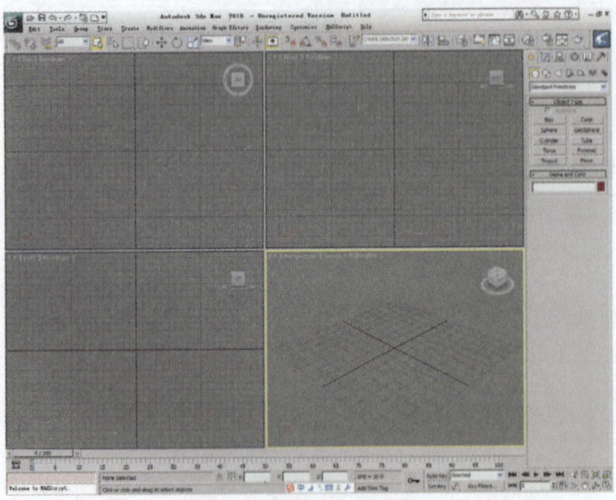

图2-70

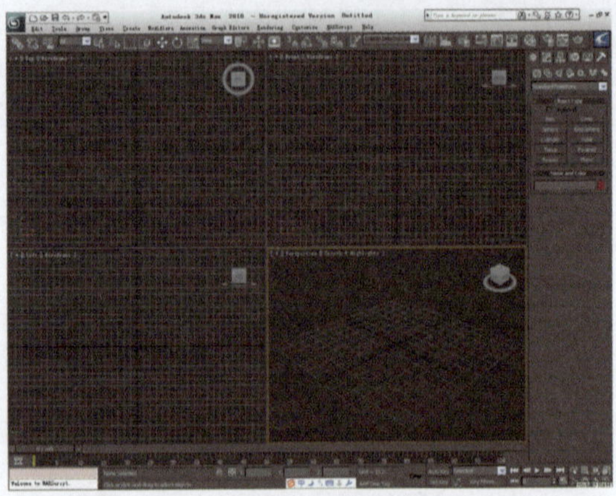

图2-71

选择Customize（自定义）>Load Customize UI Scheme（载入自定义UI界面）命令，弹出文件选择对话框，在该对话框中进入到3ds Max的安装目录下的UI文件夹中，如图2-72所示，该文件夹中提供了ame-dark（暗）和ame-light（明亮）两种界面方案，用户可以在这两种方案间进行选择。

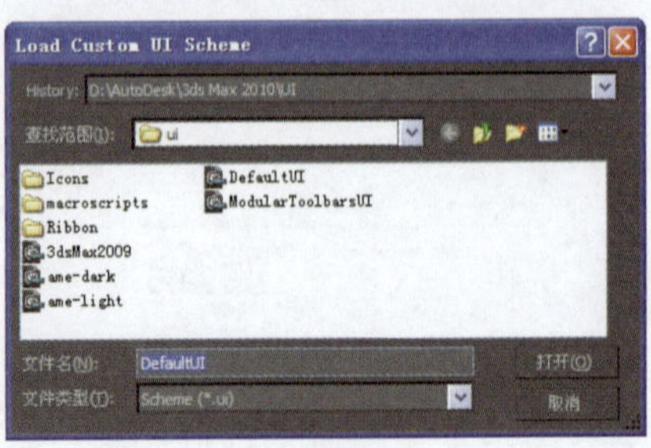

图2-72

在Customize（自定义）菜单下的Show UI（显示UI）子菜单中可以对界面中所显示的工具栏和工具条进行设置，如图2-73所示。

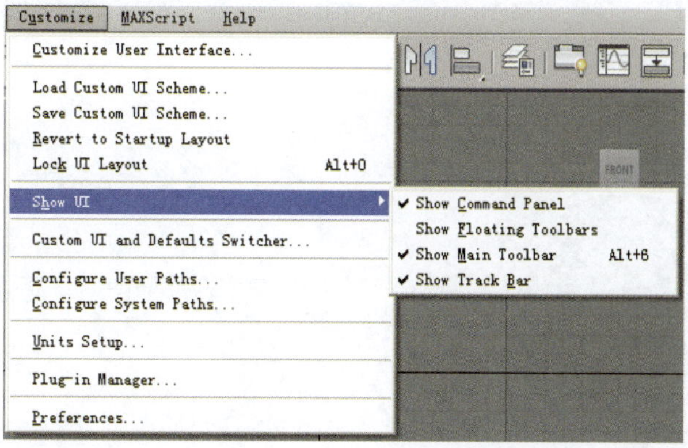

图2-73

默认状态下开启的是Command Panel（命令面板）、Main Toolbar（主工具栏）和Track Bar（轨迹栏）。图2-74所示为勾选了Show Floating Toolbars（浮动工具栏）后的效果，所有的浮动工具条都被打开。如果取消勾选所有的工具选项，界面将变为图2-75所示的效果。

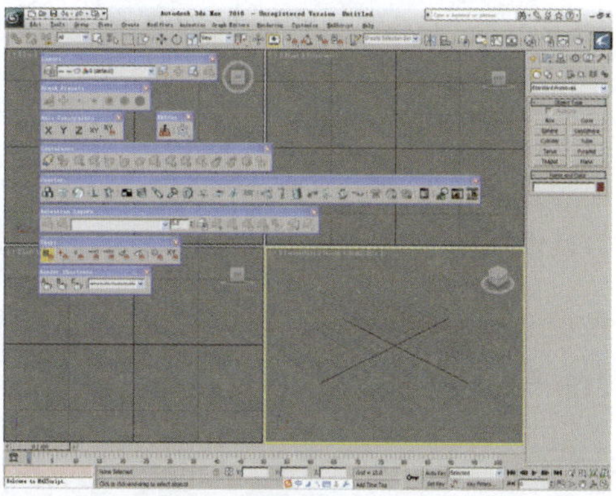

图2-74

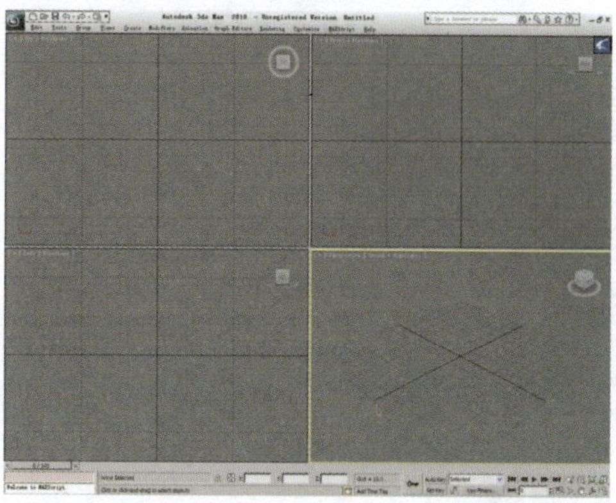

图2-75

Chapter

03

3ds Max场景对象的操作

在简单了解了3ds Max 2012的发展历程、应用、基本工作流程、新功能、界面组成、自定义3ds Max的界面、设置软件视口等知识之后，在本章中，我们将向读者介绍一些基础的3ds Max操作，如怎样打开场景、创建基本的几何体、使用对齐、阵列工具制作对象等。

3.1 使用场景文件

本节将对如何管理3ds Max 2012的场景文件进行讲解。通过本节的讲解，使读者掌握如何快速地对3ds Max 2012场景文件进行各种的管理，例如，新建、合并、导入等知识，案例效果如图3-1所示。

图3-1

3.1.1 新建场景文件

在打开3ds Max进入软件界面之后，用户可以执行“打开”命令或者新建一个场景，来打开一个保存的场景或者新建一个新的场景。下面我们来向读者介绍如何新建一个标准的新场景。

启动3ds Max 2012，单击Application menu（应用程序）按钮，在弹出的下拉菜单中选择New（新建）命令，如图3-2所示。

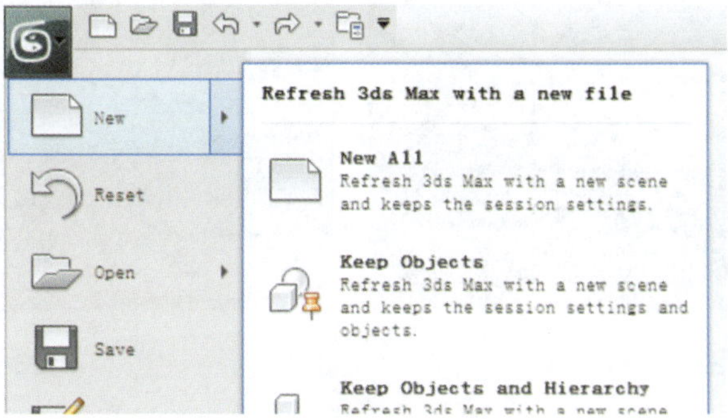

图3-2

- New All（新建全部）：清除当前场景中的内容。
- Keep Objects（保持对象）：保留场景中的对象，但删除它们之间的任意链接以及任意动画键。
- Keep Objects and Hierarchy（保留对象和层次）：保留对象以及它们之间的层次链接，但删除任意动画键。

知识应用：新建3ds Max场景
原始文件：无
最终文件：无
核心技能：如何新建场景文件。

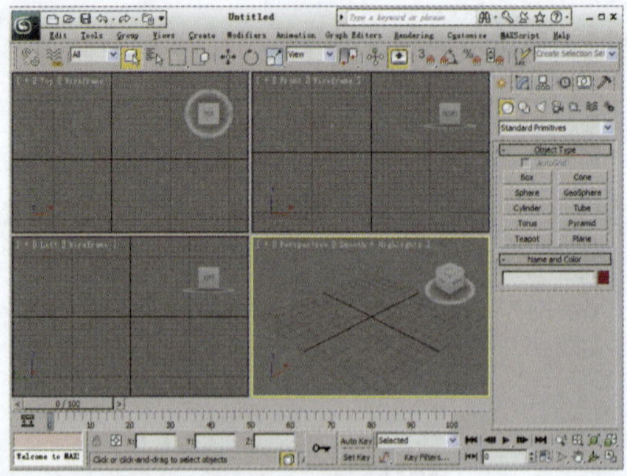

Step 1 打开3ds Max 2012之后，单击Application Menu（应用程序）按钮，在弹出的下拉菜单中选择New（新建）>New All（新建所有）命令，如图3-3所示。

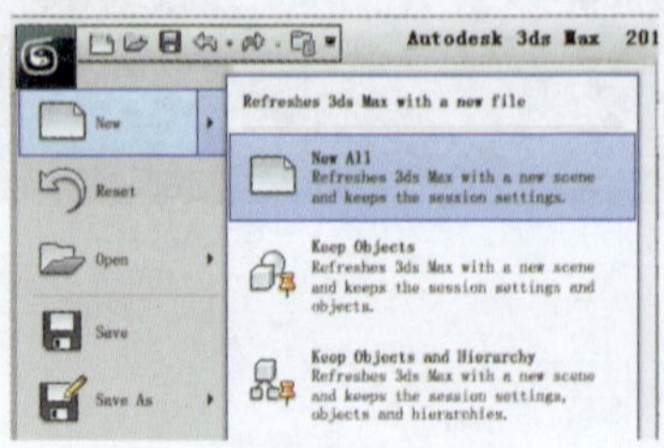

图3-3

Step 2 在弹出的对话框中单击“否”按钮，如图3-4所示，之后即可新建一个全新的场景，如图3-5所示。

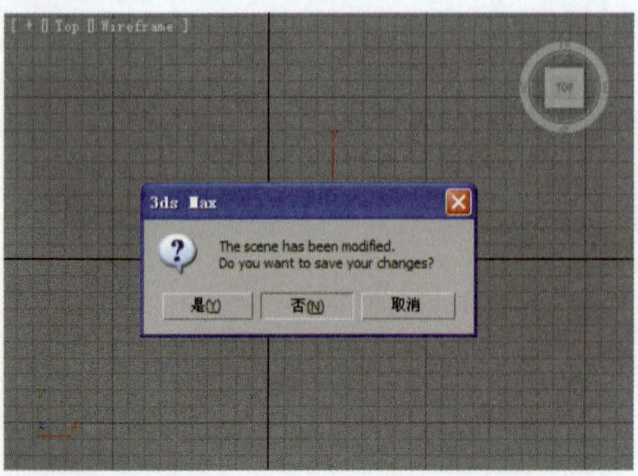

图3-4

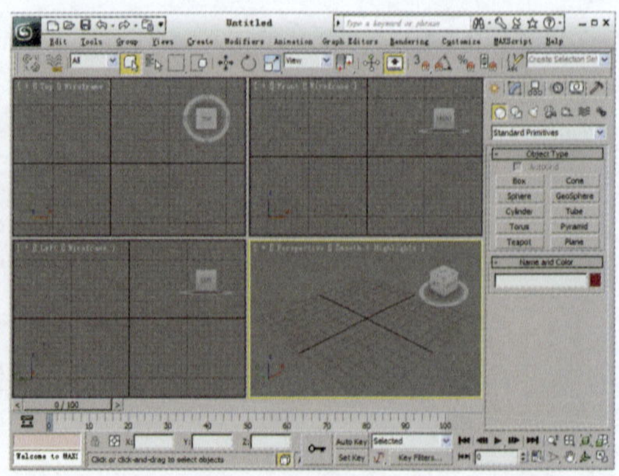

图3-5

3.1.2 场景文件的保存

用户在编辑完一个场景之后，需要将当前的编辑场景进行保存。在3ds Max 2012中，软件将所有具有保存场景功能的命令都集中到了Application Menu（应用程序）下拉菜单中，单击该按钮之后，在弹出的下拉菜单中选择Save As（另保存）命令，即可打开图3-6所示的“另存为”子菜单命令。

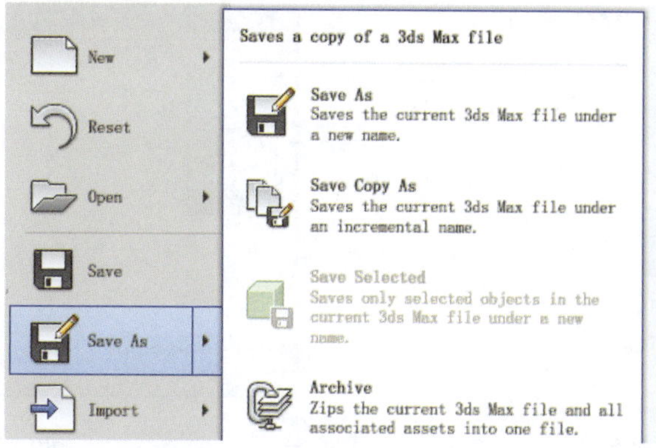

图3-6

- Save（保存）：使用“保存”命令可通过覆盖上次保存的场景版本更新场景文件。如果先前没有保存场景，则此命令的工作方式与“另存为”相同。
- Save As（另存为）：使用“另存为”命令，用户将以不同的文件名，采用 MAX 或 CHR 格式保存当前的场景文件。
- Save Copy As（保存副本为）：“保存副本为”用来以不同的文件名保存当前场景的副本。该命令不会更改正在使用的文件的名称。
- Save Selected（保存选择）：选择该命令能将当前场景中选择的对象进行保存，而场景中其他未被选择的对象将不被保存。属性不同而名称相同的位图将保存为不同的文件。同时将保存链接到选定对象的对象。
- Archive（存档）：使用该命令将创建列出场景位图及其路径名称的压缩存档文件或文本文件。3ds Max 自动查找场景中引用的文件，并在可执行文件的文件夹中创建存档文件。在存档处理期间，将显示日志窗口。

保存场景的方式有很多种，本节将以归档场景为内容，向读者介绍如何使用3ds Max 2012的保存命令来保存场景。

知识应用：保存3ds Max场景
原始文件：场景和素材\第3章\场景归档原始文件.max
最终文件：场景和素材\第3章\场景归档最终文件.max
核心技能：使用Save菜单命令保存文件

Step 1 打开3ds Max 2012后，单击Application Menu（应用程序）按钮，在弹出的下拉菜单中选择Open（打开）>Open（打开）命令，如图3-7所示。

Step 2 通过打开的Open File（打开文件）对话框，打开本实例所要使用的“场景归档 原始文件.max”场景文件，在软件的各个视口中，场景效果如图3-8所示。

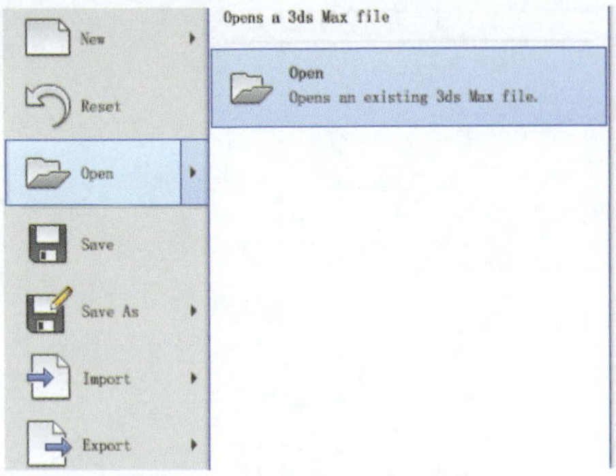

图3-7

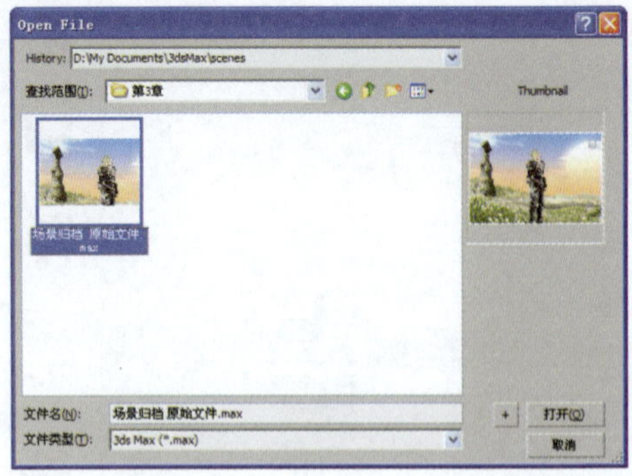

图3-8

Step 3 在Open File（打开文件）对话框中单击“打开”按钮，将场景打开，效果如图3-9所示。

Step 4 再次单击Application Menu（应用程序）按钮，在弹出的下拉菜单中选择Save As（另存为）→Archive（归档）命令，如图3-10所示。

图3-9

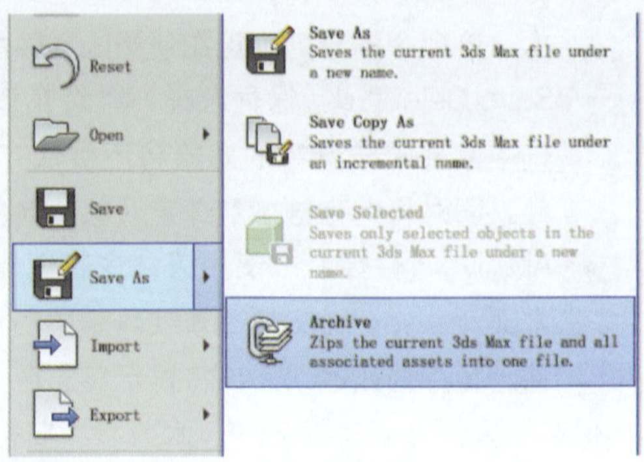

图3-10

Step 5 选择Archive（归档）命令后，即可打开File Archive（文件归档）对话框。在对话框中设置归档文件的保存路径和保存文件名，如图3-11所示。

Step 6 单击“保存”按钮，进行场景归档，完成之后，打开归档文件的保存路径，可以查看到保存的轨道文档，如图3-12所示。

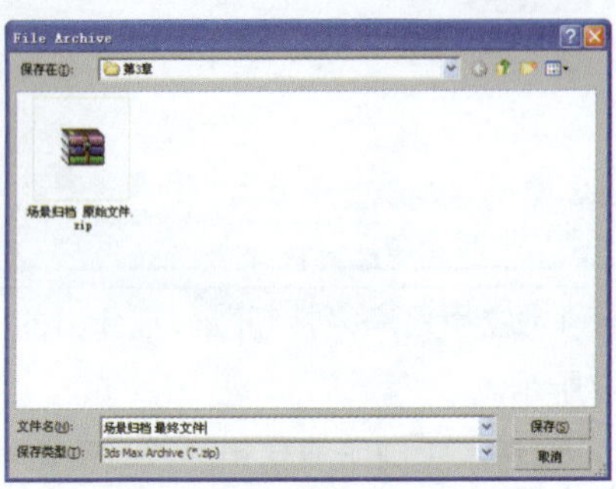

图3-11

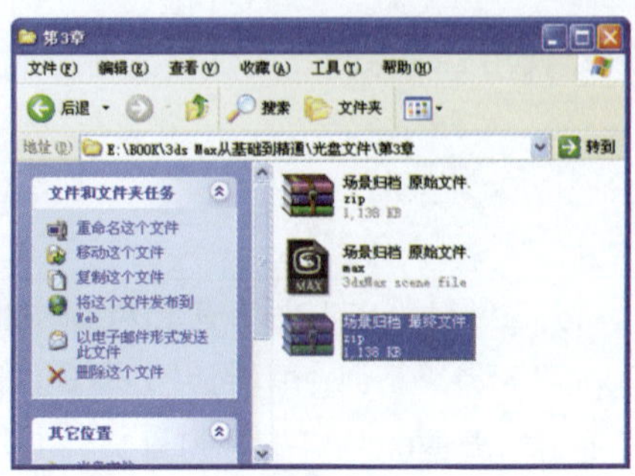

图3-12

3.1.3 场景文件的合并与导入

从场景或其他程序中合并几何体来重新使用原有工作成果会大大提高用户的工作效率。使用3ds Max中的Import（导入）、Merge（合并）和Replace（替换）命令，如图3-13所示，能够将外部场景文件合并到当前的场景中。除此之外，用户也可以使用 XRef 功能来与同一个项目的其他同事共享场景和对象。

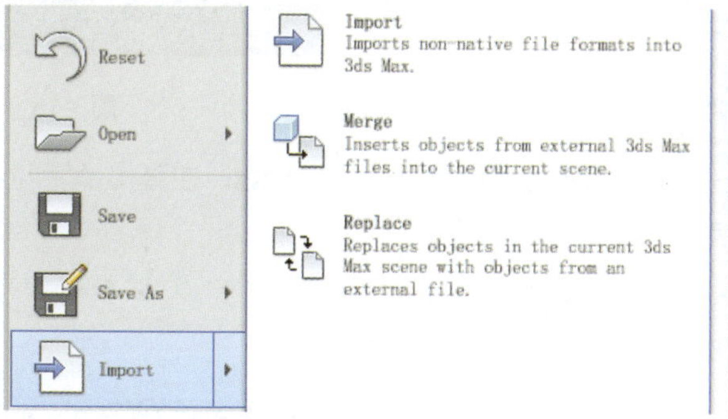

图3-13

- Import（导入）：使用Import（导入）命令，可以加载或合并不是 3ds Max 场景文件的几何体文件，如Autodesk（FBX）、3D Studio 网格（3DS、PRJ）、Adobe Illustrator（AI）、Autodesk Collada（DAE）、LandXML/DEM/DDF（DEM、XML、DDF）、AutoCAD 图形（DWG）、运动分析HTR文件（HTR）等。
- Merger（合并）：使用Merger（合并）命令将多个场景合并成一个单独的大型场景。用户在合并文件时，可以选择要合并的对象。如果要合并的对象与场景的对象名称相同，可以重命名或跳过合并对象。
- Replace（替换）：使用Replace（替换）命令将场景中的对象替换成另一个场景中拥有相同名称的对象。如果想在设置场景和设置场景动画时使用简化对象，然后在渲染前将简化对象替换成复杂对象，Replace（替换）命令就很有用。

知识应用：导入3ds Max场景

原始文件：场景和素材\第3章\导入3ds Max场景原始文件.max

最终文件：场景和素材\第3章\导入3ds Max场景最终文件.max

核心技能：使用Import（导入）命令。

Step 1 打开3ds Max 2012后，单击Application Menu（应用程序）按钮，在弹出的下拉菜单中选择Open（打开）>Open（打开）命令，如图3-14所示。

Step 2 打开本实例所使用的场景文件“导入3ds Max场景原始文件.max”，效果如图3-15所示。

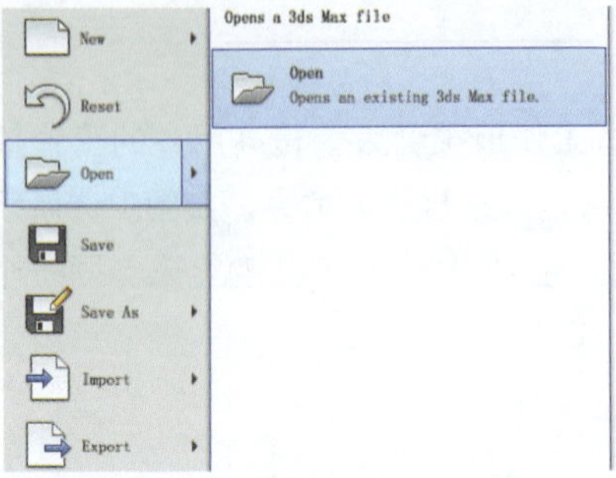

图3-14

图3-15

Step 3 再次单击Application Menu（应用程序）按钮，在弹出的下拉菜单中选择Import（导入）>Import（导入）命令，如图3-16所示。

Step 4 在弹出的Select File to Import（选择导入文件）对话框中选择需要导入的“导入文件.3ds”，如图3-17所示。

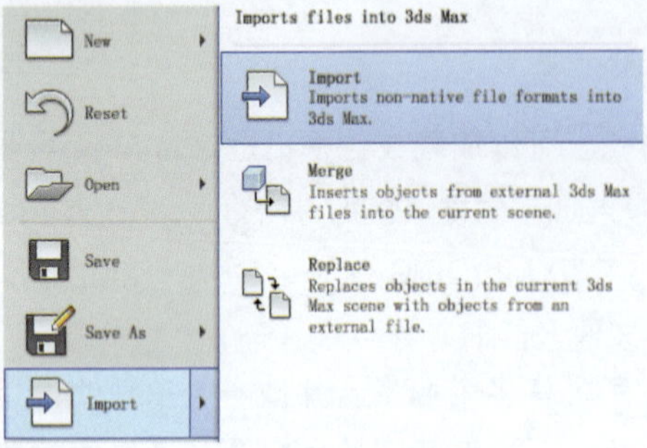

图3-16

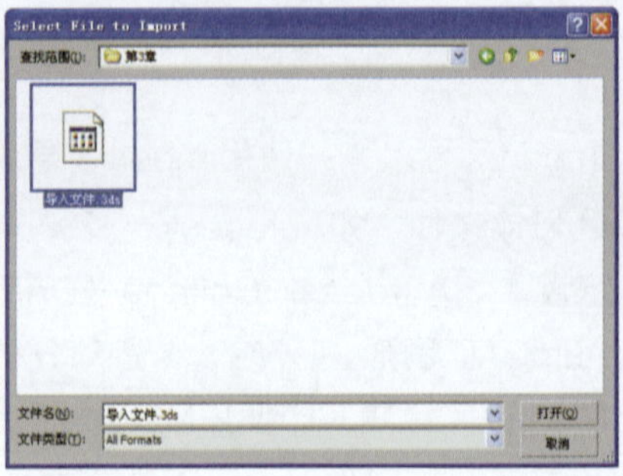

图3-17

Step 5 选择导入文件之后，单击“打开”按钮，在弹出的3DS Import（3DS导入）对话框中设置图3-18所示的参数。

Step 6 单击OK按钮，在弹出的3DS File Import（3DS 文件导入）对话框中单击“是”按钮，如图3-19所示。

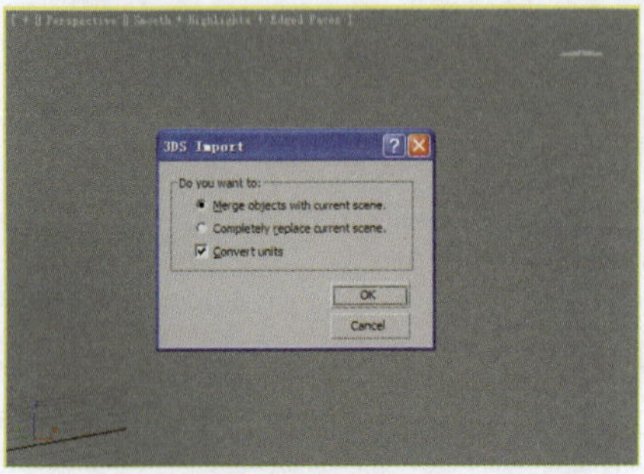

图3-18

图3-19

Step 7 在单击“是”按钮之后，3ds 格式的外部文件被导入到当前场景中，效果如图3-20所示。

Step 8 在视口中对导入的蚂蚁对象进行缩放、移动以及旋转操作，调整蚂蚁对象在视口中的位置，完成效果如图3-21所示。

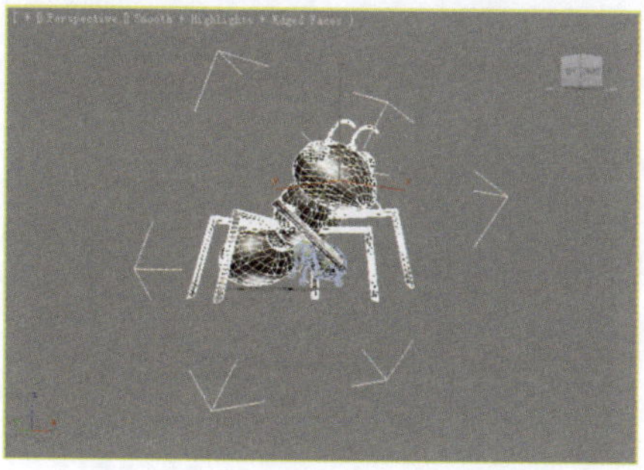

图3-20

图3-21

Step 9 再次单击Application Menu（应用程序）按钮，在弹出的下拉菜单中选择Save As（另存为）>Save As（另存为）命令，如图3-22所示。

Step 10 在弹出的Save File As（另存文件为）对话框中设置场景保存路径与文件名，如图3-23所示。

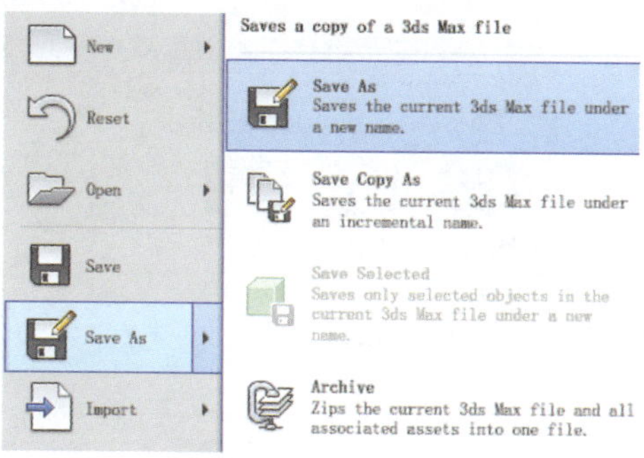

图3-22

图3-23

在3.1.2节中，本书通过导入3ds格式文件这个实例操作，向读者介绍了如何使用Import（导入）命令导入外部场景文件。下面将以将Max格式的外部场景文件合并到当前场景中为实例，向读者介绍合并场景的方法。

知识应用：合并3ds Max场景

原始文件：场景和素材\第3章\合并3ds Max场景原始文件.max

最终文件：场景和素材\第3章\合并场景 最终文件.max

核心技能：使用Merger（合并）命令。

Step 1 打开3ds Max 2012之后，单击Application Menu（应用程序）按钮，在弹出的下拉菜单中选择Open（打开）>Open（打开）命令，如图3-24所示。

Step 2 打开场景之后，视口效果如图3-25所示。

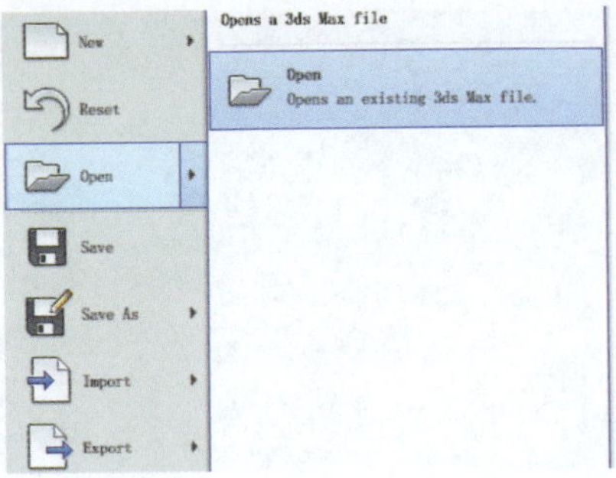

图3-24

图3-25

Step 3 再次单击Application Menu（应用程序）按钮，在弹出的下拉菜单中选择Import（导入）>Merger（合并）命令，如图3-26所示。

Step 4 在弹出的Merge File（合并文件）对话框中选择“合并场景.max”，单击“打开”按钮，如图3-27所示。

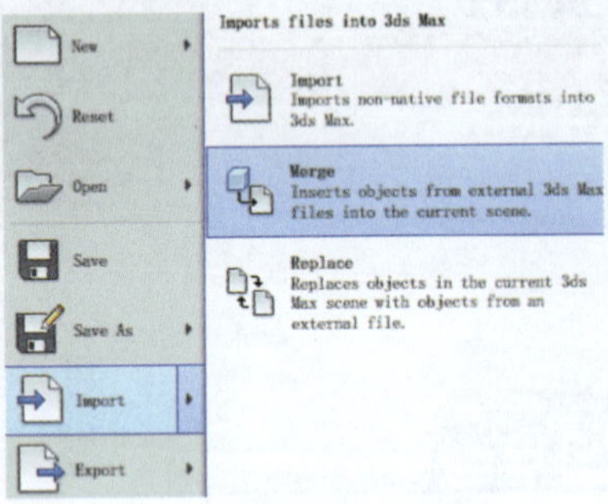

图3-26

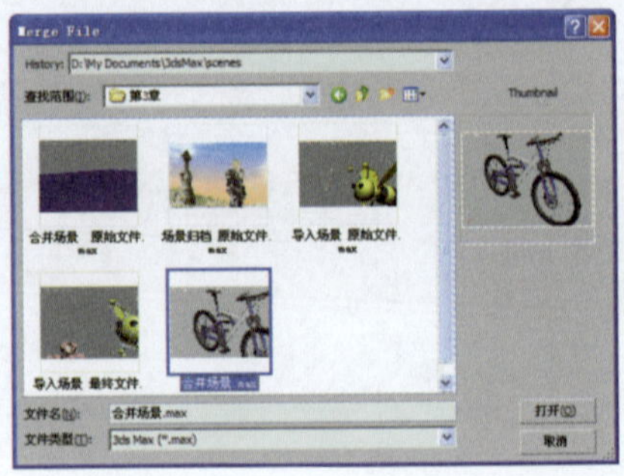

图3-27

Step 5 单击“打开”按钮之后，在弹出的“合并”对话框中选择需要合并的对象，如图3-28所示。

Step 6 单击OK按钮，将场景合并到当前的场景中，效果如图3-29所示。

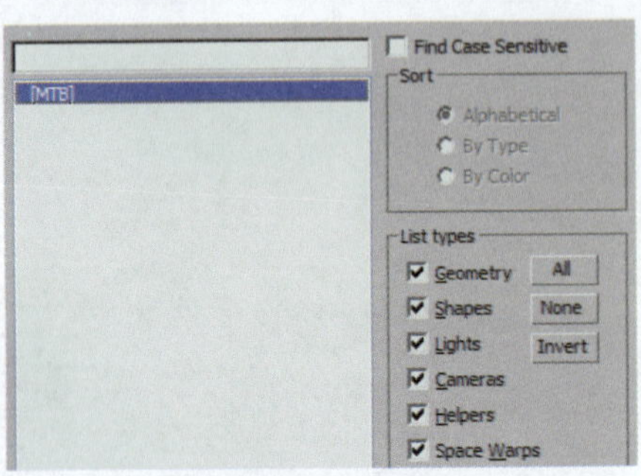

图3-28

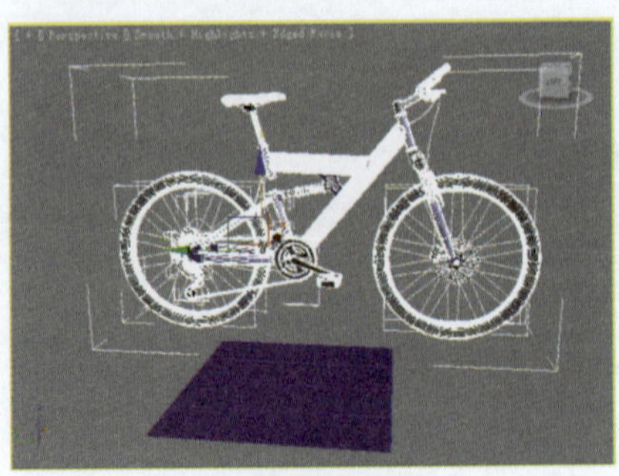

图3-29

Step 7 使用移动、缩放以及旋转工具，对合并到场景中的山地车对象进行调整，完成效果如图3-30所示。

Step 8 再次单击Application Menu（应用程序）按钮，在弹出的下拉菜单中选择Save As（另存为）>Archive（归档）命令，如图3-31所示，将当前的场景进行归档。

图3-30

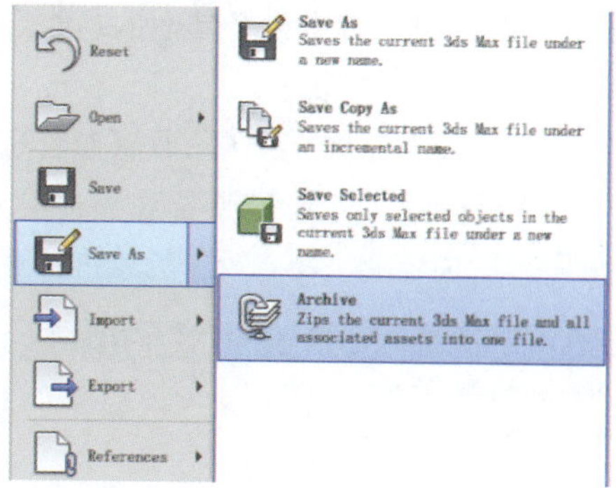

图3-31

通过以上两个实例操作，相信读者已经掌握了如何将外部场景文件合并或者导入到当前的场景中。笔者根据3ds Max的多年使用经验，总结出Import（导入）与Merger（合并）这两个命令使用的快捷区分法：使用Import（导入）命令能将除了Max格式以外的3ds Max 2012支持导入格式的文件，而Merger（合并）命令能将3ds Max 2012所有支持的合并、导入文件格式的文件合并到当前的场景中。

3.2 场景对象的选择

当场景中创建或者包含了对象之后，就需要对场景中的对象进行编辑。而要对场景对象进行编辑，首先需要做的就是选择需要编辑的对象。3ds Max为用户提供了多种选择对象的方法，如直接选择、按区域选择、按名称选择、按颜色选择、使用命名选择集、使用选择过滤器选择对象等。并且选择对象后，还能将选择的对象隐藏、孤立、冻结。以上这些方法都能使用户的编辑操作变得十分随意与便捷，特别是在处理图3-32所示的大型场景时，这些选择命令与隐藏、孤立、冻结命令的优势将体现得更加完美。

图3-32

3.2.1 使用场景浏览器

在 3ds Max 中，Scene Explorer（场景资源管理器）提供无模式对话框来查看、排序、过滤和选择对象，还一起提供了其他的功能，如重命名、删除、隐藏和冻结对象，创建和修改对象层次，以及编辑对象属性。

要打开Scene Explorer（场景资源管理器），可以选择Tools（工具）>Open Explorer：Container Explorer（打开资源管理器：容器资源管理器）命令，如图3-33所示，即可打开图3-34所示的Scene Explorer（场景资源管理器）。

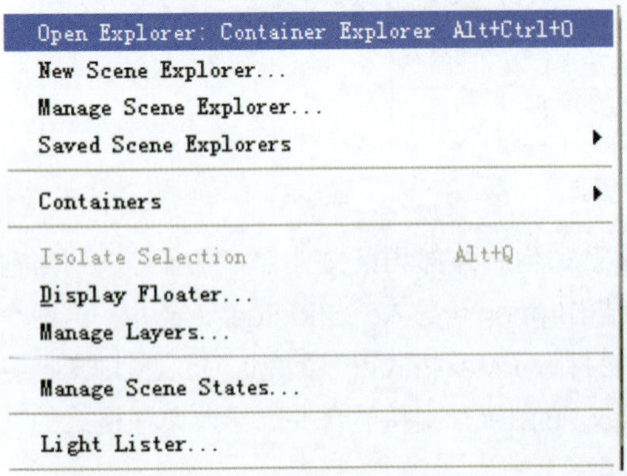

图3-33

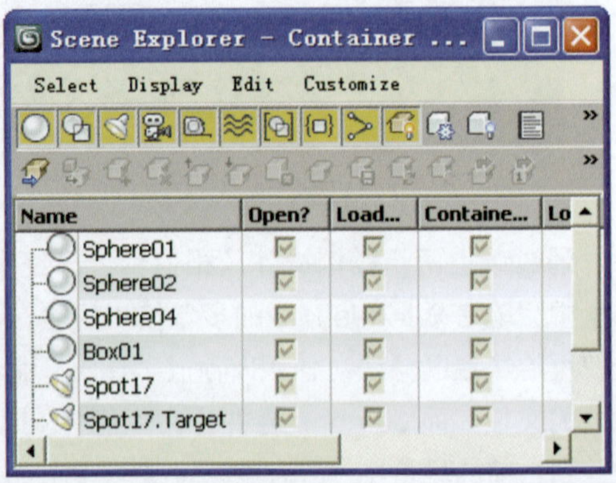

图3-34

Scene Explorer（场景资源管理器）界面由一个菜单栏、工具栏以及场景中的对象表格视图组成，在对象表中，每个对象对应于一行，每个显示对象属性对应于一列。

1. 菜单栏

Scene Explorer（场景资源管理器）的命令，在该窗口的菜单栏上都能找到。菜单栏中的命令包括Select（选择）、Display（显示）、Edit（编辑）、Customize（自定义）。

（1）Select（选择）

Select（选择）命令主要用于控制列表中的选择情况，如全选、全不选、反选、选择从属对象等。选择该菜单命令，即可打开该菜单命令的子菜单，如图3-35所示，选择Select All（全选）命令，如图3-36所示。

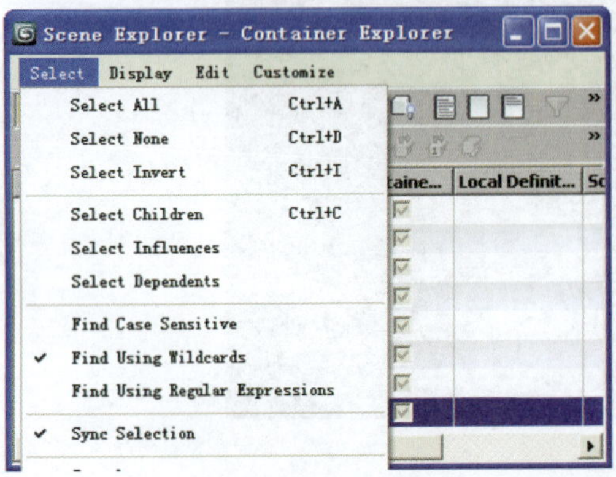

图3-35

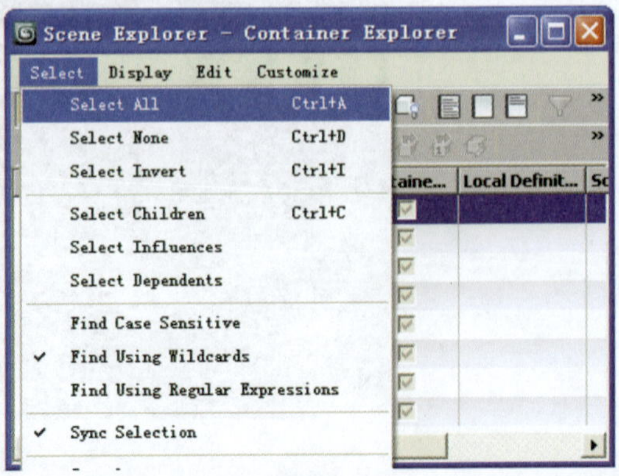

图3-36

在Scene Explorer（场景资源管理器）的对象表格视图中，发现视图中显示的所有对象名称已被选择，如图3-37所示；返回至视口中，发现所有的场景对象已被选择，如图3-38所示。

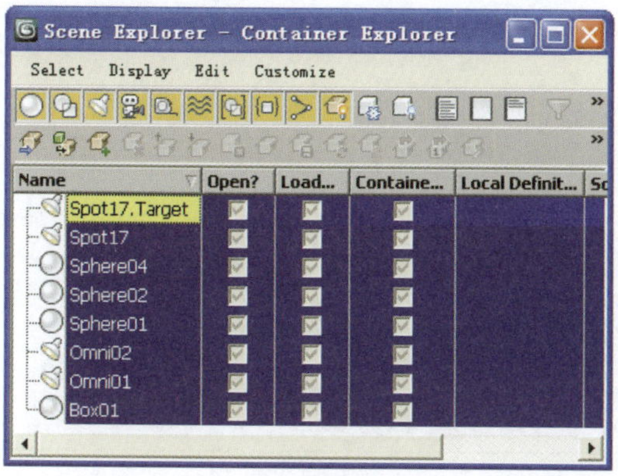

图3-37

图3-38

（2）Display（显示）

Display（显示）命令主要用于控制场景对象表格视图中显示对象的名称，分为“对象类型”、“显示子对象”、“显示影响”、“过滤选择集”、“塌陷全部”等多个子菜单命令，如图3-39所示。

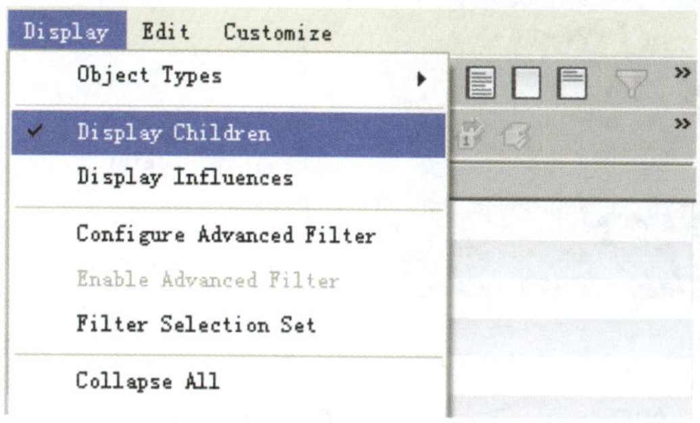

图3-39

“对象类型”子菜单命令用于控制在场景对象表格视图中显示对象名称的种类，如“几何体”、“图形”、“灯光”、“辅助对象”、“显示冻结对象”等，列表中仅激活“显示几何体”，在场景对象表格视图中将只显示出几何体对象类型，如图3-40所示，显示所有对象类型效果如图3-41所示。

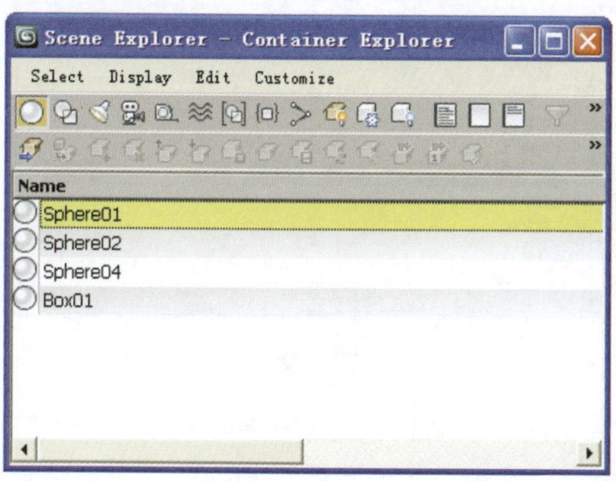

图3-40

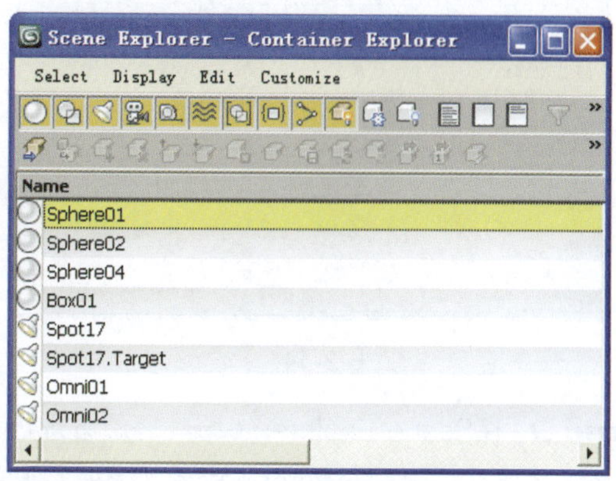

图3-41

知识应用： 使用场景浏览器选择

原始文件： 场景和素材\第3章\使用场景浏览器选择场景对象.max

最终文件： 场景和素材\第3章\使用场景浏览器选择最终文件.max

核心技能： 场景浏览器的应用。

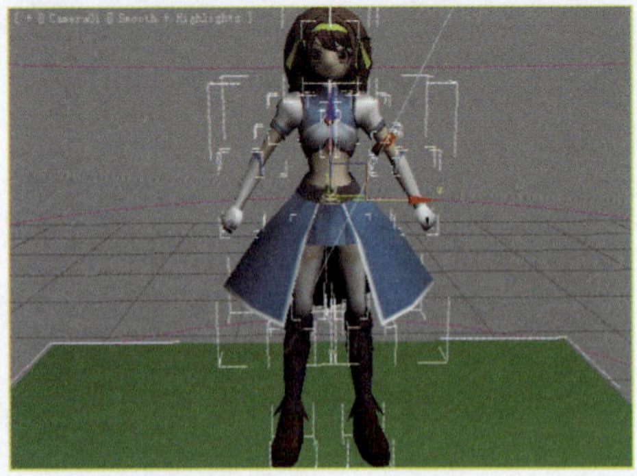

Step 1 打开本实例的光盘文件，如图3-42所示。选择Tools（工具）>Open Explorer: Container Explorer（打开资源管理器：容器资源管理器）命令，如图3-43所示。

图3-42

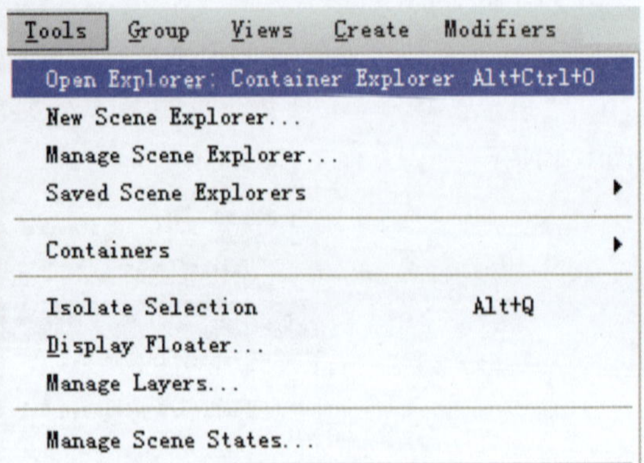

图3-43

Step 2 打开图3-44所示的Scene Explorer（场景资源管理器）窗口，在工具栏中只是激活Geometry（几何体），窗口中将只显示出Geometry（几何体）类别的对象名称，显示效果如图3-45所示。

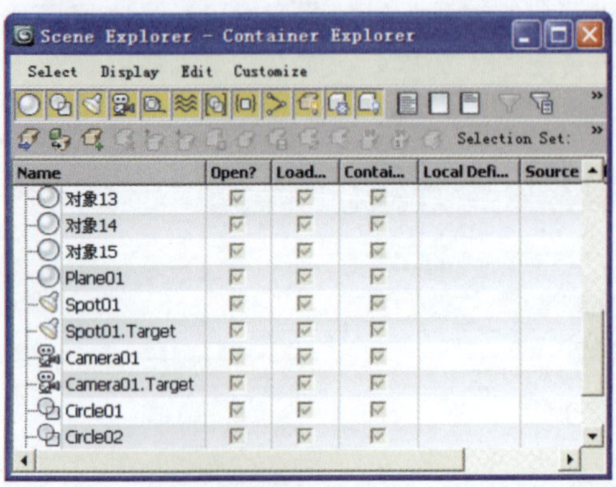

图3-44

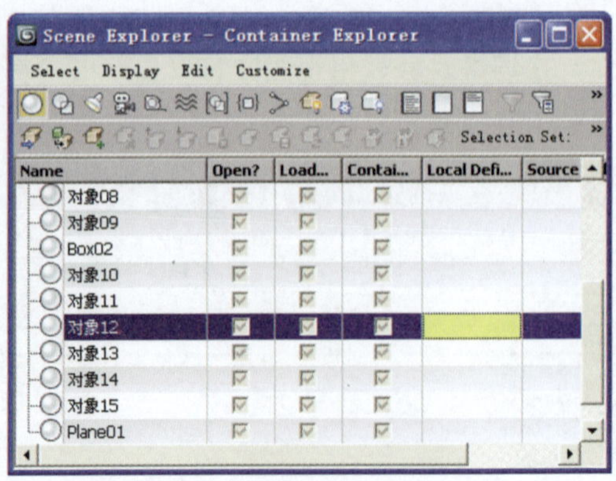

图3-45

Step 3 在Scene Explorer（场景资源管理器）窗口的对象表格视图中选择所有的显示名称，如图3-46所示，返回至Perspective（透视）视口中，在该视口中所有的Geometry（几何体）都被选择，效果如图3-47所示。

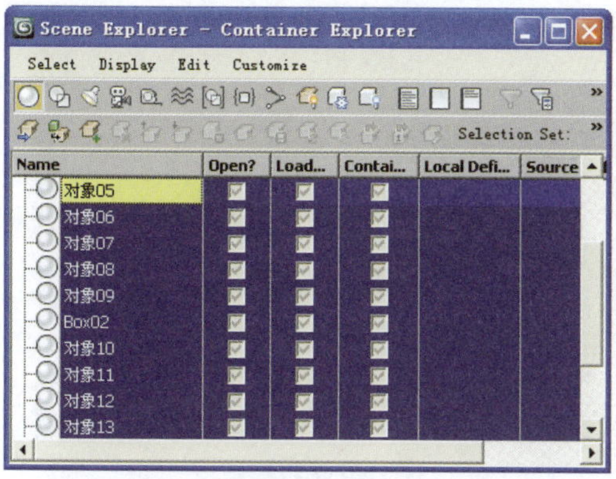

图3-46

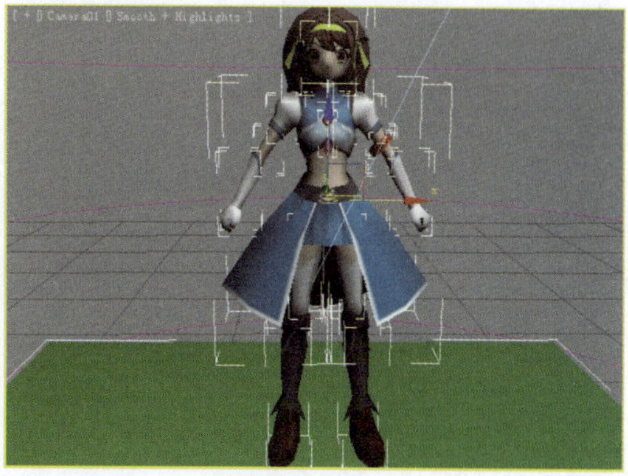

图3-47

3.2.2 场景对象的筛选

在3.2.1节中，向读者介绍了使用Scene Explorer（场景资源管理器）来选择对象，而在本节中，将介绍使用过滤器、选择区域来选择场景对象的方法。通过在“选择过滤器”下拉列表中选择类型，可以指定在视口中可以选择的类型对象。在主工具栏中单击“选择过滤器”下拉按钮，即可打开选择过滤器的下拉列表，如图3-48所示。

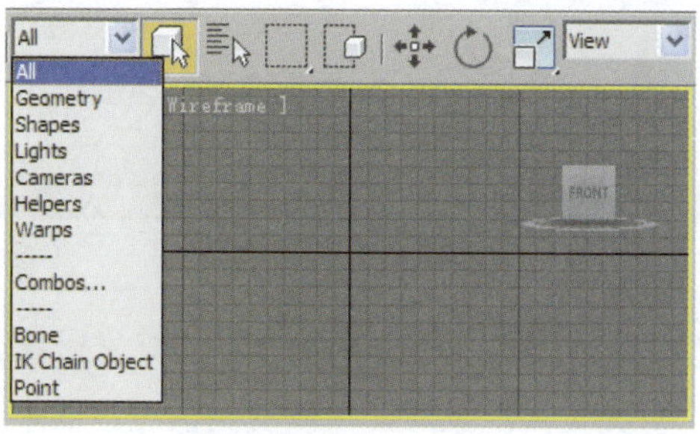

图3-48

- All（全部）：选择该选项，可以在视口中选择3ds Max创建的所有类型的对象，如图3-49所示。

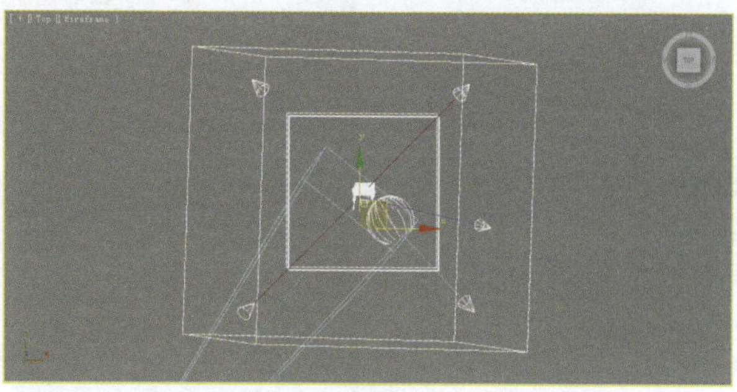

图3-49

- Geometry（几何体）：选择该选项，如图3-50所示，只能在视口中选择几何类型对象，非Geometry（几何体）类型对象无法选择，视口选择效果如图3-51所示。

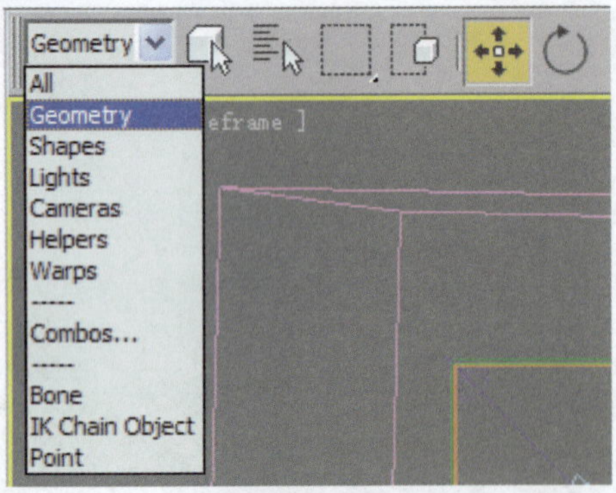

图3-50

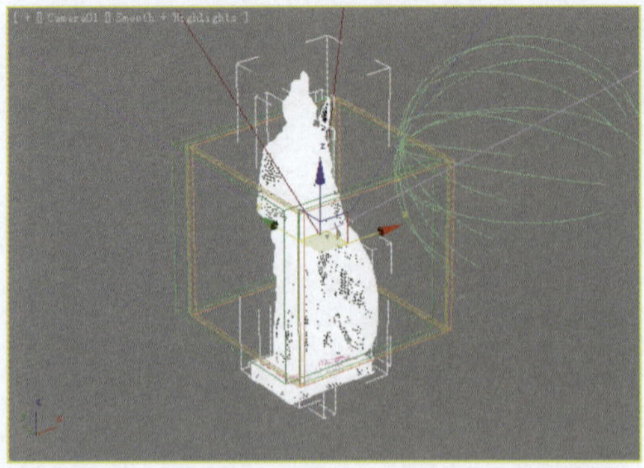

图3-51

- Shapes（图形）：在选择过滤器中选择该选项，如图3-52所示，在视口中仅能选择二维图形，如图3-53所示。

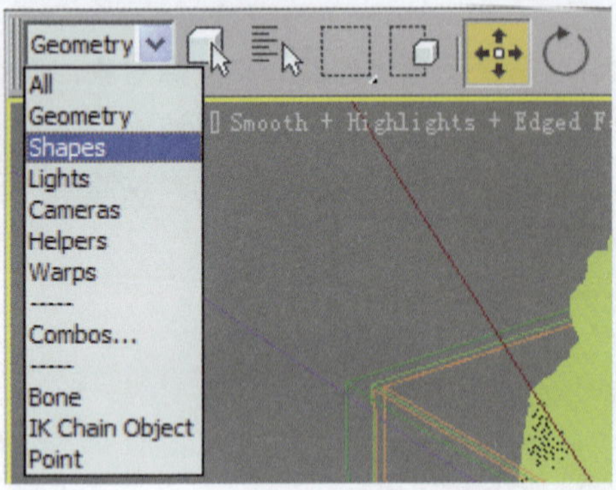

图3-52

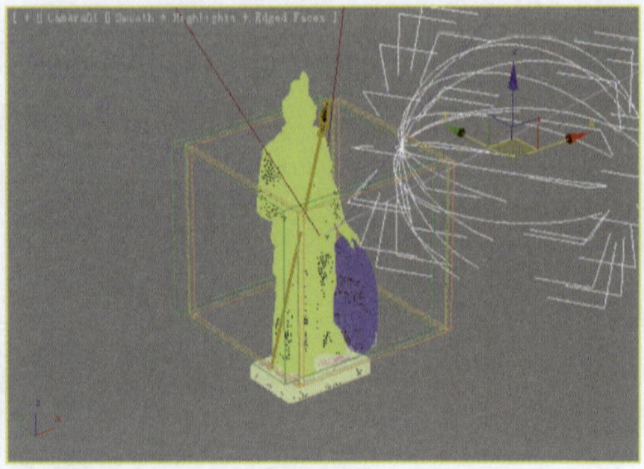

图3-53

- Lights（灯光）：选择该选项，只能选择视口中的灯光对象。当场景中的对象较多，不易在视口中选择某个灯光类型对象时，可以使用该过滤器来选择灯光类型对象。在主工具栏的“选择过滤器”下拉列表中选择Lights（灯光）选项，如图3-54所示，在视口中只能选择灯光类型对象，如图3-55所示。

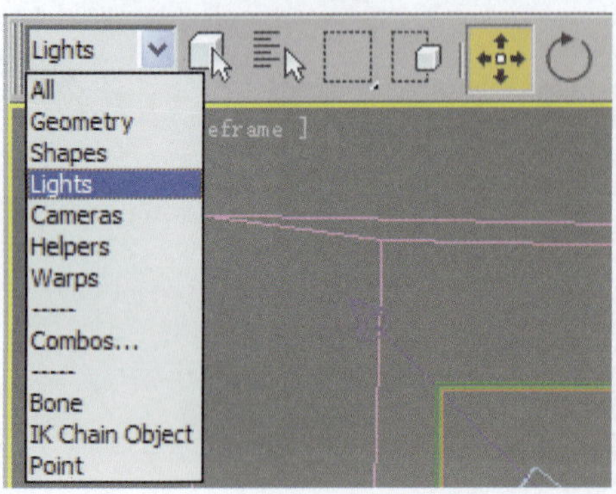

图3-54

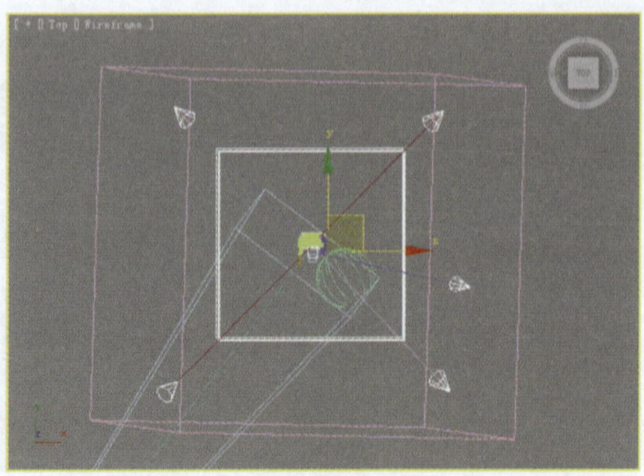

图3-55

- Cameras（摄影机）：在“选择过滤器”下拉列表中选择该选项，如图3-56所示，之后用户只能在视口中选择摄影机类型，如图3-57所示。

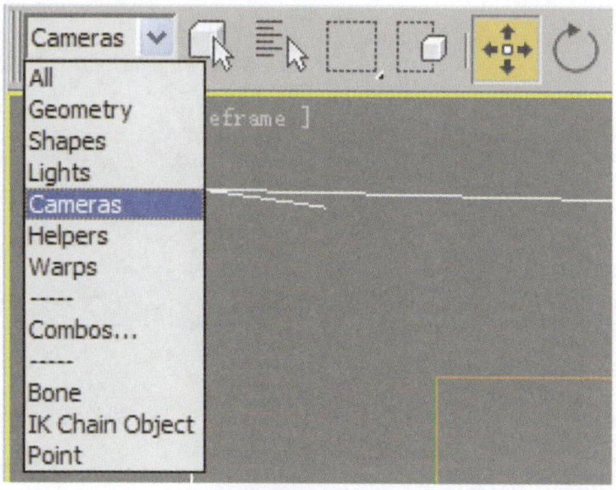

图3-56

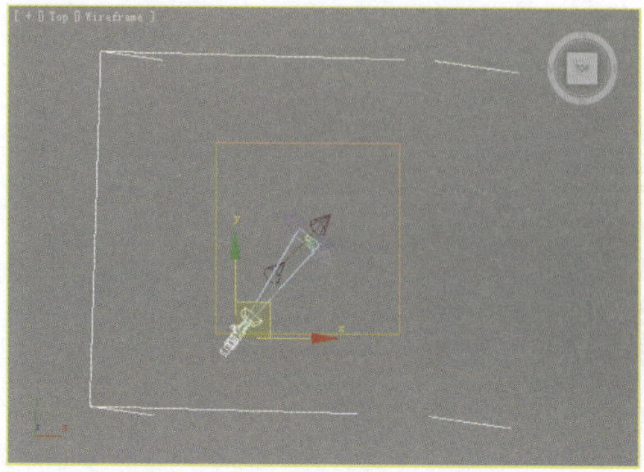

图3-57

- Helpers（辅助对象）：在“选择过滤器”下拉列表中选择该选项之后，如图3-58所示，无论用户在视口中怎么选择，只能选择选择区域中的辅助对象，如图3-59所示。

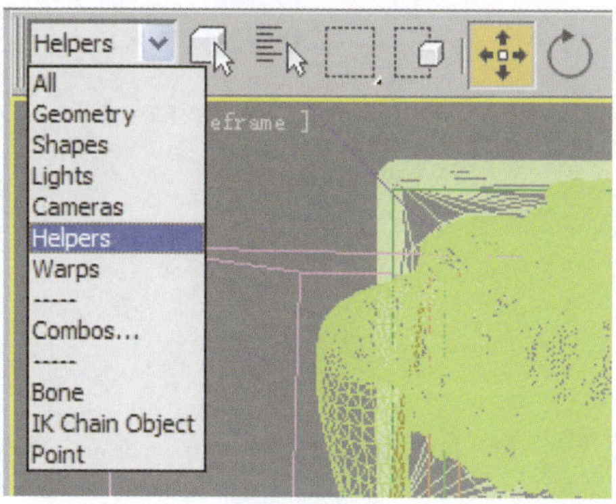

图3-58

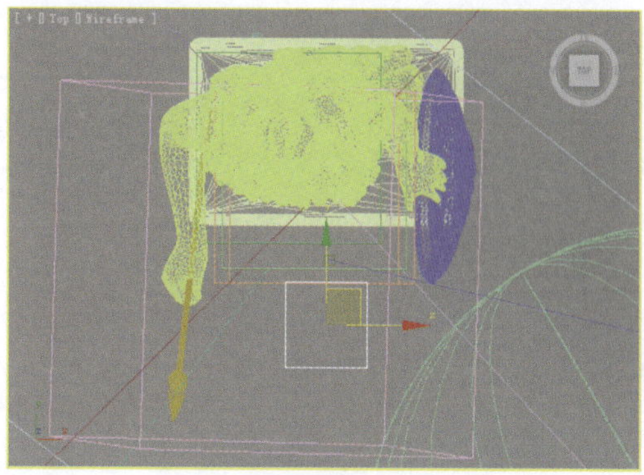

图3-59

在主工具栏中单击Rectangular Selection Region（矩形选择区域）按钮（该工具为默认选择区域工具），即可弹出不同选择区域类型下拉列表，效果如图3-60所示。利用这些工具能够通过绘制选择区域来选择对象，如图3-61所示。

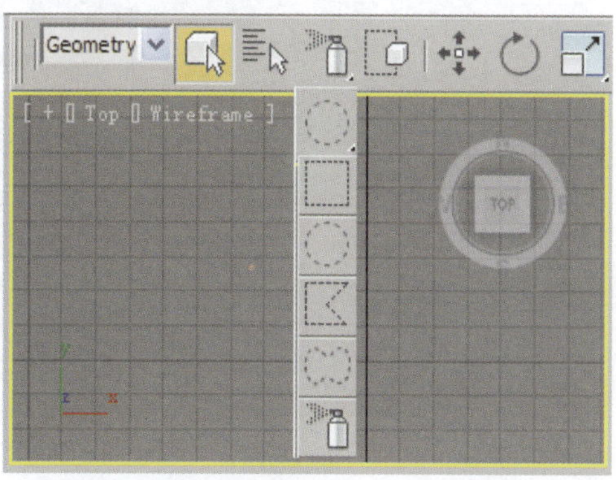

图3-60

图3-61

- Rectangular Selection Region（矩形选择区域）：选择该工具，用鼠标拉出矩形区域作为选择框，如图3-62所示；松开鼠标后，矩形框选区域内的对象都被选择，如图3-63所示。

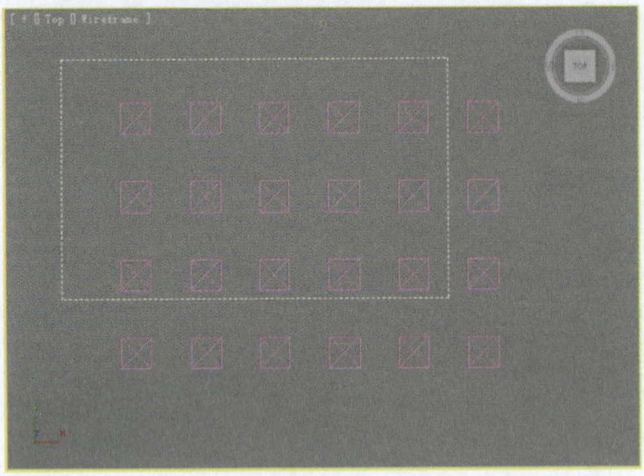

图3-62

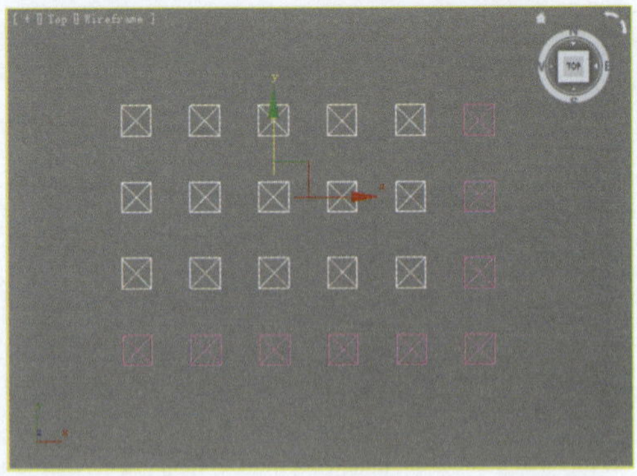

图3-63

- Circular Selection Region（圆形选择区域）：选择该工具，可以用鼠标拉出圆形区域作为选择框，如图3-64所示，松开鼠标后，图形框选区域中的所有对象都被选择，如图3-65所示。

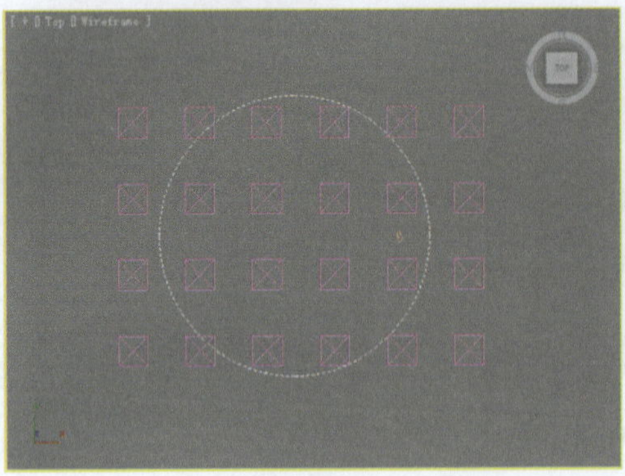

图3-64

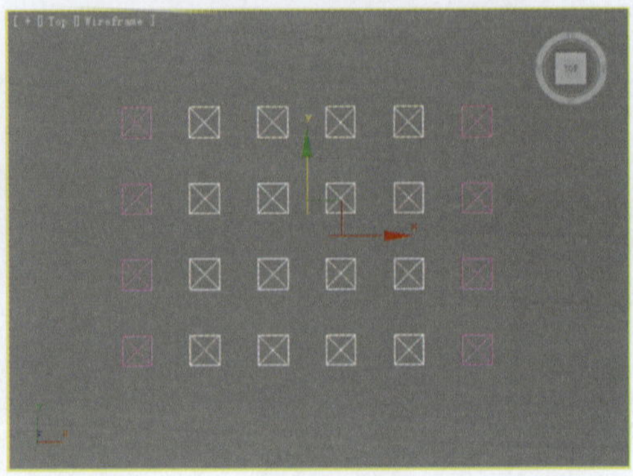

图3-65

- Fence Selection Region（围栏选择区域）：使用该工具，拉出任意多边形区域作为选择框，效果如图3-66所示；松开鼠标后，框选区域中的对象都被选择，效果如图3-67所示。

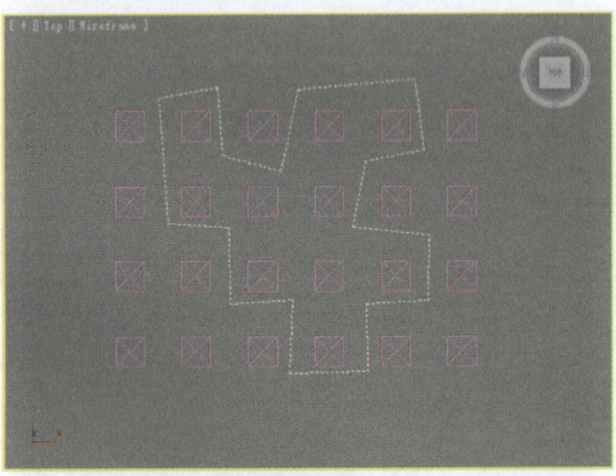

图3-66

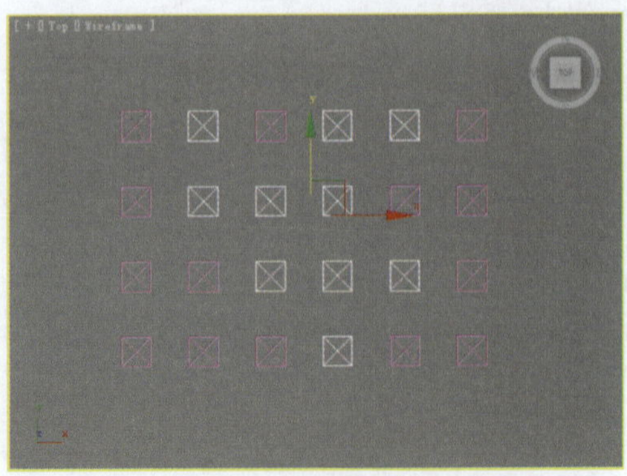

图3-67

- Lasso Selection Region（套索选择区域）：选择该工具之后，使用鼠标在视口中拉出不规则区域作为选择框，如图3-68所示；松开鼠标后，框选区域中的所有对象都被选择，如图3-69所示。

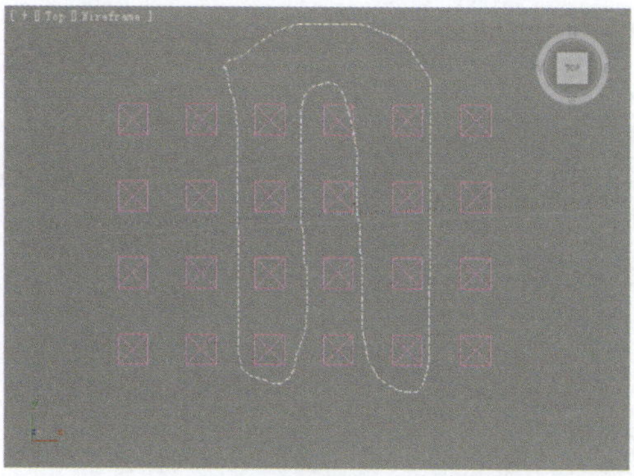

图3-68

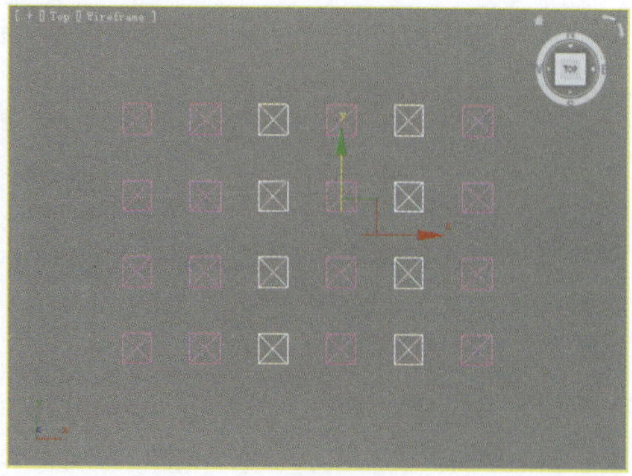

图3-69

- Paint Selection Region（绘制选择区域）：通过将鼠标所控制的圆圈放到多个对象或子对象之上，如图3-70所示，来选择多个对象或子对象，如图3-71所示。

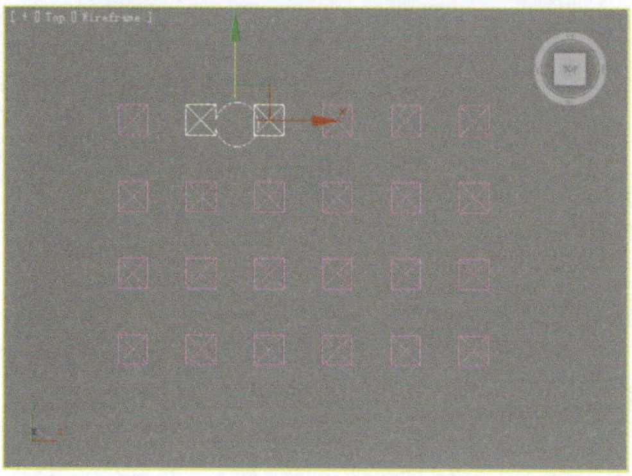

图3-70

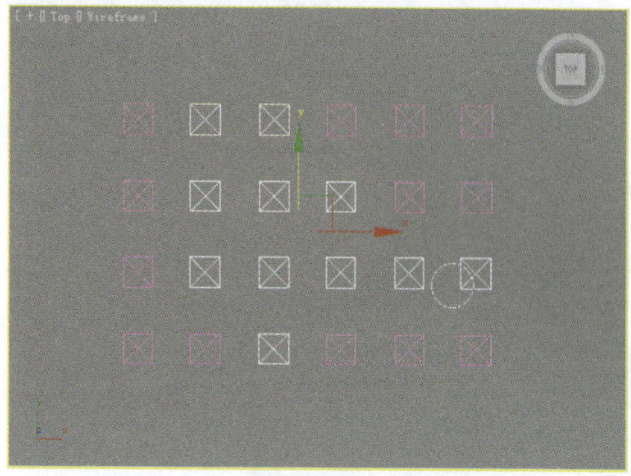

图3-71

3.2.3 按颜色选择对象

在创建对象时，3ds Max会自动分配给每个对象不同的颜色。单击Name and Color（名称和颜色）对话框中的色块，弹出Object Color（对象颜色）对话框，如图3-72所示，单击“按颜色对象”按钮，即可打开按当前颜色选择场景对象的窗口，如图3-73所示。

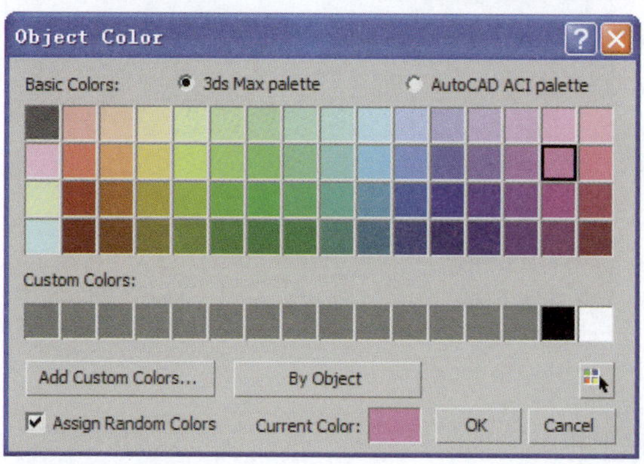

图3-72

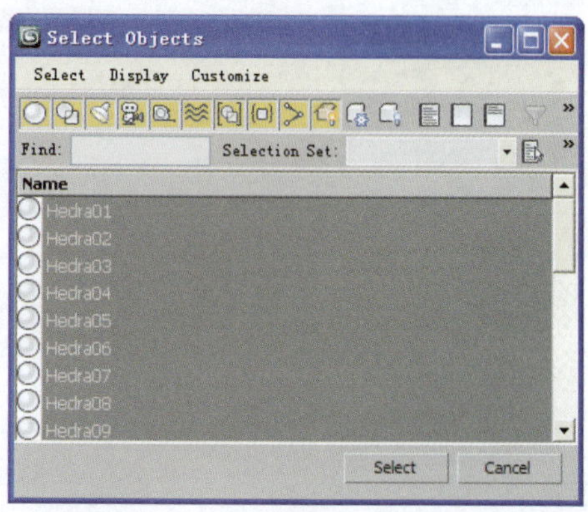

图3-73

知识应用：利用颜色选择对象

原始文件：案例文件\第3章\利用颜色选择场景对象.max

最终文件：案例文件\第3章\利用颜色选择对象最终文件.max

核心技能：使用对象颜色来进行选择。

Step 1 打开本实例的场景文件，如图3-74所示，该场景中有一些不同颜色立方体组成的魔方。

Step 2 切换至Left（左）视口，在该视口中选择右下角的对象，如图3-75所示。

图3-74

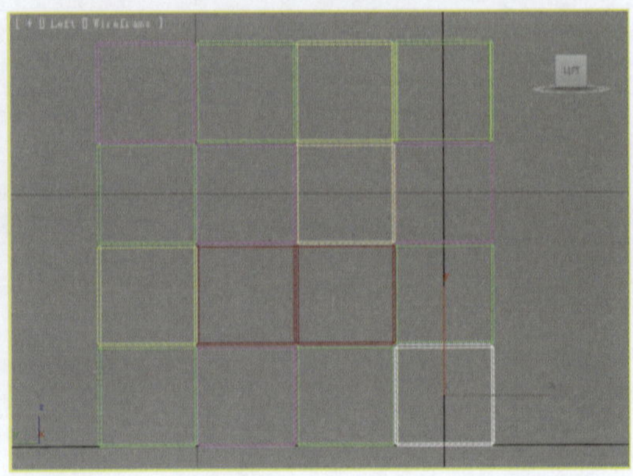

图3-75

Step 3 在Create（创建）面板中的Name and Color（名称和颜色）卷展栏中单击对象名称之后的色块，如图3-76所示。

Step 4 弹出图3-77所示的Object Color（对象颜色）对话框。

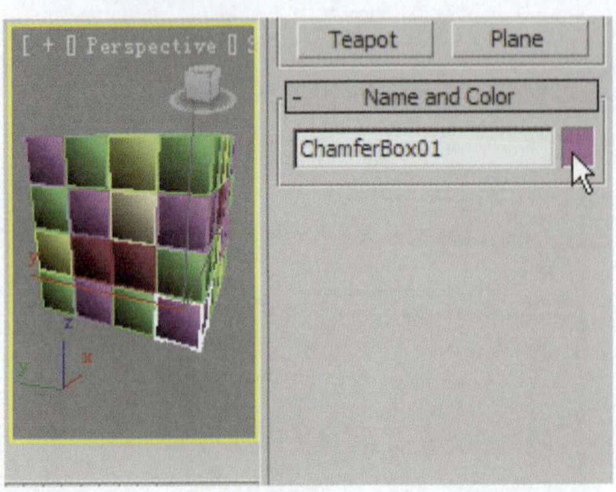

图3-76

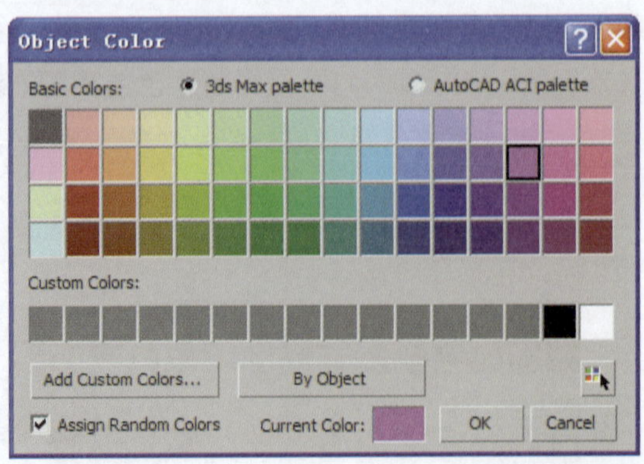

图3-77

Step 5 在Object Color（对象颜色）对话框中单击“按颜色对象”按钮，如图3-78所示，即可打开按当前颜色选择场景对象的Select Objects（选择物体）窗口，如图3-79所示。

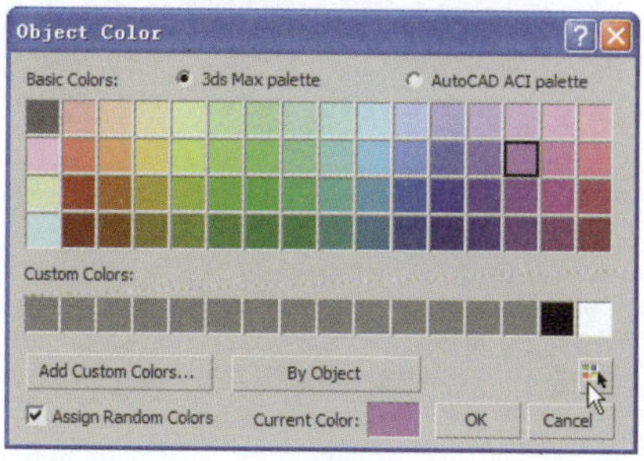

图3-78

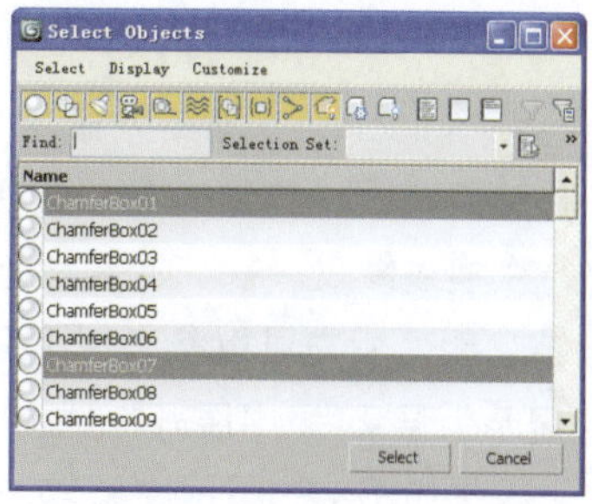

图3-79

Step 6 在Select Objects（选择物体）窗口中单击Select（选择）按钮，即可选择相同颜色的对象，如图3-80所示。

Step 7 在视口中选择另一种大红色的对象，如图3-81所示。

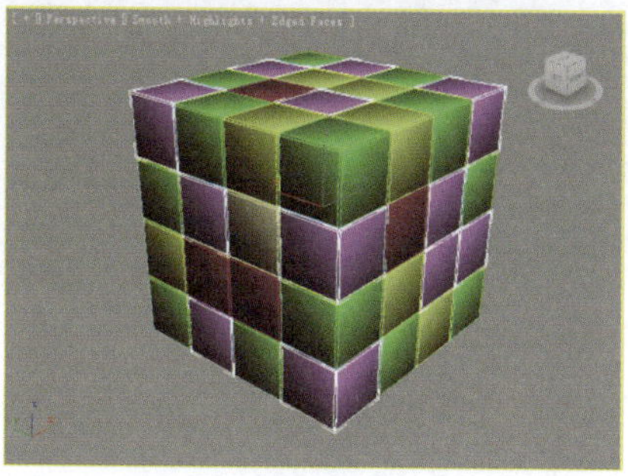

图3-80

图3-81

Step 8 使用前面的方法打开Select Objects（选择物体）窗口，在该窗口中以高亮方式显示所有会被选择的对象，如图3-82所示。

Step 9 单击Select（选择）按钮之后，同是大红色的对象都会被选择，如图3-83所示。

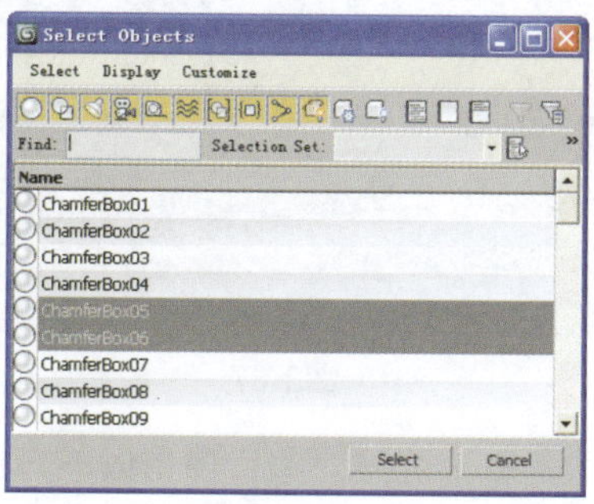

图3-82

图3-83

3.2.4 对象的冻结与隐藏

在前面几个小节中，对场景对象的多种选择方式以及工具进行了介绍，在本小节中将对选择对象的冻结、隐藏的操作方法进行讲解。

在选择场景中的目标对象之后，用户可以将暂时不作修改的对象进行隐藏或者冻结，以减轻系统负担、防止误操作等。

1. 冻结对象

使用Freeze Selection（冻结）命令可以冻结场景中的任一对象选择。默认情况下，无论是线框模式还是渲染模式，冻结对象都会变成深灰色。这些对象仍保持可见，但无法选择，因此不能直接进行变换或修改。

使用冻结功能，用户可以参考以下几种途径：其一是在视口中选择需要冻结的对象之后，在Display（显示）层级中展开Freeze（冻结）卷展栏，如图3-84所示，使用该卷展栏中的命令冻结对象，效果如图3-85所示。

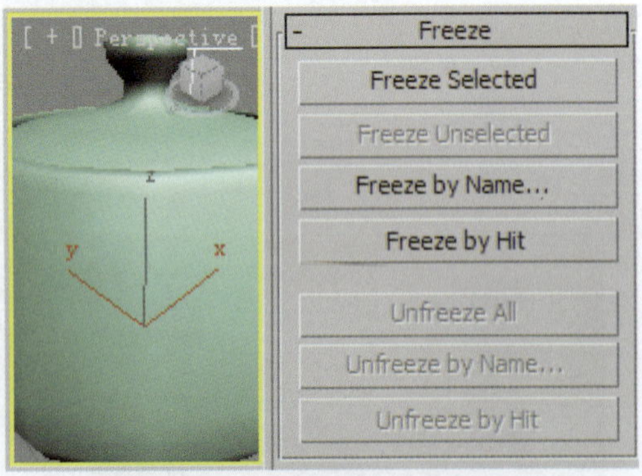

图3-84

图3-85

其二是在视口中选择冻结对象之后右击，在打开的快捷菜单中选择Freeze Selection（冻结选择）命令，如图3-86所示，也可将选择的对象冻结，如图3-87所示。

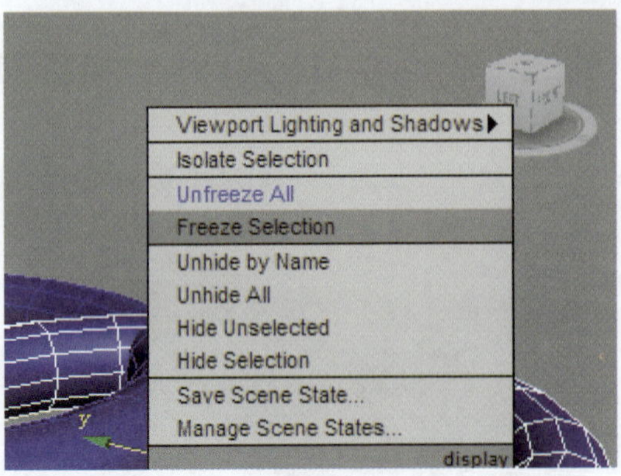

图3-86

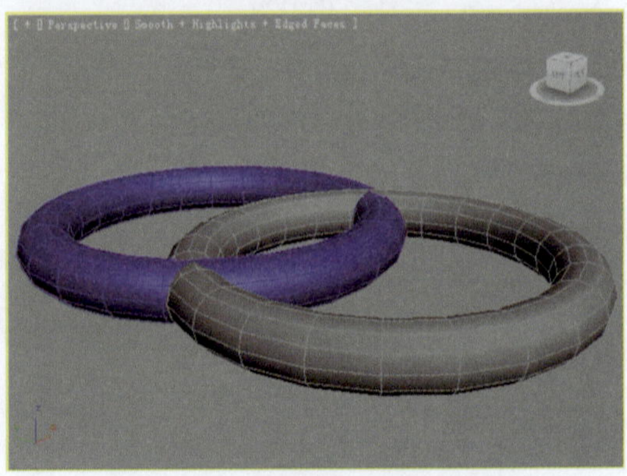

图3-87

在冻结对象之后，就会面临一个相对应的问题：如何取消冻结对象。使用以下方法，可以解除对场景对象的隐藏：使用Display（显示）层级Freeze（冻结）卷展栏中的命令；其二是使用快捷菜单中的UnFreeze All（取消所有冻结）命令，都能解除对场景对象的冻结效果。

2. 隐藏对象

使用隐藏对象的功能，可以隐藏场景中的任意单个对象。这些对象将从视图中消失，使得选择其余对象更加容易。要隐藏场景中的对象，可以使用以下几种方法：其一是在视口中选择需要隐藏的对象，右击，在打开的快捷菜单中选择Hide Selection（隐藏选择）命令，如图3-88所示，在选择该命令之后，即可将被选择的对象隐藏，如图3-89所示。

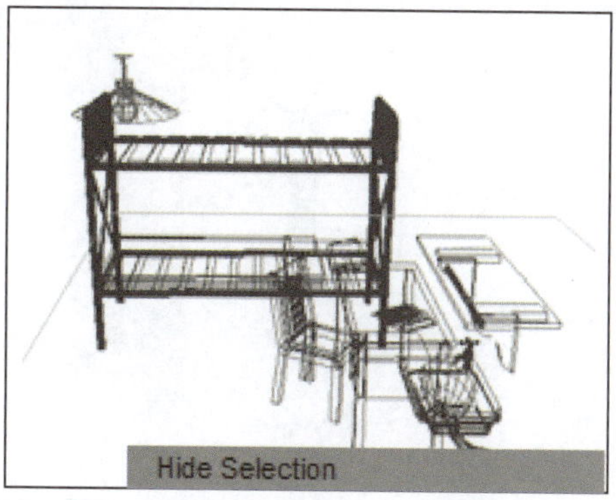

图3-88

图3-89

3.3 对象的操作

在选择场景对象之后，用户即可开始对场景对象进行操作。在本节中，将向读者介绍移动、旋转、缩放等一些十分基础、简单的变换操作，还会向读者介绍如何将场景对象成组以及解组方法，使用Align（对齐）工具、Mirror（镜像）工具、Array（阵列）工具来创建复杂对象的方法。使用Array（阵列）工具制作的兵马俑队伍效果如图3-90所示。

图3-90

3.3.1 移动、旋转和缩放

3ds Max 具有基于对象的操作特点，用户可以对场景中的对象进行各种变换操作，例如，对场景对象进行移动、旋转、缩放等。对象的基本变换是学习3ds Max必须掌握的一个操作技能。

在3ds Max中，移动、旋转、缩放场景对象的工具分别为Select and Move（选择并移动）工具、Select and Rotate（选择并旋转）工具、Select and Uniform（选择并缩放）工具，而这些工具的快捷按钮位于3ds Max的主工具栏中，如图3-91所示，使用这些工具能对对象进行移动、旋转、缩放操作，效果如图3-92所示。

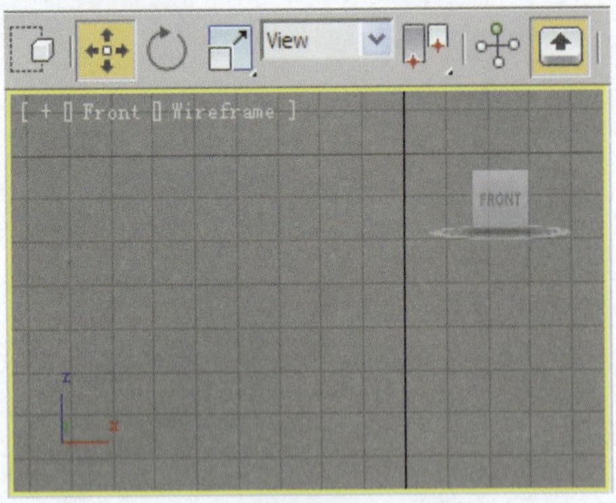

图3-91

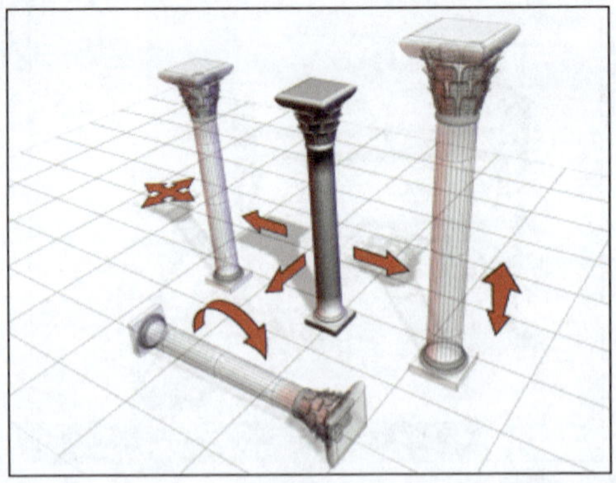

图3-92

启用移动、旋转或缩放工具后会在场景中出现该工具的Gizmo图标，图3-93～3-95所示分别为选择Select and Move（选择并移动）工具、Select and Rotate（选择并旋转）工具、Select and Uniform（选择并缩放）工具时的Gizmo图标形态。

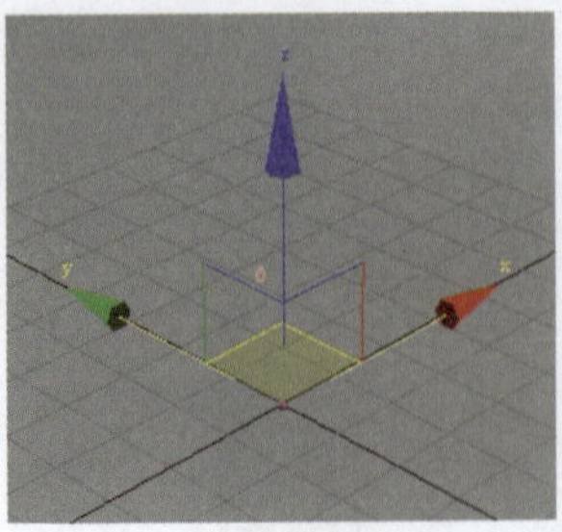

图3-93

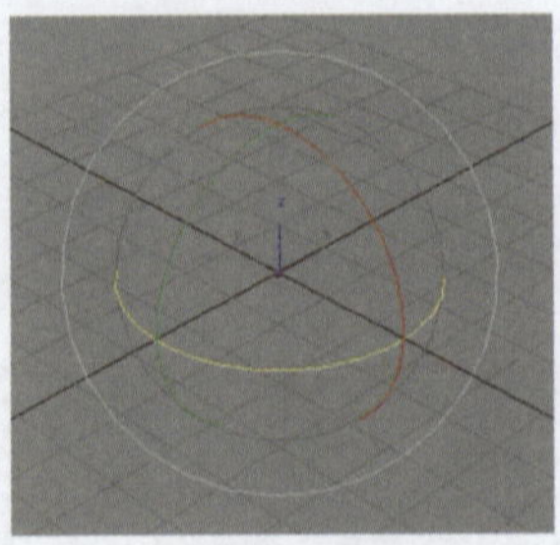

图3-94

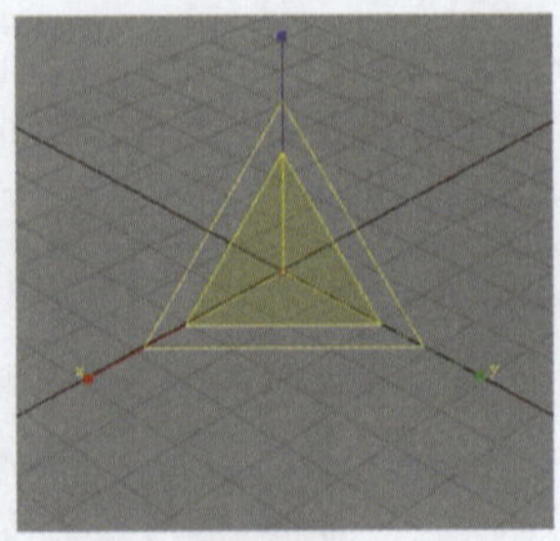

图3-95

每一个Gzimo图标都包含有X、Y、Z这3个坐标轴，黄色显示的为当前激活的坐标轴，可以同时在3个坐标轴上进行变换，也可以单独在某一个坐标轴上进行变换。

如选择Select and Move（选择并移动）工具，激活Y轴向，如图3-96所示，按下鼠标左键并拖动鼠标，即可在Y轴向上移动对象，如图3-97所示。

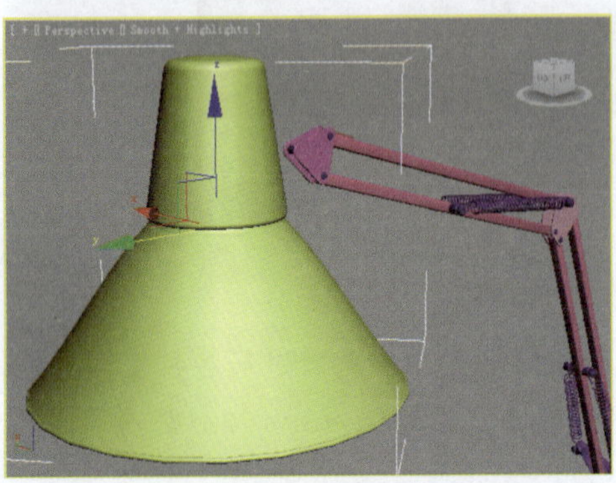

图3-96

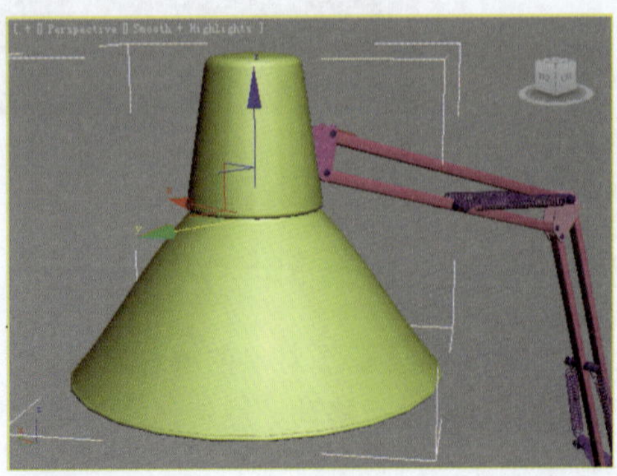

图3-97

在视口中选择需要调整的对象，在主工具栏中激活Select and Rotate（选择并移动）工具，在视口中激活红色的X轴，如图3-98所示，按下鼠标左键并拖动鼠标，以此来旋转场景对象，如图3-99所示。

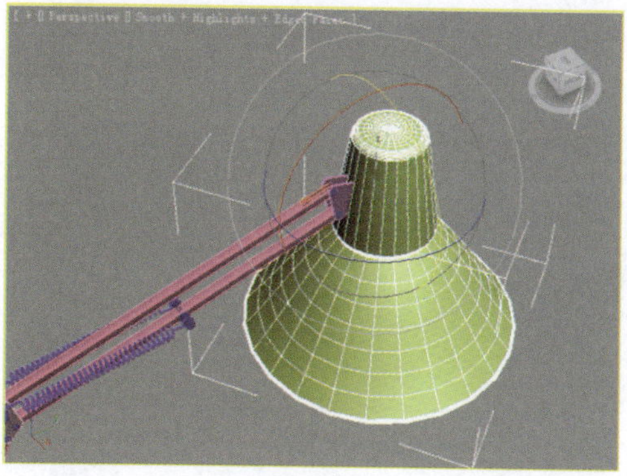

图3-98

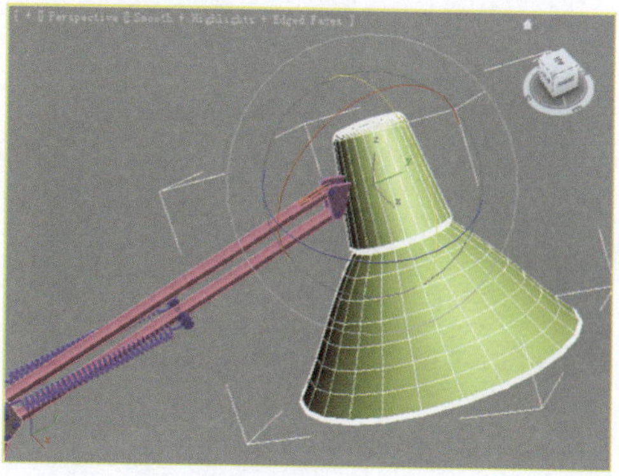

图3-99

使用Select and Uniform（选择并缩放）工具，能够对选择的对象进行缩放操作。Select and Uniform（选择并缩放）工具包括选择并均匀缩放、选择并非均匀缩放、选择并挤压。与前面的移动、旋转工具一样，使用Select and Uniform（选择并缩放）工具也能在某单个轴向或多个轴向上缩放对象，在单个轴向上缩放对象的效果如图3-100所示，在多个轴向上缩放对象的效果如图3-101所示。

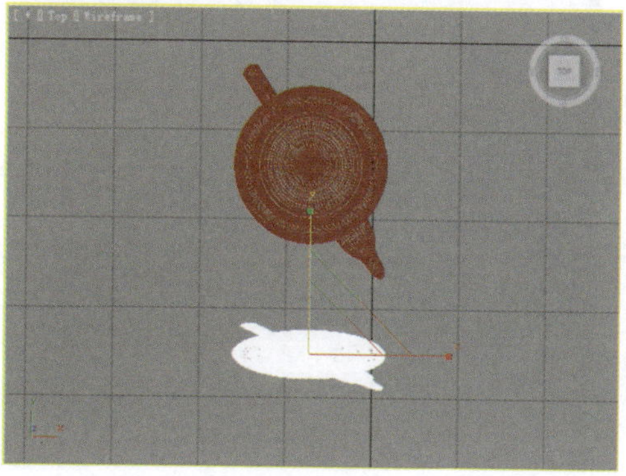

图3-100

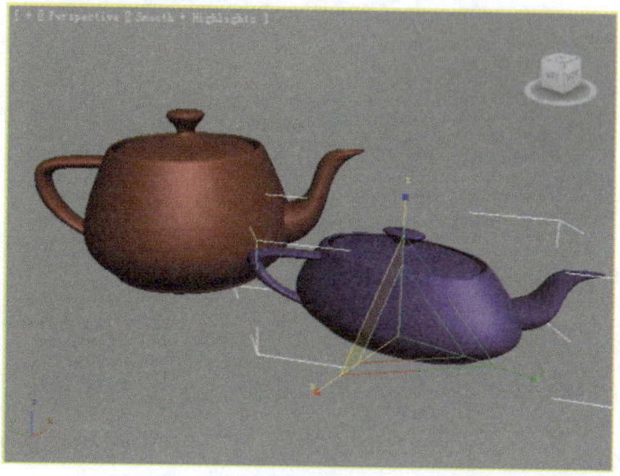

图3-101

知识应用：布置客厅场景

原始文件：案例文件\第3章\布置客厅场景原始文件.max

最终文件：案例文件\第3章\布置客厅场景最终文件.max

核心技能：移动、旋转、缩放工具的综合运用。

Step 1 打开光盘中提供的“光盘文件\第3章\布置客厅场景原始文件.max”文件，如图3-102所示，这是一个已经放置了一些主体家具的客厅场景，下面将要在该场景中添加一些生活物品。

Step 2 首先选择File（文件）>Merge（合并）命令，在弹出的对话框中选择光盘中所提供的“茶几.max”文件，如图3-103所示。

图3-102

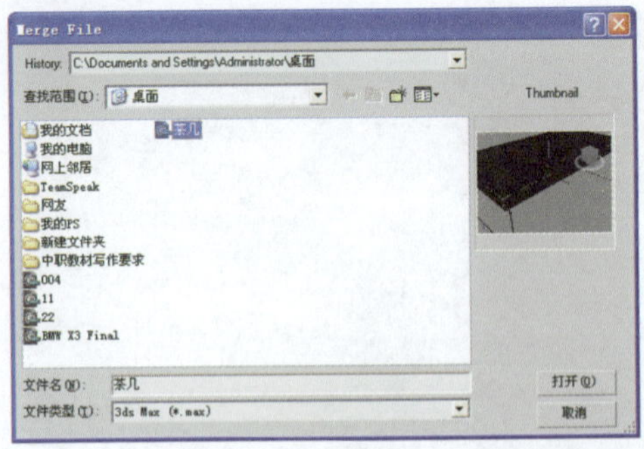

图3-103

Step 3 然后在弹出的“合并”对话框中选择所有对象，如图3-104所示，在场景中导入了一个茶几模型，但是这个茶几非常大，和其他家具不成比例。

Step 4 选择茶几对象，在主工具栏中单击Select and Uniform Scale（选择并等比缩放）按钮，然后当3个轴向都为黄色时进行缩放，将茶几缩放到合适的大小。再单击Select and Move（选择并移动）按钮，将茶几对象移动到图3-105所示的位置。

图3-104

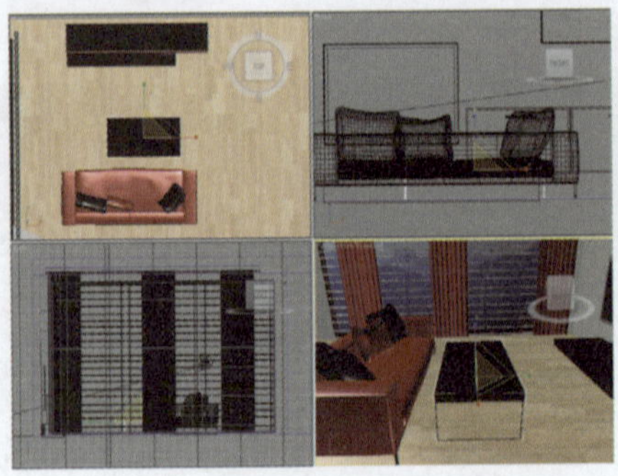

图3-105

Step 5 接下来使用相同的方法在场景中导入“口杯.max”对象，如图3-106所示，导入的杯子对象并没有在茶几上。

Step 6 继续使用移动工具，使移动轴的Y轴处于黄色激活状态，然后沿着Y轴将杯子移动到茶几上，如图3-107所示。

图3-106

图3-107

Step 7 继续在场景中导入光盘中所提供的“电视机.max”对象，如图3-108所示，导入的电视机的朝向不对。

Step 8 在主工具栏中单击Select and Rotate（选择并旋转）按钮，将电视机沿着Y轴旋转90°，然后使用移动工具将电视机移动到墙面上图3-109所示的位置。

图3-108

图3-109

Step 9 继续导入光盘中提供的“书.max”文件，如图3-110所示。

Step 10 仍然使用旋转工具将书对象沿着Y轴旋转90°，然后使用移动工具将它移动到图3-111所示的柜子上。

图3-110

图3-111

Step 11 接下来在场景中导入光盘中所提供的“花瓶.max”文件，如图3-112所示，所导入的花瓶对象在客厅的中间。

Step 12 进入Top（顶）视口，使用移动工具在X、Y轴上对花瓶进行移动，将它摆放到图3-113所示的角落里。

图3-112

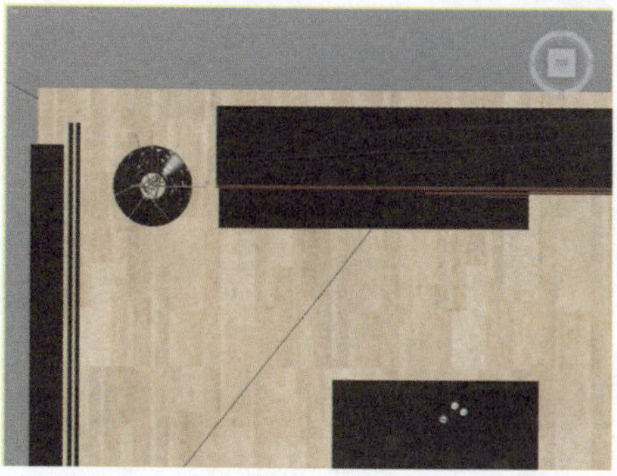

图3-113

Step 13 按照上面所使用的相似方法导入相册、台灯等物品，最后形成图3-114所示的场景效果。图3-115所示为布置好物品后的该场景的渲染效果。

图3-114

图3-115

3.3.2 组对象的使用

当场景中的对象较多，而部分对象又必须进行同样的移动、旋转或缩放等变换时，如果用户逐一对这些对象进行调整，那么不仅操作麻烦，而且变换操作的准确性也比较低。鉴于这类问题，3ds Max为用户提供了成组的概念。

成组的方法如下：首先在视口中选择需要成组的对象，如图3-116所示，接着选择Group（组）>Group（成组）命令，如图3-117所示。

图3-116

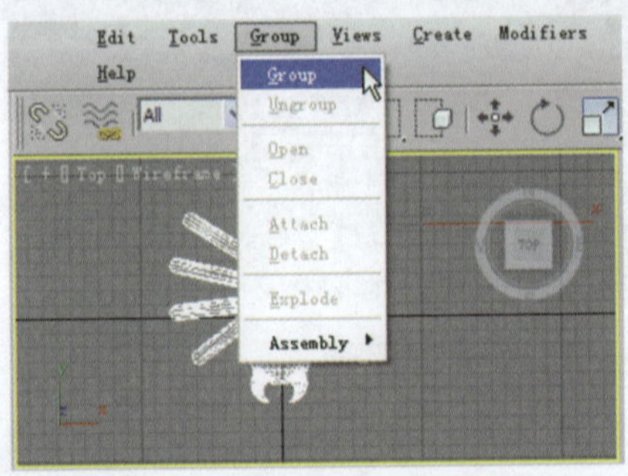

图3-117

执行Group（成组）命令之后，在弹出的Group（成组）对话框的文本框中输入组的名称，如图3-118所示，即可将所选择的对象成组，效果如图3-119所示。

图3-118

图3-119

3.3.3 对齐工具

在对物体进行变换时，经常需要调整两个物体之间的位置，如将两个对象沿其表面对齐，或使其呈中心对齐等。使用Align（对齐）工具可以快速地使两个对象按照不同的轴向进行对齐。

单击主工具栏中的Align（对齐）工具，即可打开对齐工具的下拉列表，如图3-120所示，这些工具的命令位于Tools（工具）>Align（对齐）命令下，如图3-121所示。

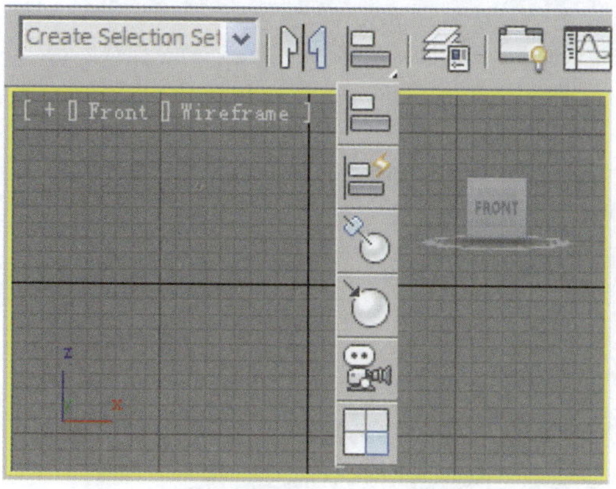

图3-120

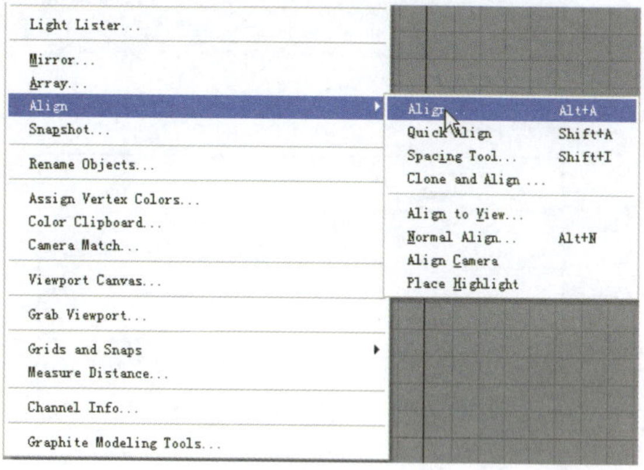

图3-121

- Align（对齐）：可以将当前选择与目标选择进行对齐。该工具能够实现多种对齐，如低端对齐、按中轴线对齐、顶端对齐等，效果如图3-122和图3-123所示。

图3-122

图3-123

- Quick Align（快速对齐）：可将当前选择的位置与目标对象的位置立即对齐。
- Normal Align（法线对齐）：使用Normal Align（法线对齐）工具基于每个对象上面或选择的法线方向将两个对象对齐。原始对象效果如图3-124所示，使用法线对齐工具之后，对象对齐效果如图3-125所示。
- Place Highlight（放置高光）：可将灯光或对象对齐到另一对象，以便精确定位其高光或反射，示意图效果如图3-126所示，对齐高光的对象效果如图3-127所示。

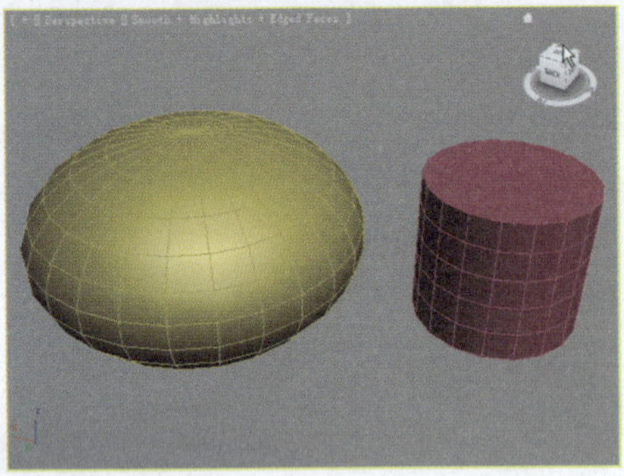

图3-124

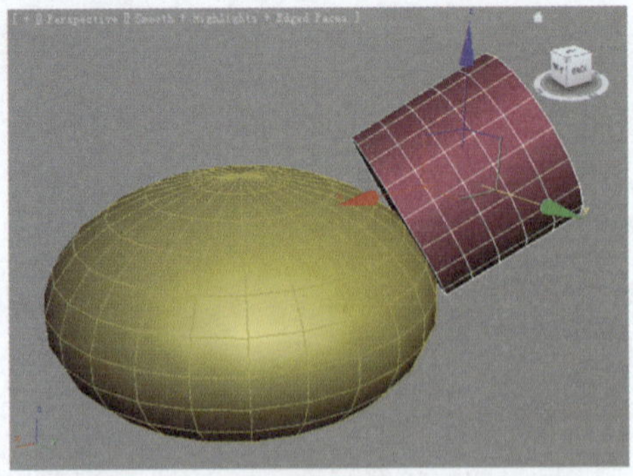

图3-125

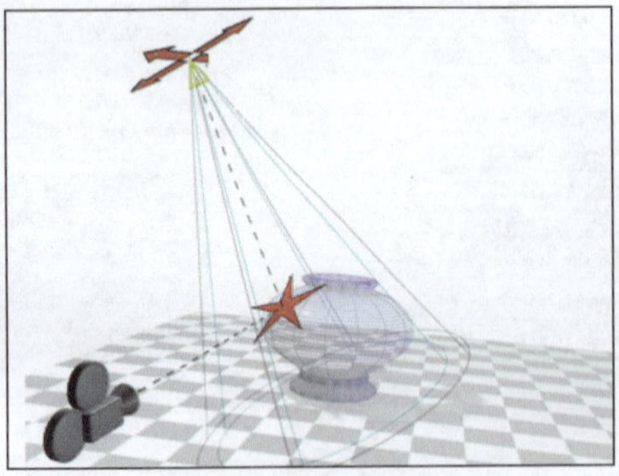

图3-126

图3-127

- Align Camera（对齐摄影机）：可以将摄影机与选定面的法线对齐。
- Align to View（对齐到视图）：可以将对象或子对象选择的局部轴与当前视口对齐。

知识应用：为对象设置高光
原始文件：场景和素材\第3章\为对象设置高光 原始.max
最终文件：场景和素材\第3章\为对象设置高光 最终.max
核心技能：使用高光对齐。

Step 1 打开本实例的原始场景文件，Camera（摄影机）视口中物体的照明效果如图3-128所示。

Step 2 切换至Front（前）视口，在该视口中选择灯光，效果如图3-129所示。

图3-128

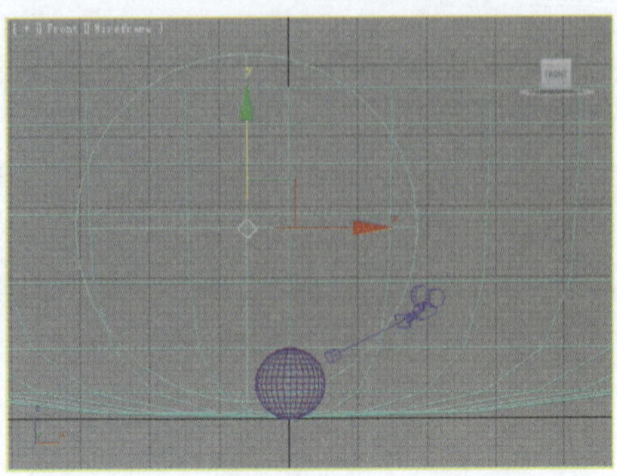

图3-129

Step 3 在主工具栏中激活Place Highlight（放置高光），在Camera（摄影机）视口中的对象上按下鼠标左键并拖动鼠标，将光标放置到图3-130所示的位置。

Step 4 松开鼠标左键后，灯光的高光位置即位于刚才设置的位置，如图3-131所示。

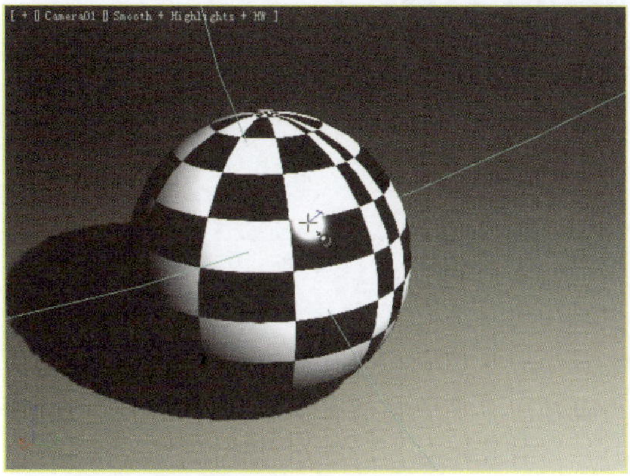

图3-130

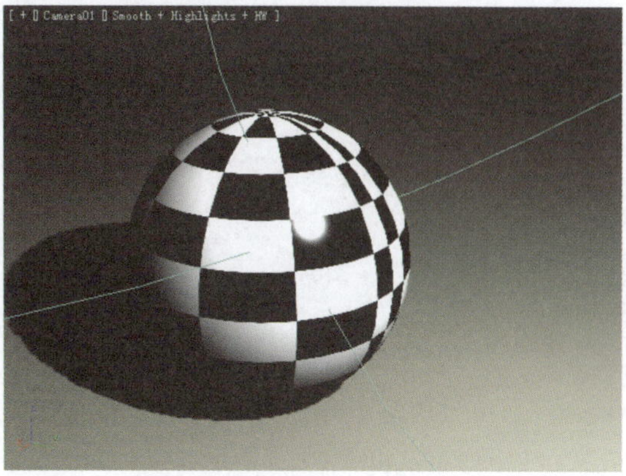

图3-131

3.3.4 镜像工具

利用Mirror（镜像）工具可以使被选择对象在X、Y、Z这3个轴向上进行镜像变换。使用该工具在制作对称模型方面很有帮助。

例如制作人物模型时，可以先制作人物模型的其中一半，如图3-132所示，再利用Mirror（镜像）工具通过对已制作完成的一半模型进行镜像复制，从而得到对称的另一半，最终组成一个对称、完整的人物模型，如图3-133所示。

图3-132

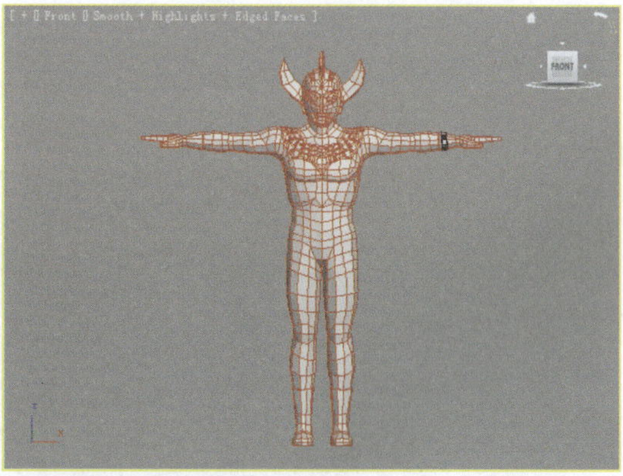

图3-133

Mirror（镜像）对话框用于对镜像的副本的对象进行设置，包括选择镜像的轴、是否进行复制、镜像副本偏移参数等，Mirror（镜像）对话框如图3-134所示。除了上面介绍的应用外，该工具还能镜像整个对象，以制作对象的副本，如图3-135所示。

Mirror（镜像）对话框由Mirror Axis（镜像轴）、Clone Selection（克隆选择）等选项组组成。

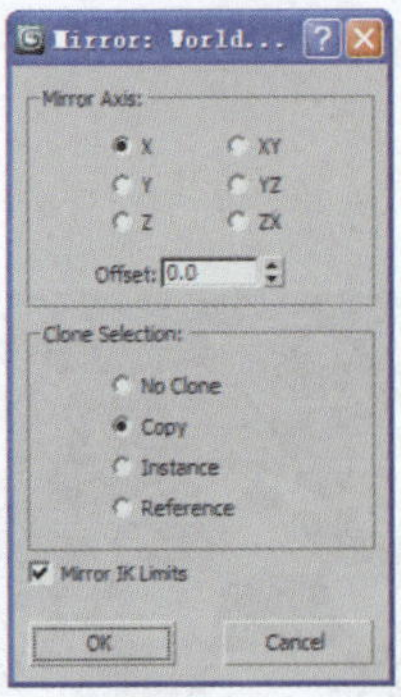

图3-134

图3-135

1. Mirror Axis（镜像轴）选项组

该选项组用来选择在哪一个轴向上对物体进行镜像。不同的镜像轴参数将产生不同的镜像效果，如图3-136和图3-137所示。

图3-136

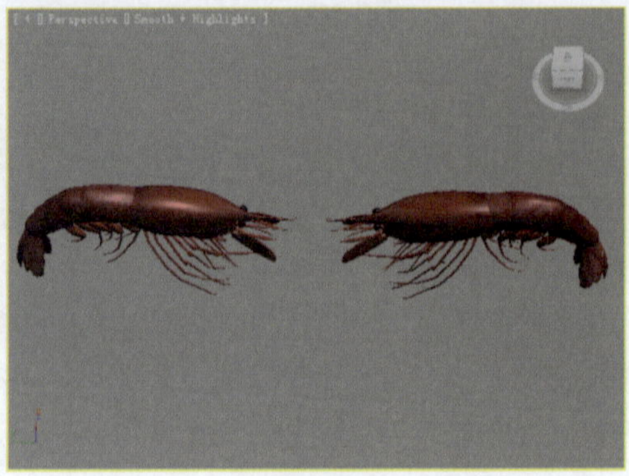

图3-137

Offset（偏移）：用来设置镜像对象和原对象之间的距离。在不同Offset（偏移）参数下，镜像对象的对比效果如图3-138和图3-139所示。

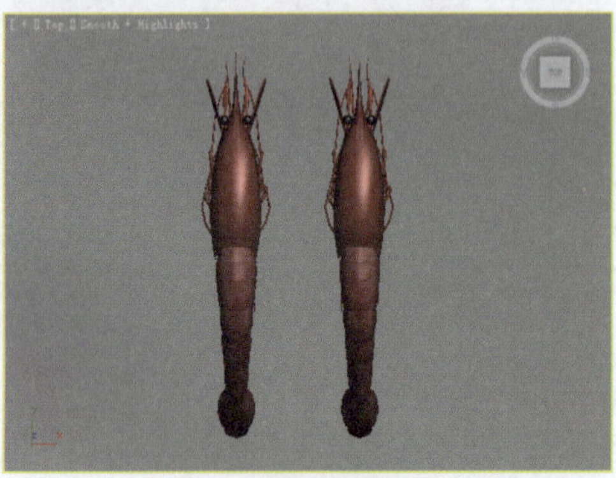

图3-138

图3-139

2. Clone Selection（克隆选择）选项组

选择镜像对象与原对象之间的关系，这些关系包括No Clone（不克隆）、Copy（复制）、Instance（实例）、Reference（参考）。默认参数为No Clone（不克隆）。

知识应用：制作飞机部件
原始文件：场景和素材\第3章\制作飞机部件 原始.max
最终文件：场景和素材\第3章\制作飞机部件 最终.max
核心技能：使用镜像工具。

Step 1 打开本实例的原始场景文件，在视口中发现飞机的组件不全，效果如图3-140所示。

Step 2 首先在视口中选择飞机尾翼，如图3-141所示。

图3-140

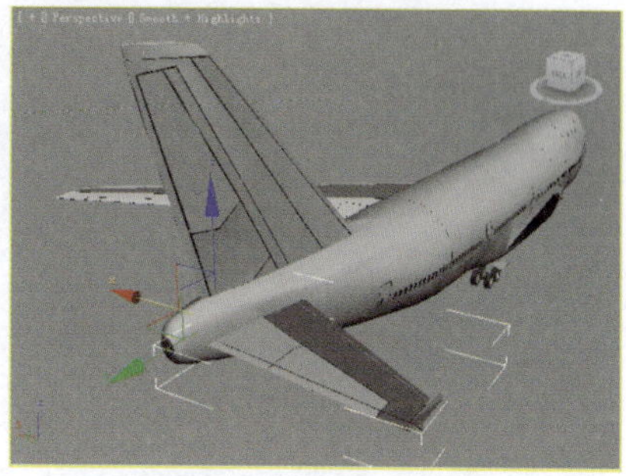

图3-141

Step 3 在主工具栏中单击Mirror（镜像）工具，在弹出的Mirror（镜像）工具对话框中设置镜像参数，效果如图3-142所示。

Step 4 关闭Mirror（镜像）工具对话框，镜像飞机尾翼效果如图3-143所示。

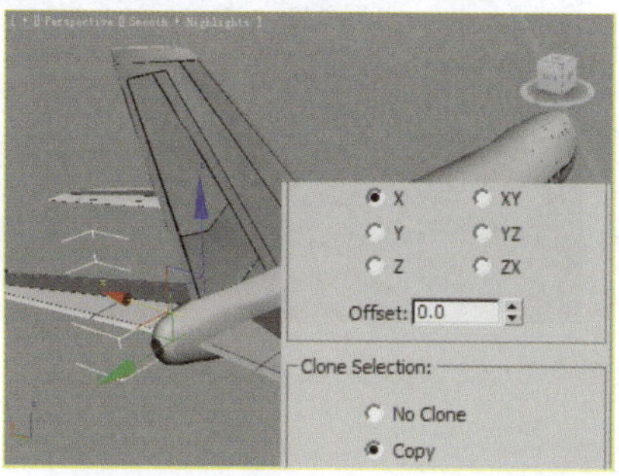

图3-142

图3-143

Step 5 下面来制作飞机前翼。在视口中选择飞机的前翼，效果如图3-144所示。

Step 6 使用前面所介绍的方法，再次镜像飞机前翼，效果如图3-145所示。

图3-144

图3-145

3.3.5 阵列工具

利用Array（阵列）工具，可以快速地创建出被选择对象的多个副本对象，并可以设置创建副本对象之间的间距。Array（阵列）工具对话框如图3-146所示，例如，创建道路两旁的路灯，或是弯曲路边等间距的绿化树木。

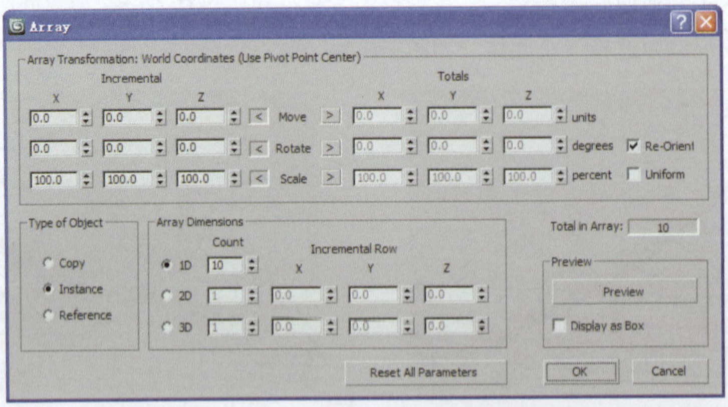

图3-146

知识应用：制作火炮阵营

原始文件：场景和素材\第3章\制作火炮阵营 原始.max

最终文件：场景和素材\第3章\制作火炮阵营 最终.max

核心技能：使用阵列工具。

Step 1 打开本实例的原始场景文件，Camera（摄影机）视口效果如图3-147所示。

Step 2 在该视口中选择炮塔对象，如图3-148所示。

图3-147

图3-148

Step 3 选择Tools（工具）>Array（阵列）命令，如图3-149所示。

Step 4 在弹出的Array（阵列）对话框中设置图3-150所示的参数。

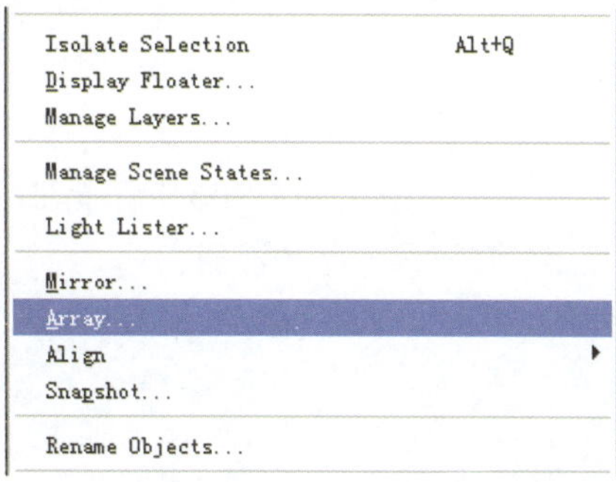

图3-149

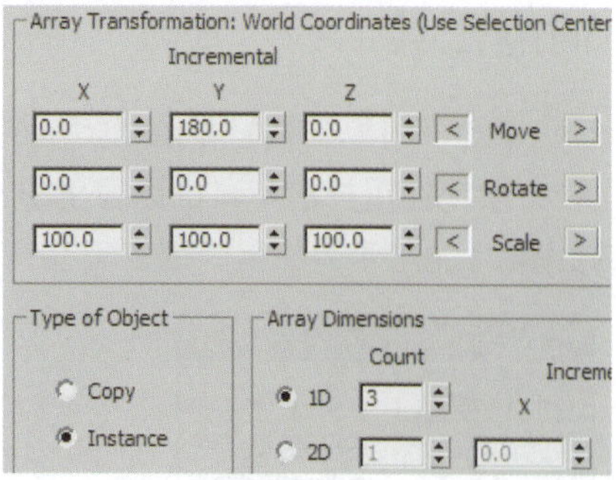

图3-150

Step 5 在Array（阵列）对话框中单击OK按钮确定阵列对象后，在Camera（摄影机）视口中浏览阵列的对象，效果如图3-175所示。

Step 6 调整摄影机视口，本实例的最终效果如图3-152所示。

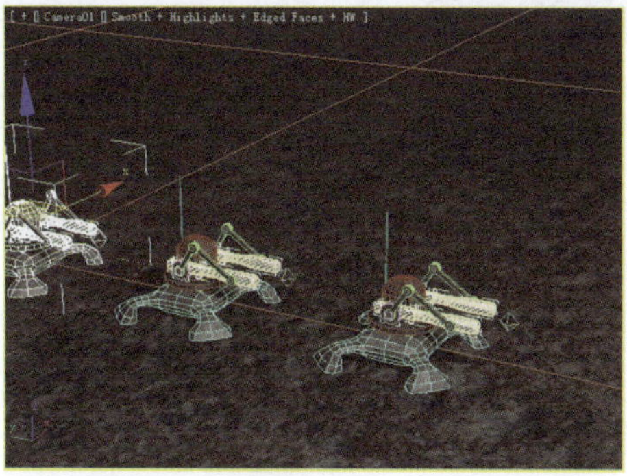

图3-151

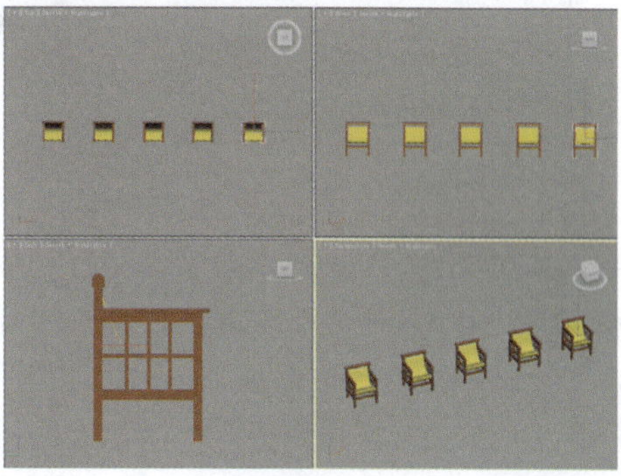

图3-152

阵列不仅可以在平面上进行，还可以在空间中进行。在Array Dimensions（阵列维度）选项组中可以设置在多个轴向上进行阵列。图3-153所示为选择一维阵列的效果，对象只在一个平面上进行阵列复制。图3-154所示为选择二维阵列的效果，对象在空间内产生了阵列效果。

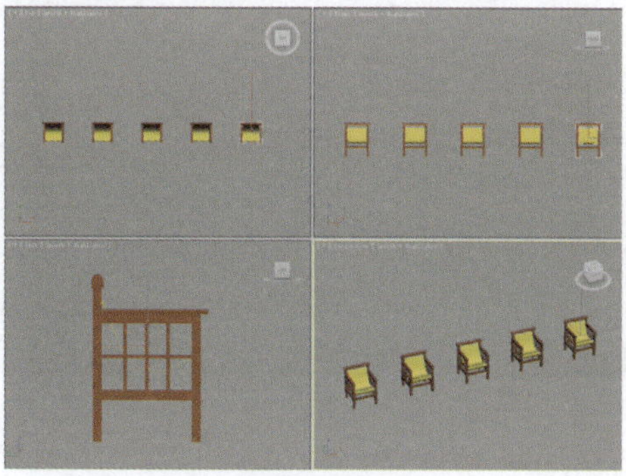

图3-153

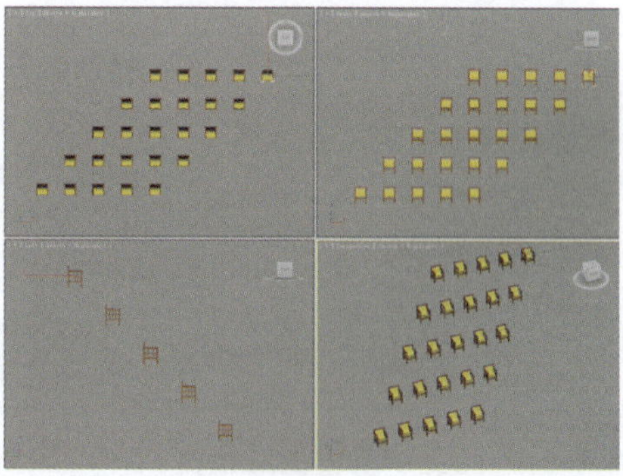

图3-154

注意

当对造型复杂的对象进行阵列操作时，可以勾选Display as Box（显示为长方体）复选框，这样可以避免因阵列数目过多造成场景浏览缓慢。

3.3.6 间隔工具

Spacing Tool（间隔工具）可以在指定的路径上以一定的间距进行对象的复制，使用这个工具可以比较方便地在用户自定义的路径上进行复制操作，图3-155所示为Spacing Tool（间隔工具）窗口。图3-156所示为使用间隔工具在弯曲的截面上摆放不同间距的花瓶。

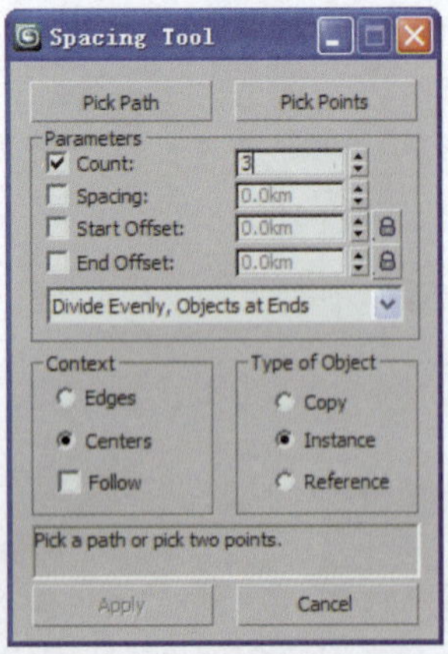

图3-155

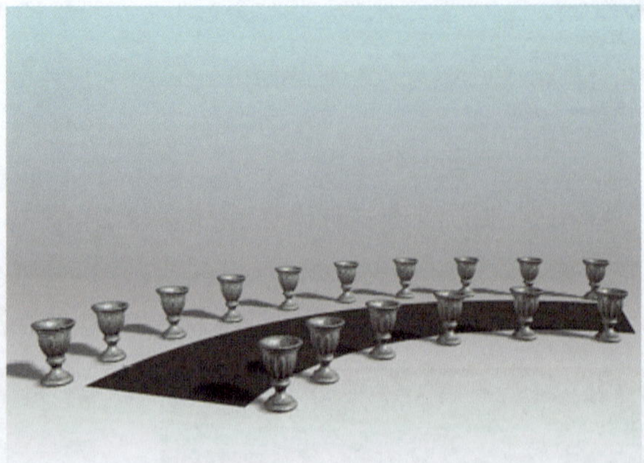

图3-156

- Count（计数）：设置在路径上所分布的对象的数目。
- Spacing（间距）：设置分布对象之间的距离。
- Start Offect（起始偏移）：指定距路径始端偏移的单位数量。
- End Offect（末端偏移）：指定距路径末端偏移的单位数量。

下面将使用间隔工具来沿着道路的边缘放置整齐的路标。

知识应用：放置路标
原始文件：场景和素材\第3章\放置路标原始文件.max
最终文件：场景和素材\第3章\放置路标最终文件.max
核心技能：使用间隔工具。

Step 1 打开光盘中所提供的案例文件，如图3-157所示，场景中有一个路标模型，并且已经绘制好了路面边缘的二维样条线。

Step 2 选择Tools（工具）>Align（对齐）> Spacing Tool（间隔工具）命令，打开图3-158所示的“间隔工具”窗口。

图3-157

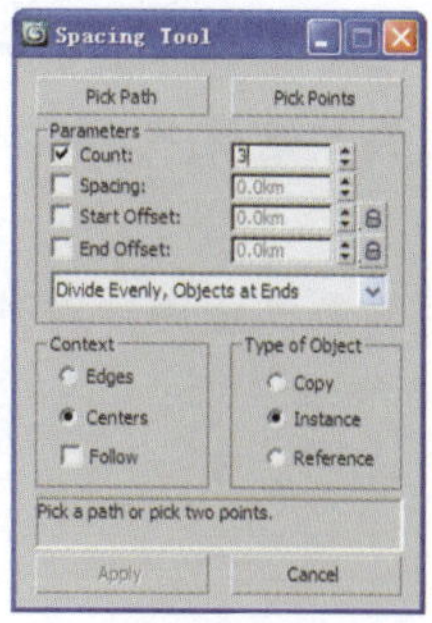

图3-158

Step 3 在“间隔工具”窗口中单击Pick Path（拾取路径）按钮 Pick Path ，然后拾取场景中绘制好的二维样条线，如图3-159所示，对象沿着样条线的方向产生了阵列复制。

Step 4 将Count（间隔数）设置为40，如图3-160所示，增加路径上对象的数目。

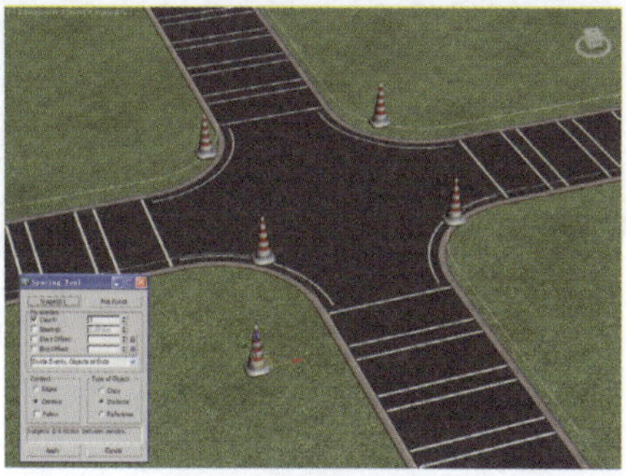

图3-159

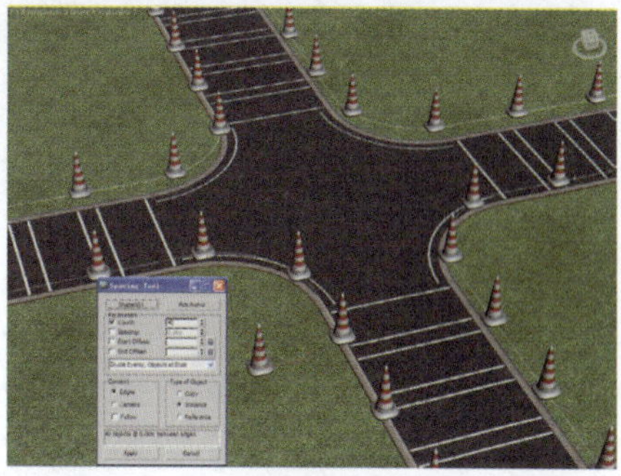

图3-160

Step 5 勾选Context（前后关系）选项组中的Follow（跟随）复选框，使对象跟随路径的方向，如图3-161所示。图3-162所示为该场景最终的完成效果。

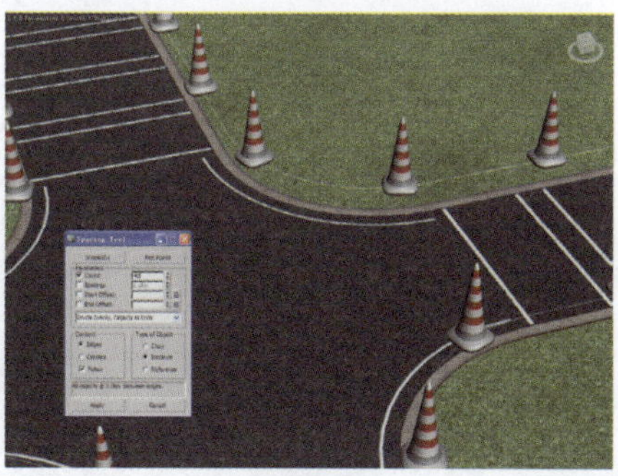

图3-161

图3-162

3.4 实战演练

本章主要介绍了3ds Max中各种操作场景对象的方法以及一些对象变换的工具。本节将通过一个综合实例来加深读者对这些知识点的印象。

知识应用：制作项链模型
最终文件：场景和素材\第3章\制作项链模型最终文件.max
核心技能：组对象的使用，对齐命令以及间隔工具的应用。

Step 1 在场景中创建一个Sphere（球体）对象，参数设置如图3-163所示。

Step 2 然后创建一个Cylinder（圆柱体）对象，参数设置如图3-164所示。

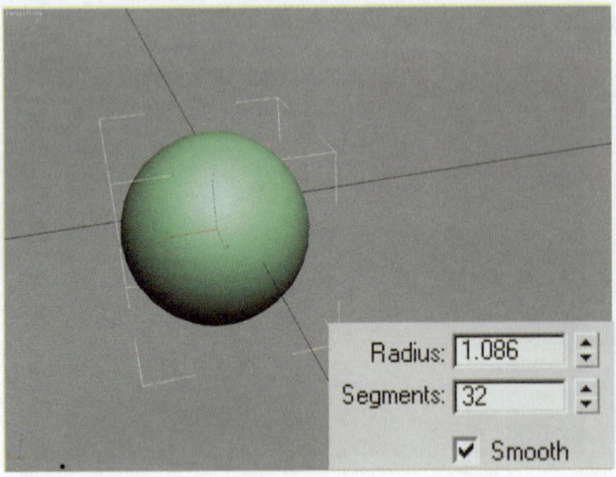

图3-163

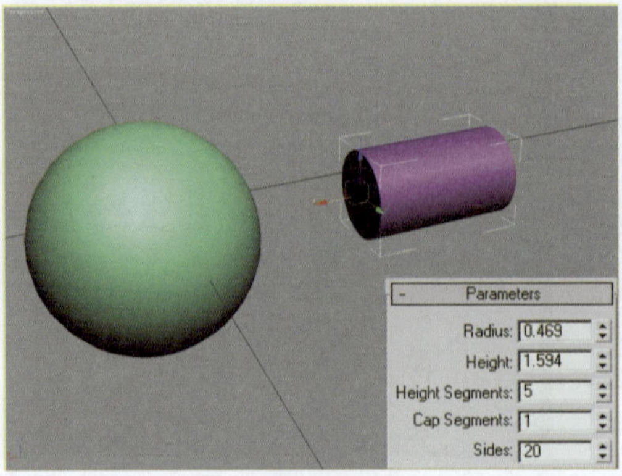

图3-164

Step 3 使用Align（对齐）工具将圆柱体与球体呈中心对齐，然后在Front（前）视口中将圆柱体移动到和球体刚好接触的位置，如图3-165所示。

Step 4 再次创建一个Sphere（球体）对象，将它移动到如图3-166所示的圆柱体的另一侧。

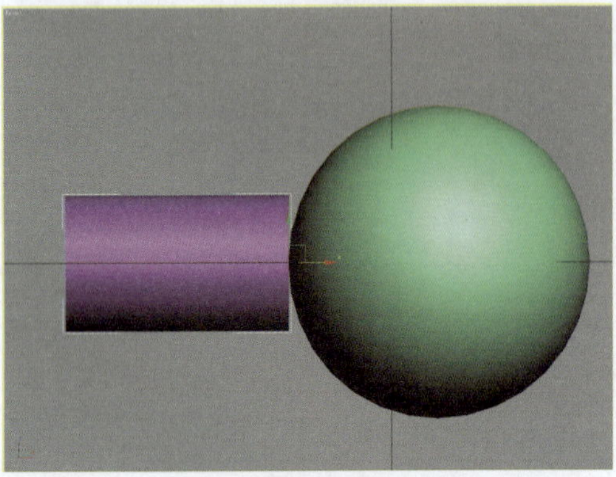

图3-165

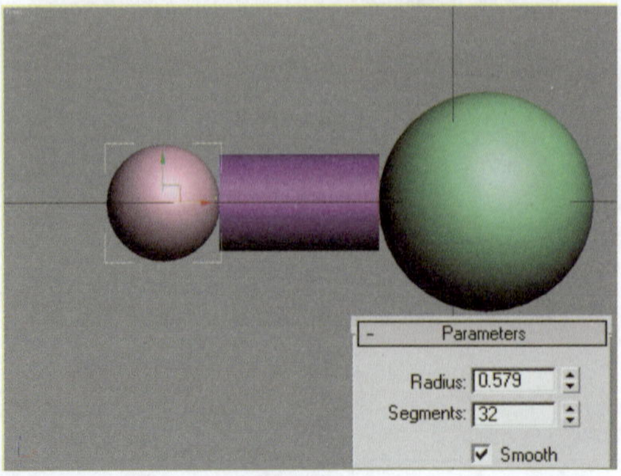

图3-166

Step 5 选择所有对象，选择Group（组）>Group（成组）命令将这3个对象组合成一个组，如图3-167所示。

Step 6 接下来使用Line（线性）样条线在Top（顶）视口中绘制一个图3-168所示的二维曲线。

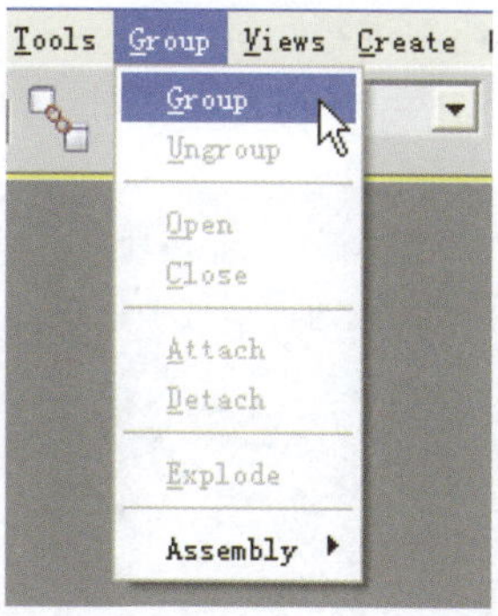

图3-167

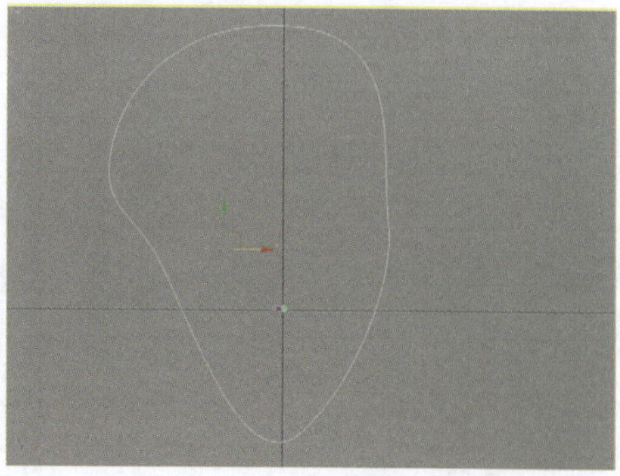

图3-168

Step 7 选择之前成组的对象，选择Align（对齐）>Spacing Tool（间隔工具）命令，如图3-169所示。

Step 8 执行该命令后会打开“间隔工具”对话框，在该对话框中进行图3-170所示的设置。

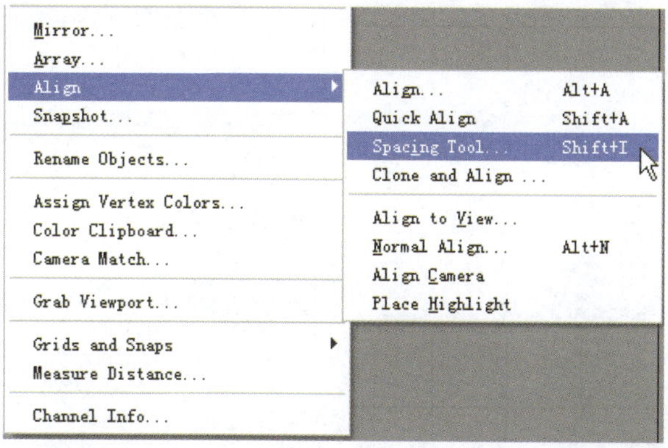

图3-169

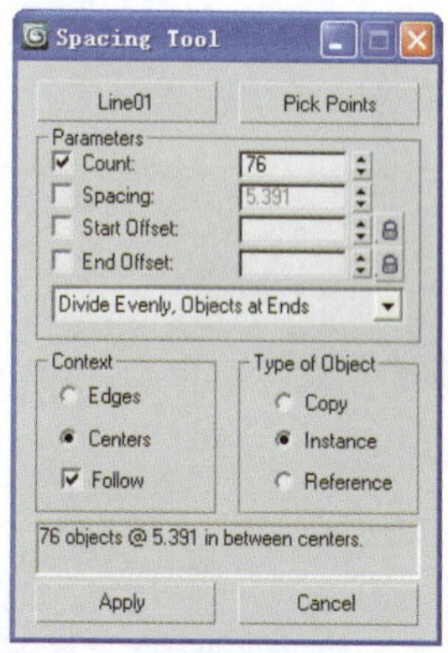

图3-170

Step 9 设置完毕后单击Pick Path（拾取路径）按钮 Pick Path ，拾取场景中绘制的二维图形，拾取后会变为图3-171所示的效果，选择的对象沿着路径进行了阵列。

Step 10 下面进行项链吊坠的制作。在场景中创建一个Torus Knot（环形结）对象，参数如图3-172所示。

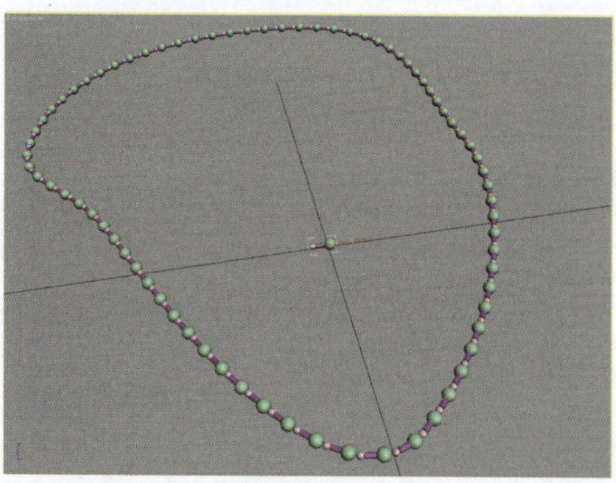

图3-171

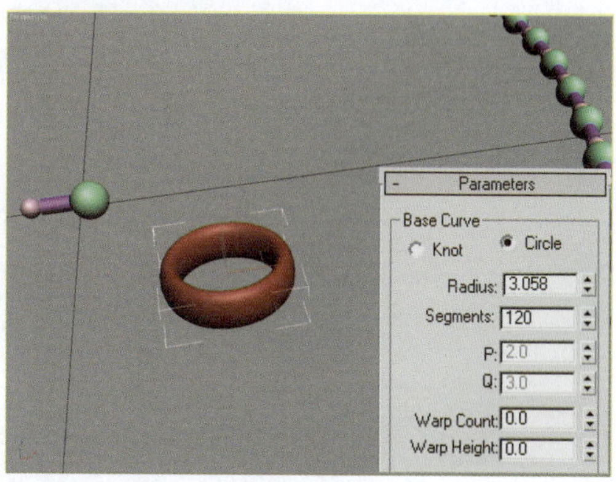

图3-172

Step 11 在环形结对象的Cross Section（截面选择）选项组中进行图3-173所示的设置。

Step 12 然后使用Scale（缩放）工具将对象变形为图3-174所示的效果。

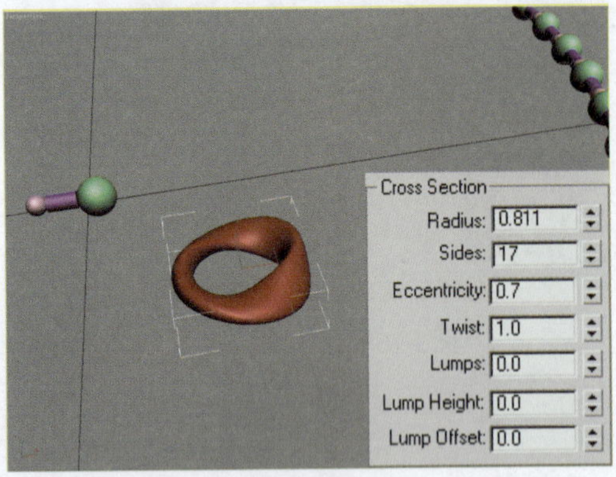

图3-173

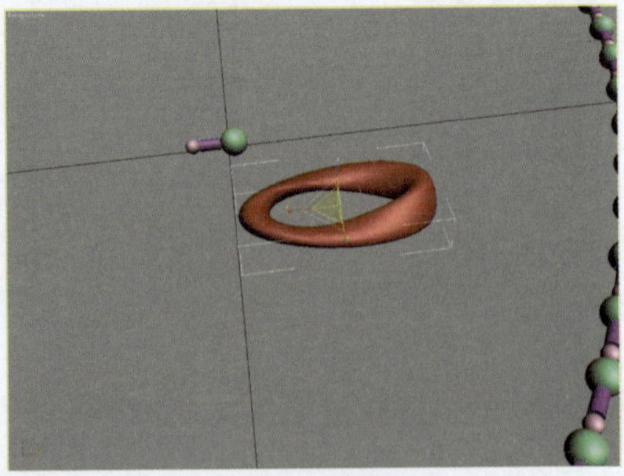

图3-174

Step 13 最后将环形结对象移动到图3-175所示的项链的下方，完成模型的制作。图3-176所示为给项链赋予了金属材质后的渲染效果。

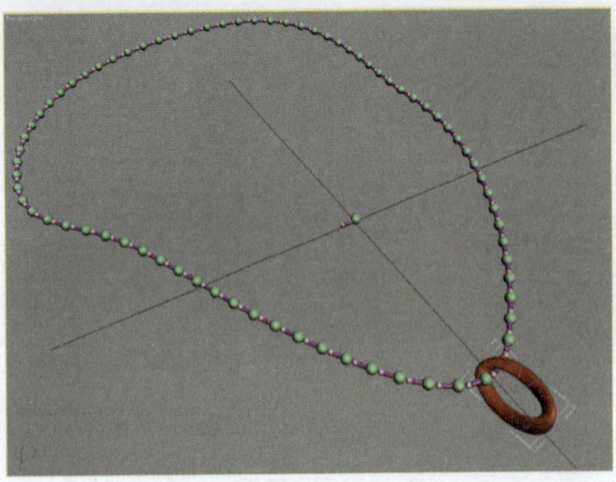

图3-175

图3-176

Chapter

04 创建几何体模型

创建模型是使用3ds Max所必须掌握的一个重点。在3ds Max中，一般都是通过Create（创建）命令面板来直接生成几何体、二维图形、灯光、摄影机等对象，这也是产生造型的最基本方法，但这样生成的对象还不可能符合各方面要求，在造型上还不完美，因此还需要对对象进行修改编辑。

3ds Max中修改模型的方法也非常多，比如使用复合对象面板的复合命令修改对象，在修改命令面板中使用修改器修改对象；还能使用可编辑样条线命令修改编辑创建的二维图形等。在本章中将详细介绍复合对象、修改器、可编辑样条线和可编辑多边形命令的应用。

4.1 二维图形

图形是一个由一条或多条曲线或直线组成的对象，3ds Max提供了普通的样条线和复杂的NURBS曲线两种图形。这些图形可以用做其他对象组件的2D和3D直线以及直线组。曲线包括的主要作用如下：生成面片和薄的3D曲面；定义放样组件，如路径和图形，并拟合曲线；生成旋转曲面；生成挤出对象；定义运动路径。

从本节开始，笔者将通过向读者介绍3ds Max的样条线、扩展样条线、可编辑样条线以及NURBS曲线知识，带领读者走进3ds Max的模型创建领域。

4.1.1 样条线与扩展样条线

在Create（创建）命令面板的Shapes（图形）对象类别下，Splines（样条线）层级和Extended Splines（扩展样条线）层级提供了在日常生活中能够经常看见的几何图形，如在图4-1中出现在的圆形的车轮以及图4-2所示的利用复杂样条线制作的欧式家具。

图4-1

图4-2

在本节中，将向读者按照Spline（样条线）和Extended Spline（扩展样条线）两种样条线介绍3ds Max的基础图形。

1. 样条线

Splines（样条线）包括的几何图形标准基本体一样，都是日常生活中最常见、最规则的。Splines（样条线）对象类型包括Line（线）、Retangle（矩形）、Circle（圆形）、Ellipse（椭圆）、Arc（弧形）、Star（星形）、Text（文本）等11种类型。在Splines（样条线）层级的Object Type（对象类型）卷展栏中显示的对象类型效果如图4-3所示，所包含的图形效果如图4-4所示。

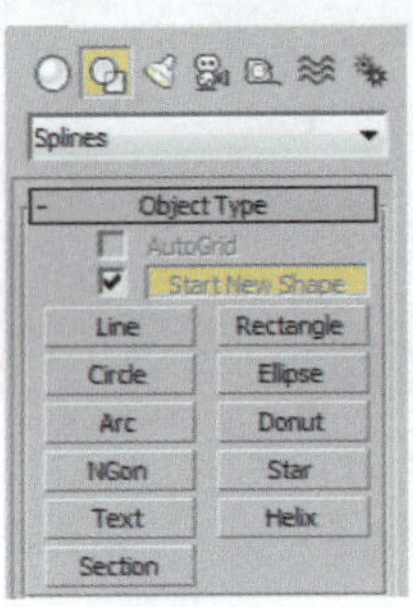

图4-3

图4-4

知识应用：获取枪械的截面图形 原始文件：场景和素材\第4章\获取枪械的截面图形 原始.max 最终文件：场景和素材\第4章\获取枪械的截面图形 最终.max 核心技能：在本知识应用中，通过创建Section（截面）样条线对象并将其移动至枪械对象的中心位置，来制作枪械对象中心部位的截面图形。	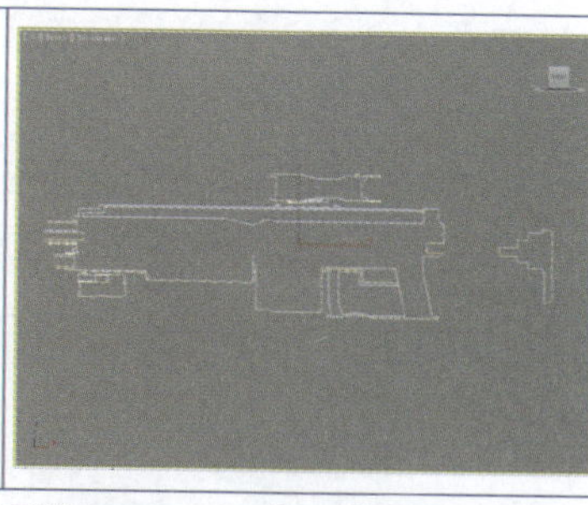

Step 1 打开本知识应用的原始文件“获取枪械的截面图形 原始.max”，在“摄影机”视口中，有一把枪械的模型，如图4-5所示。

Step 2 执行Rendering（渲染）命令，对场景进行渲染，本知识应用的原始文件渲染效果如图4-6所示。

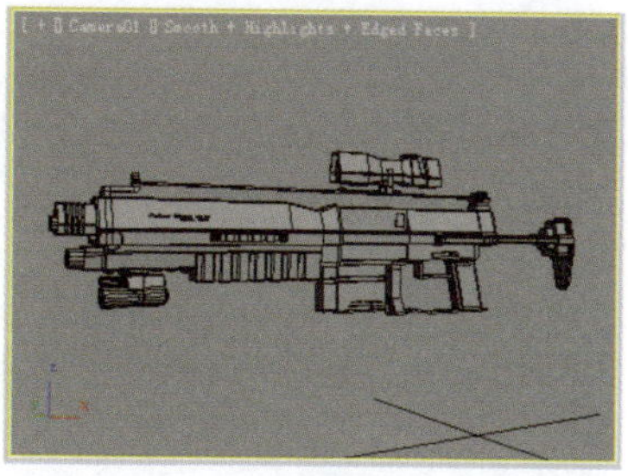

图4-5

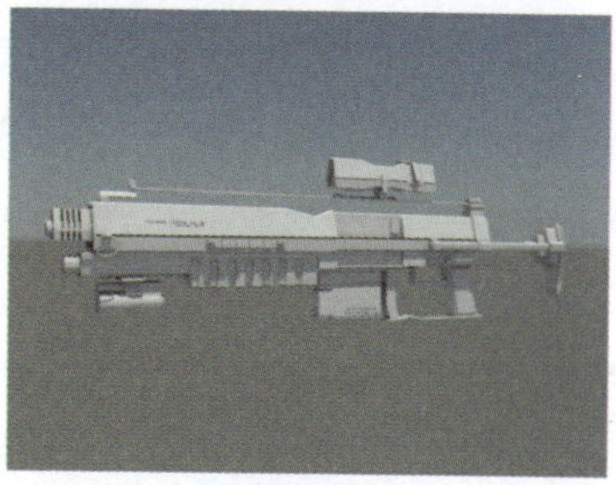

图4-6

Step 3 切换至Front（前）视口，在该视口中创建一个Section（截面）样条线对象，如图4-7所示。

Step 4 切换至Left（左）视口，在该视口中可以发现创建的Section（截面）样条线对象并没有位于枪械对象的中心，如图4-8所示。

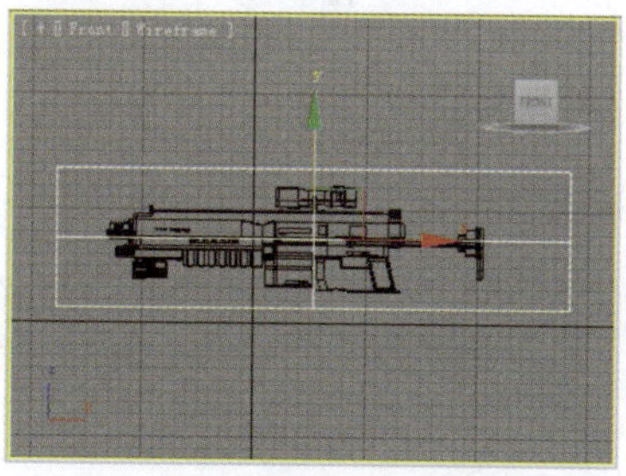

图4-7

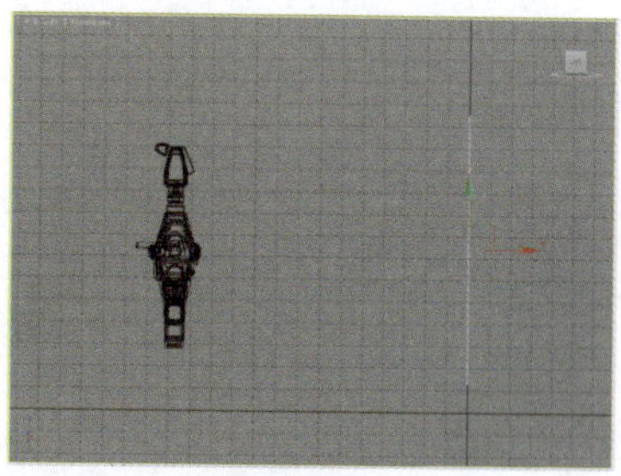

图4-8

注意

Section（截面）样条线对象是一种特殊类型的样条线，其可以通过网格对象基于横截面切片生成图形。

Section（截面）样条线对象显示为相交的矩形。只需将其移动并旋转即可通过一个或多个网格对象进行切片，然后单击Creat Shape（生成形状）按钮即可基于 2D 相交生成一个形状。

Step 5 在Left（左）视口中选择刚才创建的Section（截面）样条线对象，将其移到至枪械模型的中间，如图4-9所示。

Step 6 在Modify（修改）面板的Section Parameters（截面参数）卷展栏中单击Create Shape（创建图形）按钮，如图4-10所示。

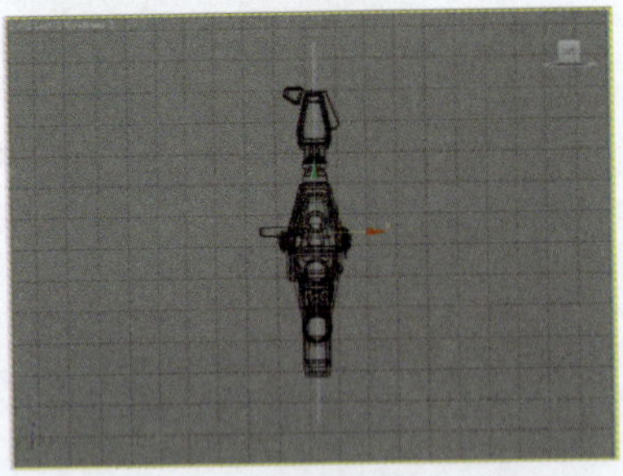

图4-9

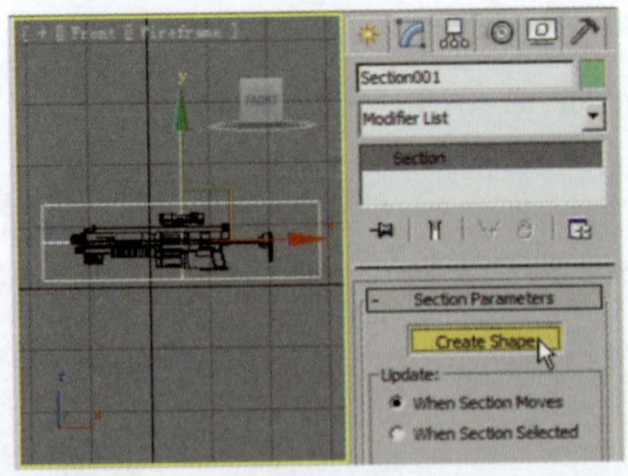

图4-10

Step 7 弹出图4-11所示的Name Section Shape（重命名截面图形）对话框。

Step 8 重命名截面图形之后，将视口中的枪械模型隐藏即可看到创建的枪械对象的截面图形，如图4-12所示。

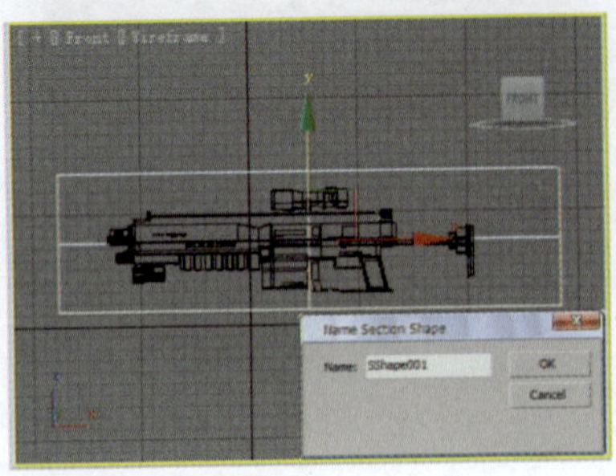

图4-11

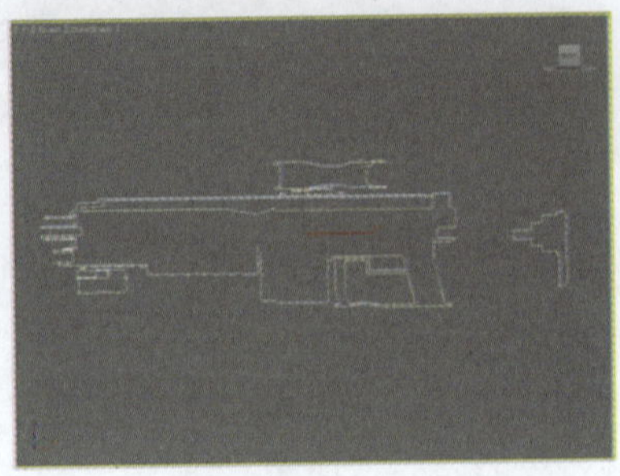

图4-12

2. 扩展样条线

Extended Splines（扩展样条线）是由基本样条线扩展而来的，是基本的几何图形的变形或组合。通过Shapes（图形）层级的下拉菜单，可切换至图4-13所示的Extended Splines（扩展样条线）的“创建”面板，通过使用该面板中的工具，可创建出图4-14所示的Extended Splines（扩展样条线）。

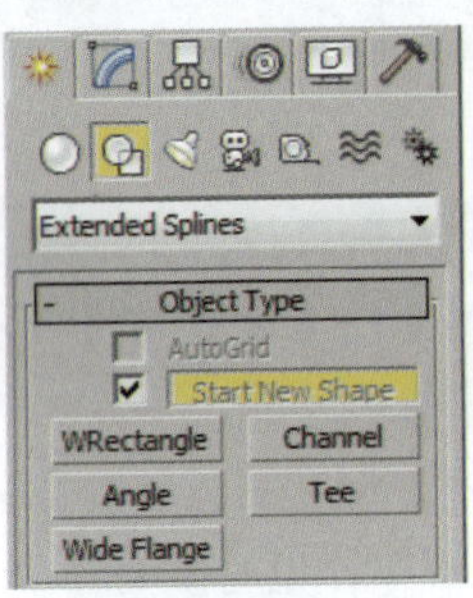

图4-13

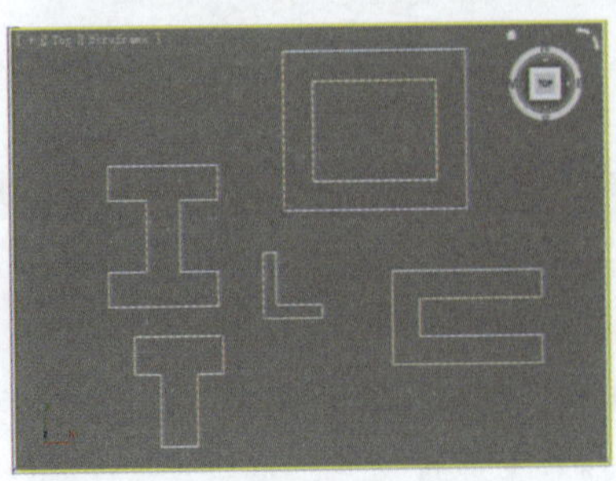

图4-14

4.1.2 可编辑样条线

Editable Spline（可编辑样条线）并不是指对样条线或扩展样条线的基本属性参数进行修改，而是对组成样条线的基本元素进行调整、重组、编辑等一系列操作，这些基本元素包括Vertex（顶点）、Segment（线段）和Spline（样条线）。其功能和Edit Spline（可编辑样条线）修改器的功能相同，在3ds Max中将二维图形转化为可编辑样条线的方法主要有以下三种方法：

第一种：选择二维图形在修改命令面板的修改器列表中选择Edit Spline（可编辑样条线）修改器，将二维图形转化为可编辑的二维图形。

第二种：选择二维图形并右击，在弹出的快捷菜单中选择Convert to（转化为）>Convert to Editable Spline（转化为可编辑样条线）命令，将选择的图形转化为可编辑的图形。

第三种：在修改器堆栈列表中选择二维图形，右击，在弹出的快捷菜单中选择Convert to Editable Spline（转化为可编辑样条线）命令。

接下来，本书将向读者介绍通过编辑顶点层级、编辑分段层级和编辑对象层级来设计对象的方法。

1. 通过编辑顶点层级编辑对象

二维图形的编辑是在其子对象的层级上进行的，Editable Spline（可编辑样条线）命令包括顶点、线段和样条线三种子对象层级，在编辑这些子对象之前，需要先选择相应的子对象层级，当某个子对象被选择后，在该对象上会出现黄色条纹，如图4-15所示，而在选择该子对象层级之后，卷展栏中显示出该子对象层级所使用的工具和命令，如图4-16所示。

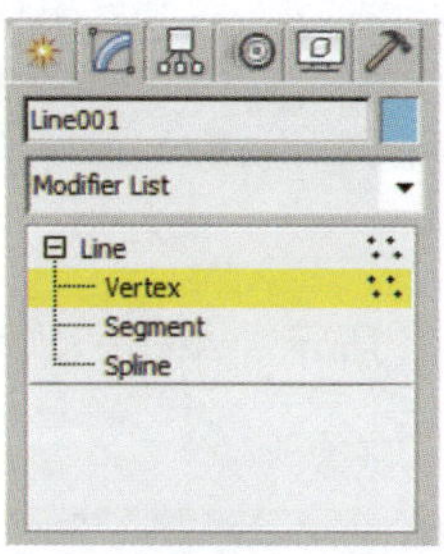

图4-15

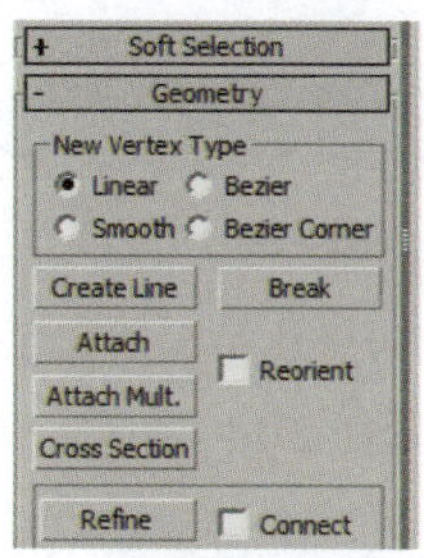

图4-16

下面介绍编辑顶点层级常用的几个命令，如Weld（焊接）、Insert（插入）、Fillet（圆角）、Chamfer（切角）等，这些命令都集中分布在Geometry（几何体）卷展栏中，如图4-17所示。Geometry（几何体）卷展栏中的命令较多，包含了不同子对象层级的工具，不同子对象层级的命令针对相应的子对象层级。不适用于某子对象层级的命令，将以灰色显示，如图4-18所示。

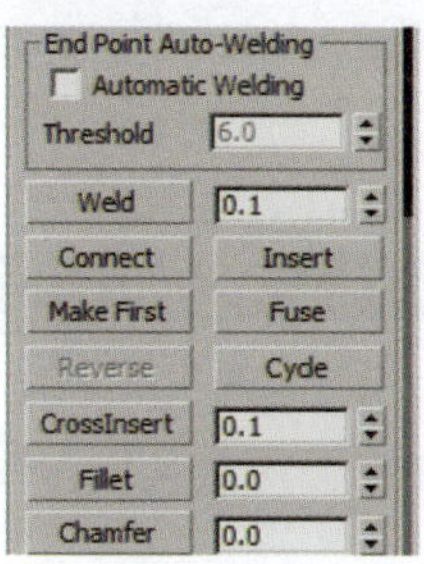

图4-17

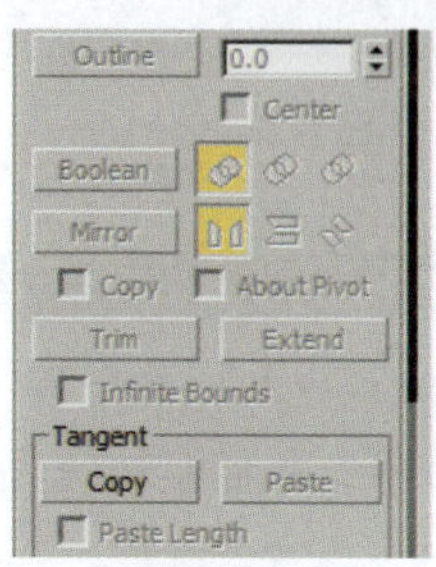

图4-18

Weld（焊接）命令可以将两个端点顶点或同一样条线中的两个相邻顶点转化为一个顶点。如图4-19所示的两个点，在选择这两个点之后，使用Weld（焊接）命令能将这两个顶点焊接为一个顶点，如图4-20所示。

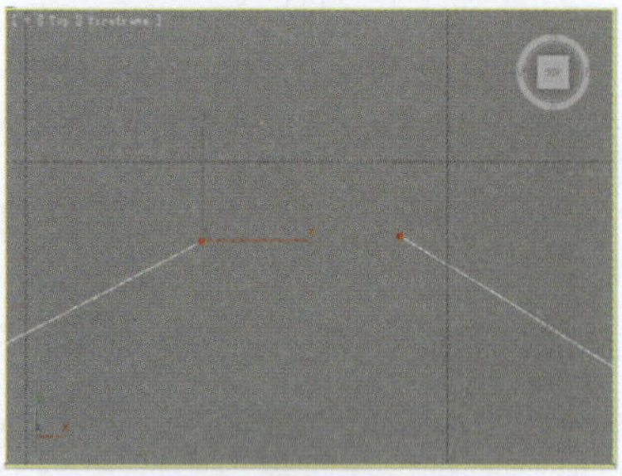
图4-19

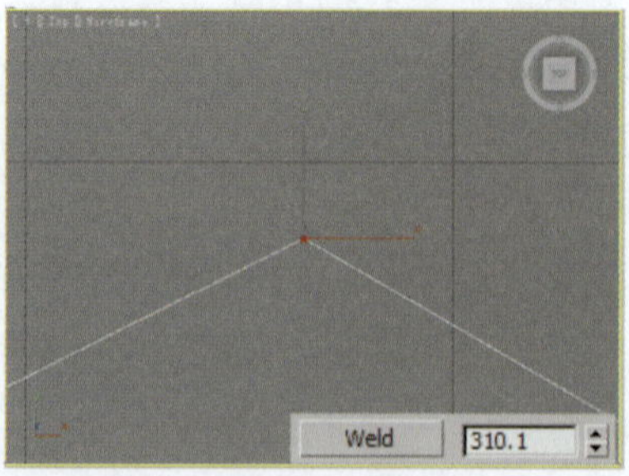

图4-20

Insert（插入）命令用于插入一个或多个顶点，以创建其他线段。其具体操作方法是：将光标放置到样条线中的任意某处，待光标变为插入状态，如图4-21所示，然后单击并移动光标至样条线的其他位置，并单击，即可创建一个线段，如图4-22所示。

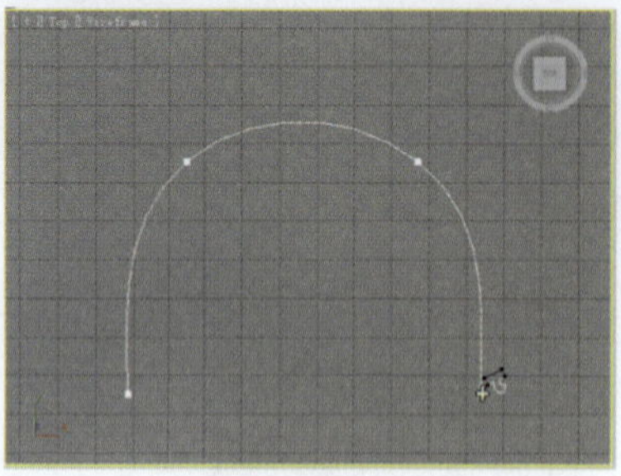
图4-21

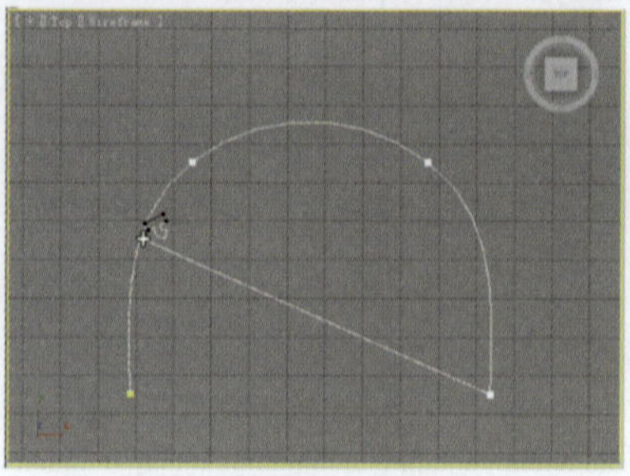
图4-22

继续移动鼠标，然后单击，以添加新顶点，如图4-23所示。单击一次可以插入一个角点顶点，而拖动则可以创建Bezier（平滑）顶点，如图4-24所示。

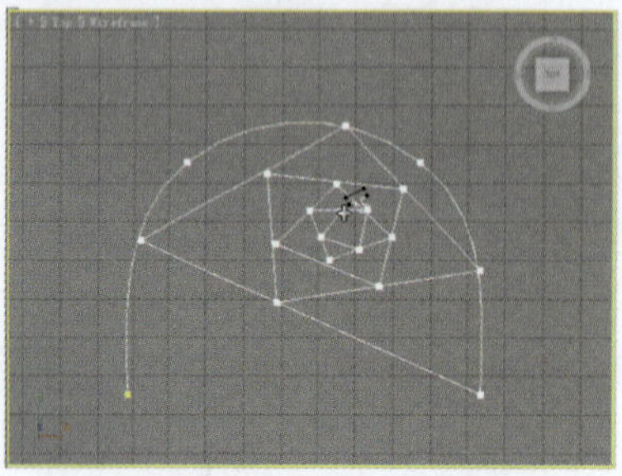
图4-23

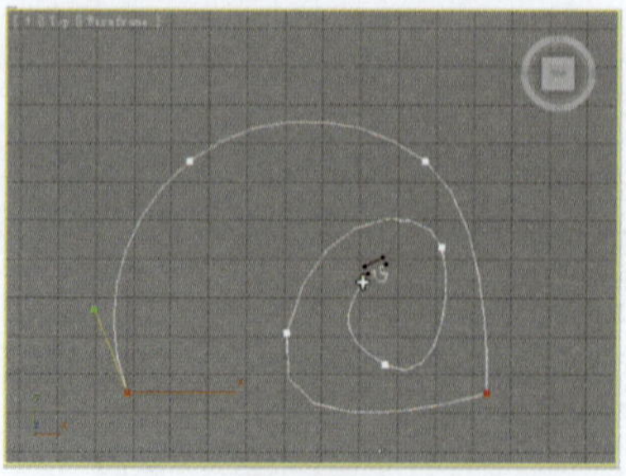
图4-24

注意

在使用Insert（插入）命令插入新的样条线时，在视口中多次单击，即可创建多个角点顶点。如果将单击鼠标左键的动作换为按下鼠标左键，拖动鼠标，即可创建Bezier（平滑）顶点。

Fillet（圆角）命令允许用户在线段会合的地方设置圆角，并且添加新的控制点。未使用Fillet（圆角）命令前，顶点效果如图4-25所示，使用圆角命令之后，线段圆角效果如图4-26所示。

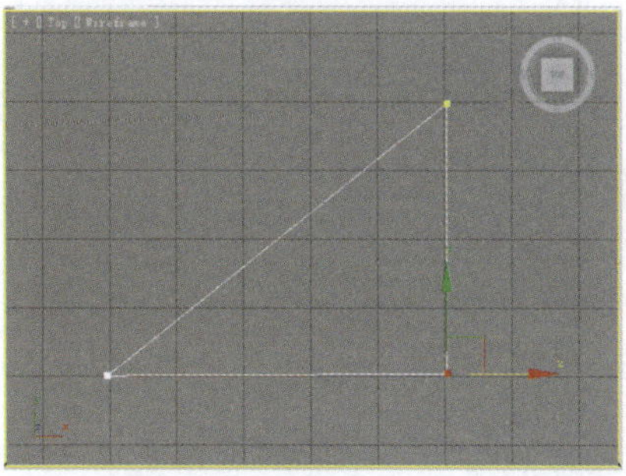

图4-25

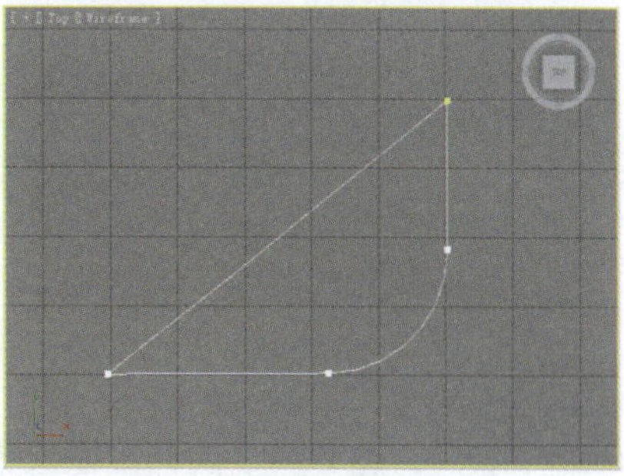

图4-26

注意

在Geometry（几何体）卷展栏中的New Vertex Type（新顶点类型）选项组中提供了Linear（线性）、Bezier、Smooth（平滑）和Bezier Corner（Bezier角点）4个顶点类型，将顶点转化为线性切线、平滑切线、具有Bezier切线和Bezier角点切线。图4-27所示是Linear（线性）顶点类型的效果，图4-28所示是Bezier顶点类型的效果。

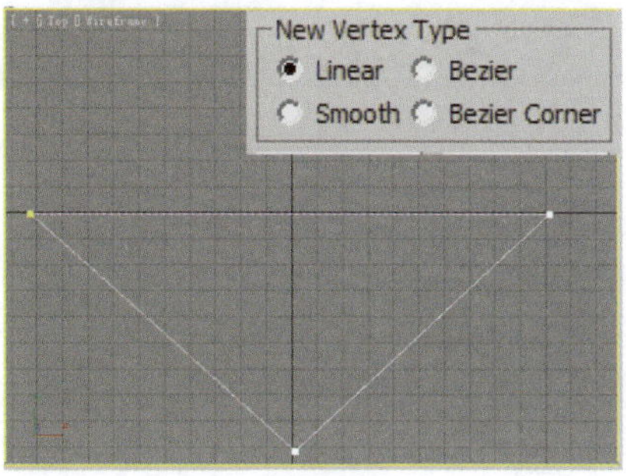

图4-27

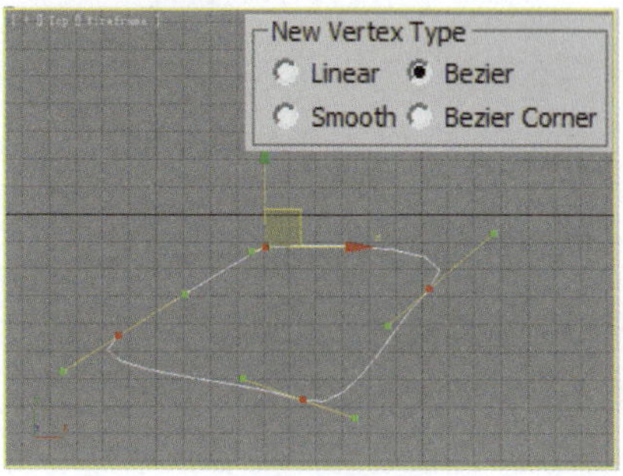

图4-28

图4-29所示是Smooth（平滑）顶点类型的效果，图4-30所示是Bezier Corner（Bezier角点）顶点类型的效果。

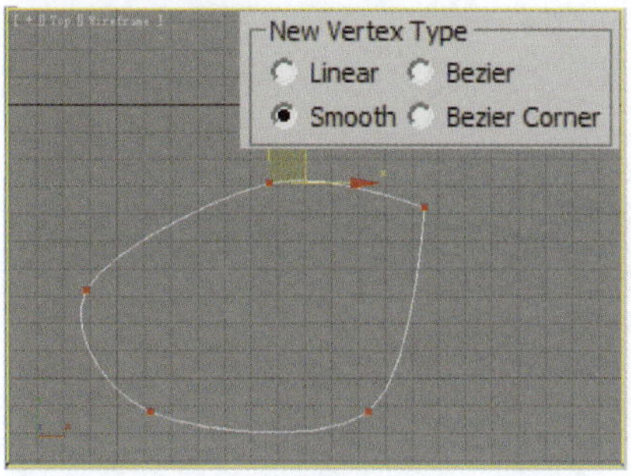

图4-29

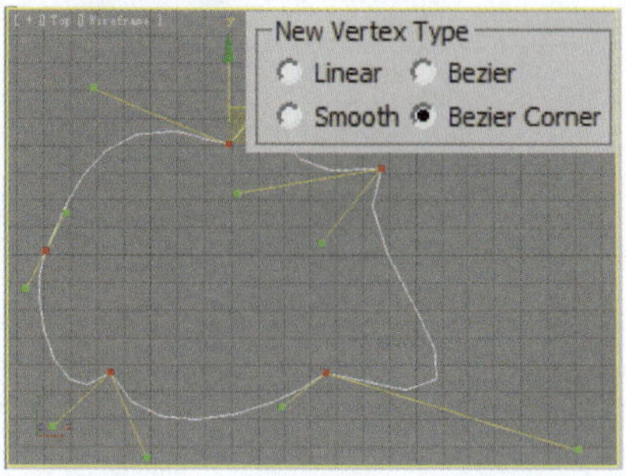

图4-30

用户可以交互地（即通过拖动顶点）应用圆角效果，如图4-31所示；也可以使用[Fillet（圆角）]微调器通过调整数值来应用圆角效果，如图4-32所示。

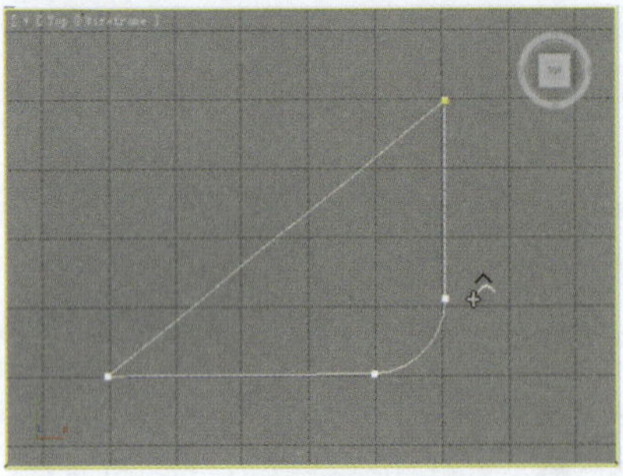

图4-31

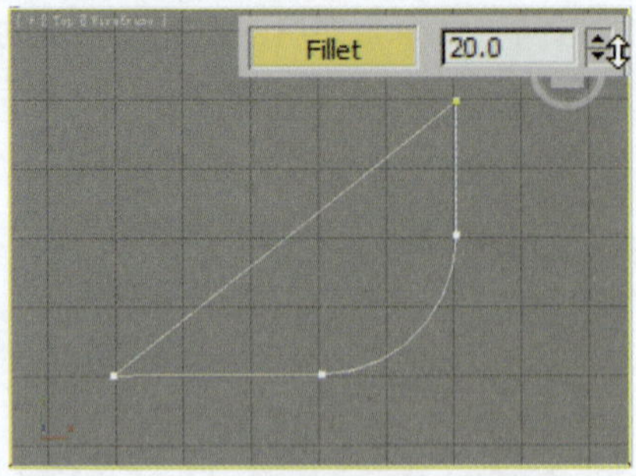

图4-32

Chamfer（切角）命令用于向两线段交界处应用形状类似于角部的倒角效果。未应用倒角效果的顶点效果如图4-33所示，应用倒角的效果如图4-34所示。

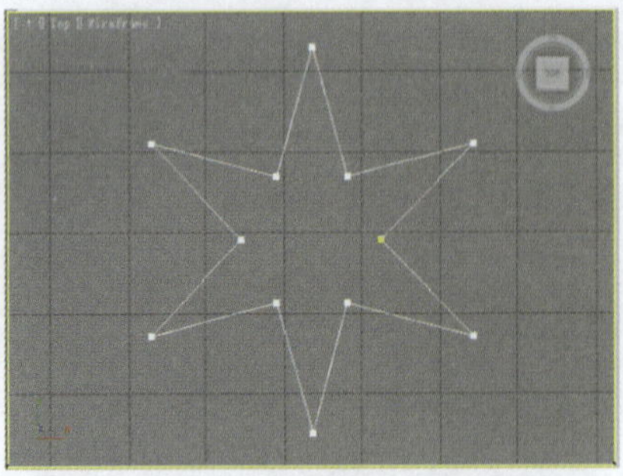

图4-33

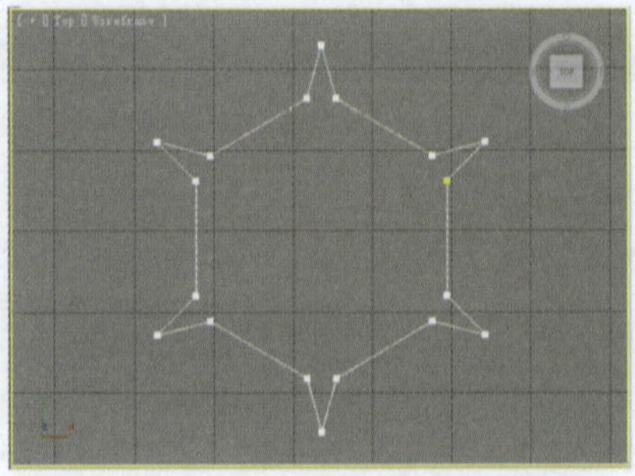

图4-34

2. 通过编辑分段层级编辑对象

Segment（线段）是样条线的一部分，在两个顶点之间，在Editable Spline（可编辑样条线）命令的Segment（线段）层级，能选择一条或多条线段进行复制、移动、隐藏、删除等操作。当然在对样条线的分段层级进行编辑前，首先要进入该样条线的Segment（线段）子对象层级，如图4-35所示。接下来讲解编辑线段对象的几个简单的命令，如Hide（隐藏）、Delete（删除）、Deatch（分离）等，如图4-36所示。

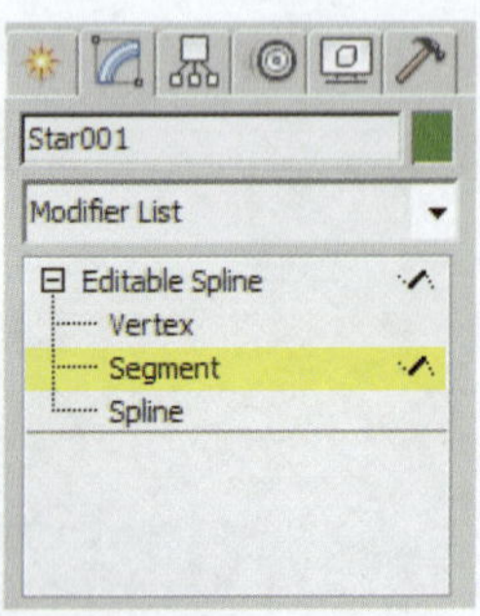

图4-35

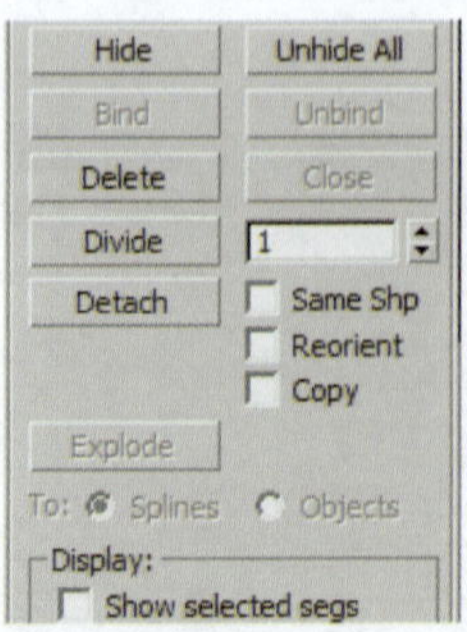

图4-36

Hide（隐藏）命令用于隐藏选定的线段。要隐藏样条线的分段，就需要先选择一个或多个线段，如图4-37所示，然后单击Hide（隐藏）按钮 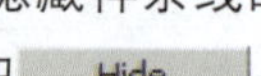

，即可将选择的样条线分段隐藏，如图4-38所示。

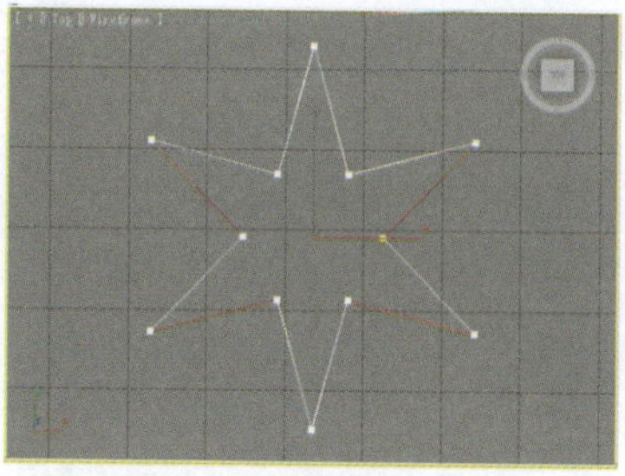
图4-37

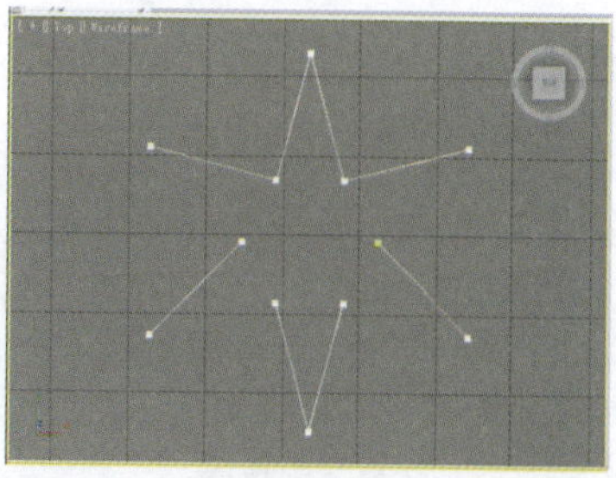
图4-38

既然有Hide（隐藏）命令，那么也就会有取消隐藏的的命令，该命令就是Unhide All（取消所有隐藏）命令。

该命令的使用方法是单击Unhide All（取消所有隐藏）按钮 Unhide All ，即可将所有隐藏的线段显示出来。例如，将样条线的部分线段隐藏，效果如图4-39所示，再单击Unhide All（取消所有隐藏）按钮 Unhide All ，视口中取消隐藏样条线线段的效果如图4-40所示。

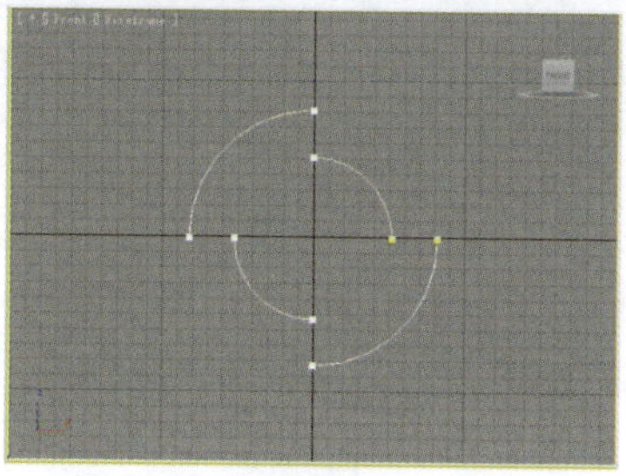
图4-39

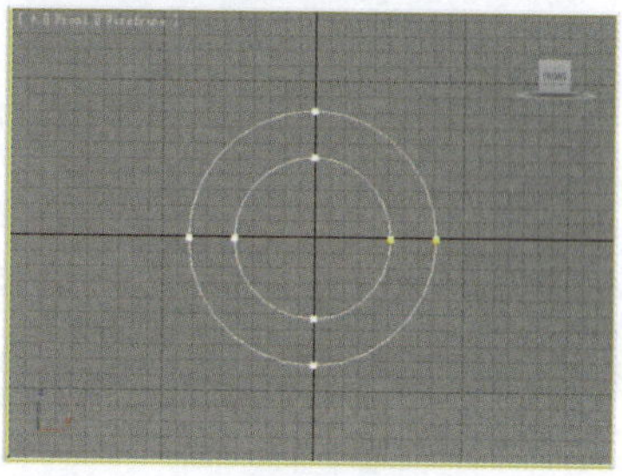
图4-40

使用Delete（删除）命令减边的操作如下：首先在样条线的线段层级中选择需要删除的线段，如图4-41所示，再单击Delete（删除）按钮 Delete ，即可将需要删除的边清除掉，效果如图4-42所示。

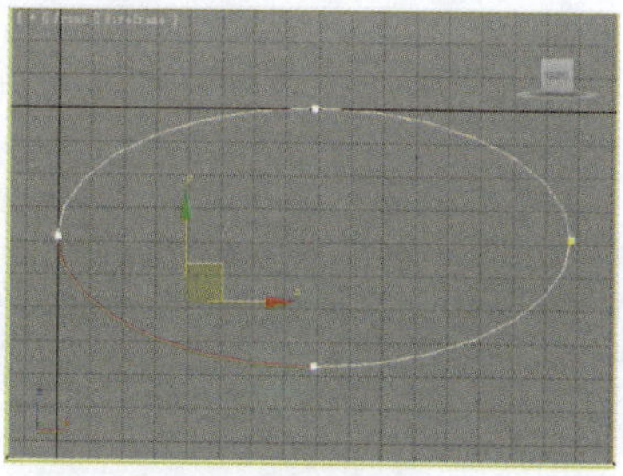
图4-41

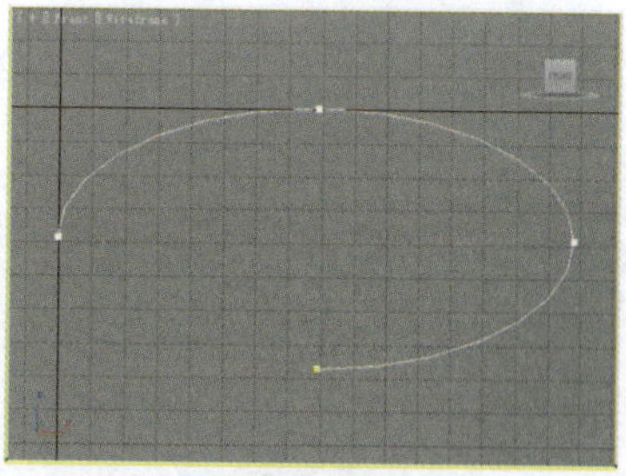
图4-42

注意

使用Delete（删除）命令能够将被选择的线段删除。用户在选择需要删除的线段后，为方便操作，可以直接按Delete（删除）键，将选择的线段删除。

Divide（拆分）命令通过添加由微调器指定的顶点数来细分所选线段。该命令的使用方法是：选择一个或多个线段，如图4-43所示，设置Divide（拆分）微调器（在按钮的右侧），然后单击Divide（拆分）按钮 Divide ，即可将选择的样条线线段拆分，如图4-44所示。

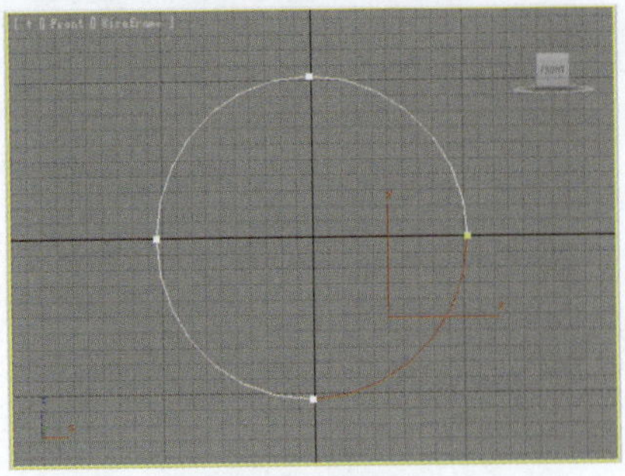

图4-43

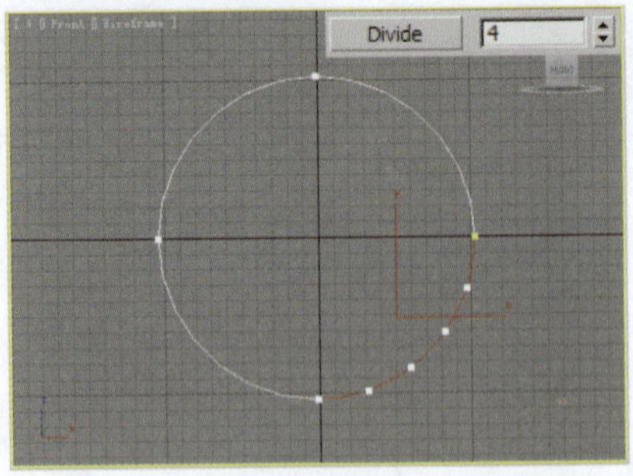

图4-44

使用Divide（拆分）命令拆分线段，顶点之间的距离取决于线段的相对曲率，曲率越高的区域得到越多的顶点。不同曲率样条线的线段拆分对比效果分别如图4-45和图4-46所示。

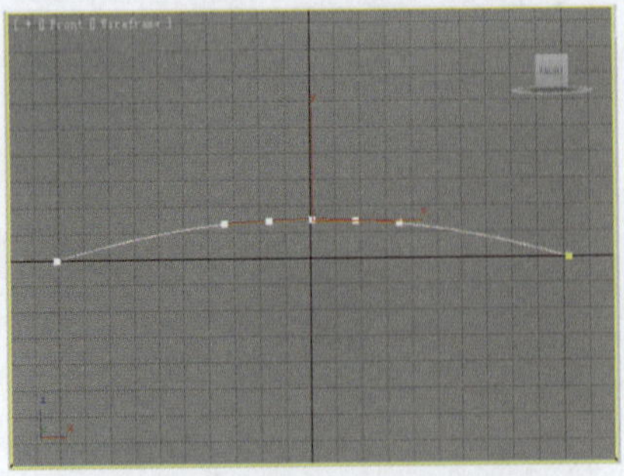

图4-45

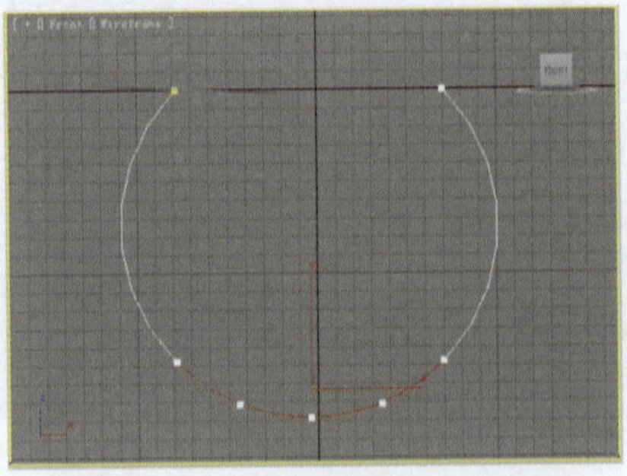

图4-46

Detach（分离）命令能够将用户选择的线段从当前编辑的样条线分离出来，作为一个单独的样条线对象。原始样条线效果如图4-47所示，使用Detach（分离）命令之后，分离样条线的效果如图4-48所示。

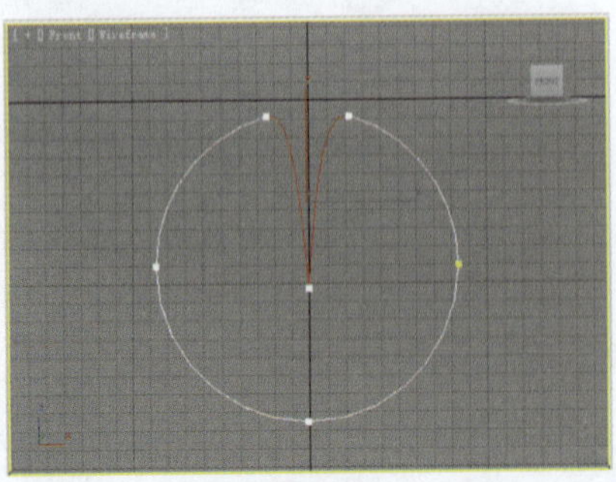

图4-47

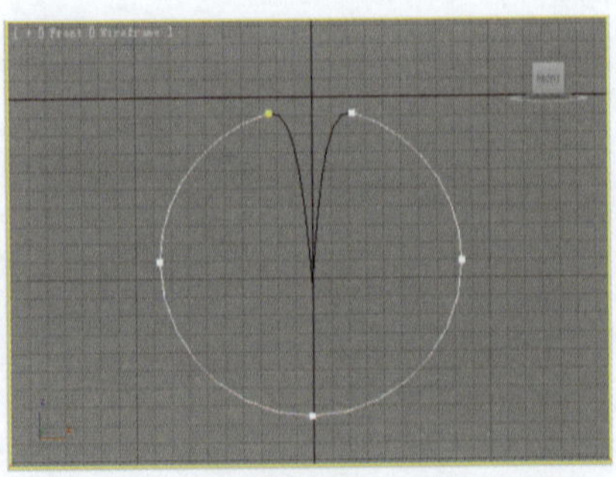

图4-48

注意

Detach（分离）命令有以下 3 个可用选项：Same Shp（同一图形）、Reorient（重定向）、Copy（复制）。Same Shp（同一图形）启用后，Detach（分离）操作将使分离的线段保留为形状的一部分（而不是生成一个新形状）。Reorient（重定向）分离的线段复制源对象的创建局部坐标系的位置和方向。Copy（复制）分离线段，而不是移动它。

3. 通过编辑样条线层级编辑对象

在Spline（样条线）子对象层级能选择一个二维对象中的一个或多个样条线，并使用标准方法移动、旋转和缩放它（们），对选择的样条线子对象还能进行轮廓、布尔、镜像等编辑修改。在对样条线的样条线层级进行编辑前，首先要进入该样条线的Spline（样条线）子对象层级，如图4-49所示。下面简单介绍编辑Spline（样条线）子对象的几个命令，如Outline（轮廓）、Boolean（布尔）、Mirror（镜像）等，如图4-50所示。

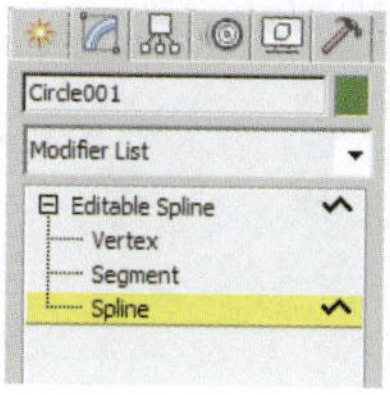

图4-49

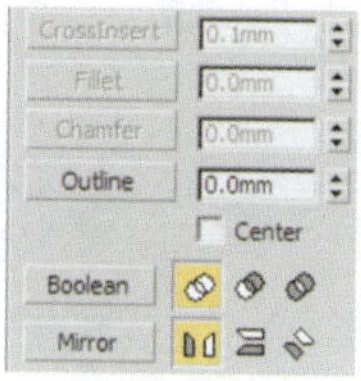

图4-50

Outline（轮廓）命令用于创建样条线的轮廓且生成闭合曲线，而所有侧边上的距离偏移量由Outline（轮廓）微调器[在Outline（轮廓）按钮的右侧]指定。

在为样条线创建轮廓前，首先需要选择样条线，如图4-51所示，激活Outline（轮廓）按钮 Outline ，在视口中按下鼠标左键并拖动鼠标，即可为样条线创建轮廓，如图4-52所示。

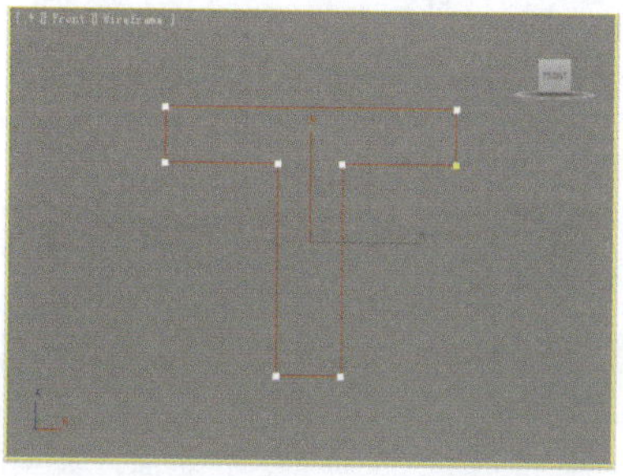

图4-51

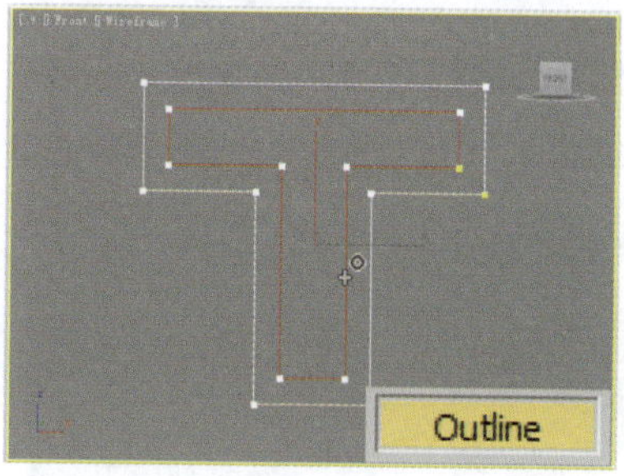

图4-52

Boolean（布尔）命令能更改用户选择的第一个样条线并删除第二个样条线的2D布尔操作，将两个闭合多边形组合在一起。选择如图4-53所示的样条线，使用Boolean（布尔）命令进行布尔操作的效果如图4-54所示。

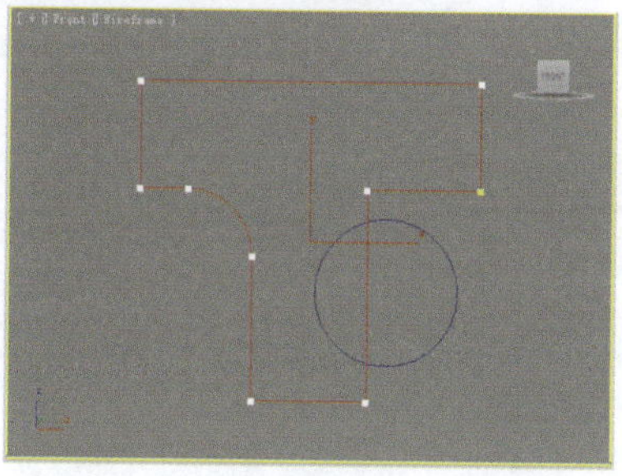

图4-53

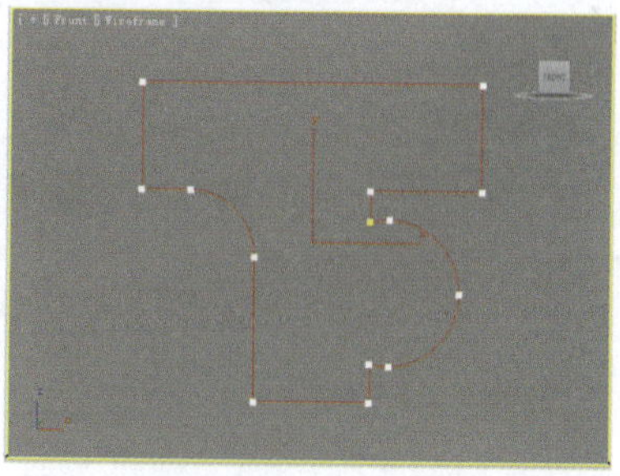

图4-54

Boolean（布尔）命令有3个子选项：Union（并集）、Subtraction（差集）、Intersection（相交）。系统默认选择Union（并集）。

如果用户选择Subtraction（差集）或者Intersection（相交），将产生不同的布尔效果：选择Subtraction（差集）选项，将从第一个样条线中减去与第二个样条线重叠的部分，并删除第二个样条线中剩余的部分，如图4-55所示；而如果选择Intersection（相交）选项，仅保留两个样条线的重叠部分，删除两者的不重叠部分，如图4-56所示。

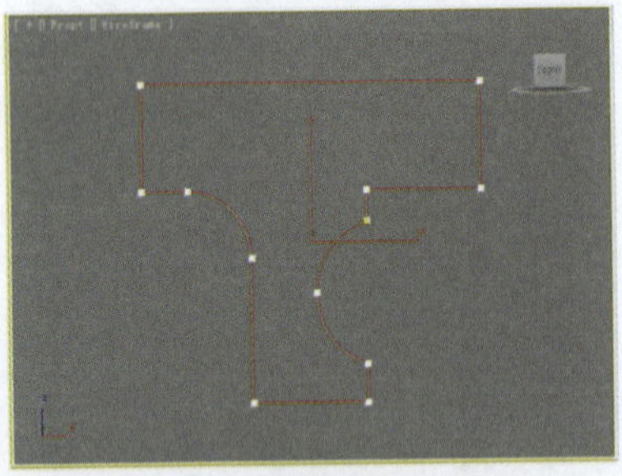
图4-55

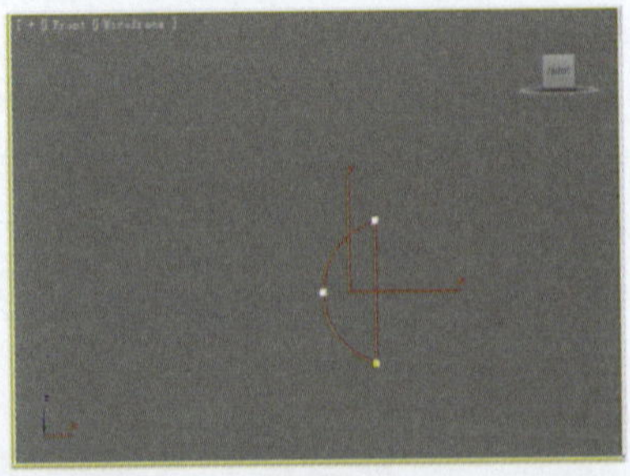
图4-56

注意

在使用Boolean（布尔）命令来编辑样条线时，要注意该命令只能适用于当前的样条线，并且只能在同一平面中的2D样条线上使用。

Mirror（镜像）命令能将选择的样条线沿长、宽、对角方向镜像样条线。系统默认选择长选项。该命令的使用方法是：首先选择镜像的方向和样条线，如图4-57所示，然后单击Mirror（镜像）按钮 Mirror 完成镜像操作，如图4-58所示。

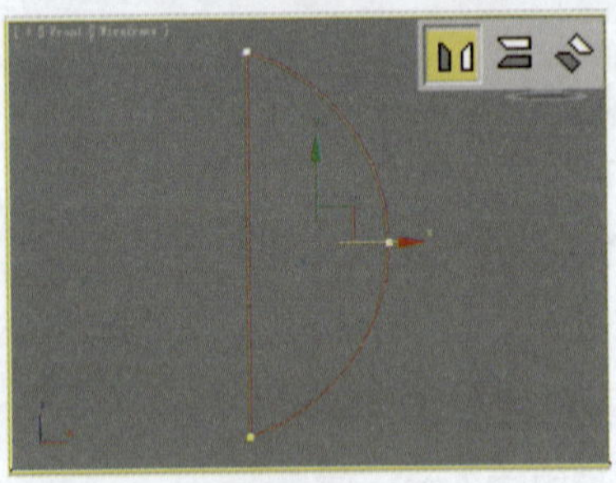
图4-57

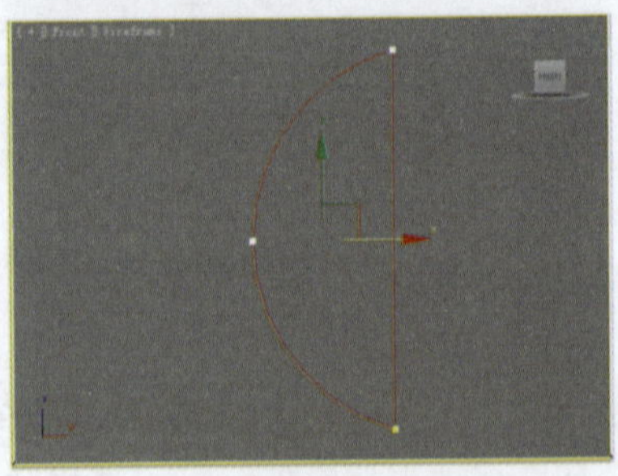
图4-58

知识应用：使用可编辑样条线制作汽车标志
原始文件：无
最终文件：场景和素材\第4章\制作汽车标志.max
核心技能：转换为Editable Spline（可编辑样条线），在样条线的各个层级编辑样条线。

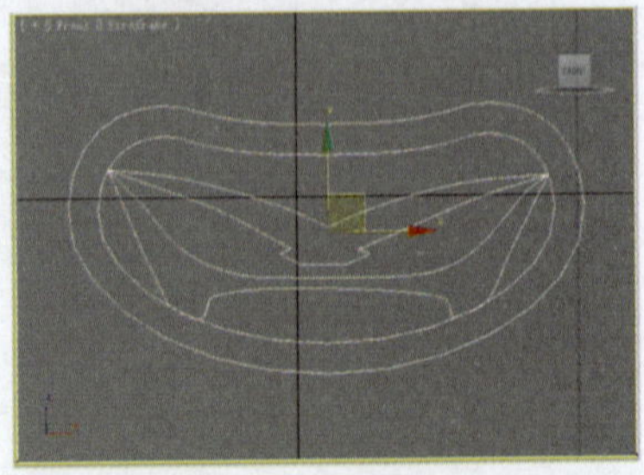

Step 1 在3ds Max的Create（创建）命令面板中，激活Shapes（图形）层级下的Circle（圆）对象类型按钮 Circle ，如图4-59所示。

Step 2 在Front（前）视口中，按下鼠标左键并拖动鼠标，在该视口创建一个Circle（圆）对象，如图4-60所示。

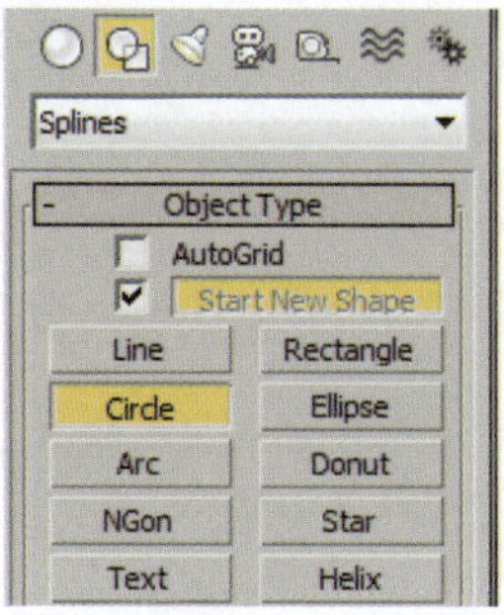

图4-59

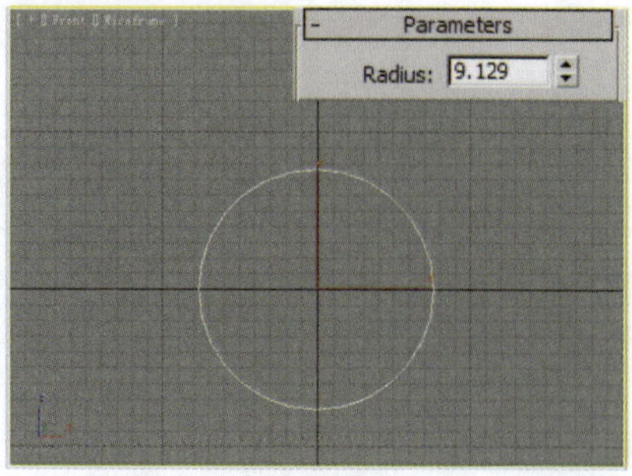

图4-60

Step 3 在选择所创建的Circle（圆）对象的情况下，在Front（前）视口中右击，选择打开的四元菜单下的Convert To（转化为）>Convert to Editable Spline（转换为可编辑样条线）命令，如图4-61所示。

Step 4 在3ds Max右侧的命令面板中选择Modify（修改）面板，进入Circle（圆）对象的Vertex（顶点）层级，如图4-62所示。

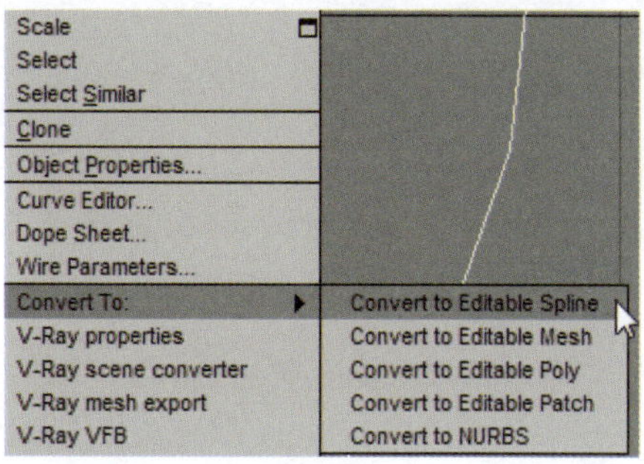

图4-61

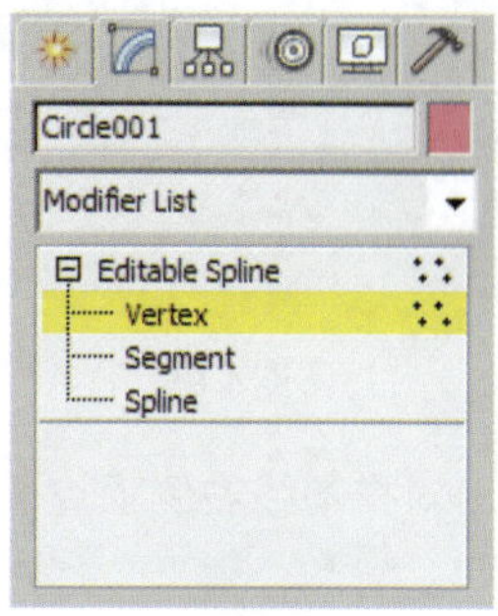

图4-62

注意

在可编辑样条线对象中，包含了Vertex（顶点）、Segment（分段）以及Spline（样条线）层级，而这3个层级都有自己相应的快捷键方式，分别对应键盘字母键盘区的数字键“1”、“2”、“3”。在选择编辑样条线之后，按下这几个数字快捷键即可进入相应的层级。

Step 5 在Front（前）视口中选择最上面的顶点，沿Y轴方向向下移动选择的顶点，移动顶点操作完成后，顶点位置效果如图4-63所示。

Step 6 在Front（前）视口的空白处单击，取消对之前编辑顶点的选择。选择Circle（圆）对象最下部的顶点，使用之前移动顶点的方法，对该顶点进行移动操作，操作完成后，效果如图4-64所示。

Step 7 在视口的空白处单击，退出对之前所选择顶点的编辑。选择样条线左侧的顶点并调整顶点的位置，如图4-65所示。

Step 8 取消对样条线左侧顶点的编辑，使用同样的方法对样条线右侧的顶点进行编辑，如图4-66所示。

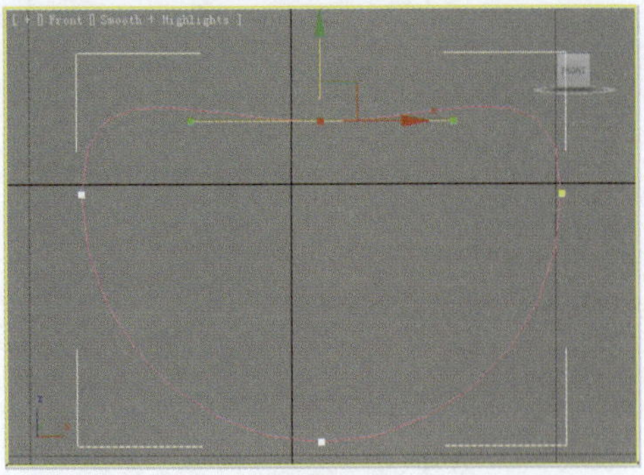

图4-63

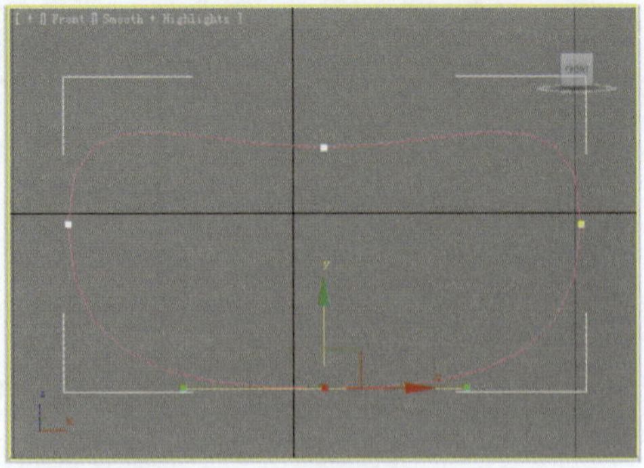

图4-64

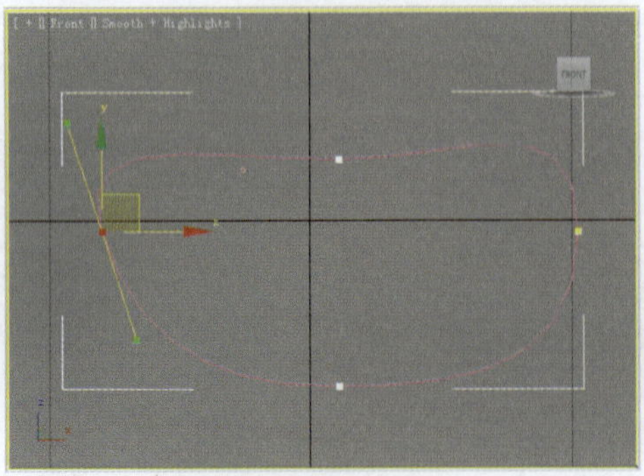

图4-65

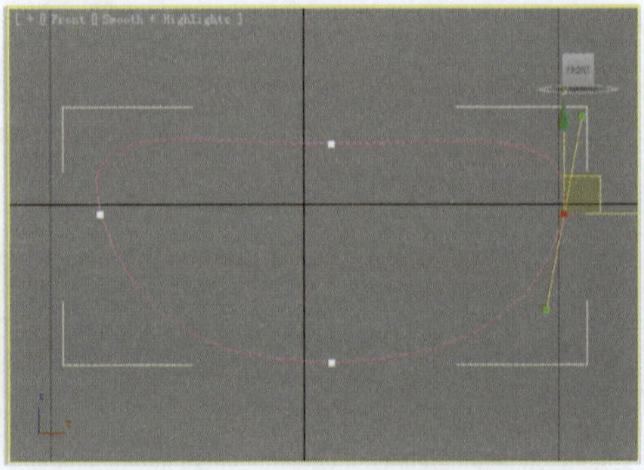

图4-66

Step 9 退出对样条线右侧顶点的编辑，在Modify（修改）面板中激活Insert（插入）命令，如图4-67所示。

Step 10 在Front（前）视口中将光标放置到样条线上，在样条线上通过依次单击鼠标左键和右键插入两个顶点，如图4-68所示。

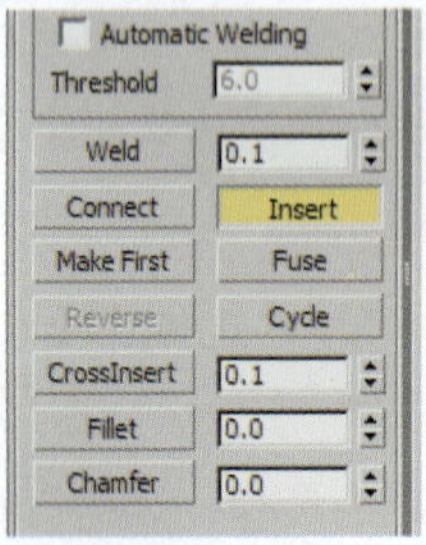

图4-67

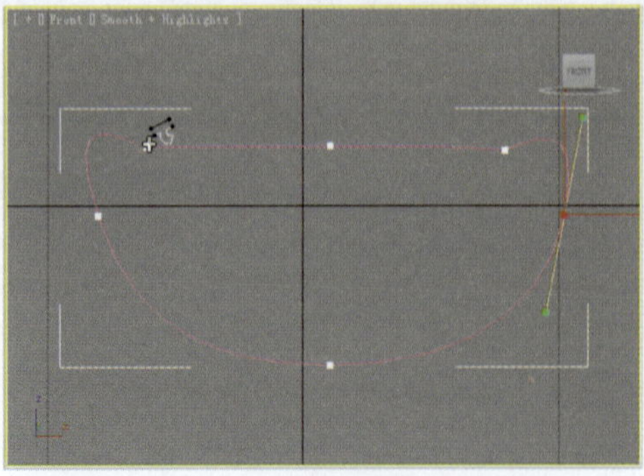

图4-68

Step 11 插入顶点之后，在视口空白处右击退出Insert（插入）命令。在视口中右击，选择四元菜单中的Bezier命令，如图4-69所示。

Step 12 在Front（前）视口中通过调整顶点的控制手柄，调整插入顶点的弯曲状态，效果如图4-70所示。

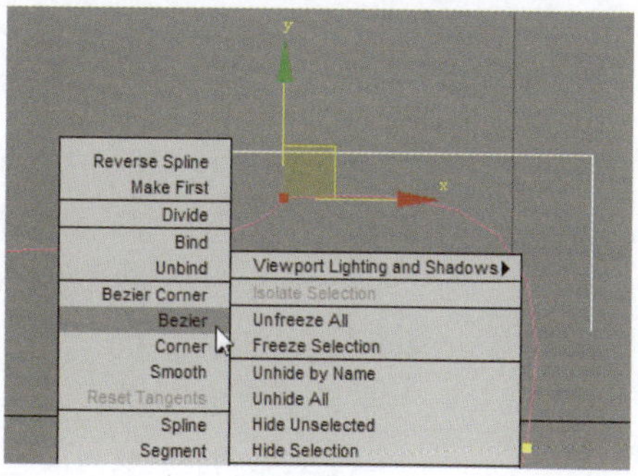

图4-69

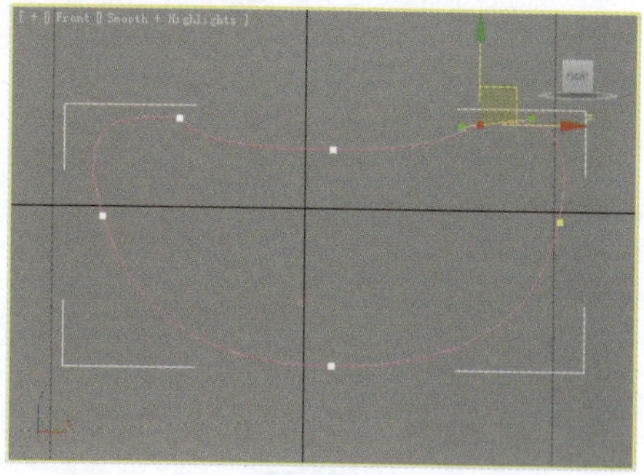

图4-70

Step 13 再在Front（前）视口中调整样条线左右侧的顶点，操作完成后的效果如图4-71所示。

Step 14 由于编辑该顶点之后，还需要对之前编辑的新插入顶点进行调整，效果如图4-72所示。

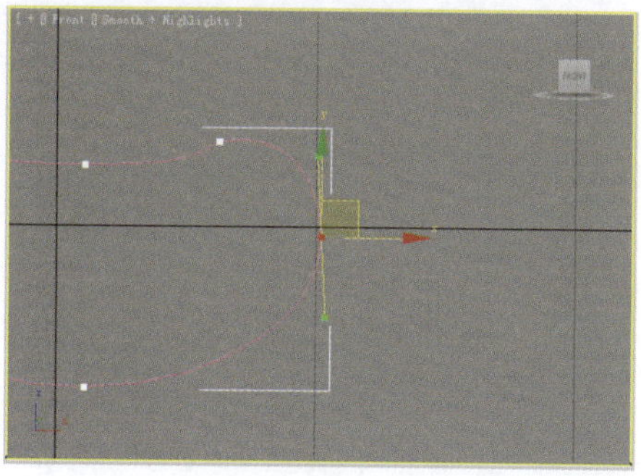

图4-71

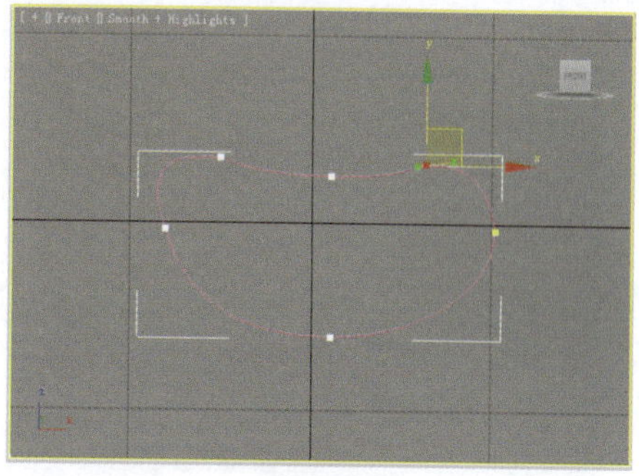

图4-72

Step 15 在Modify（修改）面板中，进入样条线的Segment（分段）层级，如图4-73所示。

Step 16 在选择样条线分段之后，在Front（前）视口中选择本实例中要删除的样条线分段，效果如图4-74所示。

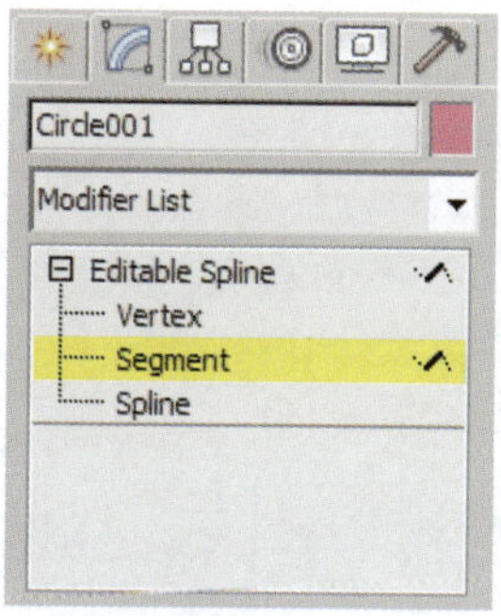

图4-73

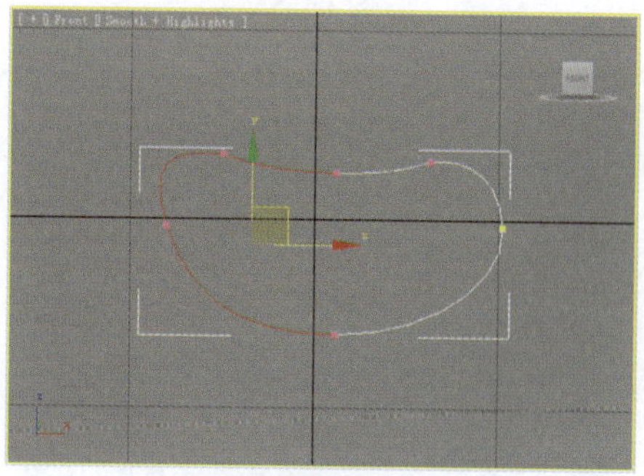

图4-74

Step 17 在选择样条线分段之后，按Delete（删除）键，将选择的分段删除，如图4-75所示。

Step 18 进入样条线的Spline（样条线）层级，并在Front（前）视口中选择未删除的样条线，如图4-76所示。

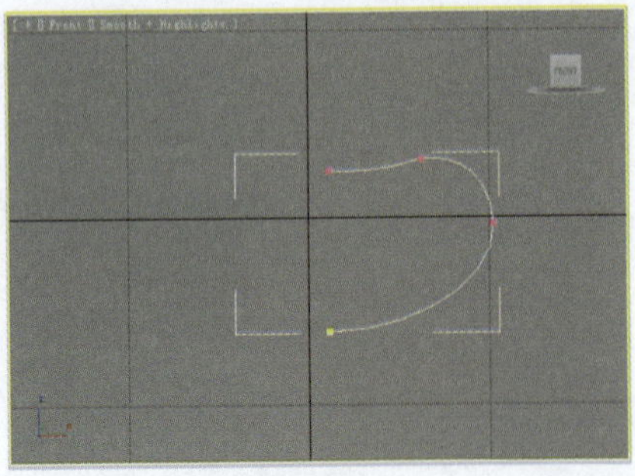

图4-75

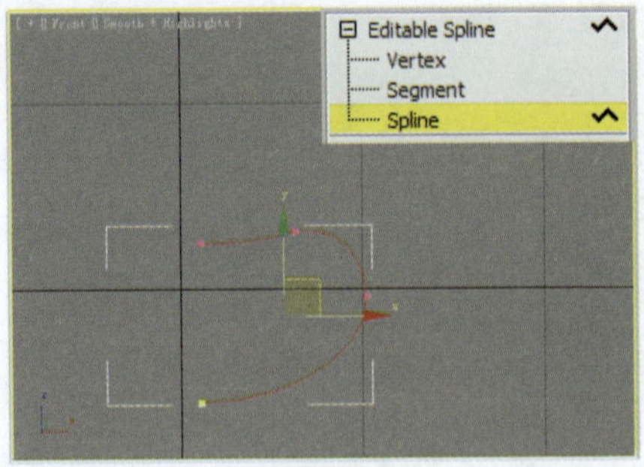

图4-76

Step 19 在Modify（修改）面板中，设置Mirror（镜像）命令参数并对样条线进行镜像操作，如图4-77所示。

Step 20 将镜像产生的样条线向视口的左侧移动，使样条线的几个端点几乎重合，效果如图4-78所示。

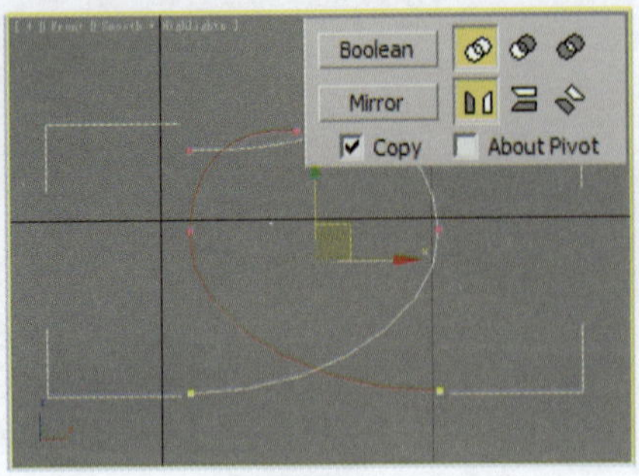

图4-77

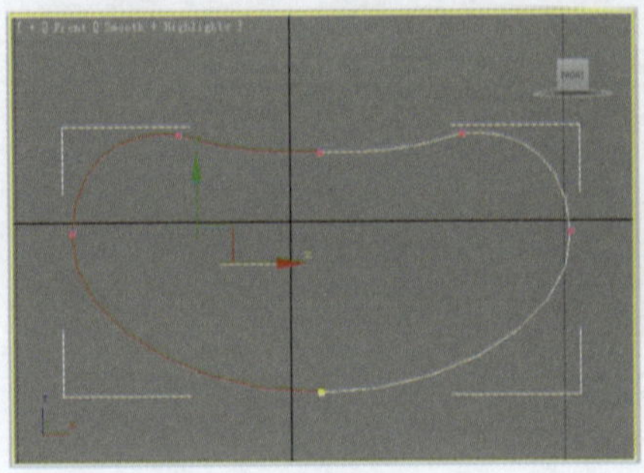

图4-78

Step 21 进入样条线的Vertex（顶点）层级，在Front（前）视口中选择两部分样条线交接处的端点，如图4-79所示。

Step 22 在选择样条线相交部分的端点之后，在Modify（修改）面板中使用Weld（焊接）命令将样条线的端点焊接，如图4-80所示。

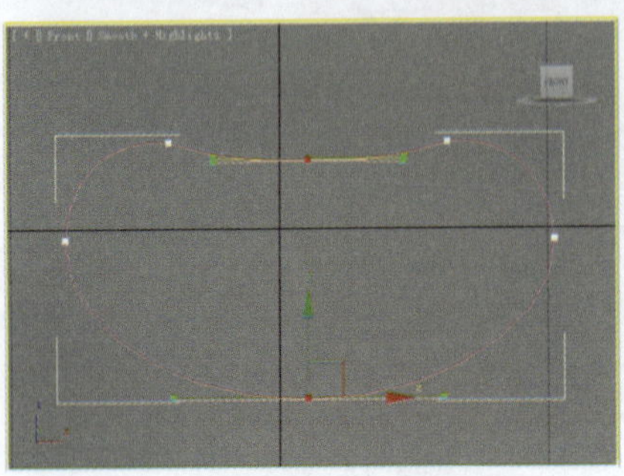

图4-79

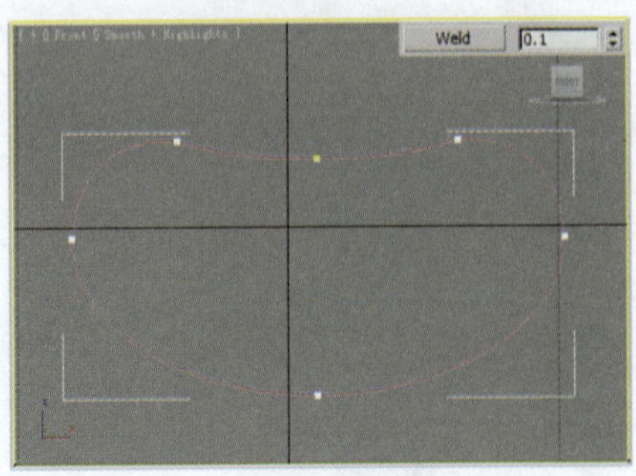

图4-80

Step 23 按下键盘字母区的数字键“3”，进入该样条线的Spline（样条线）层级，在视口中选择样条线，如图4-81所示。

Step 24 激活Outline（轮廓）命令，在Front（前）视口中将光标移动至样条线上，按下鼠标左键并拖动鼠标，为选择的样条线添加轮廓，操作完成后的效果如图4-82所示。

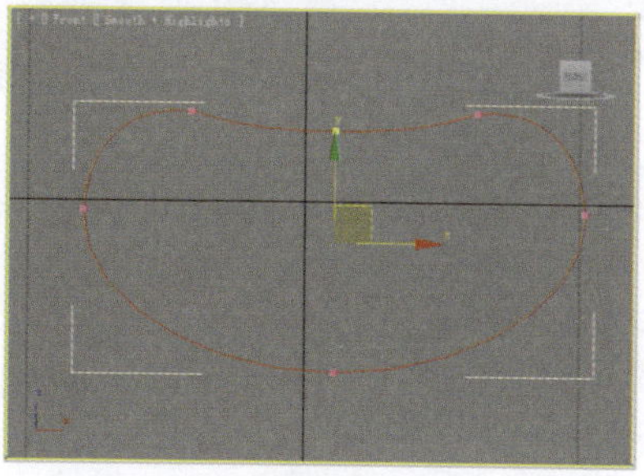

图4-81

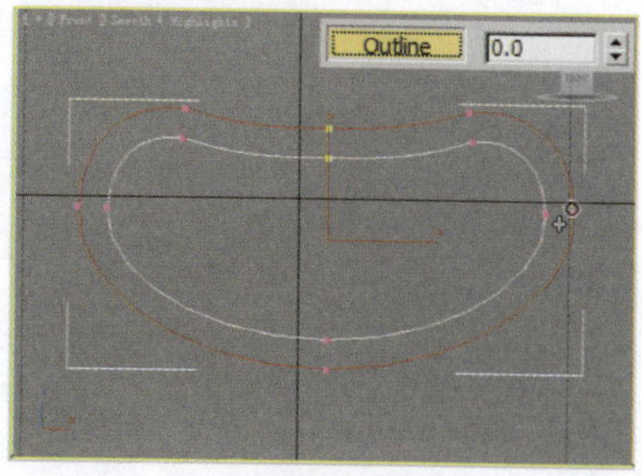

图4-82

Step 25 在Create（创建）面板中选择Line（线）对象类型，切换至Front（前）视口，绘制图4-83所示的线。

Step 26 使用前面介绍的编辑样条线顶点的方法，对刚才创建的样条线进行编辑，操作完成后的样条线效果如图4-84所示。

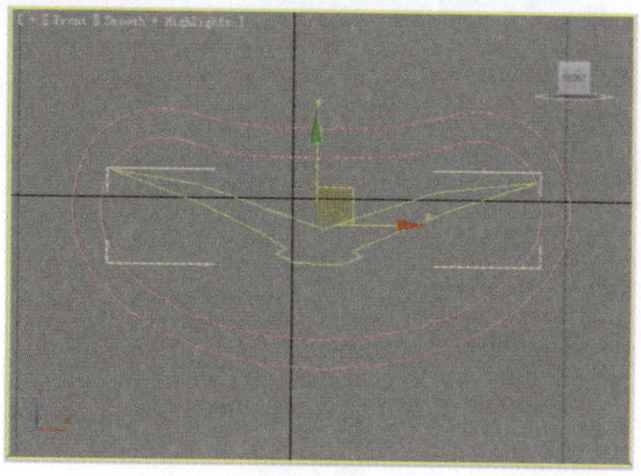

图4-83

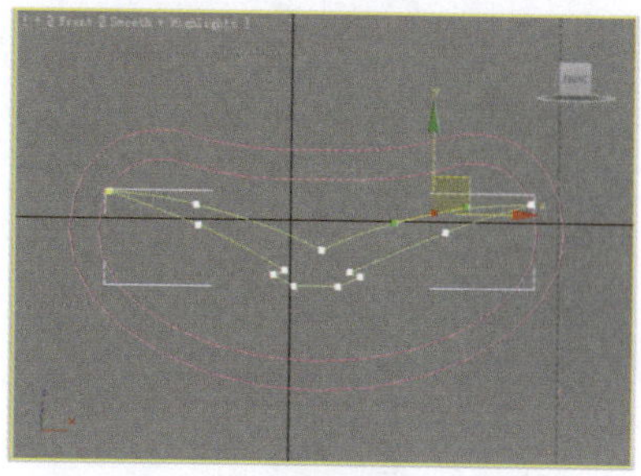

图4-84

Step 27 使用前面介绍的绘制Line（线）对象的方法，在Front（前）视口中绘制图4-85所示的线对象。

Step 28 至此，本实例制作完成，所绘制的汽车标志效果如图4-86所示。

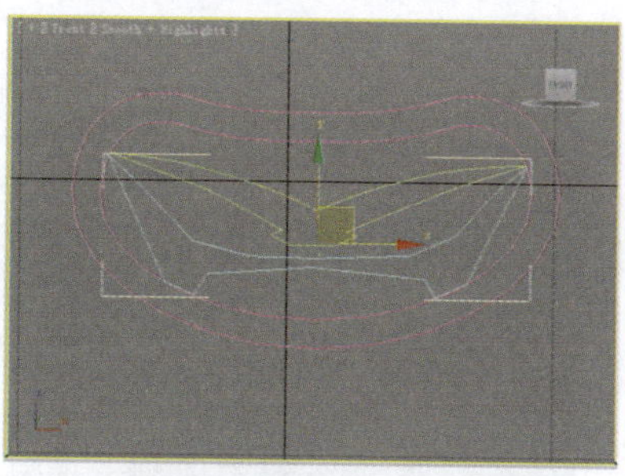

图4-85

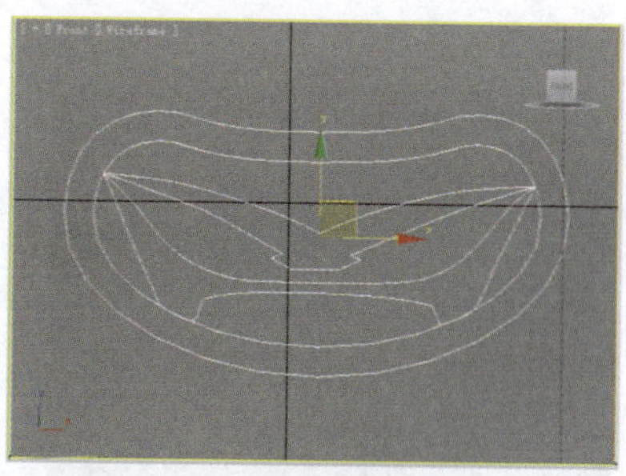

图4-86

4.1.3 NURBS曲线

在本节将简单介绍NURBS的特性，NURBS的全称为Non-Uniform Rational B-Splines（非均匀有理B-样条线），是设置和建模曲面的行业标准，尤其适合于复杂的曲面建模。例如，图4-87所示的简单概念图像，或图4-88所示的复杂人物头部模型，使用NURBS曲线来创建，可以达到比较理想的工作效率。

图4-87

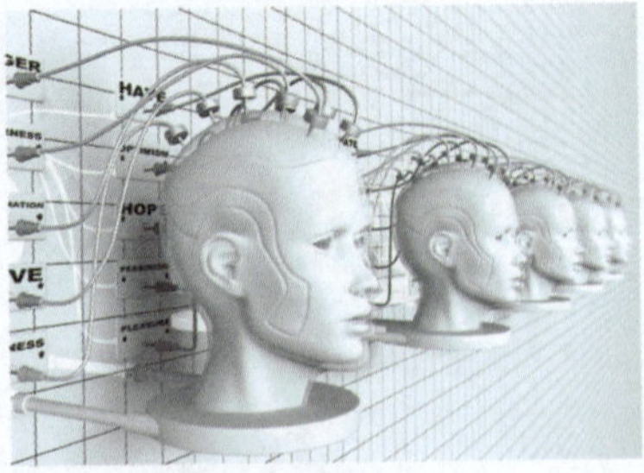

图4-88

NURBS Curve（NURBS曲线）是图形对象，在制作样条线时可以使用这些曲线。使用Lathe（车削）等修改器来生成基于NURBS曲线的3D曲面，还可以将NURBS曲线用做放样的路径或图形。NURBS Curve（NURBS曲线）分为Point Curve（点曲线）和CV Curve（CV 曲线）两种，这两种曲线效果分别如图4-89和图4-90所示。

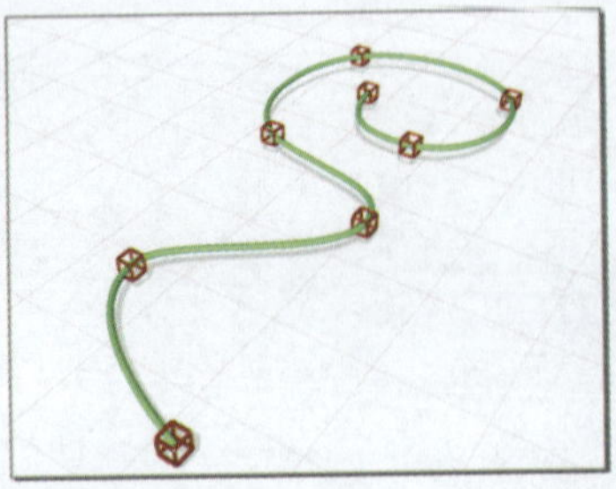

图4-89

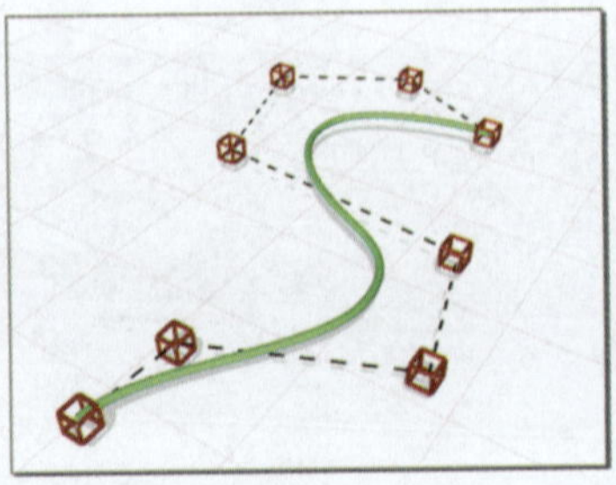

图4-90

在3ds Max中创建复杂模型时，由于3ds Max本身对NURBS的支持并不完美，所以不能从操作方式上更好地体现出NURBS的优点。其实，NURBS概念和建模方法已经广泛地应用在如Rhino等更为专业的工业建模软件中，图4-91所示为NURBS在其他软件中创建的模型，图4-92所示为3ds Max使多边形方法创建的模型。本书限于篇幅，在后面章节中将更为详细地介绍多边形和网格等建模方法。

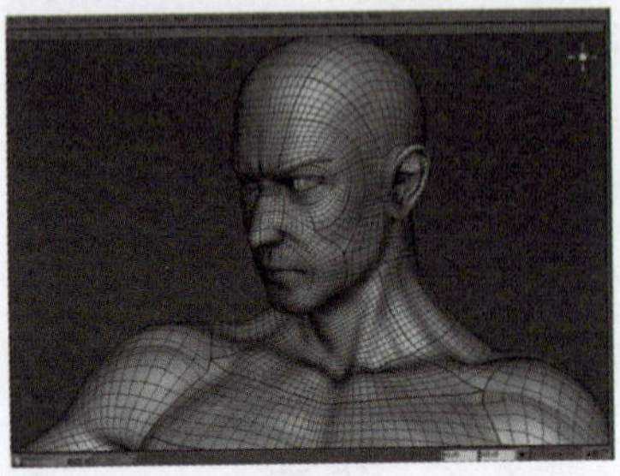

图4-91

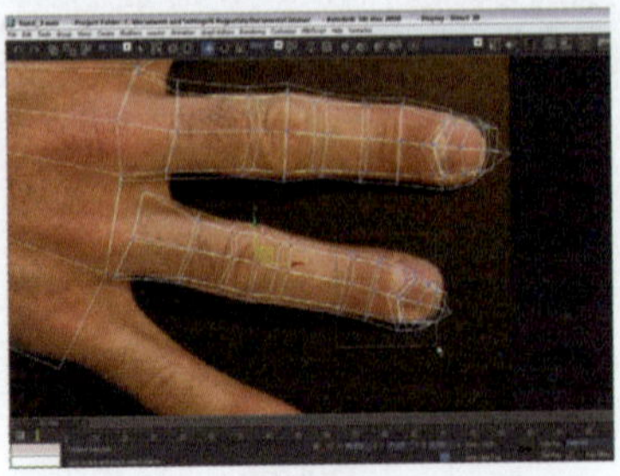

图4-92

4.2 三维几何体

在模型的创建过程中，用户可以通过对基本模型的修改来完成更加复杂的模型的创建。

本章通过对3ds Max 2012所提供的几类基本预设模型进行讲解，使读者熟悉基本的模型创建方法，掌握更多的建模技巧。

4.2.1 标准几何体模型

3ds Max 2012一共提供了10种Standard Primitives（标准基本体），是我们日常生活中非常熟悉的几何形体，如长方体、球体、圆锥等，用户可以直接在场景中创建这些形体，也可以将这些简单的对象添加到复杂的场景中。Create（创建）命令面板下图4-93所示的Standard Primitives（标准基本体）面板，即为标准的几何模型创建命令面板，使用这些创建类型在视口中创建的对象效果如图4-94所示。

图4-93

图4-94

知识应用：制作不锈钢钟表
合并文件：场景和素材\第4章\不锈钢钟表指针.max
最终文件：场景和素材\第4章\制作不锈钢钟表.max
核心技能：在制作不锈钢钟表之前，首先需要弄清楚钟表的结构，其次就是在本知识应用中，我们采用的是通过将最简单的标准几何体进行堆积，来创建结构复杂的对象。

Step 1 在3ds Max的Create（创建）命令面板中，激活Cylinder（圆柱体）对象类型按钮 Cylinder ，在Front（前）视口中创建一个圆柱体对象，如图4-95所示。

Step 2 我们将上一步创建的Cylinder（圆柱体）对象作为不锈钢钟表的表盘，接下来制作表盘表座。继续创建一个Cylinder（圆柱体）对象，如图4-96所示。

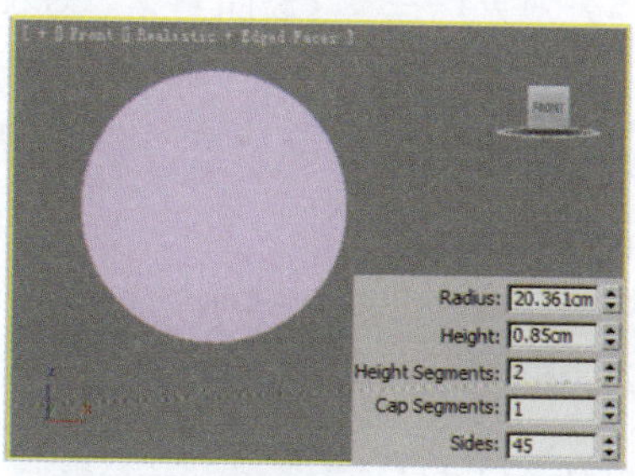

图4-95

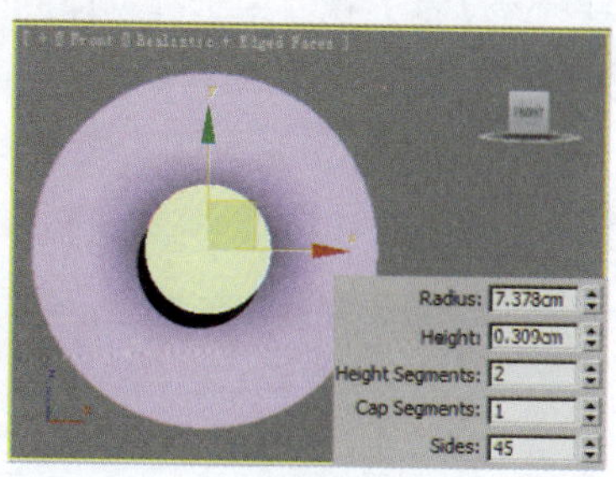

图4-96

Step 3 选择第二步创建的Cylinder（圆柱体）对象，在主工具栏中激活Align（对齐）工具按钮，在Front（前）视口中单击之前创建的表盘对象，如图4-97所示。

Step 4 在单击表盘对象之后，即弹出Align Selection（对齐选择）对话框，在该对话框中设置对齐方式，如图4-98所示。

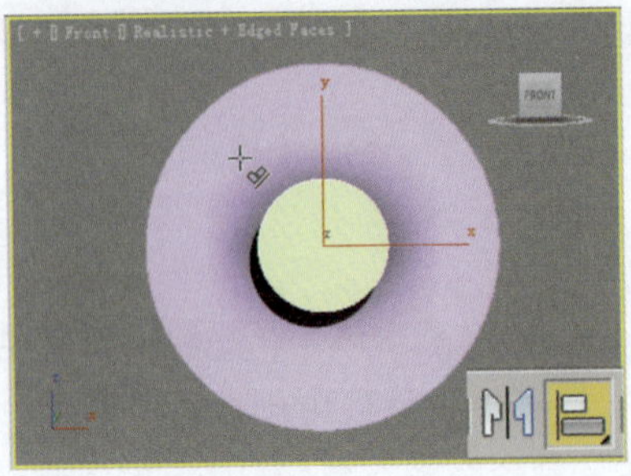

图4-97

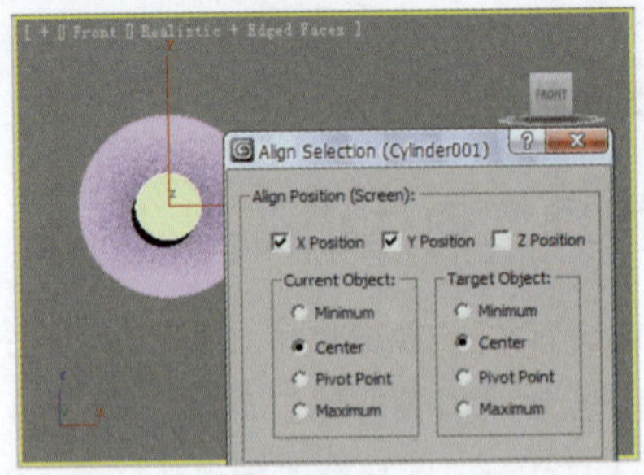

图4-98

注意

在真实世界中，中间较小的表座的中心与后面表盘的中心位于同一Y轴上，否则在钟表指针转动过程中就会产生指针尖端飞出表盘的情况，这样很明显是错误的。

因此，在创建了表座之后，就要使用Align（对齐）工具将表座与表盘的坐标对齐。

在制作钟表的指针以及钟表轴时，都需要将这些对象的轴心与表盘的轴心对齐。

Step 5 切换至Left（左）视口，在该视口中将表座的左侧边缘与表盘的右侧相接，使表座能“坐”在表盘上，如图4-99所示。

Step 6 切换至Font（前）视口，在该视口中创建一个Box（长方体）对象，如图4-100所示。

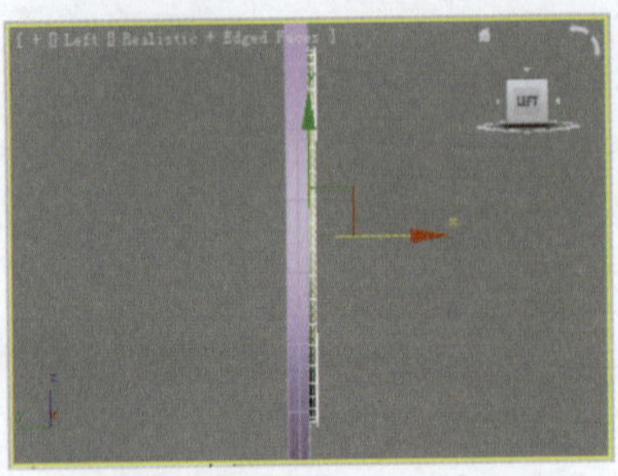

图4-99

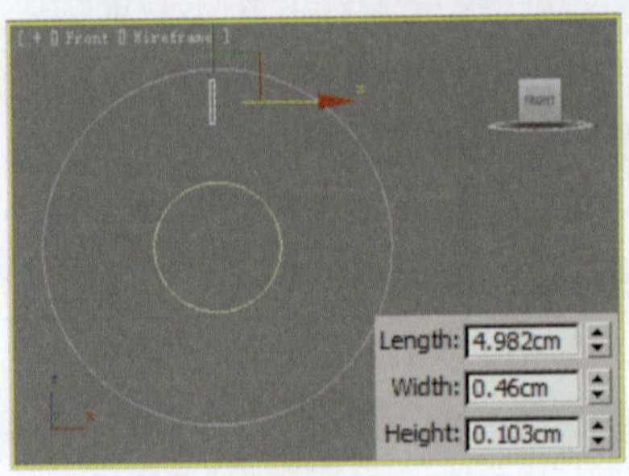

图4-100

Step 7 在Font（前）视口中选择创建的Box（长方体）对象，按下【Shift】键，对长方体对象进行移动复制，如图4-101所示。

Step 8 选择一个Box（长方体）对象，接下来设置该对象的工作轴位置。激活Affect Pivot Only（仅影响工作轴）按钮 Affect Pivot Only ，如图4-102所示。

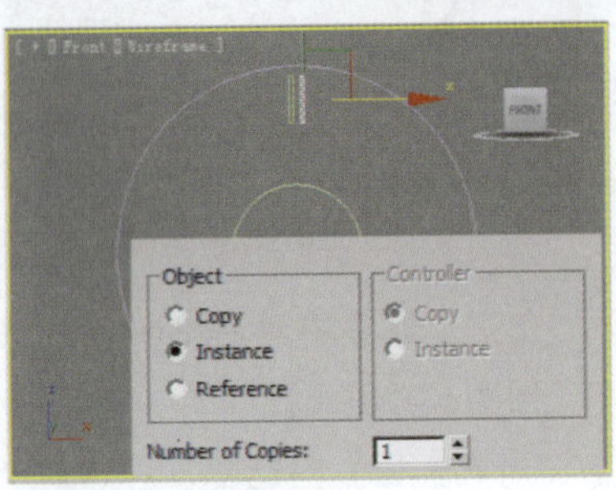

图4-101

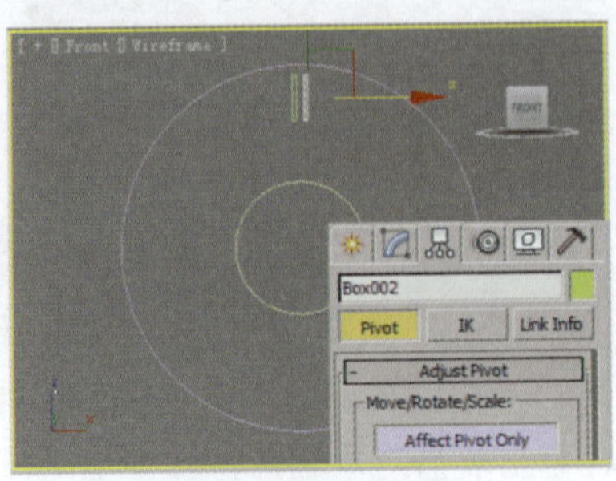

图4-102

Step 9 在对象的Y轴向上，使用移动工具移动Box（长方体）对象的工作轴，将该对象的工作轴移动至表盘的中心点位置，如图4-103所示。

Step 10 在主工具栏中，在Angle Snap Toggle（角度捕捉工具）按钮上右击，在打开的窗口中设置捕捉角度值，如图4-104所示。

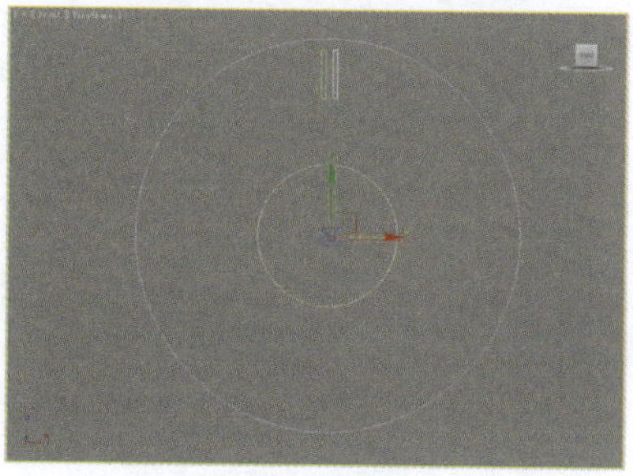

图4-103

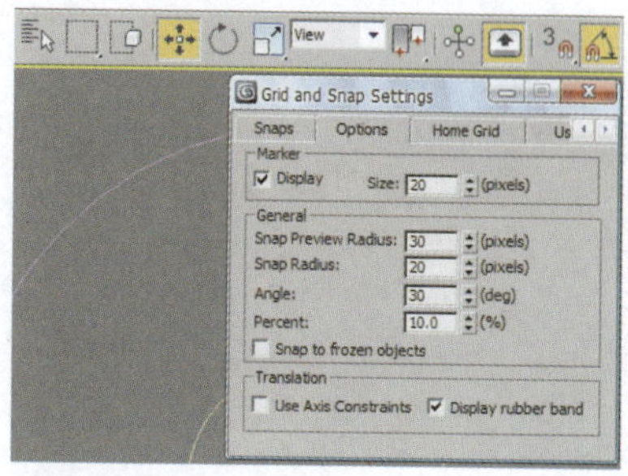

图4-104

Step 11 使用旋转工具对Box（长方体）对象进行旋转复制，旋转复制对象的效果如图4-105所示。

Step 12 对Box（长方体）对象进行旋转复制之后，在Font（前）视口中可以看到长方体对象以相同间距分布于表盘上，如图4-106所示。

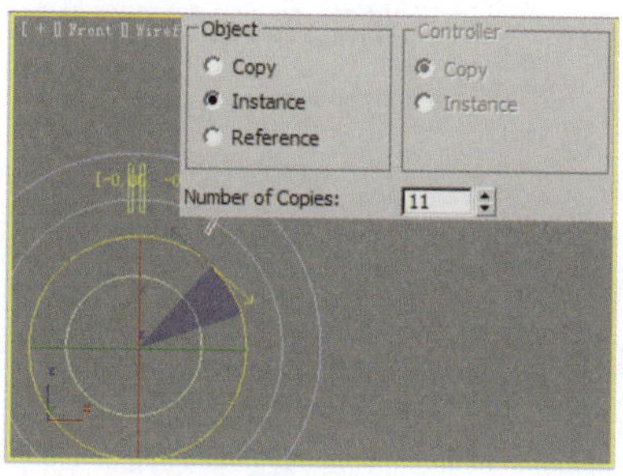

图4-105

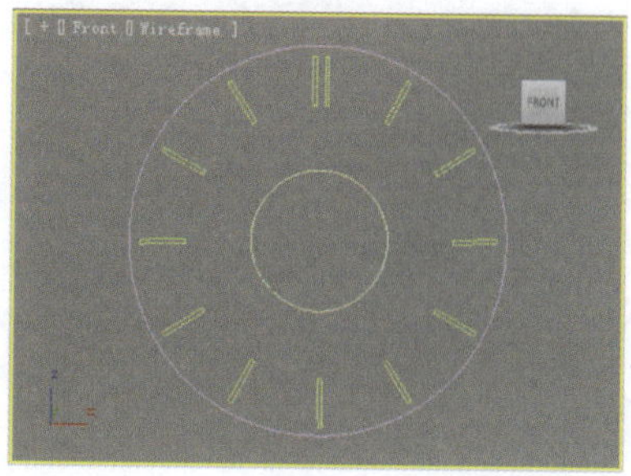

图4-106

Step 13 在Font（前）视口中，在表盘的中心点位置创建一个Sphere（球体）对象，效果如图4-107所示。

Step 14 切换至Left（左）视口，在该视口中使用缩放工具在对象的Z轴方向上进行缩放变换，如图4-108所示。

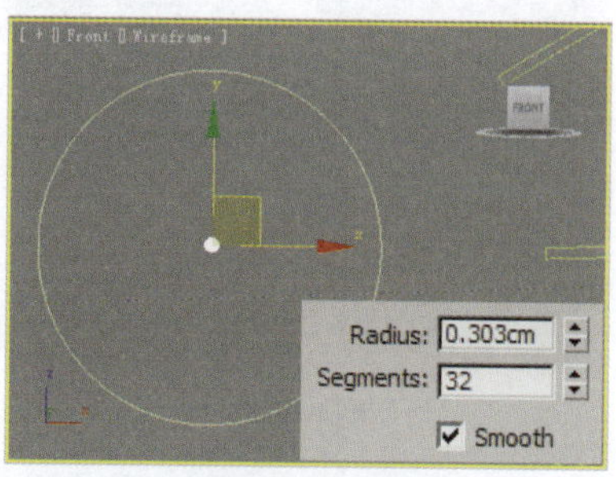

图4-107

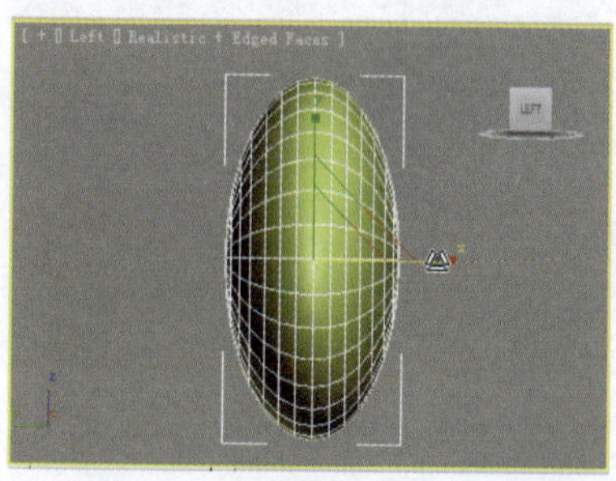

图4-108

Step 15 切换至Font（前）视口，在Sphere（球体）对象的中心点位置创建一个Cylinder（圆柱体）对象，如图4-109所示。

Step 16 切换至Left（左）视口，在该视口中将创建的Cylinder（圆柱体）对象进行移动变换，如图4-110所示。

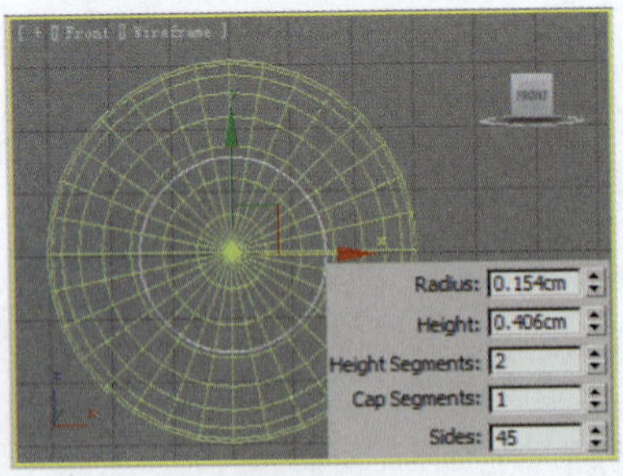

图4-109

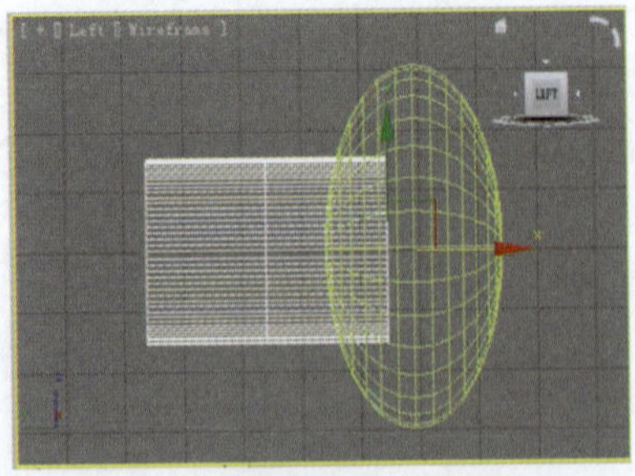
图4-110

Step 17 选择创建的Sphere（球体）对象和Cylinder（圆柱体）对象，将其放置到表盘上，如图4-111所示。

Step 18 接下来我们将钟表的指针模型导入到当前场景。选择Import（导入）>Merge（合并）命令，如图4-112所示。

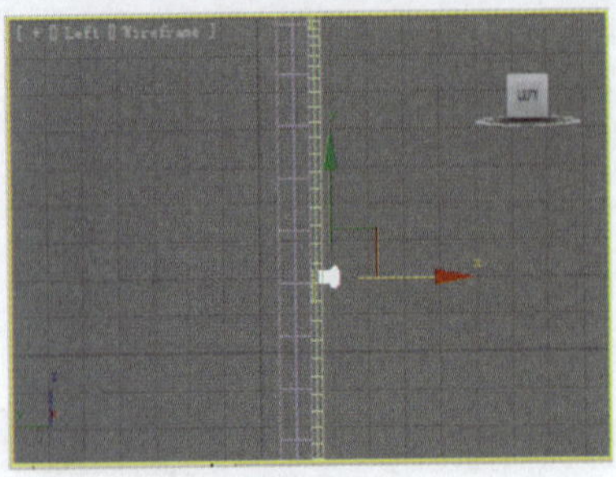
图4-111

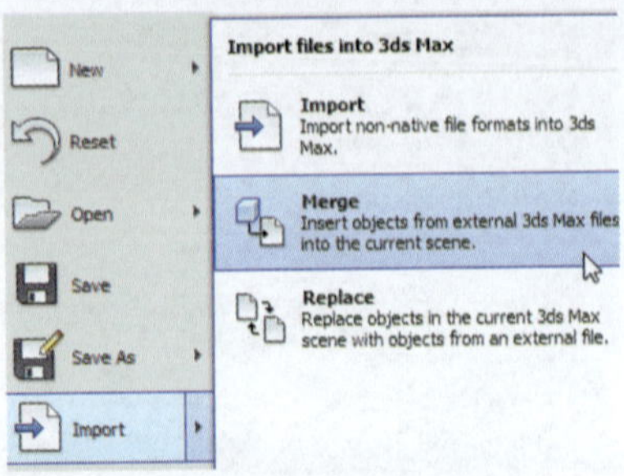

图4-112

Step 19 将“案例文件\第4章\不锈钢钟表指针.max”文件合并到当前场景，效果如图4-113所示。

Step 20 选择钟表的指针，切换至Left（左）视口，在该视口中将指针移动至合理位置，如图4-114所示。

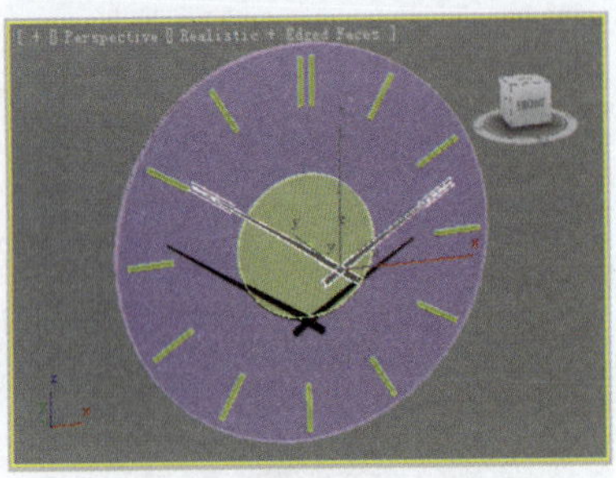
图4-113

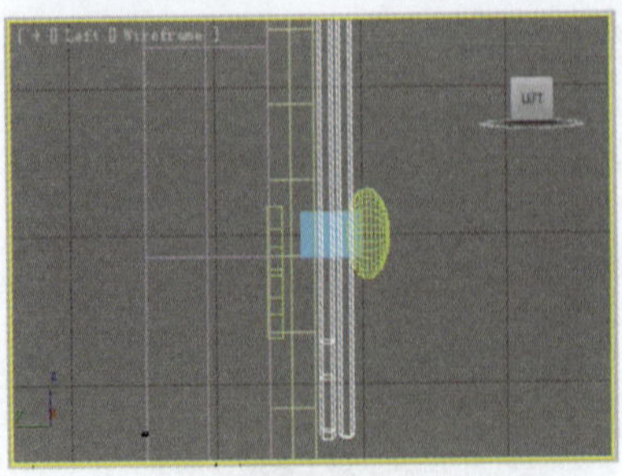
图4-114

Step 21 切换至Perspective（透视）视口，在该视口中看到本知识应用所制作的钟表模型，如图4-115所示，本实例所参考的不锈钢时钟如图4-116所示。

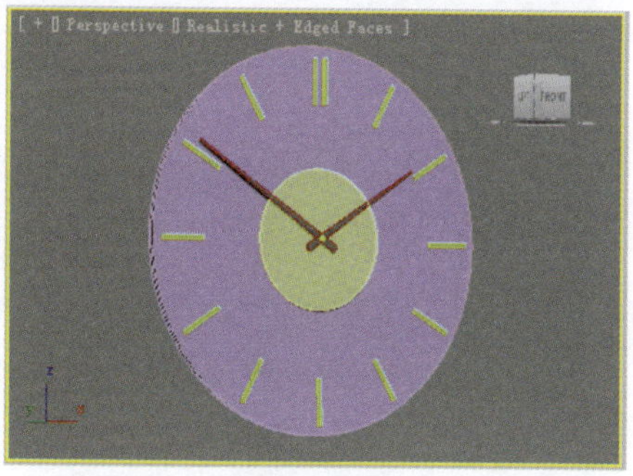

图4-115

图4-116

4.2.2 扩展几何体模型

Extended Primitives（扩展基本体）是复杂基本体的集合，也有的是通过标准基本体扩展而来，例如，ChamferBox（切角长方体）就是由基本体中的Box（长方体）扩展而来的。

3ds Max一共提供了13种扩展基本体，命令面板效果如图4-117所示，包括如胶囊、油罐、纺锤、异面体、环形结和棱柱等外形复杂的对象，如图4-118所示。

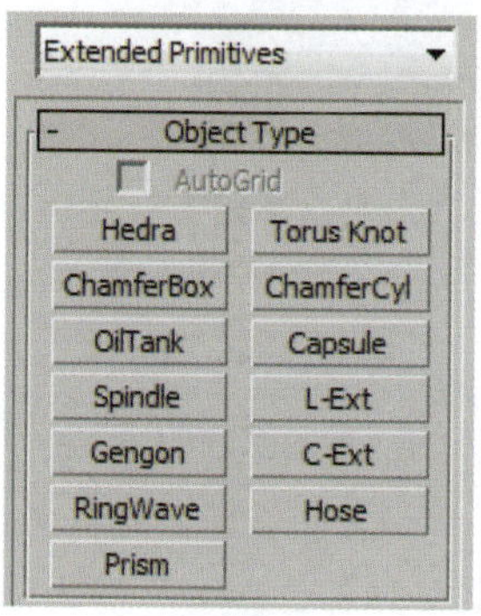

图4-117

图4-118

知识应用：制作茶几模型
原始文件：无
最终文件：场景和素材\第4章\制作茶几模型.max
核心技能：通过创建几种常见且简单的几何体，并将这些几何体组合在一起，形成形体复杂的三维模型。通过学习这种简单的几何体堆积方法，来得到完美的工作效率。

Step 1 在3ds Max的Create（创建）命令面板中选择ChamferBox（切角长方体）对象类型，在Top（顶）视口中创建一个ChamferBox（切角长方体）对象，将其作为茶几的玻璃面，如图4-119所示。

Step 2 接下来创建茶几腿。继续在Top（顶）视口中创建ChamferBox（切角长方体）对象，如图4-120所示。

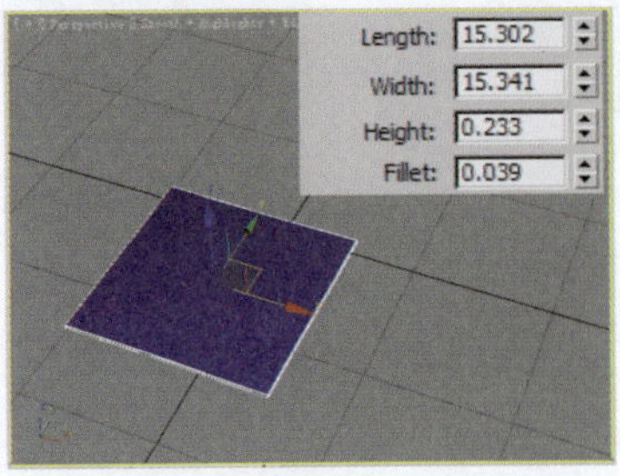

图4-119

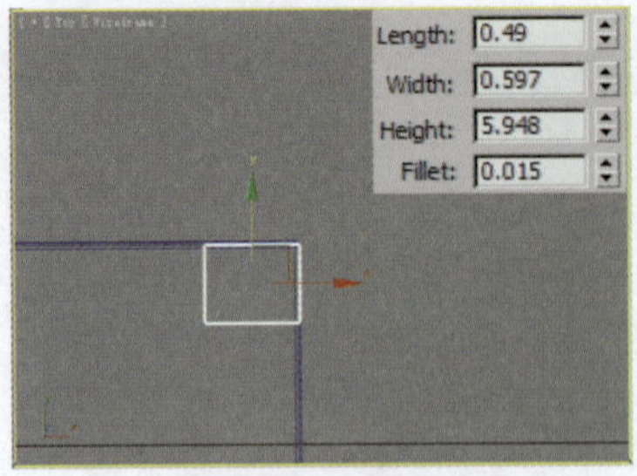

图4-120

Step 3 切换至Front（前）视口，在该视口中将之前创建的茶几玻璃面移动至茶几腿的上方，如图4-121所示。

Step 4 在调整了茶几玻璃面的位置之后，接下来我们通过复制刚才创建的茶几腿，来创建其他几条茶几腿。切换至Top（顶）视口，在该视口中对之前创建的茶几腿在Y轴向上进行复制，如图4-122所示。

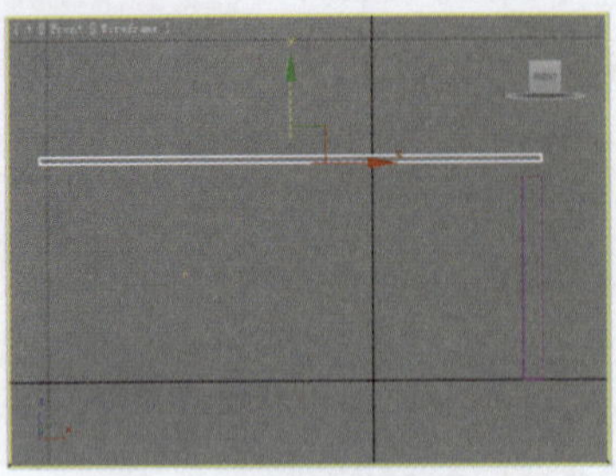

图4-121

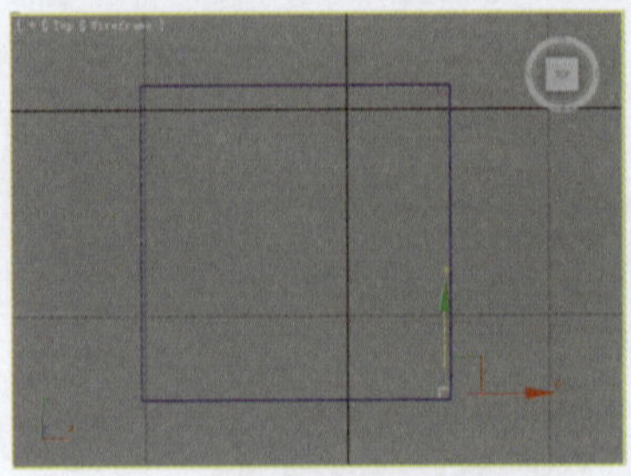

图4-122

Step 5 在Top（顶）视口中选择创建的茶几腿对象，将选择的对象在X轴向上进行移动复制，如图4-123所示。

Step 6 创建好茶几腿之后，接着创建茶几玻璃面与茶几腿接触部位——不锈钢垫子。在Top（顶）视口中创建一个Chamfer Cylinder（切角圆柱体）对象，如图4-124所示。

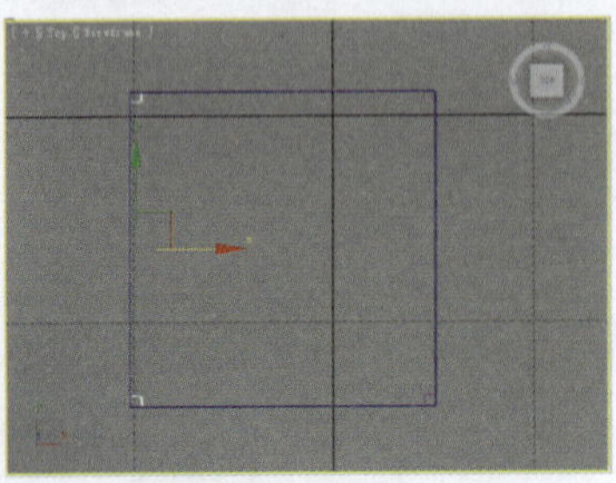

图4-123

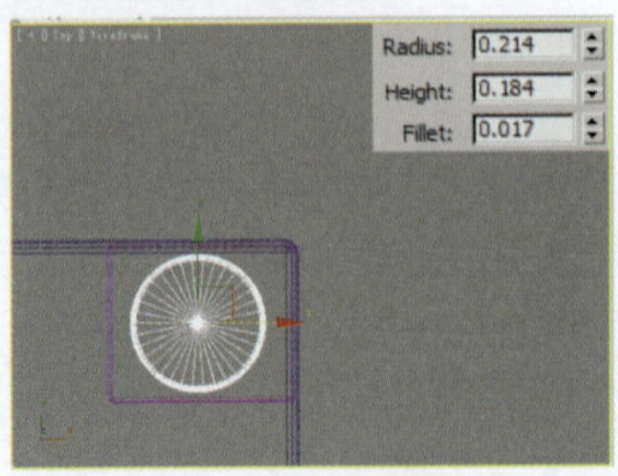

图4-124

注意

用户在创建多个相同的对象时，笔者建议将其中很多对象视为某个对象的子体，通过使用移动复制的方法来创建这些形态一样或者相似的子对象，这样操作既有效率，而且所创建的对象之间又没有误差。

Step 7 切换至Front（前）视口，在该视口中将创建的不锈钢垫子移动至玻璃面和茶几腿之前，如图4-125所示。

Step 8 切换至Top（顶）视口，使用前面介绍的复制茶几腿的方法，将调整位置之后的不锈钢垫子进行移动复制，操作完成后的对象效果如图4-126所示。

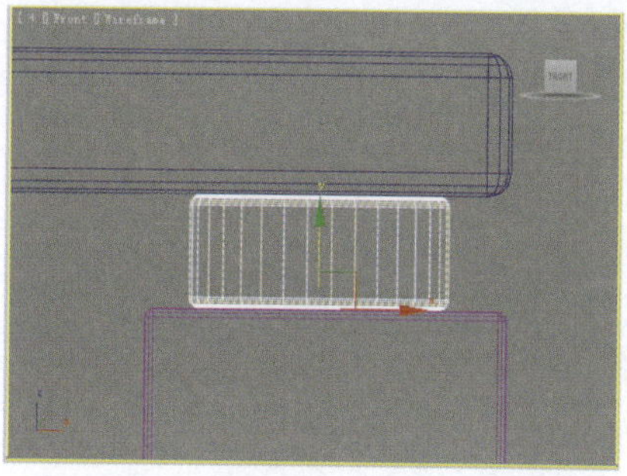

图4-125

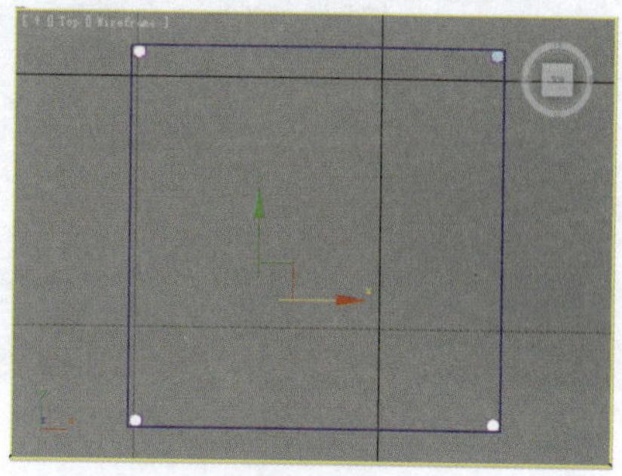

图4-126

Step 9 切换至Front（前）视口，在该视口中将创建的茶几玻璃面向Y轴的下方进行复制，并且修改对象参数，如图4-127所示。

Step 10 在Front（前）视口中创建一个ChamferBox（切角长方体）对象，效果如图4-128所示。

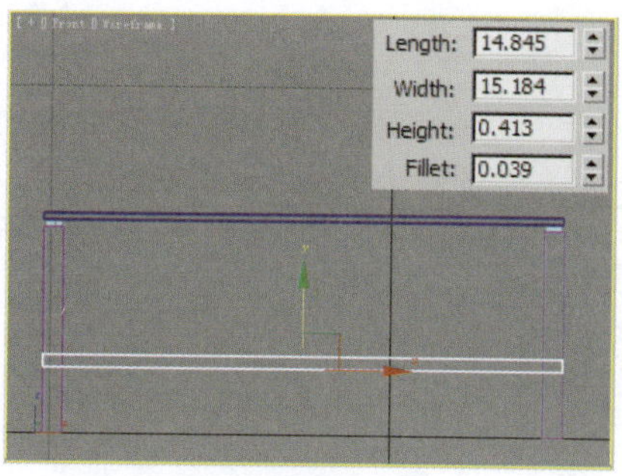

图4-127

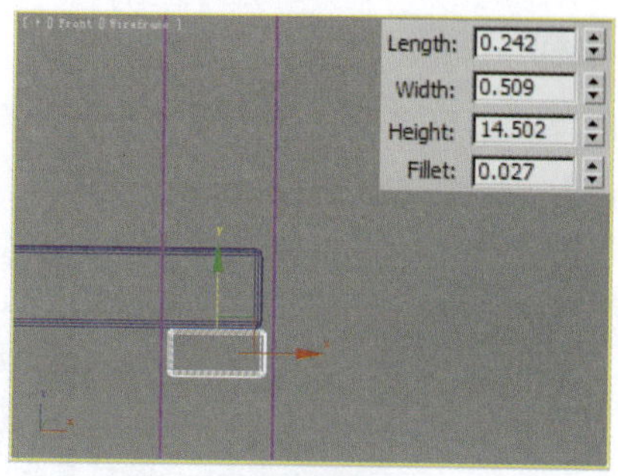

图4-128

Step 11 在Front（前）视口中，将刚才创建的ChamferBox（切角长方体）对象进行移动复制，如图4-129所示。

Step 12 切换至Top（顶）视口，在该视口中将之前创建的两个ChamferBox（切角长方体）对象进行旋转复制，如图4-130所示。

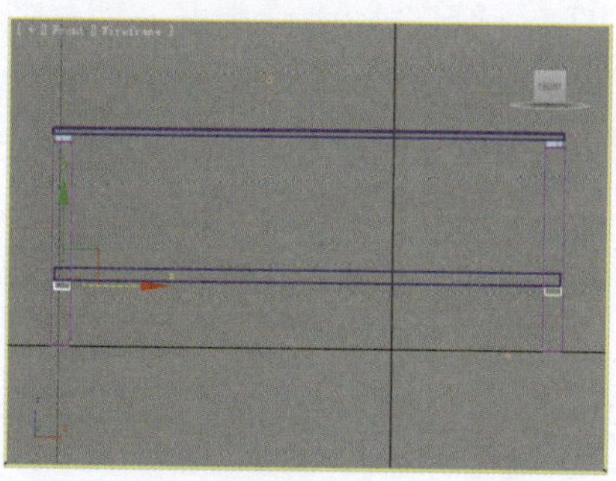

图4-129

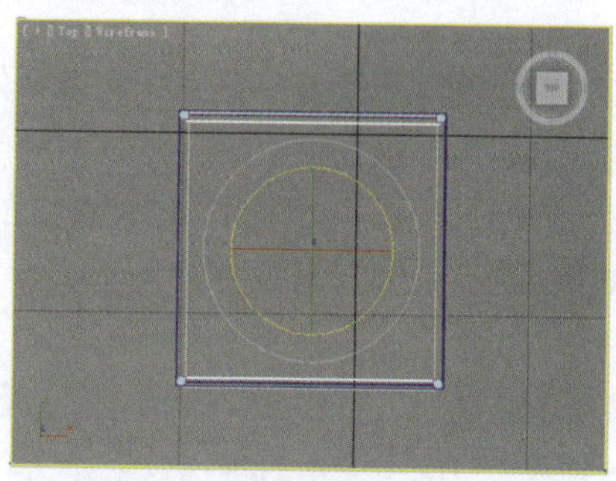

图4-130

Step 13 切换至Perspective（透视）视口，在该视口中可以看到本实例创建的茶几对象，如图4-131所示。

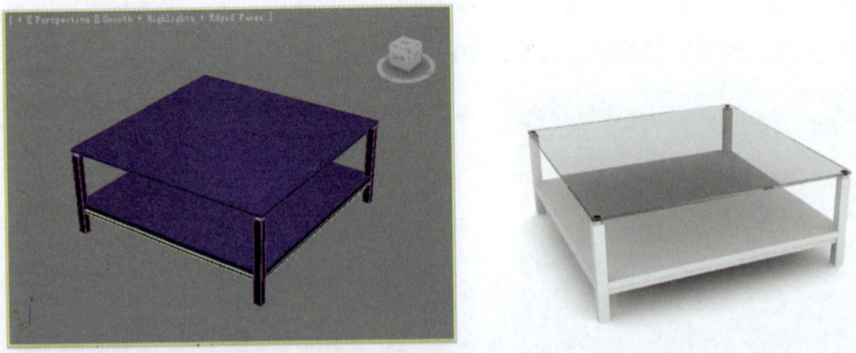

图4-131

4.2.3 楼梯、门窗及AEC扩展对象

在3ds Max 2012中，为方便用户操作，提高工作效率，系统提供了多种常见的楼梯、门窗和AEC扩展对象。

1. 楼梯

3ds Max预置了多种建筑模型类型，用做构建家庭、企业和类似项目的模型块，如Doors（门）、Windows（窗）、Stairs（楼梯）、Wall（墙）。建筑物效果如图4-132所示。

图4-132

这些建筑物体可以看做是由几何基本体构成的组合，但这些建筑具有构件规格参数，如设置门的开启程度或选择植物的种类等。同时，这些建筑物体与几何基本体有着一样的原理和操作方式，但建筑对象不允许通过键盘直接创建。

如果要在室外建筑场景中或大型室内（如别墅、多层建筑）场景中创建楼梯，用户可以在Geometry（几何体）对象类别中选择Stairs（楼梯），分为包括L-TypeStair（L型楼梯）、Spiral Stair（螺旋楼梯）、Straight Stair（直线楼梯）和U-TypeStair（U型楼梯）4种类型，如图4-133所示。商场大空间中使用的楼梯效果如图4-134所示。

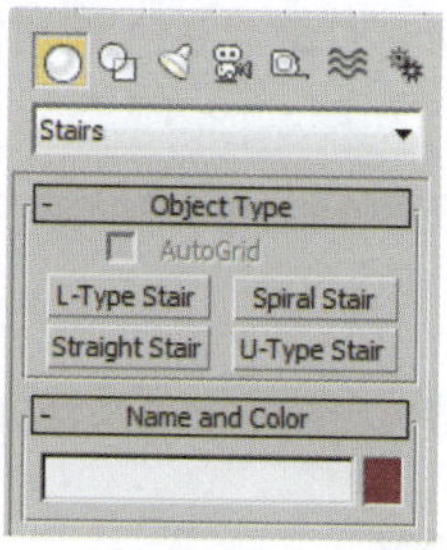

图4-133

图4-134

使用L-TypeStair（L型楼梯）对象可以创建带有彼此成直角的两段楼梯，并有Open（开放式）、Close（封闭式）和Box（落地式）3种类型，如图4-135所示。

图4-135

知识应用：制作螺旋楼梯

原始文件：场景和素材\第4章\制作螺旋楼梯 原始.max

最终文件：场景和素材\第4章\制作螺旋楼梯 最终.max

核心技能：在本知识应用中，我们将使用3ds Max的Spiral Stair（螺旋楼梯）对象类型来为室内场景添加一个螺旋型的楼梯，在制作过程中，需要通过调整Spiral Stair（螺旋楼梯）对象类型的参数，来为楼梯添加扶手和中心柱。

Step 1 打开本知识应用的原始文件“场景和素材\第4章\制作螺旋楼梯 原始.max”，摄影机视口效果如图4-136所示。

Step 2 接下来我们将开始为室内空间创建一个螺旋型楼梯。在Create（创建）面板中激活Spiral Stair（螺旋楼梯）对象类型的命令按钮，在摄影机视口中创建一个Spiral Stair（螺旋楼梯）对象，如图4-137所示。

图4-136

图4-137

Step 3 在摄影机视口中选择创建的Spiral Stair（螺旋楼梯）对象，进入该对象的Modify（修改）命令面板，设置楼梯对象的Layout（布局）选项组参数，如图4-138所示。

Step 4 在Generate Geometry（创建几何体）选项组中勾选Stringers（侧弦）复选框，为楼梯添加侧弦，也就是我们常说的扶手，如图4-139所示。

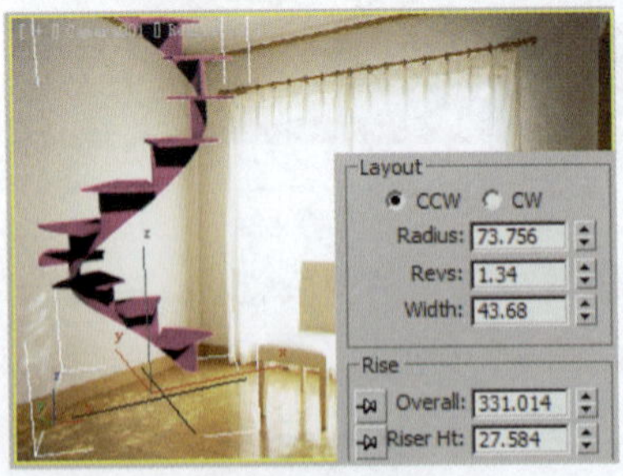

图4-138

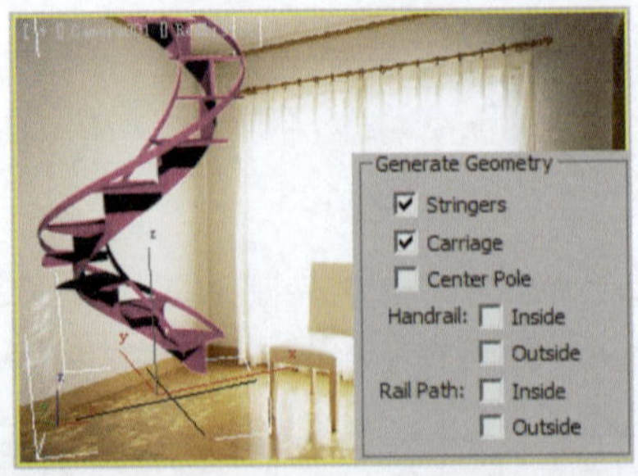

图4-139

Step 5 展开Stringers（侧弦）参数卷展栏，在该卷展栏中设置侧弦的参数，如图4-140所示。

Step 6 展开Parameters（参数）卷展栏，在该卷展栏中勾选Generate Geometry（创建几何体）选项组中的Center Pole（中柱）复选框，为楼梯添加中柱，如图4-141所示。

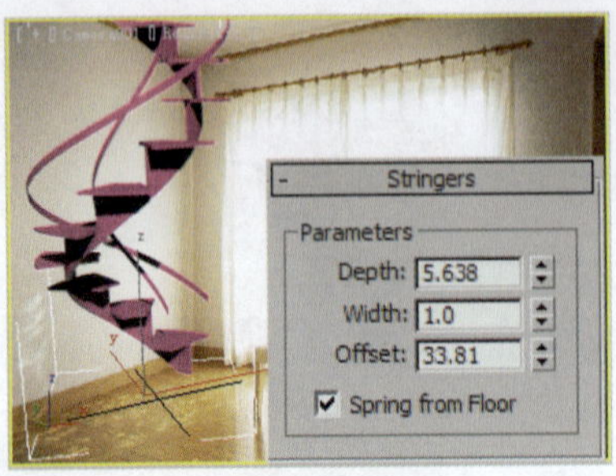

图4-140

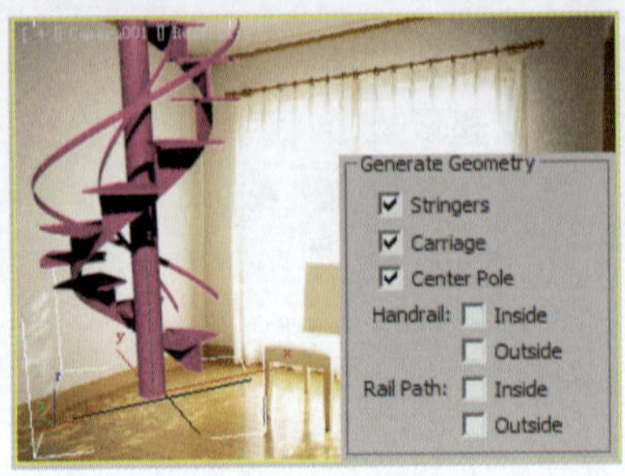

图4-141

至此，楼梯制作完成。

2. 门

模型被广泛应用在各种建筑场景和动画场景中。在Doors（门）层级下，用户可以创建3种不同开启方式的门模型，包括Pivot（框轴门）、Sliding（推拉门）和BiFold（折叠门）。用户可以控制门外观的细节，并能够设置门为打开、部分打开或关闭等状态。

知识应用：创建门
原始文件：场景和素材\第4章\创建门 原始.max
最终文件：场景和素材\第4章\创建门 最终.max
核心技能：掌握Pivot（框轴门）对象类型的创建方法，并且结合该对象类型的参数，来创建形态更加复杂的门。

Step 1 打开本实例的原始光盘文件，在Perspective（透视）视口中，有一个建筑的图画，效果如图4-142所示。

Step 2 在3ds Max 右侧的命令面板中单击Geometry（几何体）对象类别的下拉按钮，在弹出的下拉列表中选择Doors（门）对象类型，如图4-143所示。

图4-142

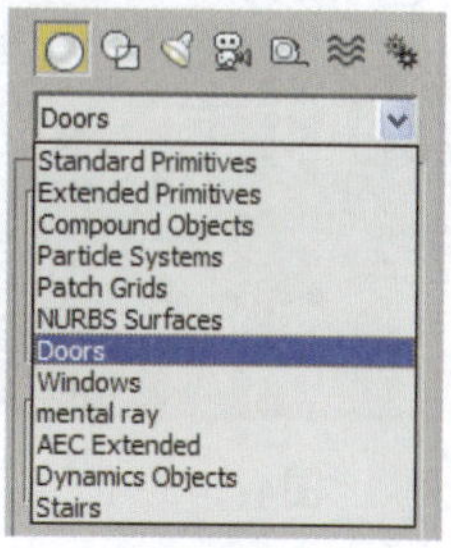

图4-143

Step 3 展开Object Type（对象类型）卷展栏，在该卷展栏中单击Pivot（框轴门）类型按钮，如图4-144所示。

Step 4 切换至Perspective（透视）视口，单击并拖动鼠标，来确定门对象的长度，如图4-145所示。

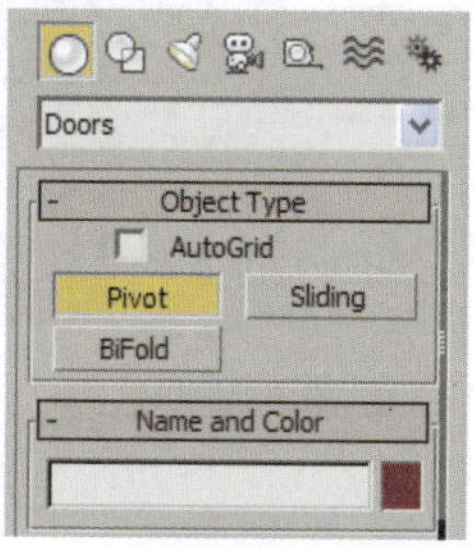

图4-144

图4-145

Step 5 当拖动鼠标一段距离之后，单击并拖动鼠标来确定门的厚度，效果如图4-146所示。

Step 6 再次单击，完成对门厚度的参数的控制，然后拖动鼠标，来确定门的高度，如图4-147所示。

图4-146

图4-147

Step 7 在Pivot（框轴门）对象类型的Parameters（参数）卷展栏中调整对象的Height（高）、Width（宽）等参数，在视口中调整门的位置，完成效果如图4-148所示。

Step 8 在Parameters（参数）卷展栏中勾选Flip Hinge（翻转转枢）复选框并设置Open（打开）参数，如图4-149所示。

图4-148

图4-149

Step 9 在Leaf Parameters（页扇参数）卷展栏中设置页扇参数，如图4-150所示。

Step 10 在Panels（镶板）选项组中设置镶板的类型以及参数，如图4-151所示。

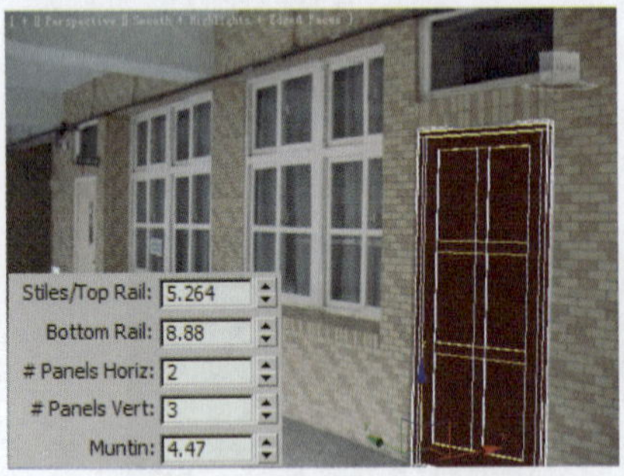

图4-150

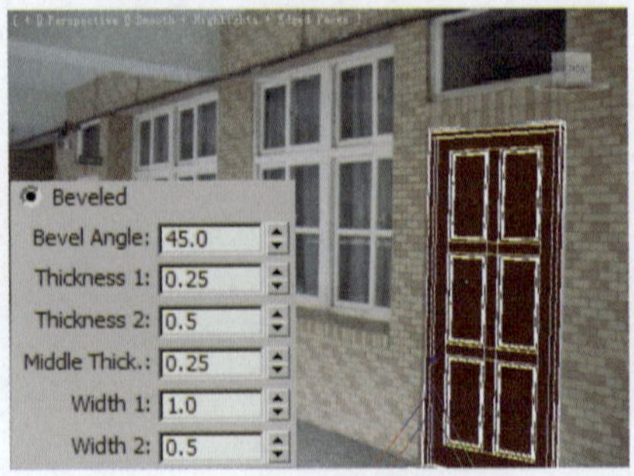

图4-151

3. 窗

窗户与门一样，是日常生活中最为常见的建筑构件，这一构件也可以在3ds Max中进行直接创建，并允许用户控制窗户的细节和开启程度，同时提供了6种不同的类型以供选择，如Awning（遮篷式窗）、Casement（平开窗）、Fixed（固定窗）等。

知识应用：创建窗户

原始文件：场景和素材\第4章\创建窗户 原始.max

最终文件：场景和素材\第4章\创建窗户 最终.max

核心技能：在本知识应用中，我们将使用Fixed（固定窗）对象类型来为场景添加一个固定窗模型。在操作过程中需要注意设置Fixed（固定窗）对象类型的窗框参数。

Step 1 打开本知识应用的原始文件“场景和素材\第 4 章\创建窗户 原始 .max”，摄影机视口效果如图 4-152 所示。

Step 2 在Create（创建）命令面板中激活Fixed（固定窗）对象类型命令按钮，在摄影机视口中通过按下鼠标左键、拖动鼠标松开鼠标左键、拖动鼠标、右击，来创建Fixed（固定窗）对象，如图4-153所示。

图4-152

图4-153

Step 3 在摄影机视口中选择创建的Fixed（固定窗）对象类型，在该对象的Modify（修改）面板中设置窗户的高度、宽度、深度参数，如图4-154所示。

Step 4 在Frame（窗框）选项组中设置Fixed（固定窗）对象类型窗框的水平宽度、垂直厚度等参数，如图4-155所示。

图4-154

图4-155

4. AEC扩展对象

AEC扩展对象包括Railing（栏杆）、Wall（墙）和Foliage（植物）。在Geometry（几何体） 层级下，单击AEC Extended（AEC扩展）下拉按钮，可进入图4-156所示的AEC Extended（AEC扩展）对象创建层级面板，通过此面板中的工具，可创建出图4-157所示的Foliage（植物）等多种类型的对象。

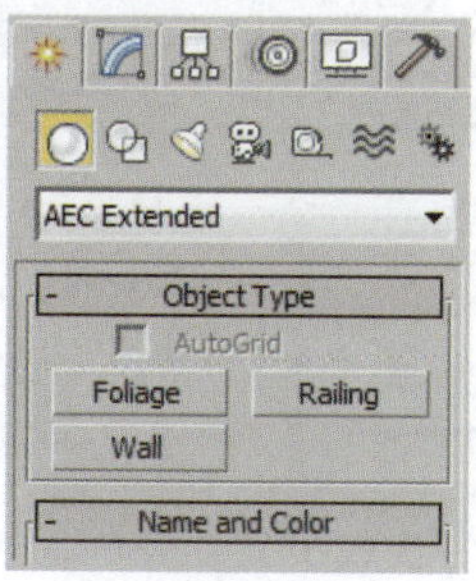

图4-156

图4-157

（1）植物

Foliage（植物）可创建植物的模型。3ds Max 2012为用户提供了图4-158所示的American Elm（美洲榆）等多种预设植物模型，并可对植物的高度、种子、树冠和细节等参数进行控制，不显示植物树叶的American Elm（美洲榆）植物效果如图4-159所示。

图4-158

图4-159

Pruning（修剪）参数适用于有枝叶的植物，通过控制该参数来对植物进行修剪。原始植物效果如图4-160所示，利用该参数修剪植物后，效果如图4-161所示。

图4-160

图4-161

（2）栏杆

Railing（栏杆）可创建栏杆物体，如图4-162所示，栏杆对象的组件包括栏杆、立柱和栅栏。通过控制参数可以自定义围栏、立柱和栅栏的大小。在Top Rail（上围栏）选项组中修改参数后，围栏效果如图4-163所示。

图4-162

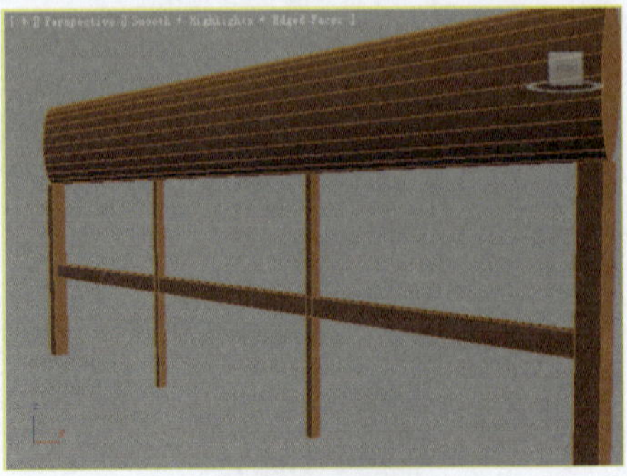

图4-163

（3）墙

Wall（墙）可创建出图4-164所示的建筑墙模型，其外形与长方体相似，但拥有墙的建筑属性，可以在墙上直接创建门、窗对象，而不需要其他操作，在移动门窗时，3ds Max会进行自动插补。

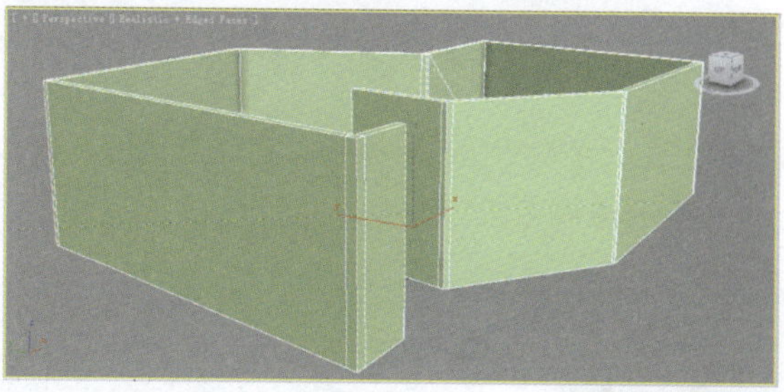

图4-164

知识应用：创建植物
原始文件：案例文件\第4章\创建植物 原始.max
最终文件：案例文件\第4章\创建植物 最终.max
核心技能：在本知识应用中，我们将使用Foliage（植物）对象类型来为场景添加几个植物。在操作过程中需要注意设置Foliage（植物）对象类型的高度参数。

Step 1 打开本知识应用的原始文件“场景和素材\第4章\创建植物 原始.max”，摄影机视口的效果如图4-165所示。

Step 2 在Create（创建）命令面板中选择Foliage（植物）对象类型下的Big Yucca（大亚卡）植物，如图4-166所示。

图4-165

图4-166

Step 3 在摄影机视口中通过单击，在场景中创建一个Big Yucca（大亚卡）植物对象，如图4-167所示。

Step 4 选择创建的Big Yucca（大亚卡）植物对象，在该对象的Modify（修改）命令面板中设置植物的高度，如图4-168所示。

图4-167

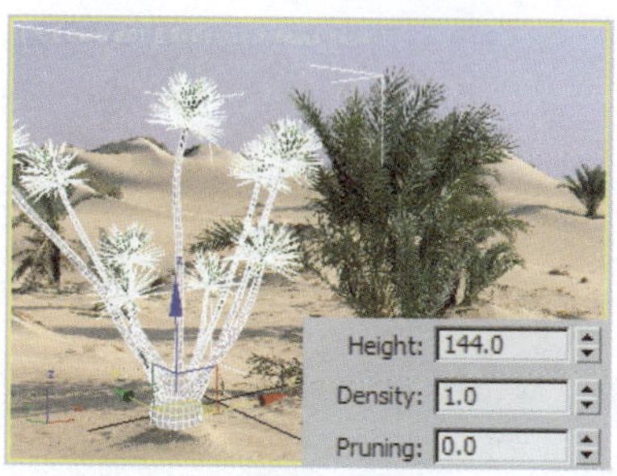

图4-168

Step 5 选择之前创建的Big Yucca（大亚卡）植物对象，对该对象进行移动复制，效果如图4-169所示。

Step 6 选择复制产生的Big Yucca（大亚卡）植物，在其Modify（修改）面板中设置植物的高度，如图4-170所示。至此本实例操作完成。

图4-169

图4-170

4.3 复合对象

创建模型是使用3ds Max 2012所必须掌握的一个重点，在前几节中介绍的创建对象知识都较简单，对于一些稍复杂的模型，就显得有点相形见拙了。3ds Max为用户提供了一些复合对象类型，如Boolean（布尔）、Scatter（散布）、Loft（放样）等，使用它们能快速制作出模型。

4.3.1 布尔运算

在3ds Max中，布尔运算包括Boolean（布尔）和ProBoolean（超级布尔）两种布尔运算。而在本节中，我们主要学习简单布尔工具——Boolean（布尔）的相关知识，通过制作洗手池来介绍Boolean（布尔）的使用方法。在学习制作时，读者可以结合光盘中的视频轻松、直观地进行学习。

1. Boolean（布尔）

要学习布尔运算，首先就需要认识什么是Boolean（布尔）。Boolean（布尔）是通过两个重叠对象生成的，这两个重叠的对象是原始操作对象A和B，以图4-171为例，可以将机器人筒状眼看做是操作对象A，将机器人头部看做是操作对象B，使用这两种对象进行布尔操作，能够制作出不同样式的对象，如图4-172所示。

图4-171

图4-172

在了解了什么是Boolean（布尔）之后，接着就需要认识Boolean（布尔）的参数。比较常用的参数卷展栏包括Pick Boolean（拾取布尔对象）、Parameters（参数）、Display/Update（显示与更新）卷展栏。

（1）Pick Boolean（拾取布尔对象）

在Pick Boolean（拾取布尔对象）卷展栏，选择操作对象B时，根据在Pick Boolean（拾取布尔对象）卷展栏中为布尔对象所做的选择，操作对象B可指定为引用、移动（对象本身）、复制或实例化。

Pick Boolean（拾取布尔对象）卷展栏参数如图4-173所示，用户通过激活Pick Operand B（拾取操作对象B）按钮 Pick Operand B 之后，在下面选择转换方式，如图4-174所示，之后再到视口中通过单击对象B来拾取对象。

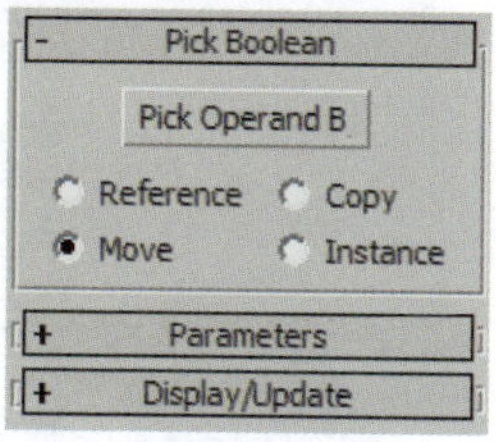

图4-173

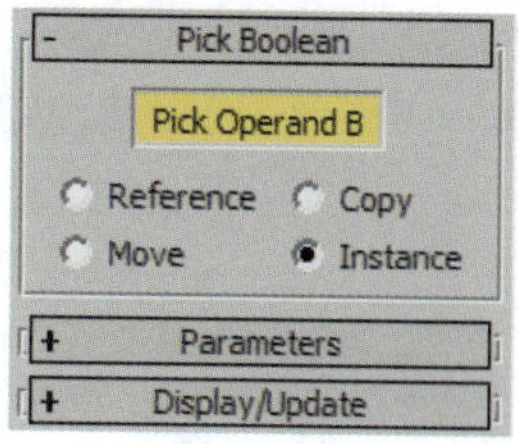

图4-174

在本卷展栏中，这些转换方式的含义如下。

Reference（参考）转换方式：选择该方式，使用布尔运算时，将以参考方式复制一个对象，并将该对象作为操作对象B进行布尔运算，在调整操作对象B时，将对布尔运算对象产生影响。

如果出于其他目的希望在场景中重复使用操作对象B几何体，则可使用Copy（复制）。

如果创建操作对象B几何体仅仅为了创建布尔对象，再没有其他用途，则可使用Move（移动）（默认设置）。

使用Instance（实例化）可使布尔对象的动画与对原始对象B所做的动画更改同步，反之亦然。无论采用何种复制方法，对象B几何体都将成为布尔对象的一部分。

（2）Parameters（参数）卷展栏

Parameters（参数）卷展栏是控制布尔运算的主要参数卷展栏之一，该卷展栏只有在进行了布尔运算之后才能在Modify（修改）面板中找到。该卷展栏包含了Operands（操作对象）和Operation（操作）两个选项组，如图4-175和图4-176所示。

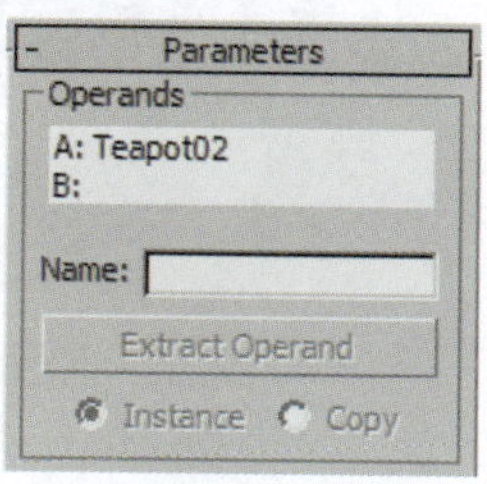

图4-175

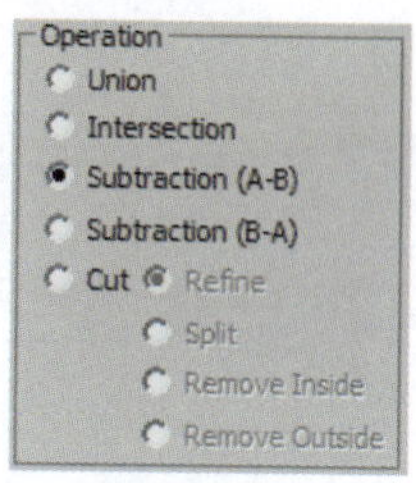

图4-176

其中Operands（操作对象）选项组中的列表框用于显示当前的操作对象名称。在Operands（操作对象）列表框中选择一个操作对象，该操作对象的名称同时也将显示在Name

（名称）文本框中，如图4-177所示，而在Name（名称）文本框中可以更改操作对象的名称，如图4-178所示。

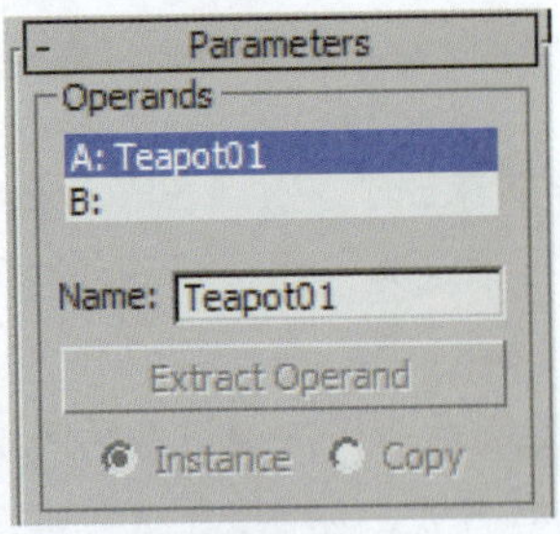

图4-177

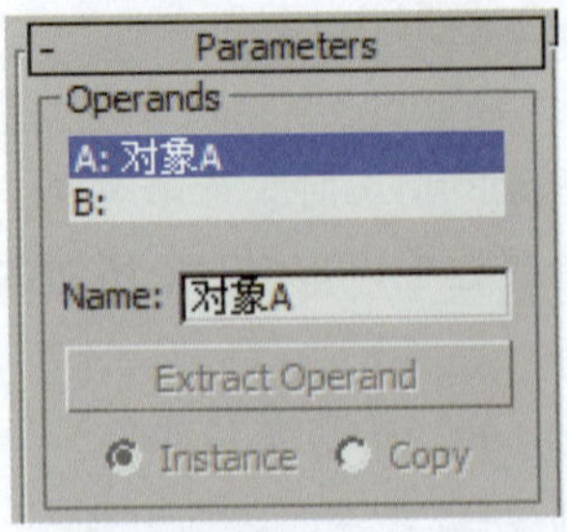

图4-178

Extract Operand（提取操作对象）按钮用于提取选中操作对象的副本或实例。视口中布尔运算的效果如图4-179所示，使用该按钮提取对象的效果如图4-180所示。

图4-179

图4-180

Operation（操作）卷展栏用于控制布尔运算的合并方式，包括Union（并集）、Intersection（交集）、Subtraction（A–B）（差集A–B）、Subtraction（B–A）（差集B-A）等。

Union（并集）：布尔对象包括两个原始对象的体积，选择Union（并集）选项，将移除几何体的相交部分或重叠部分。未布尔运算之前对象效果如图4-181所示，选择该选项之后，布尔运算的效果如图4-182所示。

图4-181

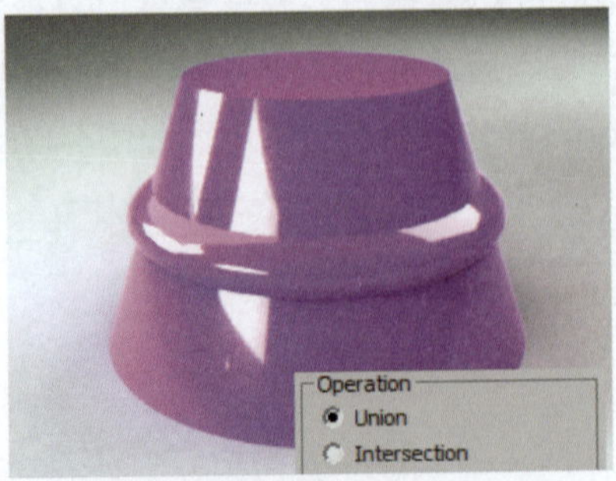

图4-182

Intersection（交集）：布尔对象只包含两个原始对象的重叠部分，如图4-183所示。选择Subtraction（B–A）（差集B–A）选项，从操作对象 B 中减去相交的操作对象A的体积。布尔对象包含从中减去相交体积的操作对象B的体积的效果如图4-184所示。

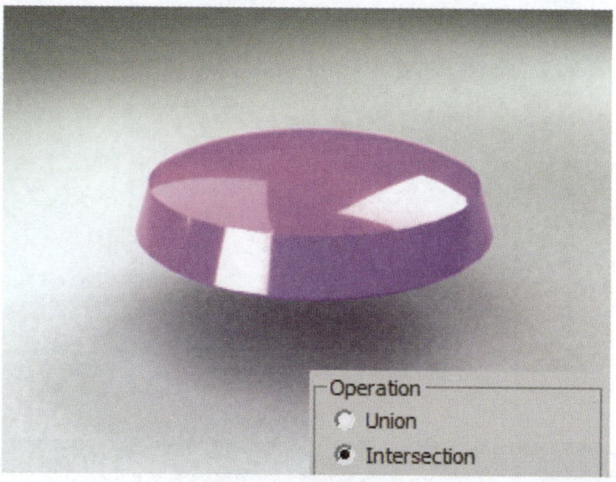

图4-183

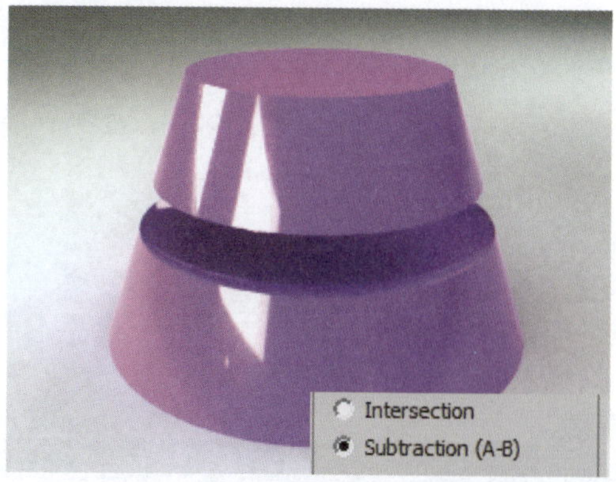

图4-184

Subtraction（A–B）（差集 A–B）：从操作对象 A 中减去相交的操作对象 B 的体积。布尔对象包含从中减去相交体积的操作对象 A 的体积的效果如图 4-185 所示。

Cut（切割）：使用操作对象 B 切割操作对象 A，但不给操作对象 B 的网格添加任何东西，如图 4-186 所示。

图4-185

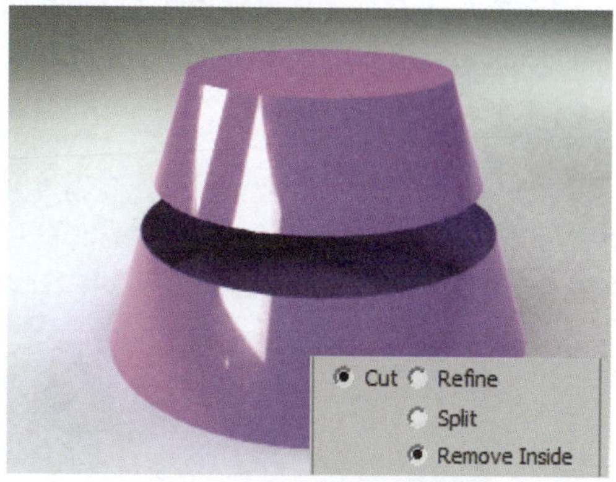

图4-186

知识应用：制作洗手台

原始文件：场景和素材\第4章\制作洗手台 原始.max

最终文件：场景和素材\第4章\制作洗手台 最终.max

核心技能：在制作洗手台模型过程中，通过在Operation（操作）卷展栏中选择Subtraction（B–A）（差集B–A）选项，来完成正确的布尔运算操作。

Step 1 打开本实例所使用的原始光盘文件“场景和素材\第4章\制作洗手台 原始.max”，视口中包含了一个场景，效果如图4-187所示。

Step 2 在Perspective（透视）视口中选择顶部的对象，单击Geometry（几何体）对象类别下拉按钮，在弹出的下拉列表中选择Compound Objects（复合对象）选项，如图4-188所示。

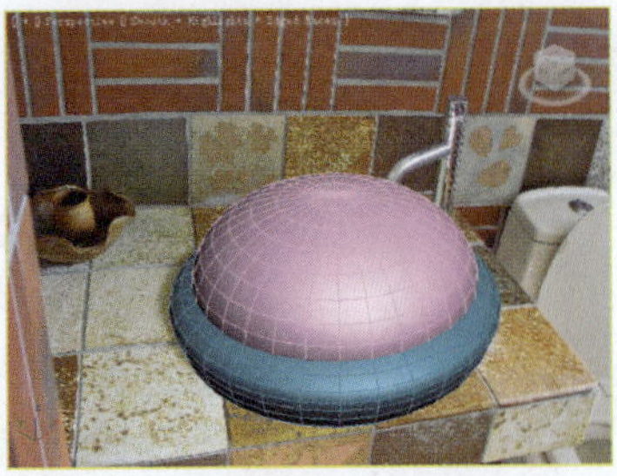

图4-187

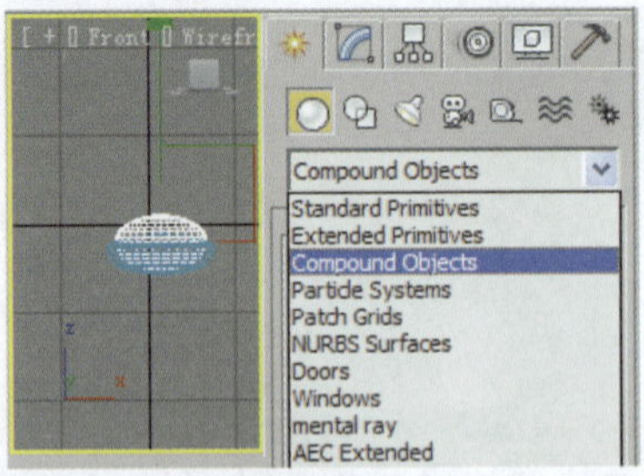

图4-188

注意

用户在布尔运算之前，首先要弄清楚Boolean（布尔）中的Operand A（操作对象A）和Operand B（操作对象B）是哪个。

在确定场景中某一对象为Operand A（操作对象A）时，则先在视口中选择该对象，再在Geometry（几何体）对象类别下拉列表中选择Compound Objects（复合对象），该操作即将用户所选择的对象作为Operand A（操作对象A）。

之后用户再通过激活Pick Operand B（拾取操作对象B）按钮 Pick Operand B ，并且在Operation（操作）卷展栏中选择转换方式，最后到视口中通过单击对象B，来拾取对象进行布尔运算。

Step 3 展开Object Type（对象类型）卷展栏，在该卷展栏单击Boolean（布尔）按钮，如图4-189所示。

Step 4 在Operation（操作）卷展栏中选择Subtraction（B-A）（差集B-A）单选按钮，如图4-190所示。

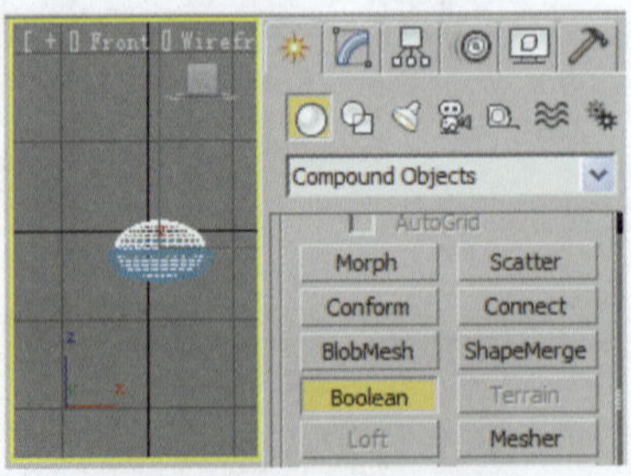

图4-189

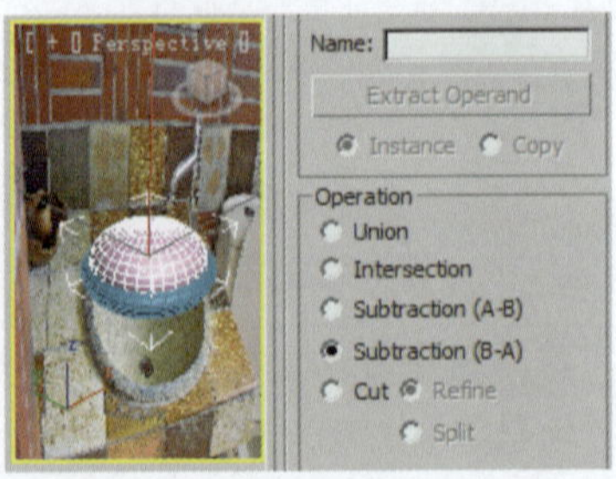

图4-190

在Pick Boolean（拾取布尔对象）卷展栏中激活Pick Operand B（拾取操作对象B）按钮，在视口中拾取底部对象，如图4-191所示。至此，完成洗手池的制作，如图4-192所示。

图4-191

图4-192

2. ProBoolean（超级布尔）

在介绍了Boolean（布尔）之后，接下来让我们认识3ds Max高级布尔运算——ProBoolean（超级布尔）。

ProBoolean（超级布尔）对象类型是将大量功能添加到传统的3ds Max布尔对象中。ProBoolean（超级布尔）对象类型还能自动将布尔运算结果细分为四边形面，这有助于对对象进行平滑操作。使用ProBoolean（超级布尔）对象类型制作的产品造型效果如图4-193所示。

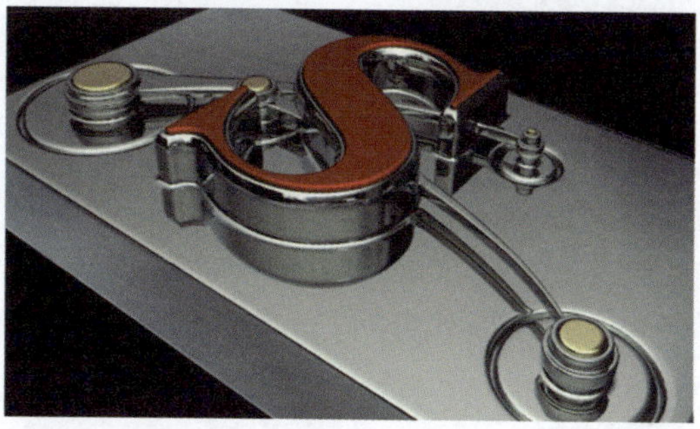

图4-193

作为Boolean（布尔）对象类型功能的延伸，ProBoolean（超级布尔）对象类型的参数卷展栏与Boolean（布尔）对象类型的参数卷展栏有一定的相似性，如都包含了Pick Boolean（拾取布尔对象）卷展栏和Parameters（参数）卷展栏（卷展栏中的参数含义一致），但是Parameters（参数）卷展栏中的参数在一定的相似性上，却有着很大的不同（后者的卷展栏中参数更多）。

Parameters（参数）卷展栏中包含Operation（操作）、Display（显示）、Apply Material（应用材质）、Sub-object Operations（子对象运算）选项组。Operation（操作）选项组中包含了Union（并集）、Intersection（交集）等6种选项。

选择Union（并集）选项，可以将两个或多个单独的实体组合到单个布尔对象中，如图4-194所示。而在该选项之后，有一个Imprint（盖印）复选框，勾选该复选框可以将图形轮廓（或相交边）打印到原始网格对象上，效果如图4-195所示。

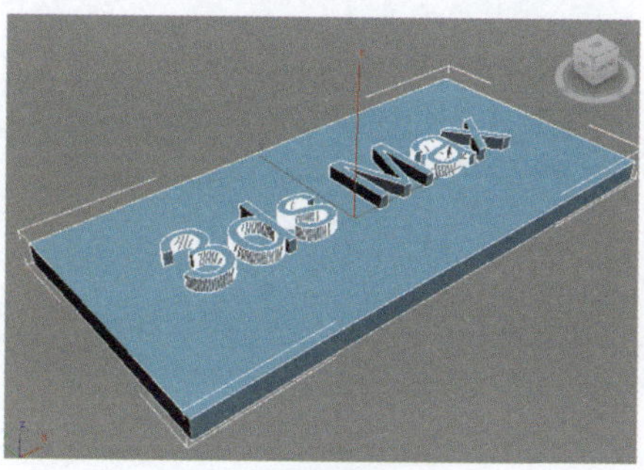

图4-194

图4-195

选择Merge（合并）选项之后，能将对象组合到单个对象中，而不移除任何几何体（在相交对象的位置创建新边）。在视口中，原始对象的效果如图4-196所示，使用Merge（合并）选项进行ProBoolean（超级布尔）操作后的效果如图4-197所示。

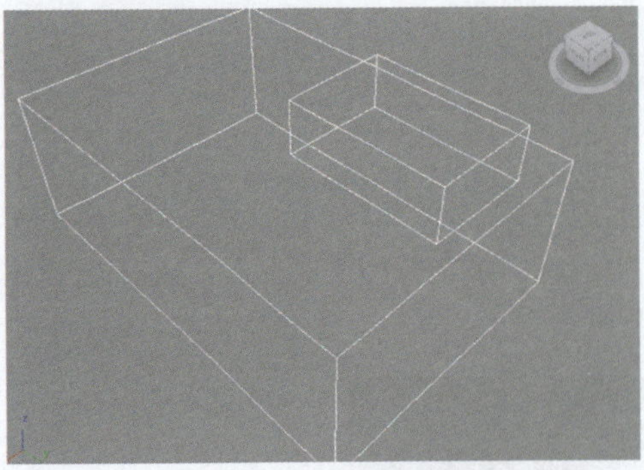

图4-196

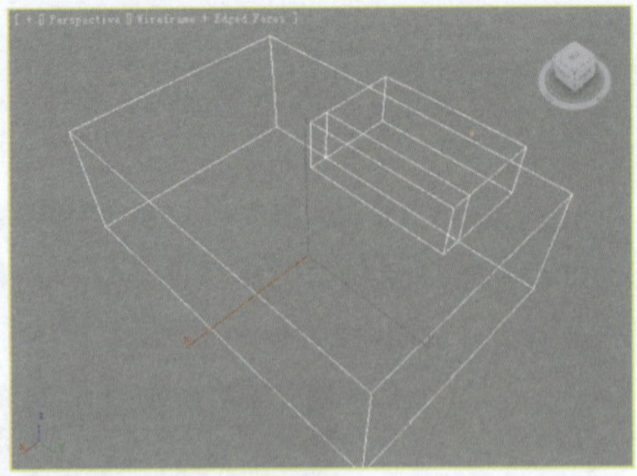

图4-197

Attach（附加）选项能将两个或多个单独的实体合并成单个布尔型对象，而不更改各实体的拓扑。使用Attach（附加）选项进行ProBoolean（超级布尔）操作的效果如图4-198所示，而使用Sublraction（差集）选项的效果如图4-199所示。

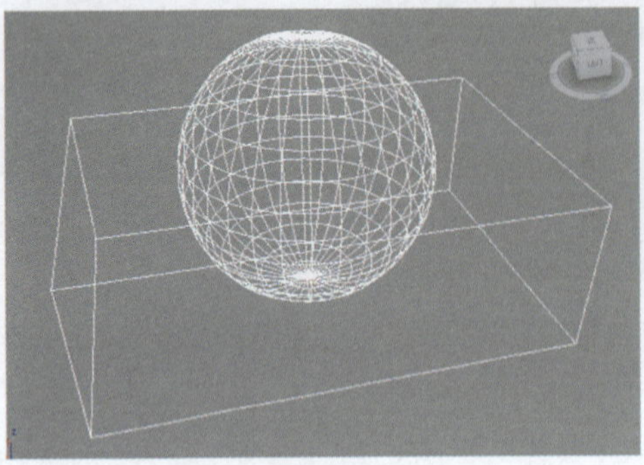

图4-198

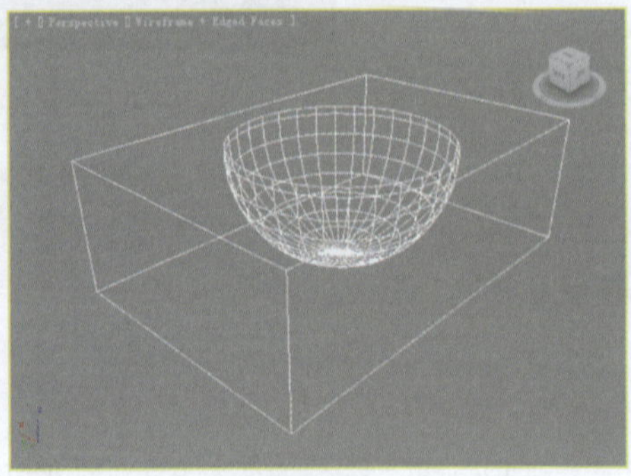

图4-199

选择Insert（插入）选项，先从第一个操作对象减去第二个操作对象的边界体积，然后再组合这两个对象。原始对象效果如图4-200所示，使用该选项的效果如图4-201所示。

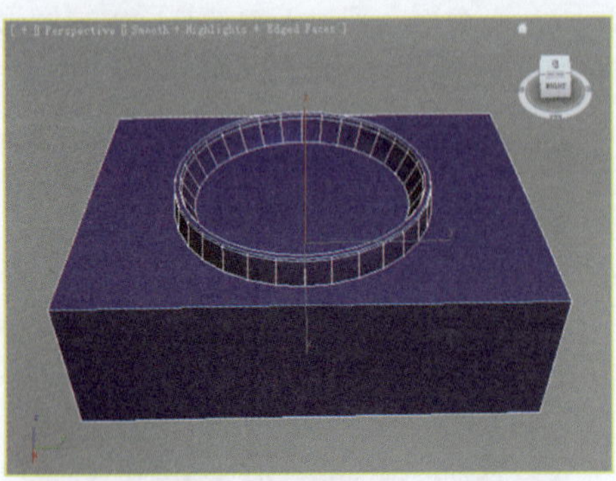

图4-200

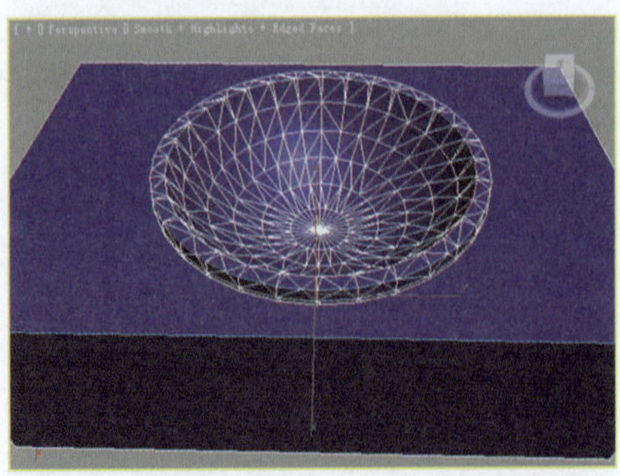

图4-201

插入操作会将第一个操作对象视为液体体积，因此，如果插入的操作对象存在孔洞或存在使“液体”进入其体积的某些其他特征，则的确会将其视为液体体积。原始对象效果如图4-202所示，插入操作后的效果如图4-203所示。

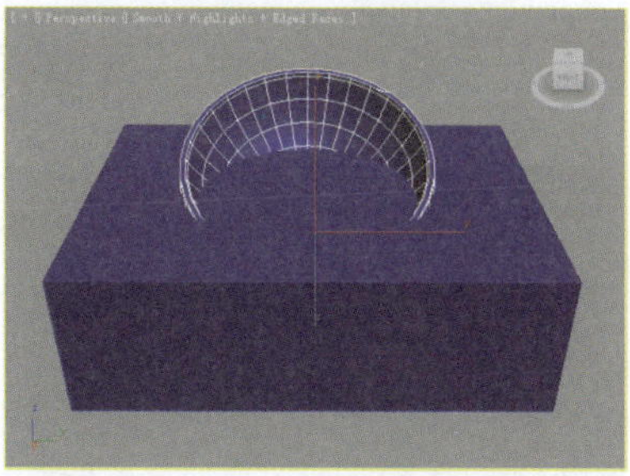

图4-202

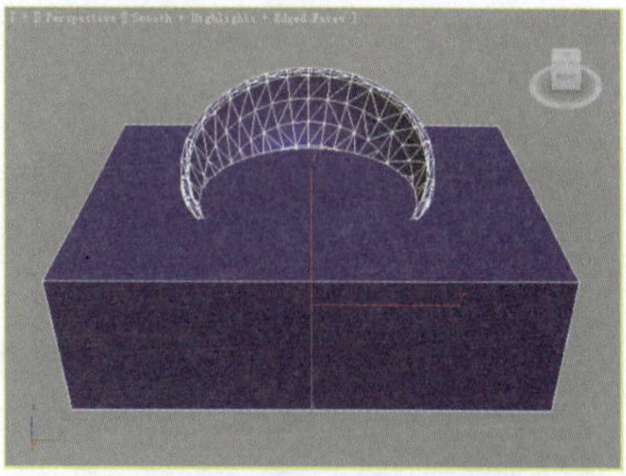

图4-203

运用与前面同样的超级布尔运算操作，如果其中一个对象有洞，如图4-204所示，那么插入操作之后的效果如图4-205所示。

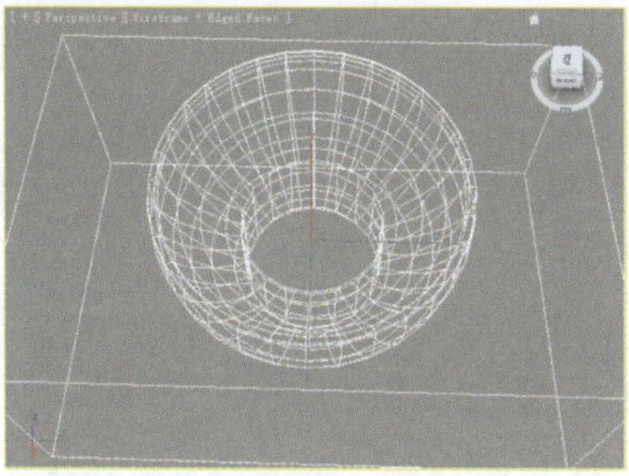

图4-204

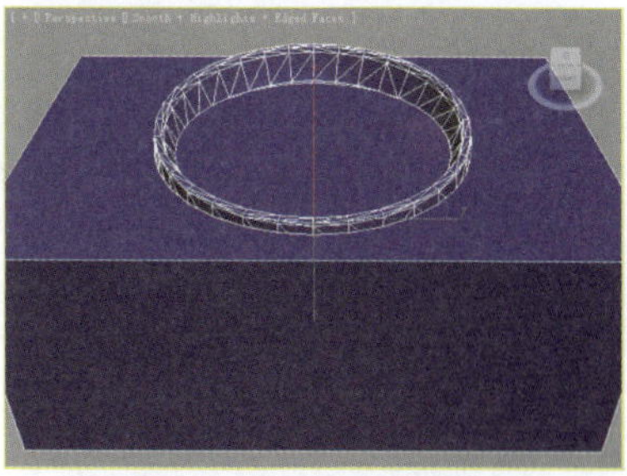

图4-205

使用Cookie（切面）选项切割原始网格图形的面时，可以“切割掉”操作对象A与操作对象B相交的部分，只影响这些面。原始对象的效果如图4-206所示，勾选该复选框后，标准差集运算的效果如图4-207所示。

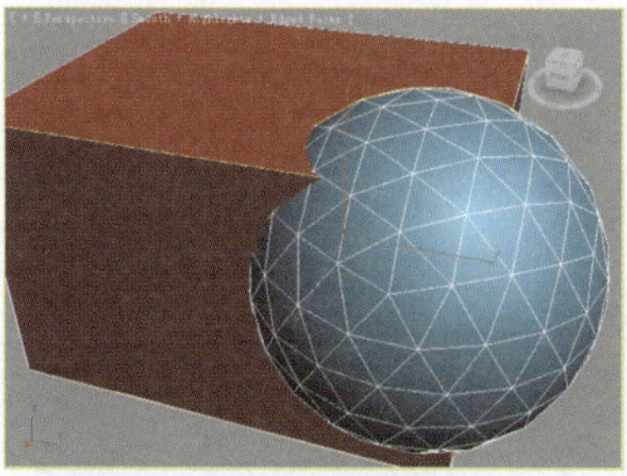

图4-206

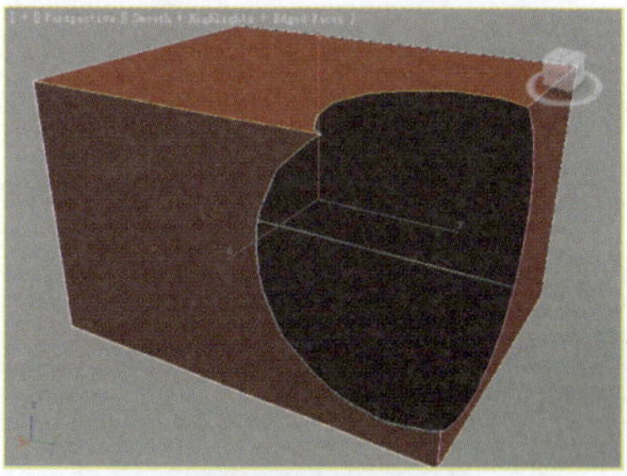

图4-207

知识应用：制作骰子模型
原始文件：无
最终文件：场景和素材\第4章\骰子模型.max
核心技能：在制作骰子模型过程中，通过使用ProBoolean（超级布尔），以及在视口中分别拾取作为“切”出骰子点数的球体，来完成对骰子模型的创建。

Step 1 运行3ds Max后，在Perspective（透视）视口中创建一个切角长方体对象，效果如图4-208所示。

Step 2 再在Perspective（透视）视口中创建一个球体对象，创建的球体对象效果如图4-209所示。

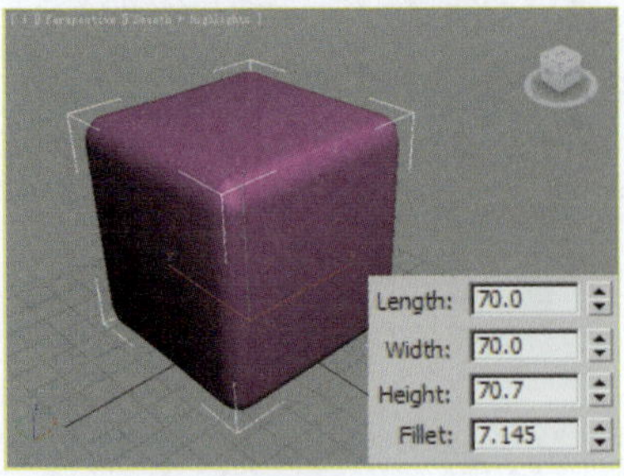

图4-208

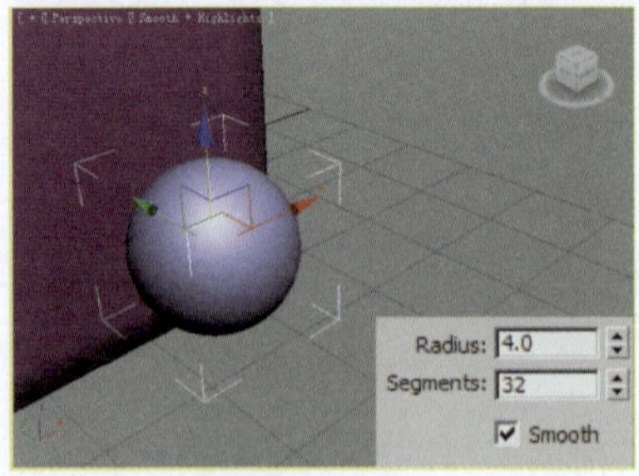

图4-209

Step 3 通过对球体对象进行移动、复制等操作，制作出骰子模型的3个点部分，效果如图4-210所示。

Step 4 继续对球体对象进行移动、复制等操作，制作出骰子模型的1个点部分，完成的效果如图4-211所示。

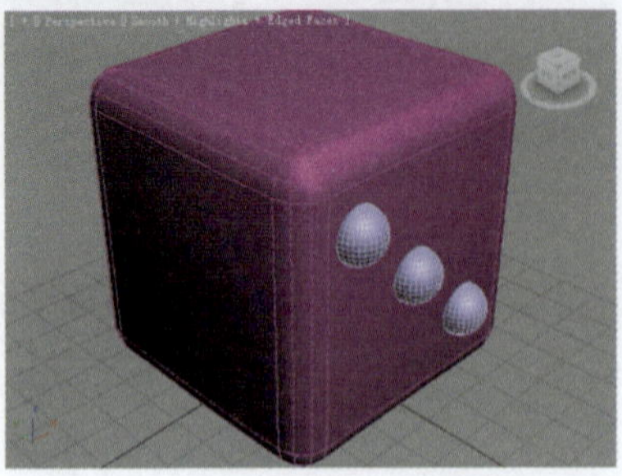
图4-210

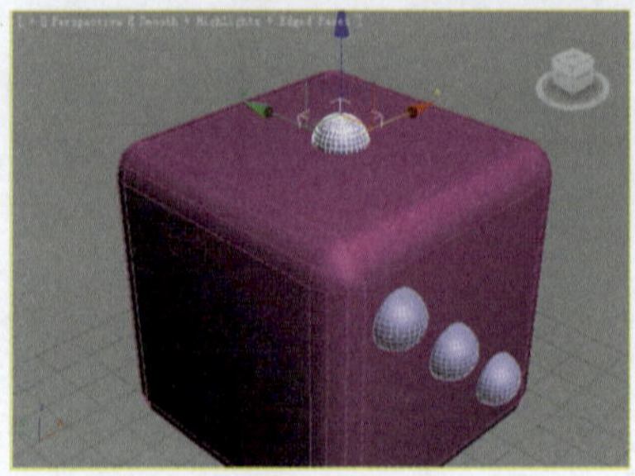
图4-211

Step 5 通过对球体对象进行移动、复制等操作，制作出骰子模型的2个点部分，如图4-212所示。

Step 6 继续对球体对象进行移动、复制等操作，制作出骰子模型的4个点部分，如图4-213所示。

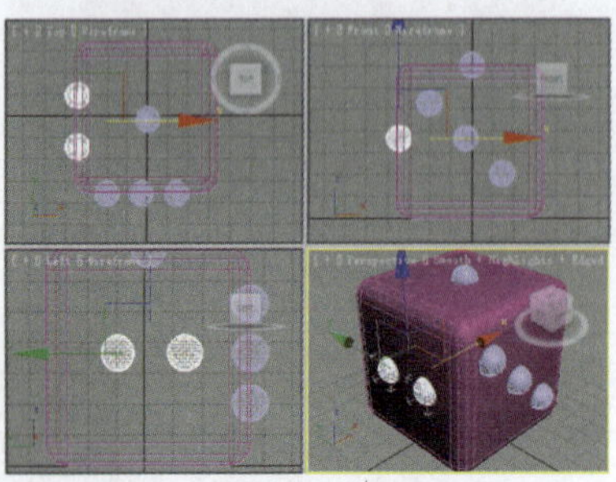
图4-212

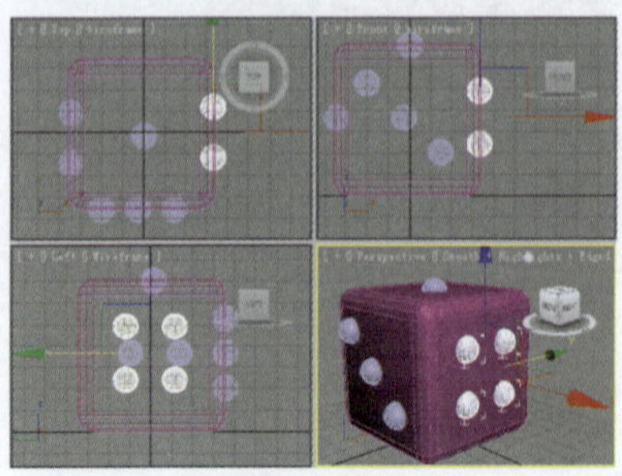
图4-213

Step 7 通过对球体对象进行移动、复制等操作，制作出骰子模型的5个点部分，如图4-214所示。

Step 8 继续对球体对象进行移动、复制等操作，制作出骰子模型的6个点部分，效果如图4-215所示。

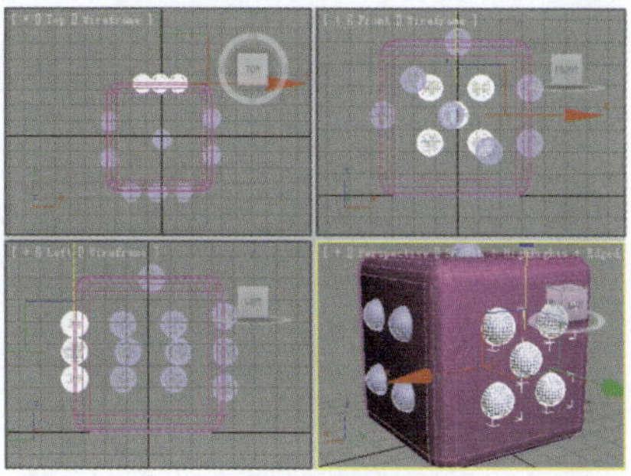

图4-214

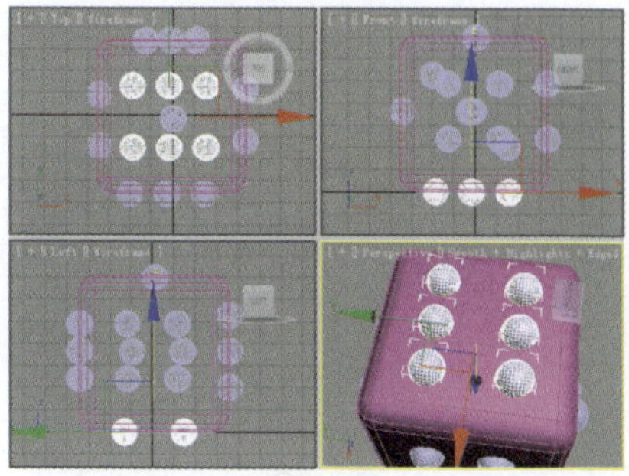

图4-215

Step 9 在Perspective（透视）视口中选择切角长方体对象，选中对象的状态效果如图4-216所示。

Step 10 在Compound Objects（复合对象）对象类别的Object Type（对象类型）卷展栏中选择ProBoolean（超级布尔）对象类型，如图4-217所示。

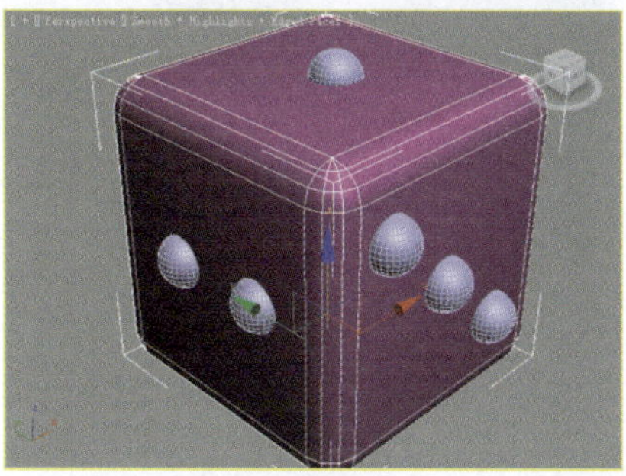

图4-216

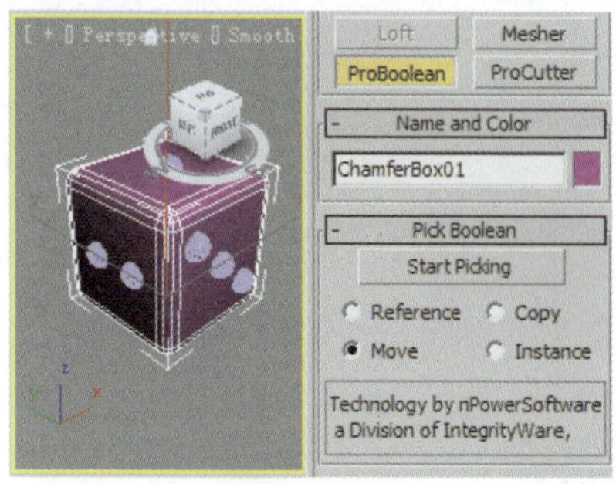

图4-217

Step 11 展开ProBoolean（超级布尔）对象类型的Parameters（参数）卷展栏，在该卷展栏中选择Subtraction（差集）单选按钮，在Pick Boolean（拾取布尔对象）卷展栏中单击Start Picking（开始拾取）按钮 Start Picking ，如图4-218所示。

Step 12 切换至Perspective（透视）视口，在该视口中拾取骰子“1”的球体，如图4-219所示。

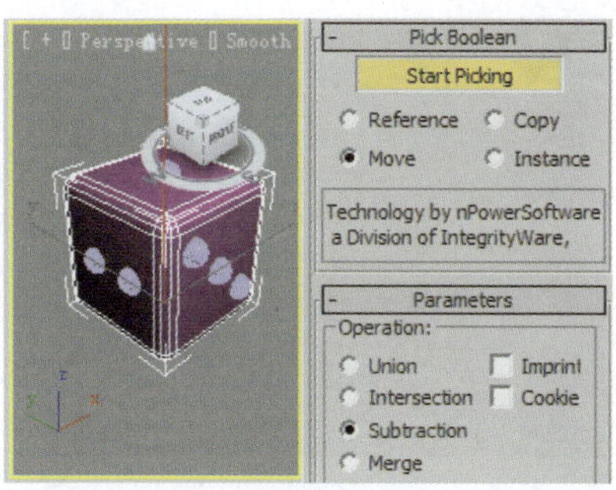

图4-218

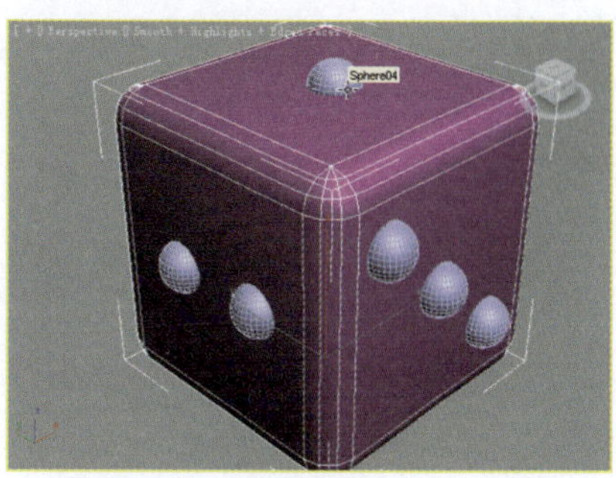

图4-219

Step 13 在拾取骰子模型“1”的球体对象之后，骰子模型的效果如图4-220所示。

Step 14 使用前面介绍的方法，继续拾取球体，制作出骰子模型，效果如图4-221所示。

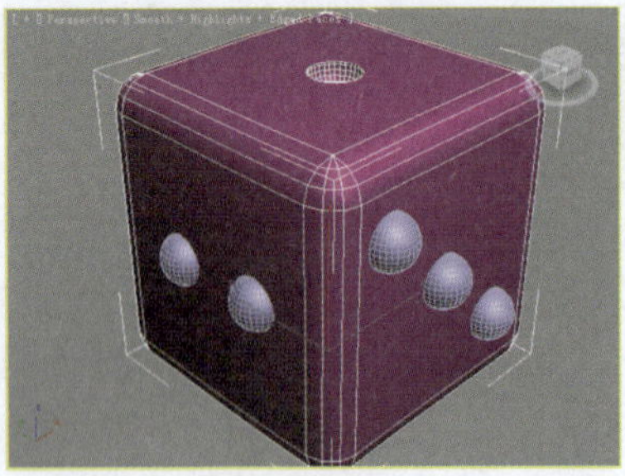

图4-220

图4-221

Step 15 制作完骰子后，场景模型的素模渲染效果如图4-222所示。真实世界中，骰子的效果如图4-223所示。

图4-222

图4-223

4.3.2 放样

Loft（放样）复合对象可以沿着第三个轴挤出二维图形。具体是从两个或多个现有样条线对象中创建放样对象。

Loft（放样）复合对象从两个或多个现有样条线对象中创建放样对象，这些样条线之一会作为放样的路径，其余的样条线会作为放样对象的横截面或图形。沿着路径排列图形时，3ds Max会在这些图形之间生成曲面，如图4-224所示。利用放样工具能实现很多复杂模型的构建，如窗帘、桌布、桥梁等。使用Loft（放样）复合对象制作的场景如图4-225所示。

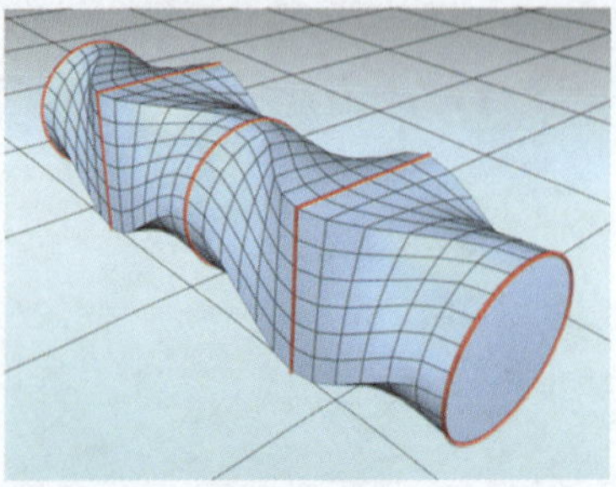

图4-224

图4-225

Loft（放样）复合对象的控制参数较多，包括Creation Method（创建方法）、Surface Parameters（曲面参数）、Path Parameters（路径参数）、Skin Parameters（蒙皮参数）、

Deformations（变形）几个参数卷展栏，这些卷展栏在操作之后即可全部显示在放样对象的Modify（修改）面板中。

1. Creation Method（创建方法）卷展栏

Creation Method（创建方法）卷展栏可以在图形或路径之间进行选择，用于创建放样对象以及放样对象的操作类型。该卷展栏效果如图4-226所示。

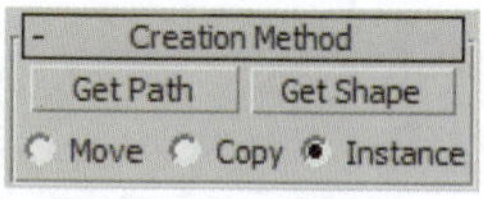

图4-226

Get Path（获取路径）：能将路径指定给选定图形或更改当前指定的路径。

Get Shape（获取图形）：将图形指定给路径或更改当前指定的路径。

Move/Copy/Instance（移动/复制/实例）：用于指定路径或图形转换为放样对象的方式。

注意

使用Instance（实例）方式转换放样对象后，如要对路径进行编辑和修改，放样物体也会跟着路径的改变而发生改变。

2. Surface Parameters（曲面参数）卷展栏

在Surface Parameters（曲面参数）卷展栏中，用户可以控制放样曲面的平滑以及指定是否沿着放样对象应用纹理贴图。该参数卷展栏包括Smoothing（平滑）、Mapping（贴图）、Materials（材质）、Output（输出）4个选项组。

（1）Smoothing（平滑）选项组

Smoothing（平滑）选项组用来控制放样对象在视口中是否显示为平滑曲面。默认参数下（启用平滑效果），放样对象平滑的效果如图4-227所示，取消平滑效果如图4-228所示。

图4-227

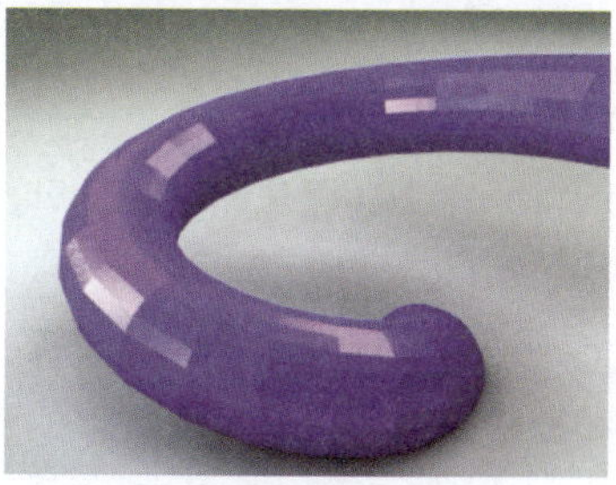

图4-228

（2）Mapping（贴图）选项组

Mapping（贴图）选项组能控制放样对象的贴图坐标，并能设置沿着路径的长度重复和宽度重复的贴图次数。

（3）Materials（材质）选项组

Materials（材质）选项组是放样物体在放样期间生成的材质ID，并提供使用样条线材质ID来定义材质ID的选择。

（4）Output（输出）选项组

Output（输出）选项组能控制放样过程中生成面片对象还是网格对象。生成面片对象效果如图4-229所示，生成网格对象效果如图4-230所示。

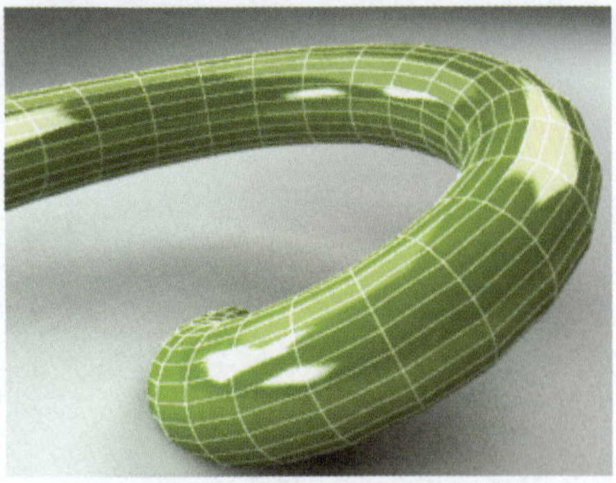

图4-229

图4-230

3. Path Parameters（路径参数）卷展栏

使用Path Parameters（路径参数）卷展栏可以控制沿着放样对象路径在各个间隔期间的图形位置。该路径参数卷展栏如图4-231所示。

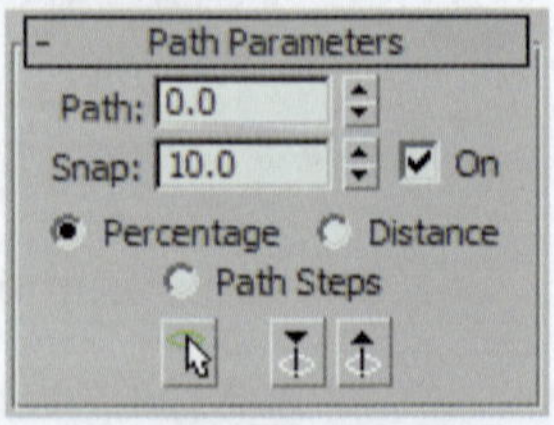

图4-231

在Path（路径）参数选项后输入值或拖动微调器能设置路径的级别；Snap（捕捉）用于设置沿着路径图形之间的恒定距离；Percentage/ Distance（百分比/距离）单选按钮将路径级别表示为路径总长度的百分比或表示为路径第一个顶点的绝对距离；Path Steps（路径步数）单选按钮使用Path Steps（路径步数）参数，可将图形置于路径步数和顶点上，而不是作为沿着路径的一个百分比或距离。

4. Skin Parameters（蒙皮参数）卷展栏

在Skin Parameters（蒙皮参数）卷展栏中，能调整放样对象的网格数量，还能通过控制面数来优化网格。该卷展栏主要包含Capping（封口）选项组以及Shape /Path Steps（图形/路径步数）、Optimize Path（优化路径）、Flip Normals（翻转法线）等选项。

（1）Capping（封口）选项组

Capping（封口）选项组控制路径第一个顶点处或最后一个顶点处的放样端被封口，以及封口的变形和栅格控制。未封口与封口的对比效果如图4-232和图4-233所示。

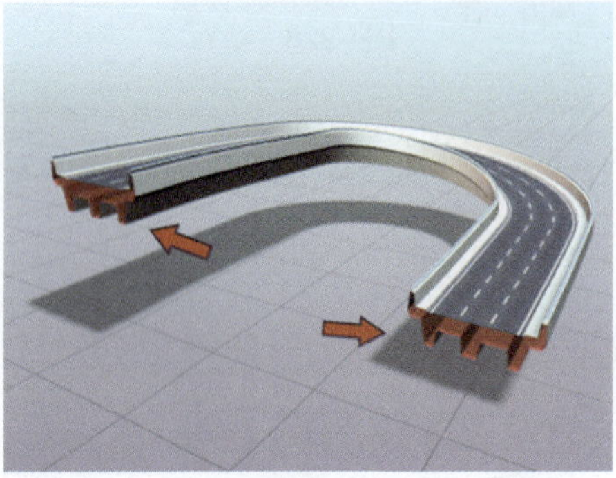

图4-232

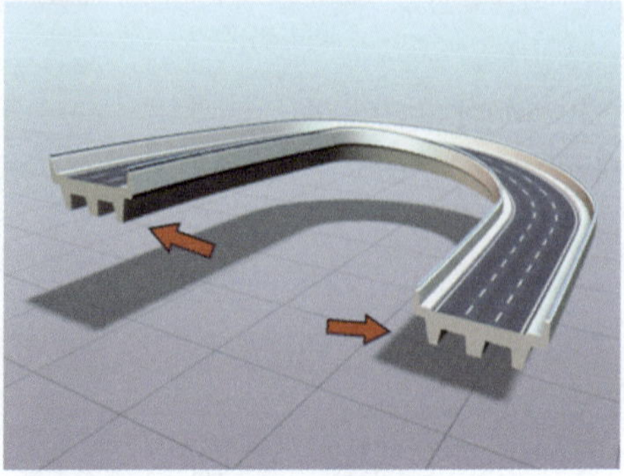

图4-233

（2）Shape /Path Steps（图形/路径步数）选项

Shape /Path Steps（图形/路径步数）选项控制放样物体的图形步数和路径步数，值越大，对象的分段数越多，显示也越光滑。不同参数的对比效果如图4-234和图4-235所示。

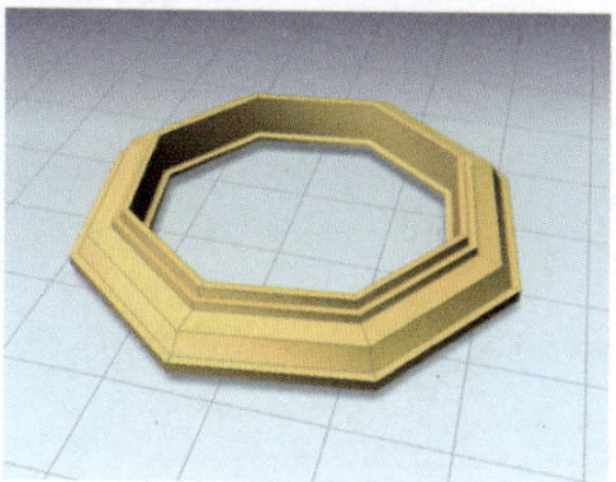

图4-234

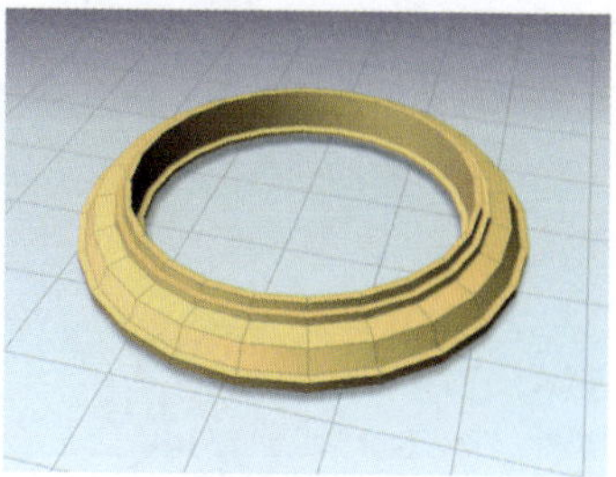

图4-235

（3）Optimize Path（优化路径）选项

启用Optimize Path（优化路径）选项后，系统将对路径直线上的分段进行优化，同时忽略“路径步数”参数。启用和禁用的效果对比如图4-236和图4-237所示。

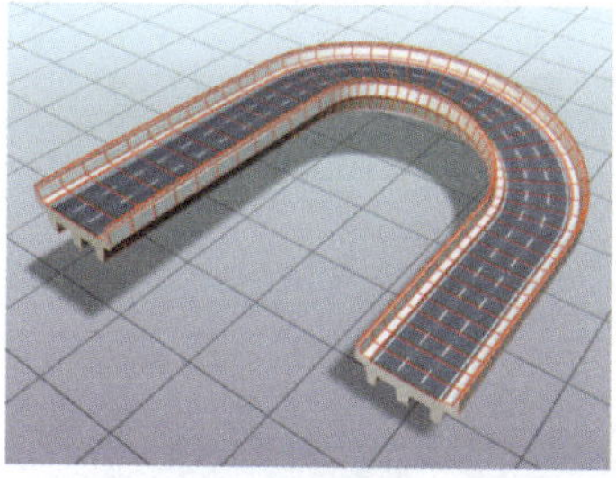

图4-236

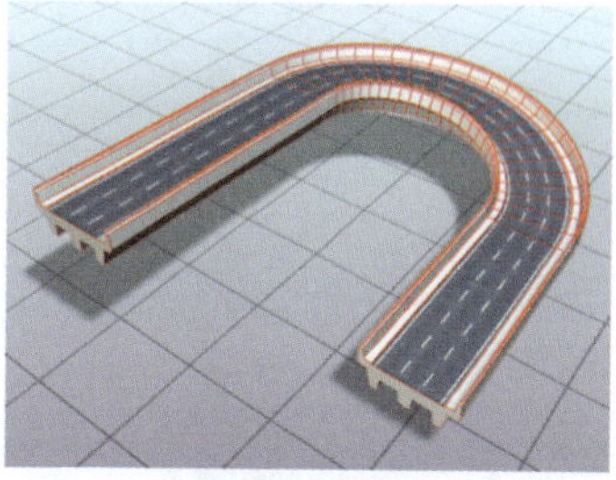

图4-237

注意

Path Steps（路径步数）参数设置路径的每个主分段之间的步数，该值会影响沿放样长度方向的分段的数目，该参数值越大，放样对象在路径方向上的边就越多，对象也就更加细致。

（4）Constant Cross-Section（恒定横截面）选项

Constant Cross-Section（恒定横截面）：如果启用该选项，则在路径中的角处缩放横截面，以保持路径宽度一致。如果禁用该选项，则横截面保持其原来的局部尺寸，从而在路径角处产生收缩。启用该选项的效果如图4-238所示，禁用该选项的效果如图4-239所示。

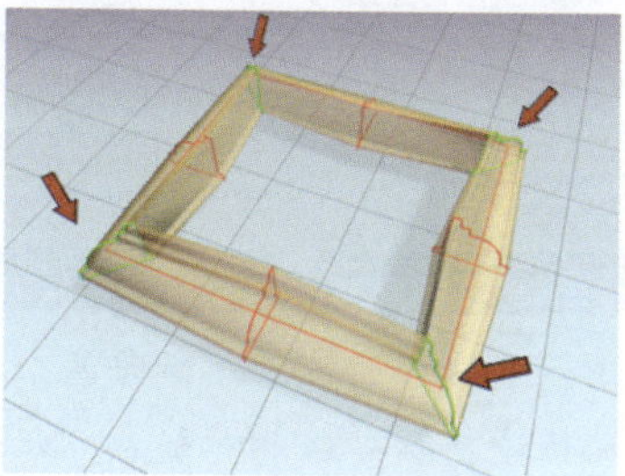

图4-238

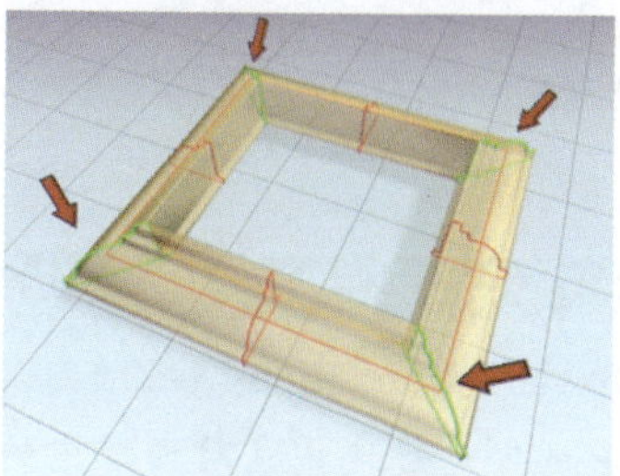

图4-239

（5）Flip Normals（翻转法线）选项

Flip Normals（翻转法线）：如果启用，则将法线翻转180°。我们可以使用此选项来修正内部外翻的对象。默认设置时，对象效果如图4-240所示，启用选项效果如图4-241所示。

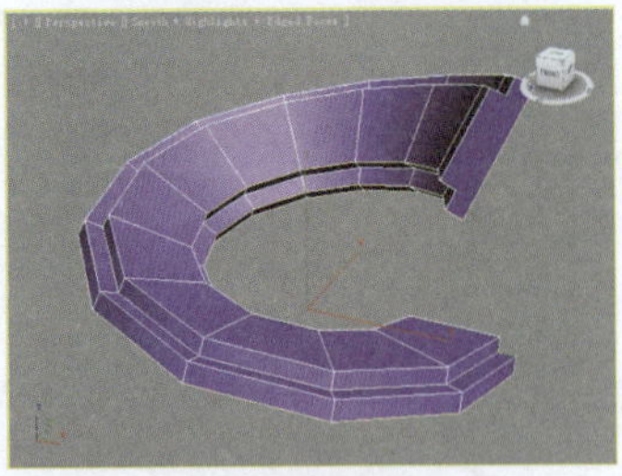

图4-240

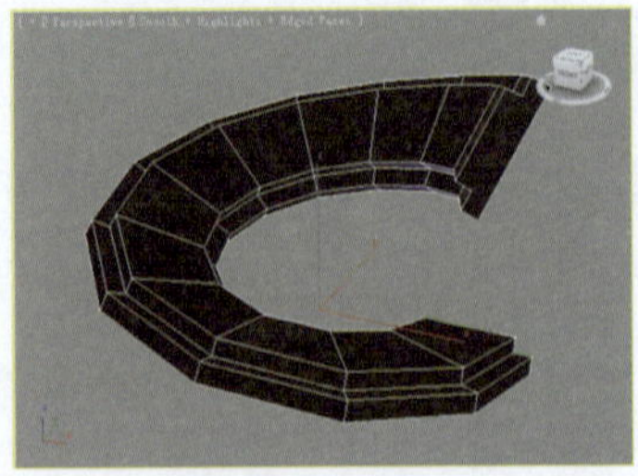

图4-241

5. Deformations（变形）卷展栏

Deformations（变形）卷展栏用于沿着路径缩放、扭曲、倾斜、倒角或拟合形状，所有变形的界面都是图形。该卷展栏效果如图4-242所示，使用该卷展栏中的工具制作的场景对象效果如图4-243所示。

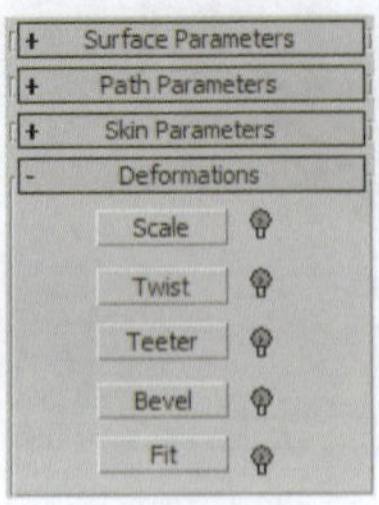

图4-242

图4-243

（1）缩放变形

Scale（缩放）变形可以从单个图形中放样对象，如列和小喇叭，该图形在其沿着路径移动时只改变其缩放。单击Scale（缩放）按钮 Scale ，在弹出的Scale Deformations（缩放变形）对话框中设置曲线，如图4-244所示，视口中对象的缩放效果如图4-245所示。

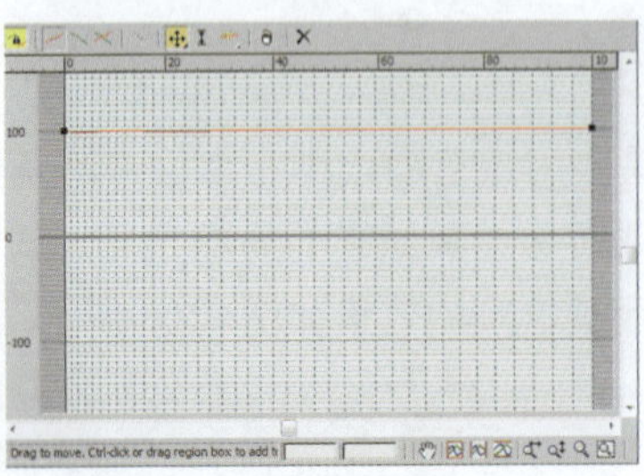

图4-244

图4-245

注意

在Scale Deformations（缩放变形）对话框中设置曲线时，除了调整两个控制端点之外，用户还能通过使用该对话框中的工具，插入新控制点、移动控制点，以制作更加细致的缩放变形效果。

（2）扭曲变形

使用Twist（扭曲）变形可以沿着对象的长度创建盘旋或扭曲的对象。在Twist Deformations（扭曲变形）对话框中设置曲线，如图4-246所示，视口中对象的扭曲变形效果如图4-247所示。

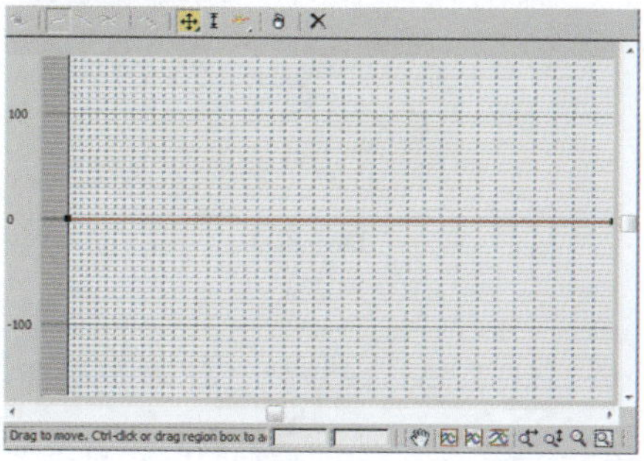

图4-246

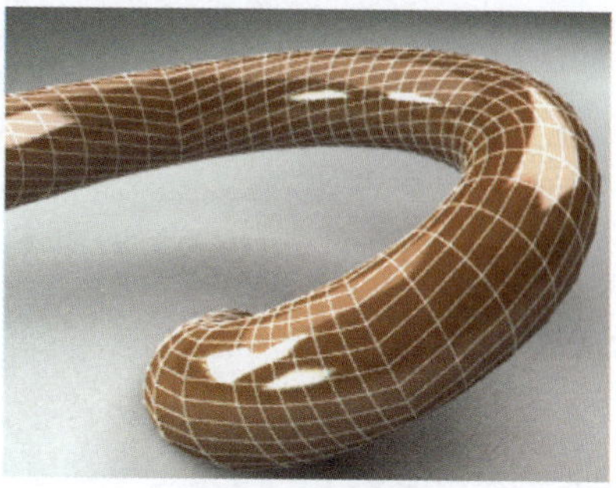

图4-247

注意

当用户在单击Teeter（扭曲）按钮 Teeter 之后，系统将默认启用该变形。用户在设置完Twist Deformations（扭曲变形）对话框中的曲线并关闭该对话框后，扭曲变形效果依然被应用于对象。若用户不需要使用该变形效果，则可在对话框中取消激活该Twist（扭曲）变形后的显示按钮。

（3）倾斜变形

Teeter（倾斜）变形围绕局部X轴和Y轴旋转图形。当在Skin Parameters（蒙皮参数）卷展栏中勾选Contour（轮廓）复选框时，倾斜是3ds Max自动选择的工具。在Teeter Deformations（倾斜变形）对话框中设置曲线，如图4-248所示，视口中对象的倾斜效果如图4-249所示。

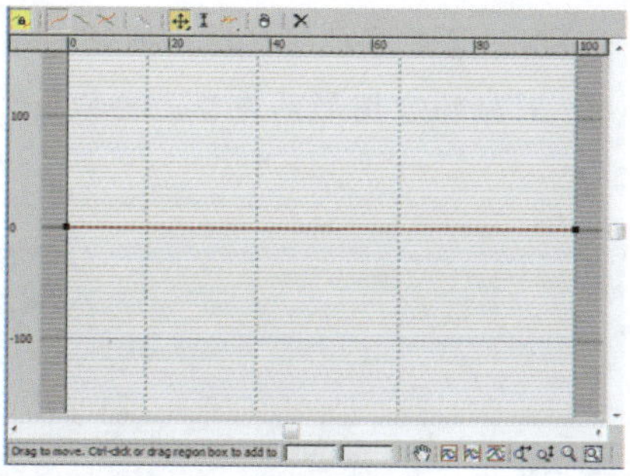

图4-248

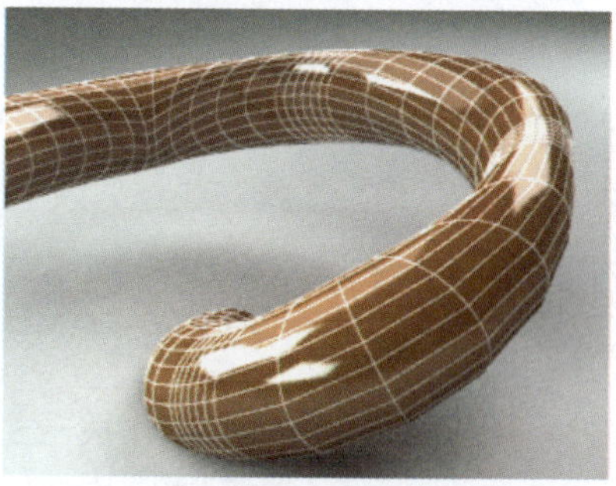

图4-249

（4）倒角变形

如果用户在真实世界中碰到的每一个对象几乎需要倒角，但是由于制作一个非常尖的边很困难且耗时间，而创建的大多数对象都需要具有切角、倒角或减缓的边，这样对象才比较真实，在这种情况下，通常我们使用Bevel（倒角）变形来达到这些效果。在Bevel Deformations（倒角变形）对话框中设置曲线，如图4-250所示，视口中对象的倒角变形效果如图4-251所示。

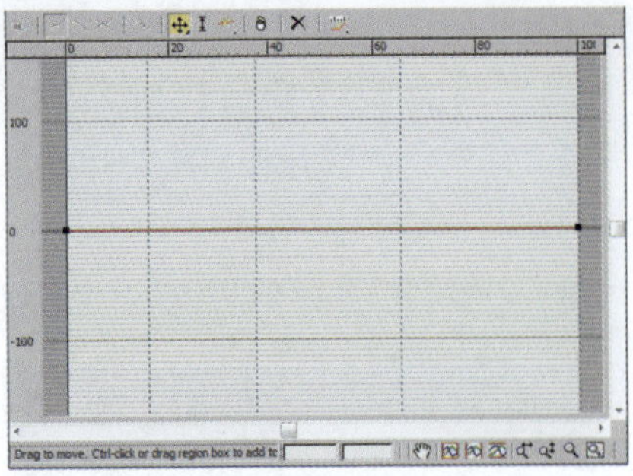

图4-250

图4-251

（5）拟合变形

使用Fit（拟合）变形可以使用两条“拟合”的曲线来定义对象的顶部和侧剖面。在Fit Deformations（拟合变形）对话框中设置曲线，如图4-252所示，视口中对象的拟合变形效果如图4-253所示。

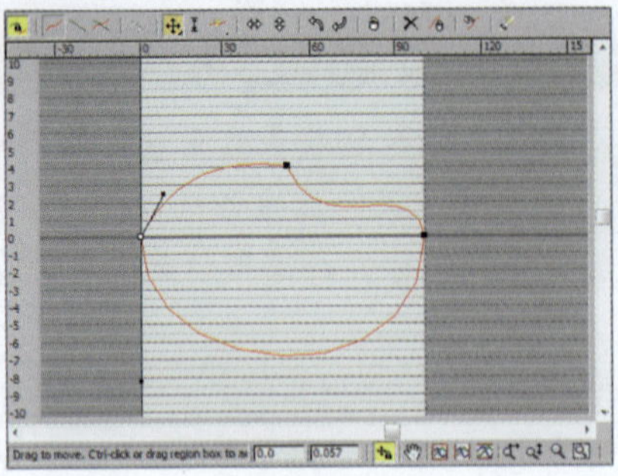

图4-252

图4-253

注意

Fit（拟合）变形实际上是缩放边界。当横截面图形沿着路径移动时，缩放 X 轴可以拟合 X 轴拟合图形的边界，而缩放 Y 轴可以拟合 Y 轴拟合图形的边界。要拟合变形对象，首先需要在视口中选择要用做拟合曲线的图形。

知识应用：制作罗马柱

原始文件：无

最终文件：场景和素材\第4章\制作罗马柱.max

核心技能：在创建罗马柱过程中分别在Front视口和Top视口中绘制出柱子的路径和截面图形，经过Loft（放样）操作得到柱体模型。

Step 1 运行3ds Max后，在Front（前）视口中绘制一个样条线，绘制的样条线效果如图4-254所示。

Step 2 切换至Top（顶）视口，在该视口中绘制一个Circle（圆）对象，效果如图4-255所示。

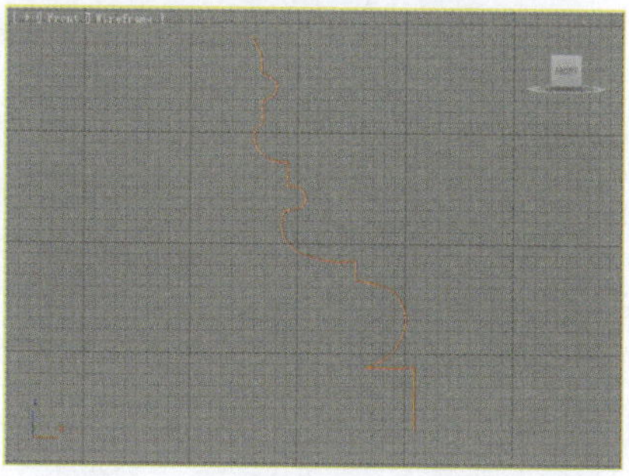

图4-254

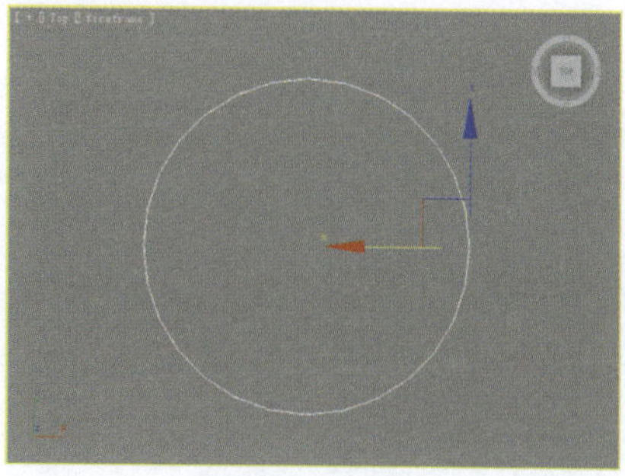

图4-255

Step 3 在Top（顶）视口中选择创建的Circle（圆）对象，激活Loft（放样）复合对象，并单击Get Shape（获取图形）按钮 Get Shape ，如图4-256所示。

Step 4 在视口中拾取步骤1创建的样条线对象，以此来制作罗马柱的底座模型，效果如图4-257所示。

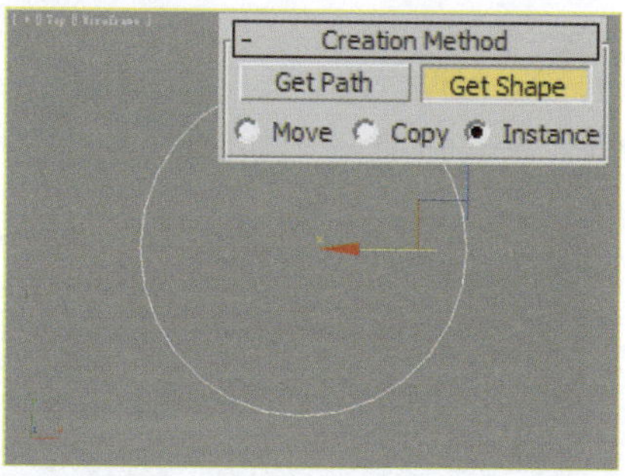

图4-256

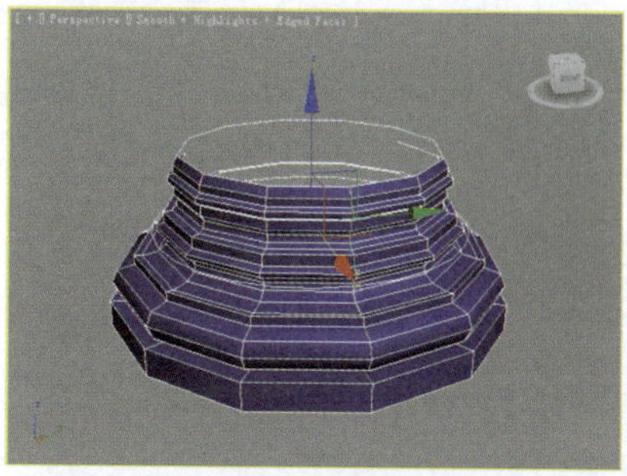

图4-257

Step 5 切换至Top（顶）视口，在该视口中创建一个Star（星形）对象，效果如图4-258所示。

Step 6 选择创建的Star（星形）对象，在Modify（修改）命令面板中为其添加Extrude（挤出）修改器，如图4-259所示。

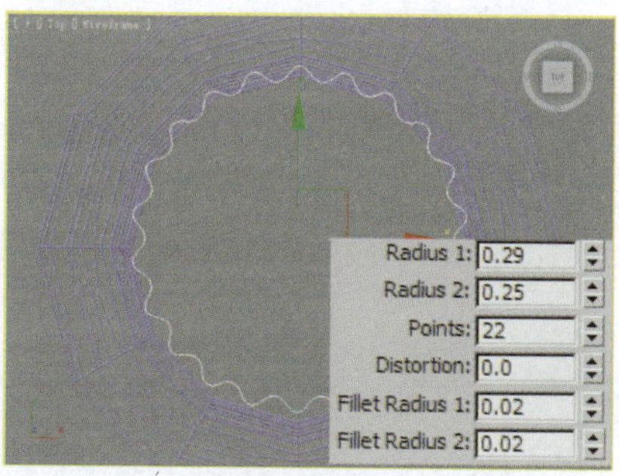

图4-258

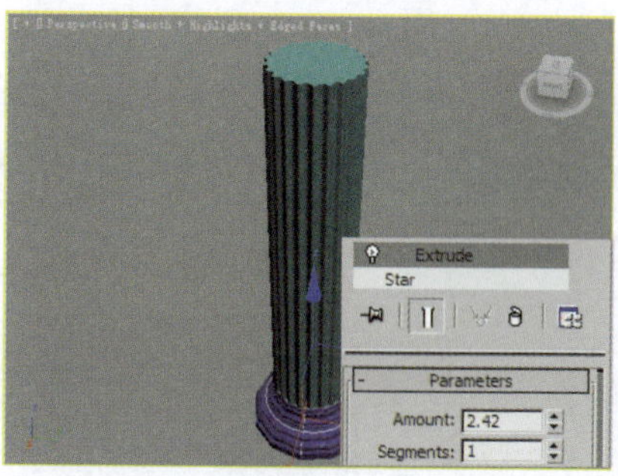

图4-259

Step 7 在视口中创建一个Torus（圆环）对象，调整该对象在视口中的位置，效果如图4-260所示。

Step 8 在视口中创建一个Cylinder（圆柱体）对象，调整该对象在视口中的位置，效果如图4-261所示。

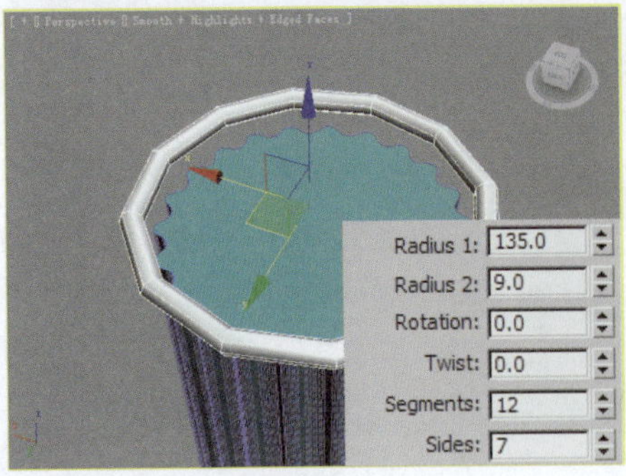

图4-260

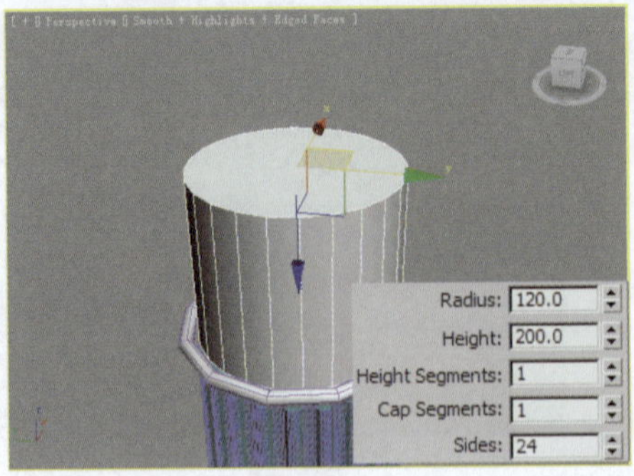

图4-261

注意

当用户在视口中创建Cylinder（圆柱体）对象时，为了能使圆柱体对象位于罗马柱的正中心，建议用户在Top（顶）视口进行创建，在创建之后，再到其他的视口中调整Cylinder（圆柱体）对象的位置。

Step 9 在Top（顶）视口中创建一个Rectangle（矩形）图形对象，效果如图4-262所示。

Step 10 在Front（前）视口中创建一个样条线对象，效果如图4-263所示。

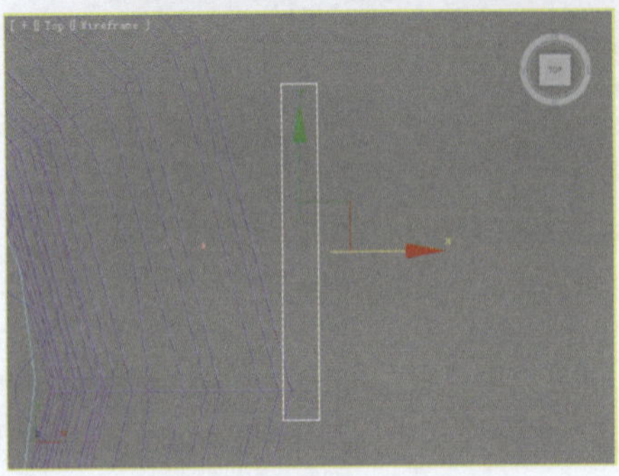

图4-262

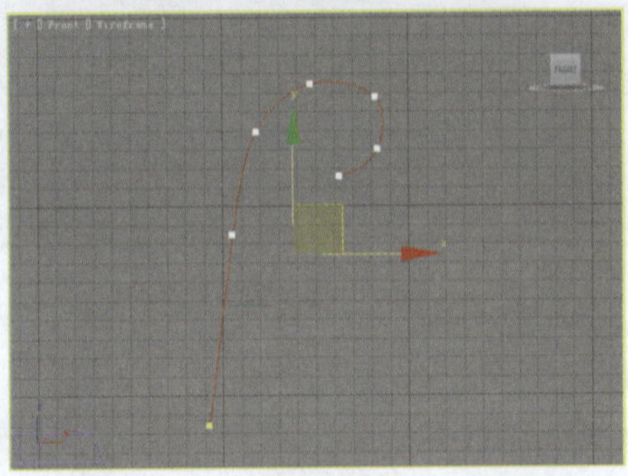

图4-263

Step 11 对前面创建的Rectangle（矩形）图形对象和样条线进行放样操作，为放样对象应用Edit Mesh（编辑网格）修改器，对对象进行编辑，效果如图4-264所示。

Step 12 使用移动、旋转、复制等方法，制作放样对象的副本，效果如图4-265所示。

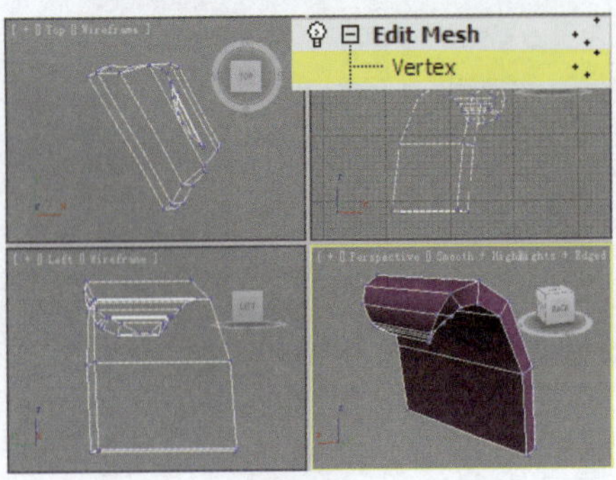

图4-264

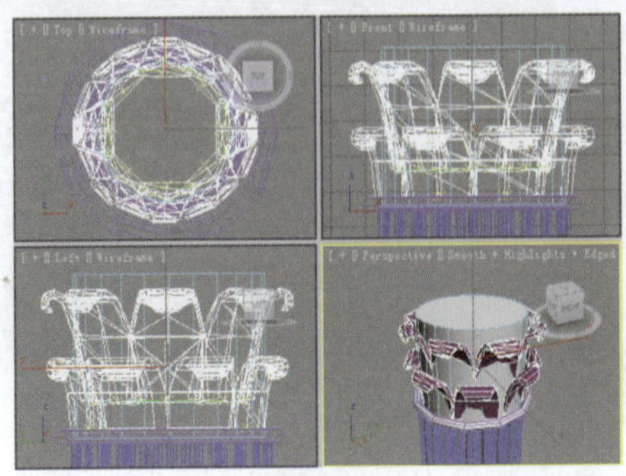

图4-265

Step 13 切换至Top（顶）视口，在该视口中创建一个样条线对象，效果如图4-266所示。

Step 14 选择创建的样条线对象，为其添加Extrude（挤出）修改器，以此来制作罗马柱组件模型，效果如图4-267所示。

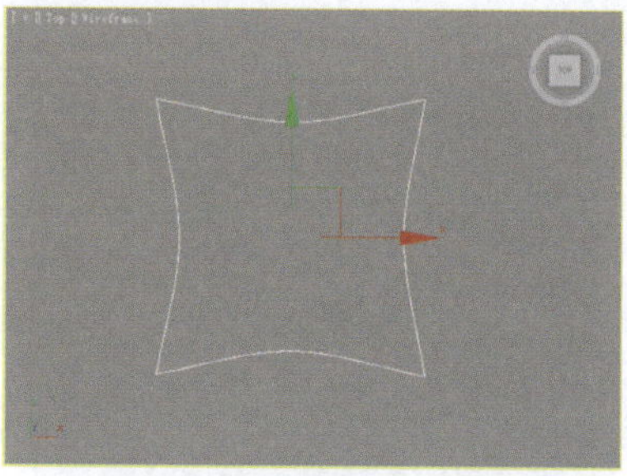

图4-266

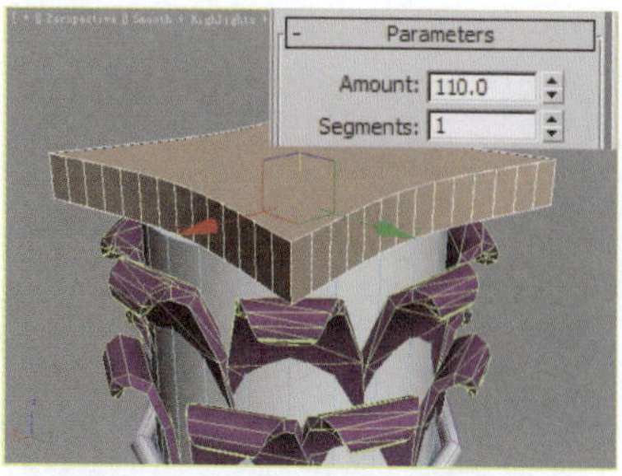

图4-267

Step 15 在视口中创建两个样条线对象，效果如图4-268所示。

Step 16 利用Loft（放样）对创建的两个样条线对象进行放样，效果如图4-269所示。

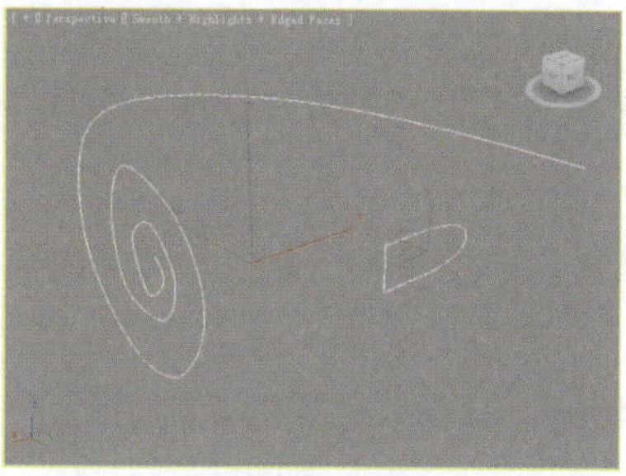

图4-268

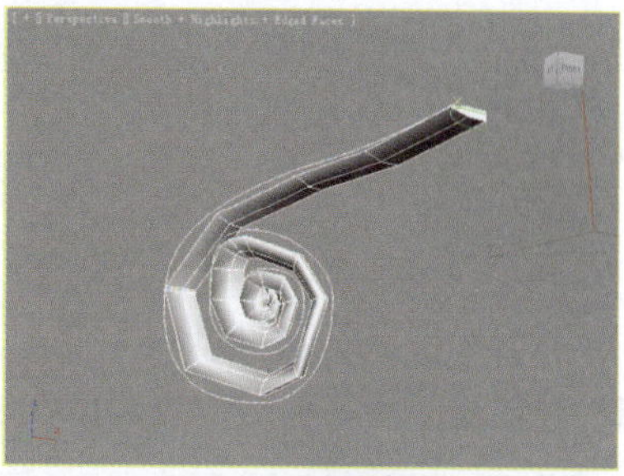

图4-269

注意

在创建螺旋型的样条线时，要注意使螺旋线具有比较好的光滑度，而在螺旋形较少的一段，要稍微在Z轴上偏移一点，这样放样制作出的对象在Z轴上才具有弯曲度。

Step 17 在视口中创建样条线，为创建的样条线添加Extrude（挤出）修改器，设置修改器的Amount（数量）参数，对象效果如图4-270所示。

Step 18 将前面制作的放样对象进行旋转、移动、复制等操作，操作完成后的效果如图4-271所示。

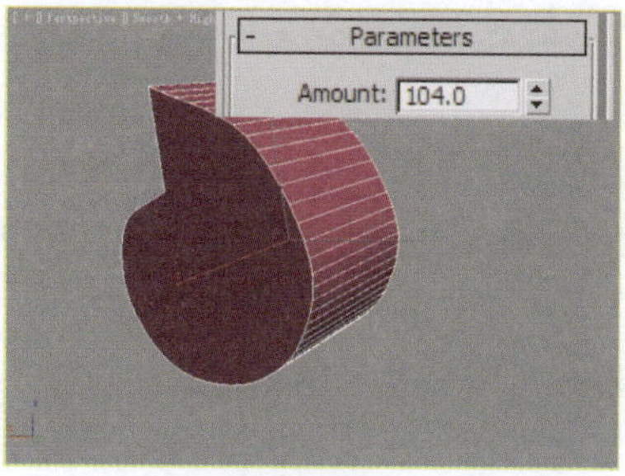

图4-270

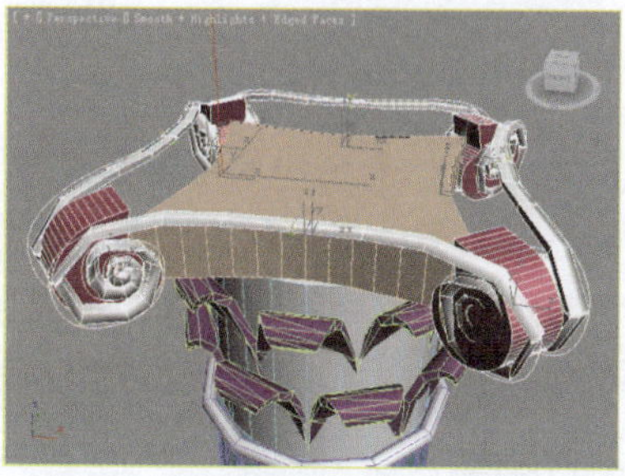

图4-271

Step 19 在视口中创建三条样条线，调整创建的样条线的位置，操作完成后的效果如图4-272所示。

Step 20 对前一步骤所创建的样条线对象进行放样，以此来制作罗马柱的顶部座，效果如图4-273所示。

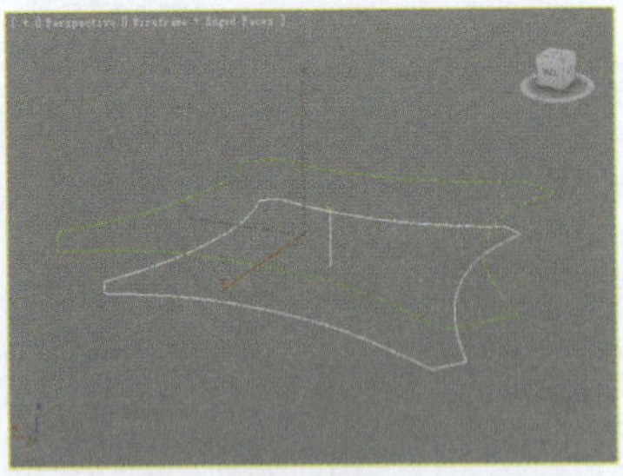

图4-272

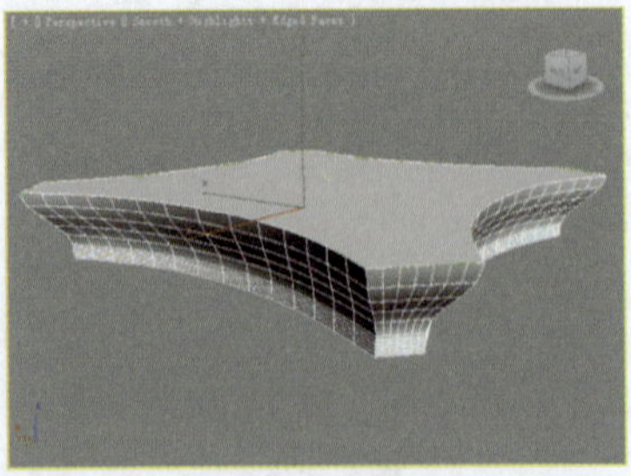

图4-273

注意

在创建样条线时，可以首先在视口中创建一个样条线对象，之后再对其进行移动复制和缩小操作，这样可以快速制作出两个形状相同而大小不同的样条线，之后再在Front（前）视口中创建一个Line（线）对象。

Step 21 在放样顶部座之后，在各个视口中调整该对象的位置。至此，本实例的模型创建操作完成，制作的罗马柱效果如图4-274所示。

Step 22 对创建的罗马柱进行复制，在视口中进行渲染，素模效果如图4-275所示。

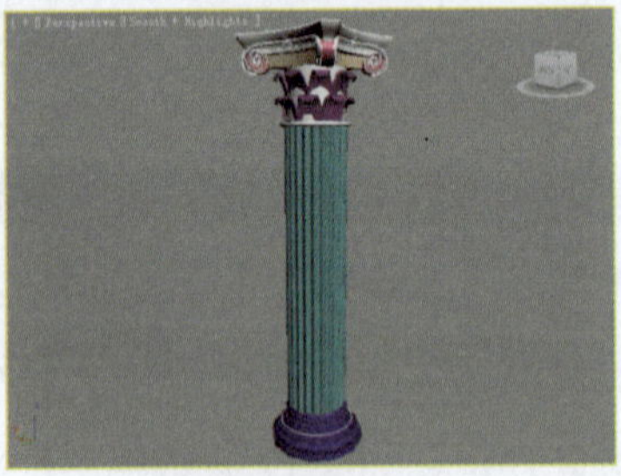

图4-274

图4-275

4.3.3 散布对象

Scatter（散布）是复合对象的一种形式，能将所选的源对象散布为阵列，或散布到分布对象的表面。

Scatter（散布）复合对象可以创建两种效果，一种是让对象以阵列形式散布，另一种则是将原始对象分布到另一个对象表面上，因此创建Scatter（散布）复合对象也有两种方式。

在应用Scatter（散布）时，如果要创建后一种效果，首先要满足有两个对象，一个作为源对象，一个作为分布对象，同时源对象必须是网格对象或可以转换为网格对象的对象，然后通过Scatter（散布）命令，将所选择的对象散布到分布对象的表面上。这种方法特别适用于创建各种随机性的场景对象，如分布自然的植物，如图4-276所示；在山坡吃草的羊群，如图4-277所示。

图4-276

图4-277

Scatter（散布）复合对象的控制参数较多，分为Pick Distribution Object（拾取分布对象）卷展栏、Scatter Objects（散布对象）卷展栏、Display（显示）卷展栏等。

1. Pick Distribution Object（拾取分布对象）卷展栏

Pick Distribution Object（拾取分布对象）卷展栏主要用于拾取分布对象并且控制分布对象之间的关系。

在Pick Distribution Object（拾取分布对象）卷展栏中，如果用户未拾取场景对象作为分布对象，那么在该卷展栏的Object（对象）参数中，也就不会显示出任何对象名称，如图4-278所示；而拾取对象之后，在Object（对象）参数中即可显示出拾取的分布对象名称，如图4-279所示。

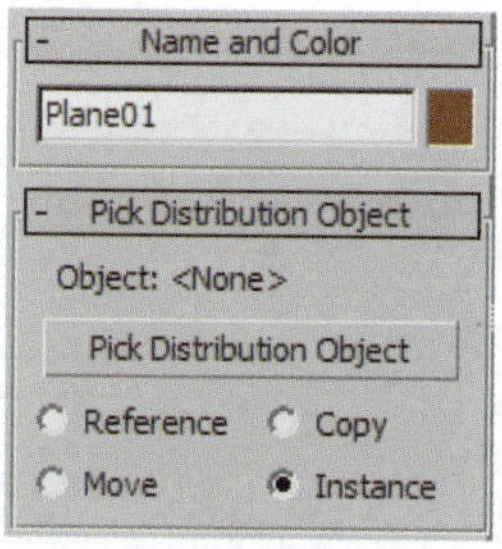

图4-278

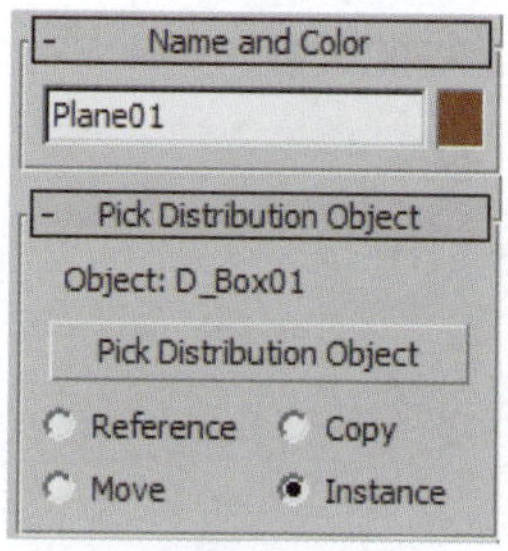

图4-279

2. Scatter Objects（散布对象）卷展栏

通过Scatter Objects（散布对象）卷展栏上的选项，不仅可以指定源对象的散布方式，还可以访问构成散布复合对象的对象。该卷展栏中包含了Distribution（分布）、Objects（对象）、Source Object Parameters（源对象参数）、Distribution Object Parameters（分布对象参数）等多个选项组，如图4-280和图4-281所示。

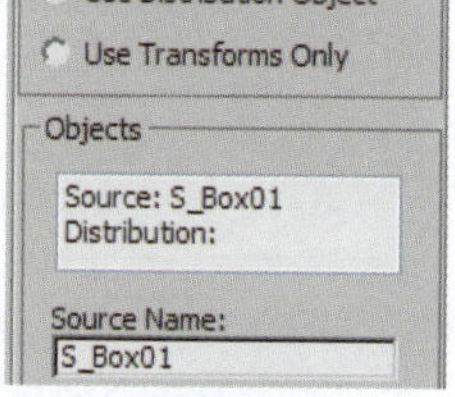

图4-280

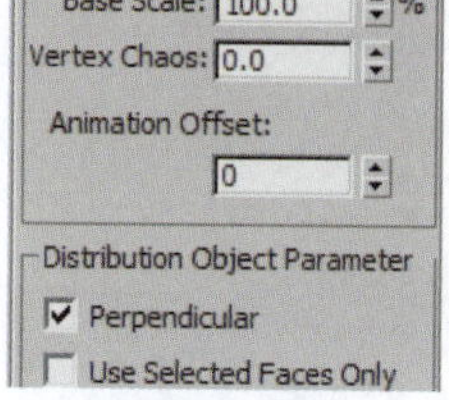

图4-281

（1）Distribution（分布）选项组

Distribution（分布）选项组包含了Use Distribution Object（使用分布对象）和Use Transforms Only（仅使用变换）两个选项，这两个选项主要用于选择散布源对象的基本方法。

选择Use Distribution Object（使用分布对象）选项，将根据分布对象的几何体来散布源对象，使用该选项制作的散布效果如图4-282所示。

选择Use Transforms Only（仅使用变换）选项之后，则无须分布对象，而是使用Transforms（变换）卷展栏上的偏移值来定位源对象的重复项。使用该选项制作的散布场景对象的效果如图4-283所示。

图4-282

图4-283

如果所有变换偏移值均保持为 0，则看不到阵列，这是因为重复项都位于同一个位置，效果如图4-284所示，而设置变换参数后，对象的效果如图4-285所示。

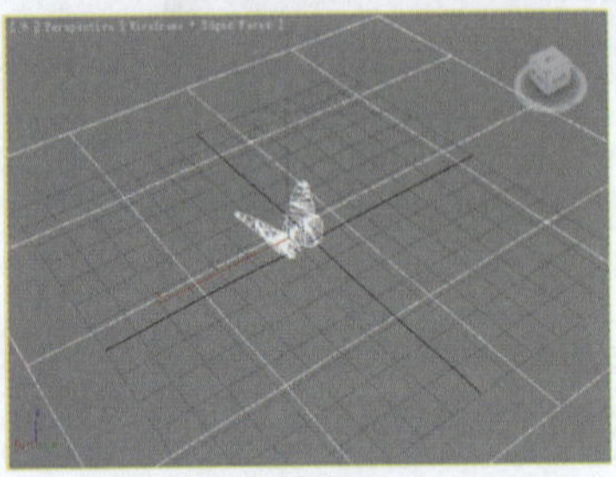

图4-284

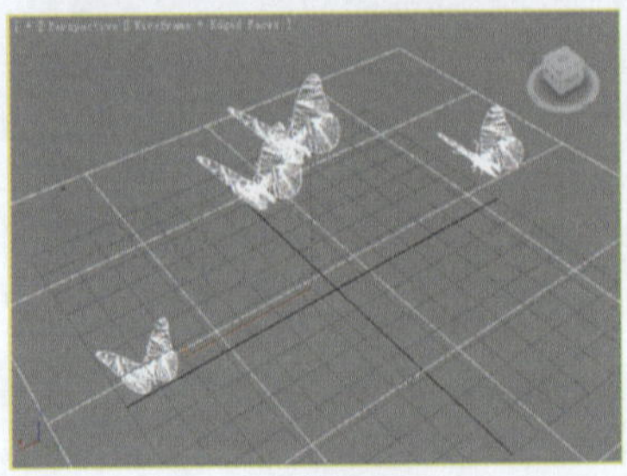

图4-285

（2）（对象）选项组

Objects（对象）选项组包含一个列表窗，其中显示了构成散布对象的对象。在列表窗中单击以选择对象，以便能在“修改器列表”下由修改器组成的修改器堆栈中访问对象。例如分布对象为一个球体，则可以单击“分布：D_Sphere01”，如图4-286所示，在堆栈列表中选择球体以访问该球体的参数，如图4-287所示。

图4-286

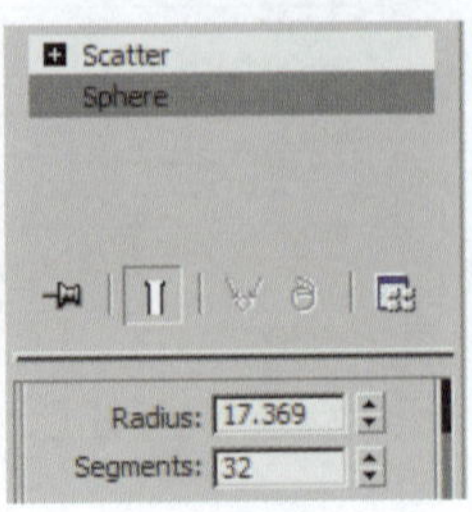

图4-287

（3）Source Object Parameters（源对象参数）选项组

Source Object Parameters（源对象参数）选项组用于控制散布的源对象，其中包含了Duplicates（重复数）、Base Scale（基础比例）、Animation Offset（动画偏移）、Vertex Chaos（顶点混乱度）等多个参数。

Duplicates（重复数）参数用于控制散布源对象的重复项数目。默认情况下，该值设置为1，不过，如果要设置重复项数目的动画，则可以从零开始，将该值设置为 0。不同Duplicates（重复数）参数下散布的对比效果如图4-288和图4-289所示。

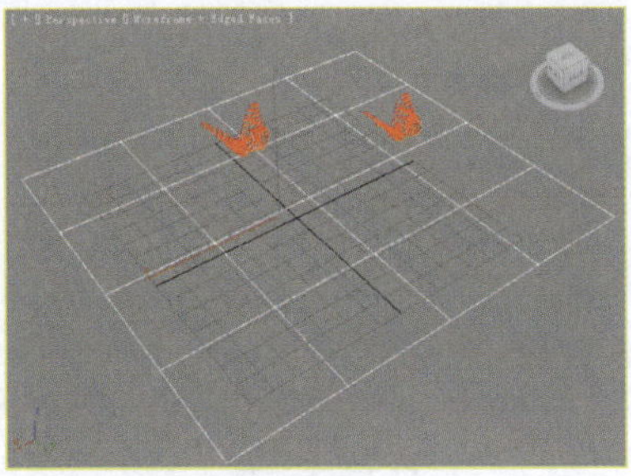

图4-288

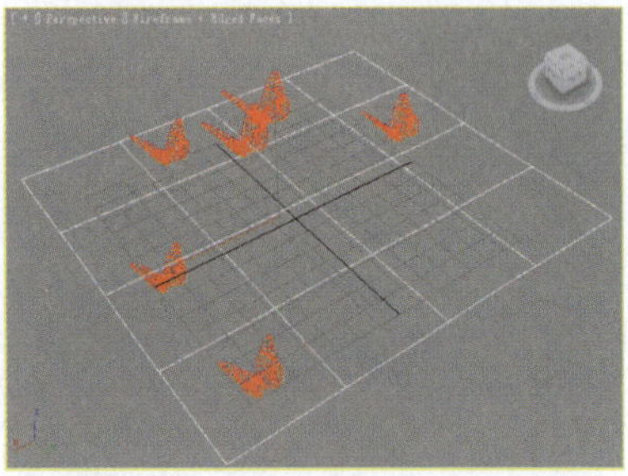

图4-289

Base Scale（基础比例）参数用于控制源对象的比例，同样也影响到每个重复项，该比例作用于其他任何变换之前。不同Base Scale（基础比例）参数下，散布的对比效果如图4-290和图4-291所示。

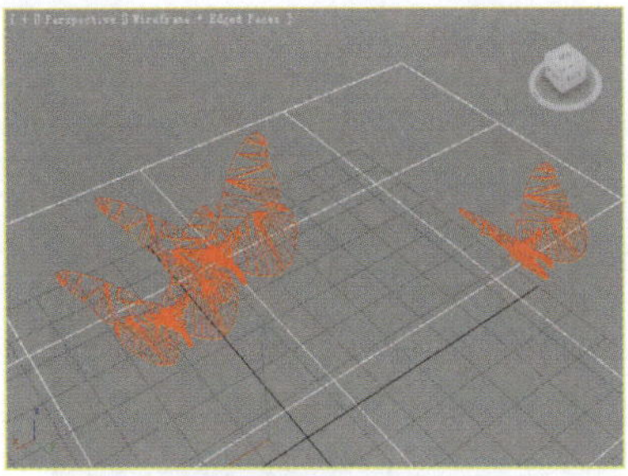

图4-290

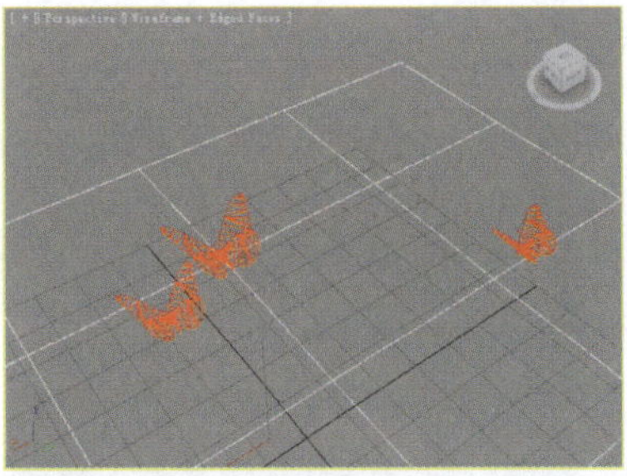

图4-291

Animation Offset（动画偏移）参数用于指定每个源对象重复项的动画偏移前一个重复项的帧数。我们可以使用此功能来生成波形动画，默认设置为 0 时，所有重复项将一起移动。

Vertex Chaos（顶点混乱度）参数用于控制对源对象的顶点应用随机扰动。不同参数下，散布的对比效果如图4-292和图4-293所示。

图4-292

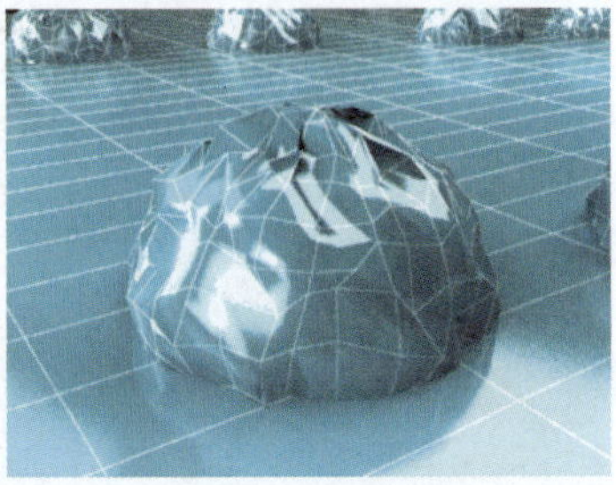

图4-293

知识应用：制作布满植被的山坡
原始文件：案例文件\第4章\制作植被覆盖的山坡 原始.max
最终文件：案例文件\第4章\制作植被覆盖的山坡 最终.max
核心技能：在制作布满植被的山坡过程中，通过使用Scatter（散布）复合对象，来完成对布满植被的山坡的创建。

Step 1 运行3ds Max后，打开本实例的原始文件“场景和素材\第4章\制作植被覆盖的山坡 原始.max”，Perspective（透视）视口中的效果如图4-294所示。

Step 2 选择植物对象，激活Scatter（散布）复合对象，如图4-295所示。

图4-294

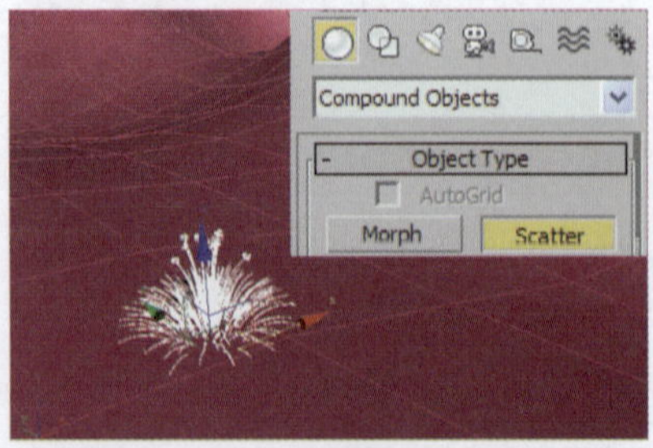

图4-295

Step 3 展开Scatter（散布）复合对象的Pick Distribution Object（拾取分布对象）卷展栏，在该卷展栏中单击Pick Distribution Object（拾取分布对象）按钮 Pick Distribution Object ，如图4-296所示。

Step 4 在Perspective（透视）视口中拾取山坡对象，如图4-297所示。

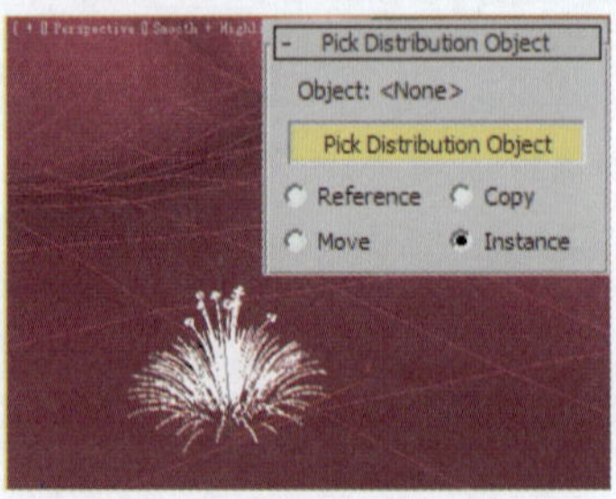

图4-296

图4-297

Step 5 在拾取了山坡对象之后，植物将被散布到山坡的一角，效果如图4-298所示。

Step 6 在Source Object Parameters（素材对象参数）选项组中设置Duplicates（重复数）参数为50，完成案例的制作，最终效果如图4-299所示。

图4-298

图4-299

4.3.4 图形合并

ShapeMerge（图形合并）是复合对象的一种形式，可以轻松地将二维的图形“印”到三维的几何体对象上。利用该复合对象，能快速制作出刻有文字的手镯，如图4-300所示，或者带有文字的轮胎模型，如图4-301所示。

图4-300

图4-301

ShapeMerge（图形合并）复合对象的控制参数较少，主要控制参数位于Pick Operand（拾取操作对象）卷展栏和Parameters（参数）卷展栏中。Pick Operand（拾取操作对象）卷展栏与其他的复合对象相似，用于拾取操作对象。

在Parameters（参数）卷展栏中，包括Operation（操作）和Output Sub-Mesh Selection（输出子网格选择）等选项组。

Operation（操作）选项组中的选项主要用于决定如何将图形应用于网格中，包含Cookie Cutter（饼切）、Merge（合并）两个单选按钮。

Cookie Cutter（饼切）是切去网格对象曲面外部的图形，原始对象效果如图4-302所示，图形合并操作后，对象效果如图4-303所示。

图4-302

图4-303

Merge（合并）是将图形与网格对象曲面合并。该单选按钮下还包含了Invert（反转）复选框，该复选框用于将图形反转。未勾选Invert（反转）复选框时，使用Cookie Cutter（饼切）方式操作的效果如图4-304所示；勾选Invert（反转）复选框时，使用Cookie Cutter（饼切）方式操作的效果如图4-305所示。

图4-304

图4-305

知识应用：制作轮胎侧面的文字
原始文件：场景和素材\第4章\制作轮胎侧面的文字 原始.max
最终文件：场景和素材\第4章\制作轮胎侧面的文字 最终.max
核心技能：在制作轮胎侧面的文字过程中，通过使用ShapeMerge（图形合并）复合对象，来完成对轮胎侧面文字的创建。

Step 1 运行3ds Max后，打开本实例的原始文件“场景和素材\第4章\制作轮胎侧面的文字 原始.max”，Perspective（透视）视口中的效果如图4-306所示。

Step 2 接下来，开始制作轮胎侧面的文字。在Perspective（透视）视口中选择轮胎对象，如图4-307所示。

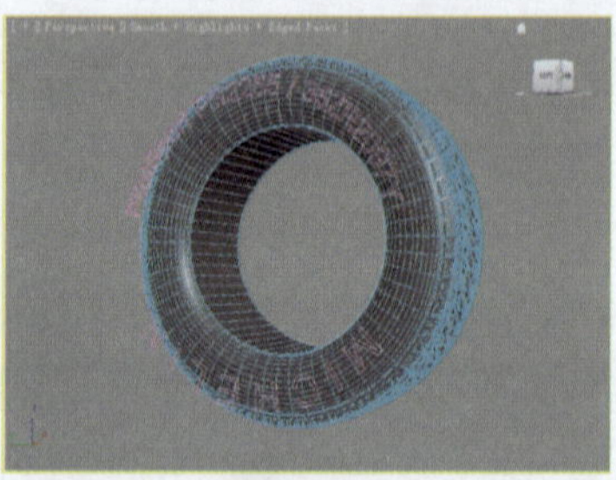

图4-306

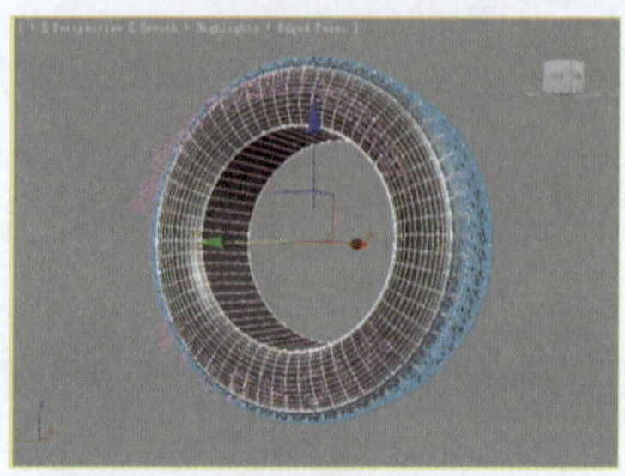

图4-307

Step 3 在选择轮胎之后，展开Object Type（对象类型）卷展栏，激活ShapeMerge（图形合并）复合对象，如图4-308所示。

Step 4 在选择ShapeMerge（图形合并）复合对象之后，展开Pick Operand（拾取操作对象）卷展栏，单击Pick Shape（拾取图形）按钮 Pick Shape ，如图4-309所示。

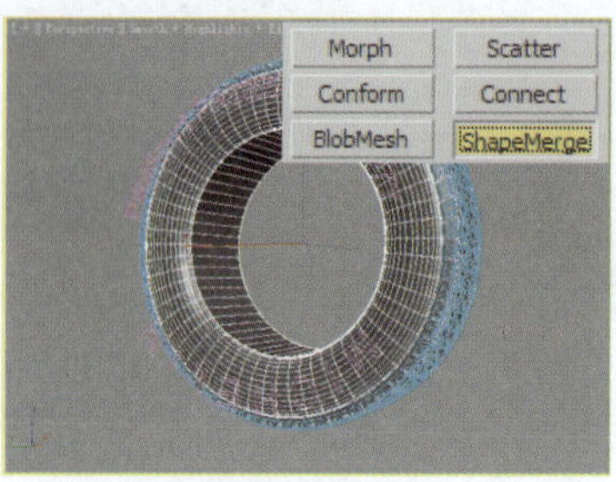

图4-308

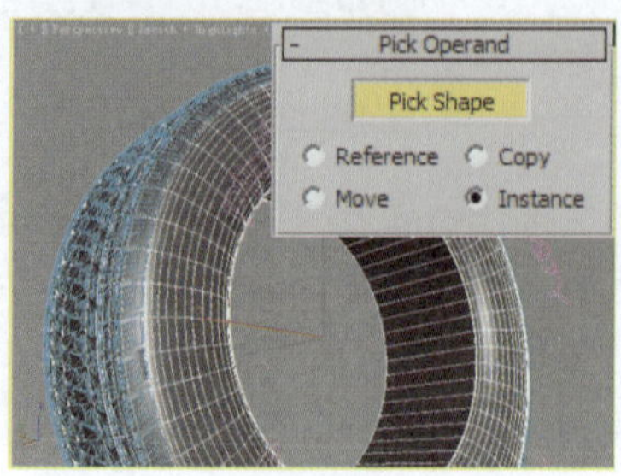

图4-309

Step 5 在Perspective（透视）视口中拾取文本对象，完成效果如图4-310所示。

Step 6 选择轮胎对象，在视口中右击，在弹出的四元菜单中选择Convert to （转换为）>Convert to Editable Mesh（转换为可编辑网格）命令，如图4-311所示。

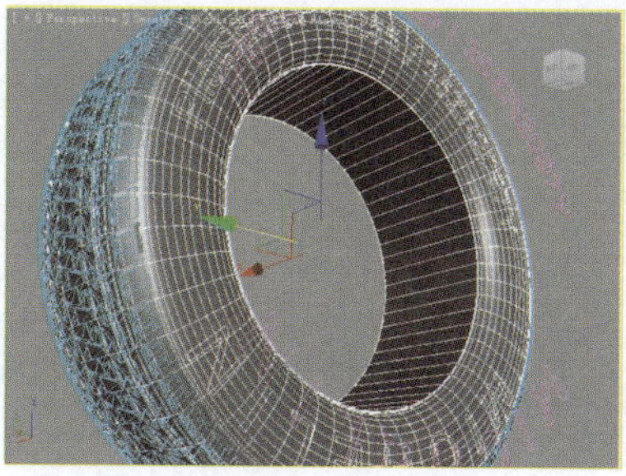

图4-310

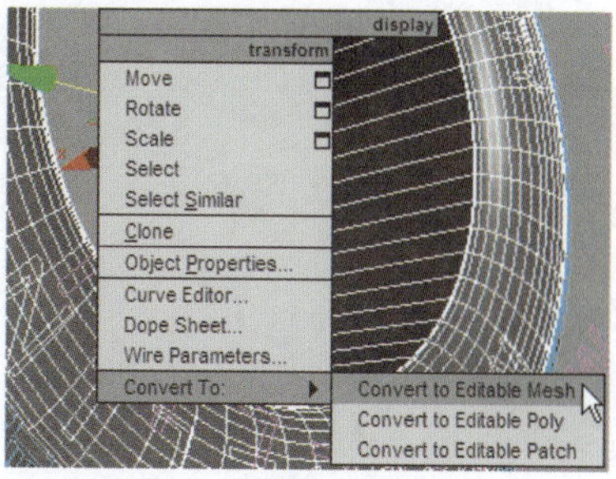

图4-311

Step 7 在轮胎的Modify（修改）命令面板中选择对象的Polygon（多边形）层级，在Perspective（透视）视口中，将显示出图形合并操作制作的字体多边形，如图4-312所示。

Step 8 单击Modify（修改）面板的修改器列表按钮，在打开的列表中选择Face Extrude（挤出面）修改器，以为其添加Face Extrude（挤出面）修改器，设置Amount（数量）参数，如图4-313所示。

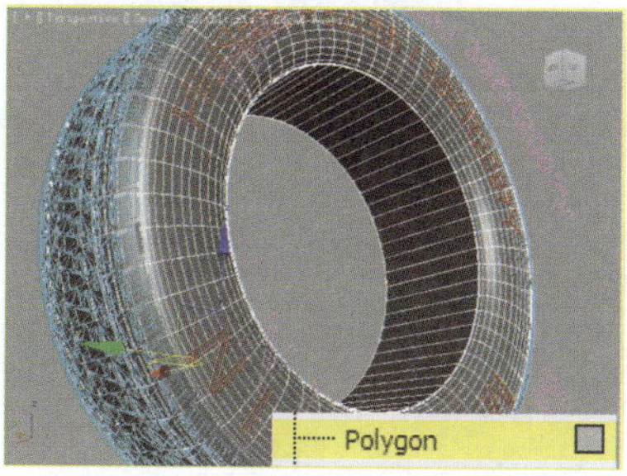

图4-312

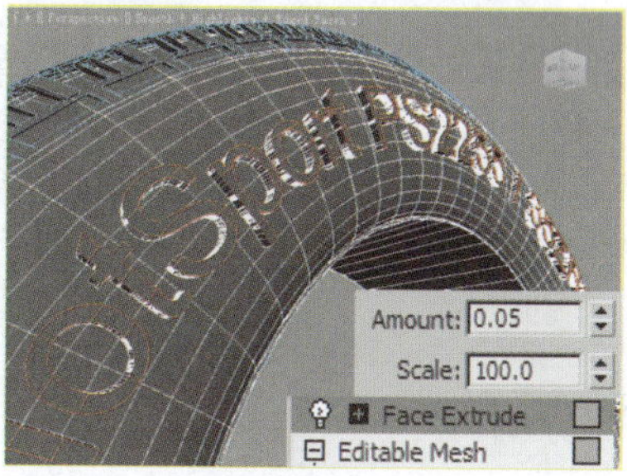

图4-313

4.4 实战演练

本章主要介绍了如何在3ds Max中创建几何体模型，包括简单的基本几何体形态以及复杂的复合对象类型。本小节将通过一个综合案例来使读者进一步巩固本章所学的知识内容。

<table>
<tr>
<td>实战演练：制作电影放映机
最终文件：场景和素材\第4章\制作电影放映机最终文件.max
核心技能：使用超级布尔运算制作绞盘上的各种凹槽和镂空效果，利用Loft放样对象制作胶片卷的效果。</td>
<td></td>
</tr>
</table>

Step 1 在Front（前）视口中创建一个ChamferCyl（切角圆柱体）对象，参数设置如图4-314所示。

Step 2 继续在Front（前）视口中创建一个Cylinder（圆柱体）对象，并使用Align（对齐工）具使它和切角圆柱体呈中心对齐，如图4-315所示。

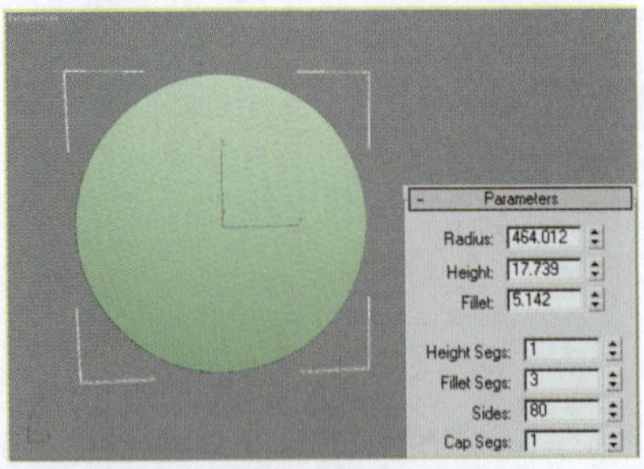

图4-314

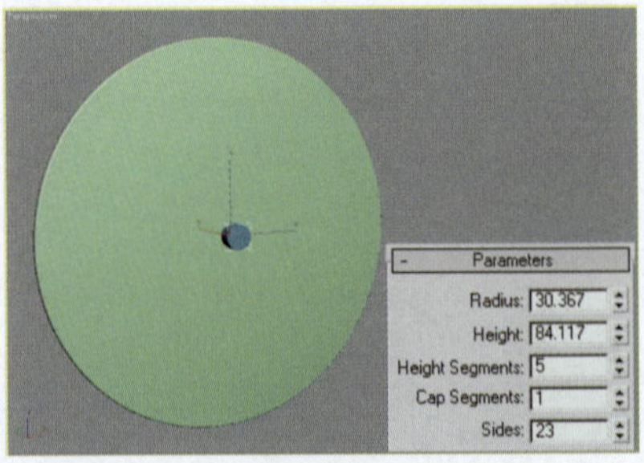

图4-315

Step 3 将中心处的圆柱体对象进行复制，并将复制出的其他圆柱体对象摆放成如图4-316所示的效果。

Step 4 选择大的切角圆柱体对象，在Compound Objects（复合对象）类型卷展栏中单击ProBoolean（超级布尔）按钮 ProBoolean ，并选择Subtraction（差集）类型，如图4-317所示。

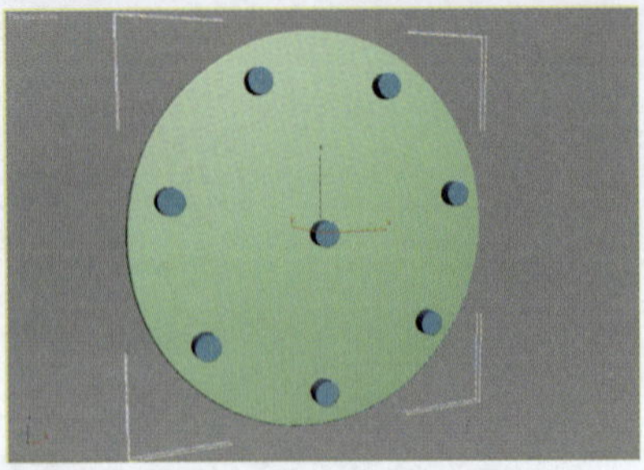

图4-316

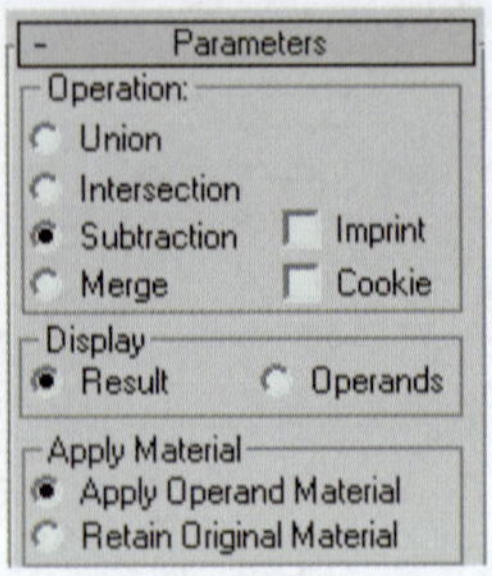

图4-317

Step 5 选择运算类型后，单击Start Picking（开始拾取）按钮 Start Picking ，依次在视口中拾取插入到切角圆柱体中的其他圆柱体对象，得到如图4-318所示的效果。

Step 6 在Front（前）视口中创建一个Tours（圆环）对象，参数设置如图4-319所示。

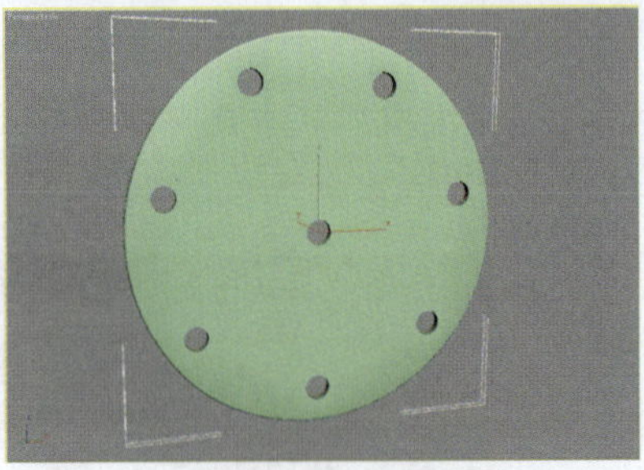

图4-318

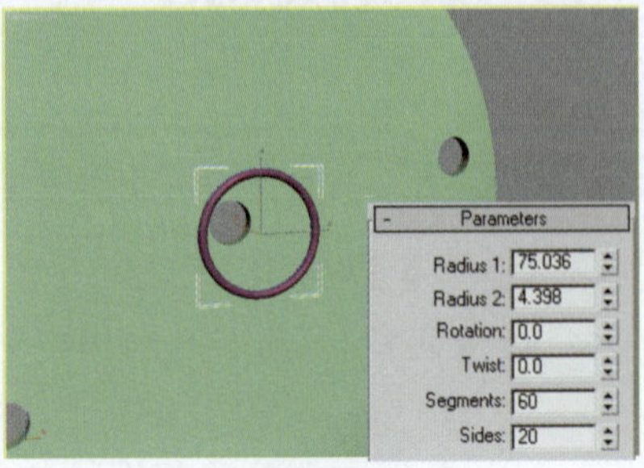

图4-319

Step 7 使用Align（对齐）工具将圆环和切角圆柱体成中心对齐，然后在Left（左）视口中将圆环对象嵌入到切角圆柱体中，如图4-320所示。

Step 8 继续单击Start Picking（开始拾取）按钮 Start Picking ，在视口中拾取圆环对象，得到图4-321所示的效果。

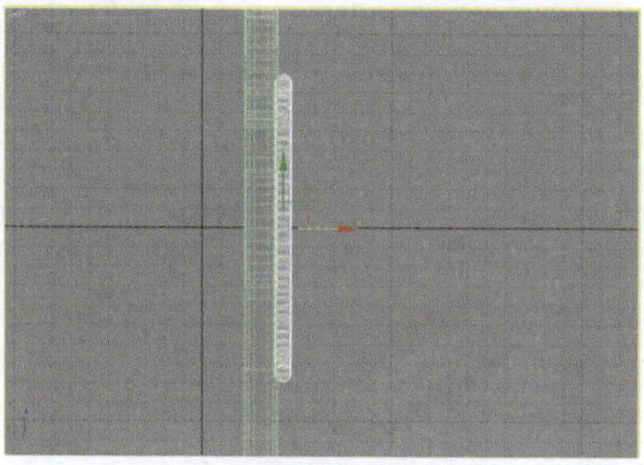

图4-320

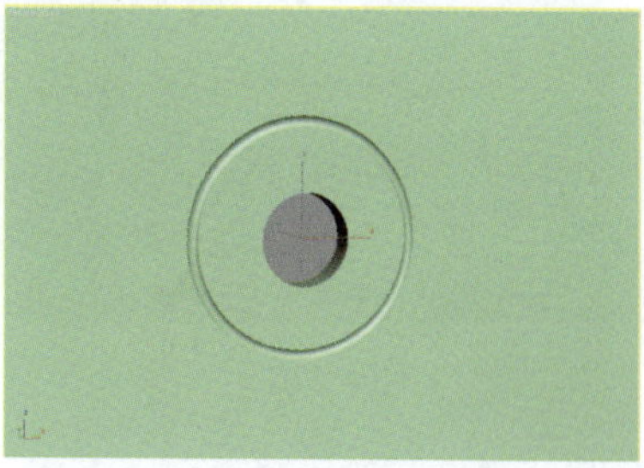

图4-321

Step 9 在菜单栏中选择File（文件）>Merge（合并）命令，选择光盘中提供的“场景和素材\第4章\实战演练 零件1.max”文件，如图4-322所示。

Step 10 该文件中提供了一个如图4-323所示的已经制作好的三维模型，将合并进来的该对象插入到切角圆柱体中。

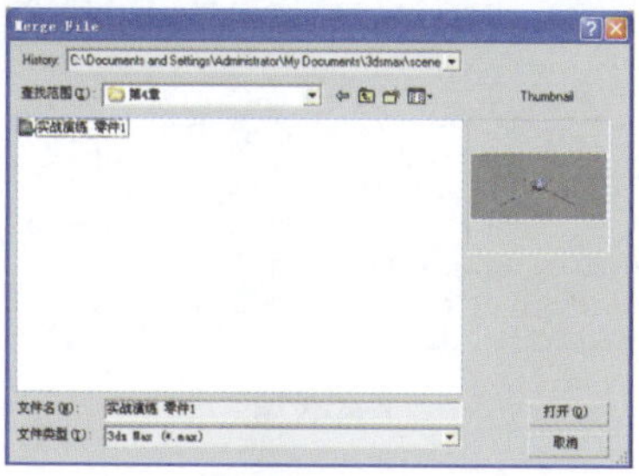

图4-322

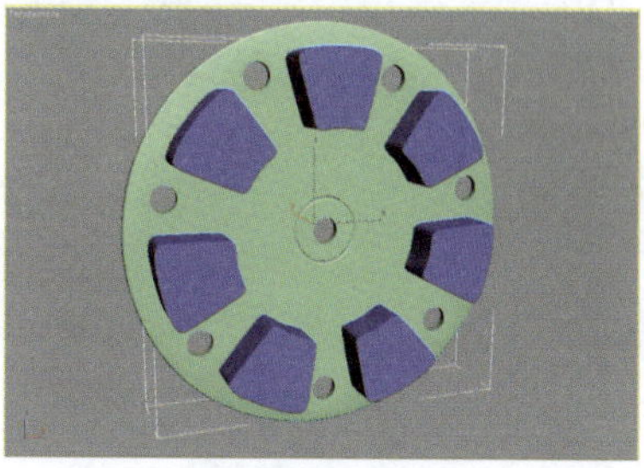

图4-323

Step 11 继续对切角圆柱体进行超级布尔运算，拾取合并进来的三维对象得到如图4-324所示的对象，此时胶片盘的基本形态特征已经出来了。

Step 12 继续在菜单栏中选择File（文件）>Merge（合并）命令，选择光盘中提供的“场景文件\第4章\实战演练 零件2.max”文件，如图4-325所示。

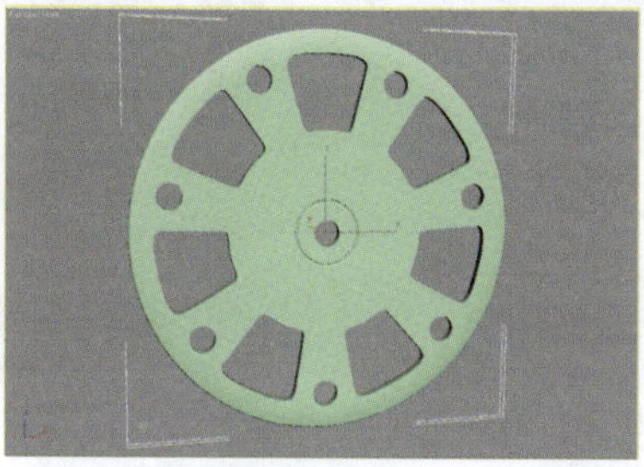

图4-324

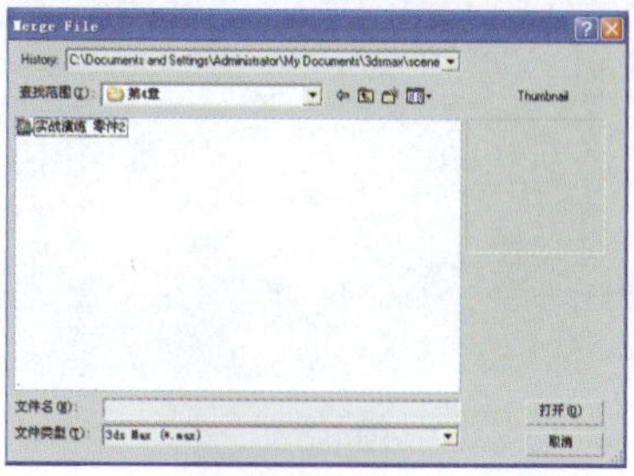

图4-325

Step 13 使用Ailgn（对齐）工具将合并进来的对象和胶片盘呈中心对齐，并嵌入到胶片盘中，如图4-326所示。

Step 14 对胶片盘继续使用超级布尔运算，拾取嵌入其中的对象，得到如图4-327所示的效果。

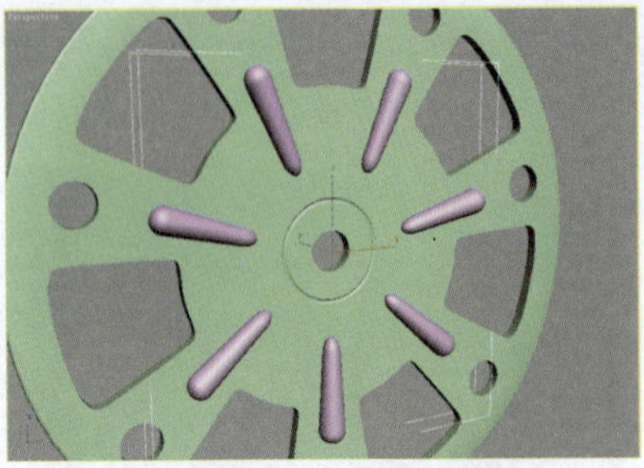

图4-326

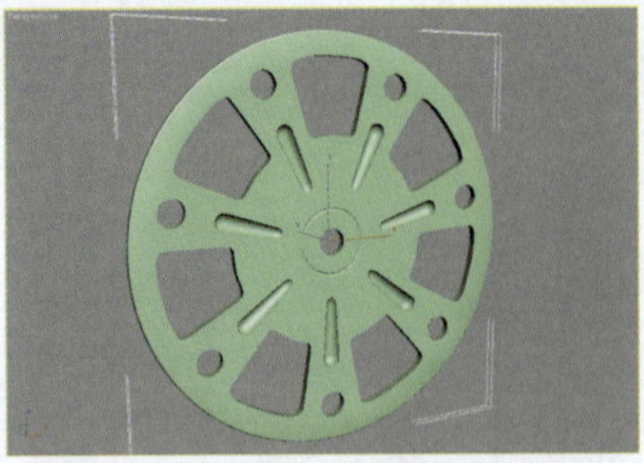

图4-327

Step 15 将该对象复制到另一侧，在中间创建一个ChamferCyl（切角圆柱体）对象将两个胶片盘连接起来，如图4-328所示。

Step 16 接下来将进行胶片的制作。在Front（前）视口中绘制一个如图4-329所示的弯曲的直线。

图4-328

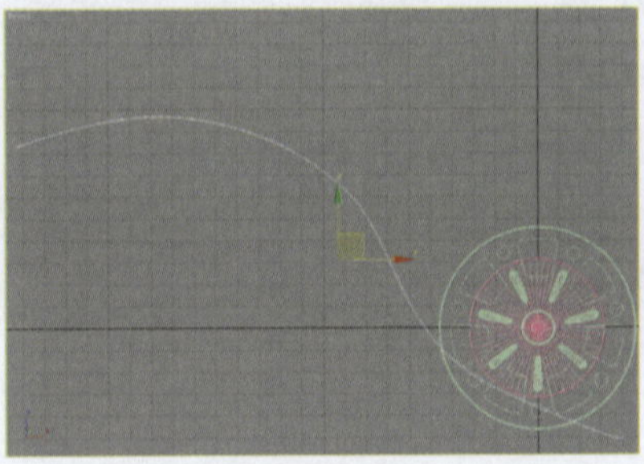

图4-329

Step 17 在Left（左）视口中绘制一个图4-330所示的高度和胶片盘的间距相同的矩形二维图形。

Step 18 以Front（前）视口中的曲线为路径，Left（左）视口中的矩形图形为截面进行放样，得到图4-331所示的三维对象。

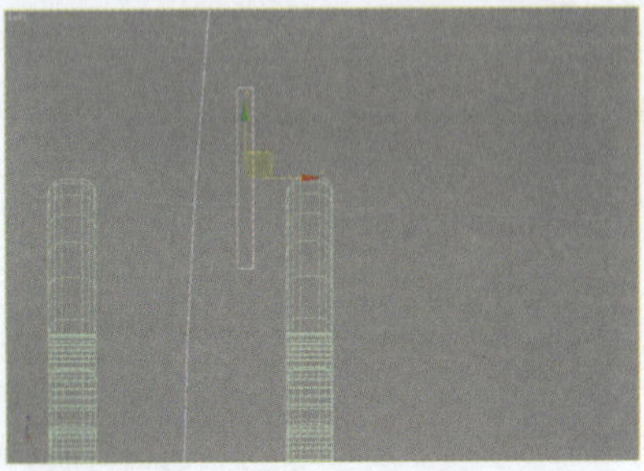

图4-330

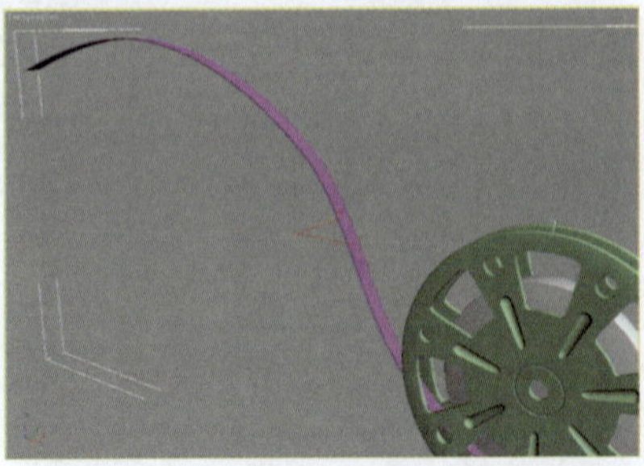

图4-331

Step 19 在Top（顶）视口中创建一个ChamferBox（切角长方体）对象，参数设置如图4-332所示。

Step 20 使用“间隔”工具将ChamferBox（切角长方体）沿着之前放样的路径进行阵列，得到如图4-333所示的效果。

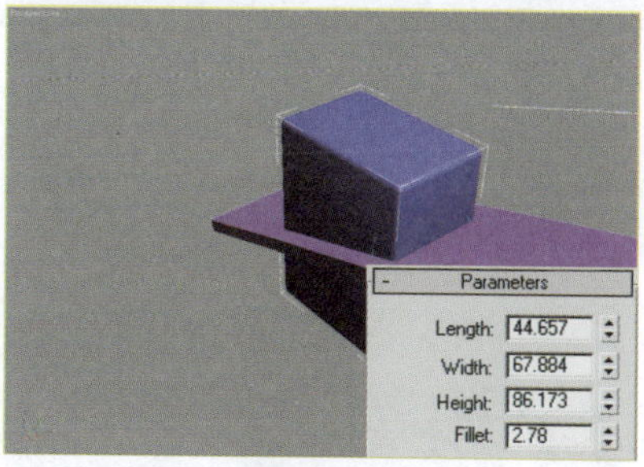

图4-332

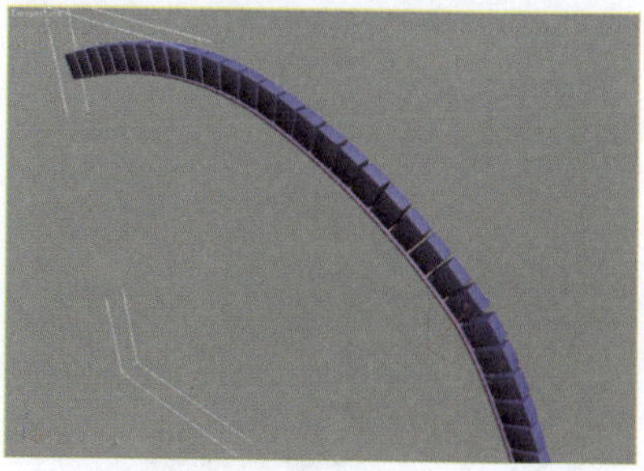

图4-333

Step 21 对放样对象进行超级布尔运算，拾取阵列出的切角长方体对象，得到图4-334所示的胶片效果。

Step 22 至此，胶片盘已经全部制作完成，图4-335所示为渲染后的胶片盘效果。

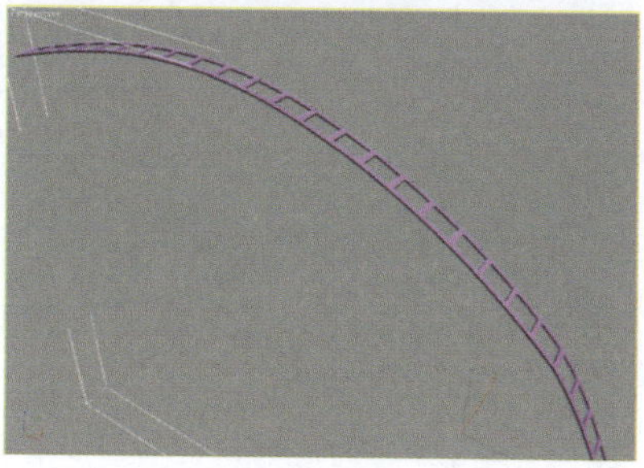

图4-334

图4-335

Chapter 05

对象修改器

修改器是 3ds Max 的另一个十分有用的建模工具，它主要作用于已有的模型对其产生各种效果的变形加工，从而使原有的形态发生改变。它的另一个重要作用就是可以通过对二维图形进行各种操作使之转换为三维对象，这也是一种常用的建模手段。本章就主要向读者介绍有关修改器方面的知识。

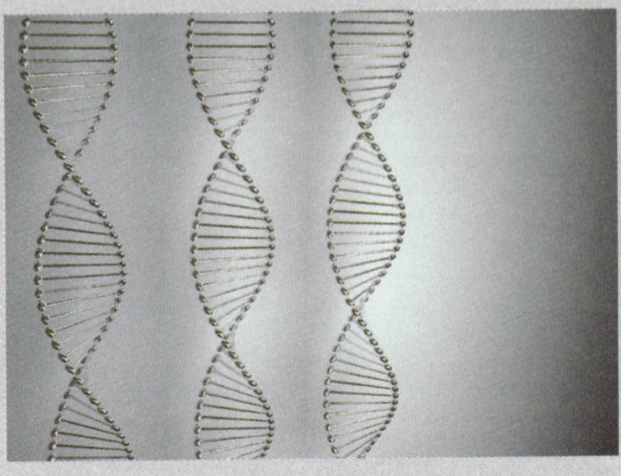

5.1 修改器的使用

修改器好比现实中的各种加工工具，通过这些工具可以在一定程度上改变对象的外形和属性。3ds Max的修改器主要分为Object-Space Modifie（对象空间修改器）和World-Space Modifie（世界空间修改器）两种。前者直接影响对象空间中的几何体，而后者则类似于空间扭曲绑定到对象上，不随对象本身坐标的改变而改变。

5.1.1 给对象添加修改器

给对象添加修改器有两种方法。可以在Modifiers（修改器）菜单栏中选择一种修改器，图5-1所示为3ds Max的Modifiers（修改器）菜单栏。也可以进入对象的Modify（修改）命令面板，在Modifier list（修改器菜单）下拉列表框中选择一种修改器，如图5-2所示。

当选择一种修改器后，该修改器的名称会出现在如图5-3所示的修改器堆栈中。同一个对象可以添加多种修改器，每种修改器按照所添加的顺序依次排列在修改器堆栈中，如图5-4所示。

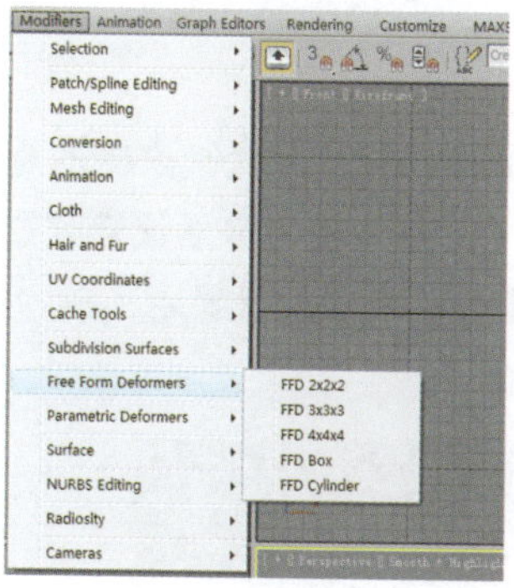

图5-1

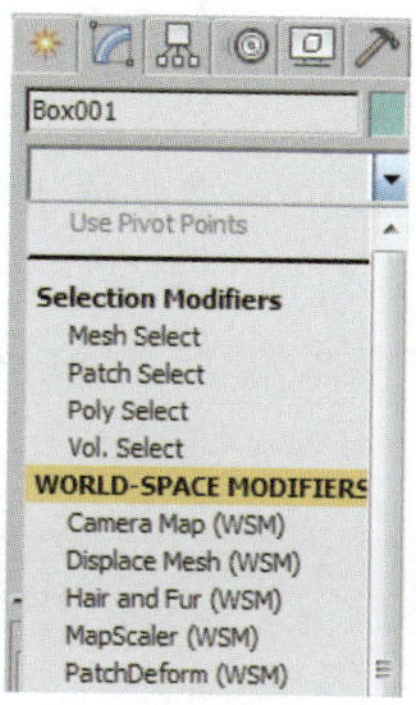

图5-2

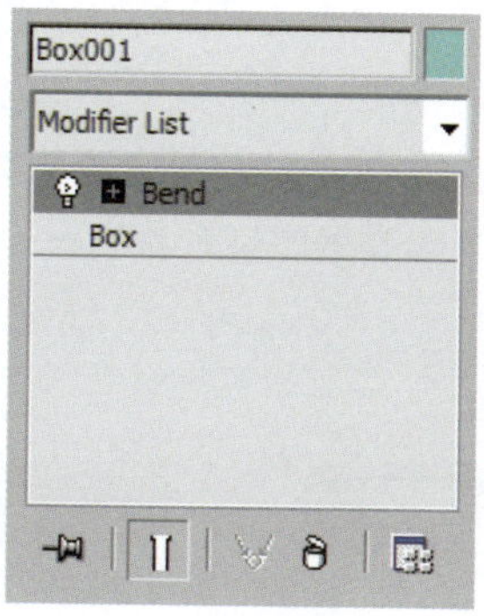

图5-3

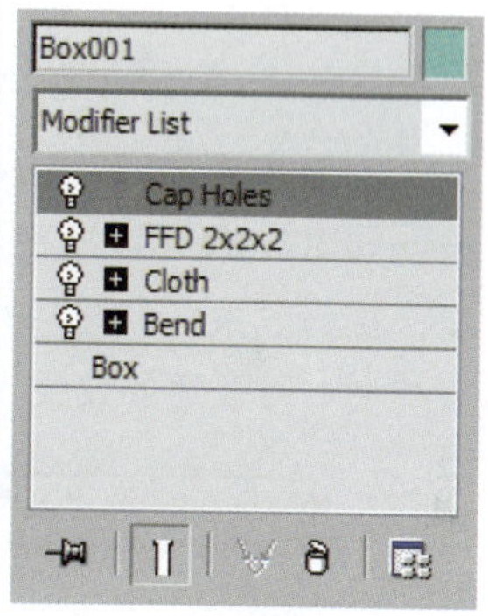

图5-4

添加多个修改器对象后，右击，在弹出的快捷菜单中选择Collapse All（瓦解全部）命令，可以将对象的所有修改器瓦解，只保留最终的效果。使用该命令后会弹出如图5-5所示的Warning（警告）对话框，提示用户是否继续进行瓦解。

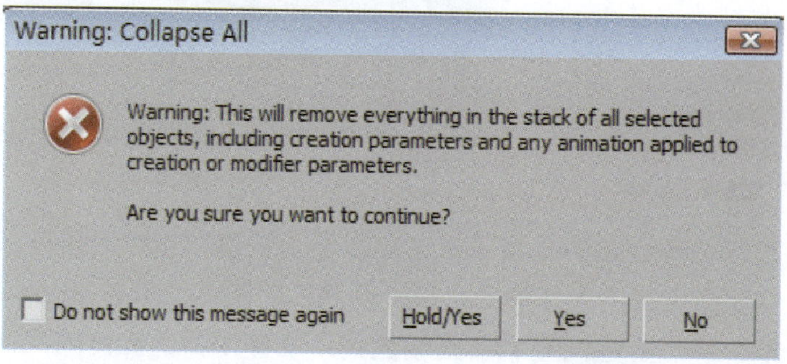

图5-5

5.1.2 使用修改器堆栈

在Modify（修改）命令面板下展开修改器下拉列表框可以看到3ds Max所提供的多种修改器类型，如图5-6所示。修改器在对物体产生变换的时候并不会改变对象原有的参数属性，当添加了修改器后仍然可以对物体的最原始参数进行调整，可以同时给一个对象应用多个修改器，图5-7左侧的对象是应用了修改器的效果，右侧的是原始的物体效果。

图5-6

图5-7

给对象所添加的修改器都会显示在修改器堆栈中，修改器堆栈是控制和编辑修改器的地方，如图5-8所示。在每个修改器类型前都有一个小灯泡，用来控制是否在场景中激活该修改器所产生的效果，如图5-9所示。关闭Taper（锥化）和Twist（扭曲）修改器后对象只显示了Bend（弯曲）修改器的效果。

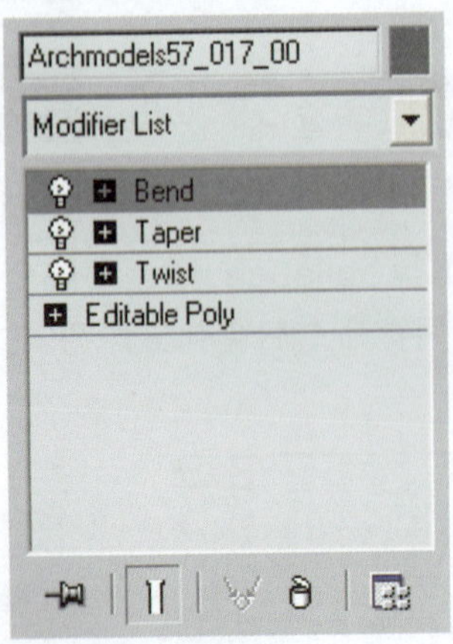

图5-8

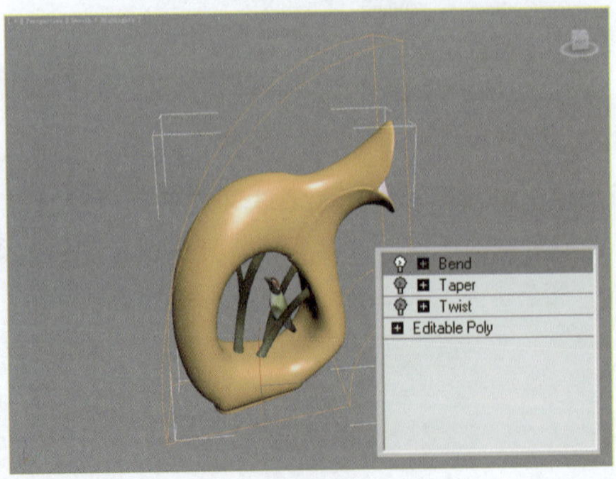

图5-9

每种修改器都包含有各自的选项，单击修改器前的■按钮可以展开该修改器的选项，如图5-10所示。修改器堆栈下方提供了几种修改器控制工具，单击Show end result on/off toggle（显示最终结果）按钮可以不显示应用所有修改器的最终效果而只显示当前所选择的修改器效果，如图5-11所示。

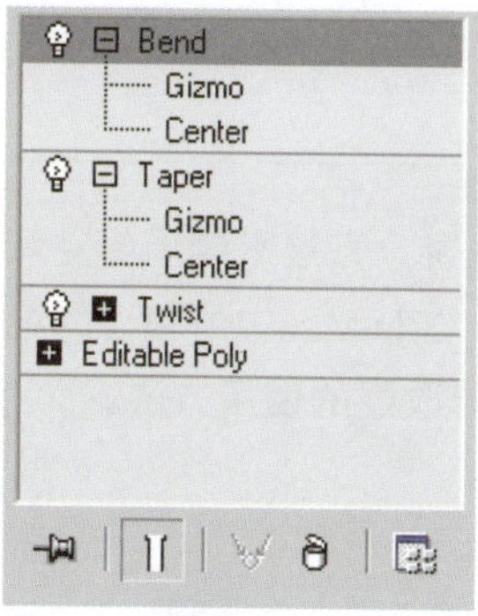

图5-10

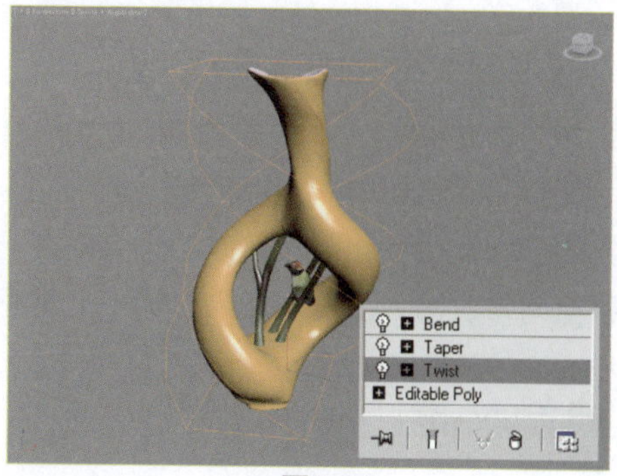

图5-11

Pin Stack（锁定堆栈）工具可以将当前的修改器堆栈状态锁定，如图5-12所示。在选择应用修改器对象时单击该按钮，然后在场景中创建一个茶壶对象，由于堆栈状态已经被锁定，所以即使茶壶没有启用修改器，在堆栈中仍然显示的是锁定时的状态。单击Configure Modifier Sets（配置修改器集）按钮可以打开图5-13所示的菜单面板，用来自定义修改器面板和修改器集。

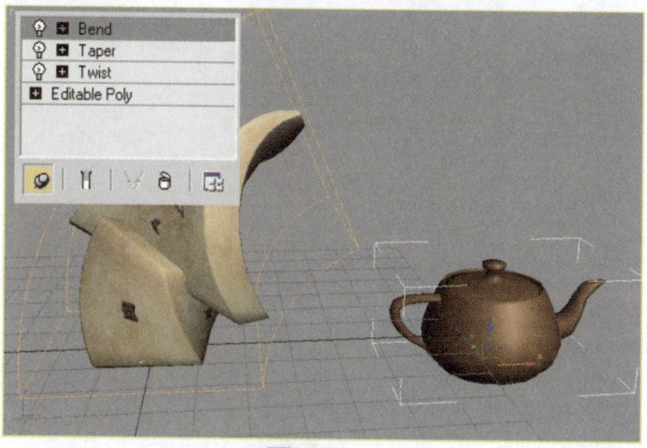

图5-12

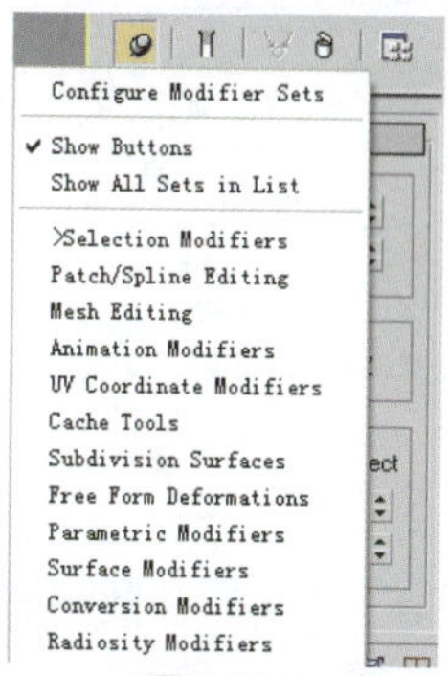

图5-13

Make Unique（使唯一）工具可以将一个已实例化的对象转换为一个唯一的副本，如图5-14所示。同时选择场景中两个对象给它们使用Taper（锥化）修改器，然后单击Make Unique（使唯一）按钮，如图5-15所示，可以将Taper（锥化）修改器分别添加到这两个对象上。

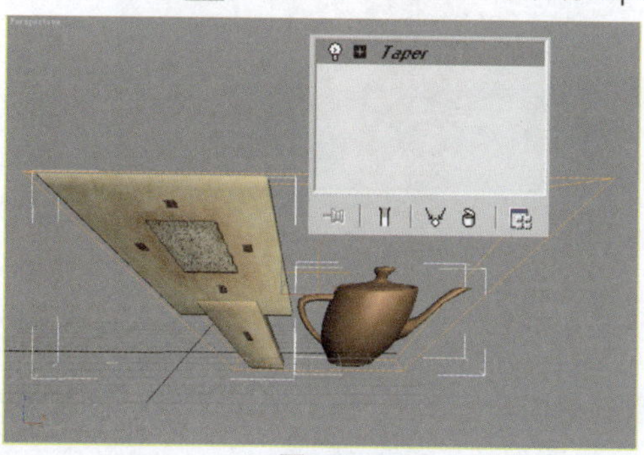

图5-14

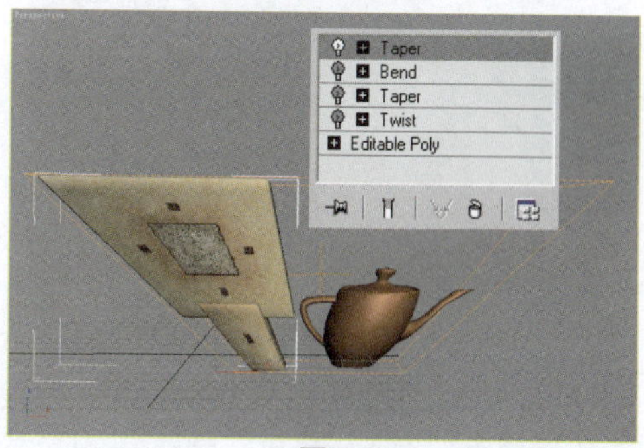

图5-15

注意

当对多个对象添加了修改器后，该修改器是以所有的对象为一个整体来进行变换的，并不是以每一个单独的对象为单位。

5.2 对象空间修改器

Object-Space Modifie（对象空间修改器）作用于对象本身，直接影响局部空间中的几何体对象。当对象的坐标发生变化时，修改器也会随之产生变化。3ds Max中所包含的绝大多数修改器都属于对象空间修改器。下面向读者介绍一些常见的对象修改器的使用方法。

5.2.1 弯曲修改器

Bend（弯曲）修改器能够使对象在不同的轴向上产生弯曲效果，图5-16所示为Bend（弯曲）修改器的参数面板。Angle（角度）参数用来控制弯曲的度数，图5-17所示为给对象设置不同弯曲角度的效果。

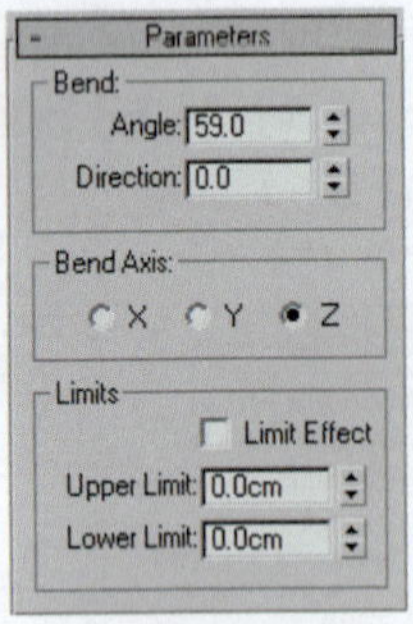

图5- 16

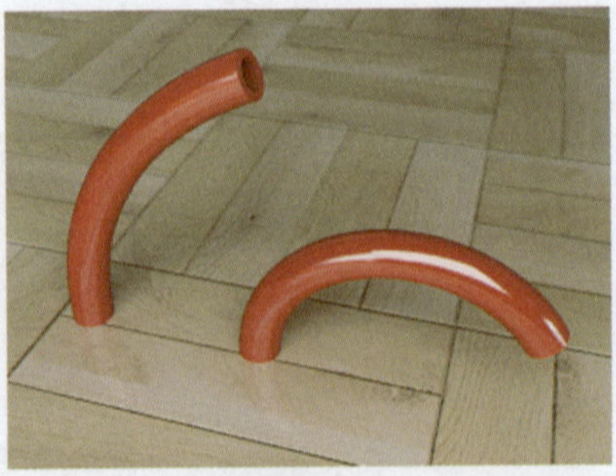

图5-17

Directton（方向）参数用来控制弯曲相对于水平面的方向，图5-18所示为在相同的弯曲角度下设置方向参数使对象朝向不同的位置弯曲。Bend Axis（弯曲轴）选项组用来设置弯曲的轴向，图5-19所示为选择对象在X轴上弯曲的效果。

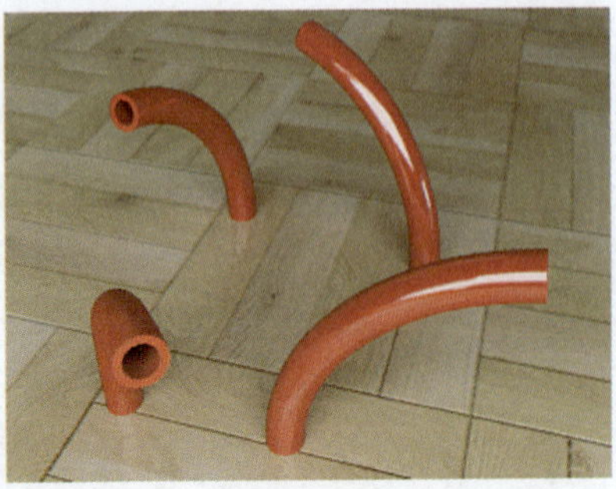

图5-18

图5-19

Limits（限制）选项组用来使对象在一段限制区域内产生弯曲，图5-20所示为启用限制效果使对象的左侧产生弯曲的效果。展开Bend（弯曲）修改器的下拉选项，选择Center（中心）选项，可以在对象上移动弯曲修改器的中心位置，如图5-21所示。

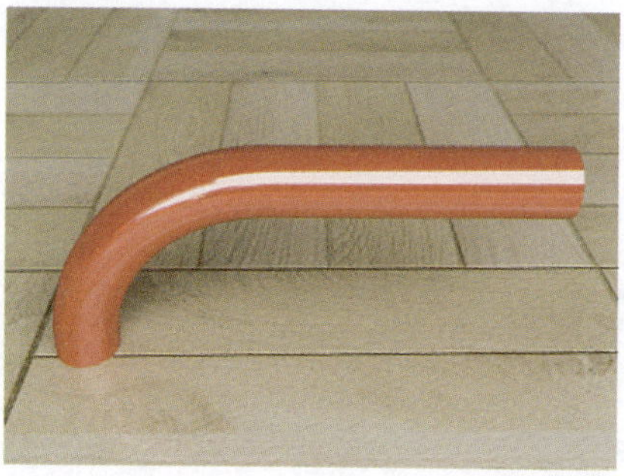

图5-20

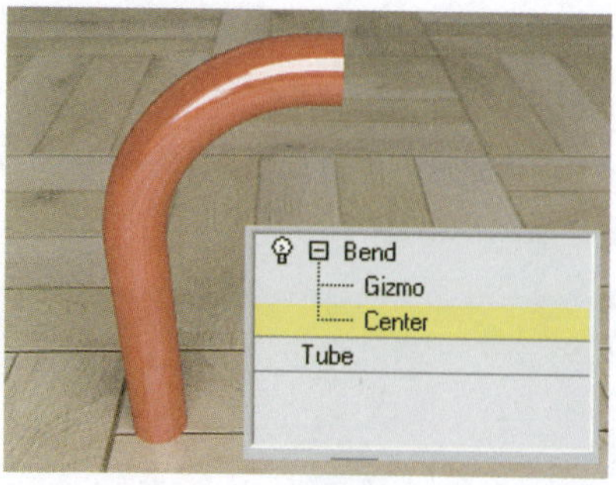

图5-21

5.2.2 扭曲修改器

Twist（扭曲）修改器可以使对象产生扭曲变形的效果，图5-22所示为Twist（扭曲）修改器的参数面板。Angle（角度）参数用来控制扭曲变形的旋转度数，图5-23所示为使一个长方体对象产生不同程度的扭曲变形。

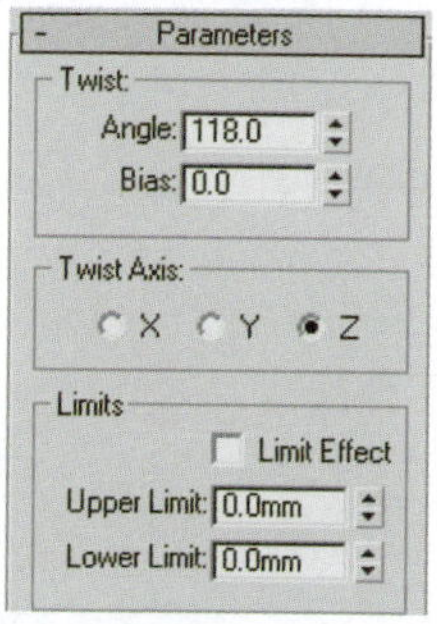

图5-22

图5-23

Bias（偏移）参数用来控制使扭曲旋转在对象的任意末端聚集，图5-24所示为设置Bias（偏移）参数使扭曲向对象的上端聚集。扭曲修改器也包含Limits（限制）选项组，图5-25所示为启用扭曲的限制效果，使对象的下半部分产生扭曲变形。

图5-24

图5-25

知识应用：使用扭曲改器制作DNA分子链 原始文件：无 最终文件：场景和素材\第5章\制作DNA分子链.max 核心技能：使用Twist（扭曲）修改器。	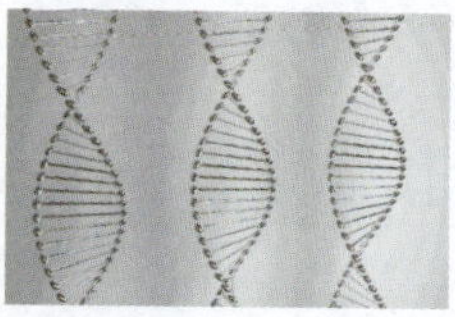

Step 1 在场景中创建一个圆柱体和两个球体对象，将球体对象对齐到圆柱体的两端，如图5-26所示。注意圆柱体上要添加一定的分段数。

Step 2 选择这3个对象，在菜单栏中选择Group（组）>Group（成组）命令，将它们合并为一组对象，如图5-27所示。

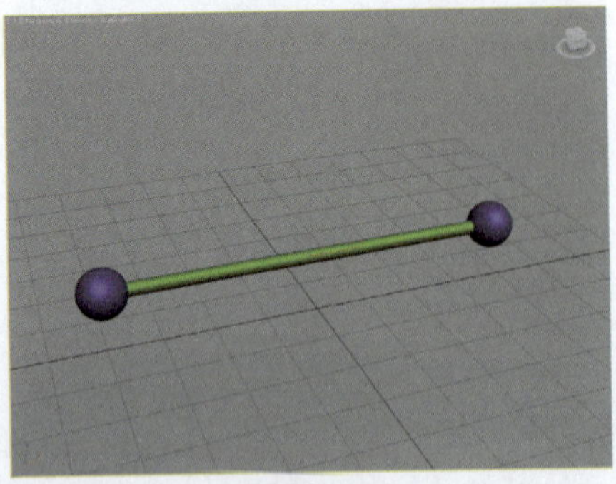

图5-26

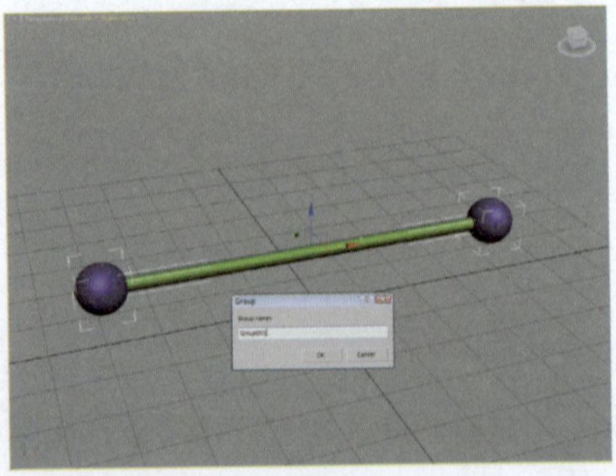

图5-27

Step 3 选择合并为组的3个对象，沿着Z轴向上进行复制，复制的数量视所要表现的DNA分子的长度而定，这里设置的复制数量为50，如图5-28所示。

Step 4 复制完成后，同样选择所有对象，然后将它们再次合并为一组对象，如图5-29所示。

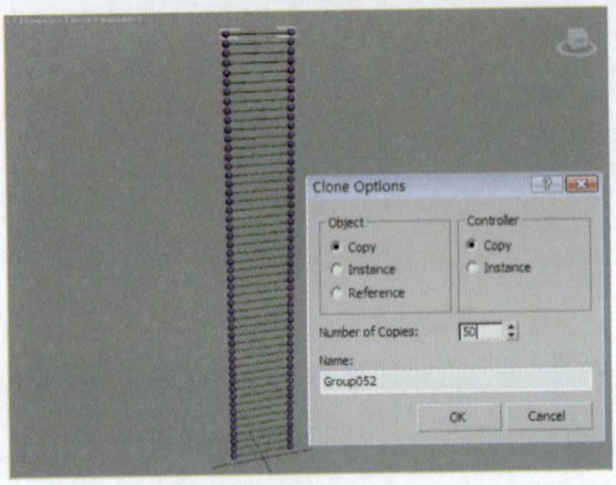

图5-28

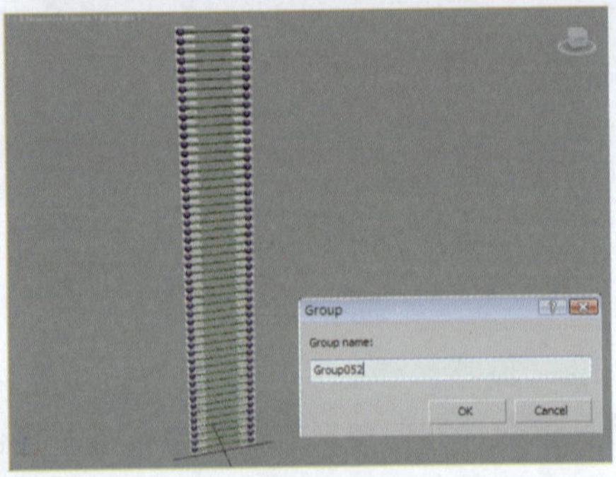

图5-29

Step 5 给合并成组的所有对象添加一个Twist（扭曲）修改器，如图5-30所示。

Step 6 进入修改器的参数面板，保持默认的参数不变，设置Angle（角度）参数为500，得到图5-31所示的DNA分子链的效果。

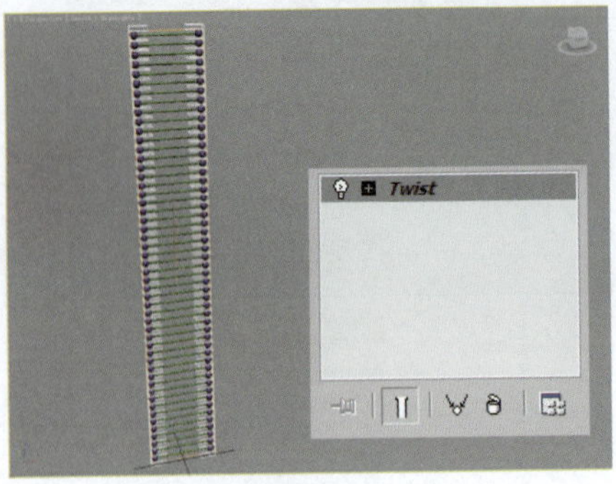

图5-30

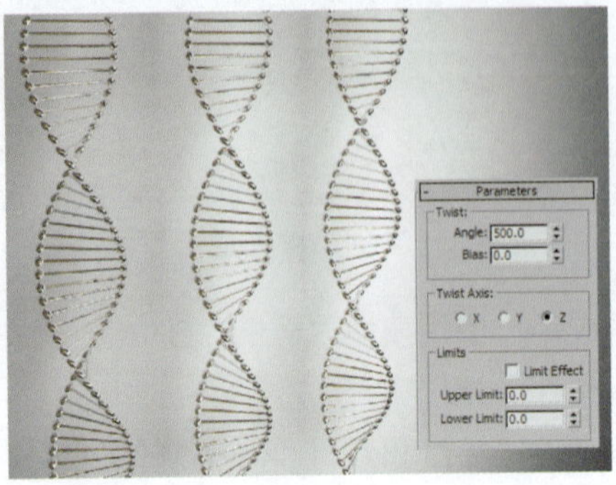

图5-31

5.2.3 壳修改器

使用Shell（壳）修改器能够使对象的内外两个面挤出产生厚度，如图5-32所示为Shell（壳）修改器的参数面板。图5-33所示为一个没有使用Shell（壳）修改器的单面对象，可以看到对象的面没有厚度，看起来立体感不强。

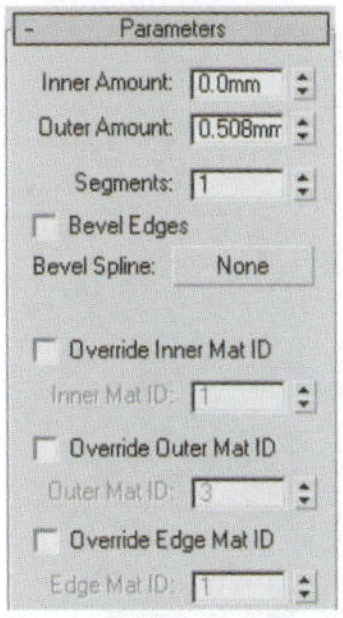

图5-32

图5-33

给对象添加一个Shell（壳）修改器，可以看到对象的面产生了厚度，看上去更接近于蛋壳的效果，如图5-34所示。Inner Amount（内部数量）和Outer Amount（外部数量）分别用来控制对象内外面的增加量，图5-35所示为设置较大的厚度效果。

图5-34

图5-35

Segments（分段）参数用来设置对象在挤出的面方向上的分段数，图5-36所示为设置较高的分段参数效果。Shell（壳）修改器可以对物体的内部、外部以及边缘上的面分配不同的ID号，图5-37所示为将对象的这三个部分设置为不同的颜色加以区分。

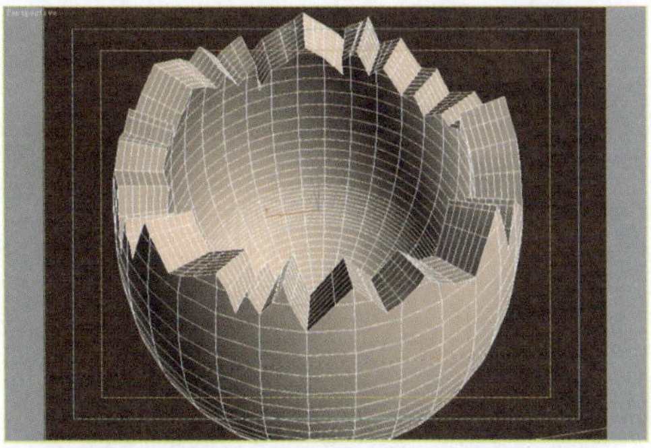

图5-36

图5-37

5.2.4 锥化修改器

Taper（锥化）修改器通过缩放对象几何体的两端产生锥化轮廓形成一端放大而另一端缩小的效果，图5-38所示为Taper（锥化）修改器的参数面板。Amount（数量）参数用来设置锥化量的大小，图5-39所示为对一个圆柱体使用锥化修改器设置不同Amount（数量）参数的效果。

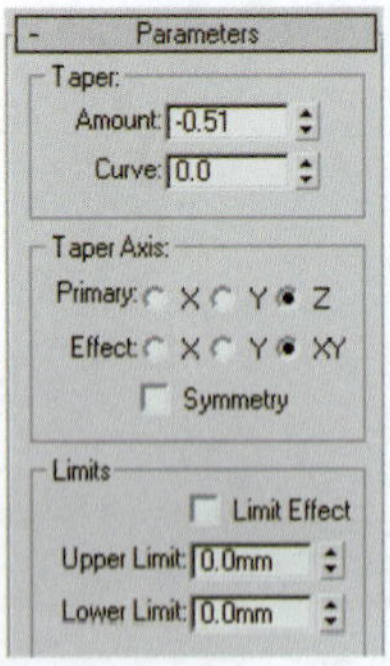

图5-38

图5-39

Curve（曲线）参数可以使对象的侧面轮廓产生曲面变形，如图5-40所示，设置该参数后对象的侧面轮廓变为了弯曲的效果。锥化修改器也包含有Limits（限制）选项组，用来在指定的一段区域内产生锥化效果，图5-41所示为启用限制效果使圆柱体的顶端一部分不产生锥化效果。

图5-40

图5-41

锥化修改器的Taper Axis（锥化轴）选项组包含有Primary（主轴）和Effect（效果轴）两个轴选项，图5-42所示为选择主轴为X轴的锥化效果。勾选Symmetry（对称）复选框可以围绕主轴产生对称锥化，如图5-43所示。

图5-42

图5-43

5.2.5 影响区域修改器

Affect Region（影响区域）修改器是一种曲面建模工具，主要用于定点的选择，利用影响区域，可以变换选中的顶点，也可以围绕选中的顶点变换该区域中的顶点。这将有助于在对象曲面形成膨胀或缩进。

知识应用：制作隆起的小山坡
原始文件：无
最终文件：场景和素材\第5章\制作隆起的小山坡.max
核心技能：使用Affect Region（影响区域）修改器

Step 1 在场景中创建一个Plane（平面）对象，设置较多的分段数，如图5-44所示。

Step 2 给平面对象添加一个Affect Region（影响区域）修改器，可以看到平面对象上产生了一个凸起效果，如图5-45所示。

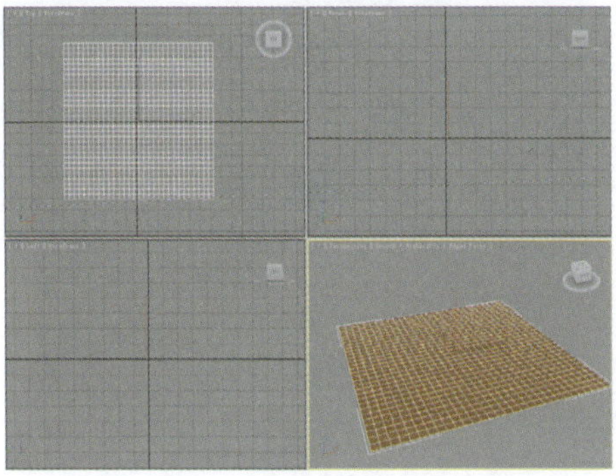

图5-44

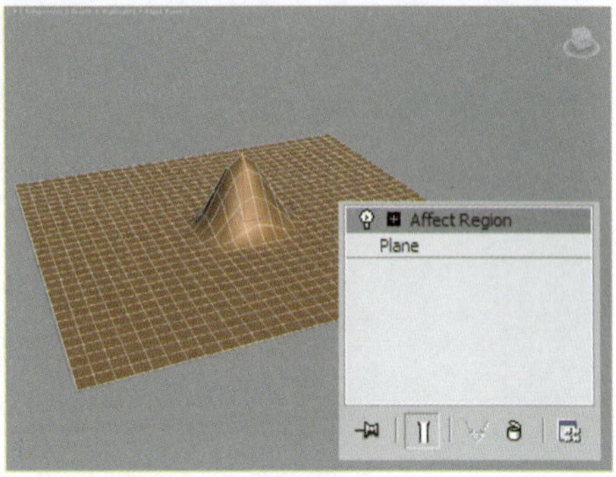

图5-45

Step 3 在修改器的参数卷展栏中将Falloff（衰减）参数设置为50，效果如图5-46所示。

Step 4 将Bubble（膨胀）参数设置为0.4，效果如图5-47所示。

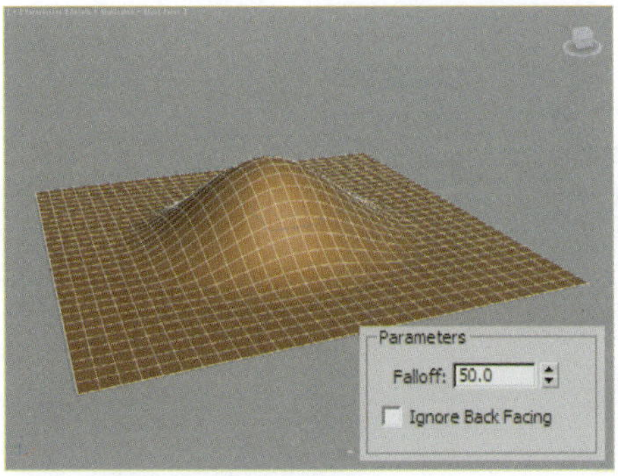

图5-46

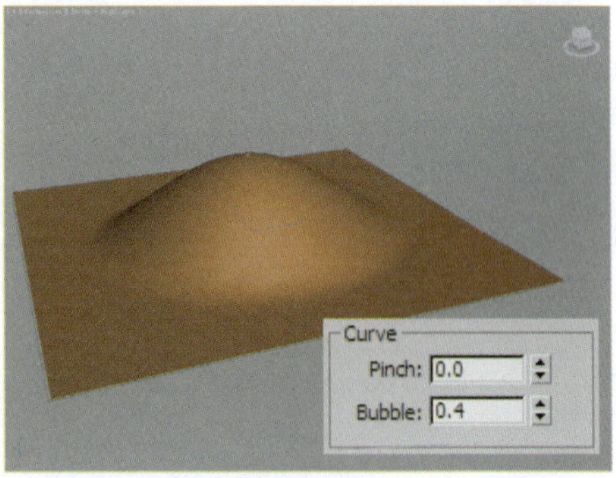

图5- 47

Step 5 在修改器堆栈中展开该修改器的选项，选择Points（定点）选项，如图5-48所示，在对象上会出现一个黄色的控制图标。

Step 6 然后单击控制图标上端的定点进行移动，可以看到平面隆起部分的顶端产生了移动，如图5-49所示。

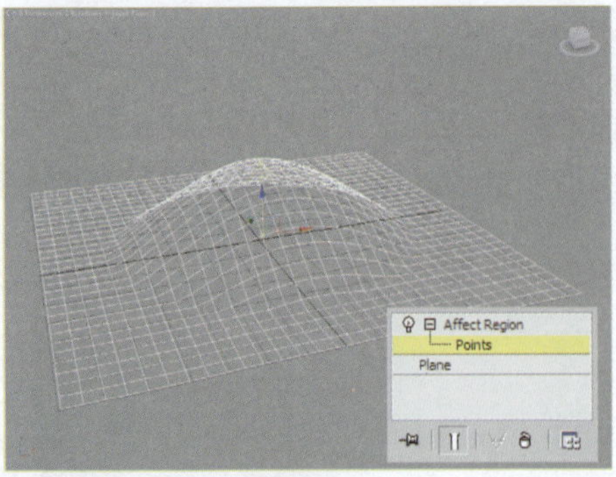

图5-48

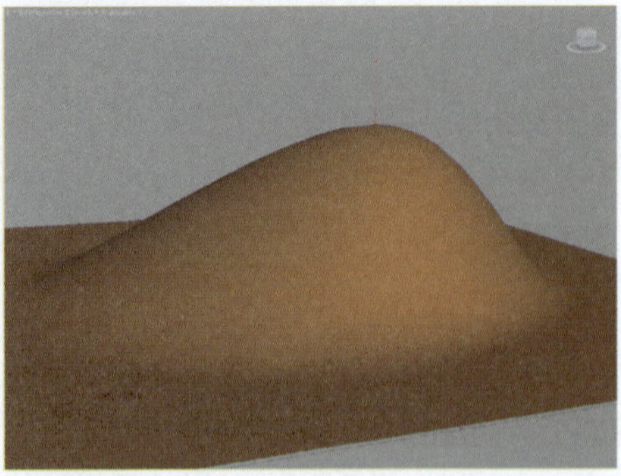

图5-49

Step 7 单击控制图标下端的定点进行移动，隆起部分的低端随之发生了位移，如图5-50所示。图5-51所示为复制多个对象所组成的隆起的山坡形态。

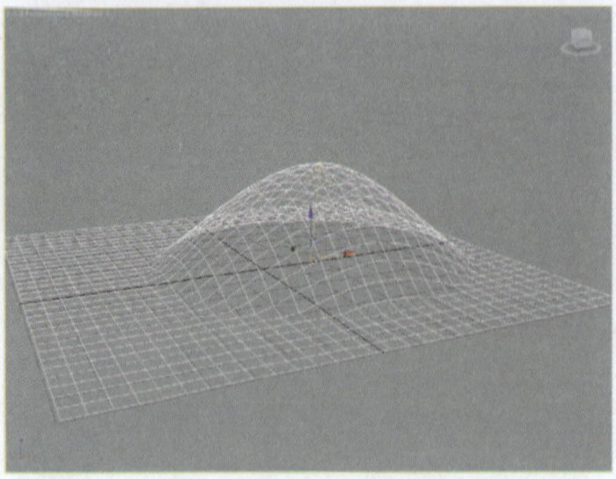

图5-50

图5-51

在应用Affect Region（影响区域）修改器后，它会指定一个包含通过一条线连接两点的箭头形状的 Gizmo。箭头的底部是起始点。如图5-52所示，箭头的长度和方向定义了顶点移动的量。箭头底部的任意带有衰退距离的顶点都会向箭头方向转换。图5-53所示为影响区域修改器的参数面板。

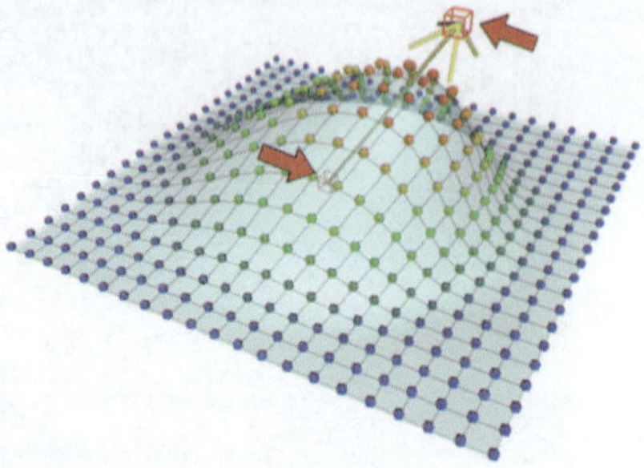

图5-52

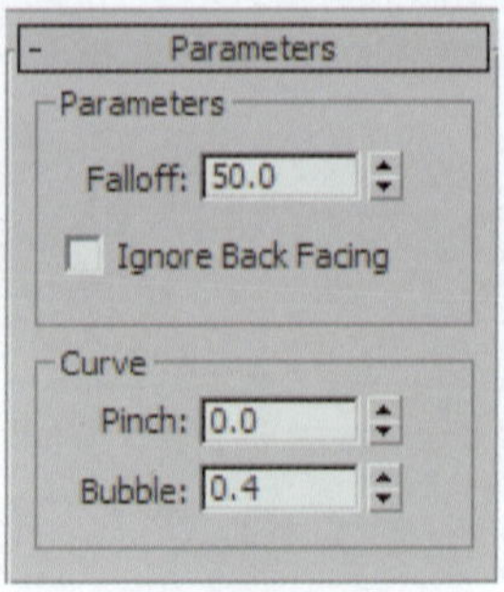

图5-53

Falloff（衰减）参数用来控制从Gizmo 箭头的底部设置影响顶点的半径的单位数目，如图5-54所示左侧对象设置了衰减值为20，右侧对象设置了衰减值为50。Pinch（收缩）参数用来控制在箭头尖端与曲线的切线相交的位置对切线产生影响，正的值会产生一个凸起的点，而负的值会产生一个陷窝。图5-55所示左侧对象设置了收缩参数为正值、右侧对象设置了收缩参数为负值的效果。

图5-54

图5-55

Bubble（膨胀）参数可以改变受影响顶点的曲率。值为1.0会产生一个半圆。减小此值时，圆的边会更加倾斜。负的值会将Gizmo箭头底部下面的曲线底部降低。图5-56所示左侧对象设置膨胀参数为正值，右侧对象设置膨胀参数为负值。

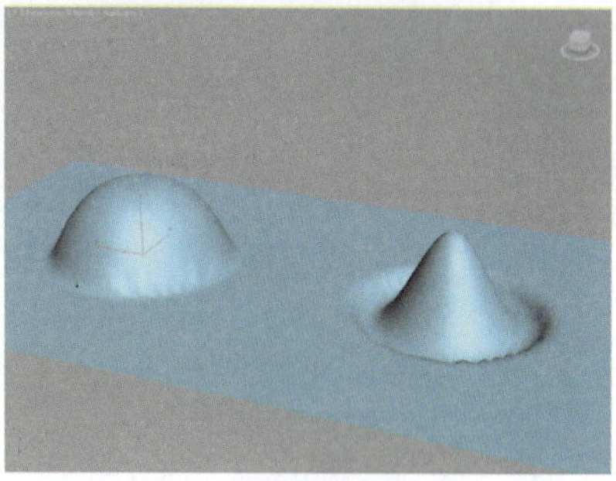

图5-56

5.2.6 补洞修改器

Cap Holes（补洞）修改器可以在网格对象的孔洞上创建曲面，孔洞定义为边的循环，每一个孔洞只有一个曲面。

知识应用：填补面包的横截面
原始文件：场景和素材\第5章\填补面包的侧切面原始文件.max
最终文件：场景和素材\第5章\填补面包的侧切面最终文件.max
核心技能：使用Cap Holes（补洞）修改器。

Step 1 打开光盘中提供的“场景和素材\第5章\填补面包的侧切面原始文件.max”文件，如图5-57所示，场景中有个面包横切面的模型，但是横截面处是镂空的。

Step 2 给面包对象添加一个Cap Holes（补洞）修改器，如图5-58所示，横截面被自动填补上。

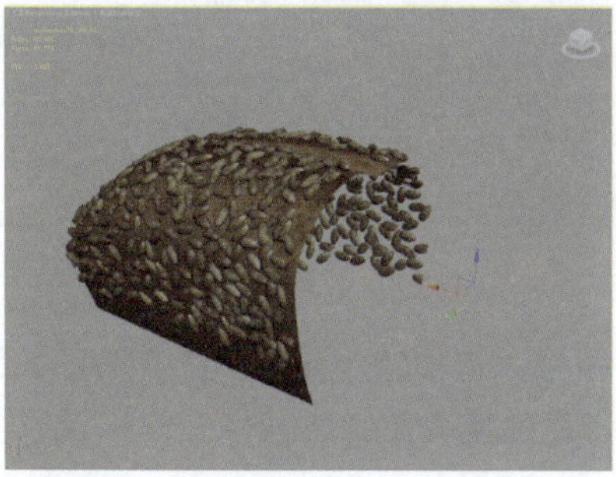

图5-57

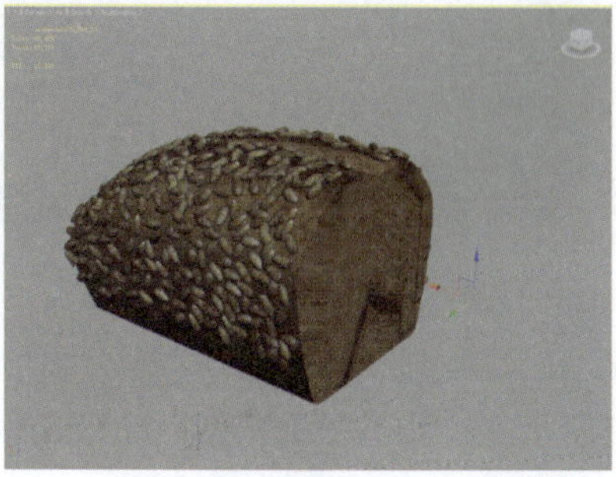

图5-58

在边面模式下可以更好地看到所填补的面的状态，如图5-59所示。图5-60所示为设置了UVW坐标后的面包横截面效果。

图5-59

图5-60

5.2.7 置换修改器

Displace（置换）修改器以力场的形式推动和重塑对象的几何外形。可以直接从修改器Gizmo 应用它的变量力，或者从位图图像应用。下面向读者介绍如何使用置换修改器来制作雪山地形。

知识应用：制作雪山地形
原始文件：场景和素材\第5章\制作雪山地形原始文件.max
最终文件：场景和素材\第5章\制作雪山地形最终文件.max
核心技能：使用Displace（置换）修改器。

Step 1 打开光盘中所提供的素材文件，如图5-61所示，场景中已经创建好了一个分段数非常多的Plane（平面）对象。

Step 2 给这个平面对象添加一个Displace（置换）修改器，如图5-62所示。

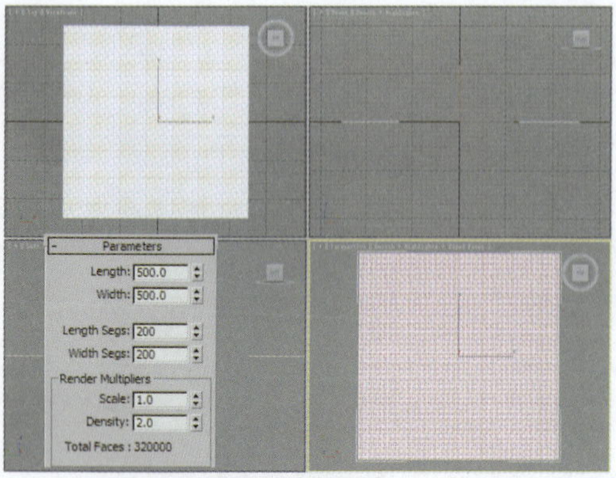

图5-61

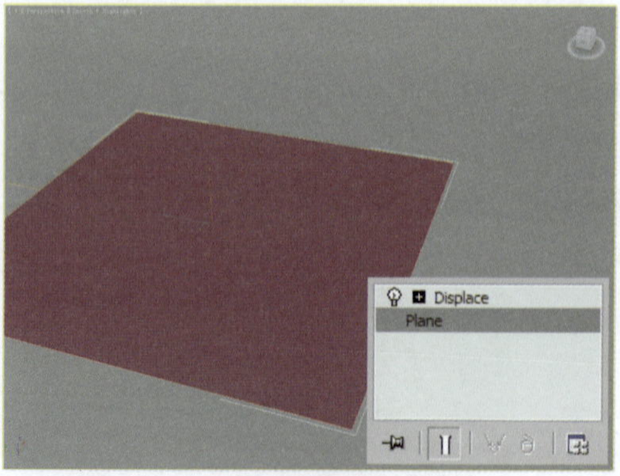

图5-62

Step 3 在置换修改器的参数卷展栏中的Image（图像）选项组中单击Map（贴图）按钮，打开图5-63所示的材质贴图浏览器，在Sample Slots（样本槽）菜单下选择已经设置好的名称为“置换贴图”的贴图。

Step 4 然后将Strength（强度）参数设置为180，效果如图5-64所示，平面对象产生了起伏变幻，形成了山脉地形效果。

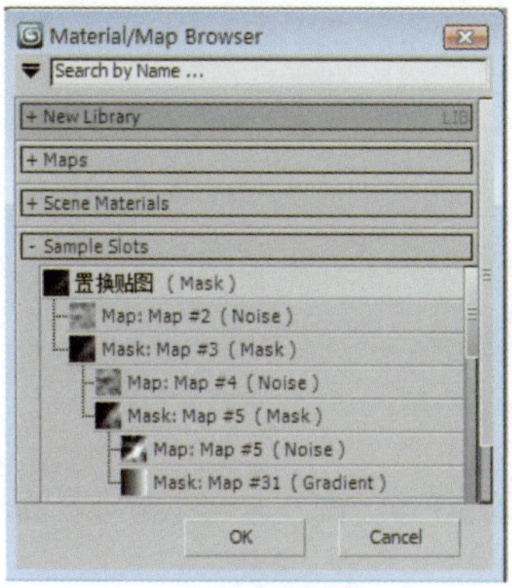

图5-63

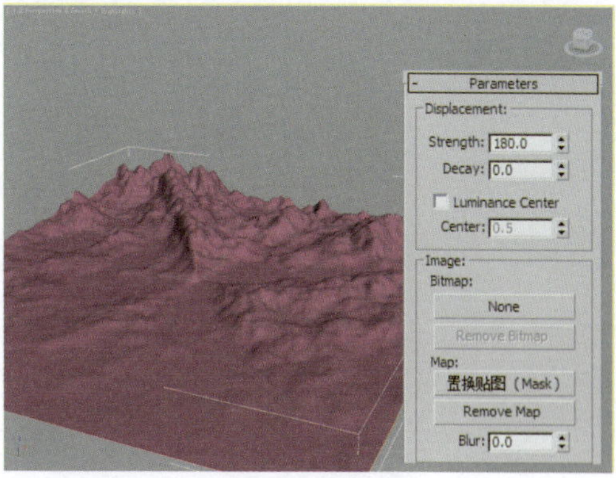

图5-64

5.2.8 噪波修改器

Noise（噪波）修改器能够在任意的轴向上调整定点的位置，它是模拟对象随机变换的重要工具，使用噪波修改器能够很容易地制作诸如海面、山地等效果。下面通过制作起伏的海面案例来向读者讲解噪波修改器的使用。

知识应用：噪波修改器
最终文件：场景和素材\第5章\制作海平面最终文件.max
核心技能：Noise（噪波）修改器的应用

Step 1 在场景中创建一个Plane（平面）对象，设置较多的分段数，这里设置的分段数为200，如图5-65所示。

Step 2 给平面对象添加一个Noise（噪波）修改器，如图5-66所示。

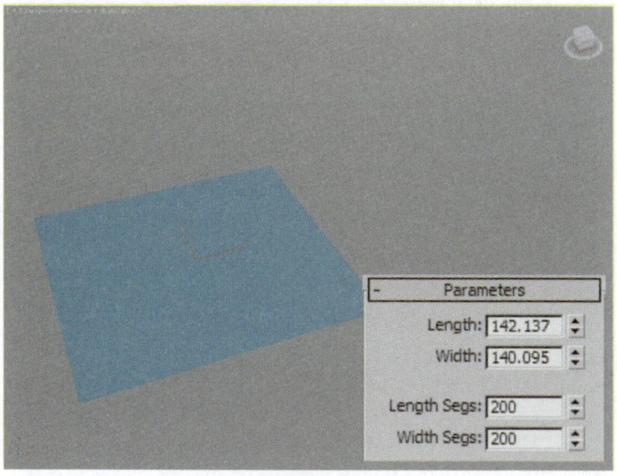

图5-65

图5-66

Step 3 在修改器的参数卷展栏中设置Scale（缩放）参数为9，设置Z轴的变换为1.5，如图5-67所示，可以看到平面对象产生了噪波变形。

Step 4 勾选Fractal（分形）复选框完成海面的制作，如图5-68所示。

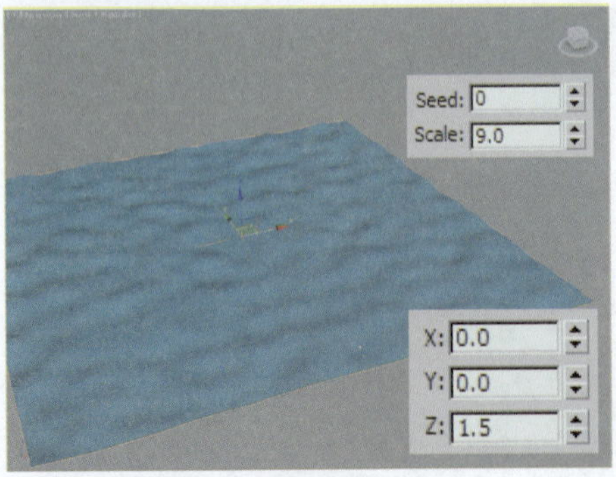

图5-67

图5-68

Noise（噪波）修改器的参数卷展栏包含Noise（噪波）、Strength（强度）和Animation（动画）3个选项组，如图5-69所示。Seed（种子）参数用来设置噪波的随机变幻，每一个种子都会产生不同的噪波变幻，如图5-70所示。

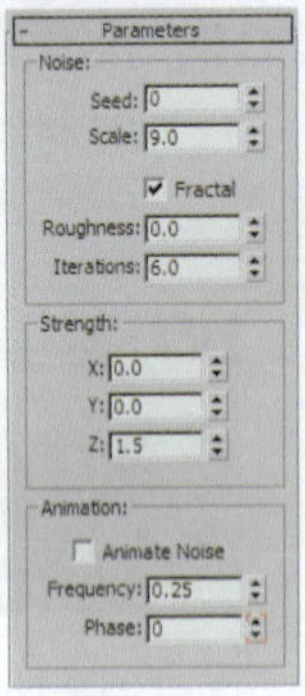

图5-69

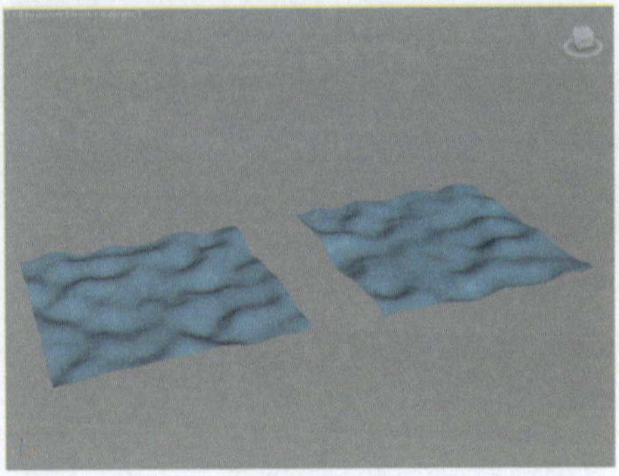

图5-70

Scale（比例）参数用来控制噪波影响的大小。较大的值产生更为平滑的噪波，较小的值产生锯齿现象更严重的噪波。图5-71所示分别为比例设置为50和7的对比效果。勾选Fractal（分形）复选框可以使噪波产生分形效果，图5-72所示右侧的对象为使用了分形后的效果。

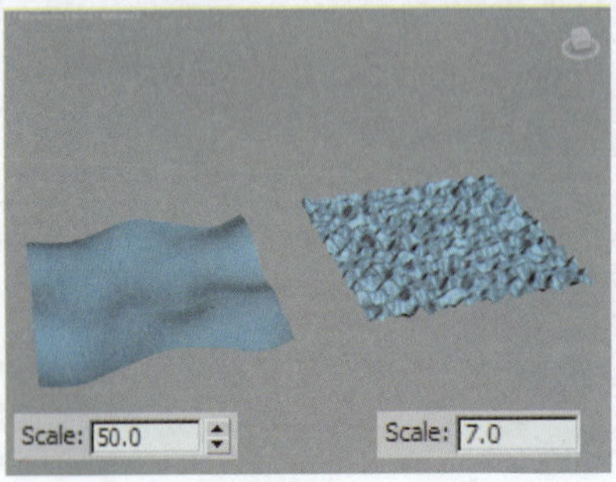

图5-71

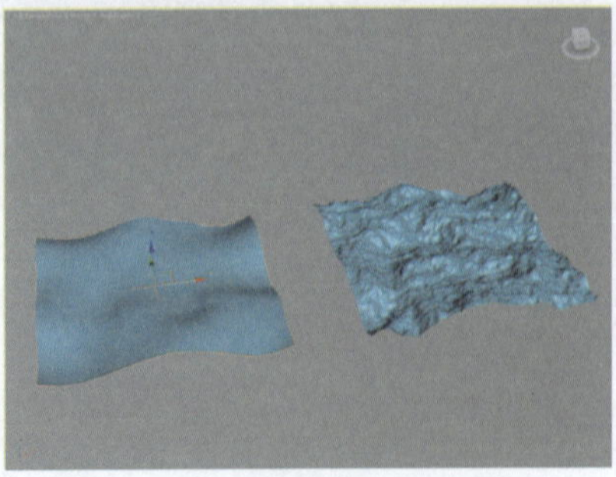

图5-72

勾选Fractal（分形）复选框后将开启Rougnness（粗糙度）和Iteration（迭代次数）这两个选项。Rougnness（粗糙度）用来控制分形的变化程度，图5-73所示，增加该参数可以产生更为强烈的分形变化。Iteration（迭代次数）用来控制分形所产生的数量，图5-74所示分别为不同的迭代次数的效果，可以看到迭代次数越大，分形的效果越明显，该参数为0时将不会产生分形效果。

图5-73

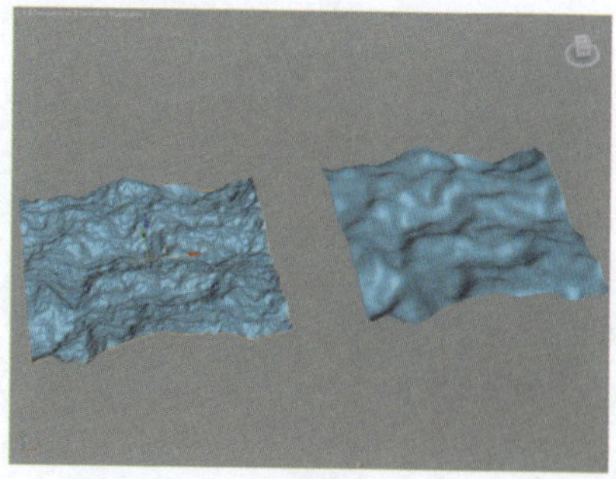

图5-74

Strength（强度）选项组中包含X、Y、Z这3个选项，可以分别控制3个轴向上的变形强度，图5-75所示从左到右依次为X、Y、Z轴产生噪波变形的效果。Animation（动画）选项组是专门针对噪波的动画应用，要想制作简单的波形动画，可以直接记录Phase（相位）参数的变化，如图5-76所示。

图5-75

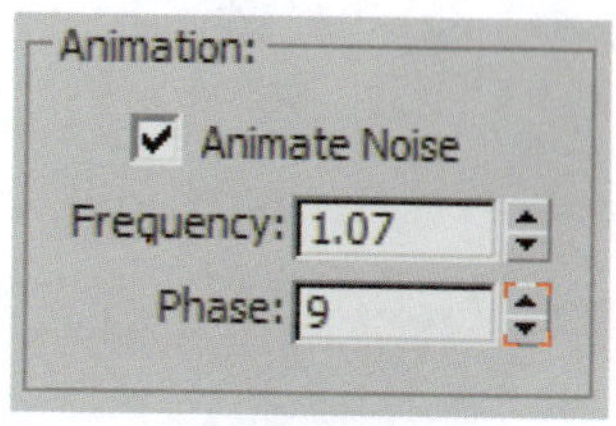

图5-76

5.2.9 自由变形修改器

FFD自由变形修改器使用晶格体包围对象，通过调整晶格点的位置从而改变对象的外形。自由变形修改器的使用比较灵活，可以将对象变形为任意的效果。下面先通过一个花式吊灯的案例来向读者介绍如何使用FFD自由变形修改器。

知识应用：制作花式吊灯
原始文件：场景和素材\第5章\花式吊灯原始文件.max
最终文件：场景和素材\第5章\花式吊灯最终文件.max
核心技能：使用FFD自由变形修改器、Lathe（车削）修改器、Extrude（挤出）修改器、Bevel Profile（倒角剖面）修改器。

1. 制作吊灯的中轴

Step 1 打开光盘中所提供的素材文件，如图5-77所示，场景中已经绘制好了一个吊灯主体结构的二维样条线轮廓。

Step 2 给样条线添加一个Lathe（车削）修改器，设置Degrees（度数）为180，制作出吊灯的主体结构，如图5-78所示。

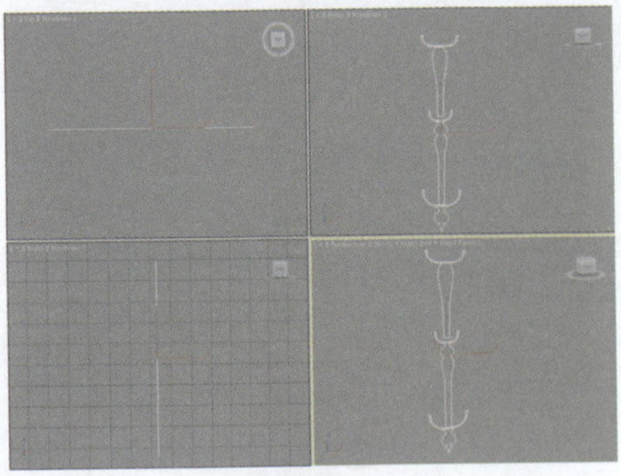

图5-77

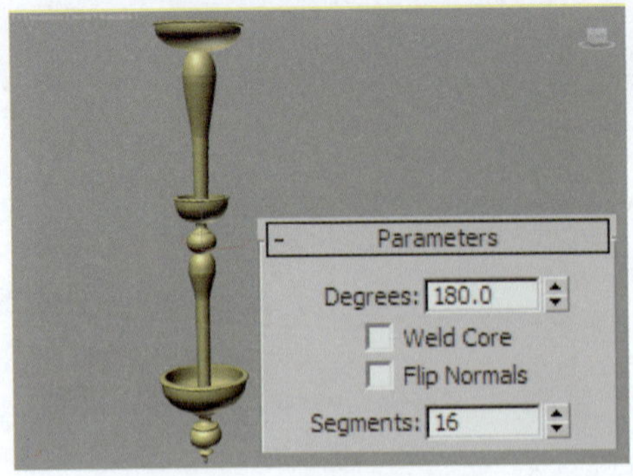

图5-78

Step 3 给模型添加一个Smooth（平滑）修改器，在修改器的参数卷展栏中勾选Auto Smooth（自动平滑）复选框，平滑模型的表面，如图5-79所示。

Step 4 在Front（前）视口中创建一条如图5-80所示的二维样条线。

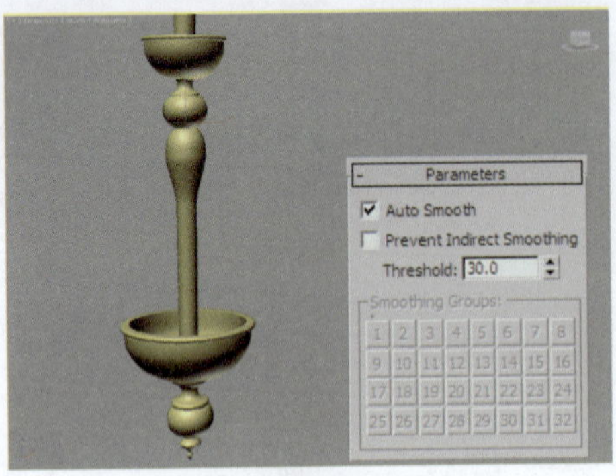

图5-79

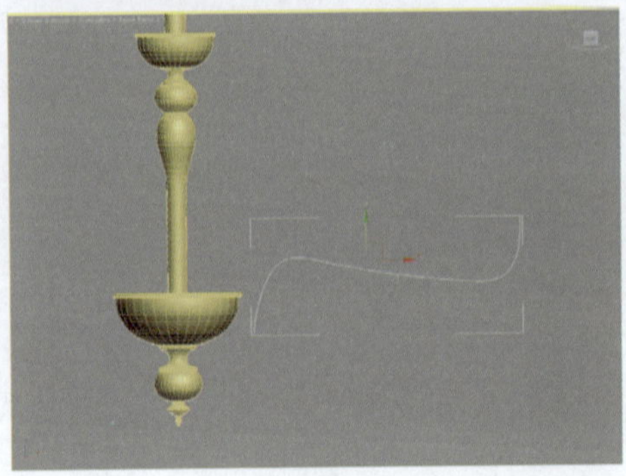

图5-80

Step 5 在样条线的Rendering（渲染）卷展栏中勾选Enable In Remderer（渲染可见）和Enable In Viewport（视口中可见）复选框，使样条线形成如图5-81所示的圆柱形效果。

Step 6 在Top（顶）视口中创建一个Star（星形）二维样条线，参数如图5-82所示。

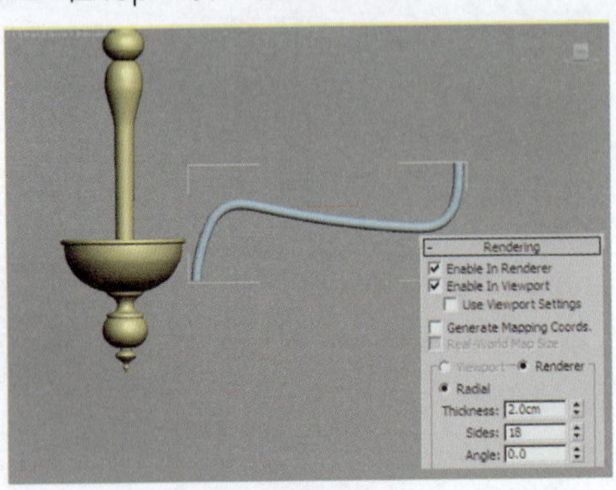

图5-81

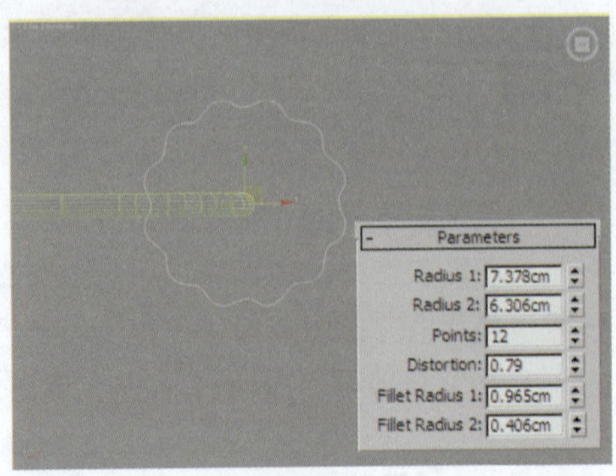

图5-82

2．制作吊灯的花型灯杯

Step 1 将星形图形转换为可编辑样条线，在Spline（样条线）子对象层级下选择图形，然后使用Outline（轮廓）命令在外围再绘制一个同样的星形图形，如图5-83所示。

Step 2 给这个图形添加一个Extrude（挤出）修改器，参数设置如图5-84所示。

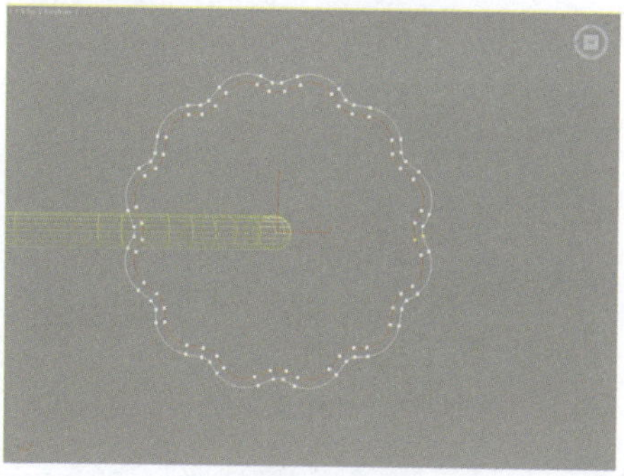

图5-83

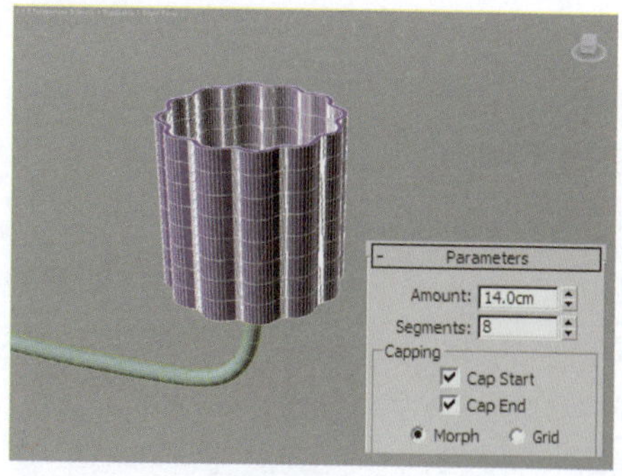

图5-84

Step 3 给对象添加一个FFD(box)自由变形（长方体）修改器，如图5-85所示，添加自由变形修改器后对象上出现了一些橘黄色的控制点。

Step 4 在修改器的参数面板中单击Set Number of Points（设置控制点数目）按钮 Set Number of Points ，在弹出的对话框中将Height（高度）设置为6，如图5-86所示。

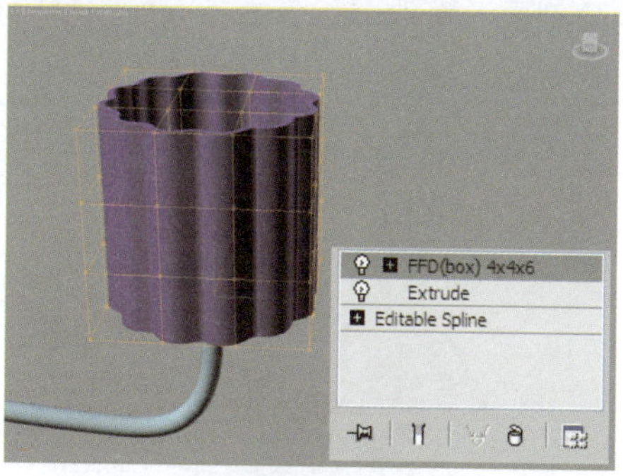

图5-85

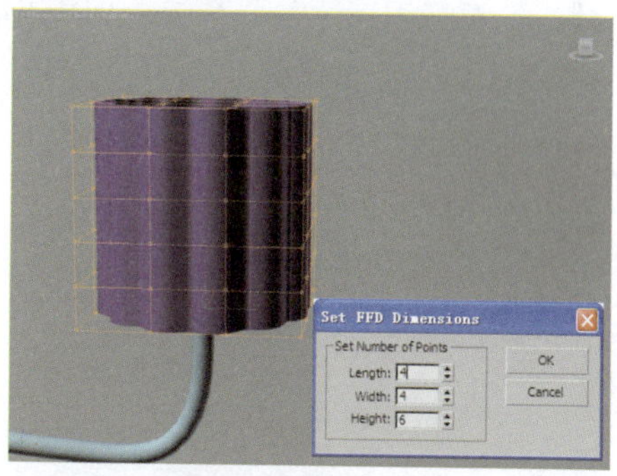

图5-86

Step 5 在修改器堆栈中展开自由变形修改器的选项，选择Control Points（控制点）选项，然后在Front（前）视口中选择对象最底层的控制点，如图5-87所示，所选择的控制点将显示为黄色。

Step 6 选择控制点后，在Top（顶）视口中使用Scale（缩放）工具将所选择的点向对象的中心收缩，在Front（前）视口中可以观察到对象的底部随着控制点的移动产生了向内收缩的变形效果，如图5-88所示。

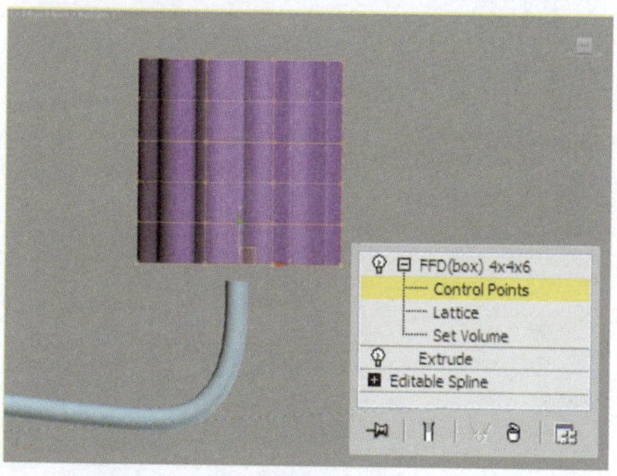

图5-87

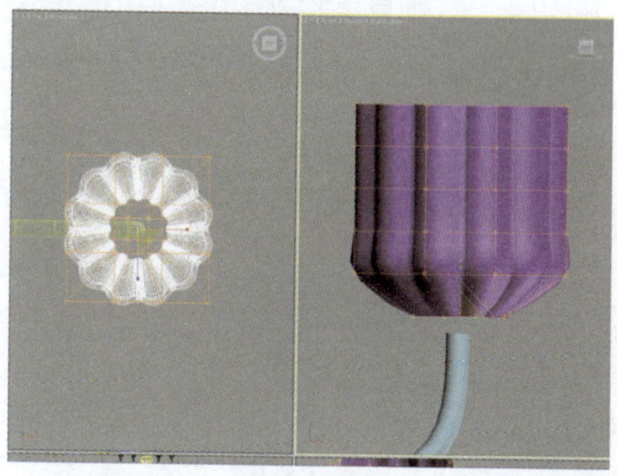

图5-88

Step 7 按照相同的方法，一次对每一层的控制点进行缩放拉伸操作，将对象变形为如图5-89所示的花瓶状的效果。

Step 8 在Top（顶）视口中再次绘制一个星形图形，如图5-90所示。

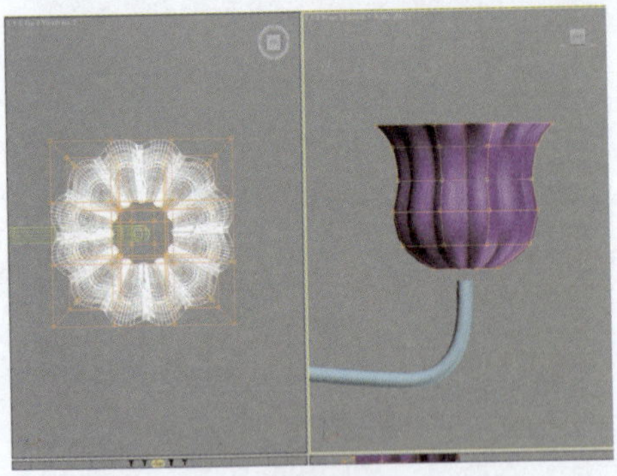

图5-89

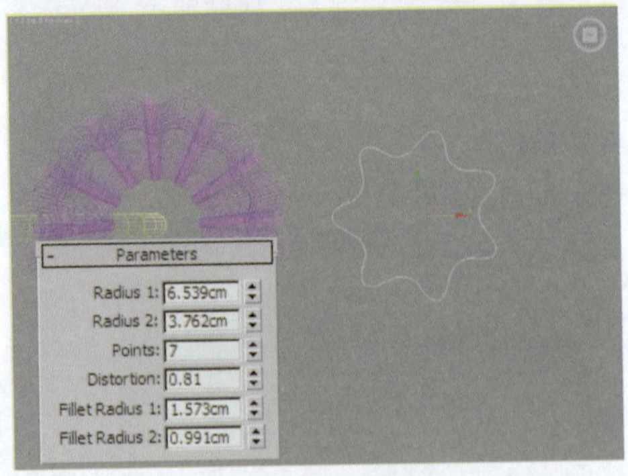

图5-90

Step 9 在Front（前）视口中创建一个带有倒角的如图5-91所示的样条线作为星形侧面的截面图形。

Step 10 给星形图形添加一个Bevel Profile（倒角剖面）修改器，然后拾取所绘制的截面图形，形成如图5-92所示的效果。

图5-91

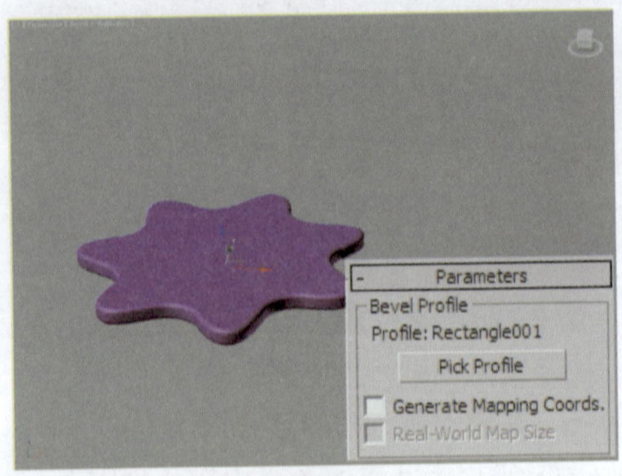

图5-92

Step 11 给这个对象添加一个FFD(cyl)自由变形（圆柱体）修改器。注意，添加了圆柱体自由变形修改器后，在对象上出现的是一个圆柱形状的变形框，如图5-93所示。选择中间部分的控制点向上拉伸，使对象变形为中间凸出四周朝下的凹陷状态。

Step 12 将对象移动到花瓶灯罩的下方作为灯罩的底座，如图5-94所示。

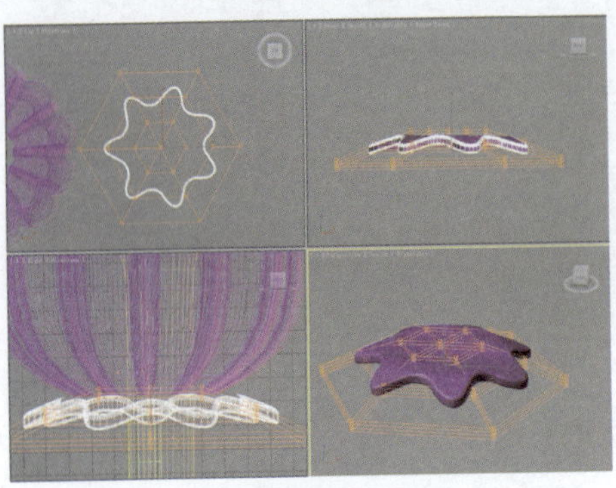

图5-93

图5-94

3．吊灯零部件的组装

Step 1 选择灯罩和底座以及连接杆这3个对象，使用Group（成组）命令将它们合并为一个组对象，如图5-95所示。

Step 2 进入Hierarchy（层次）命令面板，在Pivot（轴）选项下单击Affect Pivot Only（仅影响轴）按钮 Affect Pivot Only ，如图5-96所示。

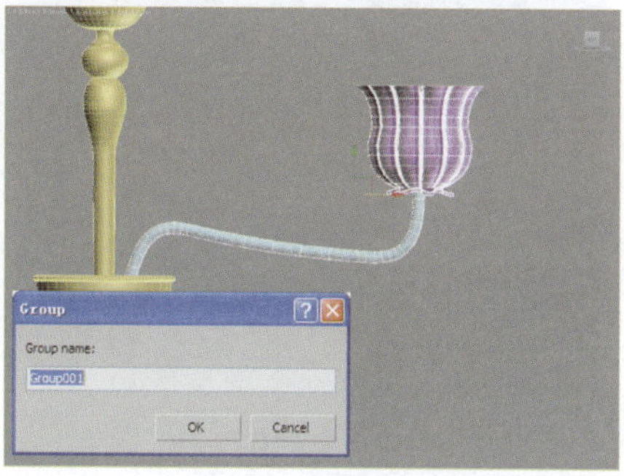

图5-95

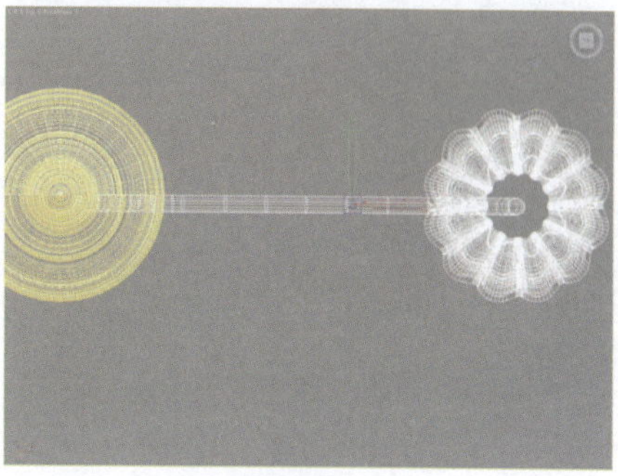

图5-96

Step 3 在主工具栏中单击Align（对齐）按钮，将这个组对象的轴点对齐到吊灯的中心，如图5-97所示。

Step 4 然后在Top（顶）视口中按住【Shift】键，以40°为间隔进行旋转复制，制作出吊灯的其他8个灯柱，完成后的效果如图5-98所示。

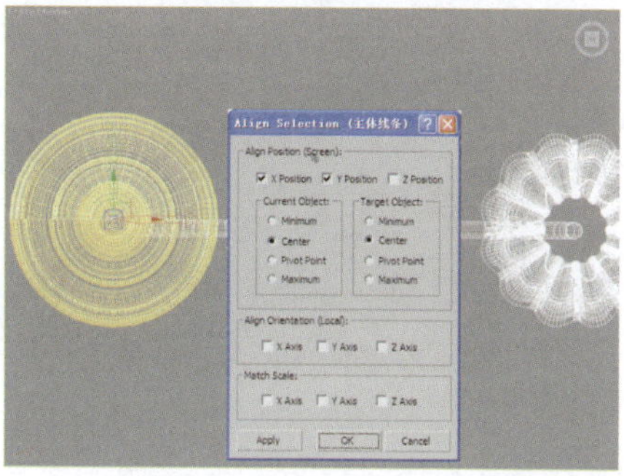

图5-97

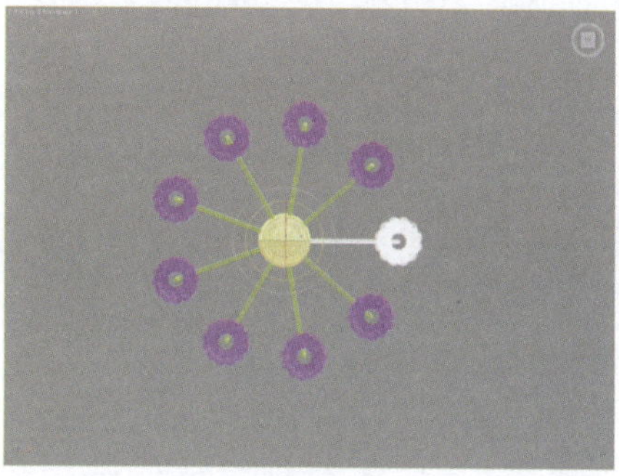

图5-98

Step 5 继续绘制图5-99所示的二维样条线，使它变成可见的三维实体。

Step 6 创建一个Sphere（球体）对象，参数设置如图5-100所示。

图5-99

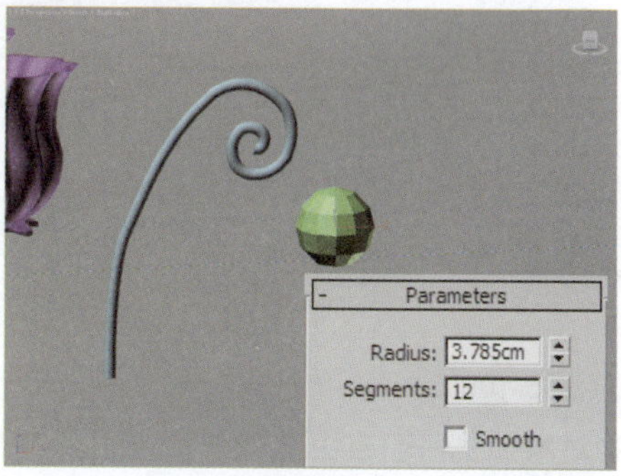

图5-100

Step 7 给球体对象添加FFD(box)自由变形（长方体）修改器，在Front（前）视口中将最上方的一排控制点向上移动，将球体对象变形为如图5-101所示的效果。

Step 8 再创建一个Sphere（球体）对象，将它们连接起来并复制，制作出吊灯的水晶吊坠，如图5-102所示。

图5-101

图5-102

Step 9 同样将吊坠和螺旋样条合并为一个组，然后调整轴点中心，进行螺旋复制，形成如图5-103所示的效果。

Step 10 最后在吊灯的上一层也制作6个相同的装饰，最后完成的吊灯效果如图5-104所示。

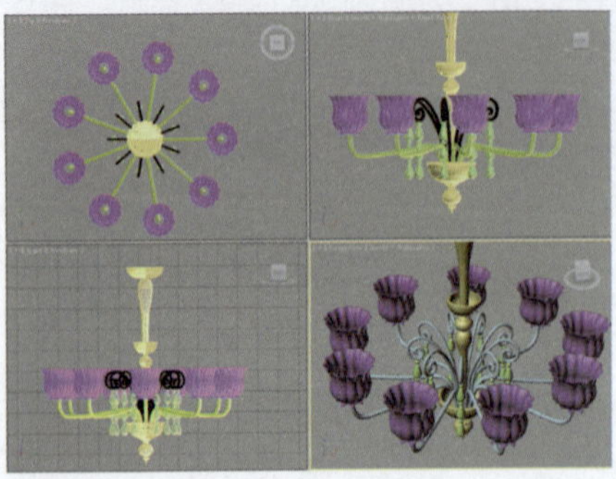

图5-103

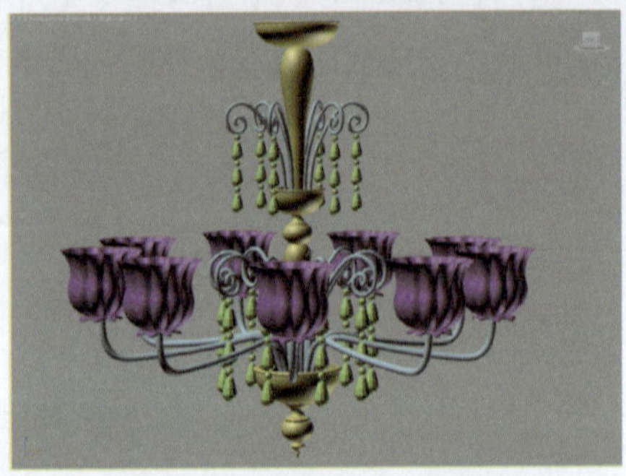

图5-104

修改器列表中提供了5种FFD修改器，如图5-105所示。FFD 2x、3x和4x为限制了晶格点数目的自由变形修改器，box和cyl类型可以自定义晶格点的数量。如图5-106所示从左到右依次为FFD 2x2x2、FFD(box)以及FFD(cyl)3种自由变形修改器的外形。

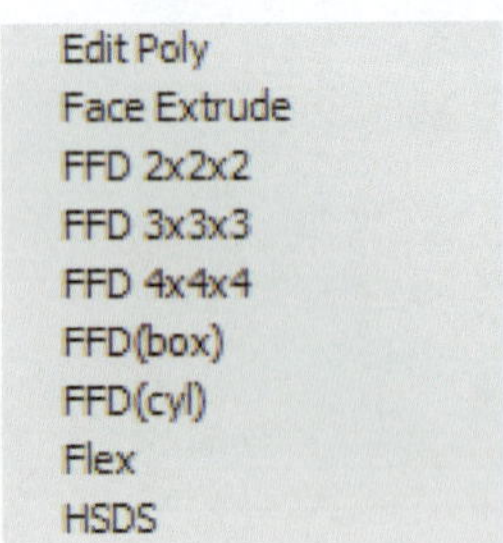

图5-105

图5-106

给对象添加FFD自由变形修改器后，对象会被橘红色的晶格框所包围，如图5-107所示。在修改器堆栈中展开自由变形修改器的选项，可以看到包含Control Points（控制点）、Lattice（晶格）以及Set Volume（设置体积）3个选项。Control Points（控制点）是用来对物体进行变形的子对象，选择修改器上的控制点，然后进行移动就会使对象产生变形，如图5-108所示。

图5-107

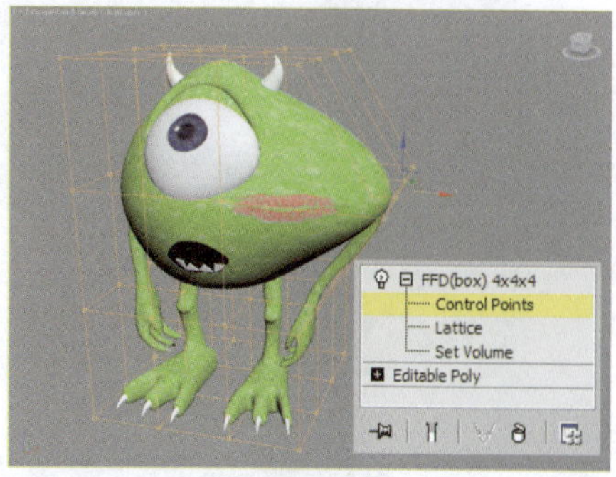

图5-108

Lattice（晶格）选项用来对整个晶格框进行移动，如图5-109所示，在该选项下可以将整个晶格框移动到对象的外侧，移动晶格框时，对象不会产生变形。Set Volume（设置体积）选项可以通过移动晶格点来改变变形框的外形，如图5-110所示，在该子对象层级下，所有的晶格点会变为绿色，选择晶格点进行移动时对象的形态不会发生改变。

图5-109

图5-110

单击Set Number of Points（设置控制点数目）按钮 Set Number of Points ，弹出如图5-111中所示的对话框，用户可以对控制点的数量进行设置。Display（显示）选项组用来控制变形修改器晶格的显示状态，取消勾选Lattice（晶格）复选框后，修改器只显示控制点而不显示整个晶格，效果如图5-112所示。

图5-111

图5-112

勾选Source Volume（源体积）复选框后，晶格将会回归到原始的状态，但是对象的变形效果仍然存在，如图5-113所示。Deform（变形）选项组主要用来设置哪些顶点受修改器的控制，以及受修改器影响的程度，该选项组中的参数在通常状况下保持为默认即可，如图5-114所示。

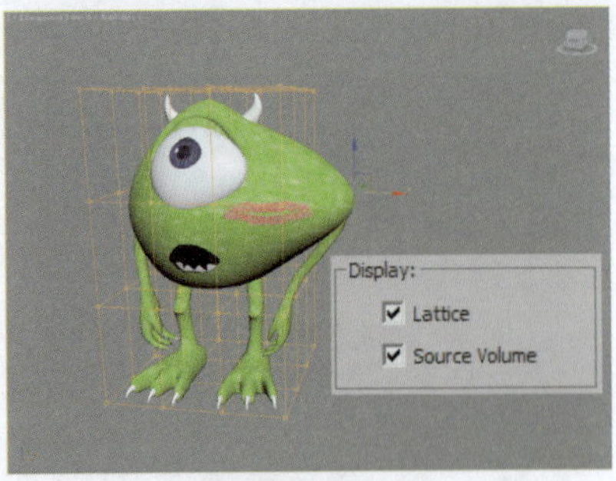

图5-113

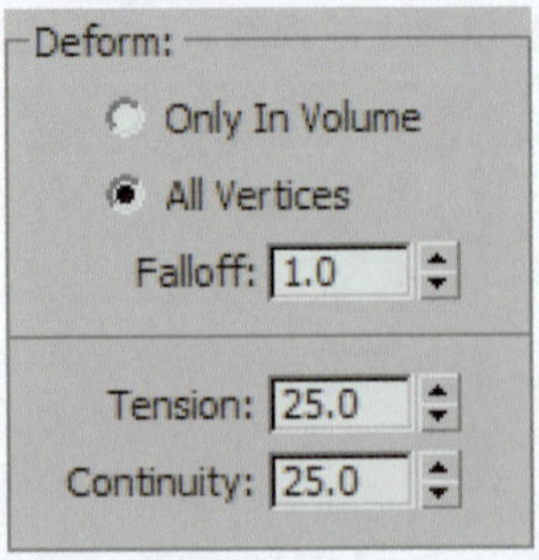

图5-114

注意

调整控制点产生变形效果后，如果不满意可以单击卷展栏中的Reset（重置）按钮 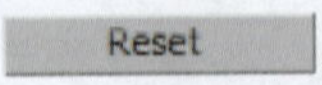

，将修改器还原为初始状态。

5.2.10 面挤出和球形化修改器

Face Extrude（面挤出）修改器可以按照面的法线方向进行挤出变形，主要在选择网格对象的Face（面）子对象时使用。Spherify（球形化）修改器用来对几何体产生球形化的变形，它的参数非常简单，只有一个Percent（百分比）参数用来控制对象趋于球体的程度，设置100%时可以将对象完全变形为球体。下面通过一个排球的制作案例来向读者讲解一下这两个修改器的应用。

知识应用：制作排球模型

原始文件：无

最终文件：场景和素材\第5章\制作排球模型最终文件.max

核心技能：使用Edit Mesh（可编辑网格）修改器、MeshSmooth（网格平滑）修改器、Spherify（球形化）修改、Face Extrude（面挤出）修改器。

Step 1 在场景中创建一个长宽高相等的Box（长方体）对象，参数设置如图5-115所示，注意每一个面上的分段数。

Step 2 给对象添加一个Edit Mesh（可编辑网格）修改器，进入Polygon（多边形）子对象层级，选择图5-116所示的面。

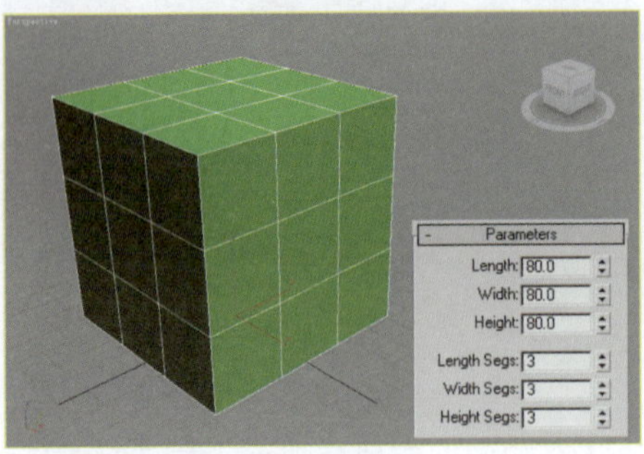

图5-115

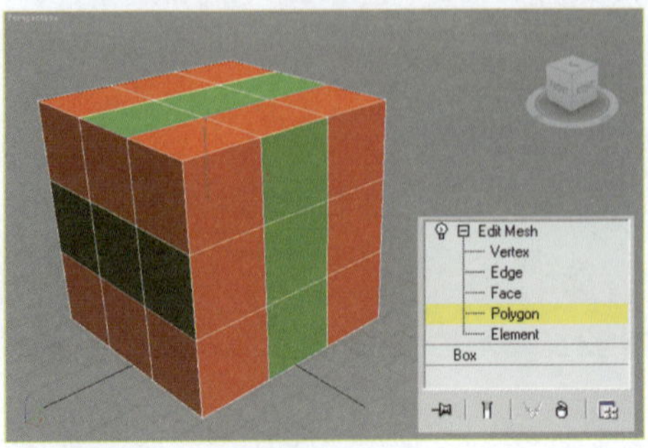

图5-116

Step 3 这是在另一个角度下观察的选择面的效果，如图5-117所示。

Step 4 选择完成后，单击Explode（炸开）按钮 Explode 将选择的面炸开，如图5-118所示。

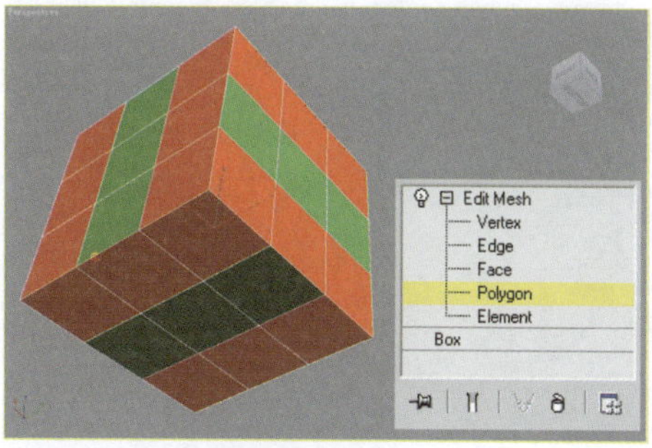

图5-117

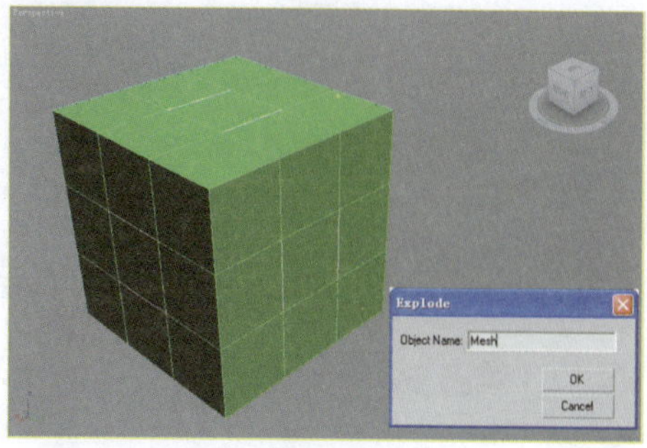

图5-118

Step 5 打开Select From Scene（场景选择）窗口，选择所有的对象，如图5-119所示。

Step 6 然后给所选择的所有对象添加一个MeshSmooth（网格平滑）修改器，并将Iteration（迭代次数）设置为2，如图5-120所示。

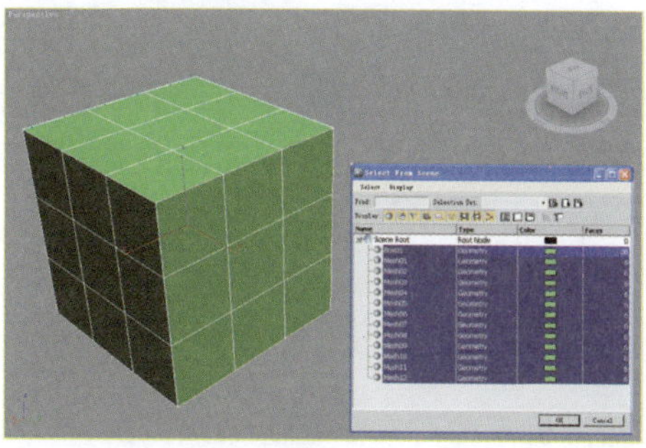

图5-119

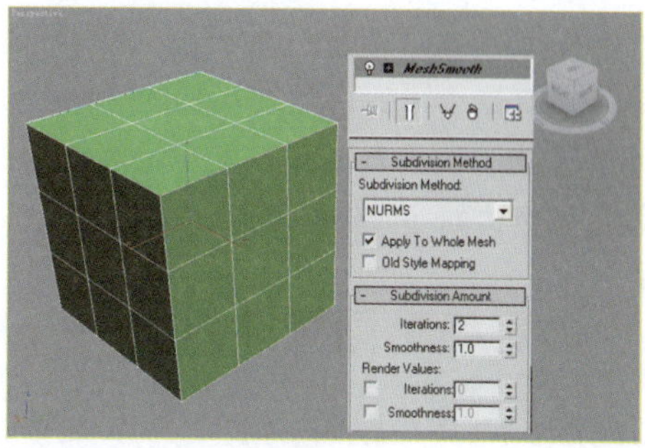

图5-120

Step 7 接下来给选择的对象添加一个Spherify（球形化）修改器，如图5-121所示，添加修改器后，对象变形为了球体效果。

Step 8 然后再给对象添加一个Edit Mesh（可编辑网格）修改器，进入Polygon（多边形）子对象层级，使用【Ctrl+A】组合键选择所有的面，如图5-122所示。

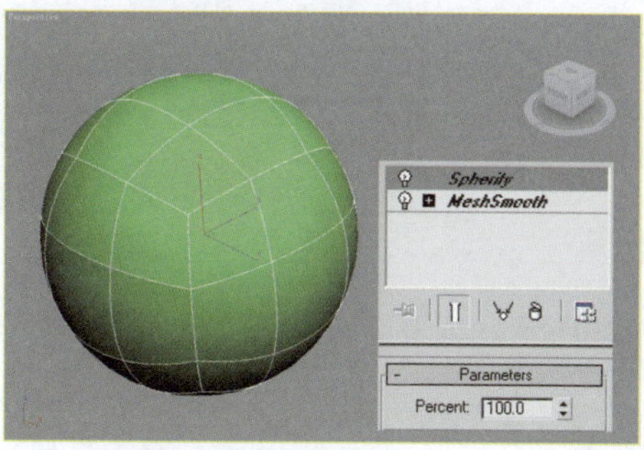

图5-121

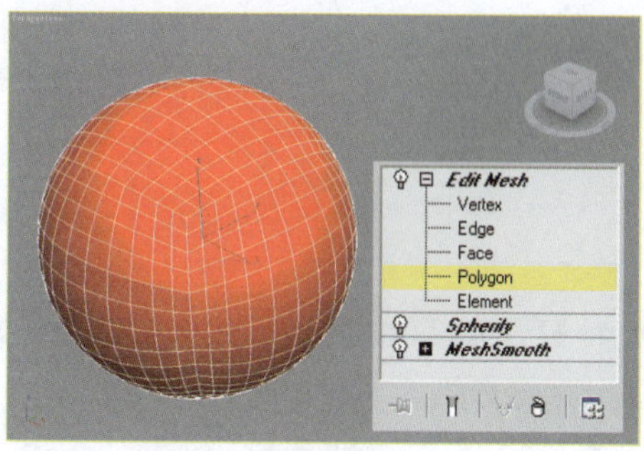

图5-122

Step 9 然后再添加一个Face Extrude（面挤出）修改器，如图5-123所示，将Amount（数量）设置为1。

Step 10 最后再添加一次Mesh Smooth（网格平滑）修改器，将Iteration（迭代次数）设置为2，并选择平滑方式为Quad Output（四方形输出），如图5-124所示。

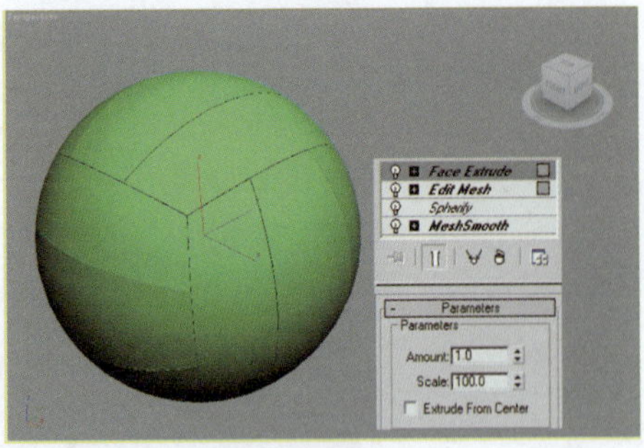

图5-123

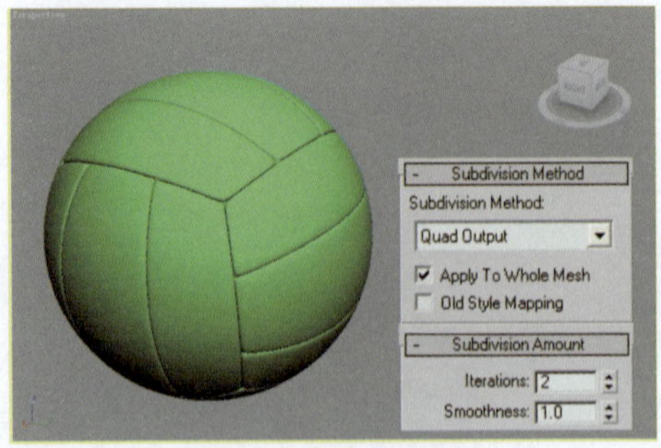

图5-124

5.3 世界空间修改器

World-Space Modifie（世界空间修改器）所产生的效果作用于世界空间而不是对象空间，世界空间修改器不需要绑定到单独的空间扭曲 Gizmo，使它们便于修改单个对象或选择集。世界空间修改器的使用方法和对象空间修改器相同，在修改器列表中世界空间修改器是用星号或修改器名称旁边的（WSM）文本表示的

5.3.1 摄影机贴图修改器

Camera Map（摄影机贴图）修改器可以基于摄影机来给对象指定UVW贴图坐标，如果对象所使用的贴图和背景相同，那么可以将对象融合在背景图像中。下面通过一个小案例来向读者讲解如何使用摄影机贴图修改器。

知识应用：使用摄影机贴图修改器
原始文件：场景和素材\第5章\使用摄影机贴图原始文件.max
最终文件：场景和素材\第5章\使用摄影机贴图最终文件.max
核心技能：使用Camera Map（摄影机贴图）修改器。

Step 1 打开光盘中提供的原始素材文件，如图5-125所示，场景中有一只鲸鱼模型，并且已经放置了一架摄影机。

Step 2 在Camera（摄影机）视口下单击主工具栏中的Render Production（渲染产品）按钮 ，效果如图5-126所示。

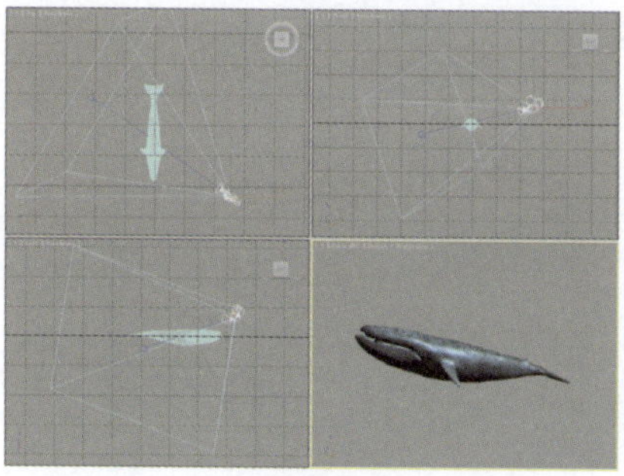

图5-125

图5-126

Step 3 选择场景中的鲸鱼对象，单击主工具栏中的Material Editor（材质编辑器）按钮，在打开的材质编辑器中选择名称为“背景”的材质球，然后单击Assign Material to Selection（给选择的对象指定材质）按钮，将背景材质指定给鲸鱼对象，如图5-127所示。

Step 4 再次单击Render Production（渲染产品）按钮渲染摄影机视口，如图5-128所示。

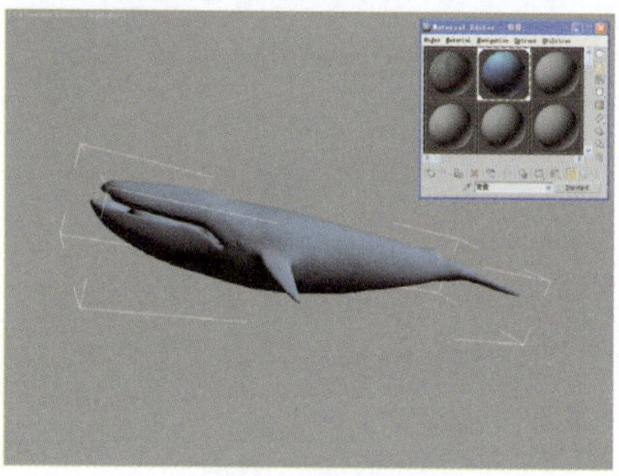

图5-127

图5-128

Step 5 回到场景中，选择鲸鱼对象，在修改器面板中给对象添加一个Camera Map（摄影机贴图）修改器，效果如图5-129所示。

Step 6 在摄影机贴图修改器的参数卷展栏中单击Pick Camera（拾取摄影机）按钮 Pick Camera ，然后在场景中拾取摄影机对象，如图5-130所示。

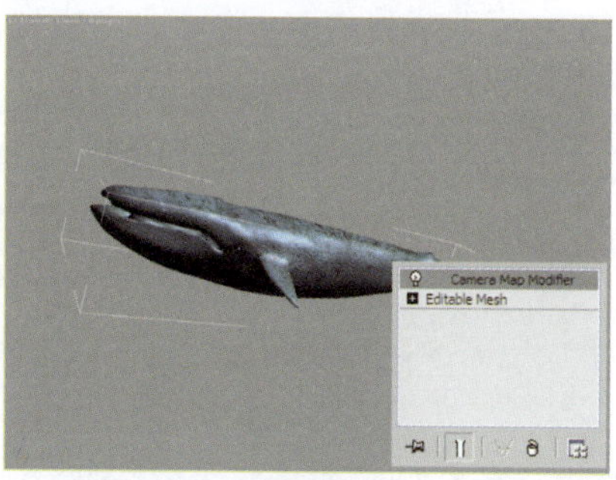

图5-129

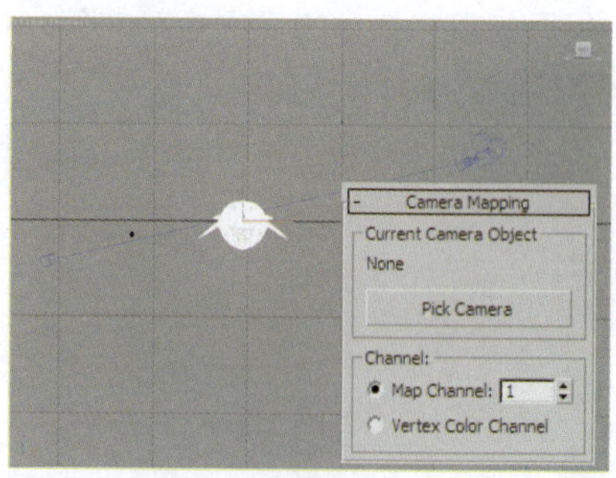

图5-130

Step 7 拾取摄影机后可以在摄影机贴图修改器卷展栏中看到所拾取的摄影机对象的名称，如图5-131所示。然后再次对场景进行渲染，可以看到鲸鱼对象上的贴图和背景的贴图产生了相同的效果，光线撒在了鲸鱼的身体表面，如图5-132所示。

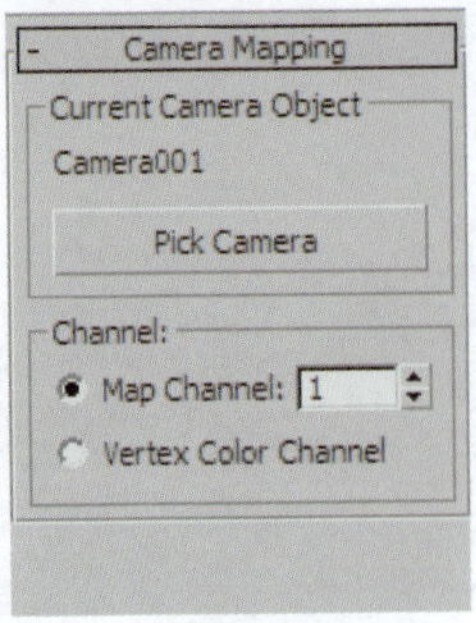

图5-131

图5-132

注意

World-Space Modifie（世界空间修改器）和Object-Space Modifie（对象空间修改器）中都包含有Camera Map（摄影机贴图）修改器，区别在于当使用对象空间版本移动摄影机或对象时，该对象变为可见，因为对于对象的局部坐标 UVW 坐标是固定的；当使用世界空间版本移动摄影机或对象时，该对象仍然不可见，因为使用了世界坐标。

5.3.2 路径变形修改器

Path Deform（路径变形）修改器可以根据二维样条线来变形对象，该修改器对于制作环绕的文字，或沿路径生长的动画比较有帮助。下面先通过一个案例来让读者了解Path Deform（路径变形）修改器的使用方法。

知识应用：使用路径变形修改器
原始文件：场景和素材\第5章\林中穿梭的小火车原始文件.max
最终文件：场景和素材\第5章\林中穿梭的小火车最终文件.max
核心技能：使用Path Deform（路径变形）修改器。

Step 1 打开光盘中提供的案例素材文件，如图5-133所示，场景中有一个小火车模型，还有一个已经绘制好的二维样条线路径。

Step 2 选择小火车模型，给它添加一个Path Deform（路径变形）修改器，如图5-134所示。

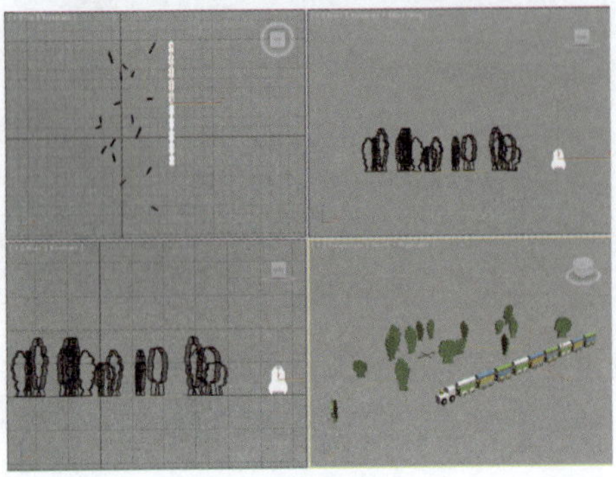

图5-133

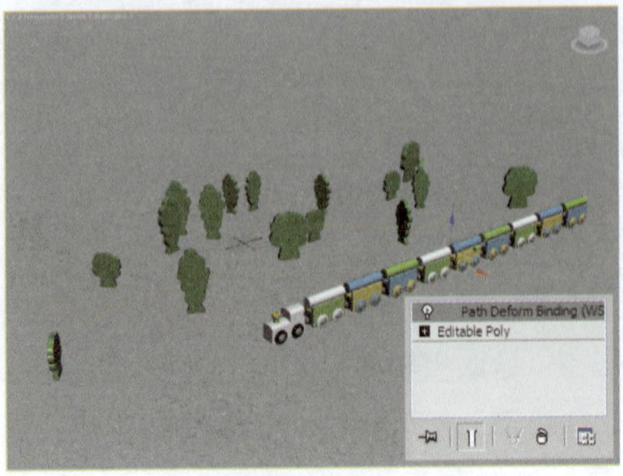

图5-134

Step 3 在路径变形修改器的参数卷展栏中单击Pick Path（拾取路径）按钮 Pick Path ，然后在视口中拾取二维样条线对象，如图5-135所示。

Step 4 然后单击Move to Path（移动到路劲）按钮 Move to Path ，将火车移动到二维样条线上，如图5-136所示。

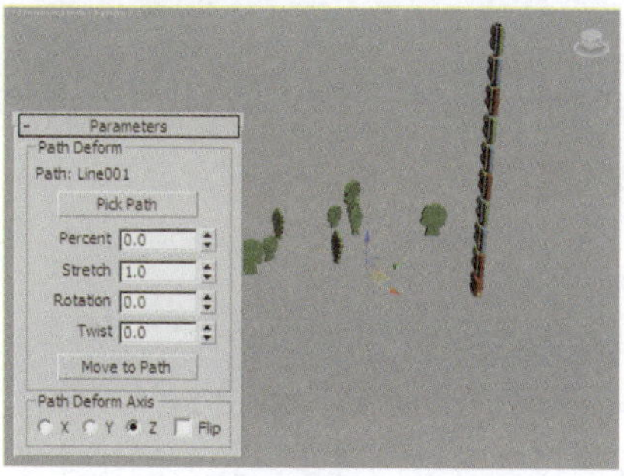

图5-135

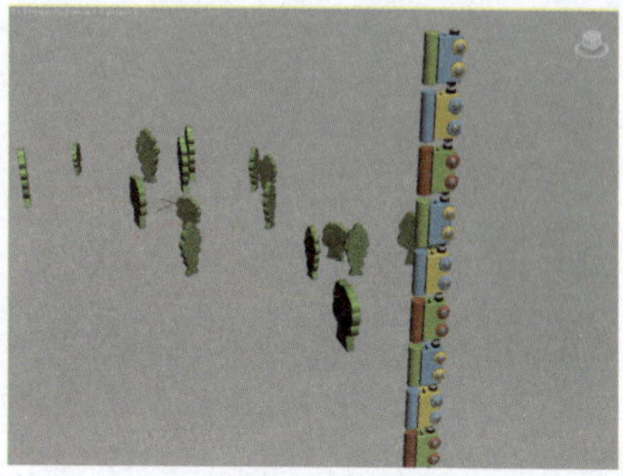

图5-136

Step 5 在修改器参数卷展栏的底部选择Y轴单选按钮，然后勾选Filp（翻转）复选框，可以看到火车变为了如图5-137所示的效果。

Step 6 接下来将Rotation（旋转）参数设置为90，将火车竖立起来，效果如图5-138所示。

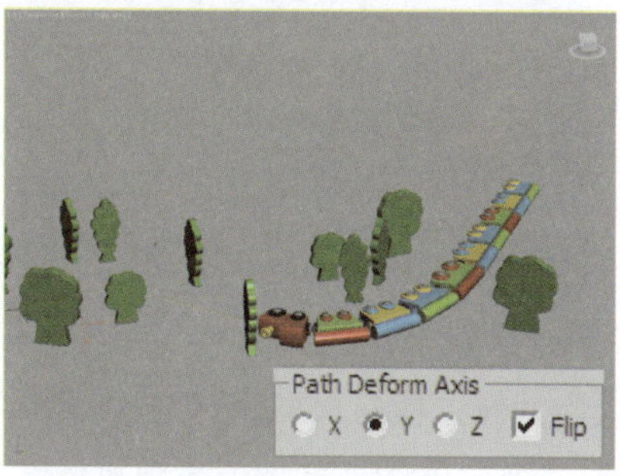

图5-137

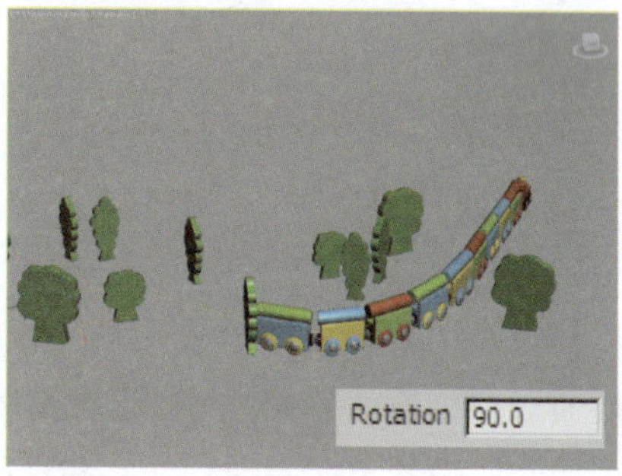

图5-138

Step 7 最后将Percent（百分比）参数设置为60，将小火车移动到路径的中间部位，效果如图5-139所示。图5-140所示为该案例最终完成后的效果。

图5-139

图5-140

Path Deform（路径变形）修改器的参数卷展栏包含有Path Deform（路径变形）和Path Deform Axis（路径变形轴）两个选项组，如图5-141所示。路径变形轴选项组主要用来控制路径以哪个轴向来产生变形效果。图5-142中所示分别为选择不同轴向变形的效果，左侧文字是X轴变形，右侧文字为Y轴变形。

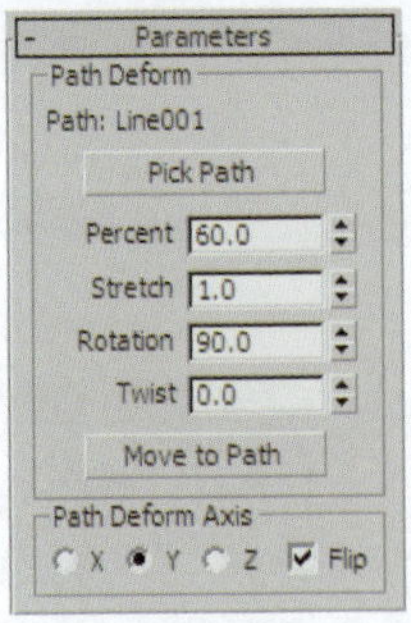

图5-141

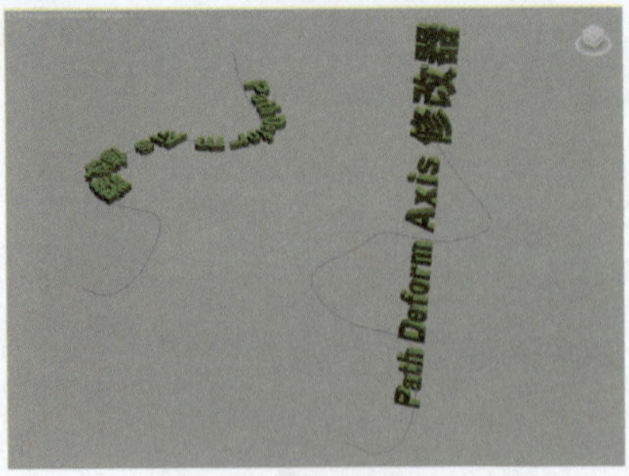

图5-142

Percent（百分比）参数表示根据路径长度的百分比，沿着 Gizmo 路径移动对象。图5-143所示分别为设置不同的百分比参数使文字移动到路径的不同位置处。Stretch（拉伸）参数以对象的轴点为中心进行缩放，图5-144所示为设置不同的拉伸参数的效果，较大的拉伸参数可以使对象填充到整个路径。

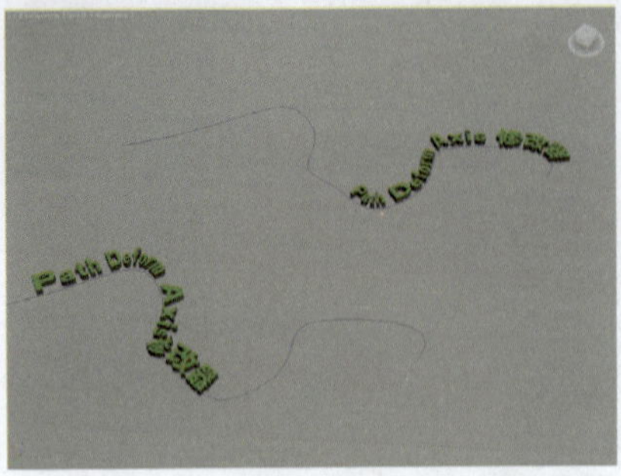

图5-143

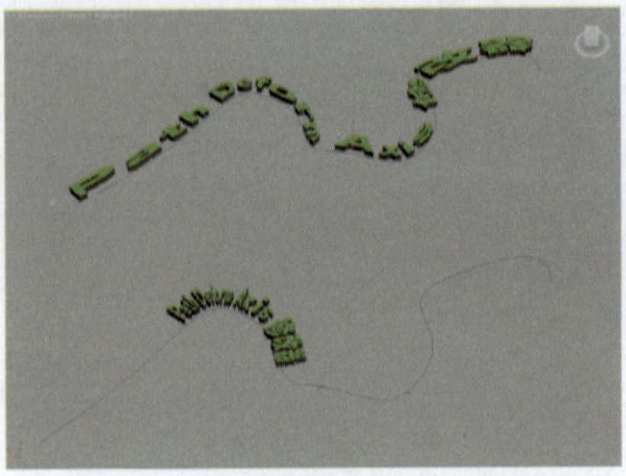

图5-144

调整Rotation（旋转）参数可以沿着路径旋转文字对象，图5-145所示为分别设置旋转参数为0和90的效果，设置为90° 时，文字和路径呈垂直状态。Twist（扭曲）参数可以使对象围绕路径产生扭曲变形，图5-146所示为设置了Twist（扭曲）参数后的效果。

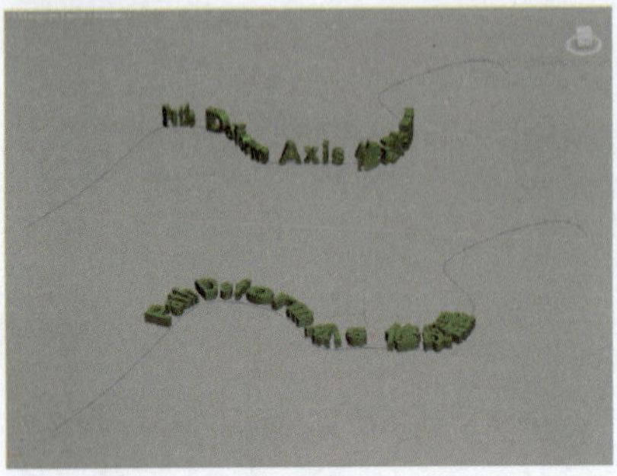

图5-145

图5-146

5.3.3 毛发修改器

Hair and Fur（毛发）修改器可以在对象表面生成毛发效果，可以模拟人的头发或动物的毛发以及毛毯等多种效果。下面通过制作松鼠毛绒尾巴的案例来向读者讲解毛发修改器的使用。

知识应用：使用毛发修改器
原始文件：场景和素材\第5章\制作松鼠的尾巴原始文件.max
最终文件：场景和素材\第5章\制作松鼠的尾巴最终文件.max
核心技能：使用Hair and Fur（毛发）修改器

Step 1 打开光盘中提供的素材文件，如图5-147所示，该场景中有一个小松鼠对象。

Step 2 选择松鼠的尾巴部分，给这个对象添加一个Hair and Fur（毛发）修改器，添加修改器后可以在场景中看到对象上产生了毛发的效果，该效果并不是毛发的最终效果，只是场景中的预览效果，如图5-148所示。

图5-147

图5-148

Step 3 进入修改器的General Paramters（常规参数）卷展栏，将Hair Count（毛发数量）设置为5 000，如图5-149所示。

Step 4 接下来使用快捷键【F9】对场景进行渲染，效果如图5-150所示，看到松鼠的尾巴上产生了毛发的效果。

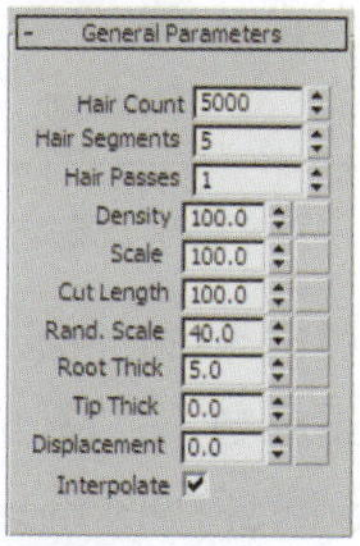

图5-149

图5-150

Step 5 接下来将Root Thick（根厚度）设置为8，使毛发的根部增加厚度，如图5-151所示。

Step 6 进入修改器的Frizz Paramters（卷发参数）卷展栏，将Frizz Root（卷发根）设置为25，Frizz Tip（卷发梢）设置为180，效果如图5-152所示。

图5-151

图5-152

Step 7 进入Kink Paramters（扭结参数）卷展栏，将Kink Root（扭结根）设置为0.3，效果如图5-153所示。

Step 8 进入Multi Strand Paramters（多股参数）卷展栏，按照图5-154所示的参数进行设置。

图5-153

图5-154

Step 9 在Material Paramters（材质参数）卷展栏中将Tip Color（梢颜色）和Root Color（根颜色）设置为图5-155所示的效果。

Step 10 最后回到General Paramters（常规参数）卷展栏，将Hair Count（毛发数量）设置为15 000。图5-156所示为最终完成的松鼠尾巴效果。

图5-155

图5-156

Hair and Fur（毛发）修改器的参数比较复杂，较为常用的有General Paramters（常规参数）、Frizz Paramters（卷发参数）、Kink Paramters（扭结参数）、Multi Strand Paramters（多股参数）和Material Paramters（材质参数）卷展栏。General Paramters（常规参数）卷展栏主要用于设置毛发的数量密度等属性，图5-157所示为毛发修改器的General Paramters（常规参数）卷展栏，Hair Count（毛发数量）用来控制对象生成毛发的数量，图5-158所示为设置不同毛发数量的效果。

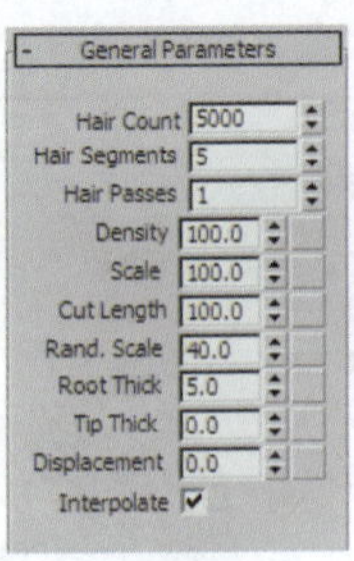

图5-157

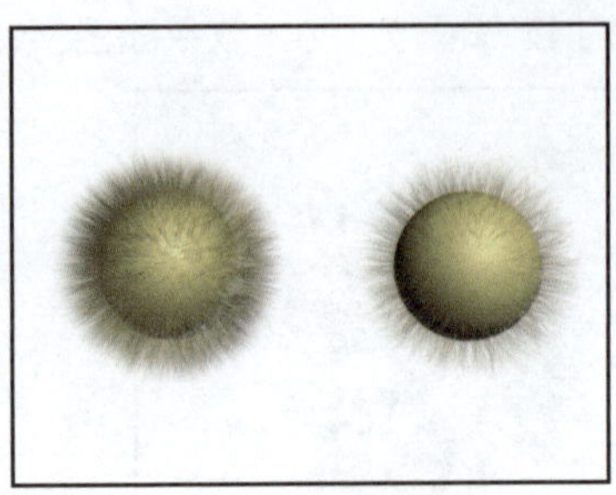

图5-158

Density（密度）参数用来控制毛发的密度，如图5-159所示为设置密度为100和50的对比效果。Cut Length（剪切长度）参数用来表示毛发的长度比例，范围为0～100，图5-160所示为分别为设置剪切长度为100和50的效果。

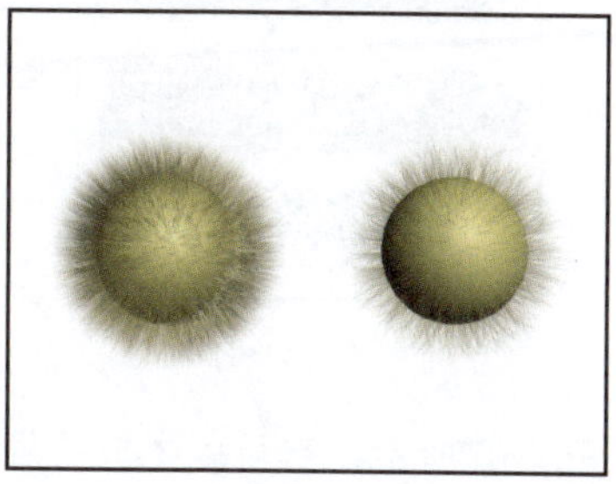

图5-159

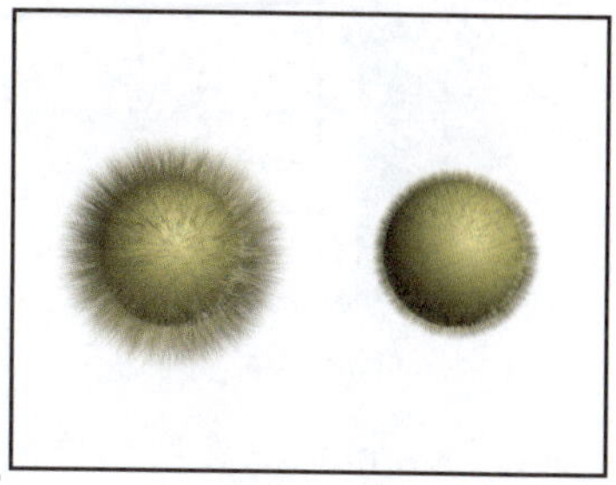

图5-160

Rand Scale（随机比例）用来控制毛发中长度的随机属性，为0时表示全部的头发都一样长，设置为100时表示毛发的长短差异程度最大，图5-161所示从左到右分别为随机比例从0～100的效果。Root Thick（根厚度）和Tip Thick（梢厚度）分别用来控制毛发根部和梢部的厚度，图5-162所示为设置Root Thick（根厚度）参数为10、Tip Thick（梢厚度）参数为0的效果。

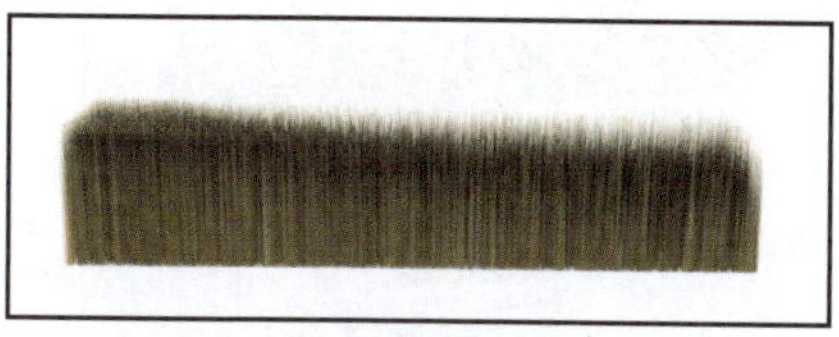

图5-161

图5-162

Frizz Parameters（卷发参数）卷展栏如图5-163所示，其主要用来设置毛发的卷曲效果。Frizz Root（卷发根）和Frizz Tip（卷发梢）分别控制发根和发梢的卷曲程度，参数越高，卷曲效果越明显。图5-164所示为毛发不产生卷曲和产生卷曲的效果对比。

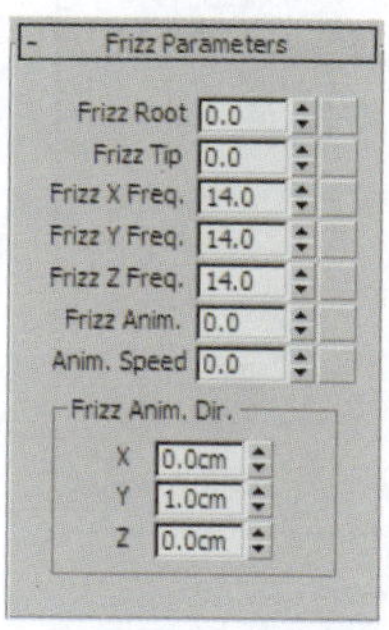

图5-163

图5-164

Kink Parameters（扭结参数）卷展栏如图5-165所示。它所产生的效果与卷发效果类似，但是该参数所产生的扭曲幅度要更大一些。图5-166所示为在该卷展栏中设置不同的参数组合所产生的毛发扭曲效果。

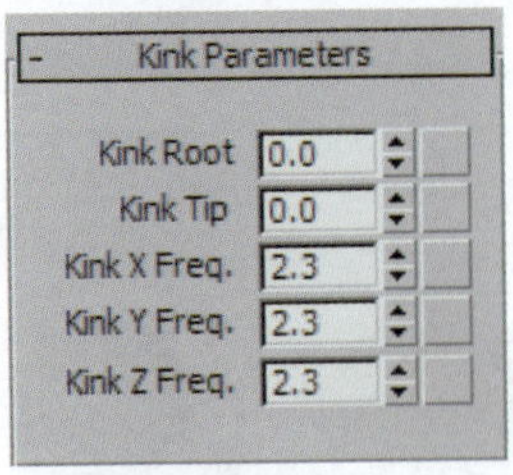

图5-165

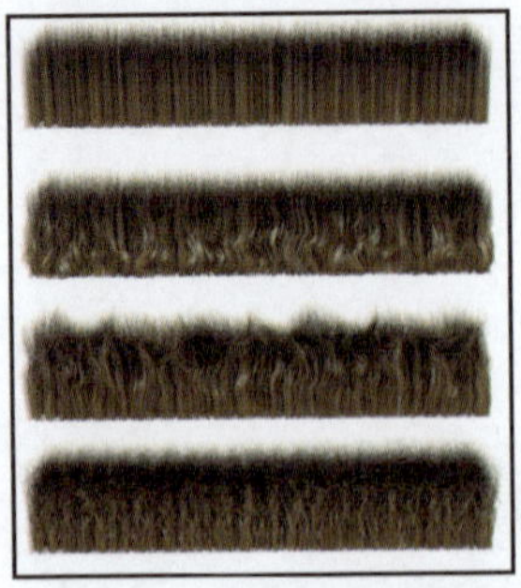

图5-166

Multi Strand Paramters（多股参数）卷展栏如图5-167所示，它可以生成头发凝聚成一块的效果。Count（数量）参数用来计算聚集成块的头发数量，Root Splay（根展开）和Tip Splay（梢展开）分别控制发根和发梢的展开程度，Randomize（随机）参数处理聚集块中的每根毛发的长度。图5-168所示为设置Root Splay（根展开）参数将毛发的根部聚集在一起的效果。

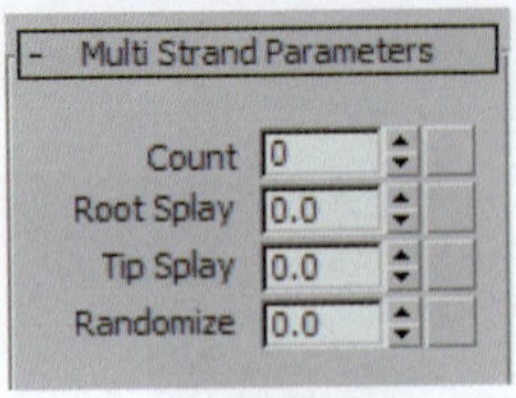

图5-167

图5-168

Material Paramters（材质参数）卷展栏用来设置毛发的材质效果，如图5-169所示。Occluded Amb（阻挡环境光）参数控制照明模型的环境/漫反射影响的偏差。图5-170所示分别为设置“阻挡环境光”参数为0和100的效果，可以看到当有环境光产生时，毛发的阴影要更加真实。

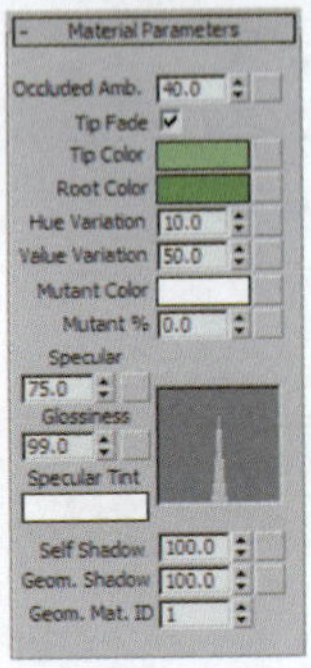

图5-169

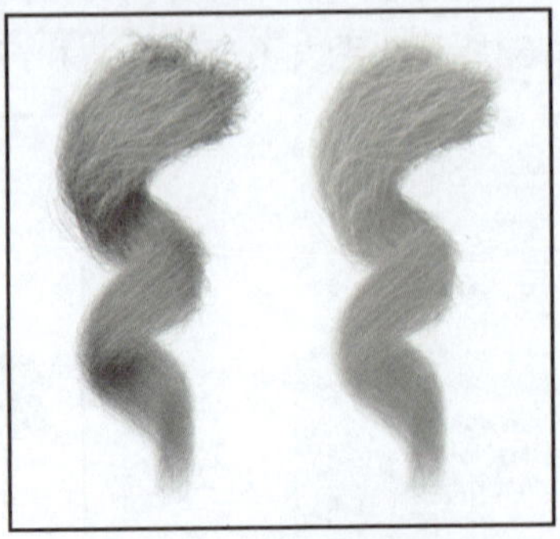

图5-170

Tip Color（梢颜色）和Root Color（根颜色）参数分别用来设置毛发根部和梢部的颜色，图5-171所示为设置根部为黄色、梢部为蓝色的效果。Hue Varlation（色调变化）参数控制毛发颜色变化的量，Value Varlation（值变化）参数用来控制毛发亮度的变化量，图5-172所示为分别设置这两个参数所产生的不同的毛发效果。

图5-171

图5-172

Specular（高光）和Glossiness（光泽度）这两个参数用来控制毛发表面的光泽效果，图5-173所示为设置该参数使毛发产生更强的光泽。Self Shadow（自身阴影）参数可以控制每个毛发对其他毛发所产生的阴影影响，图5-174所示为Self Shadow（自身阴影）从0增加到100的效果。

图5-173

图5-174

5.4 实战演练

通过前面章节的学习读者已经了解了3ds Max中常用的一些修改器的使用方法，本小节将利用所学过的知识来制作一把电吉他模型，使读者掌握综合运用这些修改器创建模型的能力。

知识应用：制作电吉他模型
最终文件：场景和素材\第5章\制作电吉他模型最终文件.max
核心技能：综合运用前面所介绍的各种修改器知识

1．制作吉他的主体机构

Step 1 首先在Top（顶）视口中绘制一个图5-175所示的图形作为吉他的截面图形。

Step 2 进入Front（前）视口，绘制一个图5-176所示的半圆形的弧形样条线。

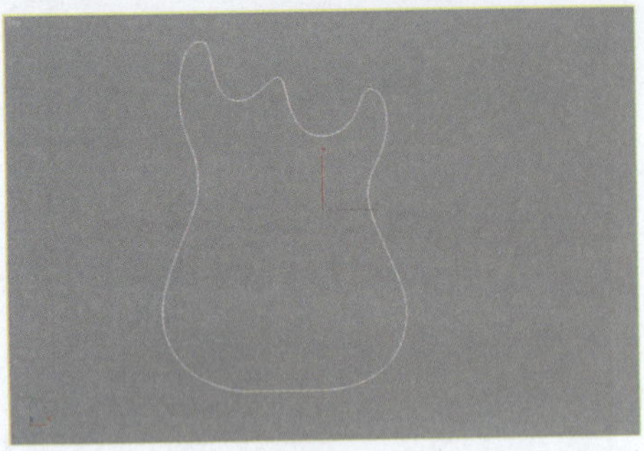

图5-175

图5-176

Step 3 给截面图形添加一个Bevel Profile（倒角剖面）修改器，图5-177所示为Bevel Profile（倒角剖面）修改器的参数卷展栏。

Step 4 在卷展栏中单击Pick Profile（拾取剖面）按钮 Pick Profile ，然后在场景中拾取侧面的半圆形样条线，得到图5-178所示的对象效果。

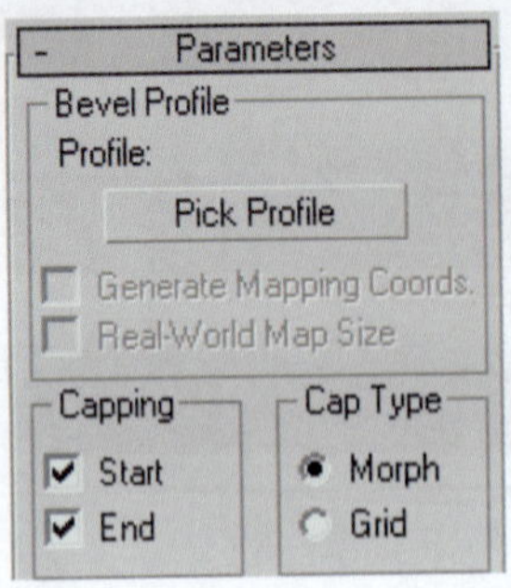

图5-177

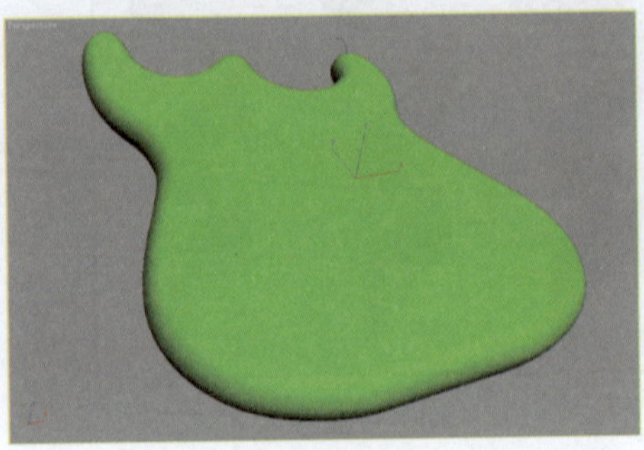

图5-178

Step 5 接下来给对象添加一个Smooth（平滑）修改器，勾选Auto Amooth（自动平滑）复选框，如图5-179所示。

Step 6 在Top（顶）视口中继续绘制一个图5-180所示的样条线图形作为其他手柄的截面图形。

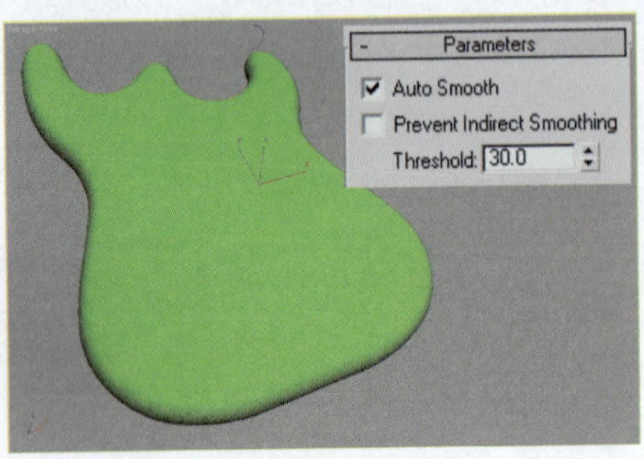

图5-179

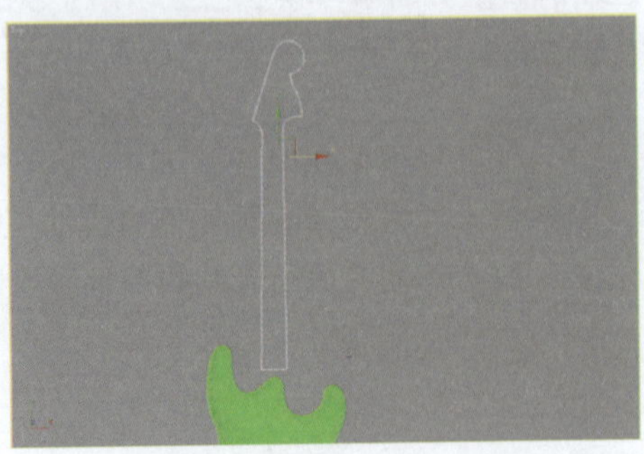

图5-180

Step 7 在Front（前）视口中绘制一个图5-181所示的带有圆角的样条线。

Step 8 对手柄的截面图形使用Bevel Profile（倒角剖面）修改器拾取侧面的图形，得到图5-182所示的效果。

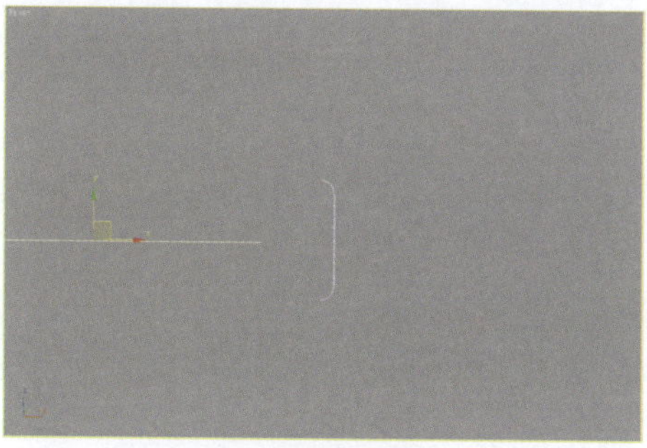

图5-181

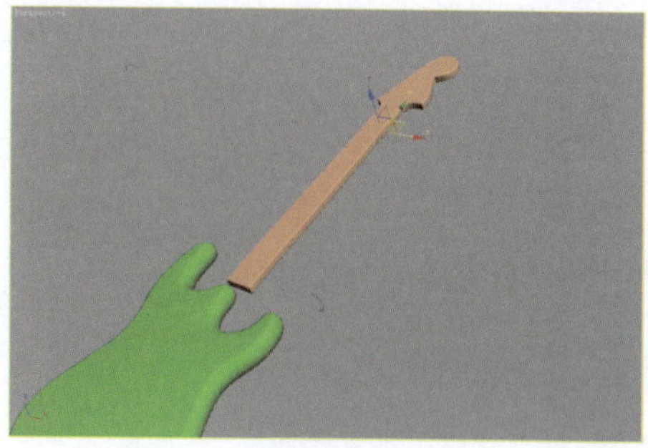

图5-182

Step 9 再次回到Top（顶）视口，绘制一个图5-183所示的和吉他的截面比较类似的二维图形。

Step 10 给这个图形也使用倒角剖面修改器，并拾取第一次使用过的半圆形的样条线，然后将生成的三维对象插入到吉他琴身中，如图5-184所示。

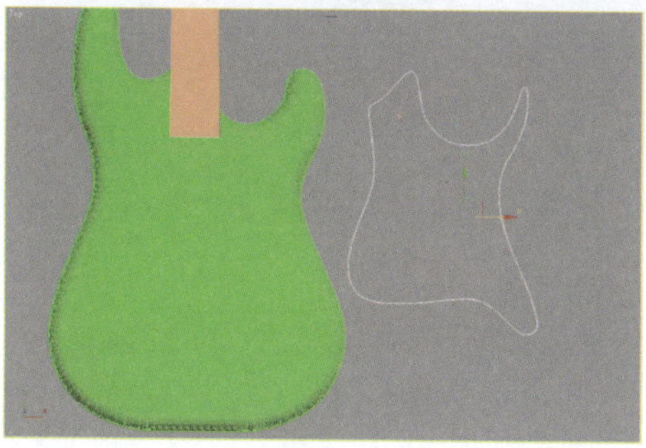

图5-183

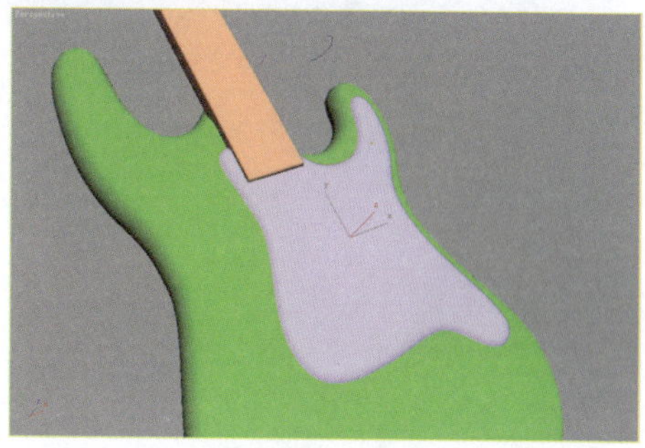

图5-184

Step 11 在Top（顶）视口中吉他下方的位置绘制一个圆角的矩形图形，如图5-185所示。

Step 12 给这个图形添加一个Bevel（倒角）修改器将其转换为三维对象，并设置倒角效果，如图5-186所示。

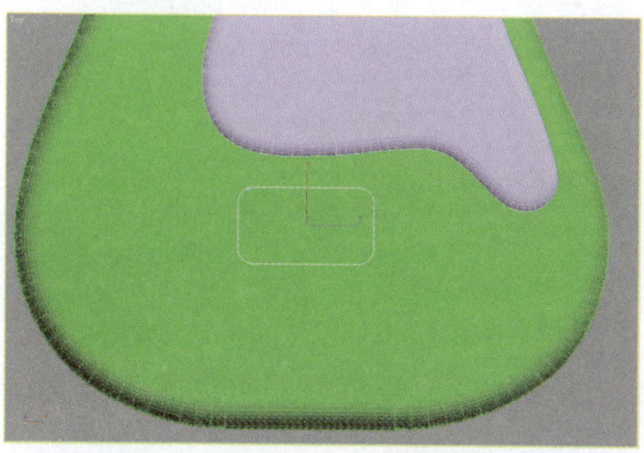

图5-185

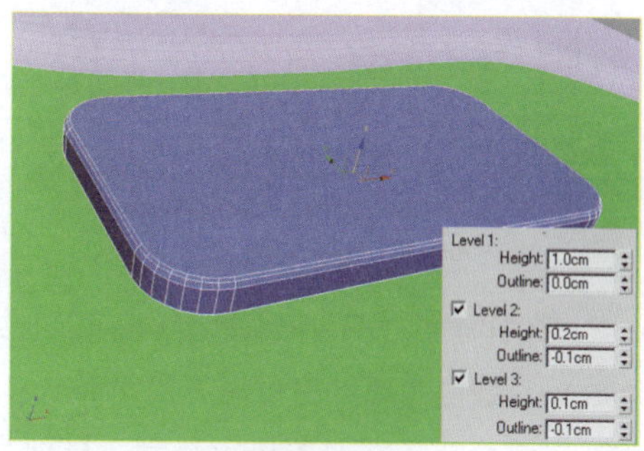

图5-186

2. 制作吉他的琴弦

Step 1 给这个对象也添加一个Smooth（平滑）修改器并勾选Auto Smooth（自动平滑）复选框，如图5-187所示。

Step 2 接下来创建一个ChamferBox（切角长方体）对象，并将它放置到图5-188所示的位置。

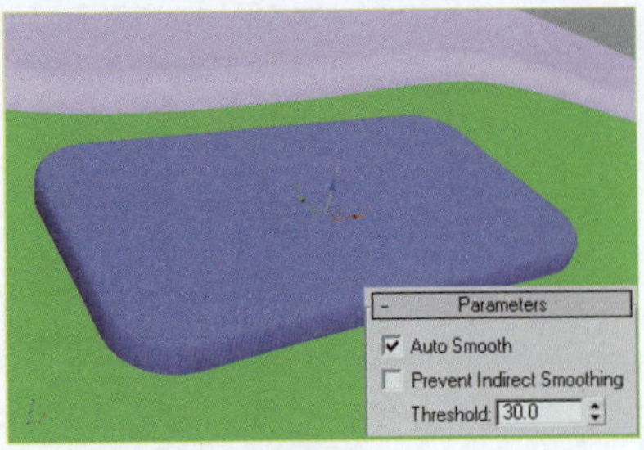

图5-187

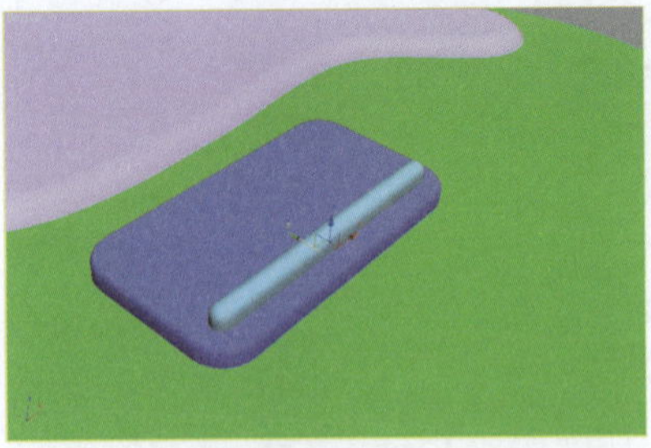

图5-188

Step 3 在吉他手柄的上端创建两个半径不相同的ChamferCyl（切角圆柱体）对象，如图5-189所示。

Step 4 将这两个对象转换为可编辑多边形，使用Attach（附加）命令将它们合并在一起，如图5-190所示。

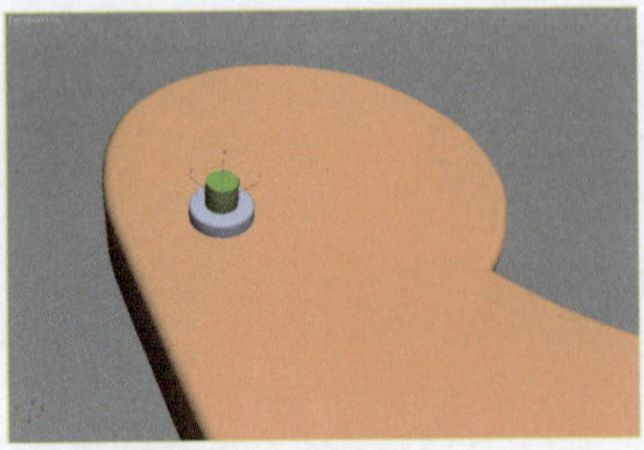

图5-189

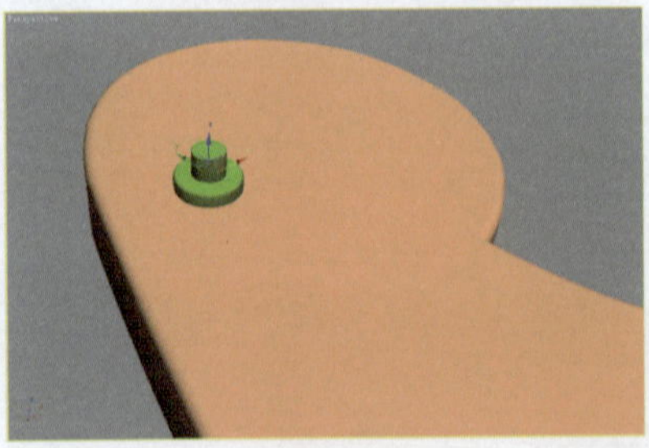

图5-190

Step 5 将这个对象沿着斜线方向进行复制，形成图5-191所示的效果。

Step 6 下面进行琴弦的制作，在场景绘制一个Line（线性）样条线，如图5-192所示。

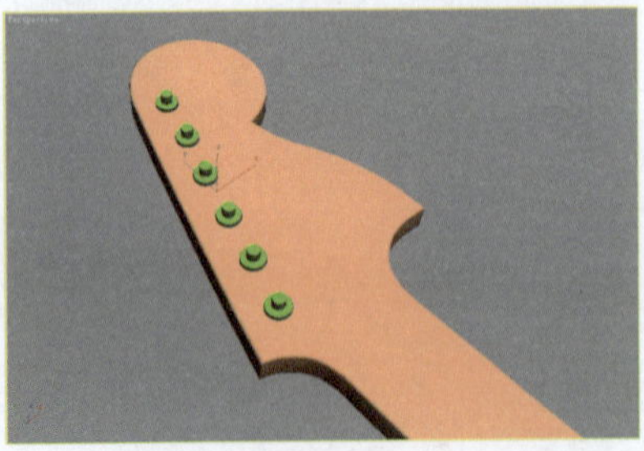

图5-191

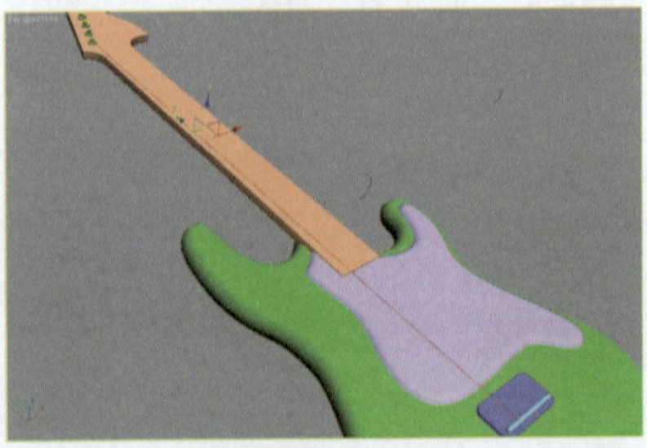

图5-192

Step 7 在样条线的Rendering（渲染）卷展栏中勾选Enable In Renderer（渲染可见）和Enable In Viewport（视口中可见）复选框，如图5-193所示，使样条线变为可见的三维实体。

Step 8 将这个样条线对象进行复制，排列为图5-194所示的效果。

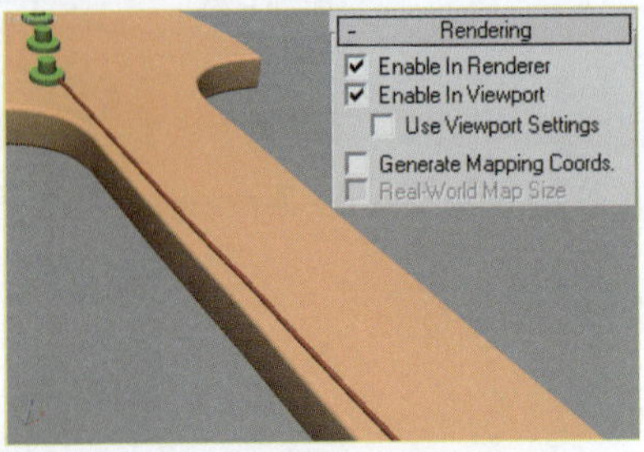

图5-193

图5-194

Step 9 在Top（顶）视口中对样条线上方的顶点进行移动，将它们移动到对应的圆柱体对象上，如图5-195所示。

Step 10 接下来在图5-196所示的位置创建一个Box（长方体）对象并使线条从它中间穿过。

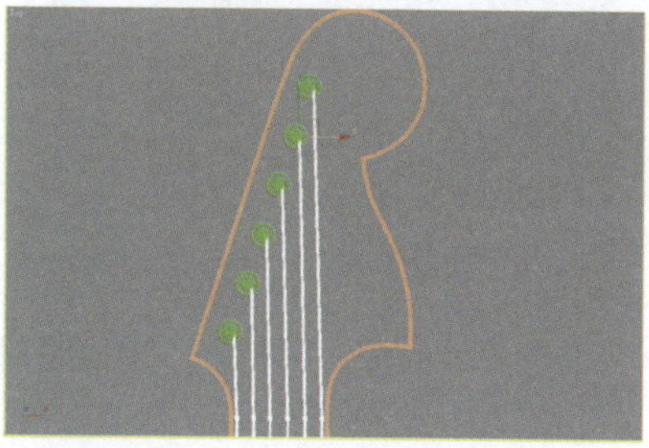

图5-195

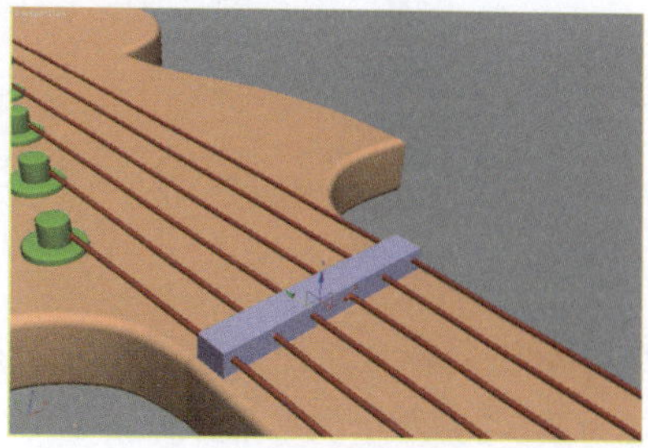

图5-196

Step 11 给这个长方体对象添加一个Taper（锥化）修改器，使其在侧面形成图5-197所示的锥化效果。

Step 12 在场景中创建一个Cylinder（圆柱体）对象，将它插入到长方体对象中，如图5-198所示。

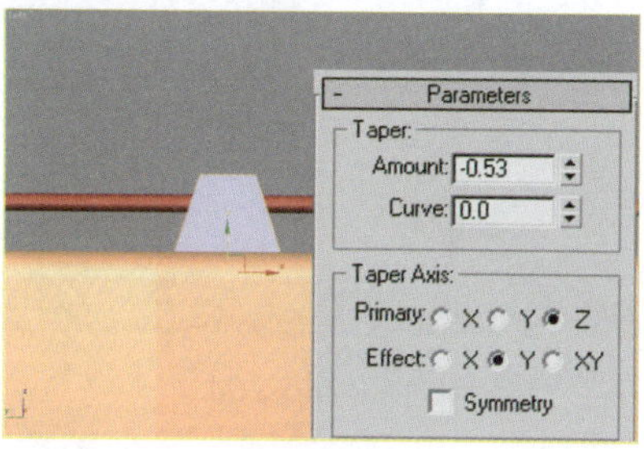

图5-197

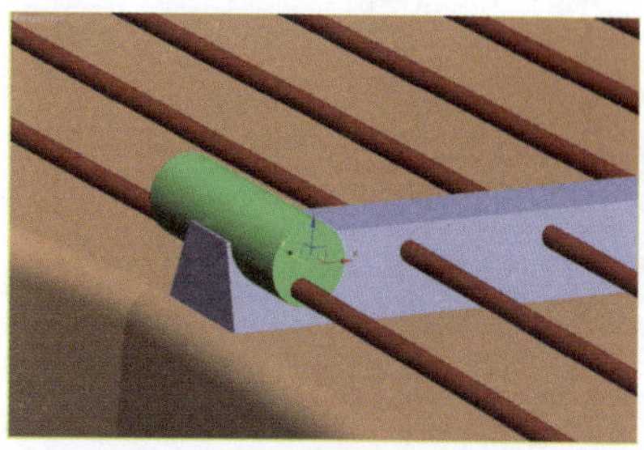

图5-198

Step 13 将该圆柱体对象进行复制并移动到每个琴弦的位置处，如图5-199所示。

Step 14 选择长方体对象，在Create（创建）命令面板中选择ProBoolean（超级布尔运算）复合对象类型，如图5-200所示。

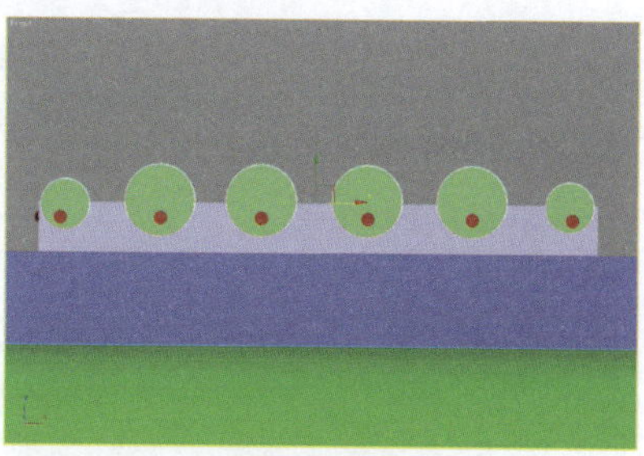

图5-199

图5-200

Step 15 在超级布尔运算的参数卷展栏中选择运算类型为Subtraction（差集），如图5-201所示。

Step 16 单击Start Picking（开始拾取）按钮 Start Picking ，在场景中依次拾取圆柱体对象，得到图5-202所示的效果。

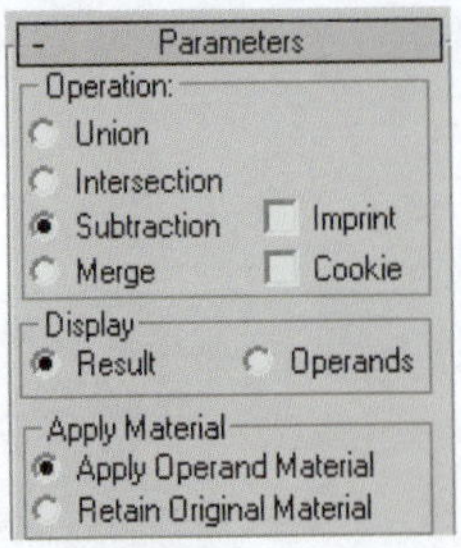

图5-201

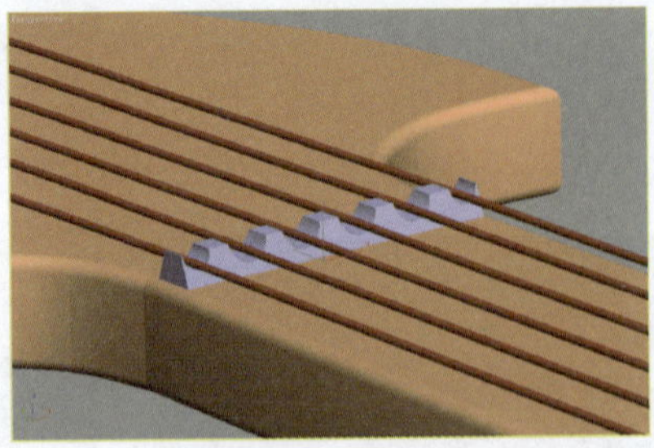

图5-202

Step 17 下面进行琴弦底部弹簧的制作，在场景中创建一个Helix（弹簧）样条线对象，设置参数使它成为图5-203所示的锥形效果。

Step 18 在弹簧样条线的Rendering（渲染）卷展栏中启用在渲染和视口中可见，并设置Thickness（粗细）参数得到图5-204所示的效果，然后将该对象移动到琴弦的底部。

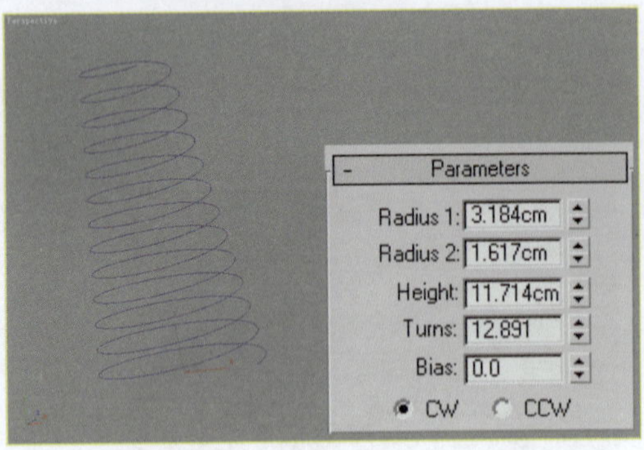

图5-203

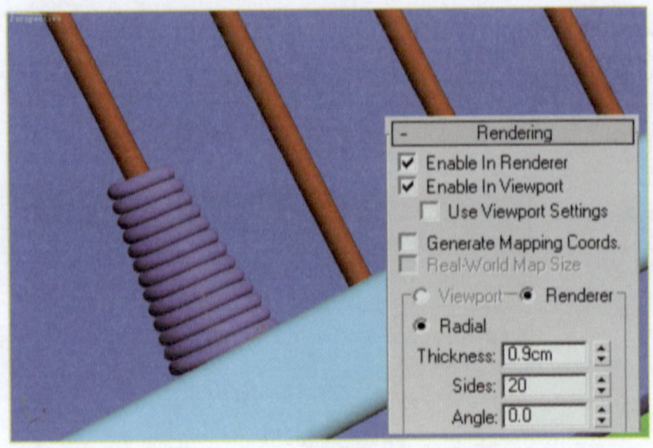

图5-204

Step 19 创建一个Box（长方体）对象，并在长度方向上设置较多的分段数，如图5-205所示。

Step 20 给这个长方体对象添加一个Bend（弯曲）修改器，并启用Limt Effect（限制效果），同时移动Gizmo的位置使长方体前段的一部分发生弯曲变形，效果如图5-206所示。

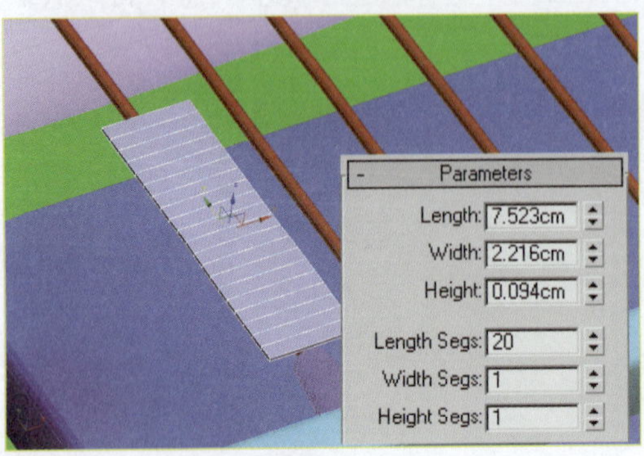

图5-205

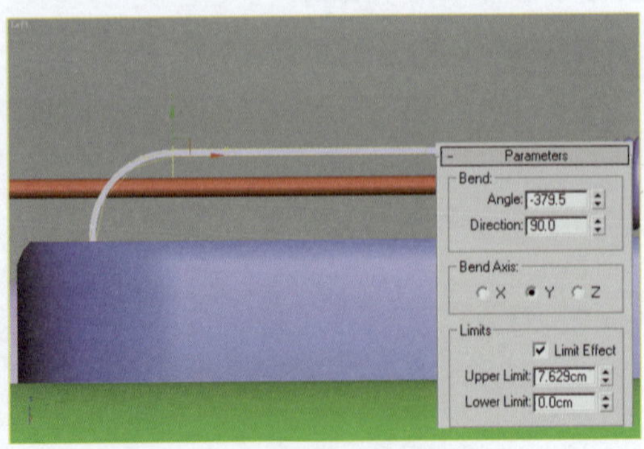

图5-206

Step 21 进入Top（顶）视口中绘制一个图5-207所示的一端呈尖锐状的二维图形。

Step 22 给这个图形添加一个Extrude（挤出）修改器，将它插入到被弯曲的长方体对象中去，如图5-208所示。

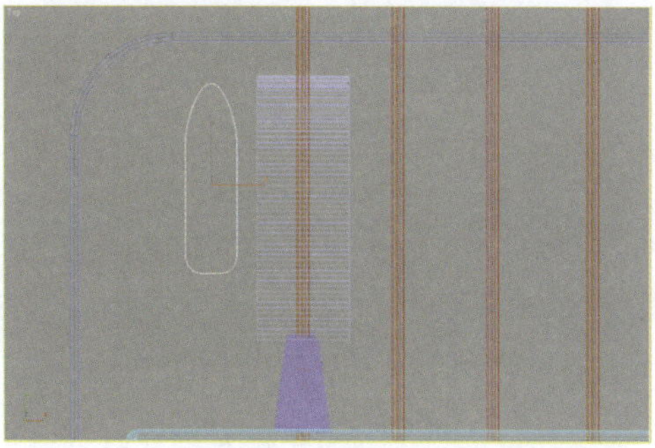

图5-207

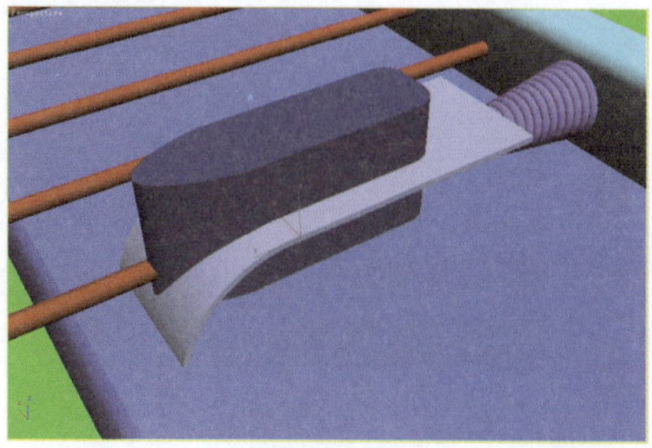

图5-208

Step 23 对弯曲的长方体对象使用ProBoolean（超级布尔运算），拾取插入的对象得到图5-209所示的效果，然后创建两个球体对象作为上面的螺丝。

Step 24 将这个经过布尔运算的对象和底部的弹簧合并为组，然后进行复制，放置在每根琴弦的底部，如图5-210所示。

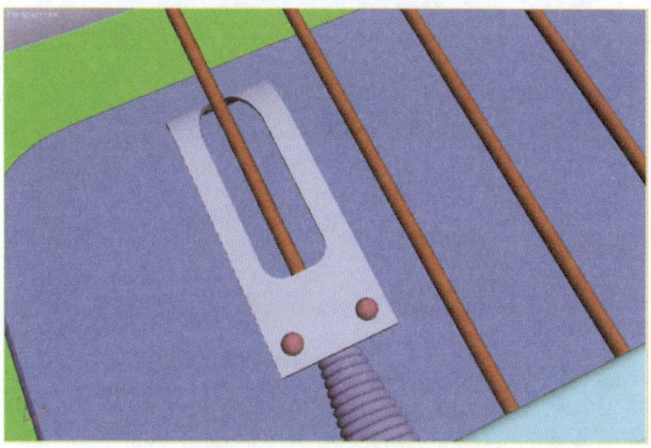

图5-209

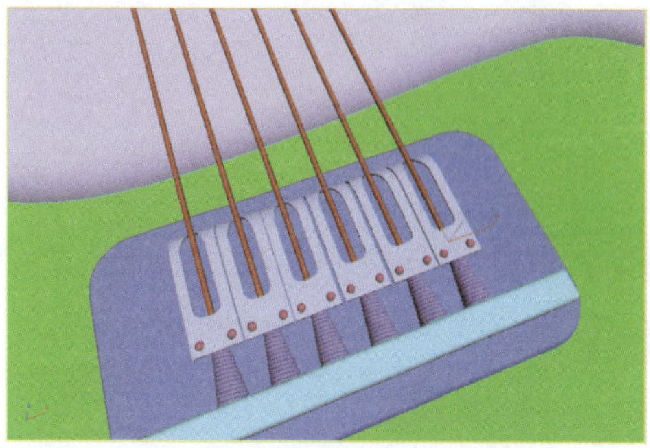

图5-210

3. 制作其他零部件

Step 1 利用两个ChamferBox（切角长方体）作为侧面的挡板，如图5-211所示。

Step 2 继续在场景中创建一个ChamferCyl（切角圆柱体）对象，如图5-212所示。

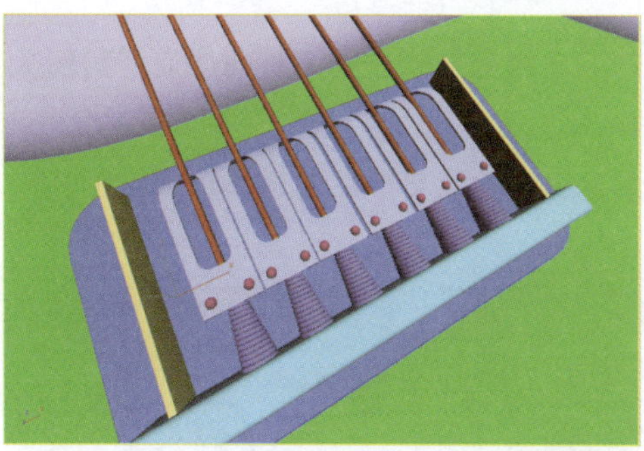

图5-211

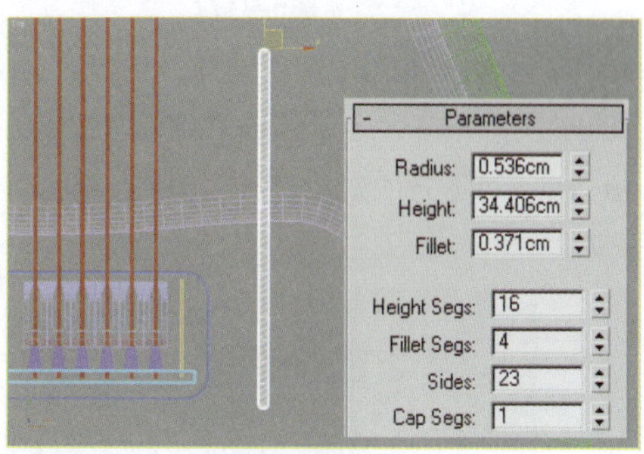

图5-212

Step 3 将这个切角圆柱体对象转换为可编辑多边形，然后对它的顶点进行调整，如图5-213所示。

Step 4 调整完成后，切角圆柱体变为图5-214所示的效果。

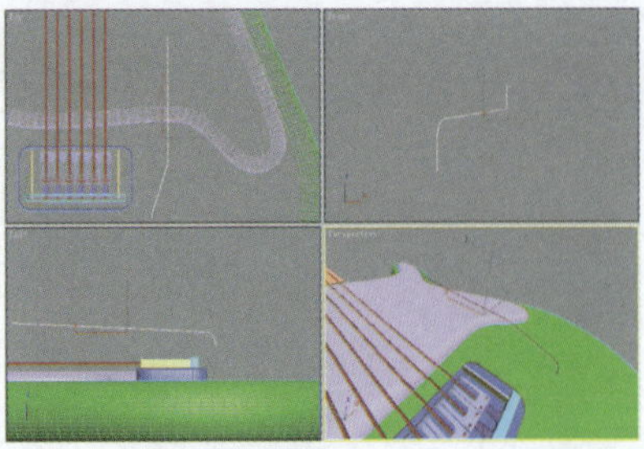

图5-213

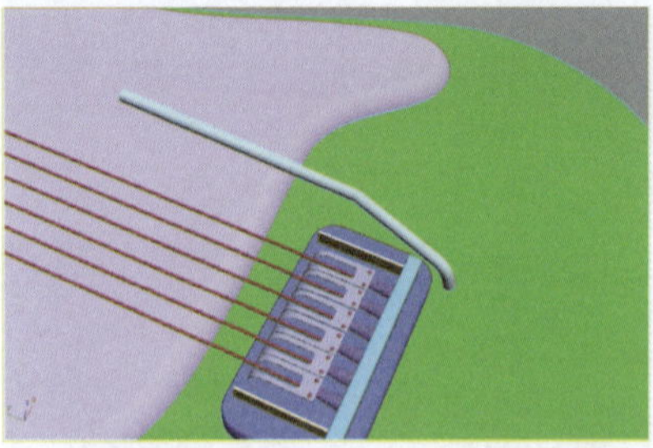

图5-214

Step 5 给一个切角圆柱体使用Taper（锥化）修改器，制作出摇杆的手柄部位，如图5-215所示。

Step 6 将这个摇杆移动放置到图5-216所示的位置，并在其底部创建一个圆柱形的底座。

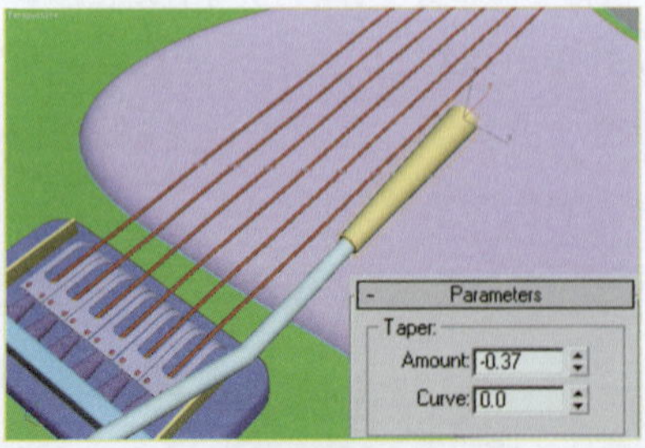

图5-215

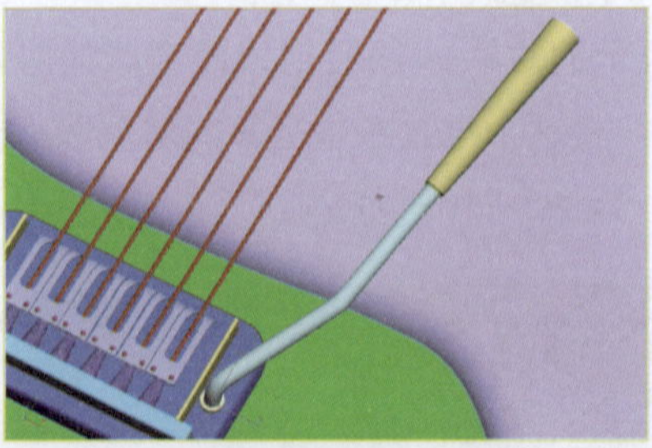

图5-216

Step 7 回到Top（顶）视口中，绘制一个图5-217所示的二维图形。

Step 8 给这个图形使用Bevel Profile（倒角剖面）修改器制作出图5-218所示的效果。

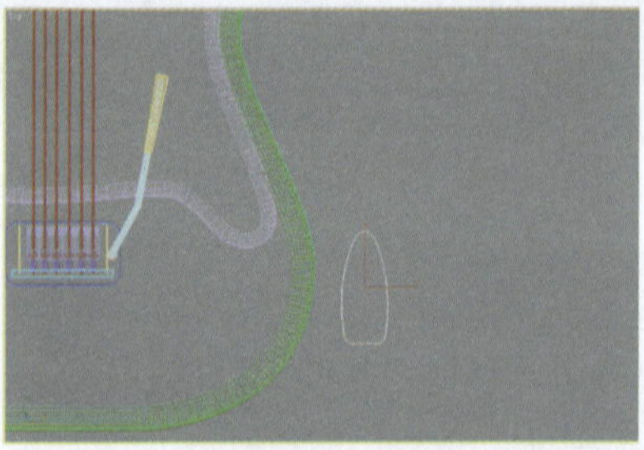

图5-217

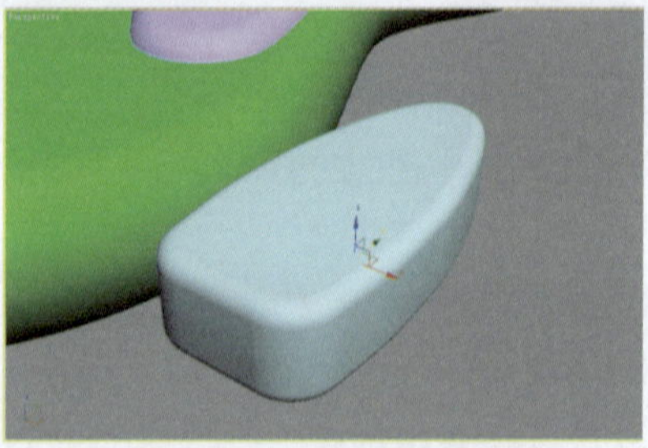

图5-218

Step 9 创建一个Sphere（球体）对象，添加一个FFD自由变形修改器，将球体变形为图5-219所示的效果，并将这个球体插入到刚才创建的对象中。

Step 10 对下方的对象使用ProBoolean（超级布尔运算）拾取变形后的球体，得到图5-220所示的效果。

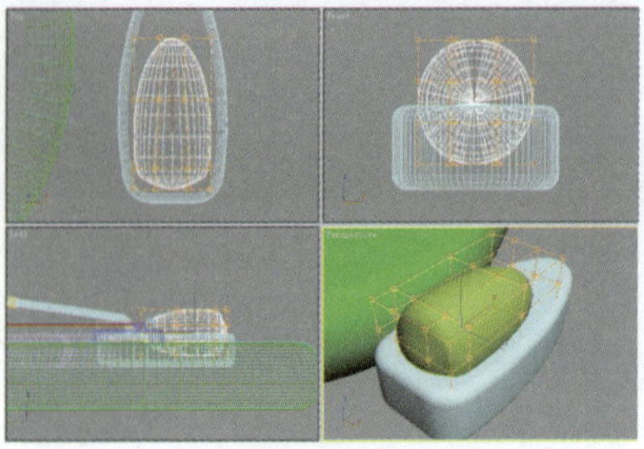

图5-219

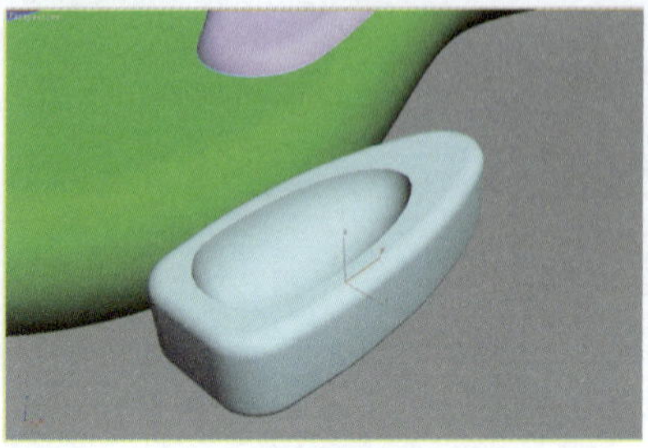

图5-220

Step 11 创建一个Cylinder（圆柱体）对象插入到图5-221所示的位置。

Step 12 再次使用超级布尔运算，拾取这个圆柱体对象，效果如图5-222所示，在对象上挖出了一个洞。

图5-221

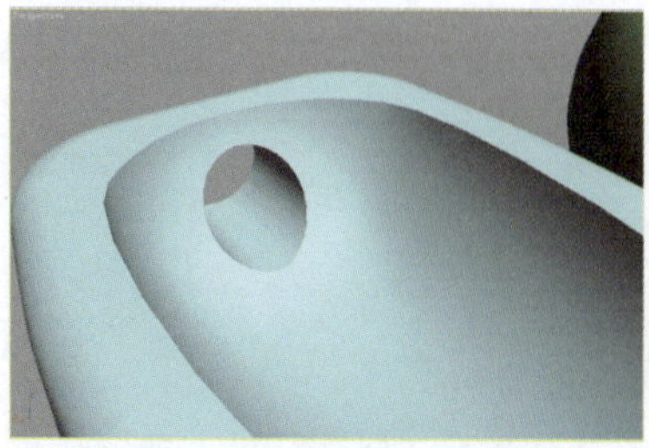

图5-222

Step 13 使用Extrude（挤出）修改器制作出如图5-223所示的三维对象并将它插入到吉他的琴身中。

Step 14 对吉他使用超级布尔运算拾取刚才制作的对象，得到图5-224所示的效果。

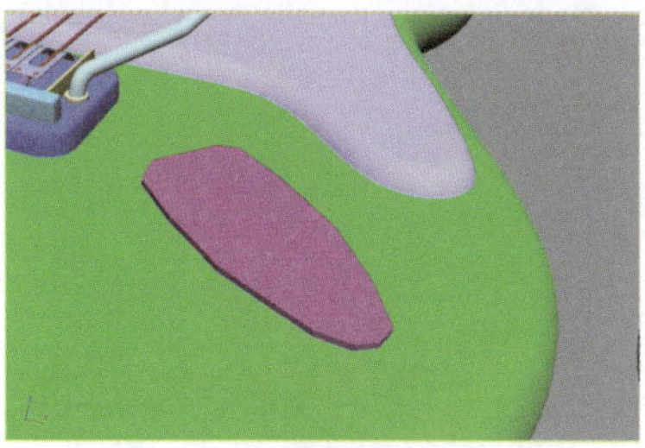

图5-223

图5-224

Step 15 再次利用一个圆柱体在图5-225所示的位置挖一个向内的凹槽。

Step 16 将之前制作好的对象移动到这个位置，形成图5-226所示的效果。

图5-225

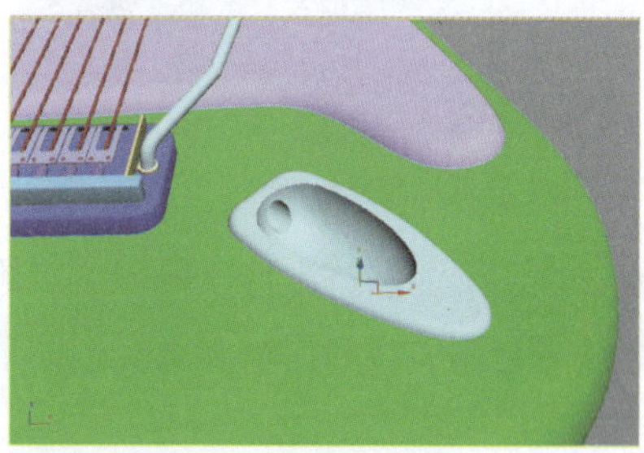

图5-226

Step 17 创建一个Tube（管状体）对象将它放置到如图5-227所示的位置作为吉他的电源插孔。

Step 18 下面制作吉他手柄顶端的旋钮。创建一个ChamferBox（切角长方体）对象，如图5-228所示。

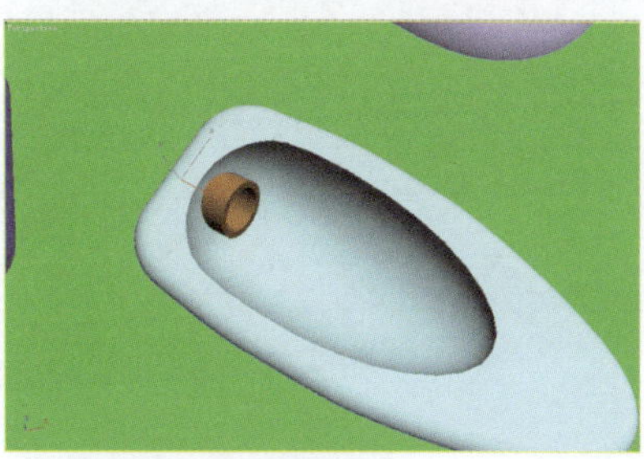

图5-227

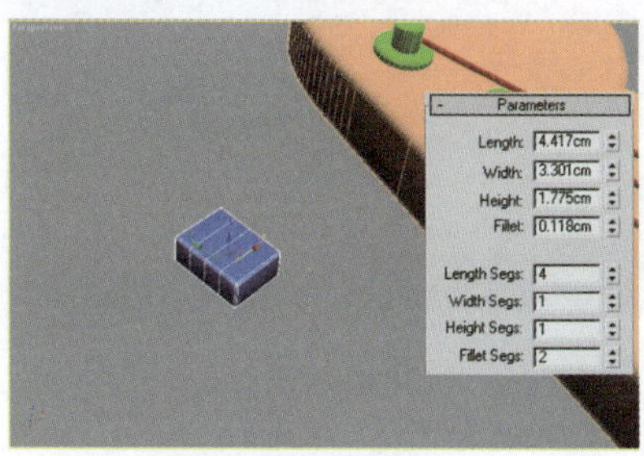

图5-228

4. 制作琴弦的旋钮

Step 1 给这个切角长方体对象添加一个FFD自由变形修改器，然后在Top（顶）视口中调整控制点的位置使长方体上下两端向中间收缩，如图5-229所示。

Step 2 进入Left（左）视口中进行调整，同样将长方体的两端向内部收缩变形，如图5-230所示。

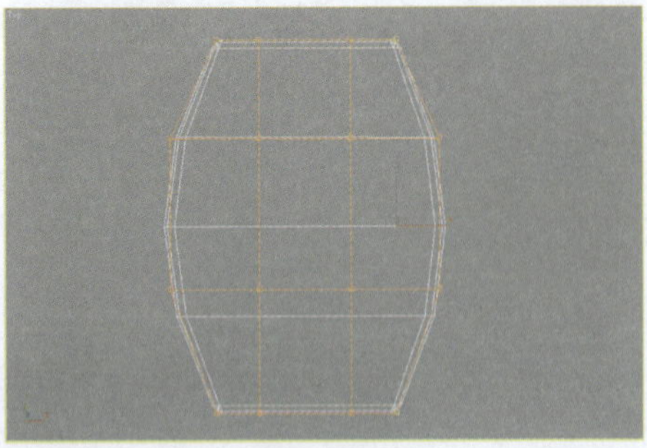

图5-229

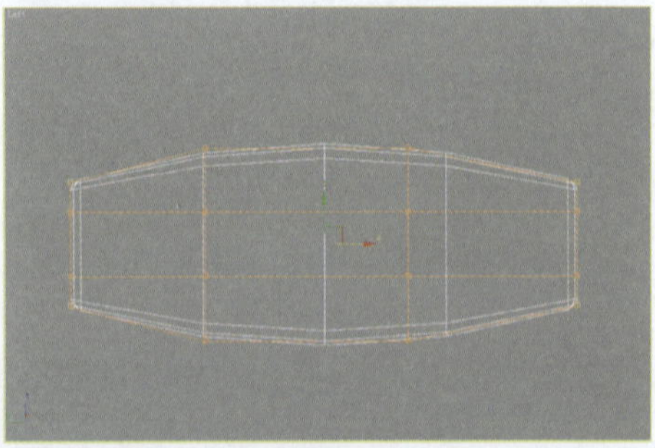

图5-230

Step 3 利用一个圆柱体对象将旋钮和手柄连接起来，然后进行复制，形成图5-231所示的效果。

Step 4 在Left（左）视口中绘制一个图5-232所示的二维图形。

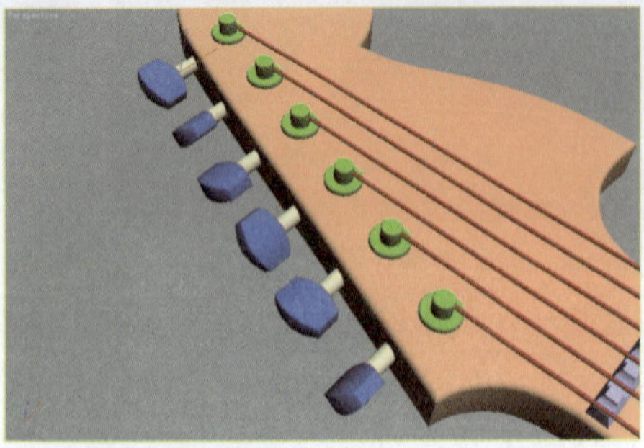

图5-231

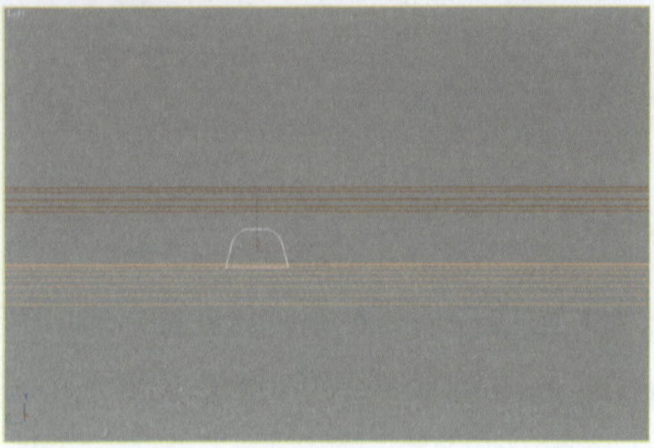

图5-232

5. 螺丝钉以及细节的刻画

Step 1 给这个图形添加挤出修改器形成三维对象，然后复制形成图5-233所示的效果。

Step 2 继续进行制作，利用给圆角矩形图形添加倒角修改器的方法制作一个图5-234所示的三维对象。

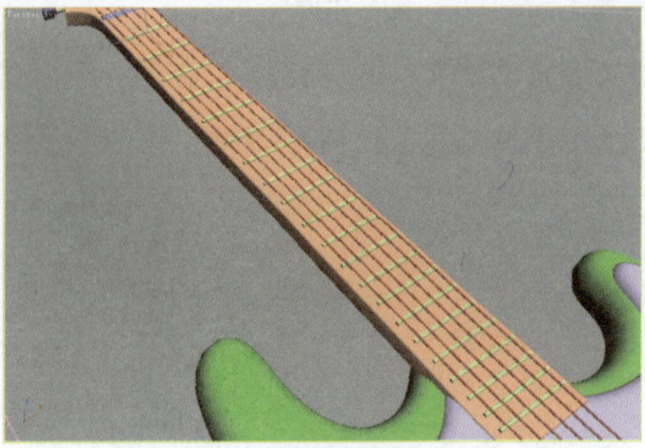

图5-233

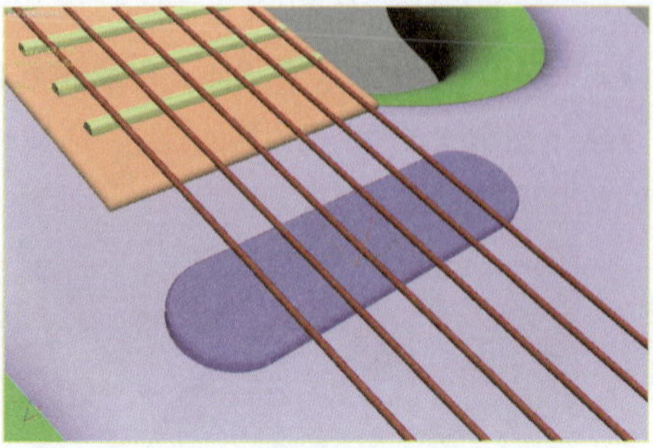

图5-234

Step 3 创建一个Sphere（球体）对象，然后在球体上插入两个交叉的长方体，如图5-235所示。

Step 4 对球体使用布尔运算，拾取这两个长方体制作出螺丝钉。然后将螺丝钉和它的底座一起进行复制，形成图5-236所示的效果。

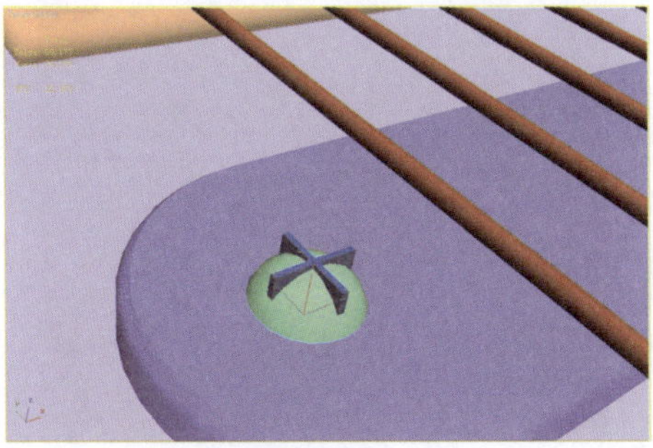

图5-235

图5-236

Step 5 给切角圆柱体添加Taper（锥化）修改器制作出吉他上的调节旋钮，并复制出3个，摆放到图5-237所示的位置。

Step 6 下面进行滑动开关的制作。利用之前所讲解的方法，制作一个图5-238所示的对象。

图5-237

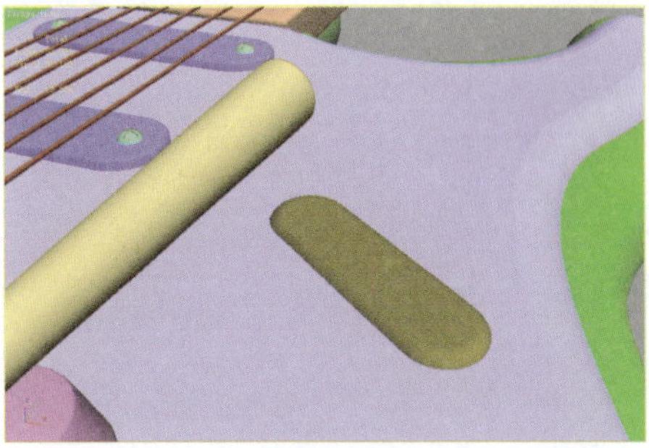

图5-238

Step 7 使用超级布尔运算在这个对象中间挖一个矩形的凹槽，然后使用添加了锥化修改器的圆柱体对象作为开关的滑动杆，如图5-239所示。

Step 8 使用之前制作好的螺丝钉对象，按照吉他上第2层的外围轮廓走向进行复制，使螺丝钉环绕一周，如图5-240所示。

图5-239

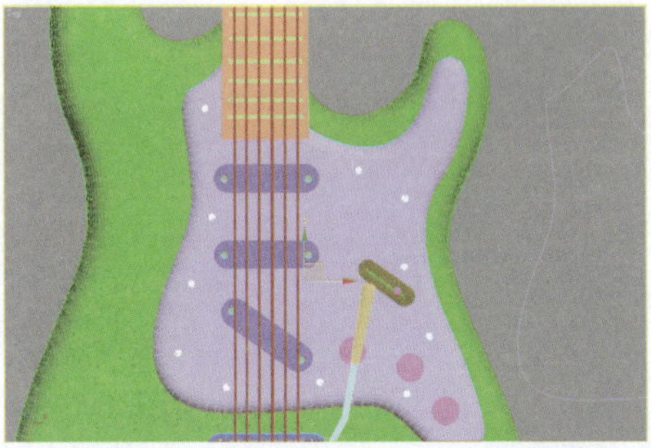

图5-240

Step 9 最后在吉他手柄的顶端给文字对象添加挤出修改器器制作出装饰商标，如图5-241所示。

Step 10 给吉他模型赋予了材质后的渲染效果如图5-242所示。

图5-241

图5-242

Chapter 06

高级建模工具

经过前面几章的讲解，读者已经掌握了多种建模方法，可以创建出各种常见的模型。但是这些建模工具在一些复杂模型的创建上，或是高精度的模型制作上仍然显得捉襟见肘。3ds Max 为了满足用户更高级的要求，提供了一些高级的建模工具，利用这些工具，用户可以创建出诸如人体角色、大型的工业机器等复杂的高精度模型。

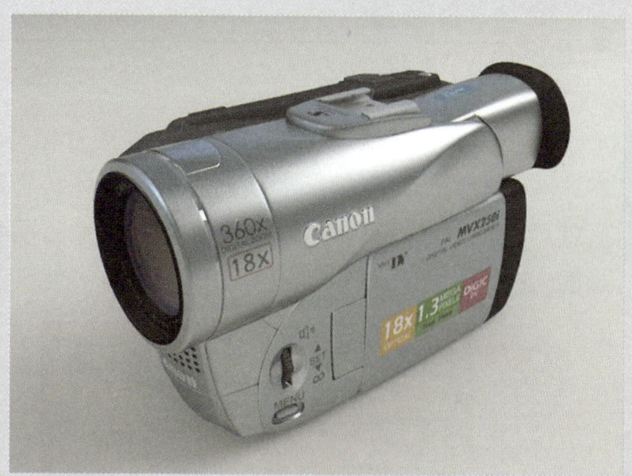

6.1 了解可编辑网格与多边形

Mesh（网格）与Poly（多边形）是高级建模中两个非常重要也是必须掌握的内容，可以说基本上所有的模型都可以由这两个对象来编辑完成。本节将介绍网格和多边形这两种建模对象，并了解创建一个复杂形态模型所需要的基本步骤。

6.1.1 使用多边形创建复杂模型的流程

在学习高级建模工具前，读者有必要了解一下使用网格和多边形来创建复杂模型的基本程序，这样有助于在以后的建模过程中养成良好的习惯。例如想创建一辆汽车的三维模型，那么第一步就是确定汽车的三视图，如图6-1所示。三视图能够在建模过程中帮助用户随时掌握模型的外观结构，确保最后所创建的模型和原型的结构一致。

图6-1

接下来需要搜集有关该车辆的各种图片信息，包括整体的结构图以及局部的细节展示。观察这些图片资料，了解所创建的模型的形体特征，如图6-2所示。在已经熟悉了模型的结构特征后就可以开始进行具体的创建了。首先是将三视图导入到3ds Max场景中作为建模的参考对象，如图6-3所示。

图6-2

图6-3

根据导入的三视图背景参考图，使用多边形工具一点一点拉伸出模型的基本形态外观，如图6-4

所示。然后再进一步进行细化，对细节的地方进行处理，完成整体结构的创建，如图6-5所示。

图6-4

图6-5

进行到这里汽车的形态结构已经创建完成了，但是还需要对模型使用细分修改器，使模型达到最终的成品效果，如图6-6所示，使用了细分修改器后模型表面增加了更多的面，变得更为精致和平滑。图6-7所示为模型创建完成后所渲染的汽车产品效果。除了像汽车这种工业产品外，人体角色、动物角色等都可以遵循这个建模的流程。

图6-6

图6-7

6.1.2 什么是网格与多边形

Mesh（网格）是一种三维对象的几何体模型，其中的基本形状由点或顶点组成，由边连接在一起。网格对象的可渲染曲面由连接顶点和边的面或多边形组成，如图6-8所示，在边面显示状态下可以看到这些网格对象都是由许多的点、线、面组成的。通过使用各种修改器，以及Editable Mesh（可编辑网格）和Editable Poly（可编辑多边形）可以对这些点、线、面进行编辑，从而创建出各种复杂形态的对象。

图6-8

一个网格对象由很多的面组成，3ds Max中最基本的面由三条边组成，称为三角面。Editable Mesh（可编辑网格）就是针对三角面的编辑工具，它包含有Face（面）子对象，允许用户对三角面进行编辑。默认状态下，三角面在视口中不显示，我们所见到的各种几何体都是由四边形或四边形以上的面组成的。如图6-9所示，在场景中创建的基本几何体上只能观察到四边形面。要想在3ds Max中显示出三角面请执行下面的操作：在菜单栏中选择Customize（自定义）>Preference（首选项）命令，弹出Preference Settings（首选项设置）对话框，选择Viewports（视口）选项卡，如图6-10所示。

图6-9

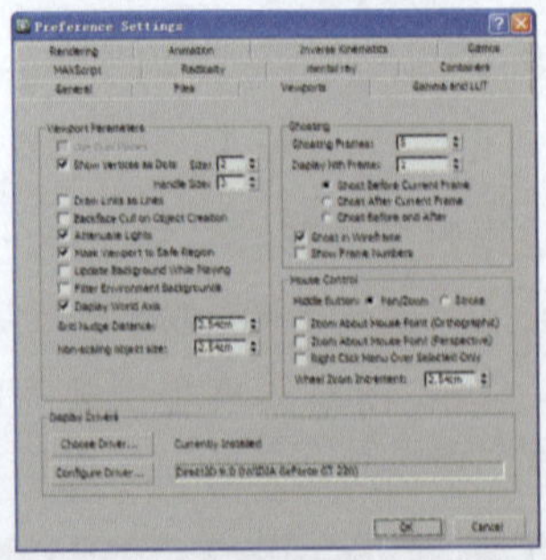

图6-10

单击Configure Driver（配置驱动）按钮 Configure Driver... ，在弹出的对话框中勾选Display All Triangle Edges（显示所有三角面）复选框，如图6-11所示。勾选了该复选框后，就可以在场景中看到由虚线所划分的一个个三角面。

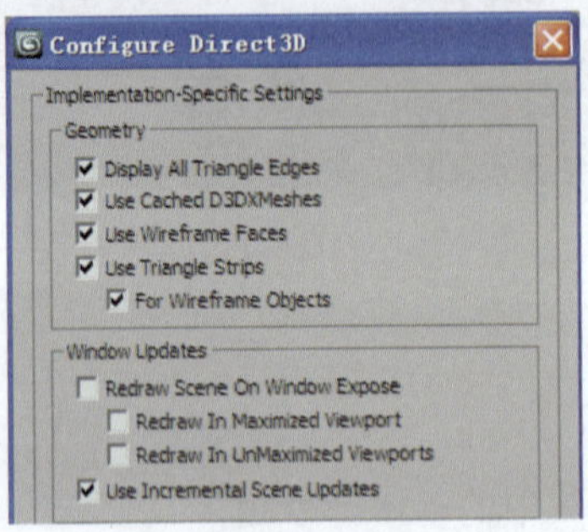

图6-11

图6-12

在早期的3ds Max版本中，只有Editable Mesh（可编辑网格）工具，从3ds Max5开始引入了Editable Poly（可编辑多边形）工具，Poly（多边形）是指三条边或三条以上的边所组成的面。与Editable Mesh（可编辑网格）相比，Editable Poly（可编辑多边形）包含了更多的编辑操作命令，功能更为强大，所以现在基本已经不再使用网格工具，转而使用多边形工具来进行建模。通过表6-1，用户可以对比网格和多边形所包含的操作命令。多边形在包含了网格命令的基础上增加了更多的建模工具。

表6-1 对比网格和操作行所包含的操作命令

操作命令	可编辑网格	可编辑多边形
顶点、边、多边形、元素子对象模式	有	有
面子对象模式	有	没有
边界子对象模式	没有	有
"按顶点选择"和"忽略背面"复选框	有	

续表

操作命令	可编辑网格	可编辑多边形
“忽略可见边”和“显示法线”复选框	有	没有
“隐藏”和“全部取消隐藏”命令	有	有
“隐藏未选定对象”命令	没有	有
“收缩”、“扩大”、“环行”、“循环”选择命令	没有	有
“复制”和“粘贴”命令	有	有
“软选择”卷展栏	有	有
“重复上一个”命令	没有	有
“创建”命令	有	有
“删除/去除”命令	有	有
“附加”命令	有	有
“分离”命令	没有	有
“断开”命令	有	有
“改向”命令	有	没有
“挤出”命令	有	有
“倒角”命令	有	有
“切角”命令	没有	有
“连接”命令	没有	有
“插入顶点”命令	没有	有
“封口”命令	没有	有
“编辑三角剖分”命令	没有	有
“轮廓”命令	没有	有
“插入”命令	没有	有
“翻转”命令	没有	有
“从边旋转”命令	没有	有
“沿样条线挤出”命令	没有	有
“切片”命令	有	有
“快速切片”命令	没有	有
“切割”命令	没有	有
“焊接”和“目标焊接”命令	有	有
“网格平滑”命令	没有	有
“细化”命令	有	有
“炸开”命令	有	没有
“移除孤立顶点”命令	有	有
“选定开放的边”命令	有	没有
“从边创建图形”命令	有	有
“视图对齐”和“栅格对齐”命令	有	有
“平面化”命令	有	有
“塌陷”命令	有	有
“曲面属性”卷展栏	有	有
“细分曲面”卷展栏	没有	有
“绘制变形”卷展栏	没有	有

6.2 使用可编辑多边形

Editable Poly（可编辑多边形）是3ds Max中功能最强大，也是使用最广泛的建模工具，从简单的家具模型，到复杂的工业机械或是角色生物都可以使用多边形来完成建模。本节将向读者详细介绍如何使用Editable Poly（可编辑多边形）来进行模型的制作。

6.2.1 多边形的子对象

Editable Poly（可编辑多边形）包含了5种子对象，在修改器堆栈中展开可编辑多边形的选项，可以进入子对象层级，如图6-13所示。在修改器的Selection（选择）卷展栏中单击相应子对象的图标也可以进行选择，如图6-14所示。

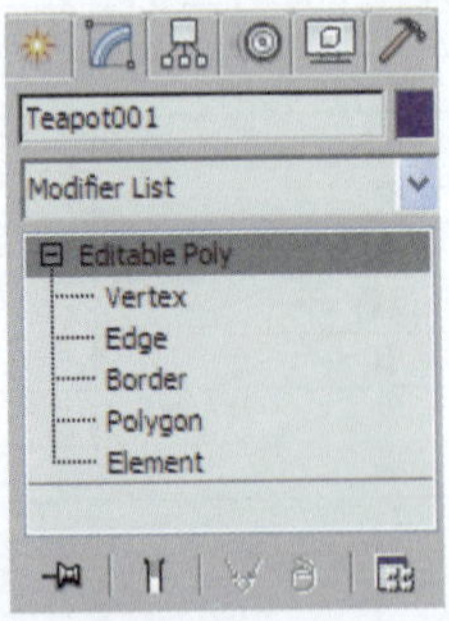

图6-13

图6-14

Vertex（顶点）子对象是位于对象表面的一些点，图6-15所示为在Vertex（顶点）子对象层级下选择对象上的点，选择了子对象后可以进行移动，对物体的形状进行编辑。在Preference Settings（首选项设置）面板中的Viewports（视口）选项卡中设置Size（大小）参数可以改变顶点在视口中的显示大小，图6-16所示为增大顶点大小后的效果。

图6-15

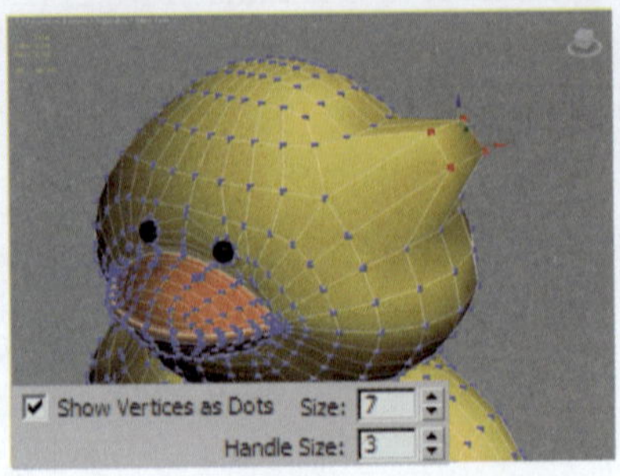

图6-16

Edge（边）子对象是连接两个顶点之间的部分，图6-17所示为选择了对象表面的多条Edge（边）子对象。Polygon（多边形）子对象是由三条或者三条以上的边所组成的面，它们组成了对象可以渲染的曲面，顶点和边在渲染中是不可见的。图6-18所示为选择了对象表面的一些Polygon（多边形）子对象。

图6-17

图6-18

注意

默认情况下所选择的Polygon（多边形）子对象显示为红色，在Viewports Configuration（视口配置）面板的Rendering Method（渲染）选项卡下取消勾选Shade Selected Face（明暗处理选择面）复选框将不显示红色的多边形，而只显示所选择的多边形的边框。

Border（边界）子对象表示为孔洞的边缘，这些孔洞通常是删除了Polygon（多边形）子对象以后所留下的，如图6-19所示。将选择的多边形删除掉，所删除的孔洞的边缘就形成了一个Border（边界）子对象。Element（元素）子对象是指一个完整的多边形对象，元素对象通常是合并其他多边形后所形成的，如图6-20所示，玩偶的嘴巴以及两个脚就是Element（元素）子对象。

图6-19

图6-20

6.2.2 子对象的选择

通常情况下，进入相应的子对象层级后，在对象表面单击就可以选择子对象。为了方便用户的编辑，3ds Max在Selection（选择）卷展栏中还提供了一些用于选择子对象的命令，如图6-21所示。Grow（扩大）命令可以在当前选择的基础上扩大选取，如图6-22所示，选择对象上的一个顶点，然后单击Grow（扩大）按钮 Grow ，可以选择与该顶点相连的周围的4个顶点。Shrink（收缩）命令和Grow（扩大）命令功能相反，它通过取消选择最外部的子对象缩小子对象的选择区域。

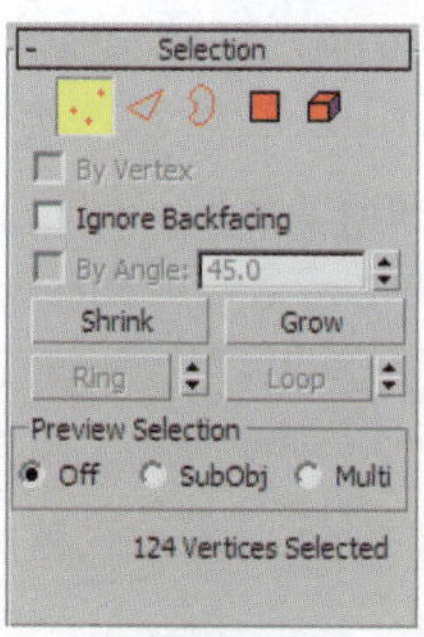

图6-21

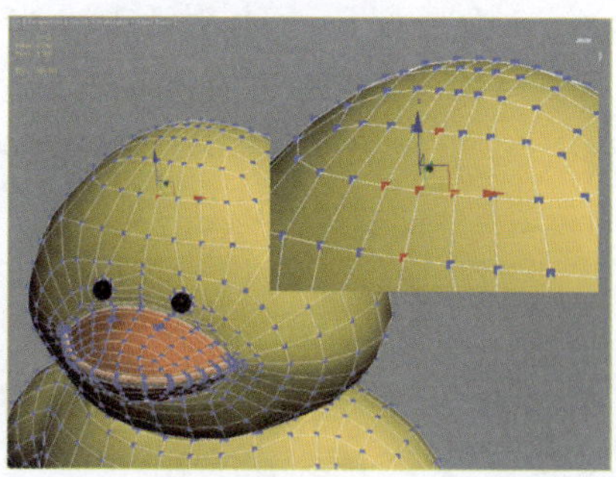

图6-22

勾选By Vertex（按顶点选择）复选框后，将只能通过顶点来选择子对象，在对象上单击任意一个顶点，将会选择和该顶点有关联的子对象。如图6-23所示，在Polygon（多边形）子对象层级下，单击一个顶点，将会选择和这个顶点相关联的所有多边形。勾选Ignore Backfacing（忽略背面）复选框，将会在选择时忽略对象背面的子对象。如图6-24所示，在透视口中框选所有的多边形，但是从其他7个视口中可以看到，对象背面的部分没有被选择上。

图6-23

图6-24

注意

By Vertex（按顶点选择）复选框在Vertex（顶点）子对象层级下不可用。

勾选By Angle（按角度）复选框后，可以按照角度来选择子对象，选择一个多边形会基于复选框右侧的角度设置同时选择相邻多边形。如图6-25所示，设置角度为10，在对象上单击一个面，将会选择和这个面相邻的夹角在10°以内的所有面。Preview Selection（预览选择）选项组可以供用户预览选择，默认为关闭状态，开启该功能后，当鼠标指针移动到将要选择的子对象上时，该对象将显示为黄色，如图6-26所示。

图6-25

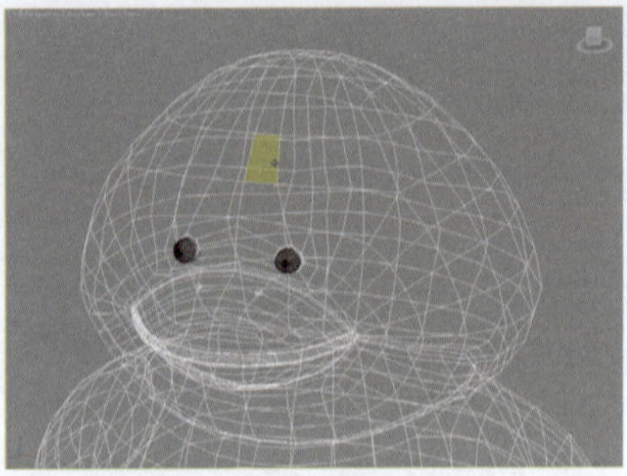

图6-26

在Edge（边）子对象层级下，可以激活Ring（环形）和Loop（循环）两个命令。Ring（环形）命令通过选择所有平行于选中边的边来扩展边选择。如图6-27所示，选择对象上的一个边，然后使用环形命令可以选择所有和它所平行的一圈边。Ring（环形）按钮 Ring 旁的微调器可以在任意方向将选择移动到相同环上的其他边，即相邻的平行边，如图6-28所示。

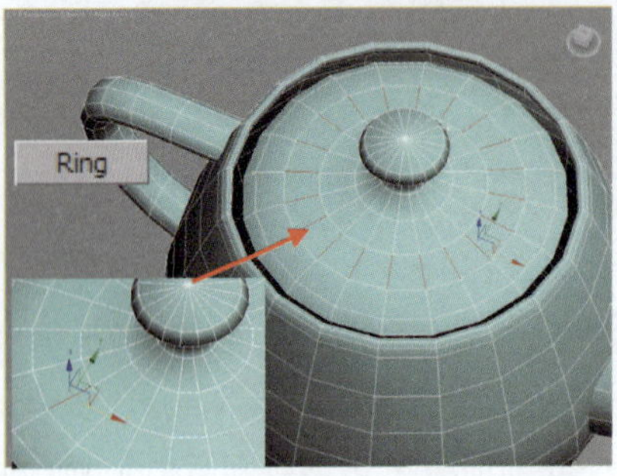

图6-27

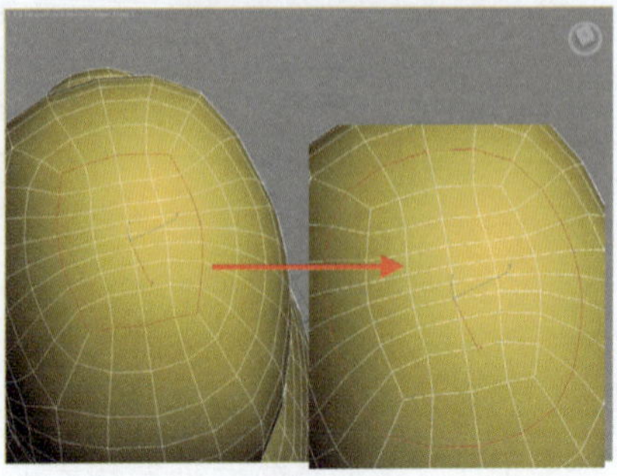

图6-28

Loop（循环）命令可以选择和已选择的边相连接并对齐的其他边，图6-29所示为使用Loop

（循环）命令选择的边子对象。Loop（循环）按钮 Loop 旁的微调器可以在任意方向将选择移动到相同循环中的其他边，如图6-30所示。

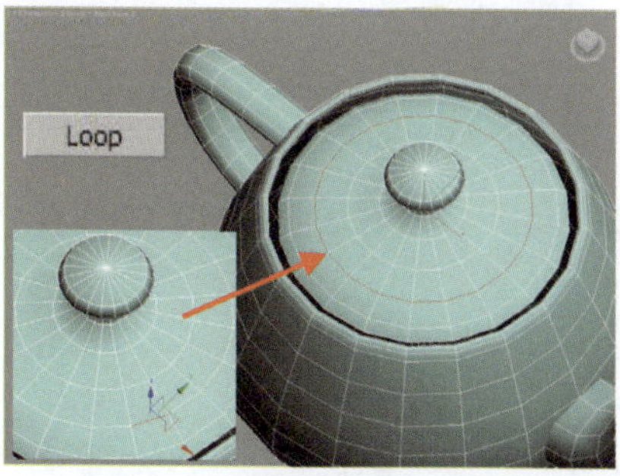

图6-29

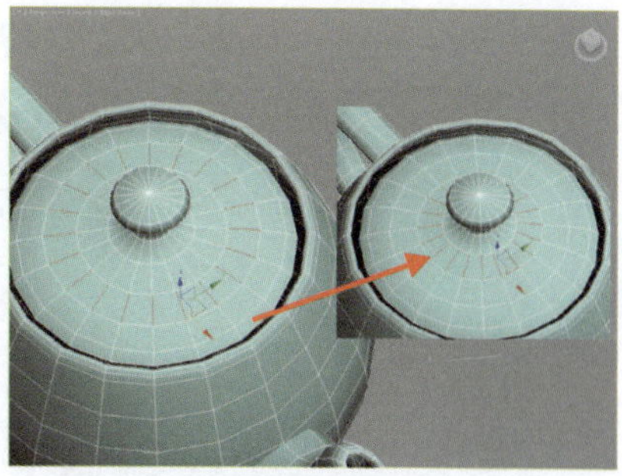

图6-30

多边形的几种子对象之间可以相互转换选择，如图6-31所示，选择对象上一些多边形子对象，然后右击，在弹出的四元菜单中选择Convert to Vertex（转换到顶点）命令。如图6-32所示，转换后将选择和这些面相关联的顶点子对象。顶点、边以及多边形这些子对象之间都可以相互进行转换选择。

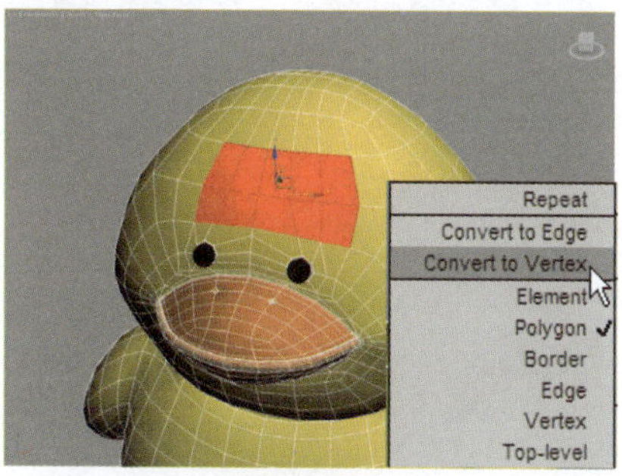

图6-31

图6-32

6.2.3 编辑几何体卷展栏

Edit Geometry（编辑几何体）卷展栏是所有子对象所共用的，在任何一个子对象层级下都可以使用该卷展栏中的命令，图6-33所示为可编辑多边形的Edit Geometry（编辑几何体）卷展栏。Constranints（约束）选项组提供了用于约束子对象操作的选项，选择对象上的一个顶点，然后选择Face（面）约束方式，移动顶点可以看到，该顶点受到了束缚，只能在它所在的平面上水平移动，如图6-34所示。

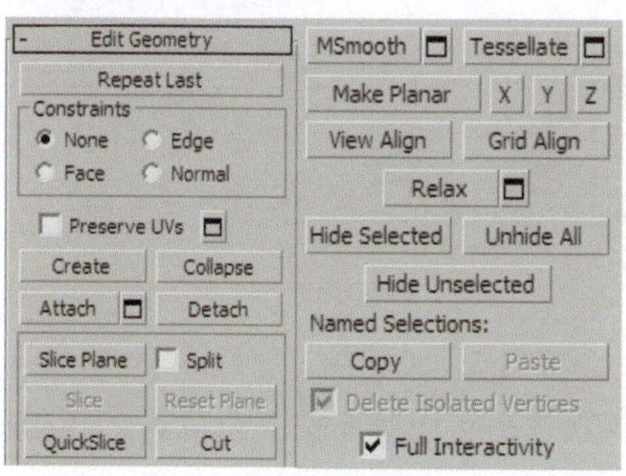

图6-33

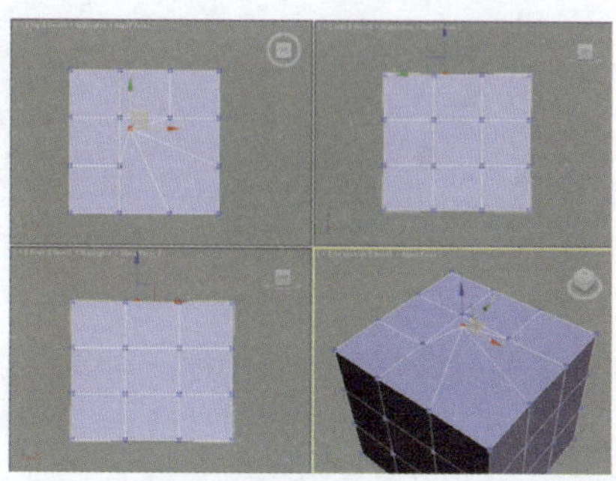

图6-34

Create（创建）命令可以在场景中创建新的子对象，如图6-35所示，在Vertex（顶点）子对象下使用该命令可以创建出新的单独的顶点对象。在Polygon（多边形）子对象层级下使用该命令可以在场景中创建出线段，将这些线段封闭起来就可以形成一个新的Polygon（多边形）子对象，如图6-36所示。

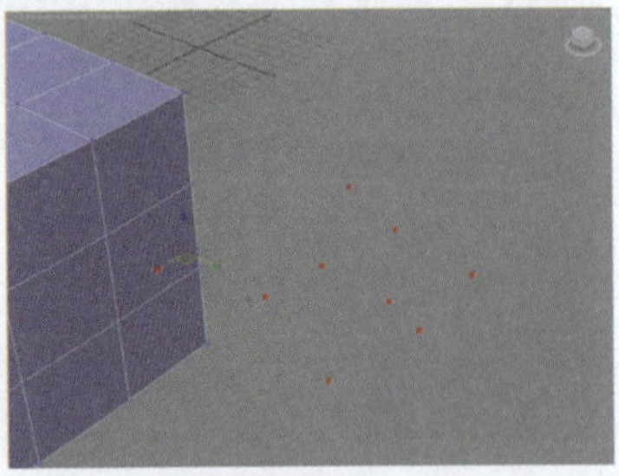

图6-35

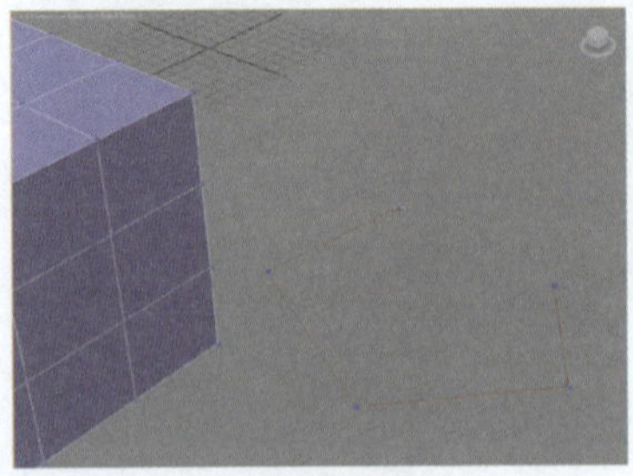

图6-36

Attach（附加）命令可以将其他的几何体附加到当前的多边形对象中形成元素子对象，如图6-37所示，场景中的这个小汽车的车身和车轮以及顶灯分别是单独的多边形对象，选择车身对象，然后使用Attach（附加）命令拾取车轮以及顶灯对象，可以将它们合并为一个多边形对象，附加后可以在Element（元素）子对象层级下选择车轮和顶灯部分，如图6-38所示。

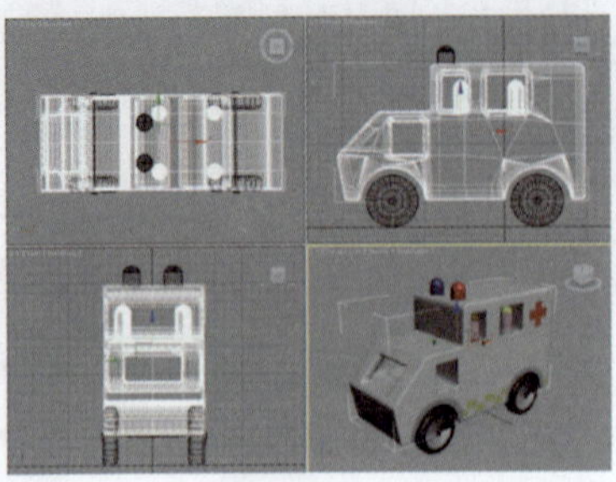

图6-37

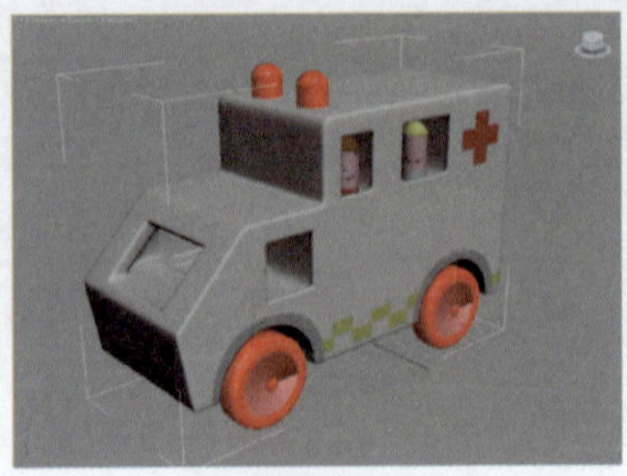

图6-38

使用Slice Plane（切平面）命令后，会在对象上产生一个黄色的平面，该平面穿过对象的部分会生成新的边。单击Slice Plane（切平面）按钮 Slice Plane ，然后再单击Slice（切片）按钮可以在对象上生成切平面所产生的边子对象，如图6-39所示。单击QuickSlice（快速切片）按钮 QuickSlice ，然后在场景中单击，可以直接在对象上进行切片操作，如图6-40所示。

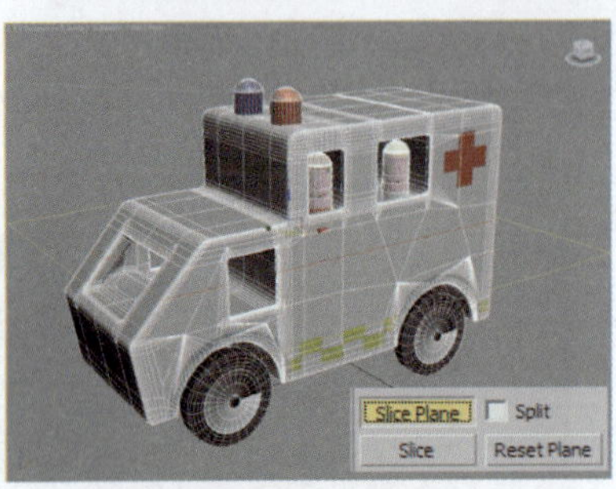

图6-39

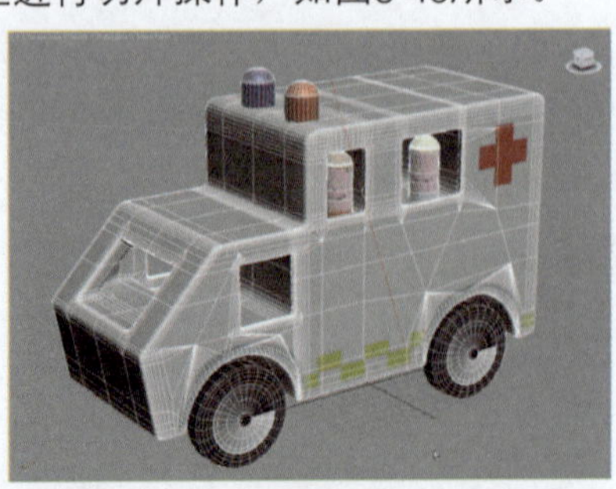

图6-40

Cut（切割）命令可以自由地在对象上添加线段。单击Cut（切割）按钮 Cut 后，在对象上单击以确定线段起始的顶点，然后移动鼠标指针再次单击可以确定第二个顶点，并在此之间建立一条线段，该操作具有连续性，右击以结束创建，如图6-41所示。在使用Cut（切割）命令时，鼠标指针移动到不同的子对象上会产生变换，图6-42所示分别为使用Cut（切割）命令时，鼠标指针移动到Vertex（顶点）、Edge（边）以及Polygon（多边形）上的效果。

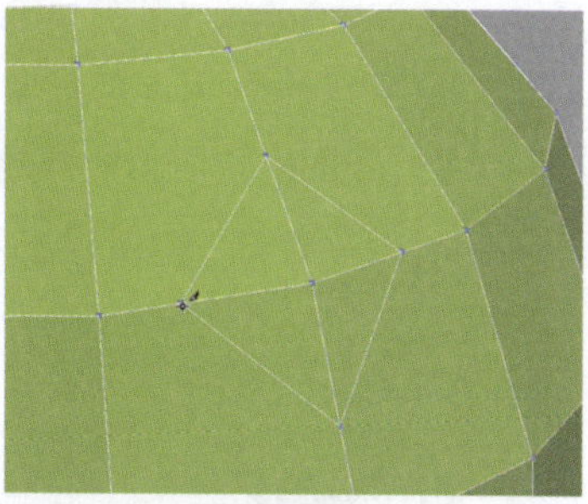

图6-41

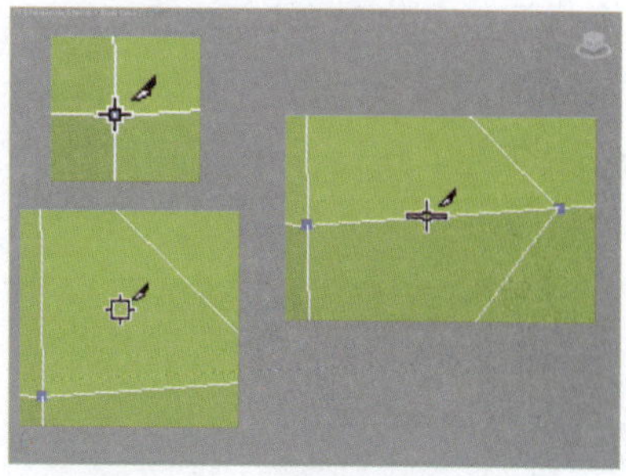

图6-42

6.2.4 编辑子对象

针对不同的子对象类型，可编辑多边形提供了非常多的编辑操作命令，如图6-43所示分别为在选择不同的子对象时Edit（编辑）卷展栏中所包含的命令，有些命令是几个子对象共用的，有些命令只存在于某个单独的子对象层级下。在使用多边形建模过程中会反复使用到这些操作命令，本小节将向读者详细地讲解每个操作命令的使用方法。

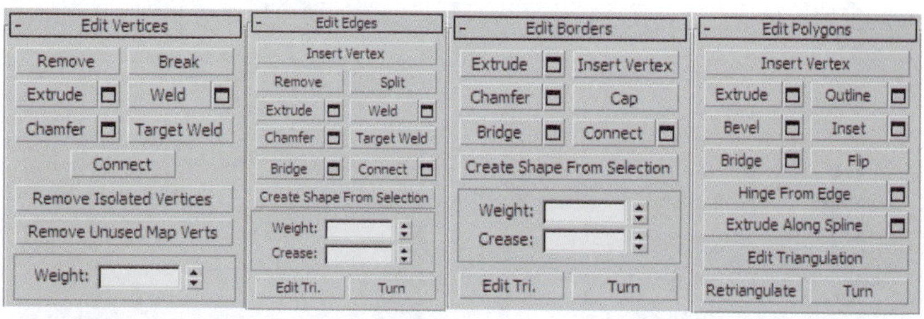

图6-43

1. Edit Vertices（编辑顶点）卷展栏中的常用命令

Remove（移除）命令可以将所选择的子对象移除掉，该命令在Vertex（顶点）和Edge（边）子对象层级下可用。移除命令仅将子对象从物体表面移除，但仍然保留字对象所在的面。图6-44所示为将选择的顶点移除后的效果。而图6-45所示的效果为将所选择的顶点使用【Delete】键删除后的效果。

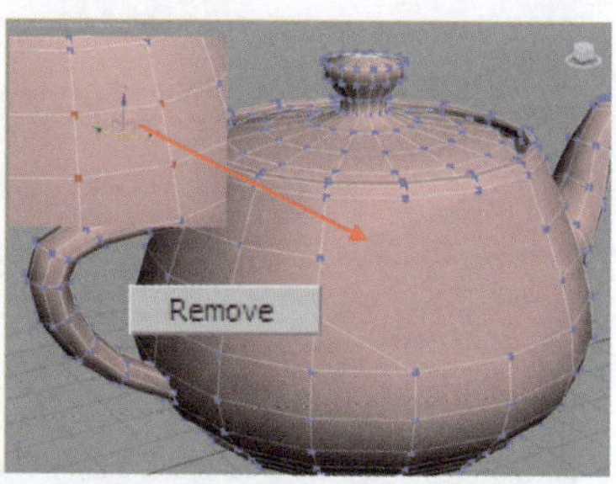

图6-44

图6-45

Break（断开）命令仅在Vertex（顶点）子对象层级下使用，它可以将选择的顶点断开，断开后的顶点数目取决于连接该顶点的线段数。如图6-46所示，选择一个顶点然后使用Break（断开）命令可以将该顶点分裂为4个新的顶点。Weld（焊接）命令与Break（断开）命令相反，它可以将分离的顶点焊接在一起。该命令在Edge（边）子对象层级也可用，但通常用来焊接顶点。单击Weld（焊接）按钮 Weld 旁的□小按钮会在视口中打开图6-47所示的浮动面板，在该面板中可以设置所焊接的顶点之间的距离。

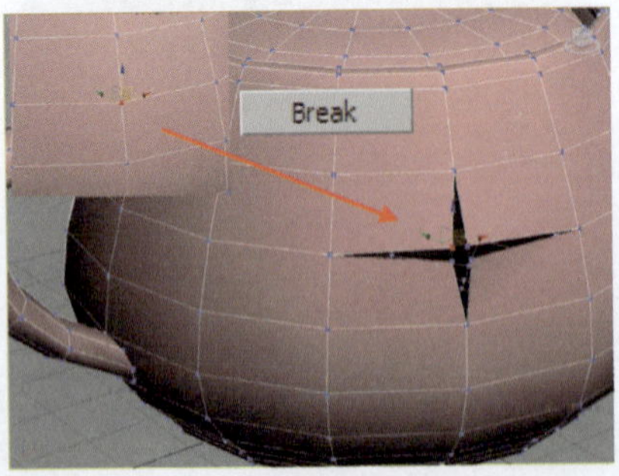

图6-46

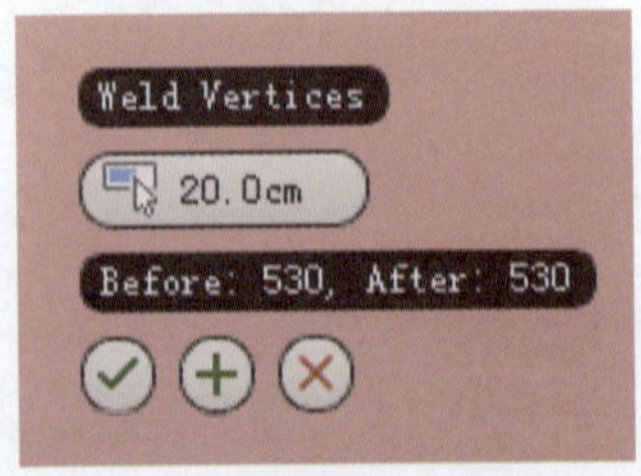

图6-47

所输入的参数表示在该距离内所选择的顶点将被焊接。图6-48所示为使用Weld（焊接）命令将分离的顶点焊接在一起。另一个焊接顶点的方法是使用Target Weld（目标焊接）命令，该命令可以将所选择的顶点焊接到目标顶点上，图6-49所示为将裂口右侧的两个顶点焊接到上方的顶点上。

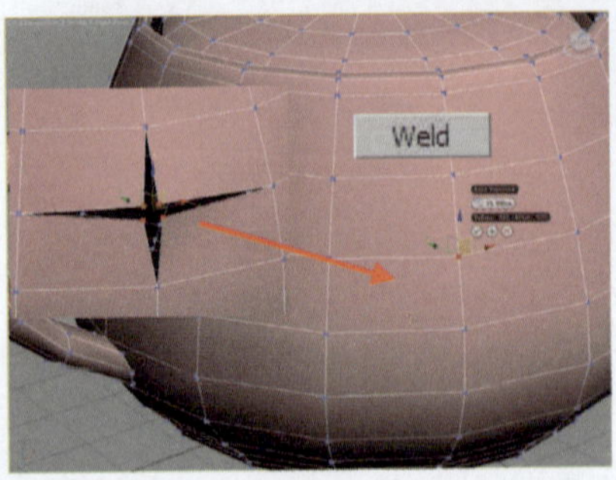

图6-48

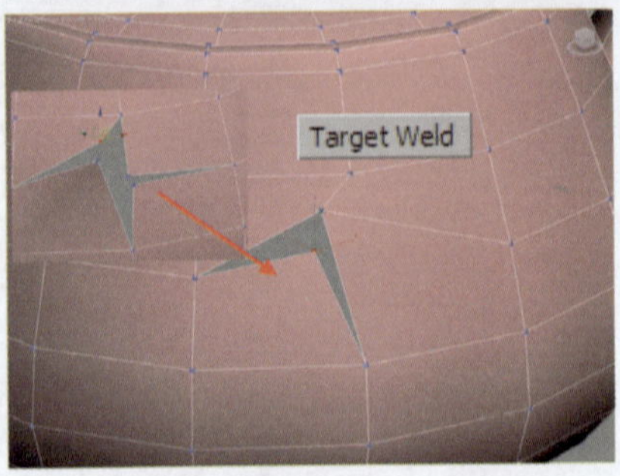

图6-49

Chamfer（切角）在Vertex（顶点）、Edge（边）以及Border（边界）子对象层级下都可用。图6-50所示为对顶点使用Chamfer（切角）命令的效果，所选择的顶点会分裂并在中间生成新的多边形。浮动小面板中的按钮用来设置是否对使用切角命令后形成的新的多边形部分进行封口。图6-51所示为单击该按钮后在切角的位置留下孔洞。

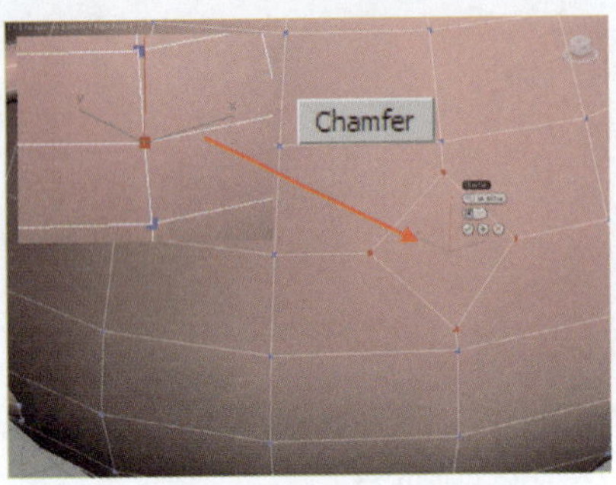

图6-50

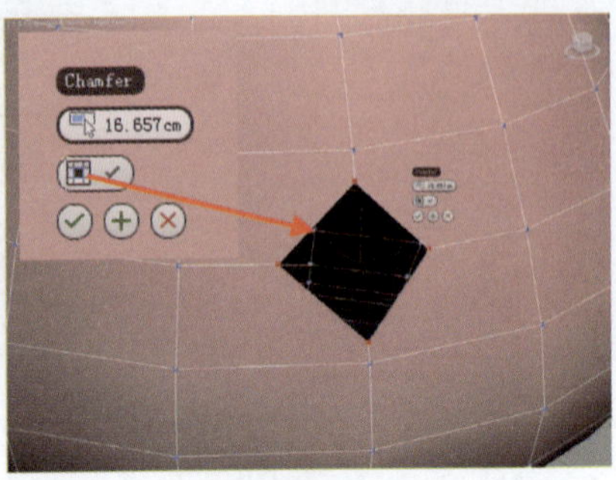

图6-51

对Vertex（顶点）使用Extrude（挤出）命令将沿法线方向移动并且创建新的多边形，形成挤出的面将顶点与对象相连，效果如图6-52所示。浮动面板中包含Height（高度）和Width（宽度）两个参数，高度参数用来控制挤出的高度，宽度参数用来控制挤出基面的大小，图6-53所示为增大挤出基面宽度的效果。

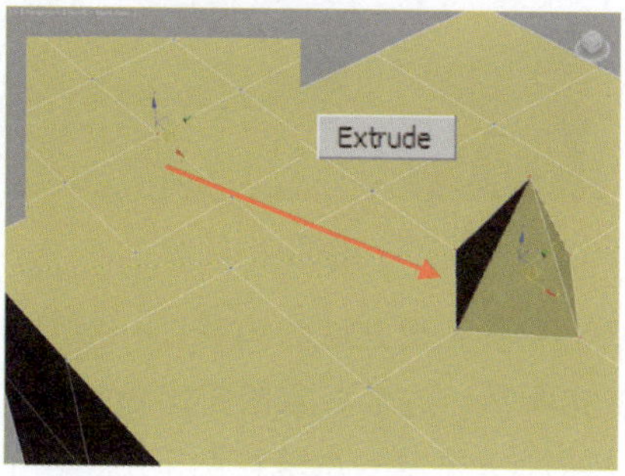

图6-52

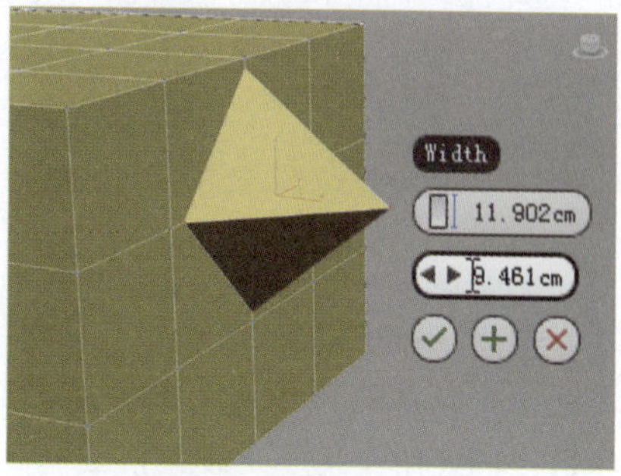

图6-53

Connect（连接）命令同样在顶点、边以及边界子对象下可以用，通常情况下用于在两个顶点直接建立新的边，如图6-54所示。选择两个不直接相连的顶点，使用Connect（连接）命令后会在这两个顶点之间生成一条新的边。在建模过程中某些操作可能会在几何体上残留下一些孤立的顶点，这些顶点并不与任何的边或面相关联，它们单独存在。可以使用Remove Isolated Vertices（移除孤立的顶点）命令将这些顶点移除掉，如图6-55所示，在不选择任何顶点的情况下直接使用Remove Isolated Vertices（移除孤立的顶点）命令就可以将对象上孤立的顶点全部移除掉。

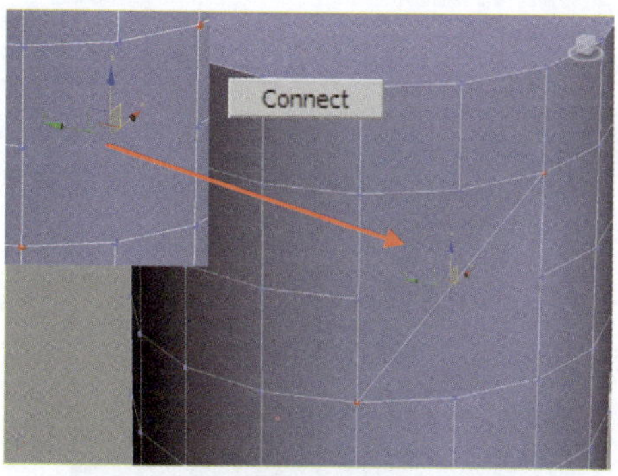

图6-54

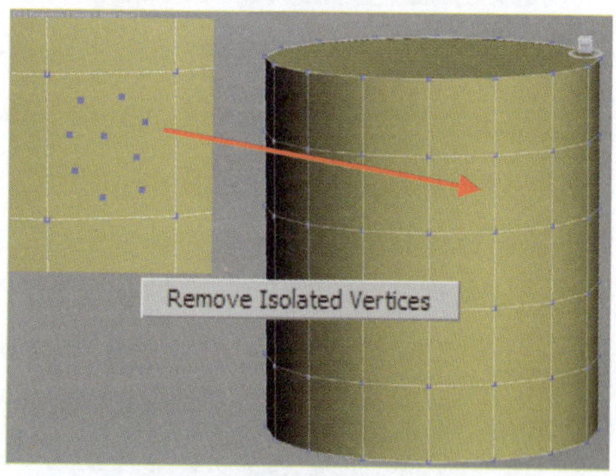

图6-55

2. Edit Edges（编辑边）卷展栏中的常用命令

对Edge（边）使用Chamfer（切角）命令可以“砍掉”选定边，从而创建连接生成原始顶点的所有可视边上新点的新多边形。这些新边正好是沿着每条边到原始边的 <切角量> 距离。图6-56所示为对边使用切角命令的效果。在使用边切角时，浮动小面板中会增加一个Connect Edge Segments（连接边分段）参数，设置该参数可以在切角边的中间产生分段效果，如图6-57所示。

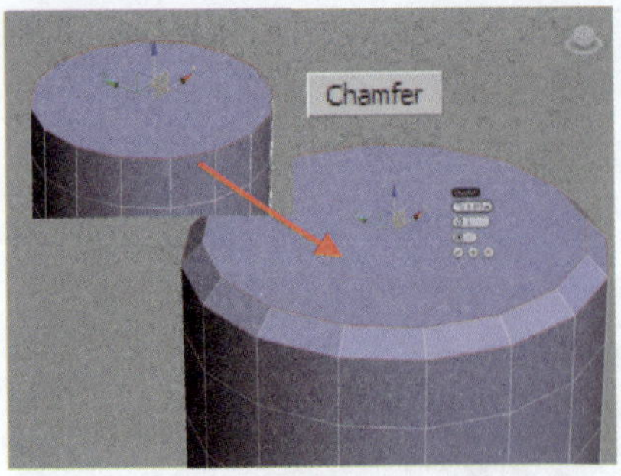

图6-56

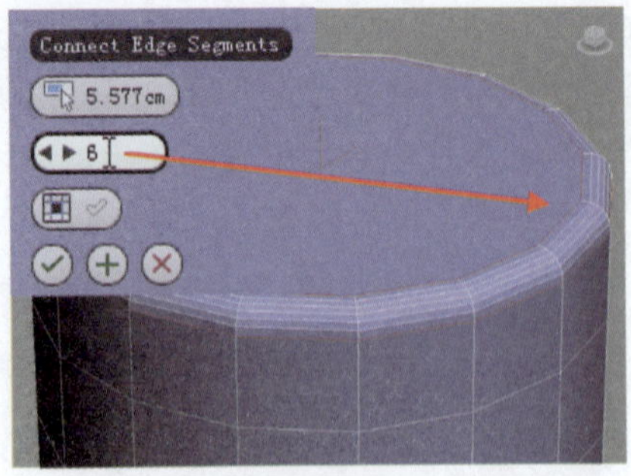

图6-57

对边子对象使用Extrude（挤出）命令时，该边界将会沿着法线方向移动，然后创建形成挤出面的新多边形，从而将该边与对象相连，如图6-58所示。边子对象的挤出命令浮动面板中也包含两个参数：Height（高度）设置挤出的高度，Width（宽度）用来控制挤出基面的大小，如图6-59所示。

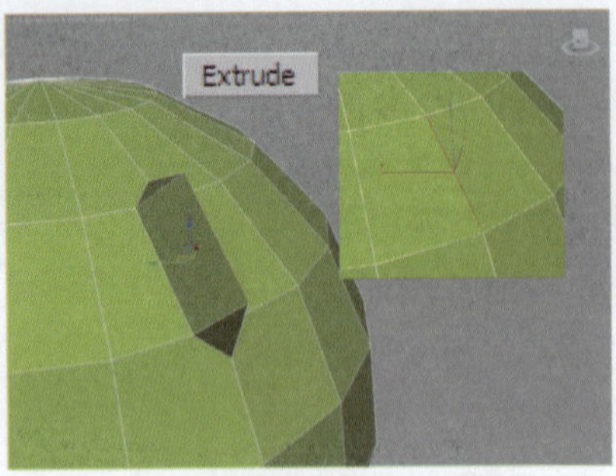

图6-58

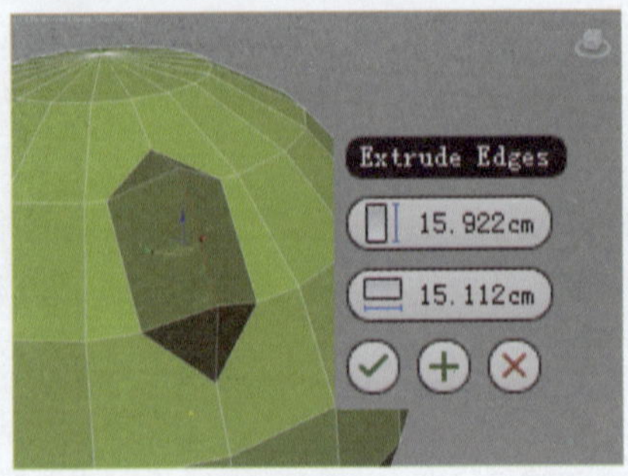

图6-59

Insert Vertex（插入顶点）命令可以在边子对象上创建新的顶点，使用该命令在多边形的线段上单击就可以创建新的顶点，如图6-60所示。Create Shape From Selection（从选择的边创建图形）命令能够以选择的边子对象为基础生成二维图形。选择边子对象后，单击Create Shape From Selection（从选择的边创建图形）按钮会弹出图6-61所示的对话框，可以选择Smooth（平滑）或Linear（线性）两种方式，图6-61中给出了这两种方式所创建的二维图形的效果。

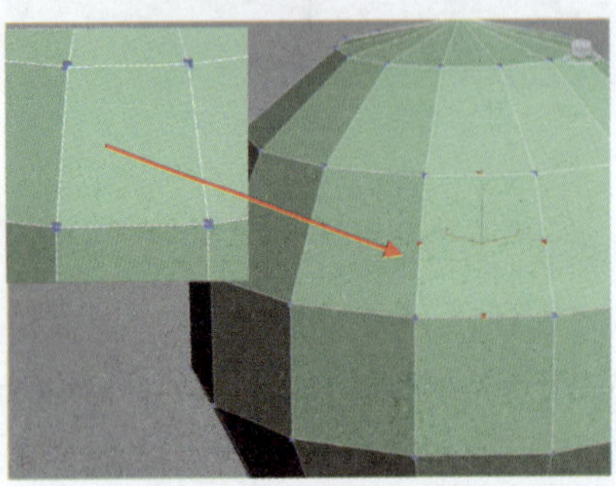

图6-60

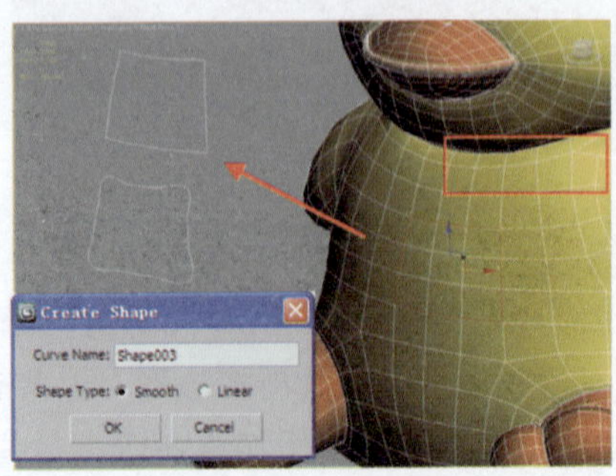

图6-61

3. Edit Borders（编辑边界）卷展栏中的常用命令

Cap（补洞）命令用来在孔洞上生成新的多边形，该命令只出现在Border（边界）子对象层级下，如图6-62所示，在Border（边界）子对象层级下选择对象的孔洞边缘，然后单击Cap（补洞）按钮，将会在孔洞处生成新的多边形对象，如图6-63所示。

图6-62

图6-63

Bridge（桥）命令可以在两个边界子对象之间生成新的多边形将它们连接起来，如图6-64所示为使用Bridge（桥）命令的效果。Bridge（桥）命令在边子对象和多边形子对象下都可用，它们的使用方法和所产生的效果基本相同，都是在所选择的两个子对象之间生成新的多边形连接。单击Bridge（桥）命令后的小按钮可以开启图6-65所示的浮动小面板进行相关的参数设置。

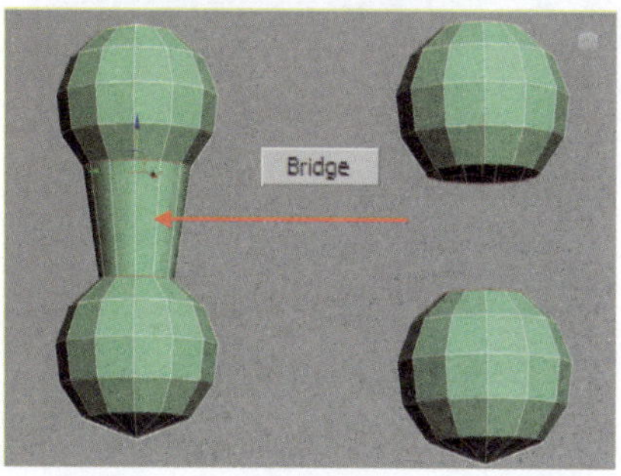

图6-64

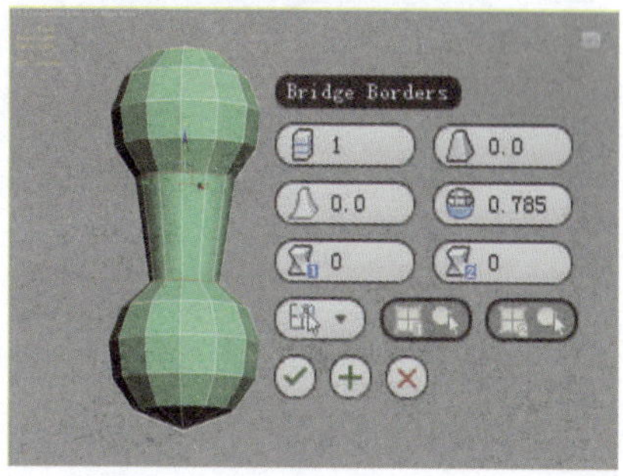

图6-65

Segments（分段）参数用来设置生成的多边形上的分段数量，图6-66所示为设置Segments（分段）数为5的效果。Taper（锥化）参数可以使连接部分产生锥化变形，负值向内变形，正值向外变形。

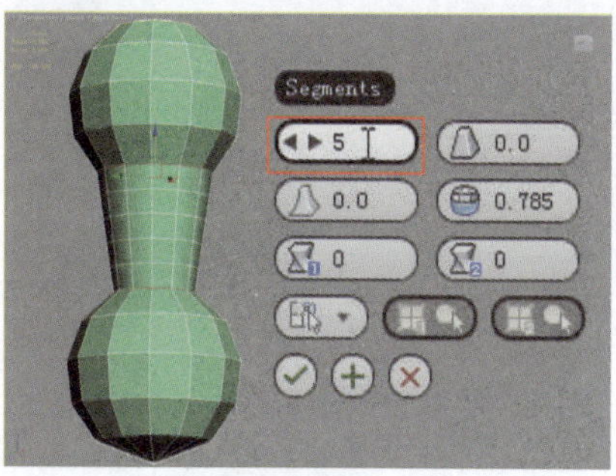

图6-66

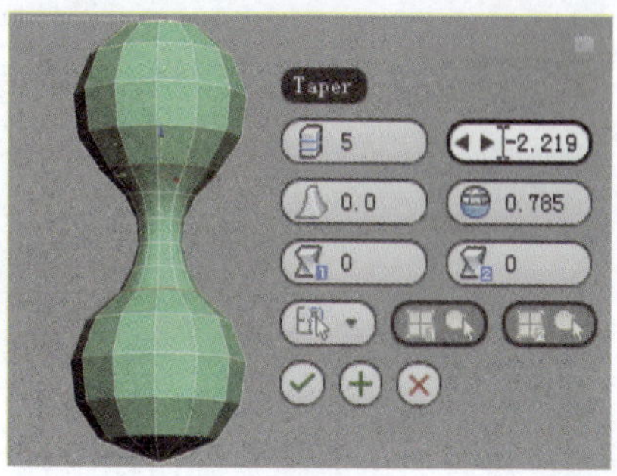

图6-67

Bias（偏移）参数用来设置锥化的中心偏移量，图6-68所示为设置Bias（偏移）参数使锥化中心朝下方偏移。Smooth（平滑）参数用来设置是否对连接部分的多边形进行自动平滑，该参数表示列间的最大夹角，图6-69所示为设置该参数平滑连接部分的多边形。

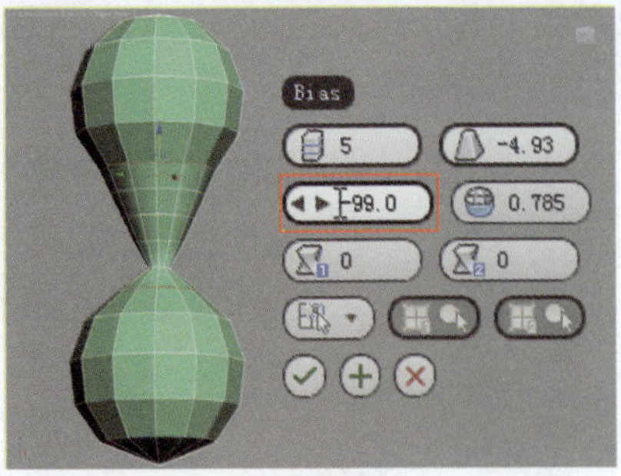

图6-68

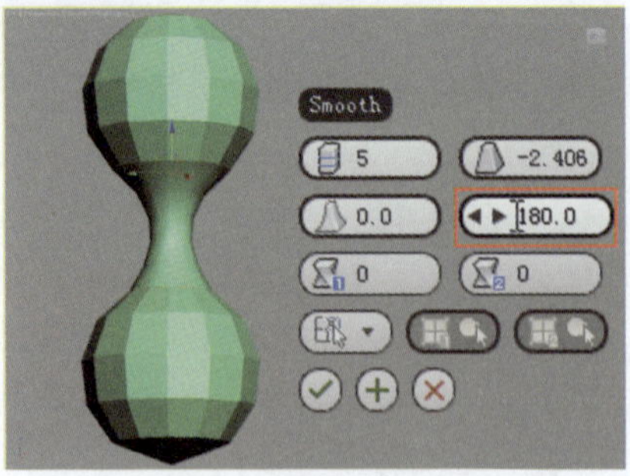

图6-69

设置Twist（扭曲）参数可以使连接的多边形部分产生扭曲变形，如图6-70所示。Twist 1和Twist 2这两个参数分别用来表示不同的扭曲顺序，图6-71所示为设置Twist 2的效果。

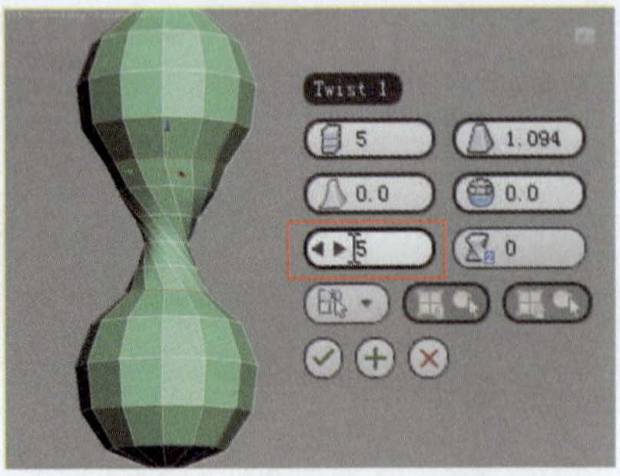

图6-70

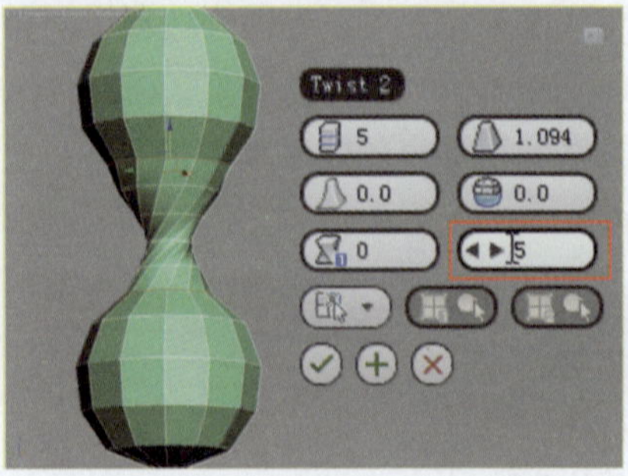

图6-71

4. Edit Polygons（编辑多边形）卷展栏中的常用命令

在Polygon（多边形）子对象层级下使用Extrude（挤出）命令时，多边形将会沿着法线方向移动，然后创建形成挤出边的新多边形，从而将选择与对象相连，图6-72所示为对多边形子对象使用Extrude（挤出）命令的效果。浮动面板中的Height（高度）参数用来设置挤出的高度，如图6-73所示。

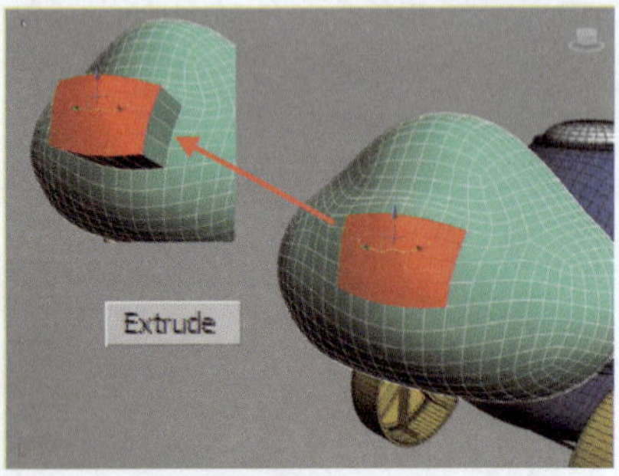

图6-72

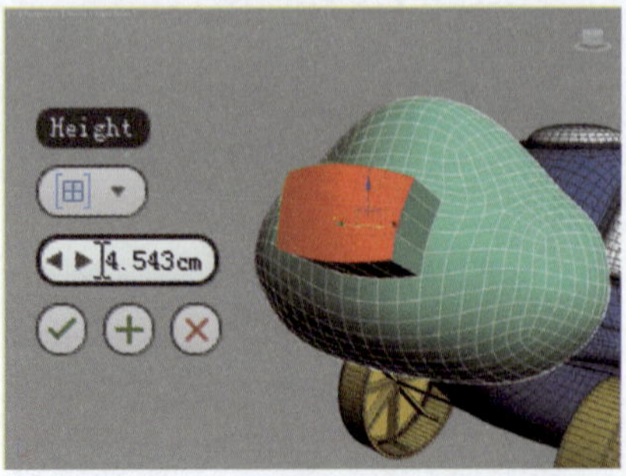

图6-73

单击按钮后的小箭头会弹出图6-74所示的下拉选项，里面包含有3种挤出的类型。By Polygon（按多边形）类型表示独立地挤出所选择的每一个多边形，图6-75所示为使用By Polygon（按多边形）类型的效果。Local Normal（局部法线）类型表示沿着每一个选定的多边形法线执行挤出，如图6-75所示。Group（组）类型表示沿着每一个连续的多边形组的平均法线执行挤出。默认使用的是Group（组）类型。

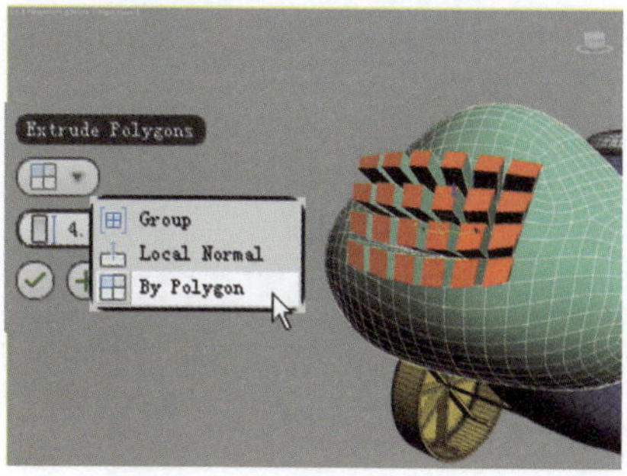

图6-74

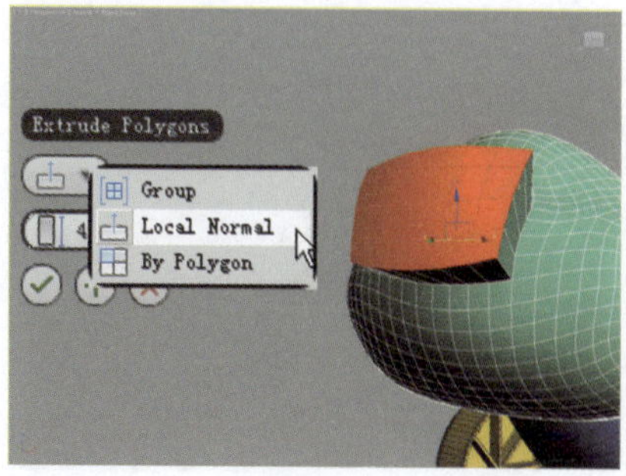

图6-75

Bevel（倒角）命令和Extrude（挤出）命令的效果类似，它可以在挤出多边形的基础上进行倒角操作，图6-76所示为使用Bevel（倒角）命令的效果。倒角命令的浮动面板和Extrude（挤出）命令基本一样，只是多了一个Outline（轮廓）参数用来控制倒角量的大小，图6-77所示为对每一个多边形进行单独的倒角操作。

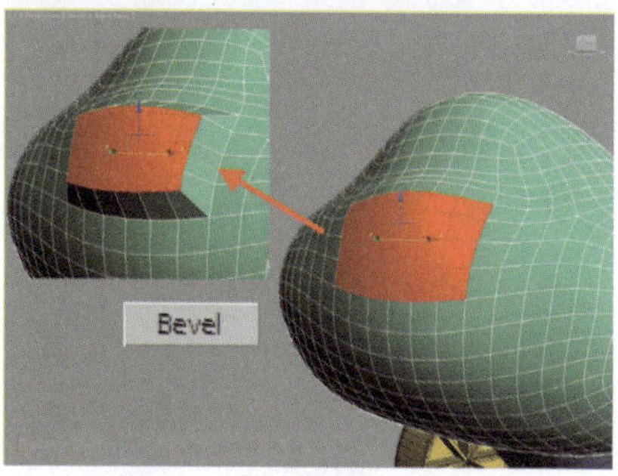

图6-76

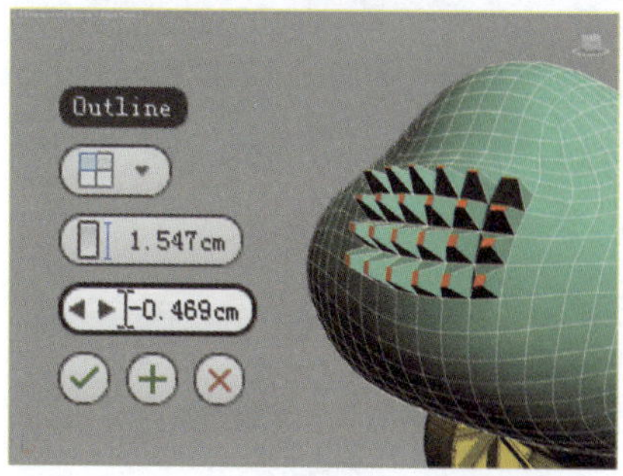

图6-77

Inset（插入）命令的效果类似于没有高度的倒角操作，如图6-78所示，它在选择的多边形的内部产生新的多边形，并与之相连接。Inset（插入）命令包含Group（组）和By Polygon（按多边形）两种插入类型，图6-79所示为选择By Polygon（按多边形）类型的效果。

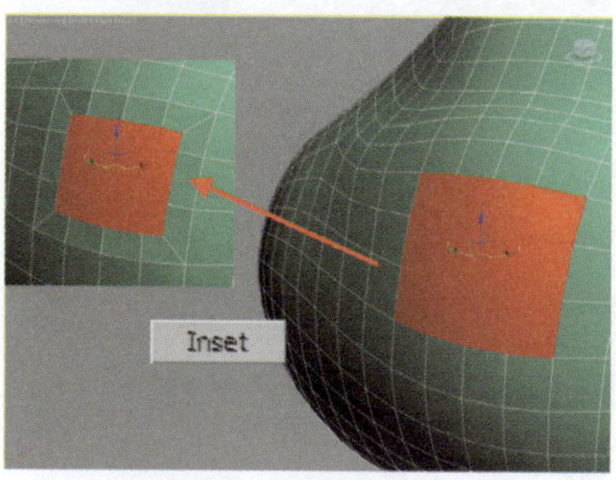

图6-78

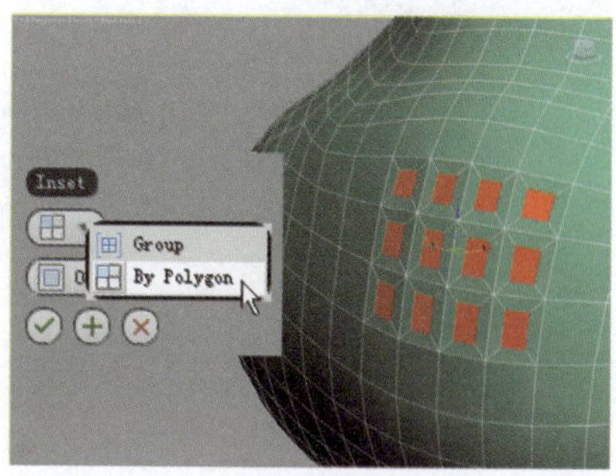

图6-79

Outline（轮廓）命令用于增加或减小每组连续的选定多边形的外边，图6-80所示为使用Outline命令的效果。Filp（翻转）命令用于翻转所选择多边形的法线，这个命令通常在多边形不可见时使用，图6-81所示为使用Filp（翻转）命令翻转多边形法线的效果。

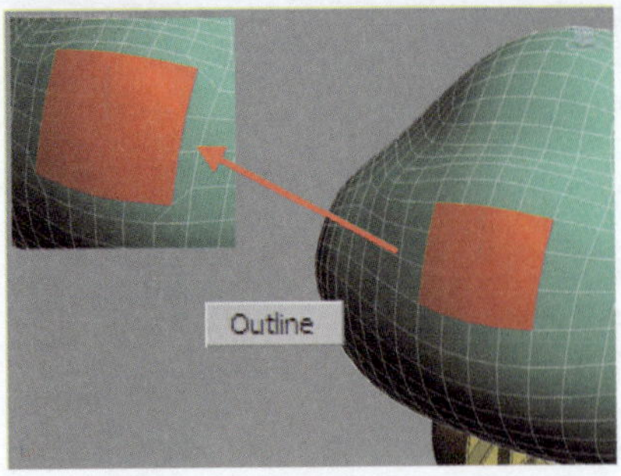

图6-80

图6-81

Hinge From Edge（从边旋转）命令将选择的多边形绕着某条边旋转，然后创建形成旋转边的新多边形，从而将选择与对象相连，图6-82所示为使用该命令后的效果。单击浮动面板中的Pick Hinge（拾取边）图标可以拾取旋转的边。如果拾取的旋转边属于选定多边形，将不会对边执行挤出操作，如图6-83所示。

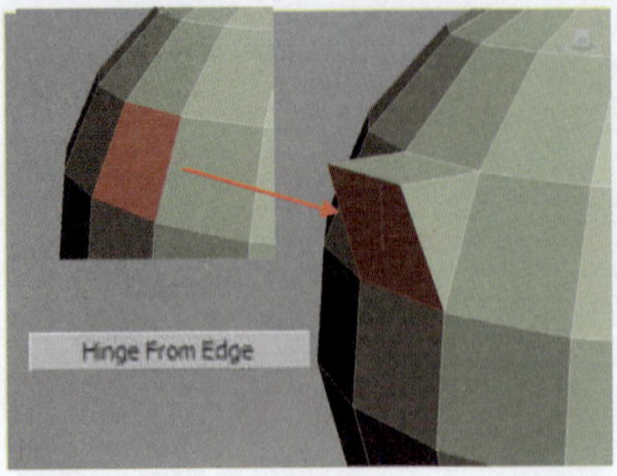

图6-82

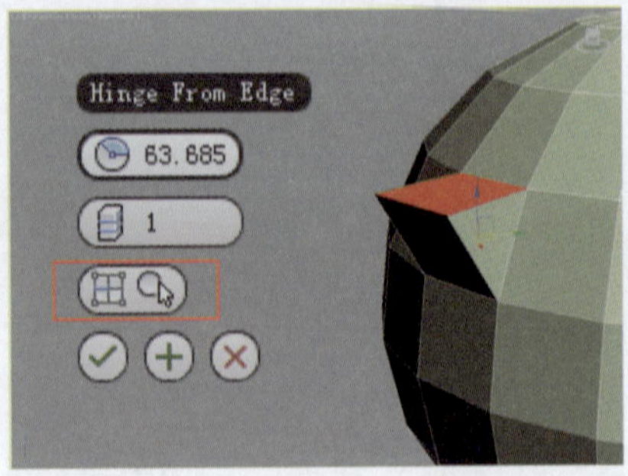

图6-83

Angle（角度）参数用来设置渲染的角度，图6-84所示为设置负值朝对象的内部旋转。Segments（分段）参数控制旋转生成的新的多边形上的分段数量，图6-85所示为设置分段数为5的效果。

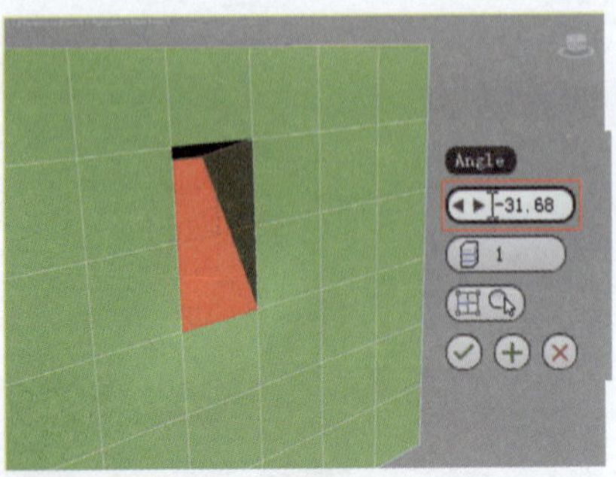

图6-84

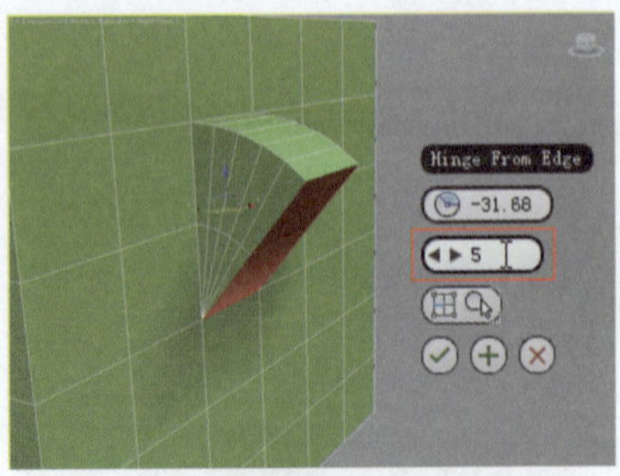

图6-85

Extrude Along Spline（沿样条线挤出）命令可以将选择的多边形沿着样条线挤出生成新的形态。下面通过一个小实例来向读者讲解该命令的使用方法。

知识应用：制作牛角
原始文件：场景和素材\第6章\制作牛角原始文件.max
最终文件：场景和素材\第6章\制作牛角最终文件.max
核心技能：Extrude Along Spline（沿样条线挤出）。

Step 1 打开光盘中提供的“场景和素材\第6章\制作牛角原始文件.max”，如图6-86所示，场景中有一个卡通牛的多边形对象。

Step 2 在Front（前）视口中创建一条图6-87所示的二维样条线作为挤出牛角的路径。

图6-86

图6-87

Step 3 选择多边形对象，进入Polygon（多边形）子对象层级，选择图6-88所示的多边形对象。

Step 4 单击（沿样条线挤出）按钮 Extrude Along Spline 旁的小按钮开启图6-89所示的浮动面板。

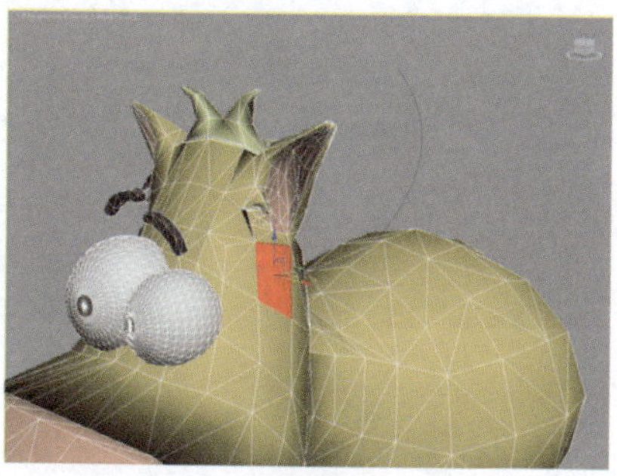

图6-88

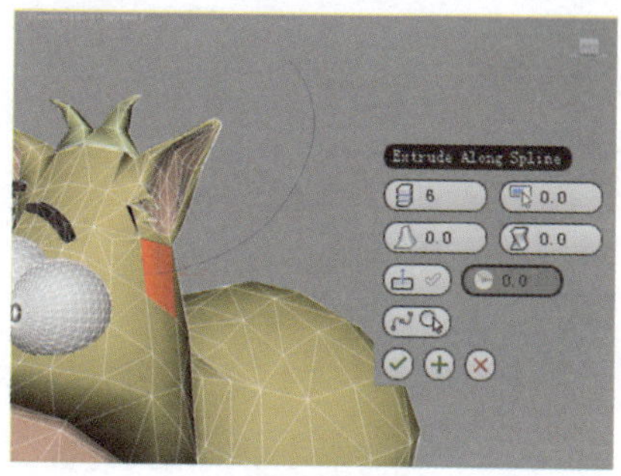

图6-89

Step 5 在浮动面积中单击Pick Spline（拾取样条线）图标，然后在场景中拾取刚才绘制的二维样条线，形成图6-90所示的效果。

Step 6 将Taper Amount（锥化数量）设置为–0.9，使牛角的顶部缩小，如图6-91所示。

图6-90

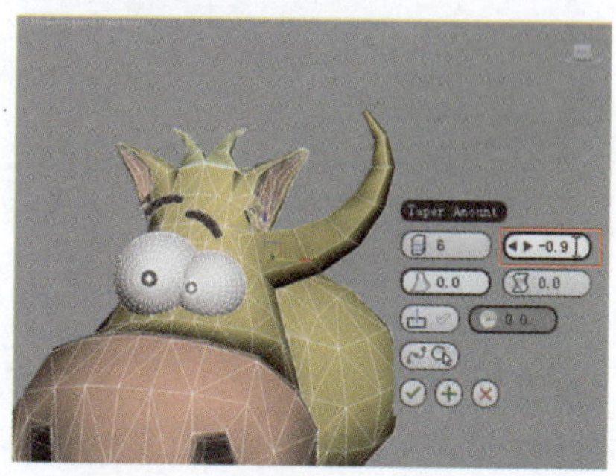

图6-91

Step 7 将二维样条线镜像到另一侧，并再次重复之前的操作，创建出另一边的牛角，如图6-92所示。该按钮的最终完成效果如图6-93所示。

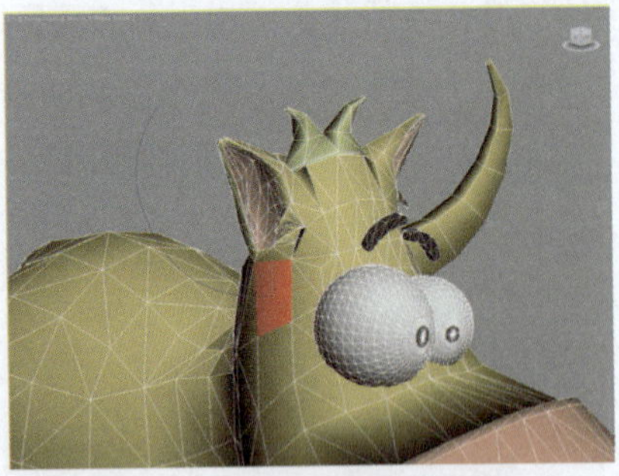

图6-92

图6-93

Segments（分段）参数用来设置挤出形成的多边形的分段数量，图6-94所示为设置分段数为2的效果。设置Taper Amount（锥化数量）可以使挤出部分产生锥化变形，图6-95所示为设置锥化参数为正值，使顶端部分变大。

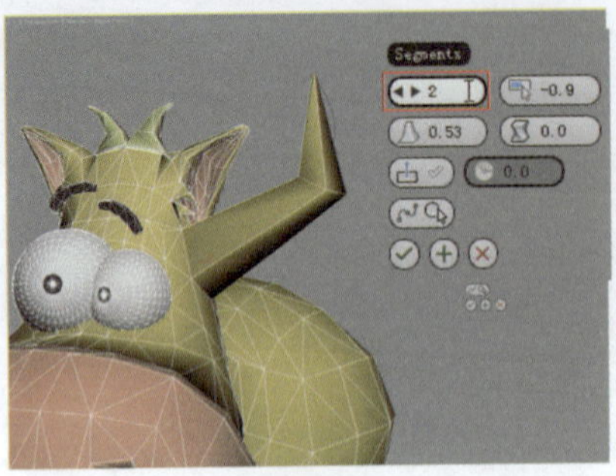

图6-94

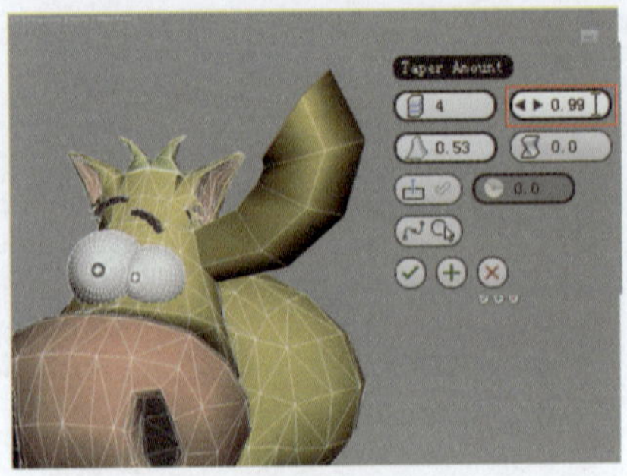

图6-95

Taper Curve（锥化曲线）参数用来设置继续进行的锥化率，图6-96所示为设置锥化曲线参数使挤出部分中间变细。Twist（扭曲）参数可以使挤出的多边形产生扭曲变形，如图6-97所示。

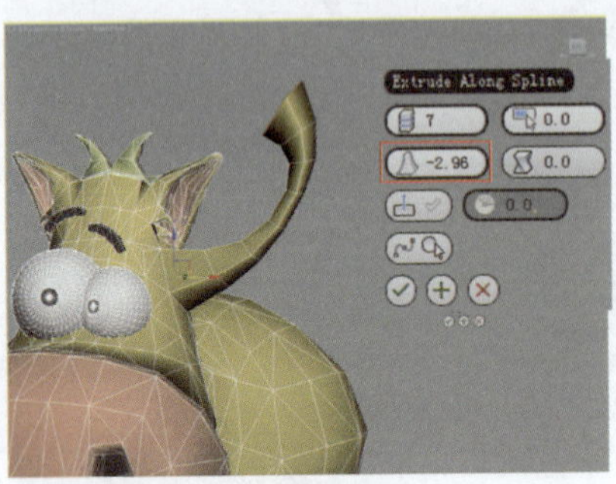

图6-96

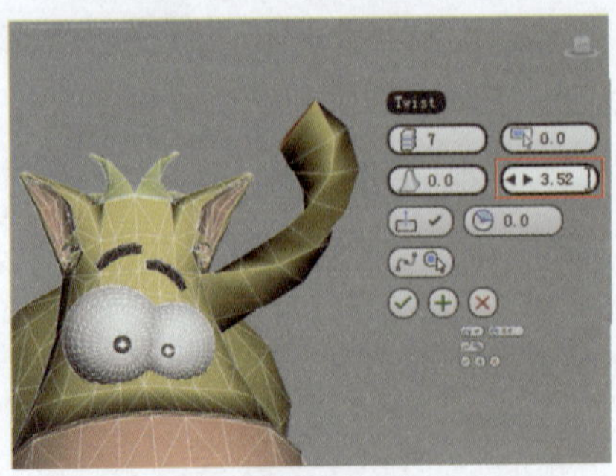

图6-97

单击浮动面板中的图标可以使挤出多边形时按照面的法线来生长，使用该功能后，挤出部分将不再按照样条线路径方向，如图6-98所示。使用对齐到面法线后会激活Rotation（旋转）选项，设置该参数可以使挤出的多边形产生旋转，如图6-99所示。

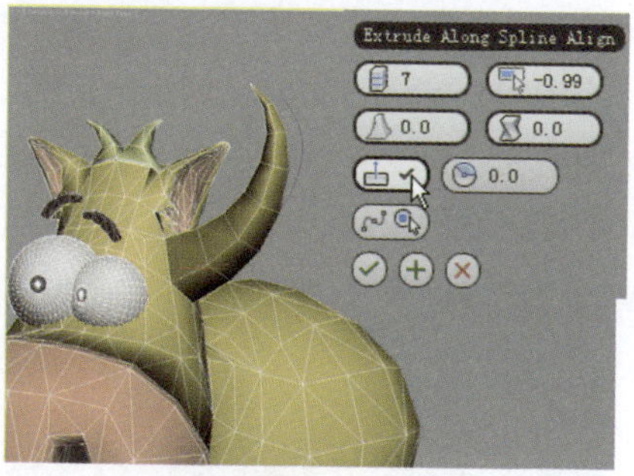

图6-98

图6-99

6.3 多边形的细分

使用多边形所创建的模型最后还要进行细分曲面，从而达到平滑的效果。图6-100所示为使用多边形工具编辑完成后的汽车模型的形态，图6-101所示为给模型细分后的效果，细分模型增加了更多的面，从而达到最终的理想效果。

图6-100

图6-101

6.3.1 细分工具

在3ds Max中有多种方法可以对模型进行细分操作，本节将向读者介绍如何使用这些细分工具。

1. 多边形的细分卷展栏

在Editable Poly（可编辑多边形）的Subdivsion Surface（细分曲面）卷展栏可以对多边形进行细分设置，图6-102和图6-103所示为多边形的Subdivsion Surface（细分曲面）卷展栏中所包含的参数命令。

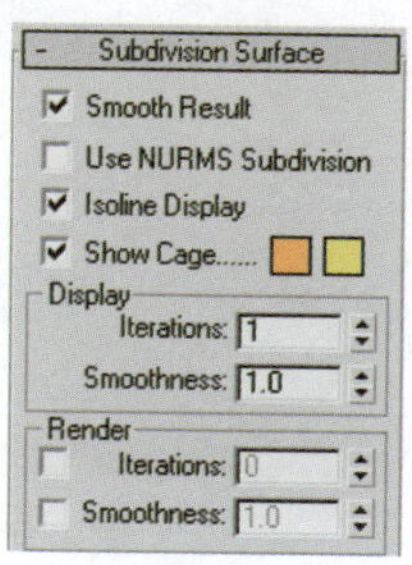

图6-102

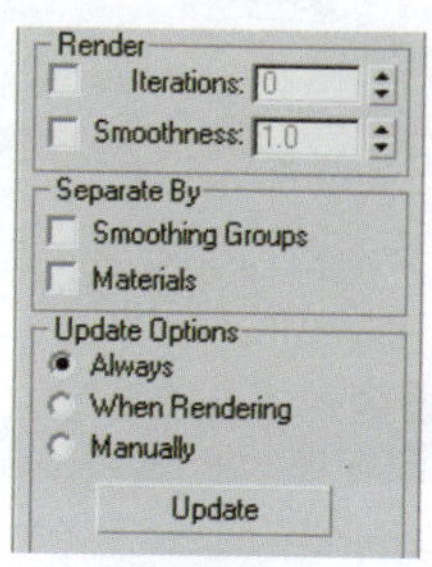

图6-103

Subdivsion Surface（细分曲面）卷展栏可以在任意的子对象层级下进行使用，图6-104所示为一个创建完成的还没有进行细分的汽车模型。在Subdivsion Surface（细分曲面）卷展栏中勾选Use NURMS Subdivsion（使用NURMS细分）复选框，如图6-105所示，此时对象的形态并没有产生明显的变化，看上去好像只是设置了一个平滑组后的效果。

图6-104

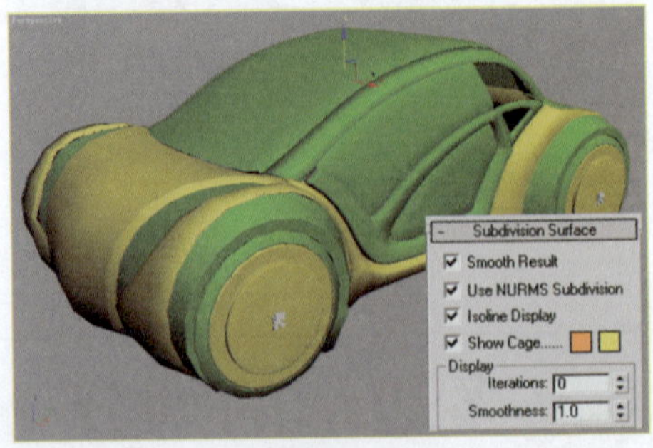

图6-105

在Display（显示）选项组中将Iterations（迭代次数）设置为1，如图6-106所示，此时可以看到模型的形态发生了比较大的变化，在有转角的地方变得更加平滑了。将该参数设置为2，如图6-107所示，可以看到此时的模型效果已经非常精致了，几乎看出不来之前的多边形原始形态。

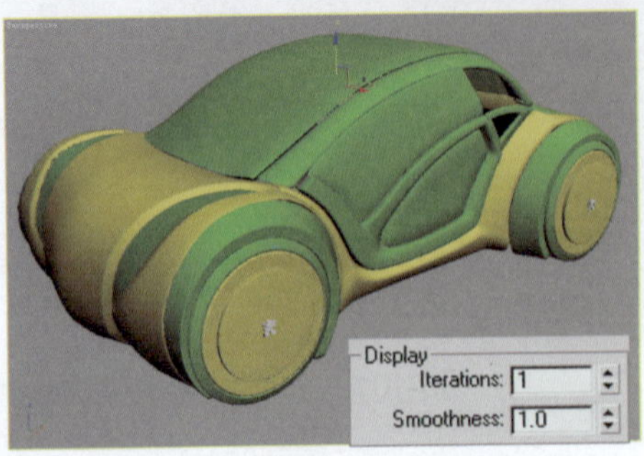

图6-106

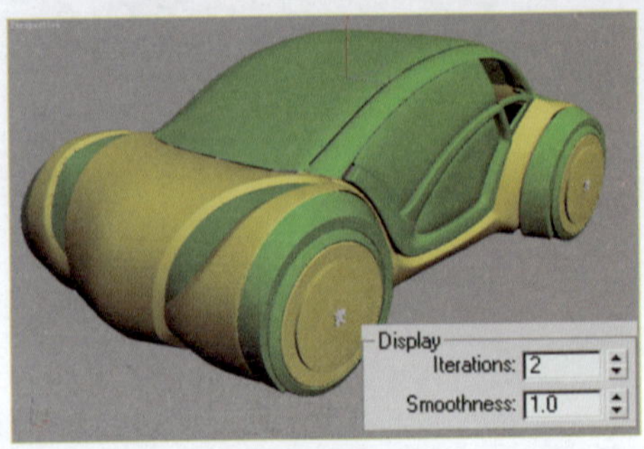

图6-107

Smoothness（平滑度）参数确定添加多边形使其平滑前转角的尖锐程度。如果值为0，将不会创建任何多边形。打开边面显示模式，图6-108所示为将该参数设置为0.8的效果，可以看到对象经过细分后产生了三角面。图6-109所示为将该参数设置为1的效果，可以看到对象的每一个面都进行了细分，没有产生三角面。

图6-108

图6-109

Smooth Result（平滑结果）复选框用来控制是否对细分后的对象进行表面的平滑设置，如图6-110所示。在默认状态下该复选框是勾选的，对象细分后可以观察到平滑的效果，如果取消勾选该复选框，会变为图6-111所示的没有平滑的效果，会明显地观察到细分后所产生的面效果。

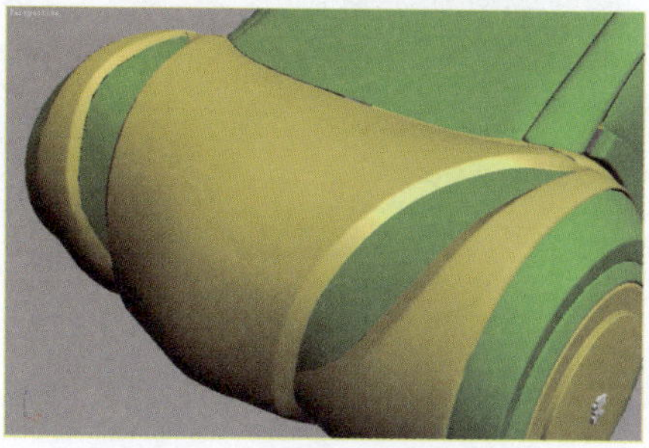

图6-110

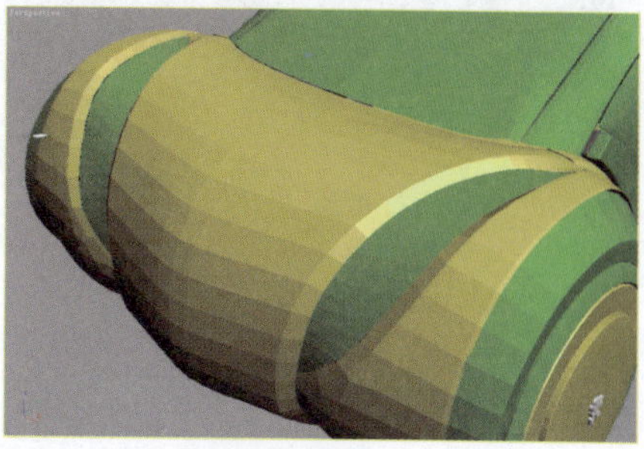

图6-111

Isoline Display（等值线显示）复选框可以在平滑后显示对象的原有边效果，如图6-112所示，在没有勾选Isoline Display（等值线显示）复选框的情况下进行平滑可以看到对象显示出了平滑后实际所产生的多边形效果。如图6-113所示，当勾选了该复选框后，对象将只显示原有的边的效果，但是对象仍然是平滑后的效果。

图6-112

图6-113

Show Cage（显示框架）复选框可以在细分后显示对象的框架，如图6-114所示，如果不勾选该复选框，对象将不显示框架。勾选Show Cage（显示框架）复选框后，如图6-115所示，对象上出现了桔黄色的框架。用户可以对线框的颜色进行更改。

图6-114

图6-115

Render（渲染）选项组用来设置对象渲染时的平滑迭代次数，如图6-116所示，此时对象在场景中的Iterations（迭代次数）为0，没有产生细分效果。在Render（渲染）选项组中将Iterations（迭代次数）设置为2进行渲染，效果如图6-117所示，对象产生了细分后的平滑效果。

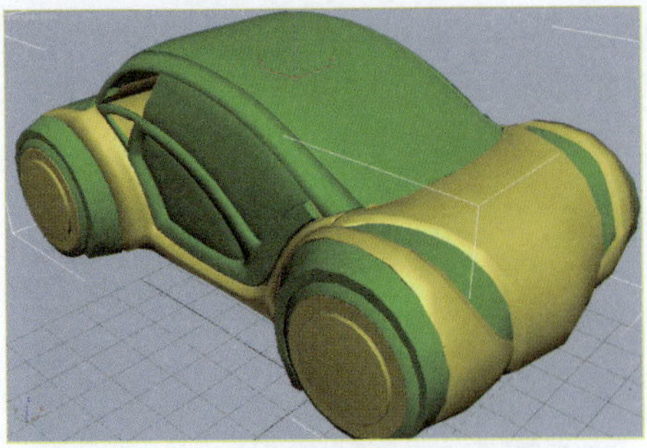

图6-116

图6-117

2. 网格平滑修改器

另一种给对象进行细分的方式是添加MeshSmooth（网格平滑）修改器，如图6-118所示。网格平滑修改器提供了更多的细分设置，并且可以选择3种不同类型的细分方式，图6-119所示为将一个Hetra（异面体）以NURMS方式进行细分的效果。

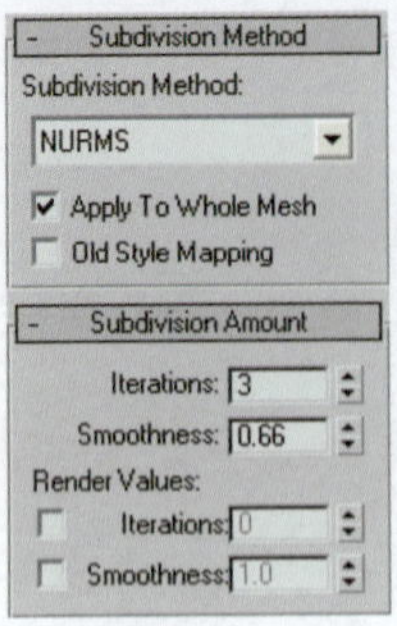

图6-118

图6- 119

Classic（古典）类型可以生成三面和四面的多边形来进行细分，图6-120所示为选择Classic（古典）类型的细分效果。Quad Output（四边形输出）类型仅生成四面的多边形，图6-121所示为选择Quad Output（四边形输出）类型的细分效果。

图6-120

图6-121

Apply To Whole Mesh（应用于整个网格）复选框可以控制细分效果是否应用于整个网格对象。不勾选该复选框，进入多边形的Vertex（顶点）子对象层级选择一个顶点，图6-122所示，只有这个顶点产生了细分效果，而其他部分没有变化。当勾选该复选框后，整体对象都产生了细分效果，如图6-123所示。

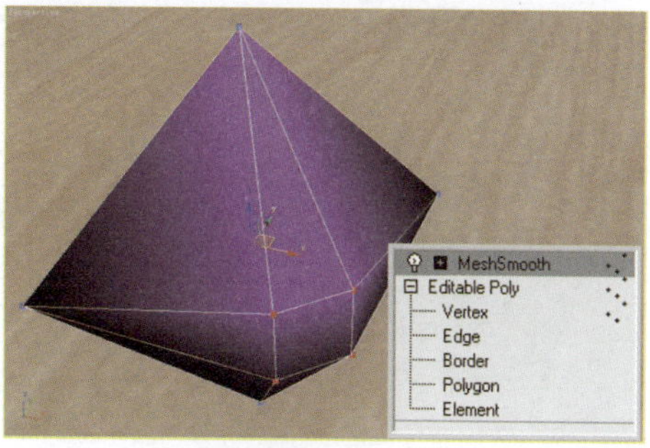

图6-122

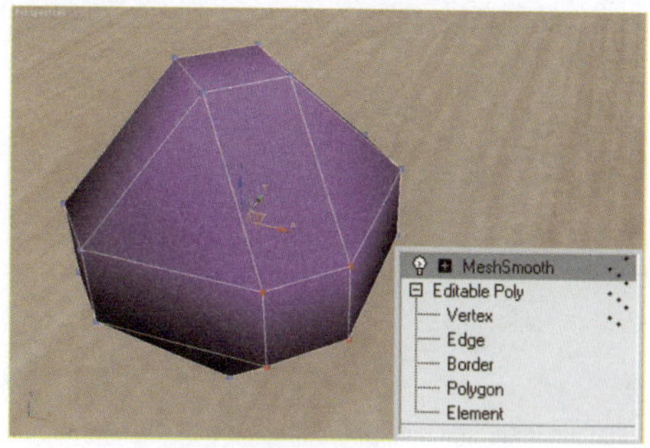

图6-123

Local Control（局部控制）卷展栏可以对顶点和边进行单独的参数设置，图6-124所示为Local Control（局部控制）卷展栏。图6-125所示为一个多边形对象在设置了Iteration（迭代次数）为3后的细分效果。

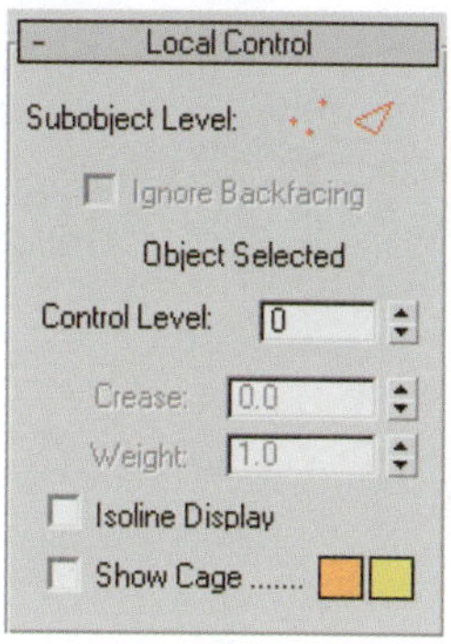

图6-124

图6-125

Local Control（局部控制）卷展栏中包含Vertex（顶点）和Edge（边）两种子对象，如图6-126所示，进入Vertex（顶点）子对象层级，选择多边形上的几个顶点。将Weight（权重）参数设置为0后，对象细分将变为图6-127所示的效果。该参数用来设置选定顶点或边的权重，增加顶点权重会朝该顶点拉动平滑结果。

图6-126

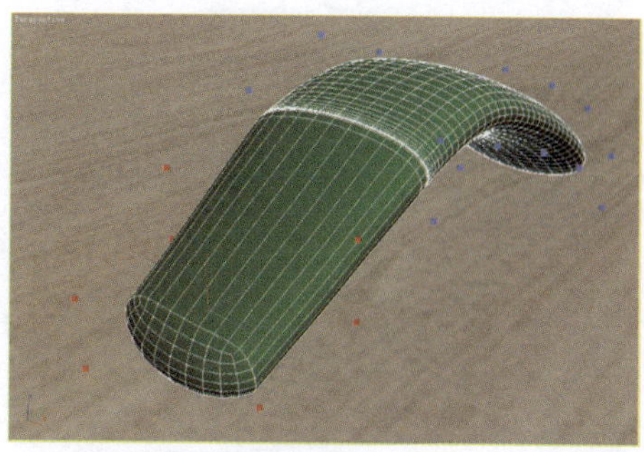

图6-127

进入Edge（边）子对象层级中将会显示出对象原有的多边形框架，如图6-128所示。Control Level（控制级别）参数用于在一次或多次迭代后查看控制网格，并在该级别编辑子对象点和边，图6-129所示为设置Control Level（控制级别）为1后的框架效果。

图6-128

图6-129

选择所有的边对象，将Crease（折缝）参数设置为1，如图6-130所示，对象的边没有产生平滑，仍然保持了原有的形态。图6-131所示为将Crease（折缝）参数设置为0.7的效果，可以看到对象的边产生了微弱的变形效果。该参数用来创建曲面不连续，从而获得褶皱或唇状结构等清晰边界。

图6-130

图6-131

Settings（设置）卷展栏可以用来设置编辑的对象是三角面还是多边形面，图6-132所示为Settings（设置）卷展栏。图6-133所示为Resets（重置）卷展栏，使用此卷展栏可将所做的任何更改以及编辑折缝更改、顶点权重和边权重的更改恢复为默认或初始设置。

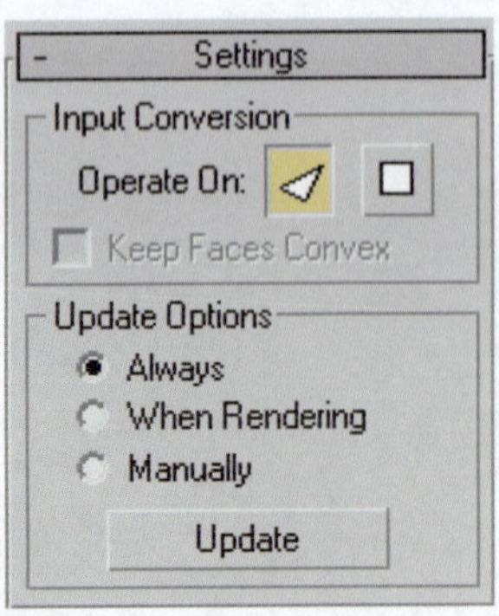

图6-132

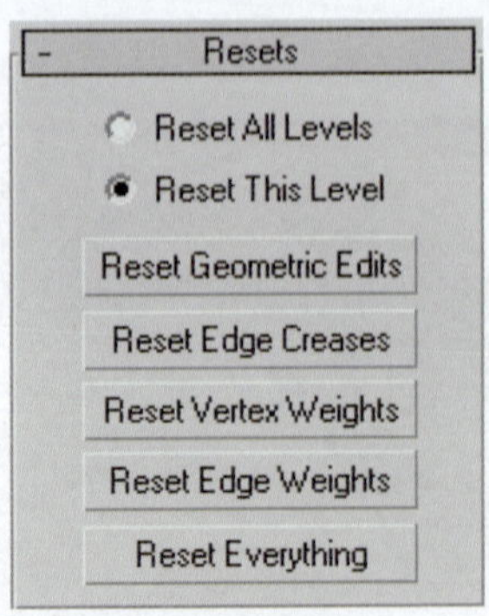

图6-133

TurboSmooth（涡轮平滑）修改器是一种新的细分修改器，图6-134所示为TurboSmooth（涡轮平滑）修改器的卷展栏。从效果上来看TurboSmooth（涡轮平滑）修改器和MeshSmooth（网格平滑）修改器是相同的，如图6-135所示，但是涡轮平滑修改器比网格平滑能更快并更有效地利用内存。

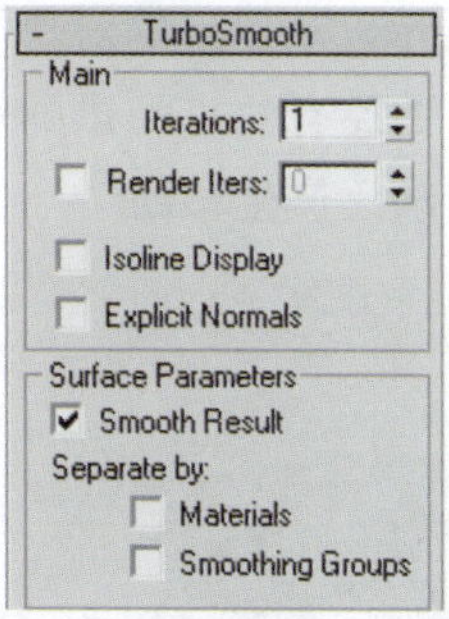

图6-134

图6-135

注意

使用这几种方法对模型进行细分的原理都基本相同，用户在制作过程中可以根据模型的特点来选择使用哪种细分方法。

6.3.2 细分是如何进行的

细分实际上就是通过增加多边形的面数来使模型产生平滑效果，下面以一个简单的Box（长方体）对象来向读者说明细分到底是如何增加多边形的面的。图6-136所示为一个转换为可编辑多边形的长宽高分段都为1的长方体对象。给对象使用细分，设置Iterations（迭代次数）为1，此时长方体变形为了如图6-137所示的效果，可以看到原先的每一个面被划分为了4个新的面。

图6-136

图6-137

将Iterations（迭代次数）参数设置为2，如图6-138所示，在已经细分的基础上，每个面又重新划分为了4个新的面，此时长方体对象的轮廓趋近于一个球体了。当Iterations（迭代次数）参数设置到3时，对象的面已经比较多了，而外形轮廓已经完全变成了一个球体，如图6-139所示。

图6-138

图6-139

进入多边形的Vertex（顶点）子对象层级，如图6-140所示，从显示的对象原有框架可以看出，当启用了细分后，细分产生的面有着强烈的收缩趋势，而原有的点和边则对模型起着牵引和抑制的作用。如图6-141所示，移动对象的原有顶点细分会随之产生移动。

图6-140

图6-141

6.3.3 布线对细分效果的影响

上一小节向读者讲解了细分是如何进行的，读者应该能了解到多边形的原始结构对最终的细分起着至关重要的影响。本节将向读者介绍布线是如何影响细分的效果的。仍然使用简单的一个Box（长方体）对象。使用Connect（连接）命令在对象的高度方向上添加一圈边，如图6-142所示。此时对长方体进行细分，设置迭代次数为3，效果如图6-143所示。可以看到长方体细分后不再是一个标准的球体，在高度的方向上变长了。

图6-142

图6-143

继续使用Connect（连接）命令添加两条新的边，将长方体在高度方向上分成4段，如图6-144所示。再次进行细分，效果如图6-145所示。可以看到细分后的效果接近于圆柱体了，由于在高度方向上有3条边，所以这部分的变形被抑制了。

图6-144

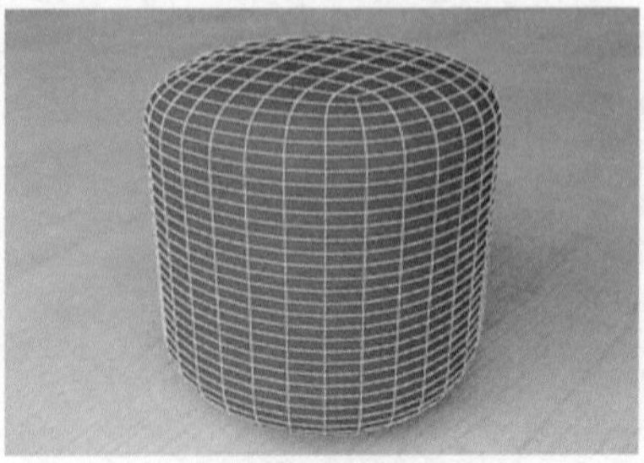

图6-145

进入多边形的Polygon（多边形）子对象层级，选择顶部的面使用Inset（插入）命令在其中插入一个新的多边形，如图6-146所示。然后进行细分，如图6-147所示，此时的对象已经形成一个标准的切角圆柱体形态了。

图6-146

图6-147

6.4 实战演练

通过前面部分的讲解，读者已经对多边形建模的原理以及各种工具的使用有了较为详细的了解，本章将结合这些知识创建一部摄像机模型。

知识应用：多边形建模 最终文件：场景和素材\第6章\创建摄像机模型.max 核心技能：多边形工具的使用。	

1. 摄像机的镜头部分制作

Step 1 首先从摄像机的镜头开始创作，在场景中创建一个Tube（管状体）对象，如图6-148所示。

Step 2 将这个对象转换为可编辑多边形，在Edge（边）子对象层级下对边缘进行Chamfer（切角）操作，如图6-149所示。

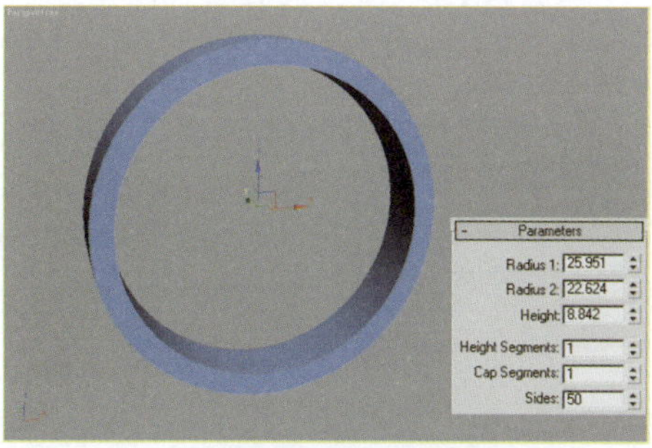

图6-148

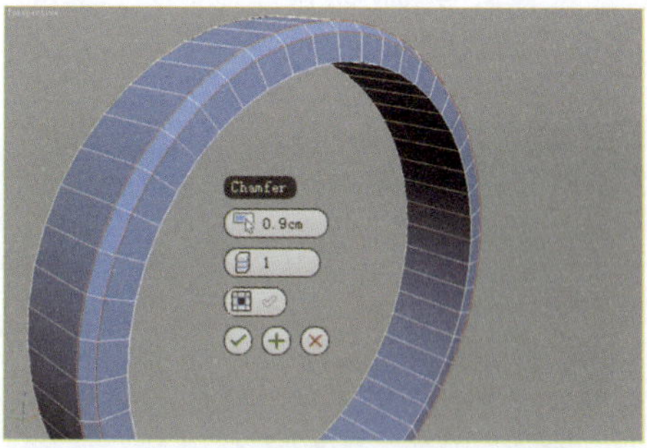

图6-149

Step 3 对使用切角命令产生的边再次使用Chamfer（切角）命令，设置非常小的切角量，并添加2个分段，如图6-150所示。

Step 4 进入Polygon（多边形）子对象层级，使用组合键【Ctrl+A】选择所有的面，给它们设置一个平滑组，如图6-151所示。

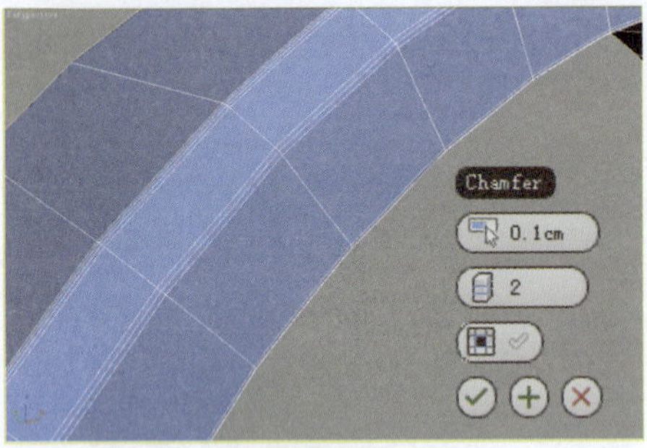

图6-150

图6-151

Step 5 在Left（左）视口中绘制一个如图6-152所示的二维图形，将样条线的Steps（步数）设置为1。

Step 6 给样条线添加一个Lathe（车削）修改器，设置Degrees（度数）为360°，得到图6-153所示的三维对象。

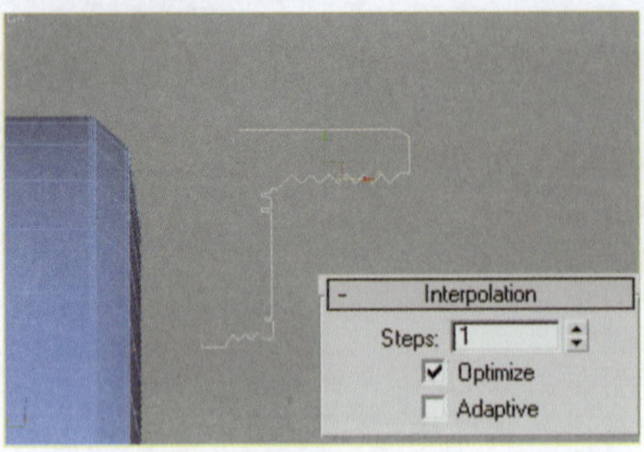

图6-152

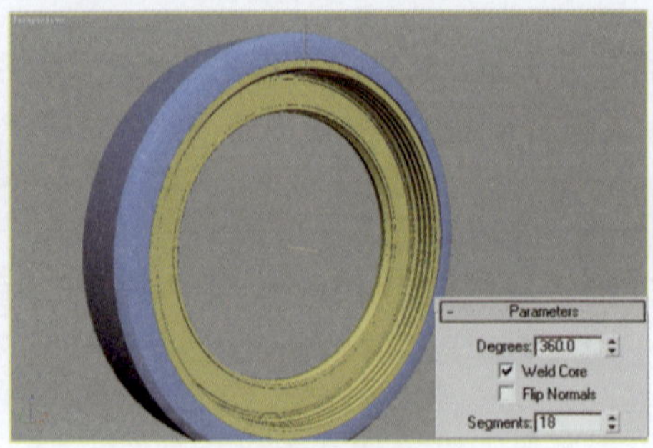

图6-153

Step 7 在场景中创建一个Sphere（球体）对象，将它转换为可编辑多边形，然后保留图6-154所示的面，将其余部分删除。

Step 8 选择后方的边界按住【Shift】键进行拉伸，得到图6-155所示的效果。该对象作为镜头中的镜片。

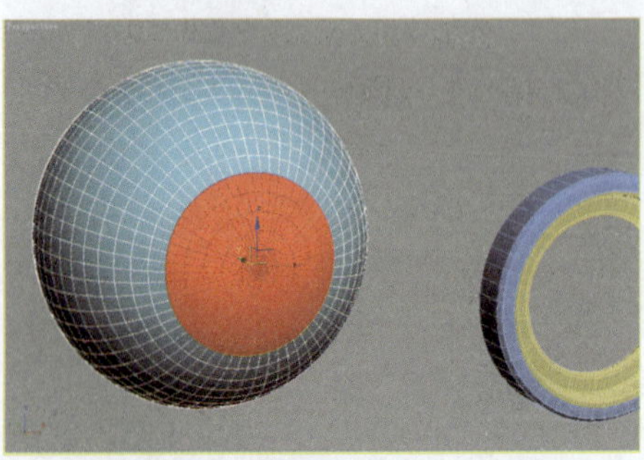

图6-154

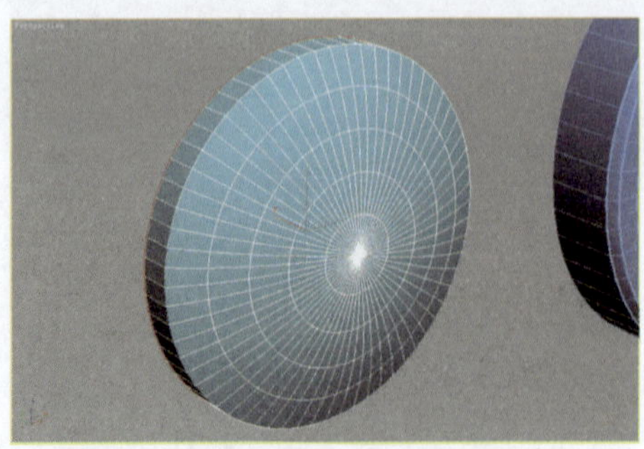

图6-155

Step 9 继续在场景中创建一个Tube（管状体）对象并转换为可编辑多边形，然后在前段图6-156所示的位置使用Connect（连接）命令添加一圈线段。

Step 10 使用Cut（切割）命令在图6-157所示的位置进行加线操作。

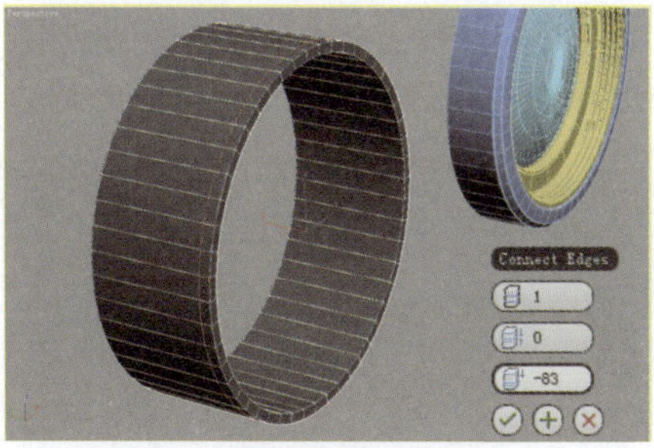

图6-156

图6-157

Step 11 使用Extrude（挤出）命令将切割出的线段中间的面向下挤出，并在Front（前）视口中调整点的位置，如图6-158所示。

Step 12 对挤出的面再次连续使用3次挤出命令，得到图6-159所示的效果。

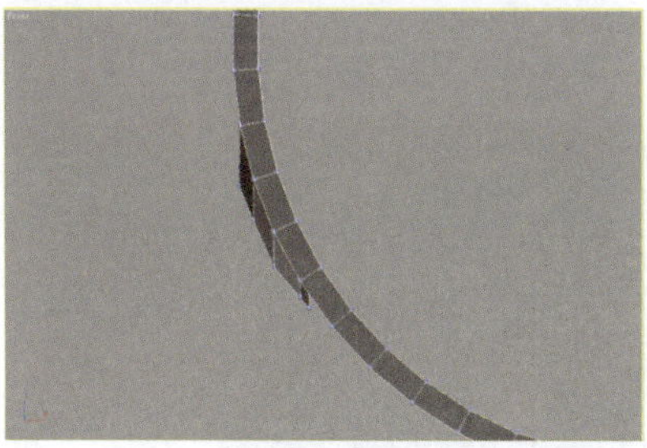

图6-158

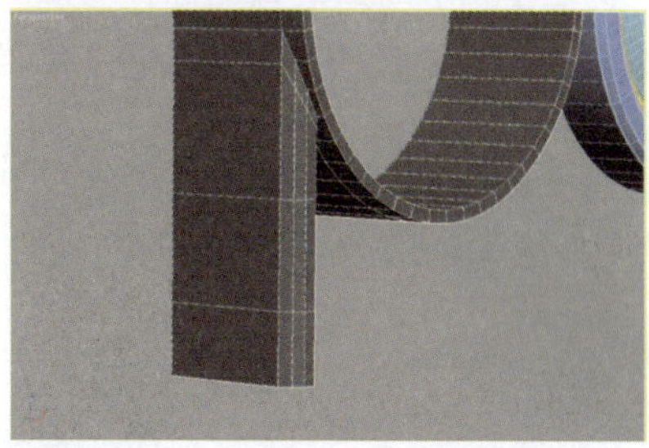

图6-159

Step 13 在底部的面上进行调整，得到图6-160所示的效果。

Step 14 对这个调整出的面使用3次挤出命令得到图6-161所示的效果。

图6-160

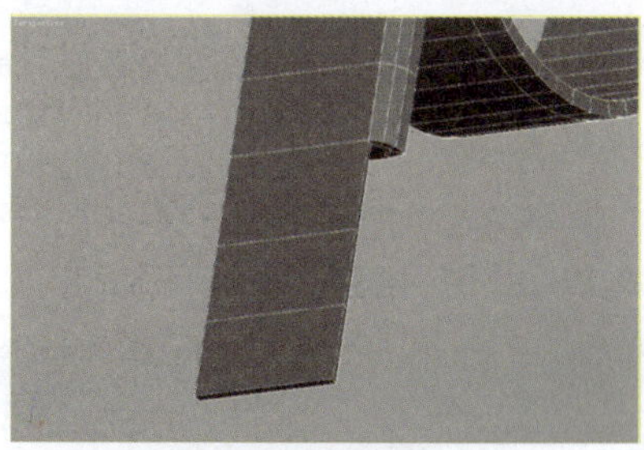

图6-161

Step 15 在Left（左）视口中调整顶点的位置，形成图6-162所示的弧形效果。

Step 16 进入Polygon（多边形）子对象层级，将图6-163所示的面删除掉。

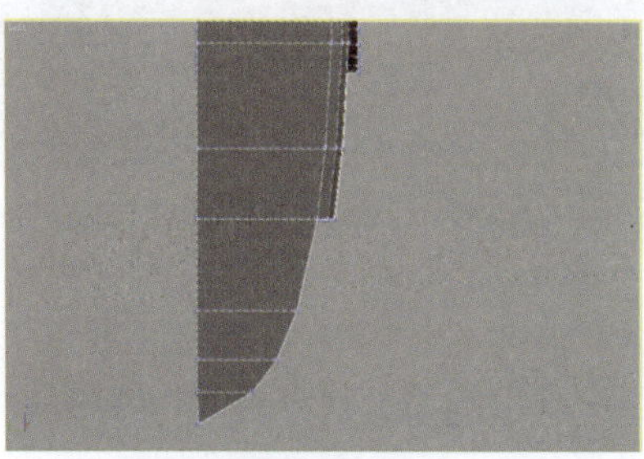

图6-162

图6-163

Step 17 按照相似的方法在另一侧也制做出图6-164所示的效果。

Step 18 进入Top（顶）视口，使用Cut（切割）命令添加一条图6-165所示的半圆形的线段。

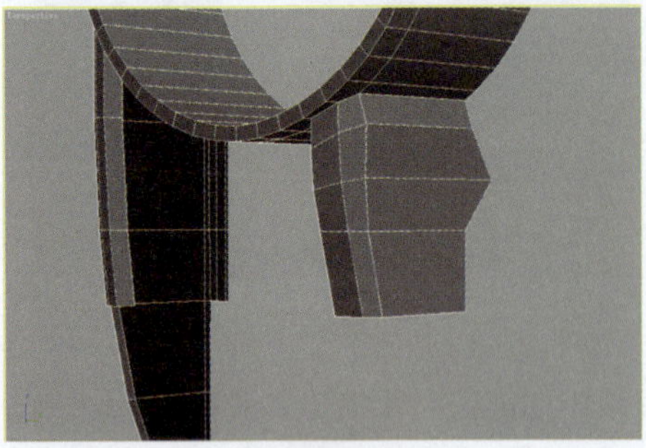

图6-164

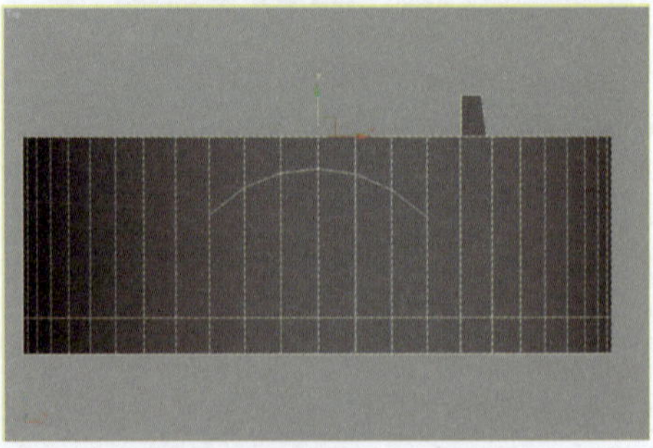

图6-165

Step 19 将这个图形所围的面删除掉，然后对边界进行拉伸，制作出图6-166所示的效果。

Step 20 接下来对对象的各个边缘进行切线细分，如图6-167所示。

图6-166

图6-167

Step 21 给对象添加一个TurboSmooth（涡轮平滑）修改器，设置迭代次数为2，并移动到图6-168所示的位置。

Step 22 继续在场景中创建一个Tube（管状体）对象，将它转换为可编辑多边形，并删除内部的面，如图6-169所示。

图6-168

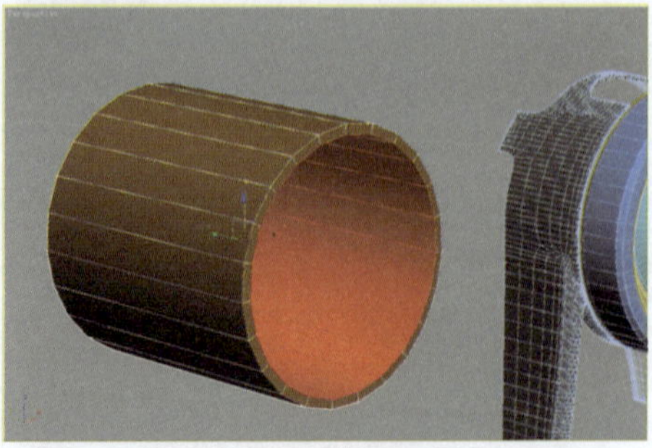

图6-169

Step 23 在Front（前）视口中删除竖直方向上的顶点，形成图6-170所示的半圆形效果。

Step 24 使用Connect（连接）命令在图6-171所示的靠近前部的位置添加一圈线段。

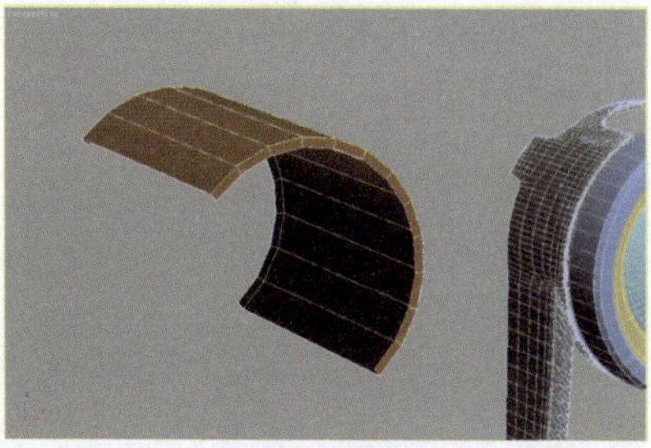

图6-170

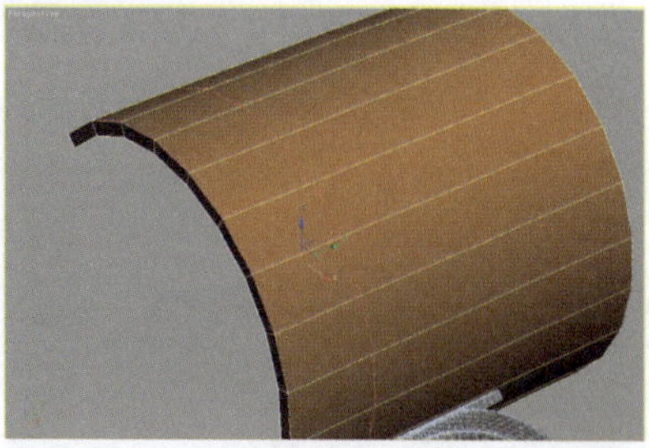

图6-171

Step 25 在侧面视图中将管状体后部的顶点调整为图6-172所示的效果。

Step 26 切换到Top（顶）视口中，使用Cut（切割）命令添加图6-173所示的线条。

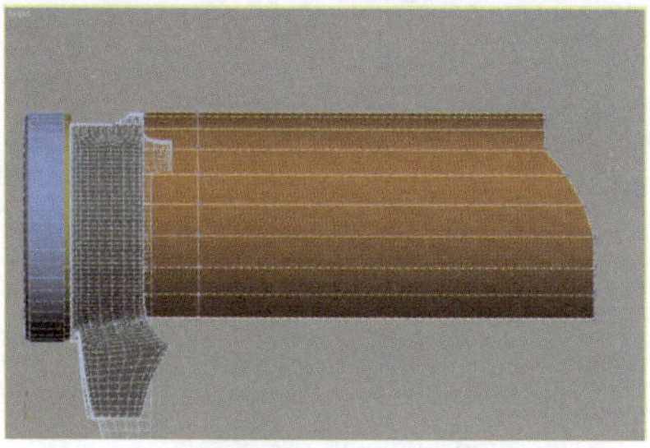

图6-172

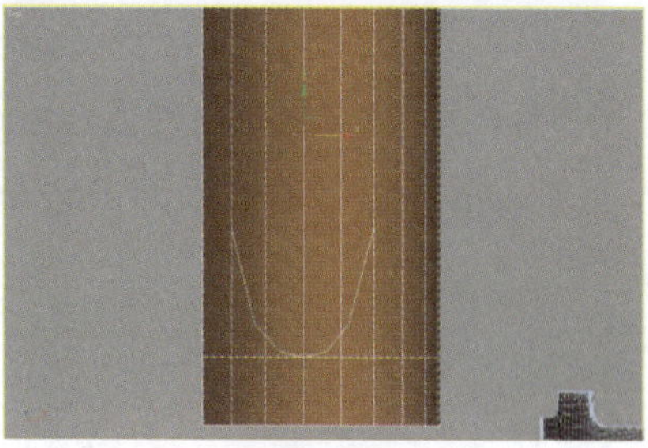

图6-173

Step 27 在Polygon（多边形）子对象层级下将该线段以后部分的面都删除掉，如图6-174所示。

Step 28 进入Edge（边）子对象层级，选择图6-175所示的面，按住【Shift】键进行拉伸，如图6-175所示。

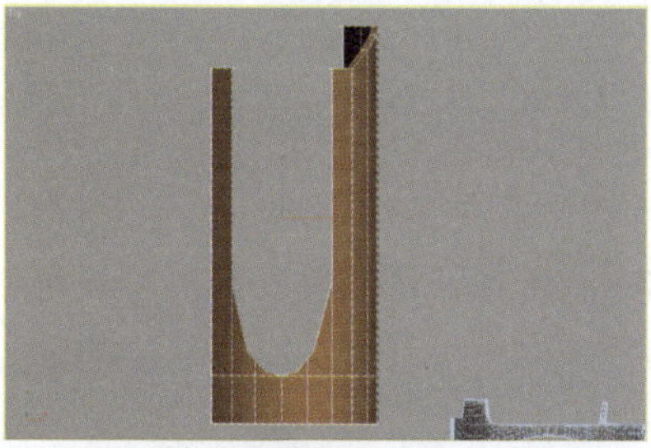

图6-174

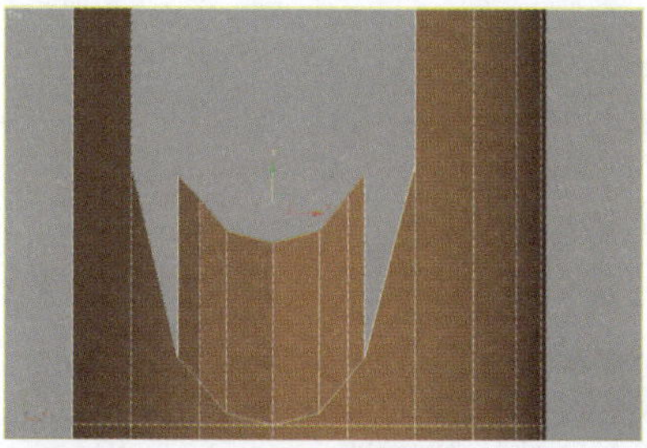

图6-175

Step 29 将拉伸出的部分的顶点与旁边的顶点焊接起来，并将图6-176所示的顶点向下移动一段距离。

Step 30 在侧面视图中使用Cut（切割）命令添加一条图6-177所示的弧形的斜向线段。

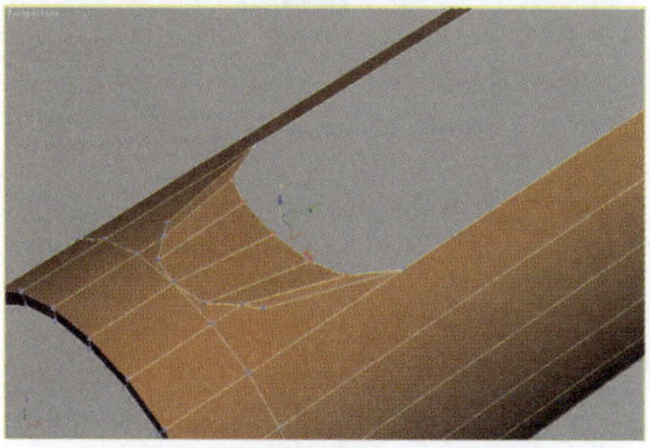

图6-176

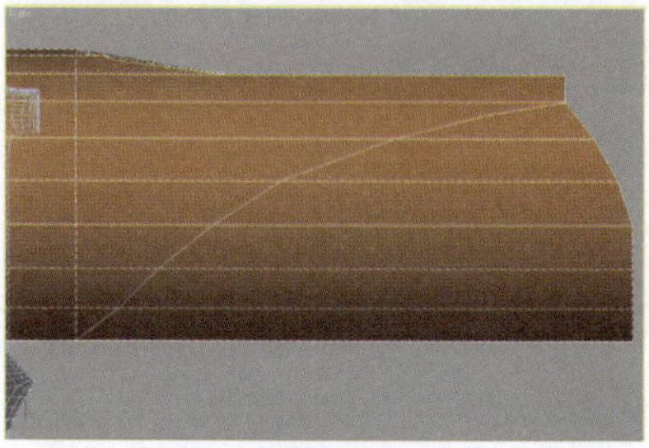

图6-177

Step 31 进入Polygon（多边形）子对象层级，将下方的两个面删除掉，如图6-178所示。

Step 32 在左下角的位置进行添加线的操作，并进行编辑调整，形成图6-179所示的效果。

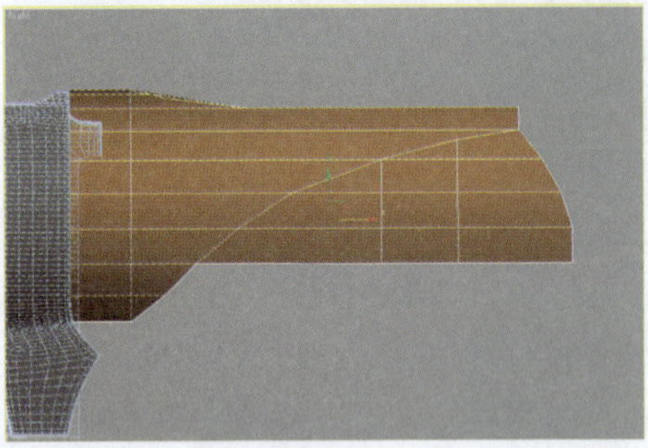

图6-178

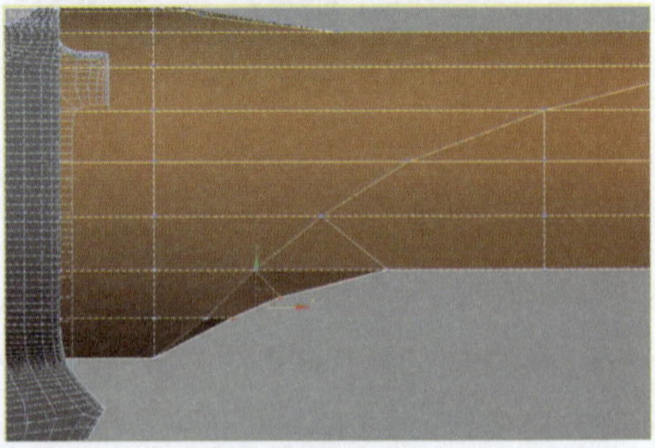

图6-179

Step 33 选择图6-180所示的面，使用Extrude（挤出）命令向内部挤压。

Step 34 将挤压后所留下的侧面的多边形删除掉，并在侧面将图6-181所示的顶点向右下方移动。

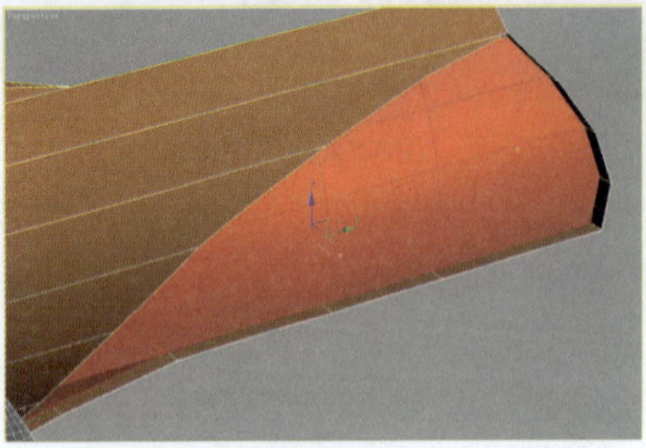

图6-180

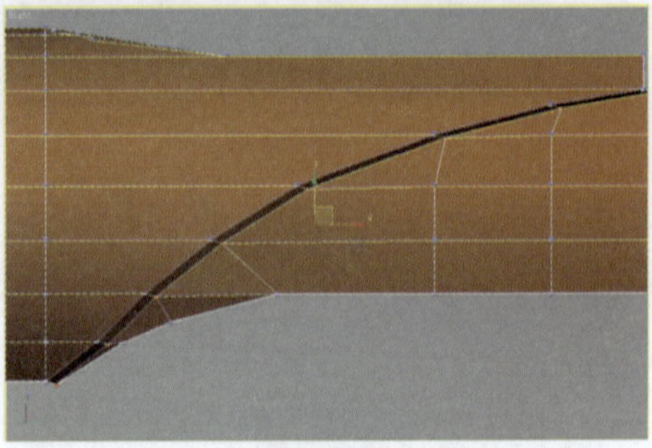

图6-181

Step 35 使用Extrude（挤出）命令在图6-182所示的位置进行3次拉伸。

Step 36 然后在侧面视图中调整顶点位置，形成图6-183所示的效果。

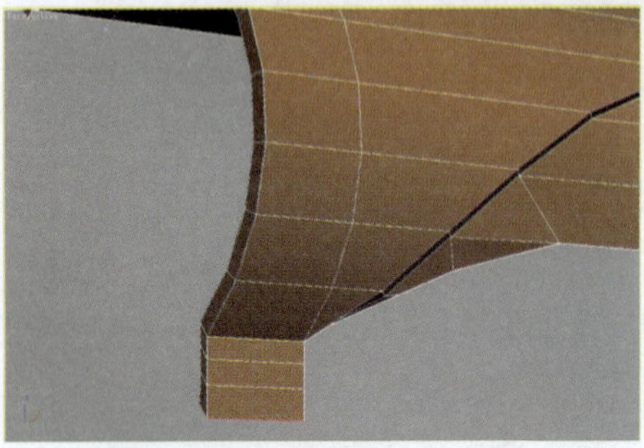

图6-182

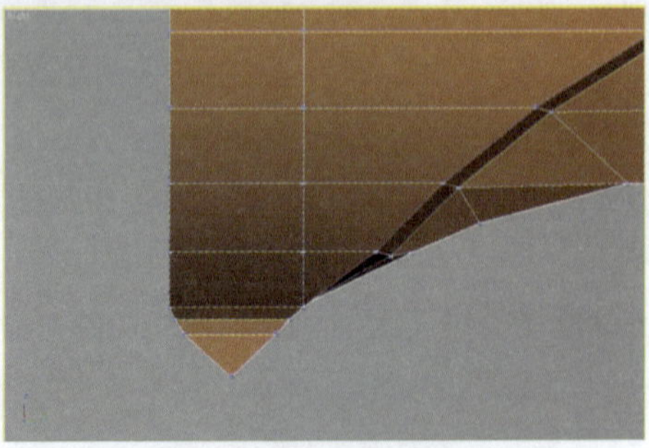

图6-183

Step 37 进入Top（顶）视口中，添加图6-184所示的一个面将两边的对象连接起来。

Step 38 然后进行布线的调整，形成图6-185所示的带有切角形状的效果。

图6-184

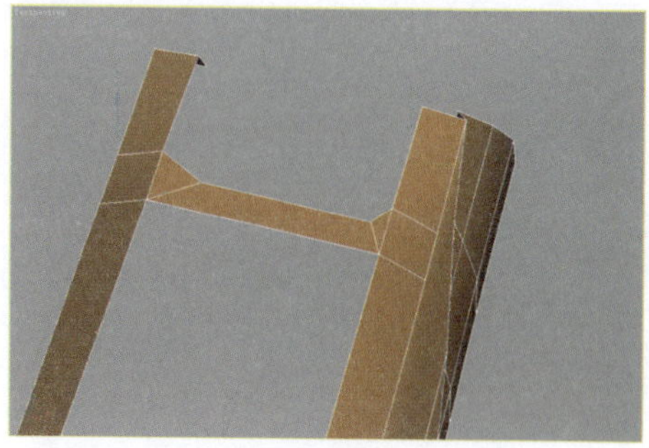

图6-185

Step 39 选择这两个部分的边界，然后按住【Shift】键向下拉伸，如图6-186所示。

Step 40 对整个对象的边缘进行切线操作，并进一步调整形状，如图6-187所示。

图6-186

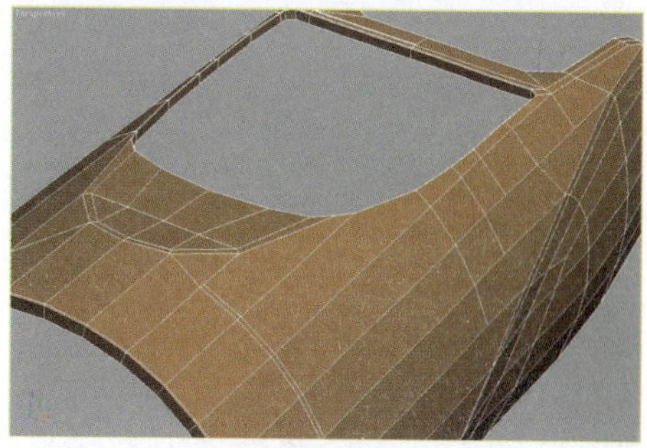

图6-187

Step 41 制作完成后给对象添加一个TurboSmooth（涡轮平滑）修改器，将它移动到图6-188所示的位置。

Step 42 进入Front（前）视口，绘制一个图6-189所示的二维图形。

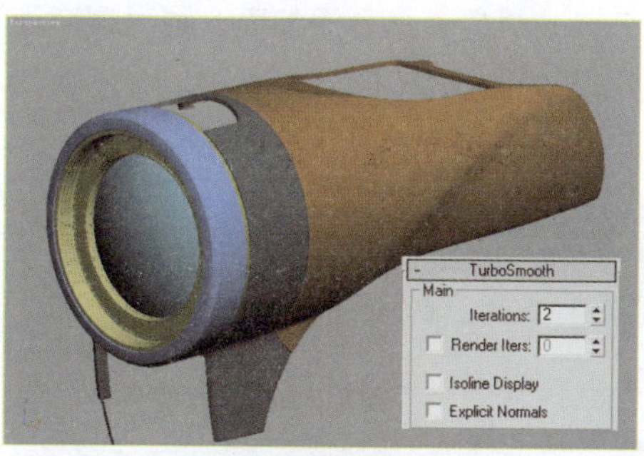

图6-188

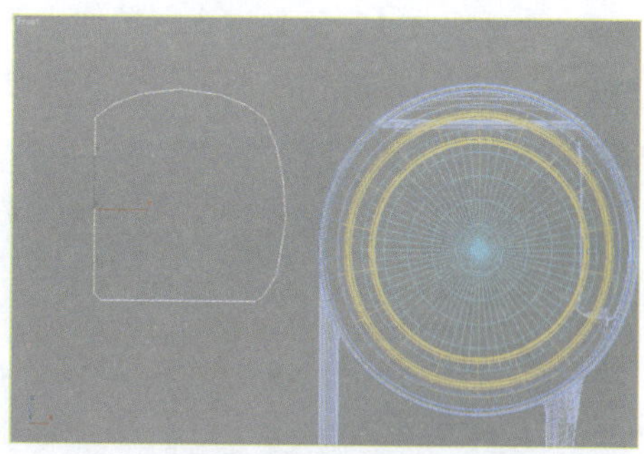

图6-189

2. 摄像机的取景窗口部分制作

Step 1 给这个图形添加Extrude（挤出）修改器转换为三维对象，如图6-190所示。

Step 2 将这个对象转换为可编辑多边形，并进行形状的调整，得到图6-191所示的对象效果。

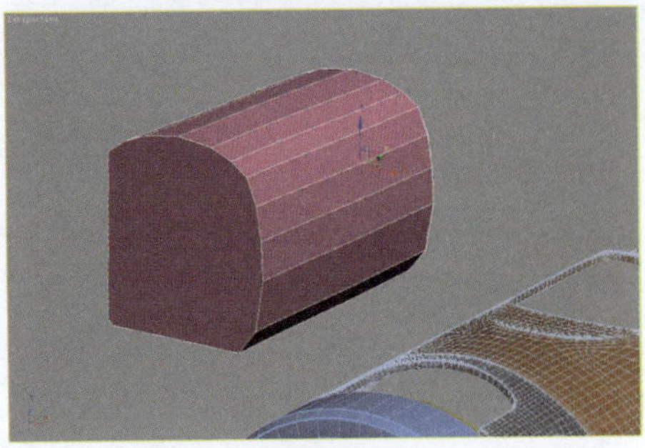

图6-190

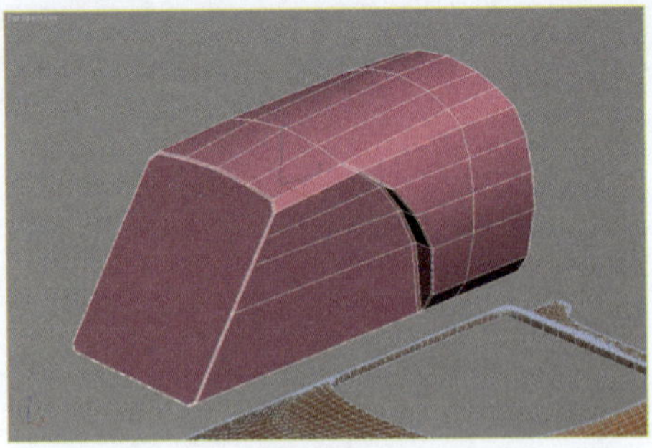

图6-191

Step 3 调整完毕后添加TurboSmooth（涡轮平滑）修改器，并将它移动到图6-192所示的位置。

Step 4 继续使用刚才的二维图形制作一个图6-193所示的三维对象，然后将图中所渲染的面删除掉。

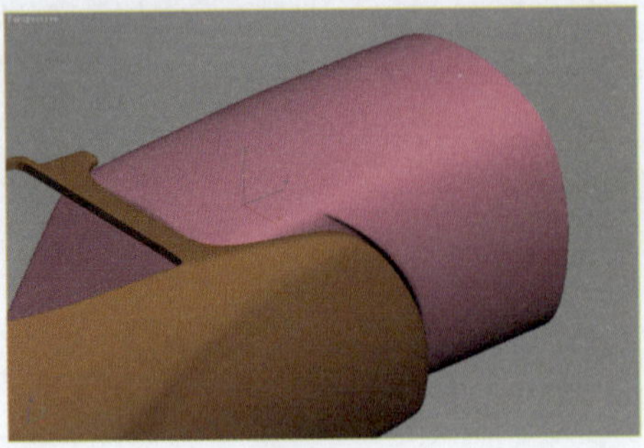

图6-192

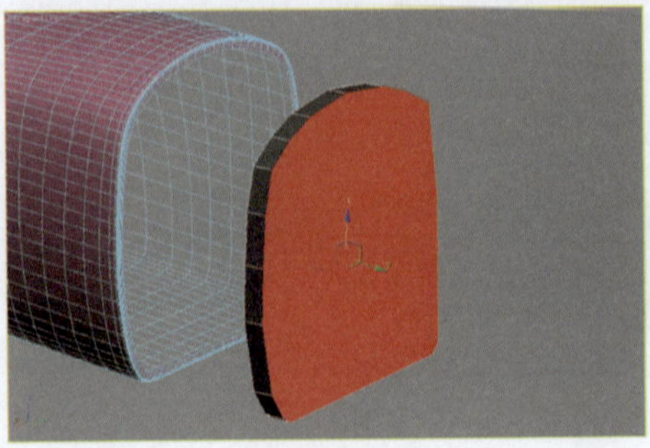

图6-193

Step 5 选择删除面后留下的边界，按住【Shift】键使用缩放命令，将边缘扩大，并调整外形轮廓，如图6-194所示。

Step 6 继续按住【Shift】键进行拉伸，然后使用Cap（封口）命令添加面，再对这个面连续使用Inset（插入）和Bevel（倒角）命令得到图6-195所示的效果。

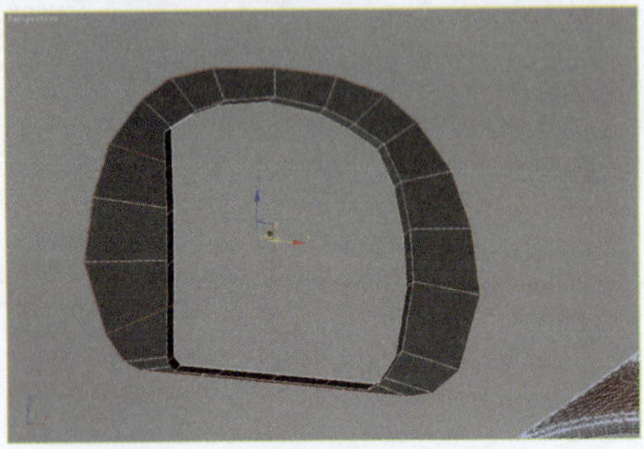

图6-194

图6-195

Step 7 使用ShapeMerge（图形合并）命令在这个面上投影一个切角矩形，将矩形的顶点和周围的点相连接，并将面向内拉伸，然后对边缘进行倒角，如图6-196所示。

Step 8 制作完成后对它使用平滑修改器，然后移动到图6-197所示的位置。

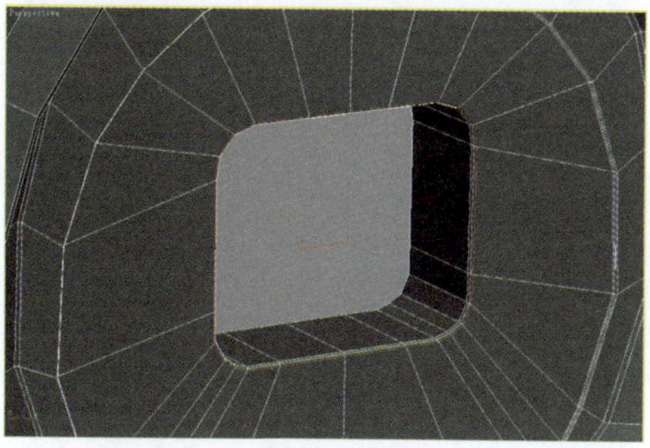

图6-196

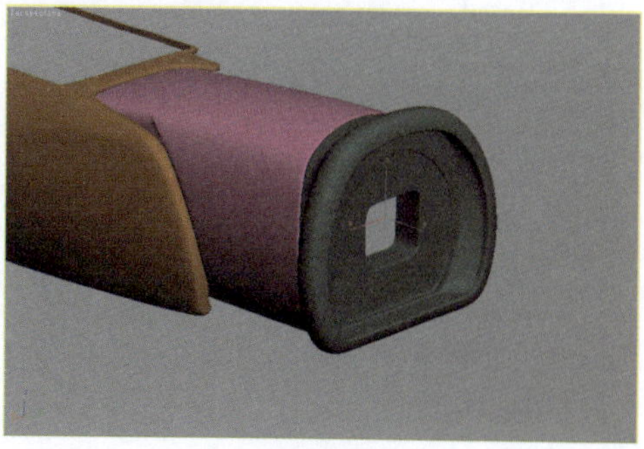

图6-197

3. 制作闪光灯接口装置

Step 1 下面制作顶部的闪光灯底座，使用Create Shape From Selection（从选择的边创建图形）命令从对象上获取图6-198所示的样条线图形。

Step 2 给这个图形添加一个Extrude（挤出）修改器将其转换为三维对象，如图6-199所示。

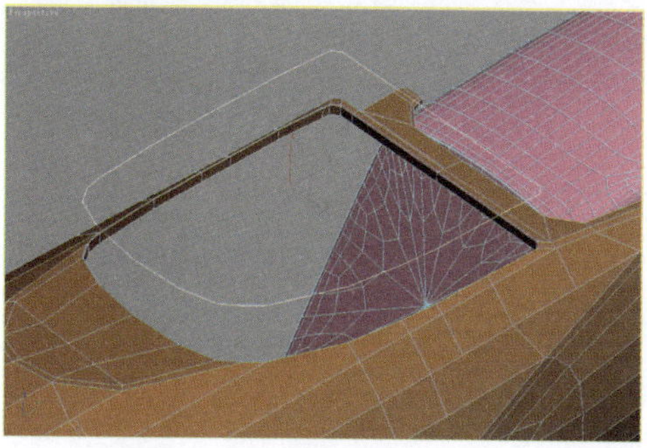

图6-198

图6-199

Step 3 将挤出的三维对象转换为可编辑多边形，然后编辑为图6-200所示的效果。

Step 4 进入Front（前）视口，绘制一个图6-201所示的二维样条线图形。

图6-200

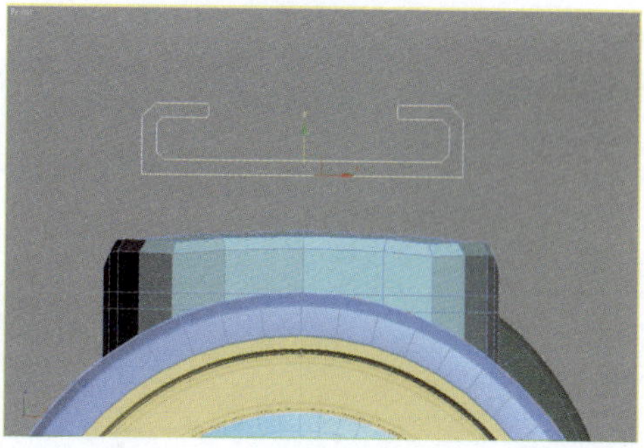

图6-201

Step 5 给这个图形使用挤出修改器，然后转换为可编辑多边形，并调整为图6-202所示的效果。

Step 6 将这个对象的底面删除，然后使用图形合并命令投影4个六边形图形，然后编辑为图6-203所示的效果。

图6-202

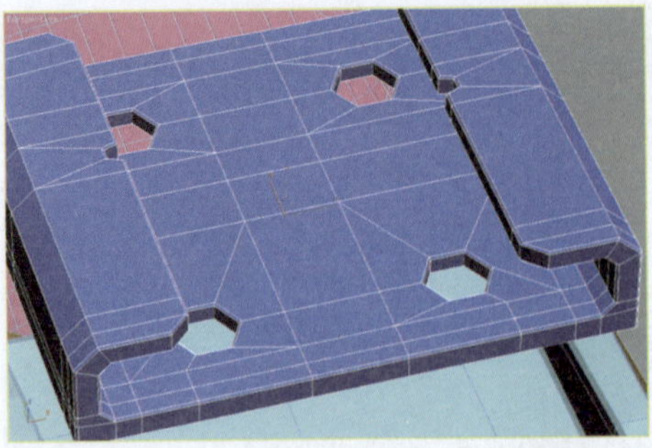

图6-203

Step 7 给该对象添加平滑修改器，将它放置在图6-204所示的位置，然后在4个圆洞的位置使用布尔运算制作出螺丝。

Step 8 在Front（前）视口中创建一个Plane（平面）对象，并设置宽度分段为7，长度分段为4，如图6-205所示。

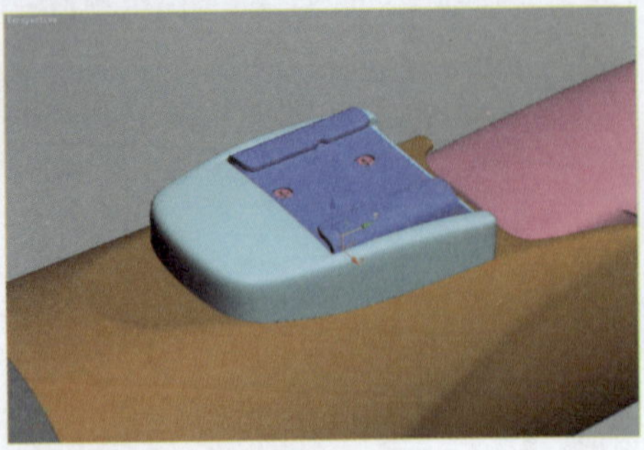

图6-204

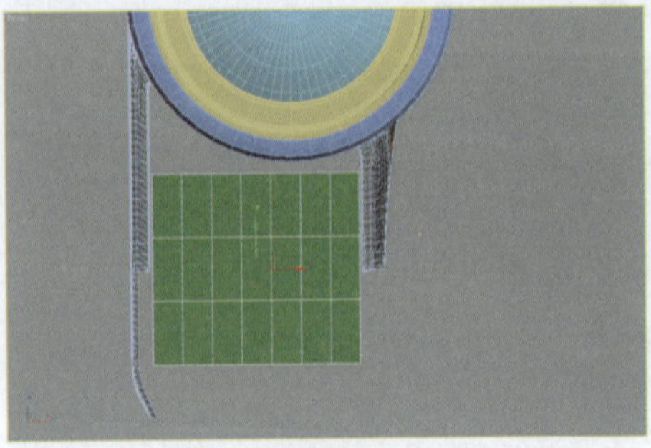

图6-205

4. 制作翻转屏

Step 1 将平面对象转换为可编辑多边形，然后在前视口中将顶点调整为图6-206所示的形态。

Step 2 进入Top（顶）视口，继续调整顶点的位置，使对象形成图6-207所示的弯曲效果。

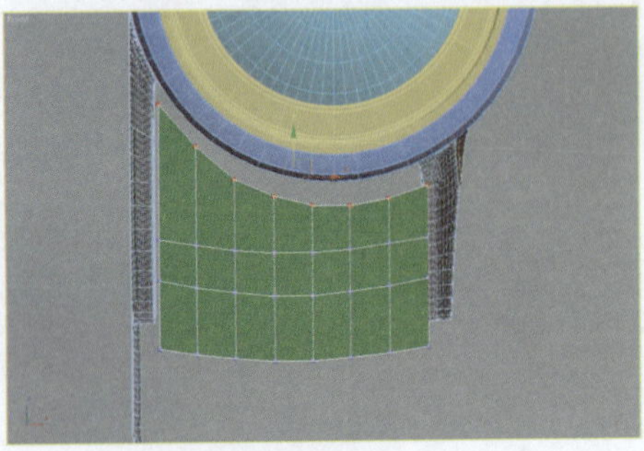

图6-206

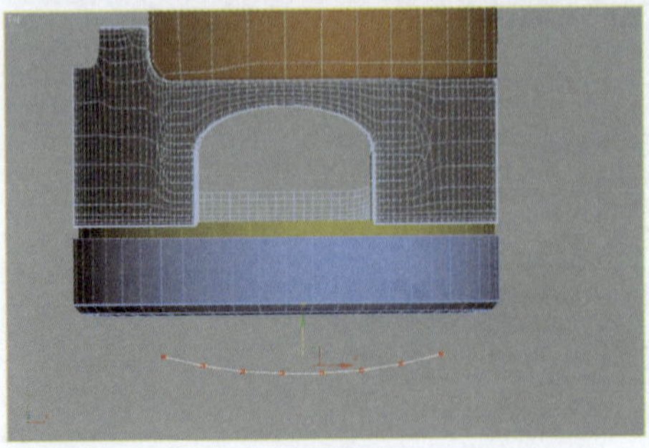

图6-207

Step 3 选择平面对象的边界，按住【Shift】键进行移动，形成图6-208所示的效果。

Step 4 接下来对各个边缘进行倒角操作，如图6-209所示。

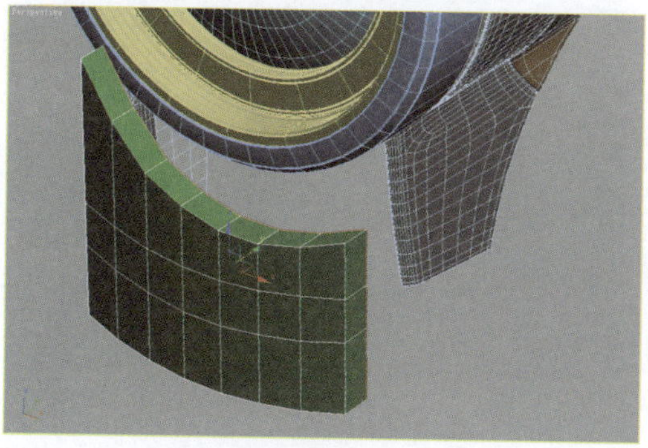
图6-208

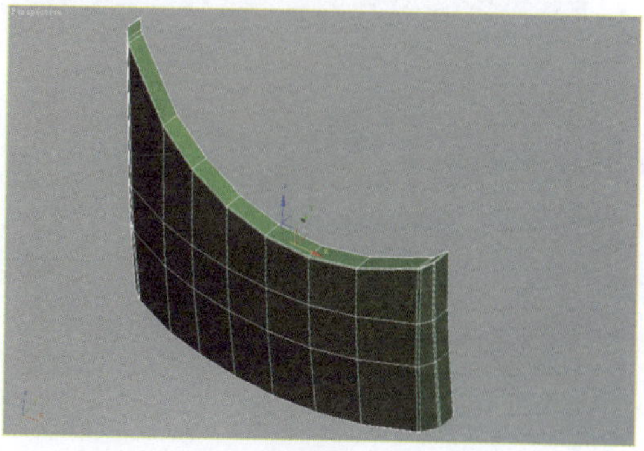
图6-209

Step 5 按照相同的方法在下方制作一个形态类似的对象，如图6-210所示。

Step 6 在Left（左）视口中根据已经制作好部分的边缘轮廓绘制一个图6-211所示的二维图形。

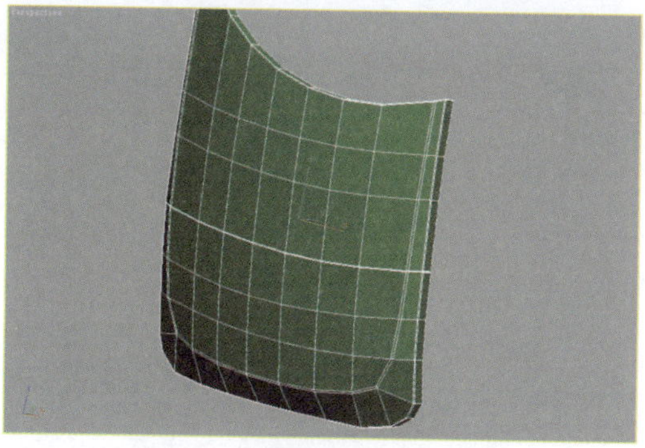
图6-210

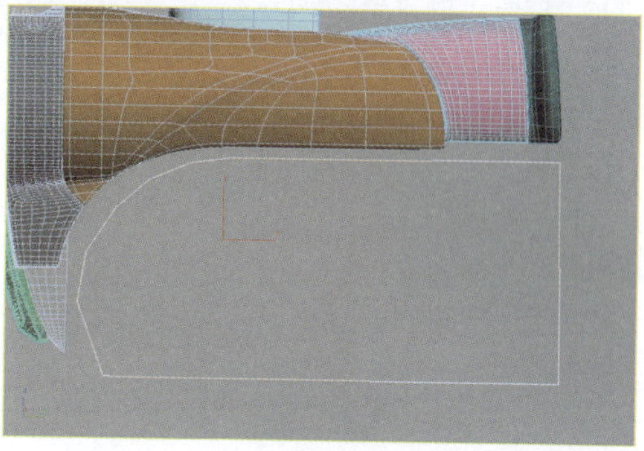
图6-211

Step 7 将图形直接转换为可编辑多边形，然后在Left（左）视口中对顶点的进行调整，形成图6-212所示的效果。

Step 8 进入Polygon（多边形）子对象层级，使用挤出命令将选择的面向内部挤压，如图6-213所示。

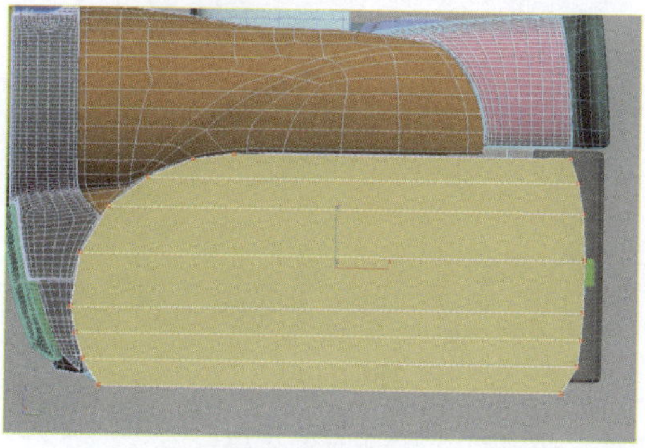
图6-212

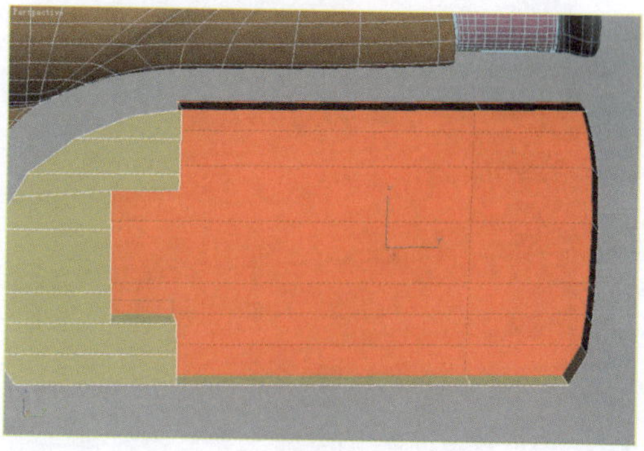
图6-213

Step 9 选择对象底部的3条边，按住【Shift】键向左侧移动拉伸出底面，如图6-214所示。

Step 10 切换到Front（前）视口，将对象下方的顶点调整为图6-215所示的效果，形成转角。

图6-214

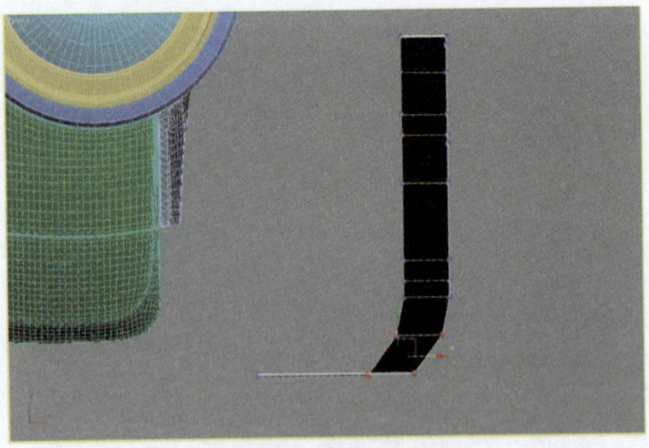

图6-215

Step 11 对模型进行更进一步的形态调整，对边缘进行倒角操作，然后在图6-216所示的位置使用ShapeMerge（图形合并）命令添加新的面。

Step 12 对下方的六边形面使用多次Bevel（倒角）命令向内部拉伸，然后将这个面删除，形成图6-217所示的效果。

图6-216

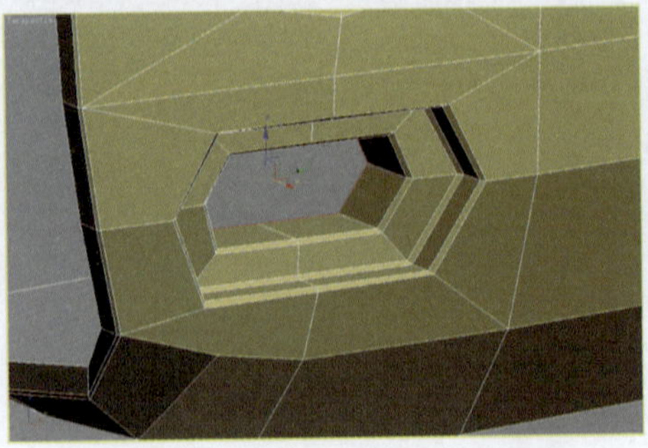

图6-217

Step 13 选择上方的图形，使用两次Insert（插入）命令形成图6-218所示的效果。

Step 14 使用Cut（切割）命令在中间添加一个带有切角效果的矩形，然后将矩形的各个顶点和周围的顶点连接起来，如图6-219所示。

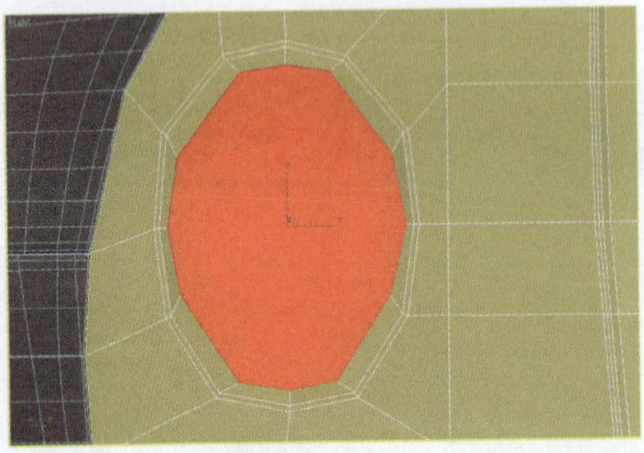

图6-218

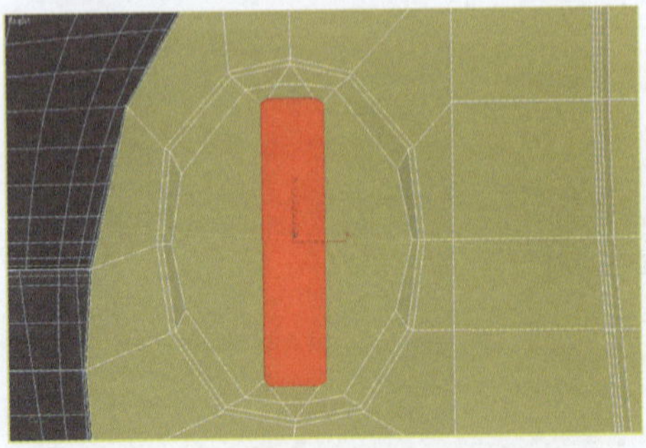

图6-219

Step 15 将这个面删除掉，然后进行进一步的调整，形成图6-220所示的效果。

Step 16 接下来创建新的长方体对象，然后转换为多边形进行编辑，制作出图6-221所示的效果。

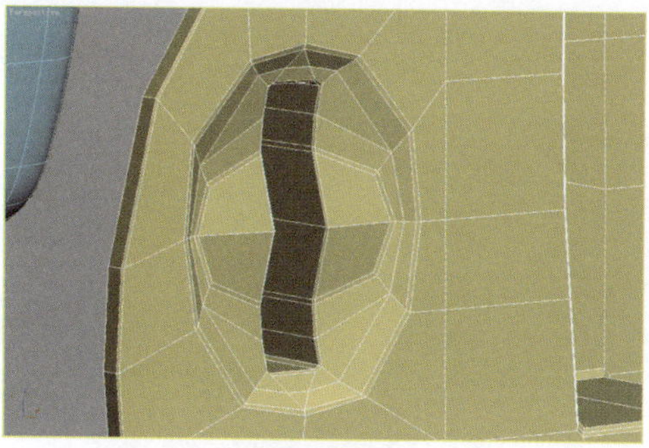

图6-220

图6-221

5. 制作侧面的滑动齿轮

Step 1 创建一个Cylinder（圆柱体）对象，转换为多边形后对边缘进行倒角操作。

Step 2 进入Polygon（多边形）子对象层级，对图6-223中所选择的面使用一次倒角命令，再使用一次挤出命令。

图6-222

图6-223

Step 3 对挤出部分对象的边缘进行切角操作，如图6-224所示。

Step 4 按照相同的方法，对圆柱体上相隔的面进行倒角挤出，形成图6-225所示的齿轮效果。

图6-224

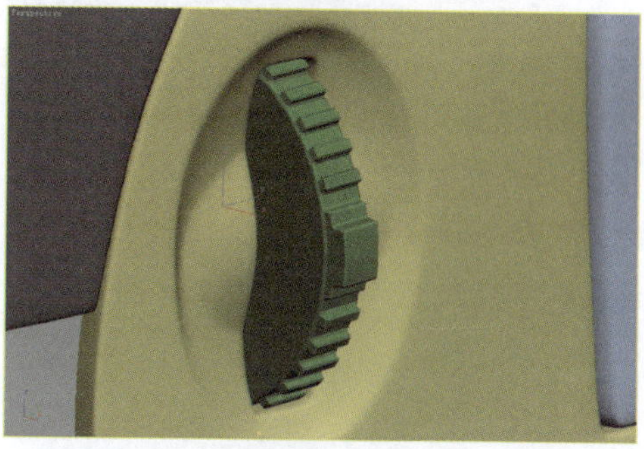

图6-225

6. 主机部分的制作

Step 1 进入Front（前）视口，绘制一个图6-226所示的二维样条线图形。

Step 2 给该图形添加Extrude（挤出）修改器，并将挤出的三维对象转换为可编辑多边形，如图6-227所示。

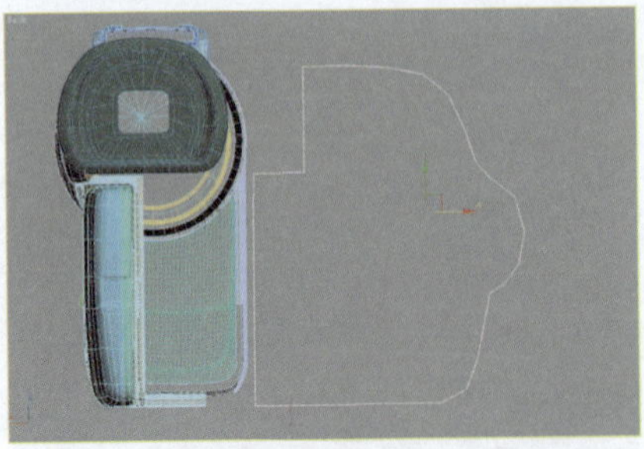

图6-226

图6-227

Step 3 在对象的顶面使用Cut（切割）命令添加图6-228所示的线条。

Step 4 进入Polygon（多边形）子对象层级，将图6-229中所选择的面删除掉。

图6-228

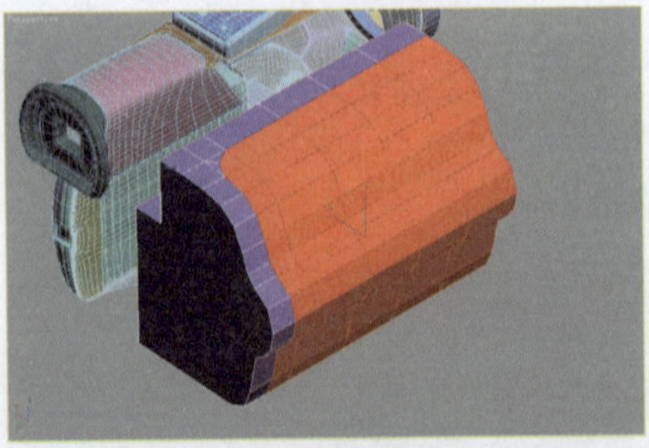

图6-229

Step 5 在侧面视图中将对象的边缘调整为图6-230所示的效果。

Step 6 然后进行进一步的刻画，制作出细节效果，并对边缘进行倒角操作，形成图6-231所示的效果。

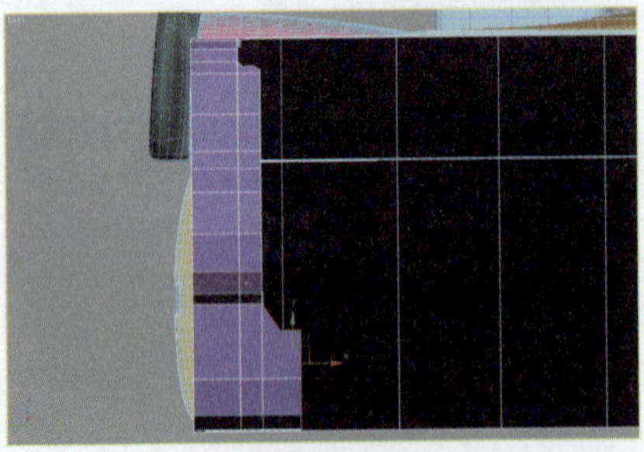

图6-230

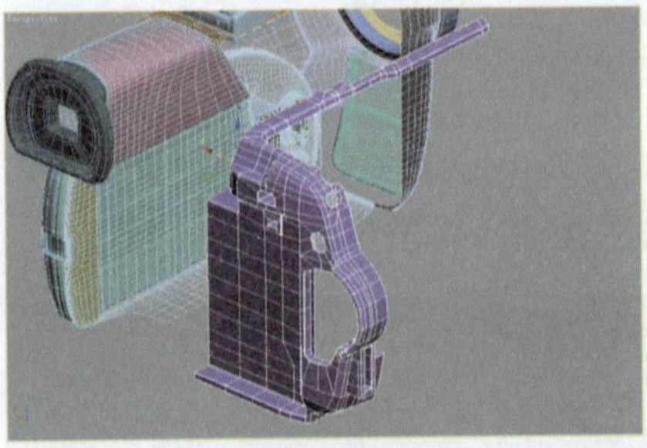

图6-231

Step 7 接下来再编辑一个图6-232所示的对象放置在镜头的左侧位置。

Step 8 切换到Front（前）视口，绘制一个图6-233所示的二维样条线。

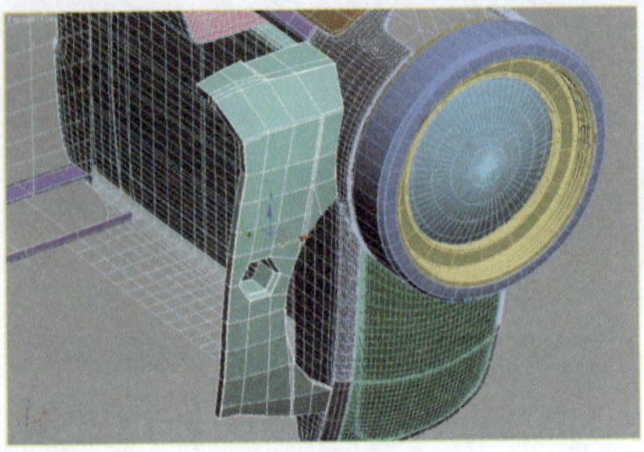

图6-232

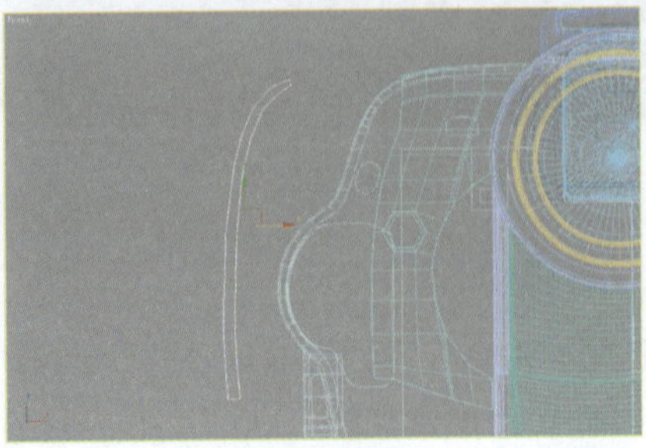

图6-233

Step 9 给该图形添加挤出修改器，并将对象转换为多边形，然后在图6-234所示的面上将两侧的顶点用线段连接起来。

Step 10 在侧面视图中使用切割命令添加线段，并将图6-235所示的面删除掉。

图6-234

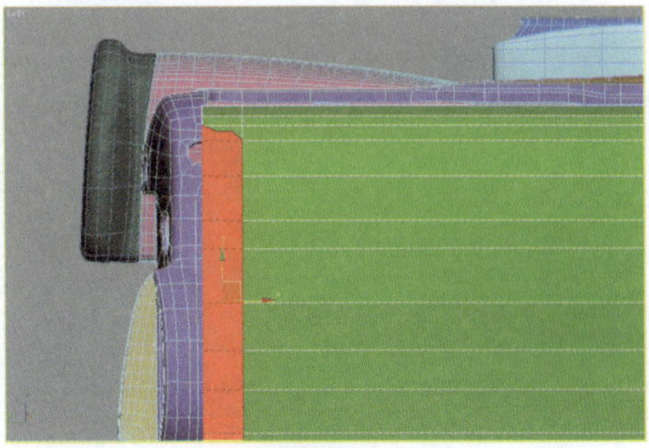

图6-235

Step 11 继续在前视口中进行编辑，在对象表面切割图6-236所示的线条。

Step 12 在Vertex（顶点）子对象层级下，将图6-237所示的部分拉伸出来形成一个半圆形的凸起。

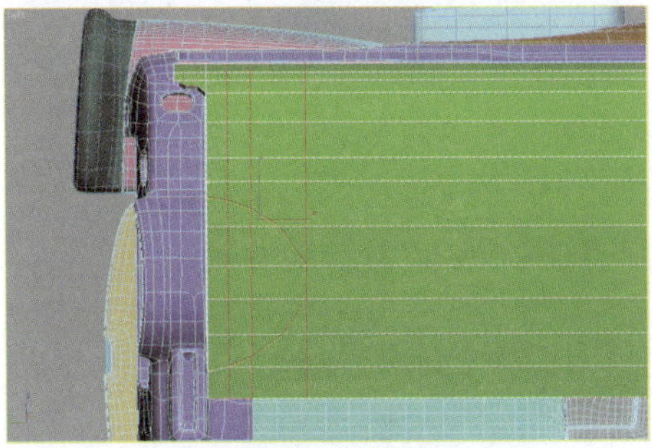

图6-236

图6-237

Step 13 然后对整体形态进行进一步的调节，完成后对边缘进行倒角操作，并在该对象旁边再制作一个和它结构相似的对象，如图6-238所示。

Step 14 进入Top（顶）视口，在摄像机中间部位根据镂空边缘的轮廓绘制出二维的样条线图形，如图6-239所示。

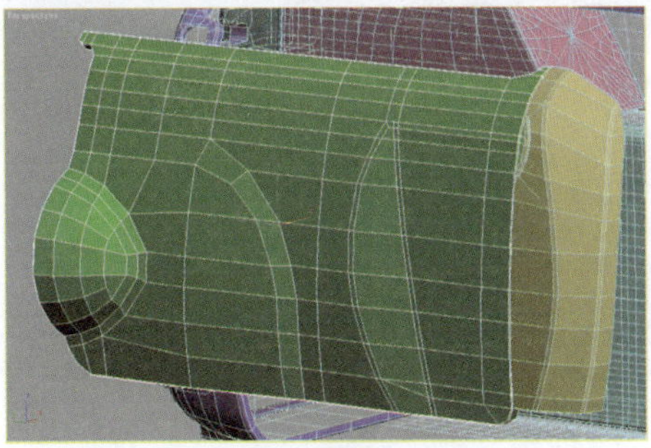

图6-238

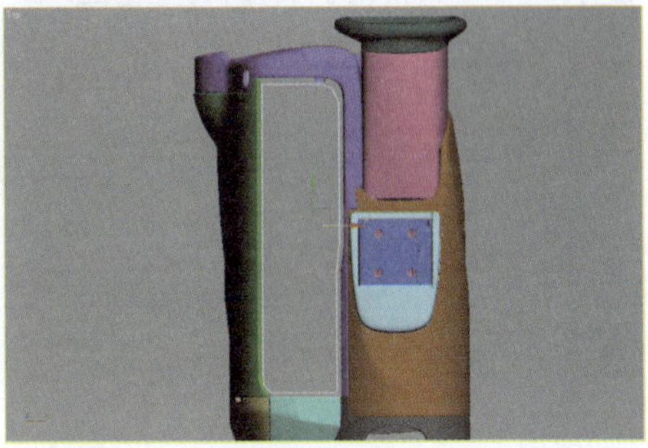

图6-239

Step 15 对图形添加挤出修改器，然后转换为多边形进行编辑，制作出图6-240所示的对象效果。

Step 16 接下来在场景中创建一个Box（长方体）对象，转换为多边形后将一侧的3个面删除掉，如图6-241所示。

图6-240

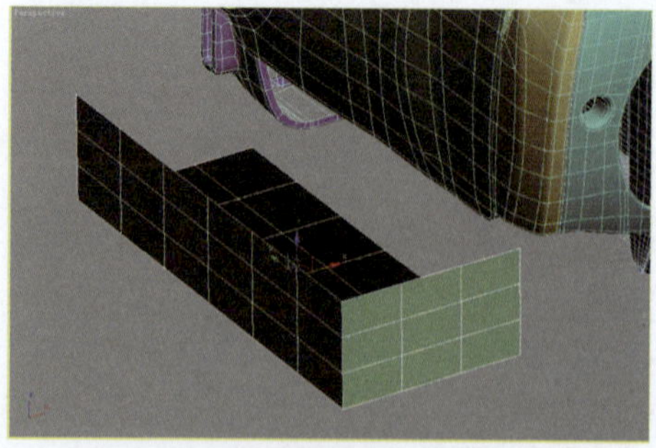

图6-241

Step 17 在此对象的基础上进行形态的调整，制作出图6-242所示的摄像机的底部磁带仓。

Step 18 继续使用对图形添加挤出修改器的方法制作一个图6-243所示的三维对象。

图6-242

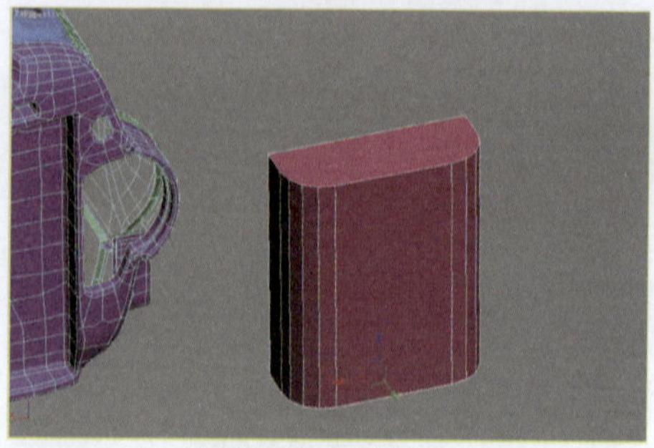

图6-243

Step 19 对这个物体进行形态的调整，并对边缘进行切角操作，然后将它移动到图6-244所示的位置。

Step 20 给摄像机的各个部分都使用平滑修改器，如图6-245所示，可以看到摄像机整体结构已经创建完成。

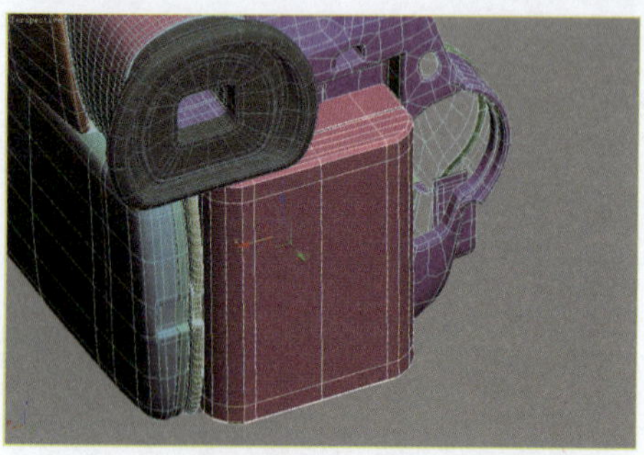

图6-244

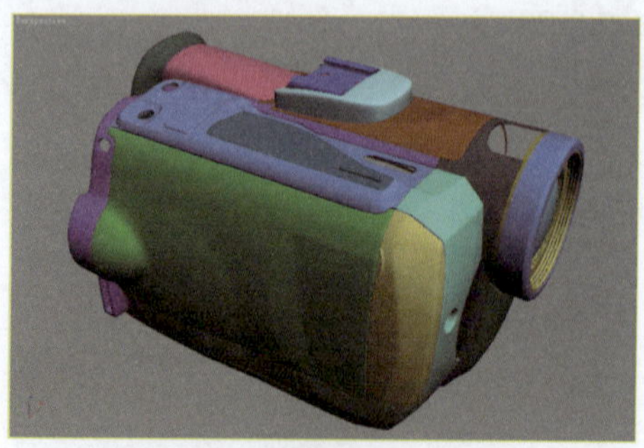

图6-245

Step 21 最后创建出摄像机表面一些功能按钮以及商标文字完成整个模型的制作，如图6-246所示。

Step 22 图6-247所示为对摄像机模型添加了材质后的渲染效果。

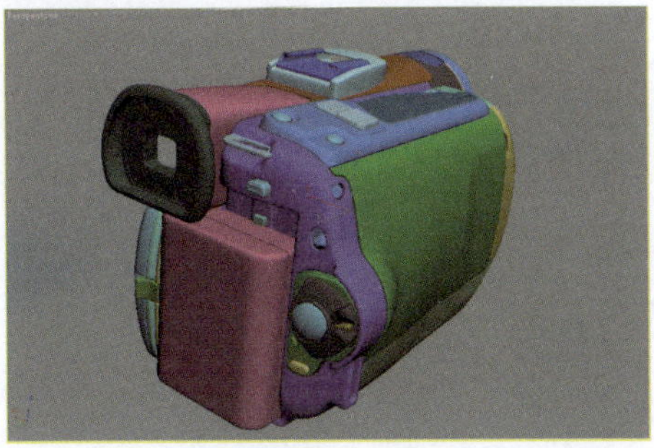

图6-246

图6-247

Chapter 07 材质与贴图

通过对前几章的学习，我们了解了 3ds Max 2012 的发展历程、3ds Max 的基本流程、3ds Max 的标题栏和菜单栏等界面组成、使用 3ds Max 场景文件、创建基本的对象（如创建三维几何体、扩展基本体）等知识。在创建场景对象之后，即可以为场景对象制作材质。

材质与贴图是紧密联系的两个内容。若只有材质而没有贴图，那么对象表面的颜色与贴图显得过于简单。在使用材质时，往往需要用到各种各样的贴图，以便制作出丰富多彩的贴图材质与物体。本章将向读者介绍外部材质库的使用、改变材质球的效果和背景、使用材质 / 贴图浏览器浏览场景中的材质；通过几个实例，来帮助读者掌握反射、折射、脏旧材质的制作方法；最后还将向读者介绍贴图坐标修改器的使用方法。

7.1 熟悉材质编辑器

Material Editor（材质编辑器）是3ds Max创建、编辑与应用材质的地方。材质将使场景更加具有真实感；材质详细描述对象如何反射或透射灯光；材质属性与灯光属性相辅相成；明暗处理或渲染将两者合并，用于模拟对象在真实世界中的情况。说了这么多的“材质”一词，那么究竟什么是“材质”呢？

“材质是指定给对象的曲面或面，以在渲染时按某种方式出现的数据。材质会影响对象的颜色、光泽度和不透明度等。”这是官方对材质的专业解释。

用通俗的语言来讲，材质指的就是：使用计算机模拟出对象表面所表现出来的物理质感，如具有一定透明效果的气球、表面光滑且反射效果极强的不锈钢金属、镶嵌在Pt戒指上且具有折射效果的钻石、能完全反射周围环境的镜子、白色的瓷器（如图7-1所示）、具有相同反射效果却有着不同颜色的彩色灯泡（如图7-2所示）等，这些都是大千世界中无数种材质中的一种。

图7-1

图7-2

7.1.1 材质编辑器的布局

在菜单中选择Rendering（渲染）>Material Editor（材质编辑器）命令，如图7-3所示，或者在3ds Max主工具栏中单击Material Editor（材质编辑器）按钮，或者按下快捷键【M】都可以打开如图7-4所示的Material Editor（材质编辑器）窗口。通过材质编辑器窗口提供的各种类型的参数和命令，就能创建出类型丰富的材质。

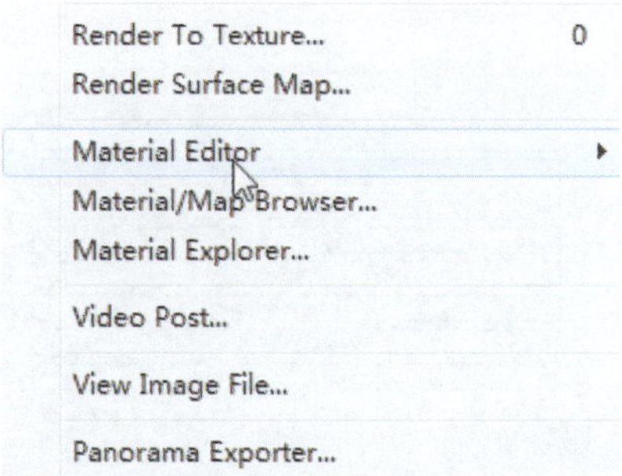

图7-3

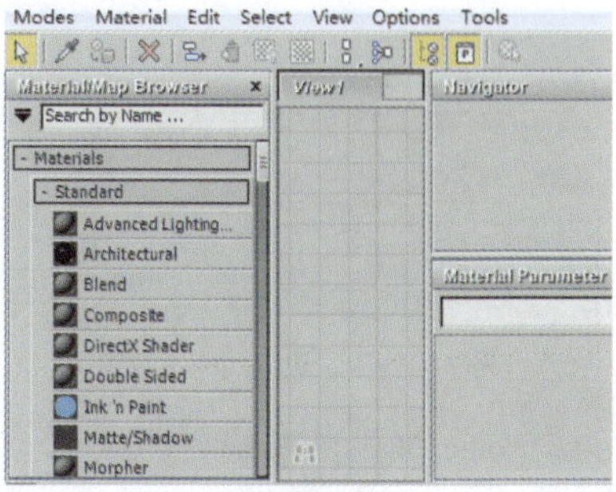

图7-4

Material Editor（材质编辑器）分为Menu bar（菜单栏）、Toolbar（工具栏）、Material/Map Browser（材质/贴图浏览器）、Status（状态）、Active View（活动视图）、View Navigation（视图导航）等，如图7-5所示。

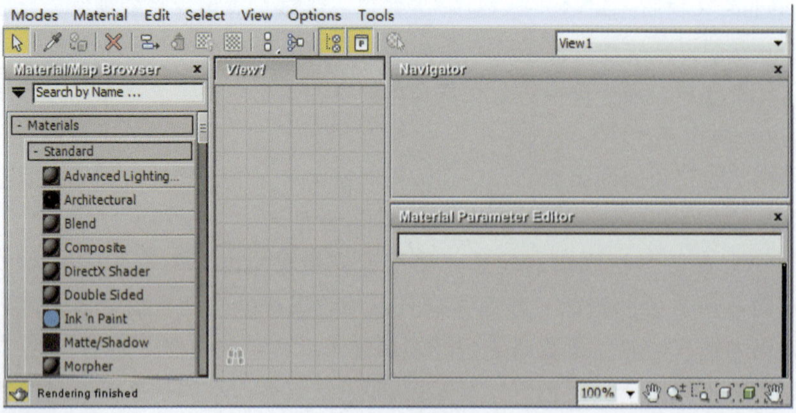

图7-5

7.1.2 常用的编辑器菜单命令

在了解了Material Editor（材质编辑器）的布局之后，接下来我们将学习Material Editor（材质编辑器）的菜单命令。Material Editor（材质编辑器）菜单栏出现在Material Editor（材质编辑器）窗口的顶部，它提供了另一种调用各种材质编辑器工具的方式，包含Modes（模式）、Material（材质）等7个命令。

1. Modes（模式）

从3ds Max 2011开始，有两个材质编辑器界面：Compact Material Editor（精简材质编辑器）和Slate Material Editor（板岩材质编辑器）。

（1）Compact Material Editor（精简材质编辑器）

如果用户在Autodesk 3ds Max 2011发布之前使用过 3ds Max，Compact Material Editor（精简材质编辑器）应当是用户熟悉的界面。它是一个相当小的对话框，其中包含各种材质的快速预览。如果用户要指定已经设计好的材质，那么精简材质编辑器仍是一个实用的界面，图7-6所示的是材质示例窗，图7-7所示的是Compact Material Editor（精简材质编辑器）的参数卷展栏。

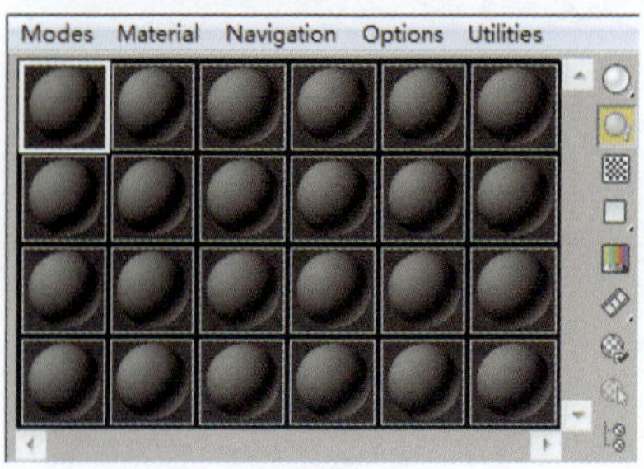

图7-6

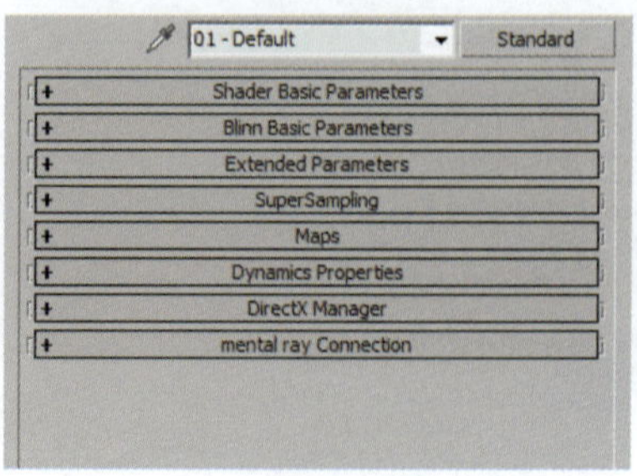

图7-7

（2）Slate Material Editor（板岩材质编辑器）

Slate Material Editor（板岩材质编辑器）是一个材质编辑器界面，它在用户设计和编辑材质时使用节点和关联以图形方式显示材质的结构，如图7-8所示。

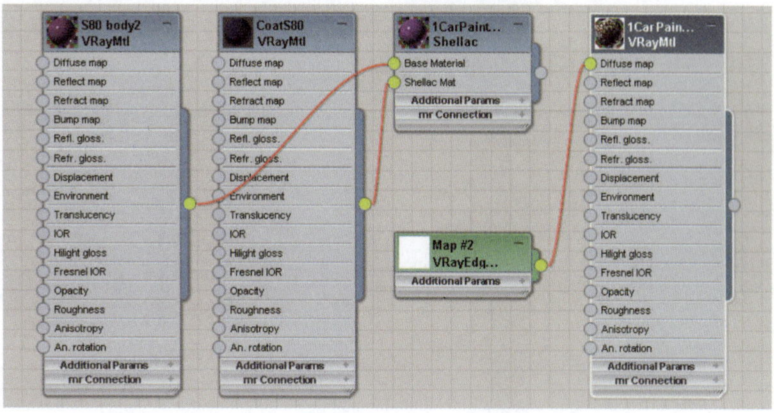

图7-8

2. Material（材质）

Material（材质）菜单中包含了Pick from Object（从对象拾取）、Get All Scene Materials（获取所有场景材质）、Assign Material to Selection（将材质指定给选定对象）等命令，如图7-9所示。通过Material（材质）菜单可以创建材质、选择现有材质或将材质指定给对象，指定材质效果如图7-10所示。

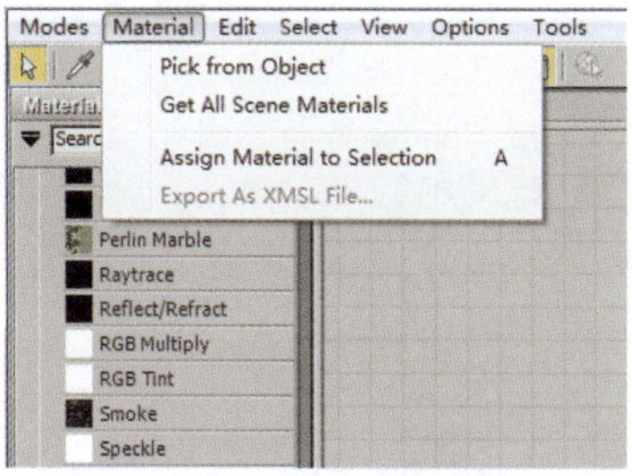

图7-9

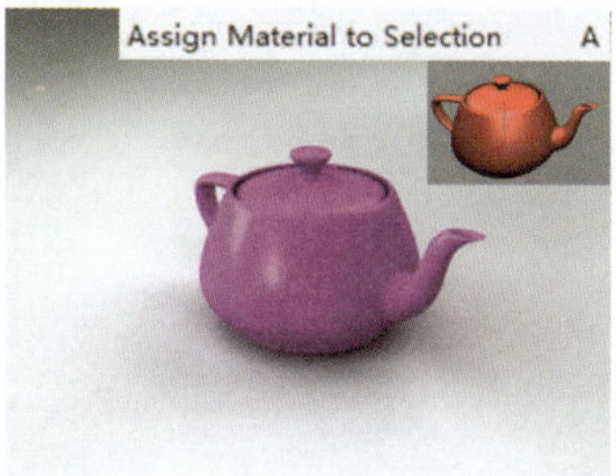

图7-10

3. Edit（编辑）

Edit（编辑）菜单命令用来编辑当前的Active View（活动视图），更新材质Preview Windows（预览）窗口。Edit（编辑）菜单如图7-11所示，更新材质前后的对比效果如图7-12所示。

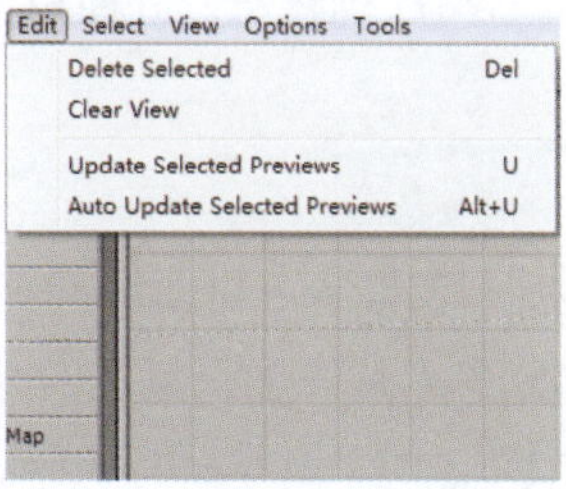

图7-11

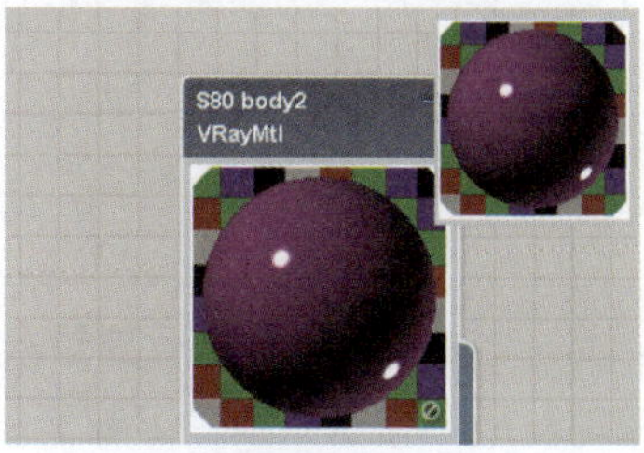

图7-12

4. Select（选择）

Select（选择）菜单命令包含了Select All（全选）、Select Invert（反选）等常用的选择命令，这些命令用于选择当前Active View（活动视图）中的所选项。例如在Active View（活动视图）选择一个材质，如图7-13所示，在Select（选择）菜单中选择Select Invert（反选）命令，即可选择该视图中未被选择的材质和贴图，如图7-14所示。

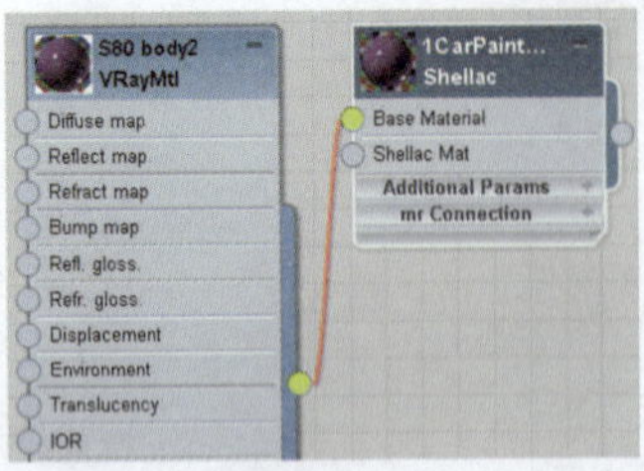

图7-13

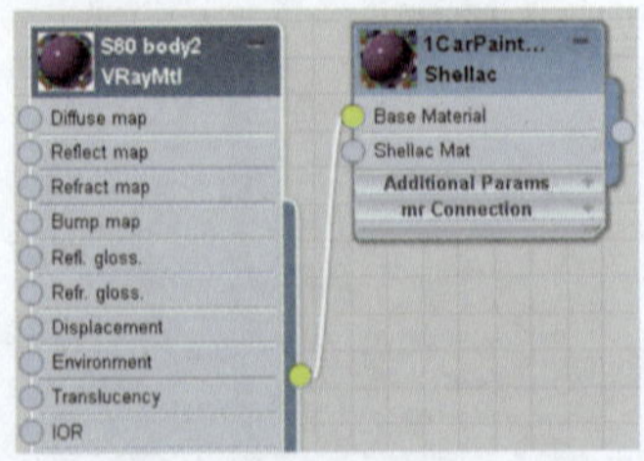

图7-14

5. View（视图）

View（视图）菜单用于浏览当前Active View（活动视图）。有些菜单选项也可以从工具栏或导航按钮中找到，因此此主题就跟随菜单选项来介绍按钮。

6. Options（选项）

Options（选项）菜单为管理Slate Material Editor（板岩材质编辑器）提供了更进一步的选项，如图7-15所示。该菜单中包括Move Children（移动子对象）、Sync Selection（将材质传播到实例）等命令，而Preferences（首选项）命令则用于打开Slate Material Editor（板岩材质编辑器）的Options（选项）对话框，效果如图7-16所示，

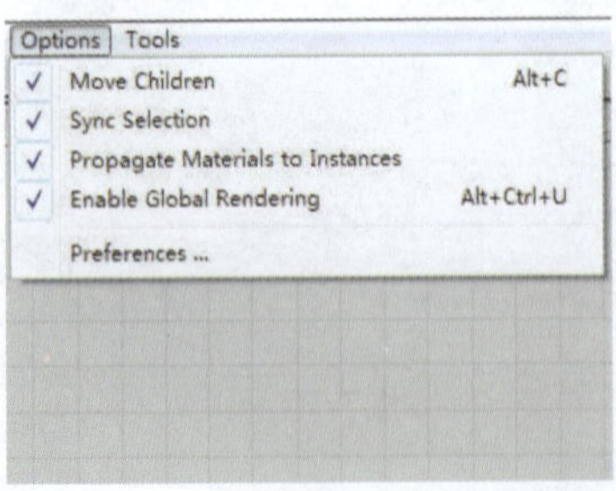

图7-15

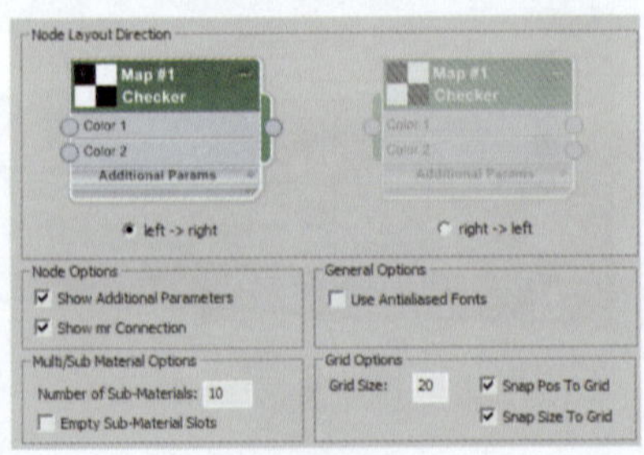

图7-16

7. Tools（工具）

Tools（工具）菜单用于切换某些Slate Material Editor（板岩材质编辑器）界面组件的显示。

7.1.3 材质编辑器工具

在了解了Material Editor（材质编辑器）的菜单之后，接下来将学习材质编辑器的工具栏。由于Slate Material Editor（板岩材质编辑器）的工具栏工具较少，且许多工具在Compact Material Editor（精简材质编辑器）模式下都能找到，因此本节就以Compact Material Editor（精简材质编辑器）的工具栏为例。

1. 示例窗右侧工具栏

Compact Material Editor（精简材质编辑器）的工具栏位于示例窗的下侧和右侧，使用工具栏中的工具按钮，可以方便快捷地对材质进行设定。示例窗右侧的工具栏效果如图7-17所示。

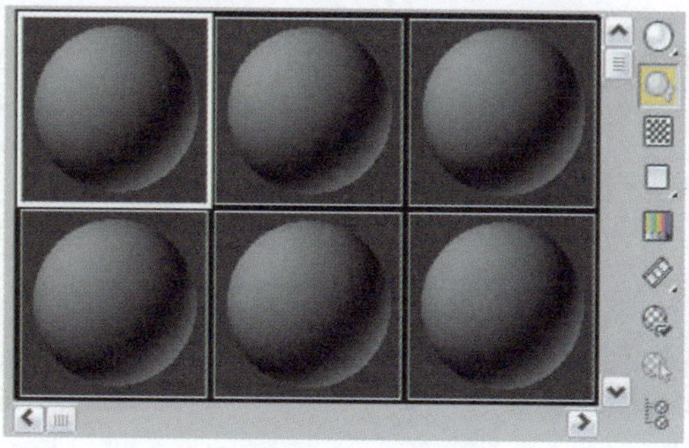

图7-17

（1）Sample Type flyout（采样类型）

Sample Type flyout（采样类型）用于改变示例窗中样本材质的显示形式。不同显示形式的对比效果如图7-18和图7-19所示。

图7-18

图7-19

（2）Backlight（背光）

启用Backlight（背光）工具将背光添加到活动示例窗中。默认情况下，此按钮处于启用状态。启用与不启用的对比效果如图7-20和图7-21所示。

图7-20

图7-21

注意

Backlight（背光）工具只是影响示例窗中的样本材质显示效果，并不影响到材质应用在对象上的背光效果。

（3）Background（背景）

启用Background（背景）工具将多颜色的方格背景添加到活动示例窗中。如果要查看不透明度和透明度的效果，该图案背景很有帮助。启用与不启用该工具的对比效果如图7-22和图7-23所示。

图7-22

图7-23

（4）Sample UV Tiling flyout（采用UV平铺）

该工具允许改变编辑器中材质的重复次数，不影响应用于对象的材质重复次数。设置不同的重复次数下，样本材质对比效果如图7-24和图7-25所示。

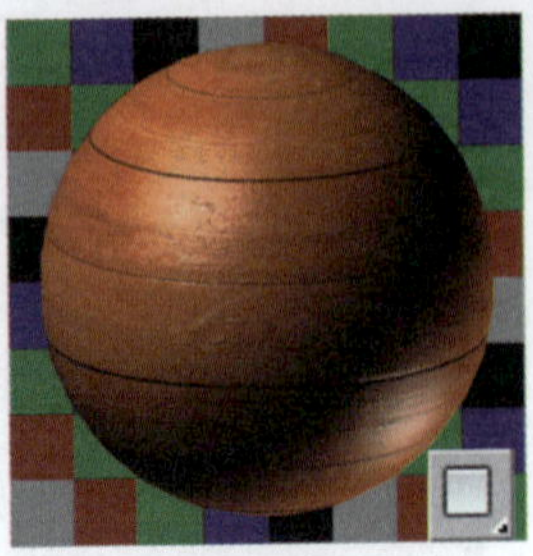

图7-24

图7-25

（5）Video Color Check（视频颜色检查）

Video Color Check（视频颜色检查）用于检查示例对象上的材质颜色是否超过安全NTSC或PAL阈值。颜色过度饱和的材质如图7-26所示，启用视频颜色检查后，显示超过视频阈值的黑色区域效果如图7-27所示。

图7-26

图7-27

（6）Option（选项）

该工具可控制材质与贴图如何在样本球中显示。单击该按钮，弹出Material Editor Options（材质编辑器选项）对话框，如图7-28和图7-29所示。

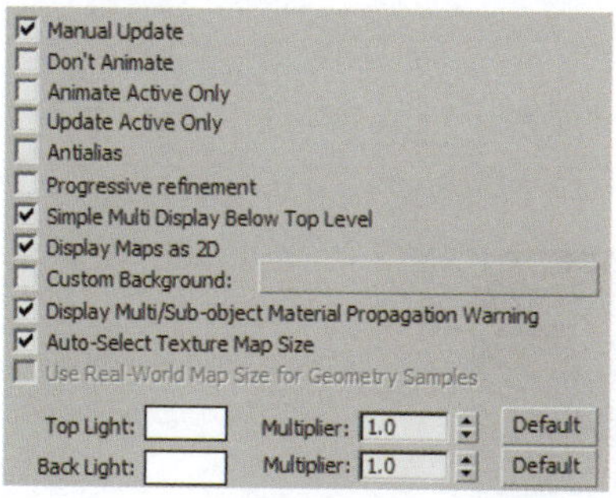

图7-28

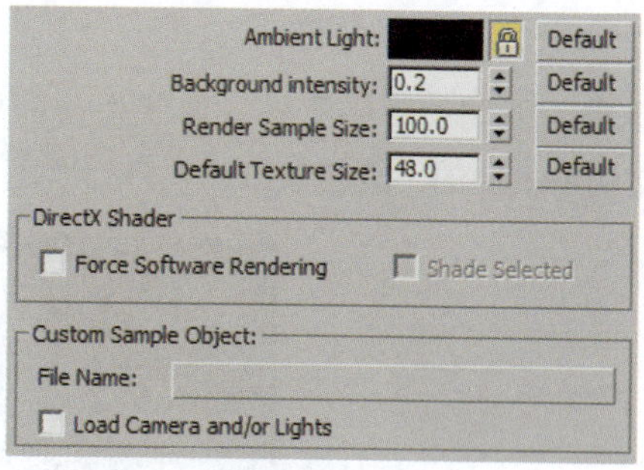

图7-29

（7）Select By Material（按材质选择）

Select By Material（按材质选择）可按照材质选择场景对象。使用Select By Material（按材质选择）可以基于Material Editor（材质编辑器）中的活动材质选择对象。单击该工具按钮之后，弹出Select Objects（选择对象）对话框，如图7-30所示，在该对话框中显示对象的名称，再单击Select（选择）按钮 Select ，即可将该材质下所有的对象都选择，如图7-31所示。

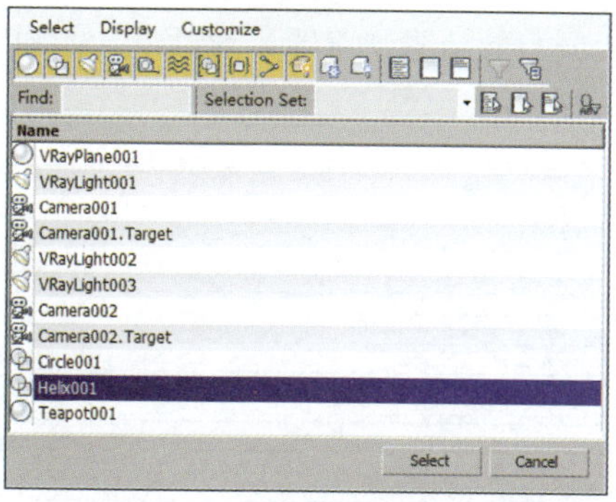

图7-30

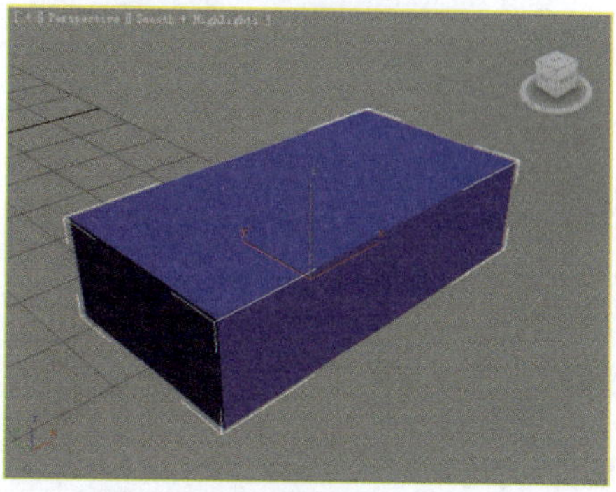

图7-31

（8）Material/Map Navigator（材质/贴图导航器）

Material/Map Navigator（材质/贴图导航器）是一个无模式对话框，可以通过材质中贴图的层次或复合材质中子材质的层次快速导航，常用于查看材质。图7-32所示的是Material/Map Navigator（材质/贴图导航器）对话框，在显示工具栏中单击View Large Icon（查看大图标）按钮，即可以大图标显示材质和贴图，如图7-33所示。

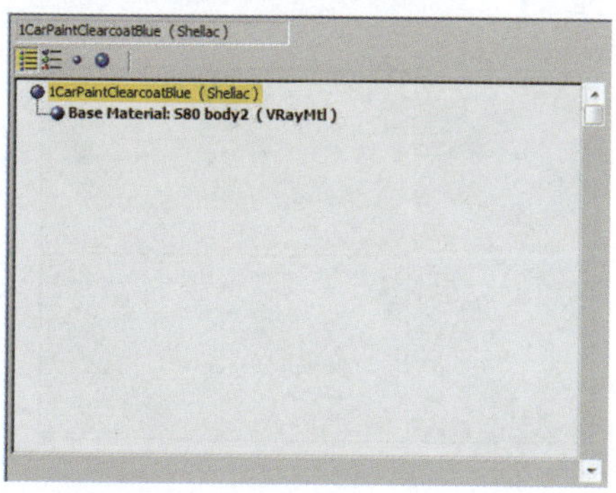

图7-32

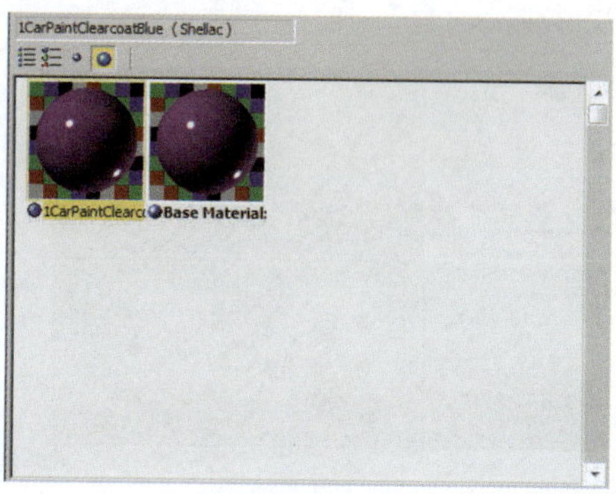

图7-33

2. 示例窗下侧工具栏

示例窗下侧的水平工具栏主要用于获取材质、将材质赋予场景或场景对象以及删除材质等。实例窗下侧的工具栏效果如图7-34所示。

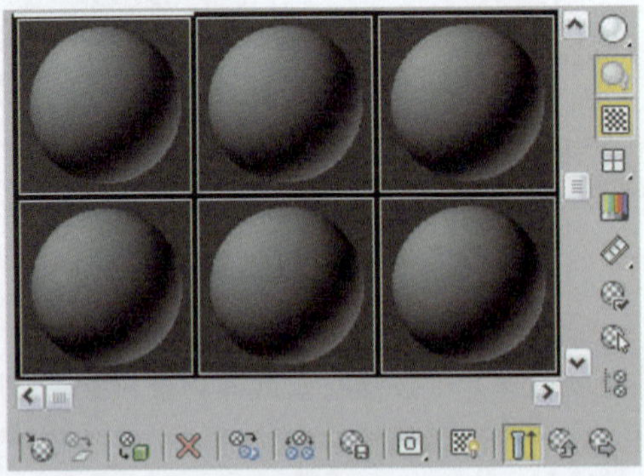

图7-34

（1）Get Material（获取材质）

单击该工具按钮，弹出Material/Map Browser（材质/贴图浏览器）对话框，如图7-35所示，利用该对话框，用户可以选择材质或贴图。

图7-35

（2）Assign Material to Selection（将材质指定给选定对象）

单击该按钮，将当前选择材质指定给场景中被选择对象。将材质指定给对象之后，示例窗中的材质即成为“热材质”，如图7-36所示。那些未指定给对象的材质就是“冷材质”，示例窗如图7-37所示。

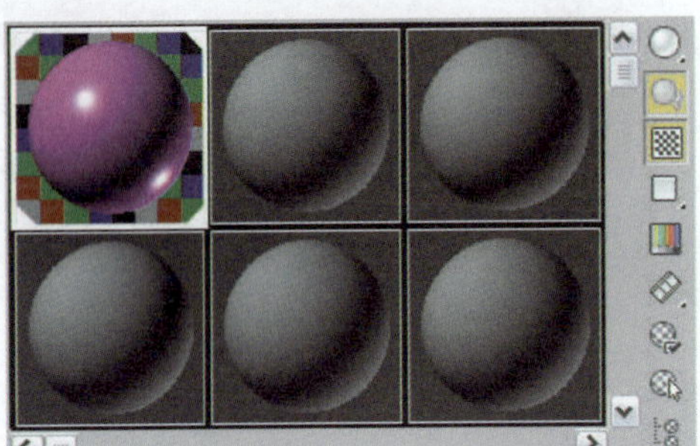

图7-36

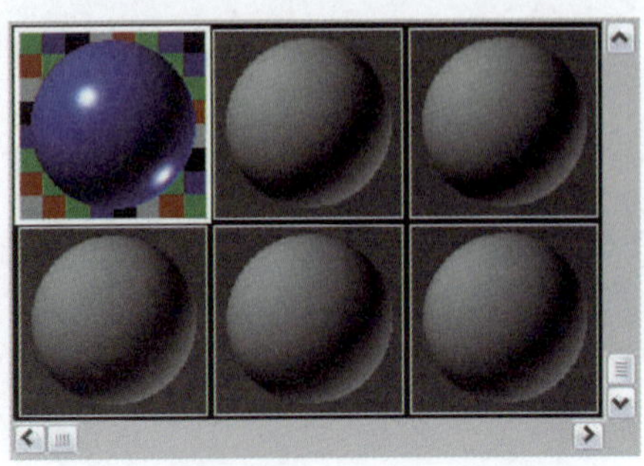

图7-37

（3）Reset Map/Mtl to Default Settings（重置贴图/材质为默认设置）

单击该按钮，重置热材质时，将弹出图7-38所示的对话框，选择第一个选项，可以重置材质编辑器和场景中的材质；选择第二个选项，仅重置材质编辑器中的材质。

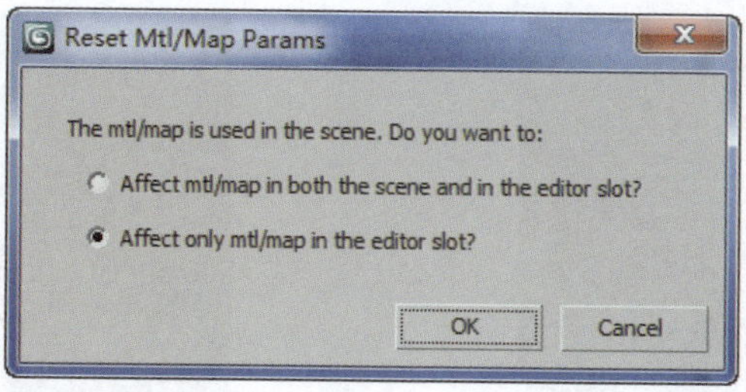

图7-38

（4）Put to Library（放入库）

将选择的材质放到材质库中。

（5）Material Effects Channel（材质效果通道）

用于为Video Post指定渲染效果通道，使材质产生效果。单击该工具按钮，即可打开材质通道序号列表，如图7-39所示。

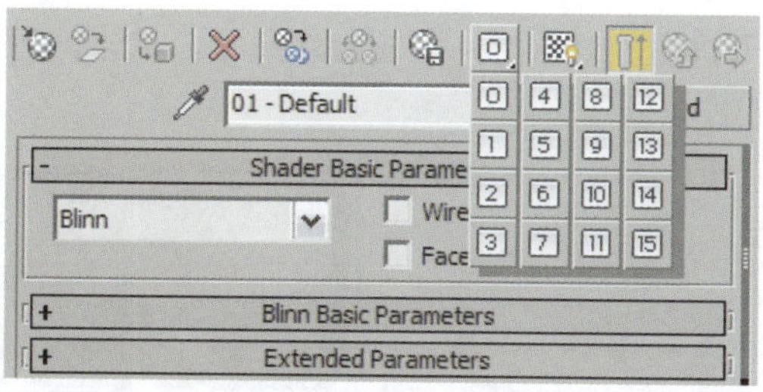

图7-39

（6）Show Map in Viewport（在视口中显示贴图）

此工具允许用户在使用软件和硬件之间对视口显示进行切换，不启用该工具与启用该工具的对比效果分别如图7-40和图7-41所示。

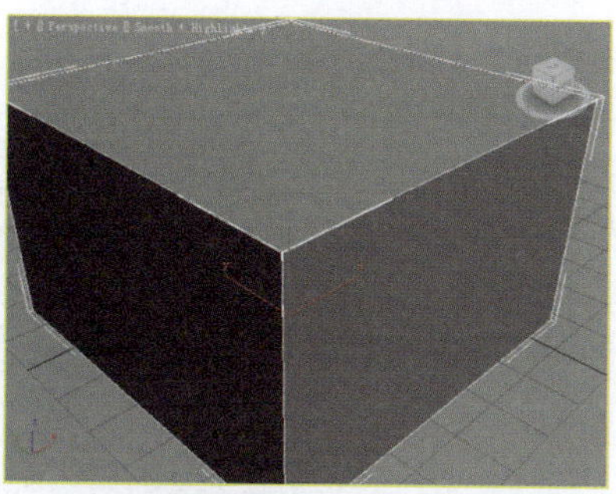

图7-40

图7-41

注意

在制作材质过程中，通过激活Show Map in Viewport（在视口中显示贴图）工具，可以将当前的贴图显示在物体上，这样就使调整贴图操作变得比较简便，工作效率也更高。

（7）Show End Result（显示最终效果）

单击该按钮后，材质样本球将显示出材质的最终效果。不激活该按钮与激活该按钮时，材质样本球的显示效果分别如图7-42和图7-43所示。

图7-42

图7-43

（8）Go to Parent（转到父级）

单击该按钮，可以转到当前材质层级的上一层。

（9）Pick Material From Object（从对象拾取材质）

用于获取场景中对象的材质。激活该按钮后，将鼠标指针移至视图中，鼠标指针变为吸管形状，当移动到一个指定了材质的对象上，如图7-44所示，单击即可在当前激活的样本球上将显示出该对象的材质，如图7-45所示。

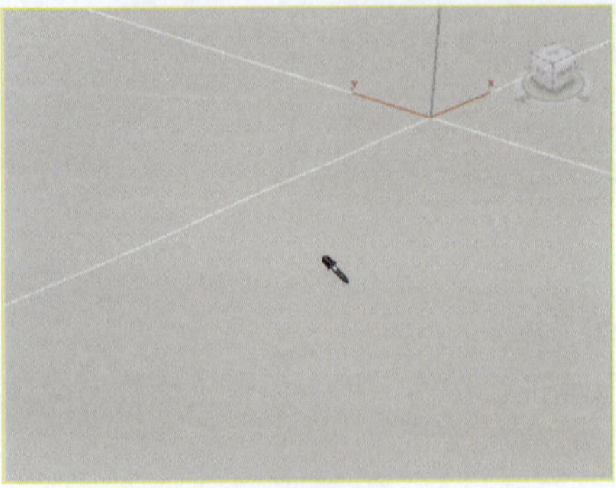

图7-44

图7-45

知识应用：使用外部的材质库
原始文件：场景和素材\第7章\使用外部的材质库 原始.max
最终文件：场景和素材\第7章\使用外部的材质库 最终.max
核心技能：将通过Material/Map Browser（材质/贴图浏览器）对话框来使用外部的材质库，以达到将外部材质库中的材质应用到当前场景的目的。

Step 1 打开本实例所使用的原始光盘文件，视口中包含了一个茶壶对象，效果如图7-46所示。

Step 2 选择Render（渲染器）>Rendering（渲染）命令，对场景进行渲染，效果如图7-47所示。

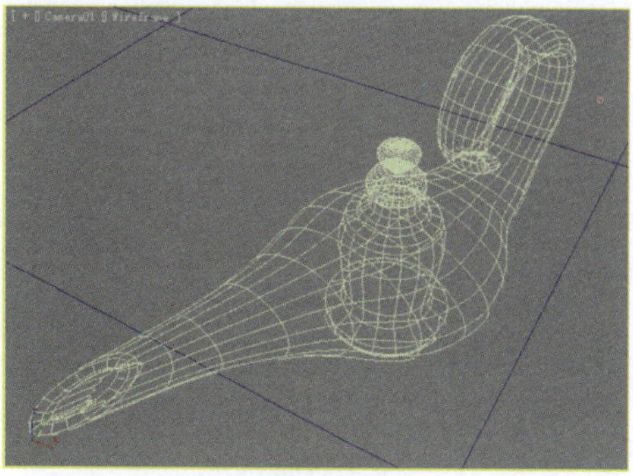

图7-46

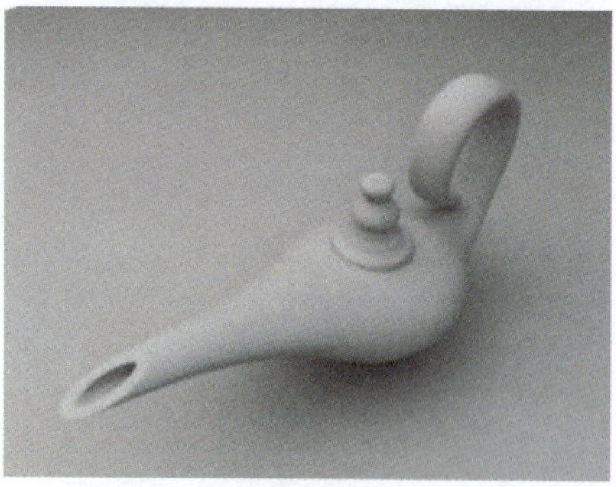

图7-47

Step 3 在Perspective（透视）视口中选择地面对象，打开Material Editor（材质编辑器）对话框，示例窗效果如图7-48所示。

Step 4 在Material Editor（材质编辑器）窗口的工具栏中单击Get Material（获取材质）按钮 ，即可打开Material/Map Browser（材质/贴图浏览器）窗口，如图7-49所示。

图7-48

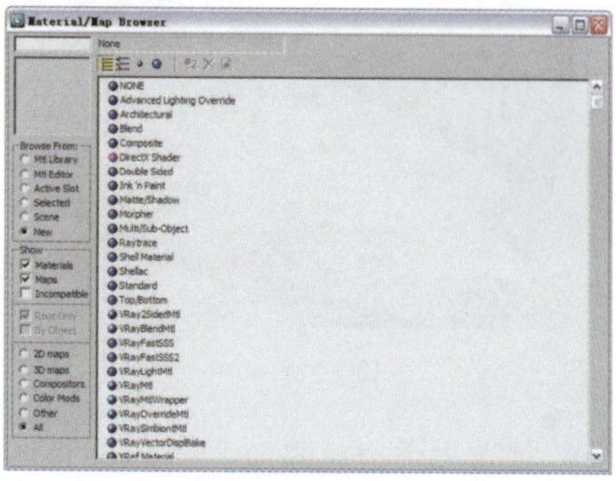

图7-49

Step 5 在Material/Map Browser（材质/贴图浏览器）窗口中，选择Browse From（浏览来自）选项组中的Mtl Library（材质库）单选按钮，如图7-50所示。

Step 6 在Material/Map Browser（材质/贴图浏览器）窗口中单击打开Open（打开）按钮 打开(O)，在弹出的对话框中选择外部材质库，如图7-51所示。

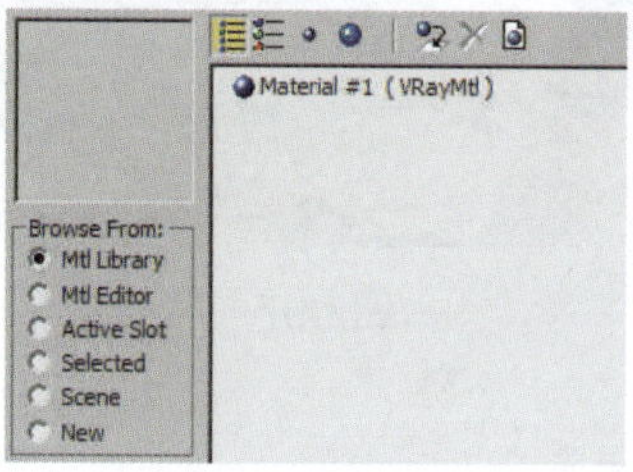

图7-50

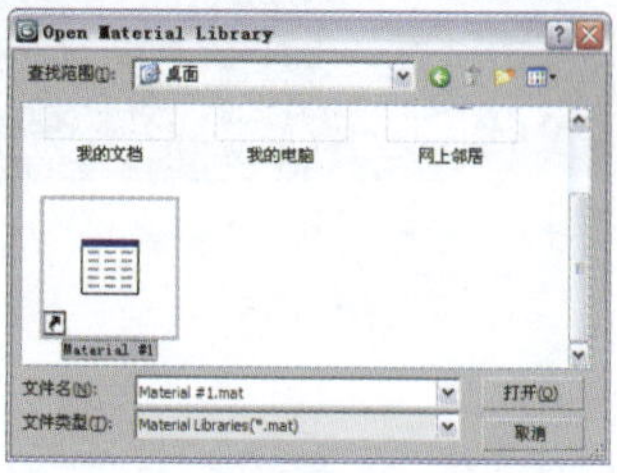

图7-51

Step 7 在打开外部材质库之后，在材质库的材质列表中选择一个材质，如图7-52所示。

Step 8 双击选择的材质将其添加到Material Editor（材质编辑器）的示例窗中，效果如图7-53所示。

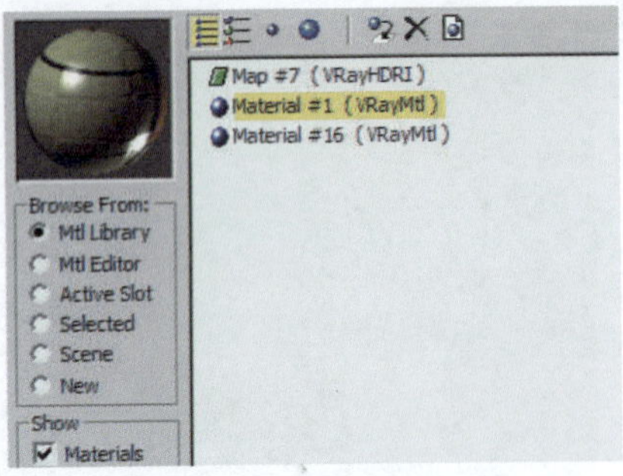

图7-52

图7-53

Step 9 将添加到Material Editor（材质编辑器）的示例窗中的材质指定给场景中的地面对象，材质渲染效果如图7-54所示。

Step 10 再次打开Material/Map Browser（材质/贴图浏览器）窗口，选择一个材质，如图7-55所示。

图7-54

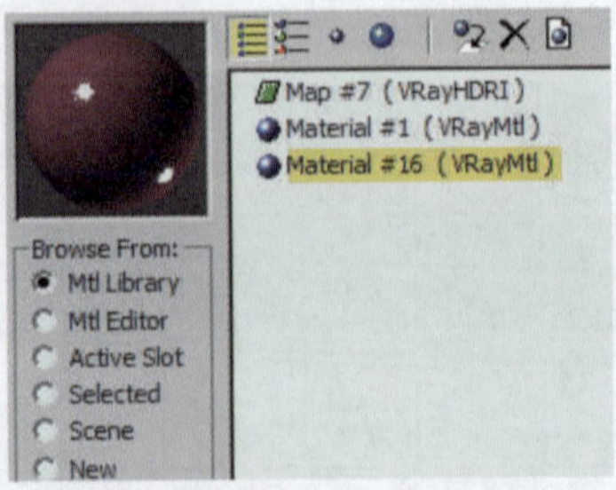

图7-55

Step 11 将选择的材质添加到Material Editor（材质编辑器）的示例窗中，效果如图7-56所示。

Step 12 将该材质赋予场景中的艺术茶壶对象，材质的渲染效果如图7-57所示。

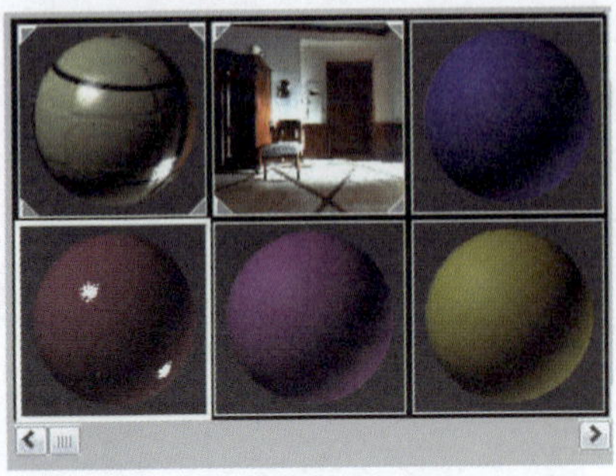

图7-56

图7-57

7.1.4 如何使用新的节点形式来编辑材质

通过对前面知识的学习，我们已经知道材质编辑器的分类、菜单、工具，接下来将学习在Slate Material Editor（板岩材质编辑器）下，使用新的节点形式来编辑材质的方法。

在Active View（活动视图）中，用户编辑材质和贴图时，所创建的材质和贴图将在Active View（活动视图）中显示为“节点”，用户可以在节点之间创建关联。

在Active View（活动视图）中，为方便用户区分材质与贴图，3ds Max开发者将材质和贴图节点的显示颜色分为有渐变效果的蓝灰色，如图7-58所示的是材质的显示色彩方案，而贴图则以绿灰色显示，如图7-59所示。

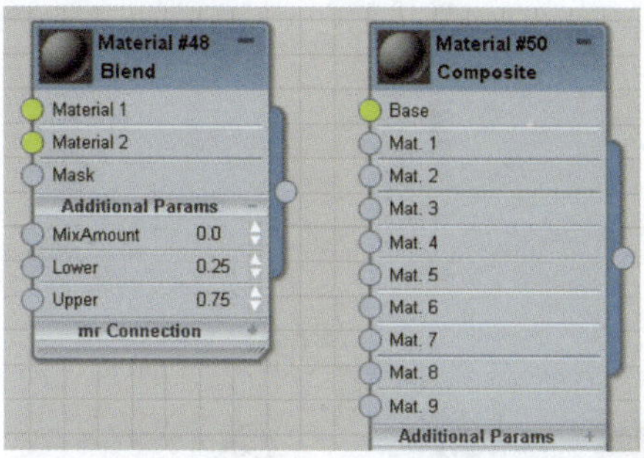

图7-58

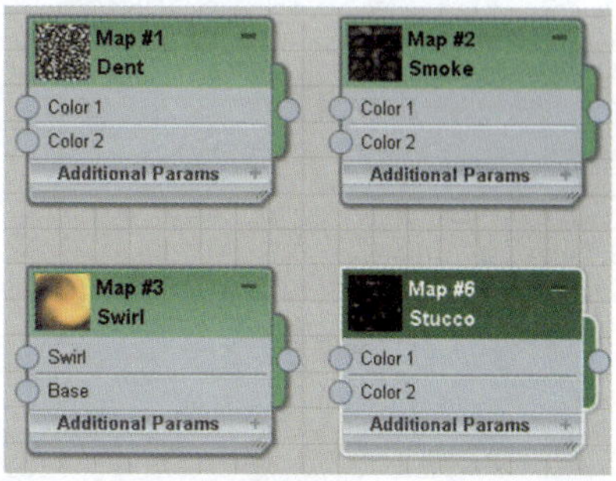

图7-59

在默认状态下，Active View（活动视图）中显示没有任何材质或贴图，要编辑材质，首先需要创建一个材质。创建材质有几种方法：方法一是在Material/Map Browser（材质/贴图浏览器）中的Materials（材质）卷展栏下双击需要的材质类型，如图7-60所示；在Active View（活动视图）中即显示出所选择的材质节点示例，如图7-61所示。

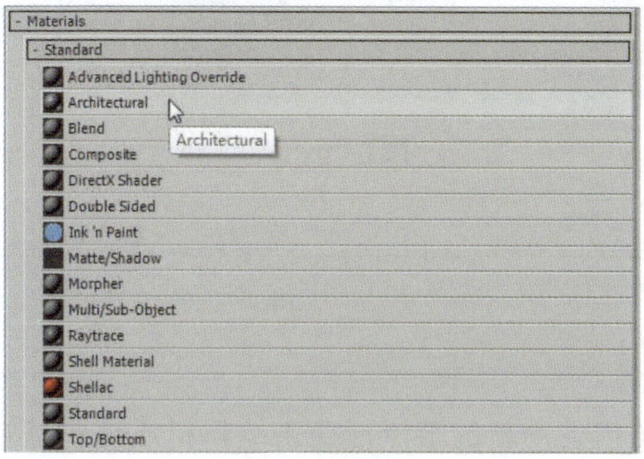

图7-60

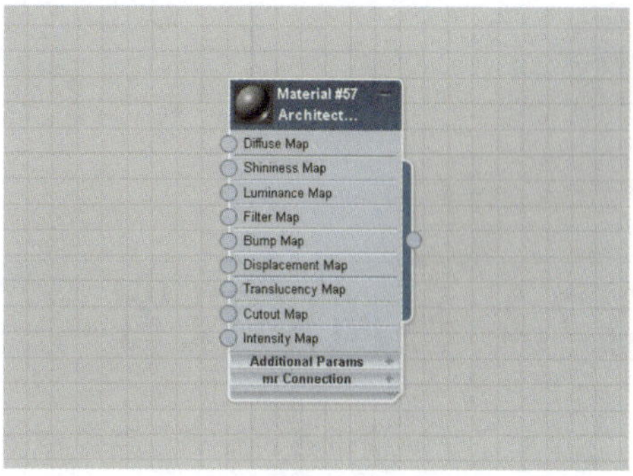

图7-61

注意

除了上面介绍的添加材质到Active View（活动视图）的方法外，用户可以直接将Material/Map Browser（材质/贴图浏览器）中的材质拖到Active View（活动视图）中，这样也可以添加材质到Active View（活动视图）中。

在将材质显示在Active View（活动视图）之后，即可开始编辑材质。如果用户需要为材质的某个贴图通道添加贴图，只需在材质节点示例左侧的圆圈上按下鼠标左键并拖动鼠标，就“牵”出一根材质、贴图的“红线”，如图7-62所示，在松开鼠标左键之后，即可打开贴图列表，如图7-63所示。

在贴图列表中选择需要的贴图之后（本次选择的是Bitmap（位图）贴图），即可弹出该类型材质所需要指定位图贴图的对话框，如图7-64所示，在为该贴图指定位图贴图之后，添加的位图即显示在Active View（活动视图）中，如图7-65所示。

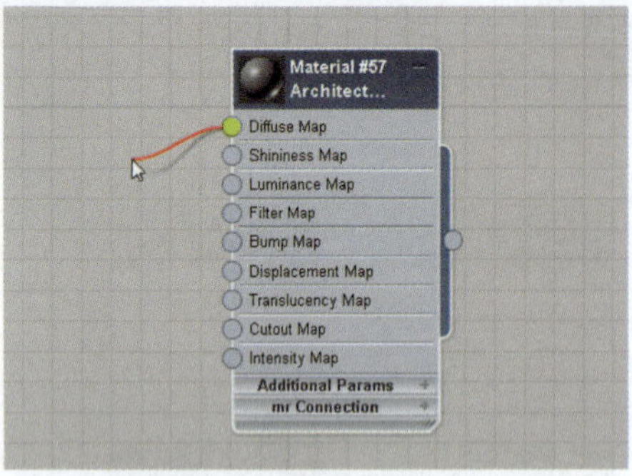

图7-62

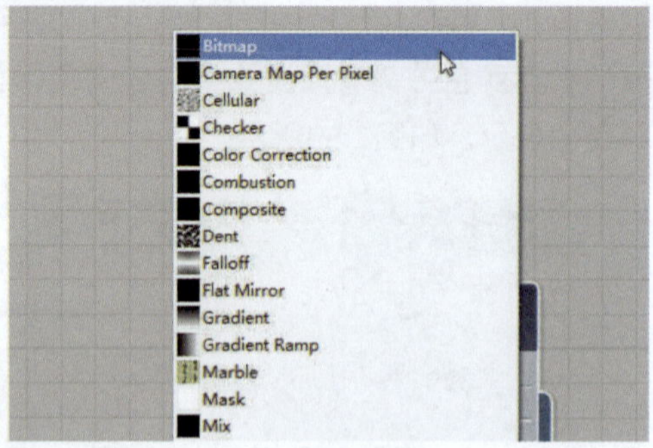

图7-63

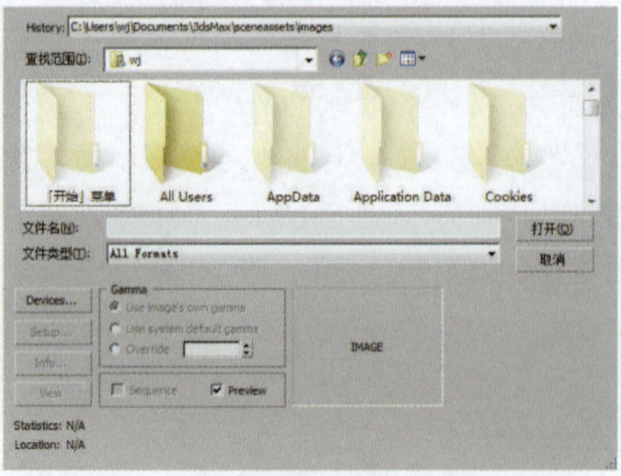

图7-64

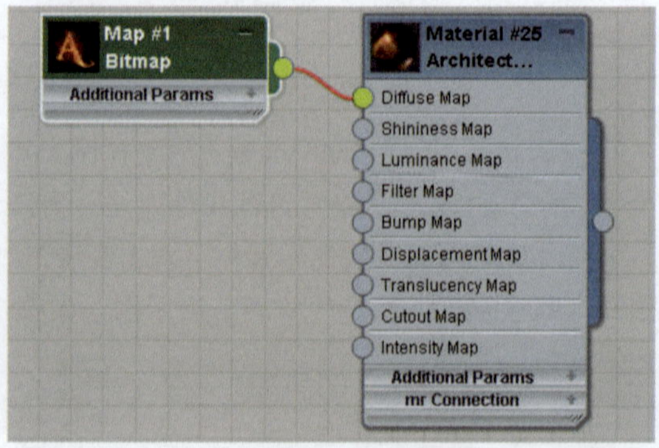

图7-65

7.2 材质的设置

在了解了材质编辑器的布局、菜单命令以及如何使用新的节点形式来编辑材质这些基本知识后，接下来学习材质的设置知识，内容包括：材质明暗器的选择、材质基本属性以及材质的扩展参数。

7.2.1 明暗器的选择

对于标准材质，明暗器是一种算法，它告知 3ds Max 如何计算表面渲染。每种明暗器都有一组用于特定目的的独特特性。某些明暗器是按其执行的功能命名的，如金属明暗器。其他明暗器是以开发人员的名字命名的，如 Blinn 明暗器和 Strauss 明暗器。3ds Max 中的默认明暗器为 Blinn 明暗器。

1. Blinn 明暗器

Blinn 明暗器是3ds Max默认的明暗器，使用该明暗器可以获得灯光以低角度擦过表面产生的高光。使用Blinn 明暗器的样本材质示例效果如图7-66所示，该明暗器表现的竹篮材质的效果如图7-67所示。

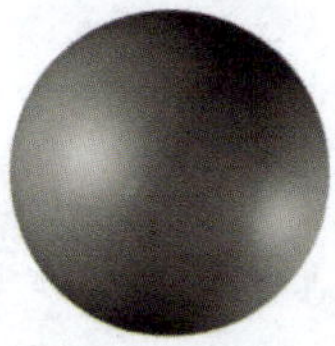

图7-66

图7-67

2. Anisotropic（各向异性）明暗器

Anisotropic（各向异性）明暗器使用椭圆形的高光，如果为头发、玻璃或磨砂金属建模，这些高光很有用，还可以用于产生磨砂金属或头发的效果。Anisotropic（各向异性）明暗器可创建拉伸并成角的高光，而不是标准的圆形高光，如图7-68所示，使用该明暗器表现的木椅高光效果如图7-69所示。

图7-68

图7-69

3. Metal（金属）明暗器

Metal（金属）明暗器提供效果逼真的金属表面以及各种看上去像有机体的材质。对于反射高光，Metal（金属）明暗器具有不同的曲线。金属材质计算其自己的高光颜色，该颜色可以在材质的漫反射颜色和灯光颜色之间变化。Metal（金属）明暗器高光效果如图7-70所示，使用该明暗器表现的金属材质效果如图7-71所示。

图7-70

图7-71

4. Multi-Layer（多层）明暗器

Multi-Layer（多层）明暗器与Anisotropic（各向异性）明暗器相似，但该明暗器具有两个反射高光控件。

使用分层的高光可以创建复杂高光，该高光适用于高度磨光的曲面、特殊效果等。Multi-Layer（多层）明暗器的高光效果如图7-72所示，使用该明暗器表现的材质效果如图7-73所示。

图7-72

图7-73

5. Phong明暗器

Phong明暗器可以平滑面之间的边缘，也可以真实地渲染有光泽、规则曲面的高光。此明暗器基于相邻面的平均面法线，插补整个面的强度。该明暗器高光效果如图7-74所示，表现的沙发材质效果如图7-75所示。

图7-74

图7-75

6. Strauss 明暗器

Strauss 明暗器用于表现金属表面。与Metal（金属）明暗器相比，该明暗器使用更简单的模型，并具有更简单的界面。Metal（金属）明暗器参数控制面板如图7-76所示，Strauss 明暗器参数控制面板如图7-77所示。

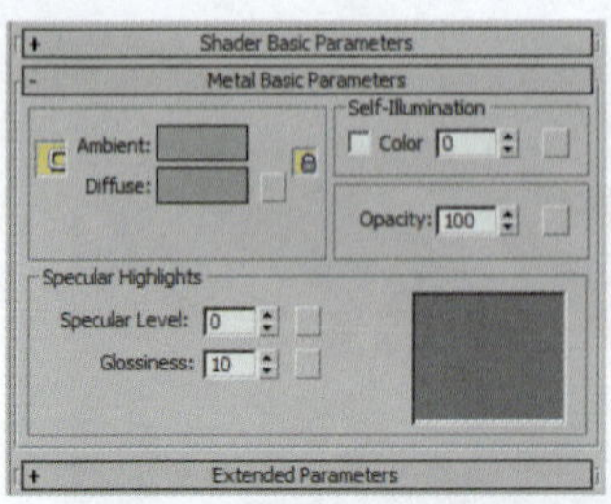

图7-76

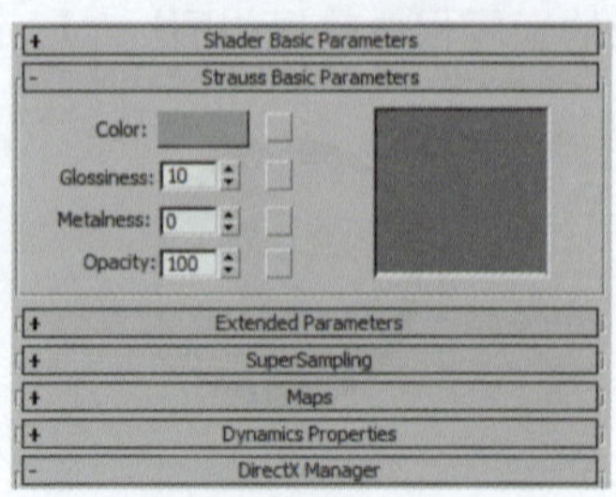

图7- 77

7. Translucent（半透明）明暗器

Translucent（半透明）明暗器与 Blinn 明暗方式类似，但前者还可用于制作半透明材质效果，半透明的对象允许光线穿过，并在对象内部使光线散射。可以使用Translucent（半透明）明暗器来模拟被霜覆盖的玻璃，如图7-78所示；也可以用于模拟身体半透明的青蛙材质，如图7-79所示。

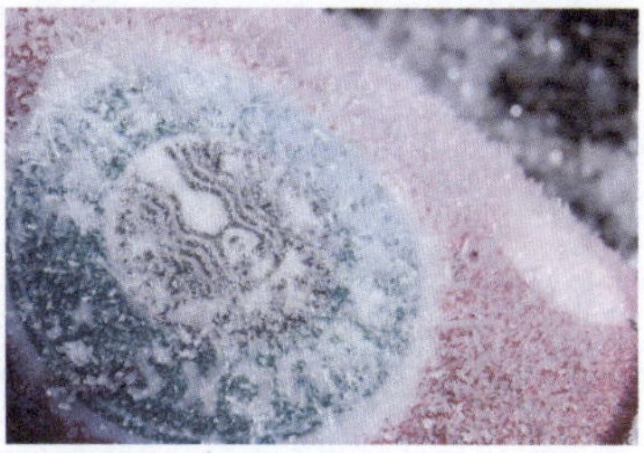
图7-78

图7-79

7.2.2 材质的基本属性

在3ds Max中，材质的基本属性包括漫反射、反射、光泽度、高光、透明度等，不同的反射情况及透明度等属性之间即使只有很小的差异都直接影响着材质的各种质感。

1. 漫反射与反射

每个物体都有漫反射现象，是所呈现的颜色效果，如图7-80所示；而反射则是物体反射光线所产生的效果，不同反射率下材质对比效果如图7-81所示。

图7-80

图7-81

2. 光泽度与高光

物体表面的光泽度决定了该物体表面反射周围环境光线的强弱，不同光泽度下，材质对比效果如图7-82所示。而物体表面的光泽度也会影响到对象高光的强弱以及形状，不同高光的对比效果如图7-83所示。

图7-82

图7-83

3. 透明度

对象的透明度也是材质基本属性中重要的一种。不同类型的对象具有不同的透明度，例如纱窗具有较弱的透明效果，如图7-84所示，而冰块则具有很强的透明度，如图7-85所示。

图7-84

图7-85

7.2.3 材质的扩展参数

在材质的Extended Parameters（扩展参数）卷展栏对于Standard（标准）材质的所有明暗器类型来说都是相同的，该卷展栏具有与透明度和反射相关的控件，还有Wire（线框）模式的选项。Extended Parameters（扩展参数）卷展栏如图7-86所示。

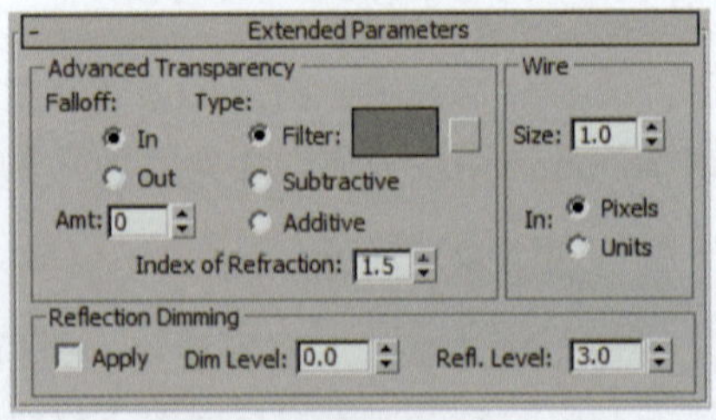

图7-86

Advanced Transparency（高级透明）选项组中的参数用于控制透明材质的不透明度衰减效果，而Wire（线框）选项组用于控制选择Wire（线框）材质的大小。

注意

不透明度衰减是指完全透明的表面将根据视点和材质角度的不同变换不透明度。例如，从玻璃瓶中心看玻璃瓶比从边缘看透明度大，因为在边缘用户看到的玻璃比较厚。不透明度衰减包含In（向内）衰减和Out（向外）衰减。

7.3 材质种类

为场景对象制作适当的材质，可以使场景对象更加逼真、漂亮。3ds Max提供了多种类型的材质可供选择，如Blend（混合）材质、Multi/Sub-Object（多维/次对象）材质、Ink,n Paint（卡通）材质、Raytrace（光线跟踪）材质、Matte/Shadow（无光/阴影）材质等。

7.3.1 混合材质

Blend（混合）材质可以将两个不同的材质混合在对象的单个面上，通过设置参数控制两种材质的混合数量。Blend（混合）材质的使用原理及效果如图7-87所示。

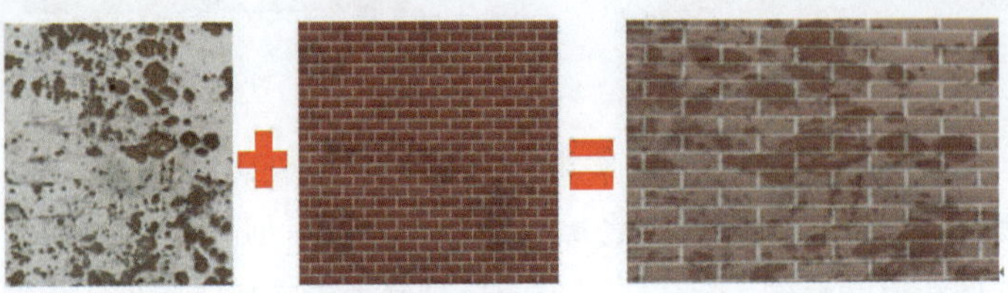

图7-87

Blend（混合）材质的基本参数卷展栏中参数较少，可以通过设置混合的两个材质以及控制混合的Mask（遮罩）等参数调整混合材质的效果。

Blend（混合）材质Blend Basic Parameters（混合基本参数）卷展栏如图7-88所示，本材质常用于表现一些多种效果融合在一起的效果，如被艺术家涂鸦的墙壁，如图7-89所示。

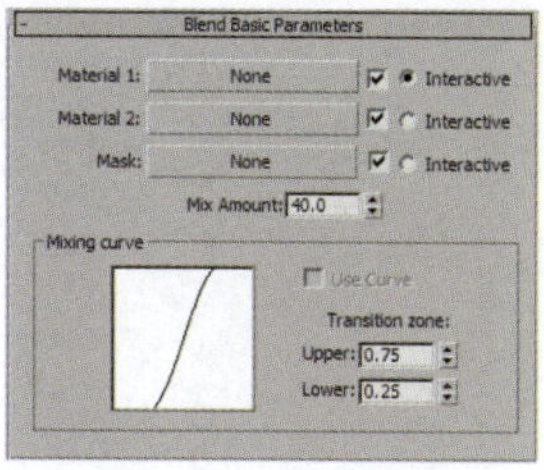

图7-88

图7-89

单击Material 1、2（材质1、2）后的贴图按钮，分别弹出第一、二个材质的材质编辑器，设置材质的贴图与参数。

单击Mask（遮罩）后的贴图按钮，弹出Material/Map Browser（材质/贴图浏览器），选择一种贴图作为遮罩，设置如何对材质1和材质2进行混合。Mix Amount（混合数量）参数用于设置材质1和材质2的混合百分比。

知识应用：红色的汤盅
原始文件：场景和素材\第7章\ 红色的汤盅 原始.max
最终文件：场景和素材\第7章\ 红色的汤盅 最终.max
核心技能：在本实例中，我们将通过制造红色的汤盅材质，来学习Blend（混合）材质的使用方法。在制造材质的过程中，要理解Material 1（材质1）、Material 2（材质2）以及Mask（遮罩）之间的关系。

注意

在本实例制作过程中，我们将使用著名的渲染器——VRay，因此读者在学习本实例前，确保已安装VRay渲染器，并且VRay渲染器的版本要在1.5.Sp4a版及以上。

Step 1 打开本实例所使用的原始光盘文件，视口中包含了3个汤盅对象，效果如图7-90所示。

Step 2 选择Render（渲染器）>Rendering（渲染）命令，对场景进行渲染，渲染效果如图7-91所示。

图7-90

图7-91

Step 3 打开Material Editor（材质编辑器），在Material/Map Browser（材质/贴图浏览器）中选择图7-92所示的Blend（混合）材质。

Step 4 将上一步选择的Blend（混合）材质拖动到Active View（活动视图）中，Active View（活动视图）将以节点显示Blend（混合）材质，如图7-93所示。

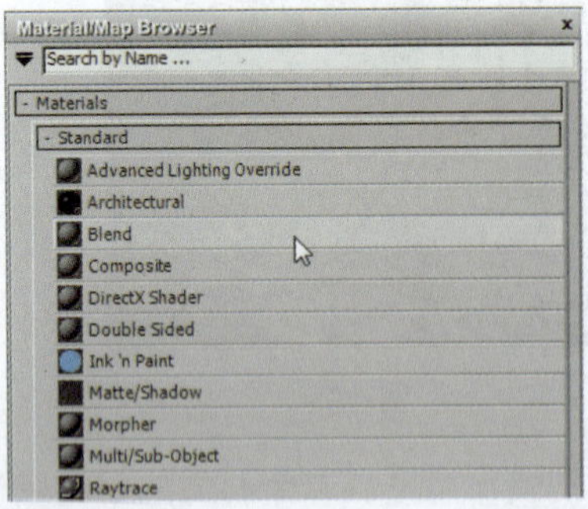

图7-92

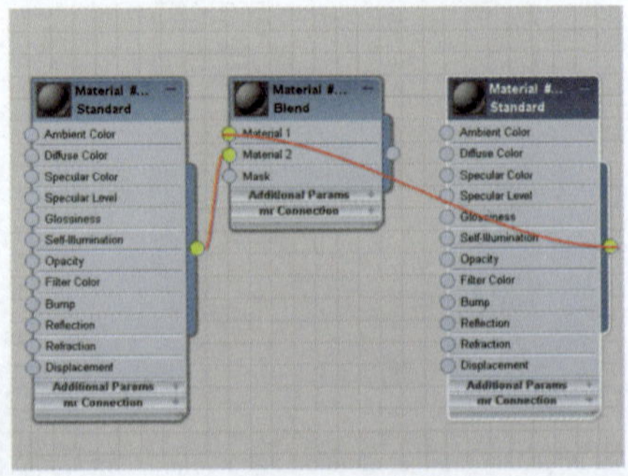

图7-93

Step 5 在Active View（活动视图）中双击Blend（混合）材质的Material 1（材质1），在Material Parameter Editor（材质参数编辑器）中显示出Material 1（材质1）的控制参数，如图7-94所示。

Step 6 展开Blinn Basic Parameters（Blinn基本参数）卷展栏，在该卷展栏中准备开始制作Material 1（材质1）材质，该卷展栏效果如图7-95所示。

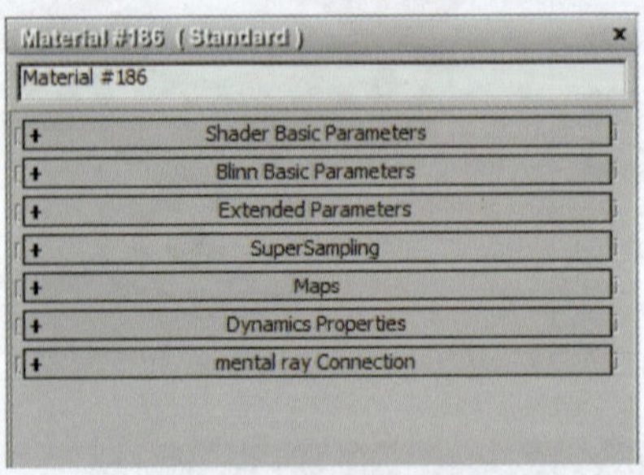

图7-94

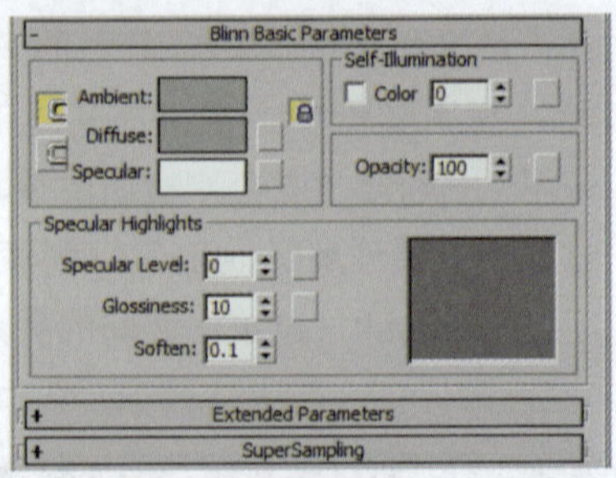

图7-95

Step 7 在Blinn Basic Parameters（Blinn基本参数）卷展栏中，设置Diffuse（漫反射）颜色和Specular Highlights（反射高光）的参数，如图7-96所示。

Step 8 展开Standard（标准）材质的Maps（贴图）卷展栏，在该卷展栏中为Reflection（反射）贴图通道添加VRayMap（VRay贴图），如图7-97所示。

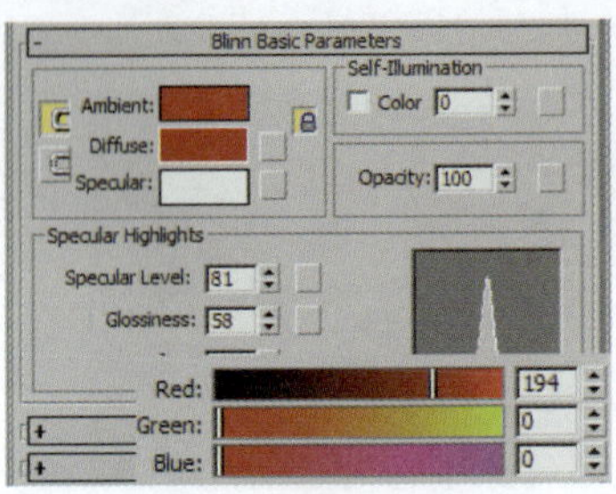

图7-96

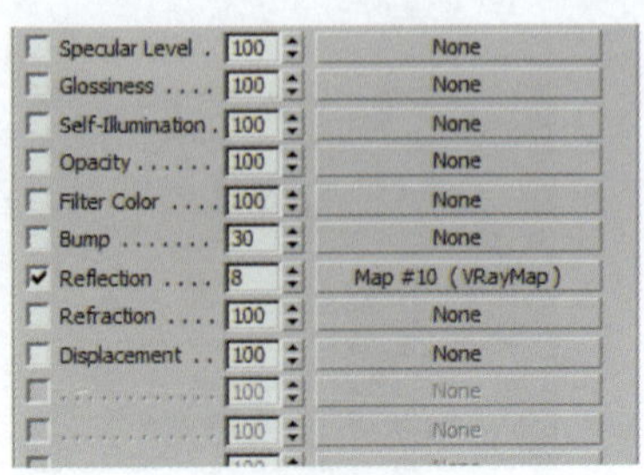

图7-97

Step 9 返回至Blend（混合）材质的Blinn Basic Parameters（Blinn基本参数）卷展栏，将Material 1（材质1）的材质以Copy（复制）方式克隆一个Material 2（材质2），如图7-98所示。

Step 10 进入Material 2（材质2），设置材质的Diffuse（漫反射）颜色，效果如图7-99所示。

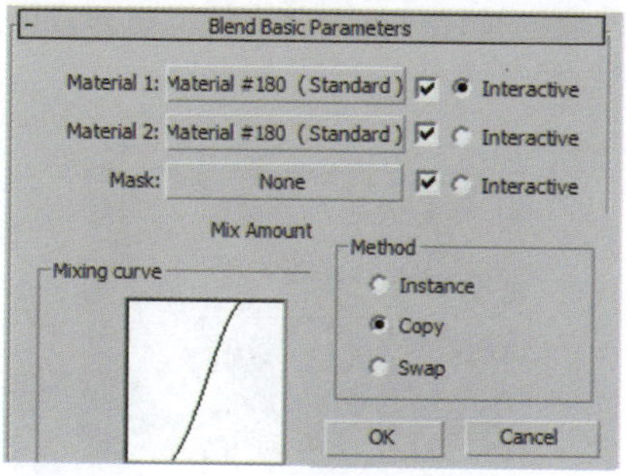

图7-98

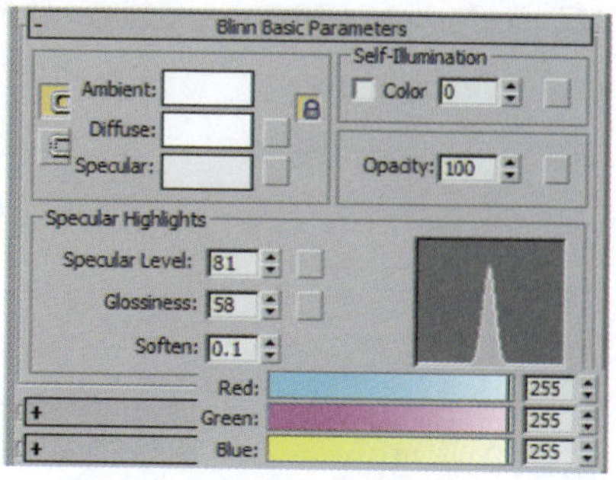

图7-99

Step 11 在Active View（活动视图）中，为Mask（遮罩）通道添加一个Bitmap（位图）贴图，如图7-100所示。

Step 12 在添加Bitmap（位图）贴图后，为添加的Bitmap（位图）贴图指定一个位图，该位图的效果如图7-101所示。

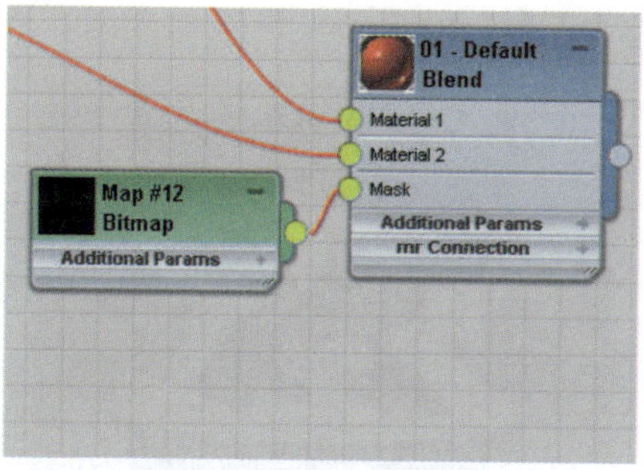

图7-100

图7-101

Step 13 通过以上操作，已经制作完汤盅盖子的材质，接下来需要将制作的材质指定给盖子对象。在视口中选择汤盅的盖子，如图7-102所示。

Step 14 选择Render（渲染器）>Rendering（渲染）命令，对场景进行渲染，材质渲染效果如图7-103所示。

图7-102

图7-103

Step 15 为方便制作材质，先将Slate Material Editor（板岩材质编辑器）切换为Compact Material Editor（精简材质编辑器）。在Material Editor（材质编辑器）的菜单栏中选择Modes（模式）>Compact Material Editor（精简材质编辑器）命令，如图7-104所示。

Step 16 在Compact Material Editor（精简材质编辑器）的材质示例窗中将之前制作的材质进行复制，如图7-105所示。

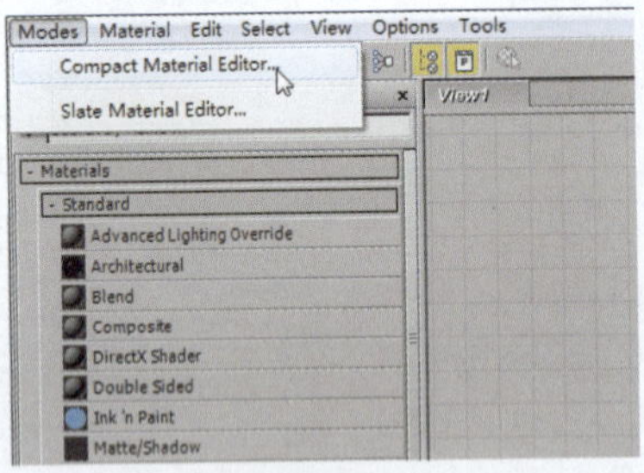

图7-104

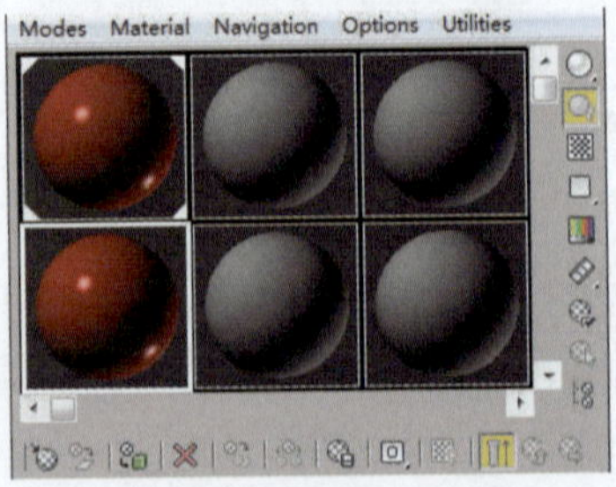

图7-105

Step 17 展开复制材质的Blinn Basic Parameters（Blinn基本参数）卷展栏，可以看到复制的材质与之前制作的材质一致，如图7-106所示。

Step 18 汤盅杯子的材质与盖子材质几乎相同，只需将Mask（遮罩）的位图贴图替换即可。将Mask（遮罩）的位图贴图进行替换，替换的贴图效果如图7-107所示。

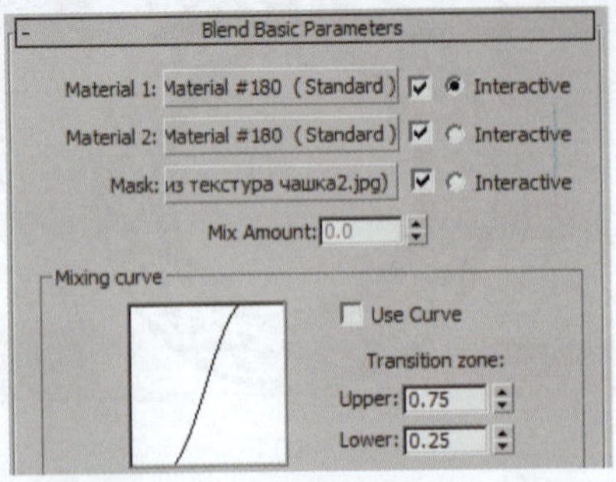

图7-106

图7-107

Step 19 展开该Bitmap（位图）贴图的Coordinates（坐标）卷展栏，设置贴图的坐标参数，如图7-108所示。

Step 20 由于汤盅杯子的材质是复制的盖子材质，而同一场景中是不允许出现重名的，因此需要将该材质进行重命名，如图7-109所示。

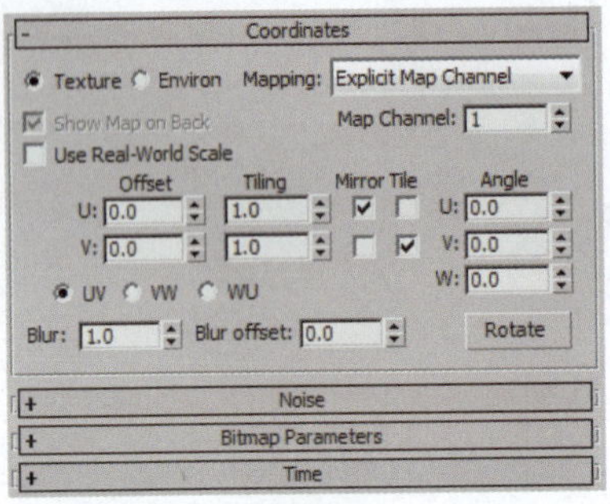

图7-108

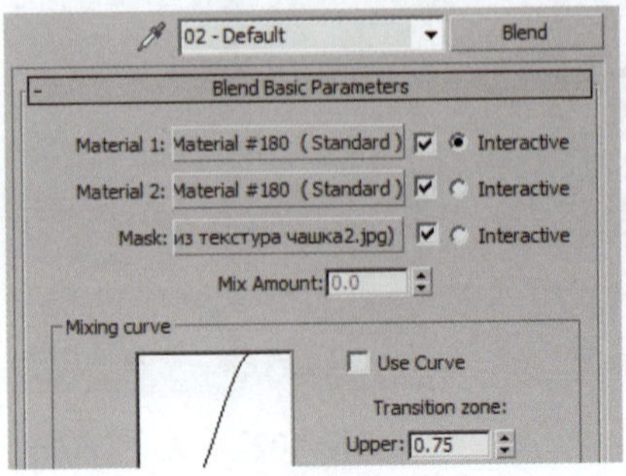

图7-109

Step 21 在编辑材质之后，接下来就需要将制作的材质赋予场景中的对象。在场景中选择汤盅的杯子部分，如图7-110所示。

Step 22 选择菜单栏中的Render（渲染器）>Rendering（渲染）命令，对场景进行渲染，材质渲染效果如图7-111所示。

图7-110

图7-111

7.3.2 多维/次对象材质

Muti/Sub-Object（多维/次对象）材质是一种常见的复合材质，该材质包含多种同级的子材质。

在使用Muti/Sub-Object（多维/次对象）材质前，要在Polygon：Material IDs（多边形：材质ID）卷展栏中为几何体的子对象指定材质ID，之后再为对象制作材质。该材质的Muti/Sub-Object Basic Parameters（多维/次对象基本参数）卷展栏效果如图7-112所示，Muti/Sub-Object（多维/次对象）材质的应用效果如图7-113所示。

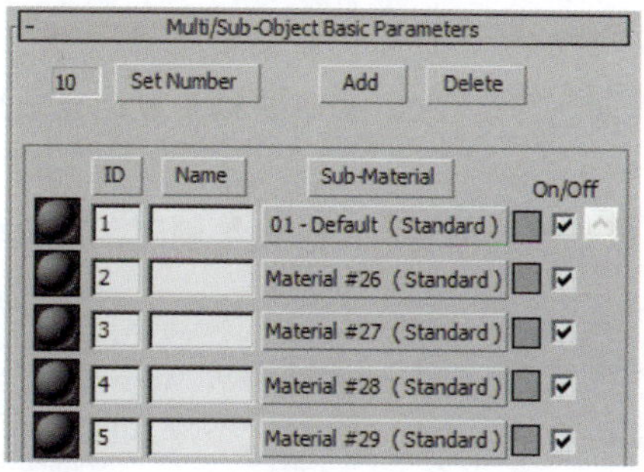

图7-112

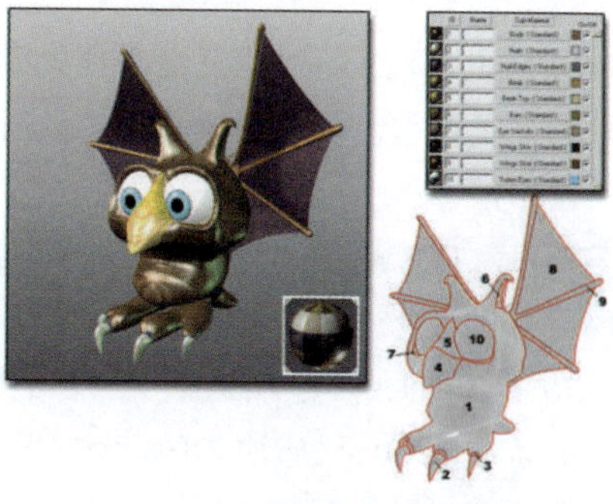

图7-113

7.3.3 卡通材质

Ink′nPaint（卡通）材质主要用于制作与卡通有关的效果。与其他大多数材质提供的三维不同，Ink′nPaint（卡通）材质提供了带有“墨水”边界的二维效果。下面将对Ink′nPaint（卡通）材质的参数卷展栏进行介绍。

Ink′nPaint（卡通）材质的参数卷展栏如图7-114所示，使用Ink′nPaint（卡通）材质可以制作出如图7-115所示的水墨画效果。

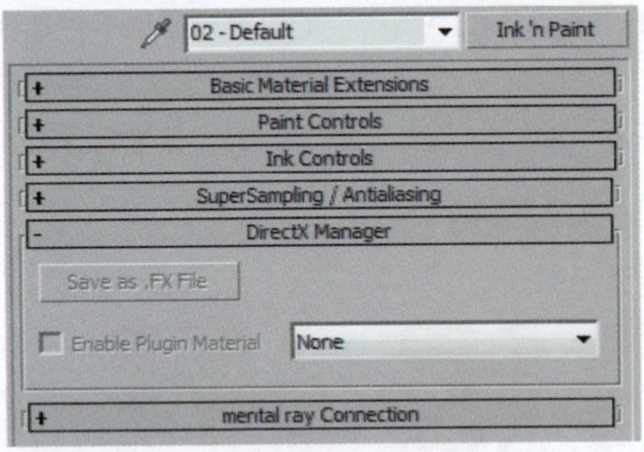

图7-114

图7-115

Ink'nPaint（卡通）材质包含了Basic Material Extensions（基本材质扩展）、Paint Controls（绘制控制）、Ink Controls（墨水控制）等几个卷展栏。

1. Basic Material Extensions（基本材质扩展）卷展栏

Basic Material Extensions（基本材质扩展）卷展栏主要用于控制材质的一些基本属性，如是否双面、凹凸或置换效果。Basic Material Extensions（基本材质扩展）卷展栏效果如图7-116所示。

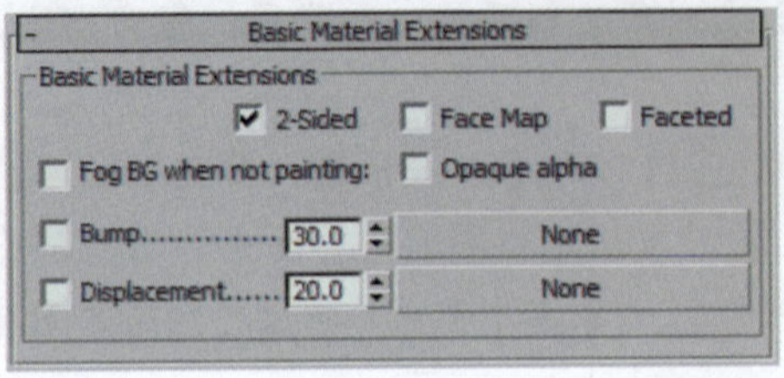

图7-116

2-Sided（双面）用于设置对象的背面是否也有材质，默认状态为激活。勾选Face Map（面贴图）复选框，材质的分布以对象所具有的面为单位。勾选Faceted（面状）复选框之后，对象不再平滑。

勾选Fog BG when not painting（未绘制时雾化背景）复选框后，当禁止绘制时，对象材质的颜色与背景颜色一致。

Bump（凹凸）选项通过添加贴图以及设置参数，来控制卡通材质的凹凸效果。为Ink'nPaint（卡通）材质添加Bump（凹凸）贴图渲染效果如图7-117所示，不添加Bump（凹凸）贴图渲染效果如图7-118所示。

图7-117

图7-118

2. Paint Controls（绘制控制）卷展栏

Paint Controls（绘制控制）卷展栏主要用于控制对象表面颜色以及属性参数。Paint Controls（绘制控制）卷展栏效果如图7-119所示。

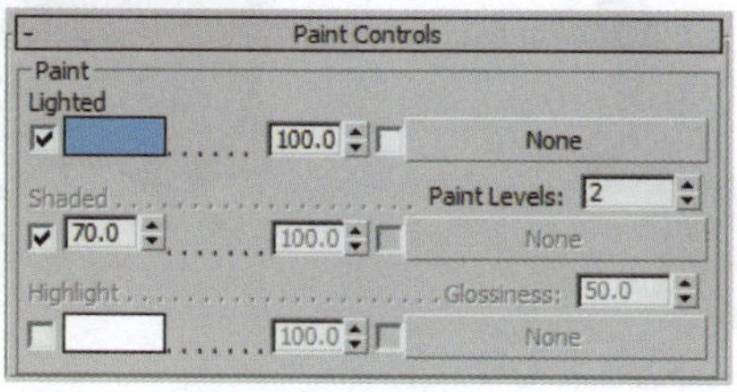

图7-119

（1）Lighted（亮区）

Lighted（亮区）参数用于设置对象的填充颜色，也可以通过为其指定贴图来制作更加复杂的表面纹理效果。默认设置为淡蓝色，如图7-120所示，修改该颜色为红色后，材质渲染效果如图7-121所示。

图7-120

图7-121

（2）Shaded（暗区）

Shaded（暗区）参数用于控制阴影部分。勾选Shaded（暗区）复选框，系统则以参数值来控制阴影效果，如图7-122所示；不勾选Shaded（暗区）复选框，则可以设置阴影部分的颜色，如图7-123所示。

图7-122

图7-123

（3）Paint Levels（绘制级别）

Paint Levels（绘制级别）参数用于控制绘制明暗的处理次数。参数值越小，对象越平坦，默认参数为2。

在Paint Controls（绘制控制）卷展栏中分别设置Paint Levels（绘制级别）参数为1、6，材质渲染效果分别如图7-124和图7-125所示。

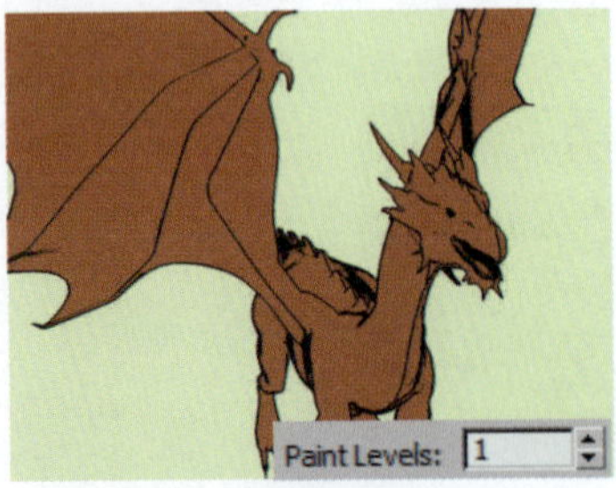

图7-124

图7-125

3. Ink Controls（墨水控制）卷展栏

Ink（墨水）指的是材质中的勾线、轮廓。Ink Controls（墨水控制）卷展栏主要用于控制对象勾线的粗细、颜色以及勾线的位置，参数卷展栏效果如图7-126所示。

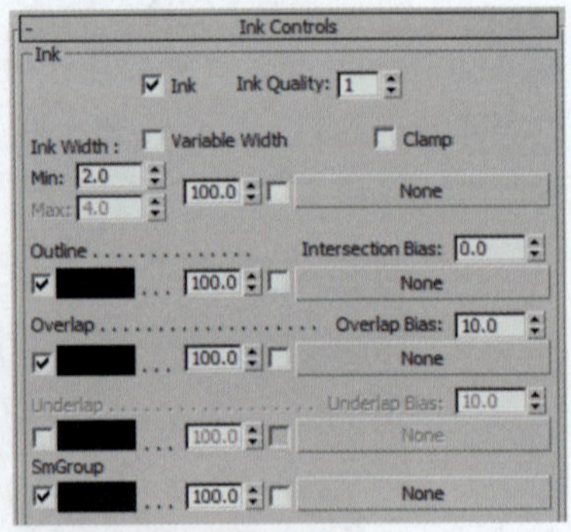

图7-126

（1）Ink（墨水）

勾选Ink（墨水）复选框之后，系统启用勾线效果。该复选框在系统默认下为勾选状态。Ink（墨水）复选框在 勾选和未勾选的状态下材质对比效果分别如图7-127和图7-128所示。

图7-127

图7-128

（2）Ink Width（墨水宽度）

Ink Width（墨水宽度）参数用于控制对象勾线效果的宽度。分别设置Ink Width（墨水宽度）参数为1、6，材质渲染对比效果分别如图7-129和图7-130所示。

图7-129

图7-130

7.3.4 光线跟踪材质

Raytrace（光线跟踪）材质是一种高级表面明暗处理的材质。与前面介绍的Standard（标准）材质一样，能支持漫反射表面明暗处理，但是Raytrace（光线跟踪）材质还能创建完全光线跟踪的反射和折射，支持雾、颜色密度、半透明、荧光以及其他特殊效果。使用该材质类型制作的具有反射效果的金属材质如图7-131所示，制作的带有荧光效果的半透明材质如图7-132所示。

图7-131

图7-132

Raytrace（光线跟踪）材质的控制参数主要位于Raytrace Basic Parameters（光线跟踪基本参数）卷展栏和Extended Parameters（扩展参数）卷展栏，这两个参数卷展栏效果分别如图7-133和图7-134所示。

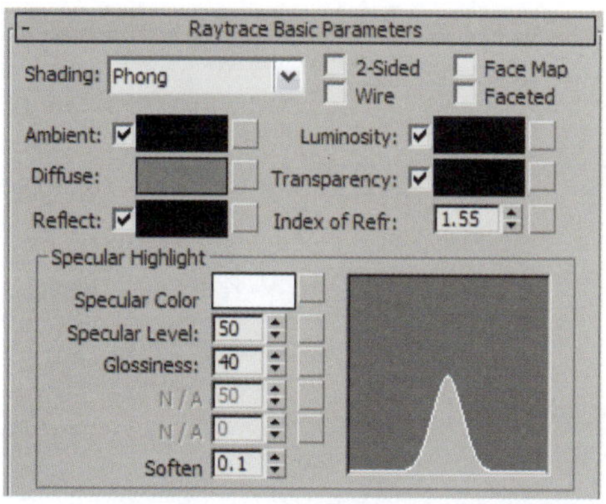

图7-133

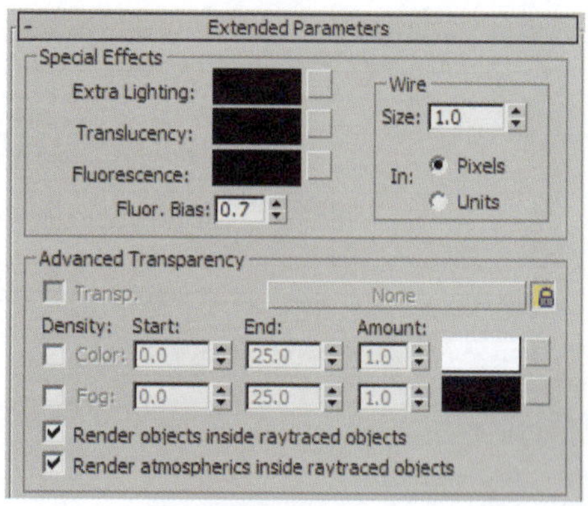

图7-134

知识应用：制作光碟

原始文件：场景和素材\第7章\制作光碟材质 原始.max

最终文件：场景和素材\第7章\制作光碟材质 最终.max

核心技能：在本实例中，我们将通过制作光碟的材质，来学习Raytrace（光线跟踪）材质的使用方法。

Step 1 打开本实例的原始文件“场景和素材\第7章\制作光碟材质 原始.max”，Perspective（透视）视口中的效果如图7-135所示。

Step 2 选择菜单栏中的Render（渲染器）>Rendering（渲染）命令，对场景进行渲染，原始场景的渲染效果如图7-136所示。

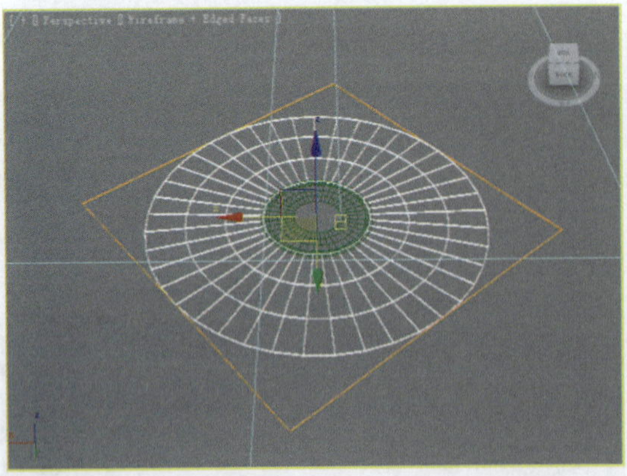

图7-135

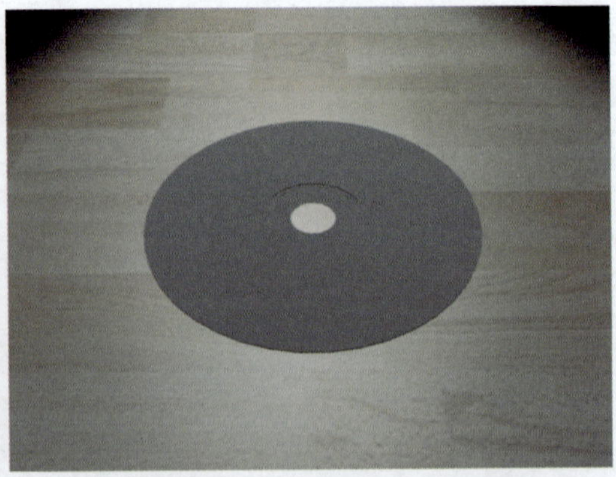

图7-136

Step 3 打开材质编辑器，选择一个样本材质，在Shader Basic Parameters（明暗器基本参数）卷展栏中设置明暗器类型，如图7-137所示。

Step 4 选择明暗器类型之后，在Anisotropic Basic Parameters（各向异性基本参数）卷展栏中设置参数，如图7-138所示。

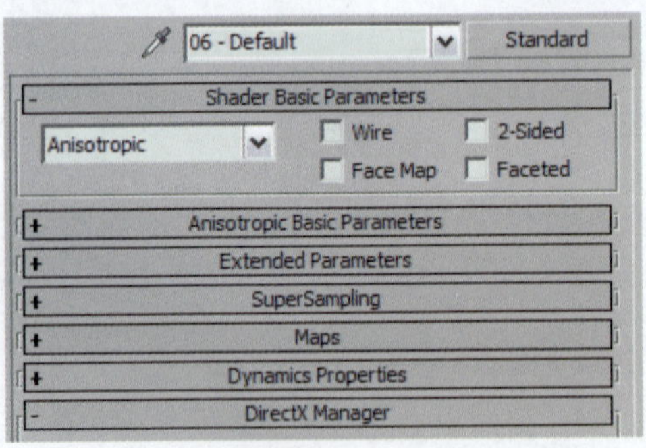

图7-137

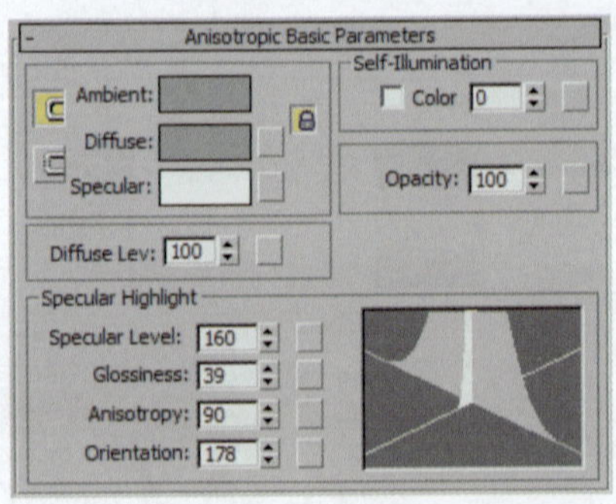

图7-138

Step 5 展开Maps（贴图）卷展栏，在该卷展栏中通过单击Diffuse Color（漫反射颜色）贴图通道后面的长方形贴图按钮，并在打开的Material/Map Browser（材质/贴图浏览器）中选择Raytrace（光线跟踪）贴图，为Diffuse Color（漫反射颜色）贴图通道添加Raytrace（光线跟踪）贴图，如图7-139所示。

Step 6 使用上一步骤中介绍的添加贴图的方法，为Specular Color（高光颜色）贴图通道添加Gradient Ramp（渐变坡度）贴图，如图7-140所示。

Step 7 单击Specular Color（高光颜色）贴图通道的贴图按钮，进入Gradient Ramp（渐变坡度）贴图层级，双击Gradient Ramp Parameters（渐变坡度参数）卷展栏中左侧第1个色标，在打开的Color Selector（颜色选择器）中设置颜色参数，如图7-141所示。

Step 8 在第1个色标之后的一小段距离处单击，添加第2个色标，设置色标参数，如图7-142所示。

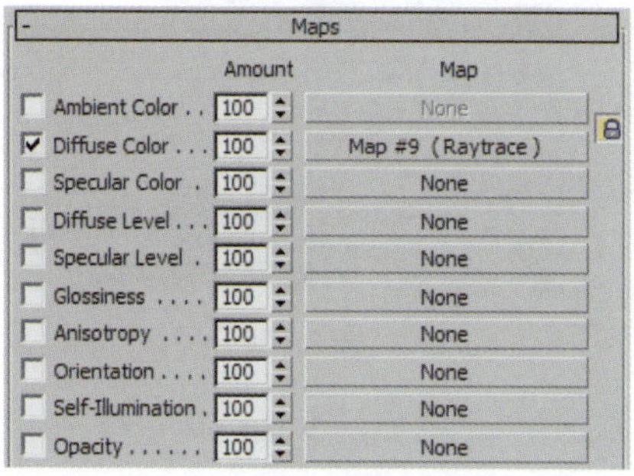

图7-139

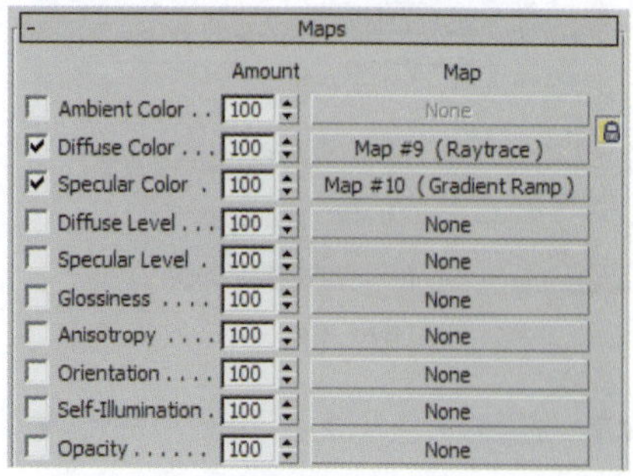

图7-140

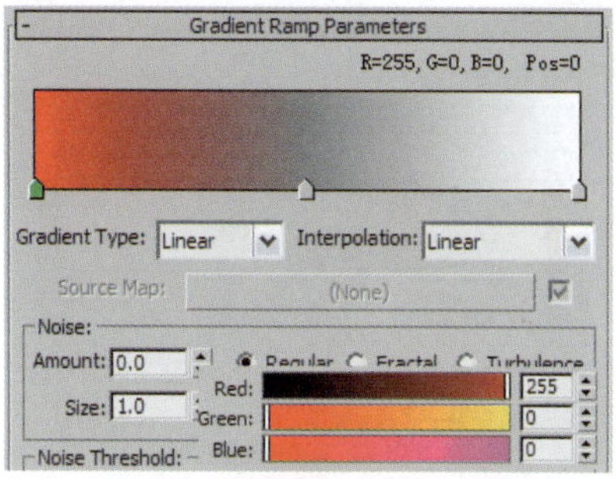

图7-141

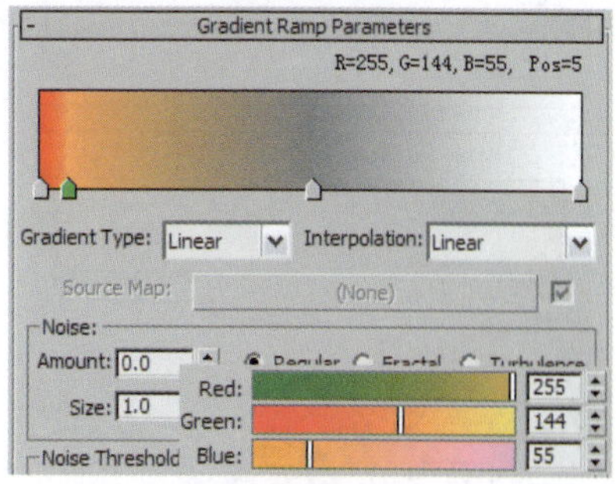

图7-142

Step 9 在第2个色标之后的一小段距离处单击，添加第3个色标，设置色标参数，如图7-143所示。

Step 10 在第3个色标之后的一小段距离处单击，添加第4个色标，设置色标参数，如图7-144所示。

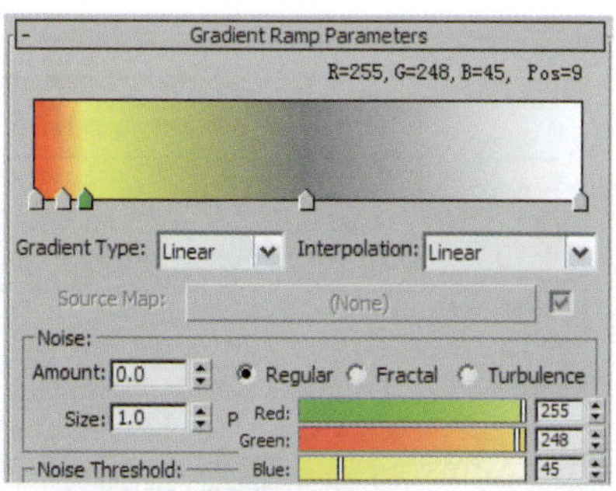

图7-143

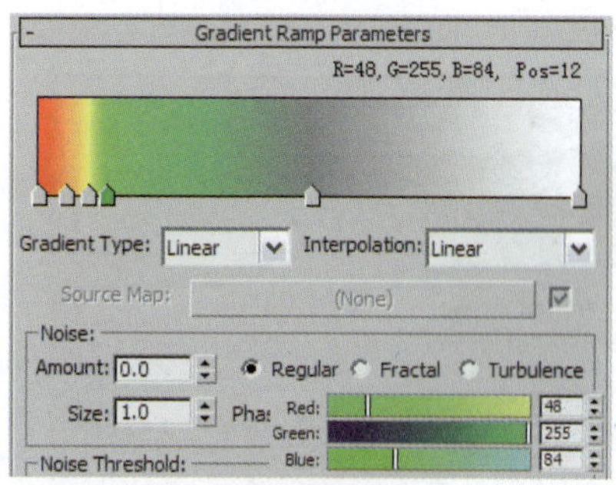

图7-144

Step 11 在第4个色标之后的一小段距离处单击，添加第5个色标，设置色标参数，如图7-145所示。

Step 12 在第5个色标之后的一小段距离处单击，添加第6个色标，设置色标参数，如图7-146所示。

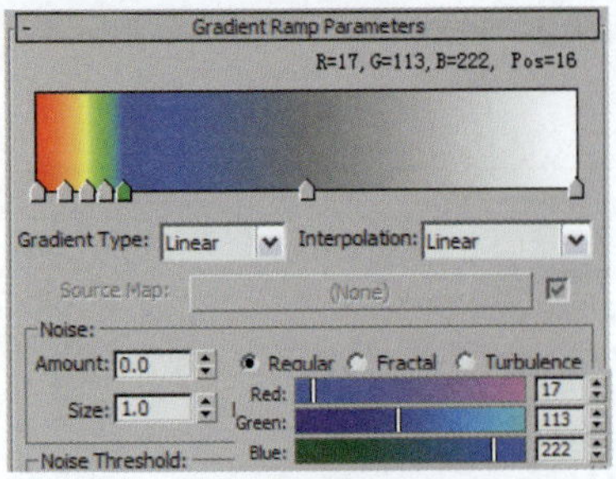

图7-145

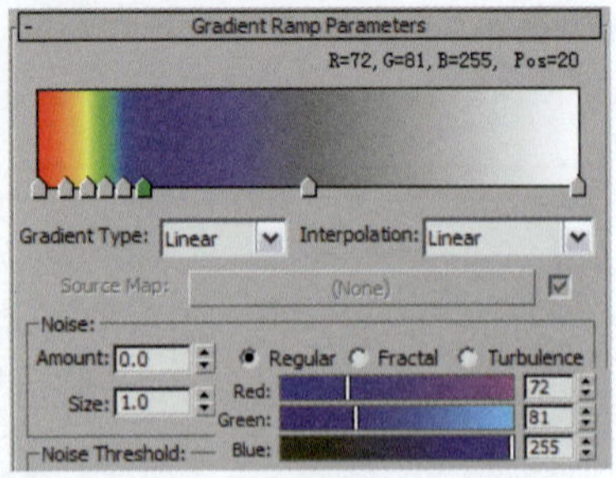

图7-146

Step 13 在第6个色标之后的一小段距离处单击，添加第7个色标，设置色标参数，如图7-147所示。

Step 14 在第7个色标之后的一小段距离处单击，添加第8个色标，设置色标参数，如图7-148所示。

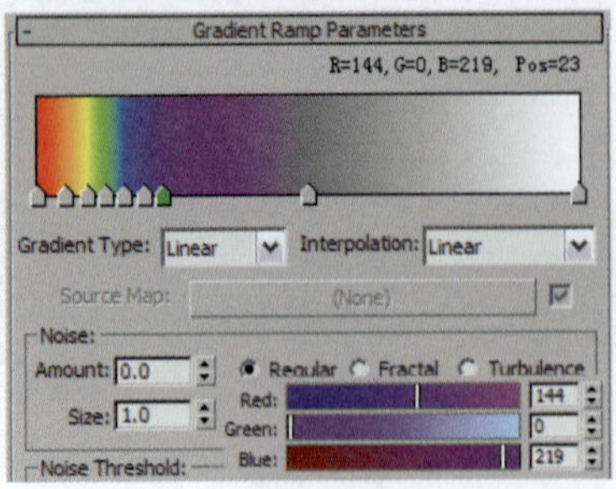

图7-147

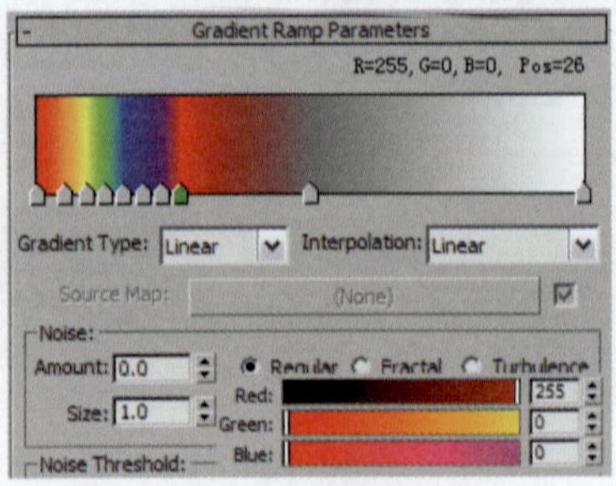

图7-148

Step 15 在第8个色标之后的一小段距离处单击，添加第9个色标，设置色标参数，如图7-149所示。

Step 16 在第9个色标之后的一小段距离处单击，添加第10个色标，设置色标参数，如图7-150所示。

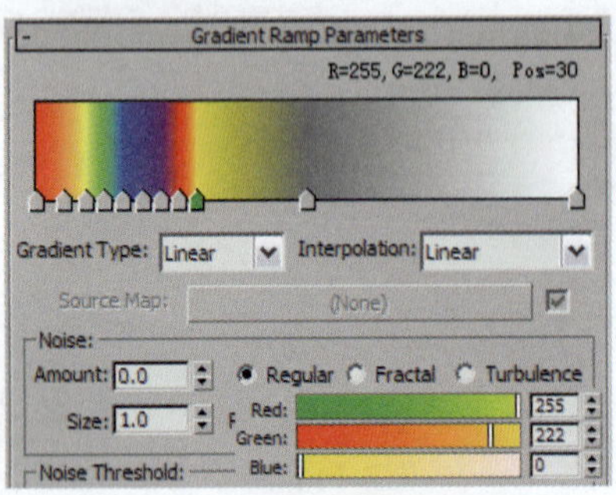

图7-149

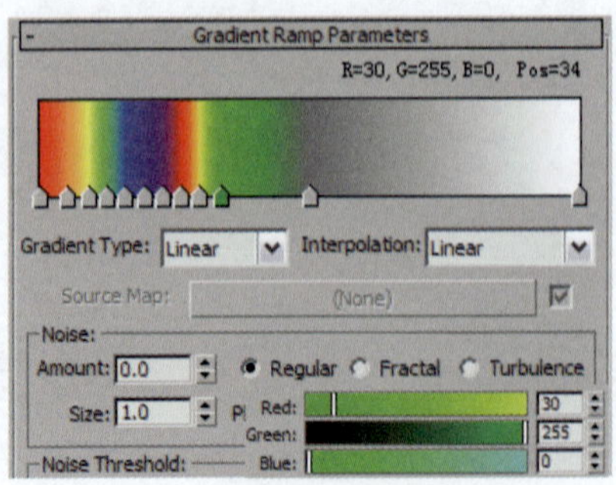

图7-150

Step 17 在第10个色标之后的一小段距离处单击，添加第11个色标，设置色标参数，如图7-151所示。

Step 18 在第11个色标之后的一小段距离处单击，添加第12个色标，设置色标参数，如图7-152所示。

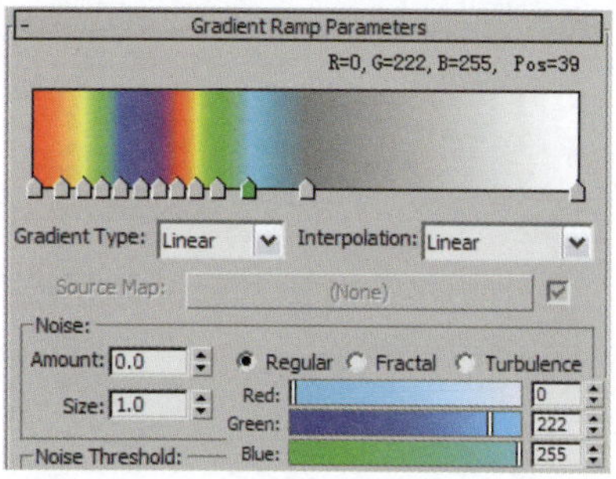

图7-151

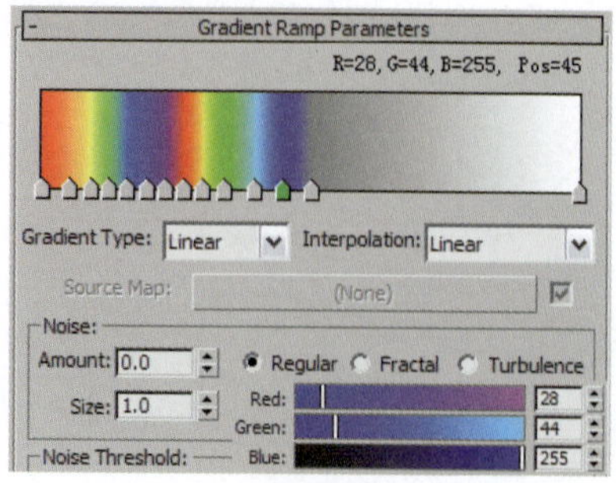

图7-152

Step 19 在第12个色标之后的一小段距离处单击，添加第13个色标，设置色标参数，如图7-153所示。

Step 20 在第13个色标之后的一小段距离处单击，添加第14个色标，设置色标参数，如图7-154所示。

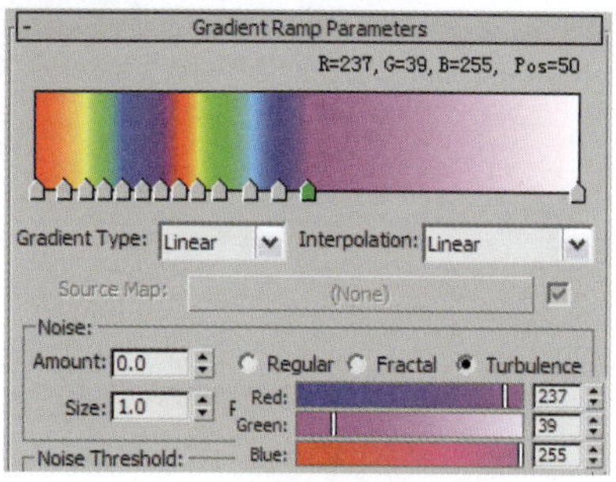

图7-153

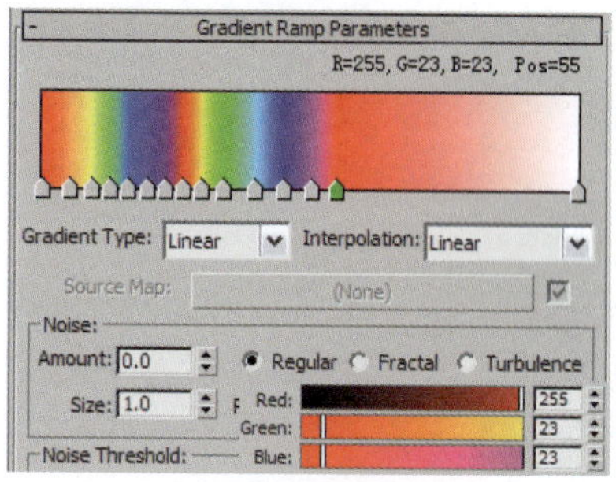

图7-154

Step 21 在第14个色标之后的一小段距离处单击，添加第15个色标，设置色标参数，如图7-155所示。

Step 22 在第15个色标之后的一小段距离处单击，添加第16个色标，设置色标参数，如图7-156所示。

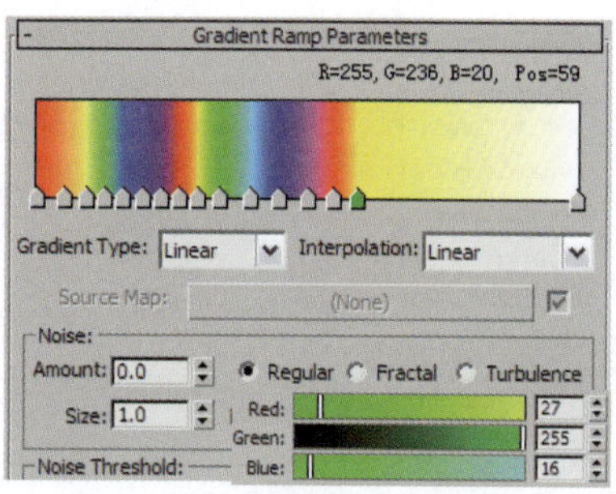

图7-155

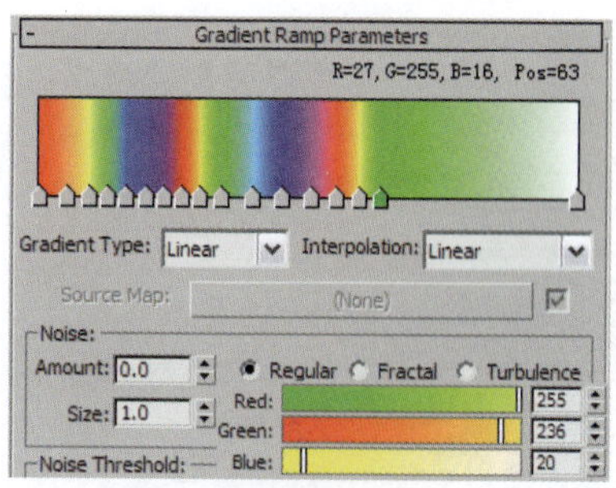

图7-156

Step 23 在第16个色标之后的一小段距离处单击，添加第17个色标，设置色标参数，如图7-157所示。

Step 24 在第17个色标之后的一小段距离处单击，添加第18个色标，设置色标参数，如图7-158所示。

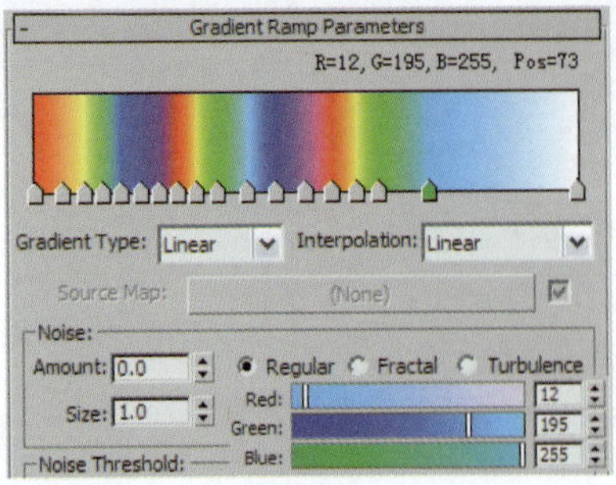

图7-157

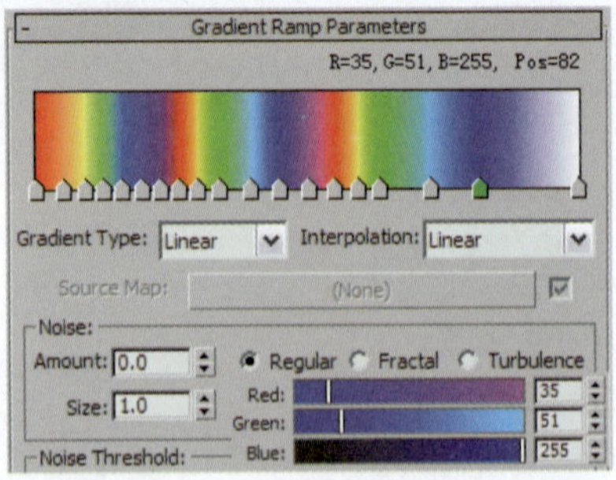

图7-158

Step 25 在第18个色标之后的一小段距离处单击，添加第19个色标，设置色标参数，如图7-159所示。

Step 26 在第19个色标之后，双击最右侧的色标，通过打开的Color Selector（颜色选择器）来设置色标参数，如图7-160所示。

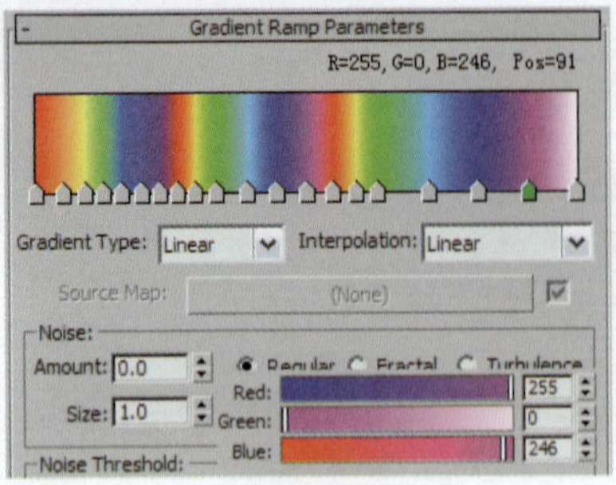

图7-159

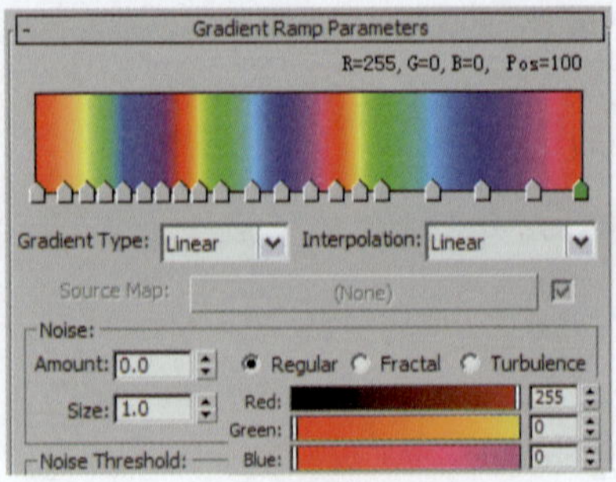

图7-160

Step 27 设置最后一个色标参数之后，下面设置Gradient Type（渐变类型）以及Interpolation（插值）类型，如图7-161所示。

Step 28 返回材质的上一级，为Orientation（光泽度）贴图通道添加Gradient Ramp（渐变坡度）贴图，如图7-162所示。

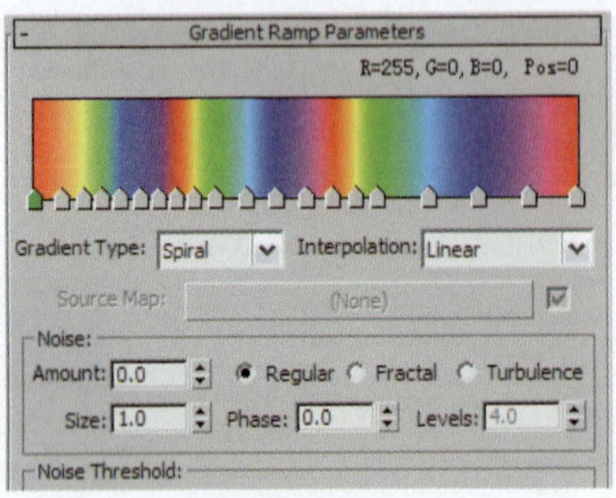

图7-161

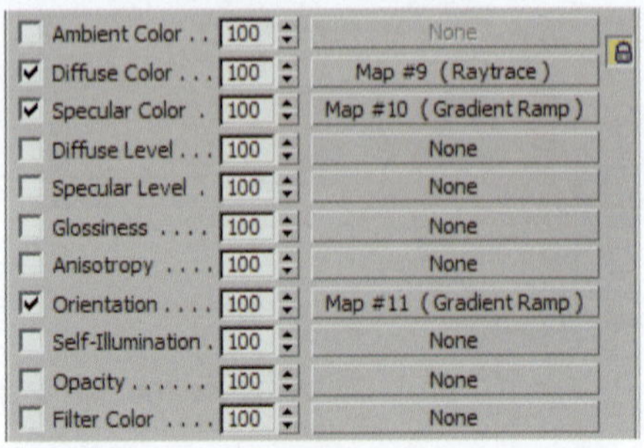

图7-162

Step 29 进入Orientation（光泽度）贴图通道的Gradient Ramp（渐变坡度）贴图层级，设置贴图的参数，如图7-163所示。

Step 30 返回材质的上一级，为Reflection（反射）贴图通道添加Raytrace（光线跟踪）贴图，设置Amount（数量）参数，如图7-164所示。

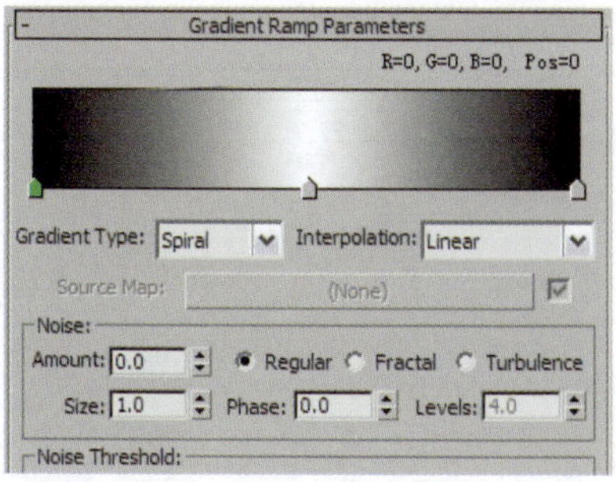

图7-163

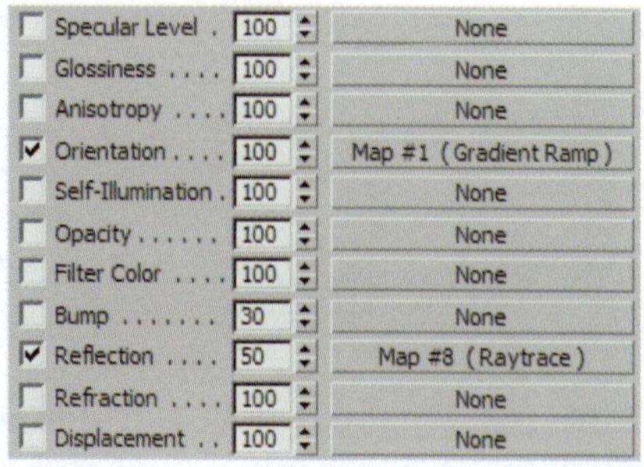

图7-164

Step 31 将制作的材质指定给场景中的光碟面对象，选择Rendering（渲染）>Rendering（渲染）命令，对场景进行渲染，光碟面材质渲染效果如图7-165所示。

Step 32 在渲染场景之后，接下来制作光碟面与光碟卡盘连接处的材质。在视口中选择连接处的对象，如图7-166所示。

图7-165

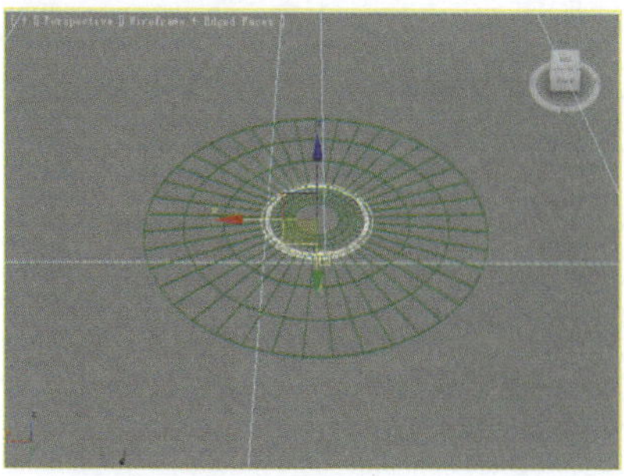

图7-166

Step 33 在材质编辑器中选择一个空白的样本材质，设置明暗器的Diffuse（漫反射）颜色以及反射高光参数，如图7-167所示。

Step 34 将制作的材质指定给场景中的连接处对象，并对场景进行渲染，材质渲染效果如图7-168所示。

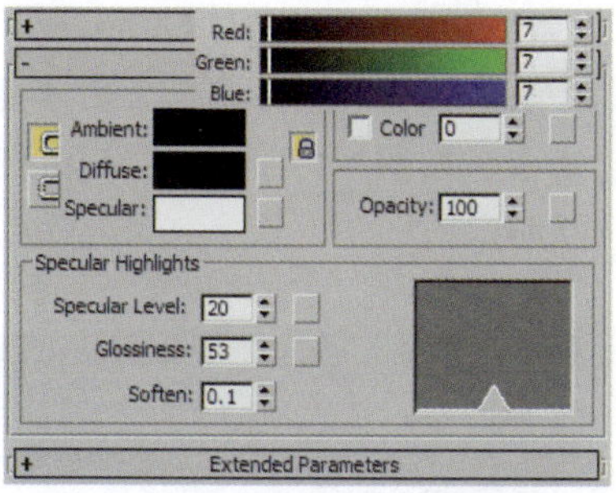

图7-167

图7-168

Step 35 制作了光碟碟面与卡盘连接处的材质之后，接下来制作半透明的卡盘材质。在视口中选择卡盘对象，如图7-169所示。

Step 36 在材质编辑器中选择一个空白的样本材质，设置材质的反射高光参数以及Opacity（不透明度）参数，如图7-170所示。

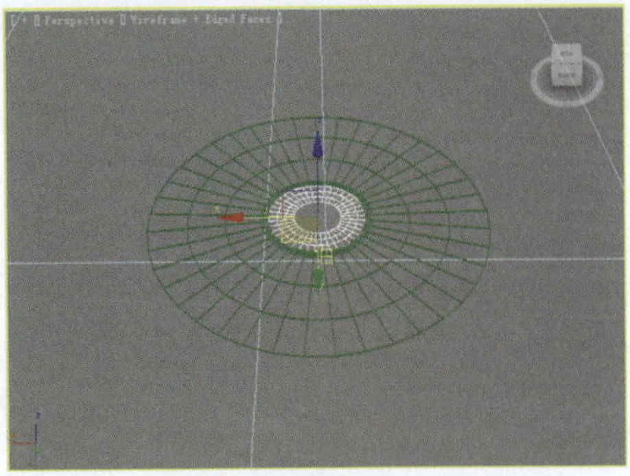

图7-169

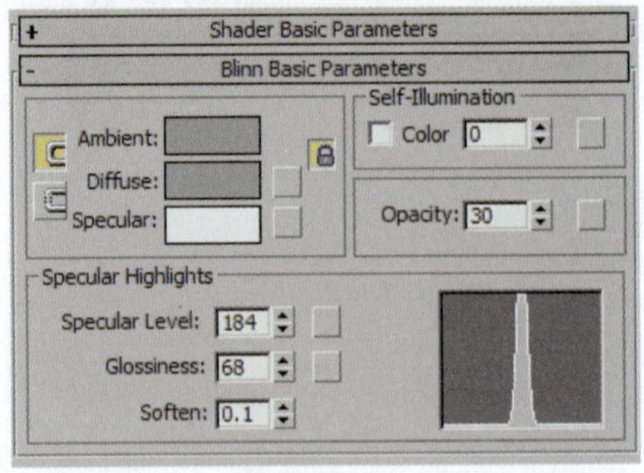

图7-170

Step 37 单击Ambient（环境光）后的色块，通过打开的Color Selector（颜色选择器）设置颜色，如图7-171所示。

Step 38 将制作的卡盘材质指定给场景中选择的卡盘对象，对场景进行渲染，材质渲染效果如图7-172所示。

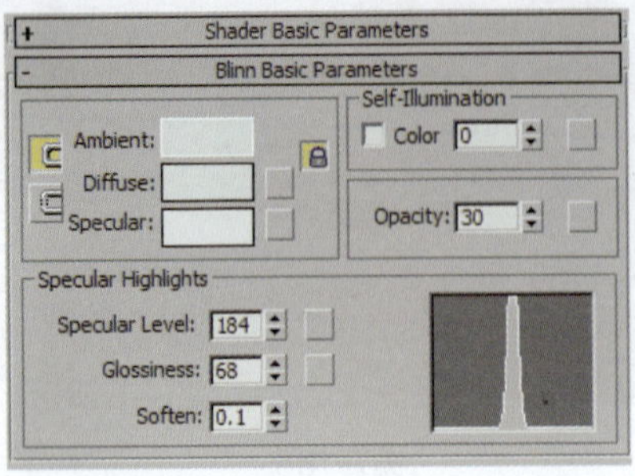

图7-171

图7-172

7.3.5 无光/阴影材质

Matte/Shadow（无光/阴影）材质是一种特殊的材质类型，把这种材质应用于对象，则该对象的部分区域，或整个对象就会不可见，这样就会让对象的背景或对象后面的物体显示出来。

指定了“无光/阴影”材质的对象可以反射和接受阴影，但是只能在渲染之后才能看见。Matte/Shadow（无光/阴影）材质常常用于场景的虚实结合，如图7-173所示。Matte/Shadow Basic Parameters（无光/阴影基本参数）卷展栏如图7-174所示。

图7-173

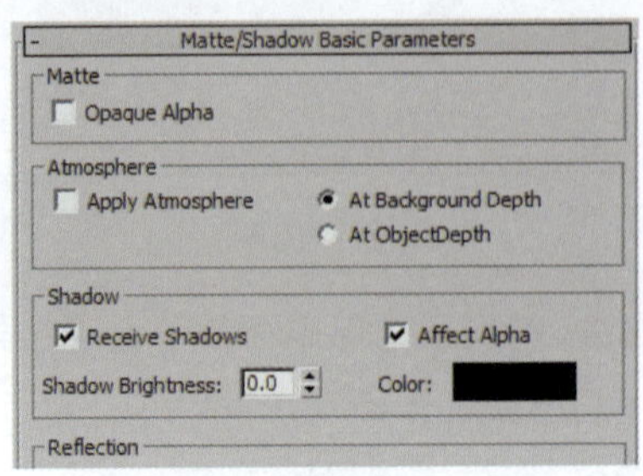

图7-174

7.4 使用贴图

材质与贴图是联系紧密的两个内容。若只有材质而没有贴图，那么对象表面的颜色与贴图显得过于简单。在使用材质时，往往需要用到各种各样的贴图，以便制作出丰富多彩的贴图材质与物体。快速制作出优秀材质效果，是建立在熟练掌握各种类型的贴图以及贴图卷展栏参数的基础之上的。

简单来说，贴图就是为材质的表面贴上一张选好的图片。贴图的作用类似于给家中的墙壁贴上墙纸一样。

标准材质就像是一块深灰色的石膏，如图7-175所示，在为标准材质赋予了一张位图以后，材质的表面就显得丰富了许多，如图7-176所示。

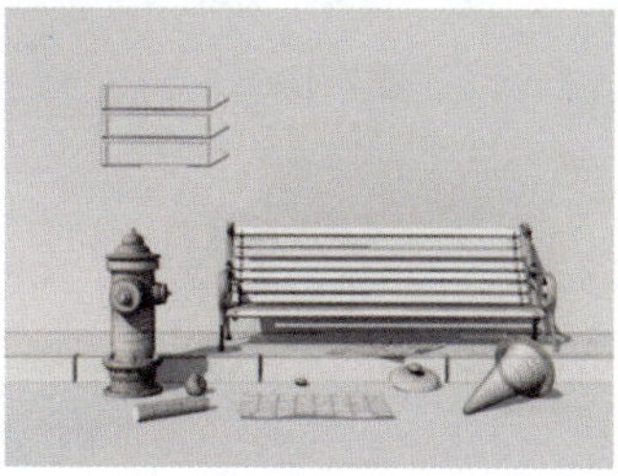

图7-175

图7-176

7.4.1 常用的贴图类型

3ds Max提供的贴图类型较多，如2D（二维）贴图、3D（三维）贴图、合成器贴图、反射和折射贴图等。巨大的贴图种类数量为实现多种多样的材质效果提供了条件，部分贴图类型（如Bitmap（位图）、Gradient（渐变）等），还能应用于Background（背景），为环境生成一个背景。

1. 2D贴图

2D贴图即是二维的图像，属于平面贴图。2D贴图的种类较多，如Bitmap（位图）、Checker（方格）等。2D贴图中最常用的是Bitmap（位图）贴图。

（1）Bitmap（位图）贴图

Bitmap（位图）贴图是基本的2D贴图，该贴图可被应用到多种材质之中。设置Bitmap（位图）贴图的Bitmap Parameters（位图参数）卷展栏如图7-177所示，而用于控制Bitmap（位图）贴图坐标的Coordinates（坐标）卷展栏如图7-178所示。

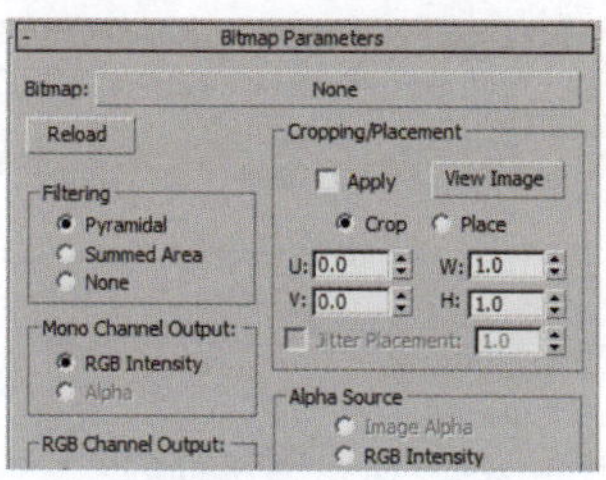

图7-177

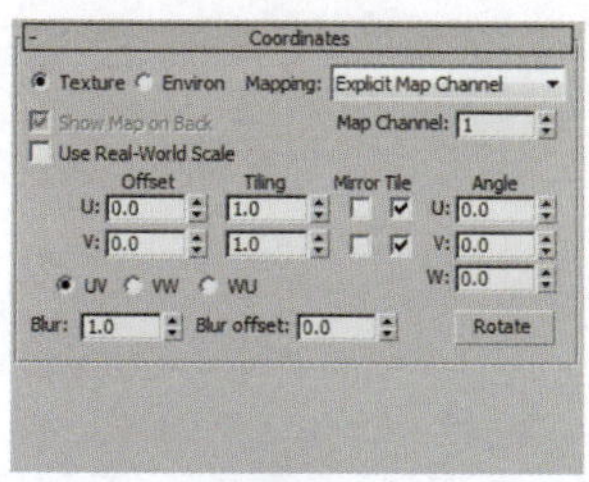

图7-178

在Coordinates（坐标）卷展栏中，Texture/Environ（纹理/环境）是两种贴图类型，用于控制贴图是应用于对象表面还是应用于环境。

Tiling（平铺）用于设置贴图的重复次数，参数值越高，贴图的重复次数也就越高。Tiling（平铺）参数值分别为1、4时，贴图的对比效果如图7-179和图7-180所示。

图7-179

图7-180

（2）Tiles（平铺）贴图

Tiles（平铺）贴图时常被用于生成砖墙或房屋盖瓦的图案，通常，有很多系统自带的建筑砖块图案可以使用，如图7-181所示，但用户也可以设计一些自定义的图案，如图7-182所示。

图7-181

图7-182

预设的砖瓦图案选项包括默认的Stack Bond（堆栈砌合）、English Bond（英格兰砌合）、1/2 Running Bond（1/2连续砌合）等8种。默认的Stack Bond（堆栈砌合）预设图案效果如图7-183所示，English Bond（英格兰砌合）预设图案效果如图7-184所示。

图7-183

图7-184

2. 3D贴图

3D贴图属于三维程序贴图，由数学算法生成。属于三维程序贴图的较多，如Cellular（细胞）贴图、Dent（凹痕）贴图、Falloff（衰减）贴图、Splat（泼溅）贴图等。

（1）Cellular（细胞）贴图

Cellular（细胞）贴图用于生成类似于鹅卵石表面或马赛克瓷砖表面的图案。Material Editor（材质编辑器）中的样本材质并不能很好地显示Cellular（细胞）贴图效果，将材质指定给场景对象并渲染之后，Cellular（细胞）贴图的效果即被真实地显示出来。

Cellular（细胞）贴图的Cellular Parameters（细胞参数）卷展栏如图7-185所示，使用Cellular（细胞）贴图表现桑葚表面凹凸的效果如图7-186所示。

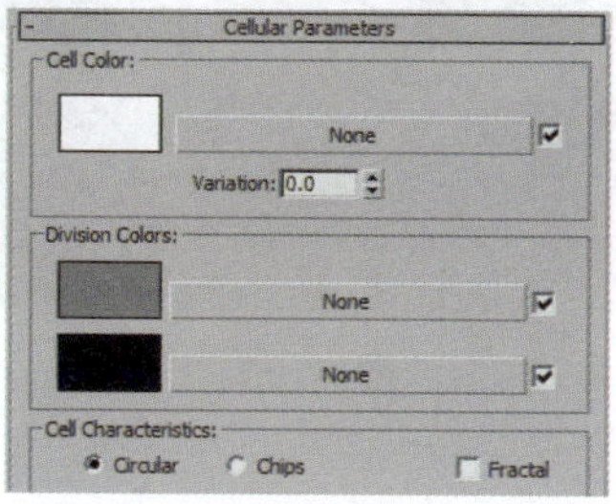

图7-185

图7-186

Cell Color（细胞颜色）选项组中的参数用于控制Cellular（细胞）贴图中心的颜色；Division Colors（分界颜色）选项组中的参数用于控制Cellular（细胞）贴图的细胞间隙的颜色或贴图。

Cell Characteristics（细胞特性）选项组中的参数用于控制细胞的大小以及图案的变化效果等。

（2）Dent（凹痕）贴图

Dent（凹痕）贴图根据分形噪波，产生随机图案，图案的效果取决于贴图类型，主要应用于Bump（凹凸）贴图通道，用于表现腐蚀的木制或金属、凹凸不平的柏油马路等材质效果。

Dent（凹痕）贴图的Dent Parameters（凹痕参数）卷展栏如图7-187所示，Dent（凹痕）贴图表现腐蚀金属的效果如图7-188所示。

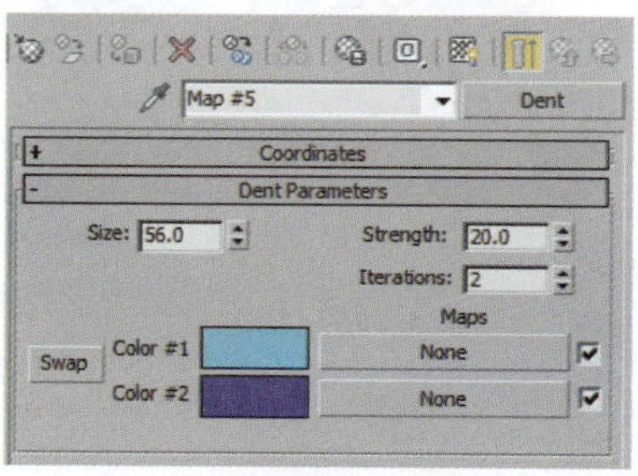

图7-187

图7-188

Strength（强度）参数用于控制Color #1（颜色#1）与Color #2（颜色#2）之间的颜色对比值。若该参数值低于50，两颜色之间的边界近似消失；若大于50，两颜色之间的边界更加明显。

3. 反射和折射贴图

反射和折射贴图有许多种，包括Flat Mirror（平面镜）、Raytrace（光线跟踪）、Reflect/Refract（反射和折射）等4种类型，主要用于表现一些折射、反射效果。

（1）Flat Mirror（平面镜）

Flat Mirror（平面镜）贴图具有平面镜子的效果，通过使用一个共用的表面来反射周围环境的对象物体。该贴图不像其他贴图那样计算场景中的所有对象，而只是计算特定视图中的反射效果。

Flat Mirror（平面镜）贴图的Flat Mirror Parameters（平面镜参数）卷展栏如图7-189所示，使用Flat Mirror（平面镜）贴图来表现镜子的反射效果如图7-190所示。

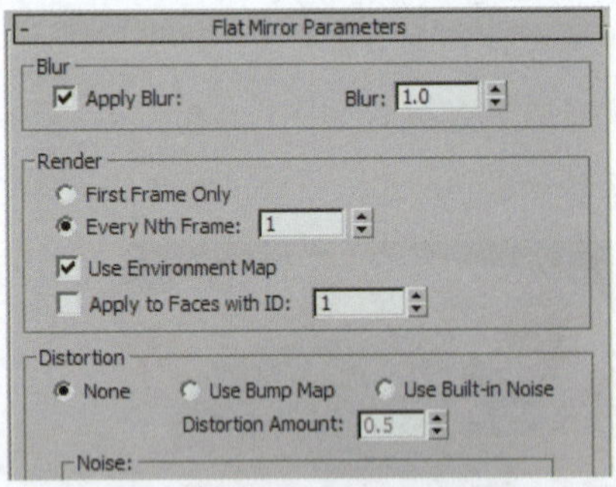

图7-189

图7-190

（2）Reflect/Refract（反射和折射）

Reflect/Refract（反射和折射）贴图以被指定贴图的对象为中心，在周围表现反射和折射的效果。Reflect/Refract（反射和折射）贴图生成反射/折射的表面，将该贴图作为反射贴图，制作出反射效果；若将该贴图作为折射贴图，即创建折射效果。

使用Reflect/Refract（反射和折射）贴图表现比较透明的水晶材质效果如图7-191所示；而使用Reflect/Refract（反射和折射）贴图还可以表现物体表面具有较强反射效果的不锈钢金属效果，如图7-192所示。

图7-191

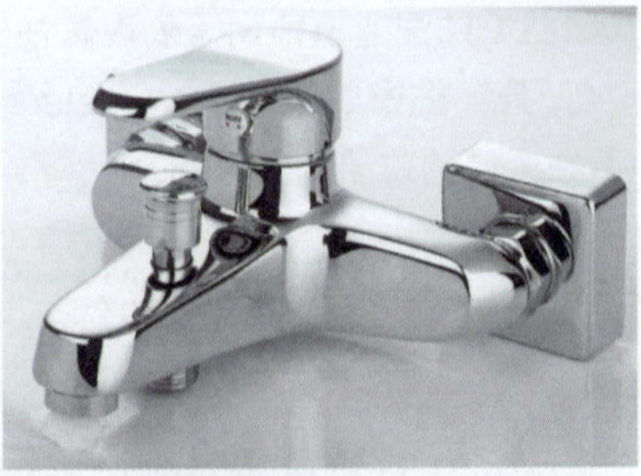

图7-192

7.4.2 了解材质的贴图通道

在制作简单或复杂的贴图材质时，需要使用一个或多个Material Editor（材质编辑器）的贴图通道，如Diffuse Color（漫反射颜色）、Bump（凹凸）、Reflection（反射）等。

在Basic Parameters（基本参数）卷展栏中，单击贴图框，在弹出的Material/Map Browser（材质/贴图浏览器）中选择需要的贴图即可为部分贴图通道添加贴图。

在Maps（贴图）卷展栏中，通过设置Amount（数量）参数控制使用贴图的数量，所有贴图通道的默认Amount（数量）参数为100，除了Bump（凹凸）贴图通道，其参数为30。Amount（数量）参数值越高，贴图使用的数量就越多，贴图效果越明显。

1. Ambient Color贴图通道

Ambient Color（环境光颜色）贴图通道控制着使用对象环境光的量和颜色。对象环境光的量受Environment（环境）对话框中Ambient（环境）值的影响，增加Ambient（环境）值，使Ambient（环境）贴图变亮。

在Environment（环境）对话框中，Ambient（环境）为黑色时的效果如图7-193所示；Ambient（环境）为黄色时的效果如图7-194所示。

图7-193

图7-194

2. Diffuse Color（漫反射颜色）贴图通道

Diffuse Color（漫反射颜色）贴图通道的应用比较频繁，该贴图通道决定了对象可见表面的颜色。用户通过以下两种方法，设置Diffuse Color（漫反射颜色）贴图通道的贴图：其一是在Basic Parameters（基本参数）卷展栏中单击色块/贴图框，为Diffuse Color（漫反射颜色）贴图通道设置颜色或者贴图；其二是在Maps（贴图）卷展栏中为Diffuse Color（漫反射颜色）贴图通道添加贴图，以此来控制对象表面颜色。

为Diffuse Color（漫反射颜色）贴图通道应用图7-195所示的位图，对象表面颜色效果如图7-196所示。

图7-195

图7-196

3. Specular Color贴图通道

Specular Color（高光颜色）贴图通道用于控制材质高光的反射颜色。该贴图通道使用贴图来改变对象的高光颜色，从而产生特殊的效果。图7-197所示为怪物表面高光颜色为蓝灰色；图7-198所示为青蛇反射周围环境颜色的效果。

图7-197

图7-198

4. Self-Illumination 贴图通道

为对象添加自发光材质，将对象作为场景的光源，这种处理方法时常应用于一些大型场景制作中。自发光对象因其具体的形体，使得场景中发光源形态千变万化，如图7-199所示。在一些小场景中，为特定的对象制作自发光材质，将营造出特殊的氛围，甚至成为画面的亮点，如图7-200所示。

图7-199

图7-200

5. Bump贴图通道

Bump（凹凸）贴图通道可以使对象产生凸起或凹陷的效果。对象表面凹凸的形状取决于在该贴图通道添加的贴图，而凹凸的程度取决于贴图通道的Amount（数量）参数，该参数值越大，对象表面凸起的程度越厉害。

通过为Bump（凹凸）贴图通道添加贴图来表现海龟背部凹凸不同的效果，如图7-201所示；为树木材质的Bump（凹凸）贴图通道添加贴图，使得枯树表面凹凸的材质表现出明显的凹凸效果，如图7-202所示。

图7-201

图7-202

6. Reflection贴图通道

Reflection（反射）贴图通道控制着对象表面的反射效果。应用于Reflection（反射）贴图通道的贴图有以下几种：Raytrace（光线跟踪）、Reflect/Refract（反射和折射）贴图。

为Reflection（反射）贴图通道添加Raytrace（光线跟踪）贴图，材质效果比较逼真，但是需要较长的渲染时间；为Reflection（反射）贴图通道添加Reflect/Refract（反射和折射）贴图，虽然渲染效果并没有Raytrace（光线跟踪）贴图真实，但是添加Reflect/Refract（反射和折射）贴图的渲染速度较快，渲染效果也能满足大部分的渲染效果。

添加Raytrace（光线跟踪）贴图的材质渲染效果如图7-203所示；添加Reflect/Refract（反射和折射）贴图的材质渲染效果如图7-204所示。

图7-203

图7-204

7. Displacement贴图通道

Displacement（置换）贴图通道具有比较特殊的功能——能改变对象表面的形状，与Bump（凹凸）贴图通道的功能相似，但是Displacement（置换）贴图通道能根据贴图的灰度变化创造出新的几何形体。

通过Displacement（置换）贴图通道制作的草地、火山石效果分别如图7-205和图7-206所示。

图7-205

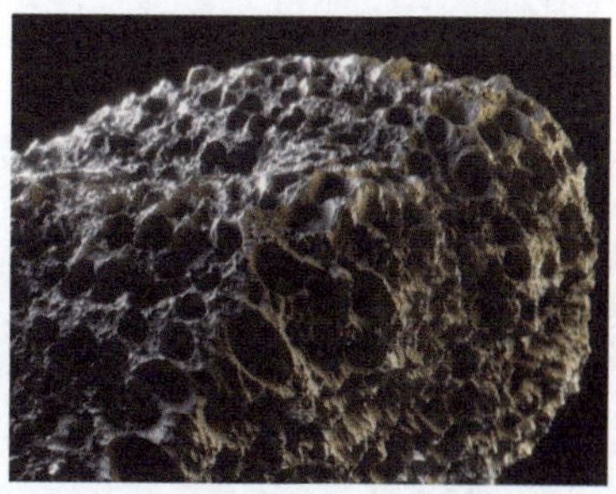

图7-206

7.4.3 贴图坐标

贴图坐标用于指定几何体上贴图的位置、方向以及大小。坐标通常以U、V和W指定，其中U是水平维度，V是垂直维度，W是可选的第三维度，它表示深度。

如果将贴图材质应用到没有贴图坐标的对象上，“渲染器”就会指定默认的贴图坐标。内置贴图坐标是针对每个对象类型而设计的。

知识应用：贴图坐标变换
原始文件：场景和素材\第7章\贴图坐标.max
核心技能：Coordinates（坐标）卷展栏的使用

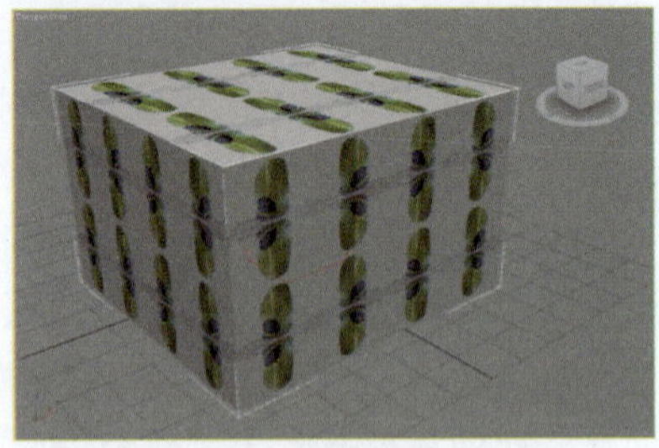

Step 1 打开光盘中提供的“场景和素材\第7章\贴图坐标.max”文件，如图7-207所示，该场景中有一个已经被赋予了材质贴图的长方体对象。

Step 2 打开“材质编辑器”，单击Diffuse（漫反射）后面的小按钮进入贴图的设置面板，然后进入Coordinates（坐标）卷展栏。图7-208所示为贴图的Coordinates（坐标）卷展栏。

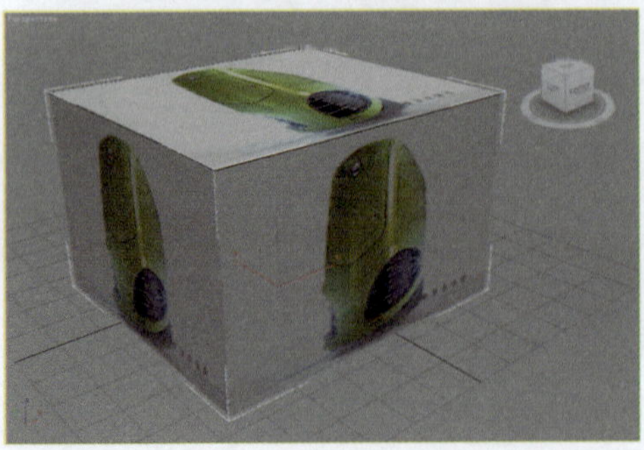

图7-207

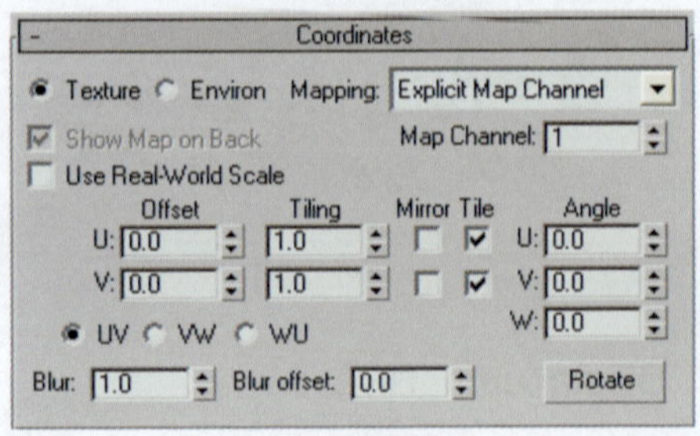

图7-208

Step 3 将UV的Tiling（大小）参数设置为2，效果如图7-209所示，该参数可以控制贴图的平铺次数。

Step 4 取消勾选Tile（平铺）复选框，勾选Mirror（镜像）复选框，效果如图7-210所示，贴图形成了镜像对称效果。

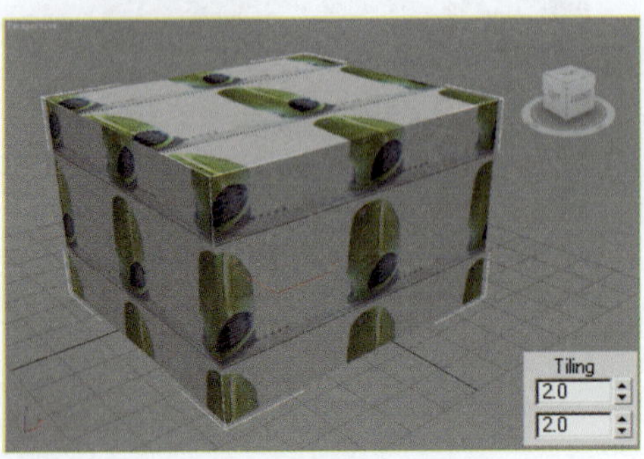

图7-209

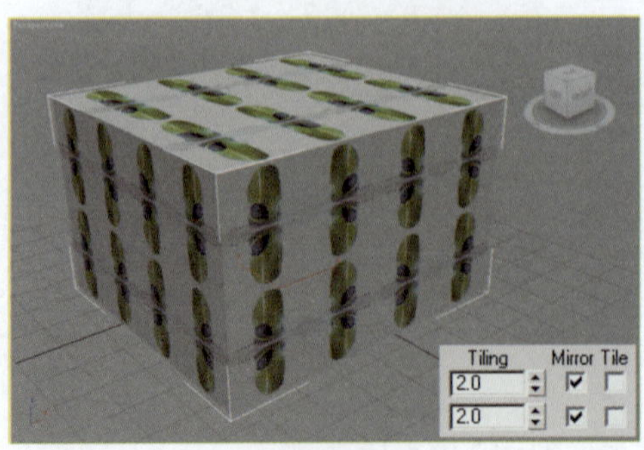

图7-210

Step 5 如果同时取消勾选Tile（平铺）和Mirror（镜像）复选框，贴图将不进行平铺和镜像，效果如图7-211所示。

Step 6 Angle（角度）选项可以控制贴图的旋转角度，图7-212所示为将W设置为45°时的贴图效果。

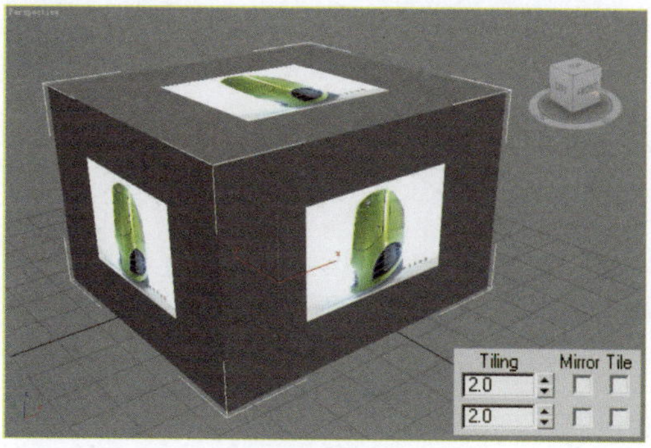

图7-211

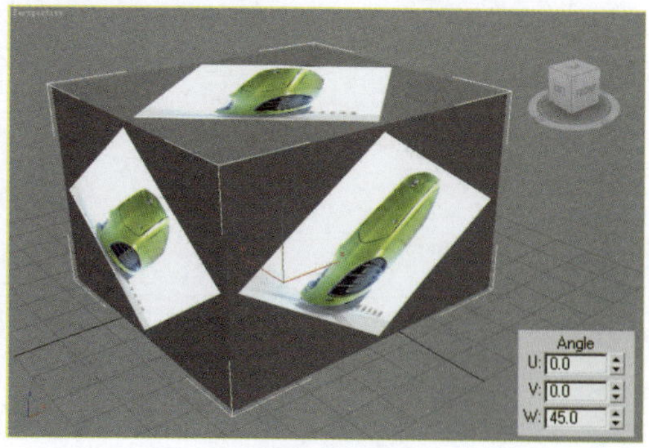

图7-212

7.4.4 坐标修改器

很多基本对象在被创建时，系统会自动为对象指定贴图坐标，在使用2D贴图制作对象材质时，对于对象来说，包含UVW Map（UVW贴图）信息是很重要的。

但是某些对象，如Editable Meshes（可编辑网格），不会自动应用UVW坐标，这时需要用户为其应用UVW Map（UVW贴图）修改器来为对象指定其贴图坐标。UVW贴图坐标重点知识包括掌握UVW Map（UVW贴图）修改器。

UVW Map（UVW贴图）修改器位于Modify（修改器）面板中，用于控制对象的UVW贴图坐标。

要使用UVW Map（UVW贴图）修改器，首先就需要在Modify（修改器）面板中为对象添加该修改器，如图7-213所示，UVW Map（UVW贴图）修改器的部分参数效果如图7-214所示。

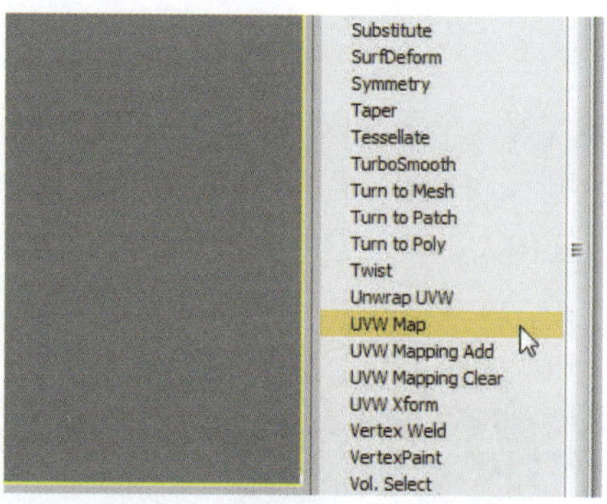

图7-213

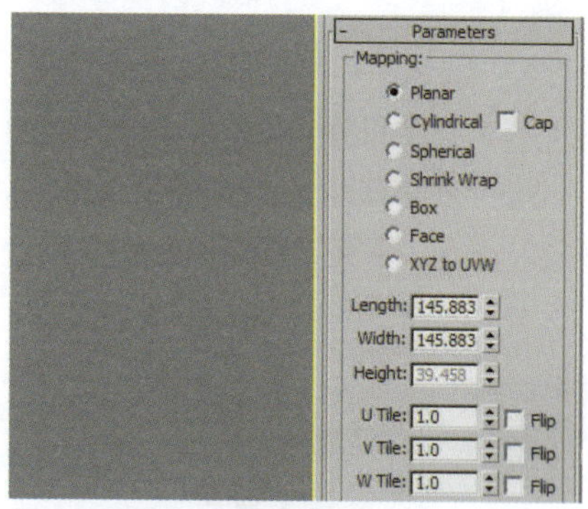

图7-214

UVW Map（UVW贴图）修改器的Mapping（贴图）选项组中的参数用于控制贴图坐标的类型，贴图坐标的类型分为Planar（平面）、Cylindrical（柱体）、Spherical（球形）、Shrink Warp（收缩包裹）等。

1. Planar（平面）和Cylindrical（柱体）

Planar（平面）贴图类型适用于平面对象的表面，如地面、墙面、纸灯。选择该贴图类型，贴图以平面投影方式向对象上贴图，贴图方式示例如图7-215所示。选择Cylindrical（柱体）贴图类型，贴图使用圆柱投影方式向对象上贴图，适用于铅笔、螺丝钉、酒瓶等对象，如图7-216所示。

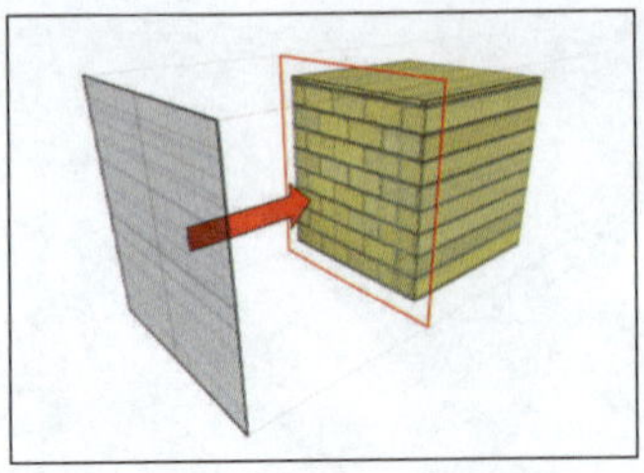

图7-215

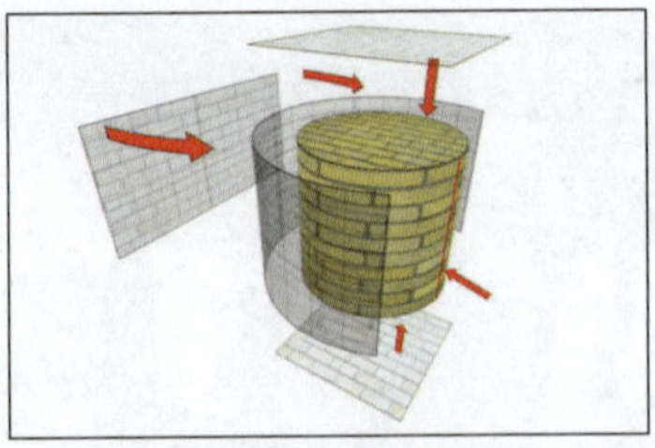

图7-216

2. Spherical（球形）和Shrink Warp（收缩包裹）

选择Spherical（球形）贴图类型，围绕对象，以球形投影方式贴图，会产生接缝现象。Spherical（球形）贴图类型的贴图方式示例效果如图7-217所示。Shrink Warp（收缩包裹）贴图类型与Spherical（球形）相似，也使用球形方式向对象投影贴图，但是该贴图类型不会产生接缝，如图7-218所示。

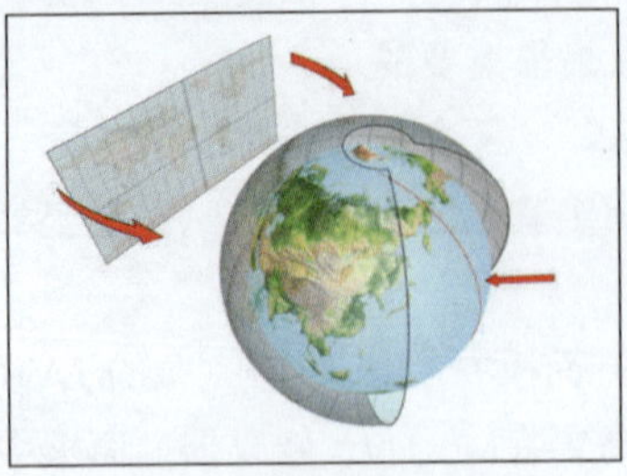

图7-217

图7-218

3. Box（长方体）和Face（面）

Box（长方体）贴图类型以6个面方式向对象投影，每一个面都以Planar（平面）贴图类型进行投影，不规则的表面会发生贴图的偏移，如图7-129所示。Face（面）贴图类型为对象的每一个面应用一个Planar（平面）贴图，贴图应用效果与对象面的大小有一定的关系，如图7-220所示。

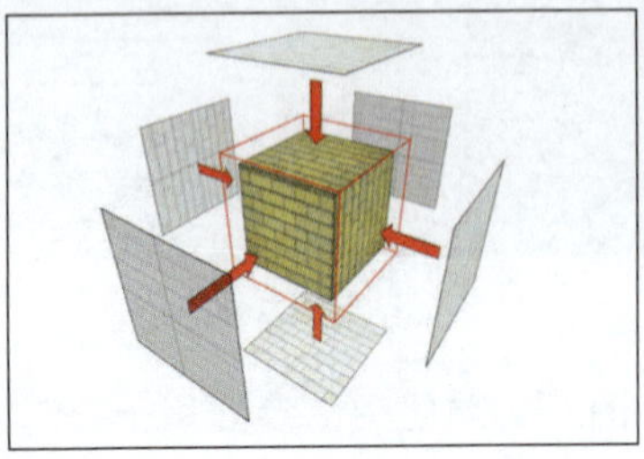

图7-219

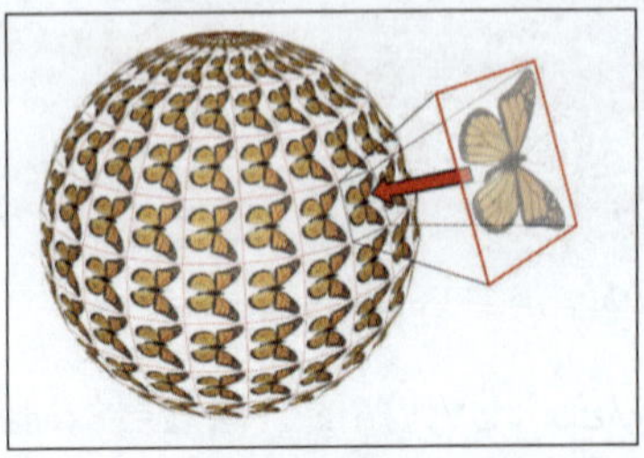

图7-220

7.5 实战演练

通过前面章节的学习，相信读者已经对3ds Max的材质和贴图有了详细的了解，本章将通过一个综合实例来回顾前面所学习的一些材质贴图的相关知识点。

知识应用：红色的汤盅 原始文件：场景和素材\第7章\ 日式美食 原始.max 最终文件：场景和素材\第7章\ 日式美食 最终.max 核心技能：在本实例中，我们将通过制作日式美食的材质，来复习本章所讲解的材质、贴图使用方法。在制作材质过程中，要理解Muti/Sub-Object（多维/次对象）材质使用方法。	

1. 制作木质桌面材质

Step 1 打开本实例所使用的原始光盘文件，视口中包含了一套日式美食模型，效果如图7-221所示。

Step 2 选择菜单栏中的Render（渲染器）>Rendering（渲染）命令，对场景进行渲染，渲染效果如图7-222所示。

图7-221

图7-222

Step 3 在打开了原始场景，了解了原始场景效果之后，我们首先来制作木质桌面材质。打开Material Editor（材质编辑器），选择一个空白的样本材质，设置材质的明暗器参数，图7-223所示。

Step 4 展开Maps（贴图）卷展栏，为Diffuse Color（漫反射颜色）贴图通道添加图7-224所示的Bitmap（位图）贴图。

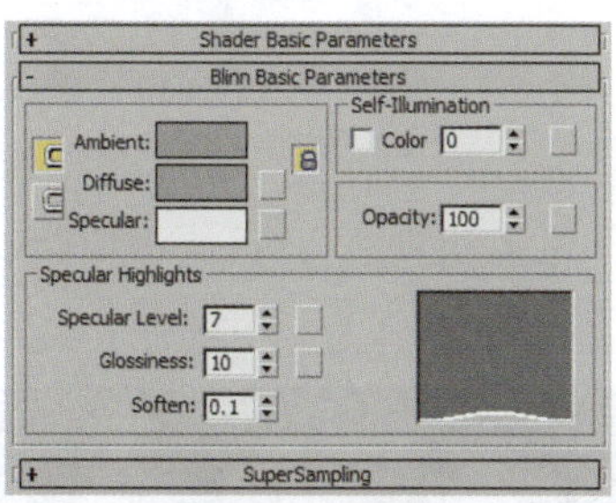

图7-223

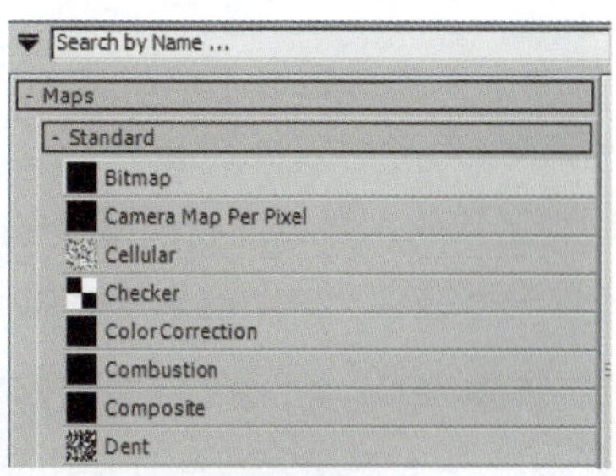

图7-224

注意

在设置材质的明暗器参数过程中，Specular Level（高光级别）参数用于控制材质表面高光的强弱，Glossiness （光泽度）参数用于控制材质表面的光泽度，该参数值越大，材质表面越光滑，在物体表面产生的高光也就越清晰明显。

Step 5 在打开的Select Bitmap Image File（选择位图图像文件）对话框中为Bitmap（位图）贴图指定图7-225所示的位图文件。

Step 6 在指定位图文件之后，返回至Maps（贴图）卷展栏，将Diffuse Color（漫反射颜色）贴图通道的Bitmap（位图）贴图复制到Bump（凹凸）贴图通道，如图7-226所示。

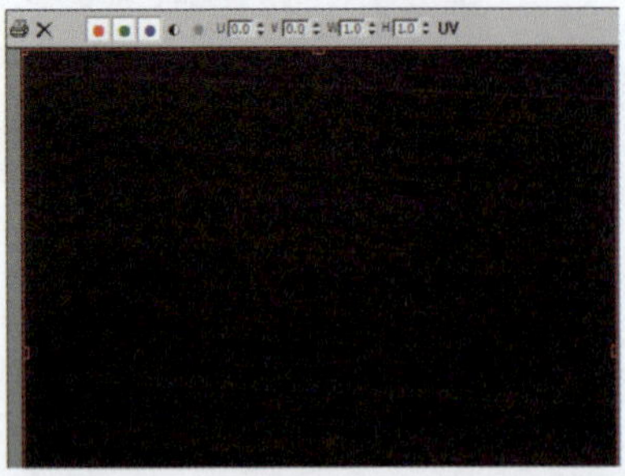

图7-225

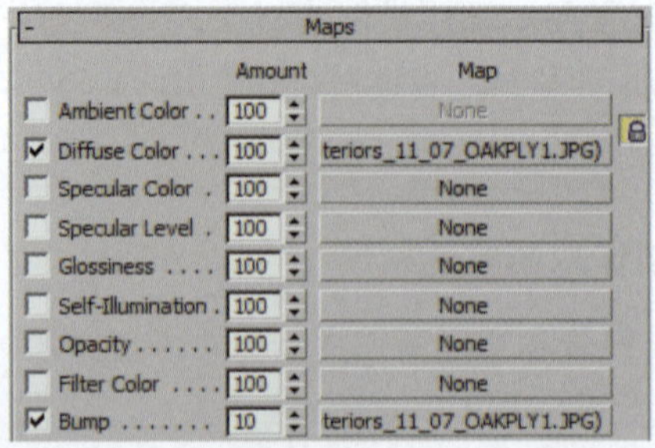

图7-226

Step 7 在Maps（贴图）卷展栏中单击Reflection（反射）贴图通道后的添加贴图长方形按钮，在打开的Material/Map Browser（材质/贴图浏览器）中添加VRayMap（VRay贴图），如图7-227所示。

Step 8 在添加VRayMap（VRay贴图）之后，返回至Maps（贴图）卷展栏，设置Reflection（反射）贴图通道的Amount（数量）参数为1，如图7-228所示。

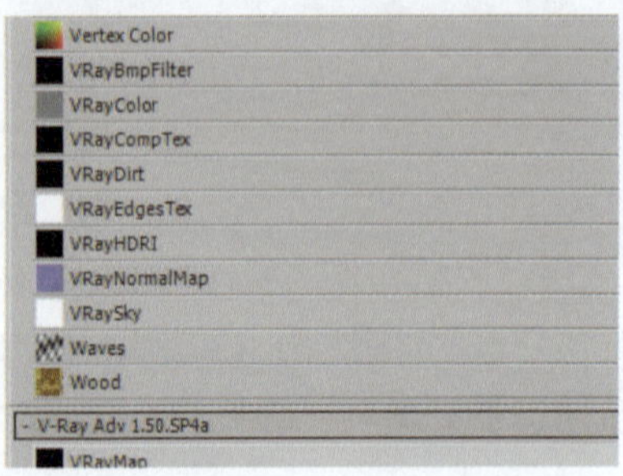

图7-227

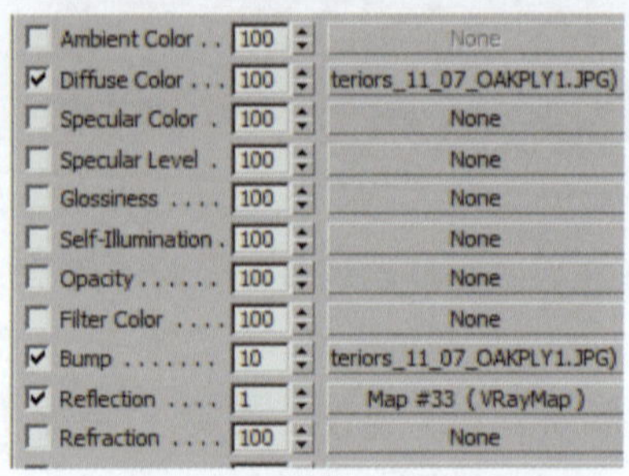

图7-228

Step 9 在场景中选择模拟木质桌面的Plane（平面）对象，被选择的Plane（平面）对象如图7-229所示。

Step 10 将制作的木质桌面材质赋予被选择的Plane（平面）对象，执行Rendering（渲染）命令，对场景进行渲染，材质渲染效果如图7-230所示。

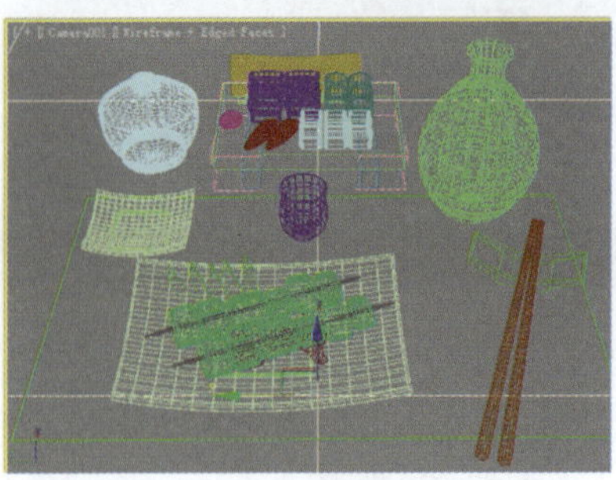

图7-229

图7-230

2. 制作竹垫和白色陶瓷材质

Step 1 接下来制作竹垫的材质。在Material Editor（材质编辑器）中选择一个空白的样本材质，设置材质的明暗器参数，如图7-231所示。

Step 2 展开Maps（贴图）卷展栏，为Diffuse Color（漫反射颜色）贴图通道添加图7-232所示的Bitmap（位图）贴图。

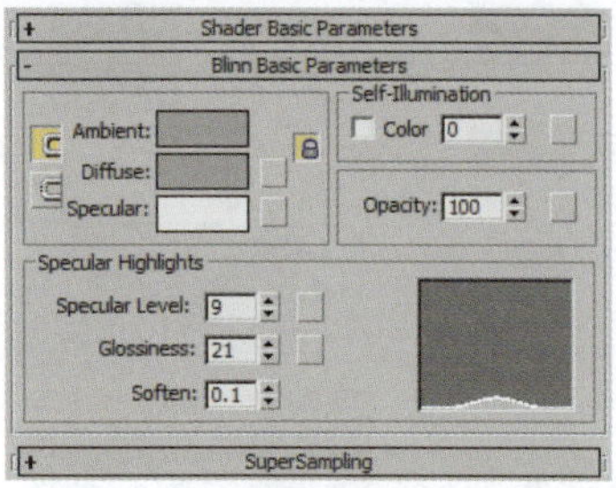

图7-231

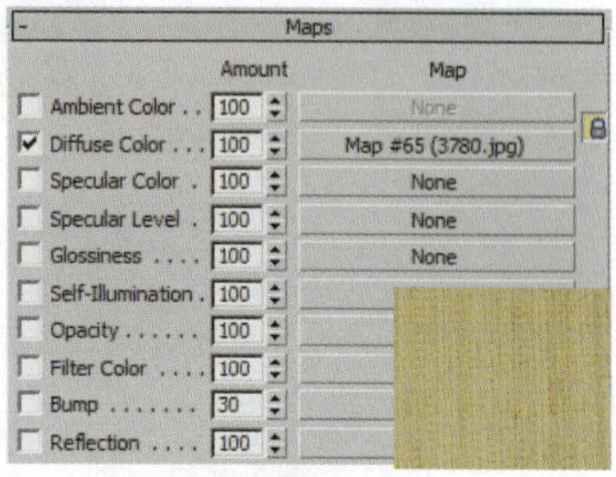

图7-232

Step 3 在Maps（贴图）卷展栏，为Bump（凹凸）贴图通道添加图7-233所示的Bitmap（位图）贴图。

Step 4 在制作完竹垫材质之后，我们选择场景中模拟竹垫的对象，该对象效果如图7-234所示。

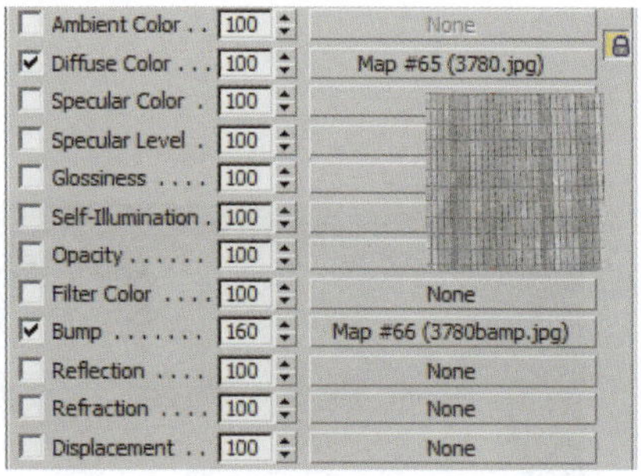

图7-233

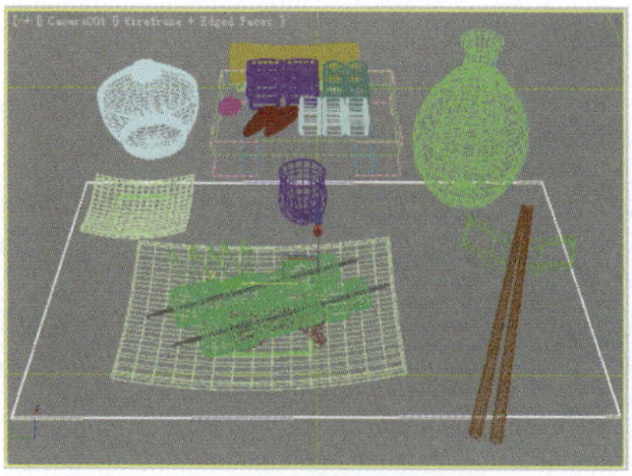

图7-234

Step 5 选择菜单栏中的Render（渲染器）>Rendering（渲染）命令，对场景进行渲染，竹垫材质渲染效果如图7-235所示。

Step 6 在Material Editor（材质编辑器）中选择一个空白的样本材质，单击材质的Standard（标准）按钮，在打开的Material/Map Browser（材质/贴图浏览器）中，双击Raytrace（光线跟踪）材质，该材质如图7-236所示。

图7-235

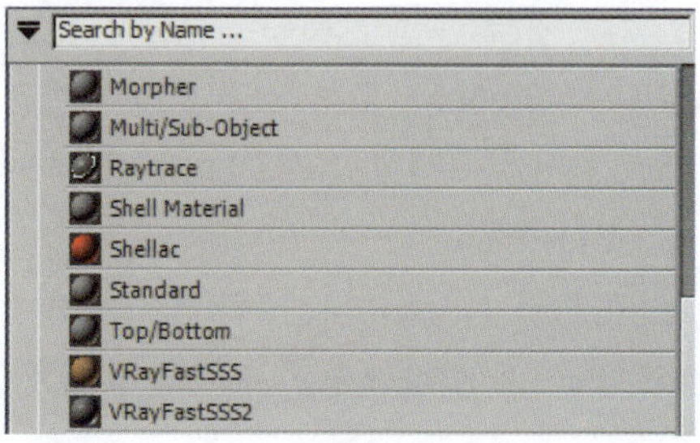

图7-236

Step 7 在Material Editor（材质编辑器）中设置Raytrace（光线跟踪）材质的Diffuse（漫反射）颜色参数，如图7-237所示。

Step 8 设置Raytrace（光线跟踪）材质的Reflect（反射）和Specular Highlight（反射高光）选项组中的参数，如图7-238所示。

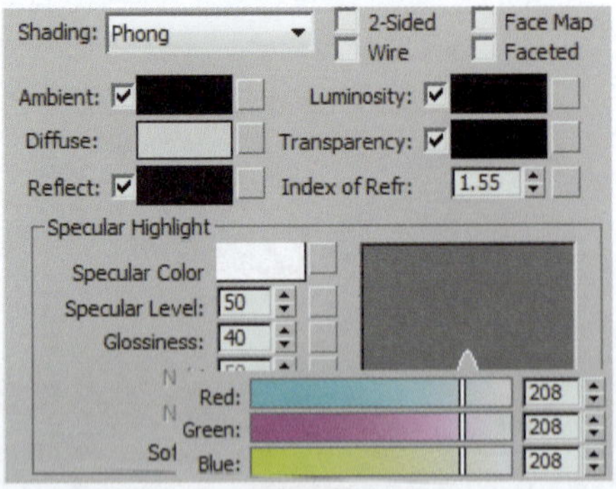

图7-237

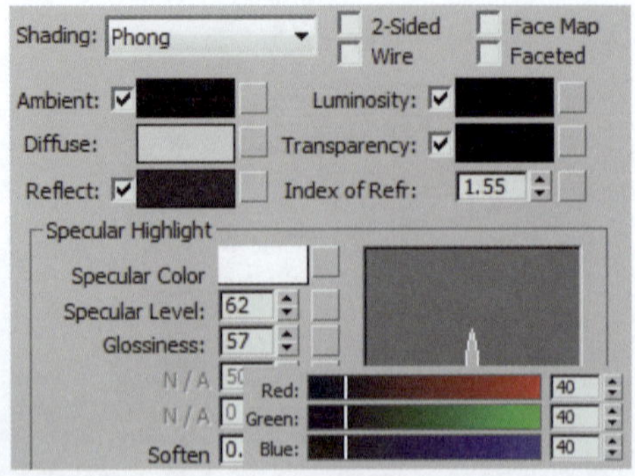

图7-238

Step 9 制作完材质后，接下来将制作的白瓷材质指定给场景中的烧烤盘、沾碟、酒杯以及筷子对象，在场景中选择这些对象，如图7-239所示。

Step 10 选择Render（渲染器）>Rendering（渲染）命令，对场景进行渲染，渲染效果如图7-240所示。

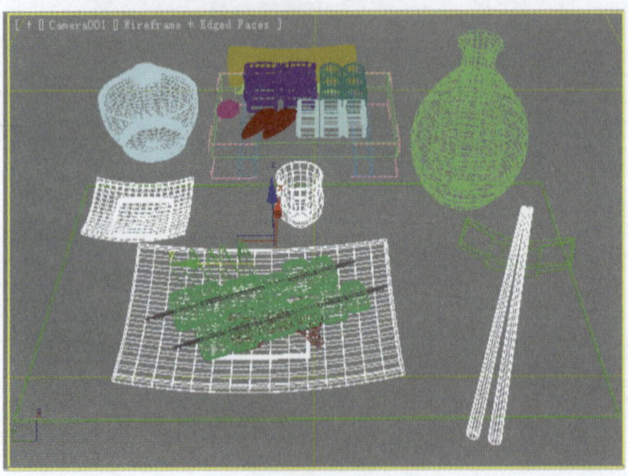

图7-239

图7-240

3. 酒壶和碗材质的制作

Step 1 接下来制作酒壶和碗的材质。在这里我们要制作两种不同颜色交错的效果，因此需要使用Muti/Sub-Object（多维/次对象）材质来实现。在Material Editor（材质编辑器）中选择一个空白的样本材质，将默认的Standard（标准）材质替换为Muti/Sub-Object（多维/次对象）材质，如图7-241所示。

Step 2 将默认的Standard（标准）材质替换为Muti/Sub-Object（多维/次对象）材质之后，Material Editor（材质编辑器）中就显示出所替换的材质，如图7-242所示。

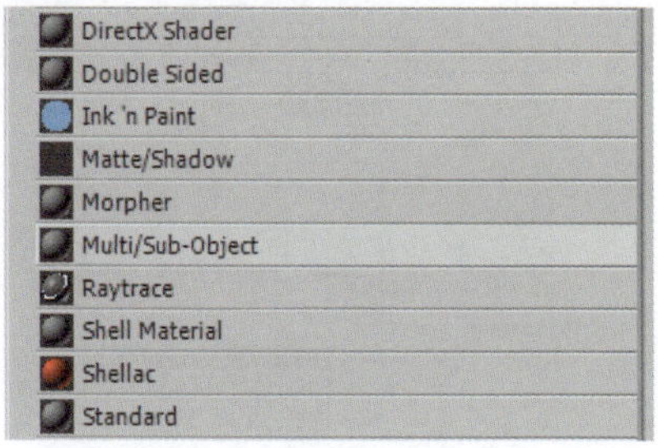

图7-241

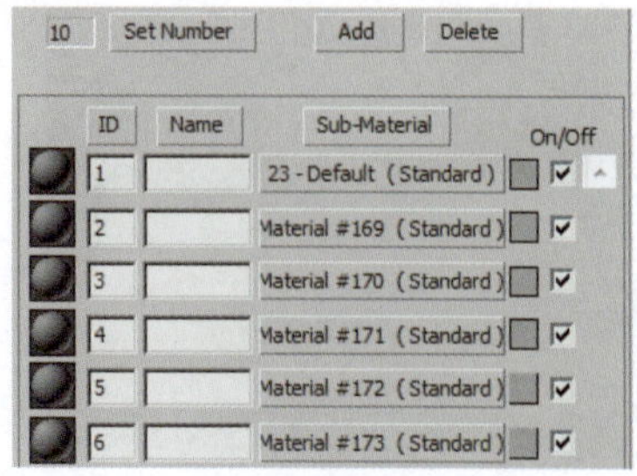

图7-242

Step 3 进入ID号为1的次对象材质，通过双击图7-243所示的Architectural（建筑）材质，将默认的Standard（标准）材质替换为Architectural（建筑）材质。

Step 4 在替换了Architectural（建筑）材质之后，设置Architectural（建筑）材质的颜色为黑色，如图7-244所示。

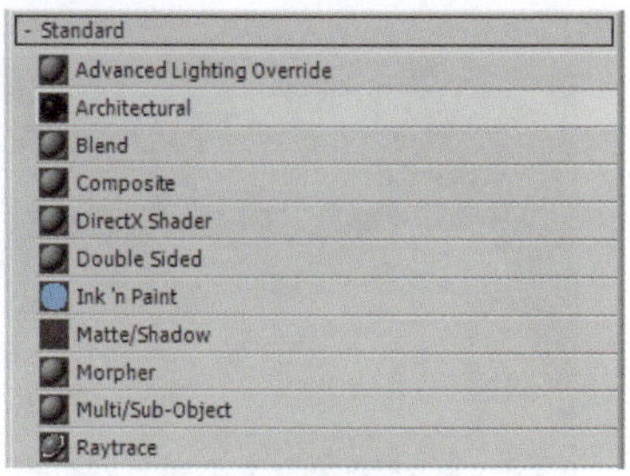

图7-243

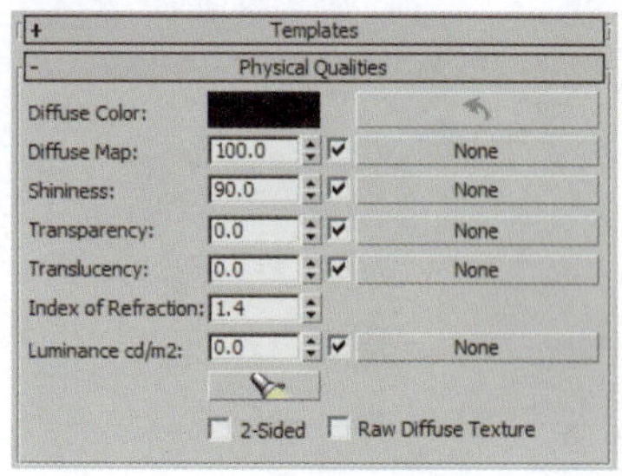

图7-244

Step 5 进入ID号为2的次对象材质，在Architectural（建筑）材质的参数卷展栏中设置该材质的参数，如图7-245所示。

Step 6 制作完红漆器材质之后，在场景中选择碗和酒壶对象，被选择的对象如图7-246所示。

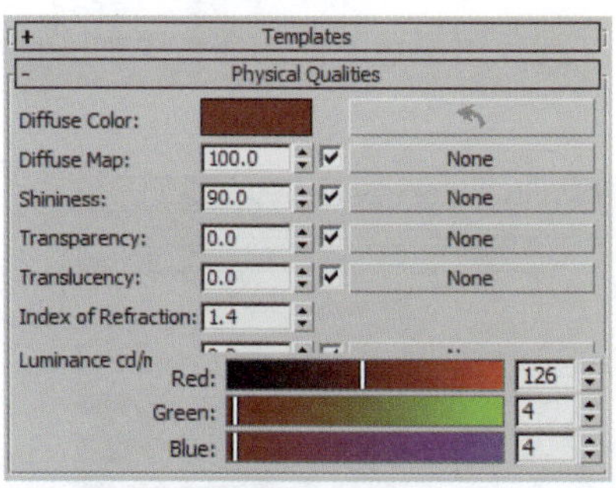

图7-245

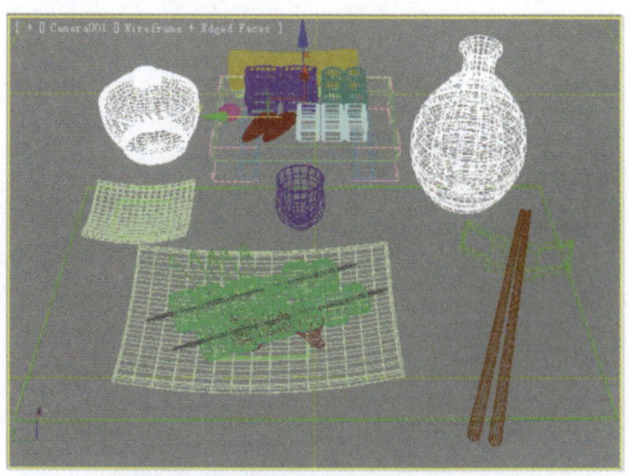

图7-246

Step 7 选择Render（渲染器）>Rendering（渲染）命令，对场景进行渲染，黑红相间的材质效果如图7-247所示。

Step 8 接下来制作筷子架的材质。在Material Editor（材质编辑器）中选择一个空白的样本材质，将默认的Standard（标准）材质替换为Architectural（建筑）材质，设置Architectural（建筑）材质参数，如图7-248所示。

图7-247

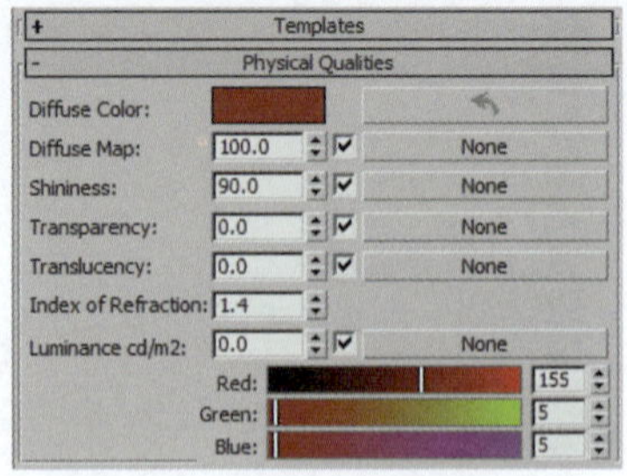

图7-248

Step 9 在设置完筷子支架的材质参数之后，在场景中选择筷子支架对象，效果如图7-249所示。

Step 10 选择Render（渲染器）>Rendering（渲染）命令，对场景进行渲染，筷子支架材质的渲染效果如图7-250所示。

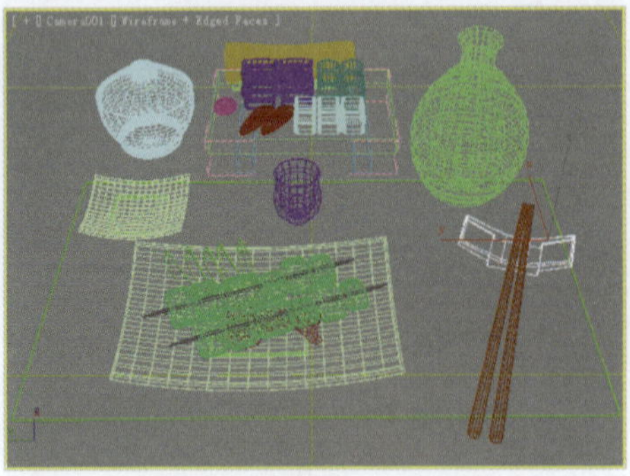

图7-249

图7-250

4. 制作烧烤食物的材质

Step 1 在Material Editor（材质编辑器）中选择一个空白的样本材质，设置材质的明暗器参数，如图7-251所示。

Step 2 展开Maps（贴图）卷展栏，为Diffuse Color（漫反射颜色）贴图通道添加Bitmap（位图）贴图，如图7-252所示。

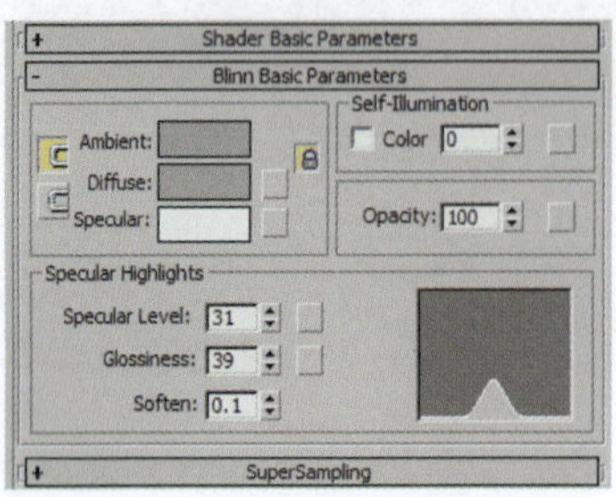

图7-251

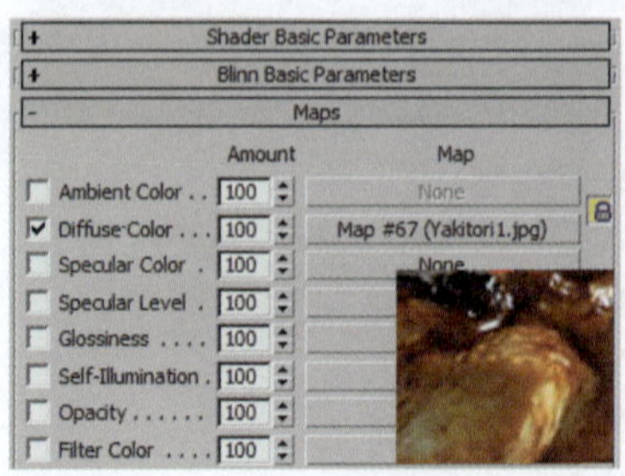

图7-252

Step 3 在Maps（贴图）卷展栏中将Diffuse Color（漫反射颜色）贴图通道的Bitmap（位图）贴图复制到Bump（凹凸）贴图通道，并且设置该贴图通道的Amount（数量）参数，如图7-253所示。

Step 4 在Maps（贴图）卷展栏中单击Reflection（反射）贴图通道后的添加贴图长方形按钮，在打开的Material/Map Browser（材质/贴图浏览器）中添加VRayMap（VRay贴图），如图7-254所示。

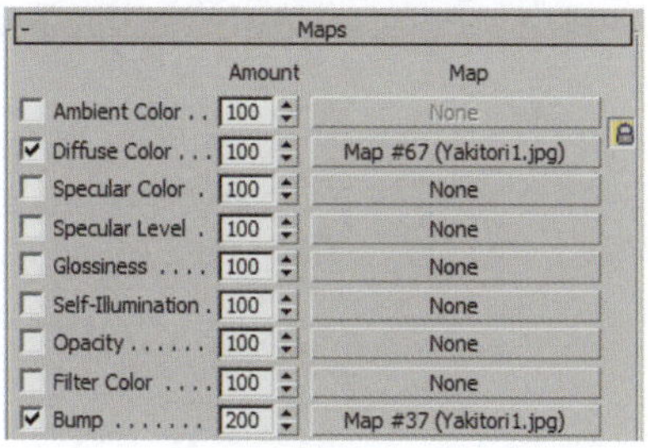

图7-253

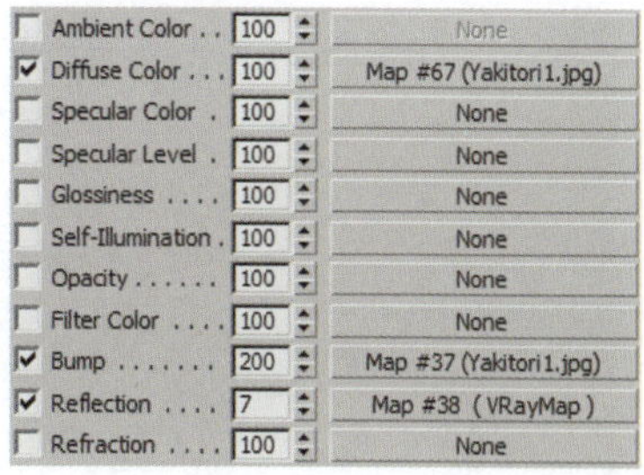

图7-254

Step 5 在制作完烧烤肉块材质之后，需要将制作的材质指定给场景中的相应对象。在场景中选择烧烤的肉块对象，如图7-255所示。

Step 6 将制作的材质赋予肉块对象，执行Rendering（渲染）命令，对场景进行渲染，肉块材质的渲染效果如图7-256所示。

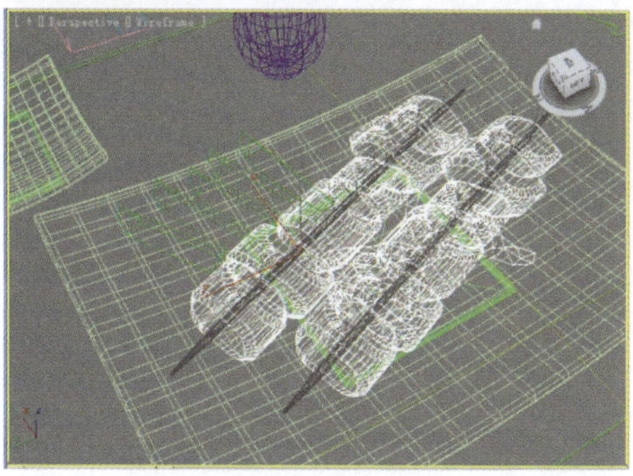

图7-255

图7-256

Step 7 接着我们来制作烧烤串的竹签材质。在Material Editor（材质编辑器）中选择一个空白的样本材质，设置材质的明暗器参数，如图7-257所示。

Step 8 展开Maps（贴图）卷展栏，为Diffuse Color（漫反射颜色）贴图通道添加图7-258所示的Bitmap（位图）贴图。

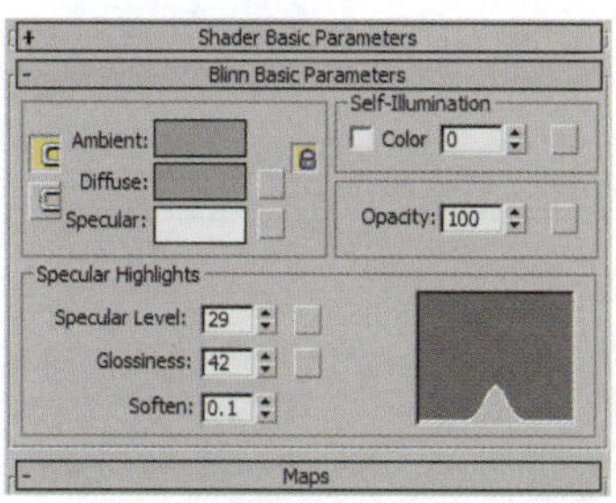

图7-257

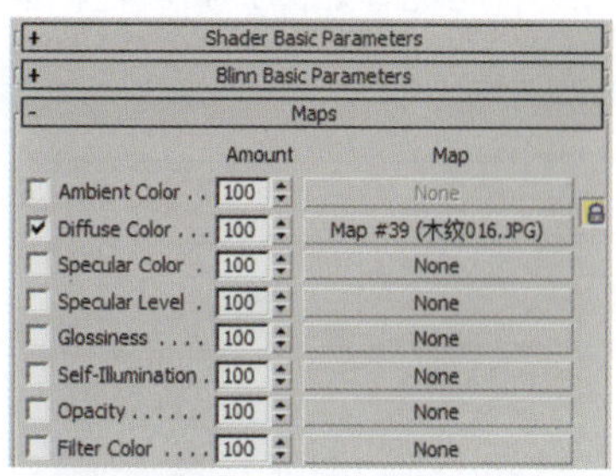

图7-258

Step 9 进入添加的Bitmap（位图）贴图参数控制卷展栏，显示出位图贴图，设置贴图的区域，如图7-259所示。

Step 10 在设置贴图区域之后，通过勾选Apply（应用）复选框，启用上一步设置的贴图应用区域，如图7-260所示。

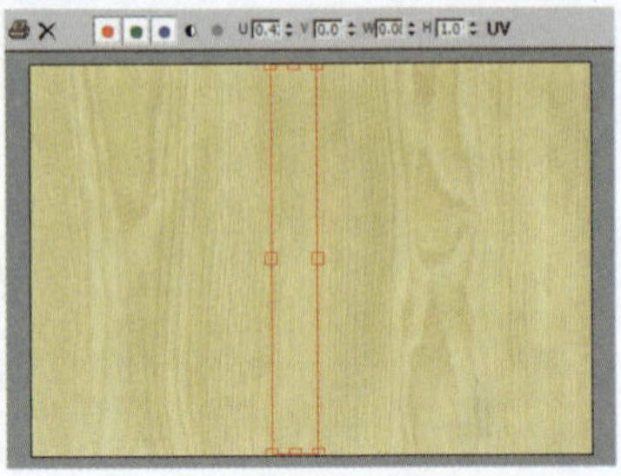

图7-259

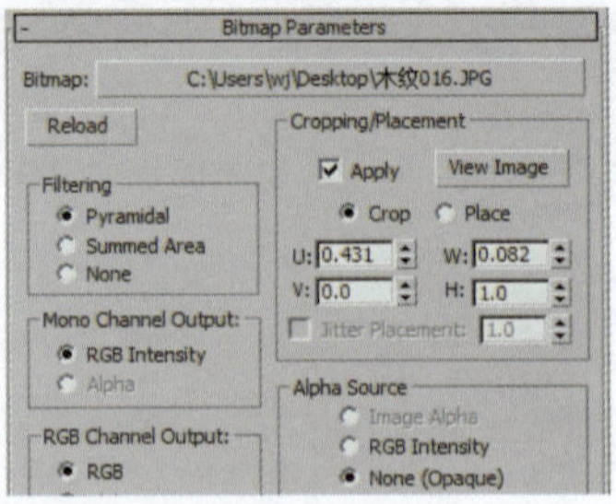

图7-260

Step 11 制作完竹签材质之后，需要将制作的材质指定给场景中的竹签对象，在场景中选择竹签对象，如图7-261所示。

Step 12 选择Render（渲染器）>Rendering（渲染）命令，对场景进行渲染，竹签材质的渲染效果如图7-262所示。

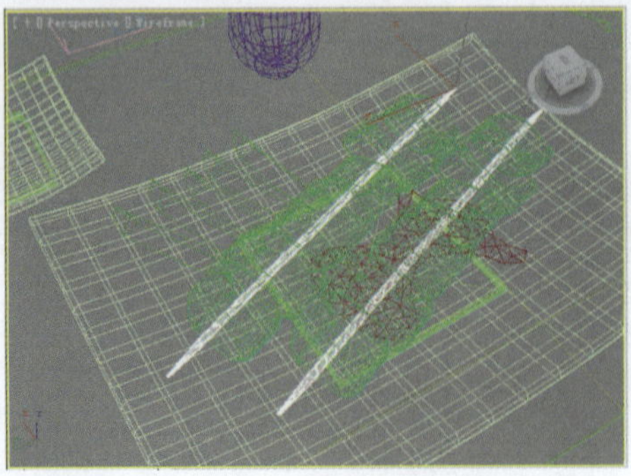

图7-261

图7-262

5. 制作水果切片与色拉球材质

Step 1 接下来制作水果切片的材质。在Material Editor（材质编辑器）中选择一个空白的样本材质，设置材质的明暗器参数，如图7-263所示。

Step 2 展开Maps（贴图）卷展栏，为Diffuse Color（漫反射颜色）贴图通道添加图7-264所示的Bitmap（位图）贴图。

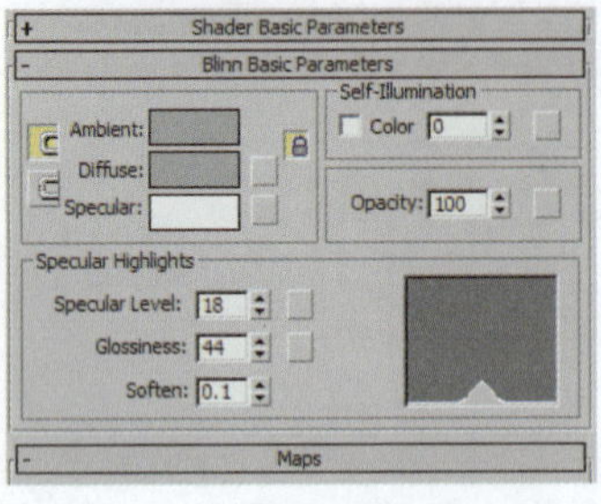

图7-263

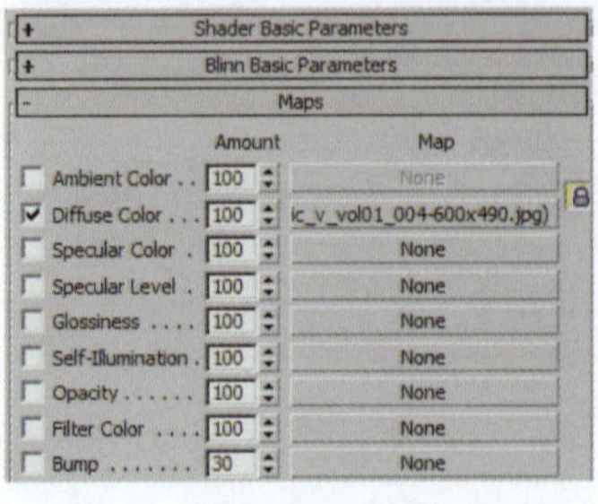

图7-264

Step 3 为Diffuse Color（漫反射颜色）贴图通道添加的Bitmap（位图）贴图效果如图7-265所示。

Step 4 在Maps（贴图）卷展栏中单击Reflection（反射）贴图通道后的添加贴图长方形按钮，在打开的Material/Map Browser（材质/贴图浏览器）中添加VRayMap（VRay贴图），设置贴图通道的

Amount（数量）参数，如图7-266所示。

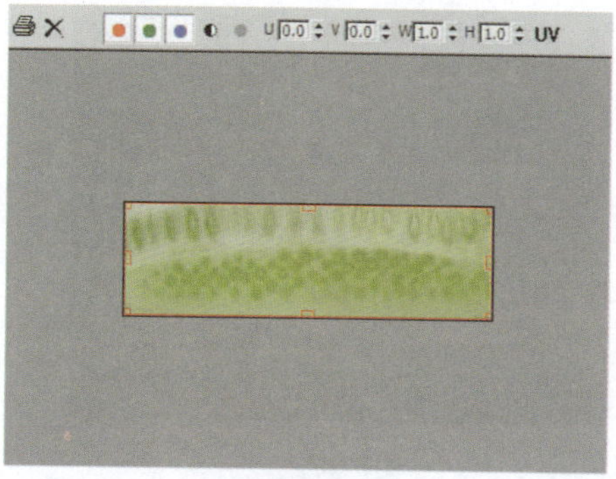

图7-265

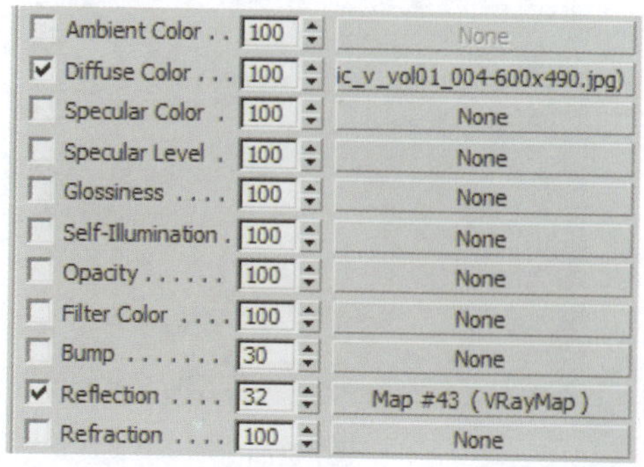

图7-266

Step 5 在制作完水果切片材质之后，我们在场景中选择水果切片对象，效果如图7-267所示。

Step 6 将制作的水果切片材质赋予被选择的对象，渲染场景，水果切片材质渲染效果如图7-268所示。

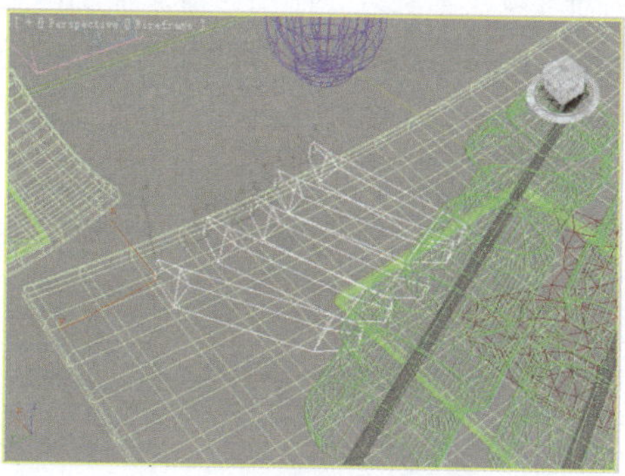

图7-267

图7-268

Step 7 接下来制作色拉球的材质。在Material Editor（材质编辑器）中选择一个空白的样本材质，设置材质的明暗器参数，如图7-269所示。

Step 8 在Maps（贴图）卷展栏中，为Diffuse Color（漫反射颜色）贴图通道添加Bitmap（位图）贴图，为Reflection（反射）贴图通道添加VRayMap（VRay贴图），如图7-270所示。

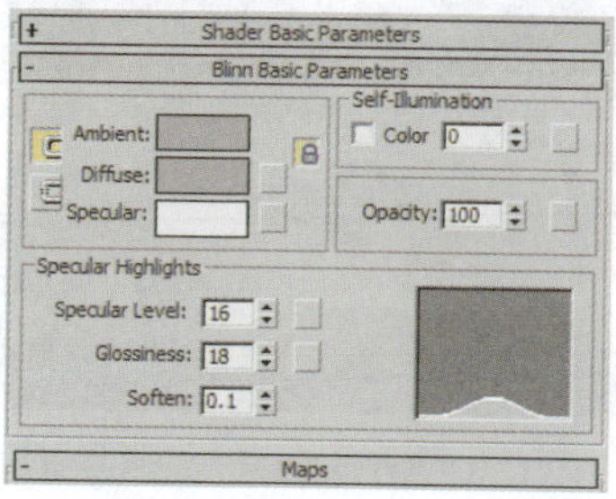

图7-269

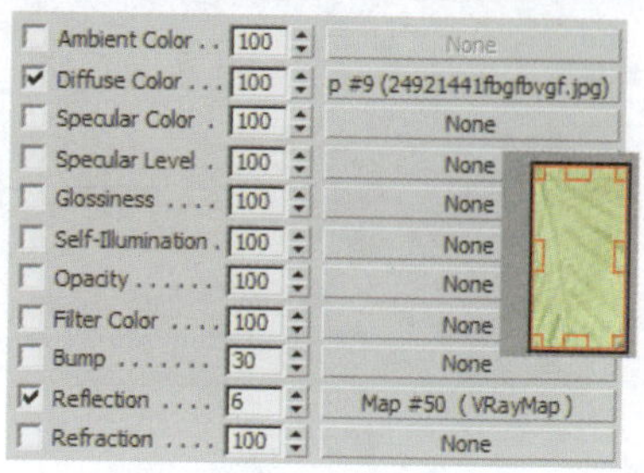

图7-270

Step 9 制作了色拉球材质之后，需要将制作的材质指定给场景中的色拉球对象。在场景中选择色拉球材质对象，如图7-271所示。

Step 10 将制作的材质赋予被选择的对象，渲染场景，色拉球材质的渲染效果如图7-272所示。

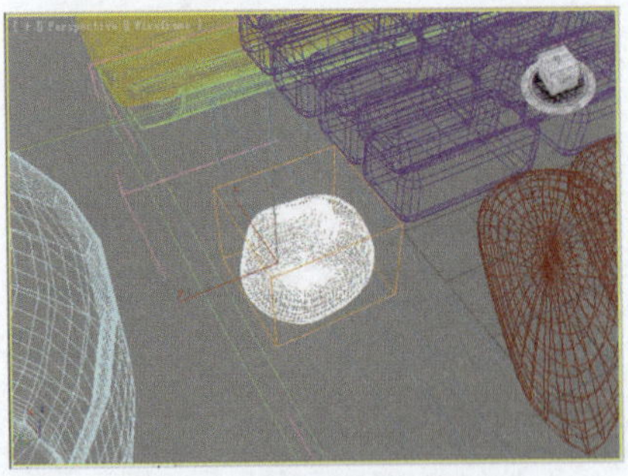

图7-271

图7-272

6. 制作小木几材质

Step 1 接下来制作放置寿司的木质Mini桌的材质。在Material Editor（材质编辑器）中选择一个空白的样本材质，设置材质的明暗器参数，如图7-273所示。

Step 2 展开Maps（贴图）卷展栏，为Diffuse Color（漫反射颜色）贴图通道添加Bitmap（位图）贴图，并为Reflection（反射）贴图通道添加VRayMap（VRay贴图），效果如图7-274所示。

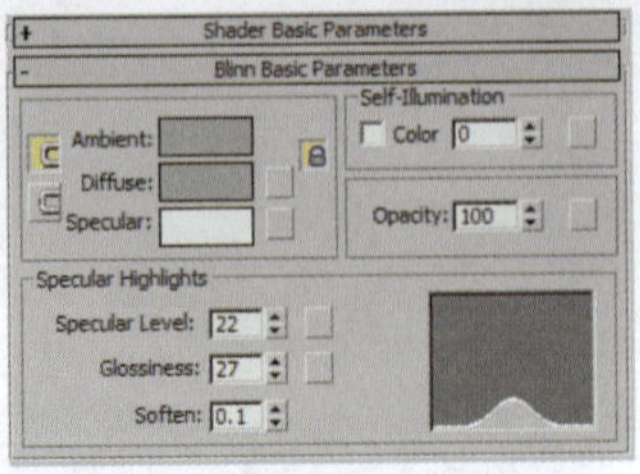

图7-273

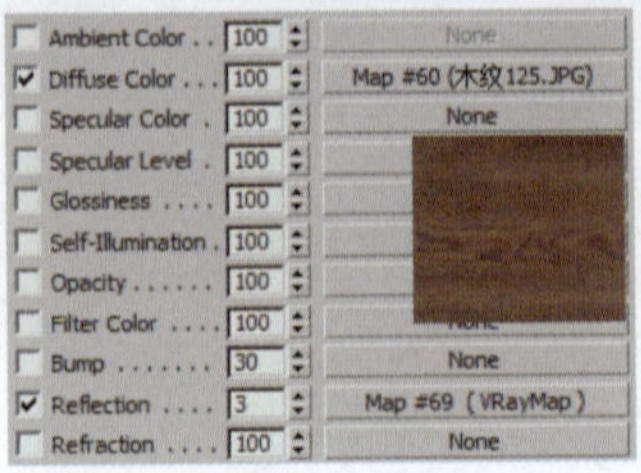

图7-274

Step 3 在制作了木质材质之后，我们需要将制作的材质指定给场景中的木质桌子。在场景中选择桌子，如图7-275所示。

Step 4 将制作的材质指定给场景中的对象，对场景进行渲染，木质材质渲染效果如图7-276所示。

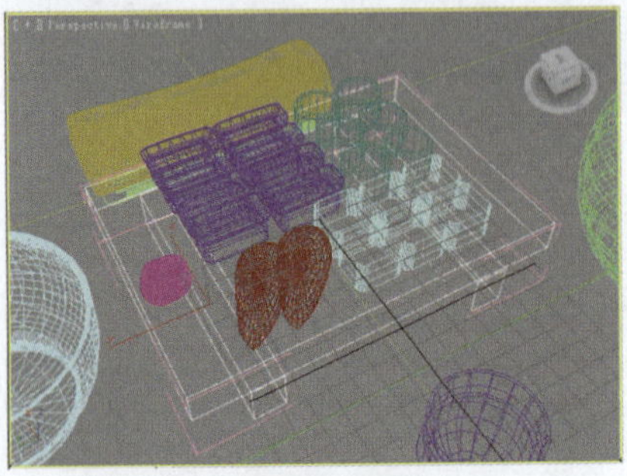

图7-275

图7-276

7. 制作小木桌上的食物材质

Step 1 接下来我们制作鱼片材质。选择一个空白的样本材质，设置材质的明暗器参数，如图7-277所示。

Step 2 在Maps（贴图）卷展栏中为Diffuse Color（漫反射颜色）贴图通道添加如图7-278所示的Bitmap（位图）贴图。

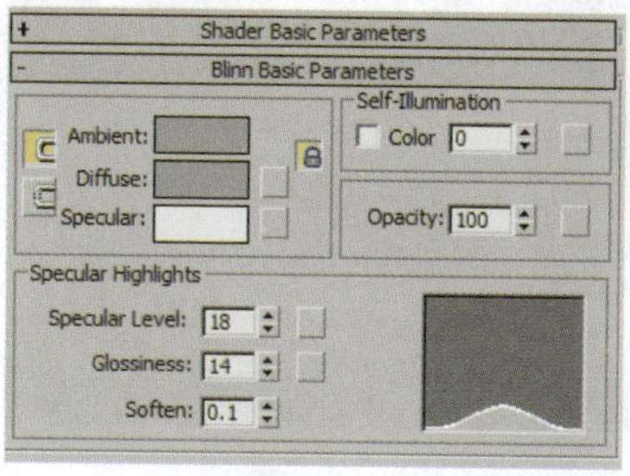

图7-277

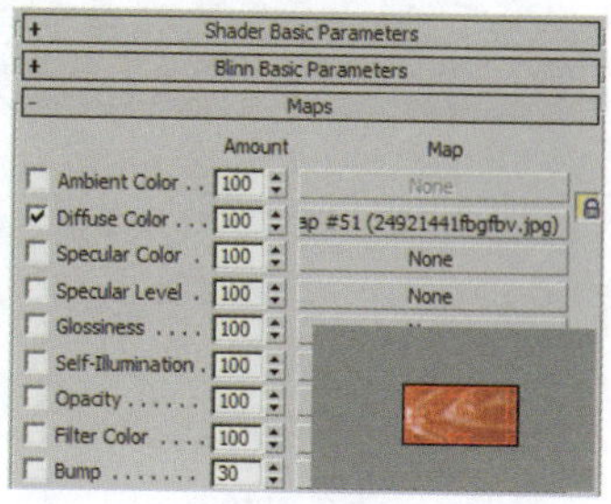

图7-278

Step 3 在为Diffuse Color（漫反射颜色）贴图通道添加Bitmap（位图）贴图之后，在场景中选择鱼片对象，如图7-279所示。

Step 4 将制作的鱼片材质赋予场景中选择的对象，对场景进行渲染，鱼片材质渲染效果如图7-280所示。

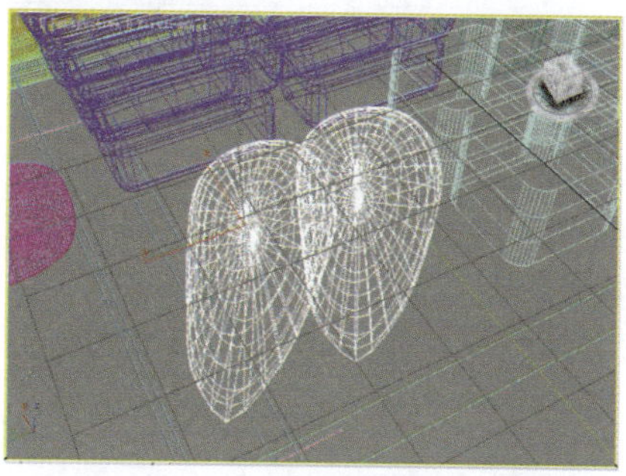

图7-279

图7-280

Step 5 在Material Editor（材质编辑器）中选择一个空白的样本材质，设置材质的明暗器参数，如图7-281所示。

Step 6 展开Maps（贴图）卷展栏，为Diffuse Color（漫反射颜色）贴图通道添加图7-282所示的Bitmap（位图）贴图。

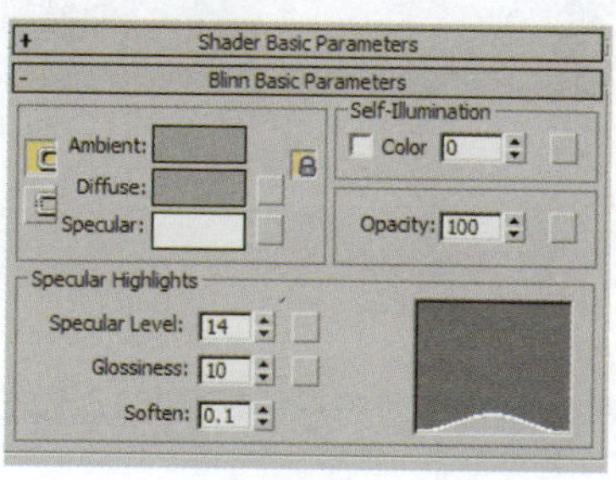

图7-281

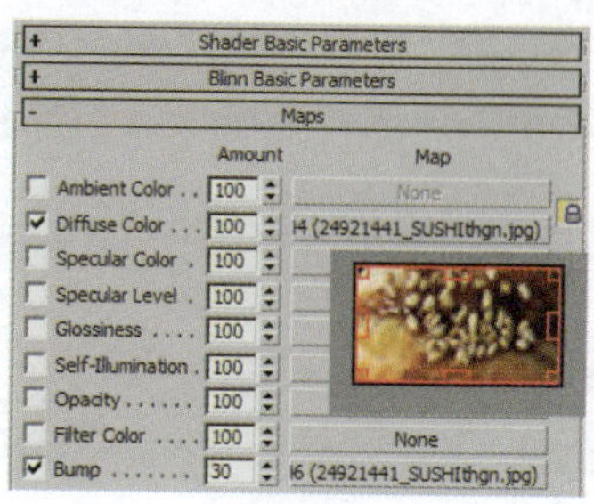

图7-282

Step 7 在场景中，选择摄影机视口前侧的寿司对象，被选择的寿司对象效果如图7-283所示。

Step 8 将制作的寿司材质赋予被选择的对象，对场景进行渲染，寿司材质渲染效果如图7-284所示。

图7-283

图7-284

Step 9 接下来制作寿司下面饭团的材质。选择一个空白的样本材质，设置材质的明暗器参数，如图7-285所示。

Step 10 展开Maps（贴图）卷展栏，为Diffuse Color（漫反射颜色）贴图通道添加如图7-286所示的Bitmap（位图）贴图。

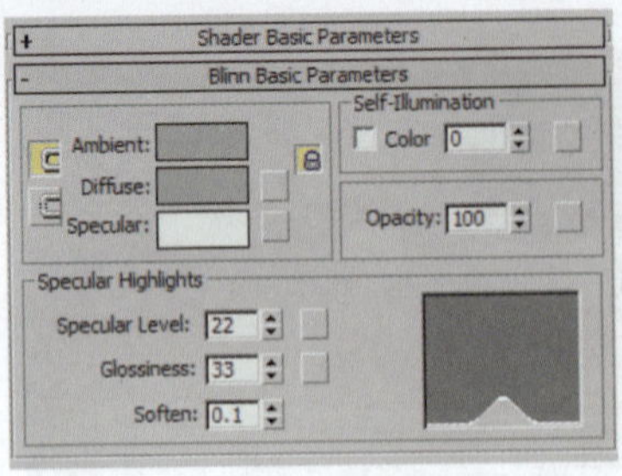

图7-285

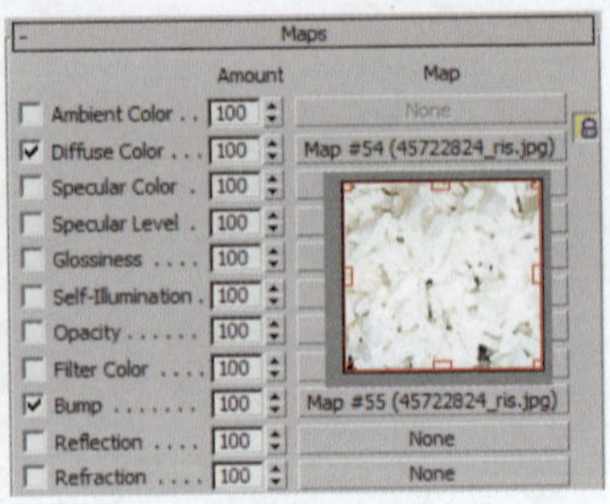

图7-286

Step 11 添加了Bitmap（位图）贴图之后，在场景中选择饭团对象，选择对象的效果如图7-287所示。

Step 12 将制作的饭团材质赋予场景中被选择的对象，渲染场景，饭团对象渲染效果如图7-288所示。

图7-287

图7-288

Step 13 接下来制作三文鱼片材质。在Material Editor（材质编辑器）中选择一个空白的样本材质，设置材质的明暗器参数，如图7-289所示。

Step 14 展开Maps（贴图）卷展栏，为Diffuse Color（漫反射颜色）贴图通道添加Bitmap

（位图）贴图，并为Reflection（反射）贴图通道添加VRayMap（VRay贴图），效果如图7-290所示。

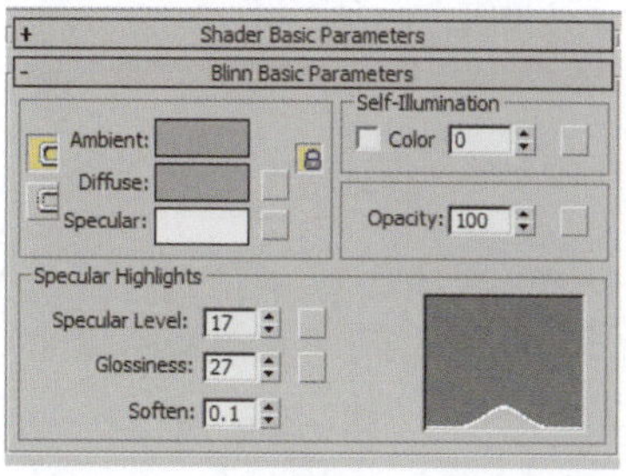

图7-289

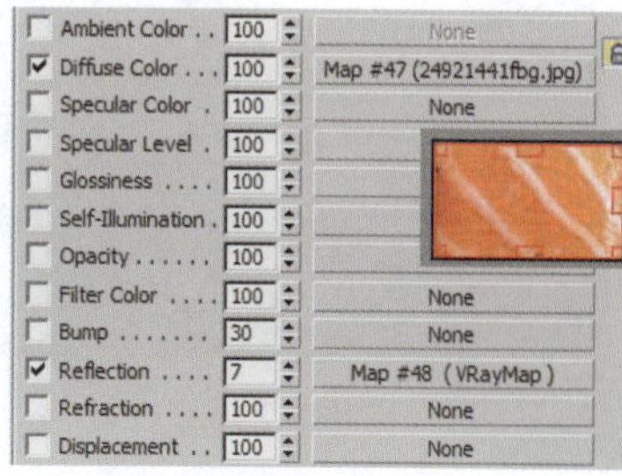

图7-290

Step 15 在添加贴图之后，需要将制作的材质赋予场景中的三文鱼片对象。在场景中选择三文鱼片对象，如图7-291所示。

Step 16 将制作的三文鱼片材质赋予被选择的对象，对场景进行渲染，三文鱼片材质渲染效果如图7-292所示。

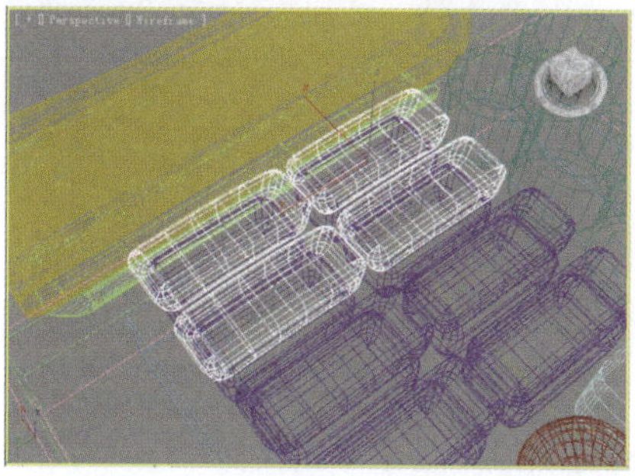

图7-291

图7-292

Step 17 接下来使用Muti/Sub-Object（多维/次对象）材质来表现被菜叶包裹的寿司材质。设置一个Muti/Sub-Object（多维/次对象）材质，如图7-293所示。

Step 18 进入ID号为1的次对象材质，设置材质明暗器基本参数卷展栏中的明暗器参数，如图7-294所示。

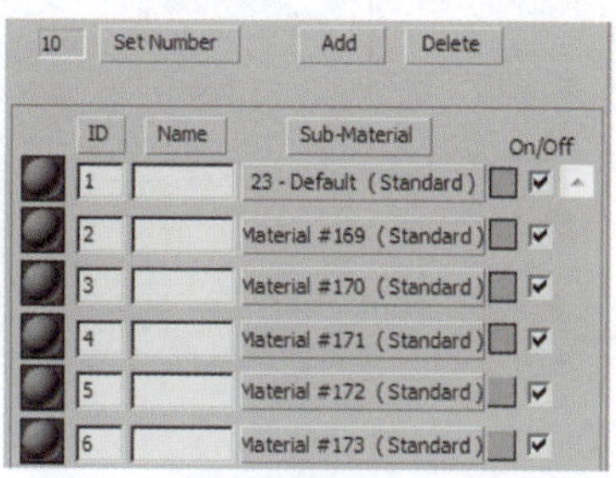

图7-293

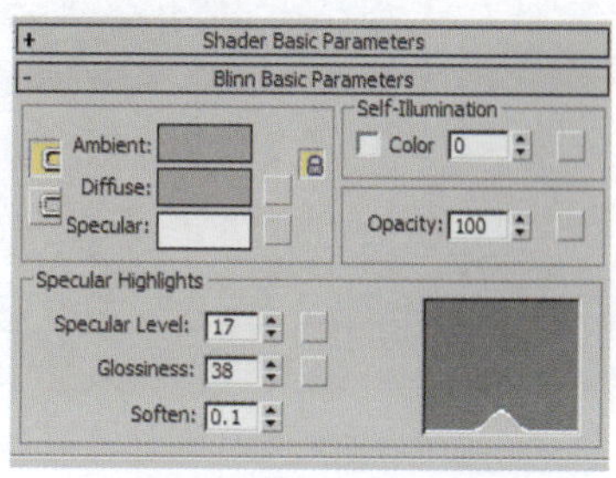

图7-294

Step 19 展开Maps（贴图）卷展栏，为Diffuse Color（漫反射颜色）贴图通道添加图7-295所示的Bitmap（位图）贴图。

Step 20 在Maps（贴图）卷展栏为Reflection（反射）贴图通道添加VRayMap（VRay贴图），设置Reflection（反射）贴图通道的Amount（数量）参数为11，如图7-296所示。

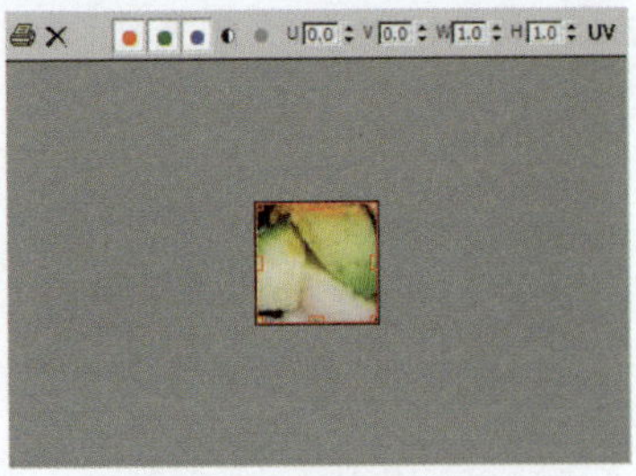

图7-295

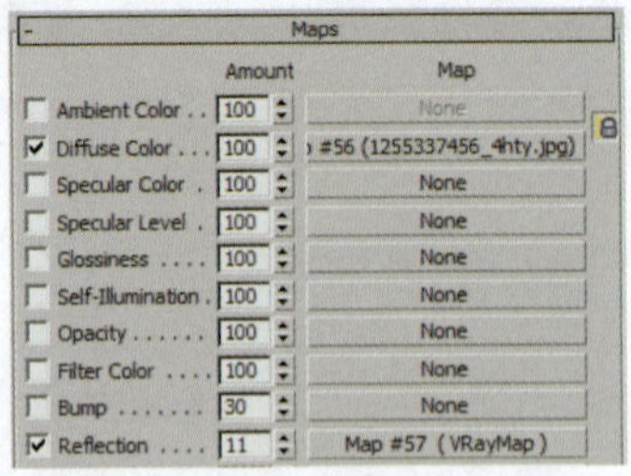

图7-296

Step 21 进入ID号为2的次对象材质，设置材质的明暗器参数，设置效果如图7-297所示。

Step 22 展开Maps（贴图）卷展栏，为Diffuse Color（漫反射颜色）贴图通道添加Bitmap（位图）贴图，为Reflection（反射）贴图通道添加VRayMap（VRay贴图），设置Reflection（反射）贴图通道的Amount（数量）参数为11，如图7-298所示。

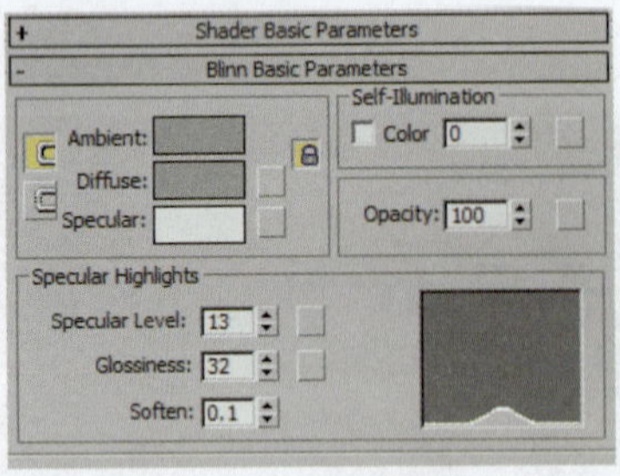

图7-297

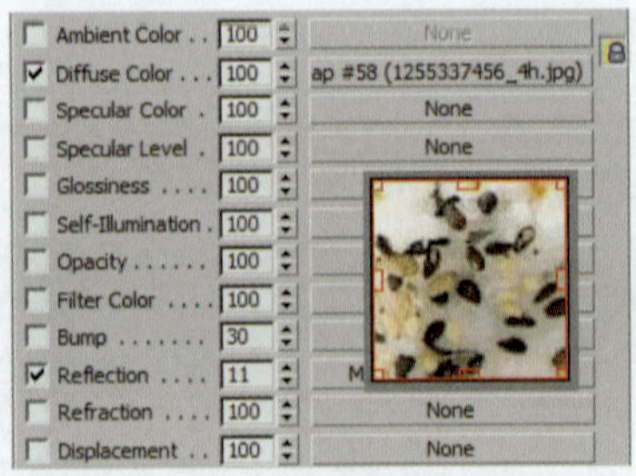

图7-298

Step 23 在制作了寿司材质之后，需要将制作的材质赋予场景中的对象。在场景中选择被菜叶包裹的寿司对象，如图7-299所示。

Step 24 将制作的材质赋予被选择的对象，执行Rendering（渲染）命令，对场景进行渲染，寿司材质渲染效果如图7-300所示。

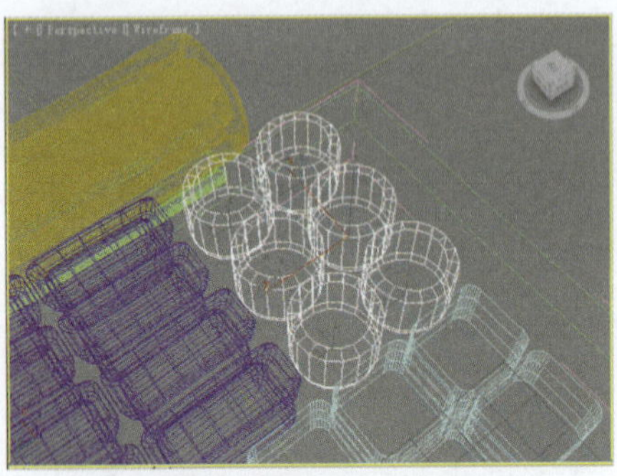

图7-299

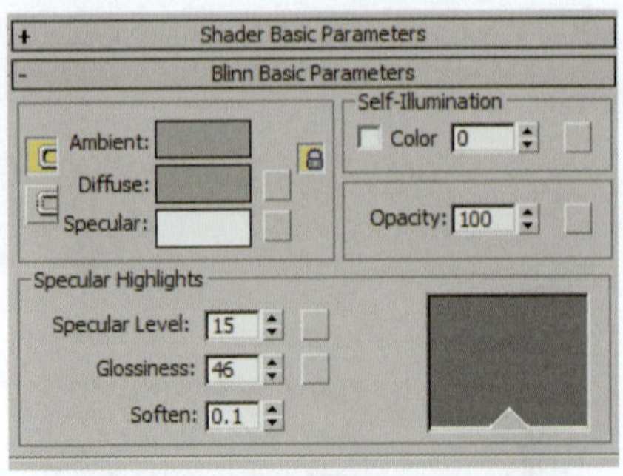

图7-300

Step 25 接下来依然使用Muti/Sub-Object（多维/次对象）材质来表现另一组被菜叶包裹的寿司材质。设置一个Muti/Sub-Object（多维/次对象）材质，如图7-301所示。

Step 26 进入ID号为1的次对象材质，设置材质明暗器基本参数卷展栏中的明暗器参数，如图7-302所示。

Step 27 展开Maps（贴图）卷展栏，为Diffuse Color（漫反射颜色）贴图通道添加如图7-303所示的Bitmap（位图）贴图。

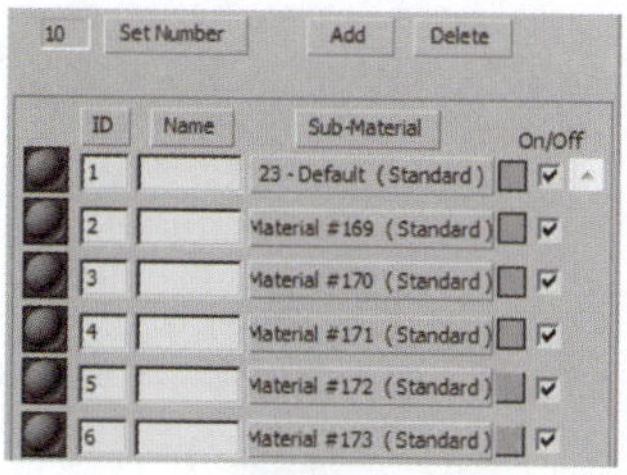

图7-301

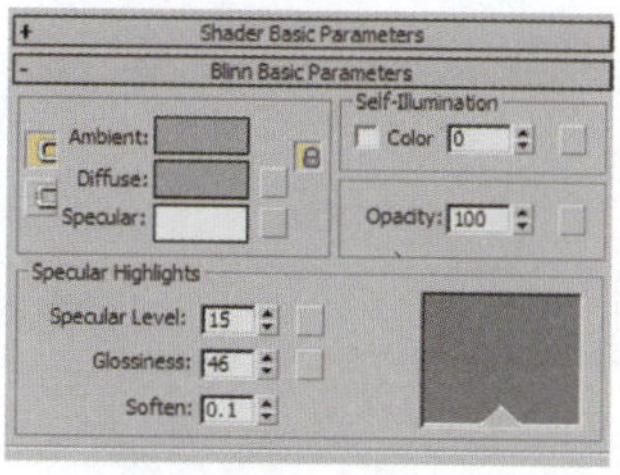

图7-302

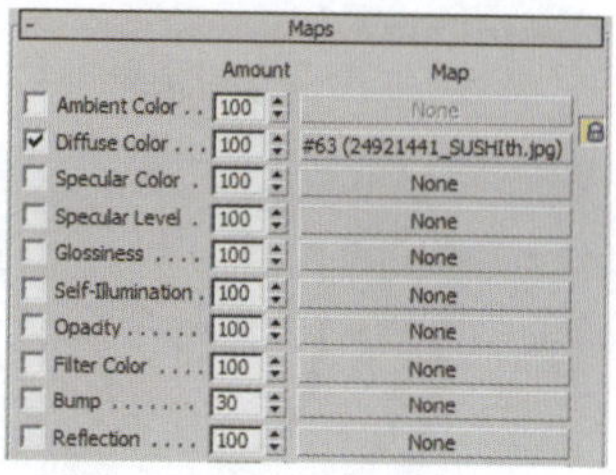

图7-303

Step 28 进入ID号为2的次对象材质，设置材质明暗器基本参数卷展栏中的明暗器参数，如图7-304所示。

Step 29 展开Maps（贴图）卷展栏，为材质的Diffuse Color（漫反射颜色）贴图通道添加图7-305所示的Bitmap（位图）贴图。

Step 30 在Maps（贴图）卷展栏，为Diffuse Color（漫反射颜色）贴图通道指定的位图图像效果如图7-306所示。

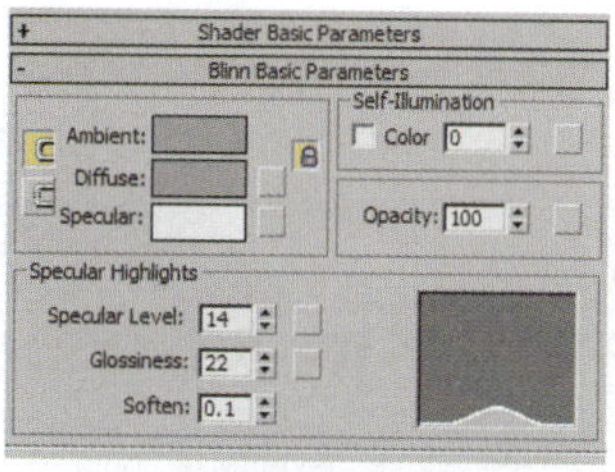

图7-304

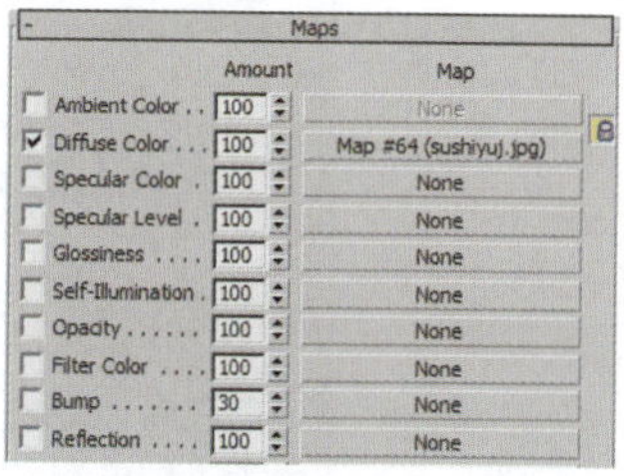

图7-305

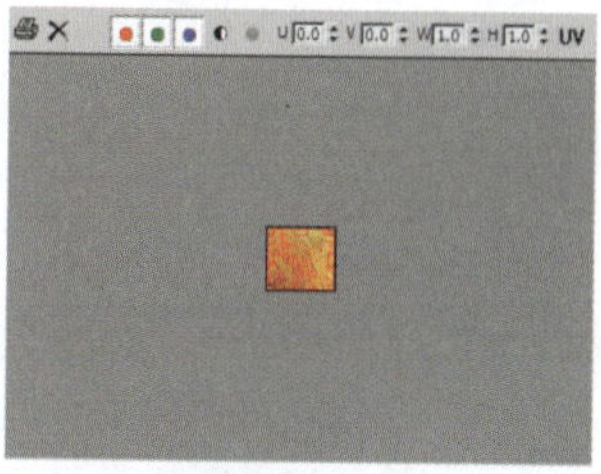

图7-306

Step 31 在制作完寿司材质之后，将制作的材质赋予给场景中的寿司对象。在场景中选择寿司对象，如图7-307所示。

Step 32 将制作的材质赋予场景中的寿司对象，至此，本实例就制作完成了。执行Rendering（渲染）命令，对场景进行渲染，本实例最终渲染效果如图7-308所示。

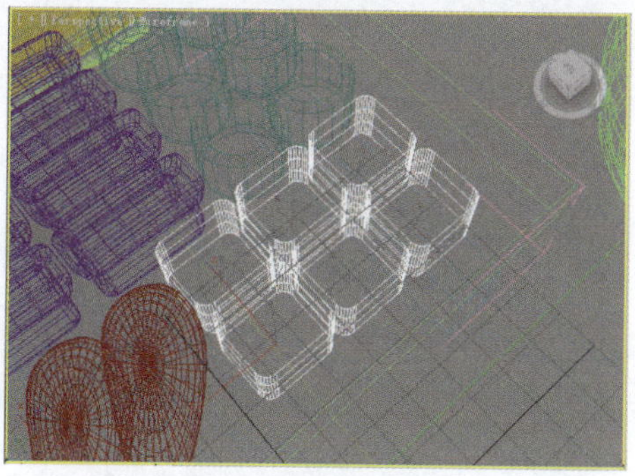

图7-307

图7-308

Chapter 08

灯光与摄影机的运用

我们之所以能够在自然界中观察到各种效果是因为有光线的传播，灯光在三维制作中扮演着重要的角色，它可以用来烘托场景的气氛，使效果更加趋近于真实世界。3ds Max 提供了各种不同类型的灯光，并包含众多的参数，使用户可以使用灯光来表现各种艺术效果。3ds Max 中所提供的摄影机在许多方面和现实世界中的摄影机是完全相同的，使用摄影机的优点是它可以摆放在场景中的任意位置，给用户提供自定义的视角。本章将向读者介绍灯光与摄影机的应用。

8.1 标准灯光的使用

标准灯光是基于计算机的对象，其模拟灯光，如家用或办公室灯，舞台和电影工作室使用的灯光设备，以及太阳光本身。不同种类的灯光对象可用不同的方式投射灯光，用于模拟真实世界不同种类的光源。

8.1.1 标准灯光的分类

3ds Max中的灯光大致可以分为Standard（标准）灯光和Photometric（光度学）灯光两大类型，每一大类中又包含了各种不同的灯光系统。在Create（创建）命令面板的Lights（灯光）层级下选择Stanadard（标准）类型可以进入标准灯光的创建面板，如图8-1所示。Standard（标准）灯光包含了8种灯光类型。Spot（聚光灯）可以像闪光灯一样投射聚焦的光线，图8-2所示为聚光灯的照射示意。

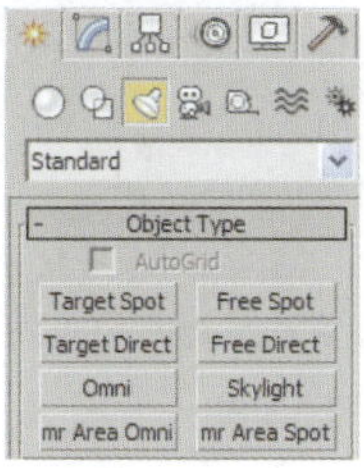

图8-1

图8-2

注意

标准灯光是基于参数化的灯光系统，通过修改固定的参数来改变灯光的属性。

聚光灯有Target Spot（目标聚光灯）和Free Spot（自由聚光灯）两种类型，图8-3中所创建的是Target Spot（目标聚光灯），图8-4中所创建的是Free Spot（自由聚光灯）。对比可以发现目标聚光灯有一个可控制灯光的目标点，而自由聚光灯只能通过移动灯光本身来控制灯光的照射。

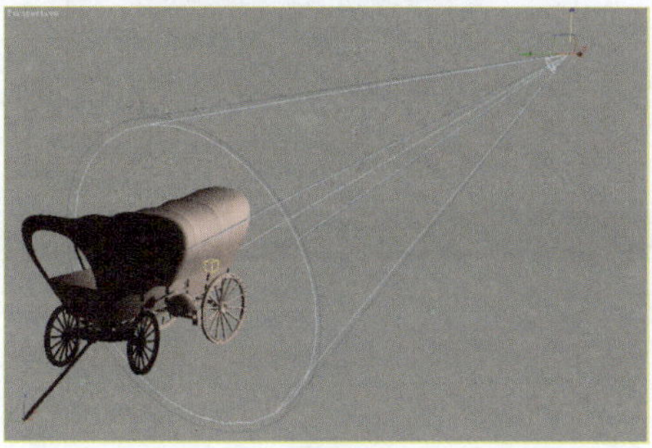

图8-3

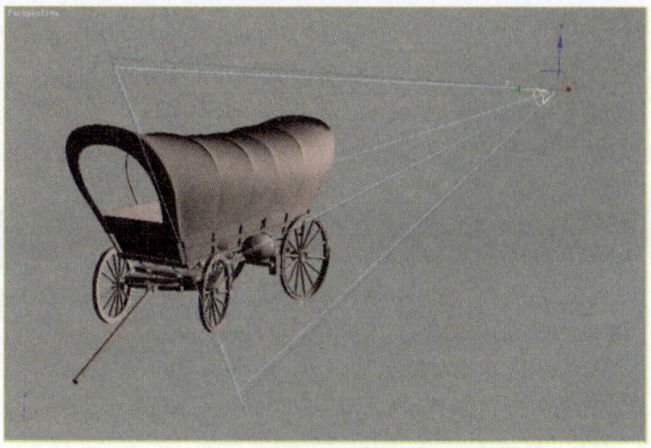

图8-4

Direct（平行光）主要用来模拟太阳光，它向一个方向上投射平行的光线，如图8-5所示。平行光和聚光灯一样也分为Target Direct（目标平行光）和Free Direct（自由平行光）两种类型，图8-6所示为在场景中创建的目标平行光。

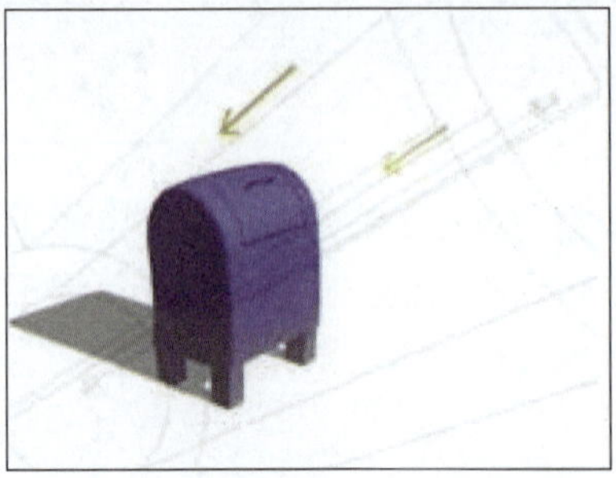

图8-5

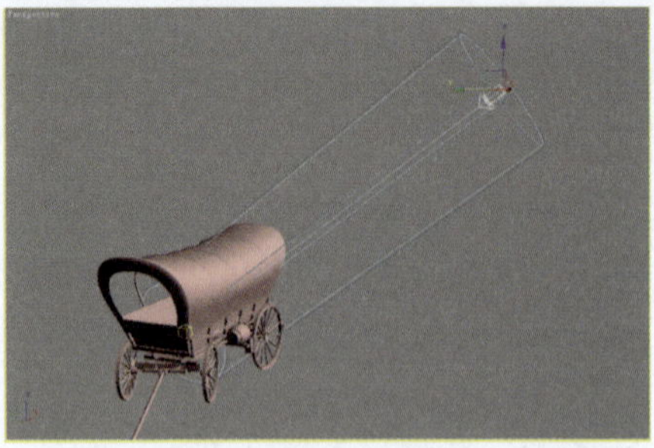

图8-6

Omni（泛光灯）有一个点向各个方向发射光线，可以用来模拟日光灯，如图8-7所示。由于泛光灯没有方向性，所以在场景中以点的形式出现，图8-8所示为在场景中创建的泛光灯。

图8-7

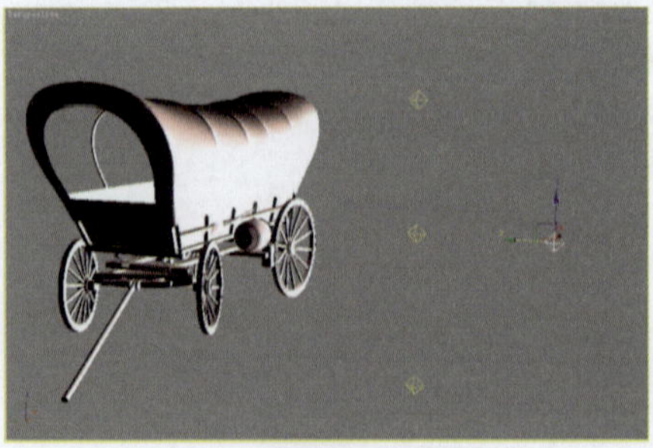

图8-8

Sky（天光）主要用来模拟环境光效果，如图8-9所示，它在一个半球环境内向对象投射光线。天光通常和光跟踪器结合起来使用来表现环境光照效果，图8-10所示为天光与光跟踪器配合使用的效果。

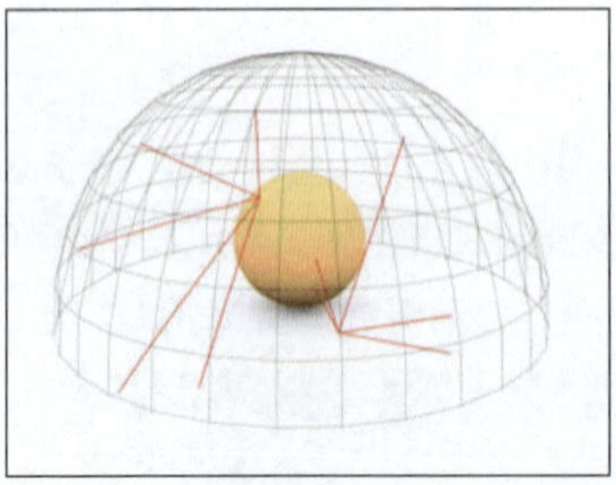

图8-9

图8-10

注意

Mental Ray渲染器不能够支持Sky（天光）系统。

8.1.2 灯光的参数

Intensity/Color/Attenuation（强度/颜色/衰减）卷展栏是灯光最基本的参数选项，也是设置比较频繁的3个参数。图8-11所示为灯光的Intensity/Color/Attenuation（强度/颜色/衰减）卷展栏。图8-12所示的场景中放置了一盏Target Direct（目标平行光）。

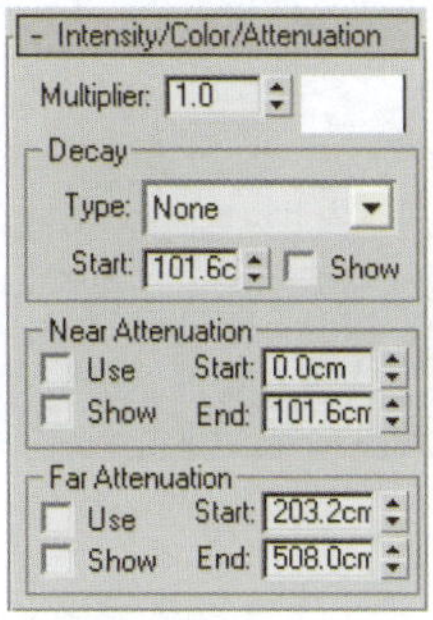

图8-11

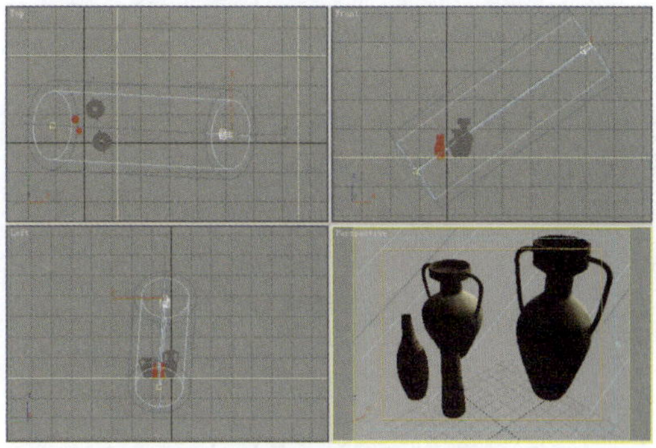

图8-12

注 意

3ds Max视口在默认的情况下有一盏用于照明对象的默认灯光，当创建一个新的灯光后，这个默认的灯光就会自动关闭。

在默认的参数设置下进行渲染，效果如图8-13所示，在图像中可以观察到灯光所产生的效果。将Multiplier（倍增）参数设置为0.2，然后进行渲染，效果如图8-14所示，场景的光照效果变弱了，图像变得比较暗。

图8-13

图8-14

将Multiplier（倍增）参数设置为2然后进行渲染，效果如图8-15所示，可以看到此时光照效果变得比较强。单击Multiplier（倍增）参数后的色块，将灯光颜色设置为红色，如图8-16所示，在场景中可以预览到灯光颜色改变的效果。

图8-15

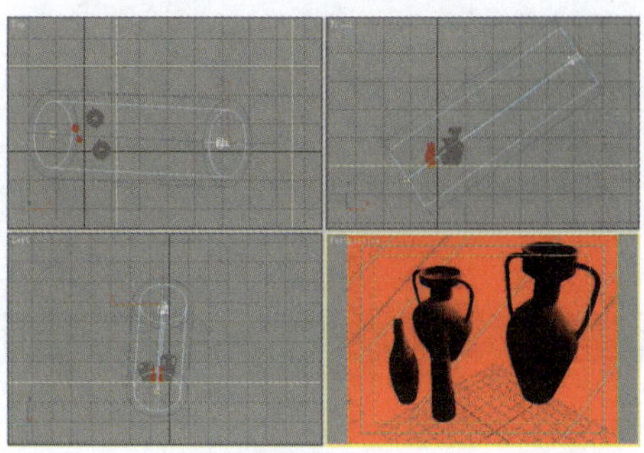

图8-16

对场景进行渲染，效果如图8-17所示，可以看到对象在受到光线照射的部分变为了红色。图8-18所示为将灯光颜色设置为蓝色的渲染效果。

图8-17

图8-18

真实世界中的光线会随着照射距离的增加而产生衰减效果，3ds Max提供了对灯光衰减效果的支持。如图8-19所示，在场景有一个从左侧照向右侧的目标平行光，在没有设置衰减的情况下进行渲染，效果如图8-20所示，可以看到对象从左到右所接收到的光照强度都是一样的。

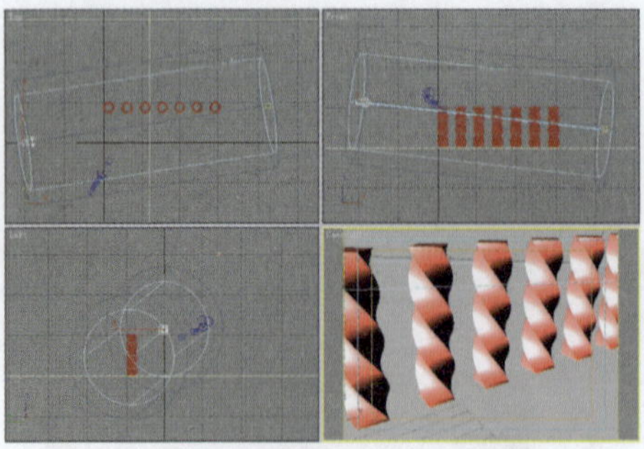

图8-19

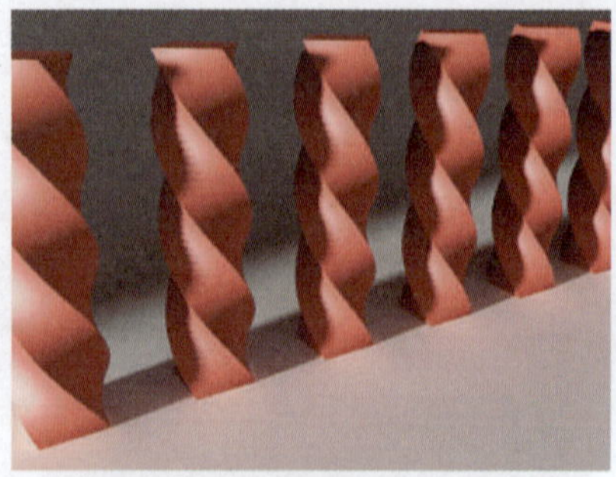

图8-20

在Intensity/Color/Attenuation（强度/颜色/衰减）卷展栏的Decay（衰退）选项组中选择Inverse（反向）类型，如图8-21所示，在灯光的控制框中会出现一个用于表示衰退起始位置的图标，将该图标移动到对象最左侧的对象上然后进行渲染。如图8-22所示，可以看到，此时光线产生了衰减的效果，最右侧的对象所接收到的光照效果降低了。

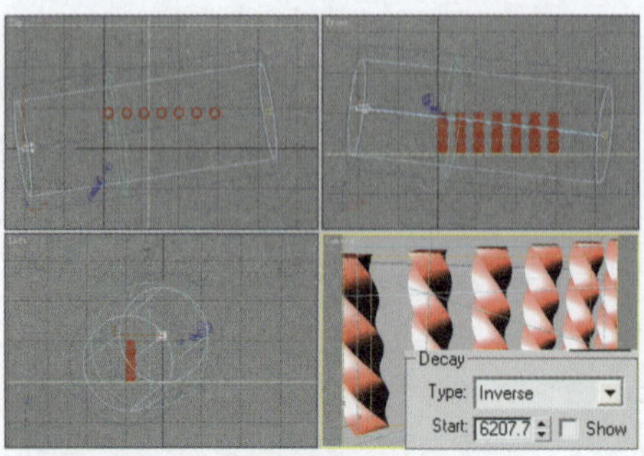

图8-21

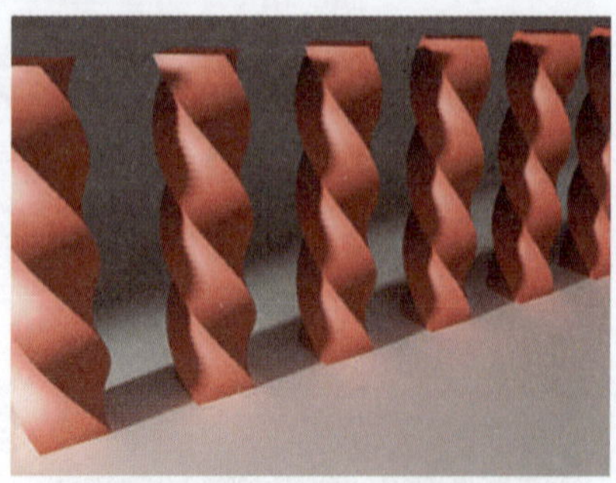

图8-22

注意

Inverse（反向）类型表示灯光应用的是反向衰退，Inverse Square（平方反比）类型属于真实的灯光衰退类型。

Near Attenuation（近距离衰减）选项组用来控制使光线从最弱的地方逐渐增加到所设置的

最大值。如图8-23所示，将近距离衰减的起始位置设置在最左端的对象上，结束位置设置在最右端的对象上。然后进行渲染，效果如图8-24所示，光线从左侧到右侧逐渐增强。

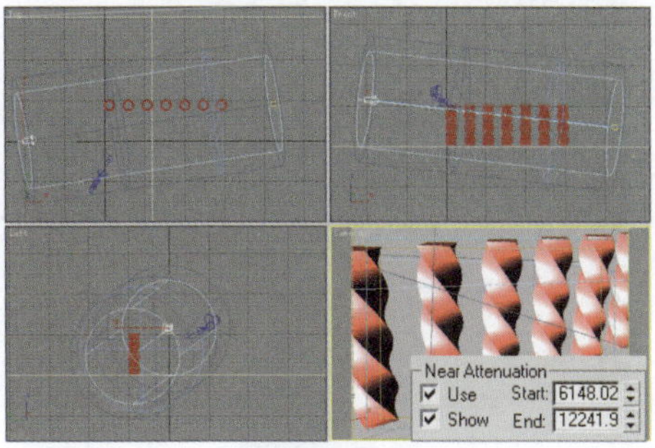

图8-23

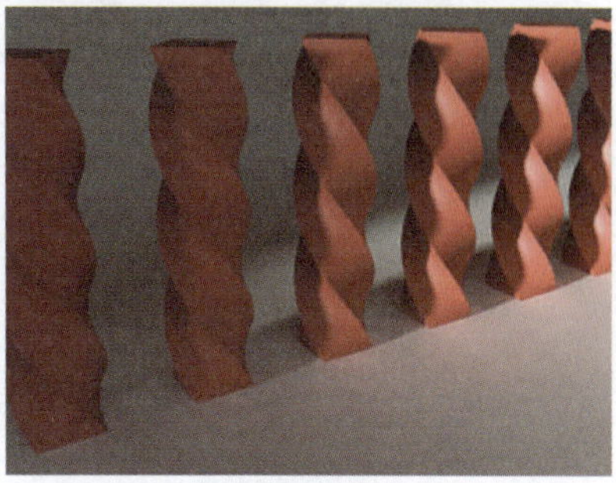

图8-24

Far Attenuation（远距离衰减）选项组用来控制灯光从最强逐渐减弱的效果，如图8-25所示，同样将远距离衰减的起始位置设置在左端，结束位置设置在右端。然后对场景进行渲染，效果如图8-26所示，光线从左侧到右侧逐渐减弱。

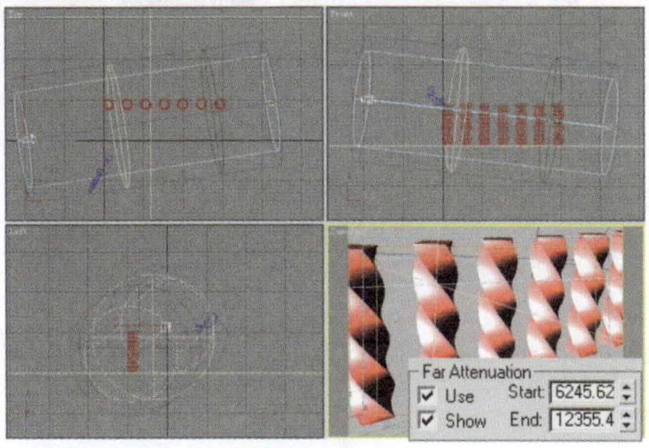

图8-25

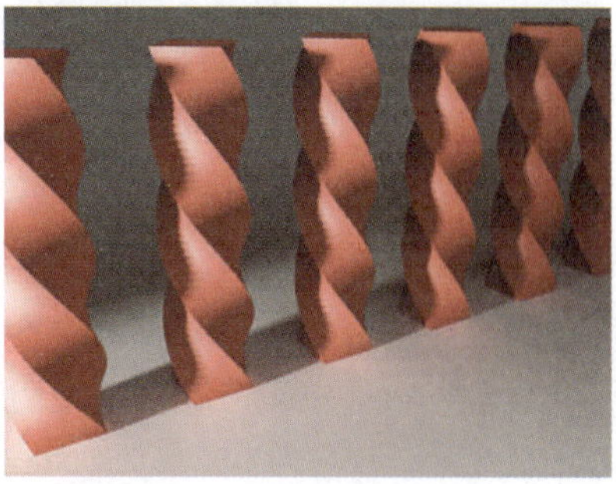

图8-26

8.1.3 灯光的阴影控制

在上一节中可以看到在默认情况下进行渲染没有出现灯光的阴影，虽然图像中出现了光的变化效果，但是缺少了阴影总感觉画面还是不够真实。在进一步了解灯光的阴影参数前，先通过一个实例来了解一下3ds Max所提供的几种阴影类型。

知识应用：灯光的阴影
原始文件：场景和素材\第8章\灯光的阴影.max
核心技能：灯光的阴影。

Step 1 打开光盘中提供的“场景和素材\第8章\灯光的阴影.max”文件，如图8-27所示，这是一个已经设置好灯光的场景。

Step 2 在默认情况下使用快捷键【F9】进行渲染。如图8-28所示，渲染图像中出现了灯光的效果，但是没有阴影。

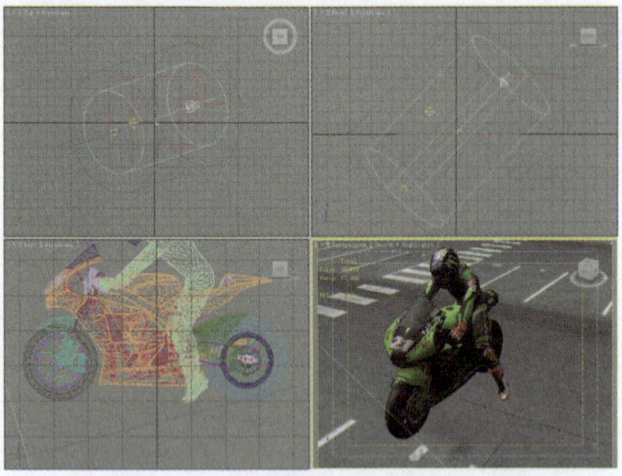

图8-27

图8-28

Step 3 选择场景中的Target Direct（目标平行光），进入灯光的Modify（修改）命令面板，在General Parameters（常规参数）卷展栏中的Shadows（阴影）选项组中勾选On（启用）复选框，然后进行渲染，如图8-29所示，图像中出现了阴影效果，对比可以发现，有阴影的效果要显得更加真实。

图8-29

Step 4 3ds Max 提供了几种阴影的类型，在Shadows（阴影）选项组中可以对阴影的类型进行选择，默认的阴影类型为 Shadow Map（阴影贴图）。图8-30所示为选择Area Shadows（区域阴影）类型的渲染效果，区域阴影可以在边缘上产生虚化的效果。

Step 5 图8-31所示为选择Ray Traced Shadows（光线跟踪阴影）的渲染效果，可以看到这种类型的阴影效果非常锐利，没有任何的虚化。

图8-30

图8-31

1. 阴影贴图参数

选择了“阴影贴图”类型后，会在灯光的修改面板中出现Shadow Map Params（阴影贴图参数）卷展栏，如图8-32所示。Bias（偏移）参数用来控制阴影和对象之间的距离，图8-33所示为设置Bias（偏移）参数为10的渲染效果。

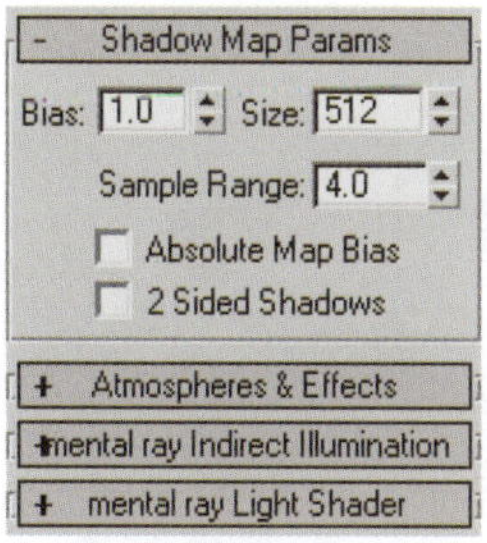

图8-32

图8-33

Size（大小）参数用于计算灯光的阴影贴图的大小，参数越高阴影边缘越锐利，图8-34所示为设置大小为1 000时的效果，图8-35所示为设置大小为100时的渲染效果。

图8-34

图8-35

Sample Range（采样范围）决定阴影内平均有多少区域，它将影响阴影边缘的柔和程度。图8-36所示为将“采样范围”设置为0.1的效果，此时阴影边缘产生了锯齿。图8-37所示为将“采样范围”设置为10的渲染效果，此时的阴影边缘变得非常模糊。

图8-36

图8-37

2. 区域阴影参数

“区域阴影”类型提供了较多的参数选项，如图8-38所示。Shadow Integrity（阴影完整性）参数可以用来设置初始光线束投射中的光线数。图8-39所示为阴影完整性不同参数的示例效果。

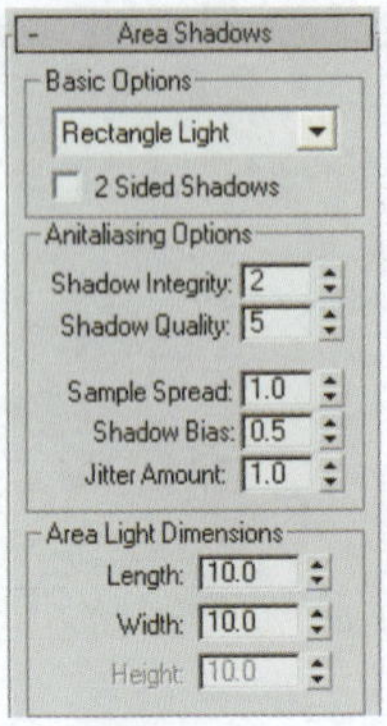

图8-38

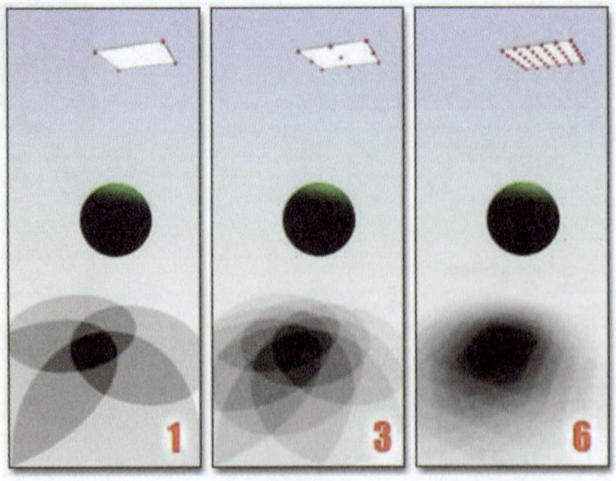

图8-39

Shadow Quality（阴影质量）参数设置在半影（柔化区域）区域中投射的光线总数，该参数会对渲染的时间产生明显的影响，图8-40中设置阴影质量为1，渲染时间为6秒。将阴影质量设置为10，渲染时间增加到30秒，效果如图8-41所示。

图8-40

图8-41

Sample Spread（采样扩散）参数用来设置要模糊抗锯齿边缘的半径。图8-42所示为设置“采样扩散”为0.01的效果。图8-43所示为设置“采样扩散”为10的效果。

图8-42

图8-43

Shadow Bias（阴影偏移）表示对象与正在被着色点的最小距离，图8-44所示为设置“阴影偏移”为0.01的渲染效果。图8-45所示为设置“阴影偏移”为10的效果。

图8-44

图8-45

Area Light Dimensions（区域灯光尺寸）选项组用来计算区域阴影的尺寸，尺寸越大，阴影的边缘模糊程度越高。图8-46所示为设置长、宽都为1时的阴影效果，图8-47所示为设置长、宽都为10时的阴影效果。

图8-46

图8-47

3. 光线跟踪阴影参数

“光线跟踪”阴影的参数比较简单，如图8-48所示。Ray Bias（光线偏移）参数用来控制阴影和对象之间的距离，图8-49所示为设置Ray Bias（光线偏移）参数后的阴影效果。

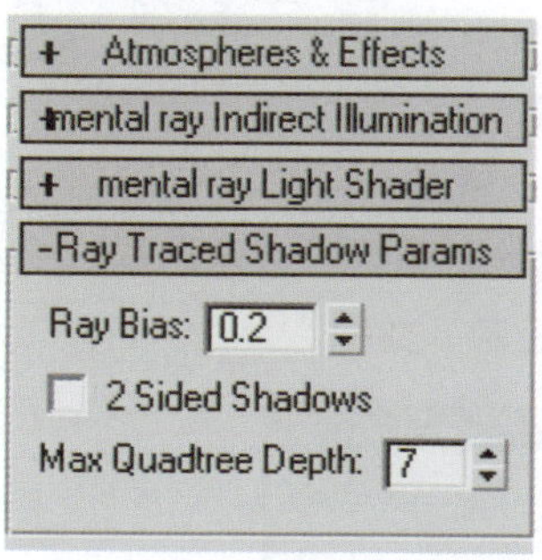

图8-48

图8-49

3ds Max还提供了Adv.Ray Traced Params（高级光线跟踪）阴影类型，该类型具有更多的属性设置，如图8-50所示。图8-51所示为使用“高级光线跟踪阴影”的渲染效果。

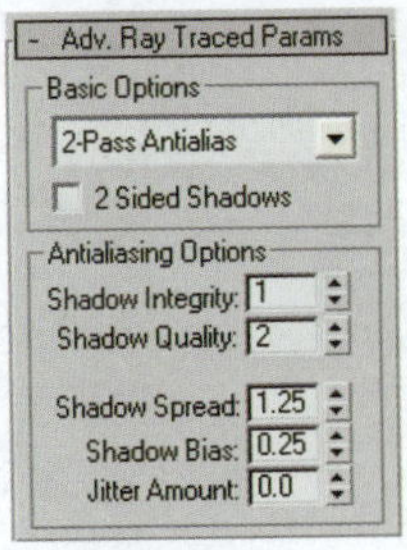

图8-50

图8-51

8.2 光度学灯光的使用

Standard（标准）灯光提供了一些可以控制的参数，例如灯光的Multiplier（倍增）、Decay（衰减）等。但是真实世界中的灯光有自己的度量规则，定义了所产生的灯光类型。Photometric（光度学）灯光就是基于真实世界中的灯光度量单位的。

8.2.1 什么是光度学灯光

Photometirc（光度学）灯光基于真实世界灯光的物理属性，当使用光度学灯光时，3ds Max 对光线通过环境的传播提供基于物理的模拟。这样做的结果是不仅实现了非常逼真的渲染效果，而且也准确测量了场景中的光线分布。光度学灯光系统中使用光通量、照度、亮度、发光强度这4种度量单位，如图8-52所示。图8-53所示为光度学灯光的创建面板。

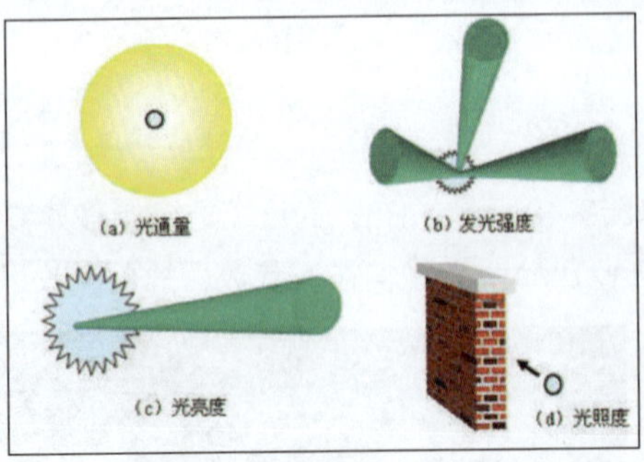

图8-52

图8-53

当初次创建光度学灯光时，会弹出一个如图8-54所示的对话框，该对话框的主要作用是提示用户是否选择Logarithmic Exposure Control（对数布光控制）类型。

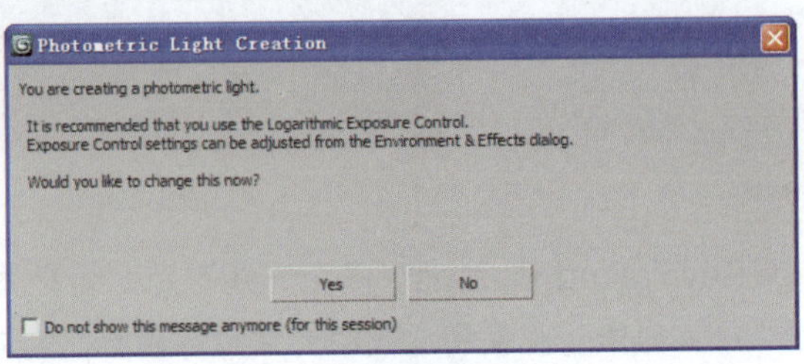

图8-54

如果单击Yes（确定）按钮，在Environment and Effects（环境和特效）对话框中可以看到在Exposure Control（布光控制）卷展栏中选择的是Logarithmic Exposure Control（对数布光控制）类型。图8-56所示为在场景中创建的Target Light（目标灯），它像标准的泛光灯一样从几何体点发射光线。

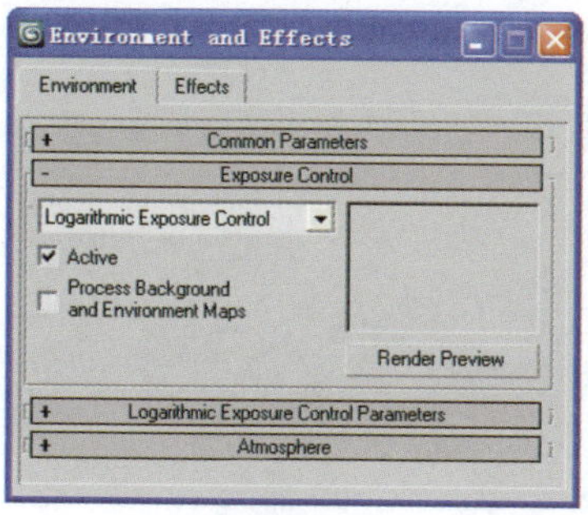

图8-55

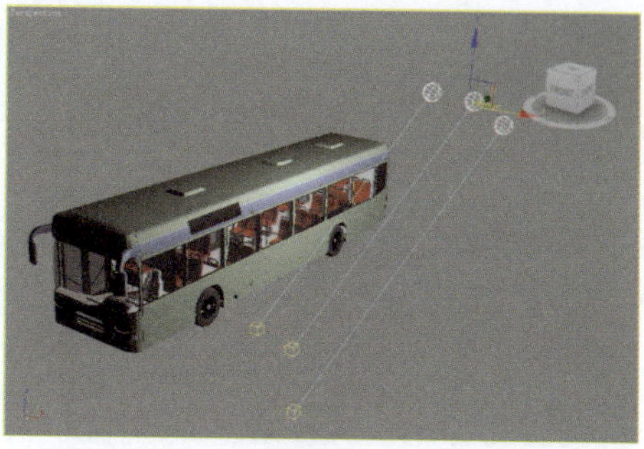

图8-56

Free Light（自由灯）和Target Light（目标灯）的属性基本相同，不同之处就在于Free Light（自由灯）没有目标点，图8-57所示为在场景中创建的Free Light（自由灯）。mr Sky Portal（mr天光）主要在 mental ray 太阳和天空组合中使用，图8-58所示为在场景中创建的mr Sky Portal（mr天光）。

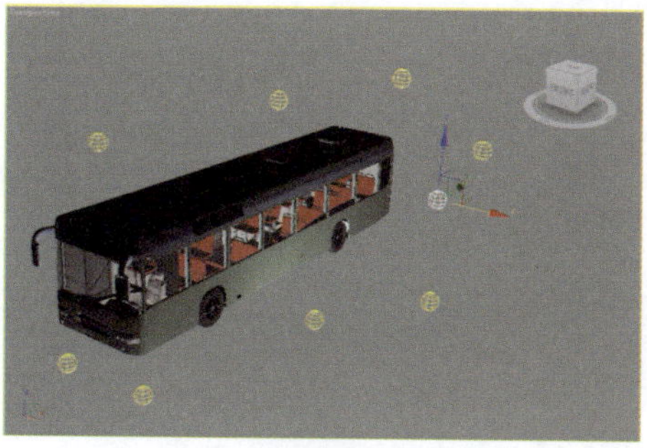

图8-57

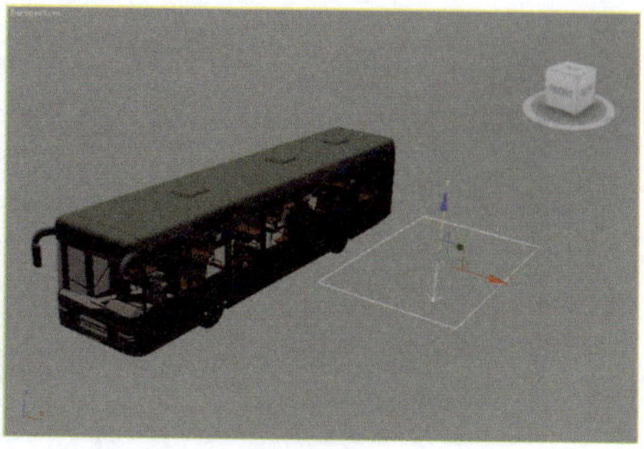

图8-58

8.2.2 光度学灯光的分布方式

Photometirc（光度学）灯光包含有4种分布方式，其中最常用的是Photometirc Web（光域网），在使用该类型时，可以利用外部的光域网文件来表现有形状的灯光效果。下面通过一个案例来向读者讲解如何使用Photometirc Web（光域网）分布类型来表现射灯的效果。

知识应用：光域网的使用 原始文件：场景和素材\第8章\光域网的使用原始文件.max 最终文件：场景和素材\第8章\光域网的使用最终文件.max 核心技能：光度学灯光的分布方式。	

Step 1 打开光盘中提供的“场景和素材\第8章\光域网使用.max”文件，如图8-59所示，该场景模拟了一组装饰射灯的效果。

Step 2 进入灯光的创建面板，在射灯所在的位置创建一个Target Light（目标灯），并以实例的形式将其复制到另外两个射灯处，如图8-60所示。

图8-59

图8-60

Step 3 在默认的情况下渲染，效果如图8-61所示，灯光向四周发射光线，这并不是我们想要的射灯的效果。

Step 4 进入灯光的“修改”面板，在“常规参数”卷展栏中的Light Distribution（Type）（灯光分布类型）下拉列表中选择Photometric Web（光域网），如图8-62所示。

图8-61

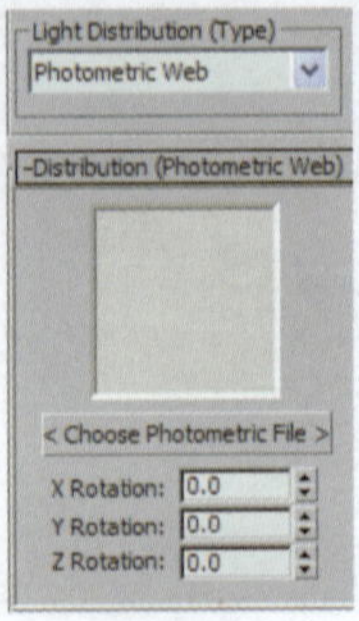

图8-62

Step 5 单击Photometric Web（光域网）参数卷展栏中的None按钮，在弹出的对话框中选择光盘中所提供的光域网文件，如图8-63所示。

Step 6 接下来在灯光的Intensity/Color/Attenuation（强度/颜色/衰减）卷展栏中将灯光的颜色设置为黄色，强度设置为1 500，如图8-64所示。

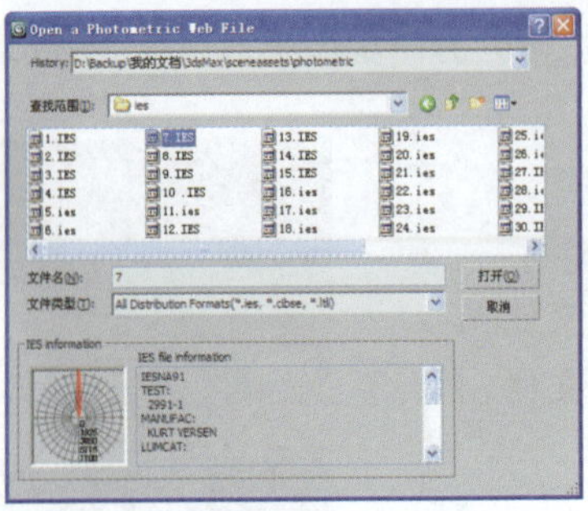

图8-63

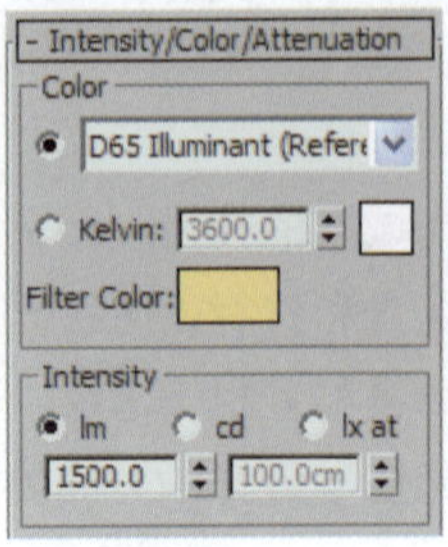

图8-64

Step 7 设置完毕后进行渲染，效果如图8-65所示，图像中产生了射灯的效果，这就是运用光域网所表现的局部的灯光照射效果。

图8-65

8.2.3 控制光源的发射形状

默认状态下光度学灯光是以点光源的形式来发射光线，为了表现更丰富的灯光效果，光度学灯光还提供了其他一些类型的光源发射形状，本小节将利用光度学灯光来制作光带的效果。

知识应用：制作灯带
原始文件：场景和素材\第8章\制作灯带原始文件.max
最终文件：场景和素材\第8章\制作灯带最终文件.max
核心技能：光度学灯光的光源形状。

Step 1 打开光盘中提供的场景文件“场景和素材\第8章\制作光带原始文件.max”，首先对场景进行渲染观察一下效果，如图8-66所示，接下来将要沿着楼梯的拐角处制作光带。

Step 2 在场景中创建一个Free Light（自由点光源），如图8-67所示。

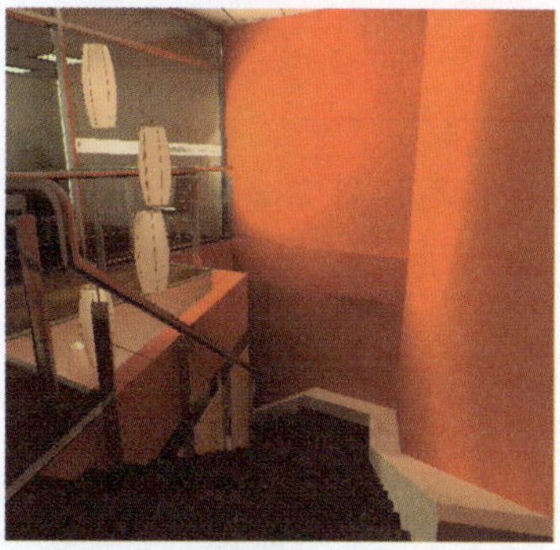

图8-66

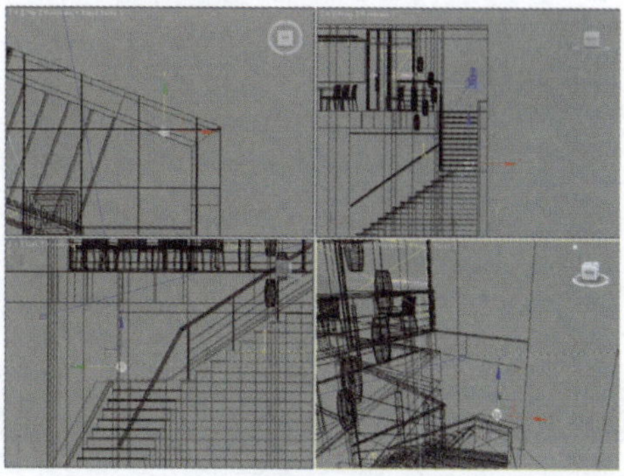

图8-67

Step 3 在Shape/Area Shadows（图形/区域阴影）卷展栏中选择灯光的分布方式为Line（线）形，如图8-68所示。

Step 4 选择该类型后可以看到灯光变为了图8-69所示的效果，修改灯光的长度并将它放置在楼梯和墙面交接的位置处。

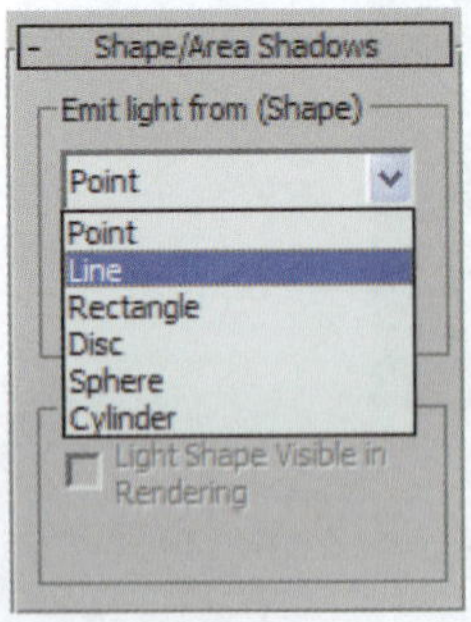

图8-68

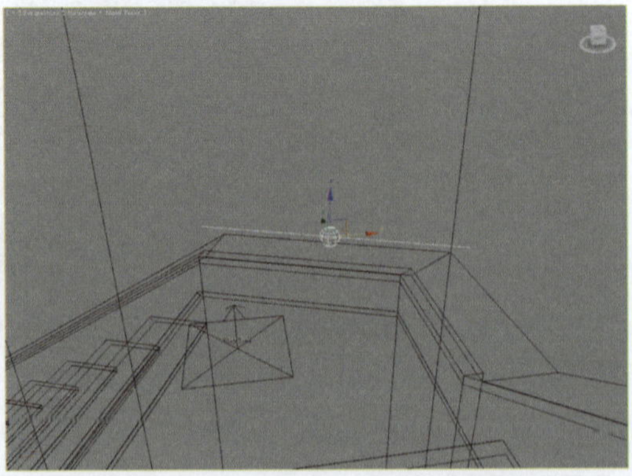

图8-69

Step 5 将该灯光进行复制，沿着楼梯的边缘进行摆放，如图8-70所示。

Step 6 再次对场景进行渲染，效果如图8-71所示，可以看到楼梯的边缘处出现了灯带的效果。

图8-70

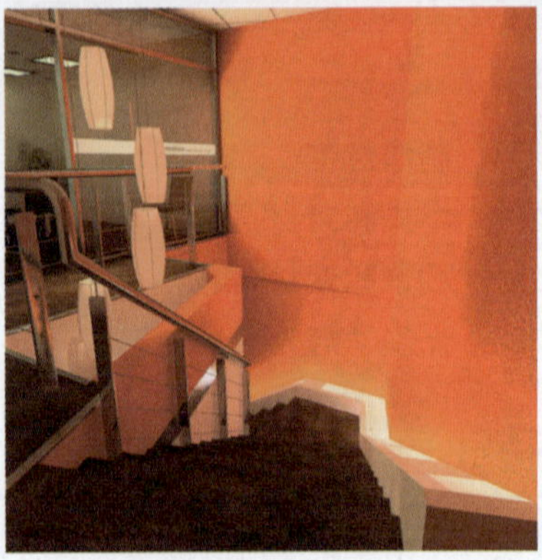

图8-71

8.3 摄影机的使用

3ds Max中所提供的摄影机在许多方面和现实世界中的摄影机是完全相同的，使用摄影机的优点是它可以摆放在场景中的任意位置，给用户提供自定义的视角。

8.3.1 3ds Max摄影机的分类

3ds Max的Camera（摄影机）分为两种类型，Target（目标）摄影机和Free（自由）摄影机。在Create（创建）命令面板的Camera（摄影机）类别下可以选择创建这两种类型的摄影机，如图8-72所示。Target （目标）摄影机带有一个目标控制点，它的方向总是指向前方的目标点，使用Target（目标）摄影机可以很容易地对准某个物体，图8-73所示为在场景中创建的Target（目标）摄影机，可以看到在摄影机的前方有一个控制点。

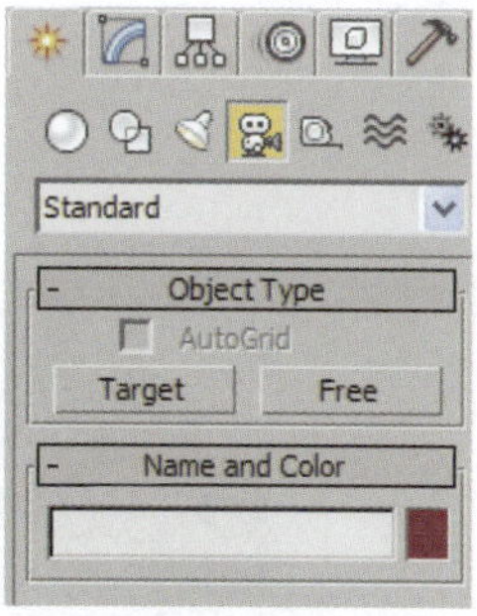

图8-72

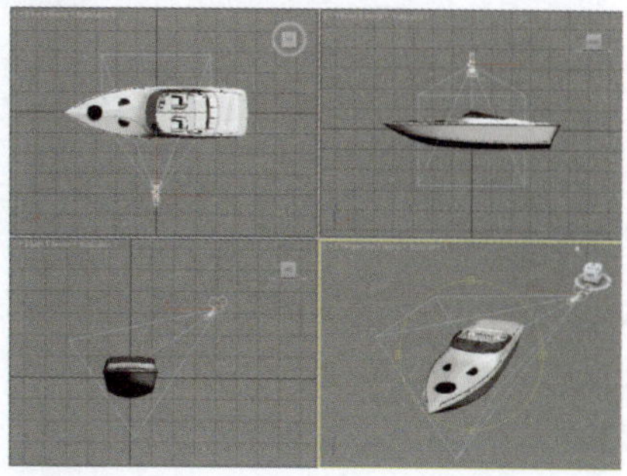

图8-73

当创建了Camera（摄影机）后，在视口的左上角右击，在弹出的快捷菜单中可以选择Camera（摄影机）视口，如图8-74所示。选择“摄影机”视口后，在其他视口中对摄影机的位置进行调整，“摄影机”视口也将随之发生变化，如图8-75所示，调整摄影机的目标点使它对准飞机的头部。

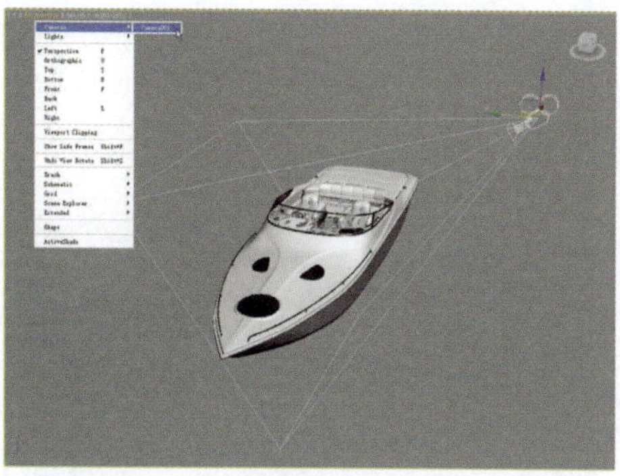

图8-74

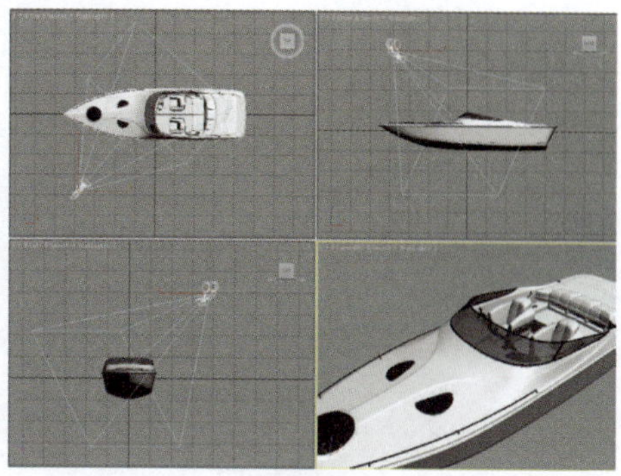

图8-75

Free（自由）摄影机没有目标点，它提供了摄影机正前方的区域，一般在制作动画时使用Free（自由）摄影机。在初始状态下创建自由摄影机时，它将指向激活视口的−Z轴，图8-76所示为从Perspective（透视）视口中创建的一架“自由摄影机”。由于“自由摄影机”没有目标点，所以可以对它进行旋转，图8-77所示为对“自由摄影机”进行旋转的效果。

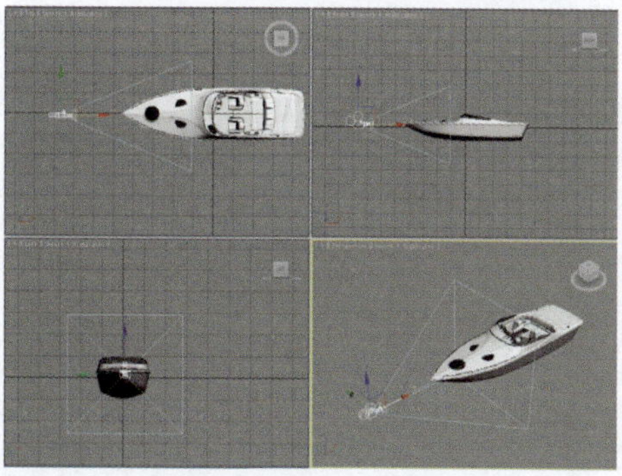

图8-76

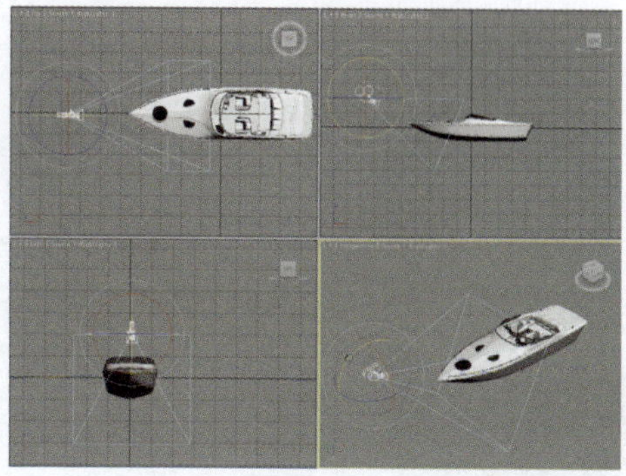

图8-77

8.3.2 摄影机的控制

当启用了Camera（摄影机）视口后，在3ds Max界面的右下角会出现摄影机的控制选项，使用这些工具可以对摄影机视口进行调整。

知识应用：摄影机控制
原始文件：场景和素材\第8章\摄影机控制原始文件.max
最终文件：场景和素材\第8章\摄影机控制最终文件.max
核心技能：摄影机的控制。

Step 1 打开光盘中提供的“场景和素材\第8章\摄影机控制原始文件.max”文件，如图8-78所示，场景中有一座城堡模型。

Step 2 在Create（创建）命令面板中选择Camera（摄影机）类别，单击Target（目标）摄影机按钮 Target ，在场景中创建一架目标摄影机，如图8-79所示。

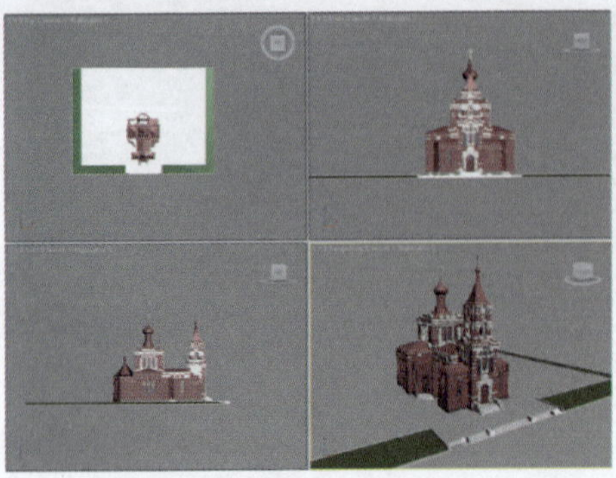

图8-78

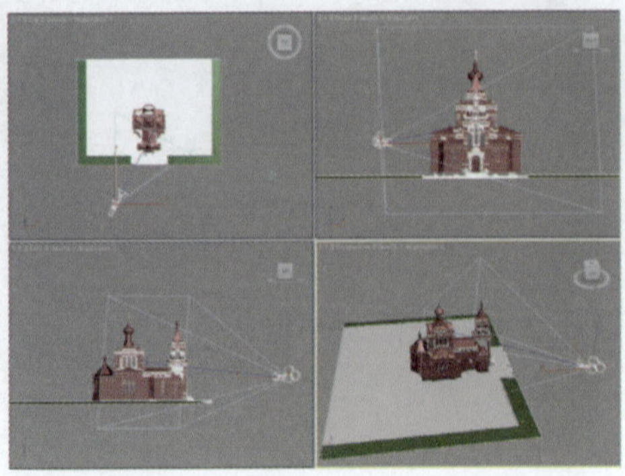

图8-79

Step 3 将Perspective（透视）视口切换到Camera（摄影机）视口，可以发现界面的右下角出现了Camera（摄影机）的控制工具，如图8-80所示。

Step 4 单击Dollt Camera（推拉摄影机）按钮，在视口中单击鼠标进行拖动可以对摄影机视口进行推拉操作，图8-81所示为将摄影机视口推远的效果。

图8-80

图8-81

Step 5 单击Roll Camera（侧滚摄影机）按钮，然后在视口中单击进行拖动可以对视口进行左右侧翻，如图8-82所示。

Step 6 单击Orbit Camera（环游摄影机）按钮，然后在视口中单击进行拖动可以自由地对摄影机视口进行旋转控制，如图8-83所示。

图8-82

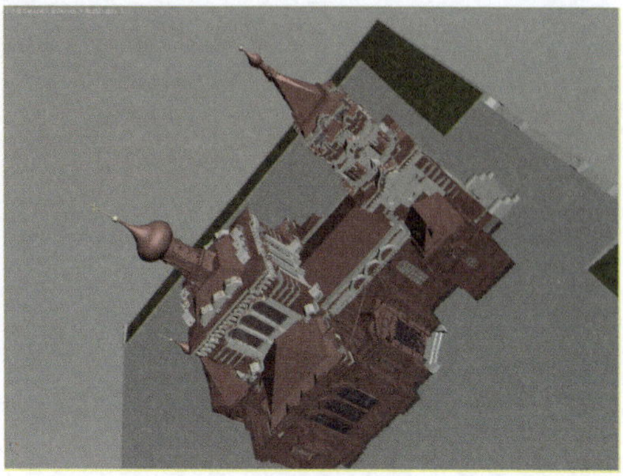

图8-83

8.3.3 摄影机参数

3ds Max中的摄影机基于真实世界而创建，所以它们具有很多相同的参数。摄影机的参数主要针对摄影机的镜头，例如，镜头的焦距、视野等。3ds Max所提供的Target（目标）摄影机和Free（自由）摄影机在参数上是完全相同的。

1. 镜头和焦距

摄影机工作时，光线穿过摄影机的镜头聚焦在胶片上，使胶片捕获图像。胶片和镜头之间的距离叫做焦距。焦距通常以毫米为单位，50mm的镜头称为标准镜头，它和人眼睛所观察到的范围是相同的。小于50mm的镜头称为广角镜，大于50mm的镜头称为远焦镜。下面通过一个小案例让读者了解什么是摄影机的焦距。

知识应用：镜头焦距
原始文件：场景和素材\第8章\镜头焦距原始文件.max
最终文件：场景和素材\第8章\镜头焦距最终文件.max
核心技能：摄影机的镜头参数。

Step 1 打开光盘中提供的“场景和素材\第8章\镜头焦距原始文件.max”文件，如图8-84所示，该场景中有一个大型的宫殿。

Step 2 在场景中创建一架目标摄影机，如图8-85所示，并将Perspective（透视）视口切换到Camera（摄影机）视口。

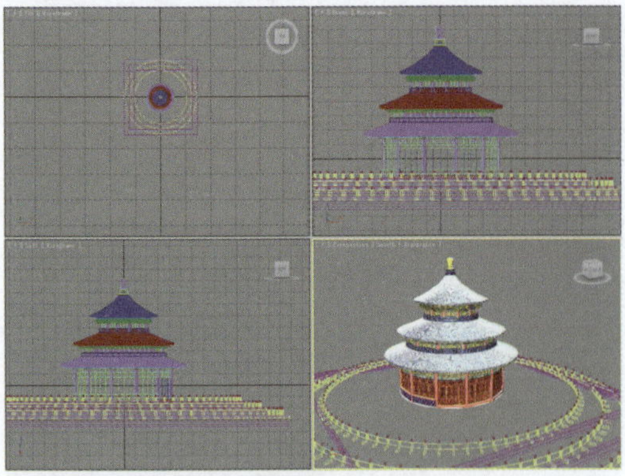

图8-84

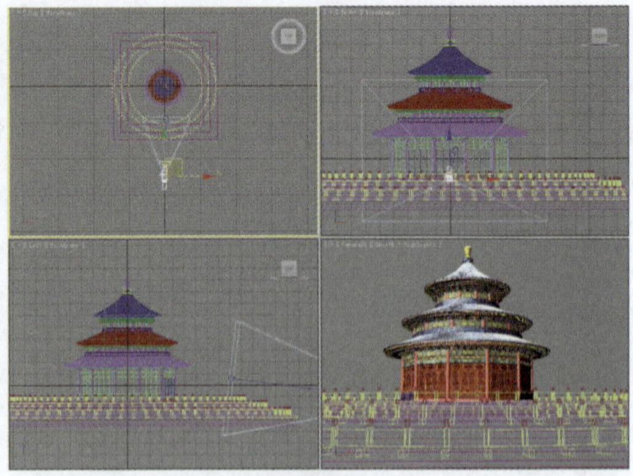

图8-85

Step 3 进入摄影机的Modify（修改）面板，图8-86所示为摄影机的镜头参数，Lens（镜头）参数用来控制摄影机的焦距。

Step 4 在参数卷展栏的Stock Lenses（备用镜头）选项组中提供了一些常用的镜头焦距，图8-87所示为15mm镜头的效果，可以看到视野非常广。

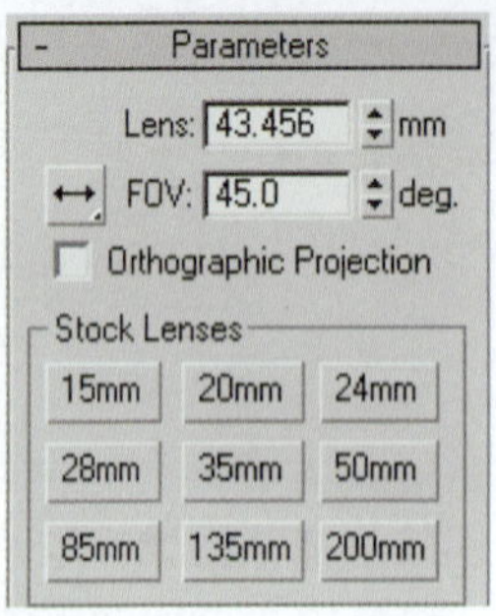

图8-86

图8-87

Step 5 单击50mm按钮，图8-88所示为50mm镜头的效果，该镜头为标准镜头，和人眼睛所观察到的视野相同。

Step 6 图8-89所示为100mm镜头的效果，此时视口已经被拉得非常近了，这种镜头属于远焦镜头。

图8-88

图8-89

2. 剪切平面

使用摄影机的Clipping Planes（剪切平面）功能能够查看场景的一部分，例如当有时候想排除场景的某一部分时，就可以使用Clipping Planes（剪切平面）功能。

知识应用：剪切平面
原始文件：场景和素材\第8章\剪切平面原始文件.max
核心技能：摄影机的剪切平面。

Step 1 打开光盘中提供的“场景和素材\第8章\剪切平面原始文件.max”文件，如图8-90所示，该场景中已经创建好了一架目标摄影机。

Step 2 在还没有进行剪切设置的情况下使用快捷键F9进行渲染，效果如图8-91所示，摄影机视口中的所有东西都被渲染出来。

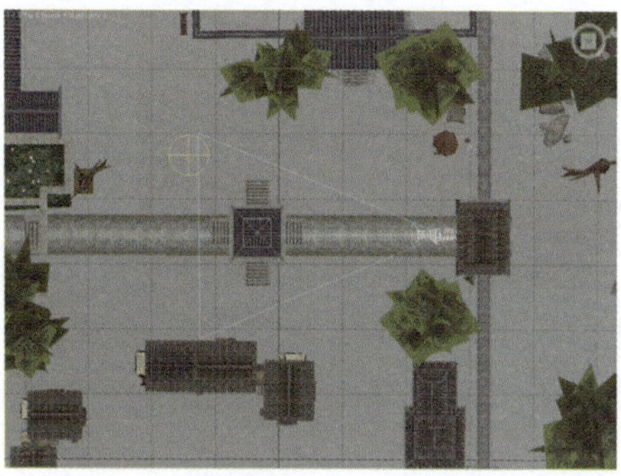

图8-90

图8-91

Step 3 进入摄影机的Modify（修改）面板，在参数卷展栏中的Clipping Planes（剪切平面）选项组中勾选Clip Manually（手动剪切）复选框，如图8-92所示，在摄影机前方出现了一个红色的方框。

Step 4 然后再次进行渲染，效果如图8-93所示，处于红色方框外的对象将不被进行渲染。

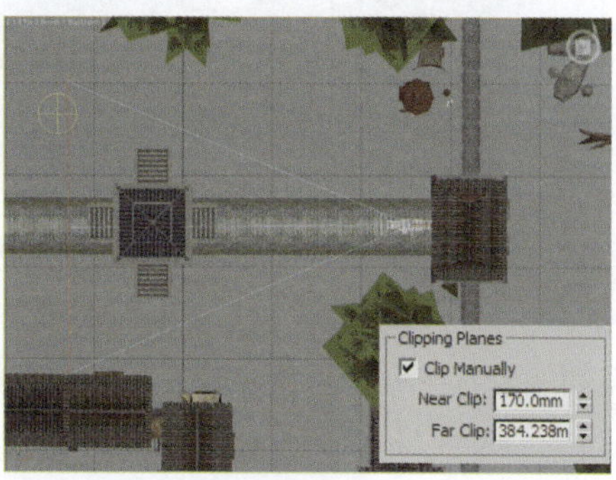

图8-92

图8-93

Step 5 刚才启用的是远距离剪切，Near Clip（近距离剪切）可以控制靠近摄影机的红色方框，如图8-94所示，调整近距离剪切后摄影机前方出现了两个红色的方框。

Step 6 接下来进行渲染，效果如图8-95所示，处于这两个红色方框之间的对象被渲染，其余的场景则没有被渲染出来。

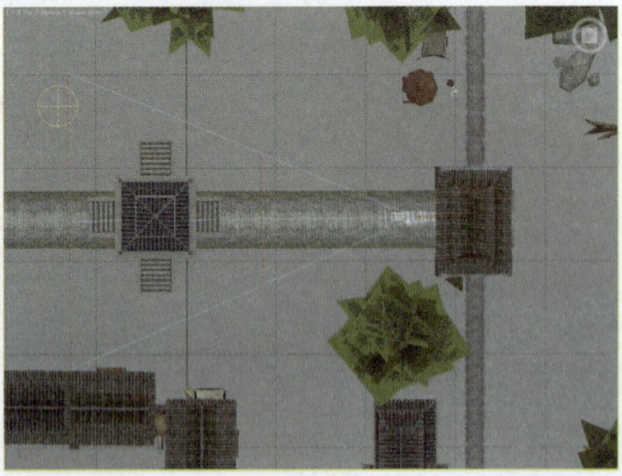

图8-94

图8-95

8.3.4 使用景深效果

使用摄影机的另外一个作用就是制作特效，最常用的就是Motion Blur（运动模糊）和Depth of Field（景深）效果，在摄影机的Multi-Pass Effect（多过程效果）选项组中可以对摄影机的景深和运动模糊特效进行设置。Depth of Field（景深）可以突出场景近处或远处的一定范围内的对象，使它显示得清晰或模糊，通常用于艺术效果的制作。3ds Max的景深和运动模糊基于多重过滤效果，多重过滤渲染效果是通过在每次渲染之间轻微移动摄影机，使用相同帧的多重渲染产生的效果。下面通过一个案例来向读者讲解如何使用摄影机的景深特效。

知识应用：景深效果
原始文件：场景和素材\第8章\景深效果原始文件.max
最终文件：场景和素材\第8章\景深效果最终文件.max
核心技能：摄影机的景深效果。

Step 1 打开光盘中提供的“场景和素材\第8章\景深效果原始文件.max”文件，如图8-96所示，该文件中已经制作好了一组用于表现景深的对象。

Step 2 在没有开启景深的情况下进行渲染，效果如图8-97所示，场景中的对象都显示得比较清晰。

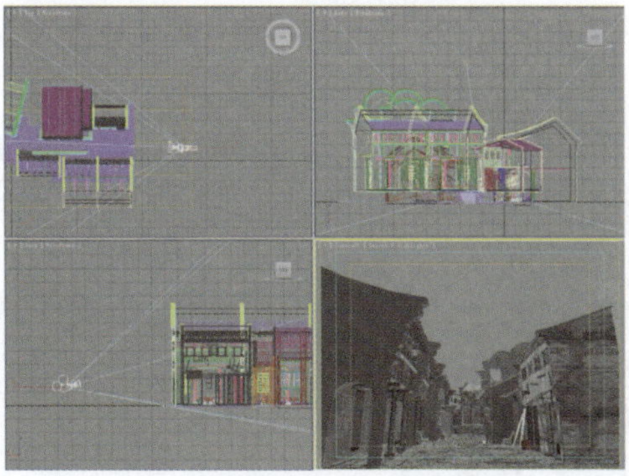

图8-96

图8-97

Step 3 进入摄影机的Modify（修改）面板，在参数卷展栏中的Multi-Pass Effect（多过程效果）选项组中选择Depth of Field（景深）类型，然后单击Preview（预览）按钮可以在场景中观察到景深的效果，如图8-98所示。

Step 4 在默认情况下，景深的焦点由摄影机的目标点来控制，将目标点移动到左边第一个对象处，如图8-99所示。

图8-98

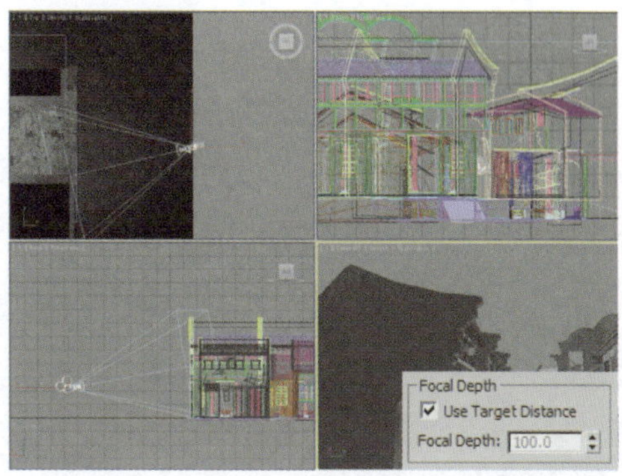

图8-99

Step 5 然后单击Preview（预览）按钮，如图8-100所示，此时位于目标点位置处的对象显示得比较清晰，远离目标点的对象显示得比较模糊，这就是景深效果。

Step 6 如果取消勾选Use Target Distance（使用目标距离）复选框，则通过Focal Depth（焦点深度）来控制景深的焦点位置，图8-101所示为使用“焦点深度”参数时的预览效果。

图8-100

图8-101

Step 7 在Sampling（采样）选项组中可以对景深的质量和程度进行控制，图8-102所示为将Sample Radius（采样半径）设置为9时的预览效果，可以看到模糊的程度变得非常强烈，该参数通过移动场景生成模糊的半径，数值越高模糊越厉害。

Step 8 将Sample Radius（采样半径）设置为0.2，然后单击Preview（预览）按钮进行预览，效果如图8-103所示，此时的模糊程度非常小，几乎已经看不到了。

图8-102

图8-103

Step 9 Total Passes（过程总数）表示用来生成效果的总数，该数值越高，景深效果越好。图8-104所示为将该参数设置为2的效果，可以看到模糊的质量非常低，产生了重影。

Step 10 将Total Passes（过程总数）参数设置为20，然后进行预览，效果如图8-105所示，可以看到此时的模糊效果已经有了很大程度的提高。

图8-104

图8-105

8.3.5 使用运动模糊效果

在现实生活中如果用照相机或摄影机去抓拍高速运动的物体可以发现对象会产生模糊的效果，看上去非常有动感。Motion Blur（运动模糊）是由于胶片有一定的曝光时间而引起的一种现象，当一个对象在摄影机之前运动的时候，快门需要打开一定的时间来曝光胶片，在这个时间内物体还会移动一段距离，所以出现了模糊的现象。

知识应用：运动模糊
原始文件：场景和素材\第8章\运动模糊原始文件.max
最终文件：场景和素材\第8章\运动模糊最终文件.max
核心技能：摄影机的运动模糊效果。

Step 1 打开光盘中提供的“场景和素材\第8章\运动模糊原始文件.max”文件，如图8-106所示，该场景中有一个汽车轮子的模型，并已经制作好了旋转动画。

Step 2 在没有设置运动模糊的情况下渲染场景的其中一帧可以看到车轮没有产生运动模糊的效果，看不出来车轮是处于转动的状态，如图8-107所示。

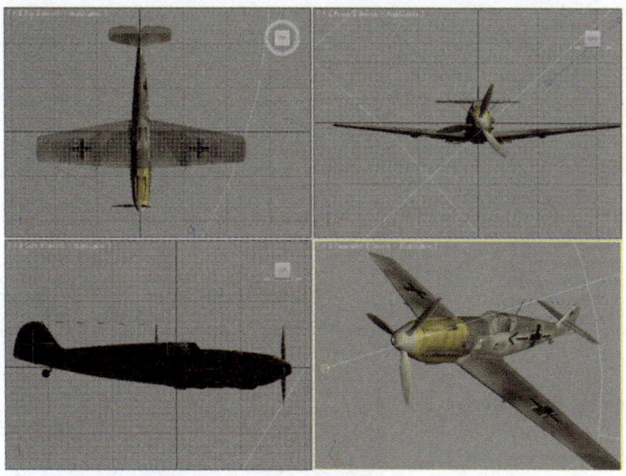

图8-106

图8-107

Step 3 进入摄影机的Modify（修改）面板，在参数卷展栏的Multi-Pass Effect（多过程效果）选项组中选择Motion Blur（运动模糊）类型，然后对场景进行渲染，效果如图8-108所示。

Step 4 将Duration（持续时间）设置为0.1，然后单击Preview（预览）按钮 Preview 进行预览，效果如图8-109所示，车轮模糊的程度非常小，几乎已经看不到了。

图8-108

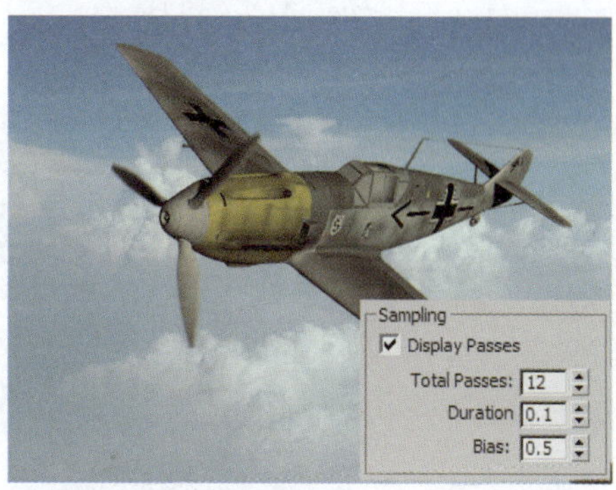

图8-109

Step 5 将Duration（持续时间）参数设置为2，然后再次进行预览，效果如图8-110所示，此时的运动模糊变得非常强烈。

Step 6 将Total Passes（过程总数）参数设置为2，然后进行渲染，效果如图8-111所示，此时的运动模糊效果是最差的，产生了重影。

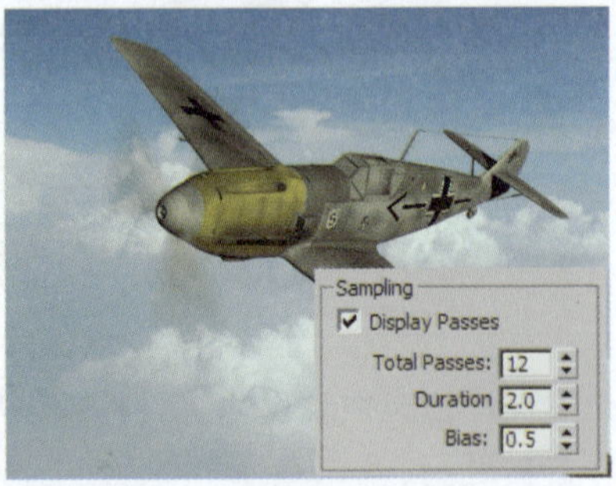

图8-110

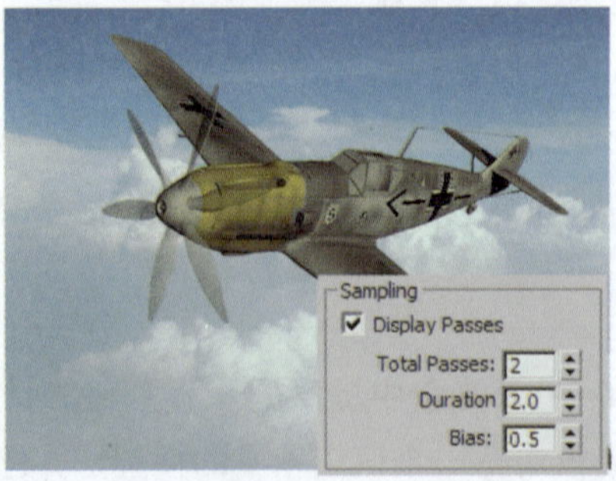

图8-111

8.4 实战演练

灯光在效果表现中扮演着极其重要的角色，通过前面的学习读者应该对灯光有了一定的理解和认识，本节将通过一个场景实例来向读者介绍如何进行灯光的实际运用。

知识应用：楼梯间的日光表现
原始文件：场景和素材\第8章\楼梯间的日光表现原始文件.max
最终文件：场景和素材\第8章\楼梯间的日光表现最终文件.max
核心技能：灯光的综合运用。

Step 1 打开光盘中提供的“场景和素材\第8章\楼梯间的日光表现原始文件.max”文件，如图8-112所示，该场景截取了一个楼梯间。

Step 2 首先进行场景主光源的设置，在如图8-113所示的位置创建一盏Target Direct（目标平行光），并设置它的平行光参数。

图8-112

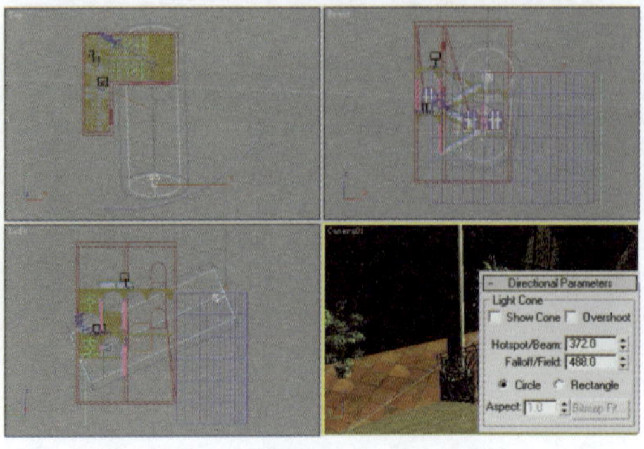

图8-113

Step 3 创建灯光后使用快捷键【F9】进行渲染，效果如图8-114所示，场景中出现了灯光的效果。由于没有开启阴影，所以画面效果不是很真实。

Step 4 进入灯光的“修改”面板，在“常规参数”卷展栏的Shadows（阴影）选项组中勾选On（启用）复选框，并选择阴影的类型为Area Shadows（区域阴影），如图8-115所示。

图8-114

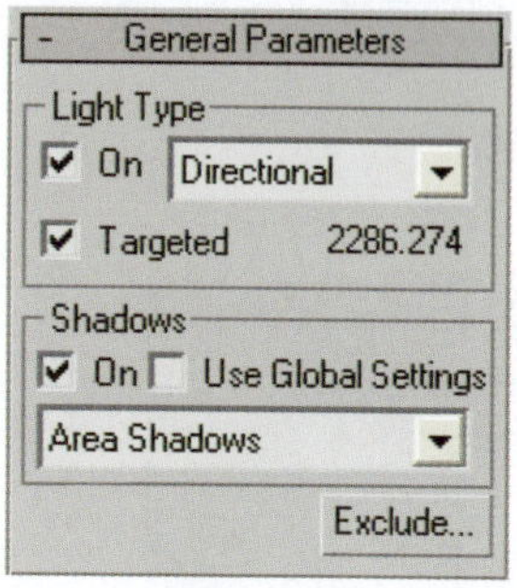

图8-115

Step 5 然后对场景进行渲染，如图8-116所示，地面上出现了光线穿过窗户所投射的阴影。

Step 6 接下来进行灯光的强度设置。由于主光源模拟的是窗外的阳光，所以这里将灯光的颜色设置为黄色，将Multiplier（倍增）参数设置为2，如图8-117所示。

图8-116

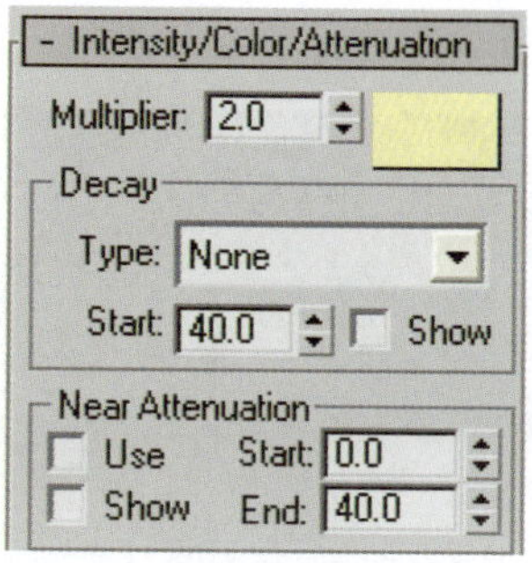

图8-117

Step 7 再次对场景进行渲染，效果如图8-118所示，灯光的颜色变为了和太阳光相似的黄色。

Step 8 由于平行光只向一个方向上发射光线，所以背景对象因为没有受到光线的照射是黑色的。在场景中图8-119所示的位置创建两盏以实例形式相互关联的Omni（泛光灯）用来对背景进行照亮。

图8-118

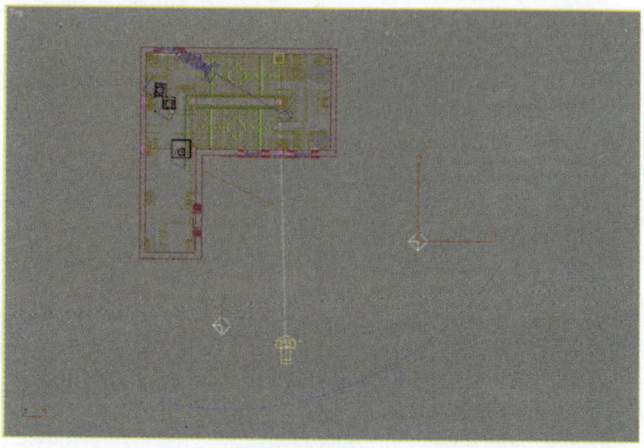

图8-119

Step 9 进入Omni（泛光灯）的“修改”面板，将灯光的“倍增”参数设置为0.8，颜色同样设置为黄色，如图8-120所示。

Step 10 由于这两盏灯光主要对背景进行照亮，所以使用灯光的排除功能将背景以外的对象都排除出灯光的照射范围，如图8-121所示。

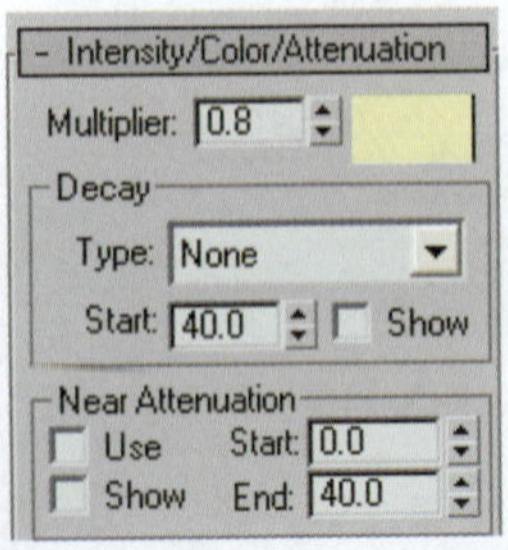

图8-120

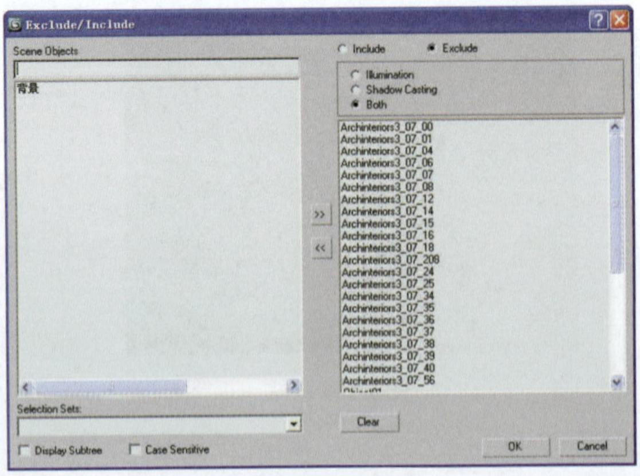

图8-121

Step 11 对场景进行渲染，如图8-122所示，背景受到了灯光的照射而变亮。

Step 12 接下来进行室内光源的设置，在图8-123所示的位置创建一盏Omni（泛光灯）。

图8-122

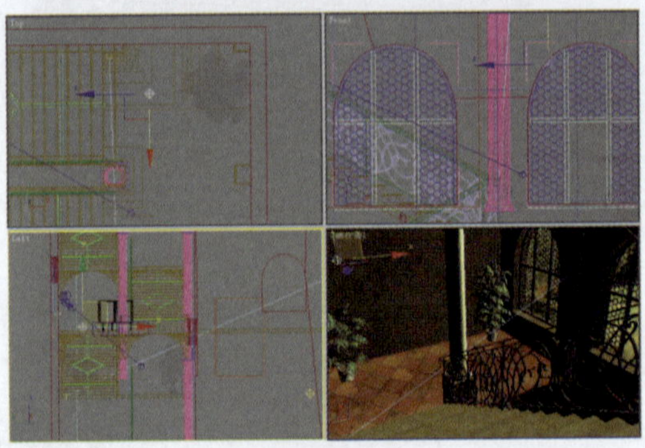

图8-123

Step 13 进入泛光灯的“修改”面板，将灯光的颜色设置为淡黄色，如图8-124所示。

Step 14 然后在“常规参数”卷展栏中开启灯光的阴影，并选择阴影类型为Area Shadows（区域阴影），如图8-125所示。

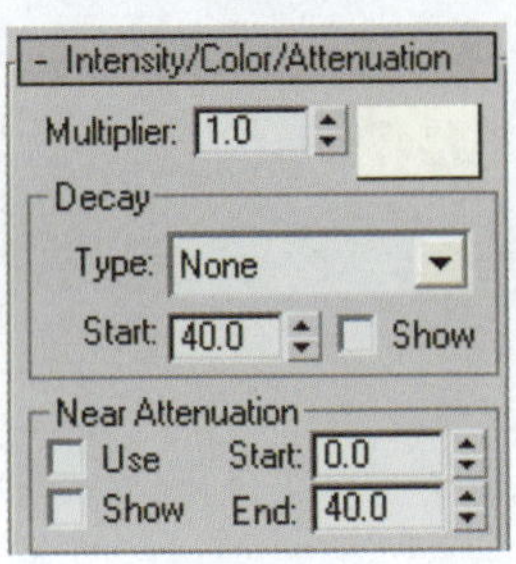

图8-124

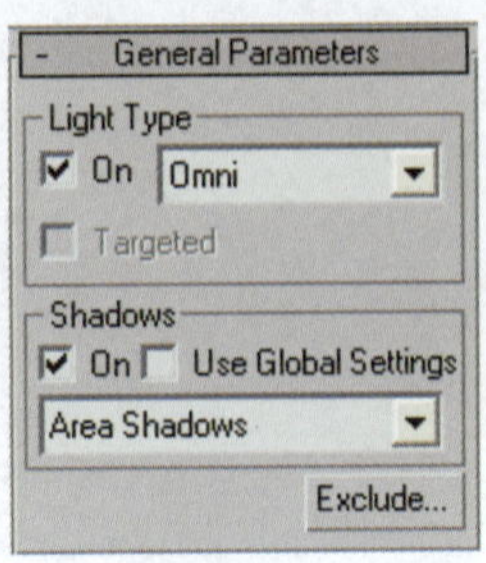

图8-125

Step 15 设置完后进行渲染，如图8-126所示，由于只有一盏灯，所以场景的光线分布不是很均匀。

Step 16 通常情况下使用灯光的阵列来模拟室内照明效果，将泛光灯以实例的形式进行复制，形成图8-127所示的灯光组。

图8-126

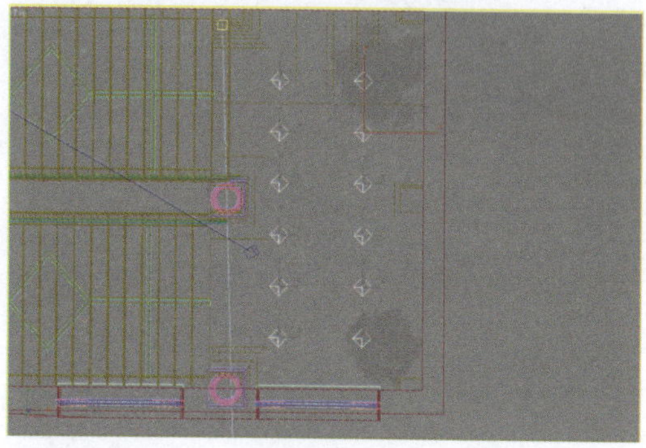
图8-127

Step 17 在Front（前）视口中将灯光沿着楼梯的反向向上进行复制，如图8-128所示。

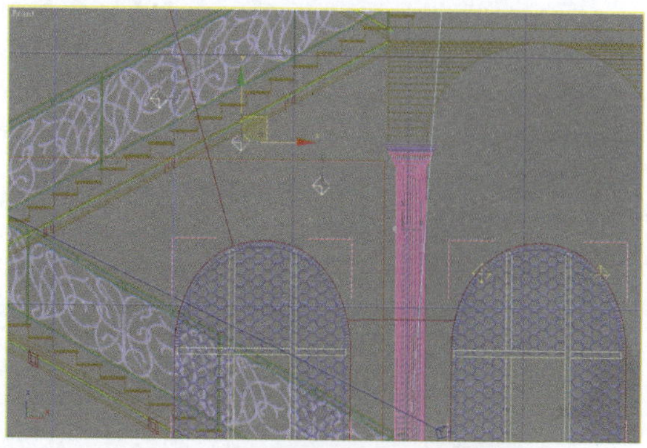
图8-128

Step 18 使用了灯光阵列后要将灯光的强度调低，避免过多的灯光产生曝光，如图8-129所示，将灯光的“倍增”参数设置为0.03。

Step 19 最后对场景进行渲染，效果如图8-130所示。使用了灯光阵列后，场景的光线分布比较均匀，阴影的表现也更加真实。

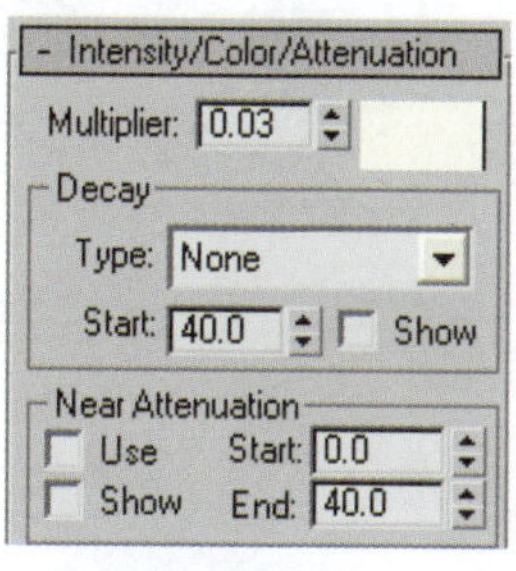

图8-129

图8-130

Chapter 09 渲　　染

在长时间的制作后，读者当然希望能够看到最终的结果。在进行了建模、应用材质贴图、设置灯光和场景动画后就可以对场景进行最后的渲染输出了。了解渲染的基础知识能够避免许多麻烦，节省机器大量的工作时间。

9.1 渲染的基础设置

当在一个场景中添加了材质、灯光、特效后，在视口中并不能观察到所添加的这些元素的效果，需要对场景进行最终的渲染才能表现出灯光材质特效。渲染作为整个流程制作的最后一步，用来对场景中的各种效果进行输出。图9-1所示为在3ds Max中制作完成的场景效果，图9-2所示为最终渲染后的效果。

图9-1

图9-2

9.1.1 渲染器的选择

3ds Max允许用户使用不同的渲染器来对场景进行渲染，要想在3ds Max中更换渲染器，可以进入渲染设置面板的Assign Renderer（指定渲染器）卷展栏，如图9-3所示，单击Production（产品）选项后的小按钮，在弹出的Choose Renderer（选择渲染器）对话框中可以看到当前3ds Max中可使用的渲染器类型，如图9-4所示。

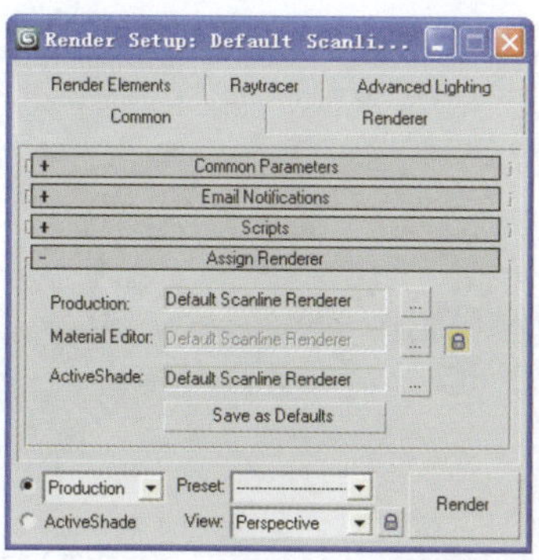

图9-3

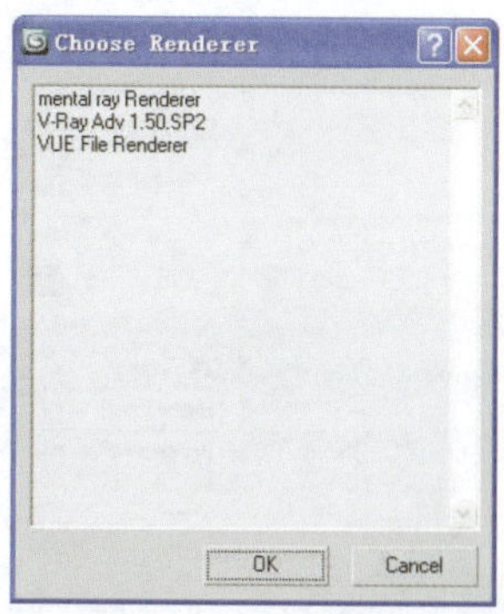

图9-4

注意

3ds Max 不可以将任何颜色空间信息附加到渲染输出上。

1. Default Scanline Renderer（默认扫描线渲染器）

Default Scanline Renderer（默认扫描线渲染器）是3ds Max最基本的渲染器，是每个用户都必须掌握的一个渲染器。顾名思义，扫描线渲染器可以将场景渲染成一系列的水平线。图9-5

所示为启用了扫描线渲染器后的用于设置渲染器参数的面板。图9-6所示为使用扫描线渲染器的渲染效果。扫描线渲染器的特点主要是渲染速度很快，但是它在效果上不如一些其他的外挂渲染器好。

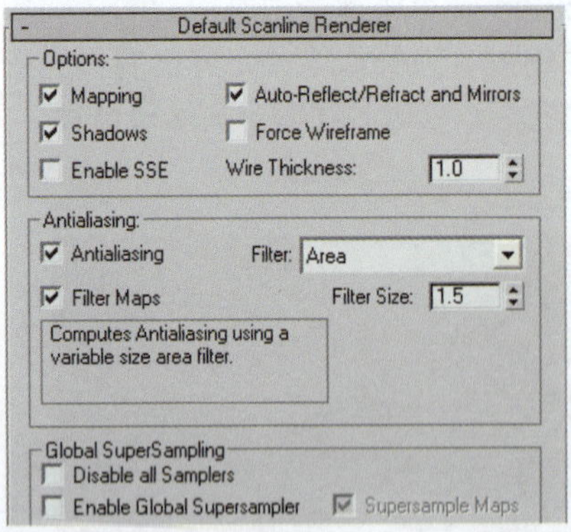

图9-5

图9-6

2. mental ray渲染器

mental ray渲染器是3ds Max自带的另一种类型的渲染器，与默认 3ds Max 扫描线渲染器相比，mental ray 渲染器可以不用手工或通过生成光能传递解决方案来模拟复杂的照明效果。mental ray 渲染器为使用多处理器进行了优化，并为动画的高效渲染而利用增量变化。图9-7所示为mental ray 渲染器的参数面板，图9-8所示为使用mental ray 渲染器所表现的金属材质效果。mental ray 渲染器的一大优势就是它作为3ds Max的自带渲染器和软件本身的兼容性非常好。

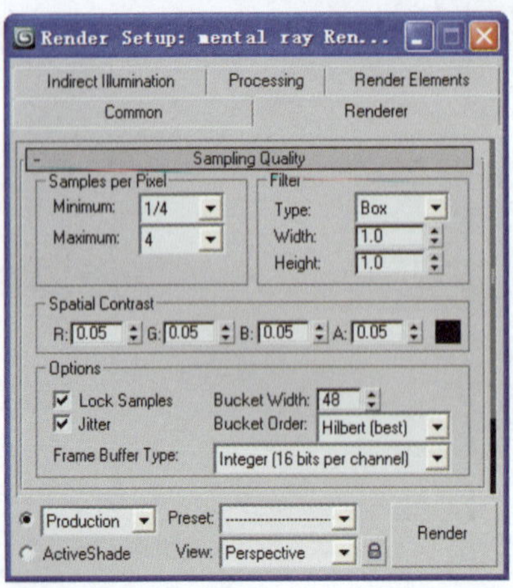

图9-7

图9-8

3. VRay渲染器

VRay渲染器是Chaos Group公司开发的一款拥有全局照明和光影跟踪的高级渲染器。它的主要特点是设置简便，在保证画面质量的情况下渲染速度相比其他渲染器来说要快。图9-9所示为VRay渲染器在3ds Max中的设置面板，VRay渲染器的应用领域是建筑以及室内设计方面，图9-10所示为使用VRay渲染器所表现的室内场景效果。

图9-9

图9-10

4. Brazil（巴西）渲染器

Brazil（巴西）渲染器拥有非常出色的渲染质量，它的全局光照以及折射反射功能异常强大，但是它的缺点是渲染速度非常慢，基本不适用于动画领域。图9-11和图9-12所示为使用Brazil（巴西）渲染器的表现效果。

图9-11

图9-12

9.1.2 渲染的常规设置

使用快捷键【F10】可以打开Render Setup（渲染设置）窗口，在Common（公用）选项卡的Common Parameters（公用参数）卷展栏中可以对渲染进行最基本的常规设置，如图9-13所示。Time Output（时间输出）选项组用来设置是渲染单帧图像还是渲染整个场景动画，或是指定的一段时间内的场景，图9-14所示为Time Output（时间输出）选项组。

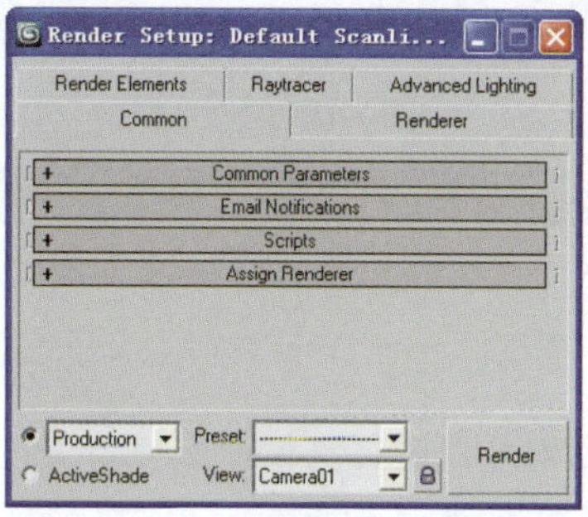

图9-13

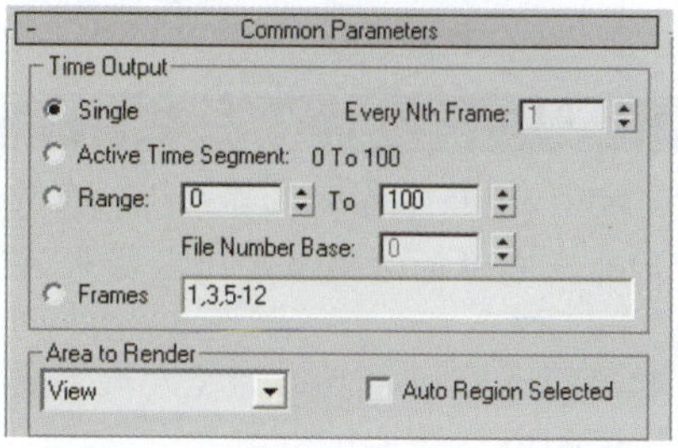

图9-14

注意

开始渲染帧范围时，如果没有指定保存动画的文件，将会出现一个警告对话框提示该问题。

Output Size（输出大小）选项组主要用来设置渲染的图像尺寸，如图9-15所示。展开Custom（自定义）下拉列表可以看到3ds Max提供了多种类型的尺寸比供用户来进行选择，如图9-16所示。

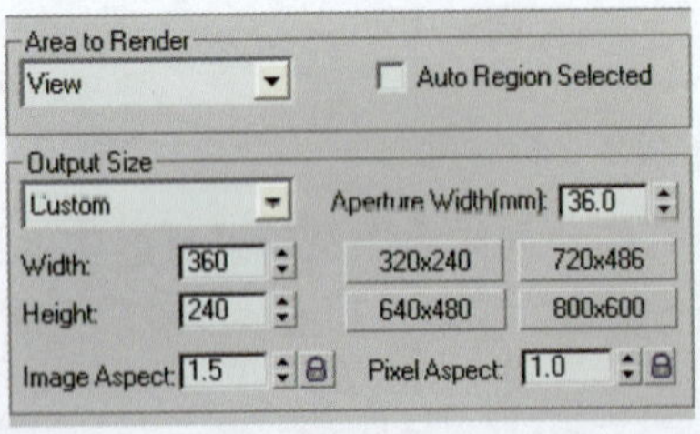

图9-15

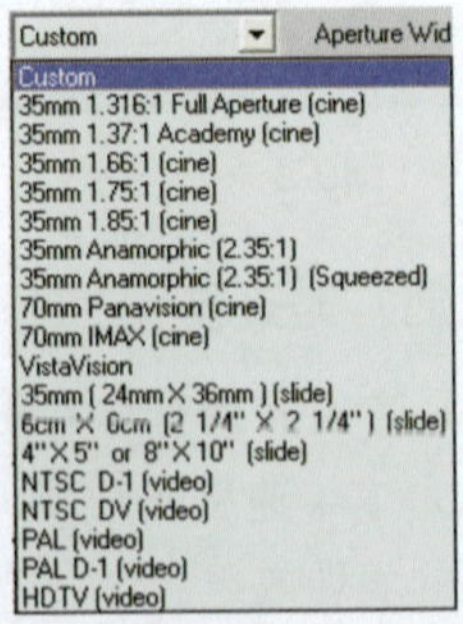

图9- 16

注意

在视口中，摄影机的圆锥体发生更改，反映在渲染场景对话框中设置的图像纵横比。退出渲染场景对话框后将发生更改。

Options（选项）选项组主要用来对场景的一些效果进行控制，图9-17所示为Options（选项）选项组中的参数。使用第8章中的场景来进行测试，如图9-18所示，该图像中包含了Fog（雾）和Lens Effects（镜头效果）。

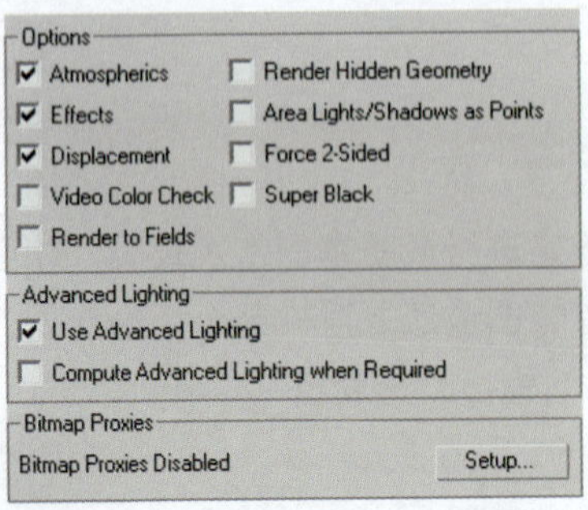

图9-17

图9-18

注意

Area Lights（区域光源）/Shadows as Points（点光源）选项在渲染草图时非常有用，因为点光源的渲染速度比区域光源快很多。

如果取消勾选Atmospherics（大气）复选框，然后对场景进行渲染，效果如图9-19所示，可以看到渲染图像中将不再出现Fog（雾）效果。如果再取消勾选Effects（效果）复选框，如图9-20所示，渲染图像中的镜头效果也消失了。

图9-19

图9-20

在Render Output（渲染输出）选项组中可以设置将渲染结果输出为何种格式，图9-21所示为Render Output（渲染输出）选项组。单击Files（文件）按钮 Files... 可以打开图9-22所示的对话框，在该对话框中可以设置渲染结果保存的路径以及格式。

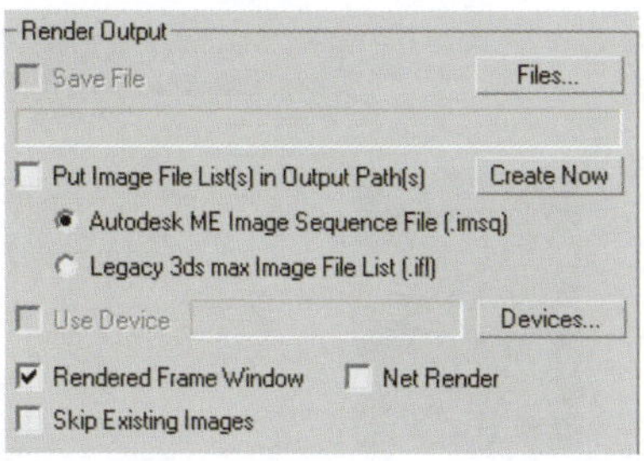

图9-21

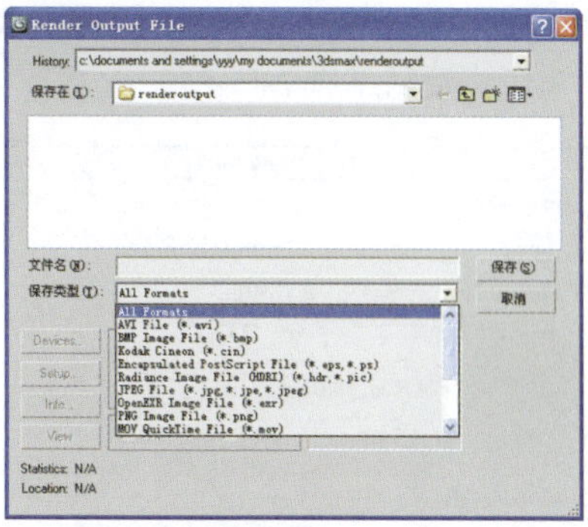

图9-22

注意

如果将多个帧渲染到静态图像文件，渲染器渲染每个单独的帧文件并在每个文件名后附加序号。

下面通过一个渲染案例让读者熟悉渲染的常规选项设置。

知识应用：渲染常规设置
原始文件：场景和素材\第9章\渲染常规设置.max
核心技能：渲染常规选项设置

Step 1 打开光盘中提供的“场景和素材\第9章\渲染常规设置.max”文件，如图9-23所示，该场景中已经制作了好了一些3ds Max所提供的效果。

Step 2 在工具栏中单击Render Setup（渲染设置）按钮，或选择Render（渲染）>Render Steup（渲染设置）命令可以打开图9-24所示的“渲染设置”窗口。首先进入Common（公用）选项卡下的“公用参数”卷展栏。

图9-23

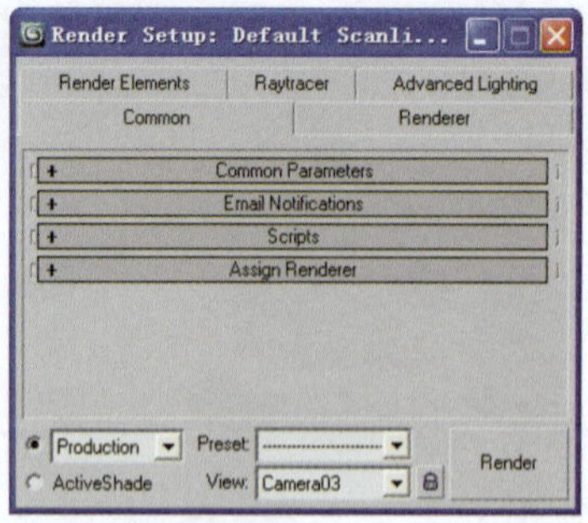

图9-24

Step 3 在Time Output（时间输出）选项组中选择Active Time Segment（活动时间段）单选按钮，如图9-25所示。

Step 4 在工具栏中单击Render Production（渲染产品）按钮，如图9-26所示，会打开渲染帧窗口和渲染进度对话框。

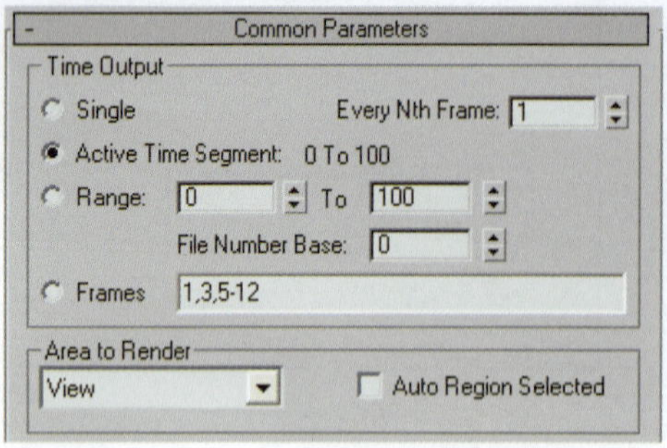

图9-25

图9-26

Step 5 回到Render Setup（渲染设置）窗口，在Output Size（输出大小）选项组中可以对渲染图像的尺寸进行设置。在Options（选项）选项组中可以对一些渲染效果进行设置，如图9-27所示。

Step 6 在默认的情况下渲染单帧图像，效果如图9-28所示，大气效果和已经添加的特效都会被渲染出来。

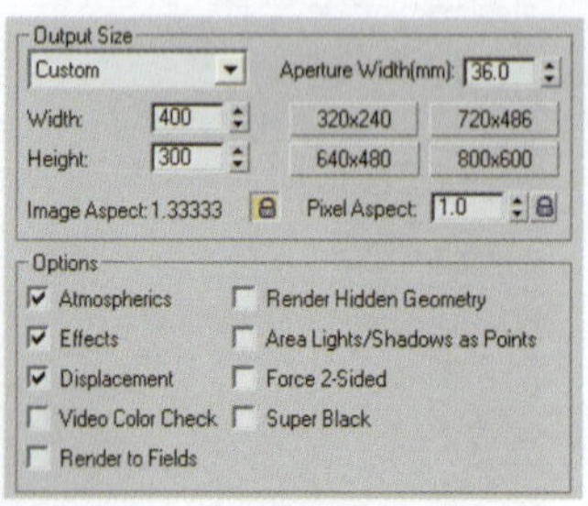

图9-27

图9-28

Step 7 将Atmospherics（大气）复选框取消勾选，然后再进行渲染，如图9-29所示，渲染图像中的体积光和火焰效果消失了，但是壁灯的辉光效果还保留着。

Step 8 接下来将Effects（特效）复选框取消勾选，然后进行渲染，如图9-30所示，此时壁灯的光晕效果也消失了。

图9-29

图9-30

9.1.3 扫描线渲染器的使用

Default Scanline Renderer（默认扫描线渲染器）是3ds Max默认使用的渲染器类型，是最为基础的渲染器，在渲染设置面板Renderer（渲染器）选项卡的Default Scanline Renderer（默认扫描线渲染器）卷展栏中可以进行一些相关的渲染设置，如图9-31所示。

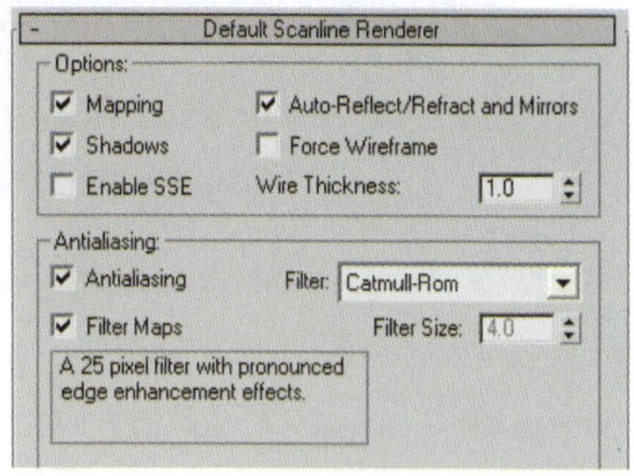

图9-31

下面通过一个案例来向读者讲解扫面线渲染器的选项设置。

知识应用：设置扫描线渲染器
原始文件：场景和素材\第9章\扫描线渲染器设置.max
核心技能：扫描线渲染器选项设置。

Step 1 打开光盘中提供的“场景和素材\第9章\扫描线渲染器设置.max”文件，单击Render Production（渲染产品）按钮对场景进行渲染，效果如图9-32所示。

Step 2 在“渲染设置”窗口中进入默认渲染器卷展栏中的Options（选项）选项组，取消勾选Mapping（贴图）复选框，如图9-33所示。

图9-32

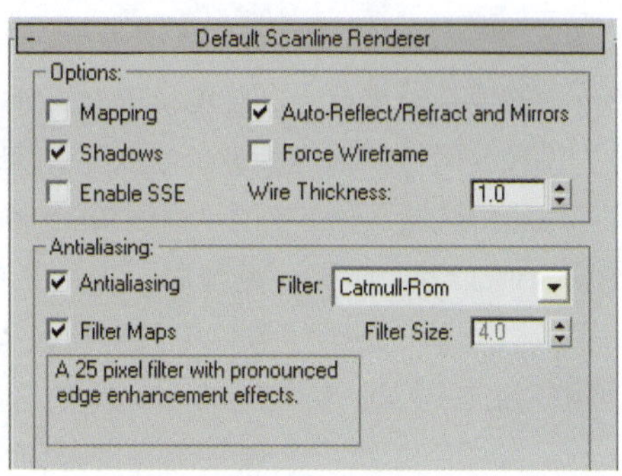

图9-33

Step 3 然后对场景进行渲染，效果如图9-34所示，渲染图像中没有显示出贴图的效果。

Step 4 接下来取消勾选Shadows（阴影）复选框并对场景进行渲染，效果如图9-35所示，渲染图像中去掉了阴影效果。

图9-34

图9-35

Step 5 勾选Force Wireframe（强制线框）复选框并进行渲染，效果如图9-36所示，渲染图像将显示为线框模式。

Step 6 将Wire Thickness（线框粗细）参数设置为7再次进行渲染，如图9-37所示，线条的厚度增加了。

图9-36

图9-37

9.1.4 渲染区域的选择

设置好渲染参数后，在主工具栏中单击Render Production（渲染产品级）按钮可以打开如图9-38所示的渲染帧窗口，在该窗口中3ds Max会对场景进行渲染，并显示出渲染结果。单击Clear（清除）按钮可以将渲染帧窗口中的图像清除，在Area to Render（渲染区域）下拉列表中可以选择场景中渲染的区域，图9-39所示为使用Region（区域）渲染类型对框选的部分进行渲染。

选择Selected（选择）类型后，在场景中选择如图9-40所示的几个对象，然后进行渲染，效果如图9-41所示，渲染帧窗口中只对所选择的几个对象进行了渲染。

使用Crop（裁剪）类型同样对选择的区域进行渲染，但是整个渲染图像的尺寸会匹配所框选的部分，如图9-42所示。如果选择的是Blowup（放大）类型，则会将所框选的部分放大到所设置的渲染尺寸，如图9-43所示。

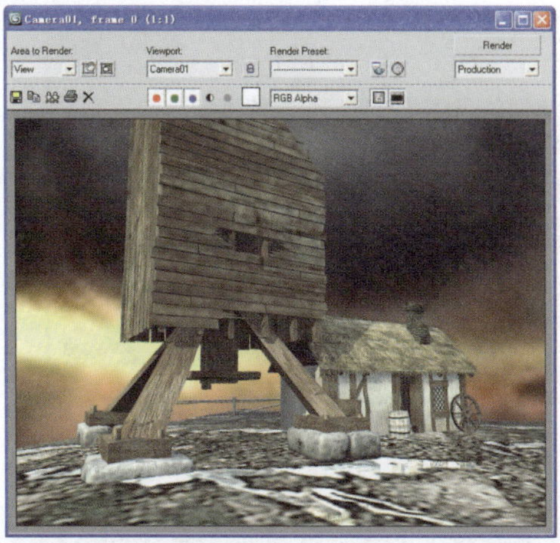

图9-38

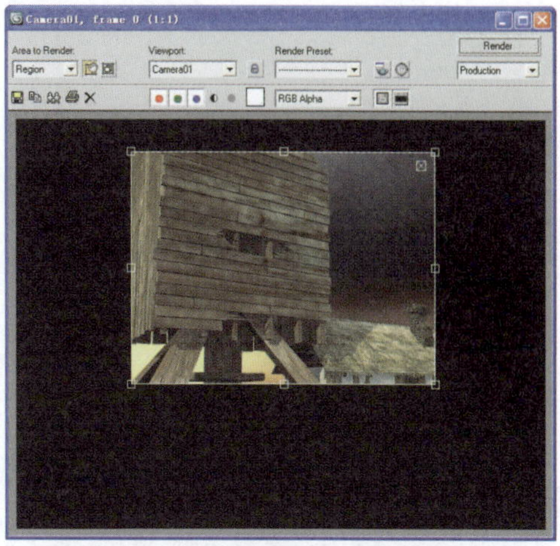

图9-39

图9-40

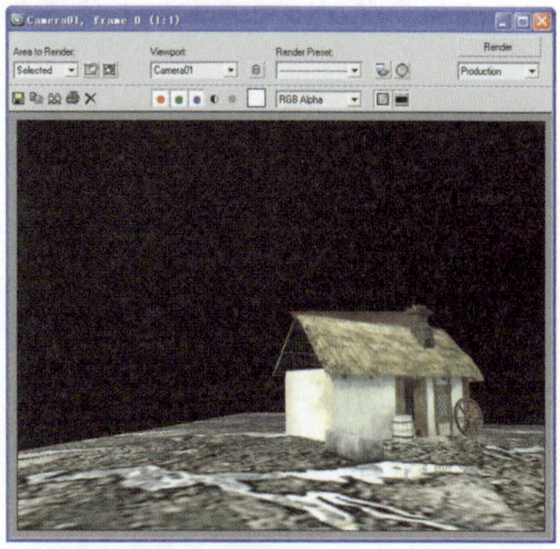

图9-41

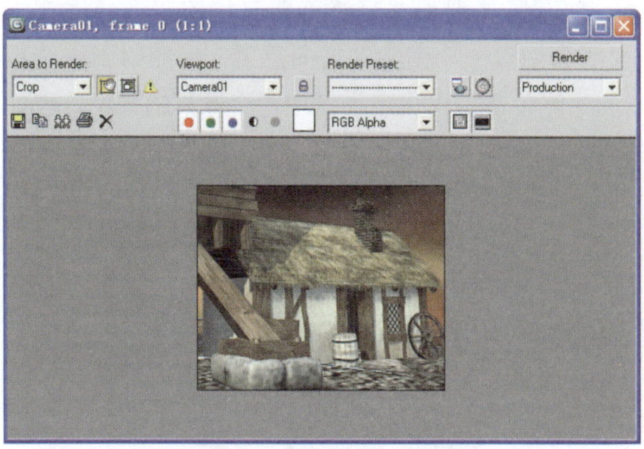

图9-42

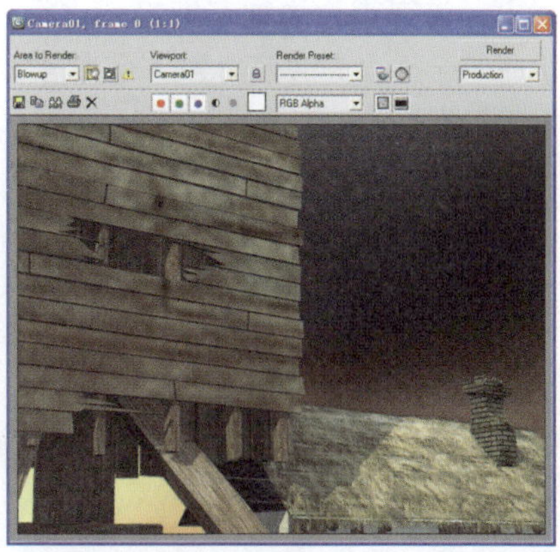

图9-43

单击Save Image（保存图像）按钮，弹出图9-44所示的“保存图像”对话框，在该对话框中可以设置保存的图像类型以及路径。单击Clone Rendered Frame Window（克隆渲染帧窗口）按钮可以新打开一个当前渲染帧窗口的副本用做对比，如图9-45所示。

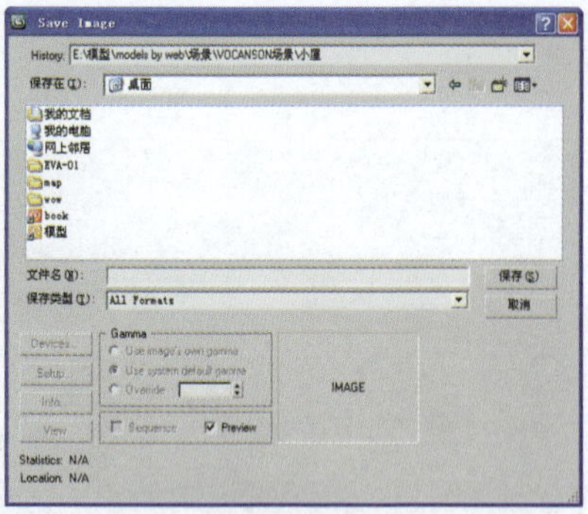

图9-44

图9-45

注意

在菜单栏中选择File（文件）>View Image File（查看图像文件）命令后，3ds Max也会在渲染帧窗口中显示静态图像和图像序列。

9.2 高级光照

3ds Max包含了光能传递和光跟踪器这两种高级渲染功能，这两种高级渲染主要是针对灯光的效果进行设置，用来模拟基于现实世界的光照环境，来提高图像的渲染质量，以表现出更为逼真的渲染效果。

9.2.1 光能传递

试想在一个黑暗的房间中点亮一盏灯，光线会充斥整个房间，使我们能够观察到房间的各个角落，这是因为光线在室内会进行反弹，从而照亮到那些灯光不能直接照射到的地方。如图9-46所示，当光线照射到一个光滑的表面后会沿着一个固定的方向反射，而照射到一个粗糙表面时则会向四面八方进行反射。3ds Max的光能传递不仅决定场景中每个像素的颜色，也计算环境中所有曲面的强度。图9-47所示为在黑暗的房间中使用光能传递渲染的效果。

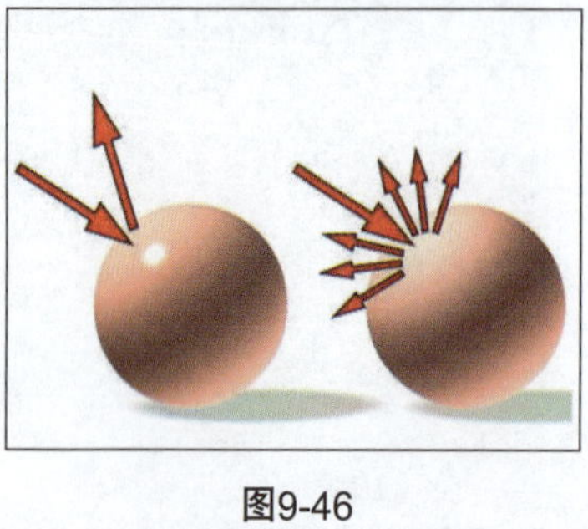

图9-46

图9-47

注意

在3ds Max中创建的3D模型含有相对于3D笛卡儿坐标系而定义的几何体数据，这一坐标系被称为世界空间。该模型也含有有关每个对象的材质和场景中的照明信息。

对一个封闭的室内场景进行照明，在没有启用光能传递的情况下，有限的灯光并不能照亮场景的所有部分，如图9-48所示。而启用了光能传递后，整个场景都被照亮了，如图9-49所示。

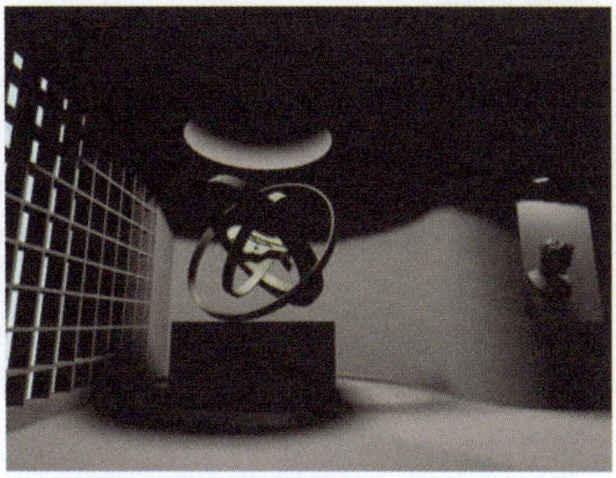

图9-48

图9-49

在如图9-50所示的封闭室内场景中央创建一盏自由点光源。在默认的情况下进行渲染，如图9-51所示，由于灯光只从上方照射，所以沙发和茶几的底部都比较黑暗，因为这部分区域没有灯光进行照射。

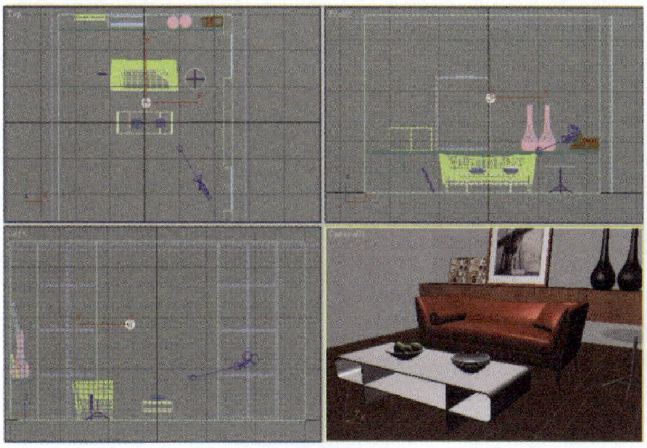

图9-50

图9-51

下面通过一个小案例来向读者介绍如何使用光能传递来照亮场景。

知识应用：使用光能传递照亮场景
原始文件：场景和素材\第9章\使用光能传递照亮场景原始文件.max
最终文件：场景和素材\第9章\使用光能传递照亮场景最终文件.max
核心技能：光能传递的使用。

Step 1 打开光盘中提供的“场景和素材\第9章\使用光能传递照亮场景原始文件.max”文件，如图9-52所示，这是一个封闭的室内场景。

Step 2 在没有启用光能传递的情况下进行渲染，效果如图9-53所示，在沙发和柜子的内部等一些地方出现了死黑，这是因为光线没有反弹，所以这些没有直接受到灯光照射的地方是黑的。

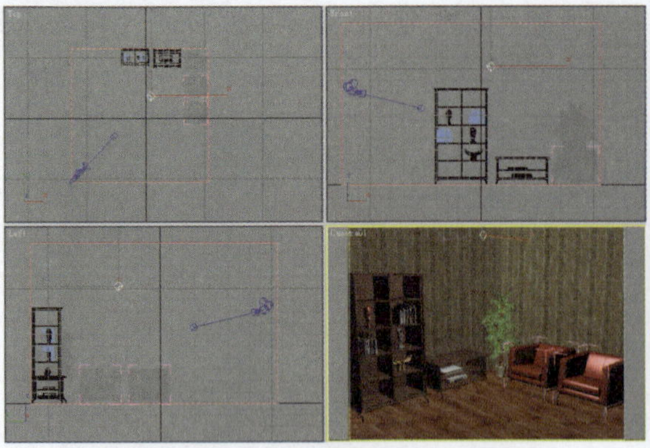

图9-52

图9-53

Step 3 在“渲染设置”窗口中进入Avdanced Lighting（高级照明）选项卡，在“选择高级照明”卷展栏中选择Radiosity（光能传递）方式，如图9-54所示。

Step 4 首先在Process（处理）选项组中将Initial Quality（初始质量）参数设置为85，在Interactive Tools（交互工具）选项组中将Indirect Light Filtering（间接灯光过滤）设置为4，如图9-55所示。

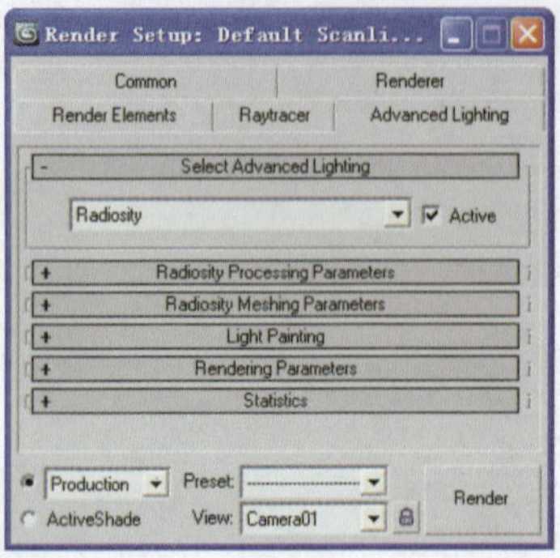

图9-54

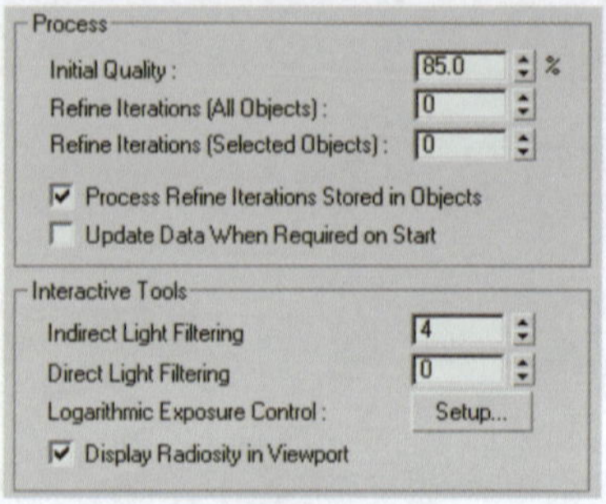

图9-55

Step 5 然后在Global Subdivision Settings（全局细分设置）选项组中勾选Enabled（启用）复选框，开启全局细分，如图9-56所示。

Step 6 接下来单击Start（开始）按钮 Start 进行光能传递的计算，计算完毕后再次进行渲染，效果如图9-57所示，可以看到启用光能传递后，图像中原来死黑的地方现在也被照亮了。

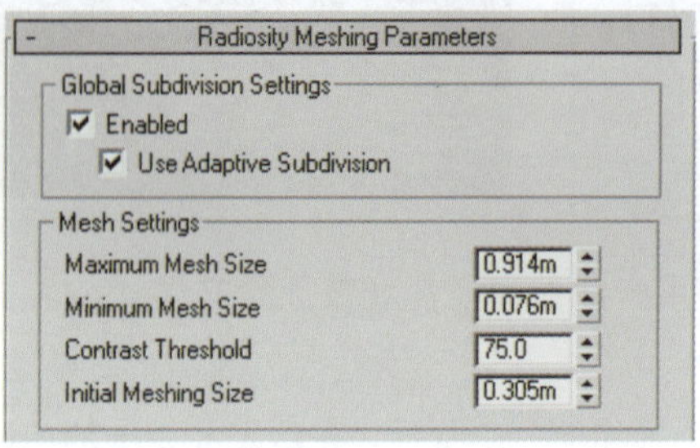

图9-56

图9-57

9.2.2 光跟踪器

光跟踪器是一个全局照明系统，类似于光线追踪，它可以产生更加柔和的阴影。光跟踪器的工作方式是将场景划分成采样点，这些采样点大量汇集在场景中对象的边缘上，如图9-58所示。然后用一条假想的光线照射每个采样点，所触及的位置及亮度被记录下来，然后计算光线将被弹射到的位置，降低的亮度值也被记录下来。当所有的光线和光线弹射计算完毕之后，求出每个采样点的光强度值的总和并计算出平均值。光跟踪器常和天光一起配合使用，在对象的边缘处产生柔和的过度阴影。图9-63所示为使用光跟踪器所表现的天光效果。

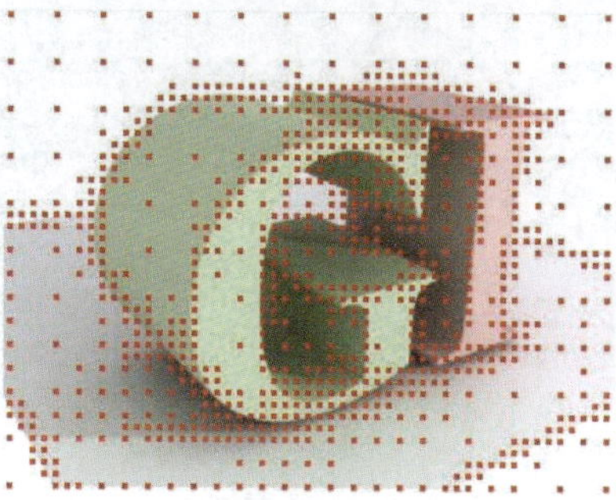

图9-58

图9-59

知识应用：使用光跟踪器
原始文件：场景和素材\第9章\使用光跟踪器原始文件.max
最终文件：场景和素材\第9章\使用光跟踪器最终文件.max
核心技能：光跟踪器的使用。

Step 1 打开光盘中提供的“场景和素材\第9章\使用光跟踪器原始文件.max”文件，首先对场景进行渲染，效果如图9-60所示。

Step 2 接下来进入灯光的创建面板，在场景中创建一盏Skylight（天光），位置如图9-61所示。

图9-60

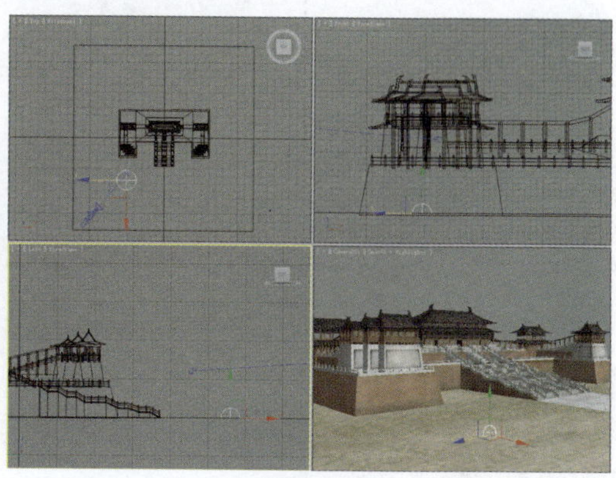

图9-61

Step 3 打开“渲染设置”窗口，进入“高级照明”选项卡，选择Light Tracer（光跟踪器），如图9-62所示。

Step 4 然后使用快捷键【F9】对场景进行渲染，效果如图9-63所示，对比之前的渲染结果可以发现，启用了光跟踪器后对象的边缘产生了柔和的阴影效果。

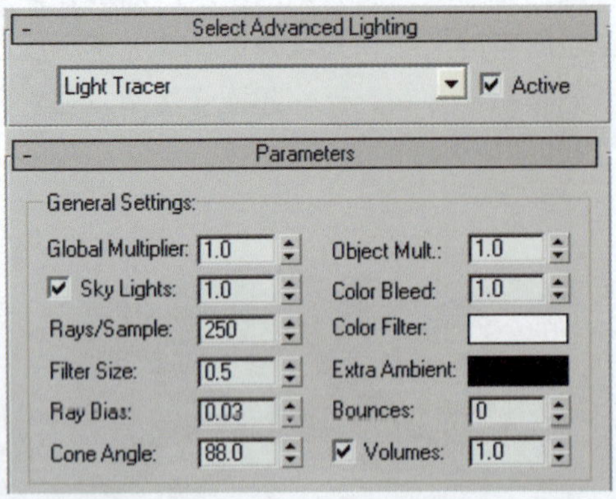

图9-62

图9-63

Step 5 在光跟踪器的参数卷展栏中将Global Multiplier（全局倍增）设置为1.5然后进行渲染，效果如图9-64所示，该参数可以控制场景的整体亮度。

Step 6 将Extra Ambient（附加环境光）设置为蓝色进行渲染，效果如图9-65所示，对象的阴影变为了蓝色效果。

图9-64

图9-65

9.3 VRay渲染器

VRay渲染器是Chaos Group公司开发的一款拥有全局照明和光影跟踪的高级渲染器。VRay渲染器的设置比较简便，渲染速度快同时效果也非常出色，是目前3ds Max中最常用的一款渲染器，图9-66和图9-67所示为VRay渲染器的表现效果。本章将向读者简单介绍如何使用VRay渲染器。

图9-66

图9-67

9.3.1 VRay渲染器的使用

VRay渲染器的使用非常简便，用户不需要进行过多的参数设置就可以得到比较理想的效果。通常情况下使用VRay渲染的基本流程为：首先在场景中添加灯光，然后在VRay的设置面板中开启全局光照进行测试，效果满意后可以提高渲染参数进行成品渲染。下面通过一个室内场景的表现让读者了解VRay渲染器的使用流程。

知识应用：使用光跟踪器
原始文件：场景和素材\第9章\VRay渲染器使用.max
核心技能：VRay渲染器的使用。

Step 1 首先打开“渲染设置”窗口，在Common（公用）选项卡中展开Assign Renderer（指定渲染器）卷展栏，如图9-68所示。

Step 2 单击Production（产品）后的 ... 小按钮，在弹出的Choose Renderer（选择渲染器）对话框中选择VRay渲染器，如图9-69所示。

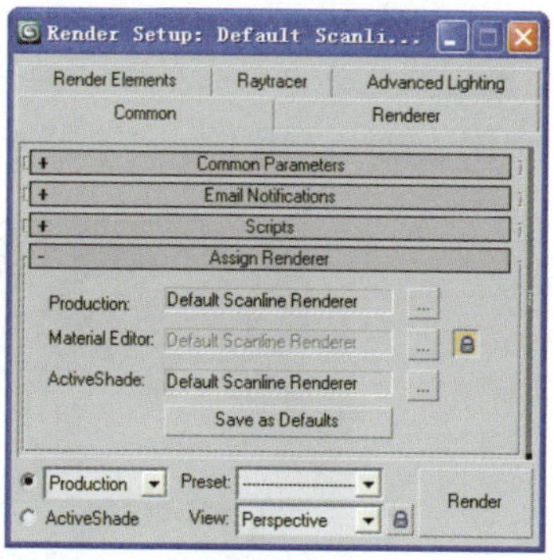

图9-68

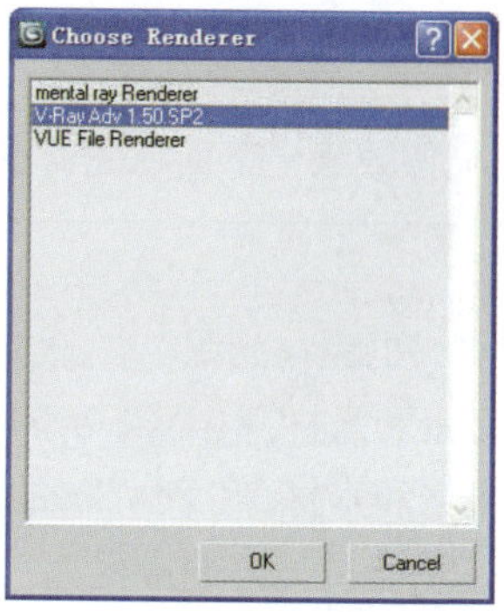

图9-69

Step 3 然后打开光盘中提供的“场景和素材\第9章\VRay渲染器使用.max”文件，如图9-70所示，这是一个已经制作完成的VRay室内场景。

Step 4 打开“渲染设置”窗口，在VRay选项卡下可以看到VRay渲染器包含了比较多的参数卷展栏，如图9-71所示。

图9-70

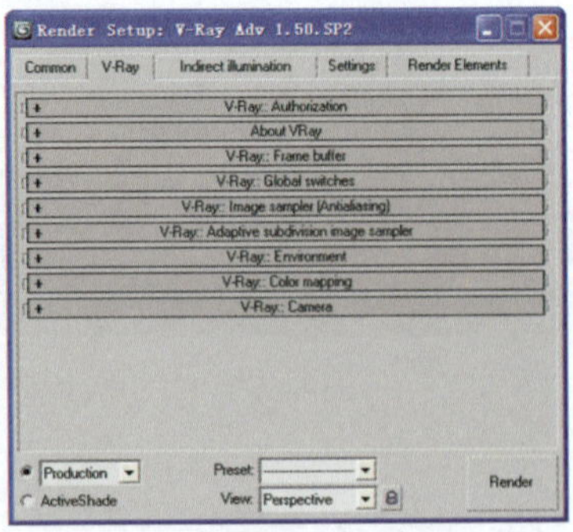

图9-71

Step 5 进入Indirect illumination（间接光照）卷展栏，勾选On（启用）复选框，开启全局光照，如图9-72所示。

Step 6 然后使用快捷键【F9】进行渲染，效果如图9-73所示，可以看到使用VRay渲染器渲染的图像在材质和灯光效果方面都要优于默认的扫描线渲染器。

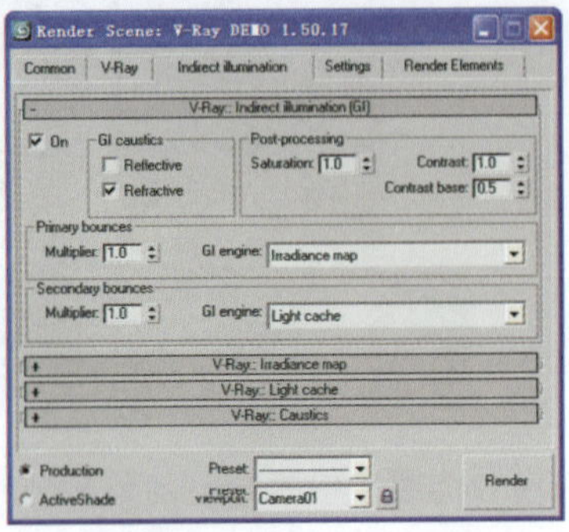

图9-72

图9-73

9.3.2 VRay的全局光照

全局光照是VRay渲染器的核心功能之一，它能够模拟光线来回反弹的物理效果，得到趋近于真实的室内光照效果。下面首先通过一个室内照明案例让读者了解VRay的全局光照

知识应用：VRay的全局光照
原始文件：场景和素材\第9章\VRay的全局光照原始文件.max
最终文件：场景和素材\第9章\VRay的全局光照最终文件.max
核心技能：VRay全局光照的应用。

Step 1 打开光盘中提供的“场景和素材\第9章\VRay的全局光照原始文件.max”素材文件，如图9-74所示，这是一个封闭的室内空间，已经设置好了灯光和材质。

Step 2 在默认没有开启全局光照的情况下直接进行渲染，效果如图9-75所示，场景显得非常黑暗。

图9-74

图9-75

Step 3 打开“渲染设置”窗口，在Indirect illumination（间接光照）卷展栏中勾选On（启用）复选框，分别选择图9-76中所示的两种渲染引擎。

Step 4 接下来进入Irradiance map（发光贴图）卷展栏，选择Medium（中等）预设级别，如图9-77所示。

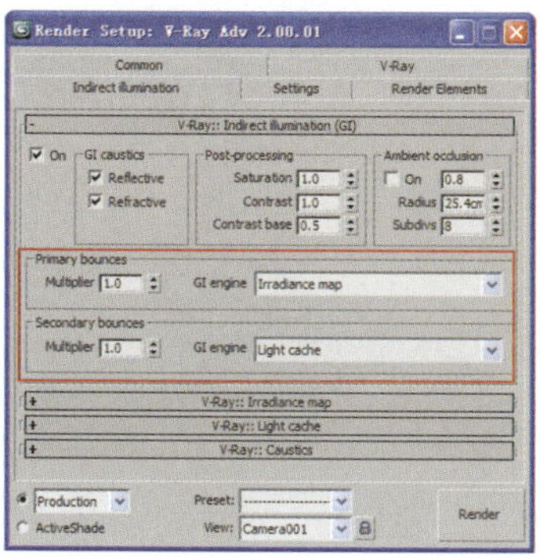

图9-76

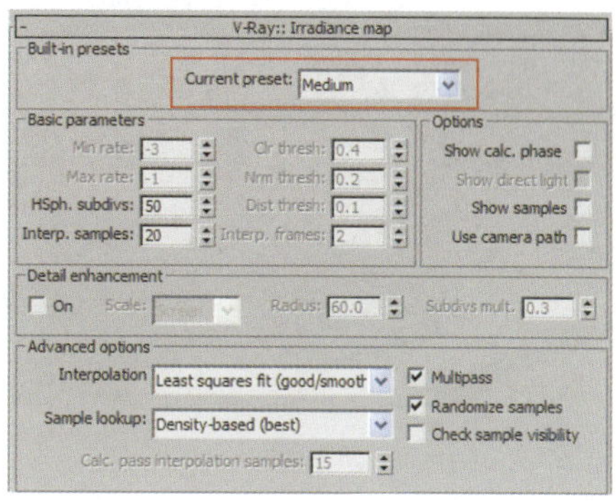

图9-77

Step 5 在Light cache（灯光缓存）卷展栏中设置Subdivs（细分）参数为600，如图9-78所示。

Step 6 设置完毕后再次对场景进行渲染，效果如图9-79所示，场景的整体亮度得到了明显的改善。

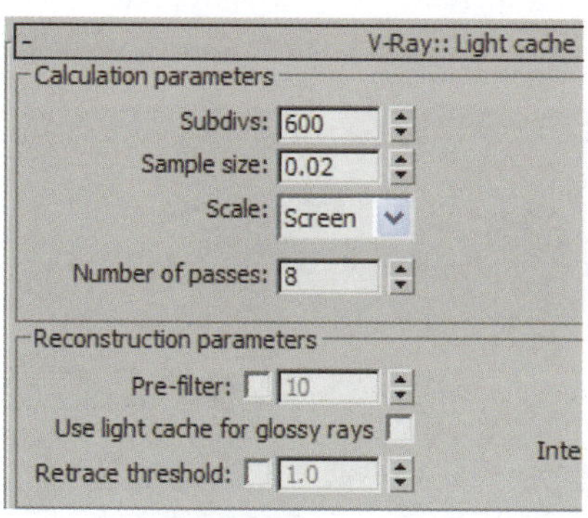

图9-78

图9-79

全局光照卷展栏中的Multiplier（倍增）参数用来控制全局光照光线反弹的强度，参数越大场景的亮度越高，图9-80和图9-81所示分别为不同强度的Multiplier（倍增）参数的渲染效果。

图9-80

图9-81

Saturation（饱和度）参数用来控制图像颜色的饱和度，这里所说的饱和度是指接受间接灯光照射的区域的颜色饱和度，较高的取值可以使图像看起来更加鲜艳。图9-82所示为该参数为1的情况下正常显示的效果，图9-83所示为将该参数设置为80时的图像色彩效果。

图9-82

图9-83

VRay渲染器提供了Irradiance map（发光贴图）、Photo map（光子贴图）、Quasi-Monte Carlo（准蒙特卡罗）和Light cache（灯光缓存）4种全局光照渲染引擎。Irradiance map（发光贴图）是最为常用的一种，它主要作为初级光线反弹的渲染引擎。图9-84所示为发光贴图的参数面板。勾选Show samples（显示采样）复选框可以在渲染图像中显示出采样点的效果，如图9-85所示。

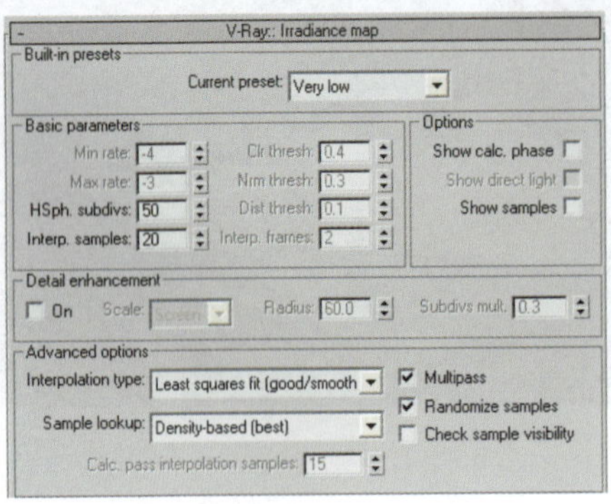

图9-84

图9-85

Light cache（灯光缓存）是另一种常用的渲染引擎，它常作为二级反弹的渲染引擎和发光贴图进行匹配。图9-86所示为灯光缓存的参数面板，图9-87所示为初级和二级反弹都使用灯光缓存的渲染效果。

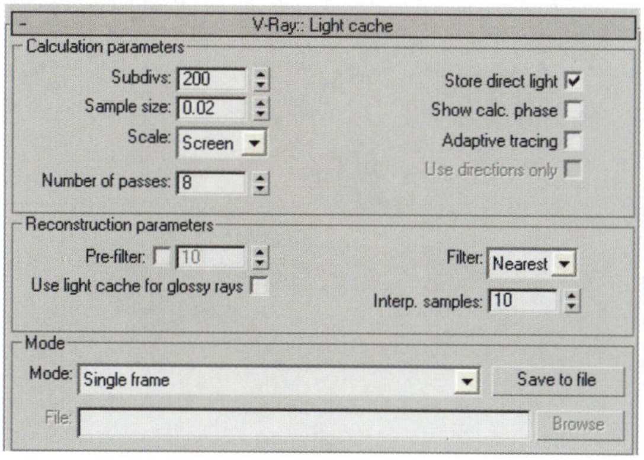

图9-86

图9-87

注意

如果将Light Cache（灯光缓存）作为灯光初次反弹使用，则Subdivs（细分）值通常设置在1000可以达到比较好的效果，如果是作为灯光的二次反弹使用则设置为200～500就可以了。

9.3.3 VRay的焦散

焦散效果是VRay渲染器的一大特色，它可以经过简单的设置就可以表现出比较出色的焦散效果。焦散效果通常应用于玻璃等具有透明属性的对象，首先通过下面这个案例让读者了解如何渲染出VRay的焦散效果。

知识应用：VRay的焦散效果
原始文件：场景和素材\第9章\VRay焦散原始文件.max
最终文件：场景和素材\第9章\VRay焦散最终文件.max
核心技能：焦散效果的应用。

Step 1 打开光盘中提供的“场景和素材\第9章\ VRay焦散原始文件.max”素材文件，如图9-88所示，场景中有一些玻璃材质的酒瓶和杯子模型。

Step 2 在没有开启焦散的情况下对场景进行渲染，效果如图9-89所示。

Step 3 进入VRay渲染器的Caustics（焦散）卷展栏，勾选On（启用）复选框打开焦散功能，如图9-90所示。

Step 4 开启焦散后再次对场景进行渲染，效果如图9-91所示，在玻璃瓶和杯子的阴影中出现了焦散效果。

图9-88

图9-89

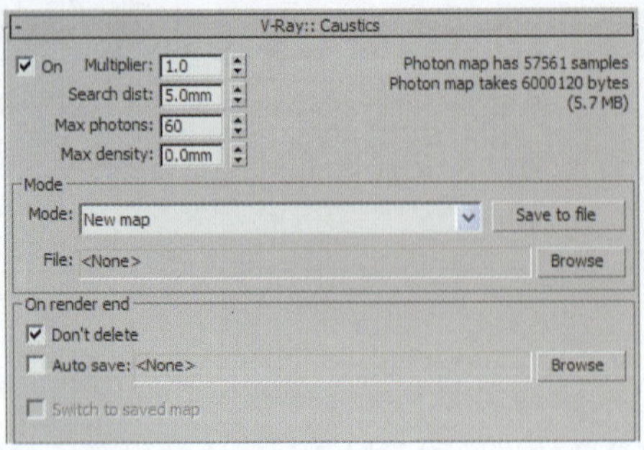

图9-90

图9-91

Caustics（焦散）卷展栏中的Multiplier（倍增）参数用来控制焦散的强度，参数越高焦散的亮度越大，图9-92和图9-93所示为不同的倍增参数下表现的焦散效果。

图9-92

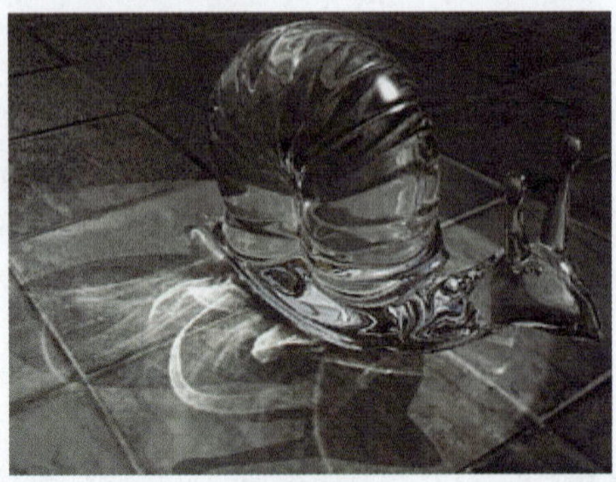

图9-93

Search dist（搜寻距离）可以追踪当前焦散点周围区域内的其他焦散点，搜寻的区域实际是个圆形的区域，它的半径就是由Search dist（搜寻距离）来控制的。较小的取值会产生点状的焦散，图9-94所示为将该参数设置为1的渲染效果，图9-95所示为将该参数设置为500的效果。

图9-94

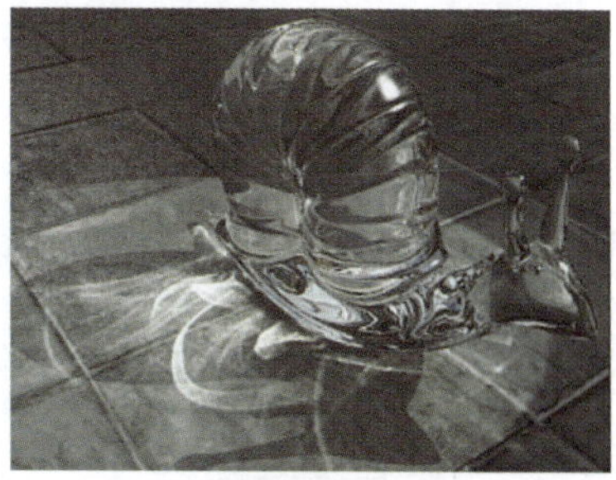

图9-95

Max photons（最大光子）参数可以限制一定区域内光子的使用数量，较大的取值会使焦散变得模糊，图9-96所示为增大光子数使焦散变得模糊。Max density（最大密度）可以用来控制光子的密集程度，较小的取值可以得到比较锐利的焦散效果。如图9-97所示，将该参数增大后同样会使焦散变得模糊。

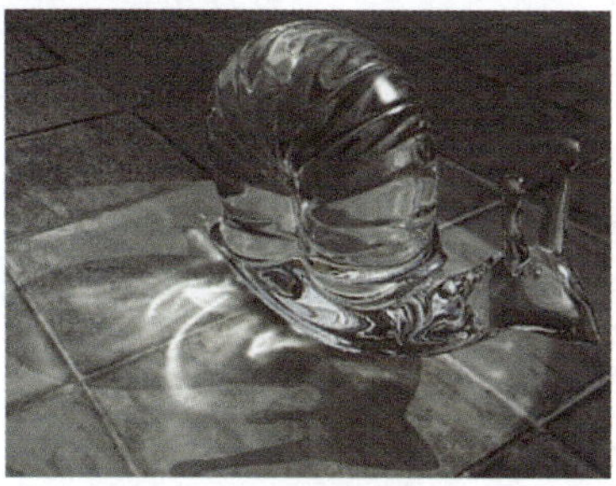

图9-96

图9-97

9.3.4 VRay的灯光

VRayLight和VRaySun是VRay渲染器自带的两种灯光类型，使用这两种灯光类型配合VRay渲染器能够表现出更真实的光照效果，本小节将向读者介绍这两种灯光的使用。

1. VRayLight

VRay渲染器带有自己的灯光系统，使用VRay渲染器后可以在Create（创建）命令面板的Light（灯光）层级下选择VRay灯光类型，如图9-98所示。VRayLight是最常用的VRay灯光，图9-99所示为在场景中创建的一盏VRayLight。

图9-98

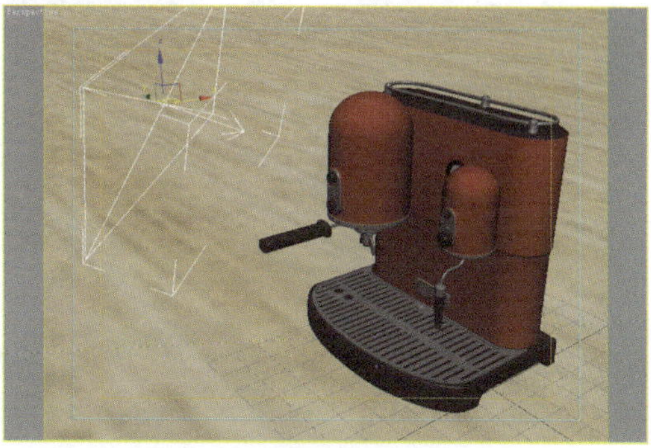

图9-99

进入灯光的参数面板，如图9-100所示，将Multiplier（倍增）参数设置为15进行渲染，效果如图9-101所示，可以看到VRayLight所产生的阴影非常的柔和逼真。

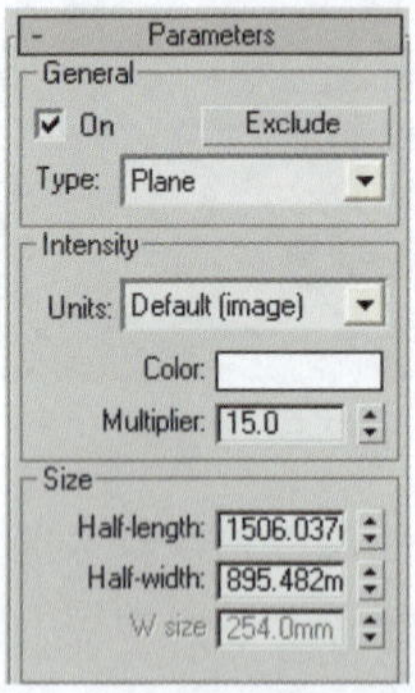

图9-100

图9-101

Color（颜色）选项用来设置灯光的颜色，图9-102所示为将灯光颜色设置为蓝色的效果。图9-103所示为在蓝色的灯光颜色下将Multiplier（倍增）参数降低到1的渲染效果。

图9-102

图9-103

Options（选项）选项组用来对灯光的一些属性进行设置，如图9-104所示。勾选Double-sided（双面）复选框后可以使灯光的两面都产生光照效果，如图9-105所示。

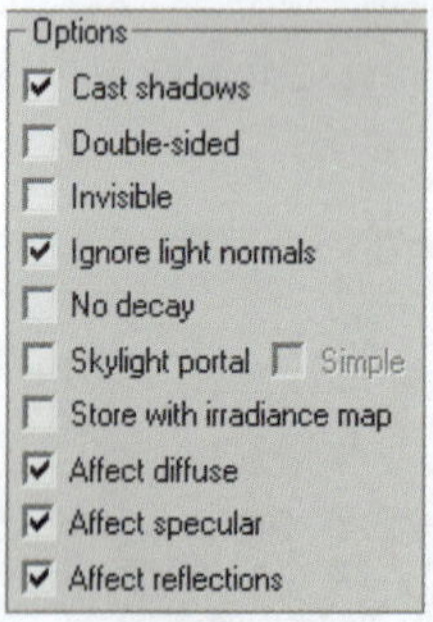

图9-104

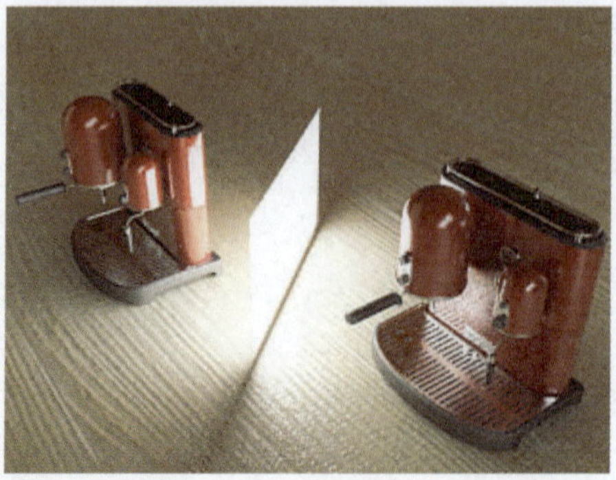

图9-105

勾选Invisible（隐藏）复选框后，可以在渲染的时候隐藏灯光本身，但是仍然可以看到灯光所产生的效果，如图9-106所示。勾选了No decay（不衰减）复选框后，灯光将不产生衰减效果，如图9-107所示。

图9-106

图9-107

取消勾选Affect diffuse（影响漫反射）复选框后，可以使灯光不对材质的漫反射表面产生影响，如图9-108所示。取消勾选了Affect reflections（影响反射）复选框后，灯光将不再出现在反射效果中，如图9-109所示。

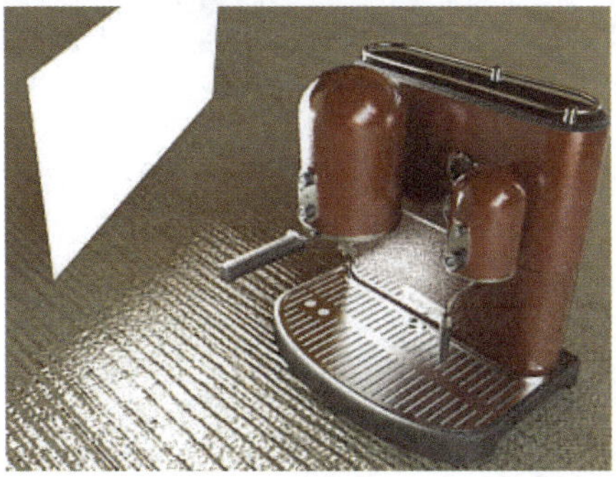

图9-108

图9-109

Sampling（采样）选项组主要用来对灯光的阴影进行设置，如图9-110所示。Subdivs（细分）参数用来控制阴影的质量，该参数越高阴影的质量越好，图9-111所示为设置该参数为1时的渲染效果。

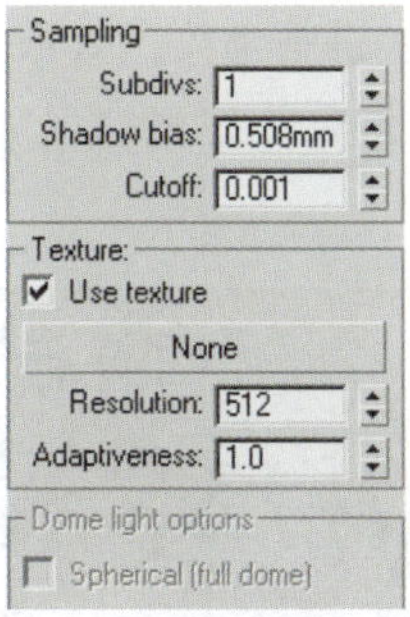

图9-110

图9-111

注意

在测试渲染时可以将该参数设置在10以下，这样可以加快渲染速度；在进行最终渲染输出时应该将该参数设置在20左右或更高，因为设置过低会产生比较明显的噪点。

2. VRaySun（VRay太阳光）

另一种较为常用的VRay灯光类型是VRaySun（VRay太阳光），这种灯光主要应用于室外照明，模拟真实的太阳光效果，图9-112所示为在场景中创建的一盏VRaySun（VRay太阳光）。当初次创建太阳光时会弹出如图9-113所示的对话框，提示用户是否使用VRaySky（VRay天空）环境。

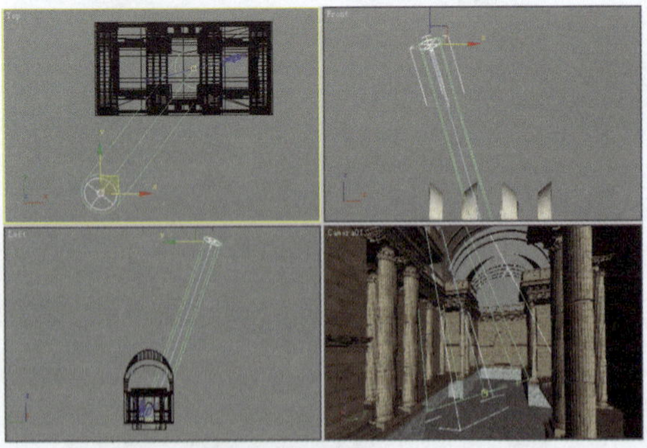

图9-112

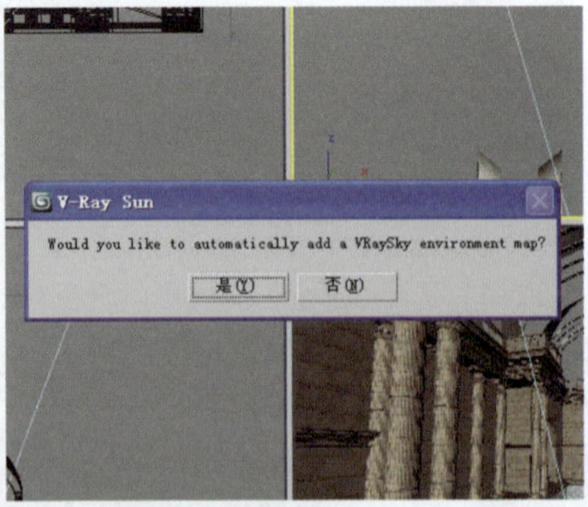

图9-113

图9-114所示为VRaySun（VRay太阳光）的参数面板，在默认的参数下进行渲染，效果如图9-115所示，可以看到渲染图像曝光了，这是因为太阳光默认的强度很大，需要进行设置。

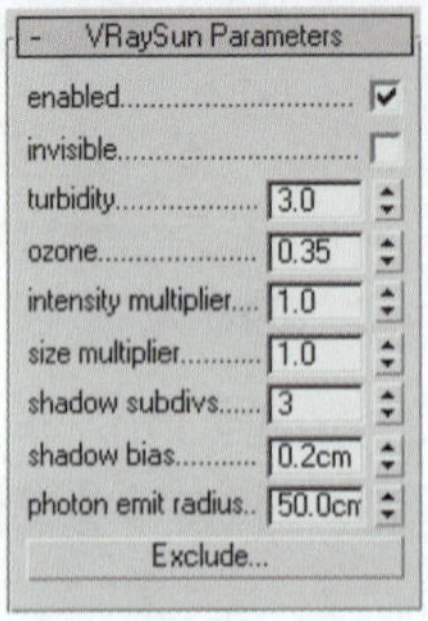

图9-114

图9-115

将intensity multiplier（强度倍增）参数设置为0.05，然后再次进行渲染，效果如图9-116所示。Size（大小）用来改变太阳光的尺寸大小，如图9-117所示，增加太阳光的尺寸后可以看到右侧的阴影变得虚化了。

图9-116

图9-117

注意

太阳光的默认intensity multiplier（强度倍增）参数为1，通常都会渲染出曝光的效果，需要将该参数降低。

知识应用：VRay灯光的应用
原始文件：场景和素材\第9章\VRay 灯光表现原始文件.max
最终文件：场景和素材\第9章\VRay 灯光表现最终文件.max
核心技能：VRay灯光，平行光，VRay灯光的颜色控制，泛光灯使用。

Step 1 打开光盘中提供的场景和素材\第9章\VRay 灯光表现原始文件.max”素材文件，如图9-118所示，该场景中已经设置好了材质和摄影机。

Step 2 首先在场景中创建一盏Target Direct（目标平行光）模拟夜晚的阳光效果，如图9-119所示。

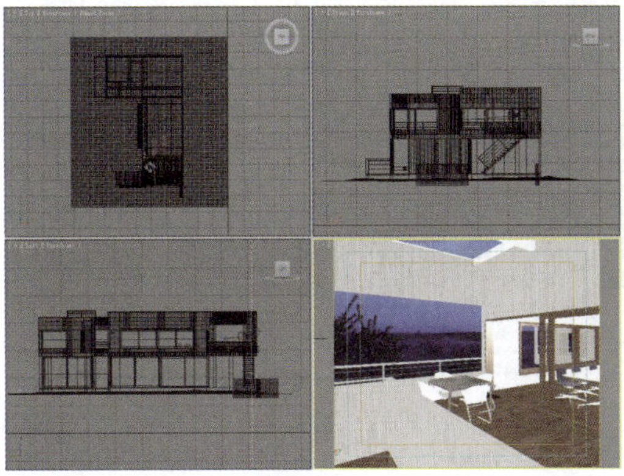

图9-118

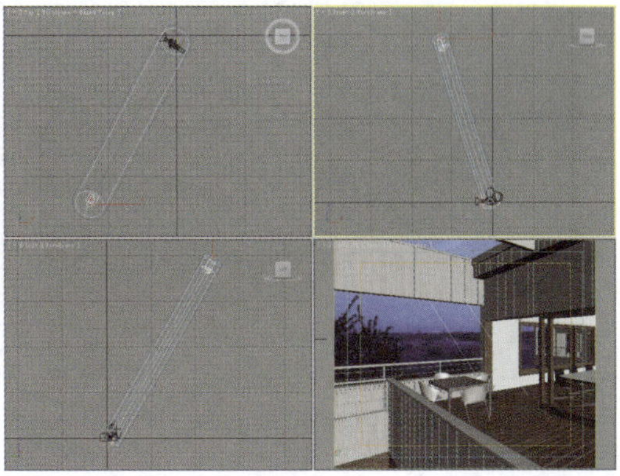

图9-119

Step 3 在灯光的“常规参数”卷展栏中启用阴影，并选择VRayShadow阴影类型，如图9-120所示。

Step 4 将灯光的颜色设置为图9-121所示的淡紫色模拟夜晚的效果。

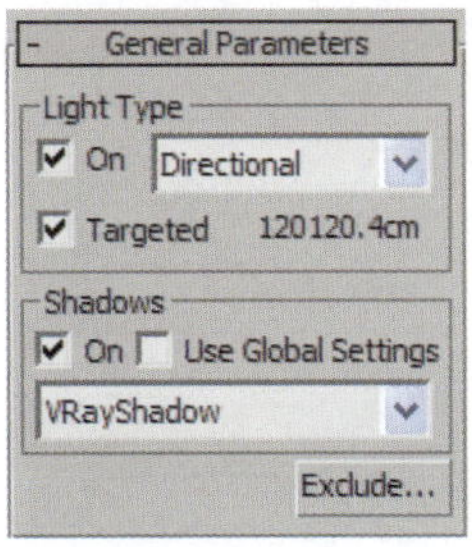

图9-120

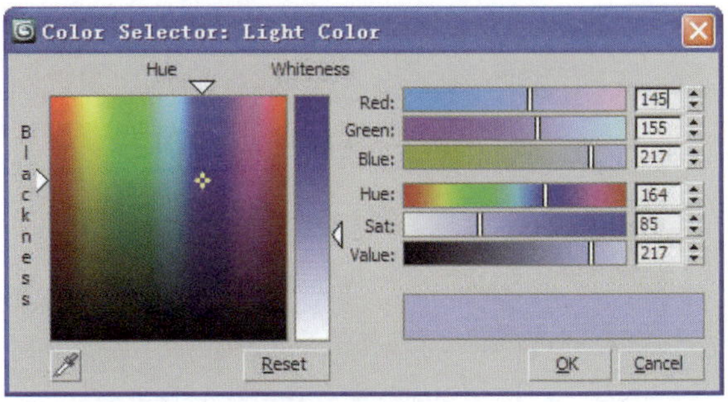

图9-121

Step 5 将灯光的Multiplier（倍增）参数设置为2，如图9-122所示。

Step 6 在“VRay阴影参数”卷展栏中勾选Area shadow（区域阴影）复选框，如图9-123所示。

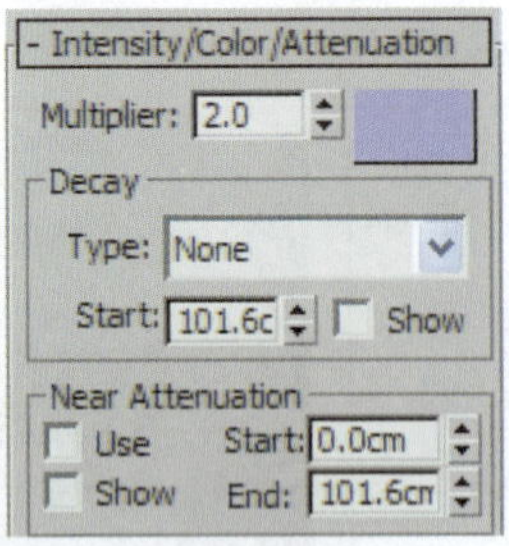

图9-122

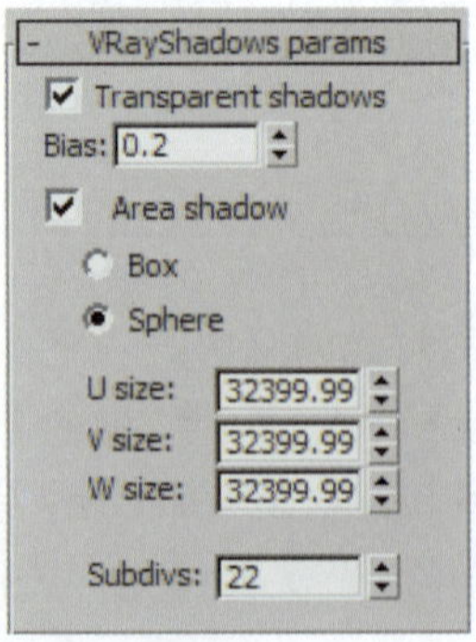

图9-123

Step 7 设置完毕后对场景进行渲染，效果如图9-124所示。

Step 8 在场景中如图9-125所示的室内位置创建一盏VRayLight，选择灯光的类型为Sphere（球形）。

图9-124

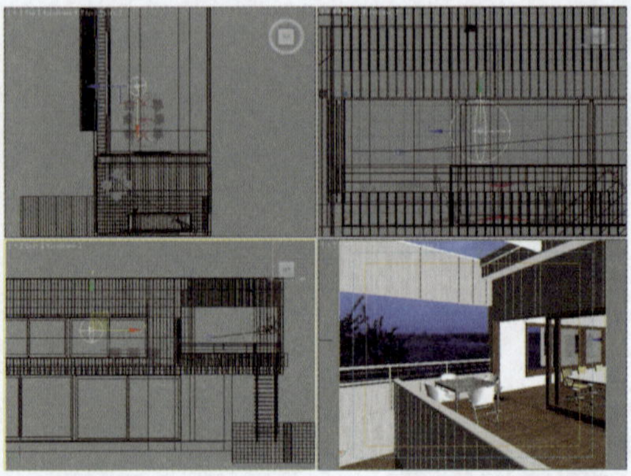

图9-125

Step 9 将灯光的颜色设置为如图9-126所示的淡黄色。

Step 10 将灯光的Multiplier（倍增）参数设置为20，如图9-127所示。

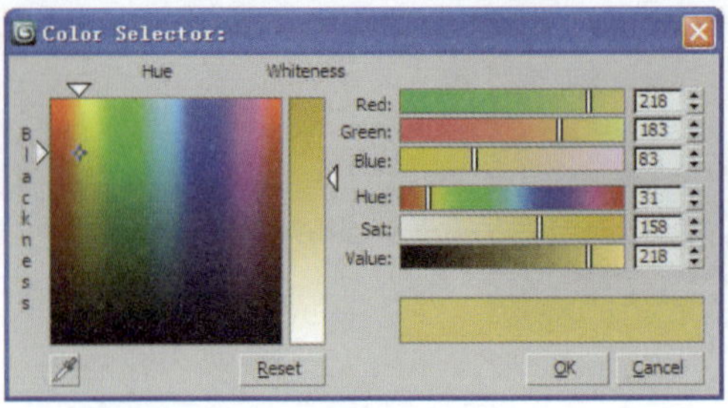

图9-126

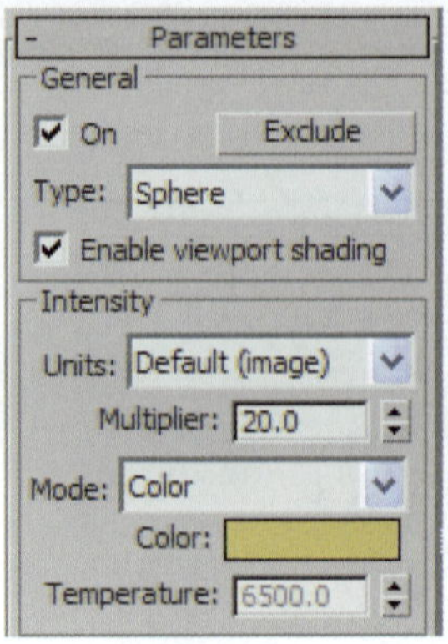

图9-127

Step 11 在灯光的Options（选项）选项组中进行图9-128所示的设置。

Step 12 设置完毕后再次对场景进行渲染，效果如图9-129所示。

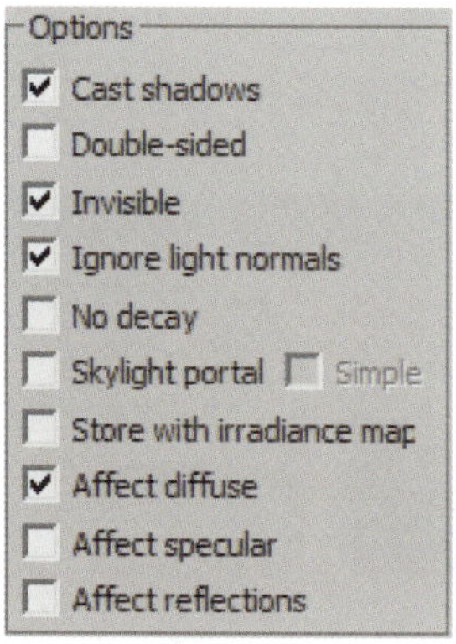

图9-128

图9-129

Step 13 在场景中图9-130所示的顶部位置创建一盏VRayLight面光源。

Step 14 将灯光的颜色设置为图9-131所示的淡蓝色。

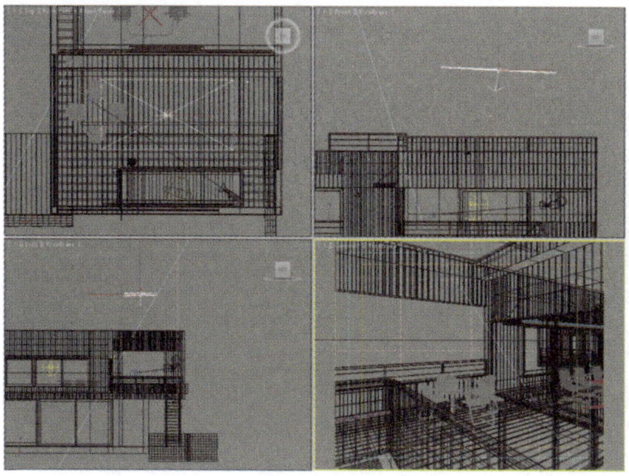

图9-130

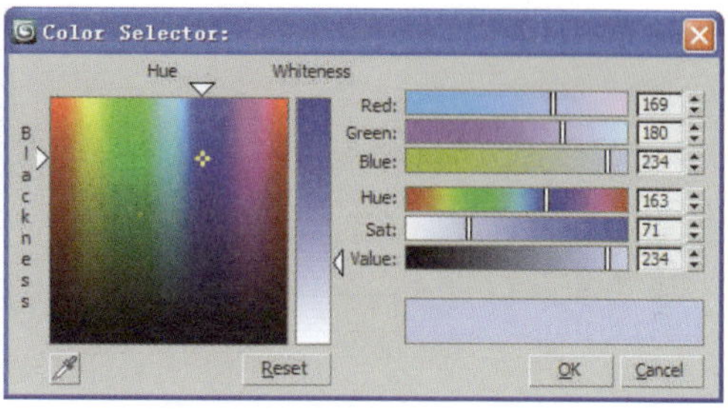

图9-131

Step 15 将灯光的强度设置为8，如图9-132所示。

Step 16 设置完毕后对场景进行渲染，效果如图9-133所示。

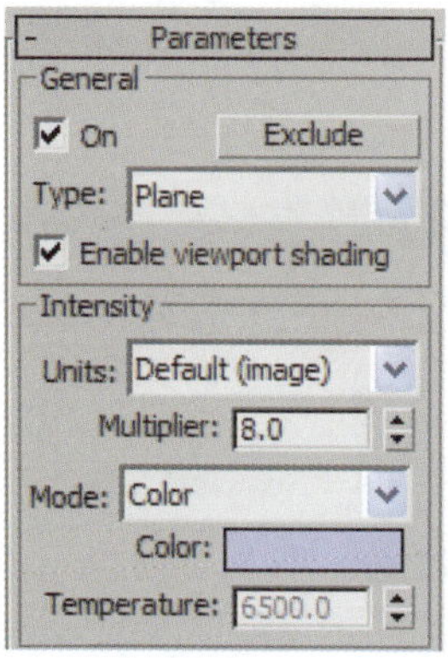

图9-132

图9-133

Step 17 继续在场景中创建一盏VRayLight面光源，位置如图9-134所示。

Step 18 将灯光的颜色设置为图9-135所示的淡黄色。

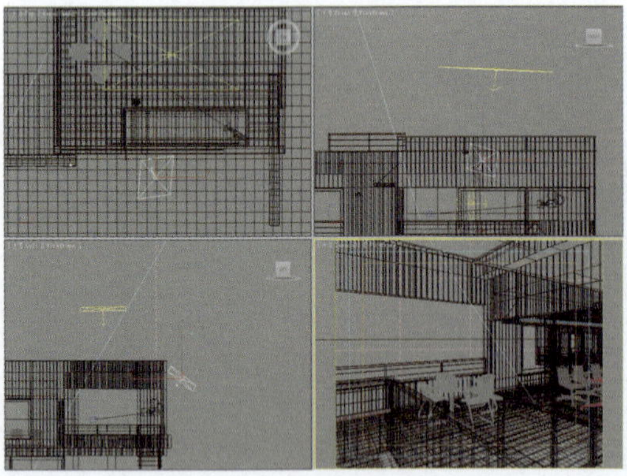

图9-134

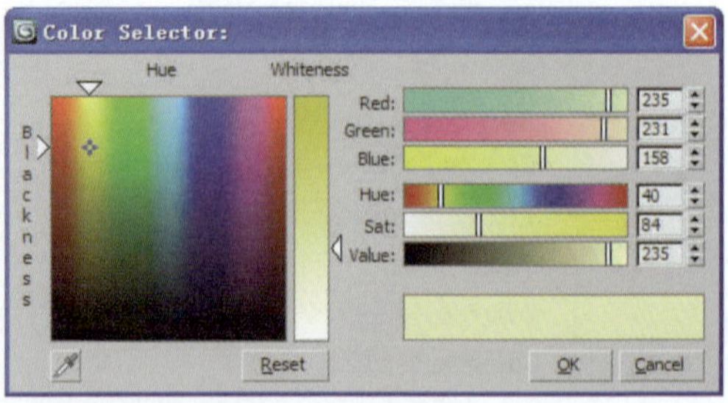

图9-135

Step 19 设置灯光的强度为6，如图9-136所示。

Step 20 设置完毕后对场景进行渲染，效果如图9-137所示。

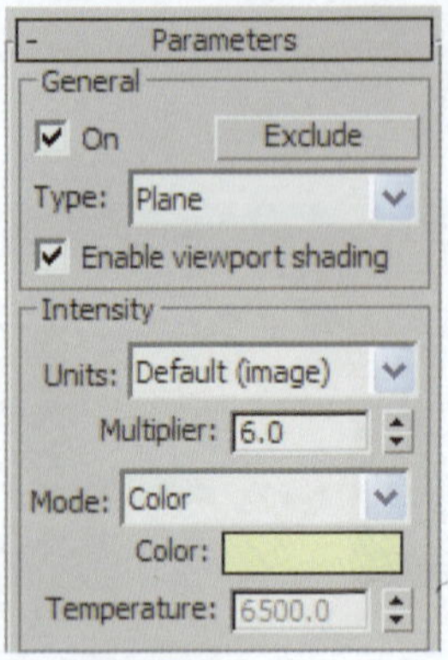

图9-136

图9-137

Step 21 在场景中图9-138所示的位置创建一盏VRayLight，选择灯光类型为Sphere（球形）。

Step 22 将灯光的颜色设置为图9-139所示的黄褐色。

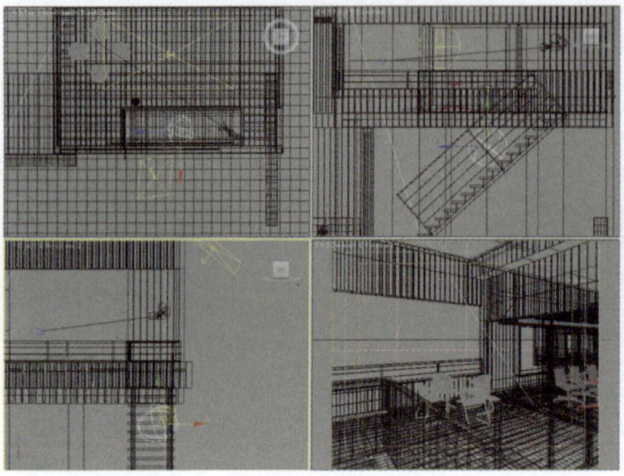

图9-138

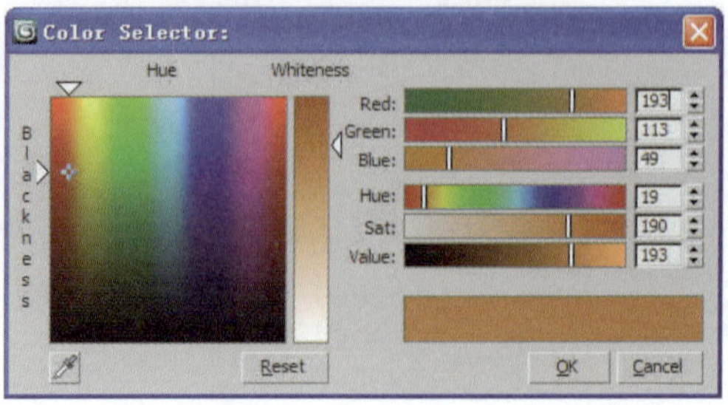

图9-139

Step 23 设置灯光的强度为7，如图9-140所示。

Step 24 设置完毕后对场景进行最终的渲染，效果如图9-141所示，可以看到该效果很好地体现了夜晚黄昏时的灯光气氛。

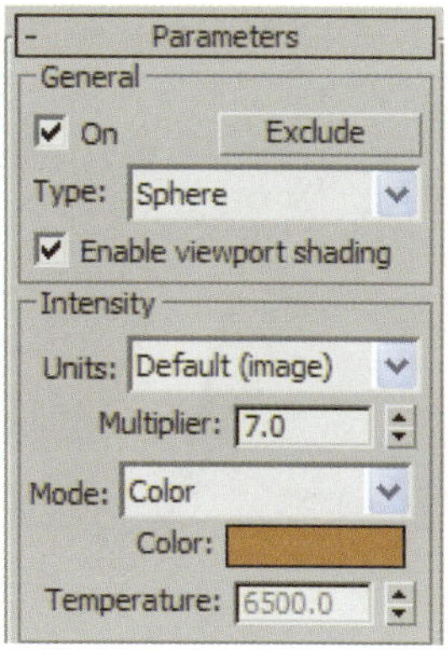

图9-140

图9-141

9.3.5 VRay的材质

VRay渲染器提供了一些专门在VRay下使用的材质类型，如图9-142所示，这些材质类型和VRay渲染器有很好的匹配性，可以表现出更好的效果，并且节省渲染时间。VRay的材质只有在选择了VRay渲染器时才可以使用。本节将向读者介绍一些常用的VRay材质类型的使用方法。

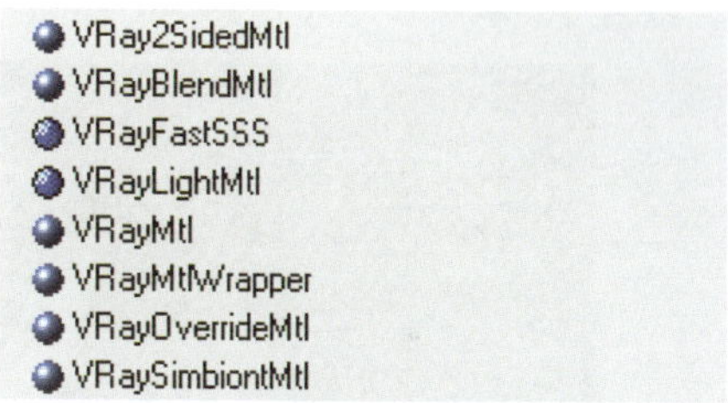

图9-142

1. VRayMtl材质

VRayMtl（VRay材质）是最基本的VRay材质，也是最常使用的VRay材质类型，使用它可以表现大部分的材质效果，图9-143所示为VRayMtl的参数面板。Reflection（反射）选项组用来对材质的反射属性进行设置，将Reflect（反射）颜色设置为白色后材质球会变为图9-144所示的效果。

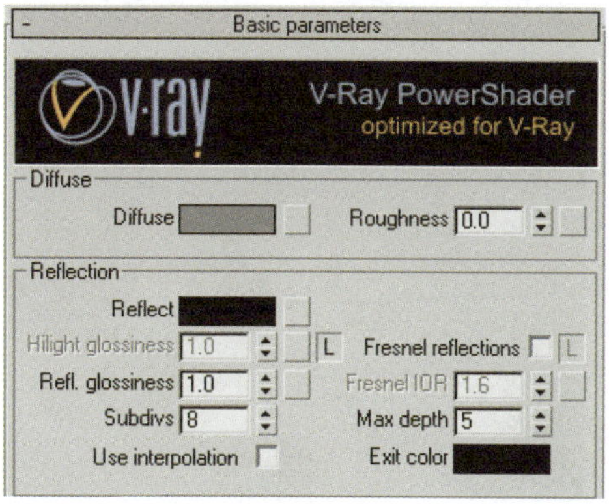

图9-143

图9-144

当反射颜色为白色时表示此时材质的反射效果是最强的，图9-145所示为将反射颜色设置为白色后所表现的金属水龙头效果。Refl glossiness（反射光泽度）参数用来控制反射的光泽度，将该参数降低可以时反射变得模糊，图9-146所示为设置该参数为0.75时所表现的磨砂金属的效果。

图9-145

图9-146

Subdivs（细分）参数用来控制材质产生模糊反射时的模糊质量，图9-147所示为将该参数设置为1的效果。当勾选了Fresnel reflection（菲涅耳反射）复选框后可以让材质根据光线的入射角度来决定反射效果，如图9-148所示。

图9-147

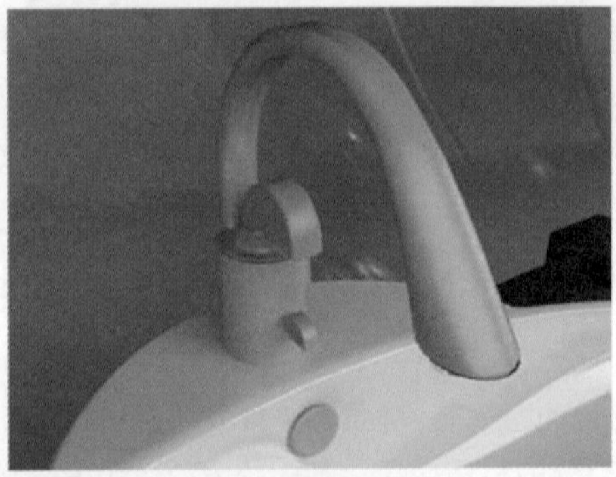

图9-148

Refraction（折射）选项组用来设置材质的折射属性，图9-149所示为材质的折射属性面板。将Refract（折射）颜色设置为白色后可以表现出玻璃的质感效果，如图9-150所示。

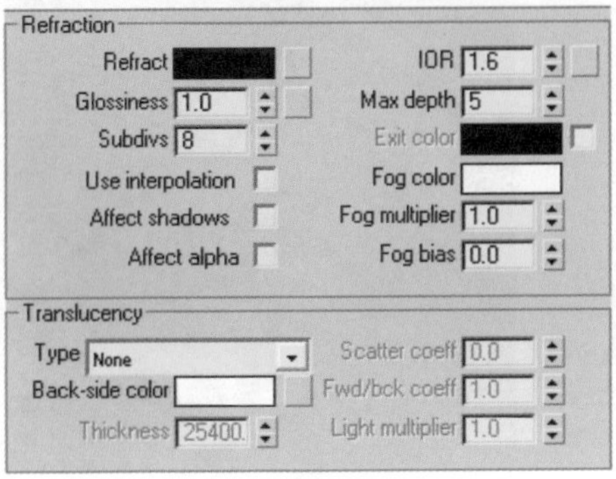

图9-149

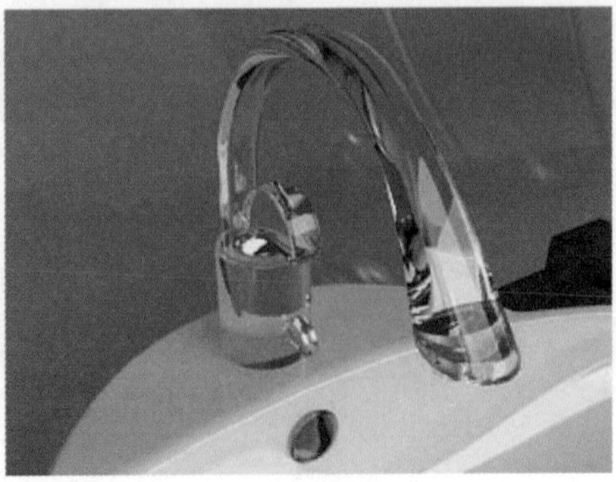

图9-150

设置Glossiness（光泽度）参数为0.8，效果如图9-151所示，可以表现出磨砂玻璃的效果。IOR（折射率）参数用来控制玻璃的折射率，图9-152所示为将该参数设置为1的效果，此时可以表现出平板玻璃的效果。

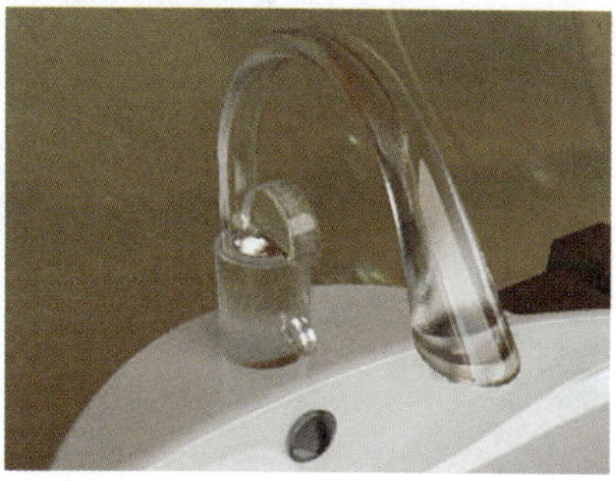

图9-151

图9-152

设置Fog color（雾颜色）可以使玻璃产生颜色，图9-153所示为将雾颜色设置为红色的效果。Fog multiplier（雾浓度）参数用来控制雾颜色的浓度，图9-154所示为将雾颜色浓度降低的效果。

图9-153

图9-154

注意

更改材质的折射颜色同样可以表现出有色玻璃的效果，但是这种效果跟设置雾颜色有所差异，雾颜色看起来像是对象内部所产生的颜色效果。

Translucency（半透明）选项组用来设置材质的半透明效果，图9-155所示为“半透明”选项组中的参数。图9-156所示为在折射最强的情况下选择Hard（硬）类型的半透明效果。

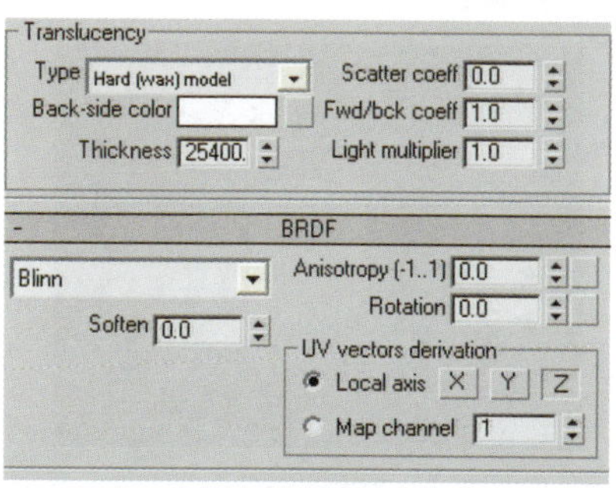

图9-155

图9-156

Back-side color（背面颜色）用来设置半透明内部的颜色效果，图9-157所示为将背面颜色设置为绿色的效果。图9-158所示为在启用了雾颜色的情况下选择Soft（软）半透明类型的效果。

图9-157

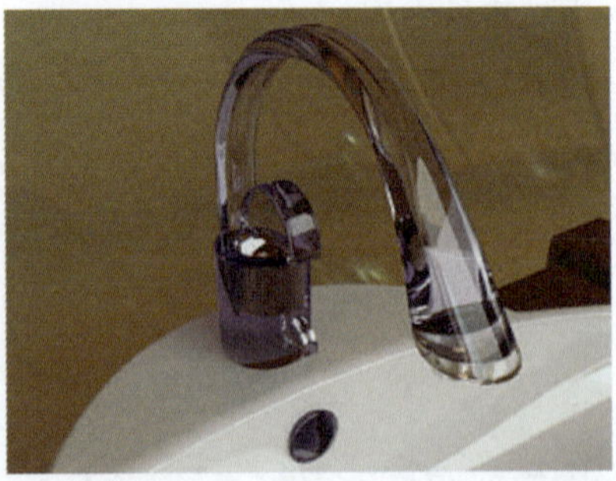

图9-158

2. VRayLightMtl（VRay灯光材质）

VRayLightMtl（VRay灯光材质）能够表现物体的自发光效果，常使用该材质类型来制作荧光管效果。图9-159所示为VRay灯光材质的参数面板，图9-160所示为使用VRay灯光材质的效果。

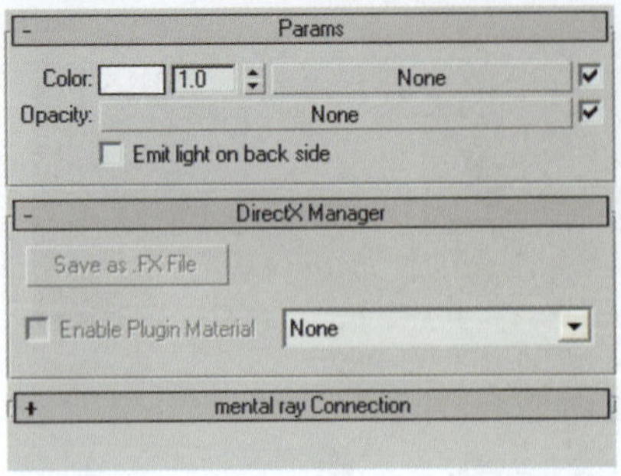

图9-159

图9-160

注意

VRay的VRayLightMtl（VRay灯光材质）只有在开启了全局光照后才能对场景产生光的影响。

VRay灯光材质能够对场景产生影响，如图9-161所示，增大强度后，对象的自发光强度更为强烈，同时周围的对象亮度也提高了。Color（颜色）选项用来更改自发光的颜色，图9-162所示为设置蓝色的自发光效果。

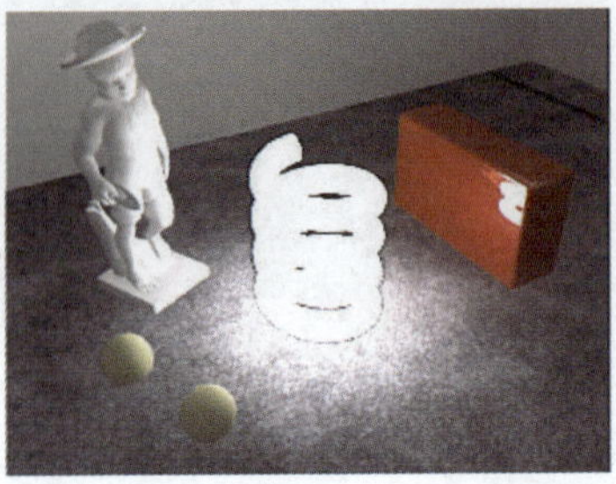

图9-161

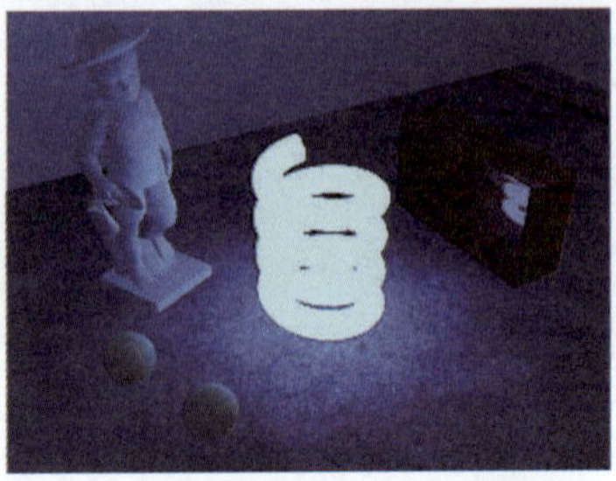

图9-162

知识应用：制作葡萄材质
最终文件：案例文件\第9章\ 制作葡萄材质.max
核心技能：VRay材质的应用。

Step 1 打开材质编辑器，新建一个VRayMtl材质，如图9-163所示。

Step 2 首先给Diffuse（漫反射）通道添加一张光盘中提供的如图9-164所示的贴图。

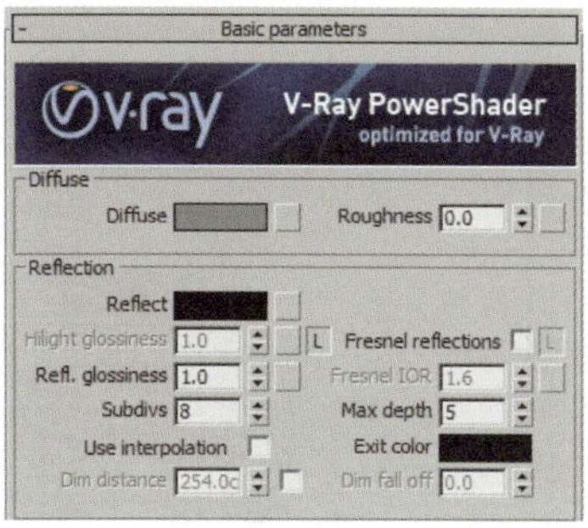

图9-163

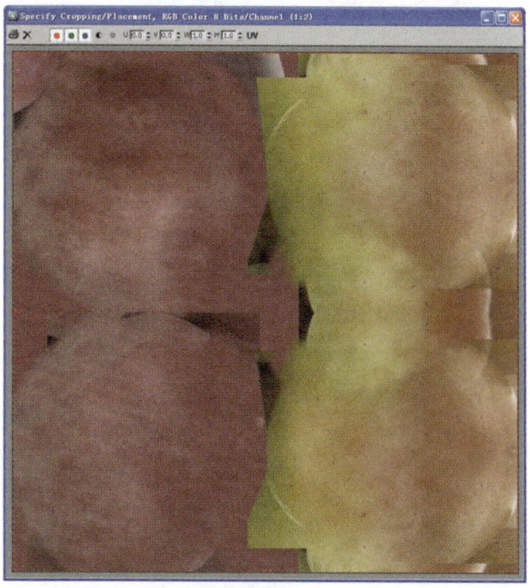

图9-164

Step 3 给Reflect（反射）通道添加一张Falloff（衰减）贴图，设置如图9-165所示。

Step 4 在Reflection（反射）选项组中设置Refl glossiness（反射光泽度）为0.89，如图9-166所示。

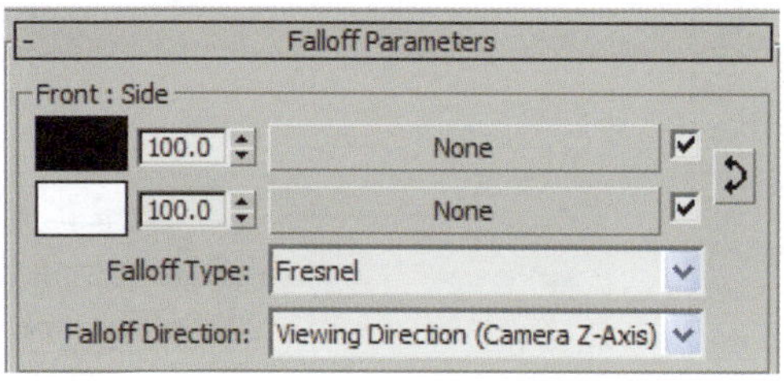

图9-165

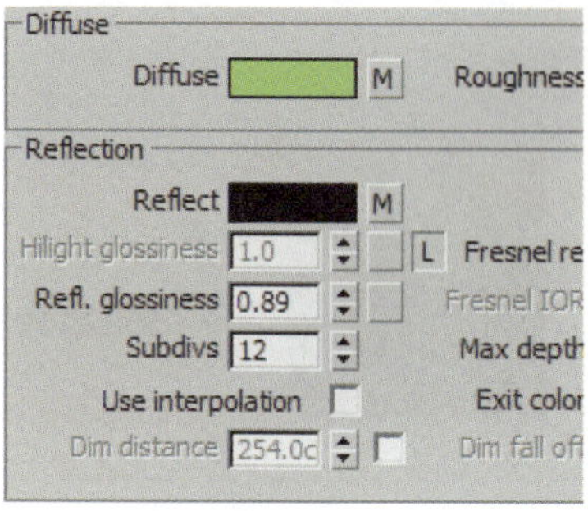

图9-166

Step 5 给Refract（折射）通道添加一张光盘中提供的如图9-167所示的贴图。

Step 6 在Refraction（折射）选项组中设置Glossiness（光泽度）为0.8，如图9-168所示。

图9-167

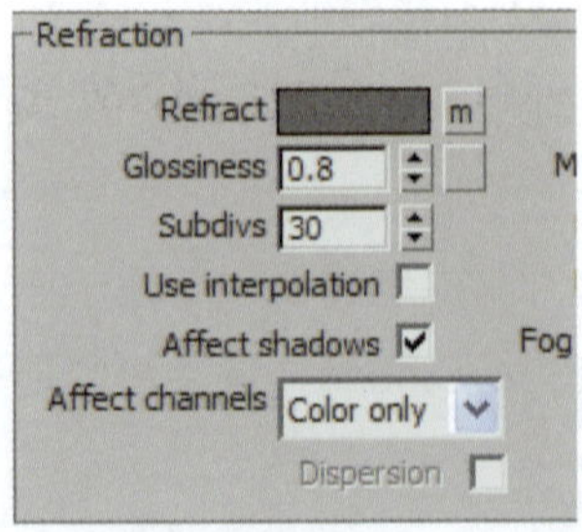

图9-168

Step 7 将Fog color（雾颜色）设置为如图9-169所示的粉红色。

Step 8 将Fog multiplier（雾倍增）参数设置为0.01，如图9-170所示。

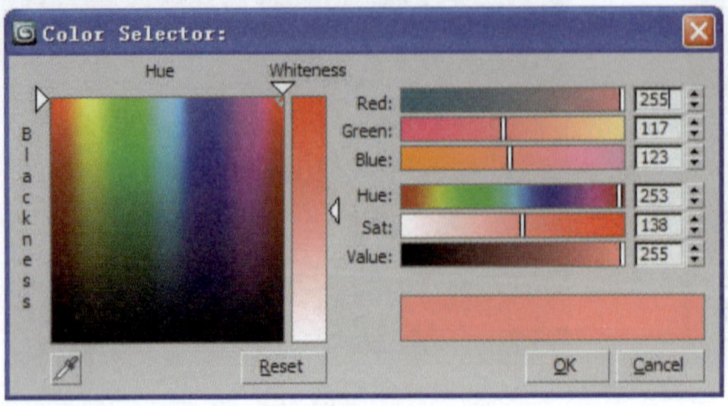

图9-169

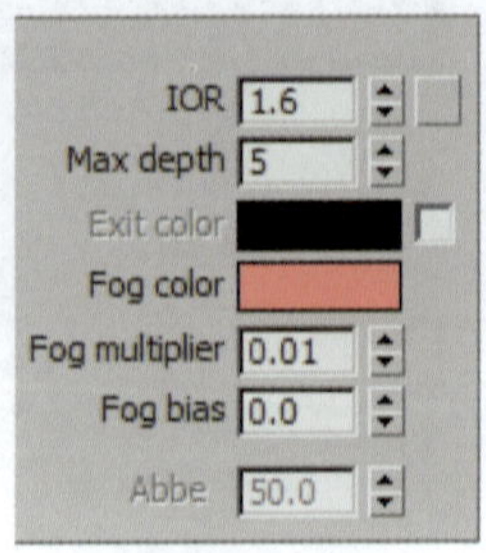

图9-170

Step 9 将Translucency（半透明）选项组中的Back-side color（背面颜色）设置为如图9-171所示的粉红色。

Step 10 在Translucency（半透明）选项组中进行如图9-172所示的参数设置。

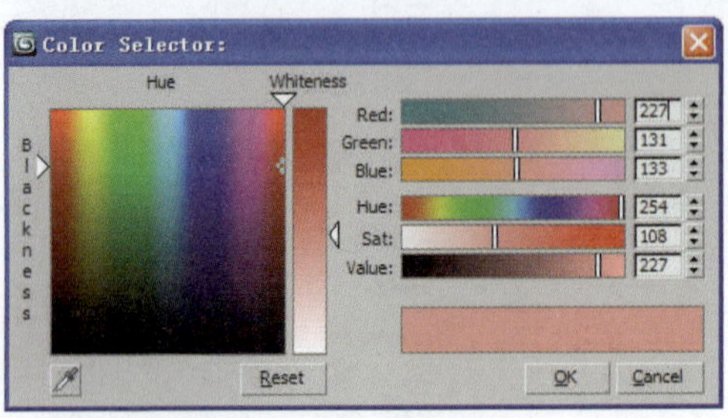

图9-171

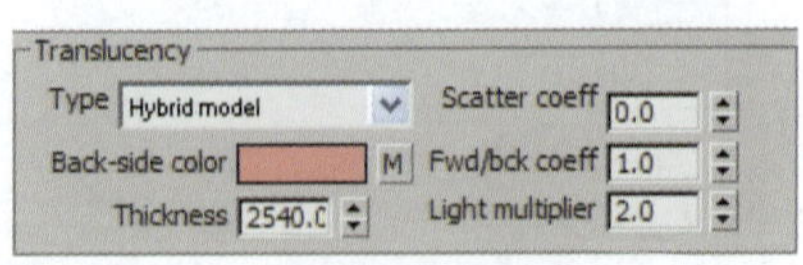

图9-172

Step 11 将漫反射通道中的贴图复制到Translucent（半透明）通道中，然后给Bump（凹凸）通道添加一张Noise（噪波）贴图，如图9-173所示。

Step 12 将噪波贴图的Color1设置为如图9-174所示的颜色。

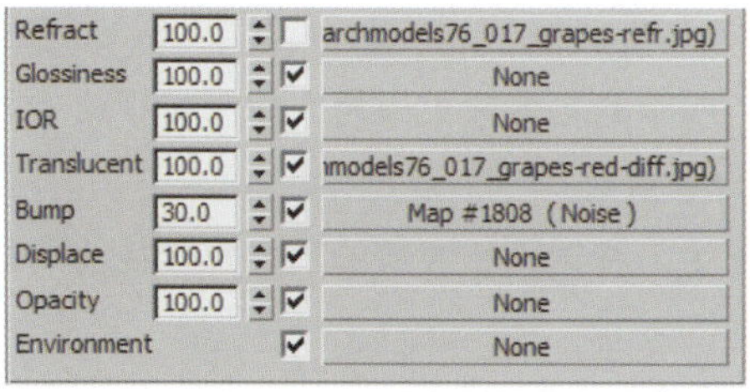

图9-173

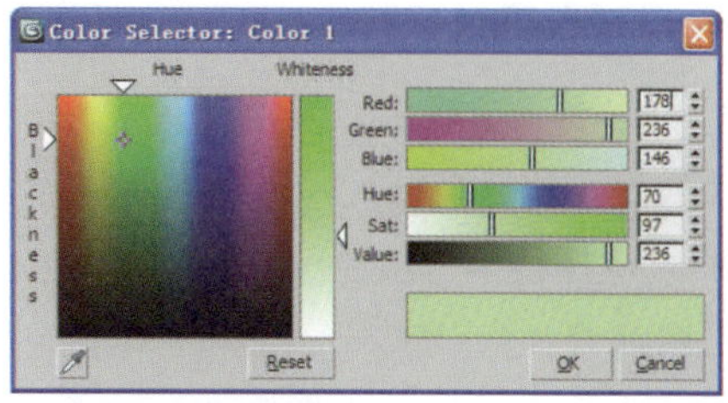

图9-174

Step 13 将Color2设置为如图9-175所示的颜色。

Step 14 在噪波贴图的卷展栏中设置Size（大小）为20，如图9-176所示。

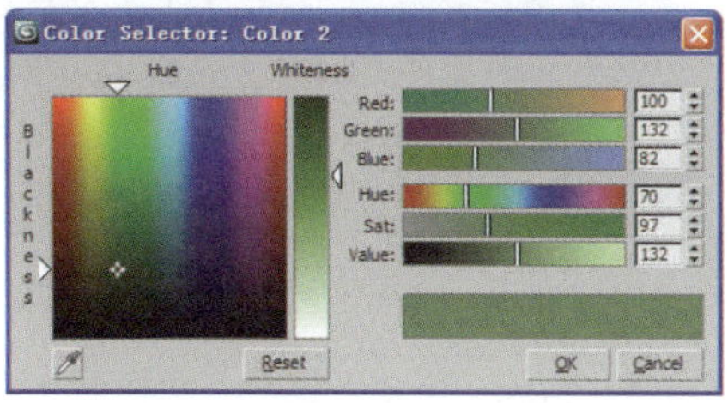

图9-175

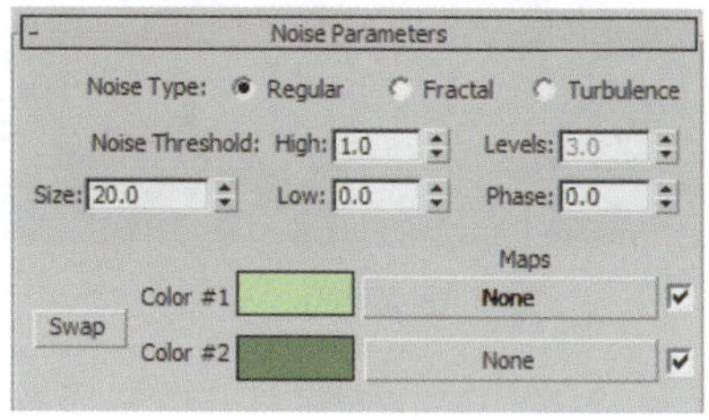

图9-176

Step 15 设置完毕后的葡萄材质球效果如图9-177所示，图9-178所示为将材质赋予模型所渲染的葡萄效果。

图9-177

图9-178

9.4 实战演练

本章将向读者介绍如何利用灯光特效进行渲染表现一幅CG风格的场景效果。

知识应用：CG魔幻场景渲染表现
原始文件：场景和素材\第9章\CG场景原始文件.max
最终文件：场景和素材\第9章\CG场景最终文件.max
核心技能：VRay渲染器的应用，利用灯光来烘托场景气氛，体积光特效。

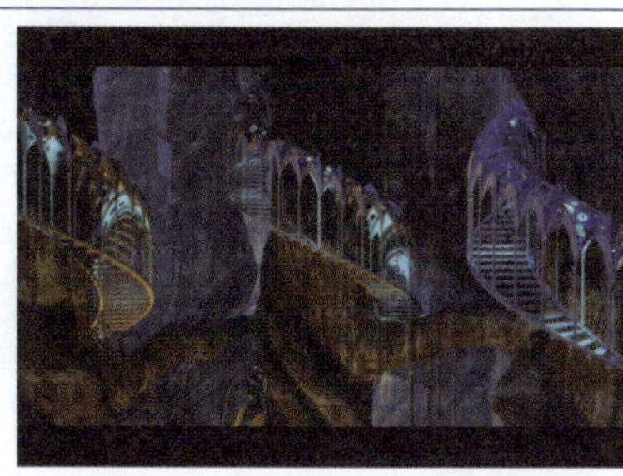

1. 完善场景模型

Step 1 打开光盘中提供的原始文件，从图9-179所示的场景效果来看，摄影机视口中的背景部分显得比较空，所以在进行灯光设置前，有必要对场景进行一些改进。

Step 2 只选择枝干对象进行复制，如图9-180所示，将树干和缠绕的藤条都转换为可编辑多边形，然后附加为一个对象。

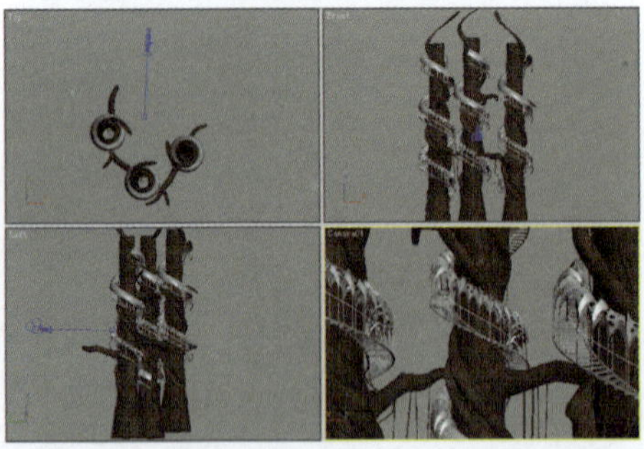

图9-179

图9-180

Step 3 在对象上右击，在打开的四元菜单中选择VRay-mesh export（VRay网格导出）命令，在弹出的对话框中进行如图9-181所示的设置。

Step 4 设置完毕后可以看到选择的对象模型显示效果被简化了，如图9-182所示，这样对该物体进行多次复制时就不会在场景中产生过大的数据量，影响流畅度。

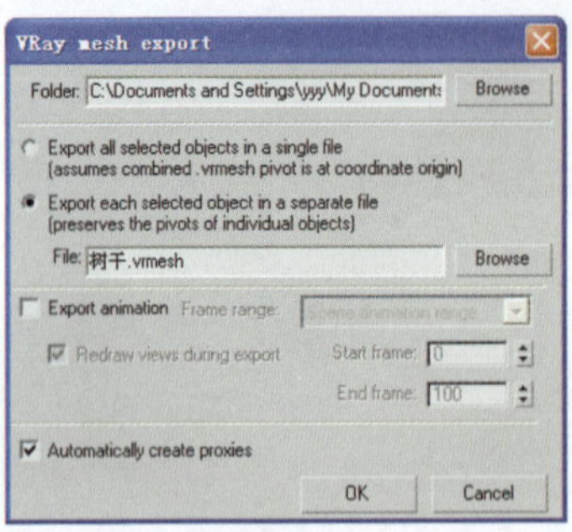

图9-181

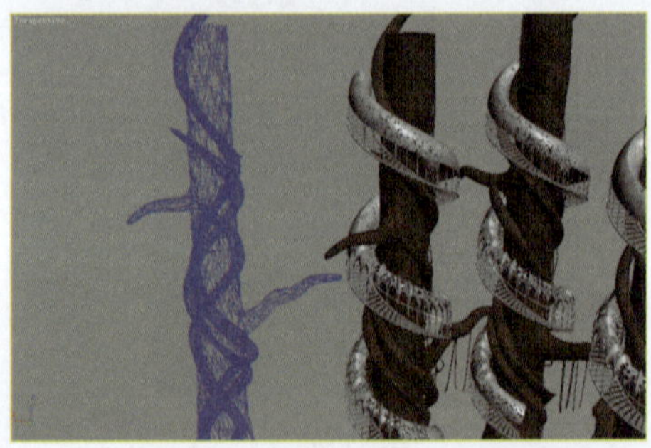

图9-182

Step 5 接下来对该对象进行多次复制，然后摆放成图9-183所示的效果，使场景产生纵深。

Step 6 在场景中创建一个Sphere（球体）对象，作为场景的球的环境，如图9-184所示。

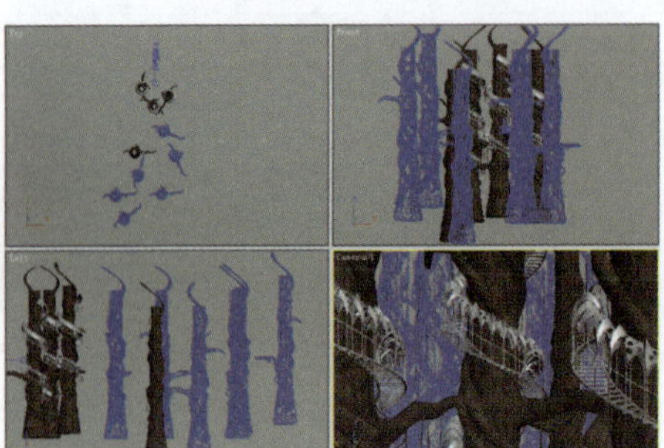

图9-183

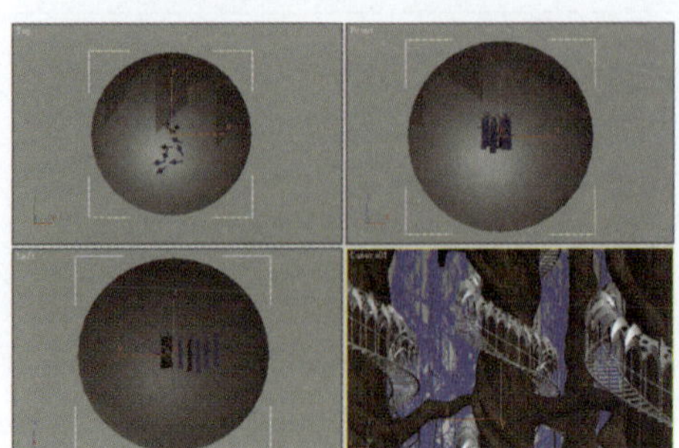

图9-184

Step 7 使用VRay渲染器提供的VRayLight（VRay灯光）材质，如图9-185所示。

Step 8 给Color（颜色）通道添加一张如图9-186所示的星空的图片作为环境贴图，然后将Color（颜色）强度设置为0.2。

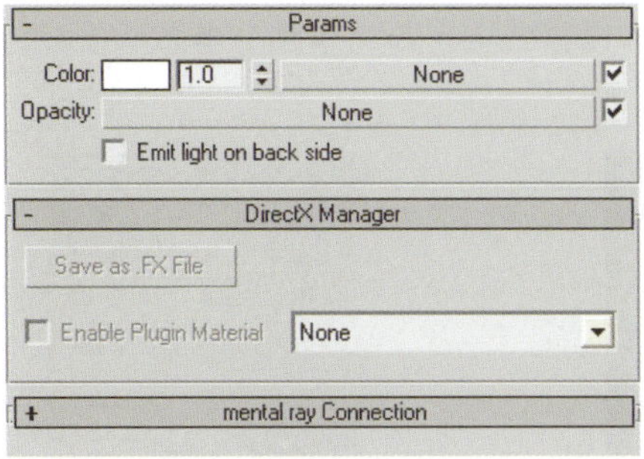

图9-185

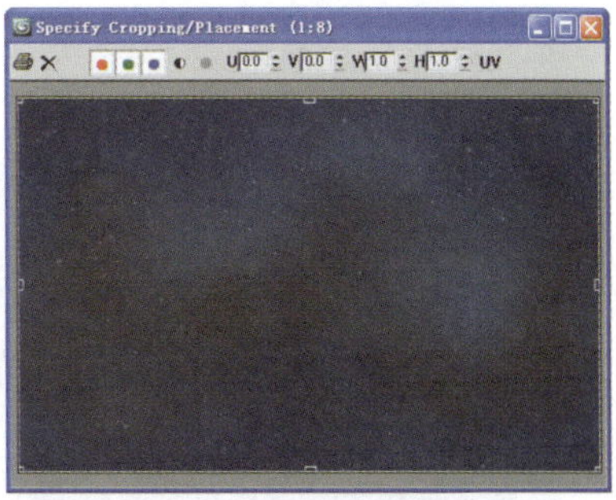

图9-186

Step 9 将该材质指定给球模型进行渲染，效果如图9-187所示，此时可以看到场景中还没有灯光的效果。

Step 10 在Create（创建）命令面板的Light（灯光）层级下选择Standard（标准）灯光类型，如图9-188所示。

图9-187

图9-188

Step 11 单击Target Direct（目标平行光）按钮Target Direct，在场景中创建一盏目标平行光，如图9-189所示。

Step 12 在灯光的“常规参数”卷展栏中启用阴影效果并选择阴影类型为VRayShadow（VRay阴影）。

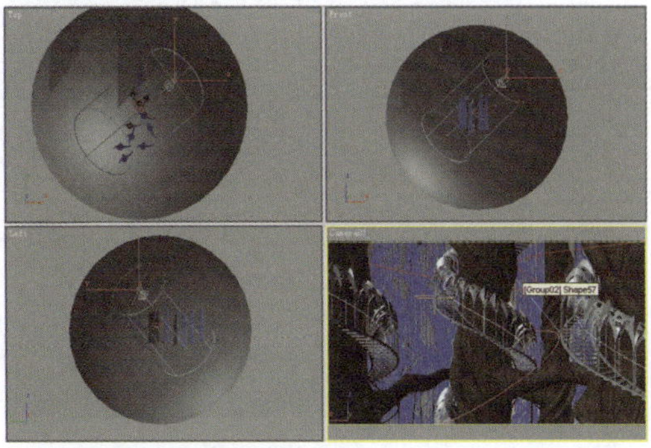

图9-189

图9-190

2. 给场景添加灯光

Step 1 创建平行光后对场景进行渲染，效果如图9-191所示，图像中出现了来自左上方的光线照射效果。

Step 2 进入灯光的“强度/颜色/衰减”卷展栏，设置Multiplier（倍增）参数为0.7，设置颜色为紫色，如图9-192所示。

图9-191

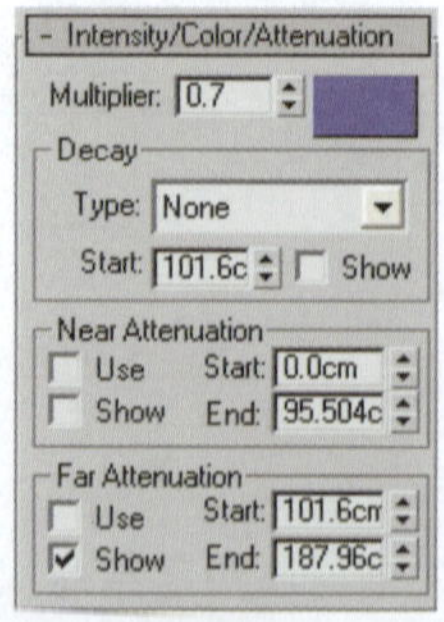

图9-192

Step 3 进入VRay渲染器的“间接光照”卷展栏，开启全局灯光效果，将初级反弹的Multiplier（倍增）参数设置为1.5，如图9-193所示。

Step 4 设置完毕后对场景进行渲染，效果如图9-194所示，可以看到场景变暗了，并偏向紫色基调。

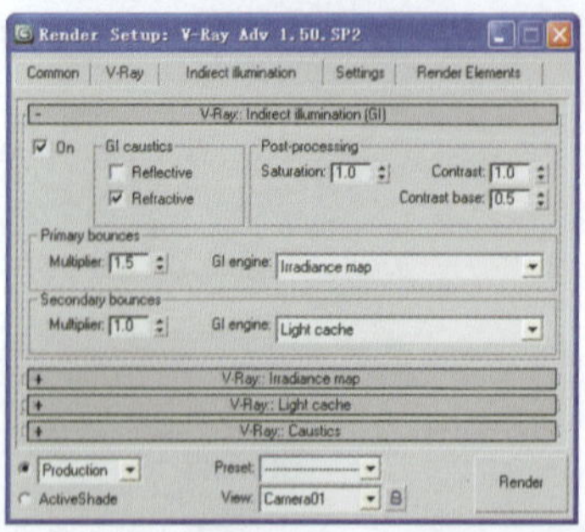

图9-193

图9-194

Step 5 接下来在场景中图9-195所示的最前方的位置创建一盏Omni（泛光灯）。

Step 6 将该泛光灯放置在树干的下半部分，然后进行渲染，效果如图9-196所示。

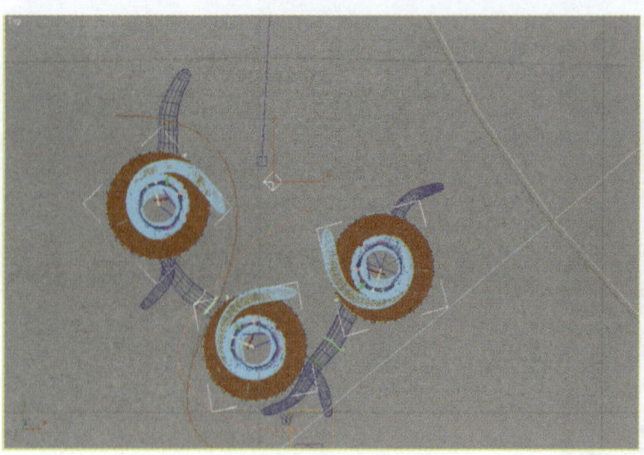

图9-195

图9-196

Step 7 启用泛光灯的Far Attenuation（远距离衰减）效果，如图9-197所示，使灯光产生衰减。

Step 8 进入灯光的“强度/颜色/衰减”卷展栏，设置Multiplier（倍增）参数为1.2，设置灯光颜色为橘红色，如图9-198所示。

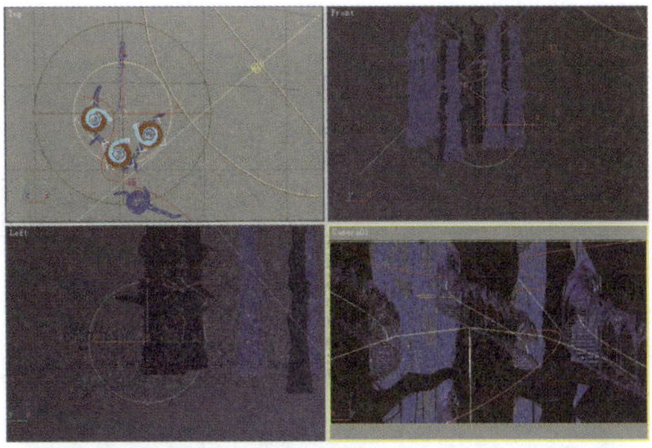

图9-197

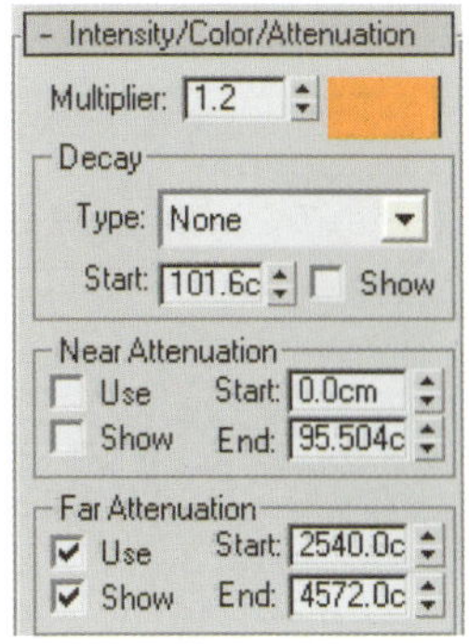

图9-198

Step 9 设置完毕后对场景进行渲染，效果如图9-199所示，树干的下半部分呈现出了橘红色的效果，看上去好像下方有火焰在燃烧。

Step 10 将该泛光灯复制到场景的后方几个树干中间，参数设置保持不变，如图9-200所示。

图9-199

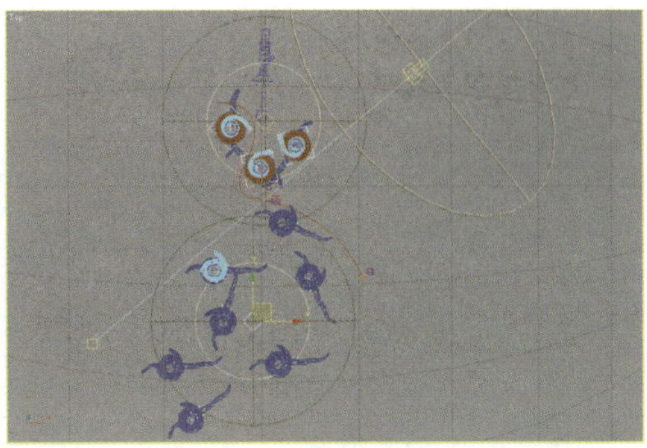

图9-200

3. 制作走廊内部的光照

Step 1 复制泛光灯后对场景再次进行渲染，效果如图9-201所示。

Step 2 在图9-202所示的走廊的中间高度位置创建一盏新的泛光灯。

图9-201

图9-202

Step 3 进入该灯光的“强度/颜色/衰减”卷展栏，进行如图9-203所示的参数设置，并启用远距离衰减效果。

Step 4 设置完毕后对场景进行渲染，效果如图9-204所示，在右下角可以看到该泛光灯的效果，对走廊的内部进行了照亮。

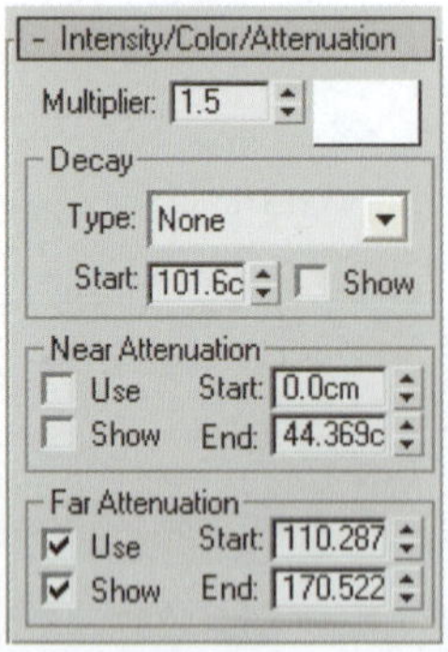

图9-203

图9-204

Step 5 将该灯光的颜色设置为如图9-205所示的天蓝色，以增加更为虚幻的效果。

Step 6 再次对场景进行渲染，效果如图9-206所示，可以看到灯光颜色设置为天蓝色后，效果更具有科幻感。

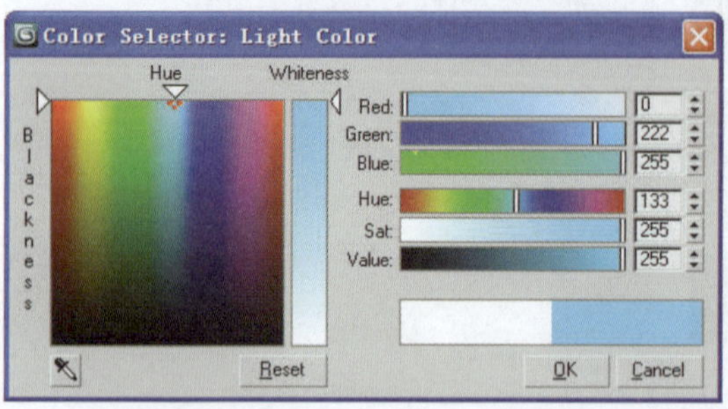

图9-205

图9-206

Step 7 在走廊中间位置创建一条螺旋的样条线路径，如图9-207所示。

Step 8 选择走廊中的泛光灯对象，使用Spacing Tool（间隔工具），如图9-208所示。

图9-207

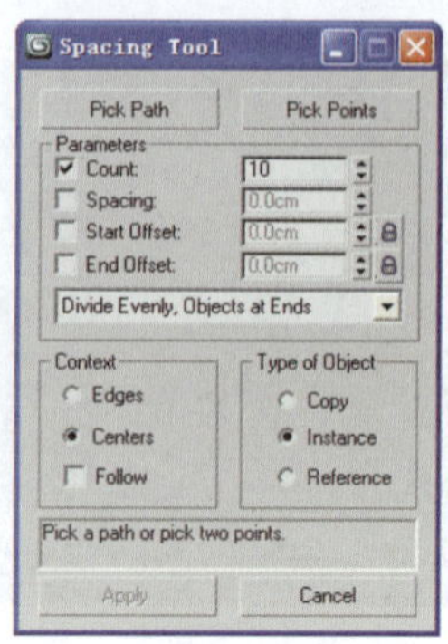

图9-208

Step 9 拾取刚才绘制的螺旋线路径，如图9-209所示，泛光灯沿着该路径进行了阵列，这样可以对整个走廊都进行照射。

Step 10 复制完毕后对场景进行渲染，效果如图9-210所示，可以看到走廊中出现了多点的光源照射。

图9-209

图9-210

Step 11 使用相同的方法，在中间的走廊上也制作出环绕的灯光阵列，如图9-211所示。

Step 12 保持这些复制的灯光之间为实例的关系，参数设置都一样，图9-212所示为中部走廊灯光的渲染效果。

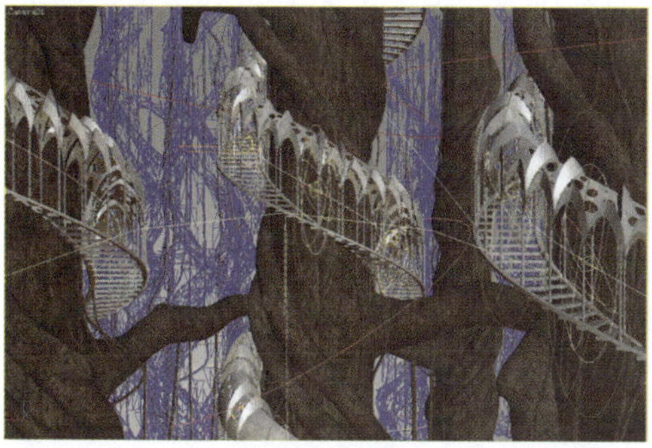

图9-211

图9-212

Step 13 在左侧的走廊中同样制作出环形阵列的灯光，如图9-213所示。

Step 14 然后对场景进行渲染，效果如图9-214所示，可以看到图像前部的效果已经差不多了，但是背景比较暗，也较为单调。

图9-213

图9-214

4. 添加体积光效果

Step 1 接下来在场景中制作体积光的效果完善场景背景，创建一盏Target Spot（目标聚光灯），如图9-215所示。

Step 2 在“聚光灯参数”卷展栏中进行图9-216所示的参数设置，使它在照射范围上产生衰减。

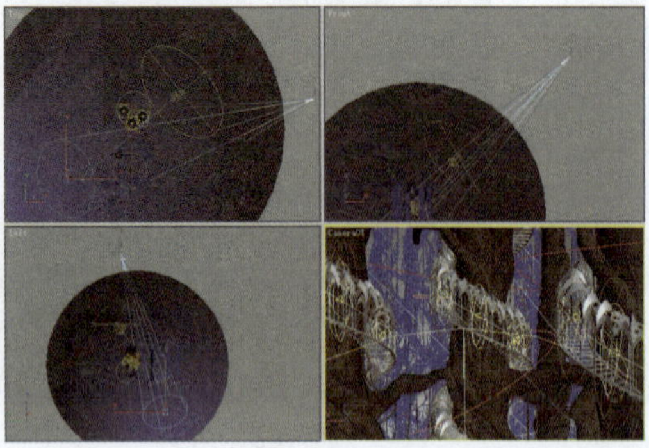

图9-215

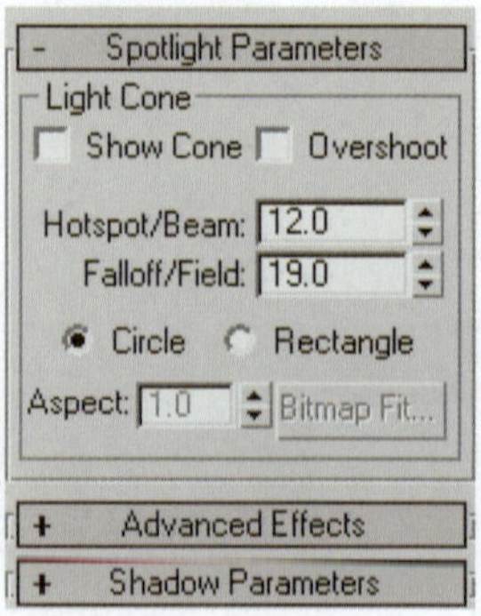

图9-216

Step 3 进入聚光灯的“强度/颜色/衰减”卷展栏，将Multiplier（倍增）参数设置为0.2，颜色设置为蓝色，如图9-217所示。

Step 4 使用快捷键【8】打开“环境和特效”窗口，进入Atmosphere（大气）卷展栏，如图9-218所示。

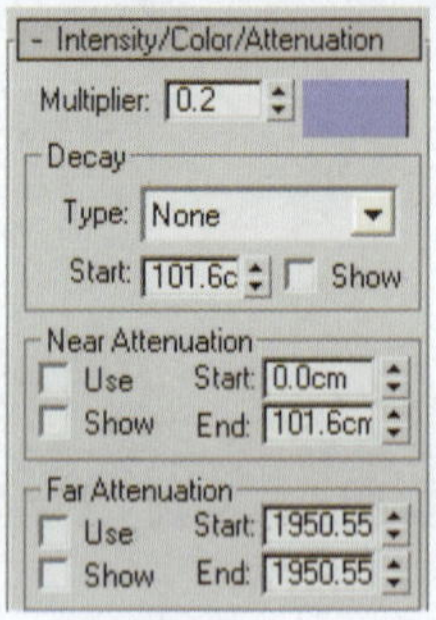

图9-217

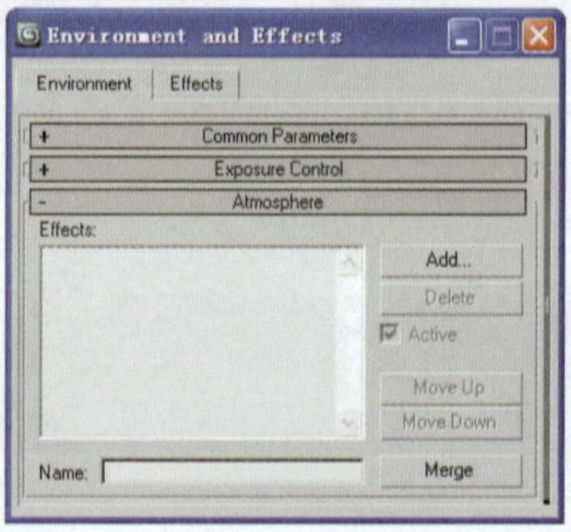

图9-218

Step 5 单击Add（添加）按钮 Add... ，在弹出的对话框中给场景添加一个Volume Light（体积光）特效，如图9-219所示。

Step 6 在“体积光参数”卷展栏中单击Pick Light（拾取灯光）按钮 Pick Light ，拾取场景中的目标聚光灯，如图9-220所示。

图9-219

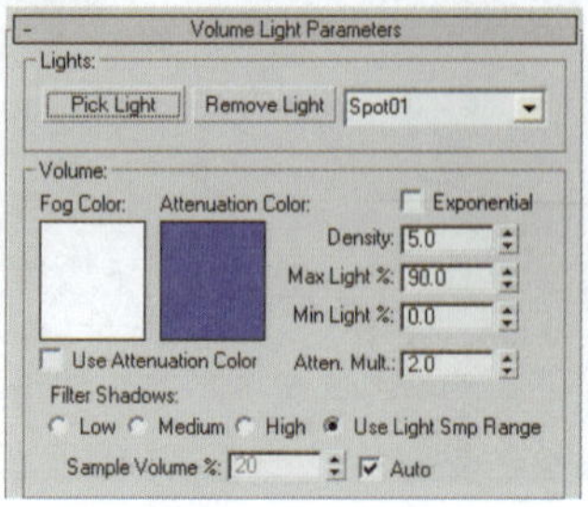

图9-220

Step 7 由于添加了体积光后，渲染时间会大幅度增加，所以在VRay的“图像采样器”卷展栏中进行图9-221所示的设置，以降低测试渲染的速度。

Step 8 设置完毕后对场景进行渲染，效果如图9-222所示，背景出现了一片白色的效果，体积光的效果太强烈了。

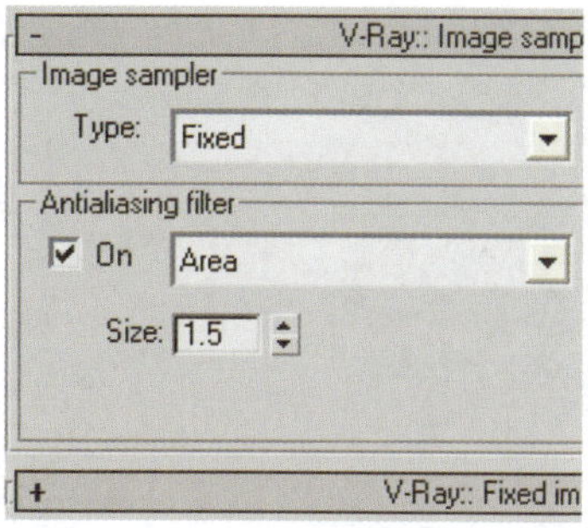

图9-221

图9-222

Step 9 进入“体积光参数”卷展栏，将Density（密度）参数设置为0.2以降低体积光的强度，如图9-223所示。

Step 10 再次对场景进行渲染，效果如图9-224所示，此时背景上看上去像是蒙了一层薄雾。

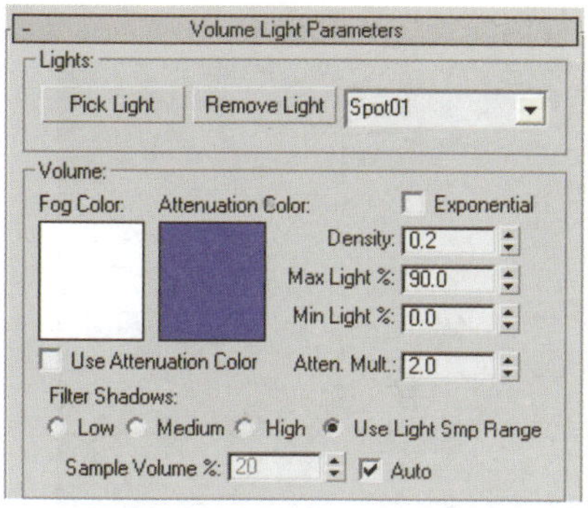

图9-223

图9-224

Step 11 为了使体积光产生更多的变化，在场景中创建一个图9-225所示的栅格模型，用来对聚光灯的光线进行分割。

Step 12 此时对场景进行再次渲染，效果如图9-226所示，没有观察到十分明显的变化。

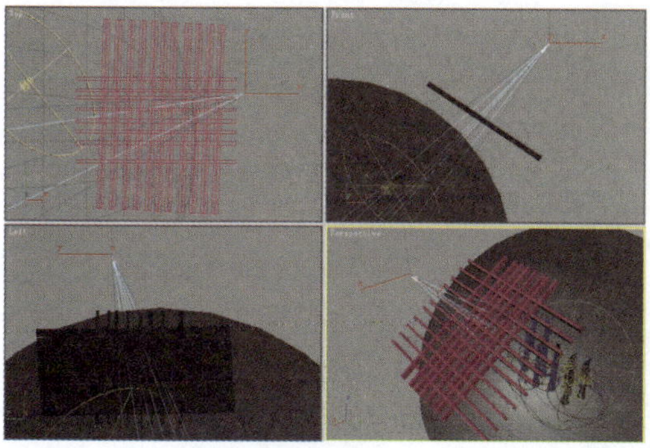

图9-225

图9-226

Step 13 进入灯光的“常规参数”卷展栏，启用阴影效果，选择阴影的类型为Shadow Map（阴影贴图），如图9-227所示。

Step 14 再次对场景进行渲染，效果如图9-228所示。当开启阴影效果后，体积光才会对阻挡它的对象产生影响。

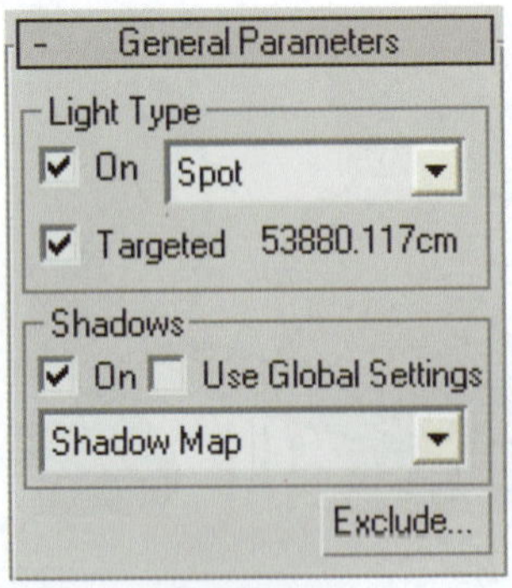

图9-227

图9-228

Step 15 返回到渲染器的“图像采样器”卷展栏，进行如图9-229所示的设置，用来对最终图像进行渲染。

Step 16 设置完毕后对场景进行最终的渲染输出，图9-230所示为最终渲染效果。

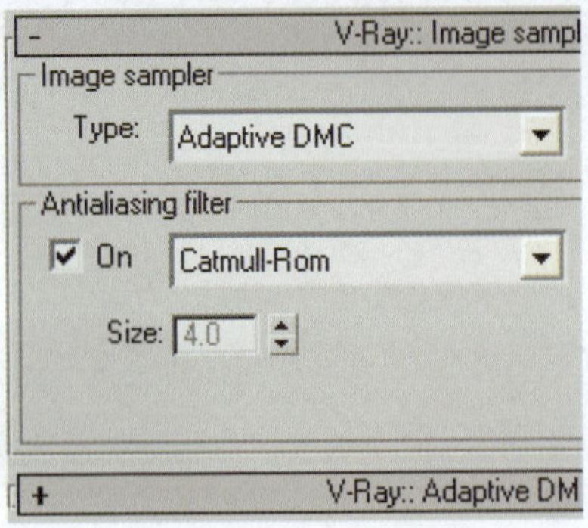

图9-229

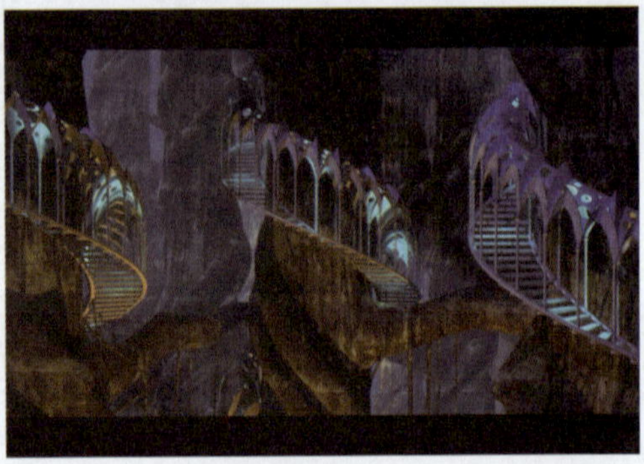

图9-230

Chapter

10

环境与特效

环境和特效对于场景气氛的烘托和表现某些艺术效果很有帮助，它们作为两个独立的部分应用于场景中。环境包括颜色贴图的设置以及在场景中添加火、雾等大气效果。而特效则用来在场景中添加镜头光晕、模糊、胶片颗粒等特殊效果。

10.1 环境设置

现实世界中的对象都是处于某种特定的环境中，不同的环境会对物体产生各种影响，一辆汽车在白天和傍晚时的效果是截然不同的。环境对场景氛围有很大的影响，特别是在制作室外场景时，环境的影响尤为重要。

10.1.1 改变环境的颜色和背景

选择Rendering（渲染）>Environment（环境）命令或使用快捷键【8】可以打开“环境和特效”窗口，在该窗口中可以对环境的颜色以及贴图进行定义，这些设置可以对场景的氛围进行定义。

知识应用：给场景更换背景
原始文件：场景和素材\第10章\环境设置.max
核心技能：环境设置。

Step 1 打开光盘中提供的“场景和素材\第10章\环境设置.max”文件，如图10-1所示，该场景中有一个海边小镇模型，并且它的背面是空的，没有物体遮挡。

Step 2 在菜单栏中选择Rendering（渲染）>Environment（环境）命令，打开图10-2所示的Environment and Effects（环境和特效）窗口，在默认状态下环境的颜色为黑色。

图10-1

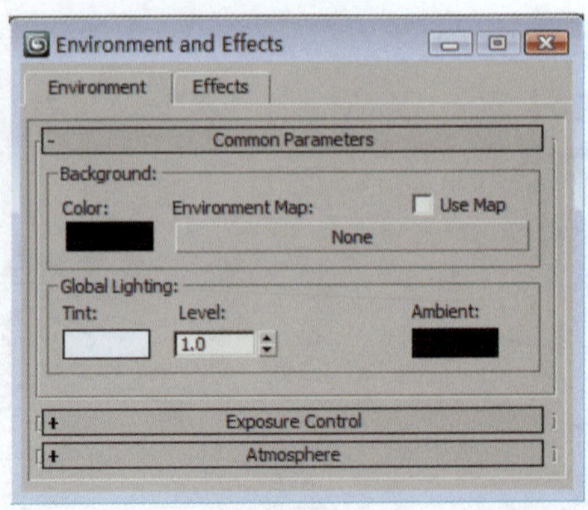

图10-2

Step 3 使用快捷键【F9】进行渲染，效果如图10-3所示，背后空旷的部分在渲染结果中显示为黑色。

Step 4 再次打开Environment and Effects（环境和特效）窗口，单击Color（颜色）选项下的色块，将环境颜色设置为天蓝色，如图10-4所示。

图10-3

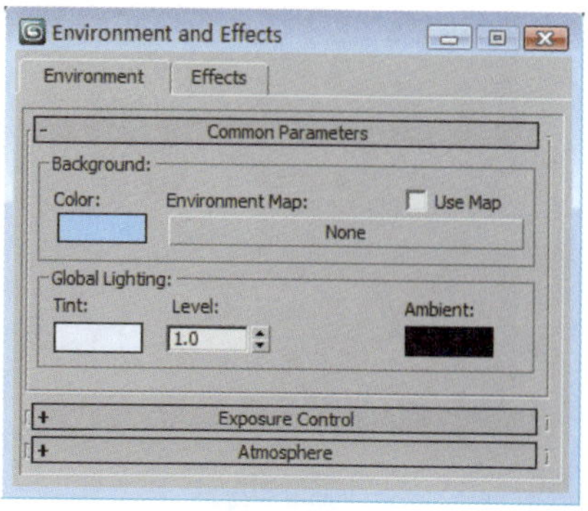

图10-4

Step 5 继续对场景进行渲染，效果如图10-5所示，此时房屋背后的部分变为了天蓝色。

Step 6 接下来在“环境和特效”窗口中勾选Use Map（使用贴图）复选框，然后单击下方的长条形按钮给环境添加一张位图图片，如图10-6所示。

图10-5

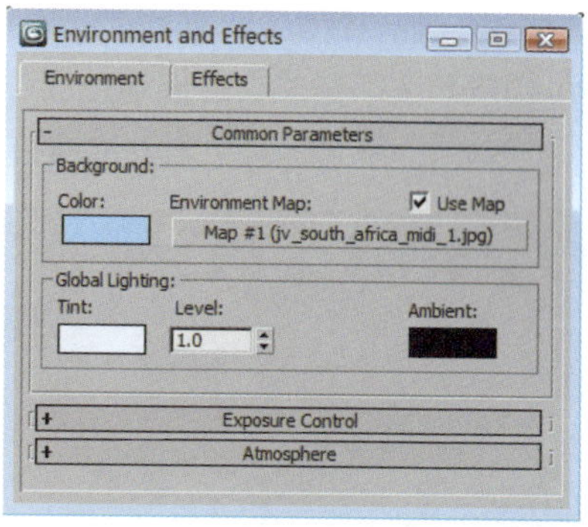

图10-6

Step 7 再次对场景进行渲染，如图10-7所示，添加了贴图后，房屋背后的部分显示为所添加的位图图片。

图10-7

Global Lighting（全局光照）选项组用来对全局照明环境进行控制，Tint（染色）在默认状态下为白色，表示不对灯光进行着色，图10-8所示为将“染色”设置为蓝色的效果。Level（级别）控制场景中全局照明的强度，默认参数为1，图10-9所示为设置“级别”为8的渲染效果。

图10-8

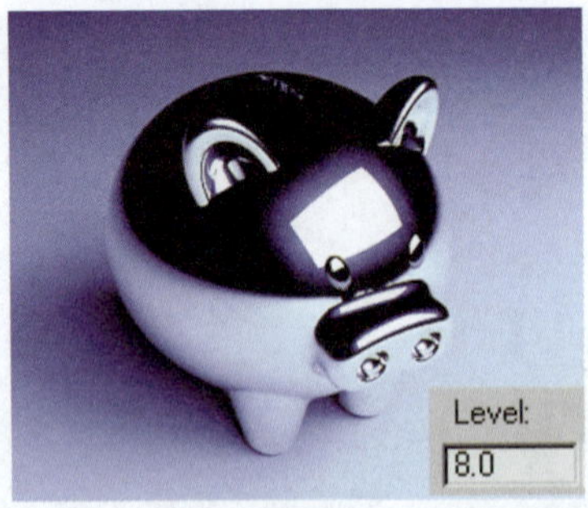

图10-9

10.1.2 曝光控制

在现实生活中使用照相机时有时会出现曝光的效果，3ds Max中同样会出现这种情况，特别是在靠近光源的地方很容易出现曝光，在“渲染”面板的Exposure Control（曝光控制）卷展栏中可以对曝光进行控制。

图10-10所示的场景中在靠近墙壁的位置上有一盏泛光灯。在没有进行曝光控制的情况下进行渲染，如图10-11所示，可以看到在靠近光源的墙壁和地面上出现了比较明显的曝光。

图10-10

图10-11

使用快捷键【8】打开“环境和特效”窗口，在Exposure Control（曝光控制）卷展栏中展开下拉列表，可以看到共有5种曝光方式。选择第一种Automatic Exposure Control（自动曝光控制），如图10-12所示，单击Render Preview（渲染预览）按钮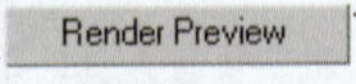可以查看启用曝光控制后的效果。开启曝光控制后对场景进行渲染，效果如图10-13所示，场景的整体亮度被降低了，同时墙壁和地面上的曝光也消除了。

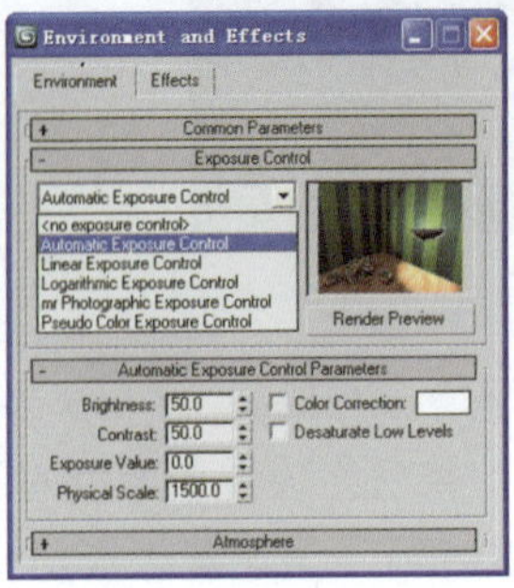

图10-12

图10-13

重新回到“环境和特效”窗口，选择Linear Exposure Control（线性曝光控制），然后进行渲染，如图10-14所示。使用线性曝光后，图像的整体亮度没有降低很多，但是也在一定程度上抑制了曝光。接下来选择Logarithmic Exposure Control（对数曝光）模式进行渲染，效果如图10-15所示，图像整体变得非常亮。

图10-14

图10-15

当选择了一种曝光类型后，会在下方出现该类型的卷展栏，用于对一些进阶参数进行设置。如在Exposure Control（曝光控制）卷展栏中选择Linear Exposure Control（线性曝光控制），如图10-16所示，选择该类型后，下方出现了“线性曝光”的参数卷展栏。

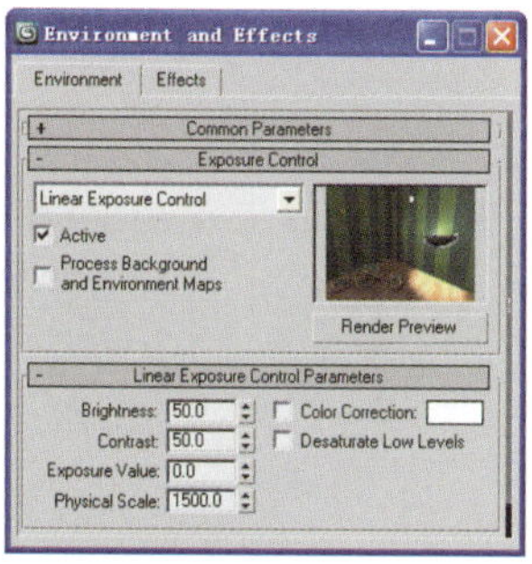

图10-16

图10-17

将Contrast（对比度）参数设置为100进行渲染，效果如图10-18所示，该参数可以控制图像的对比度。

Exposure Value（曝光值）参数用来控制场景的整体亮度，该参数默认值为0，将它设置为1进行渲染，效果如图10-19所示。

图10-18

图10-19

把其他参数都还原为默认值，然后将Physical Scale（物理比例）参数设置为100进行渲染，效果如图10-20所示，该参数用来设置曝光控制的物理比例，默认值为1500。

勾选Color Correction（颜色修正）复选框后颜色修正会改变所有颜色，图10-21所示为将“颜色修正”设置为红色时的渲染效果。

图10-20

图10-21

10.2 大气环境

“环境和特效”窗口中的Common Parameters（公用参数）卷展栏中只提供了对环境颜色和贴图的设置，如果想要给环境中添加更为复杂的大气效果，可以进入Atmosphere（大气）卷展栏。3ds Max提供了Fire Effect（火效果）、Fog（雾）、Volume Fog（体积雾）和Volume Light（体积光）4种大气效果。

10.2.1 体积光

知识应用：给场景更换背景

原始文件：环境和素材\第10章\添加体积光原始文件.max

核心技能：添加体积光特效。

Step 1 打开光盘中提供的“场景和素材\第10章\添加体积光原始文件.max”场景文件，在默认状态下进行渲染，效果如图10-22所示。

Step 2 打开“环境和特效”窗口，进入Atmosphere（大气）卷展栏，并单击Add（添加）按钮 Add... 。

图10-22

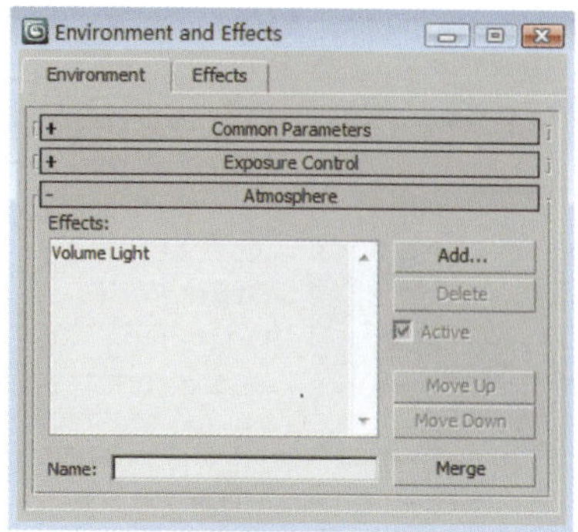

图10-23

Step 3 在弹出的“增加大气特效”对话框中选择Volume Light（体积光）特效，如图10-24所示。

Step 4 添加体积光特效后，在参数卷展栏中单击Pick Light（拾取灯光）按钮 Pick Light ，如图10-25所示。

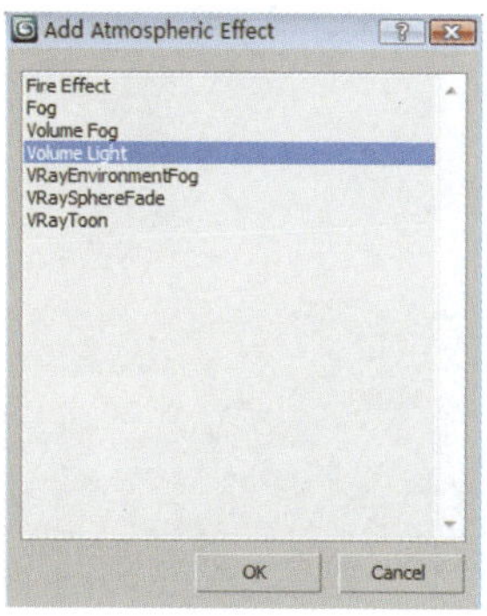

图10-24

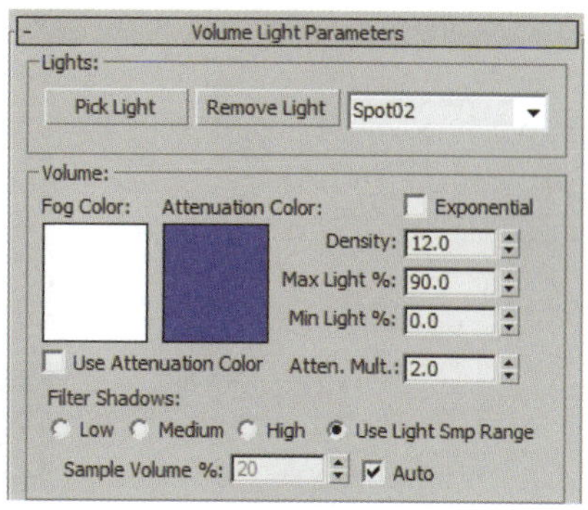

图10-25

Step 5 然后在Top（顶）视口中选择左下角的平行光，如图10-26所示。

Step 6 拾取灯光后再次对场景进行渲染，效果如图10-27所示，场景中出现了白色的体积光效果。

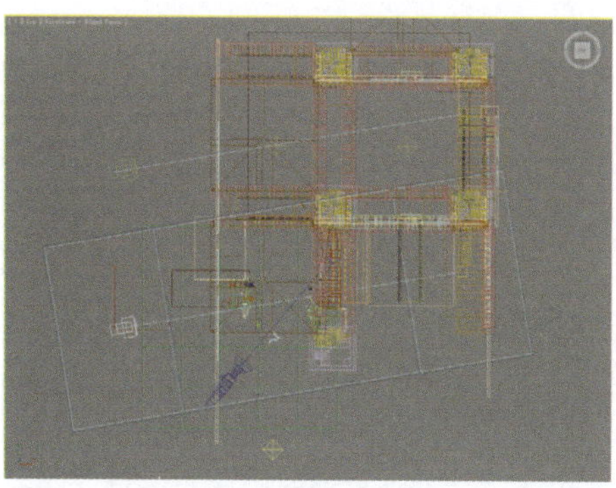

图10-26

图10-27

当添加了Volume Light（体积光）大气效果后，会出现体积光的参数卷展栏，如图10-28所示。在该卷展栏中单击Pick Light（拾取灯光）按钮 Pick Light ，在场景中拾取左侧的平行光，然后在默认参数下进行渲染，效果如图10-29所示。

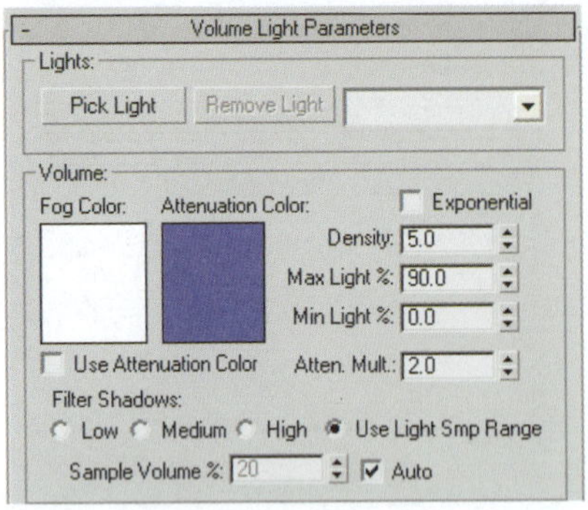

图10-28

图10-29

使用体积光的情况下需要开启灯光的阴影效果，选择平行光的阴影类型为Shadow Map（阴影贴图），如图10-30所示，然后再次对场景进行渲染，效果如图10-31所示，场景中出现了光线被窗户所分隔形成的条状效果。

图10-30

图10-31

Fog Color（雾颜色）选项可以修改体积光的颜色，图10-32所示为将Fog Color（雾颜色）设置为黄色的渲染效果。体积光效果与灯光的照射范围有着直接影响，如图10-33所示，将平行光的照射范围缩小，体积光的范围也随之缩小了。

图10-32

图10-33

Density（密度）参数用来控制体积光的强度，参数越高，体积光的浓度越强烈，图10-34所示为设置Density（密度）参数为15的效果。Sample Volume（采样体积）参数用来控制体积光的采样率，如图10-35所示，当设置该参数为1时体积光的效果变得非常锐利。

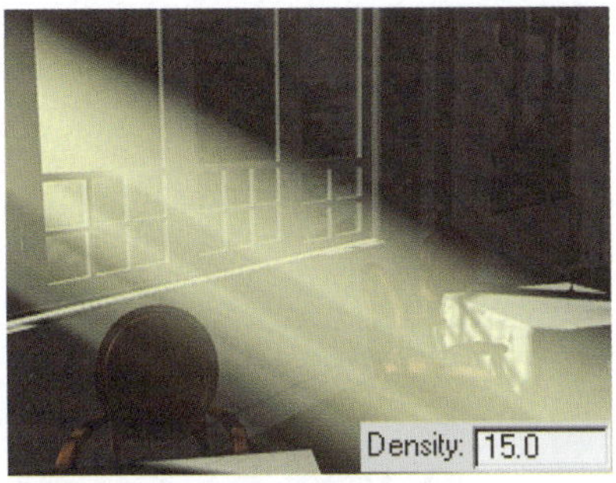

图10-34

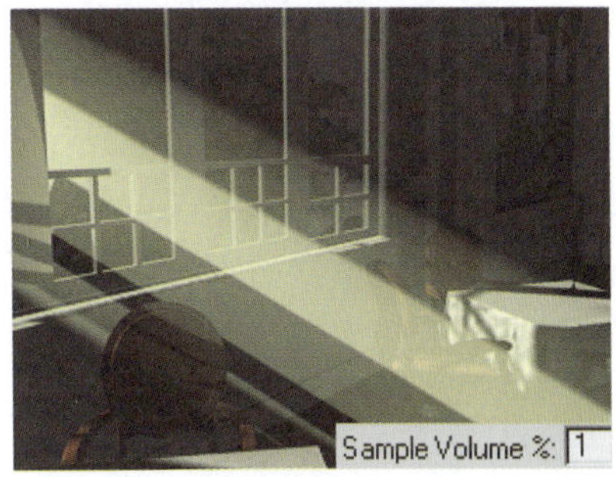

图10-35

注意

体积光的浓度还与灯光的强度有关系，灯光强度越大，所产生的体积光效果也就越浓。

体积光的参数卷展栏中还有一个Noise（噪波）选项组用来使体积光产生噪波效果，如图10-36所示。勾选Noise On（噪波启用）复选框，设置Amount（数量）为1进行渲染，效果如图10-37所示。Amount（数量）参数用来控制噪波的数量，1为最大值。

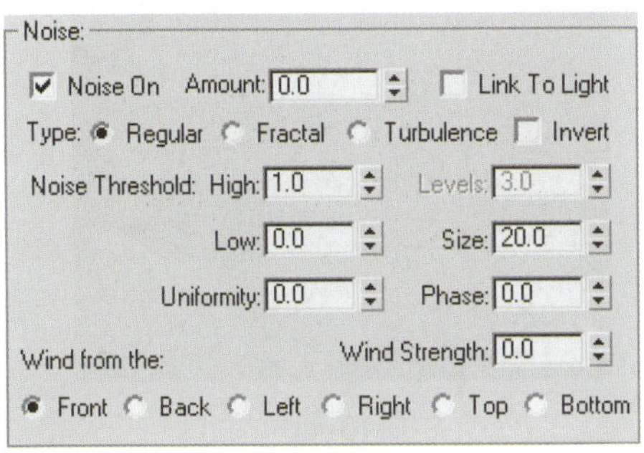

图10-36

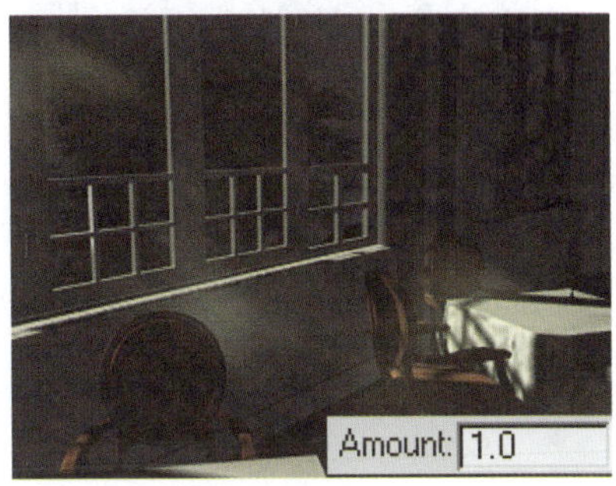

图10-37

从图10-37所示的效果可以看到，噪波的效果不明显，这是因为噪波的体积比较大，Size（大小）参数可以控制噪波的大小，如图10-38所示，将该参数设置为3后产生了比较明显的噪波效果。体积光提供了Regular（规则）、Fractal（分形）和Tubulence（湍流）3种类型，图10-39所示为选择Fractal（分形）类型的效果。

图10-38

图10-39

10.2.2 雾与体积雾

雾效果分为Fog（雾）和Volume Fog（体积雾）两种，Fog（雾）效果用于对整个场景添加雾的效果，而Volume Fog（体积雾）需要借助Atmospheric Apparatus（大气装置）来使用。下面通过一个案例来向读者介绍如何给场景添加雾效果。

知识应用：给场景添加雾效果
原始文件：场景和素材\第10章\雾效果.max
核心技能：Fog（雾）和Volume Fog（体积雾）。

Step 1 打开光盘中提供的“场景和素材\第10章\雾效果.max”文件，如图10-40所示。

Step 2 在没有使用“雾”的情况下对场景进行渲染，效果如图10-41所示。

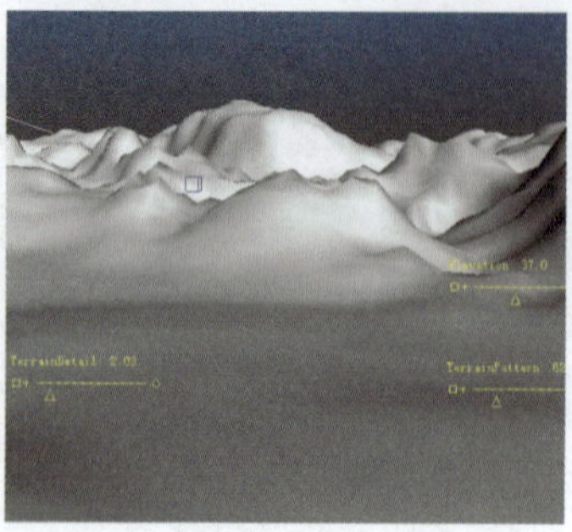

图10-40

图10-41

Step 3 在“大气”卷展栏中单击Add（添加）按钮

给环境添加一个Fog（雾）效果，如图10-42所示。

Step 4 添加Fog（雾）效果后会出现图10-43所示的雾效果参数面板。

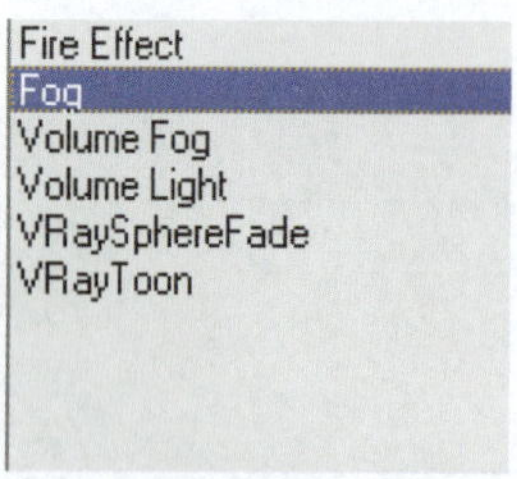

图10-42

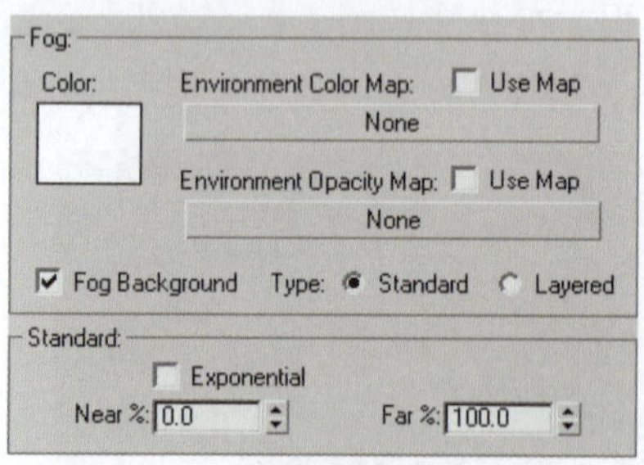

图10-43

Step 5 添加“雾”效果后对场景进行渲染，效果如图10-44所示，可以看到背景变为了白色。

Step 6 在Fog（雾）选项组中取消勾选Fog Background（雾化背景）复选框，使雾效果不影响背景，如图10-45所示。

图10-44

图10-45

Step 7 Standard（标准）选项组中可以设置雾的近端和远端与摄影机的距离，将Near（近端）设置为10，Far（远端）设置为70进行渲染，效果如图10-46所示。

Step 8 将Near（近端）设置为70，Far（远端）设置为10进行渲染，效果如图10-47所示。

图10-46

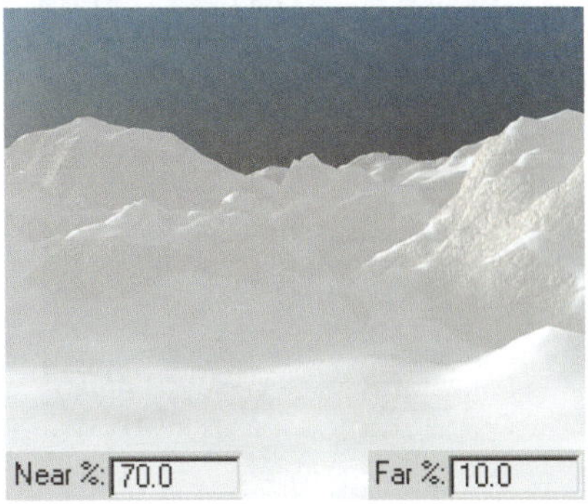

图10-47

Step 9 将雾颜色设置为红色进行渲染，效果如图10-48所示。

Step 10 给雾颜色通道添加一张Plant（行星）贴图进行渲染，效果如图10-49所示。

图10-48

图10-49

Step 11 选择Layered（分层）类型可以使雾在上限和下限之间变薄和变厚。如图10-50所示，当选择了Layered（分层）类型后会激活“分层”选项组。

Step 12 取消“雾化背景”对场景进行渲染，效果如图10-51所示。

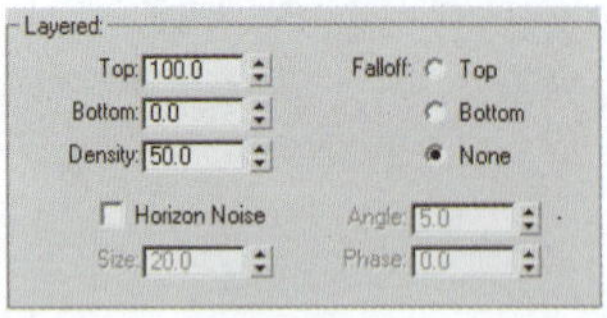

图10-50

图10-51

Step 13 将雾的Top（上限）设置为0，Bottom（下限）设置为10进行渲染，效果如图10-52所示。

Step 14 Density（密度）参数用来设置雾的总体密度，图10-53所示为将“密度”设置为10的效果。

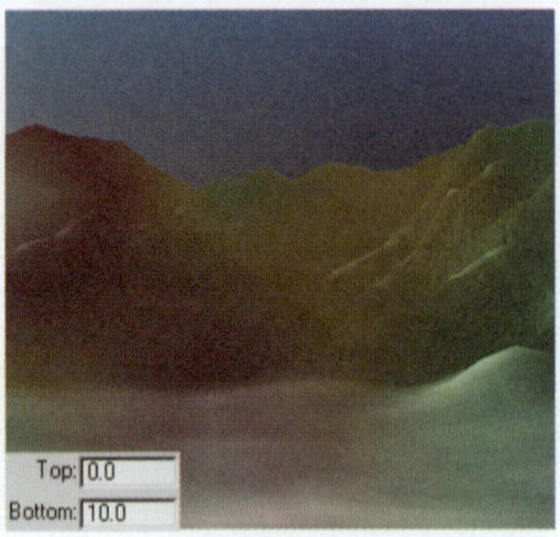

图10-52

图10-53

Step 15 勾选Horizon Noise（地平线噪波）复选框可以影响雾层的地平线，增加真实感。图10-54所示为勾选“地平线噪波”复选框后的渲染效果。

Step 16 Angle（角度）参数确定受影响的与地平线的角度，图10-55所示为设置“角度”为1的渲染效果。

图10-54

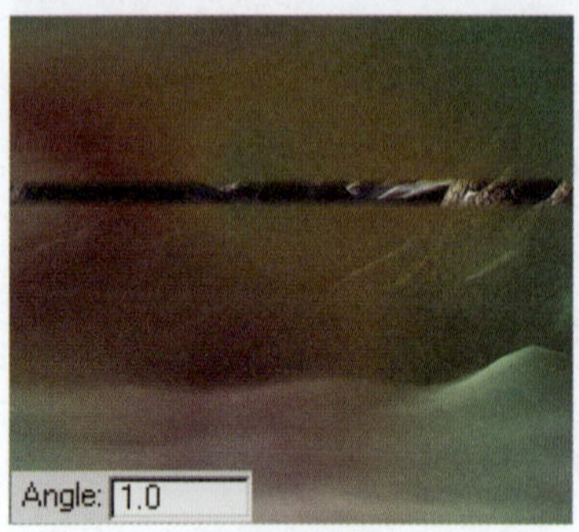

图10-55

Step 17 进入“创建”命令面板的Helpers（帮助物体）类别，选择Atmospheric Apparatus（大气装置）类型，如图10-56所示。单击SphereGizmo（球形Gizmo）按钮 SphereGizmo ，在场景中如图-57所示的位置创建一个球形Gizmo。

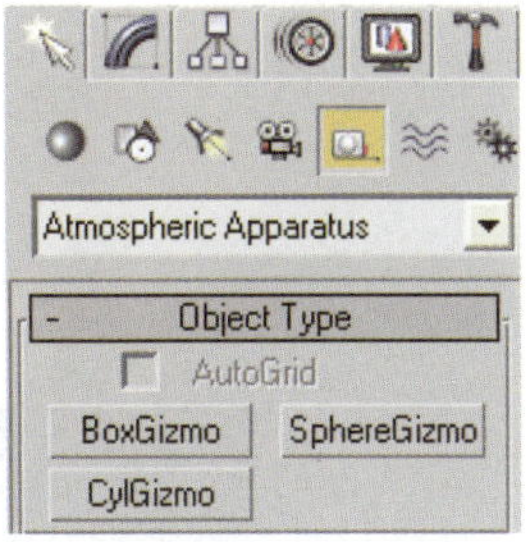

图10-56

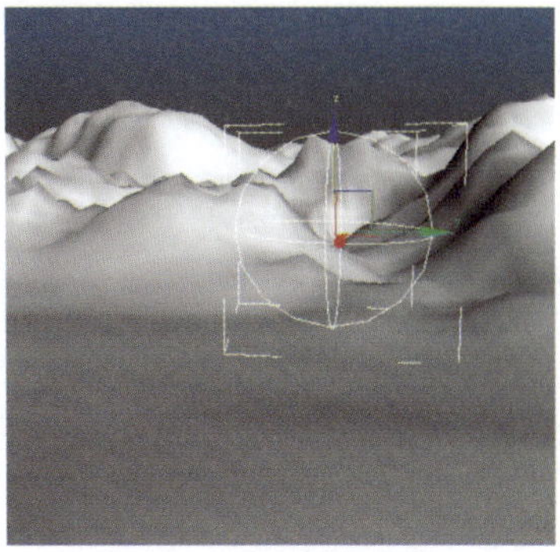

图10-57

Step 18 给环境中添加一个Volume Fog（体积雾）效果，如图10-58所示。然后单击Pick Gizmo（拾取Gizmo）按钮 Pick Gizmo 拾取场景中的球形Gizmo，并设置Density（密度）为200，如图10-59所示。

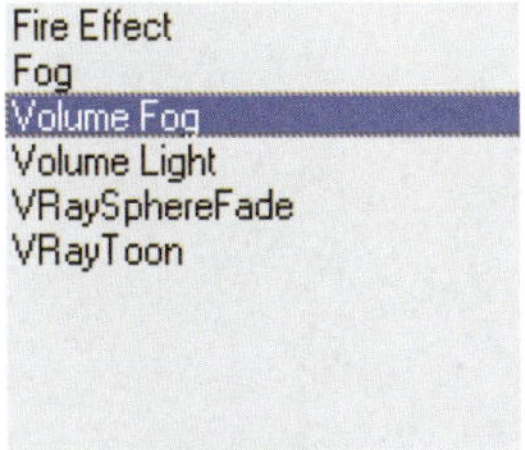

图10-58

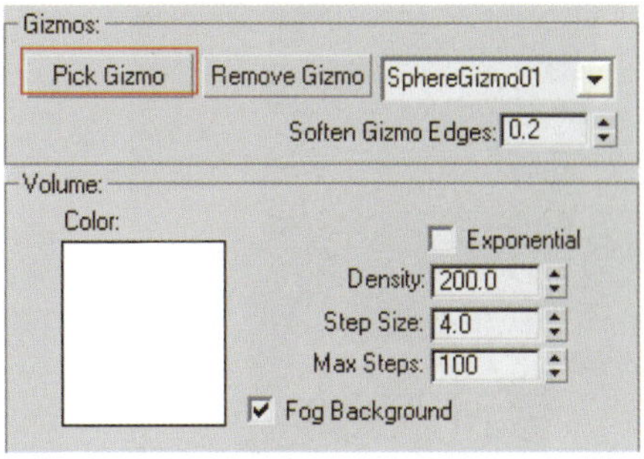

图10-59

Step 19 设置完毕后对场景进行渲染，效果如图10-60所示，场景中出现了一团球形的雾。体积雾也可以对颜色进行修改，图10-61所示为设置体积雾的颜色为绿色的效果。

图10-60

图10-61

10.2.3 火焰

Fire Effect（火焰特效）和Volume Fog（体积雾）效果一样，都需要借助Atomspheric Apparatus（大气装置）。下面通过一个案例来向读者讲解如何在场景中添加火效果。

知识应用：给场景添加火效果
原始文件：场景和素材\第10章\火焰特效原始文件.max
最终文件：场景和素材\第10章\火焰特效最终文件.max
核心技能：Fire Effect（火焰特效）和Atomspheric Apparatus（大气装置）。

Step 1 打开光盘中所提供的“场景和素材\第10章\火焰特效原始文件.max”文件，如图10-62所示。

Step 2 在没有添加特效的情况下进行渲染，效果如图10-63所示。

图10-62

图10-63

Step 3 首先进入“创建”面板的Helpers（帮助物体）层级，选择Atmospheric Apparatus（大气装置）类型，如图10-64所示。

Step 4 单击SphereGizmo（球形Gizmo）按钮，在如图10-65所示的位置创建一个球形Gizmo。

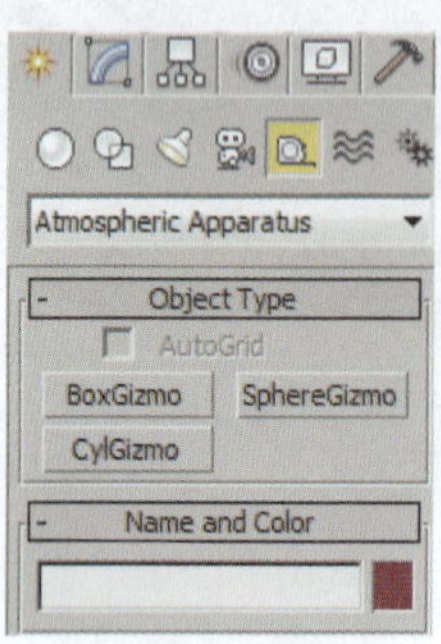

图10-64

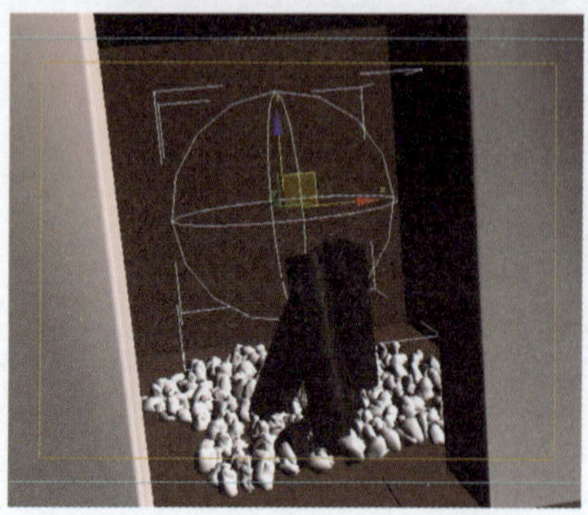

图10-65

Step 5 在球形Gizmo的参数卷展栏中进行如图10-66所示的设置。设置完毕后球形Gizmo变为如图10-67所示的形态。

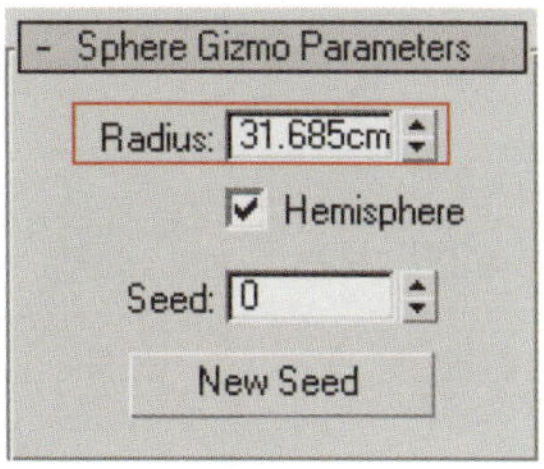

图10-66

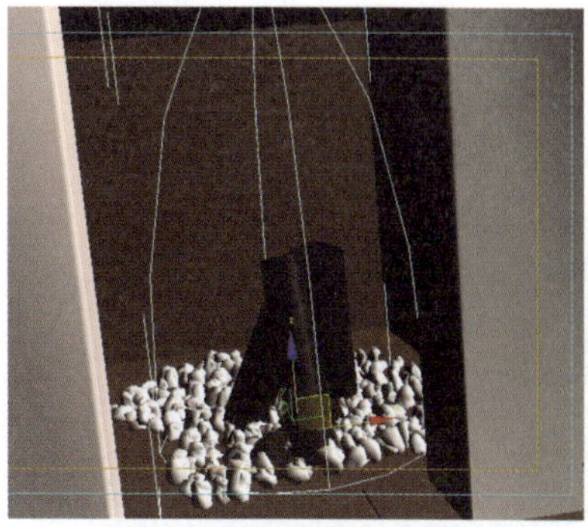

图10-67

Step 6 给环境中添加Fire Effect（火焰特效），并拾取球形Gizmo，然后进行如图10-68所示的参数设置。

Step 7 设置完毕后对场景进行渲染，效果如图10-69所示。

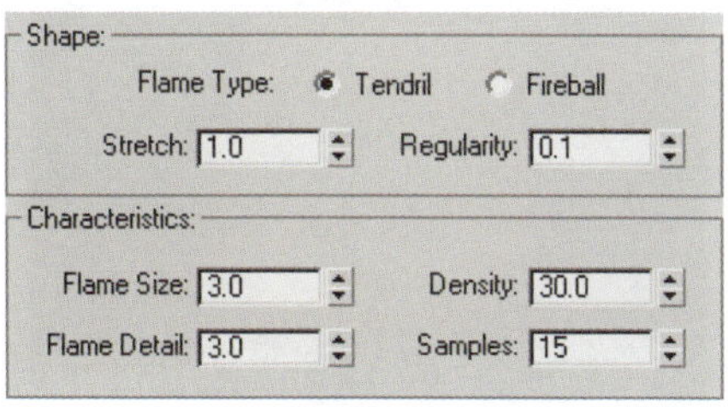

图10-68

图10-69

添加了火焰效果后会在“环境和特效”窗口中出现Fire Effect Parameters（火焰效果参数）卷展栏，如图10-70所示。图10-71所示为默认状态下的火焰渲染效果。

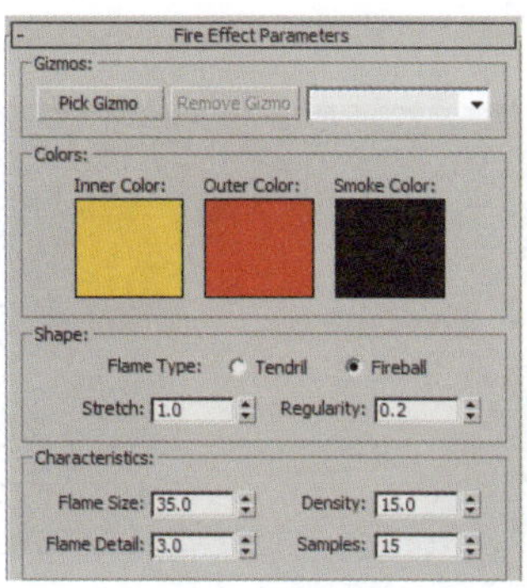

图10-70

图10-71

注意

火焰效果在场景中不发光或不能投射阴影。要模拟火焰效果的发光，必须同时创建灯光。

Regularity（规则性）参数用来修改火焰填充装置的方式。如图10-72所示，设置该参数为0.7时，火球的体积变大了。Stretch（拉伸）参数用来控制使火焰产生拉伸效果，图10-73所示为设置该参数为5的效果。

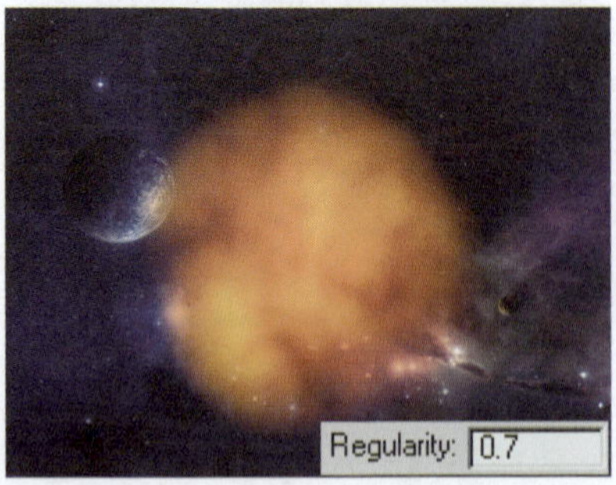

图10-72

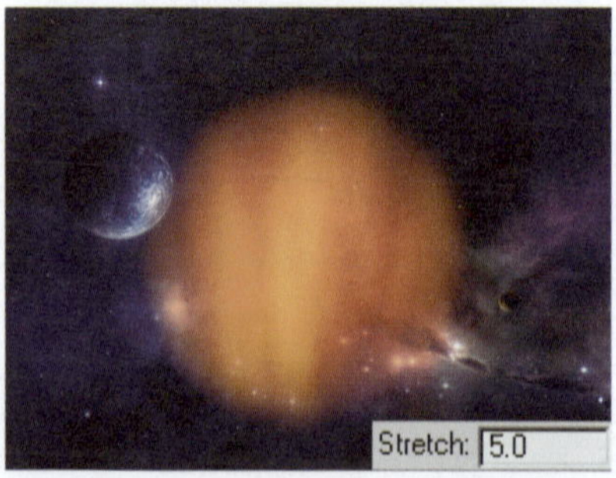

图10-73

Flame Size（火焰大小）参数用来控制火焰的人小，图10-74所示为设置较小的火焰大小的效果。Density（密度）参数用来控制火焰的密度，图10-75所示为设置较高的火焰密度的效果。

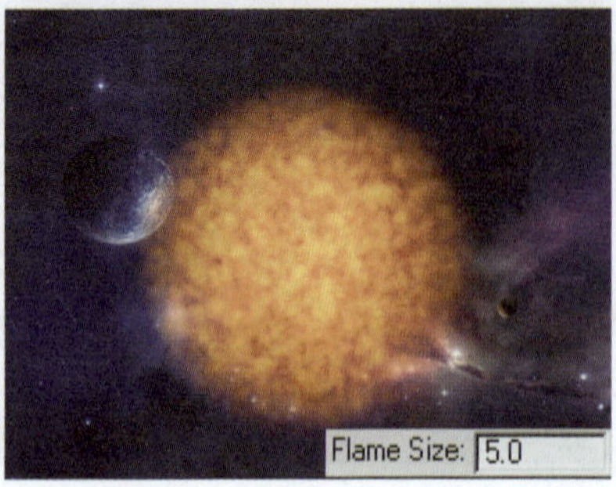

图10-74

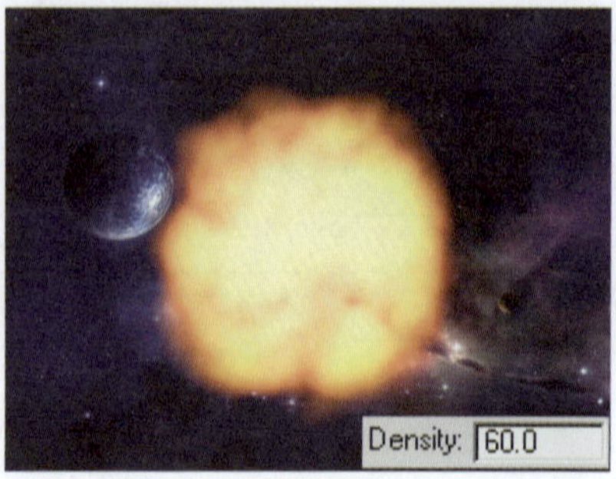

图10-75

Flame Detail（火焰细节）参数用来控制火焰的细节程度，如图10-76所示，设置该参数为1时火焰的形态变得非常简单。Samples（采样）参数用来控制火焰的采样数量，数值越高火焰的效果越准确，图10-77所示为设置该参数为2时的效果。

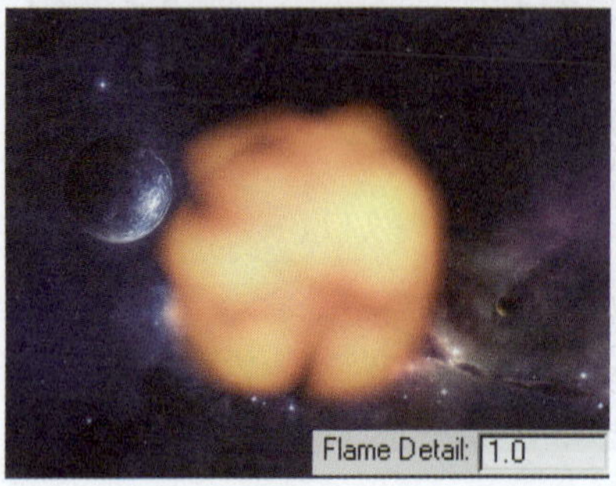

图10-76

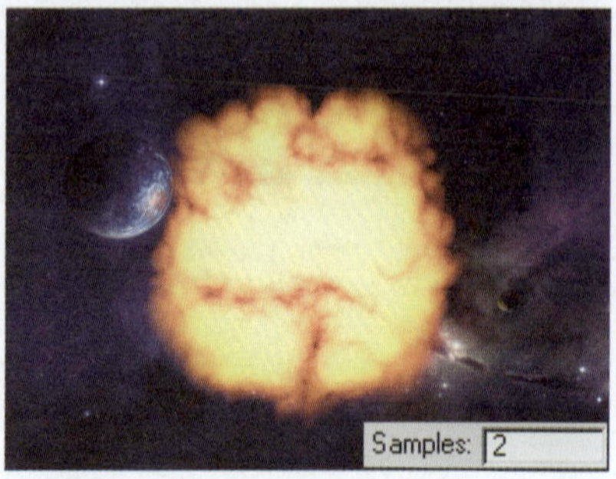

图10-77

火焰效果提供了Tendirl（火舌）和Fireball（火球）两种类型，图10-78所示为两种火焰类型的对比，可以看到左侧的Tendirl（火舌）类型在边缘的火焰变化上要更加强烈一些。火焰效果有3种可以改变的颜色，图10-79所示为设置火焰的颜色为蓝色和白色的效果。

图10-78

图10-79

10.3 特效

在“环境和特效”窗口的Effects（特效）选项卡中可以给场景添加一些特殊效果，例如景深、运动模糊、光晕等，这些效果可以丰富图像的内容。

10.3.1 模糊特效

Blur（模糊）效果可以通过3种不同的方法使图像变模糊，它可以使整个图像变模糊，使非背景场景元素变模糊，按亮度值使图像变模糊，或使用贴图遮罩使图像变模糊。

知识应用：给场景添加模糊效果
原始文件：场景和素材\第10章\模糊效果原始文件.max
最终文件：场景和素材\第10章\模糊效果最终文件.max
核心技能：Blur（模糊）特效。

Step 1 打开光盘中提供的“场景和素材\第11章\模糊效果原始文件.max”文件，如图10-80所示。

Step 2 在没有添加特效前对场景进行渲染，效果如图10-81所示。

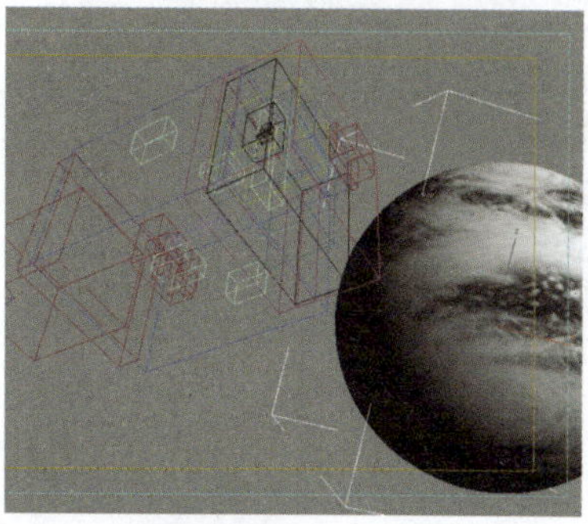

图10-80

图10-81

Step 3 在“特效”选项卡中添加一个Blur（模糊）效果，如图10-82所示。

Step 4 然后对场景进行渲染，效果如图10-83所示，场景产生了比较强的模糊效果。

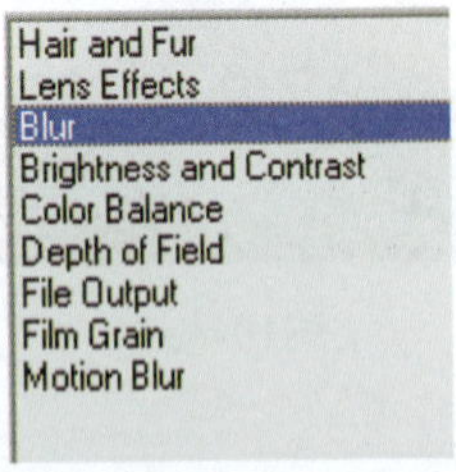

图10-82

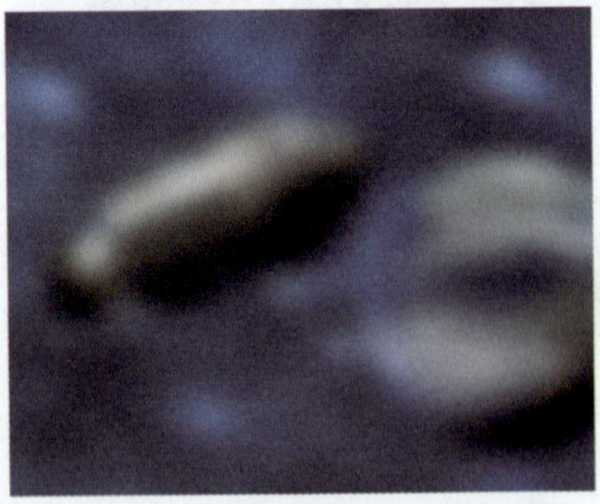

图10-83

Step 5 在Blur Type（模糊类型）选项卡中将Pixel Radius（像素半径）设置为2，如图10-84所示。

Step 6 然后对场景进行渲染，效果如图10-85所示，该参数能控制模糊的半径，参数越小，模糊效果越弱。

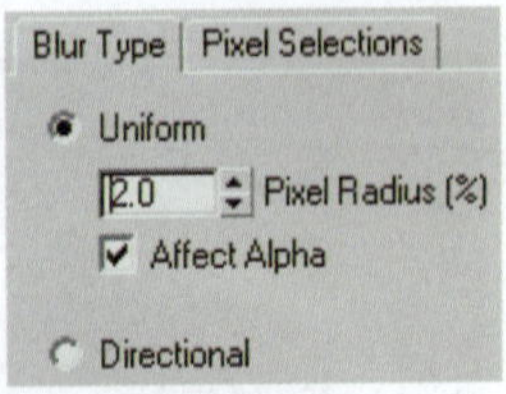

图10-84

图10-85

Step 7 选择Directional（方向）类型，进行如图10-86所示的设置。

Step 8 然后对场景进行渲染，效果如图10-87所示，对象在垂直方向上产生了模糊效果。

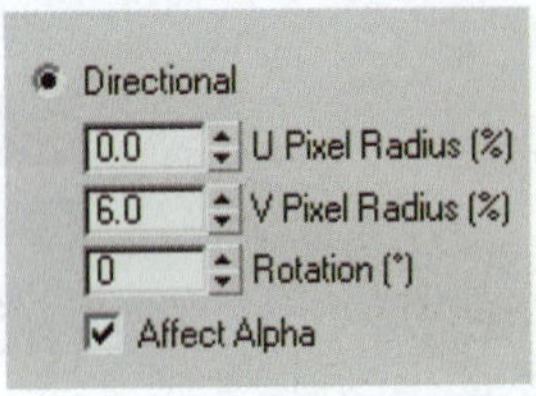

图10-86

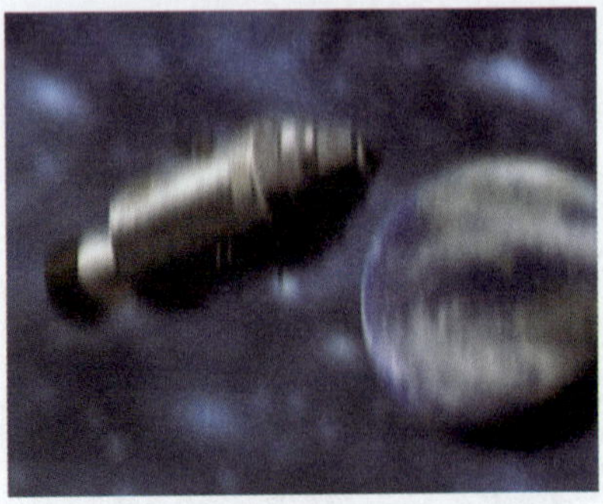

图10-87

Step 9 对“方向”参数进行如图10-88所示的修改。

Step 10 再次进行渲染，效果如图10-89所示。

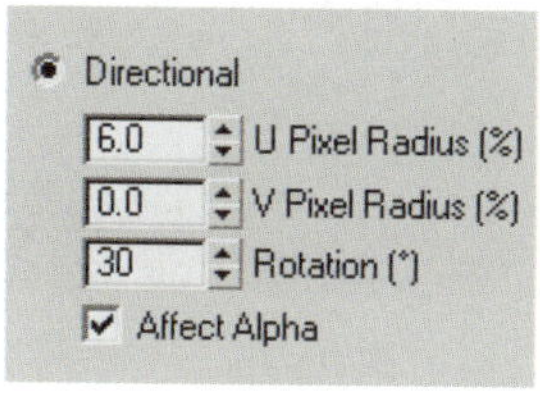

图10-88

图10-89

Step 11 选择Radial（径向）类型，如图10-90所示。

Step 12 然后对场景进行渲染，效果如图10-91所示。

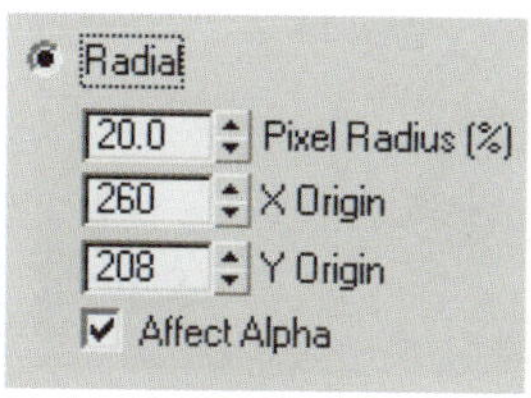

图10-90

图10-91

Step 13 进入Pixel Selections（像素选择）选项卡，设置Brighten（亮度）参数为80，如图10-92所示。

Step 14 然后对场景进行渲染，效果如图10-93所示，该参数能够控制模糊后图像的亮度。

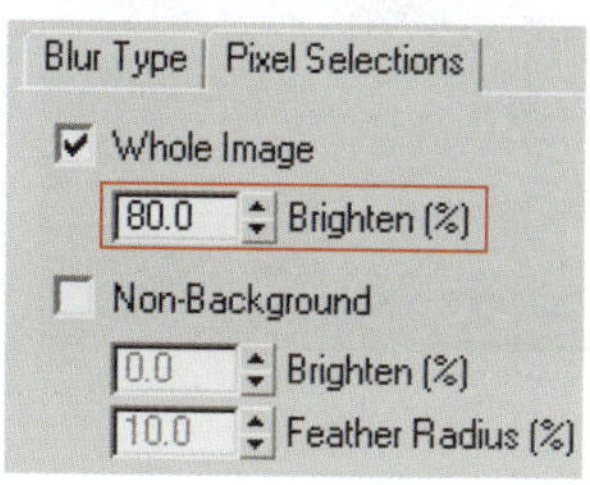

图10-92

图10-93

Step 15 将Blend（混合）参数设置为60，如图10-94所示。

Step 16 对场景进行渲染，效果如图10-95所示。

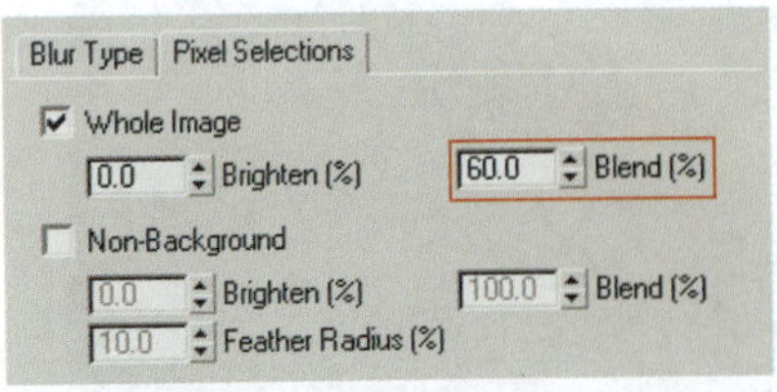

图10-94

图10-95

Step 17 取消勾选Whole Image（整个图像）复选框，勾选Non-Background（非背景）复选框，如图10-96所示。

Step 18 然后对场景进行渲染，效果如图10-97所示，场景中的对象产生了模糊效果，但是背景图像仍然保持不变。

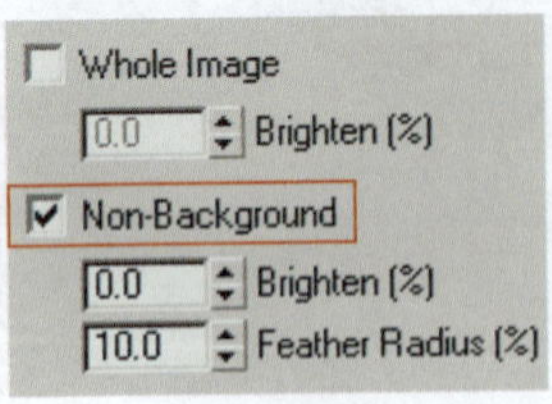

图10-96

图10-97

Step 19 将Feather Radius（羽化半径）设置为0，如图10-98所示。

Step 20 然后对场景进行渲染，效果如图10-99所示，模糊效果只产生在对象本身的范围内，没有进行扩散。

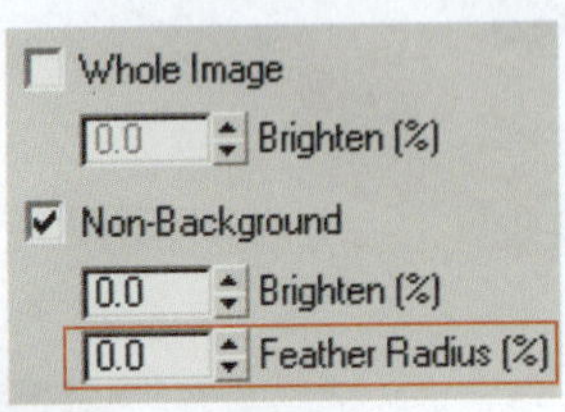

图10-98

图10-99

10.3.2 胶片颗粒特效

Film Grain（胶片颗粒）特效可以在渲染图像上添加随机的噪点，就像是老化的电影胶片的效果，图10-100所示为使用一张电影截图作为背景的渲染效果。然后给场景添加一个Film Grain（胶片颗粒）特效，如图10-101所示。

图10-100

图10-101

添加了Film Grain（胶片颗粒）效果后可以看到它的参数卷展栏非常简单，只有一个Grain（颗粒）参数和Ignore Background（忽略背景）复选框，在默认的参数下进行渲染，效果如图10-103所示，可以看到颗粒感不是很明显。

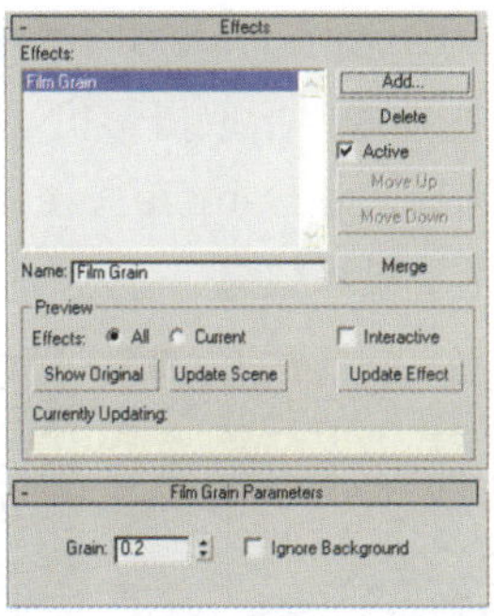

图10-102

图10-103

将Grain（颗粒）参数设置为2然后进行渲染，效果如图10-104所示，此时可以看到图像的颗粒感增强了，变得很花。在场景中创建一个Teapot（茶壶）对象，然后勾选Ignore Background（忽略背景）复选框进行渲染，效果如图10-105所示，背景图片此时不再受特效的影响，而茶壶对象上产生了颗粒效果。

图10-104

图10-105

10.3.3 景深特效

Depth of Field（景深）特效可以使渲染图像产生景深效果，该效果通常需要借助场景中的摄影机，图10-106所示为一个具有纵深效果的场景，并且已经创建了摄影机。在没有添加Depth of Field（景深）特效的情况下进行渲染，效果如图10-107所示，可以看到整个图像的远端和近端都显示的是一样的清晰度。

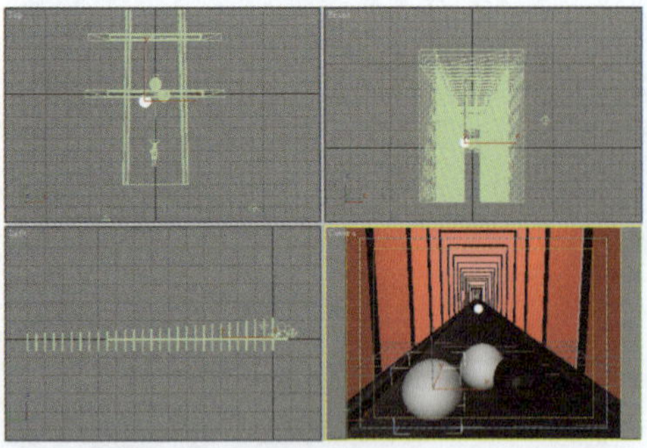

图10-106

图10-107

给场景添加Depth of Field（景深）特效，图10-108所示为Depth of Field（景深）特效的参数卷展栏。单击Pick Cam（拾取摄影机）按钮 Pick Cam. ，在场景中拾取摄影机，然后在Focal Point（焦点）和Focal Parameters（焦点参数）选项组中都选择Use Camera（使用摄影机）类型，再次对场景进行渲染，如图10-109所示，渲染图像中产生了景深效果。

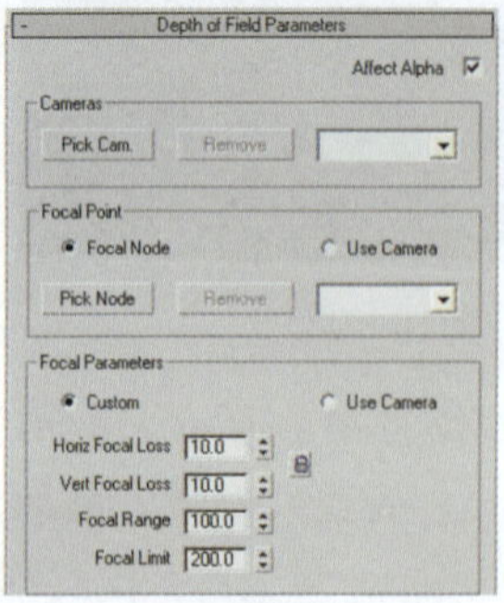

图10-108

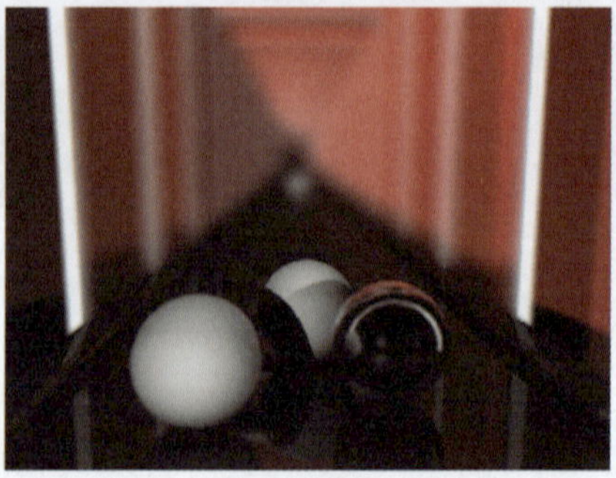

图10-109

Horiz Focal Loss（水平焦点损失）和Vert Focal Loss（垂直焦点损失）参数可以用来控制景深的模糊程度，图10-110所示减小这两个参数可以使景深的模糊程度降低。当两个参数设置不同的数值时可以产生如图10-111所示的拉伸的模糊效果。

图10-110

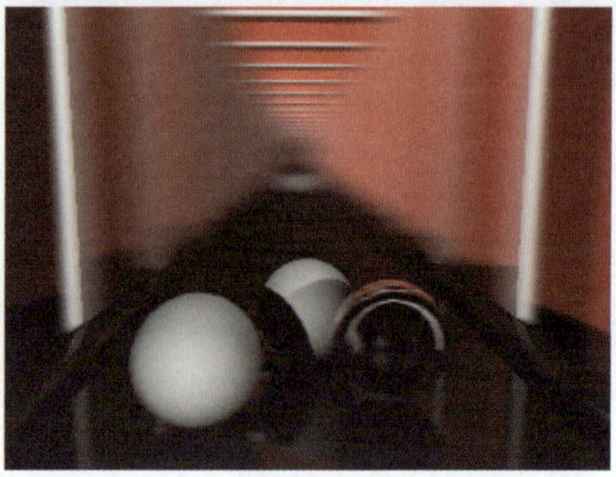

图10-111

在Focal Point（焦点）选项组中选择Focal Node（拾取节点）类型可以以场景中的对象作为景深的焦点，图10-113所示为拾取远端的球体作为焦点的效果，可以看到所拾取的球体周围比较清晰。

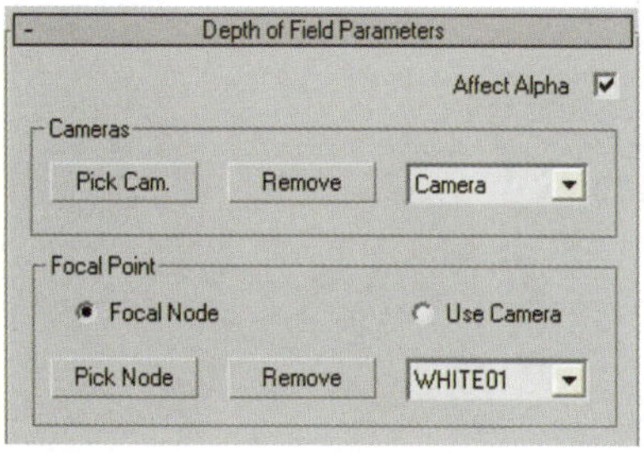

图10-112

图10-113

在Focal Parameters（焦点参数）选项组中选择Custom（自定义）类型后，可以自由对焦点的参数进行设置，如图10-114所示。当设置Focal Rangle（焦点范围）和Focal Limt（焦点限制）为相同的参数时，可以看到图像中模糊和清晰的两个部分之间的过渡变得很明显，如图10-115所示。

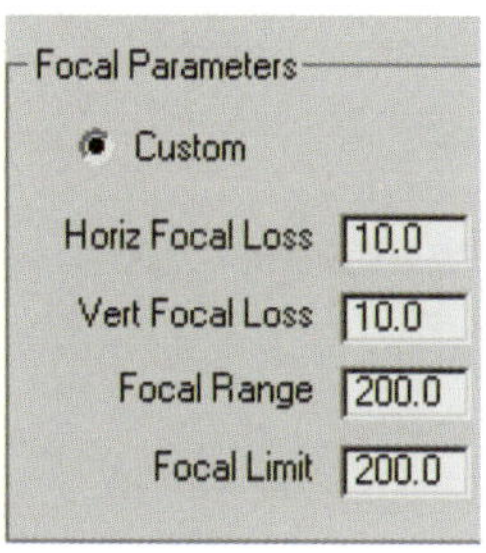

图10-114

图10-115

10.3.4 镜头特效

当用镜头去拍摄强烈的阳光时，会产生各种镜头效果。3ds Max的Lens Effects（镜头效果）中包含了一些常见的效果类型，例如，光晕、光环、二级光斑等。通过这些效果的组合可以表现出比较逼真的镜头效果。

知识应用：峡谷的光照特效
原始文件：场景和素材\第10章\制作峡谷光效原始文件.max
最终文件：场景和素材\第10章\制作峡谷光效最终文件.max
核心技能：Lens Effects（镜头效果）。

Step 1 打开光盘中提供的“场景和素材\第10章\制作峡谷光效原始文件.max”文件，如图10-116所示，在场景中左上角有一盏Omni（泛光灯）用来模拟天空中的太阳。

Step 2 在没有使用镜头特效的情况下进行渲染，效果如图10-117所示，并没有观察到明显的光效果。

图10-116

图10-117

Step 3 接下来给场景添加一个Lens Effects（镜头效果）特效，如图10-118所示。

Step 4 添加Lens Effects（镜头效果）后会出现如图10-119所示的参数卷展栏，从左侧的光效果类型中选择添加一个Glow（光晕）效果类型。

图10-118

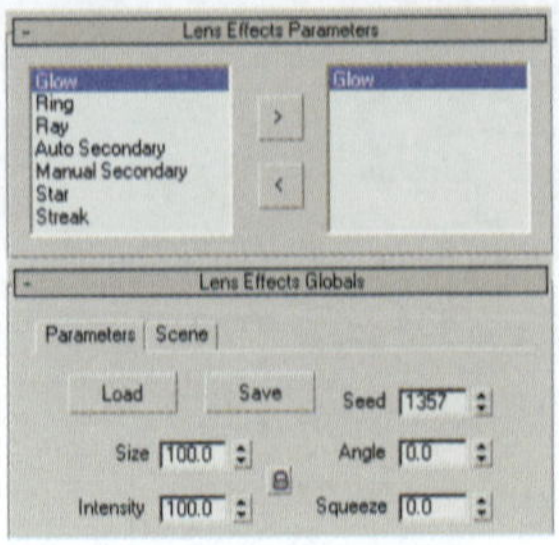

图10-119

Step 5 选择Glow（光晕）效果类型后在Lens Effects Globals（镜头效果全局）卷展栏中单击Pick Light（拾取灯光）按钮 Pick Light ，在场景中拾取左上角的泛光灯，如图10-120所示。

Step 6 然后对场景进行渲染，如图10-121所示，在左上角出现了淡淡的光效果。

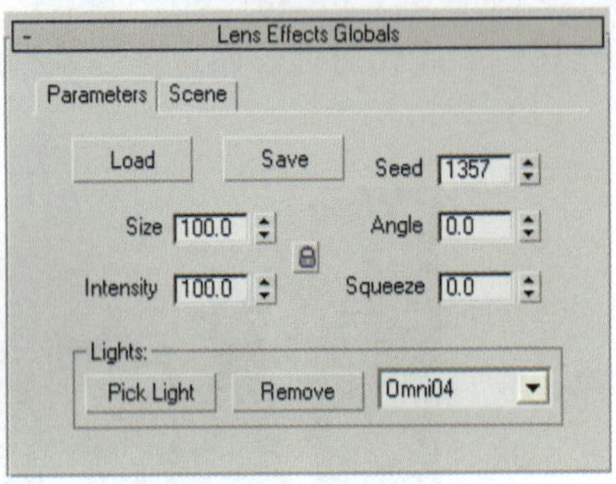

图10-120

图10-121

Step 7 进入Glow Element（光晕元素）卷展栏进行如图10-122所示的设置。

Step 8 设置完毕后可以看到泛光灯处的光效果增强了，如图10-123所示。

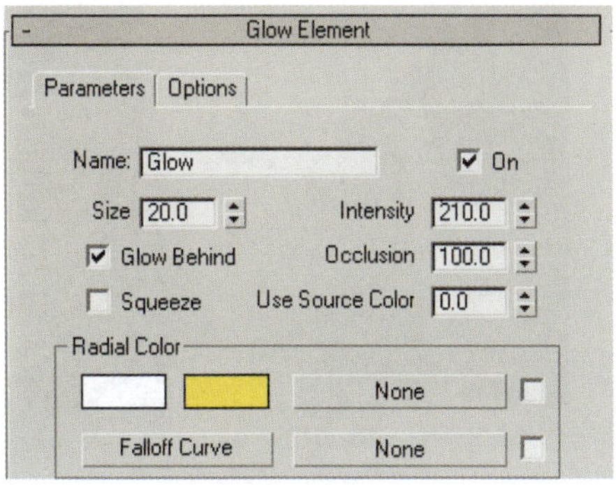

图10-122

图10-123

Step 9 下面给该Lens Effects（镜头效果）类型再添加一个Ring（光环）效果，如图10-124所示。

Step 10 渲染场景可以看到出现了一个红色的圆形的光环，如图10-125所示。

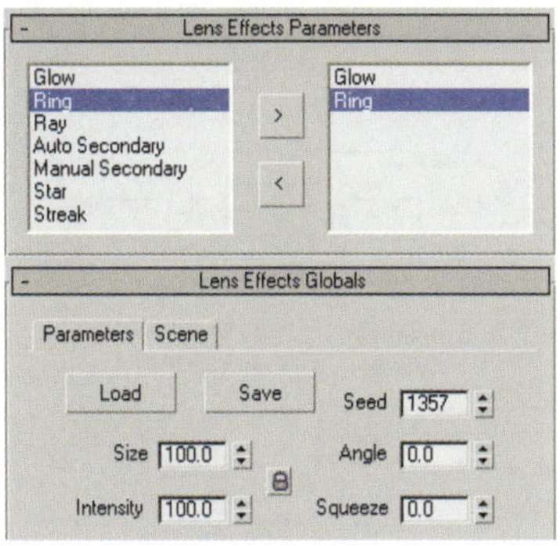

图10-124

图10-125

Step 11 接下来给场景添加一个Auto Seconday（二级光环）效果，如图10-126所示。

Step 12 在Auto Seconday（二级光环）的参数卷展栏中进行如图10-127所示的设置。

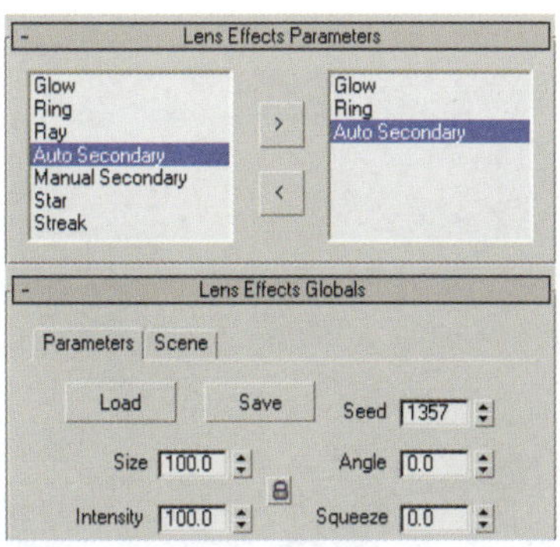

图10-126

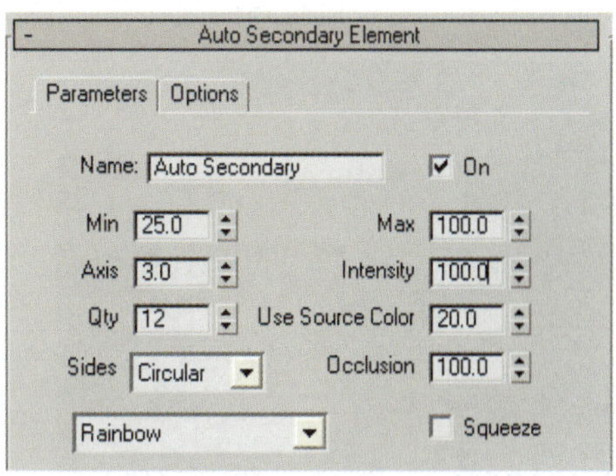

图10-127

Step 13 设置完毕后进行渲染，效果如图10-128所示，在渲染图像中看到了比较明显的多个光斑效果，但是光斑的范围有些过大。

Step 14 将Min（最小）参数设置为2，Max（最大）参数设置为8，然后再次进行渲染，效果如图10-129所示，二级光斑的范围缩小了。

图10-128

图10-129

Ray（射线）镜头特效从源对象中心发出明亮的直线，为对象提供亮度很高的效果。图10-130所示为使用Ray（射线）类型的渲染效果，可以看到在灯光的周围出现了很多条射线。图10-131所示为Ray Element（射线元素）卷展栏。

图10-130

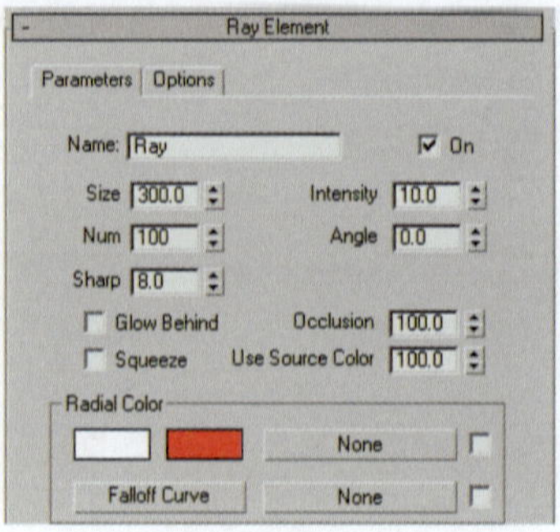

图10-131

Num（数量）参数用来控制所产生的射线的数目，图10-132所示为减小数量后的效果，可以看到射线的条数减少了。Sharp（锐化）参数用来控制射线清晰度，参数越高，射线的效果越清晰，图10-133所示为设置较高的锐化参数的效果。

图10-132

图10-133

Secondary（二级光斑）是可以正常看到的一些小圆，沿着与摄影机位置相对的轴从镜头光斑源中发出。这些光斑由灯光从摄影机中不同的镜头元素折射而产生。Auto Secondary（自动二级光斑）可以产生这种效果，图10-134所示为使用Auto Secondary（自动二级光斑）的渲染效果，图10-135所示为Auto Secondary Element（自动二级光斑元素）卷展栏。

图10-134

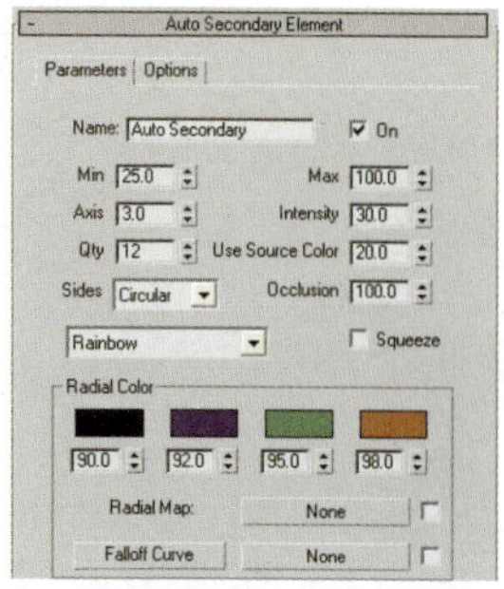

图10-135

Min（最小）和Max（最大）参数用来控制所产生的二级光斑的最小和最大值，图10-136所示为设置较小的参数后使二级光斑的尺寸变小。Axis（轴）参数用来控制自动二级光斑沿其进行分布的轴的总长度。如果增大该值，光斑之间的空间会增大，如图10-137所示，增大该参数后，二级光斑间的距离变大了。

图10-136

图10-137

Sides（边数）用来选择所产生的二级光斑的形状，图10-138所示为选择了四边形后的光斑效果。自动二级光斑提供了一些预设类型，图10-139所示为选择Brown Ring（棕色光环）类型的表现效果。

图10-138

图10-139

10.3.5 色彩平衡特效

Color Balance（颜色平衡）特效能够独立控制 RGB 通道的颜色平衡，对颜色进行相加或相减操作。对图10-140所示的场景进行渲染，默认状态下的渲染效果如图10-141所示。

图10-140

图10-141

给场景添加一个Color Balance（颜色平衡）特效，如图10-142所示。图10-143所示为“颜色平衡”的参数卷展栏，可以通过拖动滑块来对颜色进行控制。

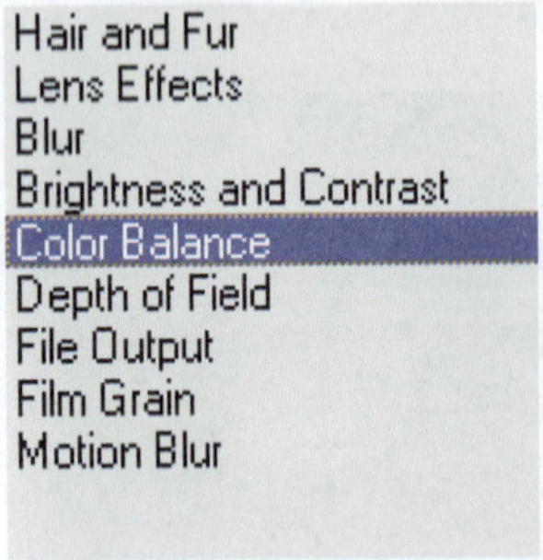

图10-142

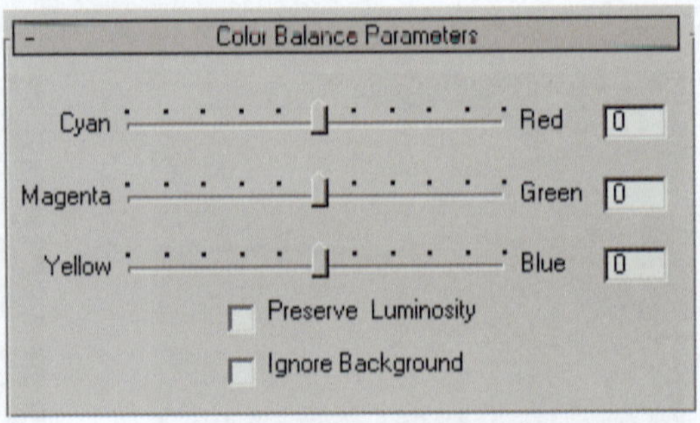

图10-143

将Red（红色）控制条后的参数设置为80进行渲染，效果如图10-144所示。复原红色控制条，将Blue（蓝色）控制条后的参数设置为90进行渲染，效果如图10-145所示。

图10-144

图10-145

10.4 实战演练

经过前面几个章节的学习，相信读者已经对3ds Max中所提供的各种环境效果有了一定的了解，下面将利用体积光特效来表现窗外的阳光效果。

知识应用：表现室内的光线效果
原始文件：场景和素材\第10章\表现室内的光线原始文件.max
最终文件：场景和素材\第10章\表现室内的光线最终文件.max
核心技能：体积光效果的运用。

Step 1 打开光盘中提供的“场景和素材/第10章/表现室内的光线原始文件.max”文件，如图10-146所示，该室内场景的左侧墙面上有两个大面积的窗户。

Step 2 对场景进行渲染，效果如图10-147所示，下面将在左侧的窗口位置制作出体积光的效果。

图10-146

图10-147

Step 3 在Create（创建）命令面板的Light（灯光）层级下选择Standard（标准）灯光类型，如图10-148所示。

Step 4 单击Target Direct（目标平行光）按钮，在场景中靠近右侧的一扇窗户位置处创建目标平行光，如图10-149所示。

图10-148

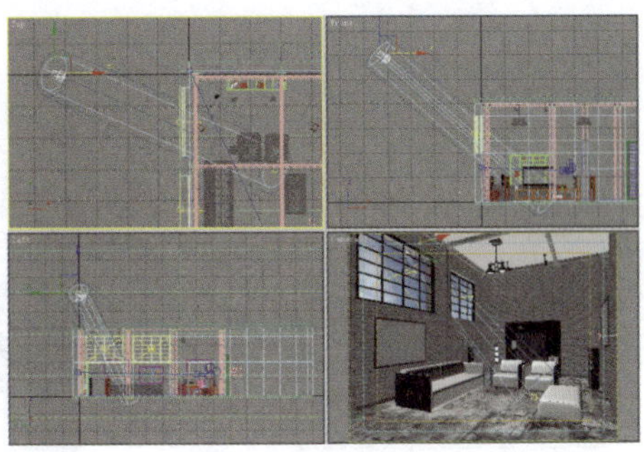

图10-149

Step 5 进入“平行光参数”卷展栏，调整照射范围使它刚好限制在窗户的区域内，选择照射类型为Rectangle（矩形），如图10-150所示。

Step 6 使用快捷键【8】进入“环境和特效”窗口，给场景添加一个Volume Light（体积光）效果，如图10-151所示。

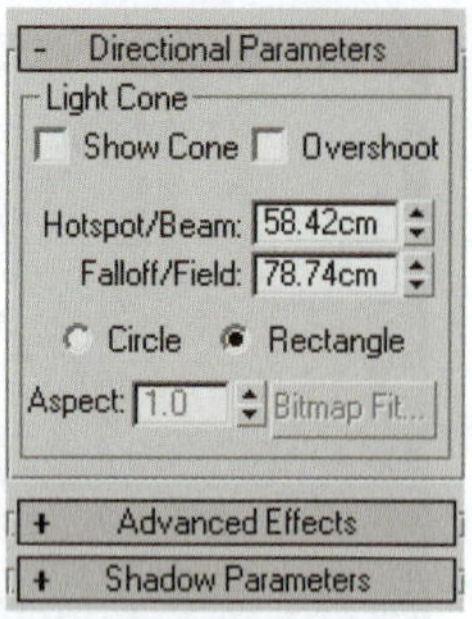

图10-150

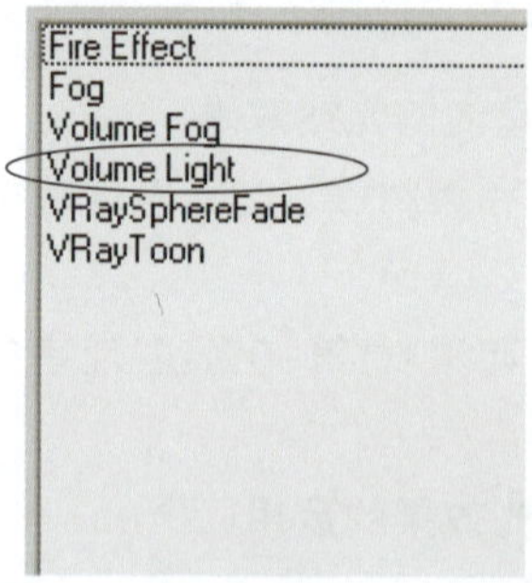

图10-151

Step 7 在“体积光参数”卷展栏中单击Pick Light（拾取灯光）按钮，拾取场景中的目标平行光，如图10-152所示。

Step 8 在默认的参数设置下进行渲染，效果如图10-153所示，可以看到场景中出现了体积光的效果。

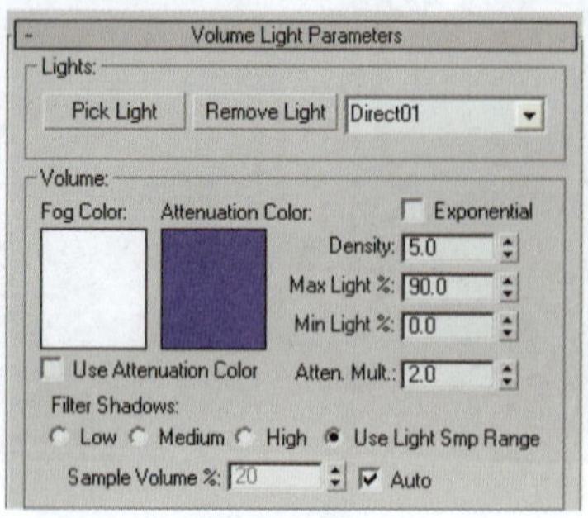

图10-152

图10-153

Step 9 在灯光的“常规参数”卷展栏中启用阴影，并选择阴影类型为Shadow Map（阴影贴图），如图10-154所示。

Step 10 再次对场景进行渲染，效果如图10-155所示，在开启了阴影效果后，体积光出现了被窗框分隔的条状效果。

图10-154

图10-155

Step 11 进入灯光的“强度/颜色/衰减”卷展栏，将Multiplier（倍增）参数设置为1.5，如图10-156所示。

Step 12 设置完毕后对场景进行渲染，效果如图10-157所示，可以看到体积光的效果增强了。

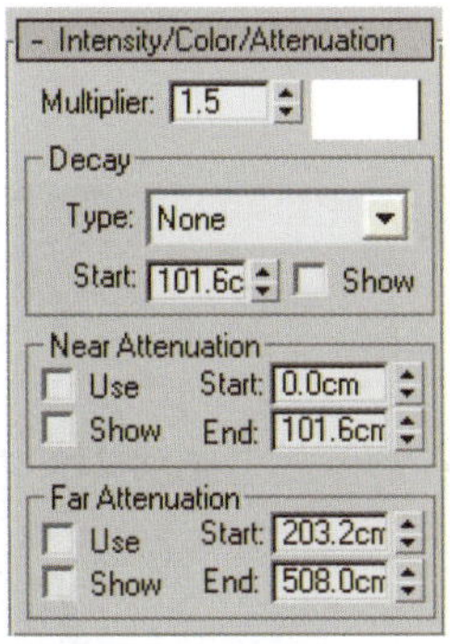

图10-156

图10-157

Step 13 在场景中图10-158所示的第2个窗户处创建第2盏目标平行光。

Step 14 在“平行光参数”卷展栏中进行图10-159所示的参数设置，同样选择Rectangle（矩形）光照类型。

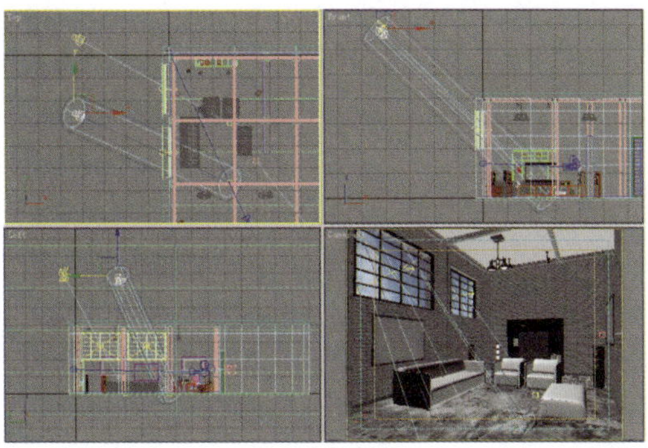

图10-158

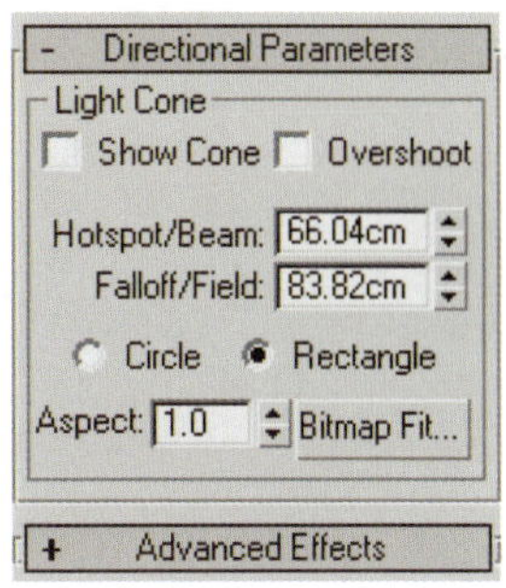

图10-159

Step 15 启用该灯光的阴影效果，仍然选择阴影类型为Shadow Map（阴影贴图），如图10-160所示。

Step 16 给场景中再次添加一个新的Volume Light（体积光）效果，并拾取第2盏平行光，如图10-161所示。

图10-160

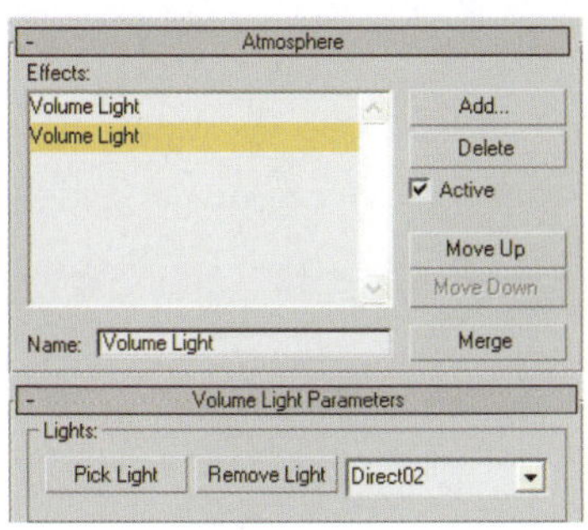

图10-161

Step 17 此时对场景进行渲染，效果如图10-162所示，在靠近左侧的窗户处出现了体积光的效果，由于距离比较近，所以这里的体积光显得比较浓重。

Step 18 将该体积光的Density（密度）参数设置为2.5，然后再次进行渲染，效果如图10-163所示，此时体积光效果减弱了很多。

图10-163

图10-163

Chapter 11 动画基础

前面章节所介绍的大部分知识主要都是针对静态场景，而读者可能更感兴趣的是如何使用3ds Max来制作动画，本章将向读者详细介绍3ds Max动画知识。3ds Max的动画主要分为4种类型，即关键帧动画、运动学、粒子动画和reactor动力学，这4种类型的动画囊括了3ds Max的大部分动画知识，其中的关键帧动画属于最基本的动画类型，也是读者最容易掌握的一种动画类型。

11.1 动画基础知识

通过前面几个章节的学习，相信读者应该能够使用3ds Max制作出一些效果非常特别的图像。但是更多的读者往往更喜欢看电影，而不是一幅幅的图片，它们的区别就在于一个是静态的，一个是动态的。通常一提到3ds Max就会联想到三维动画，可见3ds Max更多地被用于动画制作中，我们把3ds Max称做是一款三维动画制作软件，而不是一款三维图像制作工具。

11.1.1 什么是动画

动画可以简单地理解为运动的画面，当我们快速地翻看一连串动作相似的图片时会在脑海中出现动画的景象，而其中的一页图片就是动画中常提到的Frames（帧）。动画运用的理论就是“视觉暂留”，由于人类的眼睛在分辨视觉信号时，会产生视觉暂留的情形， 也就是当一幅画面或一个物体的景象消失后，在眼睛视网膜上所留的映像还能保留大约1/24秒的时间。电视、电影或动画就是利用了人眼的这一视觉暂留特性，只要快速地将一连串图形显示出来，然后在每一张图形中做一些小小的改变（如位置或造型），就可以“欺骗”眼睛造成动画的效果，如图11-1和图11-2所示。

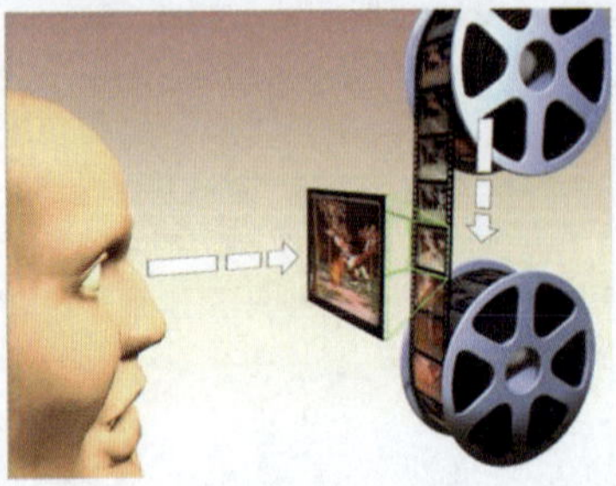

图11-1

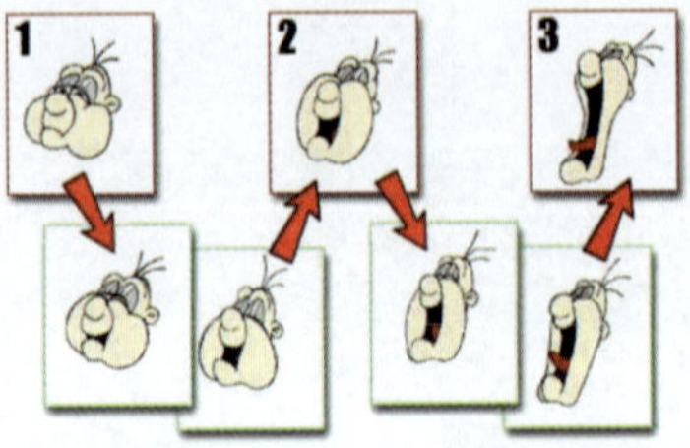

图11-2

在早期创建动画的最困难之处在于动画师必须要绘制大量的单个图像，一分钟的动画大概需要 720～1800 个单独图像，单个图像的数量决定了动画的品质。由于绘制单个帧图像的工作量巨大，随之出现了“关键帧”技术；关键帧是指动画师根据时间线只绘制出重要的帧，再通过这些重要的帧计算出需要的其他中间帧，最后进行帧的插入或链接工作，完成动画，如图11-3和图11-4所示，这种制作动画的方法一直延用至今。

图11-3

图11-4

动画可以分为二维动画和三维动画，早期的动画都属于二维动画，例如我们小时候看到的各种动画卡通片等，如图11-5所示。三维动画是近几年新兴的动画技术，和二维动画相比，三维动画具有二维动画所不具备的立体效果，它给人更强的视觉震撼力和表现力，所以现在越来越多的动画影片都采用了三维技术，如图11-6所示。

图11-5

图11-6

11.1.2 动画的时间控制

在进一步学习动画前，读者有必要先了解一下3ds Max提供了哪些用于控制动画时间的工具，这些工具被称为Time Control（时间控制），Time Control（时间控制）项包括了动画的Star（开始）、End（结束），也包括了单帧的前进或后退。

知识应用：动画的时间控制

原始文件：场景和素材\第11章\动画的时间控制.max

最终文件：无

核心技能：动画时间控制选项。

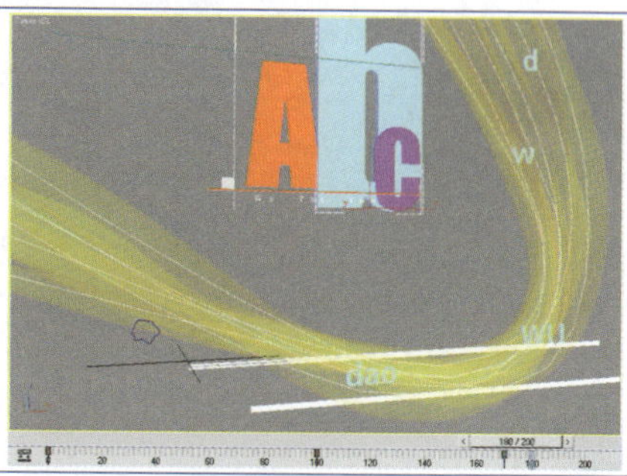

Step 1 打开光盘中提供的“场景和素材\第11章\动画的时间控制.max”文件，如图11-7所示，该场景已经是一个完成的动画的场景，在默认打开的情况下场景都处于第一帧的状态，动画的时间控制项则位于界面的右下角，在视口控制项的左侧。

Step 2 单击Play Animation（播放动画）按钮，如图11-8所示，场景开始变化，同时视口下方的时间滑块也随之向右侧移动。

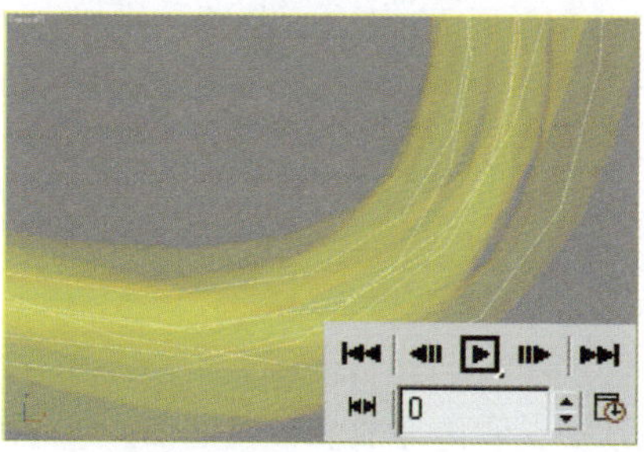

图11-7

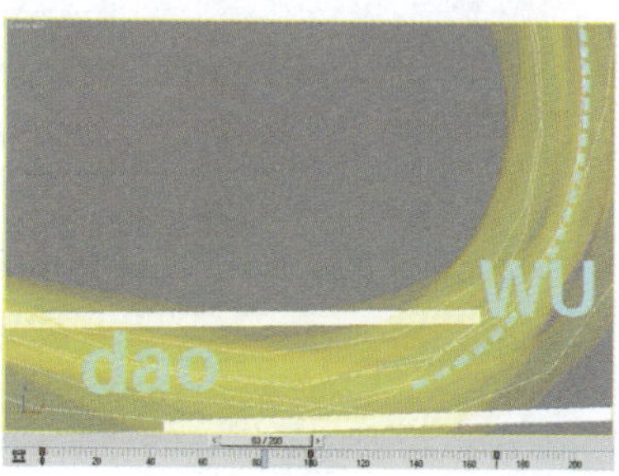

图11-8

Step 3 在播放的时候单击Pasue（暂停）按钮，如图11-9所示，场景将静止在单击该按钮时所处的帧位置。

Step 4 然后单击Go to End（到最后）按钮，如图11-10所示，场景将直接跳到最后一帧的位置。

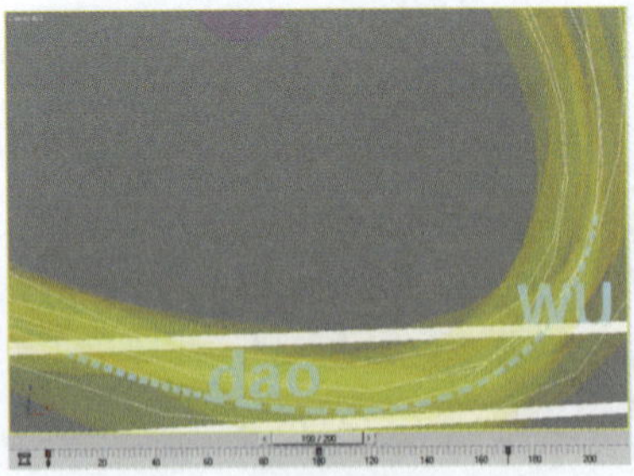

图11-9

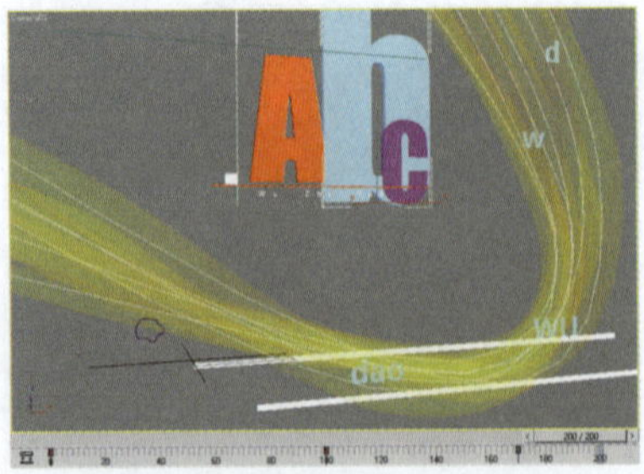

图11-10

Step 5 在最后一帧的位置单击Next Frames（下一帧）按钮，如图11-11所示，场景又回到了第一帧的位置，使用该按扭可以跳到当前帧的下一帧位置。

Step 6 在时间控制项的文本框内输入180，然后按【Enter】键确定，如图11-12所示，场景将跳到180帧的位置。

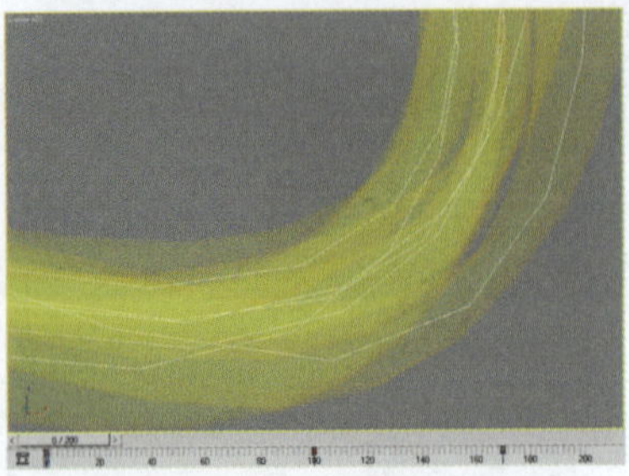

图11-11

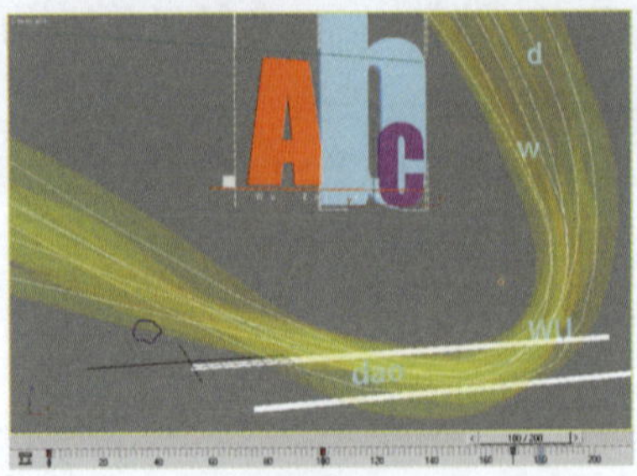

图11-12

Time Configuration（时间配置）对话框主要用来对场景动画的时间进行控制。在界面右下角单击Time Configuration（时间配置）按钮就可以打开“时间配置”对话框，图11-13所示为“时间配置”对话框中的参数。

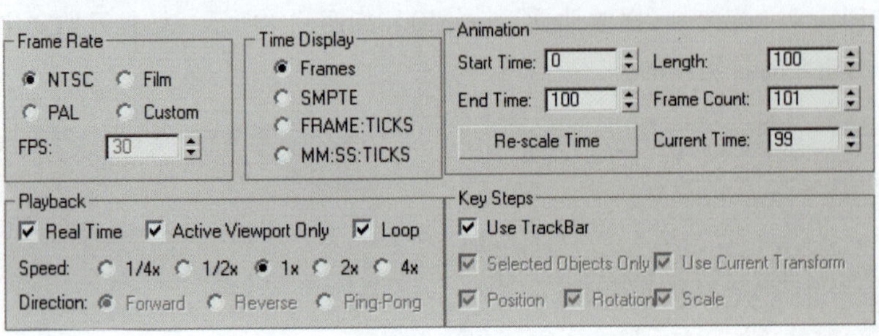

图11-13

- Frame Rate（帧速率）选项组：帧速率表示每一秒内播放多少帧。在“帧速率”选项组中提供了4种类型，NTSC类型是每秒播放30帧，“电影”类型是每秒播放24帧，PAL类型是每秒播放25帧，“自定义”类型则允许用户自行设置帧速率。NTSC是美国动画制作的标准帧速率，PAL是国内动画制作的标准帧速率。

- Time Display（时间显示）选项组：在Time Display（时间显示）选项组中可以选择以不同的类型来显示时间。
- Playback（播放）选项组：该选项组主要用来控制如何在视口中播放动画，包括播放动画的方式和速度等。
- Animation（动画）选项组：“动画”选项组主要用来控制场景动画的时间长度。

11.1.3 制作关键帧动画

所谓关键帧动画就是指制作出几个关键时间段的场景，然后中间的动画过程由电脑自己来完成。关键帧动画是3ds Max中最简单的动画形式，也是初学者最容易掌握的一种动画制作方法。下面将通过制作一个足球从高处落下的动画来向读者讲解如何进行关键帧动画的制作。

知识应用：制作足球下落动画
原始文件：场景和素材\第11章\足球下落原始文件.max
最终文件：场景和素材\第11章\足球下落最终文件.max
核心技能：关键帧设置。

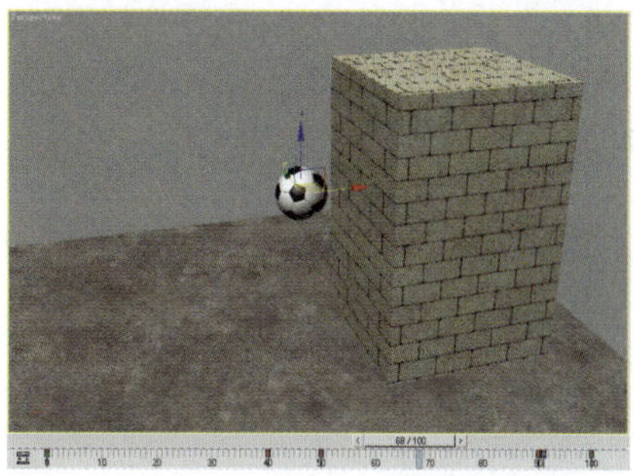

Step 1 打开光盘中提供的“场景和素材\第11\足球下落原始文件.max”文件，如图11-14所示，该场景中有一个摆放在台子上的足球模型。

Step 2 首先进行足球旋转动画的设置，因为要让足球一直保持转动的状态。在界面下方单击Auto Key（自动关键点）按钮Auto Key，如图11-15所示，时间控制条变为了红色，然后单击Go to End（转至结尾）按钮跳到最后一帧。然后右击Rotate（旋转）按钮，在打开的窗口中进行如图11-15所示的设置，使足球产生旋转。

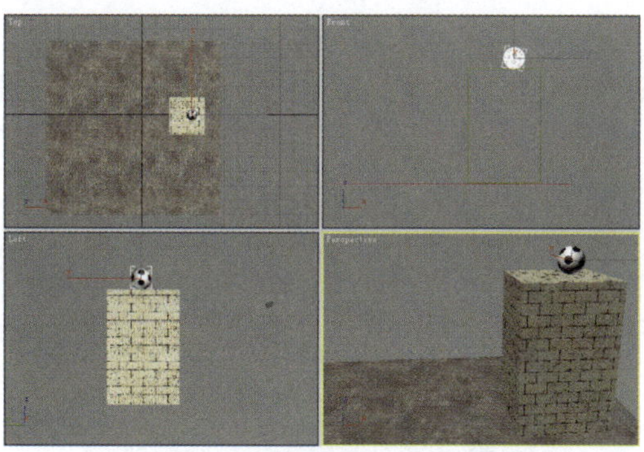

图11-14

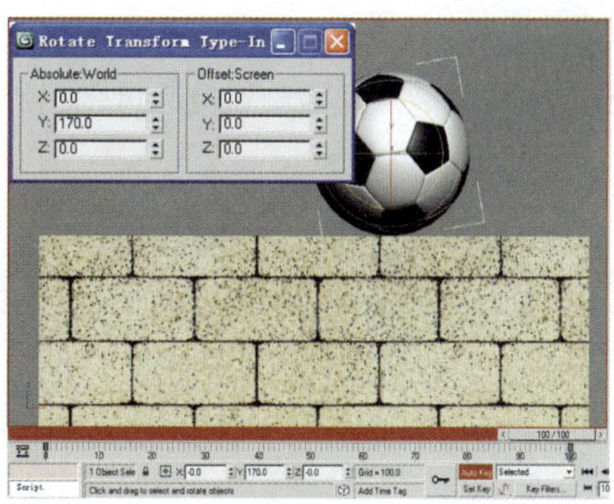

图11-15

Step 3 设置完成后单击Play Animation（播放动画）按钮，如图11-16所示，足球在原地转动。

Step 4 接下来继续单击Auto Key（自动关键点）按钮开始记录动画，将时间滑块拖动到第40

帧的位置，然后在Front（前）视口中将足球水平移动到台子的最左端快要下落的位置，如图11-17所示。

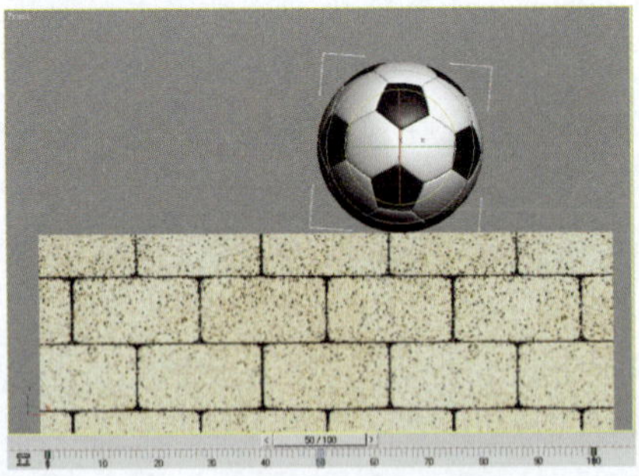

图11-16

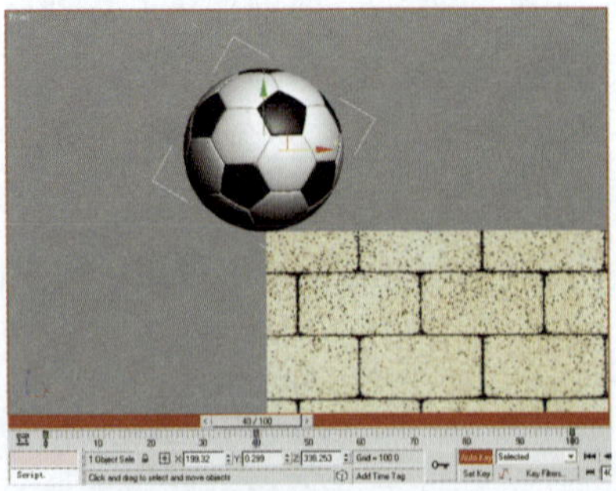

图11-17

Step 5 接下来将时间滑块拖动到第50帧的位置，然后将足球移动到如图11-18所示的位置，足球离开了平台开始下落。

Step 6 将时间滑块拖动到第90帧的位置，然后将足球向下移动到刚好和地面接触的位置，表示足球在第90帧的位置落到地面上，如图11-19所示。

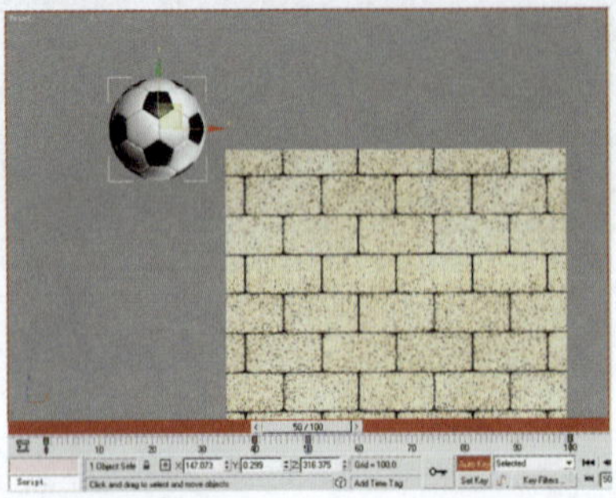

图11-18

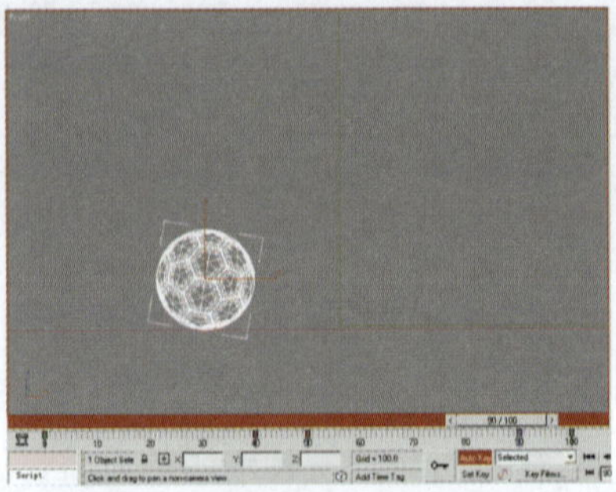

图11-19

Step 7 单击Next Frames（下一帧）按钮，转到第91帧的位置，然后单击Set Keys（设置关键点）按钮，在第91帧的位置再添加一个关键帧，因为足球下落到地面上以后有一个停顿的过程，如图11-20所示。

Step 8 将时间滑块拖动到最后第100帧的位置，然后将足球向上移动到图11-21所示的位置，表示足球从地面弹起。

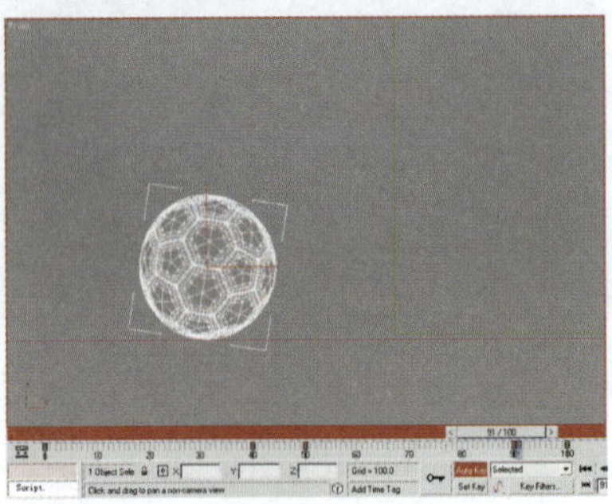

图11-20

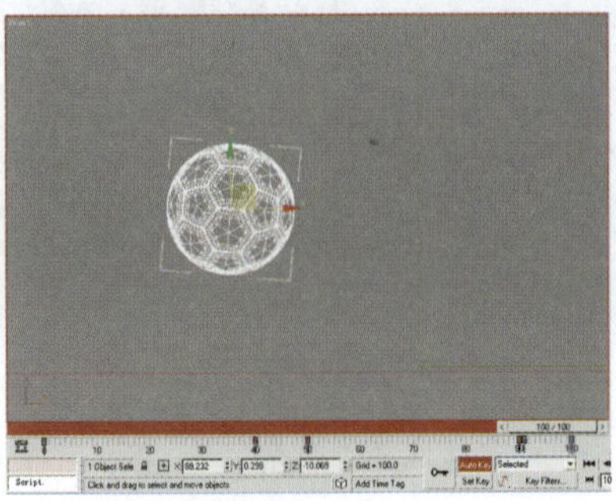

图11-21

Step 9 设置完毕后单击Auto Key（自动关键点）按钮 Auto Key 退出关键帧记录，然后在Perspective（透视）视口中单击Play Animation（播放动画）按钮▶可以预览到整个动画的过程，如图11-22所示。

在3ds Max界面的下方单击Auto Key（自动关键点）按钮后 Auto Key，时间进度条将显示为红色，表示此时处于记录关键帧的状态，对物体所做的任何修改都会被记录动画，如图11-23所示。

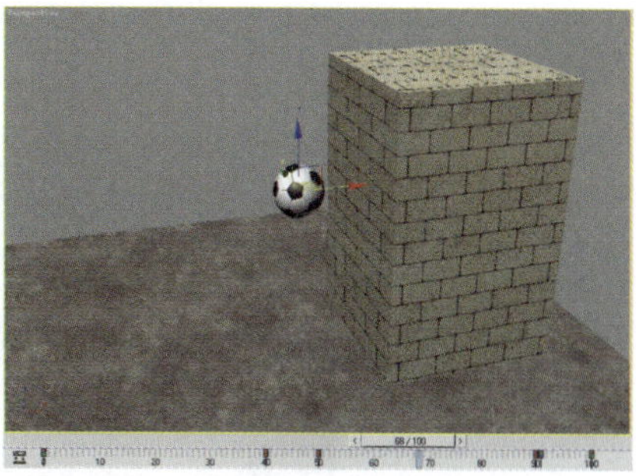

图11-22

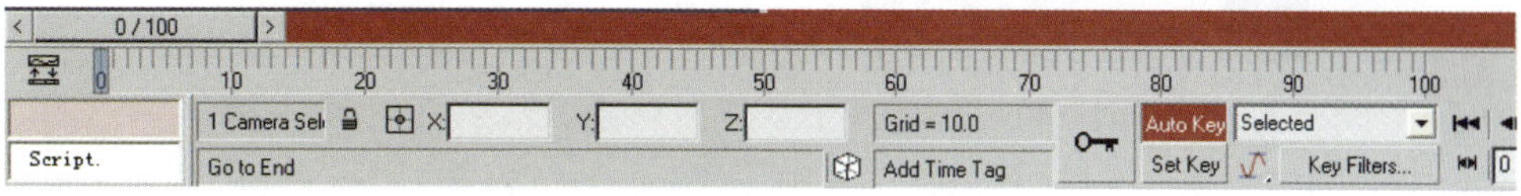

图11-23

当某一帧进行记录后，会在该帧的位置处出现一个标志，表示该帧被记录为一个关键帧，从图11-24中可以看到共有红、绿、蓝、白4种颜色的标记。红色表示物体的移动，绿色表示物体的旋转，蓝色表示物体的缩放，白色表示当前选择的帧，如果同时具有红、绿、蓝3种颜色则表示物体在该处既进行了移动也进行了旋转和缩放。

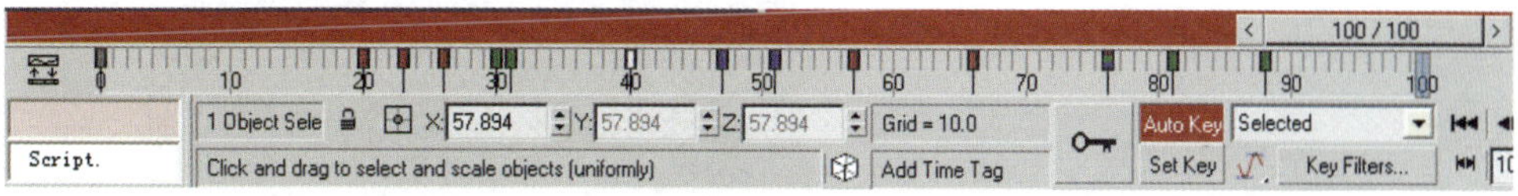

图11-24

11.1.4 使用曲线编辑器

在进一步学习动画前，读者有必要先了解一下3ds Max提供了哪些用于控制动画时间的工具，这些工具被称为Time Control（时间控制），Time Control（时间控制）项包括了动画的Star（开始）、End（结束），也包括了单帧的前进或后退。

知识应用：制作钟摆摇动

原始文件：场景和素材\第11章\制作钟摆的摇动原始文件.max

最终文件：场景和素材\第11章\制作钟摆的摇动最终文件.max

核心技能：轨迹编辑器的使用，参数超出曲线类型范围。

Step 1 打开光盘中提供的“场景和素材\第11章\制作摇动的钟摆原始文件.max”文件，如图11-25所示，该场景中有一个落地钟模型，下面将要给钟摆制作一个左右摆动的动画。

Step 2 首先在界面的右下角单击Time Configuration（时间配置）按钮，在弹出的如图11-26

所示的对话框中设置时间长度为200帧。

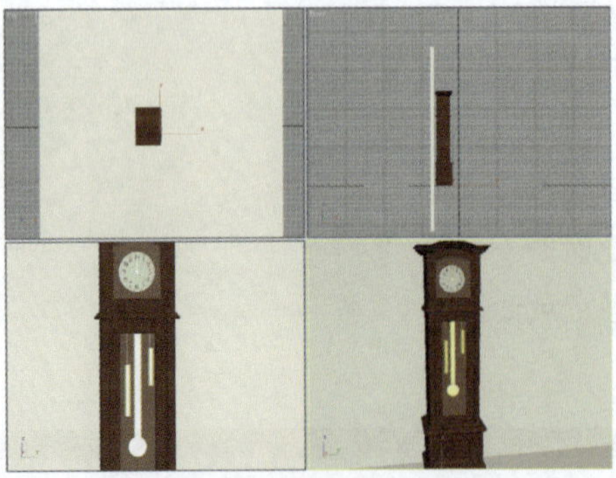

图11-25

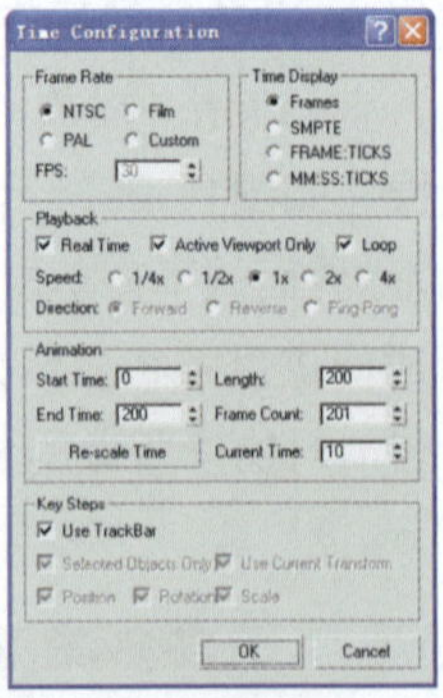

图11-26

Step 3 选择钟摆对象进入Hierarchy（层次）命令面板，选择Pivot（轴）类型，然后单击Affect Pivot Only（仅影响轴）按钮 Affect Pivot Only ，如图11-27所示。

Step 4 将钟摆对象的轴移动到最上方的中心位置，如图11-28所示。

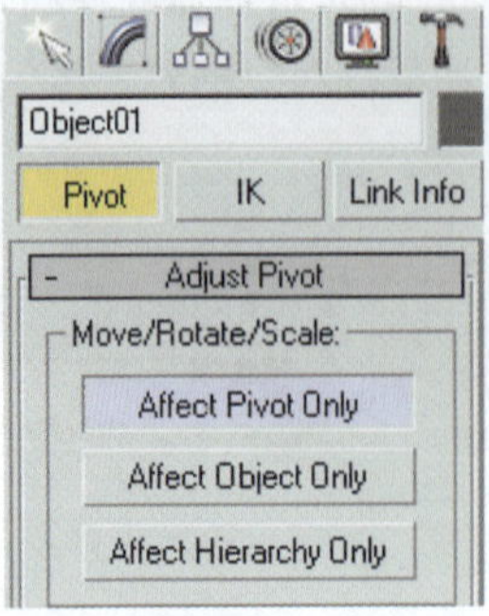

图11-27

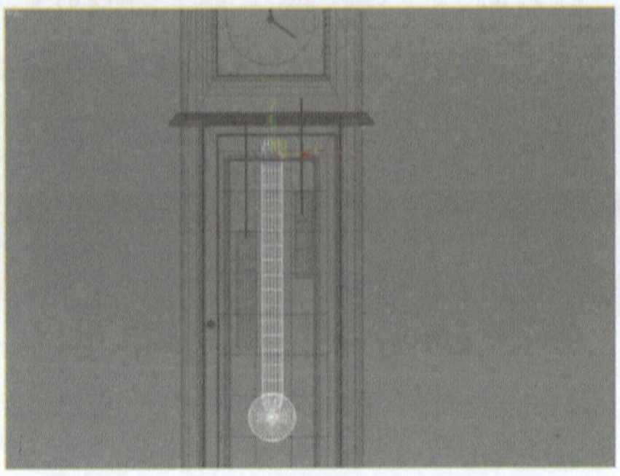

图11-28

Step 5 单击Select and Rotate（选择并旋转）按钮，在打开的窗口中设置Y轴的旋转角度为10°，使钟摆摇动到左侧，如图11-29所示。

Step 6 下面开始进行动画的制作。在界面下方单击Auto Key（自动关键点）按钮 Auto Key 开始记录动画，将时间滑块拖动到第10帧的位置，将钟摆的旋转角度设置为-10°，使它摇动到右侧，如图11-30所示。

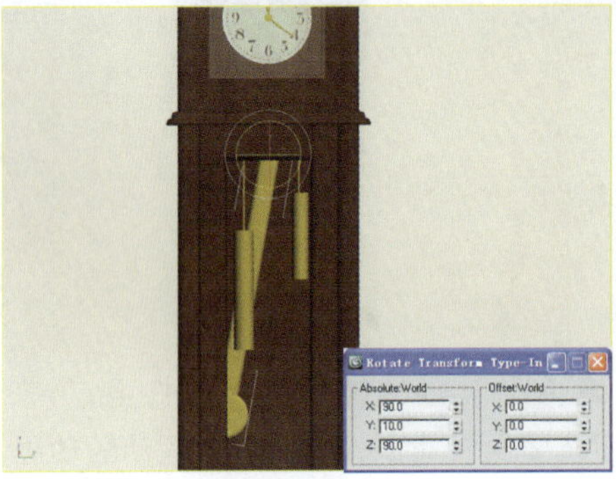

图11-29

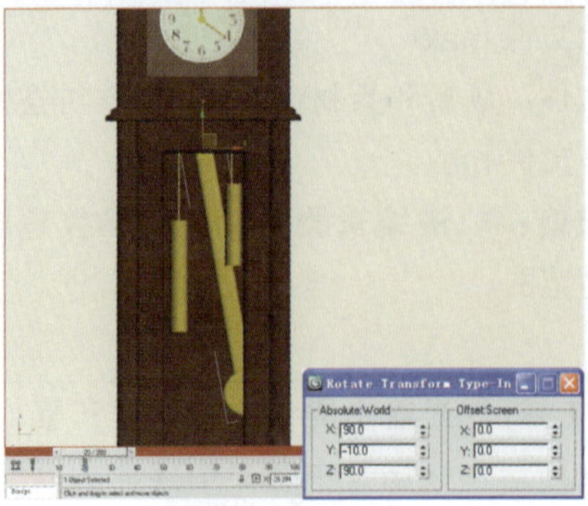

图11-30

Step 7 将时间滑块拖动到第20帧的位置，将钟摆的旋转角度重新设置为10°，使它回到原始的位置，如图11-31所示。

Step 8 再次单击Auto Key（自动关键点）按钮，退出动画记录模式，然后单击Play Animation（播放动画）按钮，对场景动画预览可以看到钟摆产生了左右摆动的效果，但是由于只设置到第20帧，所以钟摆只完成了一次摆动就停止了，如图11-32所示。

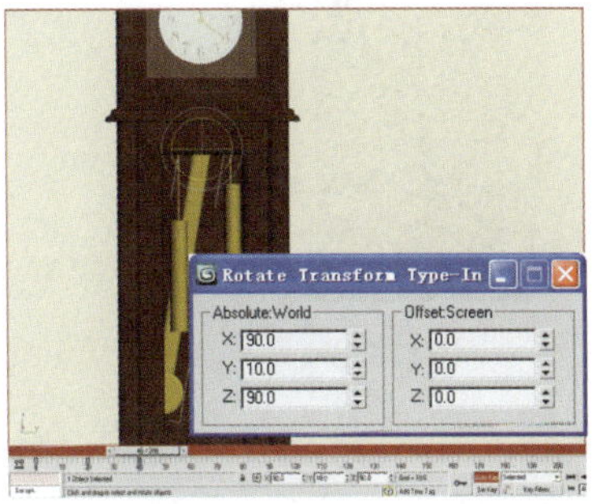

图11-31

图11-32

Step 9 在主工具栏中单击Curve Editor（曲线编辑器）按钮，打开图11-33所示的“动画轨迹编辑器”窗口。

Step 10 在左侧的窗格中选择对象Rotation（旋转）层级下的Y Rotation（Y旋转），如图11-34所示，在右侧的窗格中出现了一个曲线，该曲线表示的是钟摆对象的旋转。

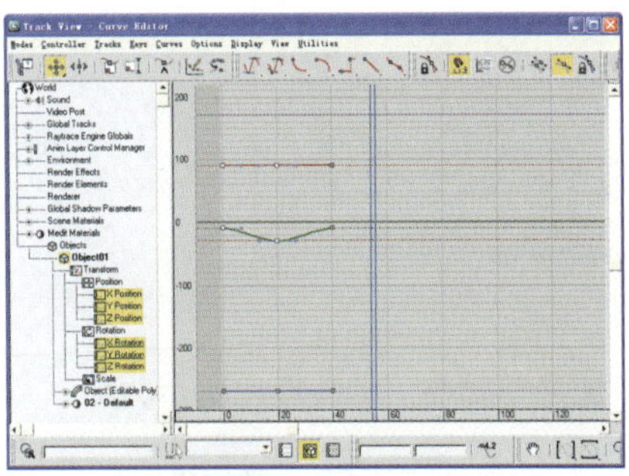

图11-33

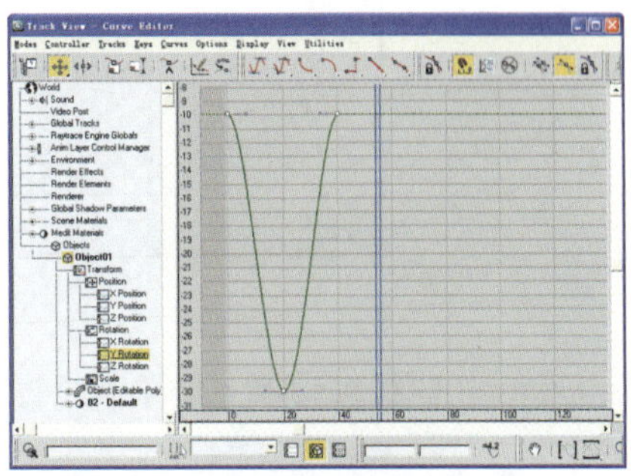

图11-34

Step 11 在曲线编辑器工具栏中单击Parameter Curve Out-of-Range Types（参数曲线超出范围类型）按钮，弹出图11-35所示的对话框。

Step 12 选择Loop（循环）模式，如图11-36所示，可以看到Y轴曲线产生了自动循环效果。

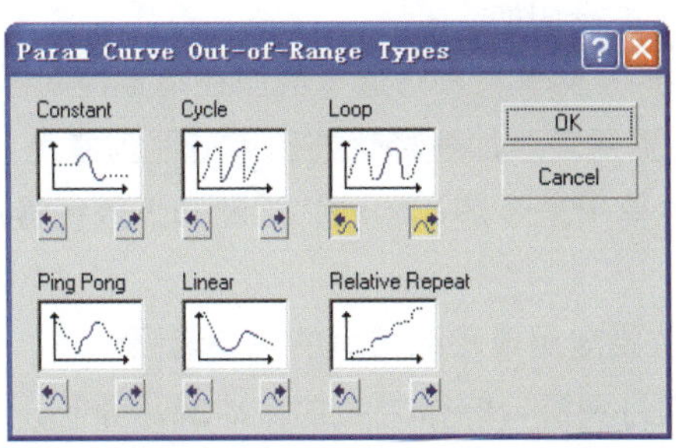

图11-35

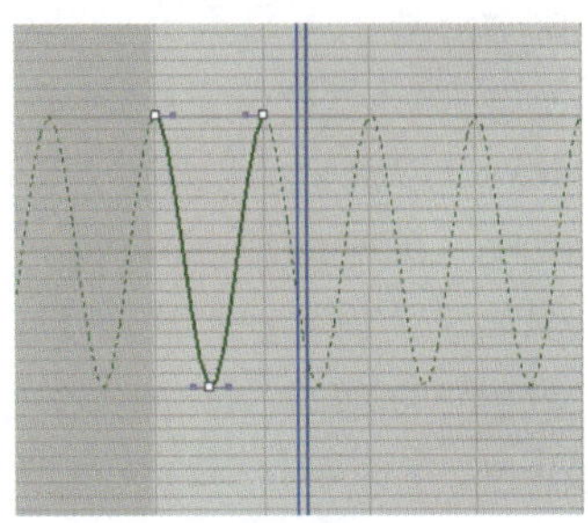

图11-36

Step 13 回到场景中，再次进行动画的预览，如图11-37所示，虽然只设置到了第20帧，但是由于启用了曲线循环可以看到钟摆一直处于左右摇摆的状态，图11-38所示为钟摆摇动渲染所产生的模糊效果。

图11-37

图11-38

使用Curve Editor（曲线编辑器），可以对创建的所有关键点进行查看和编辑。它是非常重要的动画编辑工具，对物体所进行的动画操作都会记录在曲线编辑器中，图11-39所示为Curve Editor（曲线编辑器）的界面。

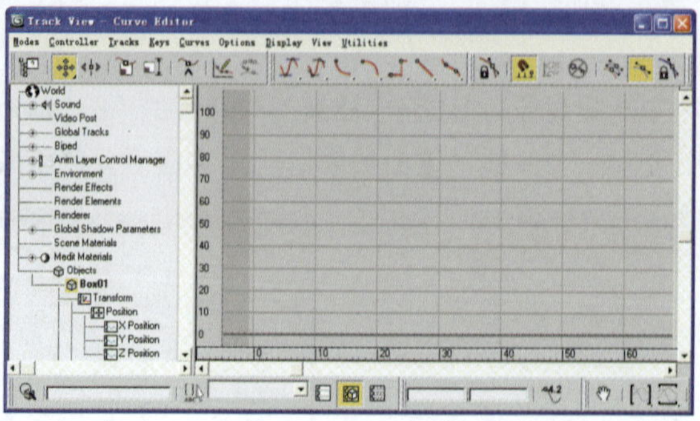

图11-39

Curve Editor（曲线编辑器）的菜单栏提供了9种菜单命令，图11-40所示为曲线编辑器的9种菜单命令。

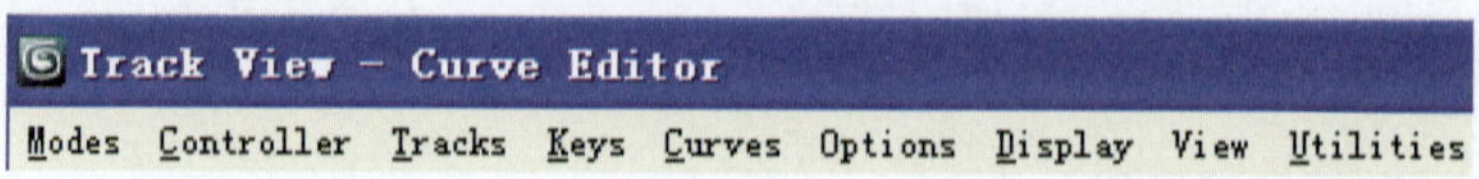

图11-40

- Modes（模式）：曲线编辑器包含有两种模式——“曲线编辑器”和“摄影表”，在Modes（模式）菜单下可以对这两种模式进行切换。
- Controller（控制器）：Controller（控制器）菜单用来对选择的曲线指定控制器。
- Tracks（轨迹）：Tracks（轨迹）菜单主要用来添加注释轨迹和可见性轨迹。
- Tracks（关键点）：Tracks（关键点）菜单用来添加、移动、滑动和缩放关键点。还包含软选择、对齐到光标和捕捉帧。
- Curves（曲线）：Curves（曲线）菜单主要应用或移除减缓曲线和增强曲线。
- Options（选项）：该菜单用来控制层次列表窗口的行为（如自动展开等）。还包含可以改进性能的控件。

- Display（显示）：Display（显示）菜单用来影响曲线、图标和切线显示。
- View（视图）：View（视图）菜单可以对视图进行放大、缩小、平移等操作。
- Utilities（工具）：在Utilities（工具）菜单中可以选择“轨迹视图工具”。

Curve Editor（曲线编辑器）的工具栏中提供了一些常用的工具按钮，如图11-41所示。下面向读者介绍一些工具栏中的常用工具。

图11-41

- Move Keys（移动关键点）：使用Move Keys（移动关键点）工具可以在函数曲线图上水平和垂直地自由移动关键点。
- Slide Keys（滑动关键点）：使用Slide（滑动关键点）工具可以在水平方向移动选择关键点的同时将该点另一侧的所有关键点一起移动，它们之间的距离保持不变。
- Scale Keys（缩放关键点）：使用Scale Keys（缩放关键点）工具能以当前所在的帧为中心点，将所有选择的关键点进行缩放。
- Scale Values（缩放值）：使用Scale Values（缩放值）工具可以根据一定的比例增加或减小关键点的值，而不是在时间上移动关键点。
- Add Keys（添加关键点）：Add Keys（添加关键点）工具用来在函数曲线图或摄影表中的曲线上创建关键点。
- Draw Curves（绘制曲线）：使用Draw Curves（绘制曲线）工具可以绘制新曲线，或通过直接在函数曲线上绘制草图来更改已存在的曲线。
- Reduce Keys（减少关键点）：使用Reduce Keys（减少关键点）工具可以将指定时间段内的关键点进行精简。
- Lock Selection（锁定当前选择）：使用Lock Selection（锁定当前选择）工具可以将选择的关键点被锁定，使它们不能被编辑移动。
- Snap Frames（捕捉帧）：将关键点移动限制到帧中。打开此选项时，关键点移动总是捕捉到帧中。
- 参数曲线超出范围类型：使用该工具可以选择曲线超出时间范围外的状态。

单击Parameter Curve Out-of-Range Types（参数曲线超出范围类型）按钮可以打开如图11-42所示的对话框，它主要用来指定对象在超出所定义的关键点范围后的行为。

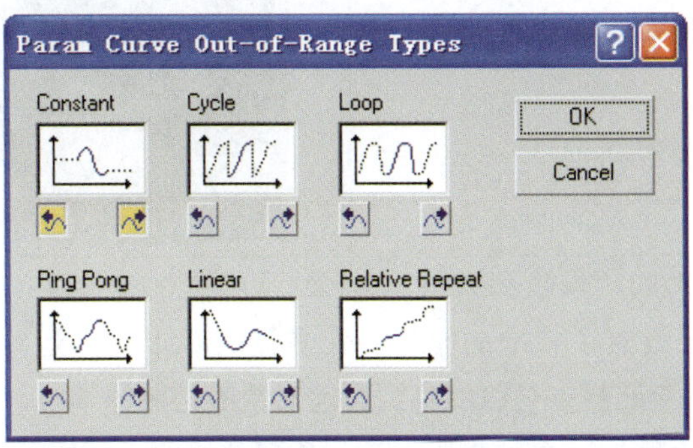

图11-42

- Constant（恒定）：在所有帧范围内保留末端关键点的值。如果想要在范围的起始关键点之前或结束关键点之后不再使用动画效果可以选择该类型。
- Cycle（周期）：在一个范围内重复相同的动画。如果起始关键点和结束关键点的值不同，动画会从结束帧到起始帧显示出一个突然的跳跃效果。
- Loop（循环）：在一个范围内重复相同的动画，但是会在范围内的结束帧和起始帧之间进行插值来创建平滑的循环。如果初始和结束关键点同时位于范围的末端，循环实际上会与周期类似。
- Ping Pong（往复）：在动画重复范围内切换向前或是向后。在想要动画切换向前或向后时可以选择该类型
- Linear（线性）：在范围末端沿着切线到功能曲线来计划动画的值。如果想要动画以一个恒定速度进入或离开可以选择使用该类型。
- Relative Repeat（相对重复）：在一个范围内重复相同的动画，但是每个重复会根据范围末端的值有一个偏移。使用相对重复可以用来创建在重复时彼此构建的动画。

11.2 动画控制器和约束

在 3ds Max 中制作的动画的所有内容都通过控制器来处理，Controllers（控制器）可以指定给对象的任何参数，如长方体的长度、球体的漫反射或者对象位置的变换等。控制器是处理所有动画值的存储和插值的插件。而约束是指具有特殊类型的控制器，通常用于帮助自动执行动画过程。

11.2.1 添加线性控制器

Linear（线性）控制器主要应用于变换动画，可以调整或插入关键点，只要进行从一个关键点到下一个关键点的常规平均变换，就可以使用“线性”控制器。“线性”控制器没有参数调节对话框，其保持变换的速率为匀速变换。

知识应用：线性控制器

原始文件：场景和素材\第11章\添加线性控制器.max

核心技能：使用线性控制器。

Step 1 打开光盘中提供的“场景和素材\第11章\添加线性控制器.max”文件，如图11-43所示，该场景中有一个已经设置了转动的车轮。在右侧的Motion（运动）命令面板的Assign Controller（指定控制器）卷展栏中可以观察到当前对象的控制器情况。

Step 2 打开“曲线编辑器”，在左侧的窗格中选择Rotation（旋转）下的Y Rotation（Y轴旋

转），右侧窗格中显示出了车轮在Y轴方向上的函数曲线，可以看到曲线的两端呈弯曲形态，这是因为采用了默认的Bezier（贝塞尔）控制器的原因。如果播放动画可以看到车轮并不是匀速运动的，在开始和结束的地方转动得比较慢，如图11-44所示。

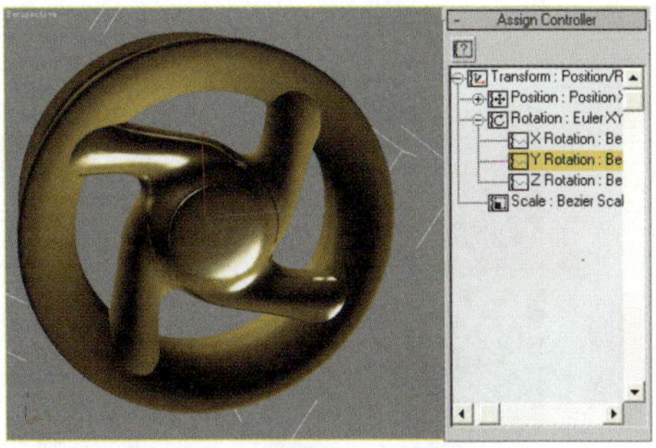

图11-43

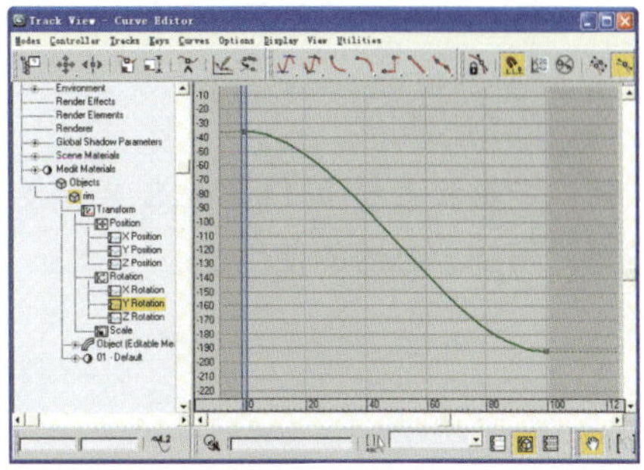

图11-44

Step 3 回到3ds Max的界面，在Assign Controller（指定控制器）卷展栏中选择Rotation（旋转）下的Y Rotation（Y轴旋转），然后单击Assign Controller（指定控制器）按钮，在弹出的对话框中选择Linear（线性）控制器，如图11-45所示。

Step 4 指定“线性”控制器后再次打开“曲线编辑器”，此时对象在Y轴上的函数曲线变为了直线型，对场景动画进行播放预览可以发现此时车轮产生了匀速转动，如图11-46所示。

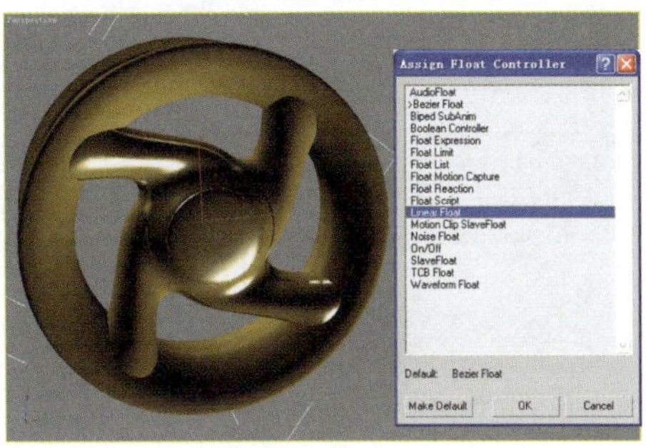

图11-45

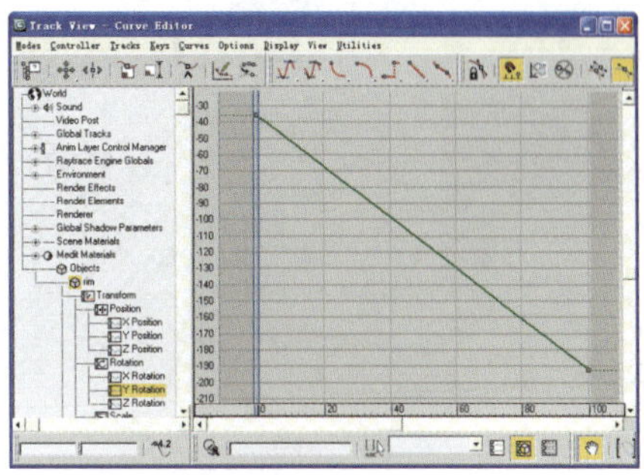

图11-46

在场景中创建一个对象后进入Motion（运动）命令面板的Assign Controller（指定控制器）卷展栏中，在默认的情况下，Position（位置）使用的是Position XYZ（位置XYZ）控制器，Rotation（旋转）指定的是Euler XYZ控制器，Scale（缩放）使用的是Bezier Scale（贝塞尔缩放）控制器，如图11-47所示。展开每个选项的下拉列表可以发现在默认情况下使用的都是Bezier Float（贝塞尔）控制器，如图11-48所示。

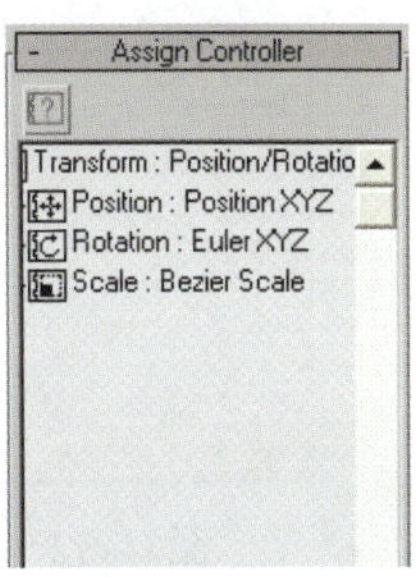

图11-47

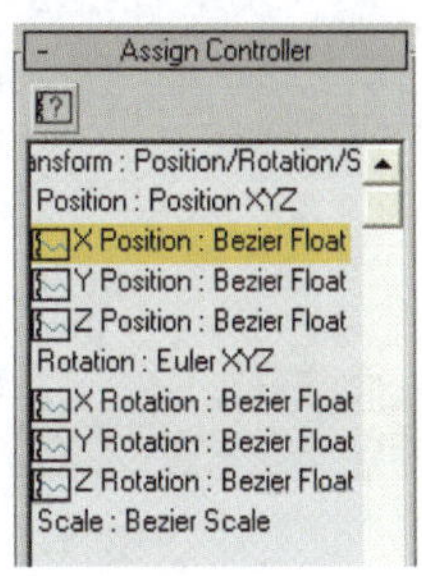

图11-48

11.2.2 添加限制控制器

Limit（限制）控制器可以为可用的控制器值指定上限和下限，从而限制被控制的轨迹的范围。例如一扇门开启的程度、一辆汽车颠簸的程度等都可以使用Limit（限制）控制器来进行约束。

<table>
<tr>
<td>知识应用：限制控制器
原始文件：场景和素材\第11章\限制控制器.max
核心技能：限制控制器的使用。</td>
<td></td>
</tr>
</table>

Step 1 打开光盘中提供的“场景和素材\第11章\限制控制器.max”文件，如图11-49所示，该场景中有一个窗户模型。

Step 2 在没有指定控制器的情况下使用“旋转”工具可以自由地对窗户进行任意角度的旋转，如图11-50所示。

图11-49

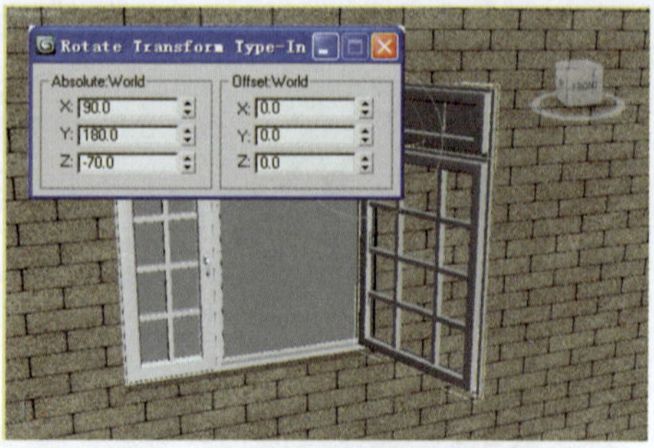

图11-50

Step 3 进入Motion（运动）命令面板，在Assign Controller（指定控制器）卷展栏中选择Rotation（旋转）下的Z Rotation（Z轴旋转），如图11-51所示。

Step 4 单击Assign Controller（指定控制器）按钮，在弹出的对话框中选择Float Limit（限制）控制器，如图11-52所示。

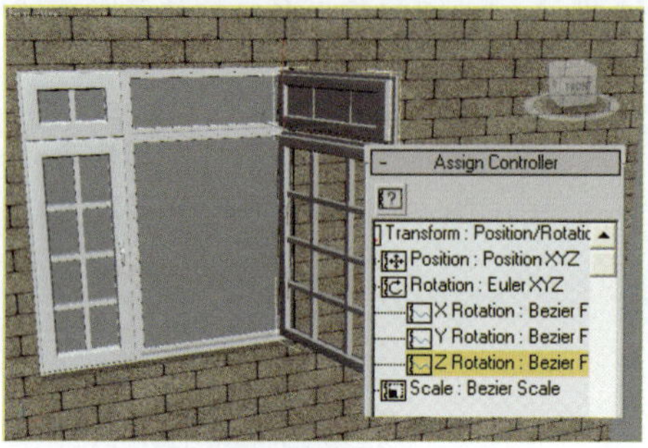

图11-51

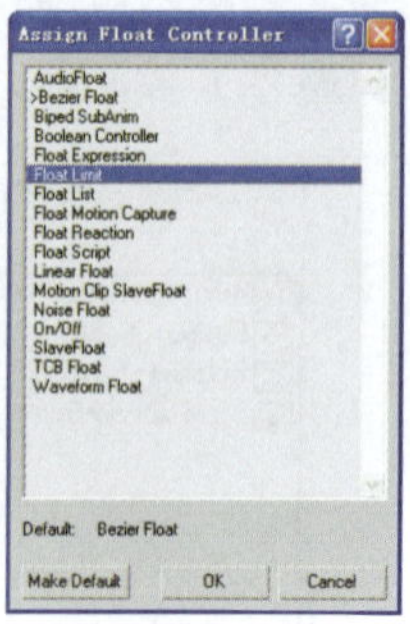

图11-52

Step 5 选择Limit（限制）控制器后会弹出如图11-53所示的对话框，在该对话框中进行参数设置，将上限和下限的值都设置为30。

Step 6 参数设置完毕后，在场景中使用“旋转”工具对窗户进行旋转，可以发现由于使用了“限制”控制器，不管怎样拖动鼠标，窗户只能在左右30度的范围内进行旋转，如图11-54所示。

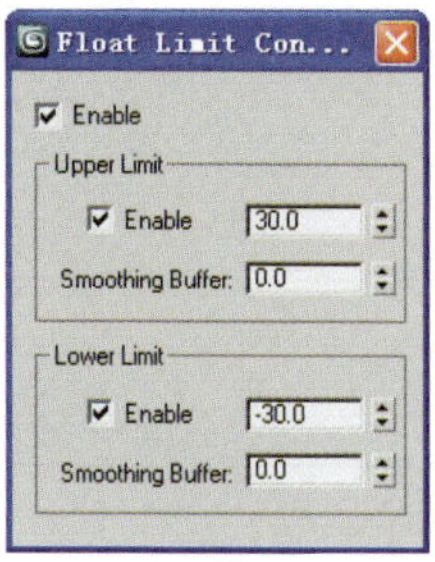

图11-53

图11-54

11.2.3 添加噪波控制器

Noise（噪波）控制器可以在一系列帧上产生随机的、基于分形的动画，并且可以对噪波的强度以及频率等参数进行设置。通常使用Noise（噪波）控制器来制作随机的动画变换效果。

知识应用：噪波控制器

原始文件：场景和素材\第11章\噪波控制器.max

核心技能：噪波控制器的使用。

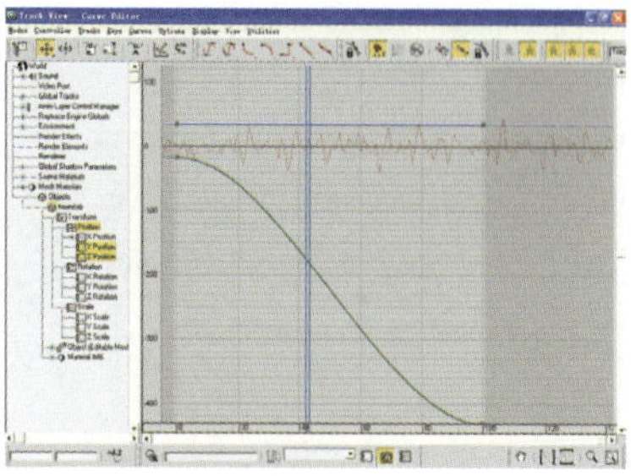

Step 1 打开光盘中提供的“场景和素材\第11章\噪波控制器.max”文件，该场景中制作了一个沿着Y轴移动的飞机的动画，下面将要利用Noise（噪波）控制器来使飞机在移动的过程中产生X轴上的摆动，如图11-55所示。

Step 2 进入Motion（运动）命令面板，在Assign Controller（指定控制器）卷展栏中选择Position（位置）下的X Position（X轴位置），如图11-56所示。

图11-55

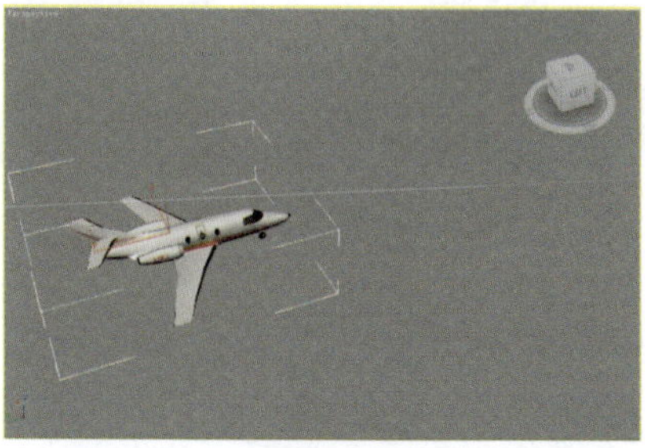

图11-56

Step 3 单击Assign Controller（指定控制器）按钮，在弹出的对话框中选择Noise Float（噪

波）控制器，如图11-57所示。

Step 4 选择“噪波”控制器后会弹出图11-58所示的对话框，在该对话框中将Strength（强度）设置为100。

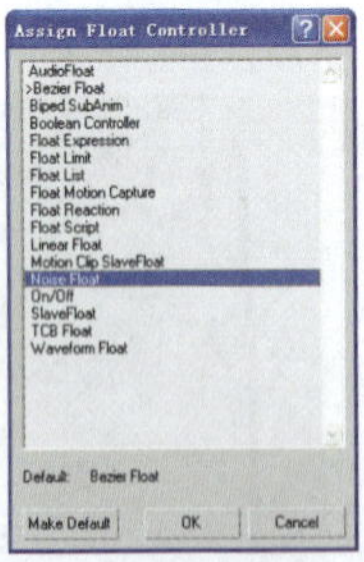

图11-57

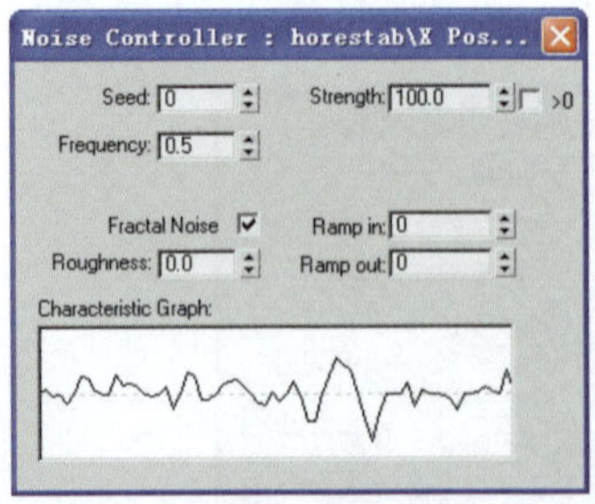

图11-58

Step 5 然后进入“曲线编辑器”中可以观察到应用了“噪波”控制器后，X轴产生了类似于波形振幅的随机的变换曲线，如图11-59所示。对场景动画进行播放，可以看到飞机在沿着Y轴移动的同时在X轴的方向上也产生了摆动。

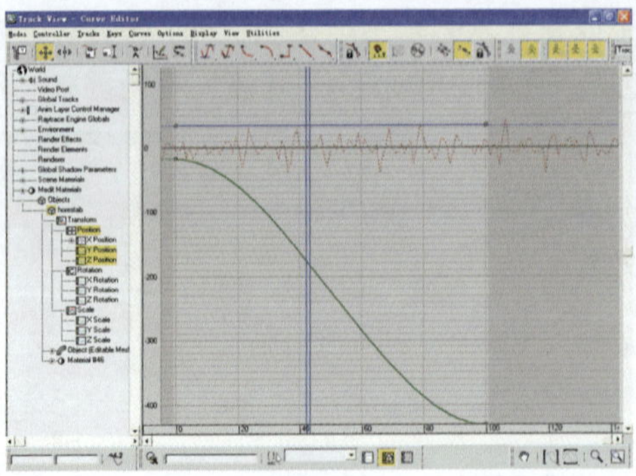

图11-59

11.2.4 添加曲面约束

Surface（曲面）约束能将选择的对象定位到另一个目标对象上，使二者的运动保持一致。可以作为曲面对象的对象类型是有限制的，它们的表面必须能够用参数来表示，例如，球体、圆柱体、圆锥体等。

知识应用：曲面约束 原始文件：场景和素材\第11章\曲面约束.max 核心技能：曲面约束的使用。	

Step 1 打开光盘中提供的“场景和素材\第11章\曲面约束.max”文件，该场景中有一个球体

对象和一个三维文字对象，如图11-60所示。

Step 2 选择文字对象，进入Motion（运动）命令面板，在Assign Controller（指定控制器）卷展栏中选择Position（位置），如图11-61所示。

图11-60

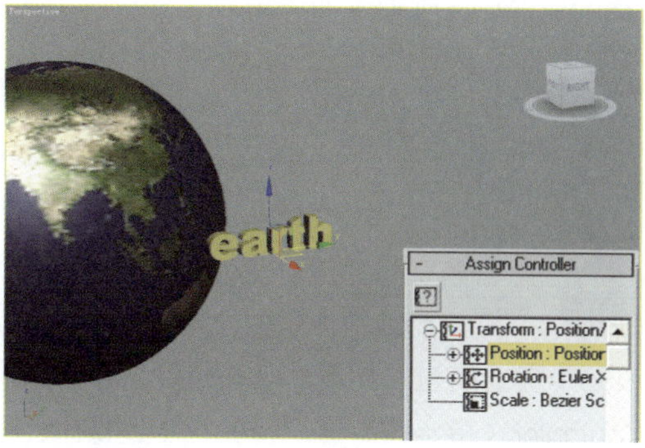

图11-61

Step 3 单击Assign Controller（指定控制器）按钮，在弹出的对话框中选择Surface（曲面）约束，如图11-62所示。

Step 4 应用Surface（曲面）约束后，会在“运动”命令面板的下方出现Surface（曲面）约束的参数卷展栏，如图11-63所示。

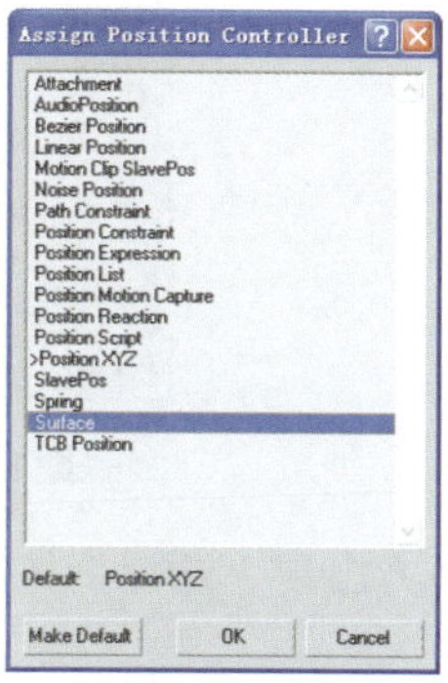

图11-62

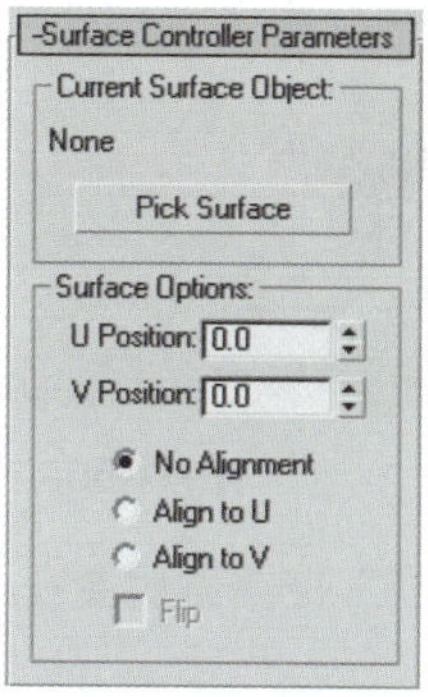

图11-63

Step 5 单击Pick Surface（拾取曲面）按钮 Pick Surface ，然后在场景中拾取球体对象，拾取球体对象后，文字会被定位到球体的表面，此时对球体进行旋转可以发现文字始终和球体保持相互对立的位置关系，如图11-64所示。

图11-64

11.2.5 添加注视约束

LookAt（注视）约束只能应用于对象的Rotation（旋转）变换属性上，它可以使被控制的对象始终注视着另一个对象。例如我们在观看天空中的飞机时，眼球会跟随飞机的移动而发生转动。

知识应用：注视约束
原始文件：场景和素材\第11章\注视约束.max
核心技能：注视约束的使用。

Step 1 打开光盘中提供的“场景和素材\第11章\注视约束.max”文件，该场景中有一个怪物和一个蜻蜓模型，如图11-65所示，选择怪物的一个眼球，进入“运动”命令面板，在Assign Controller（指定控制器）卷展栏中选择Rotation（旋转）。

Step 2 接下来单击Assign Controller（指定控制器）按钮，在弹出的对话框中选择LookAt Constraint（注视）控制器，如图11-66所示。

图11-65

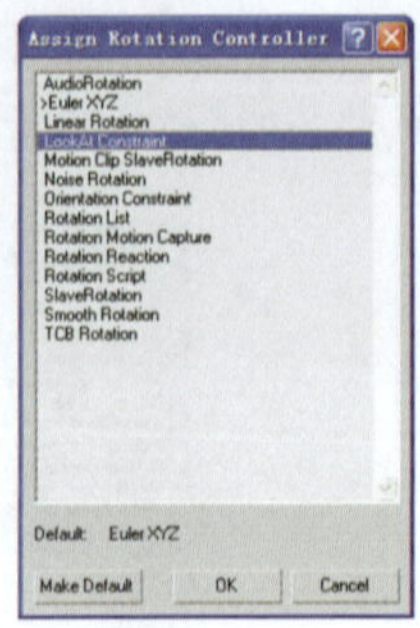

图11-66

Step 3 选择“注视”控制器后会在“运动”面板的下方出现“注视”控制器的参数卷展栏，如图11-67所示。

Step 4 单击Add LookAt Target（添加注视图标） Add LookAt Target ，在视口中拾取蜻蜓对象，如图11-68所示，当拾取对象后发现眼球的位置产生了变化，并没有对准蜻蜓。

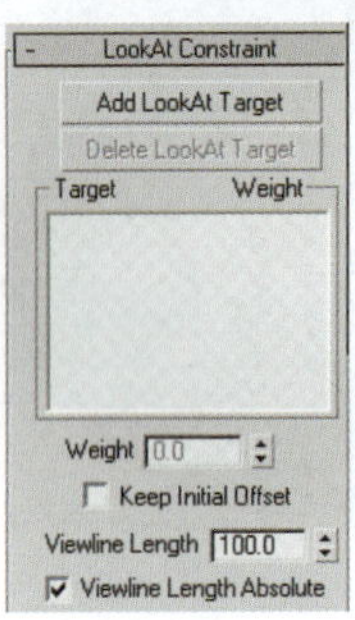

图11-67

图11-68

Step 5 在“注视”控制器的参数卷展栏中勾选Keep Initial Offset（保持初始偏移）复选框。勾选该复选框后对象将保持为初始的状态，移动蜻蜓可以发现此时眼球跟随着蜻蜓产生了移动，如图11-69所示。

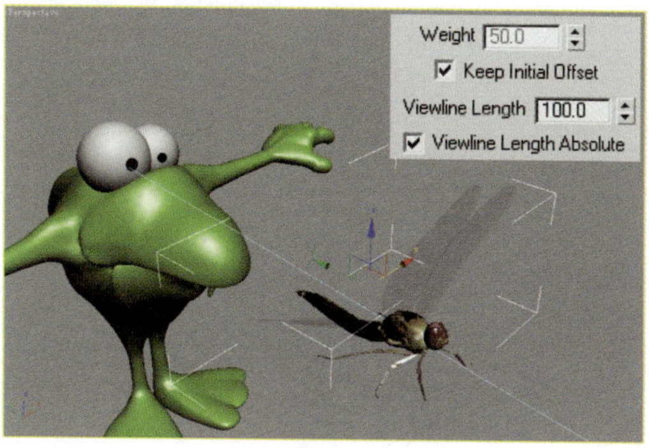

图11-69

11.3 层级动画

在制作角色动画以及复杂的机械运动时，如果使用基本的关键帧动画的制作方法将会变得非常困难。制作这种类型的动画时，可以使用链接将对象关联起来，使它们形成从属关系，这样可以大大简化制作过程。链接对象的运动包含正向运动和反向运动两种。

11.3.1 正向运动知识

层次动画默认使用的运动方式为“正向运动”，正向运动采用的原理是按照父层次到子层次的链接顺序进行层次链接，轴点位置定义了链接对象的连接关节并且按照从父层次到子层次的顺序继承位置、旋转和缩放变换。在正向动力学中，当父对象移动时，它的子对象也必须跟随其移动。

知识应用：运动的机械腿
原始文件：场景和素材\第11章\运动的机械腿.max
核心技能：正向运动原理。

Step 1 打开光盘中提供的“场景和素材\第11章\运动的机械腿.max”文件，如图11-70所示，该场景中有一个机械腿模型，该对象由腿、脚掌和脚趾三部分组成。

Step 2 选择机械腿部分，使用“旋转工具”进行旋转，如图11-71所示，因为它们之间没有从属关系，所以旋转腿部的同时，脚掌和脚趾都没有移动。

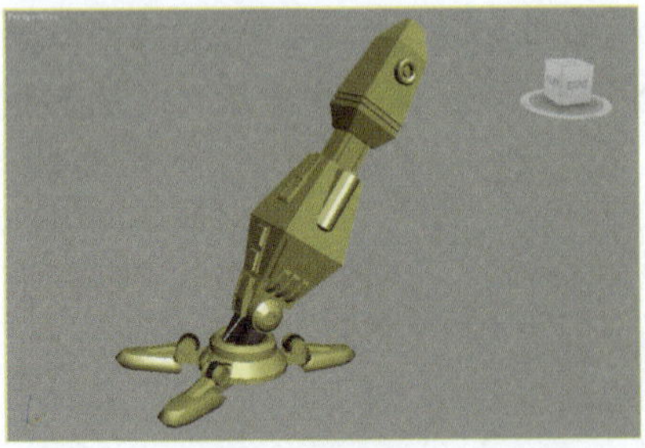

图11-70

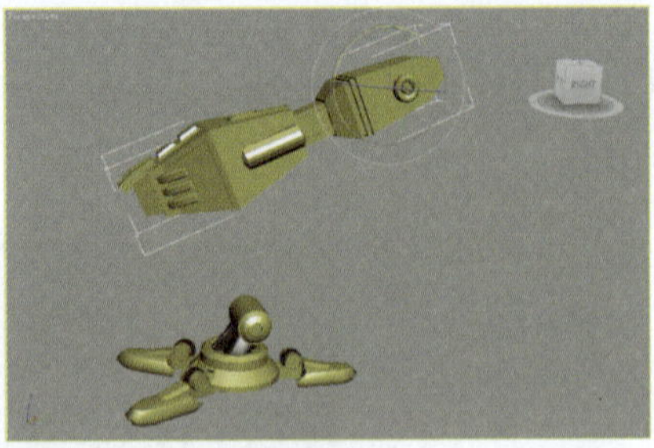

图11-71

Step 3 接下来选择脚掌对象，在主工具栏中单击Select and Link（选择并链接）按钮，然后在脚掌对象上按住鼠标左键不放，拖动到腿部模型上然后释放，如图11-72所示。

Step 4 此时脚掌对象已经和腿部对象链接起来了，对腿部进行旋转，如图11-73所示，脚掌对象也跟随着一起移动。

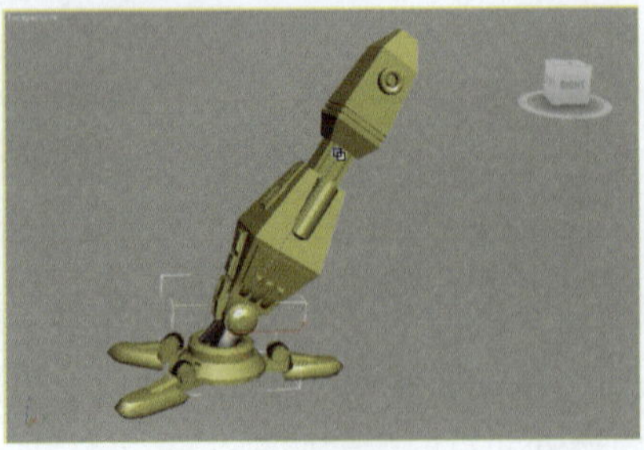

图11-72

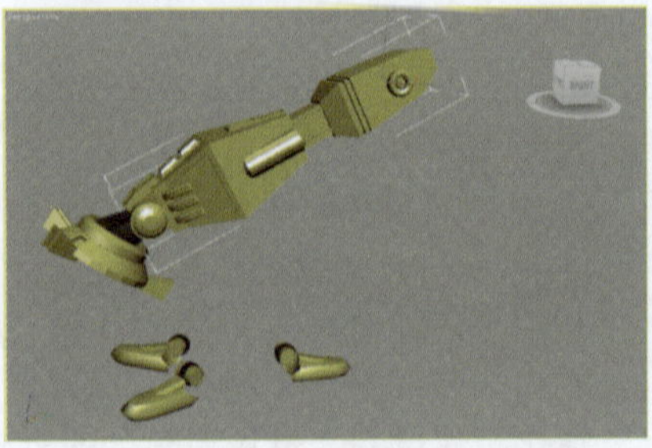

图11-73

Step 5 接下来按照相同的方法将3个脚趾对象链接到机械脚掌上，然后再对腿部进行旋转，如图11-74所示，整个模型都跟随产生了移动。

Step 6 选择机械脚掌对象并对其进行移动，如图11-75所示，脚趾跟随着脚掌一起移动，但是腿部对象并没有发生移动。

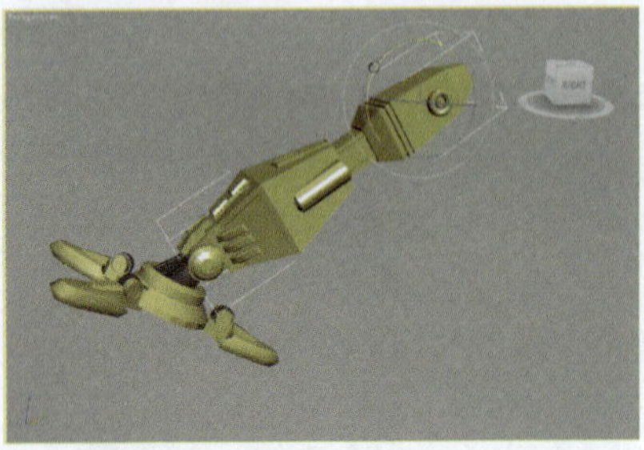

图11-74

图11-75

在使用层次链接时要注意子对象和父对象之间的关系，如图11-76所示，如果选择机械脚掌然后使用Select and Link（选择并链接）工具将其链接到腿部模型上，那么脚掌就属于子对象，腿部模型就属于父对象。如果选择了腿部对象然后使用Select and Link（选择并链接）工具将其链接到脚掌上，那么脚掌就属于父对象，腿部模型属于子对象，如图11-77所示，此时移动脚掌腿部将跟随着移动。

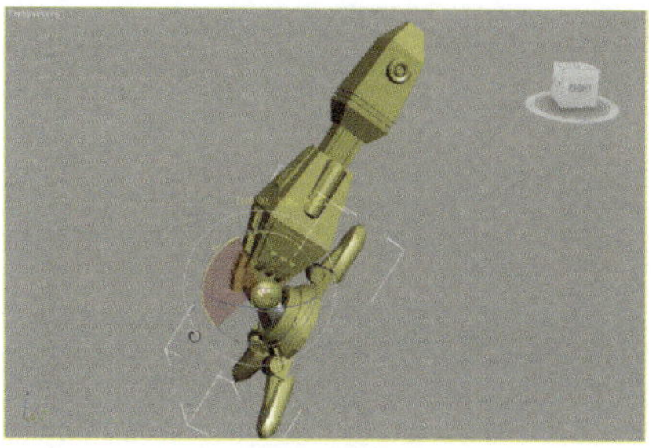

图11-76

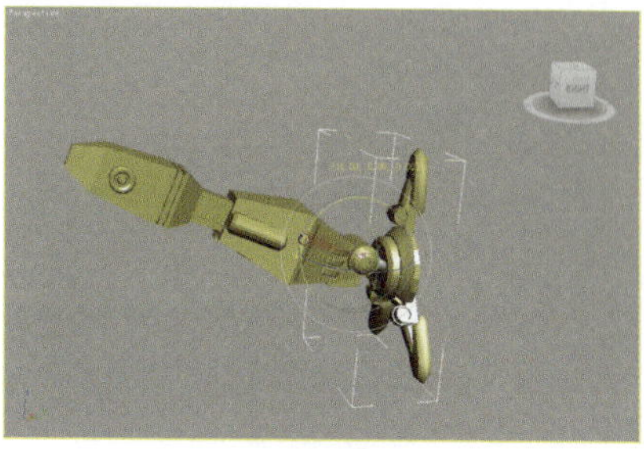

图11-77

11.3.2 反向运动知识

反向运动学是另一种设置动画的方法，它翻转链操纵的方向，从子对象而不是父对象开始进行工作。在3ds Max中，对象系统是由链接在一起的一些对象组成的。当建立一个系统并定义了链接参数后，随着父对象的运动，使用运动学公式可以确定父对象之下所有各部分的运动。

知识应用：活动的机械臂
原始文件：场景和素材\第11章\活动的机械臂.max
核心技能：反向动力学运用。

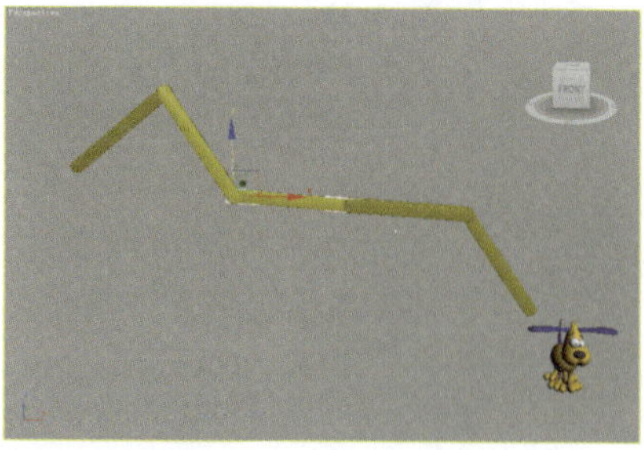

Step 1 打开光盘中提供的“场景和素材\第11章\活动的机械臂.max”文件，如图11-78所示，该场景中有一个由链接杆组成的简单的机械手臂模型。

Step 2 按照上一节所介绍的方法使用Select and Link（选择并链接）工具，从右到左依次将所有的机械臂链接起来，如图11-79所示。链接完成后，转动其中的一个机械臂可以发现它会影响它右边的子对象，但是对左边的父对象不产生影响。

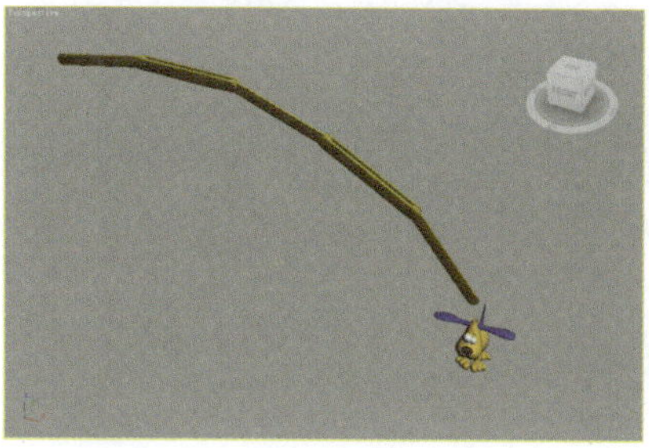

图11-78

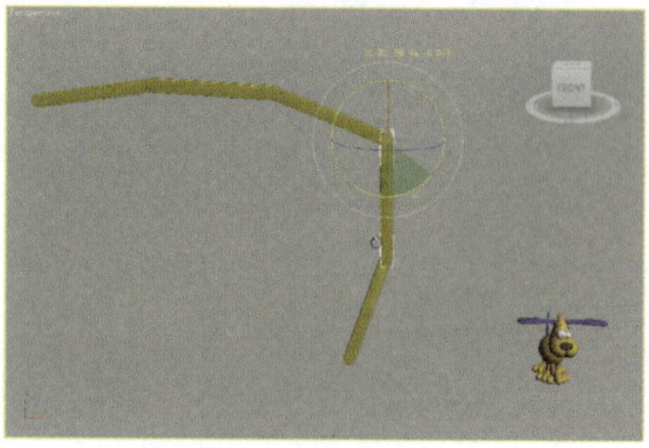

图11-79

Step 3 选择最右端的机械臂，进入Hierarchy（层次）命令面板，单击IK（反向运动）按钮 IK 进入反向运动的参数面板，如图11-80所示。

Step 4 首先在Object Parameters（对象参数）卷展栏中勾选Terminator（终结点）、Blind Position（绑定位置）和Blind Orientation（绑定方向）3个复选框，如图11-81所示。

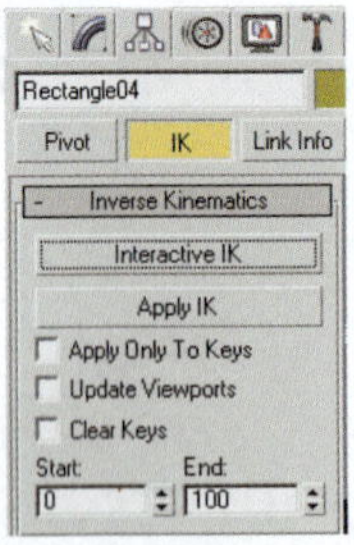

图11-80

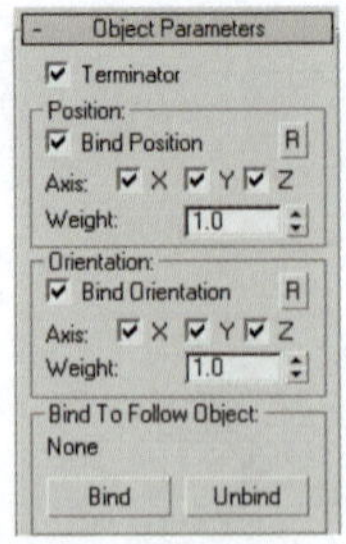

图11-81

Step 5 在Rotational Joints（转动关节）卷展栏中将X和Y轴的Active（活动）复选框取消勾选，只保留Z轴，如图11-82所示。

Step 6 然后在Object Parameters（对象参数）卷展栏中的Rotational Joints（转动关节）选项组中单击Copy（复制）按钮 Copy ，然后依次选择其他的链接杆并单击Paste（粘贴）按钮 Paste ，如图11-83所示。

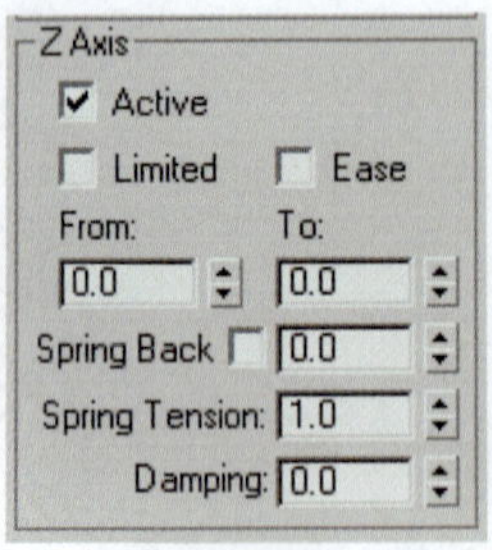

图11-82

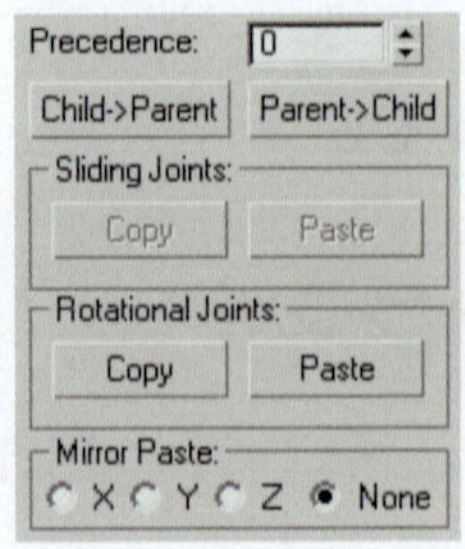

图11-83

Step 7 勾选其他链接杆的X轴和Y轴的Active（活动）复选框，如图11-84所示。

Step 8 最后在Inverse Kinematics（反向运动）卷展栏中单击Interactive（交互式IK）按钮 Interactive IK 进行反向运动的测试，如图11-85所示，此时选择中间的一个链接杆进行移动，可以发现整个机械臂也随之产生了连锁反应。

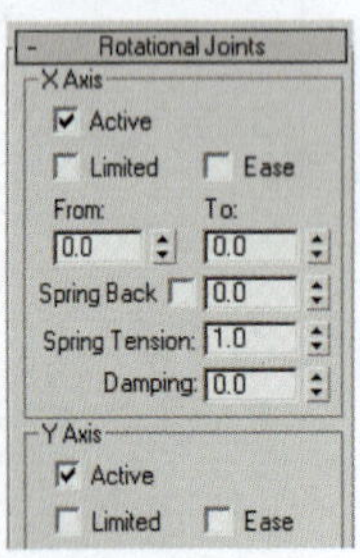

图11-84

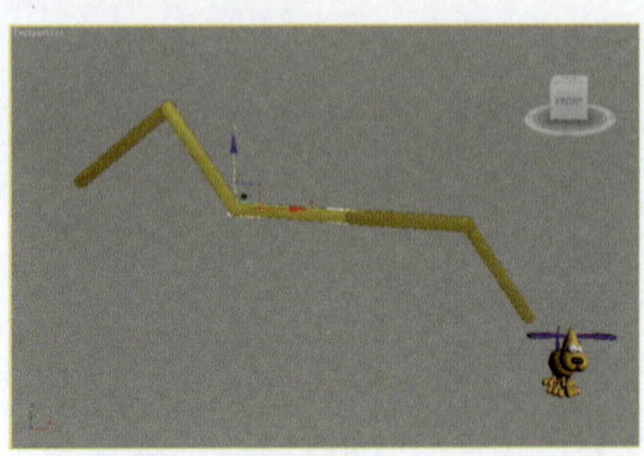

图11-85

11.3.3 层级的管理和控制

在Hierarchy（层次）命令面板下单击Link Info（链接信息）按钮 Link Info 可以查看当前对象间的继承关系。Link Info（链接信息）面板包含Locks（锁定）和Inherit（继承）两个卷展栏。

知识应用：层级控制

原始文件：场景和素材\第11章\链接信息.max

核心技能：层级的管理和控制。

Step 1 打开光盘中提供的“场景和素材\第11章\链接信息.max”文件，如图11-86所示，该场景中有一个已经设置了链接的风扇模型，选择风扇的转轴进行旋转可以发现3个扇叶也会跟随一起旋转移动。

Step 2 选择其中一个扇叶对象进入Hierarchy（层次）命令面板，单击Link Info（链接信息）按钮Link Info，在Inherit（继承）卷展栏中取消勾选Rotate（旋转）选项组中的Z轴复选框，如图11-87所示。

图11-86

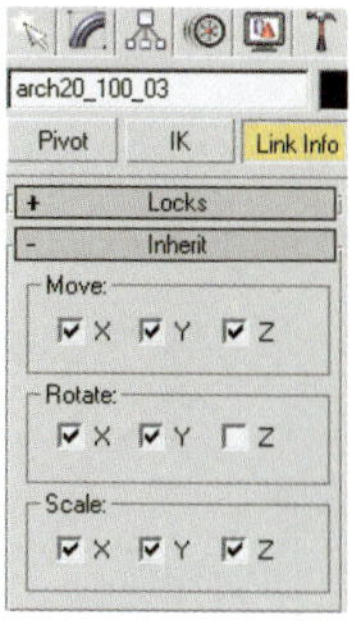

图11-87

Step 3 然后再次选择风扇的转轴进行旋转，如图11-88所示，此时取消勾选Z轴继承的扇叶子对象将不再跟随父对象一同运动。

Step 4 进入Hierarchy（层次）命令面板，取消勾选Move（移动）选项组中的所有轴向，如图11-89所示。

图11-88

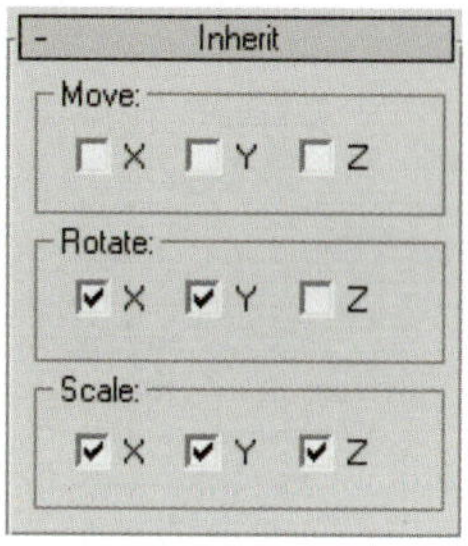

图11-89

Step 5 然后在视口中选择转轴对象向上移动，如图11-90所示，其他两个扇叶也跟着一起向上移动，但取消了“移动”继承的扇叶子对象则并没有发生移动。

Step 6 在Hierarchy（层次）命令面板下进入Locks（锁定）选项组，在Rotate（旋转）选项组中勾选X轴和Z轴复选框，如图11-91所示，然后使用“旋转”工具对扇叶进行旋转，可以发现不管沿着哪个轴向进行旋转，扇叶对象始终保持在Y轴方向进行旋转。

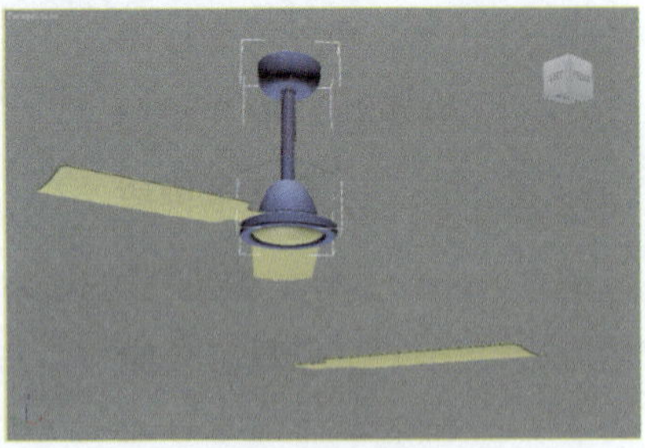
图11-90

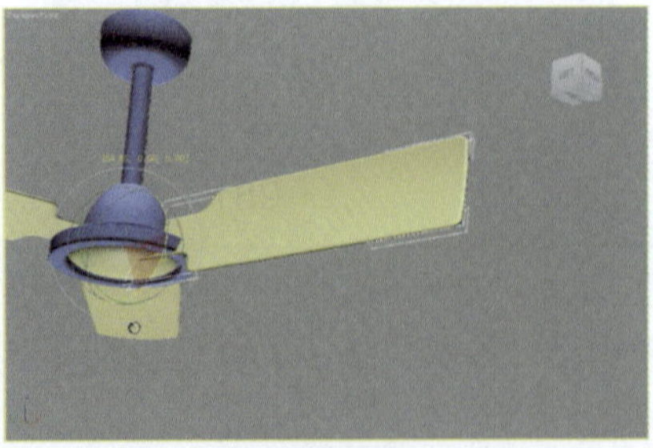
图11-91

11.4 reactor动力学

虽然使用层级、空间扭曲以及粒子能够制作出很多特殊效果的动画，但是涉及到一些复杂的物理运动使用这些工具仍然难以完成，例如风吹过窗帘使其产生飘动、一辆汽车将一面墙撞倒等。使用reactor可以准确地表现这种复杂的动画效果，它可以定义对象的物理属性，从而模拟出各种和真实世界中相似的运动效果。

11.4.1 reactor介绍

reactor是3ds Max一个独立的工作组，用户可以使用它来模拟复杂的物理运动。reactor 支持整合的刚体和软体动力学、布料模拟以及流体模拟，它可以模拟枢连物体的约束和关节。在Create（创建）命令面板中的Helpers（帮助）类别下选择reactor类型，如图11-92所示，Object Type（对象类型）卷展栏中列出了多种reactor元素。在主工具栏中右击，在弹出的快捷菜单中选择reactor命令，可以弹出图11-93所示的reactor工具栏，通过该工具栏可以快速地访问reactor所提供的各种功能。

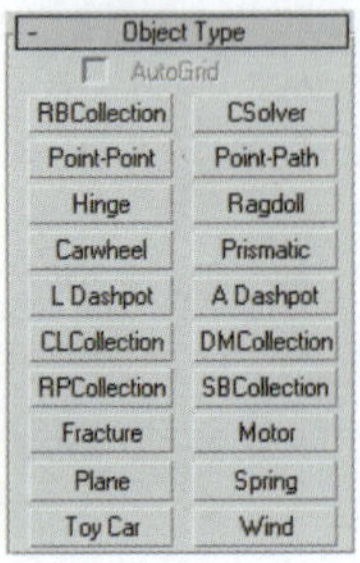

图11-92

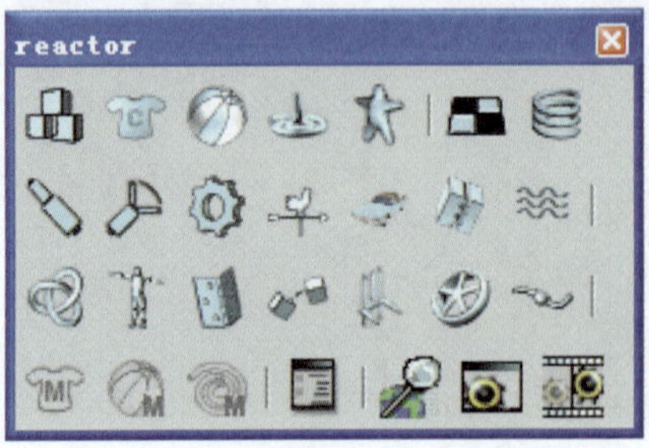

图11-93

在3ds Max中设置好reactor场景后，单击reactor工具栏中的Preview Animation（预览动画）按钮，可以在打开的窗口中实时浏览reactor的模拟效果，如图11-94和图11-95所示。在

3ds Max中设置好场景对象后单击Preview Animation（预览动画）按钮，可以在打开的reactor Real-Time Preview（reactor实时预览）窗口中查看reactor的模拟动画效果。

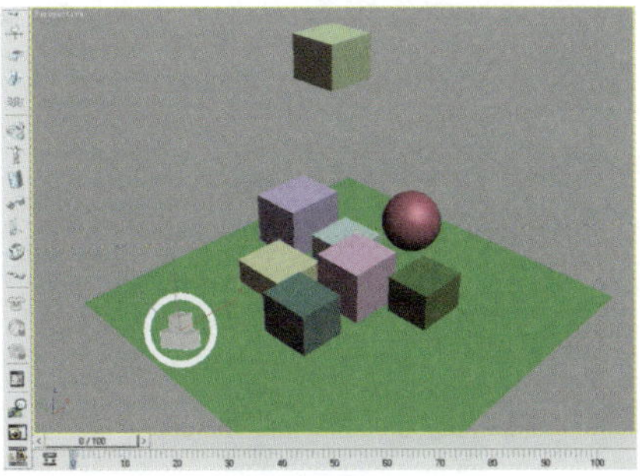

图11-94

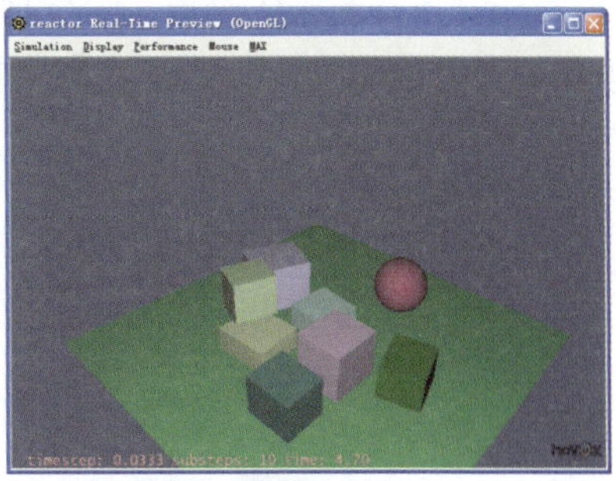

图11-95

11.4.2 使用刚体集合

Rigid Bodies（刚体）是reactor 模拟的基本元素，它可以用来模拟任何外形不会改变的对象，例如细微的钢针或是巨大的石块都可以用Rigid Bodies（刚体）来进行模拟。可以对刚体的质量、弹性、摩擦力等参数进行设置。

知识应用：刚体模拟

原始文件：场景和素材\第11章\刚体模拟.max

核心技能：刚体集合的运用，刚体的参数设置。

Step 1 打开光盘中提供的“场景和素材\第11章\刚体模拟.max”文件，如图11-96所示，场景中有一面墙和一个球体对象，下面将要利用reactor来制作球体撞击墙面的效果。

Step 2 选择场景中的所有对象，在reactor工具栏中单击RBCollection（刚体）按钮，将场景中的所有对象添加到刚体集合中来，如图11-97所示。

图11-96

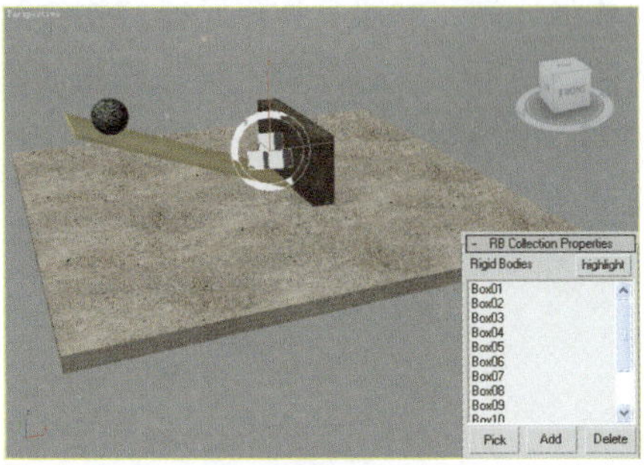

图11-97

Step 3 首先选择球体对象，在reactor工具栏中单击Open Property Editor（打开属性编辑器）

按钮，在弹出的对话框中将球体的Mass（质量）参数设置为20，使它可以产生下滑，如图11-98所示。

Step 4 然后选择所有的墙体对象，同样将Mass（质量）参数设置为20，并勾选Inactive（暂停活动）复选框，使墙体在没有受到外力以前保持静止状态，如图11-99所示。

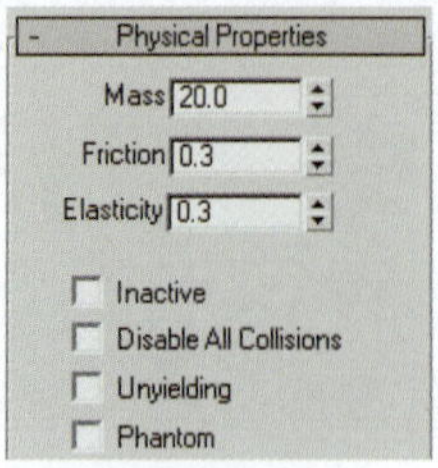

图11-98

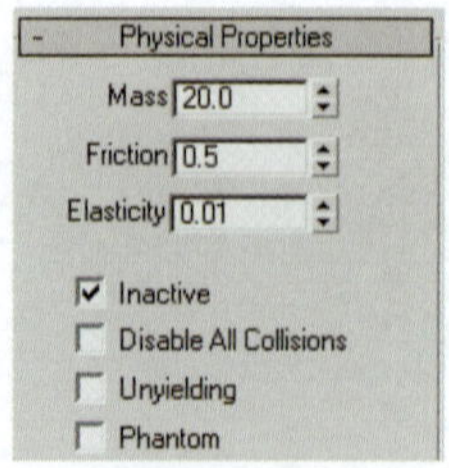

图11-99

Step 5 设置完毕后单击Preview Animation（预览动画）按钮，在打开的reactor Real-Time Preview（reactor实时预览）窗口中使用快捷建【P】可以查看reactor的模拟效果，如图11-100所示。

Step 6 最后单击Create Animation （生成动画）按钮，可以将reactor的模拟效果生成3ds Max中的动画，图11-101所示为在3ds Max中播放该动画的效果。

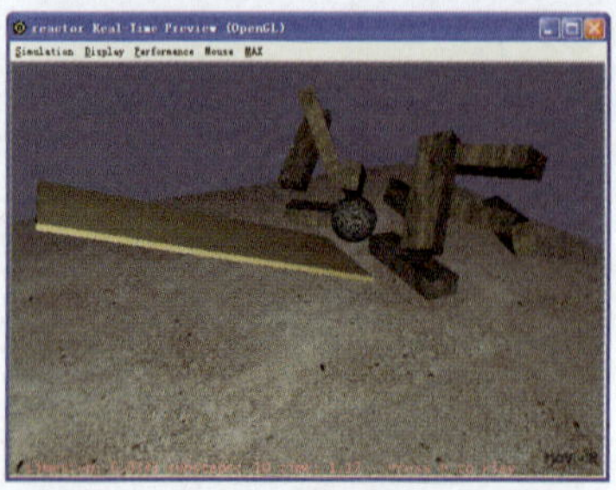

图11-100

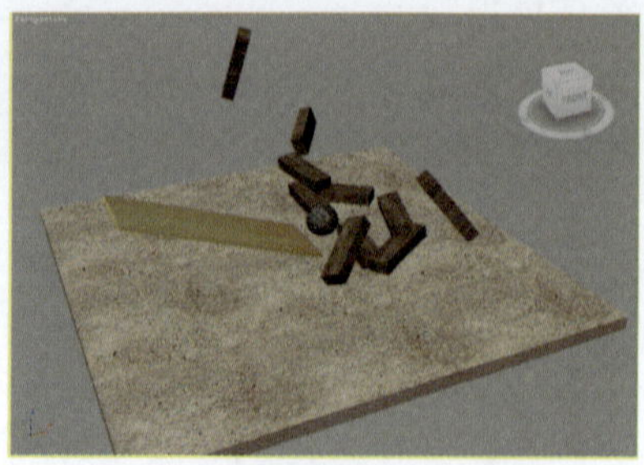

图11-101

11.4.3 使用布料

上一节中所介绍的刚体是不会产生自身变形的物体，它们只会受外力的影响而改变位置。如果要制作像水滴、衣服等外形可变的物体时就需要用到可变形体。Cloth（布料）属于二维的可变形物体，使用Cloth（布料）可以模拟衣物、旗帜、窗帘等柔软物体的效果。

知识应用：可变形体 原始文件：场景和素材\第11章\布料.max 核心技能：可变形体的应用及参数设置。	

Step 1 打开光盘中提供的“场景和素材\第11章\布料.max”文件，如图11-102所示，场景中

有一个餐桌模型，下面将要利用Cloth（布料）来制作餐桌上的桌布。

Step 2 首先在reactor工具栏中单击Create Plane（创建平面）按钮，在场景中创建一个reactor平面，然后选择地面和餐桌，将它们添加到刚体集合中，如图11-103所示。

图11-102

图11-103

Step 3 在Top（顶）视口中创建一个Plane（平面）对象作为餐桌的桌布，这里要将平面的分段数设置高一些，因为分段越细最后得到的布效果就越好，如图11-104所示。

Step 4 然后选择桌布对象，在reactor工具栏中单击Apply Cloth Mod（添加布料修改器）按钮，给桌布添加一个“布料”修改器，如图11-105所示。

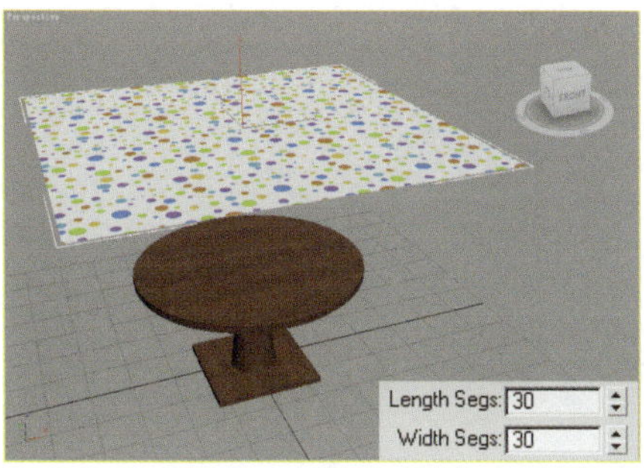

图11-104

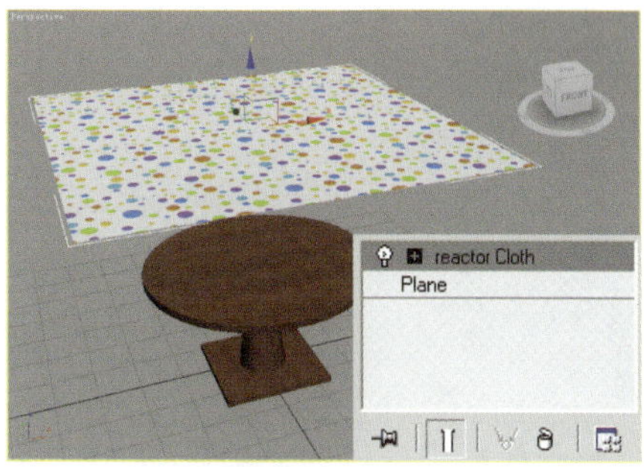

图11-105

Step 5 然后单击Create Cloth Collection（创建布料集合）按钮，将桌布添加到布料集合中去，如图11-106所示。

Step 6 然后单击Preview Animation（预览动画）按钮，在窗口中预览布料的模拟效果，如图11-107所示。

图11-106

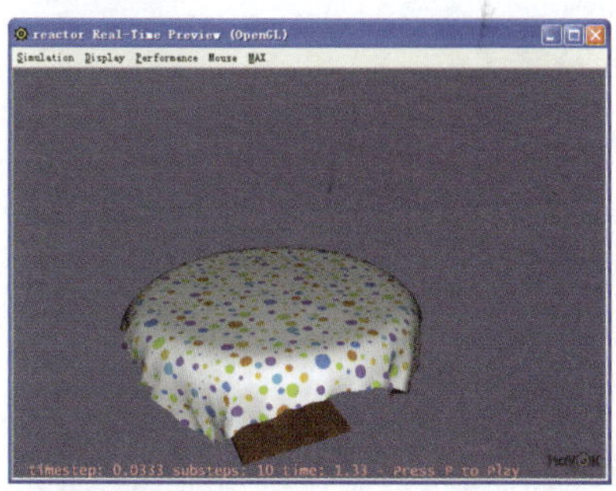

图11-107

Step 7 单击Create Animation（生成动画）按钮，在3ds Max中生成动画，然后进行播放，如图11-108所示，平面最后停留在餐桌表面，并且形成了柔软的布料效果。

图11-108

11.4.4 使用风

Wind（风）用来在reactor中模拟自然界的风力效果，通常情况是将Wind（风）和Close（布料）结合起来使用制作出风吹动旗帜或是窗帘的效果。

知识应用：风力
原始文件：场景和素材\第11章\风.max
核心技能：风力的使用。

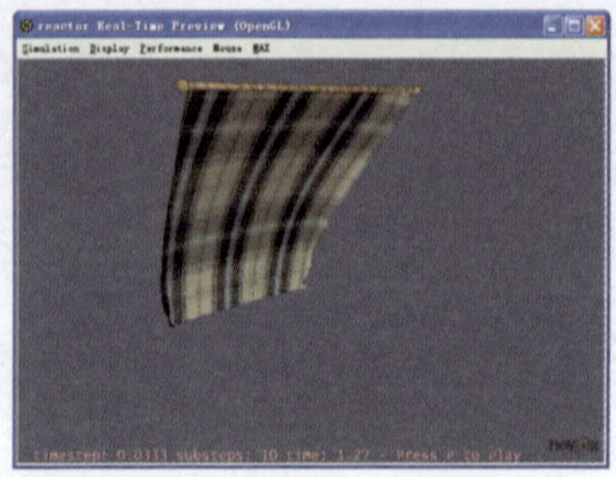

Step 1 打开光盘中提供的“场景和素材\第11章\风.max”文件，如图11-109所示，该场景中有一个窗帘模型，下面将要利用Wind（风）来制作窗帘随风摆动的效果。

Step 2 首先选择窗帘轨对象，给它添加一个刚体集合使它的位置保持不变，如图11-110所示。

图11-109

图11-110

Step 3 选择窗帘对象，单击Apply Cloth Mod（添加布料修改器）按钮，给窗帘添加一个

“布料”修改器，然后进入Vertex（顶点）子对象层级，如图11-111所示。

Step 4 选择窗帘最上部的一排顶点，然后单击“布料”修改器卷展栏中的Fix Vertices（固定顶点）按钮 Fix Vertices ，将选择的顶点固定住使它不产生移动，如图11-112所示。

图11-111

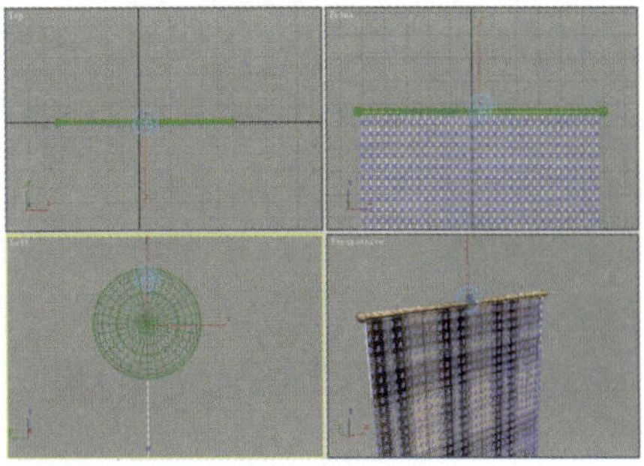
图11-112

Step 5 设置完成后，在reactor工具栏中单击Create Cloth Collection（创建布料集合）按钮 ，将窗帘添加到布料集合中，如图11-113所示。

Step 6 接下来在reactor工具栏中单击Wind（风）按钮 ，在场景中创建一个“风”，并使用“旋转”工具将风图标的箭头旋转到指向窗帘的位置，如图11-114所示。

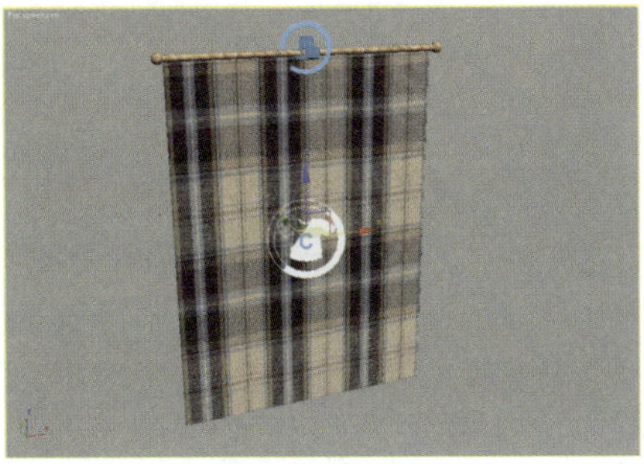
图11-113

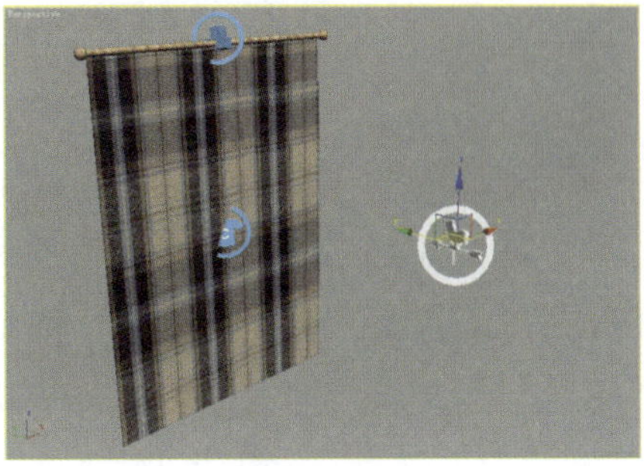
图11-114

Step 7 进入Wind（风）的参数卷展栏，将Wind Speed（风速）设置为100，如图11-115所示。

Step 8 最后打开reactor Real-Time Preview（reactor实时预览）窗口，预览风产生的效果，如图11-116所示，窗帘产生了随风飘动的效果。

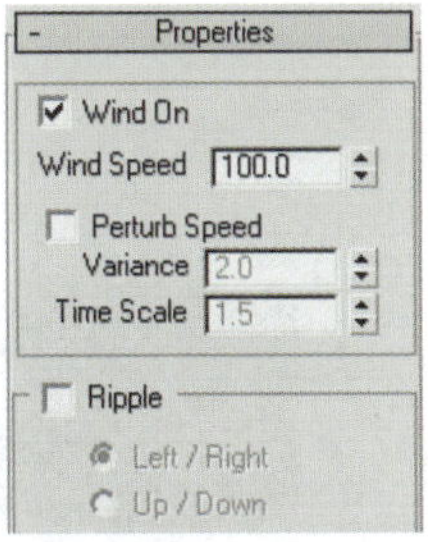

图11-115

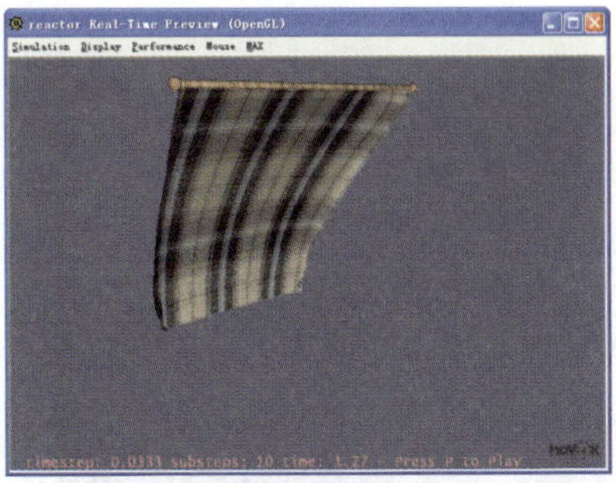

图11-116

11.5 实战演练

前面已经向读者讲解了基本的动画制作方法，并介绍了3ds Max中一些常用的制作动画的工具，包括动画控制器、空间扭曲等。本章将综合运用前面章节所介绍的知识来制作一个动画实例，使读者进一步体会动画的具体制作方法和流程。

知识应用：制作字母爆炸动画

原始文件：场景和素材\第11章\字母爆炸原始文件.max

最终文件：场景和素材\第11章\字母爆炸最终文件.max

核心技能：使用关键帧来设置字母出现的时间段，利用Bomb（爆炸）空间扭曲来表现字母爆炸的效果。

Step 1 打开光盘中提供的“场景和素材\第11章\字母爆炸原始文件.max”原始文件，如图11-117所示，场景中已经设置好了制作动画需要使用的字母对象。

Step 2 在动画控制栏中单击Time Configuration（时间配置）按钮，弹出“时间配置”对话框，在该对话框中设置动画的长度为200帧，如图11-118所示。

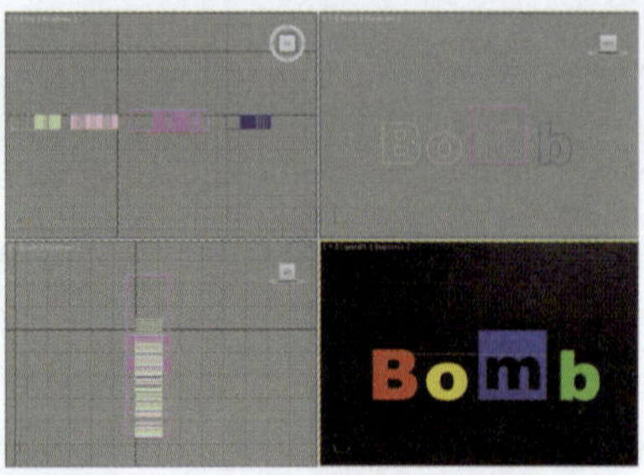

图11-117

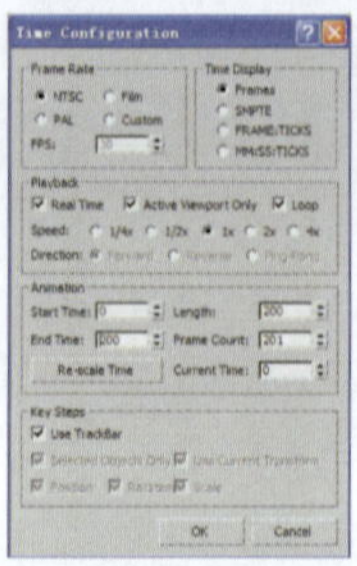

图11-118

Step 3 将时间滑块拖动到第1帧的位置，在“前”视口中将4个字母移动到图11-119所示的位置，使它们在摄影机视口中不可见。

Step 4 选择字母B对象，在动画控制栏中单击Auto Key（自动关键点）按钮开始记录动画，然后将时间滑块拖动到第20帧的位置。在视口中将字母B对象拖动到图11-120所示的位置。

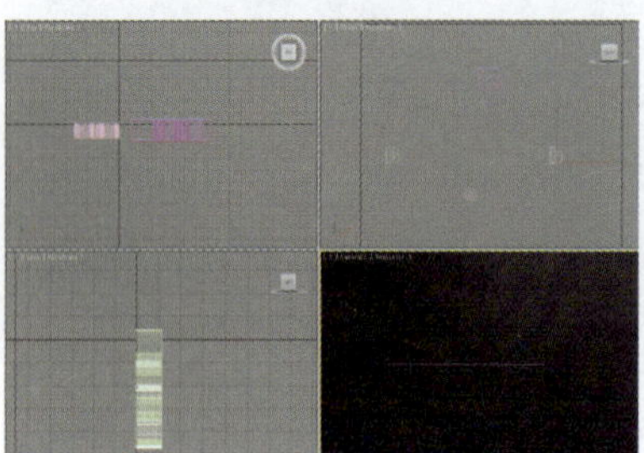

图11-119

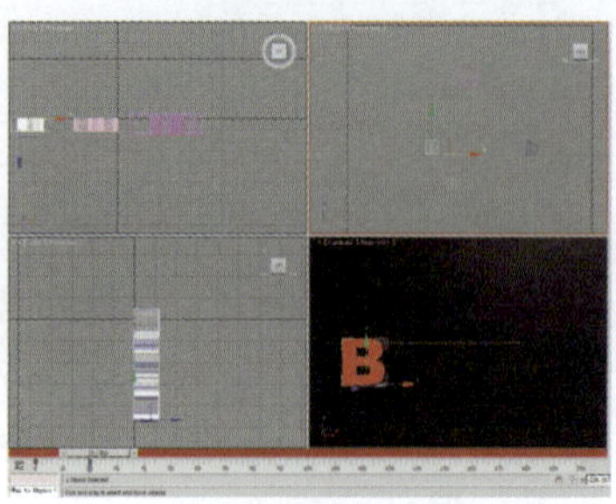

图11-120

Step 5 选择字母o对象，将时间滑块拖动到第30帧的位置，然后将字母o对象移动到图11-121所示的位置。

Step 6 在主工具栏中单击Curve Editor（曲线编辑器）按钮，打开“轨迹视图-曲线编辑器”窗口，在左侧的列表中选择字母o，然后进入字母o的Z位置层级，如图11-122所示。

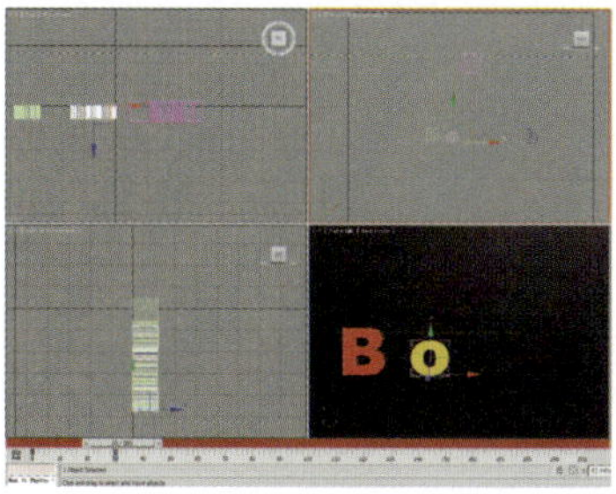

图11-121

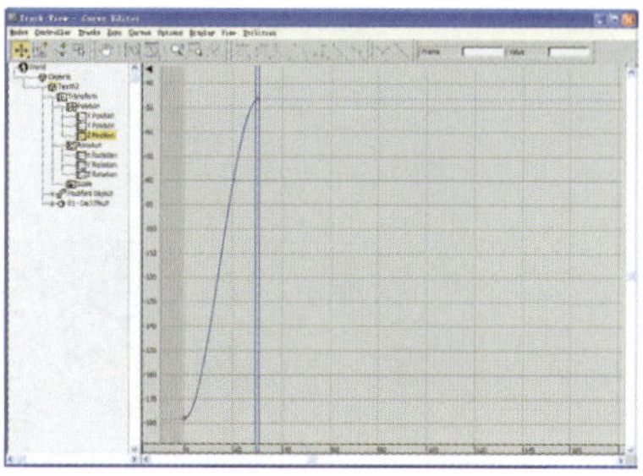

图11-122

Step 7 在右侧的轨迹窗格中选择Z位置的轨迹曲线，然后在工具栏中单击“将切线设置为介跃”按钮，将Z位置的轨迹曲线变为突变方式，如图11-123所示。

Step 8 回到3ds Max的操作界面，选择字母m对象，将时间滑块拖动到第40帧的位置，移动字母m到图11-124所示的位置。

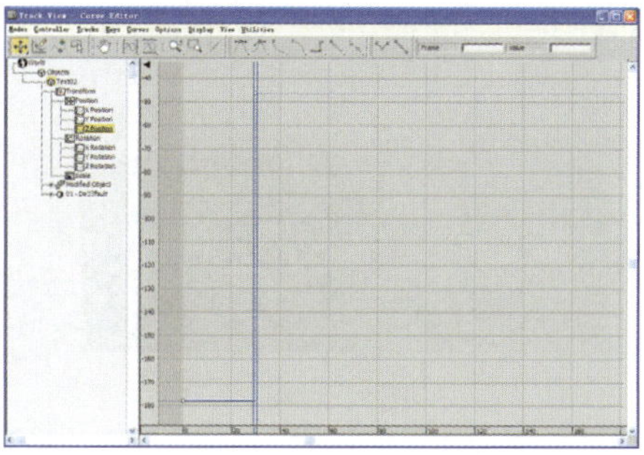

图11-123

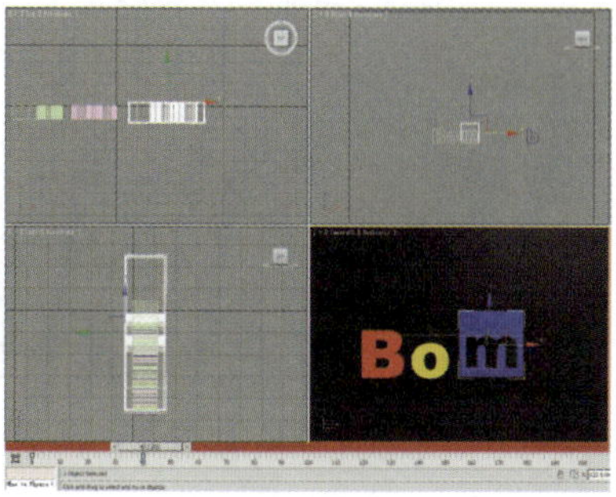

图11-124

Step 9 再次打开“曲线编辑器”，选择字母m的Z位置曲线并单击工具栏中的“将曲线设置为阶跃”按钮，将字母m的动画也变为突变方式，如图11-125所示。

Step 10 回到3ds Max的编辑界面，选择字母b对象，将时间滑块拖动到第80帧的位置，然后移动字母b到图11-126所示的位置。

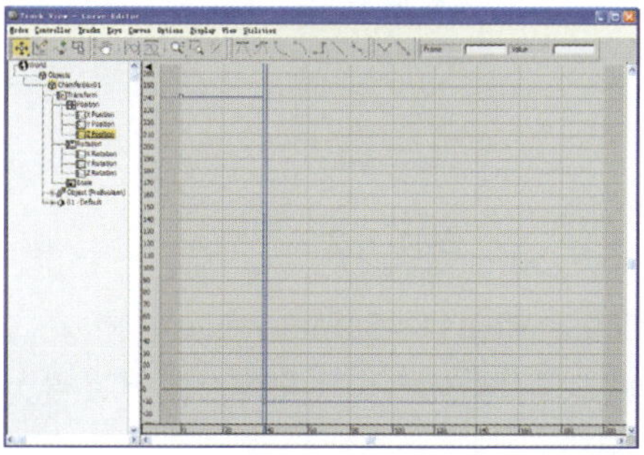

图11-125

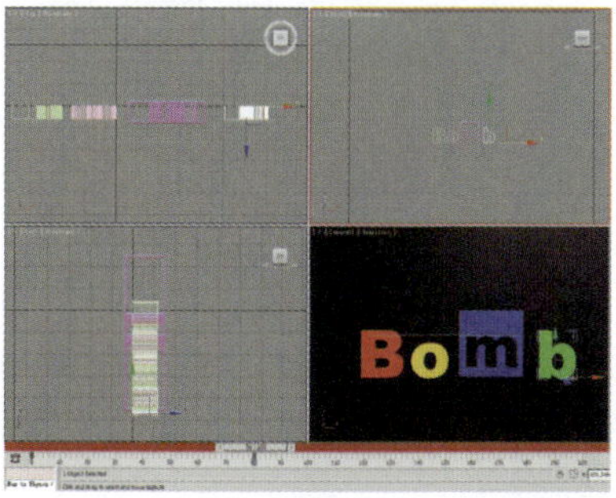

图11-126

Step 11 下面将要设置字母的爆炸效果。在创建命令面板中进入“空间扭曲”对象的“几何/可变形”层级，单击“对象类型”卷展栏下的Bomb（爆炸）按钮 Bomb ，在视口中创建一个爆炸控制器命名为“爆炸1”，效果如图11-127所示。

Step 12 对爆炸1空间扭曲对象进行图11-128所示的参数设置。

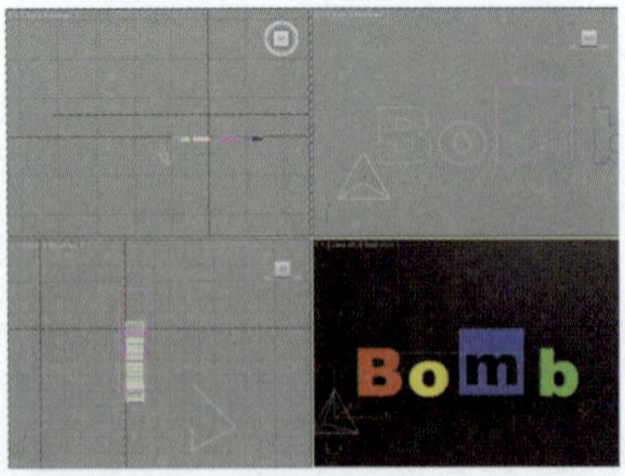

图11-127

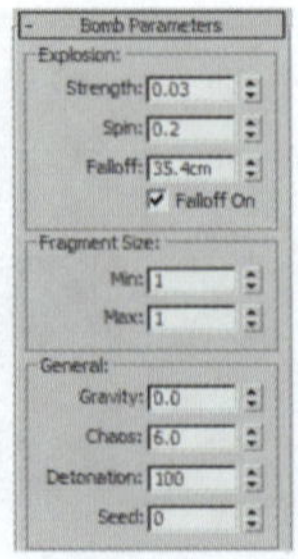

图11-128

Step 13 在视口中移动爆炸控制器到图11-129所示的位置，使字母B对象处在爆炸衰减的控制范围内。

Step 14 接下来再次创建一个爆炸空间扭曲并将其移动到字母o的位置，如图11-130所示。

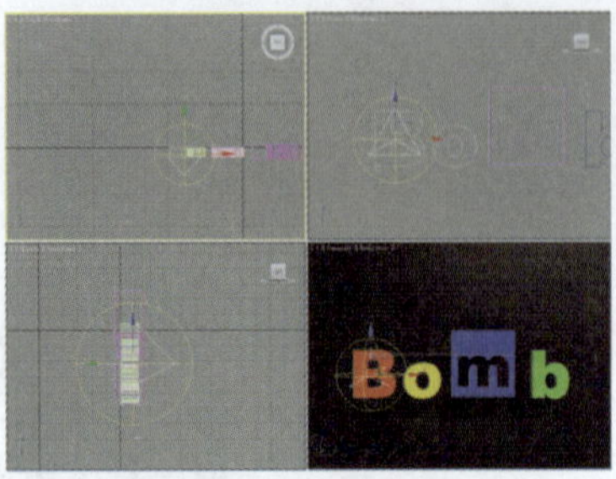

图11-129

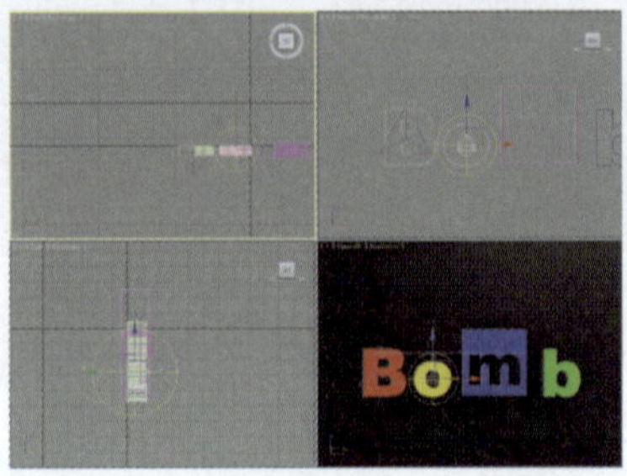

图11-130

Step 15 对爆炸2空间扭曲进行如图11-131所示的参数设置。

Step 16 继续创建一个爆炸空间扭曲，参数设置如图11-132所示。

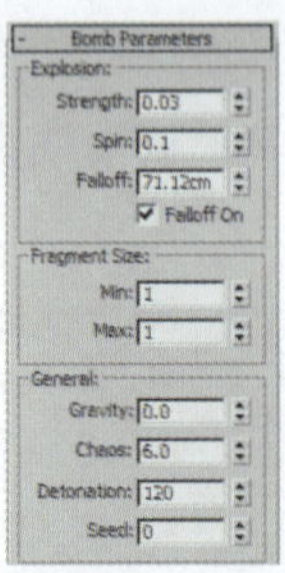

图11-131

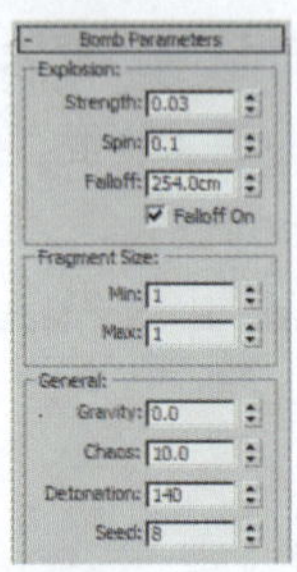

图11-132

Step 17 将第3个爆炸空间扭曲移动到字母m的位置，如图11-133所示。

Step 18 在字母B的位置创建第4个爆炸空间扭曲，将Detonation（起爆时间）设置为160帧，如图11-134所示。

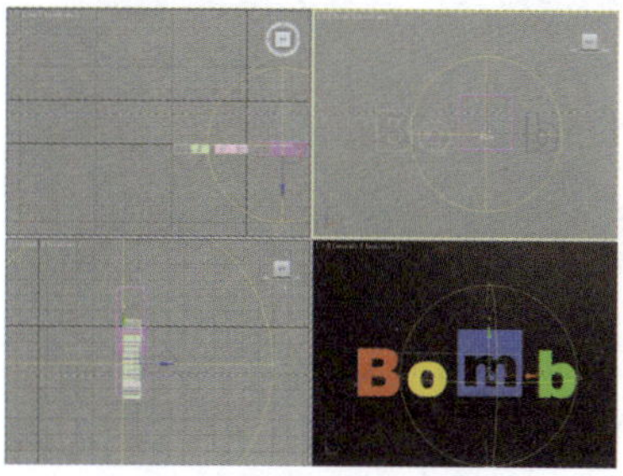

图11-133

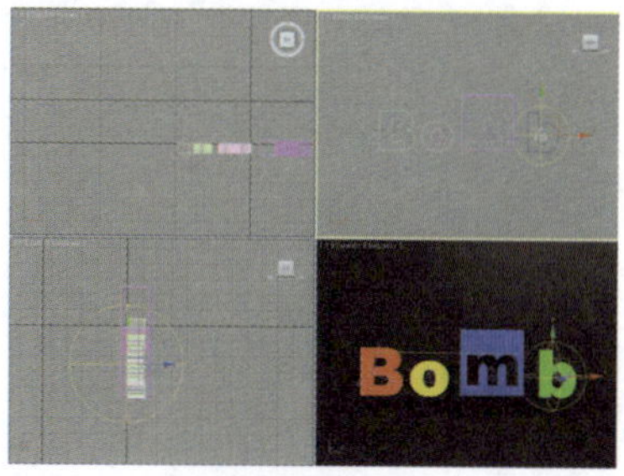

图11-134

Step 19 给每个字母对象添加一个Subdivide（多边形细分）修改器，将对象划分为多个面，如图11-135所示。

Step 20 将爆炸空间扭曲绑定到所对应的字母对象上，然后播放动画，效果如图11-136所示，字母被炸成了很多碎片。

图11-135

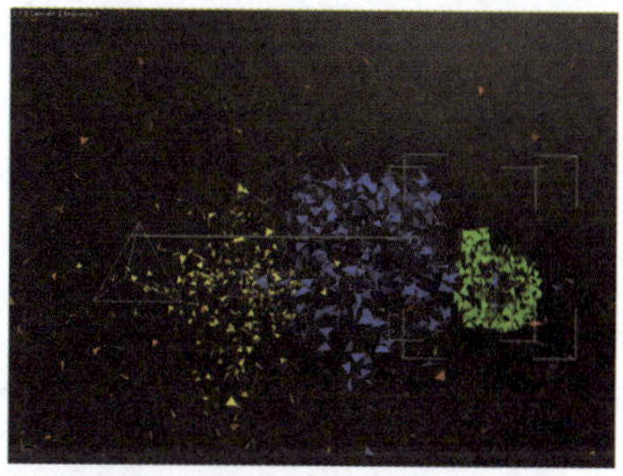

图11-136

图11-137所示为最终渲染的字母爆炸的影片效果。

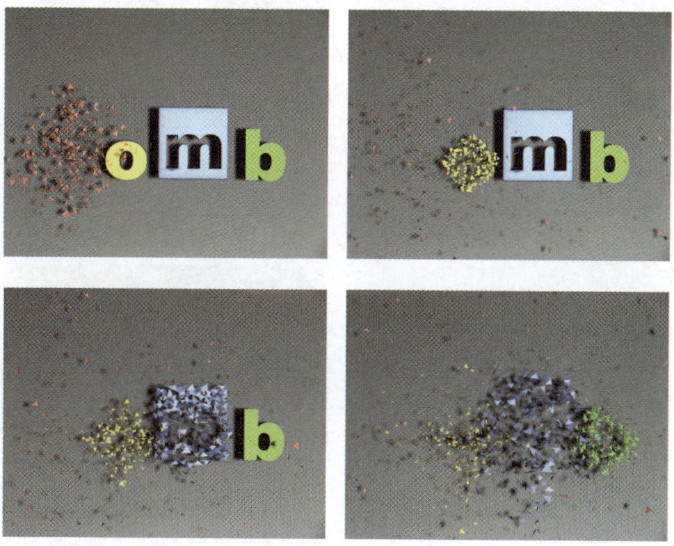

图11-137

Chapter

12

粒子与空间扭曲

添加到场景中的每个对象都会减慢3ds Max的运行速度，如果为了制作暴风雪这种效果在场景中添加数千个雪花对象将显得非常困难。3ds Max 提供了粒子系统用来解决这个问题。粒子系统可以创建许多小的对象，这些小对象被组合到单个的粒子系统中，通过设置粒子系统的参数就可以改变所有这些对象的状态。空间扭曲通常和粒子系统结合使用来模拟自然界中的各种因素对粒子产生的影响，比如风、重力等。本章将向读者介绍粒子与空间扭曲的结合应用。

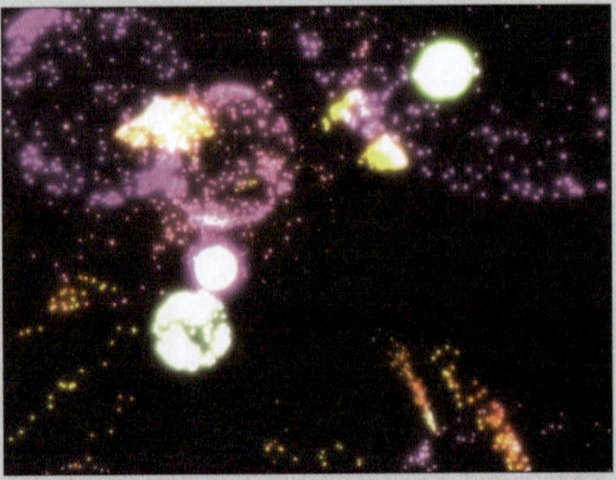

12.1 粒子对象

在观看电影时我们经常可以看到一些带有大量对象的场景动画，例如喷涌而出的大量机械怪兽，狂风卷起的沙尘暴或是漫天飘舞的雪花，这些场景如果以每一个单独的对象为单位进行制作将会是一项十分巨大的工程。而使用Particle（粒子）系统将会使这一切变得非常容易。粒子系统指的是有针对性的成组对象，为了易于管理和控制，将大量的单个对象整合到一个系统中。

12.1.1 粒子对象的分类

Particle（粒子）是指小而简单的对象，将它大量进行复制就可以创建出雨、雪、沙尘等效果。3ds Max提供了各种类型的粒子系统，用户可以改变粒子的形状、大小、颜色、数量以及运动方式。在Create（创建）命令面板的Geometry（几何体）类别下选择Particle Systems（粒子系统）就可以进入粒子系统的创建面板，如图12-1所示。Particle Systems（粒子系统）一共包含了7种粒子类型。单击Spray（喷雾）按钮 Spray ，在场景中单击并拖动鼠标可以创建出一个图12-2所示的方形发射器，播放场景动画可以看到从方形发射器中会不停地向下发射粒子。Spray（喷雾）粒子主用用来模拟水滴效果，可以将水滴设置为多种类型，这些粒子从发射器的表面沿着直线运动。

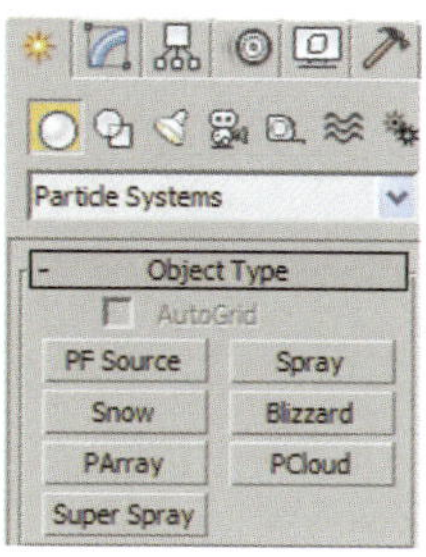

图12-1

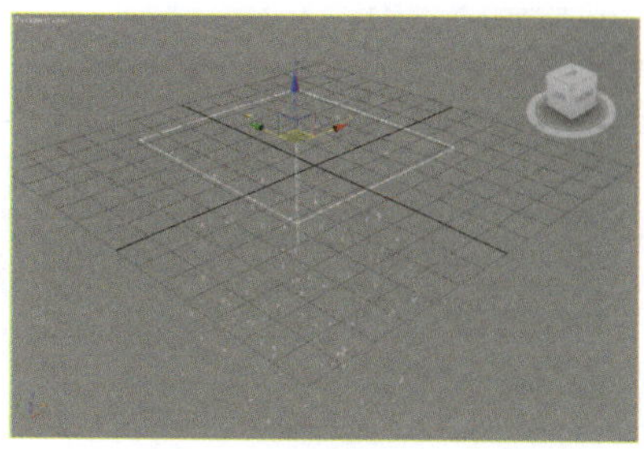

图12-2

Snow（雪）和Spray（喷雾）粒子比较类似，只是运用了一些附加参数使粒子在下落的同时可以产生翻滚，看起来好像雪花一样，图12-3所示为在场景中创建的Snow（雪）粒子。Blizzard（暴风雪）可以看做是Snow（雪）的高级系统，它拥有更多的参数设置，图12-4所示为在场景中创建的Blizzard（暴风雪）系统。

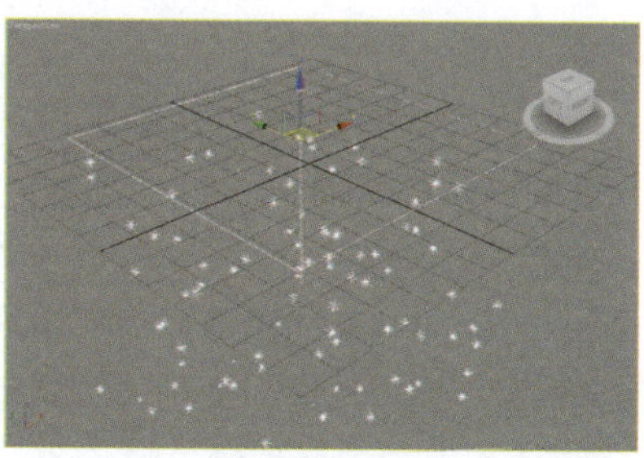

图12-3

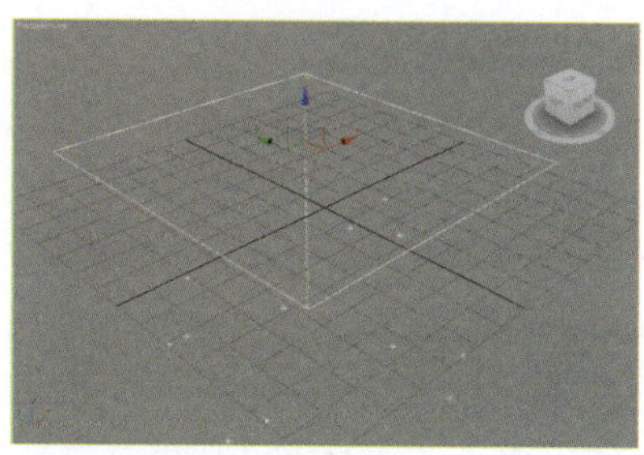

图12-4

单击PArray（粒子阵列）按钮 PArray 可以在场景中创建一个如图12-5所示的立方体发射器，PArray（粒子阵列）可以使用单个的对象作为粒子源，通常使用PArray（粒子阵列）来制作爆炸效果。PCloud（粒子云）可以为所有的粒子指定体积，也可以使用场景中任意可渲染对象作为体积，图12-6所示为在场景中创建的PCloud（粒子云）发射器。

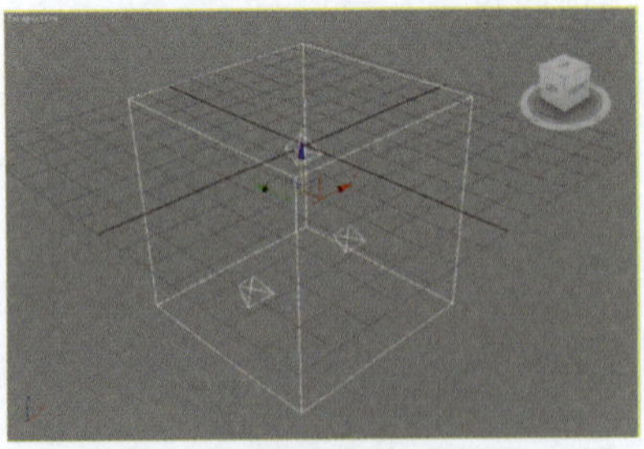
图12-5

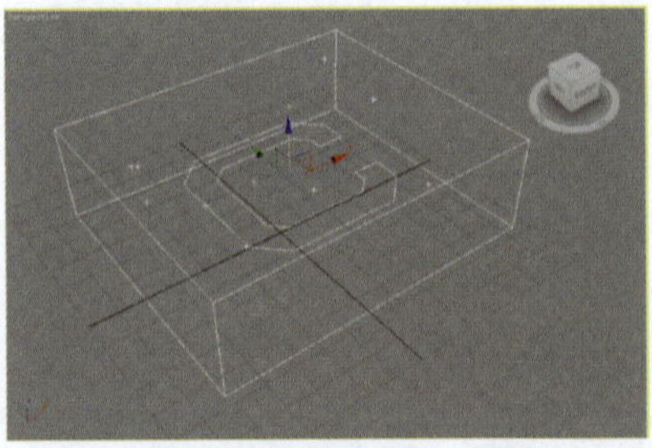
图12-6

Super Spray（超级喷雾）粒子是比较常用的一种粒子系统，它可以看做是Spray（喷雾）的高级版本，可以使用不同的网格对象来作为Super Spray（超级喷雾）的粒子。使用超级喷雾可以制作出烟花、瀑布以及喷泉等效果，图12-7所示为在场景中创建的Super Spray（超级喷雾）发射器。PF Source（粒子流）是3ds Max提供的一种功能强大的粒子系统，它使用“粒子视图”来进行事件驱动，在“粒子视图”中可将一定时期内描述粒子属性的单独操作合并到称为事件的组中，图12-8所示为在场景中创建的PF Source（粒子流）发射器。

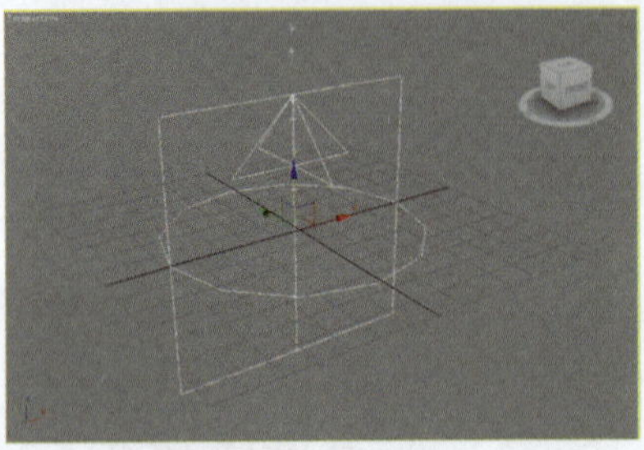
图12-7

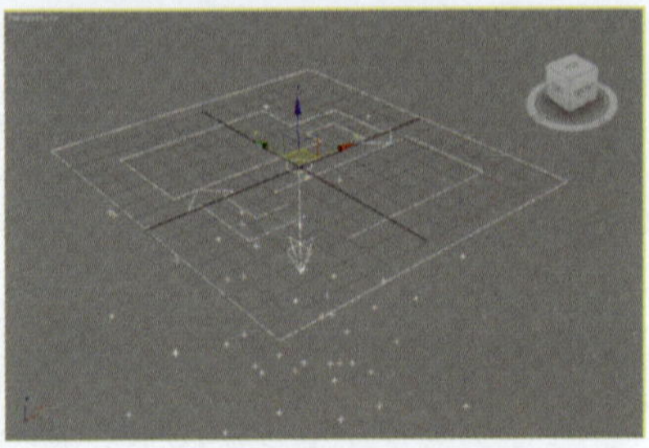
图12-8

12.1.2 粒子的基本参数与常规设置

粒子对象根据类型的不同所包含的参数也各不相同，Blizzard（暴风雪）和Super Spray（超级喷雾）粒子对象是参数最多的两种粒子类型。下面以超级喷射粒子为例向读者介绍粒子的一些基本参数，包括粒子的时间、大小、类型等。

图12-9所示为超级喷射粒子的参数卷展栏，一共包含9种参数卷展栏类型。Basic Parameters（基本参数）卷展栏用来对粒子的基础参数进行设置，在Particle Formation（粒子分布）选项组中可以设置粒子在各个轴向上的分布情况，如图12-10所示。

Particle Generation（粒子生成）卷展栏中的Particle Quantilt（粒子数量）选项组用来选择两种不同的确定粒子数目的方法，如图12-11所示。Use Rate（使用速率）类型表示指定每帧发射的固定粒子数，Use Total（使用总数）类型表示在系统使用寿命内产生的总粒子数。Particle

Timing（粒子时间）选项组主要用来对粒子的时间属性进行设置，如图12-12所示。

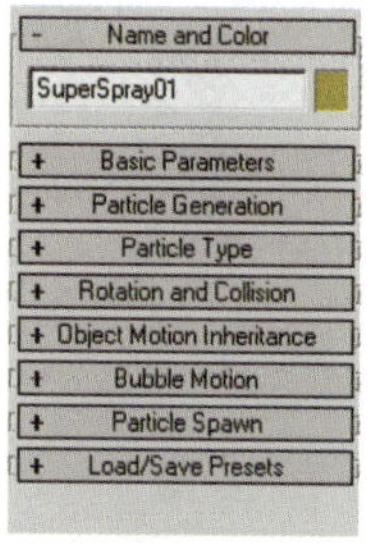

图12-9

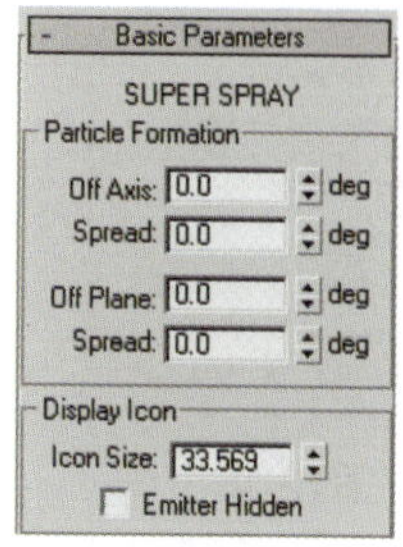

图12-10

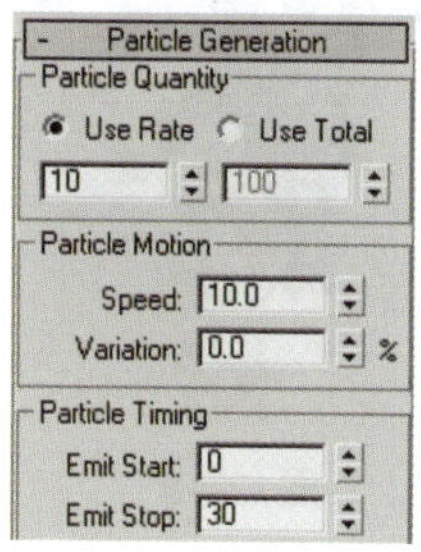

图12-11

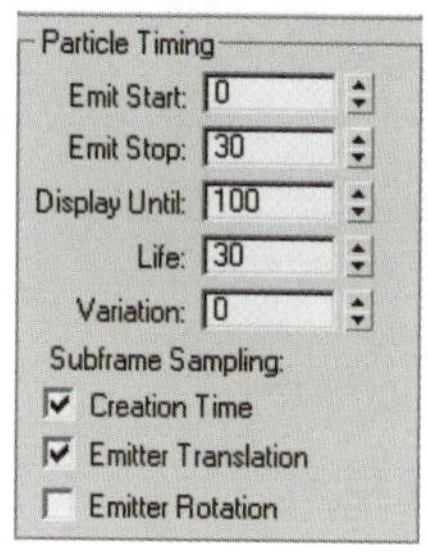

图12-12

Particle Size（粒子大小）选项组用来对粒子的大小进行控制，设置Variation（变化）参数可以使粒子的大小产生变化，如图12-13所示。图12-14所示为设置的不同大小的粒子表现效果。

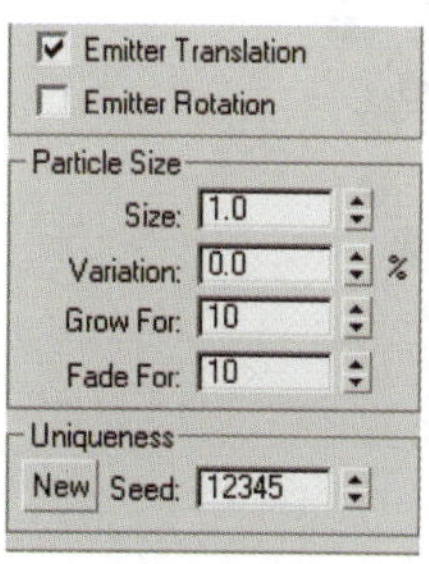

图12-13

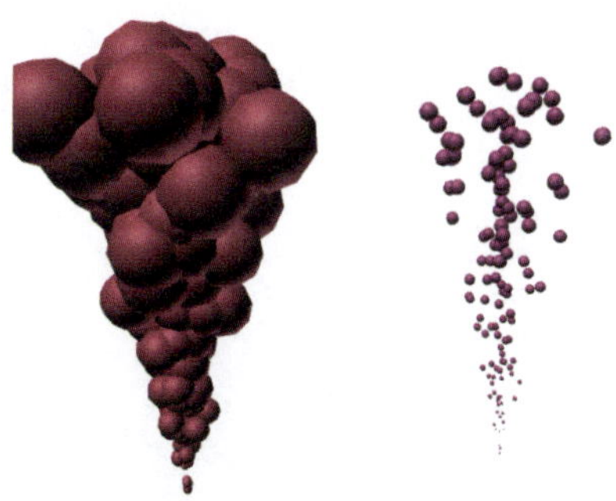

图12-14

Particle Type（粒子类型）卷展栏用来选择粒子的类型，如图12-15所示，有3种粒子类型，选择Standard Particles（标准粒子）类型后可以在Standard Particles（标准粒子）选项组中选择系统提供的几种几何体形态。图12-16所示从左到右依次为Cube（立方体）、Sphere（球体）和SixPoint（六角形）形态的效果。

当选择了MetaParticles（变形球粒子）类型后可以激活下方的MetaParticles Parameters（变形球粒子参数）选项组，如图12-17所示。变形球粒子比较适合表现喷射的液体效果，图12-18所示为选择变形球粒子类型的效果。

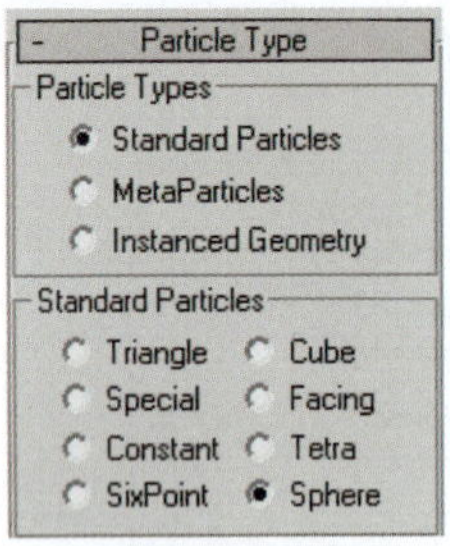

图12-15

图12-16

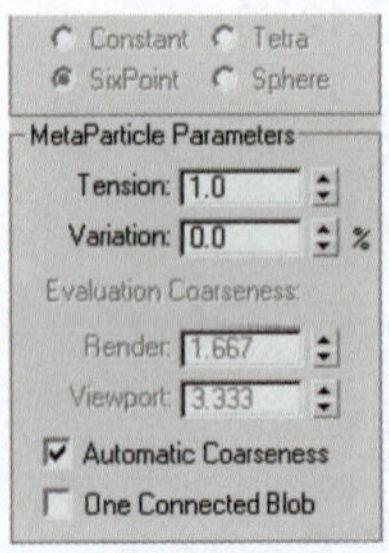

图12-17

图12-18

选择Instanced Geometry（实例几何体）类型后，可以使用三维对象实例来作为粒子对象，图12-19所示为Instancing Parameters（实例参数）选项组，单击Pick Object（拾取对象）按钮 Pick Object ，可以在场景中拾取粒子对象实例。图12-20所示为使用茶壶对象作为粒子的效果。

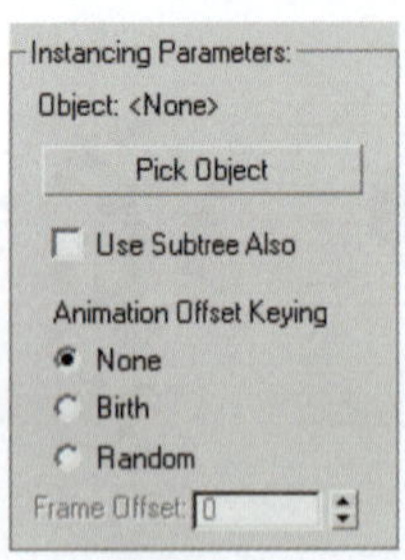

图12-19

图12-20

下面将利用Blizzard（暴风雪）粒子来表现雪花纷飞的效果。

知识应用：制作雪山场景 原始文件：场景和素材\第12章\ 制作雪山场景原始文件.max 最终文件：场景和素材\第12章\ 制作雪山场景最终文件.max 核心技能：Blizzard（暴风雪）粒子，粒子的常规参数设置。	

Step 1 打开光盘中提供的“场景和素材\第12章\ 制作雪山场景原始文件.max”素材文件，在

默认的状态下进行渲染，效果如图12-21所示，图片中没有雪花的效果。

Step 2 在Create（创建）命令面板的Geometry（几何体）层级下选择Particle Systems（粒子系统）类别进入粒子对象的创建面板，如图12-22所示。

图12-21

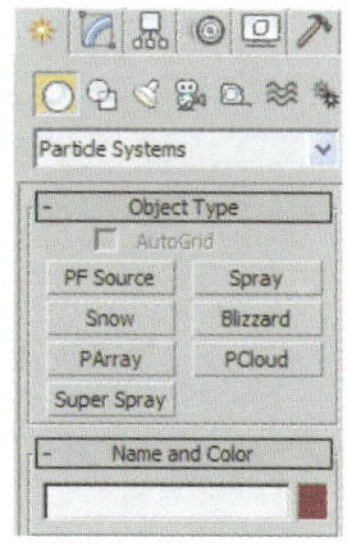

图12-22

Step 3 单击Blizzard（暴风雪）按钮，在场景中雪山的顶部创建一个暴风雪粒子发射器，如图12-23所示。

Step 4 在Basic Parameters（基本参数）卷展栏中将Percentage of Particles（粒子显示百分比）设置为100，如图12-24所示。

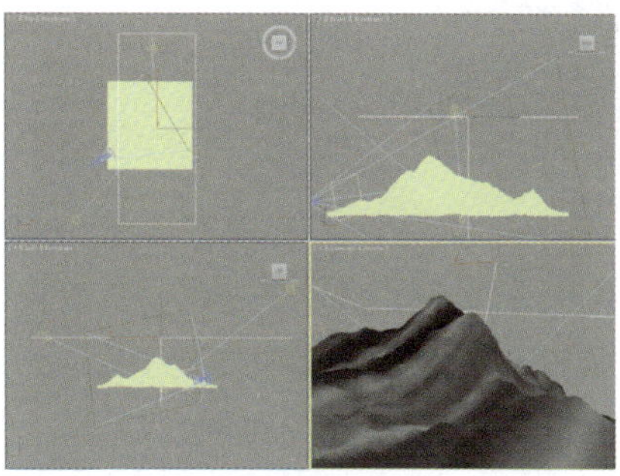

图12-23

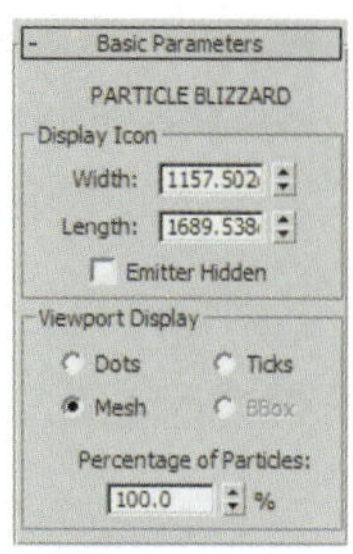

图12-24

Step 5 在Particle Generation（粒子常规）参数卷展栏中进行如图12-25所示的设置。

Step 6 在Particle Timing（粒子时间）选项组中进行如图12-26所示的参数设置。

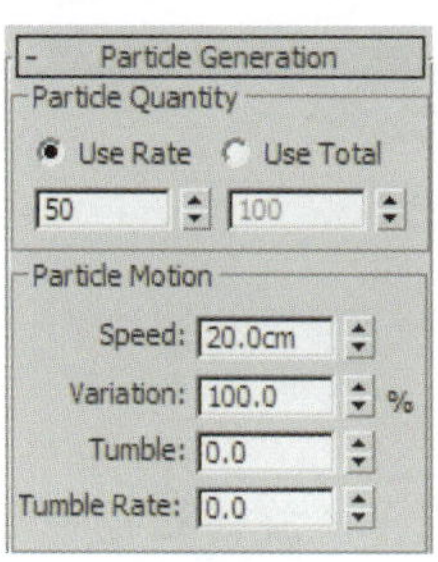

图12-25

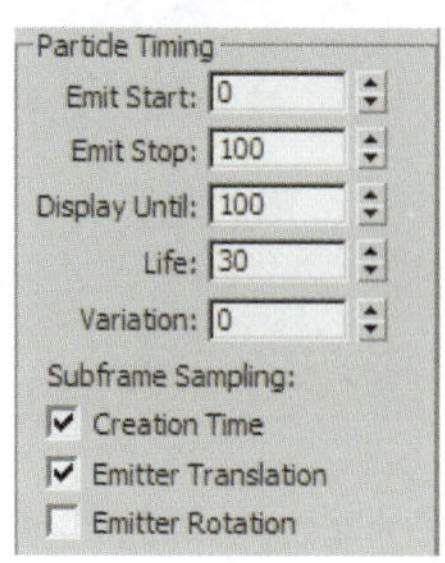

图12-26

Step 7 在Particle Type（粒子类型）卷展栏中选择粒子的类型为Sphere（球形），如图12-27所示。

Step 8 在Particle Size（粒子大小）选项组中对粒子的大小进行如图12-28所示的参数设置。

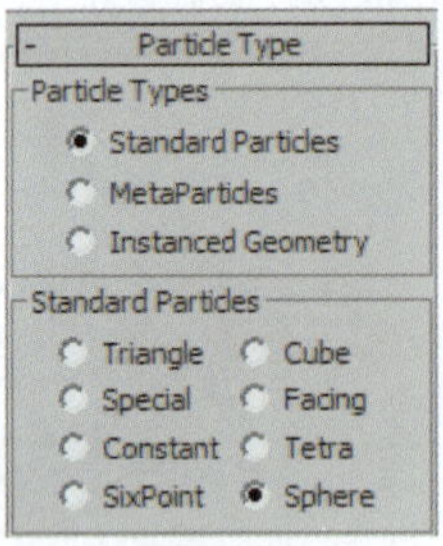

图12-27

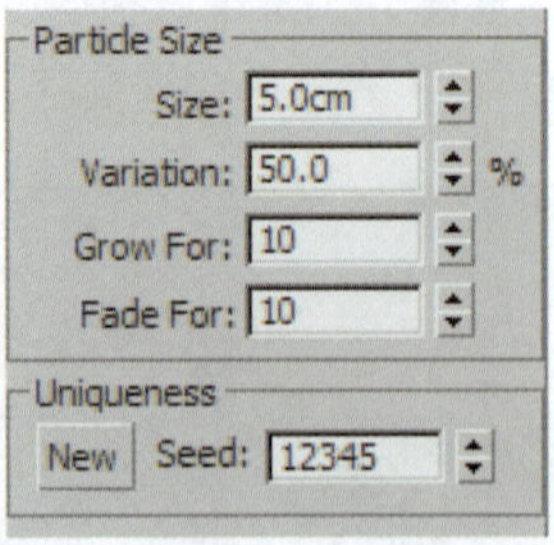

图12-28

Step 9 设置完毕后拖动时间滑块可以看到在视口中出现了球形的粒子飘落效果，如图12-29所示。

Step 10 接下来打开材质编辑器，设置一个白色的材质球指定给粒子对象，如图12-30所示。

图12-29

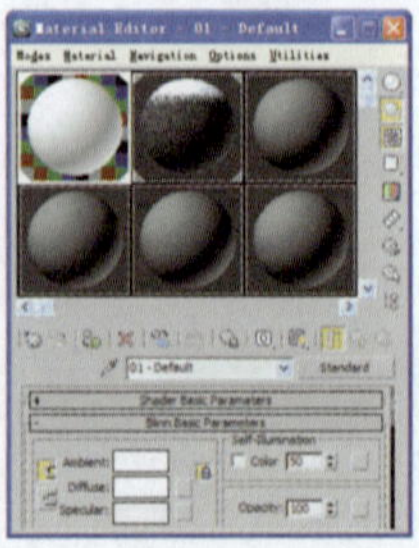

图12-30

Step 11 选择摄影机对象，打开运动模糊功能并进行如图12-31所示的参数设置。

Step 12 最后对场景进行渲染，效果如图12-32所示，图像中出现了雪花纷飞的效果。

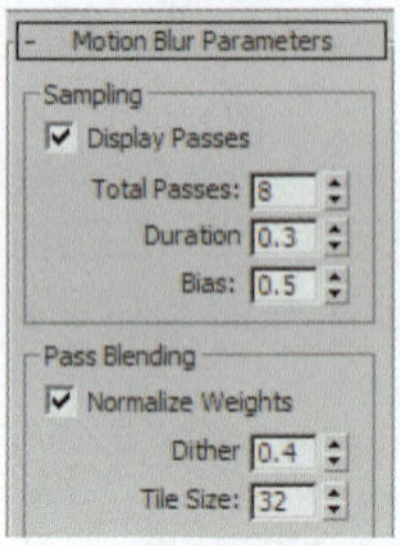

图12-31

图12-32

12.1.3 粒子的旋转与繁殖

Rotation and Collision（旋转和碰撞）卷展栏用来对粒子的旋转和碰撞属性进行设置，Spin Speed Controls（自旋速度控制）选项组用来对粒子的自旋时间变化等参数进行设置，如图12-33所示。将Spin Time（自旋时间）设置为30后，可以使粒子产生旋转变化，如图12-34所示。

Spin Axis Controls（自旋轴控制）选项组用来确定粒子的自旋轴，并提供对粒子应用运动模糊的部分方法，如图12-35所示。Interparticle Collisions（粒子碰撞）选项组用来设置粒子碰撞，勾选Enable（启用）复选框就可以启用粒子的碰撞效果，如图12-36所示。

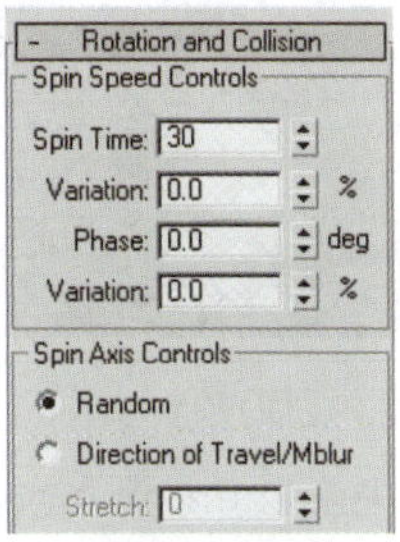

图12-33

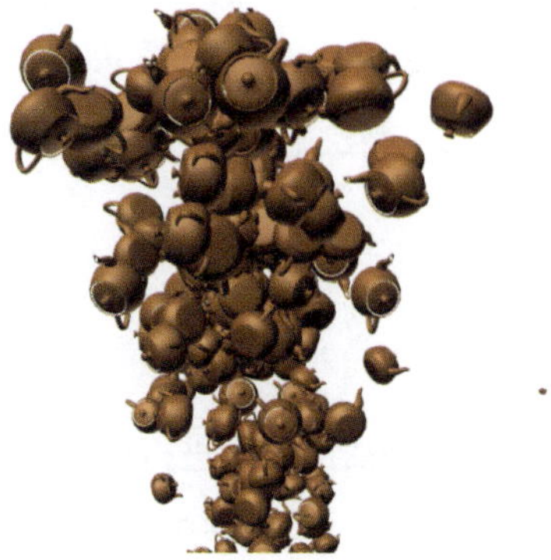

图12-34

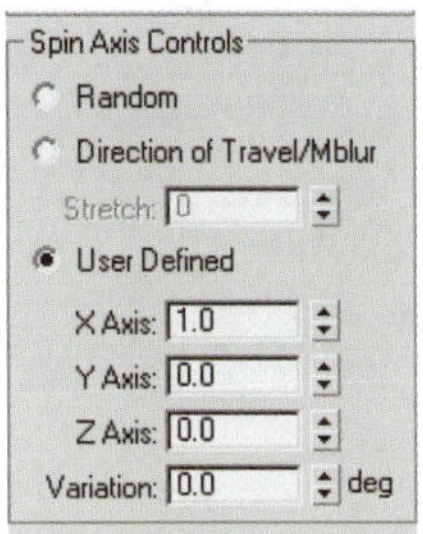

图12-35

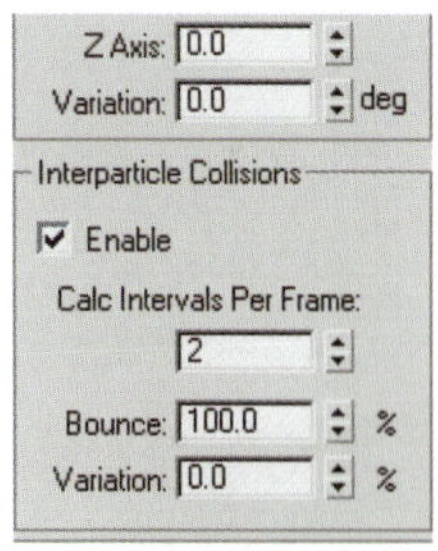

图12-36

Particle Spawn（粒子繁殖）卷展栏用来设置可以指定粒子消亡时或粒子与粒子导向器碰撞时粒子会发生的情况。Particle Spawing Effects（粒子繁殖效果）选项组用来对粒子繁殖的具体效果参数进行设置，如图12-37所示。Direction Chaos（方向混乱）选项组用来指定繁殖的粒子的方向可以从父粒子的方向变化的量。Speed Chaos（速度混乱）选项组可以随机改变繁殖的粒子与父粒子的相对速度，如图12-38所示。

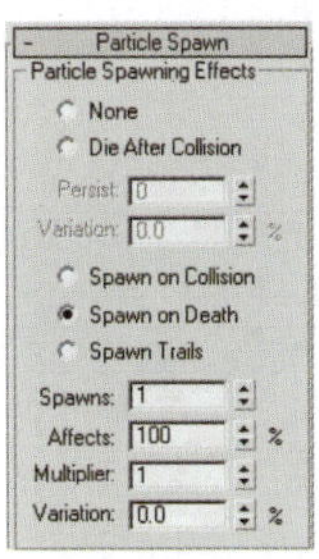

图12-37

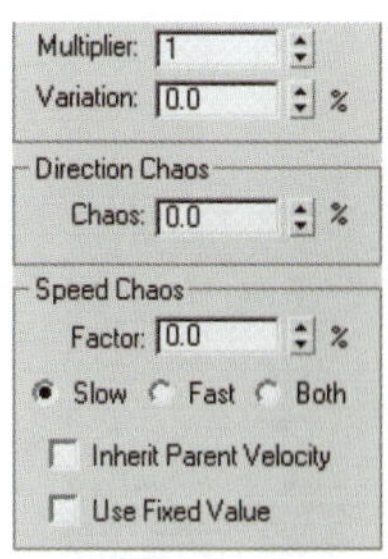

图12-38

在“粒子繁殖”卷展栏中可以选择Spawn on Collision（碰撞后繁殖）、Spawn on Death（消亡后繁殖）、Spawn Trails（繁殖拖尾）3种类型。

- Spawn on Collision（碰撞后繁殖）：粒子在碰撞到绑定的导向器（如导向球）时消失并繁殖新的粒子。
- Spawn on Death（消亡后繁殖）：粒子在寿命结束的时候产生繁殖效果诞生新的粒子。
- Spawn Trails（繁殖拖尾）：在现有粒子寿命的每个帧，从相应粒子繁殖粒子。

下面通过粒子繁殖设置制作一个礼花绽放的小案例。

知识应用：制作礼花爆炸效果

最终文件：场景和素材\第12章\ 礼花效果最终文件.max

核心技能：Super Spray（超级喷雾）粒子的繁殖

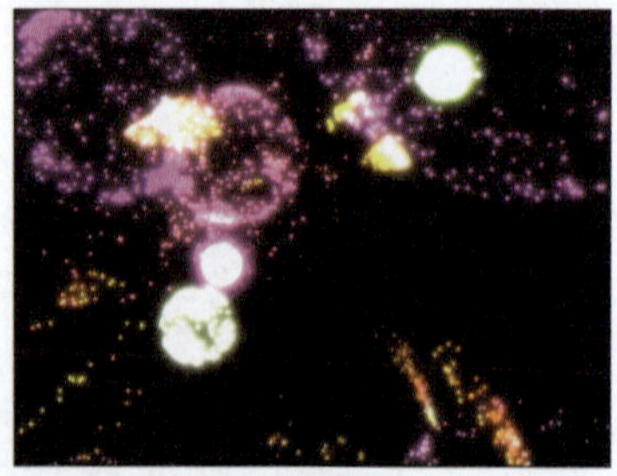

Step 1 首先对场景的动画播放时间进行设置，将总体时间设置为200帧，如图12-39所示。

Step 2 在场景中创建一个Super Spray（超级喷雾） 粒子，在Basic Parameters（基本参数）卷展栏中进行如图12-40所示的参数设置。

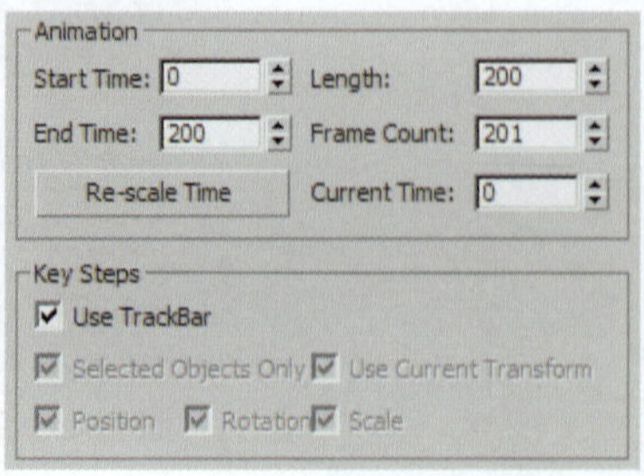

图12-39

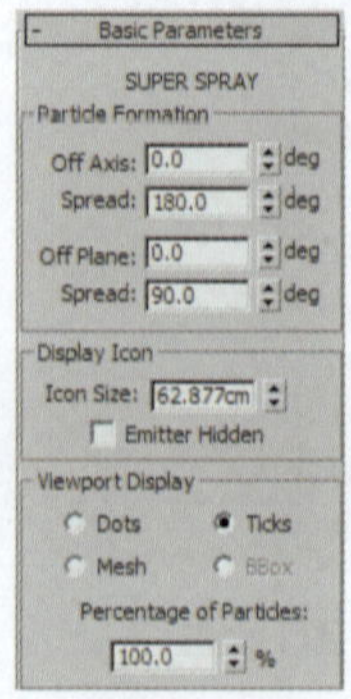

图12-40

Step 3 在粒子的“常规参数”卷展栏中进行图12-41所示的参数设置。

Step 4 在Particle Spawn（粒子繁殖）卷展栏中选择Spawn Trails（繁殖拖尾）类型，如图12-42所示。

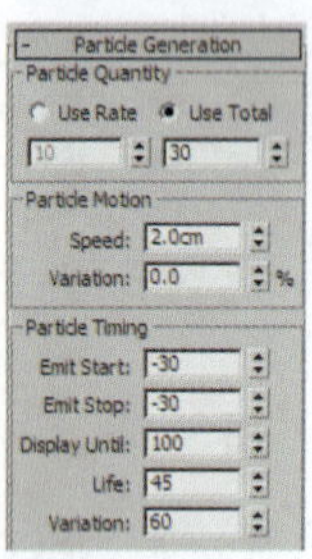

图12-41

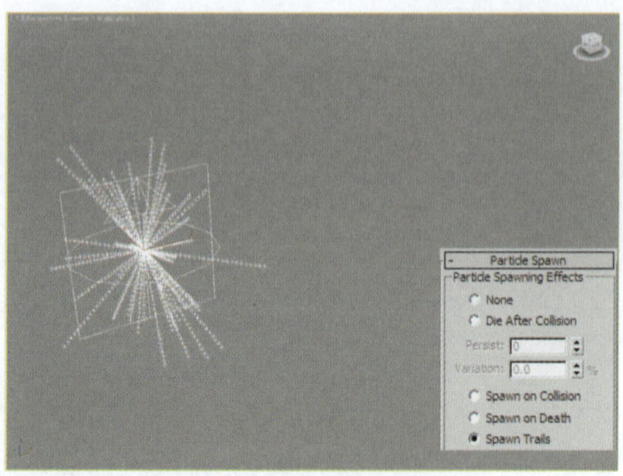

图12-42

Step 5 在Particle Spawn（粒子繁殖）卷展栏中进行图12-43所示的参数设置，然后播放动画观察粒子的变化效果。

Step 6 接下来继续在场景中创建一个超级喷雾粒子，如图12-44所示。

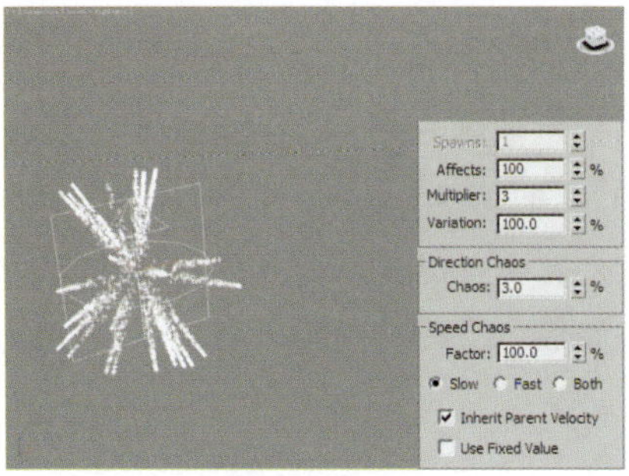

图12-43

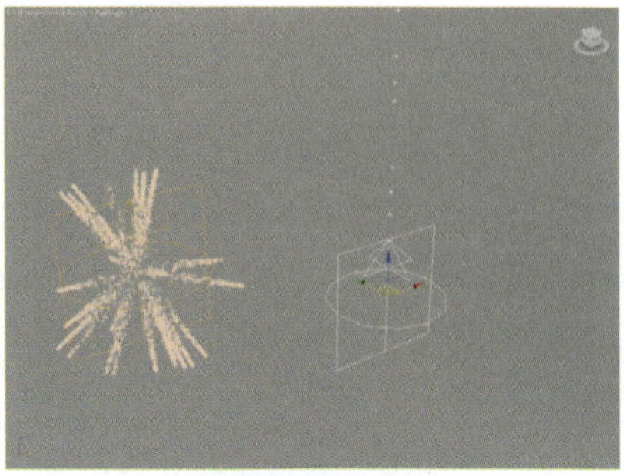

图12-44

Step 7 在“基本参数”卷展栏中进行图12-45所示的参数设置。

Step 8 然后在“粒子常规”参数卷展栏中进行如图12-46所示的设置。

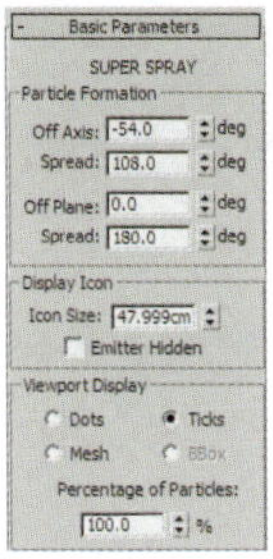

图12-45

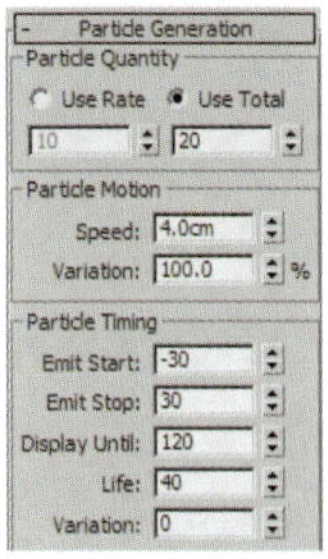

图12-46

Step 9 在Particle Spawn（粒子繁殖）卷展栏中选择Spawn on Death（消亡后繁殖）类型，如图12-47所示。设置完毕后对场景动画进行播放可以看到图12-48所示的礼花的效果，读者可以在此基础上给礼花添加光效使渲染效果更加绚丽。

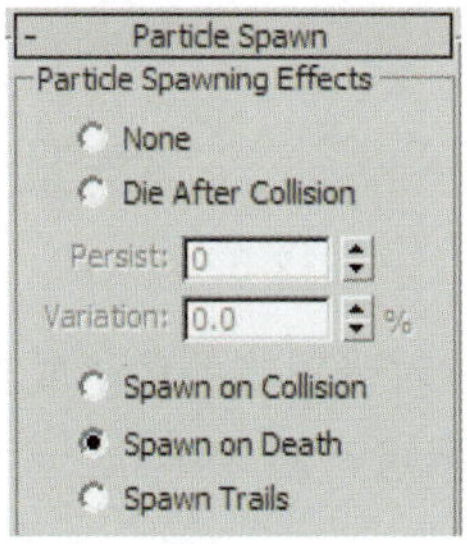

图12-47

图12-48

12.2 空间扭曲对象

Space Warp（空间扭曲）是不可渲染的对象，在实际的制作中空间扭曲主要用来模拟一些类似电影中的特效，使用Space Warp（空间扭曲）可以通过不同的方式来影响场景中的物体，从而创建出一些特殊的效果。

12.2.1 力空间扭曲

Space Warp（空间扭曲）是影响其他对象外观的不可渲染对象。空间扭曲能创建使其他对象变形的力场，从而创建出涟漪、波浪和风吹等效果。如图12-49所示，在“空间扭曲”面板的下拉列表中可以看到3ds Max提供了6种空间扭曲类型，其中Forces（力）是比较常用的一种空间扭曲，图12-50所示为Forces（力）空间扭曲的创建面板。下面将向读者介绍一下每种力空间扭曲的特点。

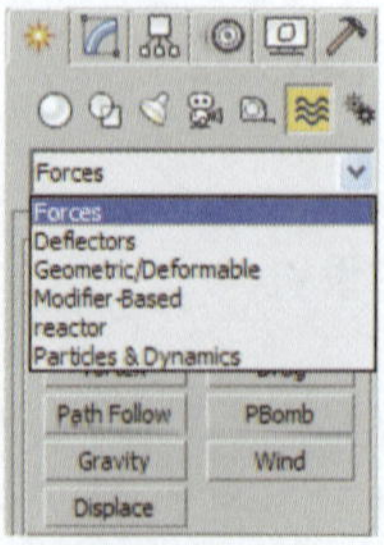

图12-49

图12-50

Push（推力）按照发射器由大到小的方向来加速对象，可以对推力的强度进行设置，也可以使用周期变化来调整推力，图12-51所示为推力空间扭曲的效果示意。图12-52所示为在场景中使用推力空间扭曲使粒子的方向发生改变。

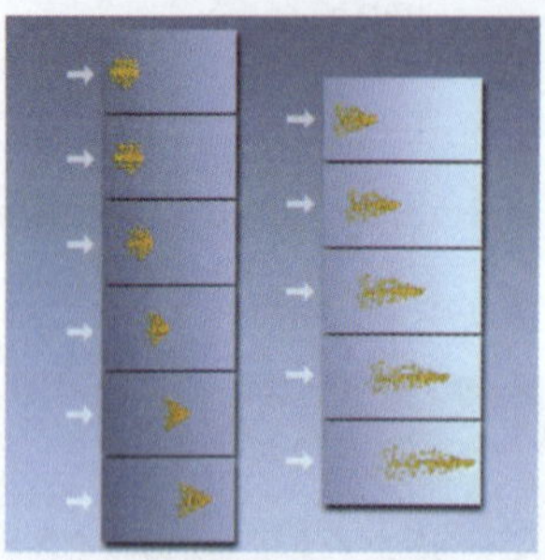

图12-51

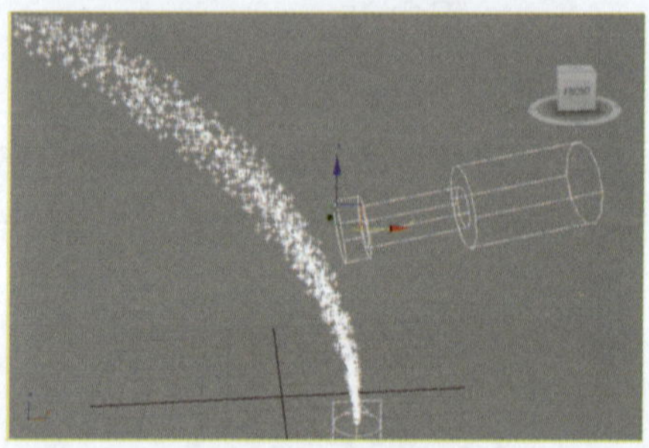

图12-52

Motor（马达）空间扭曲的工作方式类似于推力，但前者对受影响的粒子或对象应用的是转动扭矩而不是定向力，图12-53所示为马达空间扭曲的效果示意。图12-54所示为在场景中使用马达空间扭曲使粒子产生扩散效果。

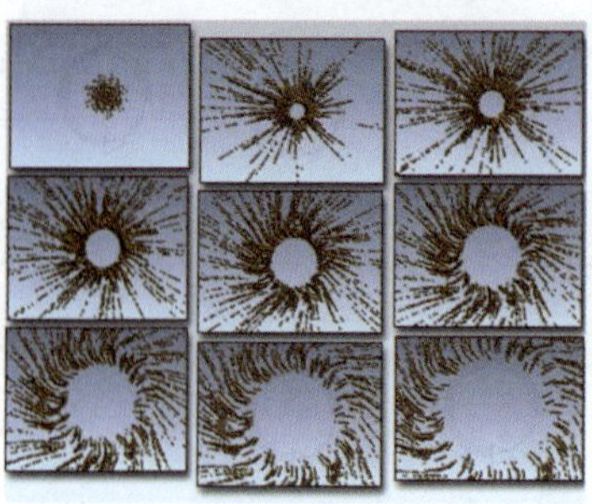

图12-53

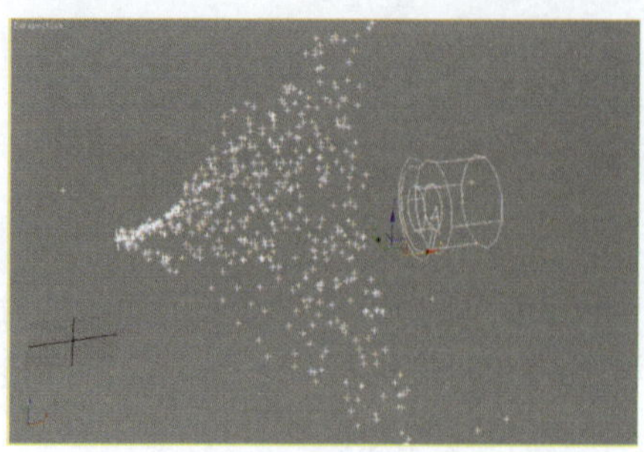

图12-54

Vortex（旋涡）空间扭曲将力应用于粒子系统，使它们在急转的旋涡中旋转，然后让它们向下移动成一个长而窄的喷流或旋涡井。旋涡在创建黑洞、涡流、龙卷风和其他漏斗状对象时很有用，如图12-55所示。图12-56所示为在场景中使用旋涡空间扭曲使粒子产生螺旋效果。

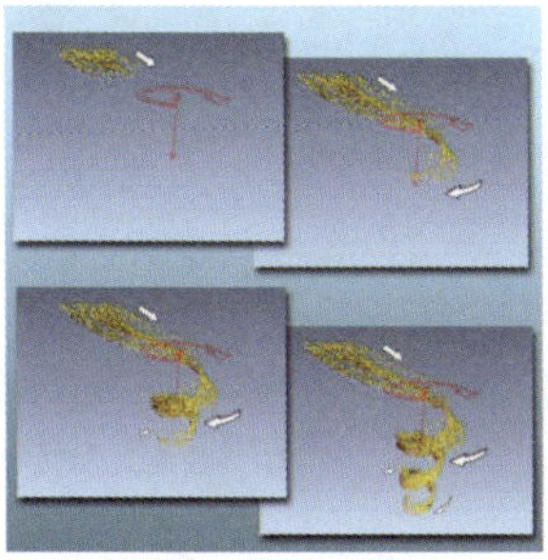

图12-55

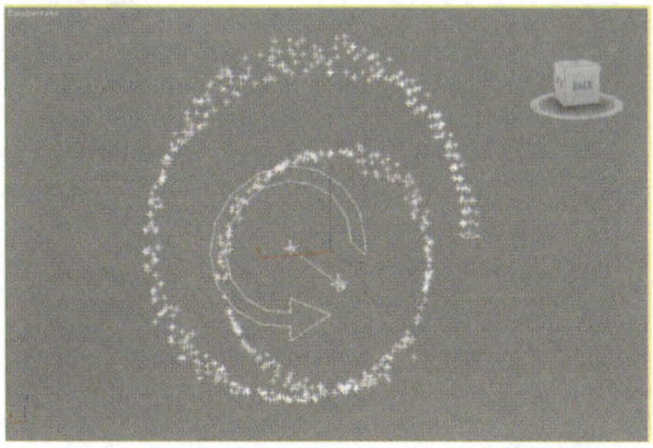

图12-56

Drag（阻力）空间扭曲是一种在指定范围内按照指定量来降低粒子速率的粒子运动阻尼器。应用阻尼的方式可以是线性、球形或柱形。阻力在模拟风阻、致密介质（如水）中的移动、力场的影响以及其他类似的情景时非常有用，如图12-57所示。如图12-58所示，场景中的两个粒子，一个受到了阻力影响，一个没有受到阻力影响。

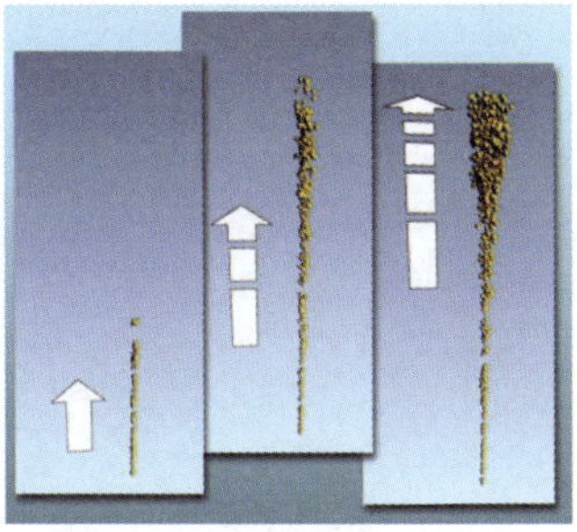

图12-57

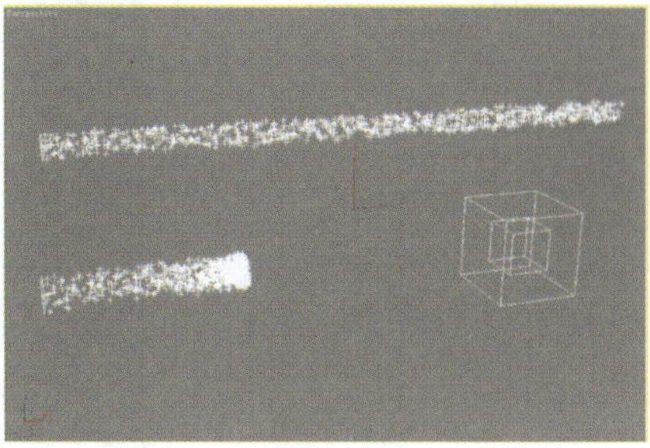

图12-58

PBomb（粒子爆炸）空间扭曲能创建一种使粒子系统爆炸的冲击波，使用粒子爆炸需要在场景中创建PArray（粒子阵列）对象，然后将粒子阵列对象绑定到空间扭曲对象上，如图12-59所示。图12-60所示为使用粒子爆炸使物体产生破裂的效果。

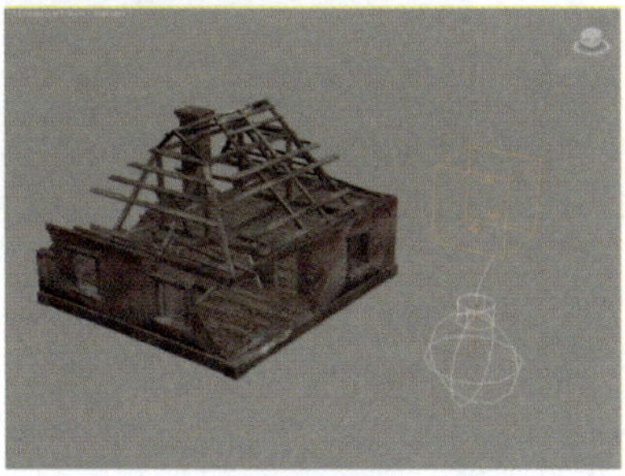

图12-59

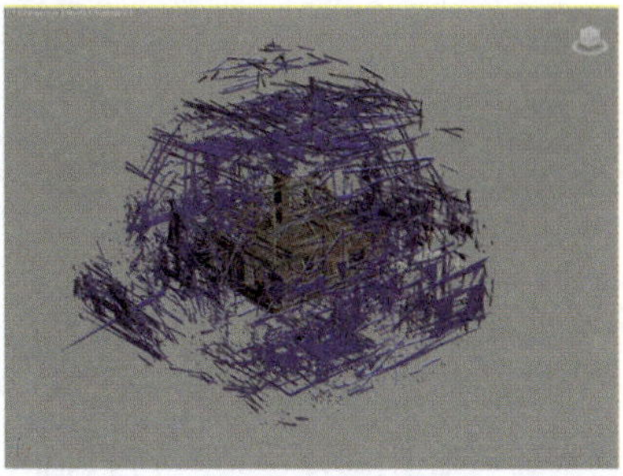

图12-60

Path Follow（路径跟随）空间扭曲可以强制使粒子沿着指定的路径进行移动，图12-61所示为路径跟随空间扭曲的参数面板。图12-62所示为在场景中使粒子对象沿着指定的路径运动。

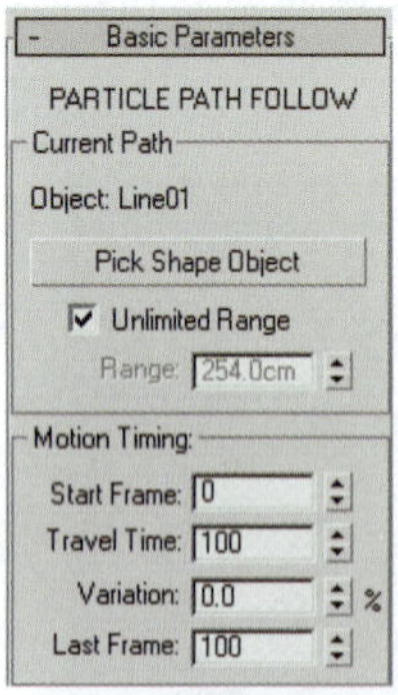

图12-61

图12-62

Gravity（重力）空间扭曲可以在粒子系统所产生的粒子上对自然重力的效果进行模拟。重力具有方向性，沿重力箭头方向的粒子加速运动。图12-63所示为重力空间扭曲的参数面板，Strength（强度）参数用来控制重力的强度。图12-64所示为在场景中对粒子使用重力空间扭曲使粒子产生下落的效果。

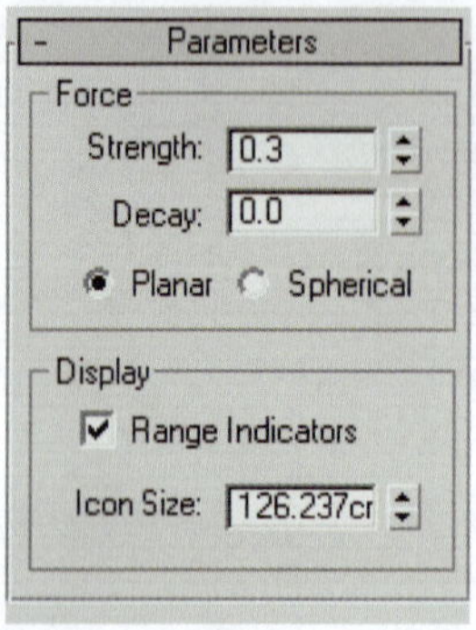

图12-63

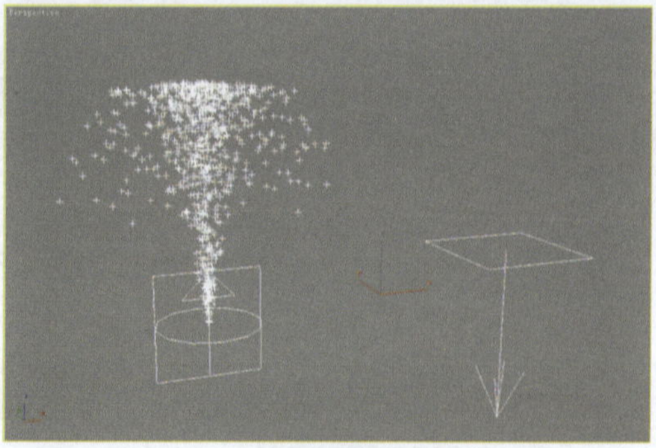

图12-64

知识应用：制作喷泉效果
原始文件：场景和素材\第12章\制作喷泉原始文件.max
最终文件：场景和素材\第12章\制作喷泉最终文件.max
核心技能：超级喷射粒子与重力空间扭曲对象的结合。

Step 1 打开光盘中提供的“场景和素材\第12章\制作喷泉原始文件.max”素材文件，如图12-65所示，场景中有一个喷水池模型。

Step 2 在喷水管模型处创建一个Super Spray（超级喷雾）粒子发射器，如图12-66所示。

Step 3 在粒子的Basic Parameters（基本参数）卷展栏中进行图12-67所示的参数设置。

Step 4 在“粒子常规”参数卷展栏中进行图12-68所示的参数设置。

图12-65

图12-66

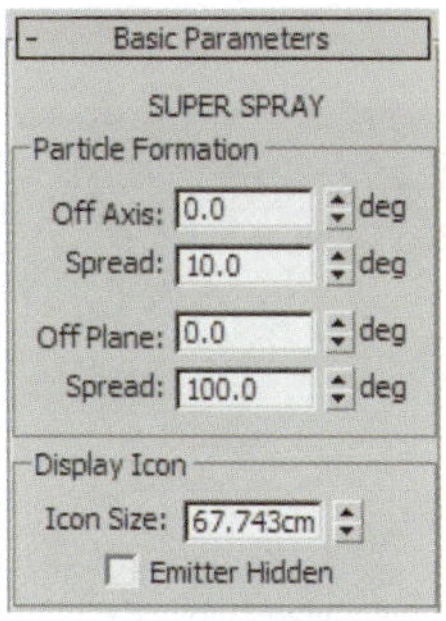

图12-67

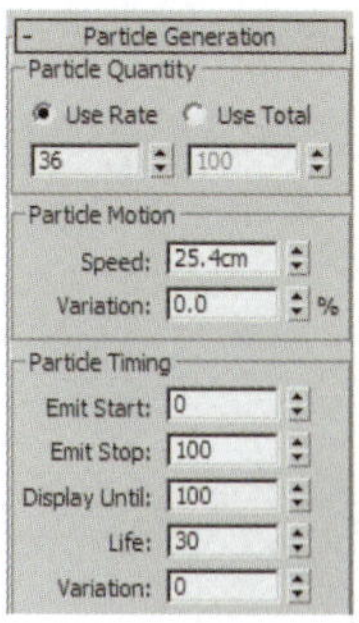

图12-68

Step 5 对粒子的大小进行设置，然后播放一下场景动画可以观察到图12-69所示的效果。

Step 6 在“粒子类型”卷展栏中选择Constant（恒定）类型，如图12-70所示。

图12-69

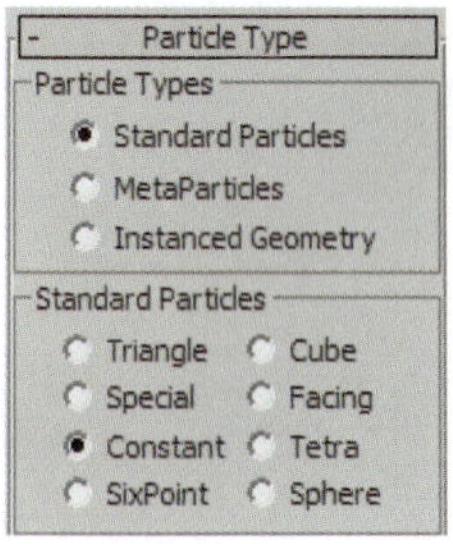

图12-70

Step 7 在场景中创建一个Gravity（重力）空间扭曲对象，并将空间扭曲绑定到粒子对象上，如图12-71所示。

Step 8 将重力空间扭曲的Strength（强度）设置为0.35，如图12-72所示。

图12-71

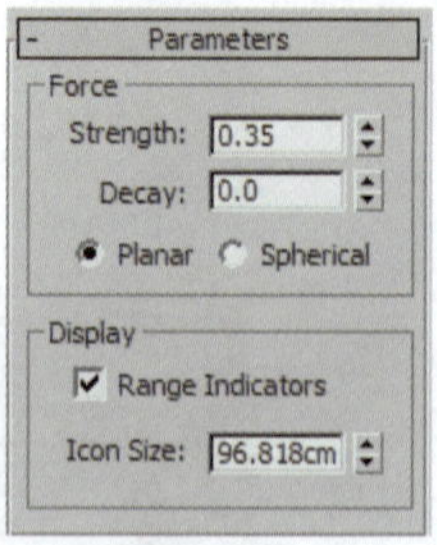

图12-72

Step 9 设置完毕后再次播放场景动画，效果如图12-73所示，可以看到粒子受到重力的影响产生了下落效果。图12-74所示为该案例最终渲染后的效果。

图12-73

图12-74

Wind（风力）空间扭曲可以模拟风吹动粒子系统所产生的粒子的效果。风力也具有方向性，顺着风力箭头方向运动的粒子呈加速状，图12-75所示为风力空间扭曲的应用效果示意。图12-76所示为在场景中对粒子对象使用风力空间扭曲使它产生偏移。

图12-75

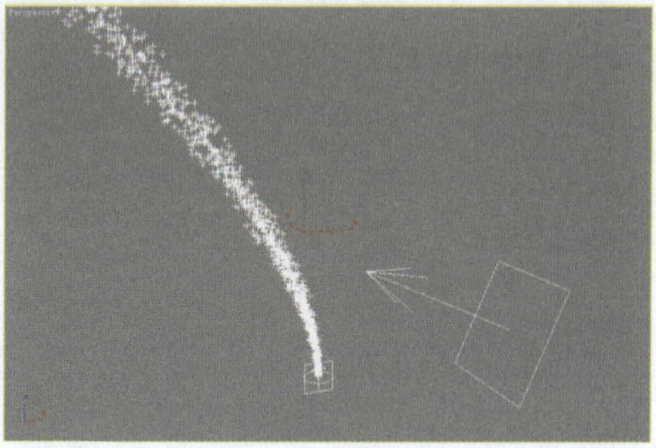

图12-76

Displace（位移）空间扭曲以力场的形式推动和重塑对象的几何外形。位移对几何体（可变形对象）和粒子系统都会产生影响，如图12-77所示。图12-78所示为Displace（位移）空间扭曲的参数面板。

图12-77

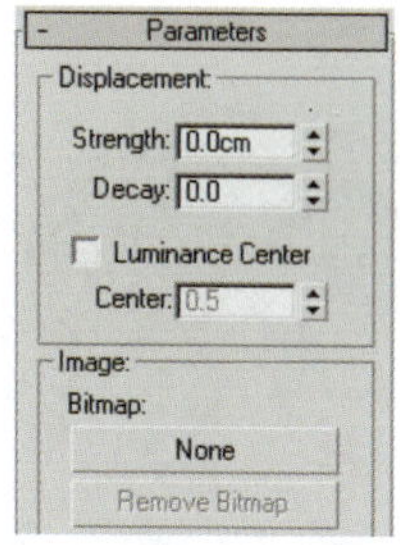

图12-78

12.2.2 导向器

Deflectors（导向器）对象能够影响粒子的运动，引导运动方向，如图12-79所示。图12-80所示为导向器对象的创建面板，3ds Max提供了9种导向器类型，这些导向器都可以为粒子以及动力学提供运动引导，只是引导的方式有所不同。

图12-79

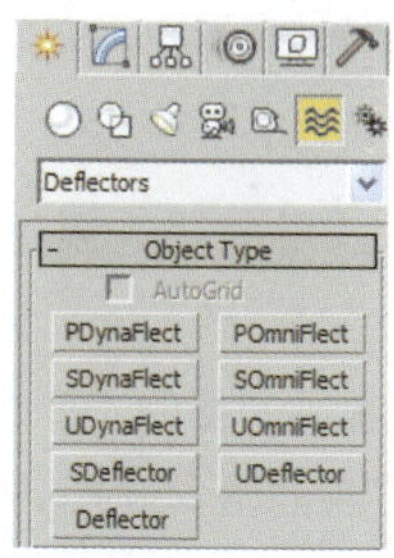

图12-80

下面将通过一个案例向读者讲解如何使用导向器来表现雨滴飞溅的效果。

知识应用：制作雨水飞溅效果 原始文件：场景和素材\第12章\雨水飞溅原始文件.max 最终文件：场景和素材\第12章\雨水飞溅最终文件.max 核心技能：喷射粒子与导向器结合	

Step 1 打开光盘中提供的“场景和素材\第12章\雨水飞溅原始文件.max”文件，如图12-81所示，场景中有一个雨伞模型对象。

Step 2 在雨伞的顶部创建一个Spray（喷雾）粒子对象模拟下落的雨水，如图12-82所示。

Step 3 在喷雾粒子的“参数”卷展栏中进行图12-83所示的参数设置。

Step 4 在Timing（时间）选项组中设置粒子的寿命为60，如图12-84所示。

图12-81

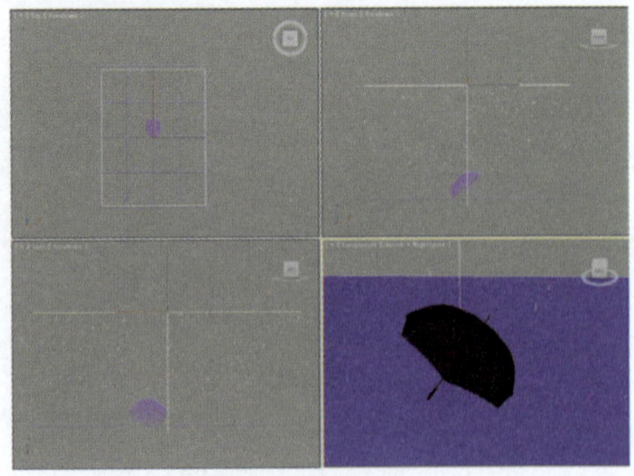

图12-82

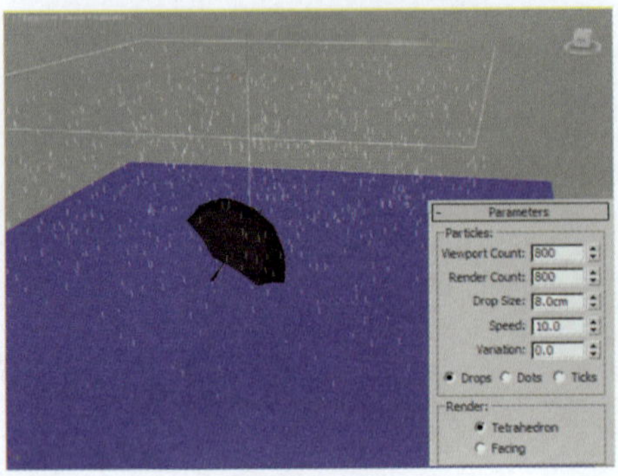

图12-83

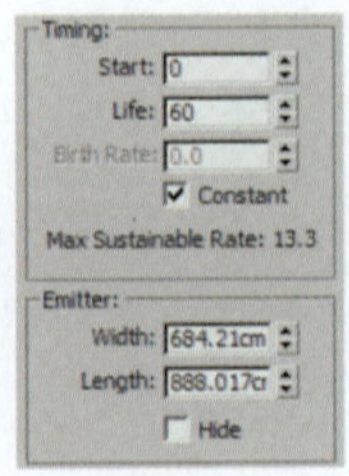

图12-84

Step 5 进入导向器的创建面板，在场景中创建一个Udeflector（全导向器），如图12-85所示。

Step 6 在全导向器的“基本参数”卷展栏中单击Pick Object（拾取对象）按钮 Pick Object ，然后拾取场景中的雨伞对象，参数保持默认设置，如图12-86所示。

图12-85

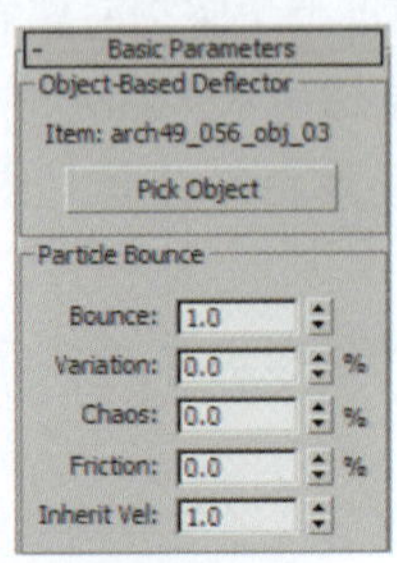

图12-86

Step 7 在主工具栏中单击Bind to Space Warp（绑定到空间扭曲）按钮，将粒子对象绑定到全导向器上，如图12-87所示。对场景动画进行播放，可以看到粒子在接触到雨伞对象时产生了飞溅的效果。

图12-87

图12-88

Udeflector（全导向器）可以使用任意对象作为粒子导向器，图12-89所示为全导向器的动画示意图。图12-90所示为全导向器的参数面板，Bounce（反弹）参数决定粒子从导向器反弹的速度。Friction（摩擦）参数表示粒子沿导向器表面移动时减慢的量。

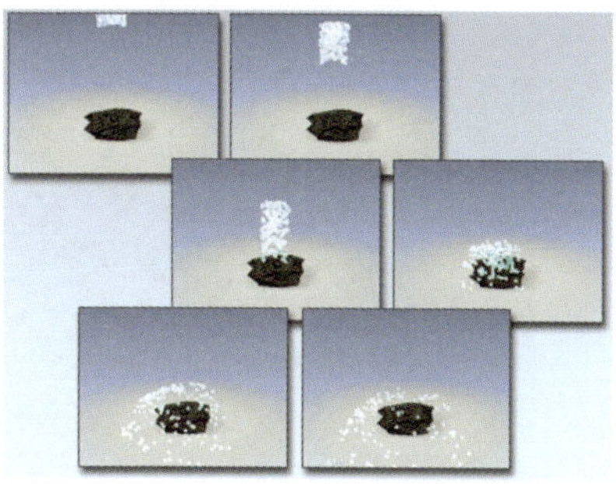

图12-89

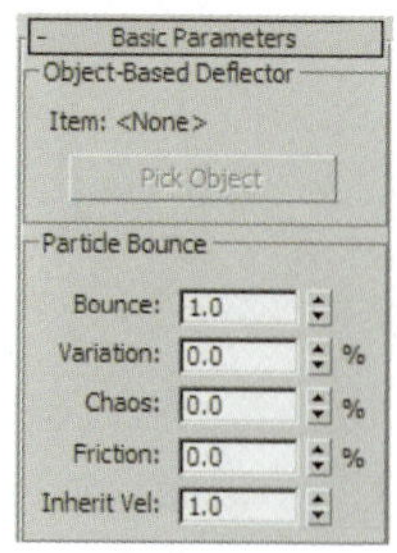

图12-90

12.2.3 几何可变形体

Geometric/Deformable（几何/可变形体）可以将空间扭曲应用于几何体对象，常见的效果如制作水面涟漪、物体爆炸等效果。图12-91所示为创建Geometric/Deformable（几何/可变形体）空间扭曲的面板，图12-92所示为使用Ripple（涟漪）空间扭曲使平面产生涟漪变形的示意图。

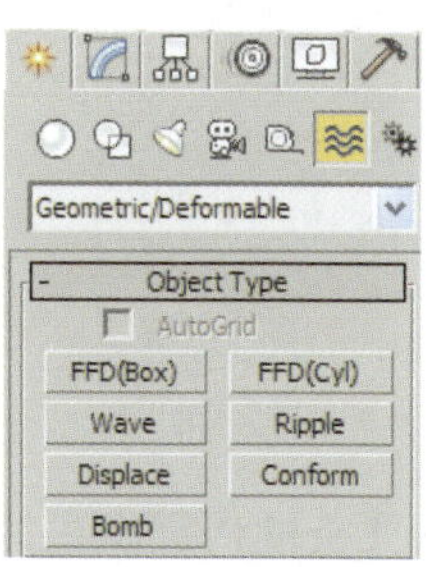

图12-91

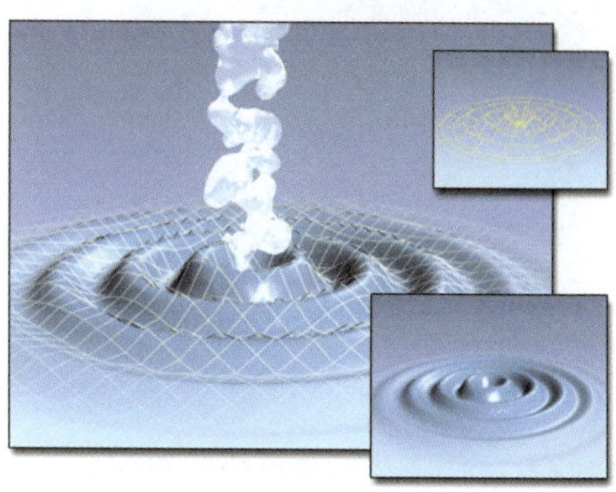

图12-92

本节将通过常用的爆炸效果来向读者讲解“几何/可变形体”空间扭曲的使用方法。

知识应用：炸毁一架飞机

原始文件：场景和素材\第12章\炸毁一架飞机原始文件.max

最终文件：场景和素材\第12章\炸毁一架飞机最终文件.max

核心技能：爆炸可变形体。

Step 1 打开光盘中的“场景和素材\第12章\炸毁一架飞机原始文件.max”文件，并进入Geometric/Deformable（几何/可变形体）的创建面板，如图12-93所示。

Step 2 单击Bomb（爆炸）按钮 Bomb ，在场景中创建一个爆炸发射器，如图12-94所示。

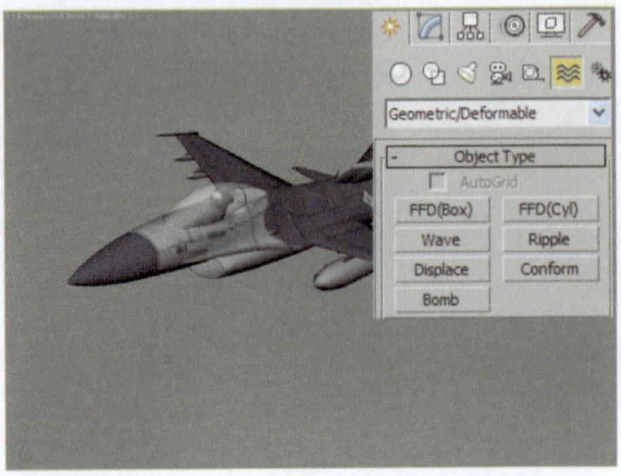

图12-93

图12-94

Step 3 单击主工具栏中的Bind to Space Warp（绑定到空间扭曲）按钮，将爆炸空间扭曲链接到飞机对象上，如图12-95所示。

Step 4 进入爆炸空间扭曲的参数面板，进行如图12-96所示的参数设置。

图12-95

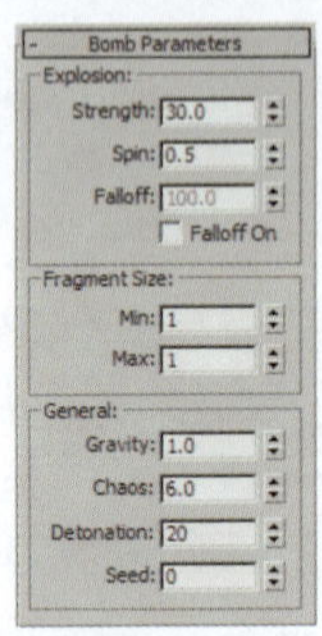

图12-96

Step 5 将爆炸发射器移动到飞机的中心部位，表示爆炸是从飞机的内部发生的，如图12-97所示。

Step 6 播放场景动画，可以看到在第21帧的时候，飞机产生了爆炸效果，如图12-98所示。

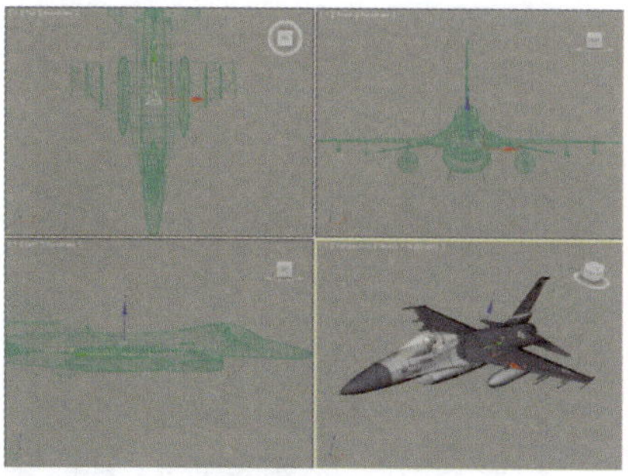

图12-97

图12-98

Step 7 观察爆炸效果可以看到，飞机分裂的碎片大小过于规律。回到爆炸空间扭曲的参数面板，将Max（最大）参数设置为80，如图12-99所示，飞机破裂的碎片产生了大小各异的形态。为了使爆炸效果更加逼真，可以添加火焰以及运动模糊效果，如图12-100所示。

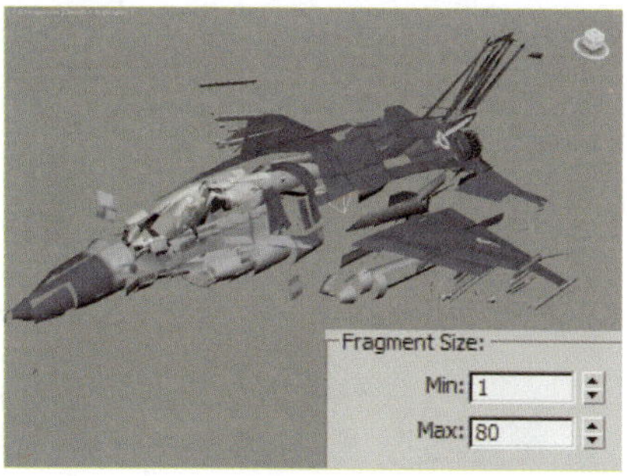

图12-99

图12-100

Strength（强度）参数用来控制爆炸的力度，参数越大，粒子飞得越远，图12-101所示为设置“强度”参数为500所产生的强烈的爆炸效果。Spin（自旋）参数用来设置碎片旋转的速率，当设置为0时，效果如图12-102所示，碎片不产生旋转的效果。

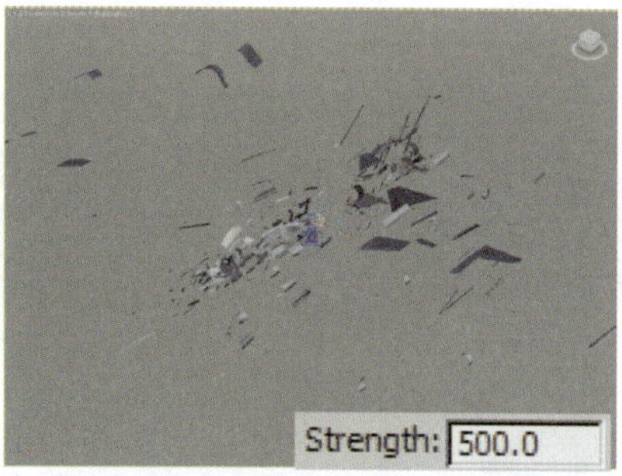

图12-101

图12-102

12.3 实战演练

粒子对象通常是和空间扭曲结合在一起使用的，本章将通过一个案例来使读者掌握粒子和空间扭曲对象的综合应用。

知识应用：制作冒烟的烟囱
原始文件：场景和素材\第12章\制作冒烟的烟囱原始文件.max
最终文件：场景和素材\第12章\制作冒烟的烟囱最终文件.max
核心技能：粒子对象的应用，利用空间扭曲给粒子施加外力。

Step 1 打开光盘中提供的“场景和素材\第10章\制作冒烟的烟囱原始文件.max”文件，如图12-103所示，该场景文件中提供了一个工厂模型，已经设置好了灯光。

Step 2 对场景先进行渲染观察一下效果，如图12-104所示。

图12-103

图12-104

Step 3 在Create（创建）命令面板的Geometry（几何体）层级中选择Particle Systems（粒子系统），如图12-105所示。

Step 4 单击Spray（喷射）按钮 Spray ，在场景中创建一个喷射粒子的发射器，如图12-106所示。

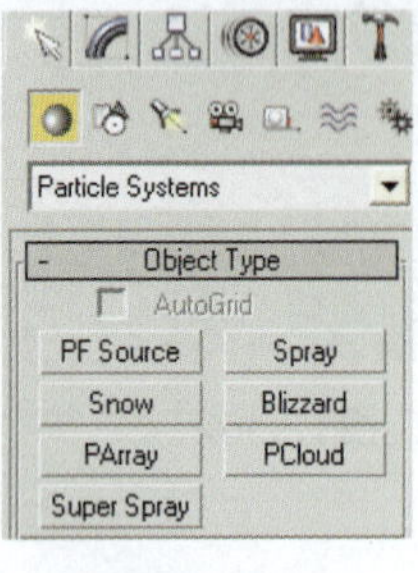

图12-105

图12-106

Step 5 进入粒子的“参数”卷展栏，在Particles（粒子）选项组中进行图12-107所示的设置，在Render（渲染）选项组中选择Facing（面）类型。

Step 6 然后在Timing（时间）选项组中进行图12-108所示的设置。

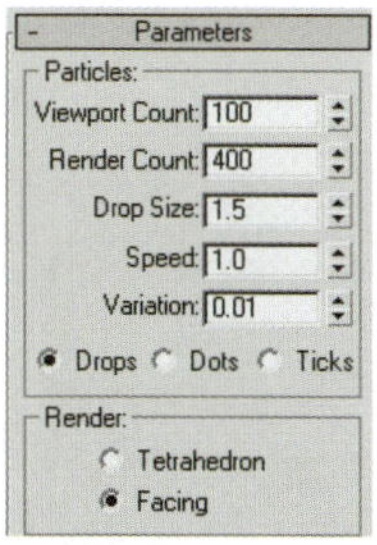

图12-107

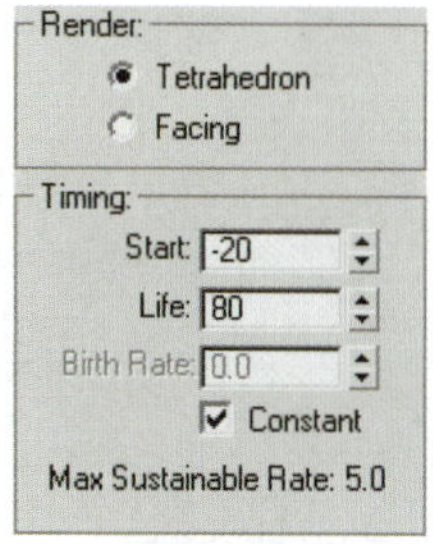

图12-108

Step 7 将喷射粒子的发射器移动到烟囱上，并设置发射器的大小使它和烟囱的直径相同，如图12-109所示。

Step 8 将时间滑块拖动到中间位置，然后进行渲染，效果如图12-110所示。

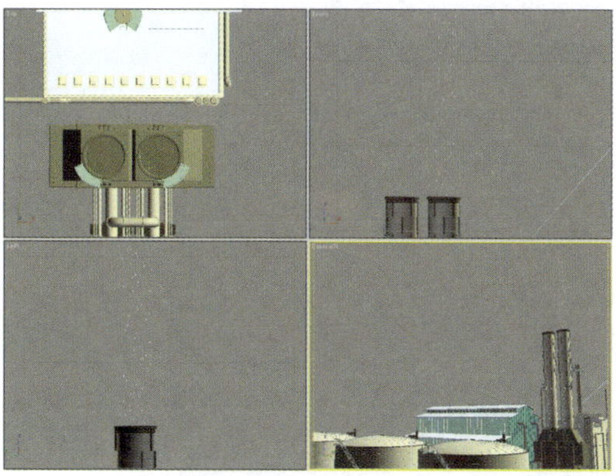

图12-109

图12-110

Step 9 下面进行浓烟的材质制作。给标准材质的Diffuse（漫反射）通道添加一个Speckle（斑点）贴图，设置Size（大小）参数为1000，如图12-111所示。

Step 10 给材质的Opacity（不透明度）通道添加一个Gradiect（渐变）贴图，选择渐变的类型为Radial（径向），如图12-112所示。

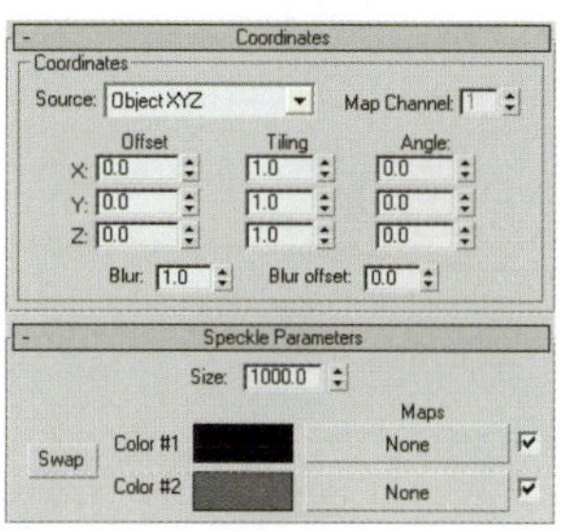

图12-111

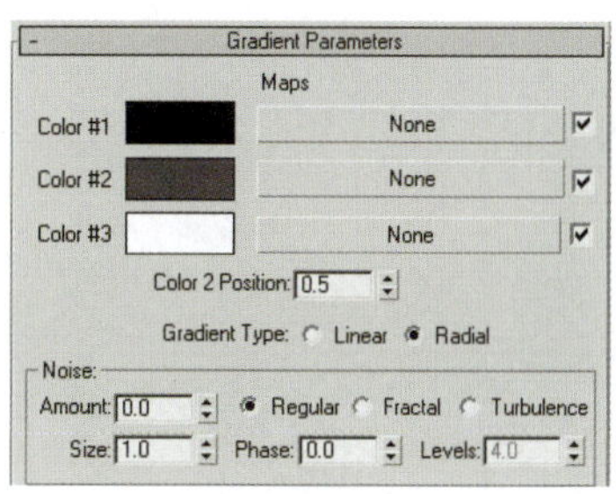

图12-112

Step 11 设置完毕后的材质球效果如图12-113所示，可以看到材质球从外部向内透明度逐渐减弱。将材质指定给场景中的粒子对象进行渲染，效果如图12-114所示。

Step 12 但是渲染效果中的烟雾是垂直向上的，而真实的效果应该是烟雾受到风的影响而产生偏移。

图12-113

图12-114

Step 13 在Create（创建）命令面板的Space Warps（空间扭曲）层级中选择Forces（力）类型，如图12-115所示。

Step 14 单击Wind（风）按钮 Wind ，在场景中创建一个风空间扭曲的图标，并调整它的位置，使它的方向在前视口中从右侧向左侧吹风，如图12-116所示。

图12-115

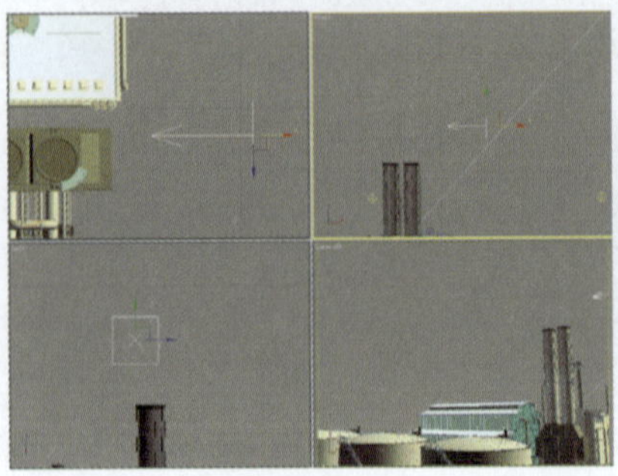

图12-116

Step 15 选择粒子对象，在主工具栏中单击Bind to Space Warp（绑定到空间扭曲）按钮，然后在粒子对象上按住鼠标左键不放，拖动到风空间扭曲的图标上释放进行绑定，如图12-117所示。

Step 16 绑定后对场景进行渲染，效果如图12-118所示，粒子产生了很强烈的偏移。

图12-117

图12-118

Step 17 进入风空间扭曲的“参数”卷展栏，将Strength（强度）参数设置为0.06，如图12-119所示。

Step 18 然后再次对场景进行渲染，效果如图12-120所示，此时粒子的偏移程度降低了。

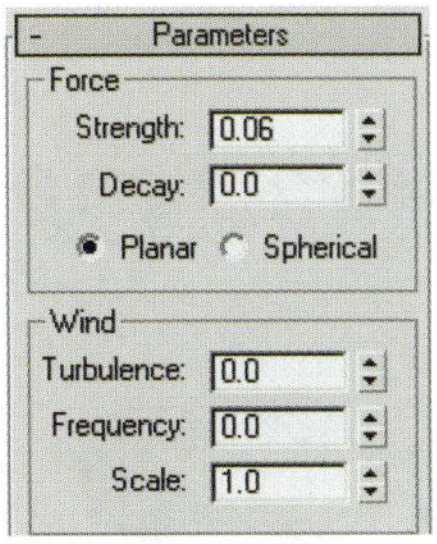

图12-119

图12-120

Step 19 对该粒子对象进行复制，将复制后的新的粒子对象移动到另一个烟囱上，如图12-121所示。

Step 20 最后对场景进行渲染输出，图12-122所示为渲染的动画效果中的其中一帧。

图12-121

图12-122

Chapter

13

综合训练：汽车表现

本章将向读者介绍汽车产品的表现，从前期的模型创建到后期的材质渲染表现都将在本章中为读者呈现。该案例中涵盖了3ds Max的各种建模方法技巧，使读者更深入体会3ds Max软件的强大功能。

13.1 车身结构雏形的制作

车身雏形部分是建立一个平面对象作为基本雏形，然后使用可编辑多边形命令，参照到汽车三视图逐步复制拉伸得到一半车身，使用“对称”修改器制作出另一半车身。

1．车身雏形的制作

Step 1 在场景中单击Plane（平面）按钮创建4个相同大小的平面对象，并在“材质编辑器”对话框中指定4张汽车的参考图片，如图13-1所示。

Step 2 单击Plane（平面）按钮在场景中参照背景图继续新建一个平面对象，如图13-2 所示。

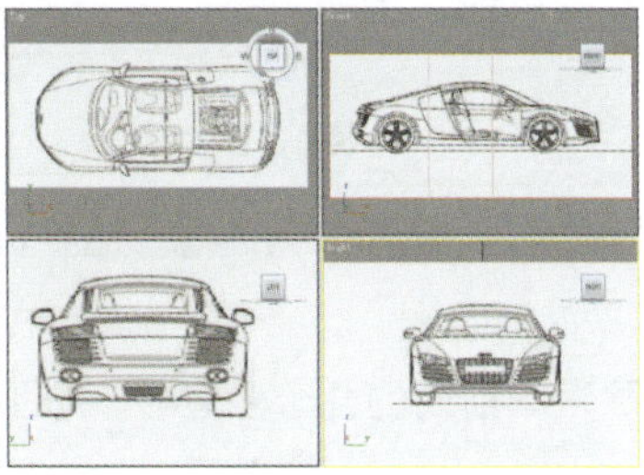

图13-1

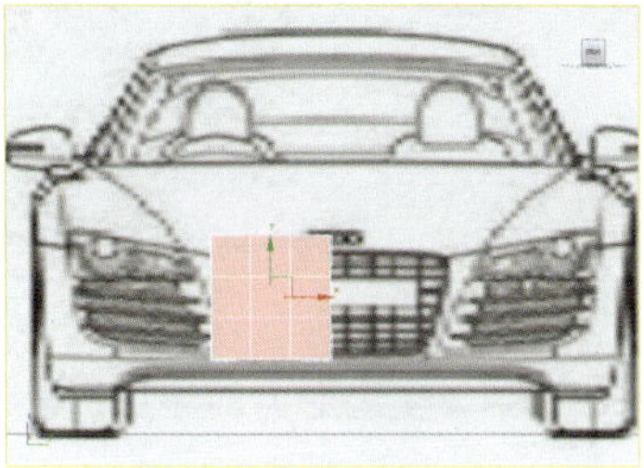

图13-2

Step 3 右击，将平面对象转化为可编辑多边形对象，选择调整Vertex（顶点）子对象，将形状修改为如图13-3所示。

Step 4 选择Edge（边）子层级，选择顶面的3条边对象，按住【Shift】键的同时向后复制拉伸，如图13-4所示。

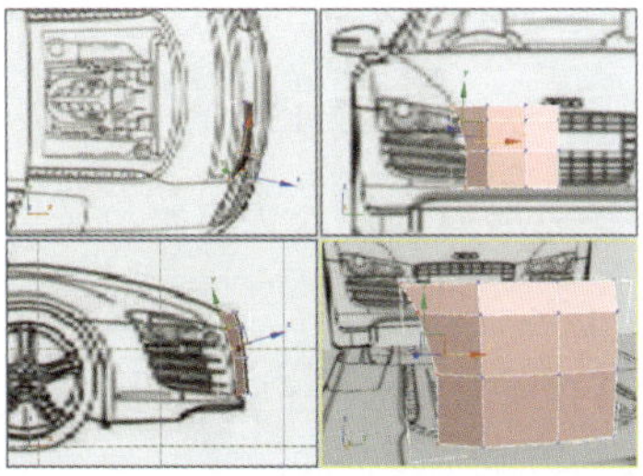

图13-3

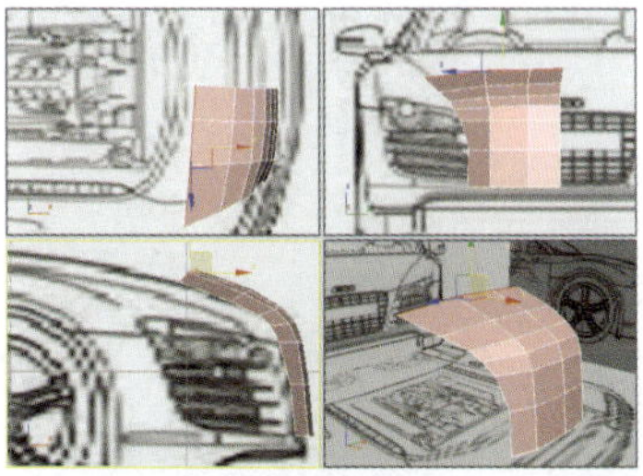

图13-4

Step 5 选择右侧的4条Edge（边）对象，按住【Shift】键向后复制，如图13-5所示。

Step 6 单击Connect（连接）按钮为对象连接3条线段，如图13-6所示。

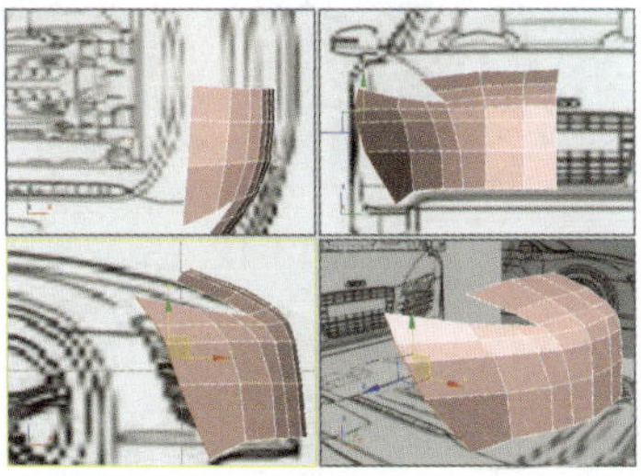

图13-5

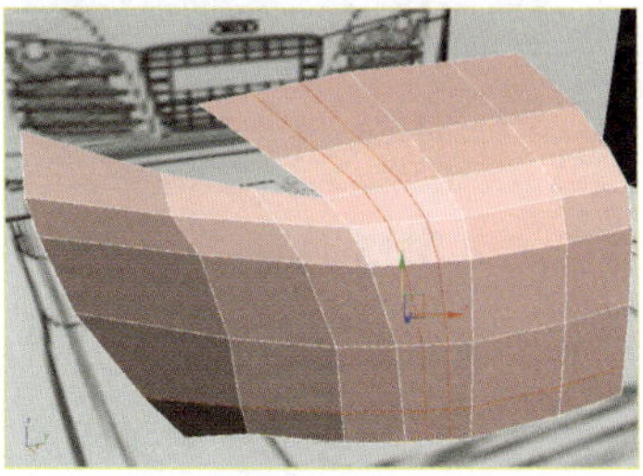

图13-6

Step 7 将对象缺口处的两条边向上复制，然后使用Target Weld（目标焊接）命令将接缝处的Vertex（顶点）焊接起来，如图13-7所示。

Step 8 选择顶面的Edge（边）对象，使用同样的复制方法向上复制3次，并调整Vertex（顶点）对象，将形状修改为如图13-8所示。

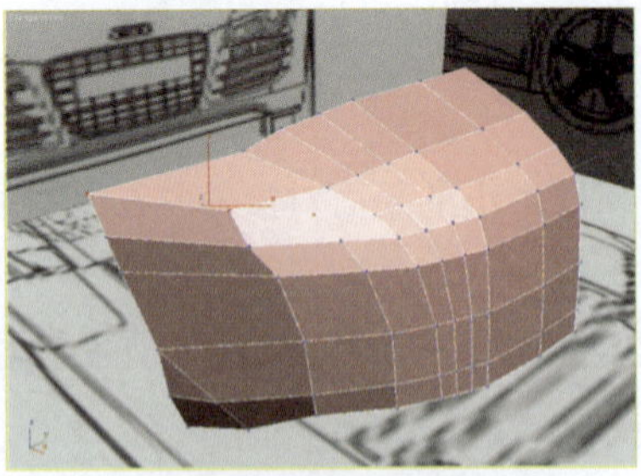

图13-7

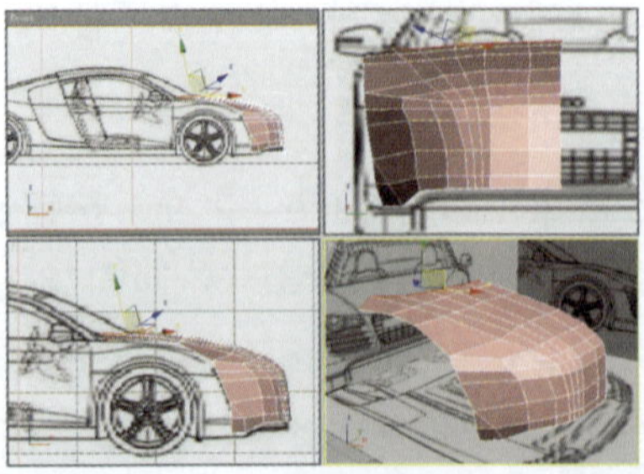

图13-8

Step 9 在Perspective（透视）视口中选择Cut（切割）命令，为对象切割一条新线段，如图13-9所示。

Step 10 选择Polygon（多边形）对象层级，选择删除汽车前面的几个多边形，如图13-10所示。

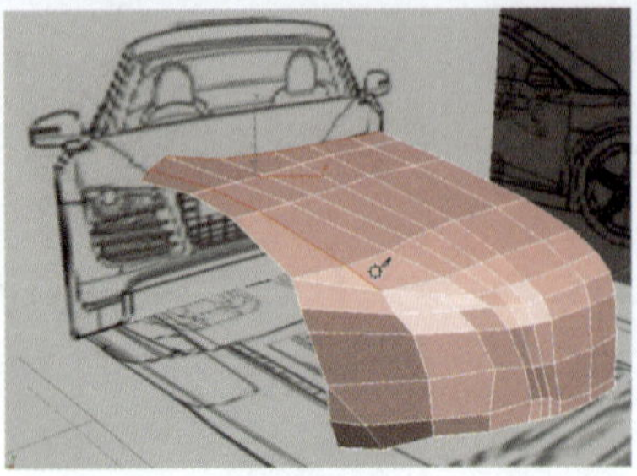

图13-9

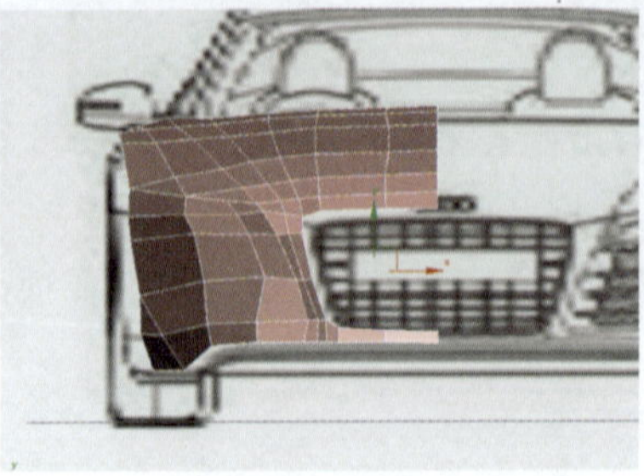

图13-10

Step 11 进入Edge（边）子对象层级，选择删除多边形后的几条边对象，按住【Shift】键向内复制拉伸，如图13-11所示。

Step 12 按照相同的复制方法，将汽车侧面的边进行复制，如图13-12所示。

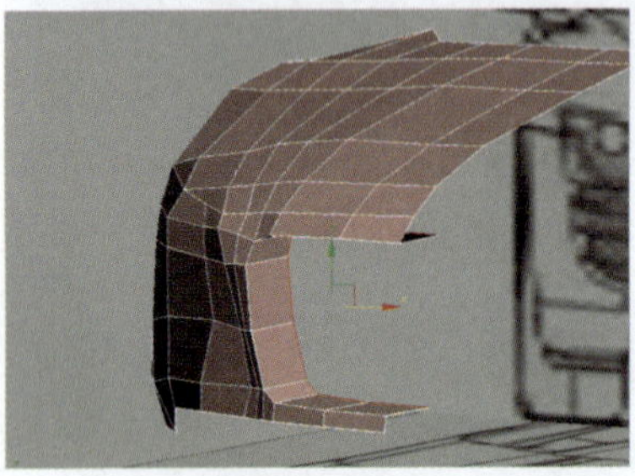

图13-11

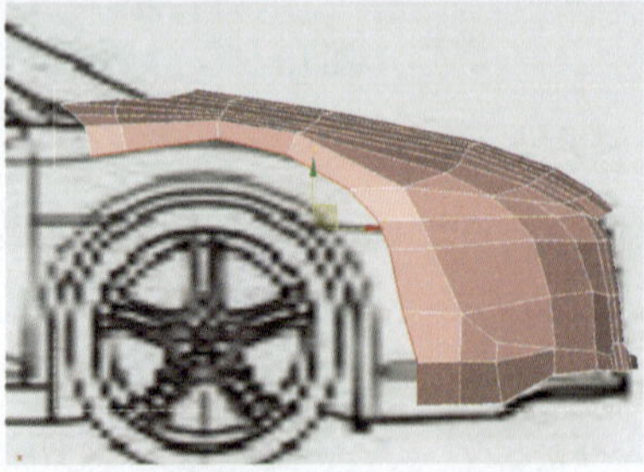

图13-12

Step 13 在视口中选择车灯位置的几个多边形，按【Delete】键删除，如图13-13所示。

Step 14 进入Border（边界）子对象层级，选择车灯位置的边界对象，按住【Shift】键向内移动复制边，效果如图13-14所示。

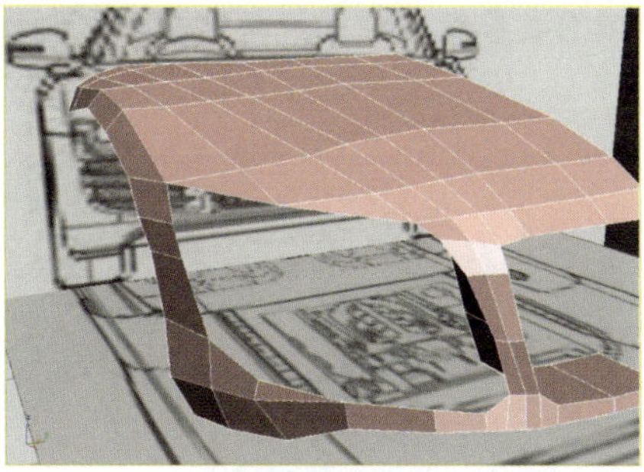

图13-13

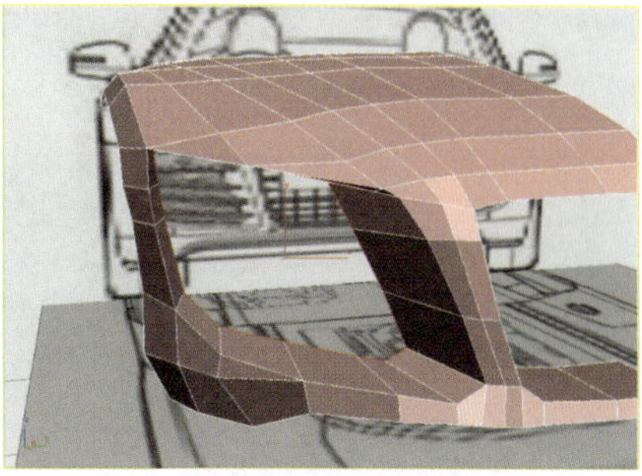

图13-14

Step 15 添加“对称”修改器。进入“修改”命令面板，从修改器下拉列表中选择Symmetry（对称）修改器，并启用Flip（反转）选项，在视口中观察到对象对称效果如图13-15所示。

Step 16 复制轮胎位置的边。在Front（前）视口中选择对象左侧的边对象，按住【Shift】键向下复制制作轮胎位置的轮廓，如图13-16所示。

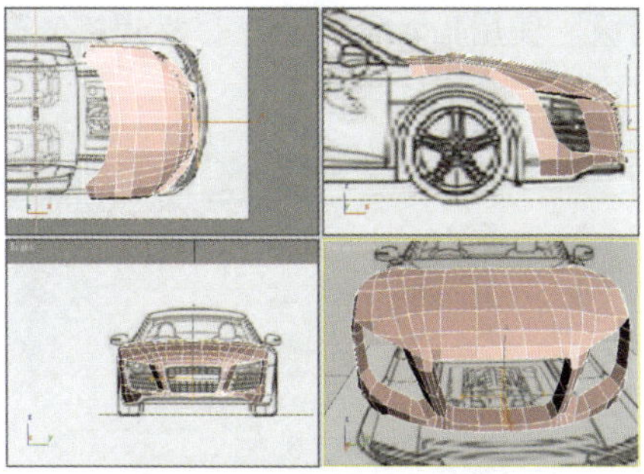

图13-15

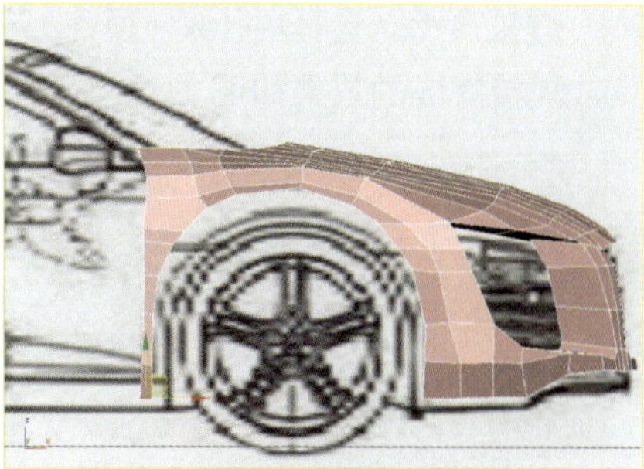

图13-16

Step 17 继续复制两次边对象。使用同样的复制方法，将轮胎外壳边缘向内复制拉伸两次，刻画出车轮的外壳形状，如图13-17所示。

Step 18 复制制作车门雏形。选择左侧的Edge（边）对象，参照参考图片向左复制出车门到后胎位置的雏形，如图13-18所示。

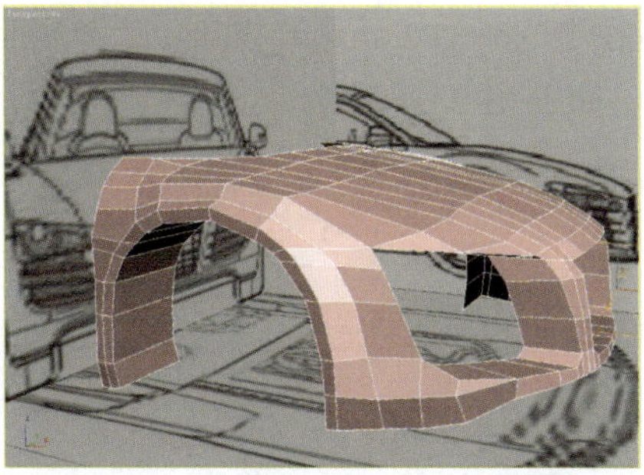

图13-17

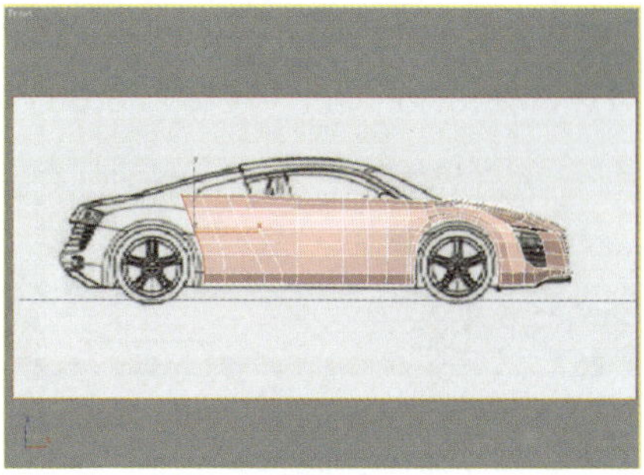

图13-18

Step 19 制作汽车前面的形状。选择车前的几条边对象，参照参考图片向上复制3段，得到汽车玻璃部分的雏形，如图13-19所示。

Step 20 复制制作车顶雏形。将复制出来的边继续沿着参考图片向后复制拉伸，制作汽车的顶部雏形，如图13-20所示。

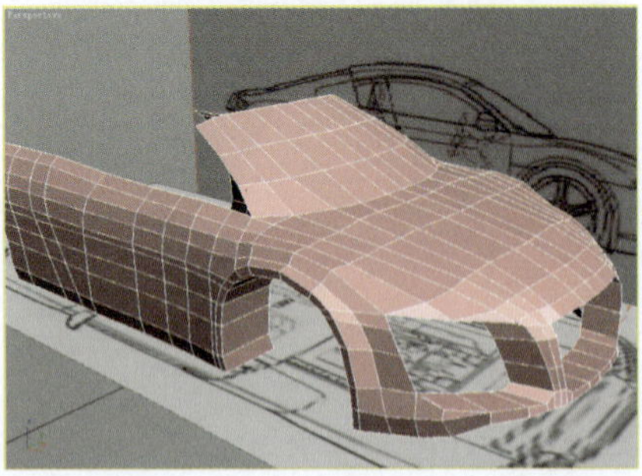

图13-19

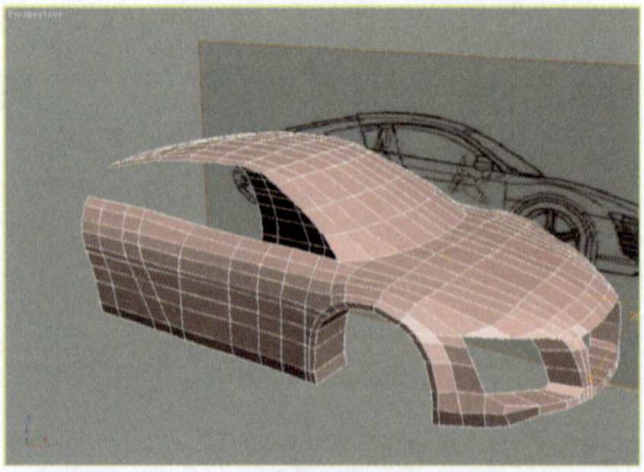

图13-20

Step 21 复制拉伸车窗部分的边。选择车门到后轮的边对象，按【Shift】键向上复制拉伸3段，如图13-21所示。

Step 22 焊接顶点。选择Vertex（顶点）子对象层级，使用Target Weld（目标焊接）命令焊接处理顶点，焊接完成的效果如图13-22所示。

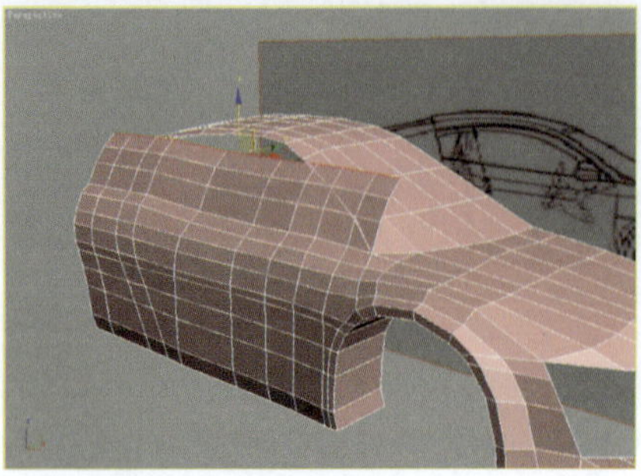

图13-21

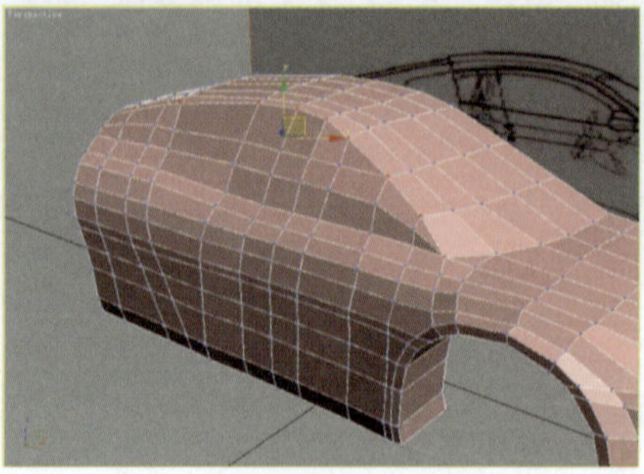

图13-22

Step 23 继续复制边对象。继续选择汽车顶部末端的一排Edge（边），参照参考图片向后复制拉伸，制作汽车尾部的雏形，经过调整Vertex（顶点）对象后得到的形状如图13-23所示。

Step 24 添加线段。单击Selection（选择）卷展栏中的Ring（环形）按钮，选择尾部玻璃位置的几组边，使用Connect（连接）命令连接3条边，如图13-24所示。

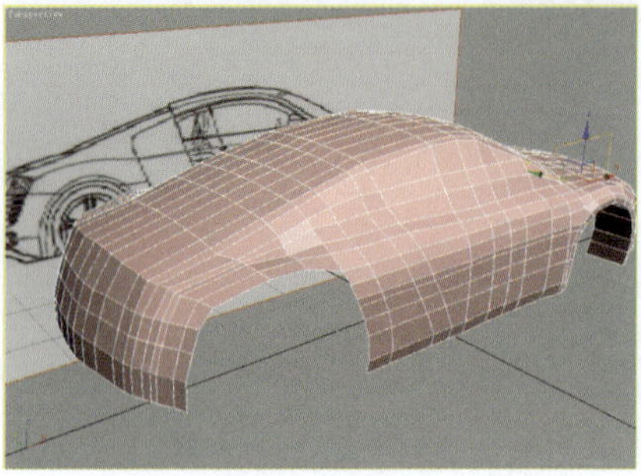

图13-23

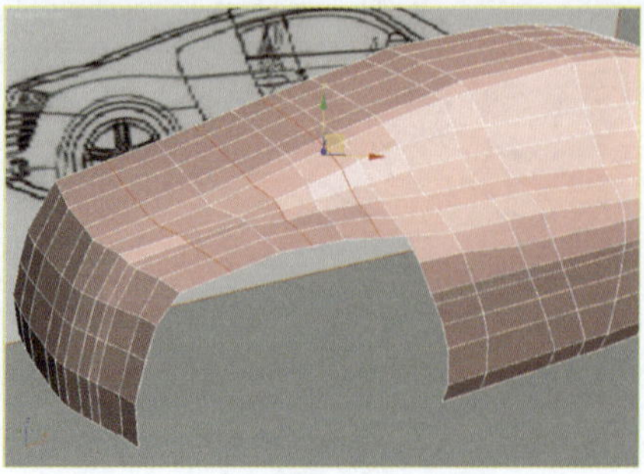

图13-24

Step 25 缩放复制边对象。在Front（前）视口中选择后轮位置的边缘线段，按住【Shift】键的同时单击“缩放”工具按钮进行缩放复制，如图13-25所示。

Step 26 继续缩放复制两次。按照相同的缩放复制方法继续缩小复制两次，如图13-26所示。

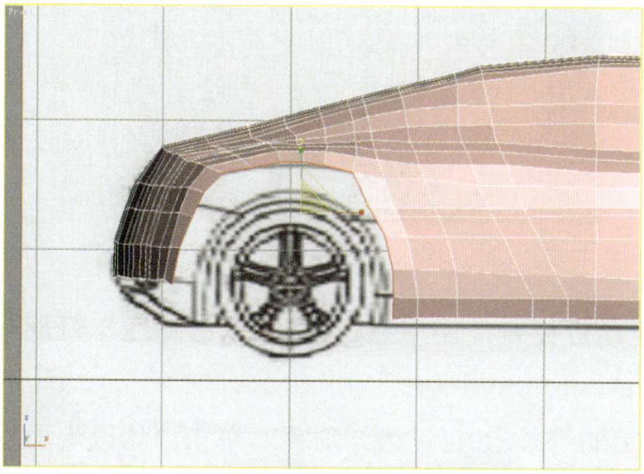

图13-25

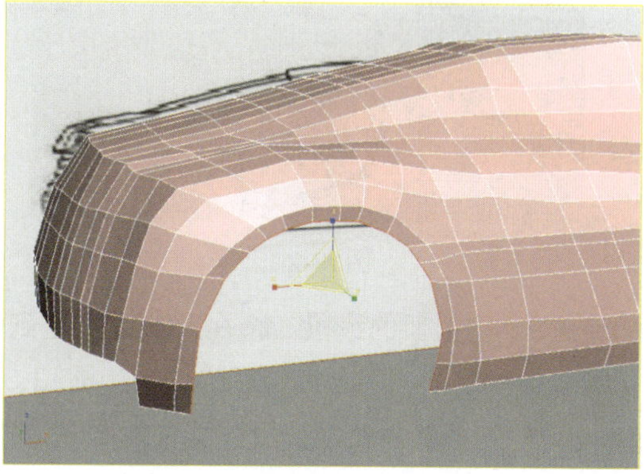

图13-26

Step 27 向内复制拉伸。单击主工具栏中的Select and Move（选择并移动）工具按钮，按住【Shift】键向内复制边缘，制作出后轮的外壳雏形，如图13-27所示。

Step 28 添加“网格平滑”修改器。在修改器下拉列表中选择添加MeshSmooth（网格平滑）修改器，在Perspective（透视）视口中观察汽车车身的基本雏形效果，如图13-28所示。

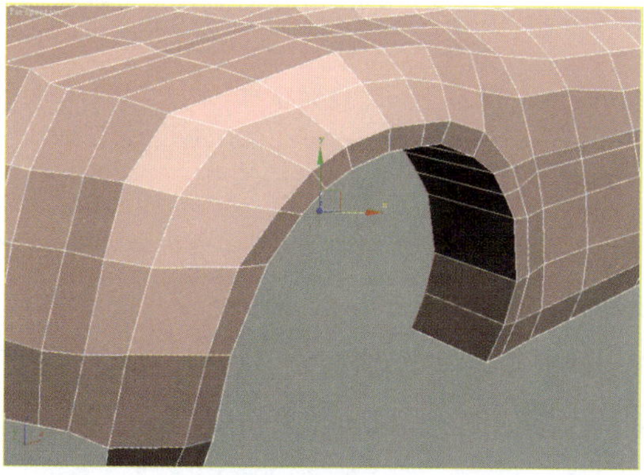

图13-27

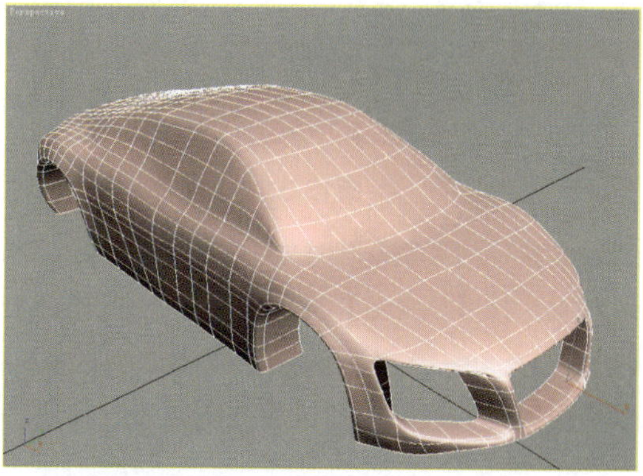

图13-28

2．车门及车窗结构的制作

车门和车窗部分是在车身的基础上分离和复制部分多边形对象，然后再对其进行修改得到的，具体的制作过程如下。

Step 1 切割新线段。在Perspective（透视）视口中右击，在弹出的快捷菜单中选择Cut（剪切）命令，为汽车切割一条线段，如图13-29所示。

Step 2 调整顶点。选择Vertex（顶点）子对象层级，选择图13-30所示的几个顶点对象，使用鼠标向下移动调整一段距离。

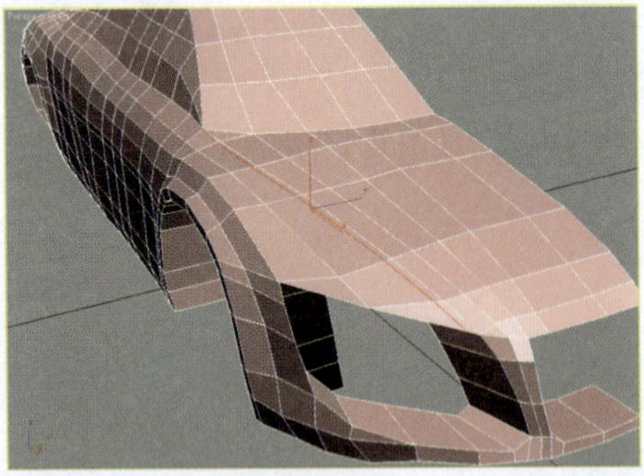

图13-29

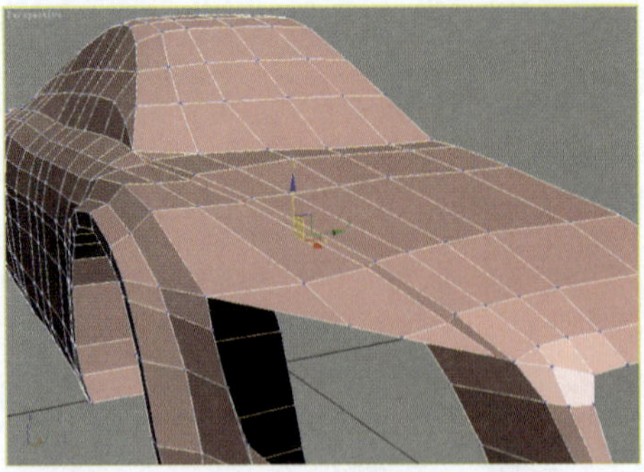

图13-30

Step 3 切割新的线段。将视图放大调整到汽车车灯位置，使用Cut（切割）命令在车灯底部切割一条新线段，经过调整后的效果如图13-31所示。

Step 4 切分边对象。选择连接车轮和车灯位置上的一条Edge（边）对象，单击“修改”面板中的Chamfer（切角）按钮，切分处理选择的边对象，得到的效果如图13-32所示。

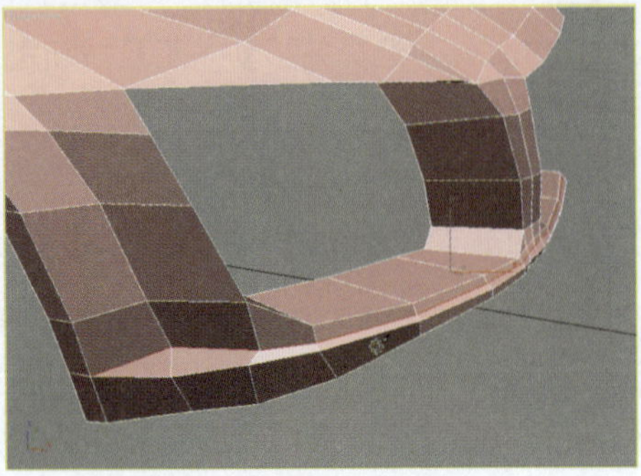

图13-31

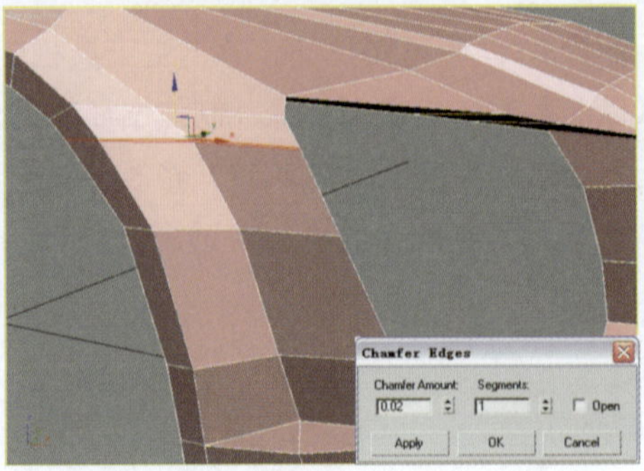

图13-32

Step 5 删除多边形对象。进入Polygon（多边形）子对象层级，选择由切分边后产生的多边形对象，按【Delete】键将其删除，如图13-33所示。

Step 6 切一条新的线段。在视口中右击，在弹出的快捷菜单中选择Cut（切割）命令，在汽车前面的挡风玻璃末端位置上切割一条线段，如图13-34所示。

图13-33

图13-34

Step 7 复制多边形对象。选择汽车挡风玻璃所在的Polygon（多边形）对象，按住【Shift】键向上移动复制一个多边形对象，如图13-35 所示。

Step 8 编辑修改副本多边形对象。在视口中按【Alt+Q】组合键，将分离出来的玻璃对象独立显示，并使用Cut（切割）命令为对象切割新的线段，如图13-36所示。

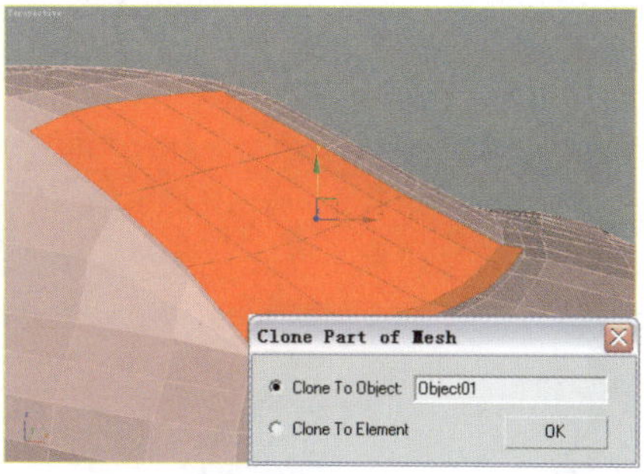

图13-35

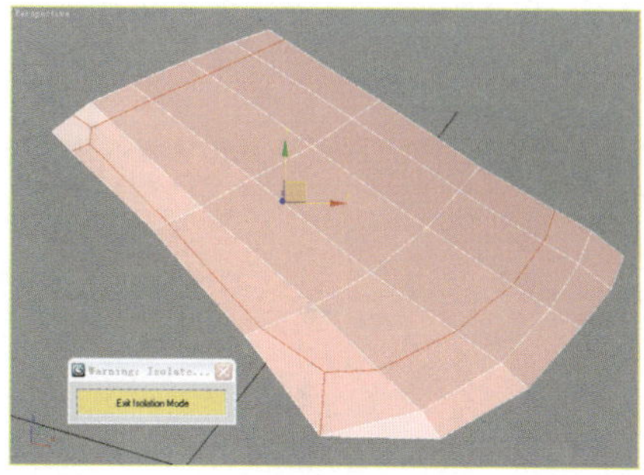

图13-36

Step 9 删除部分多边形对象。选择对象中间部分的Polygon（多边形）对象，按【Delete】键进行删除，如图13-37所示。

Step 10 复制拉伸多边形的边缘。选择Edge（边）对象，按住【Shift】键向下复制拉伸，得到的形状效果如图13-38所示。

图13-37

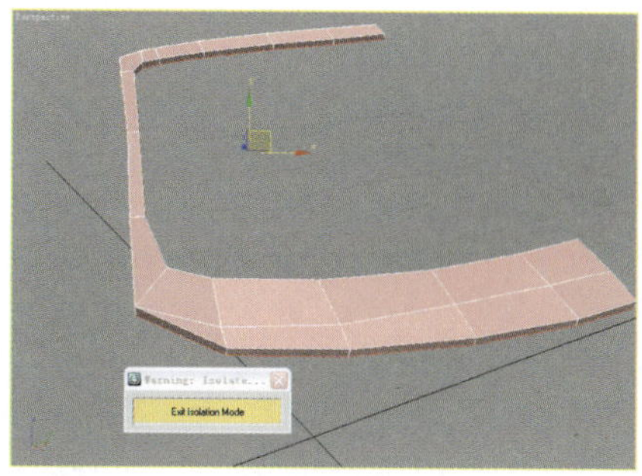

图13- 38

Step 11 分离多边形对象。再重新选择车身模型中的玻璃所在位置上的多边形对象，单击“修改”面板中的Detach（分离）按钮，将选择的多边形分离出来，效果如图13-39所示。

Step 12 复制拉伸边缘。使用同样的复制边对象的方法，复制拉伸玻璃部分的边对象，得到的效果如图13-40所示。

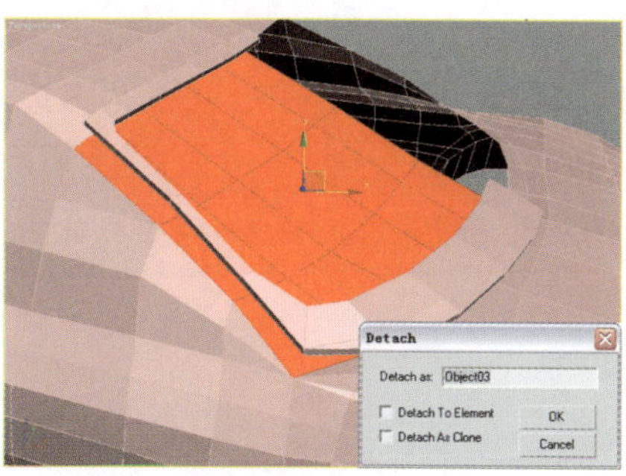

图13-39

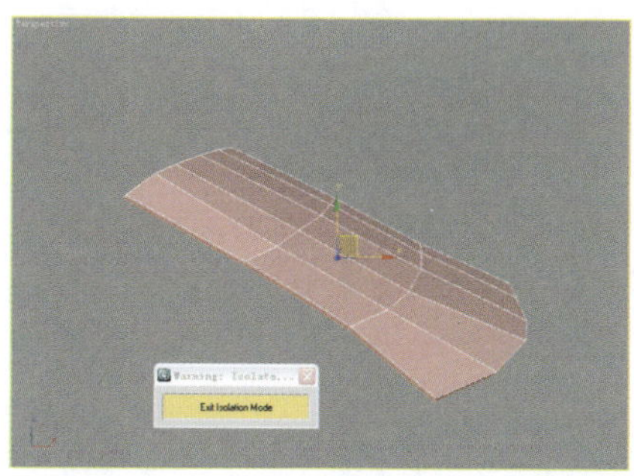

图13-40

Step 13 对称复制对象并调整位置。在修改器下拉列表中为制作的玻璃对象添加Symmetry（对称）修改器，对称复制出另一边的形状，如图13-41所示。

Step 14 半透明显示玻璃对象。选中玻璃对象，在Perspective（透视）视口中按【Alt+X】组合键将其半透明显示，如图13-42所示。

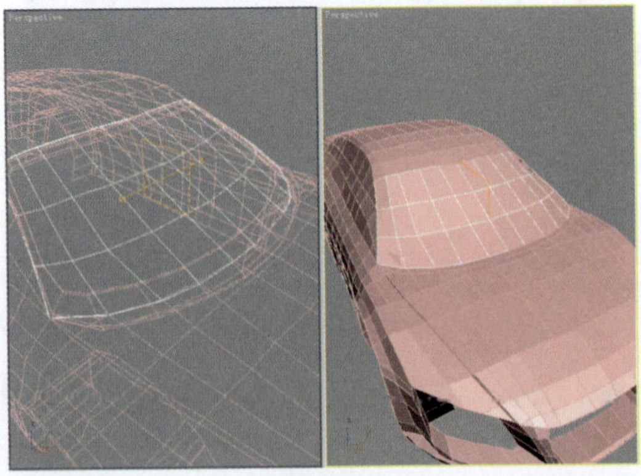

图13-41

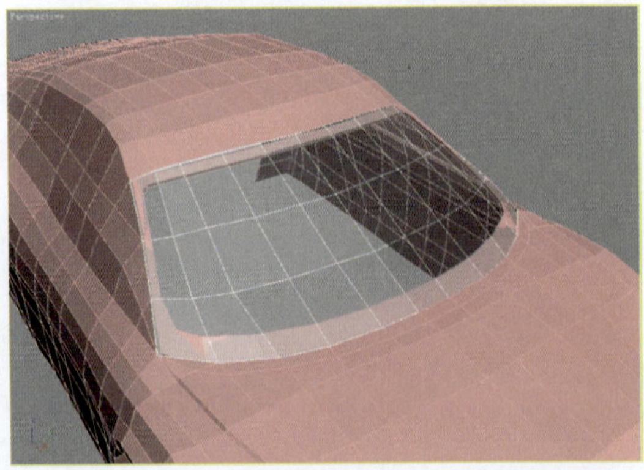

图13-42

Step 15 切割一条线段。使用Cut（切割）命令在车身左侧切割出车门和车窗的轮廓，如图13-43所示。

Step 16 连接一条新线段。进入Edge（边）子对象层级，使用Connect（连接）命令为汽车车门底部连接一条线段，如图13-44所示。

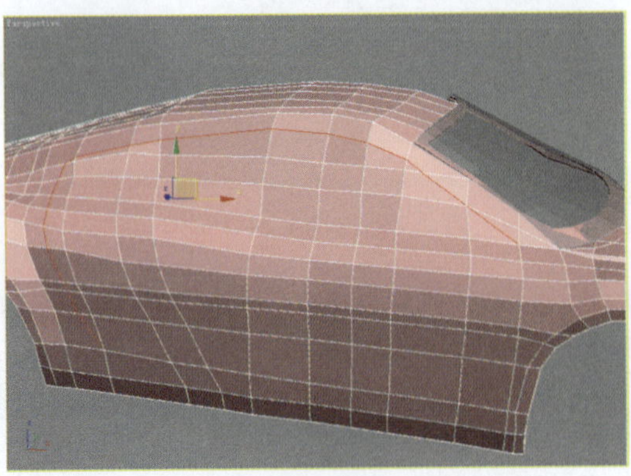

图13-43

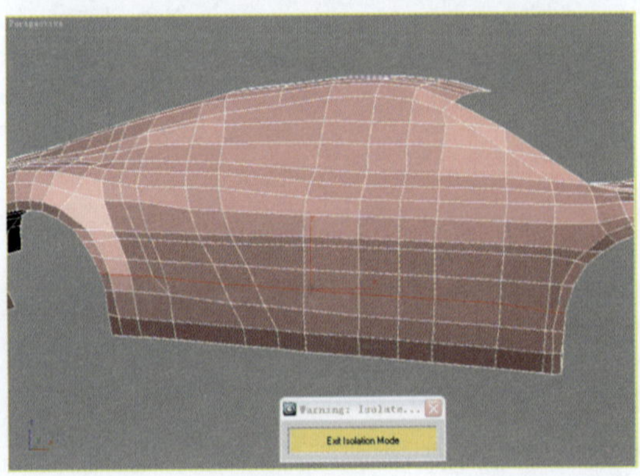

图13-44

Step 17 分离车门及车窗位置的多边形。选择车门和车窗位置的所有Polygon（多边形）对象，单击Detach（分离）按钮分离选择的对象，如图13-45所示。

Step 18 添加线段。在视口中选择隐藏除车身以外的对象，使用Connect（连接）命令连接两条线段，并调整车身的形状，如图13-46所示。

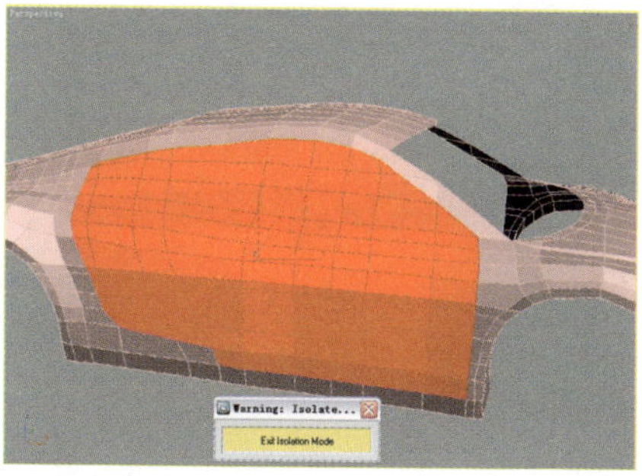

图13-45

图13-46

Step 19 复制拉伸对象的边。选择车身在车门和车窗位置上的Edge（边）对象，按【Shift】键将向内复制拉伸一段距离，如图13-47所示。

Step 20 继续分离多边形对象。选择车窗和车门对象，使用Detach（分离）命令继续分离出部分多边形，如图13-48所示。

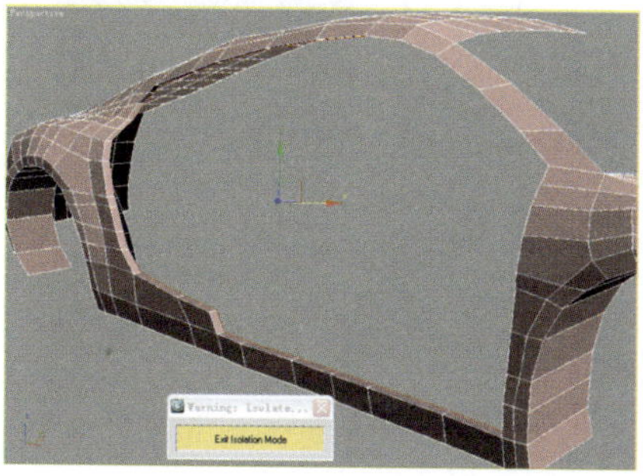

图13-47

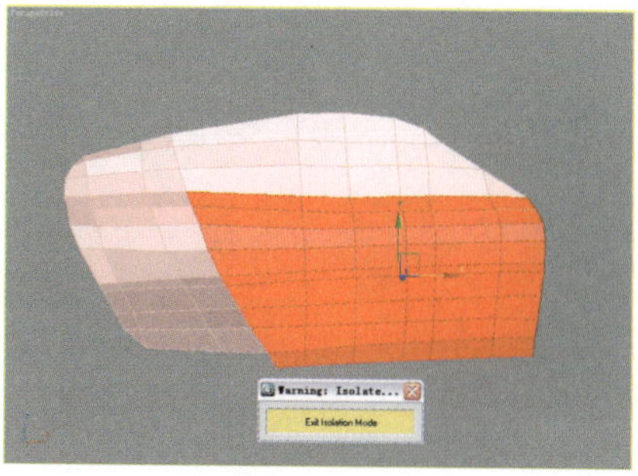

图13-48

Step 21 切割两条线段。使用Cut（切割）命令在车门上切割两条线段，如图13-49所示。

Step 22 调整顶点对象。选择进入Vertex（顶点）子对象层级，移动调整车门位置的形状，效果如图13-50所示。

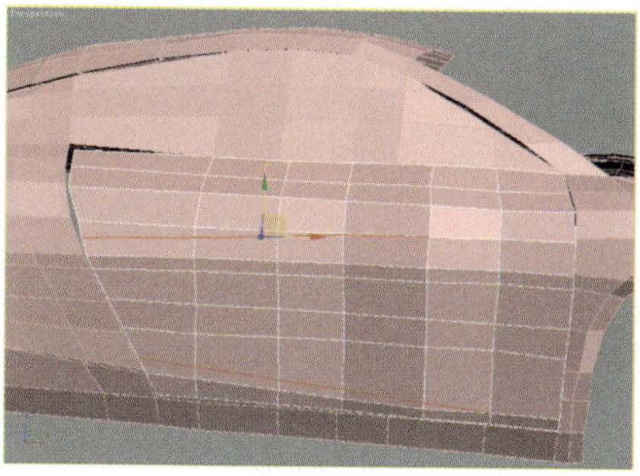

图13-49

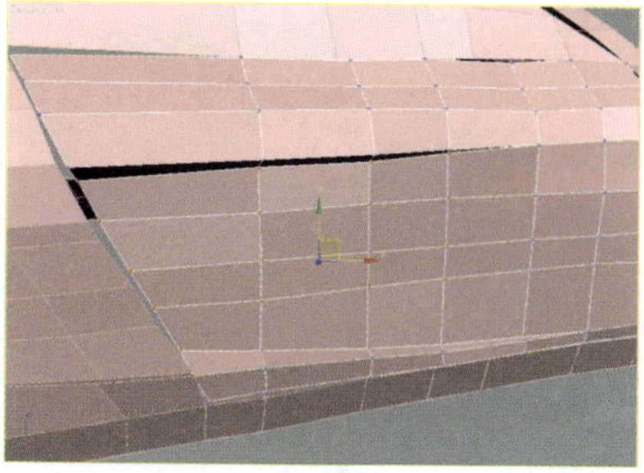

图13-50

Step 23 切割新的形状。在车门开关把手的位置处，使用Cut（切割）命令切割出把手的形状，如图13-51所示。

Step 24 切分线段并删除部分多边形对象。使用Chamfer（切角）命令切分处理边对象，并选择删除掉切分边后产生的多边形对象，如图13-52所示。

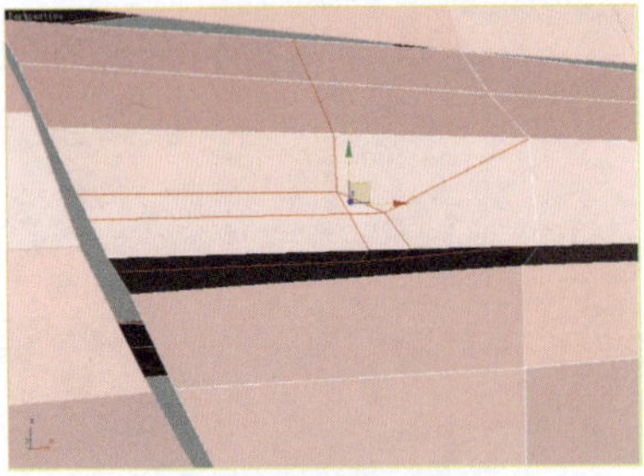

图13-51

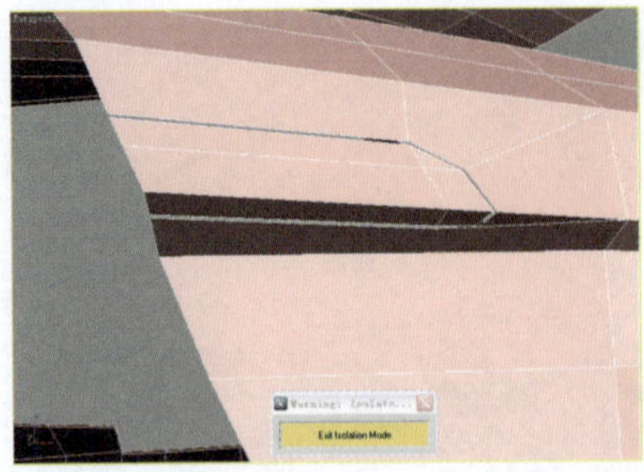

图13-52

Step 25 分离并修改多边形对象。使用相同的分离方法，继续分离多边形，并选择调整修改对象的Vertex（顶点），将形状调整为如图13-53所示的效果。

Step 26 切割出新的形状。使用Cut（切割）命令在门的内侧切割一条线段，如图13-54所示。

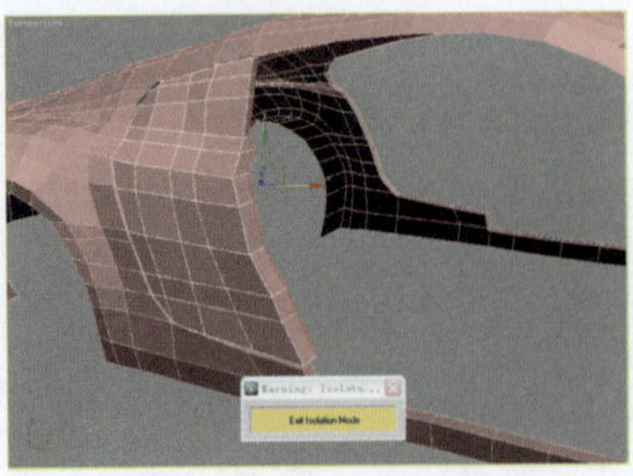

图13-53

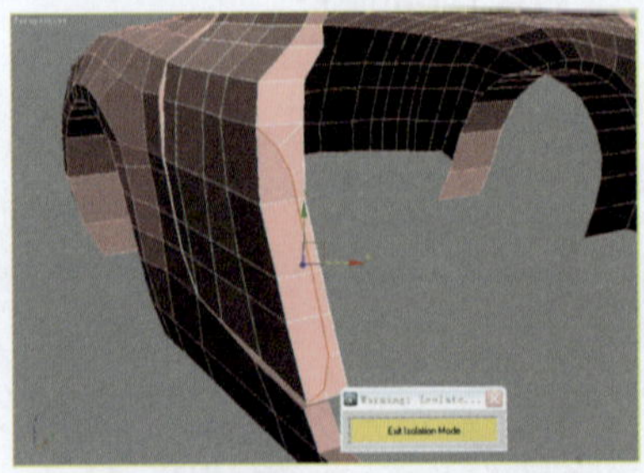

图13-54

Step 27 向内挤压并删除多边形。选择切割线段后形成的Polygon（多边形）对象，单击Extrude（挤出）按钮向左挤压一段距离，然后按【Delete】键删除选择的多边形，得到的效果如图13-55所示。

Step 28 继续分离多边形对象。选择车窗玻璃上的部分多边形对象，使用Detach（分离）命令将其分离出来，如图13-56所示。

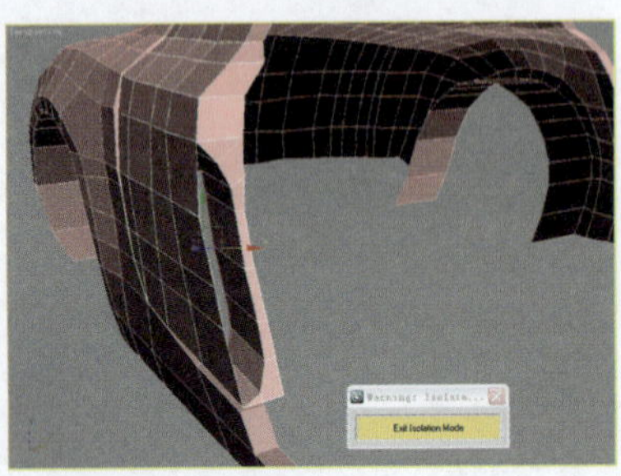

图13-55

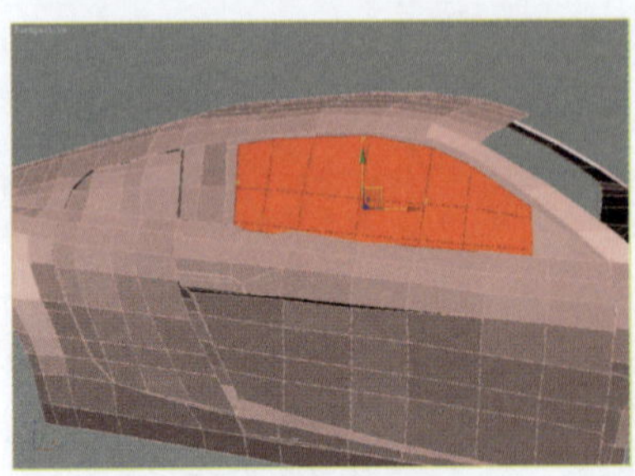

图13-56

Step 29 半透明显示车窗对象。使用组合键【Alt+X】将车窗部分的玻璃半透明显示，如图13-57所示。

Step 30 对称复制车门及车窗对象。为制作的车门和车窗对象添加Symmetry（对称）修改器，对称复制得到另一边的形状，如图13-58所示。

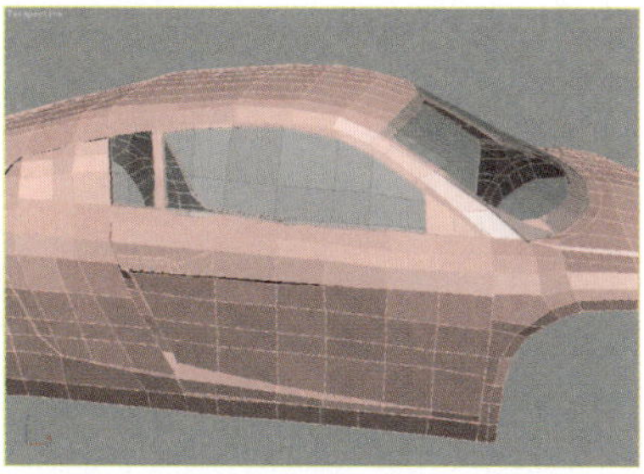

图13-57

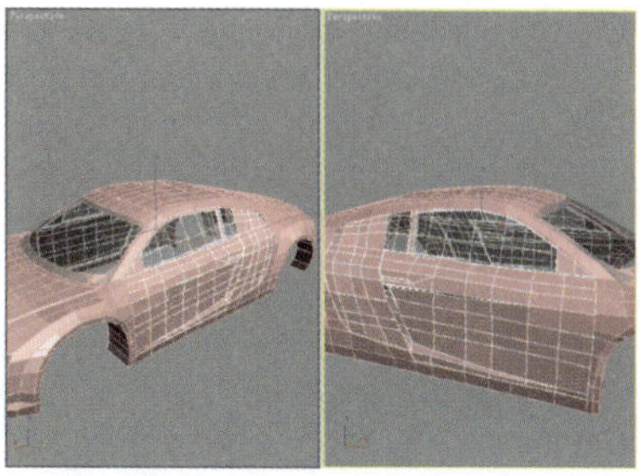

图13-58

3. 汽车尾部细节的制作

汽车尾部细节的制作重点在于尾灯的制作和出气口轮廓的制作，也都是在车身雏形基础上修改得到，详细的制作过程如下。

Step 1 分离多边形对象。使用Detach（分离）命令分离出尾部车窗玻璃部分的多边形，如图13-59所示。

Step 2 复制修改对象。将分离出来的多边形向上复制一个出来，并使用Cut（切割）命令切割新的线段，如图13-60所示。

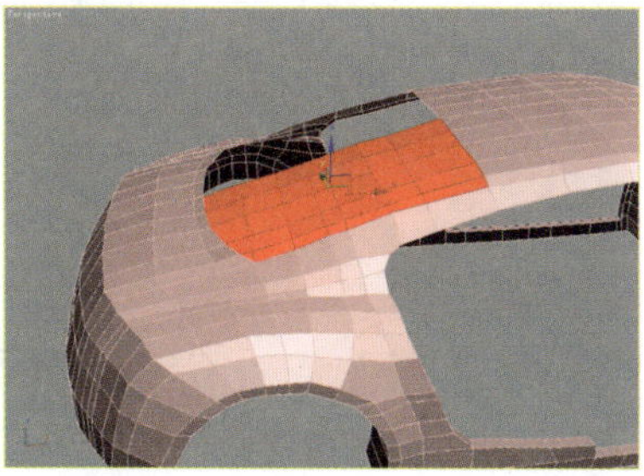

图13-59

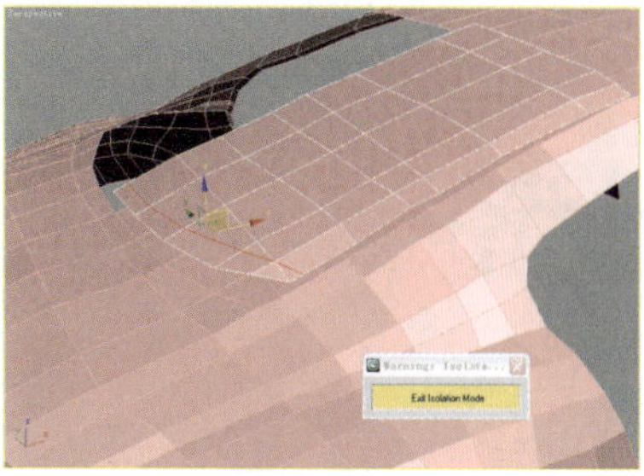

图13-60

Step 3 删除多边形对象。选择删除副本对象上中间部分的多边形，得到的效果如图13-61所示。

Step 4 复制拉伸边缘位置。按住【Shift】键向下复制拉伸边对象，得到的效果如图13-62所示。

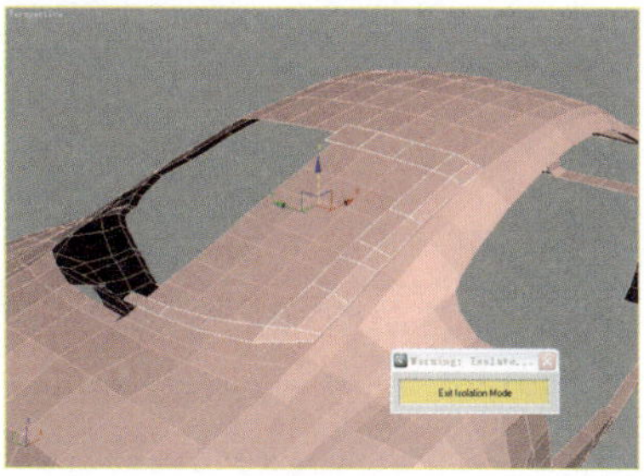

图13-61

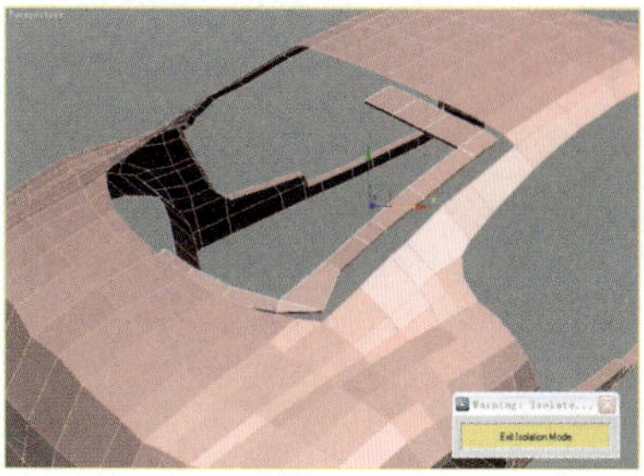

图13-62

Step 5 创建多个长方体对象。在视图中创建多个长方体对象，将它们拼凑组合为图13-63所示的结构效果。

Step 6 复制拉伸车身的边。选择车身模型在尾部车窗位置的边缘对象，按住【Shift】键向下复制拉伸一段距离，得到的效果如图13-64所示。

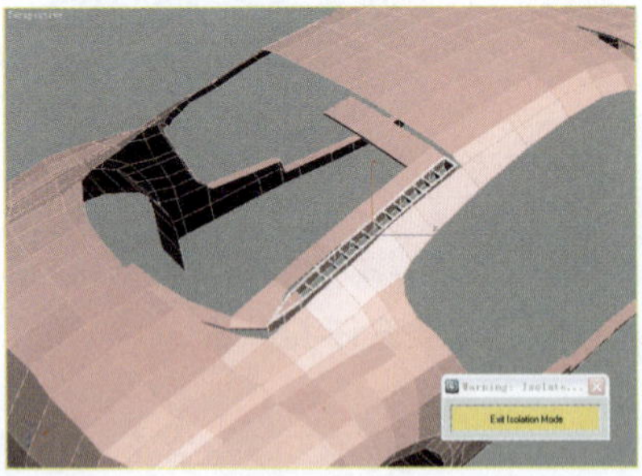

图13-63

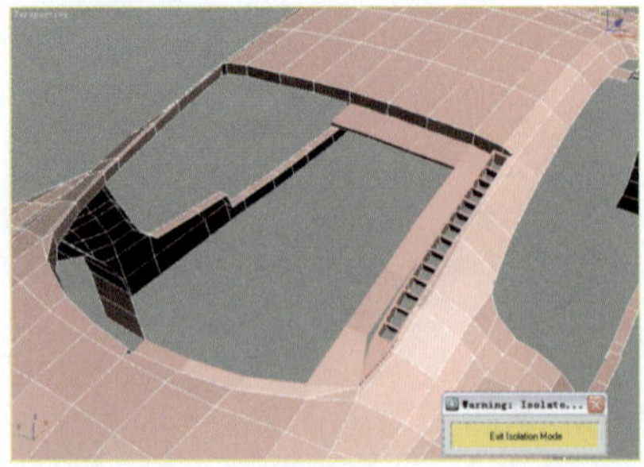

图13-64

Step 7 半透明显示玻璃部分。使用快捷键【Shift】键，将制作得到的车窗玻璃显示为半透明，如图13-65所示。

Step 8 切割出新的形状。使用Connect（连接）命令和Cut（切割）命令为汽车尾部连接几条新的线段，得到的效果如图13-66所示。

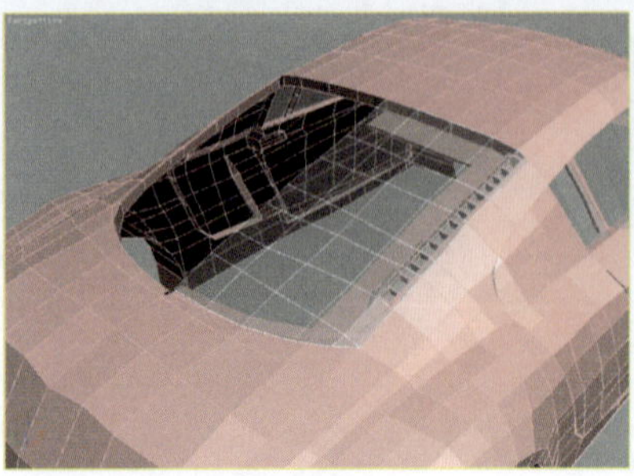

图13-65

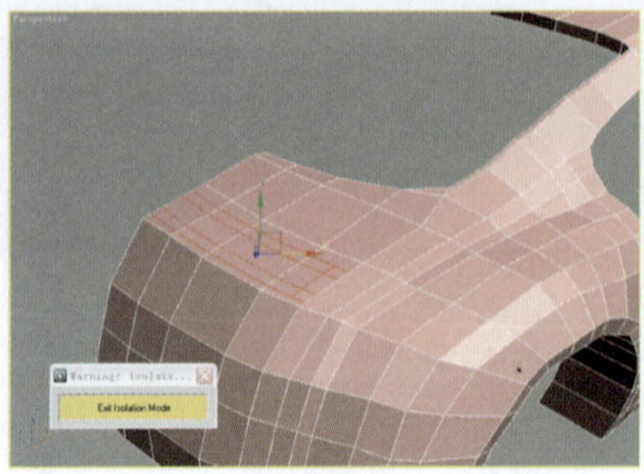

图13-66

Step 9 向下挤压多边形。选择多边形对象，使用Extrude（挤出）命令向下挤压一段距离，得到的效果如图13-67所示。

Step 10 切角处理边对象。使用Chamfer（切角）命令切分处理汽车尾部的线段，参数设置及得到的效果如图13-68所示。

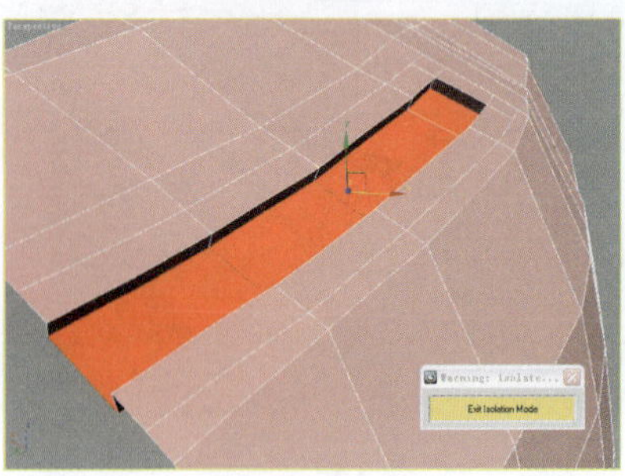

图13-67

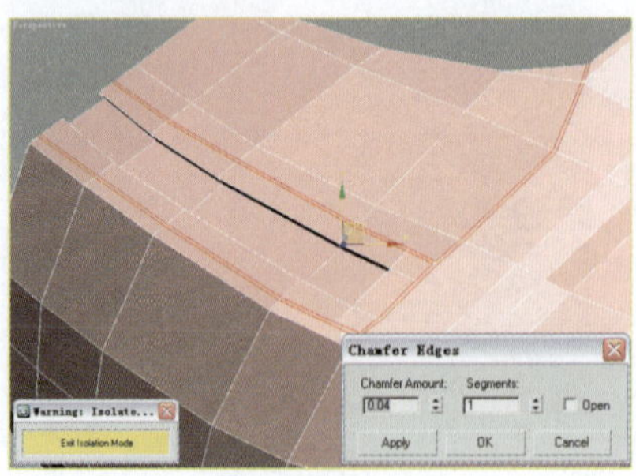

图13-68

Step 11 删除部分多边形并复制边对象。选择删除切分边后产生的多边形对象，并将边向下复制拉伸，如图13-69所示。

Step 12 删除尾灯位置的多边形。使用【Delete】键删除尾灯位置的多边形，如图13-70所示。

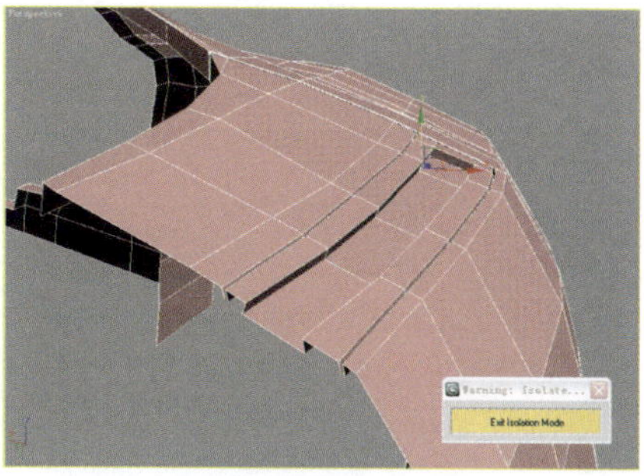

图13-69

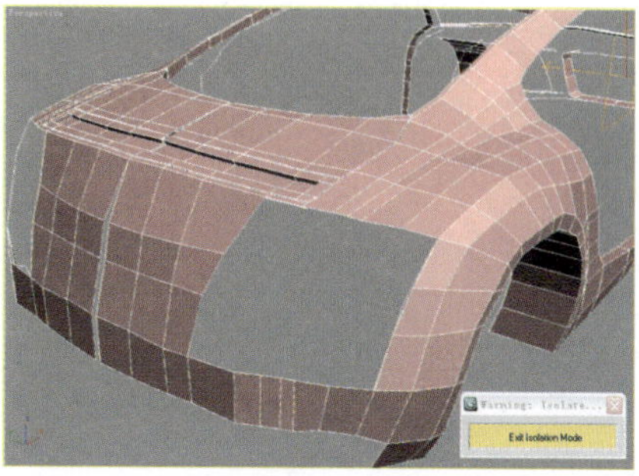

图13-70

Step 13 连接新的线段。使用Connect（连接）命令在车灯左侧连接4条线段，如图13-71所示。

Step 14 移动调整顶点对象。通过移动调整对象的Vertex（顶点）对象后，得到的形状效果如图13-72所示。

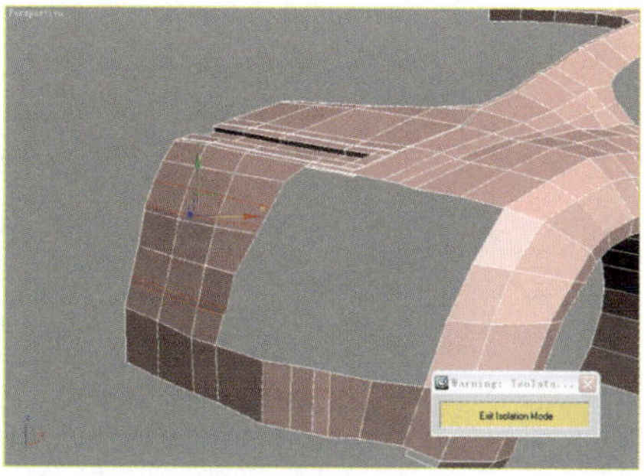

图13-71

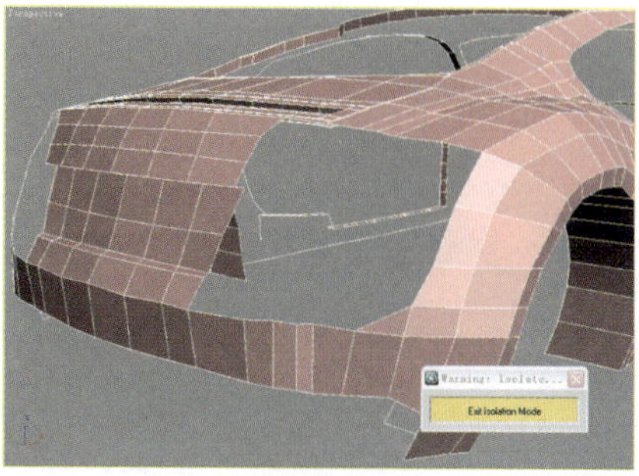

图13-72

Step 15 复制拉伸边缘对象。使用【Shift】键向内多次复制拉伸边对象，将车灯位置的形状调整为如图13-73所示的效果。

Step 16 添加线段。使用Cut（切割）命令在车灯位置处切割出新的线段，效果如图13-74所示。

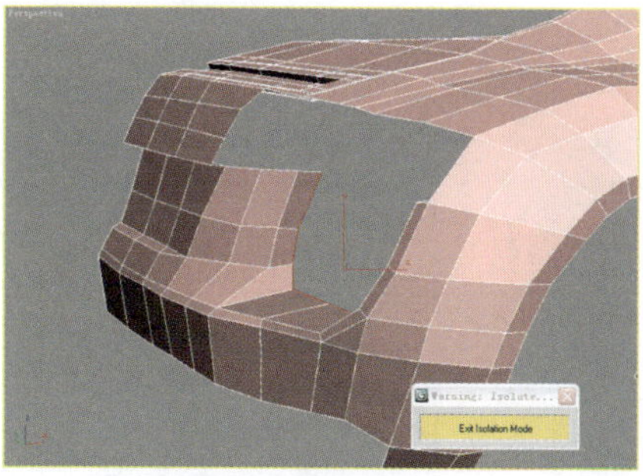

图13-73

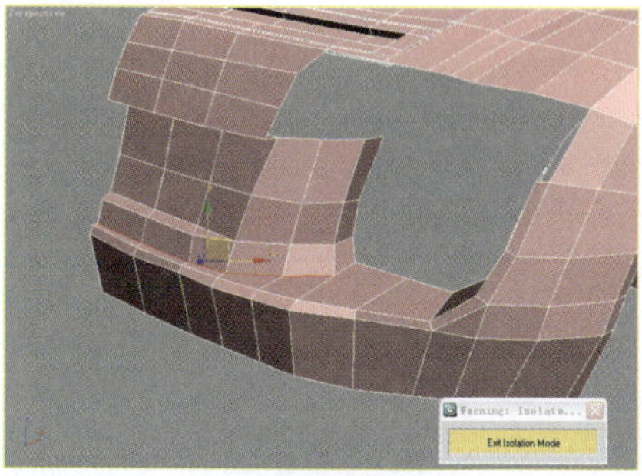

图13-74

Step 17 切割线段。在Perspective（透视）视口中使用Cut（切割）命令切割出汽车尾部出气孔的形状，如图13-75所示。

Step 18 插入多边形。使用Insert（插入）命令将出气孔位置的4个Polygon（多边形）对象插入新的多边形，如图13-76所示。

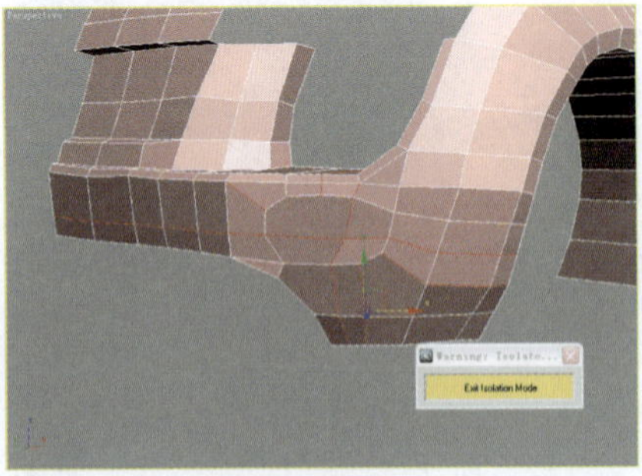

图13-75

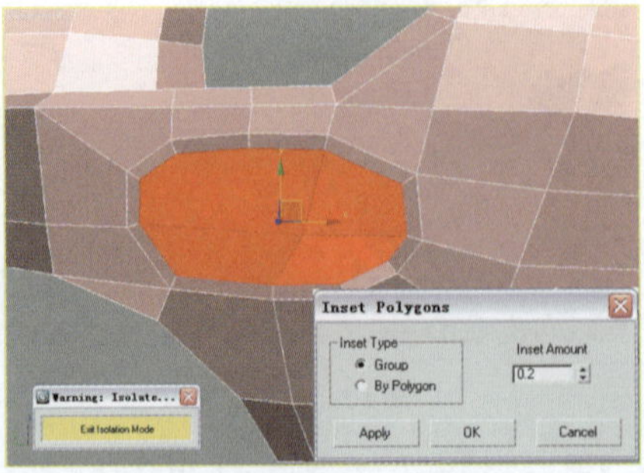

图13-76

Step 19 向内挤压多边形。使用Extrude（挤出）命令向内挤压出气孔位置的多边形，并将内部的多边形删除，经过调整得到的效果如图13-77所示。

Step 20 复制边缘对象。按住【Shift】键复制拉伸车身尾部的边对象，并将形状调整为图13-78所示的效果。

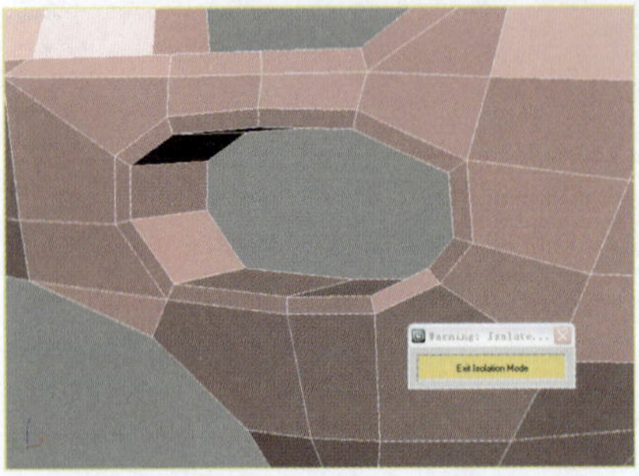

图13-77

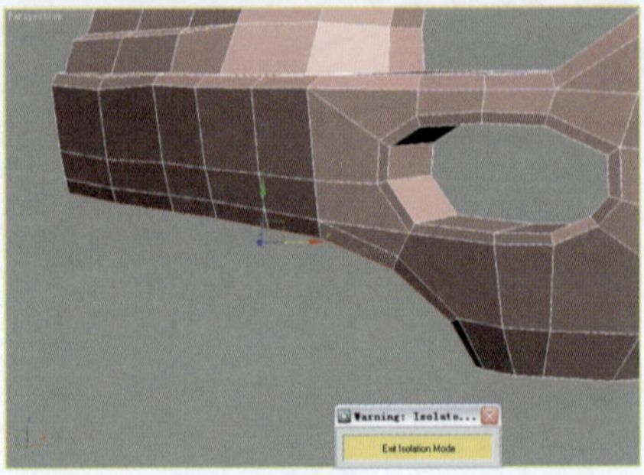

图13-78

Step 21 连接新线段。使用Connect（连接）命令在图13-79所示的位置上连接一条线段。

Step 22 向下复制拉伸边。选择一段边对象，按住【Shift】键向下复制拉伸几次，并将形状调整为图13-80所示的效果。

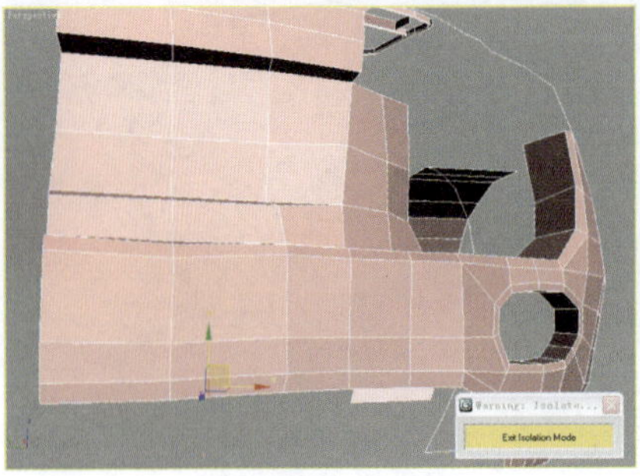

图13-77

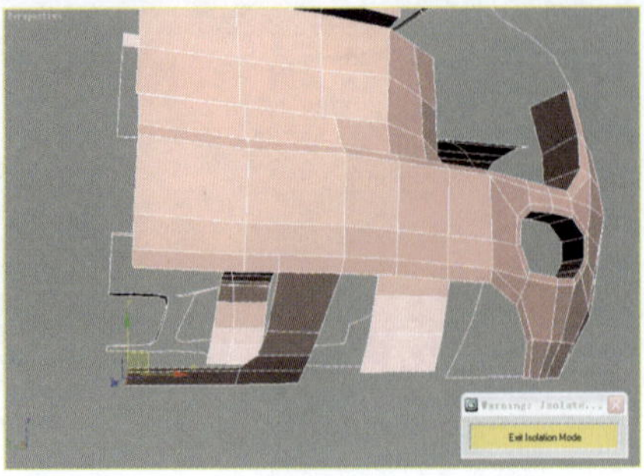

图13-78

Step 23 缩放复制拉伸边缘对象。使用同样的复制方法，继续复制对象，得到的效果如图13-81所示。

Step 24 向内复制拉伸边对象。使用Connect（连接）命令为拉伸的边上连接一条线段，如图13-82所示。

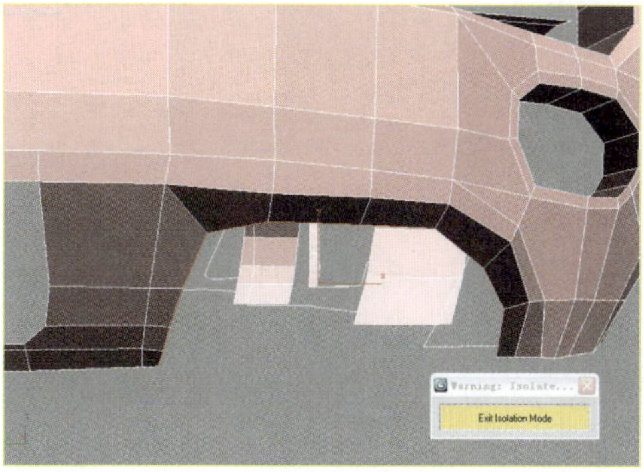

图13-81

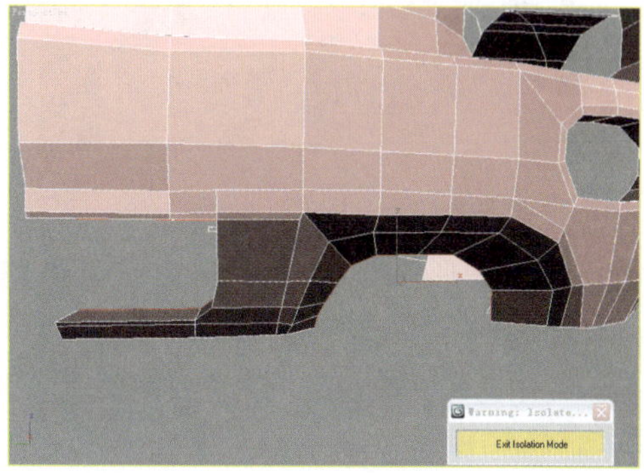

图13-82

Step 25 镜像复制对象。单击工具栏中的Mirror（镜像）工具按钮，镜像复制制作完成的尾部车窗玻璃对象，效果如图13-83所示。

Step 26 添加“涡轮平滑”修改器。在修改器下拉列表中选择为汽车车身添加一个“涡轮平滑”修改器，在视口中预览汽车的效果，如图13-84所示。

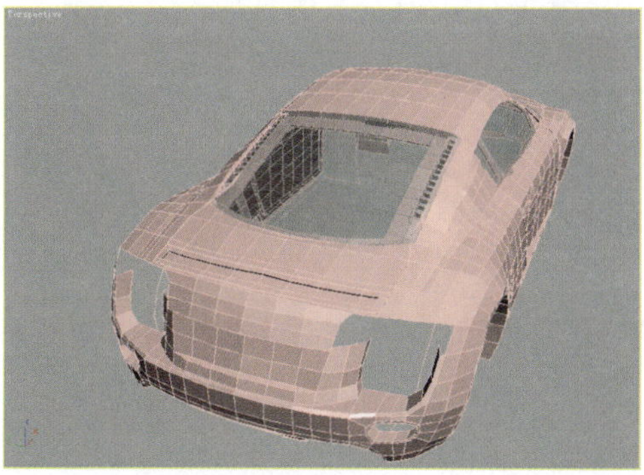

图13-83

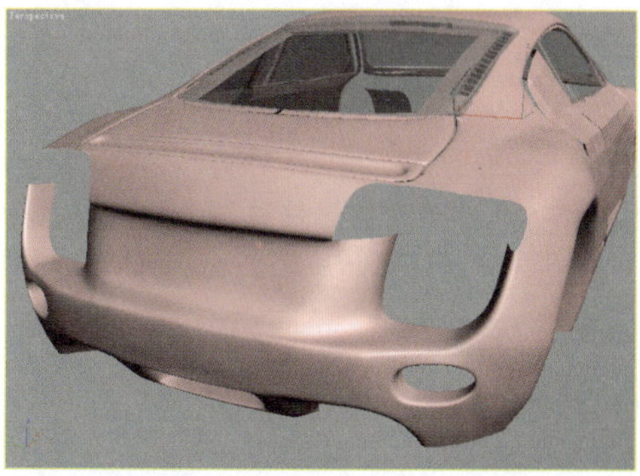

图13-84

4．汽车前面部分的零件制作

下面主要讲解汽车前面部分的一些外观零件的制作方法，使用最多的还是多边形建模方法，详细的制作过程如下。

Step 1 绘制二维样条线。单击Shapes（图形）命令面板中的Line（线）按钮，在视口中绘制一个闭合曲线，曲线的形状如图13-85所示。

Step 2 启用渲染选项。选择曲线形状，在“修改”面板的“渲染”卷展栏中设置图形的渲染参数，如图13-86所示。

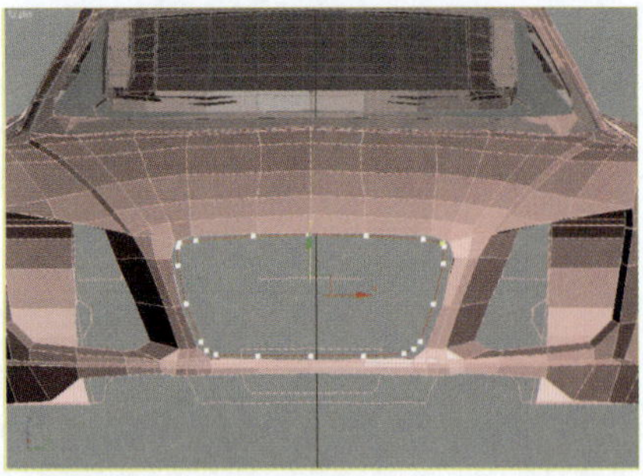

图13-85

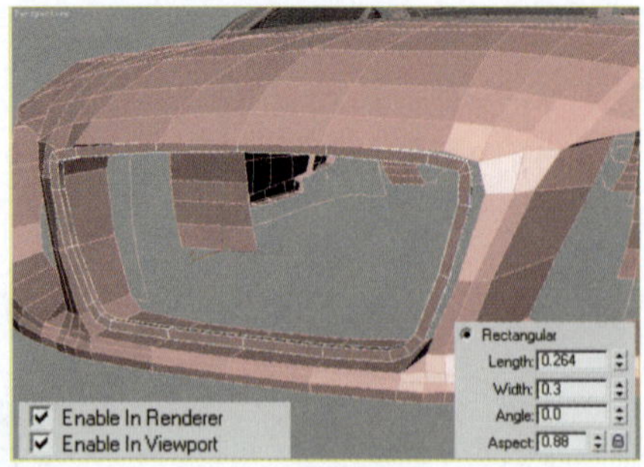

图13-86

Step 3 将图形转化为可编辑多边形对象。在视口中右击，直接将图形转化为可编辑多边形对象，如图13-87所示。

Step 4 创建长方体对象。在视口中创建一个标准的长方体对象，长方体的位置效果如图13-88所示。

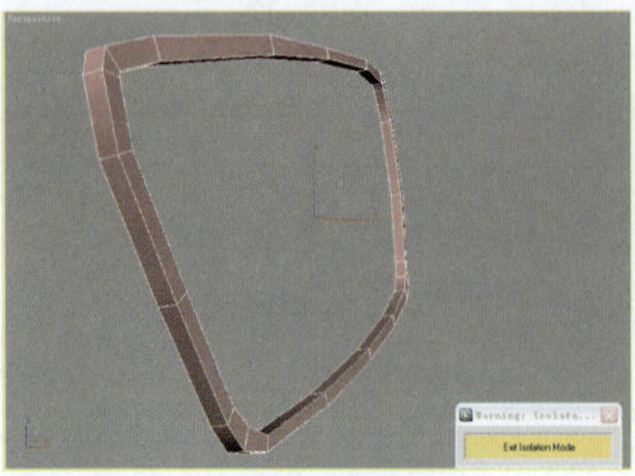

图13-87

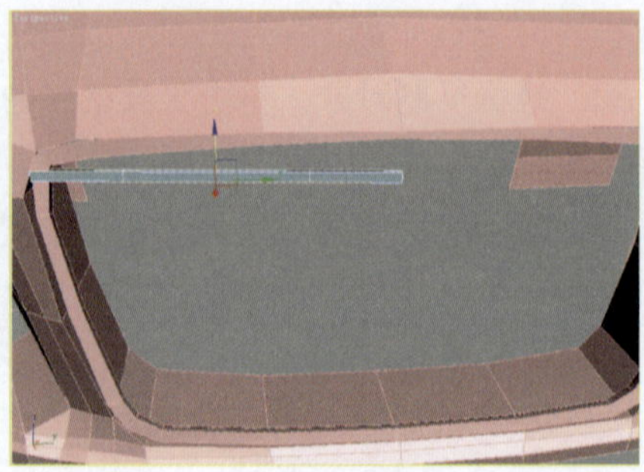

图13-88

Step 5 添加“弯曲”修改器。进入修改器下拉列表，选择添加Bend（弯曲）修改器，“弯曲”修改器的参数及产生的效果如图13-89所示。

Step 6 镜像复制。单击工具栏中的Mirror（镜像）工具按钮，镜像复制一个长方体对象，如图13-90所示。

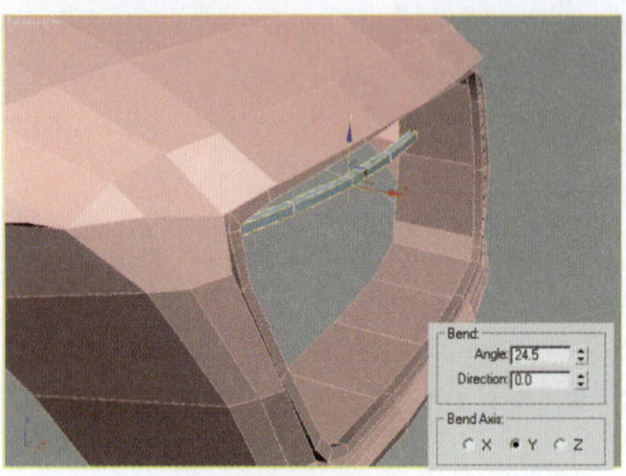

图13-89

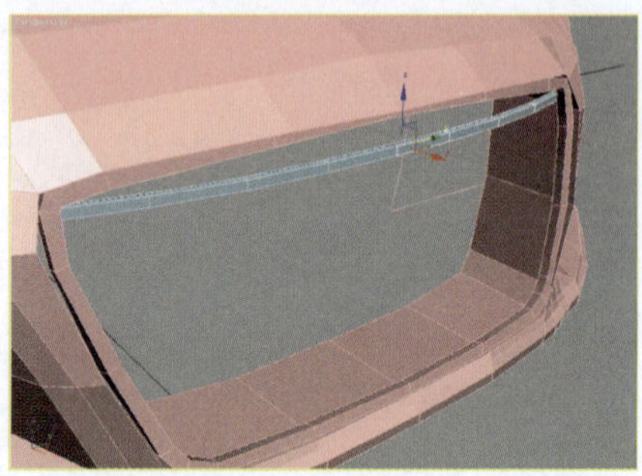

图13-90

Step 7 向下缩放复制长方体对象。单击工具栏中的“缩放”工具按钮，按住【Shift】键向下缩放复制6个副本对象，效果如图13-91所示。

Step 8 继续创建修改一个长方体对象。使用同样的方法修改制作出一个新的长方体对象，它的形状及位置效果如图13-92所示。

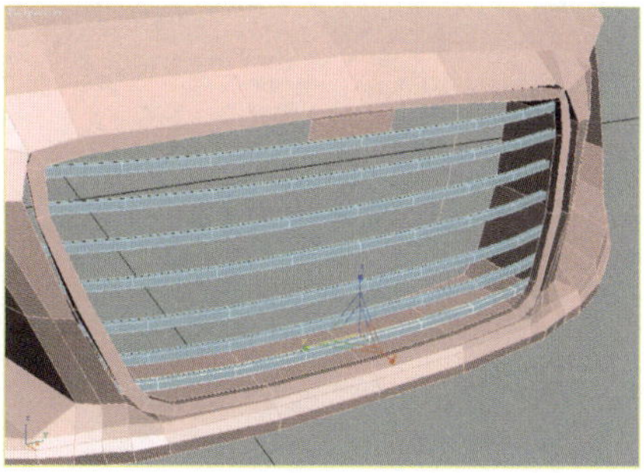

图13-91

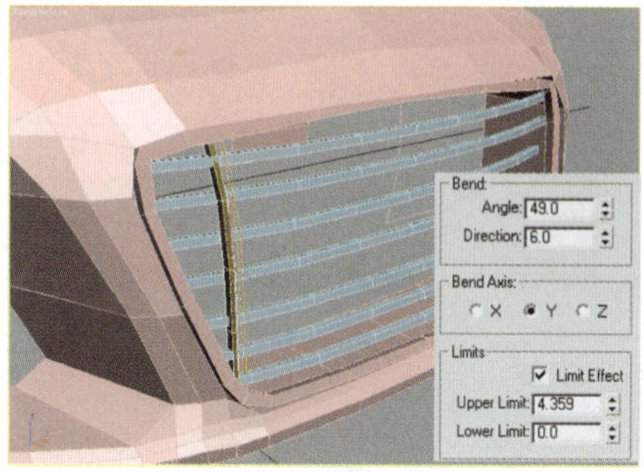

图13-92

Step 9 复制长方体对象。按住【Shift】键向右移动复制长方体对象，得到的效果如图13-93所示。

Step 10 继续创建修改一个长方体对象。继续使用同样的修改方法修改制作一个新的长方体对象，效果如图13-94所示。

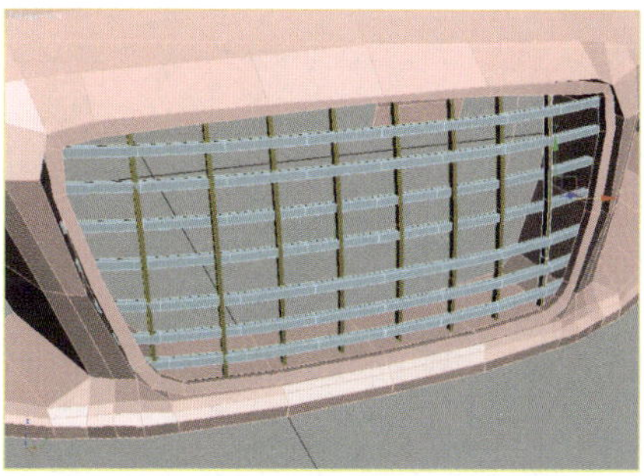

图13-93

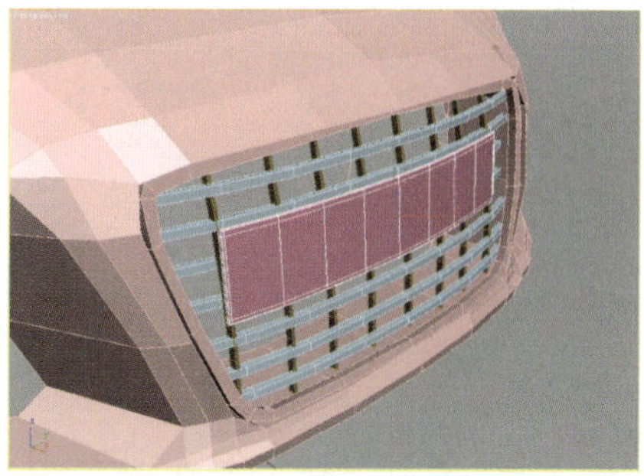

图13-94

Step 11 创建修改平面对象。单击Plane（平面）按钮在视口中创建一个平面对象，并使用“可编辑多边形”命令编辑修改平面对象，将形状调整为如图13-95所示的效果。

Step 12 复制拉伸边。选择进入Edge（边）层级，按住【Shift】键向下复制拉伸两次边对象，经过调整后得到的形状如图13-96所示。

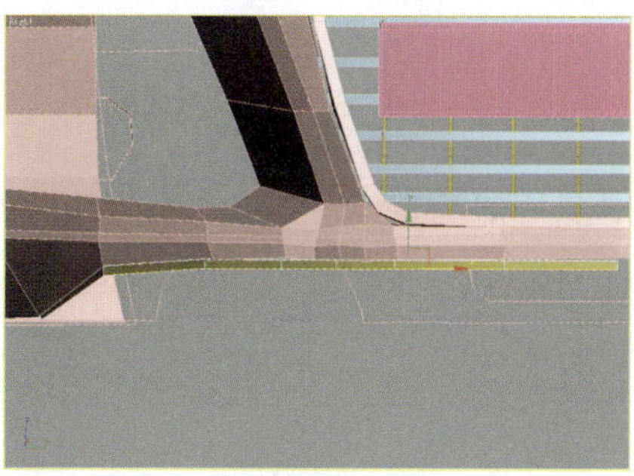

图13-95

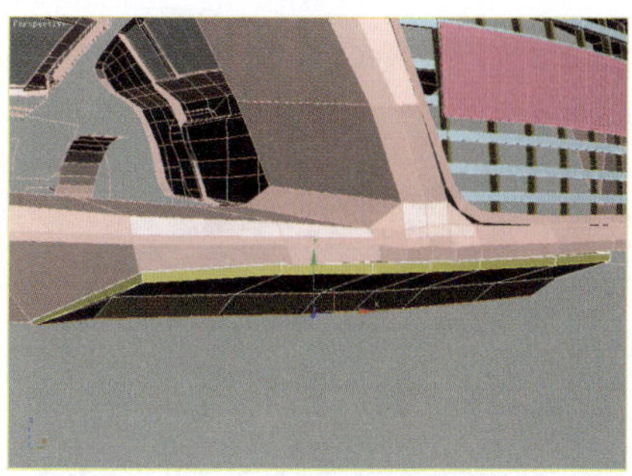

图13-96

Step 13 镜像复制另一边。使用Mirror（镜像）工具镜像复制得到另一半，调整副本的位置为如图13-97所示的效果。

Step 14 创建并修改平面对象。在汽车车灯位置处创建一个平面对象，并使用“可编辑多边形”命令将其修改为图13-98所示的形状效果。

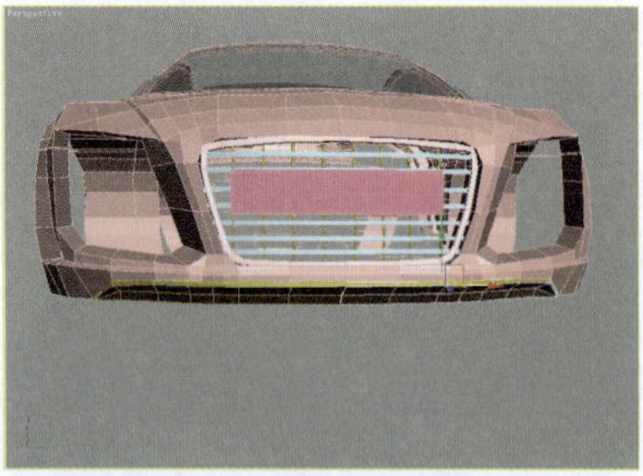

图13-97

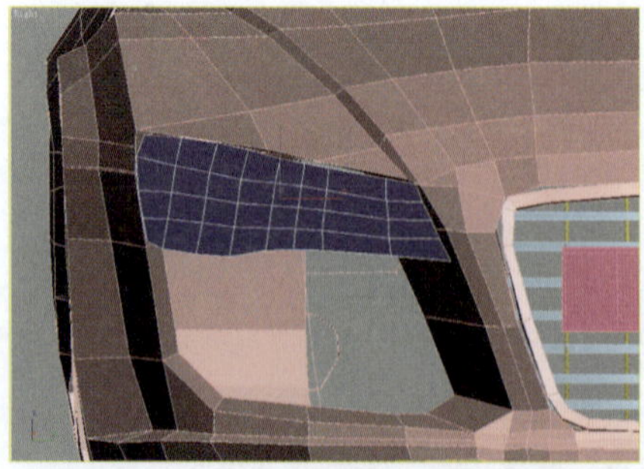

图13-98

Step 15 插入新多边形。选择进入Polygon（多边形）层级，使用Insert（插入）命令为对象插入新的多边形，效果如图13-99所示。

Step 16 向内挤压多边形。选择插入的新多边形，使用Extrude（挤出）命令向内挤压一段距离，得到的效果如图13-100所示。

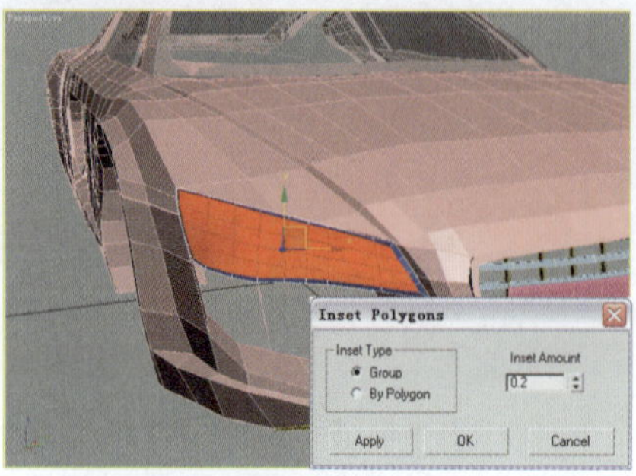

图13-99

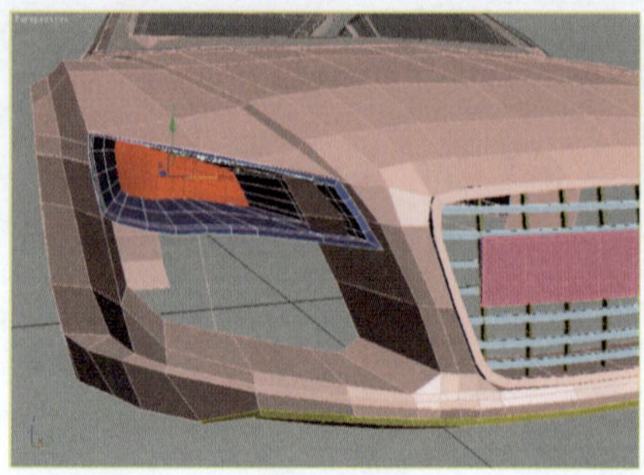

图13-100

Step 17 创建修改一个平面对象。使用Editable Poly（可编辑多边形）命令继续编辑修改一个Plane（平面）对象，将它的形状调整为图13-101所示的效果。

Step 18 向内复制拉伸边缘对象。选择Edge（边）子对象层级，按住【Shift】键的同时向内移动拉伸边对象，得到的效果如图13-102所示。

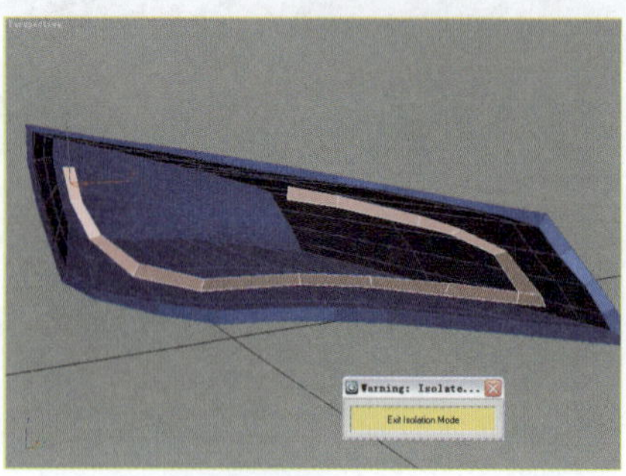

图13-101

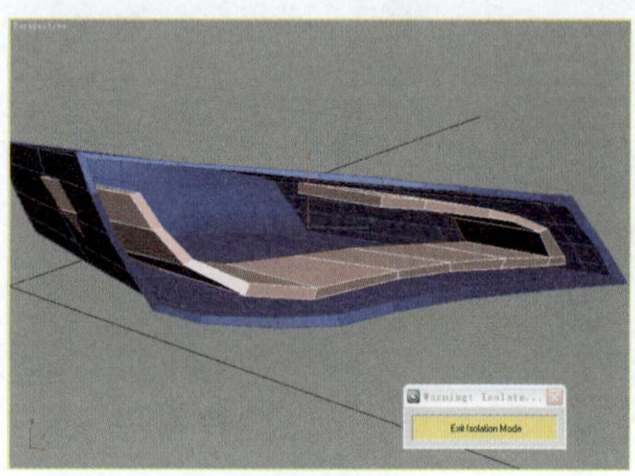

图13-102

Step 19 创建修改球体对象。在场景中创建一个Sphere（球体）对象，使用Editable Poly（可编辑多边形）命令将其修改调整为如图13-103所示的形状。

Step 20 创建修改一个长方体对象。单击Box（长方体）按钮在场景中新建一个长方体对象，将其转化为可编辑多边形对象后，使用Chamfer（切角）命令切角处理长方体对象的边，得到的效果如图13-104所示。

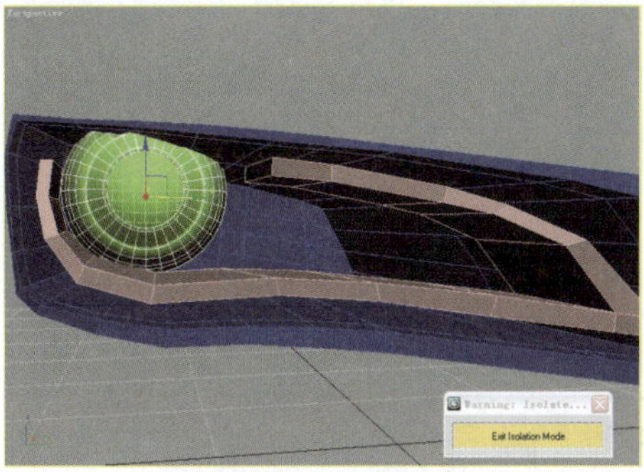

图13-103

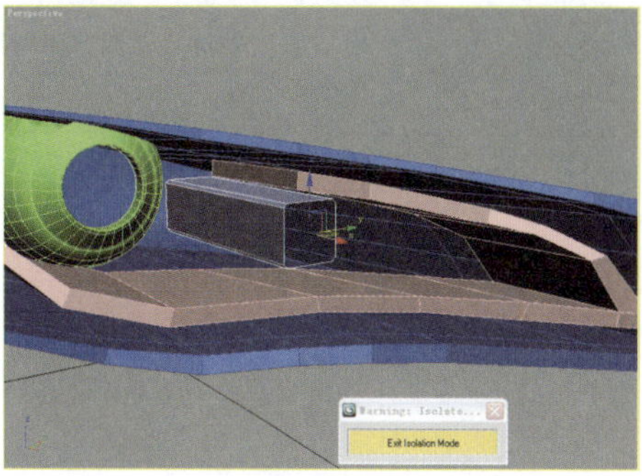

图13-104

Step 21 继续创建修改两个长方体对象。继续使用可编辑多边形编辑修改对象的方法，再修改两个长方体对象，修改得到的形状效果如图13-105所示。

Step 22 创建一个几何球体对象。单击Geosphere（几何球体）按钮在场景中创建一个几何球体对象，将它的位置移动调整得到如图13-106所示的效果。

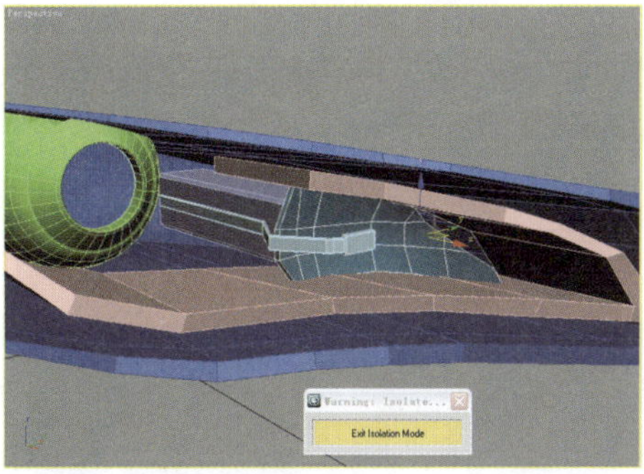

图13-105

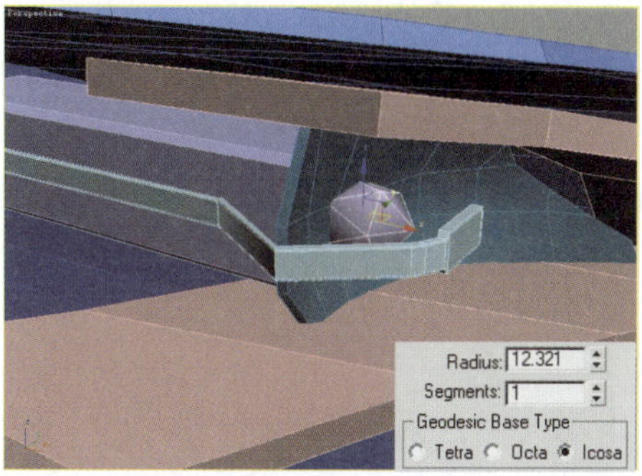

图13-106

Step 23 创建修改一个平面对象。继续创建修改一个平面对象，将它放于车灯内，如图13-107所示。

Step 24 创建一个长方体和一条样条线对象。在车灯内创建一个长方体对象，然后单击Line（线）按钮绘制一条路径，如图13-108所示。

Step 25 使用间隔工具复制对象。选择长方体对象，选择Tools（工具）>Align（对齐）>Spacing Tool（间隔工具）命令，然后单击Pick Path（拾取路径）按钮拾取路径，并设置好间隔参数，如图13-109所示。

Step 26 间隔复制效果。单击Apply（应用）按钮完成间隔，在视口中预览间隔复制的，效果如图13-110所示。

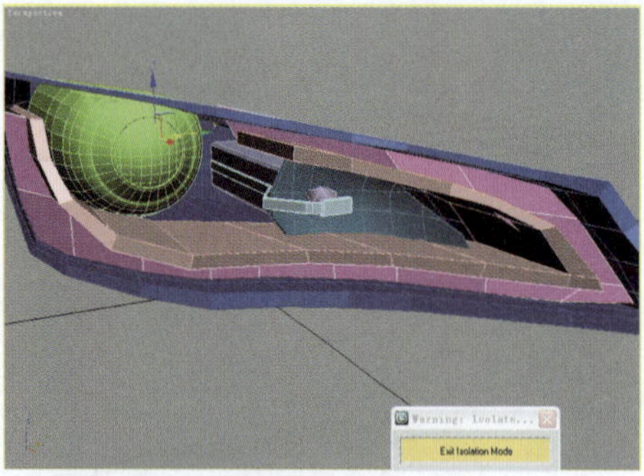

图13-107

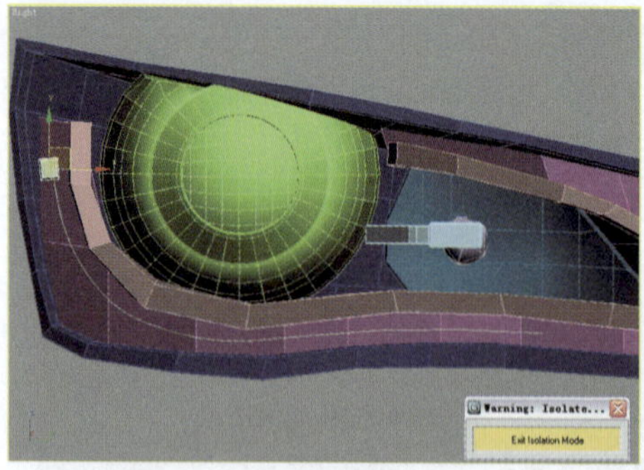

图13-108

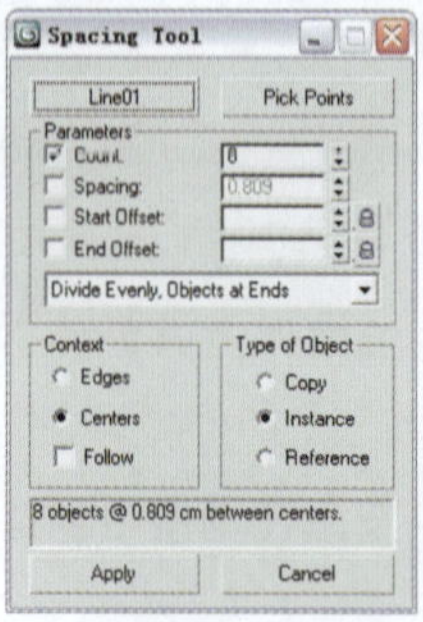

图13-109

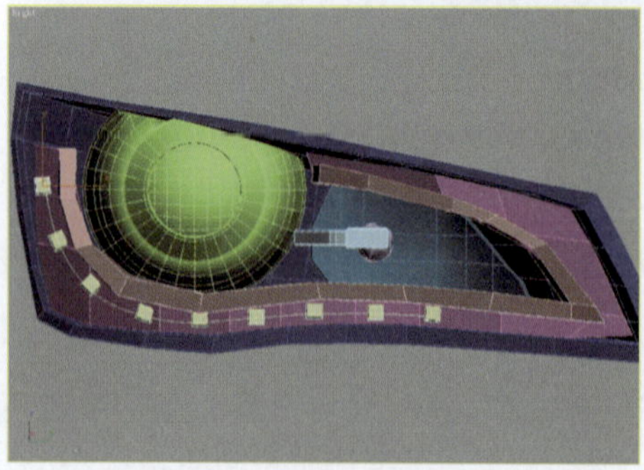

图13-110

Step 27 创建修改长方体对象。在场景中创建3个相同大小的长方体对象，使用Edit Poly（编辑多边形）修改器修改后得到的形状效果如图13-111所示。

Step 28 镜像复制车灯对象。使用Mirror（镜像）工具镜像复制制作完成的车灯对象，效果如图13-112所示。

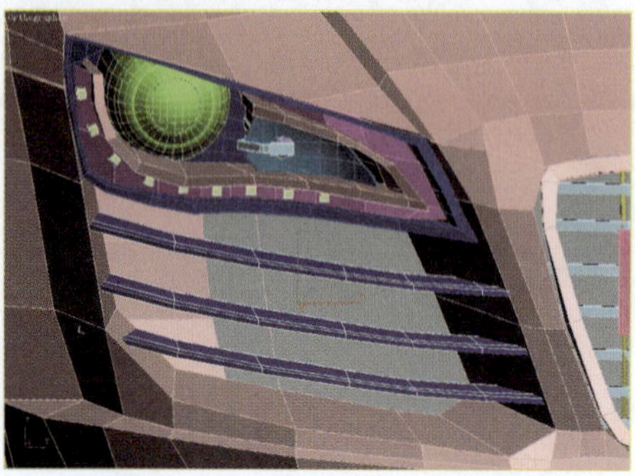

图13-111

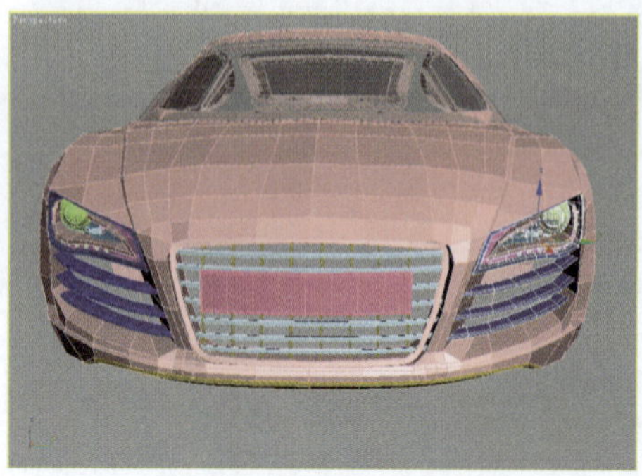

图13-112

Step 29 制作雨刷结构。在场景中创建3个不同大小的长方体对象，经过修改调整后得到汽车雨刷的形状，如图13-113所示。

Step 30 创建奥迪汽车标志图案。单击Torus（圆环）按钮在场景中创建4个大小相同的圆环对象，并将它们的位置调整为图13-114所示的效果。

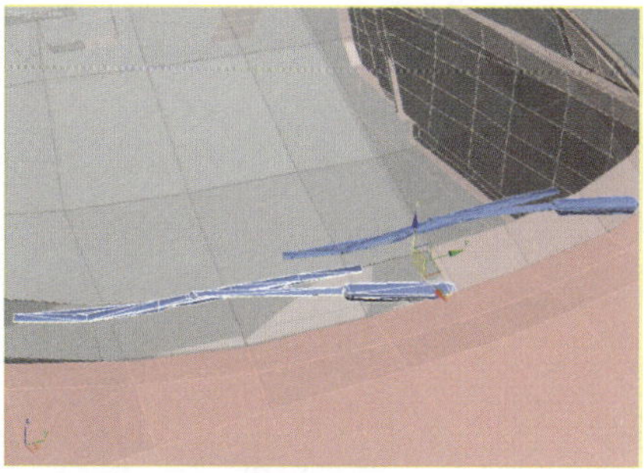

图13-113

图13-114

5．反光镜及汽车尾部零件的制作

下面继续介绍汽车反光镜及汽车尾灯的制作，同样采用简单的几何体对象修改得到，详细的制作过程如下。

Step 1 创建修改一个长方体对象。在场景中创建一个长方体对象，右击，将其塌陷为Poly对象，选择调整对象的Vertex（顶点），将形状修改为图13-115所示的效果。

Step 2 挤出多边形对象。选择长方体底面的几个多边形对象，使用Extrude（挤出）命令向下挤出一段距离，经过调整后的效果如图13-116所示。

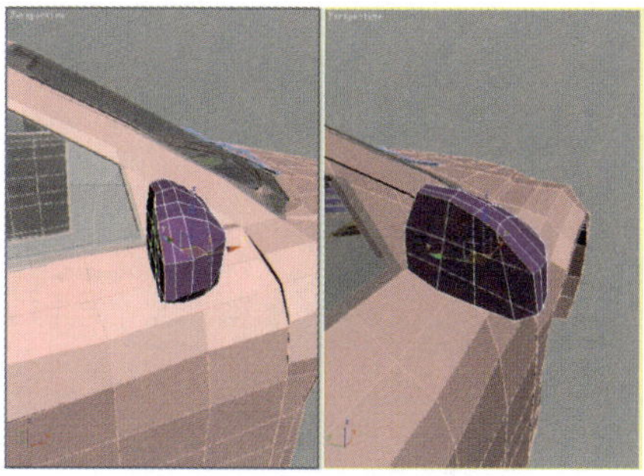

图13-115

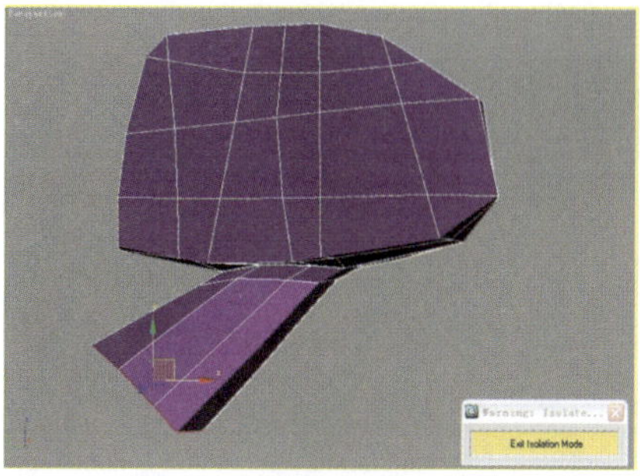

图13-116

Step 3 插入新多边形。选择前面的几个多边形对象，使用Insert（插入）命令插入新的多边形，插入参数设置及效果如图13-117所示。

Step 4 添加更多的线段。使用Connect（连接）和Cut（切割）命令为对象添加更多的线段后，得到的反光镜效果如图13-118所示。

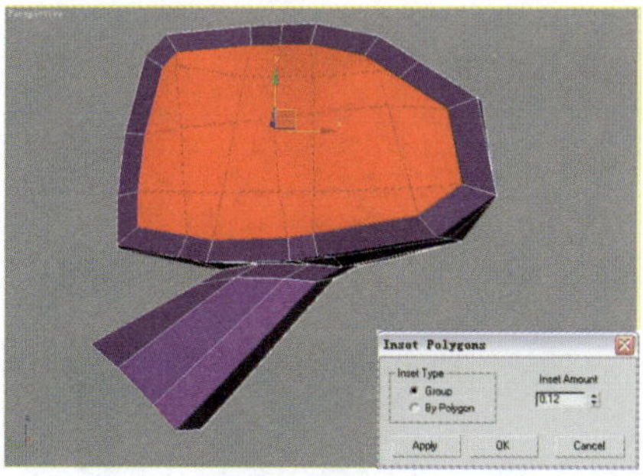

图13-117

图13-118

Step 5 镜像复制反光镜。单击Mirror（镜像）工具按钮，镜像复制出另一个反光镜对象，如图13-119所示。

Step 6 创建修改一个长方形对象。在尾灯位置创建一个长方体对象，将其塌陷为Poly对象后，使用Extrude（挤出）命令挤压多边形，经过调整形状后的效果如图13-120所示。

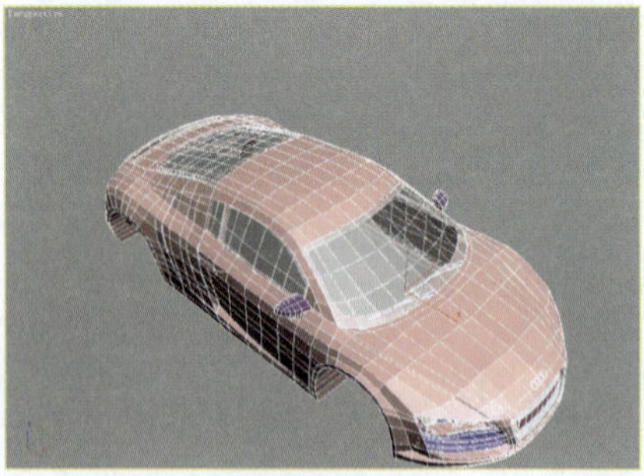

图13-119

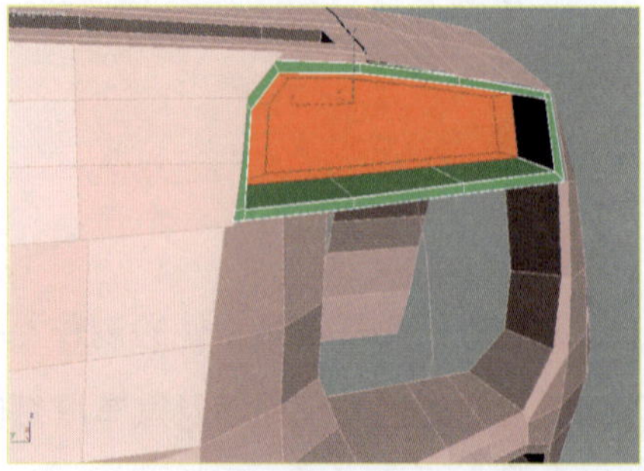

图13-120

Step 7 绘制一条样条线。单击Line（线）按钮在尾灯的位置上绘制一条样条线，样条线的形状如图13-121所示。

Step 8 设置样条线的渲染参数。进入Rendering（渲染）卷展栏，设置样条线的渲染参数，如图13-122所示。

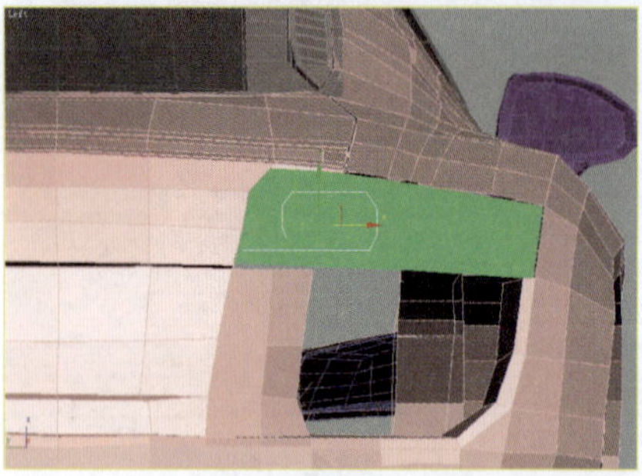

图13-121

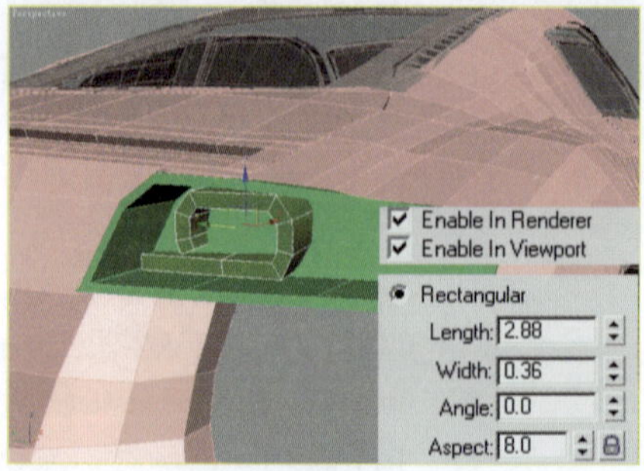

图13-122

Step 9 切分边对象。右击，将图形形状塌陷为Poly对象，再使用Chamfer（切角）命令切分处理边，效果如图13-123所示。

Step 10 复制修改对象。将图形对象复制出3个副本对象，使用“缩放”工具缩放进行调整，得到的形状效果如图13-124所示。

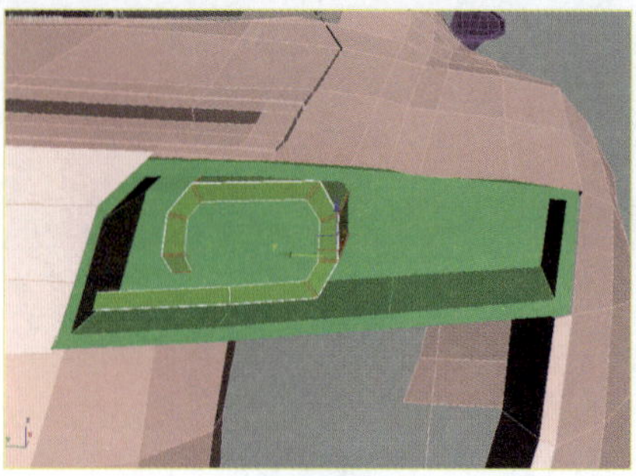

图13-123

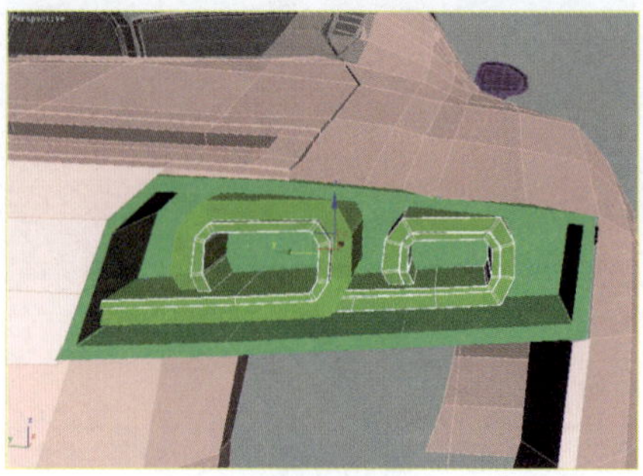

图13-124

Step 11 继续复制修改对象。继续复制出一个图形形状，并将其形状修改为如图13-125所示的效果。

Step 12 创建修改长方体对象。使用Edit Poly（编辑多边形）修改器中的Chamfer（切角）命令修改一个长方体对象，将它作为尾灯的灯泡对象，如图13-126所示。

图13-125

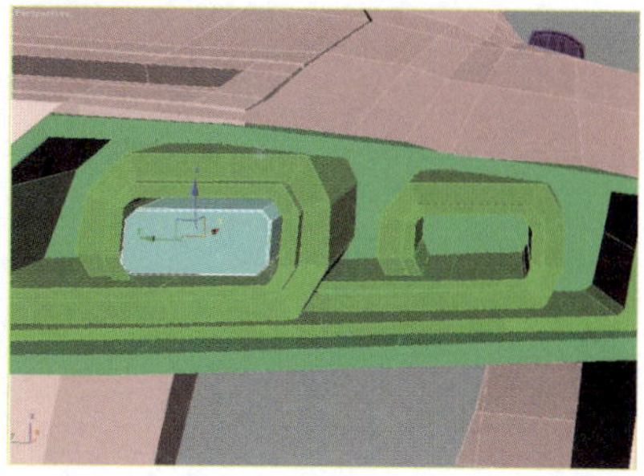

图13-126

Step 13 缩放复制长方体对象。将修改的长方体进行复制，并使用“缩放”工具缩放调整副本对象的大小，得到的形状及位置效果如图13-127所示。

Step 14 创建修改一个平面对象。在场景中创建修改一个平面对象，用来制作尾灯的玻璃对象，如图13-128所示。

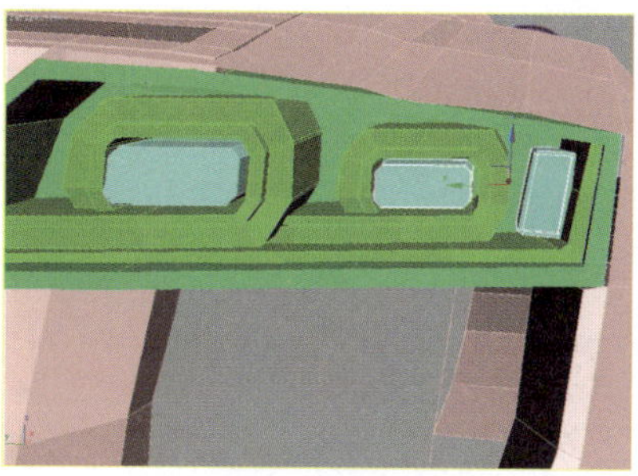

图13-127

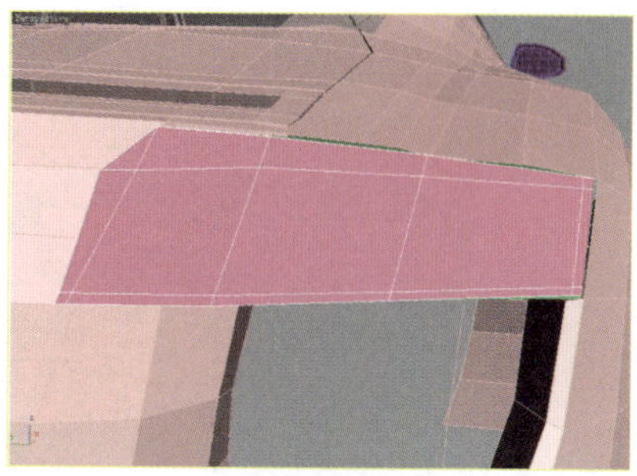

图13-128

Step 15 半透明显示对象。按【Alt+X】组合键将车灯玻璃显示为半透明效果，如图13-128所示。

Step 16 使用“可编辑多边形”命令修改长方体对象。使用之前介绍过的修改方法修改长方体对象，将它们的位置调整为图13-130所示的效果。

图13-129

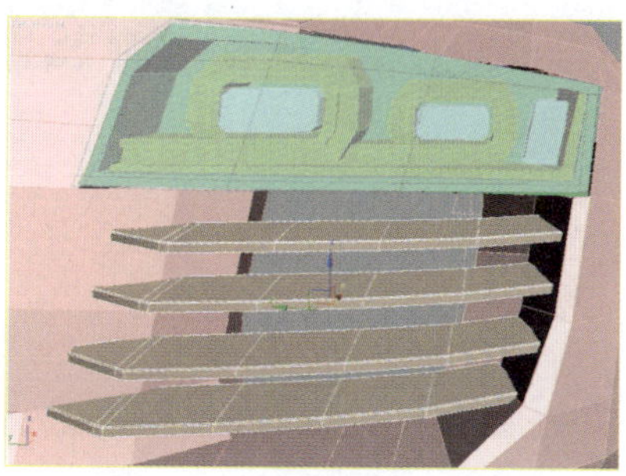

图13-130

Step 17 镜像复制出另一个尾灯。使用Mirror（镜像）复制的方法制作出另一个尾灯对象，效果如图13-131所示。

Step 18 复制汽车标志图案。选择复制一个汽车标志图案，将它放置于汽车的尾部，效果如图13-132所示。

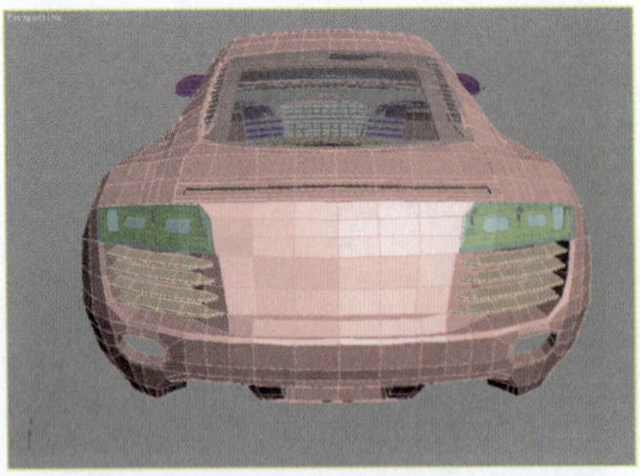

图13-131

图13-132

Step 19 创建一个管状体对象。单击Tube（管状体）按钮，在场景中新建一个管状体对象，管状体的位置及创建参数如图13-133所示。

Step 20 删除背面的多边形。右击，将管状体对象塌陷为Poly对象，并选择删除后面的多边形，如图13-134所示。

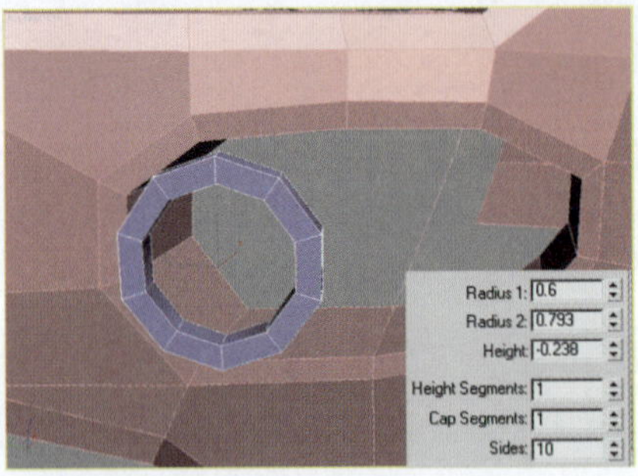

图13-133

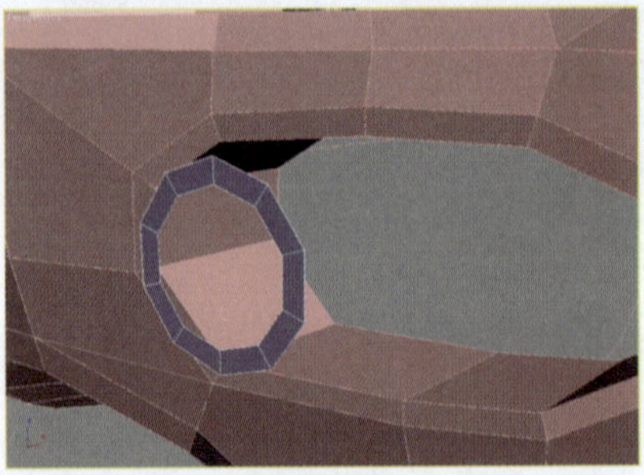

图13-134

Step 21 旋转调整对象。使用“旋转”工具旋转调整管状体对象，如图13-135所示。

Step 22 向内挤压多边形。进入Polygon（多边形）层级，按【Ctrl+A】组合键全选多边形对象，使用Extrude（挤出）命令向内挤压多边形，得到出气筒的效果如图13-136所示。

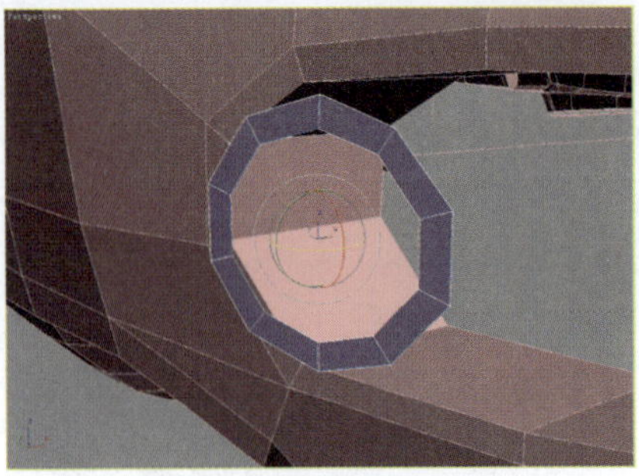

图13-135

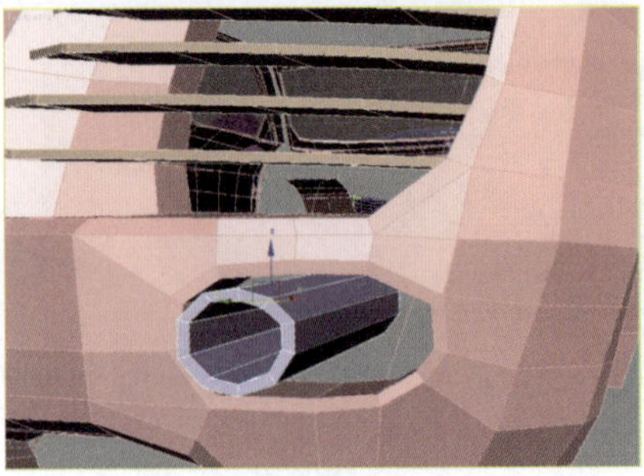

图13-136

Step 23 添加线段。使用Connect（连接）命令在出气筒的边缘位置上连接两条线段，如图13-137所示。

Step 24 复制出气筒。将制作好的出气筒进行复制，调整位置后的效果如图13-138所示。

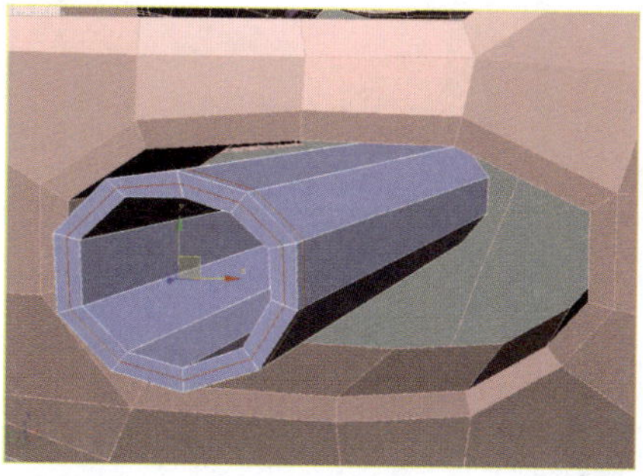

图13-137

图13-138

6. 轮胎的制作

轮胎部分的制作使用了Procutter（超级切割器）来快速剪切出轮胎上的齿轮效果，轮胎的其他小零件也是由简单几何体对象修改得到的，详细的制作过程如下。

Step 1 创建管状体对象。单击Tube（管状体）按钮，在场景中创建一个管状体对象，其创建参数设置如图13-139所示。

Step 2 添加线段。将管状体对象塌陷为Poly对象后，使用Connect（连接）命令在其侧面上连接几条线段，线段的分布效果如图13-140所示。

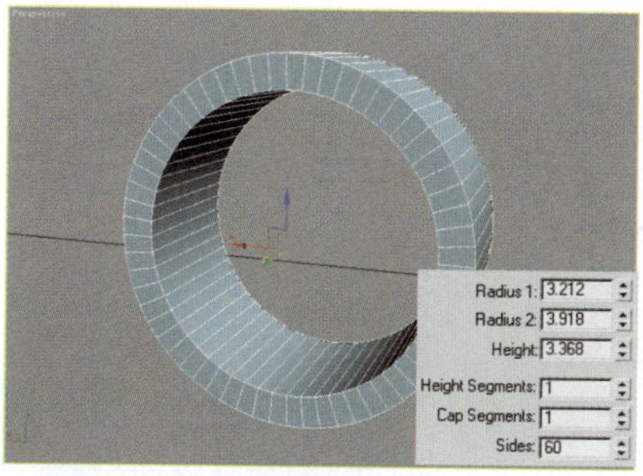

图13-139

图13-140

Step 3 挤压多边形对象。选择连接线段后生成的部分多边形对象，使用Extrude（挤出）命令同时挤出多边形，挤出参数设置及效果如图13-141所示。

Step 4 继续添加线段。使用Connect（连接）命令继续在对象上连接两条线段，如图13-142所示。

Step 5 挤压调整多边形。再次使用Extrude（挤出）命令挤压多边形对象，并通过移动调整边后得到的形状效果如图13-143所示。

Step 6 添加更多的线段并调整形状。使用Connect（连接）命令为模型添加更多的线段，并进行移动调整，得到的形状效果如图13-144所示。

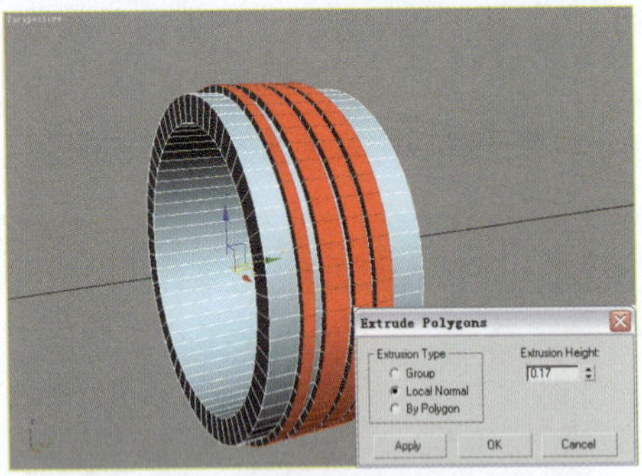

图13-141

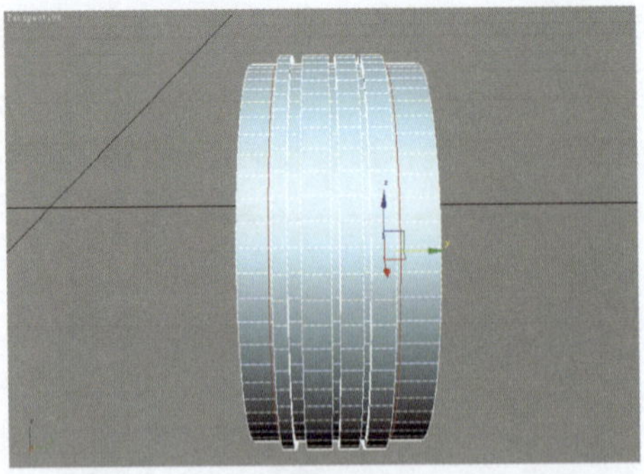

图13-142

图13-143

图13-144

Step 7 连接线段。使用Connect（连接）命令继续为对象连接线段，经过调整后得到的形状效果如图13-145所示。

Step 8 制作另一面的形状。使用相同的调整方法制作出另一面的形状，如图13-146所示。

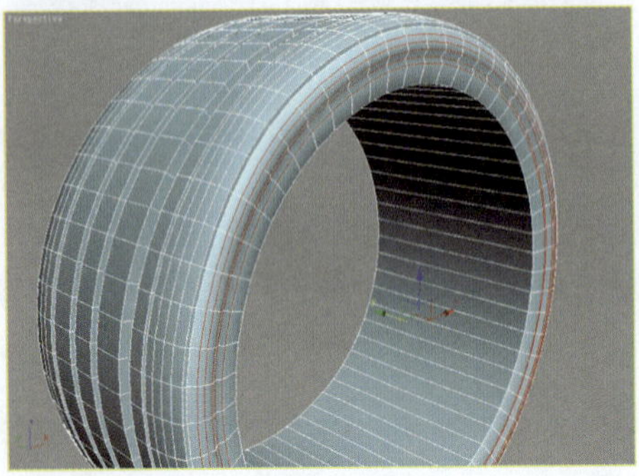

图13-145

图13-146

Step 9 新建长方体对象。在场景中新建一个长方体对象，将其位置调整为图13-147所示的效果。

Step 10 旋转复制长方体对象。在“层次”面板中将对象的轴心调整到轮胎的中心位置上，使用“旋转”工具按每间隔6°进行旋转复制59个长方体副本对象，效果如图13-148所示。

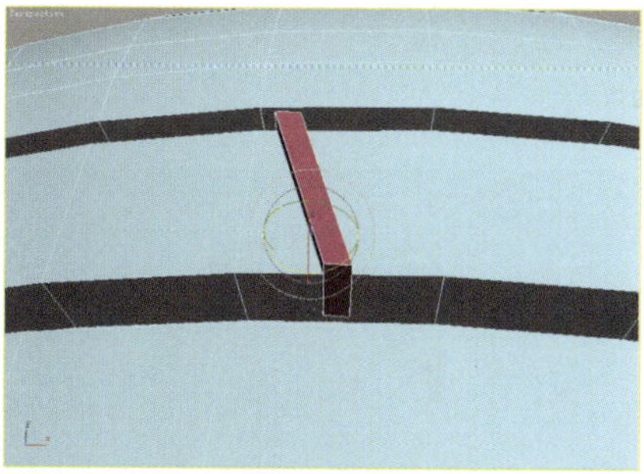

图13-147

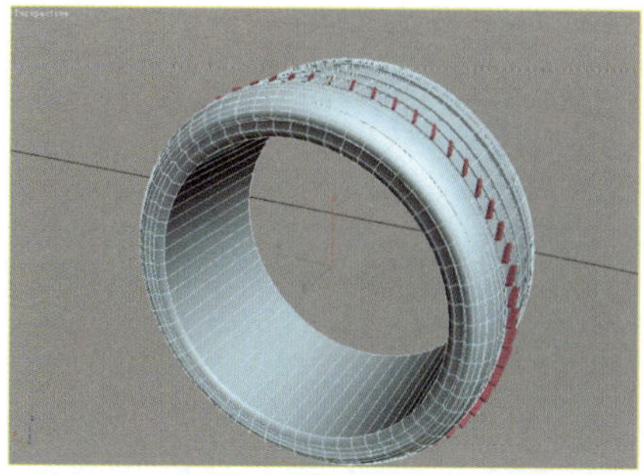

图13-148

Step 11 继续复制长方体.继续使用相同的方法复制长方体对象，得到的效果如图13-149所示。

Step 12 将长方体组合为一个组。在场景中选择所有的长方体对象，选择Group（组）>Group（成组）命令，将所有的长方体对象组成一个组，如图13-150所示。

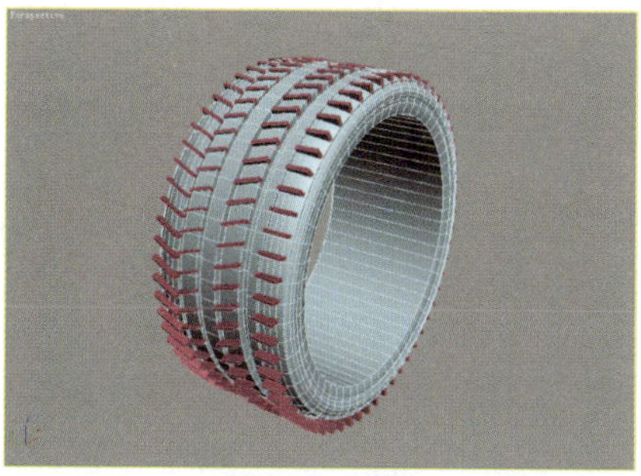

图13-149

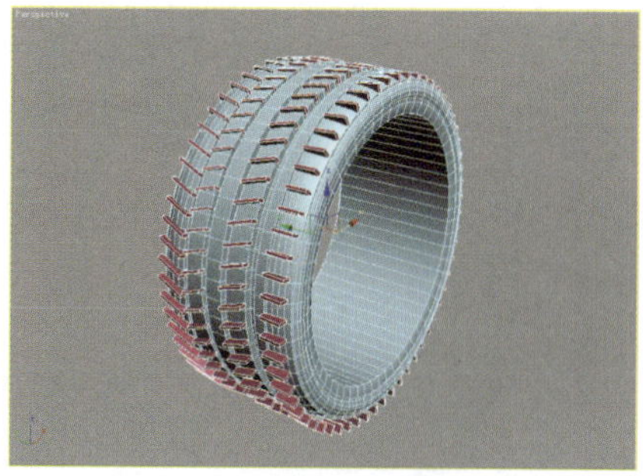

图13-150

Step 13 使用切割器。选择轮胎对象，在Compound Objects（复合对象）面板中单击Procutter（超级切割器）按钮，然后单击“修改”面板中的Pick Stock Objects（拾取原料对象）按钮，如图13-151所示。

Step 14 切割器剪切效果。在场景中拾取所有的长方体对象后，剪切得到的结果如图13-152所示。

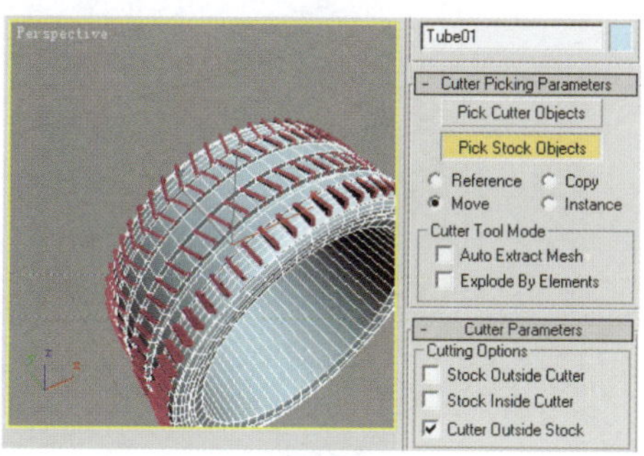

图13-151

图13-152

Step 15 转化为可编辑多边形进行编辑。将剪切得到的轮胎对象塌陷为Poly对象，使用Connect（连接）命令连接更多的线段后，得到的效果如图13-153所示。

Step 16 创建修改一个管状体对象。继续在场景中新建一个管状体对象，将它转化为可编辑多边形对象，并选择删除后面的多边形，如图13-154所示。

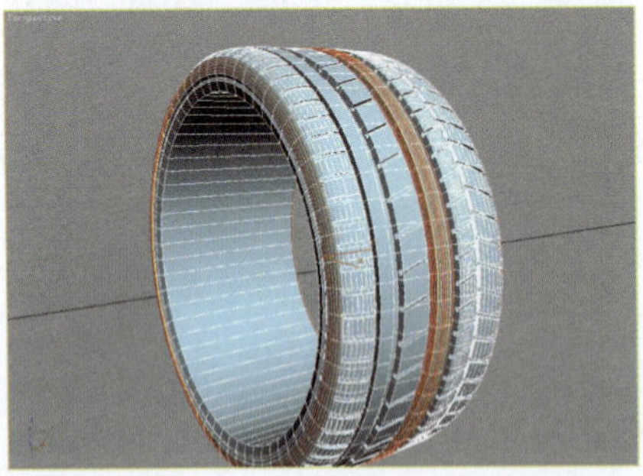

图13-153

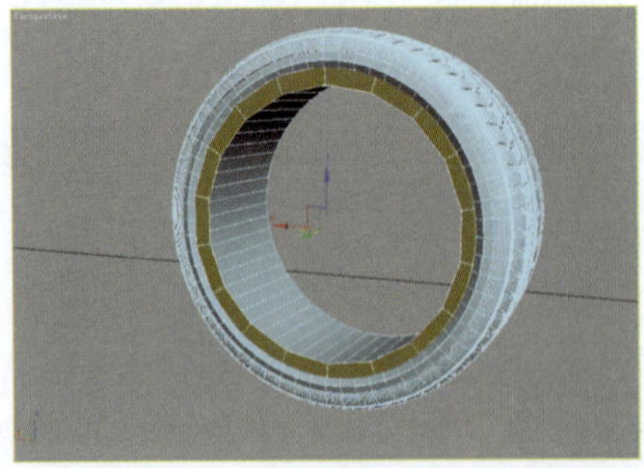

图13-154

Step 17 向内挤压边对象。使用Extrude（挤出）命令向内挤压多边形，如图13-155所示。

Step 18 缩放复制边对象。按住【Shift】键使用“缩放”工具缩放复制对象的边，得到的效果如图13-156所示。

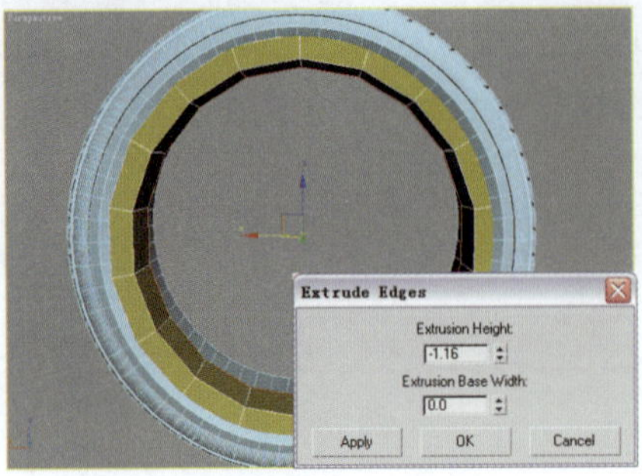

图13-155

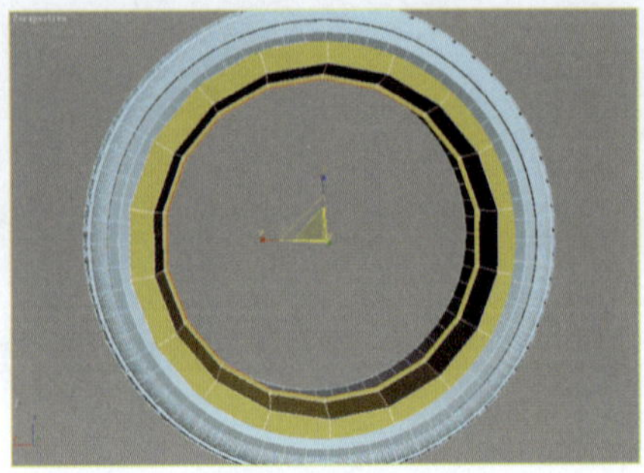

图13-156

Step 19 继续向内挤压边。使用同样的挤压方法向内继续挤压边对象，如图13-157所示。

Step 20 添加更多的线段细分对象。使用Connect（连接）命令为对象添加更多的线段后，得到的效果如图13-158所示。

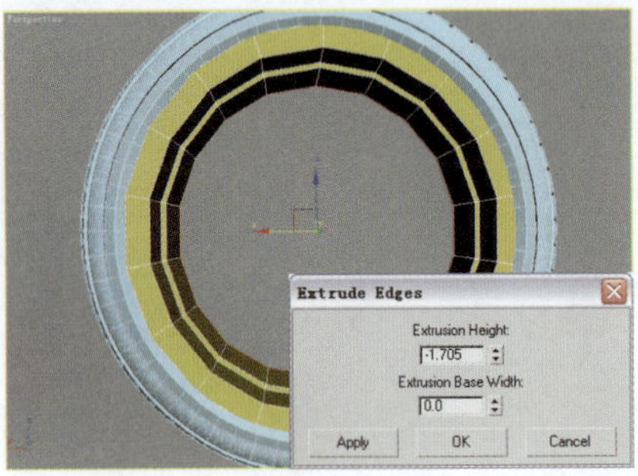

图13-157

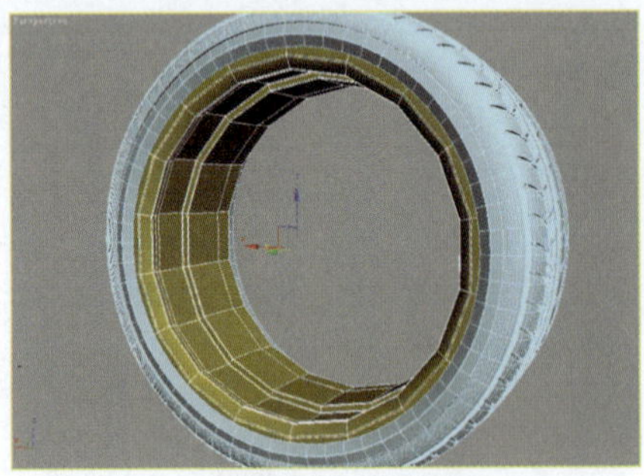

图13-158

Step 21 新建并修改一个圆柱体对象。新建一个圆柱体对象，将它转化为可编辑多边形对象后选择删除背面和侧面的多边形，如图13-159所示。

Step 22 挤出边对象。选择圆柱体对象的10条边，使用Extrude（挤出）命令挤压复制边对象，经过调整后得到的形状如图13-160所示。

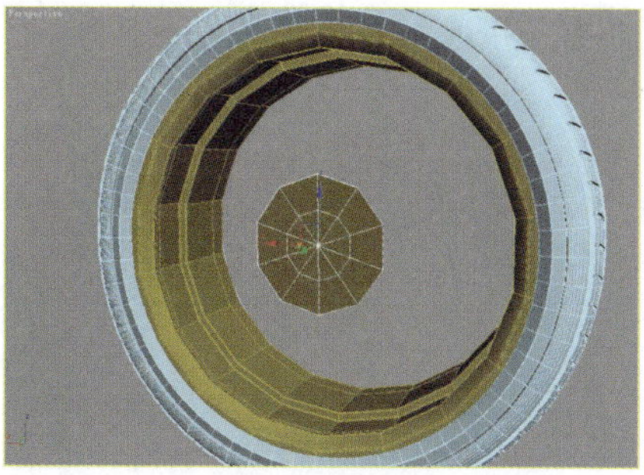
图13-159

图13-160

Step 23 添加线段。在视图中右击，在弹出的快捷菜单中选择Cut（切割）命令，为对象切割新的形状，如图13-161所示。

Step 24 挤压多边形对象。选择对象中间的部分多边形对象，使用Extrude（挤出）命令向内挤压一段距离，然后将选择的多边形删除，制作出孔的形状，如图13-162所示。

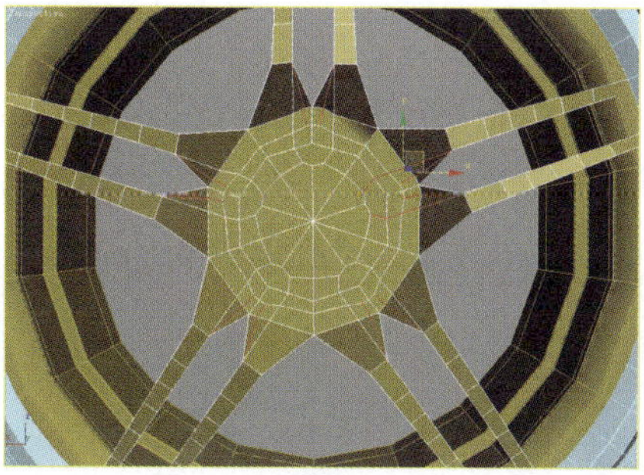
图13-161

图13-162

Step 25 复制拉伸边缘对象。按住【Shift】键向内复制拉伸边对象，得到的形状效果如图13-163所示。

Step 26 创建修改球体对象。在场景中创建一个Sphere（球体）对象，将球体的位置调整为如图13-164所示的效果。

图13-163

图13-164

Step 27 使用布尔运算修改球体对象。继续创建修改一个球体对象，并使用布尔运算裁剪几个圆柱体对象，制作出几个小孔的形状，将球体的位置调整为图13-165所示的效果。

Step 28 制作出胎内的零件。在场景中使用“可编辑多边形”命令修改几个长方体对象，制作得到轮胎内部的小零件，如图13-166所示。

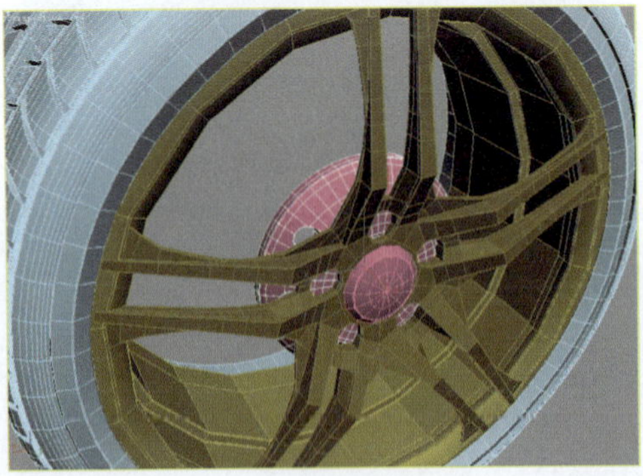

图13-165

图13-166

Step 29 制作螺丝对象。在场景中创建一个五边形的圆柱体对象，通过使用“可编辑多边形”命令编辑得到螺丝形状，如图13-167所示。

Step 30 制作出轮胎上的图案文字。单击Text（文本）按钮在场景中创建轮胎上面的位置图案，使用“旋转”和“移动”工具调整文字的位置，最终得到的效果如图13-168所示。

图13-167

图13-168

13.2 汽车模型的渲染表现

本节将向读者介绍如何对制作好的模型进行渲染表现。

Step 1 打开光盘中所提供的“场景和素材\第13章\汽车模型渲染原始文件.max”文件，如图13-169所示，该文件中包含了已经制作完成的奥迪R8模型。

Step 2 在默认状态下对场景进行渲染，效果如图13-170所示。

图13-169

图13-170

Step 3 选择VRayBlendMtl（VRay混合材质），作为车漆的基本材质，如图13-171所示。

Step 4 以VRayMtl作为混合材质的基础材质类型，给Diffuse（漫反射）通道添加一张Falloff（衰减贴图），将衰减贴图的第一个颜色设置为如图13-172所示的效果。

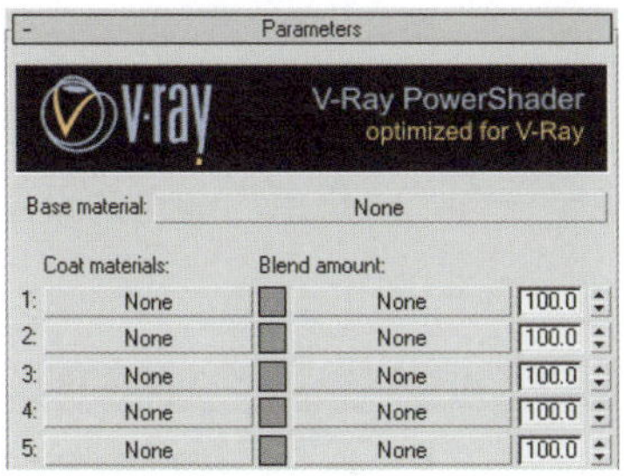

图13-171

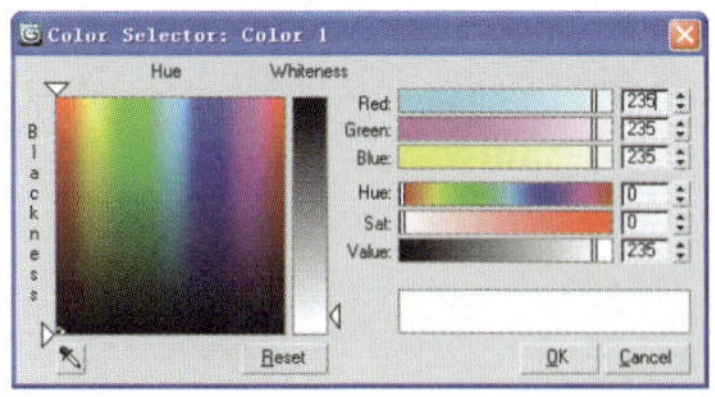

图13-172

Step 5 将衰减贴图的第2个颜色设置为如图13-173所示的效果。

Step 6 在Falloff（衰减贴图）的参数卷展栏中进行如图13-174所示的设置。

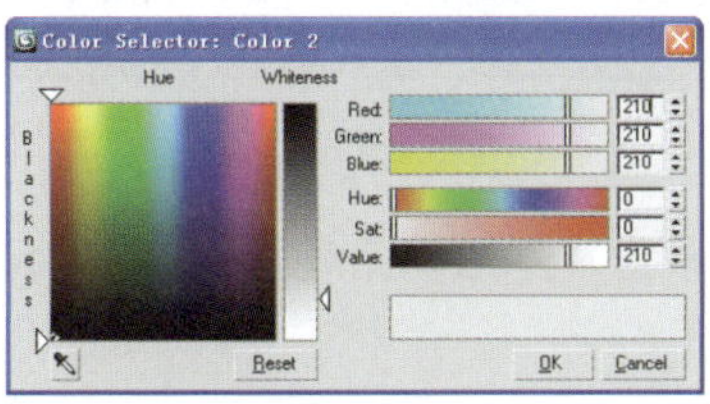

图13-173

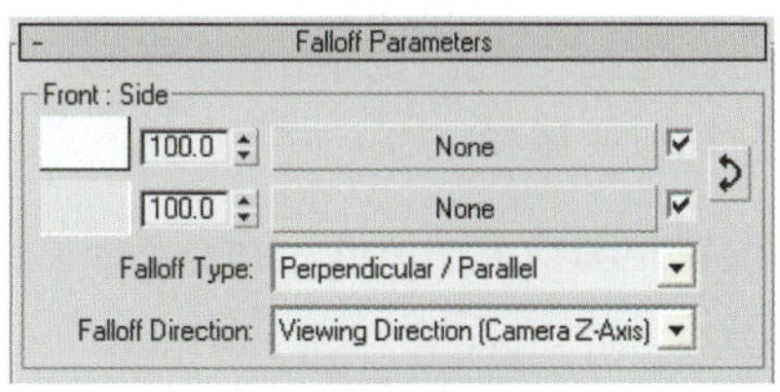

图13-174

Step 7 将材质的Reflect（反射）颜色设置为如图13-175所示的颜色效果。

Step 8 在Reflection（反射）选项组中设置Refl glossiness（反射光泽度）为0.95，如图13-176所示。

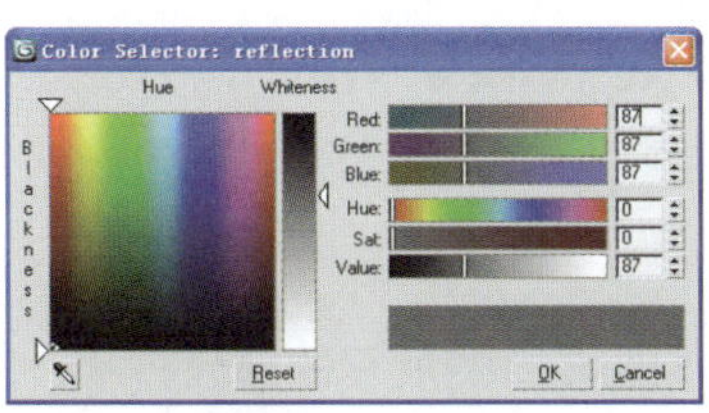

图13-175

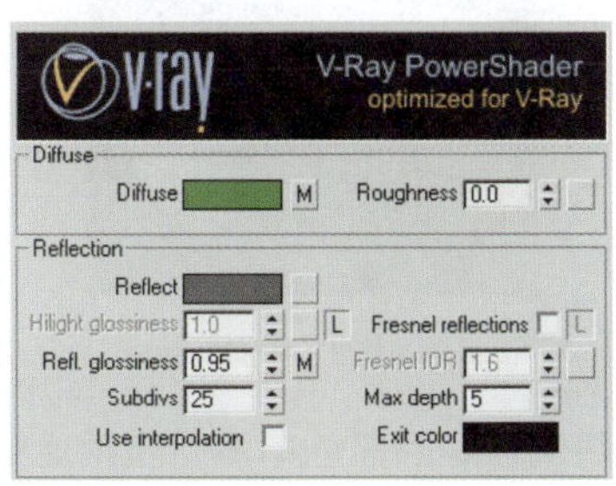

图13-176

Step 9 给材质的Refl glossiness（反射光泽度）通道添加一张如图13-177所示的带有噪点的图片。

Step 10 在贴图的Coordinates（坐标）卷展栏中设置U值和V值都为2，设置Blur（模糊）参数为0.5，如图13-178所示。

图13-177

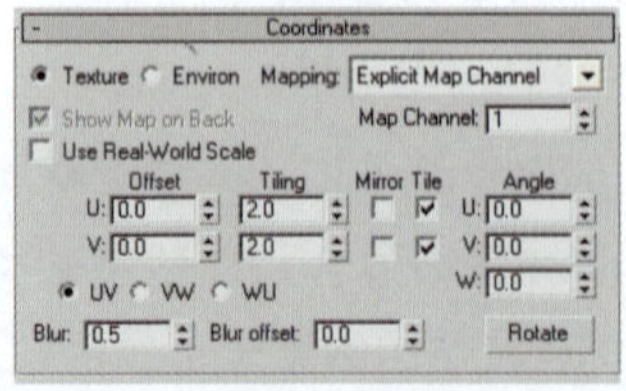

图13-178

Step 11 在BRDF（双向反射分布）卷展栏中选择Ward分布类型，如图13-179所示。

Step 12 外套材质的“漫反射”颜色与基本材质完全一样，“反射”颜色的设置如图13-180所示。

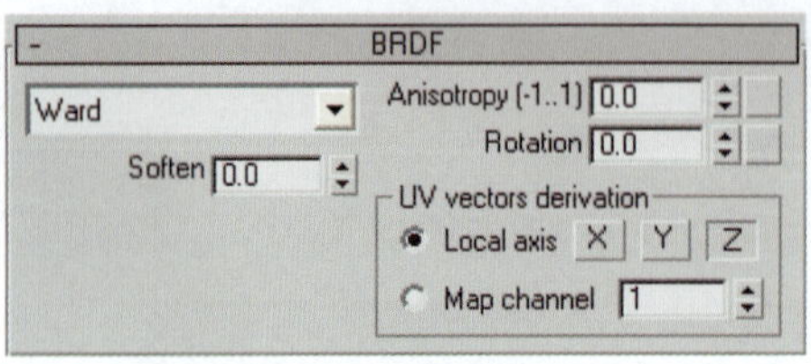

图13-179

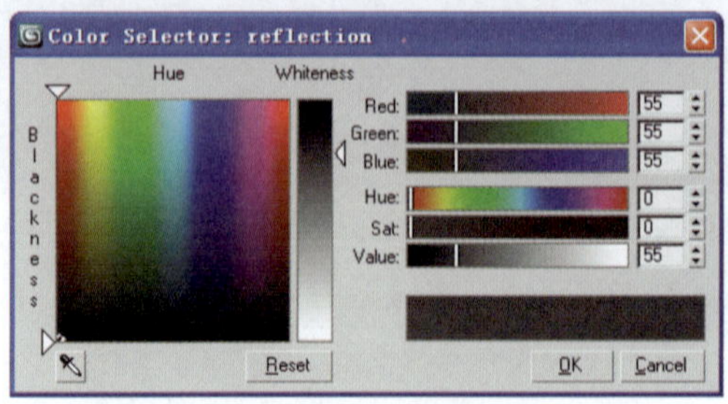

图13-180

Step 13 设置外套材质的Refl glossiness（反射光泽度）为10，完成后的白色车漆材质球效果如图13-181所示。

Step 14 对设置完成的白色车漆材质球进行复制，保持其他参数不变，然后将漫反射中的Falloff（衰减贴图）的颜色设置为如图13-182所示的效果。

图13-181

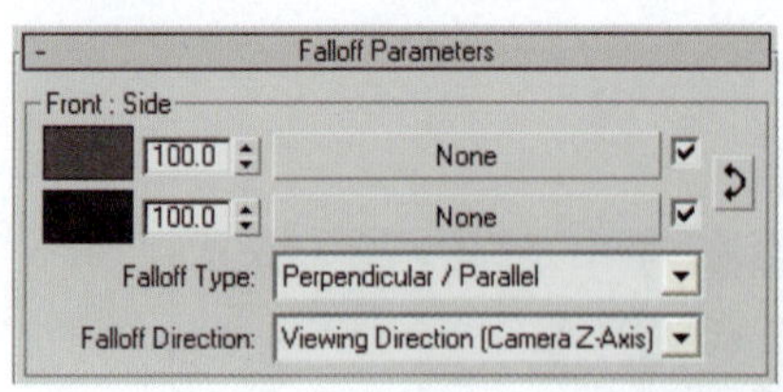

图13-182

Step 15 将制作好的黑色车漆材质指定给汽车车身如图13-183所示的部分。

Step 16 选择VRayMtl材质类型，将Diffuse（漫反射）颜色设置为如图13-184所示的颜色效果。

图13-183

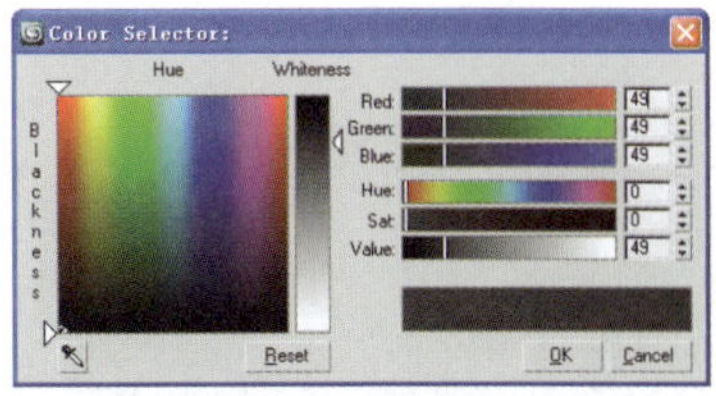

图13-184

Step 17 设置材质的Reflect（反射）颜色为如图13-185所示的效果。

Step 18 在Relfection（反射）选项组中将Refl glossiness（反射光泽度）设置为如图13-186所示的颜色效果。

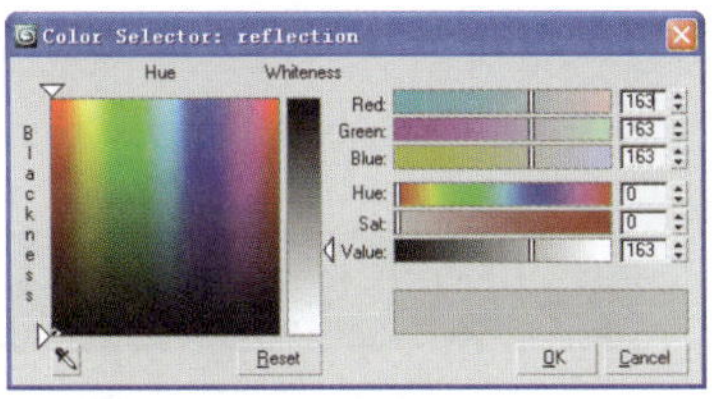

图13-185

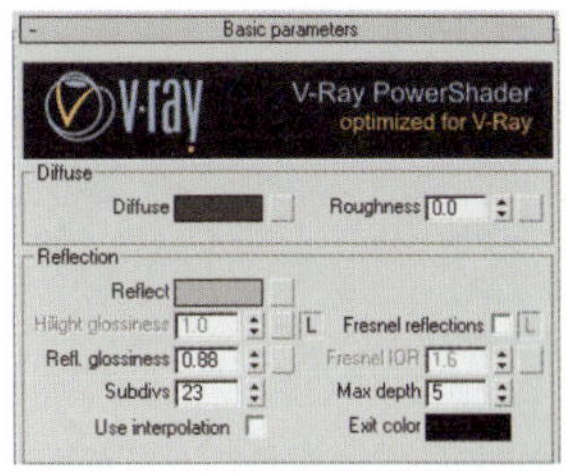

图13-186

Step 19 给VRayMtl材质的Diffuse（漫反射）通道添加一张如图13-187所示的纹理图片。

Step 20 设置材质的Reflect（反射）颜色为如图13-188所示的颜色效果。

图13-187

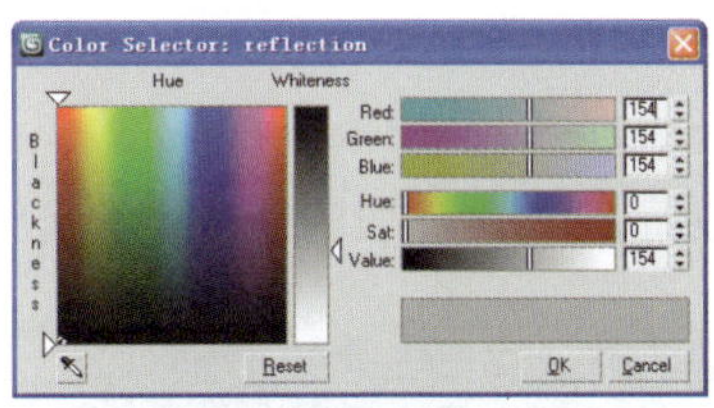

图13-188

Step 21 在Reflection（反射）选项组中进行如图13-189所示的参数设置。

Step 22 将“漫反射”通道中的贴图复制到Bump（凹凸）通道，设置Bump（凹凸）数量为30，如图13-190所示。

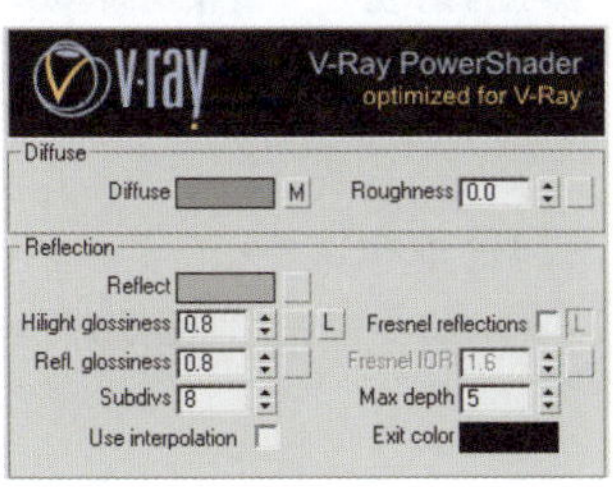

图13-189

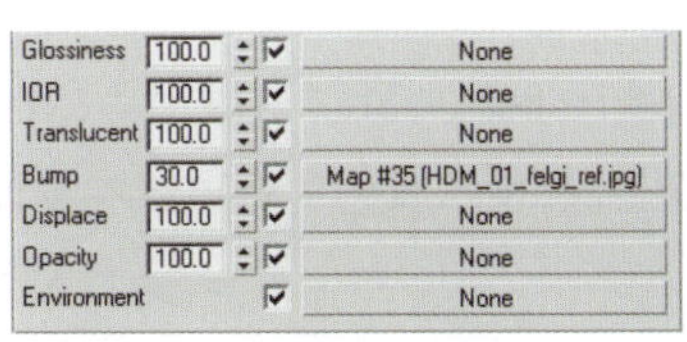

图13-190

Step 23 将制作完成后的材质指定给场景中如图13-191所示的刹车盘对象。

Step 24 设置VRayMtl材质的Diffuse（漫反射）通道的颜色效果为如图13-192所示的颜色效果。

图13-191

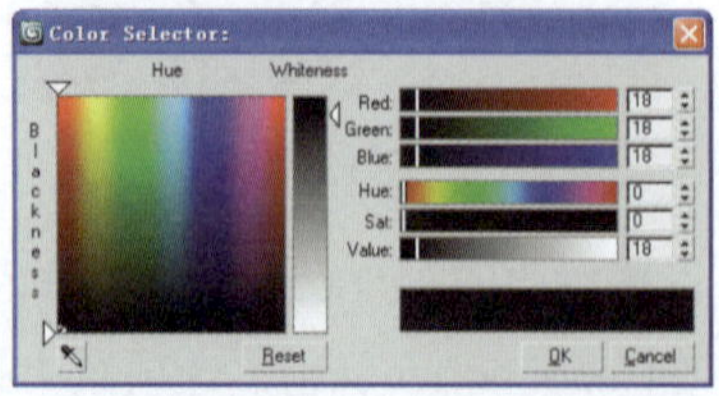

图13-192

Step 25 将Reflect（反射）颜色设置为如图13-193所示的颜色效果。

Step 26 在Reflection（反射）选项组中设置Refl glossiness（反射光泽度）参数为0.8，如图13-194所示。

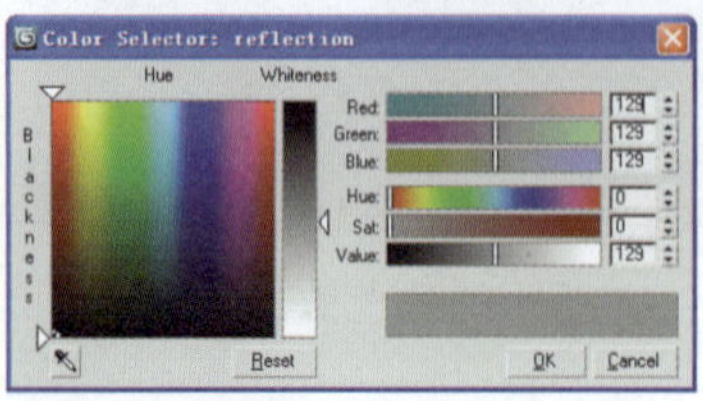

图13-193

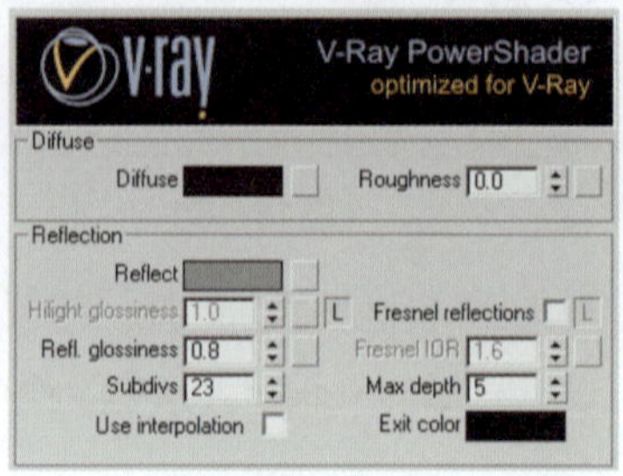

图13-194

Step 27 选择该材质的双向反射分布类型为Ward类型，然后将制作完成的材质指定给场景中如图13-195所示的制动器对象。

Step 28 设置VRayMtl材质的Diffuse（漫反射）颜色为如图13-196所示的颜色效果。

图13-195

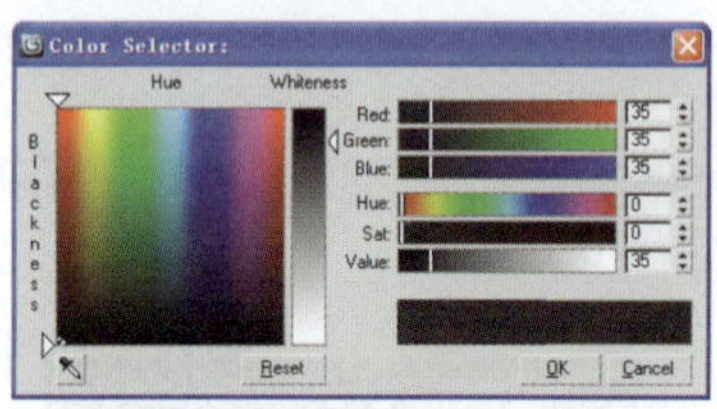

图13-196

Step 29 设置Reflect（反射）颜色为如图13-197所示的颜色效果。

Step 30 在Reflection（反射）选项组中设置Refl glossiness（反射光泽度）参数为0.75，如图13-198所示。

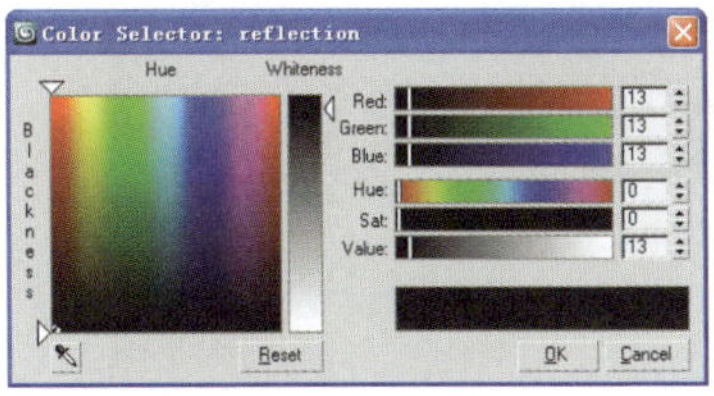

图13-197

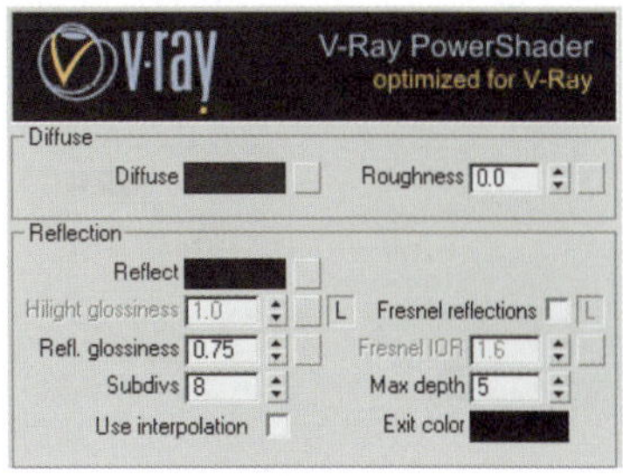

图13-198

Step 31 同样选择材质的双向反射分布类型为Ward类型，并将材质指定给场景中的轮胎对象，如图13-199所示。

Step 32 使用VRyMtl材质类型设置Diffuse（漫反射）颜色为如图13-200所示的颜色效果。

图13-199

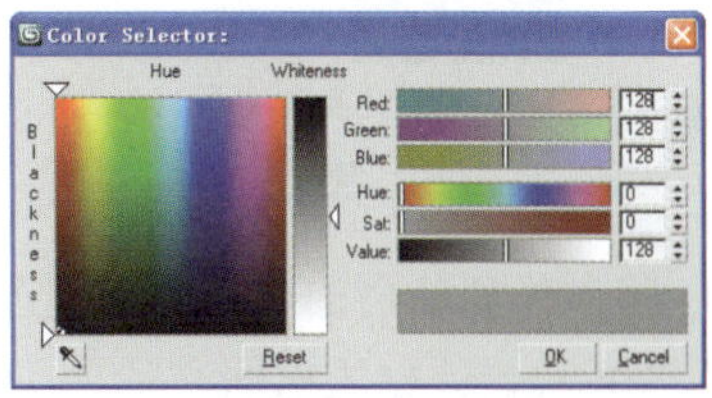

图13-200

Step 33 设置材质的Reflect（反射）颜色为如图13-201所示的颜色效果。

Step 34 在Reflection（反射）选项组中设置Hilight glossiness（高光光泽度）为0.8，如图13-202所示。

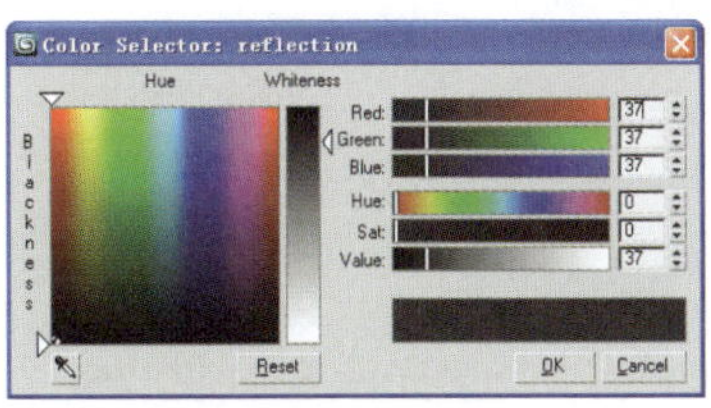

图13-201

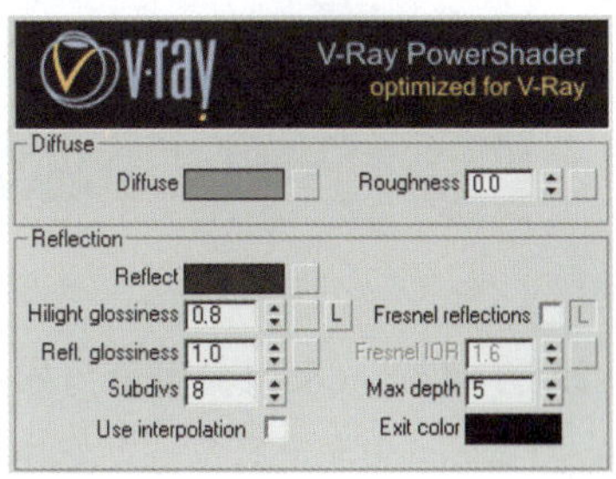

图13-202

Step 35 设置材质的Refract（折射）颜色为如图13-203所示的纯白色，然后设置IOR（折射率）为1.01，如图13-203所示。

Step 36 将制作完成后的玻璃材质指定给场景中的车灯罩，车窗的材质也同样使用的是该材质球。

Step 37 设置VRayMt材质的Diffuse（漫反射）颜色为如图13-205所示的颜色效果。

Step 38 设置Reflect（反射）颜色为纯白色，然后设置Refl glossiness（反射光泽度）为0.88，如图13-206所示。

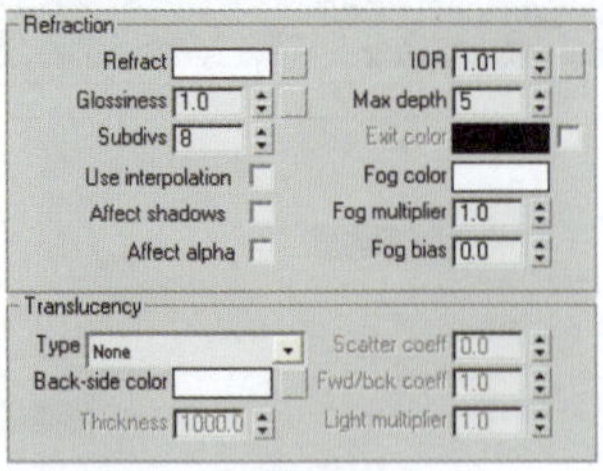

图13-203

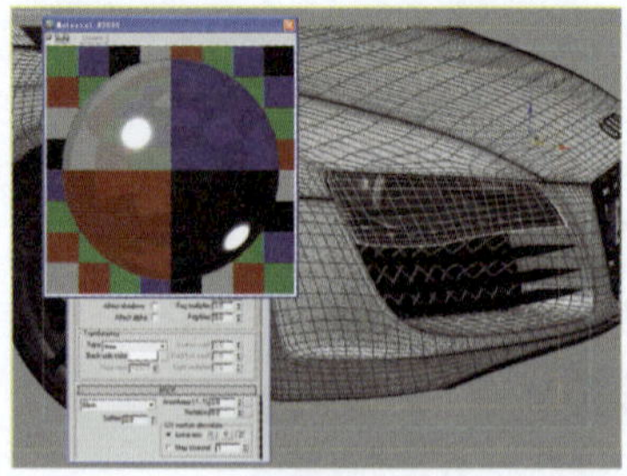

图13-204

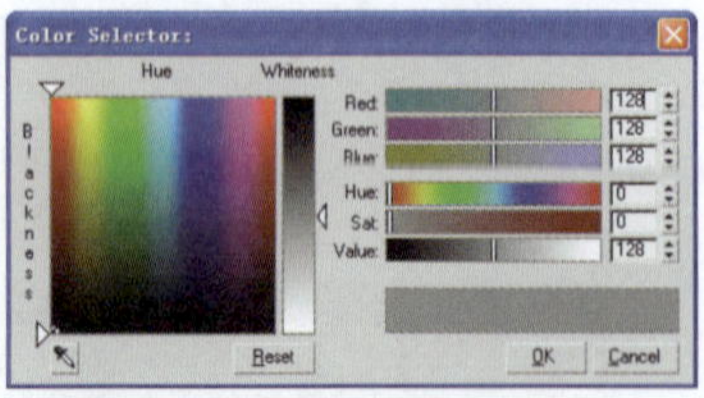

图13-205

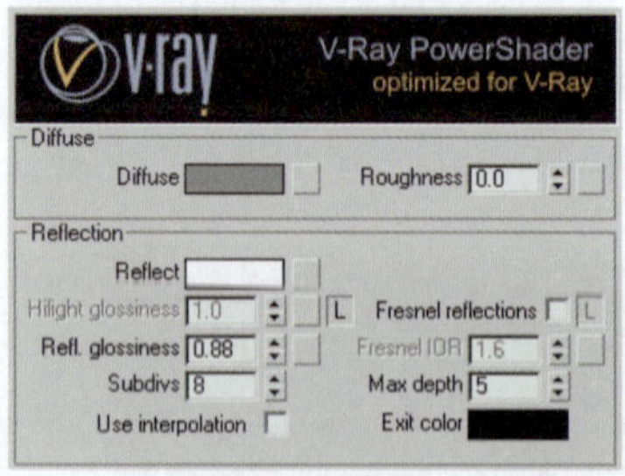

图13-206

Step 39 将制作完成后的亮光金属材质指定给场景中如图13-207所示的车灯对象，车灯其他部位的材质效果和轮毂材质相同。

Step 40 设置VRayMtl材质的“漫反射”颜色为如图13-208所示的颜色效果。

图13-207

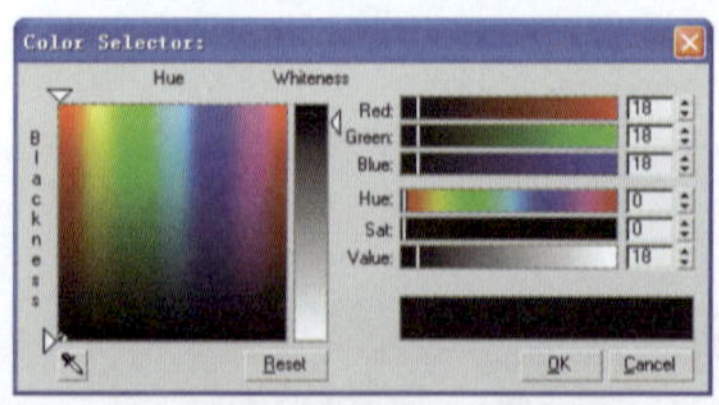

图13-208

Step 41 设置Reflect（反射）颜色为如图13-209所示的颜色效果。

Step 42 在Reflection（反射）选项组中设置Refl glossiness（反射光泽度）为0.75，如图13-210所示。

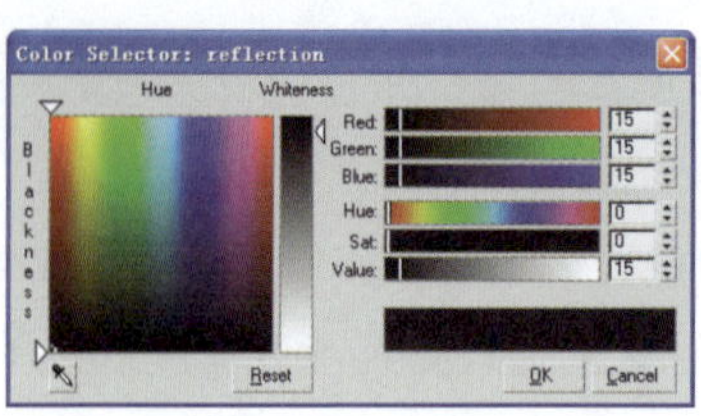

图13-209

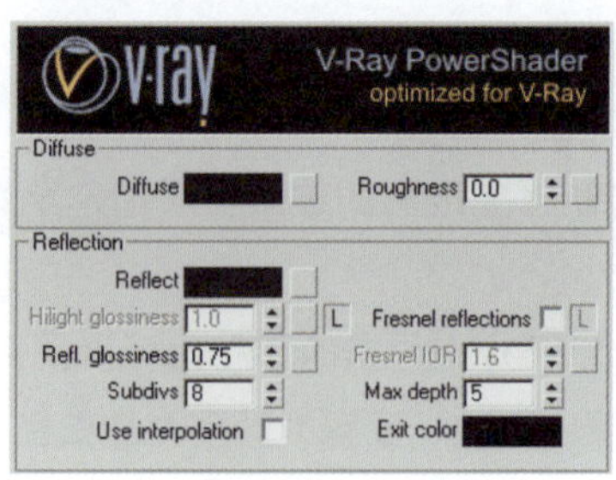

图13-210

Step 43 将材质指定给场景中如图13-211所示的进气口部分对象。

Step 44 给VRayMtl材质的Diffuse（漫反射）通道添加一张如图13-212所示的车盘贴图。

图13-211

图13-212

Step 45 在Coordinates（坐标）卷展栏中设置Blur（模糊）参数为0.05，如图13-213所示。

Step 46 设置材质的Reflect（反射）颜色为如图13-214所示的颜色效果。

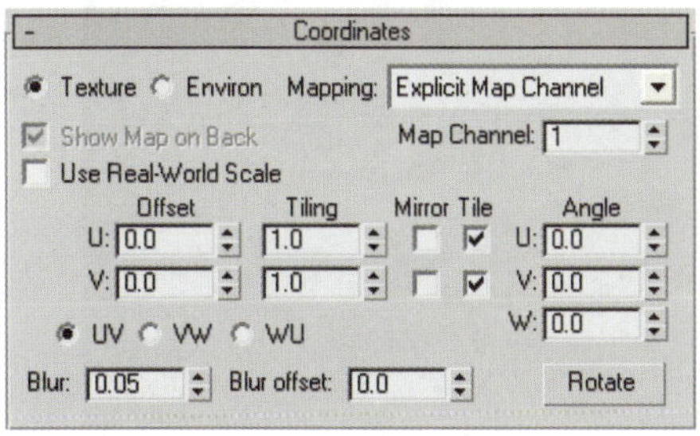

图13-213

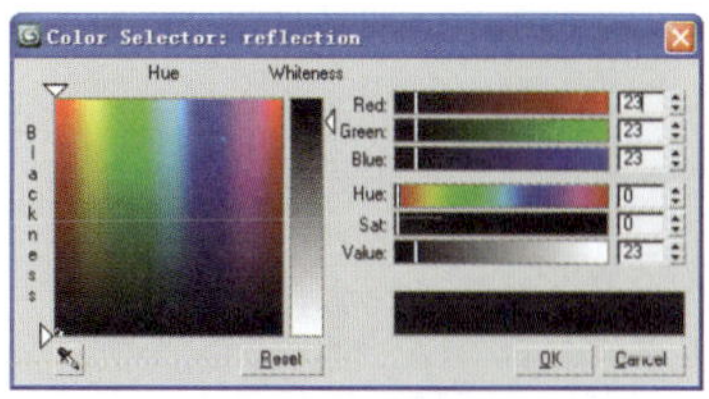

图13-214

Step 47 在Reflection（反射）选项组中设置Refl glossiness（反射光泽度）为0.75，如图13-215所示。

Step 48 将“漫反射”通道中的贴图复制到Bump（凹凸）通道，并设置“凹凸”数量为100，然后将材质指定给场景中的车牌对象，如图13-216所示。

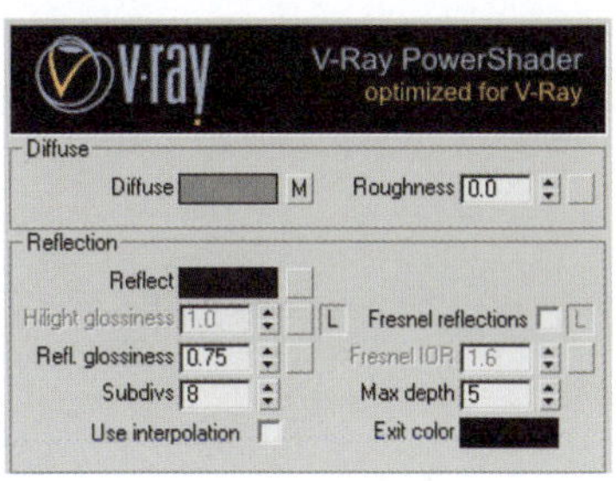

图13-215

图13-216

Step 49 材质制作完毕后对场景进行渲染，效果如图13-217所示。

Step 50 在汽车的车灯位置处创建一盏Omin（泛光灯），如图13-218所示。

图13-217

图13-218

Step 51 对创建的泛光灯进行如图13-219所示的参数设置。

Step 52 再次对场景进行渲染，最终的效果如图13-220所示。

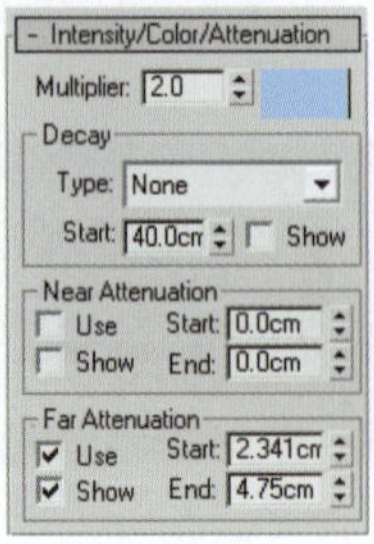

图13-219

图13-220

Chapter 14

综合训练：CG风格的小卧室

本章将向读者介绍如何制作一个具有CG动画风格的小屋内景，该案例中涉及到了VRay灯光材质的应用，以及3ds Max体积光特效的使用。在学习该案例的过程中读者需要重点掌握如何把握场景的气氛表现。

14.1 设置场景灯光

本节主要向读者讲解卧室的灯光设置，由于该场景是一个带有卡通风格的卧室场景，所以对灯光的颜色进行了较大的修改，使场景更具有卡通风格，并且使用了体积光特效。

Step 1 打开光盘中提供的“场景和素材\第14章\设置卧室灯光.max”文件，如图14-1所示。

Step 2 首先在场景中如图14-2所示的位置创建一个“目标摄影机”。

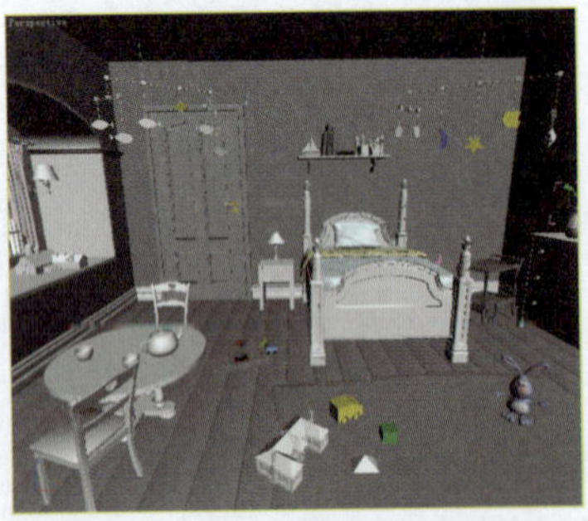

图14-1

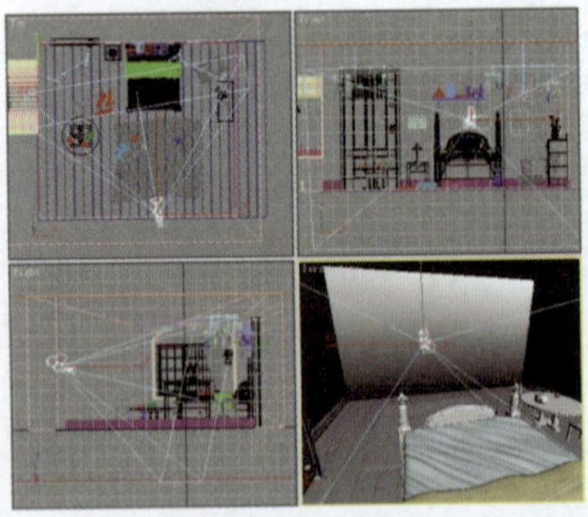

图14-2

Step 3 调整摄影机的位置使摄影机视口变为如图14-3所示的效果。

Step 4 在进行灯光的设置前，在VRay渲染面板中启用“替换材质”，如图14-4所示。

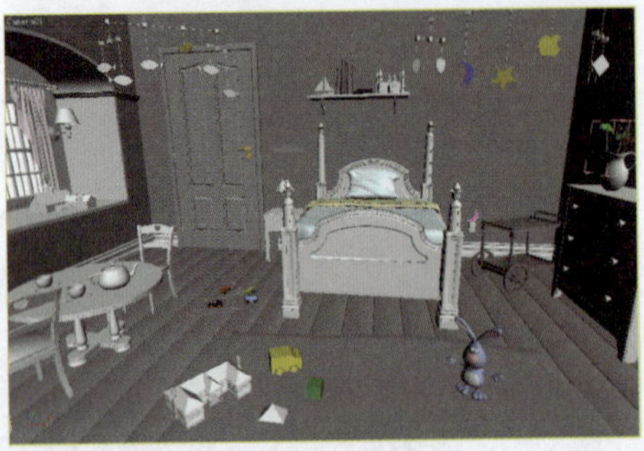

图14-3

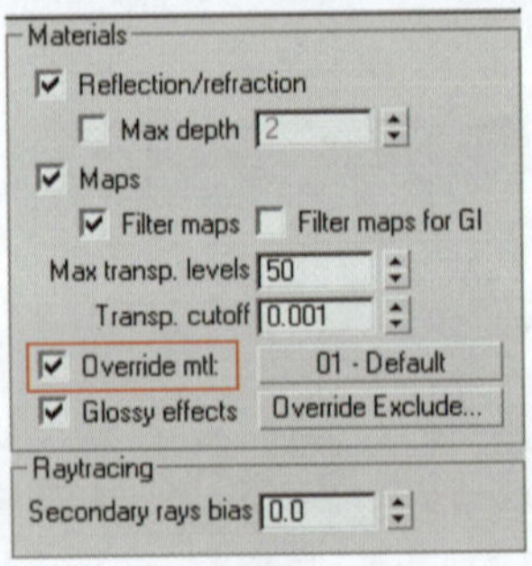

图14-4

Step 5 进入灯光的“创建”面板，选择“标准”灯光类型，如图14-5所示。

Step 6 在场景中图14-6所示的位置创建一盏目标平行光。

图14-5

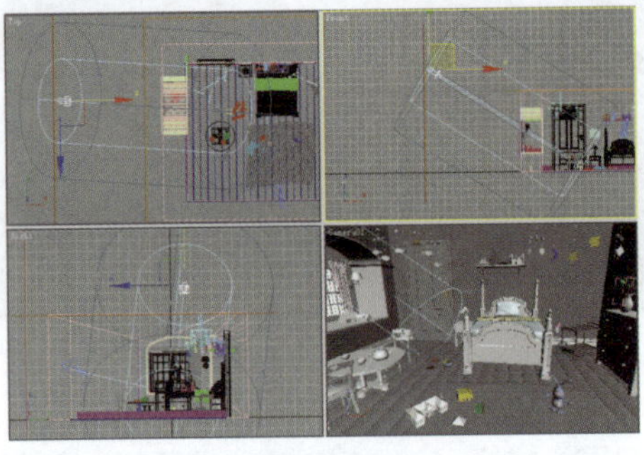

图14-6

Step 7 在灯光的“常规参数”卷展栏中启用阴影效果，如图14-7所示。

Step 8 然后在“平行光参数”卷展栏中进行如图14-8所示的参数设置。

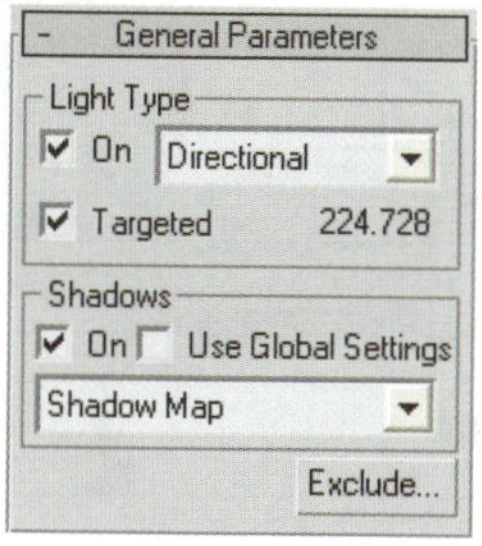

图14-7

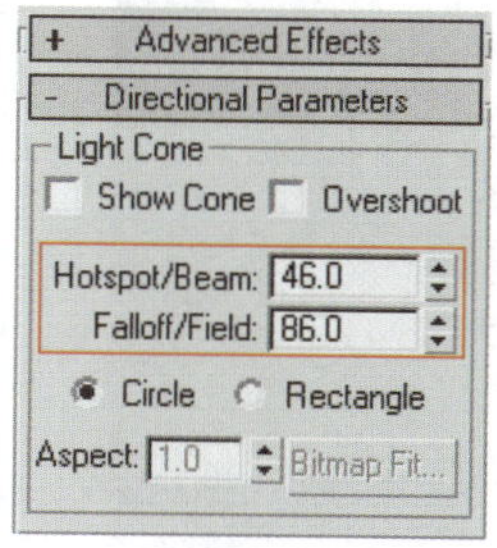

图14-8

Step 9 在“渲染设置”面板中对渲染的尺寸进行如图14-9所示的设置。

Step 10 然后对场景进行渲染，效果如图14-10所示。

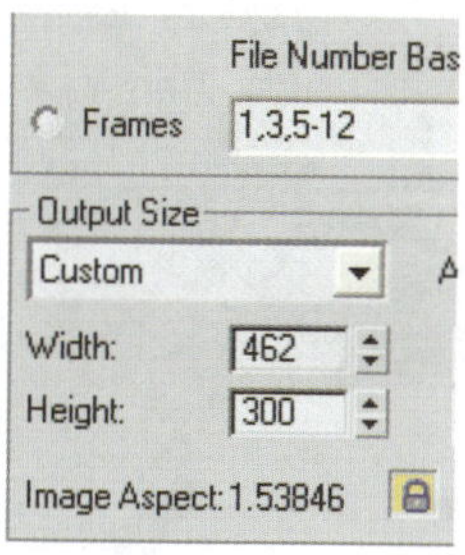

图14-9

图14-10

Step 11 在窗口处创建一个和窗口大小相同的VRayLight，如图14-11所示。

Step 12 继续对场景进行渲染，效果如图14-12所示。

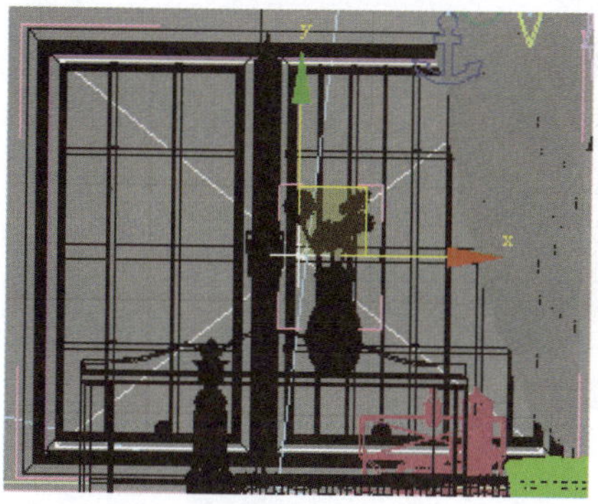

图14-11

图14-12

Step 13 在“顶”视口中再创建一盏方向朝下的VRayLight，如图14-13所示。

Step 14 然后对场景进行渲染，效果如图14-14所示。

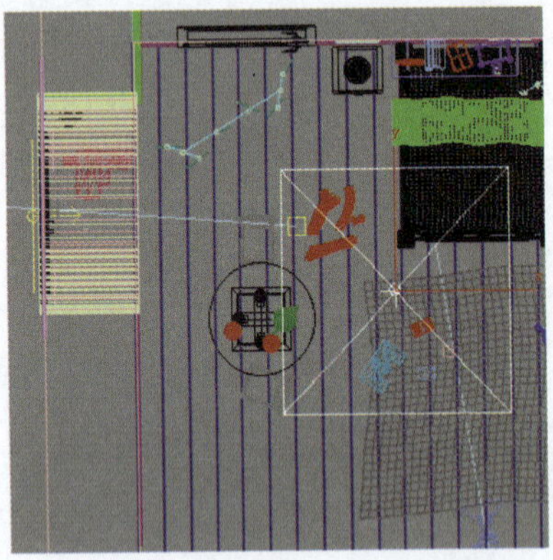

图14-13

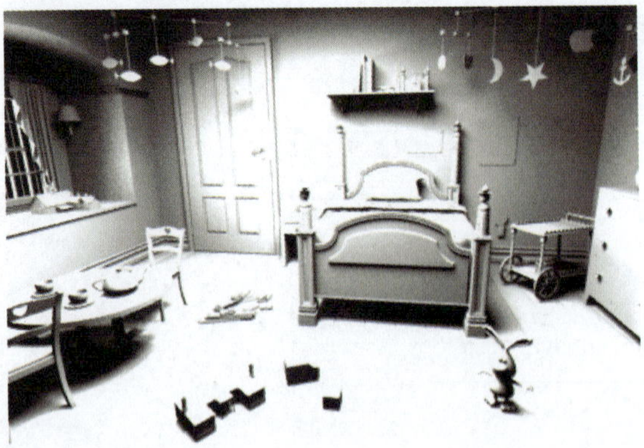

图14-14

Step 15 观察可以发现默认的灯光强度过于强烈，将灯光的“倍增”参数设置为10，如图14-15所示。

Step 16 然后对场景进行渲染，效果如图14-16所示。

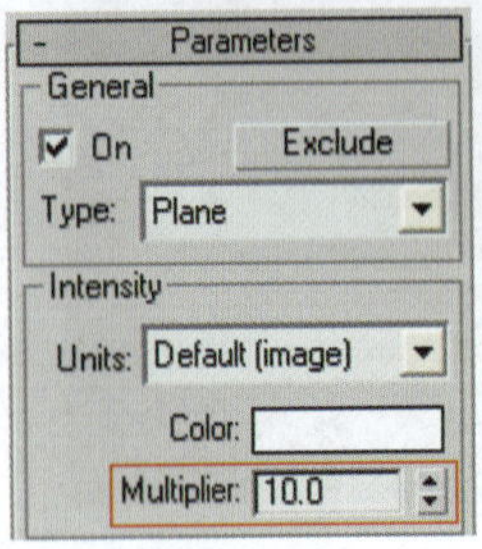

图14-15

图14-16

Step 17 在VRay的“间接光照”卷展栏中勾选On（启用）复选框开启全局照明，并进行如图14-17所示的设置。

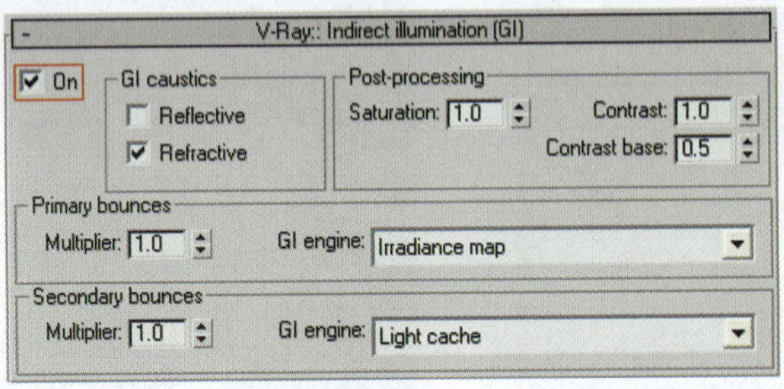

图14-17

Step 18 在“光照贴图”卷展栏中选择光照贴图的“预设”质量为Very low（非常低），如图14-18所示。

Step 19 在“灯光缓存”卷展栏中设置“细分”为200，如图14-19所示。

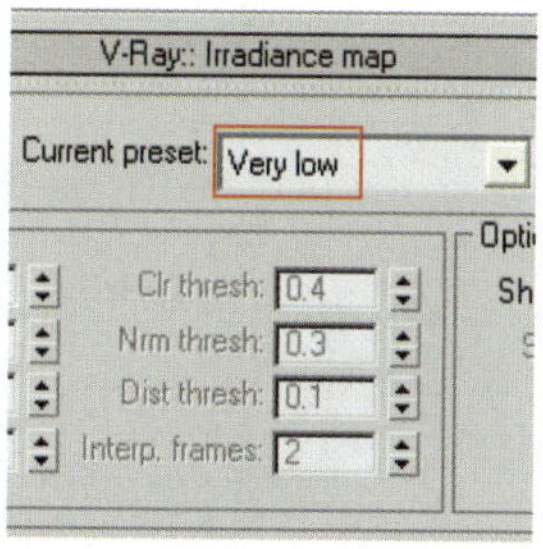

图14-18

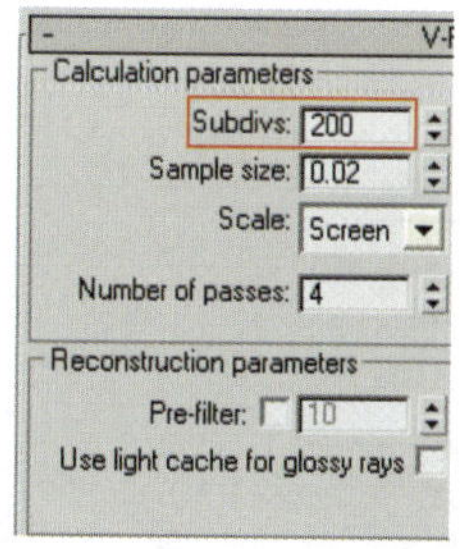

图14-19

Step 20 然后对场景进行渲染，效果如图14-20所示，开启全局光照后，场景变得非常亮。

图14-20

Step 21 进入VRay的Color mapping（颜色贴图）卷展栏，进行如图14-21所示的参数设置。

Step 22 对场景进行再次渲染，效果如图14-22所示，可以看到场景中的曝光有了明显的控制。

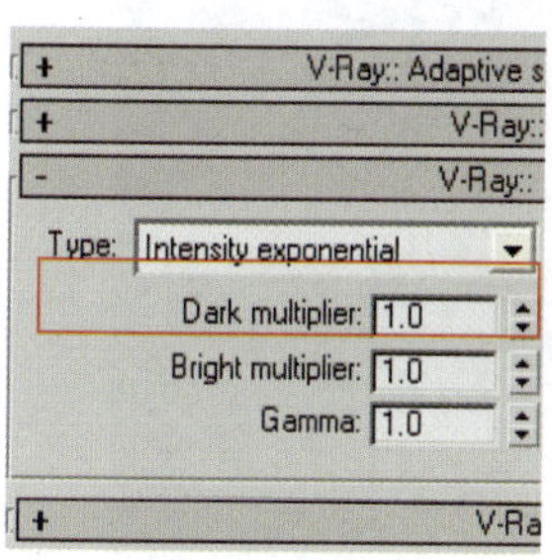

图14-21

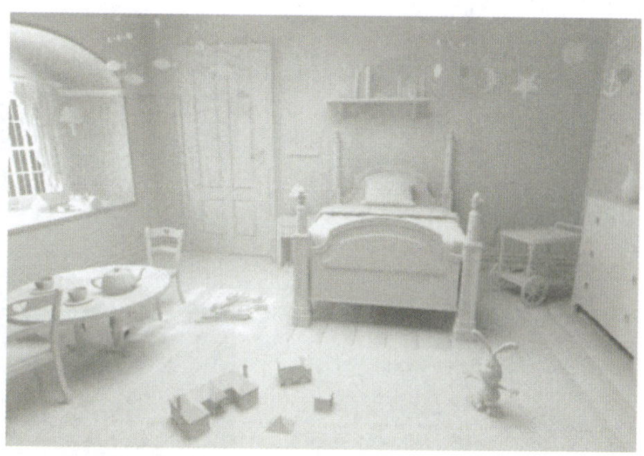

图14-22

Step 23 进入“间接光照”卷展栏，将初次反弹和二次反弹的强度降低，如图14-23所示。

Step 24 然后对场景进行渲染，效果如图14-24所示。

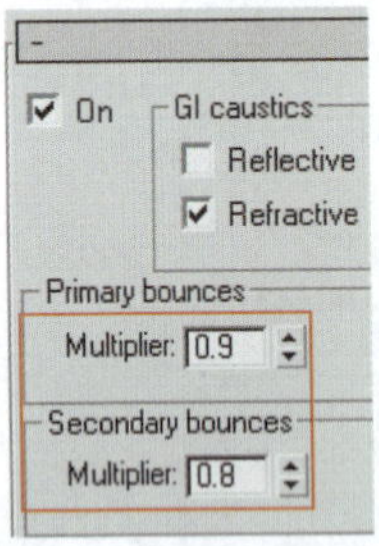

图14-23

图14-24

Step 25 选择顶部的VRay灯光，将它的“倍增”设置为3，如图14-25所示。

Step 26 继续对场景进行渲染，效果如图14-26所示。

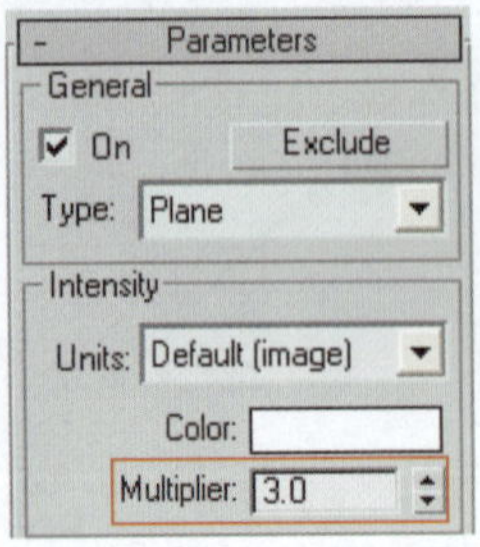

图14-25

图14-26

Step 27 由于该场景要表现的是夜景效果，所以需要对灯光的颜色进行修改。将顶部VRay灯光的颜色修改为紫色，如图14-27所示。

Step 28 然后对场景进行渲染，效果如图14-28所示。

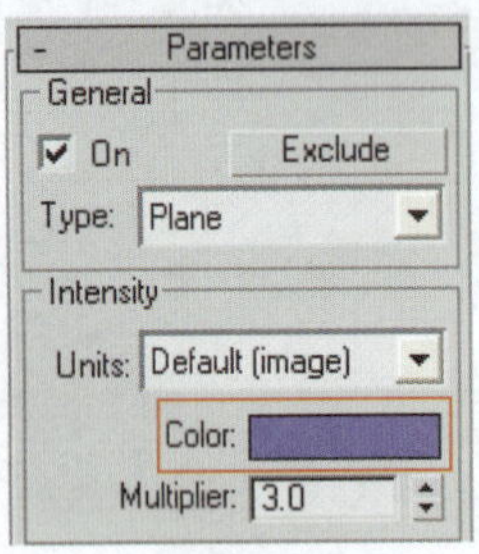

图14-27

图14-28

Step 29 接下来要进行体积光的制作，给环境中添加“体积光”特效，如图14-29所示。

Step 30 然后拾取场景中的平行光，并在“体积光参数”卷展栏中进行如图14-30所示的参数设置。

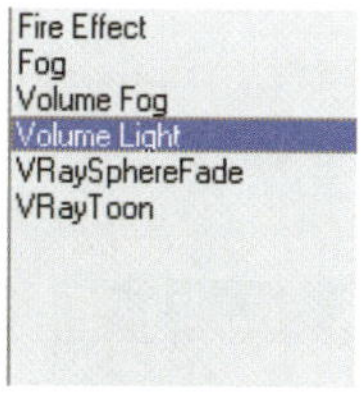

图14-29

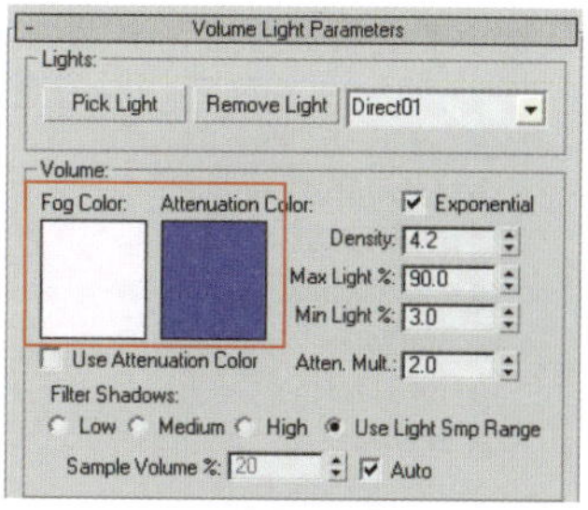

图14-30

Step 31 设置完毕后对场景进行渲染，效果如图14-31所示，可以看到体积光的效果不是很明显。

图14-31

Step 32 选择场景中的目标平行光，将它的“强度”设置为3，如图14-32所示。然后再对场景进行渲染，如图14-33所示，在窗口处观察到了比较明显的体积光效果。

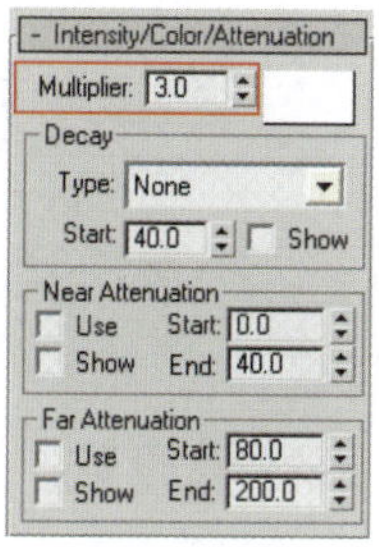

图14-32

图14-33

14.2 制作各种场景材质

灯光设置完成后，本节将向读者介绍场景中主要材质的制作过程，例如墙面材质、地面材质、家具以及地毯等主要物件的材质表现。

Step 1 首先进行墙面材质的制作。由于墙面模型已经设置好了ID，所以这里选择了Multi/Sub-Object（多维/次对象）材质类型，如图14-34所示。

Step 2 将子材质的数量设置为2，如图14-35所示。

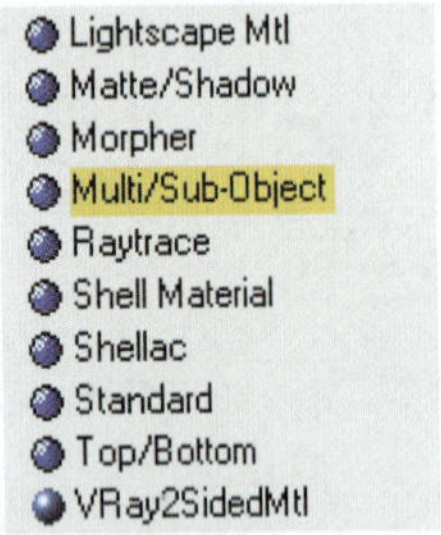

图14-34

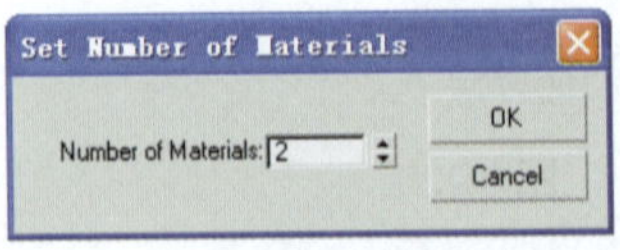

图14-35

Step 3 首先进行1号材质的设置，给1号材质的“漫反射”通道添加一张图14-36所示的位图贴图。

Step 4 在“坐标”卷展栏中进行如图14-37所示的参数设置。

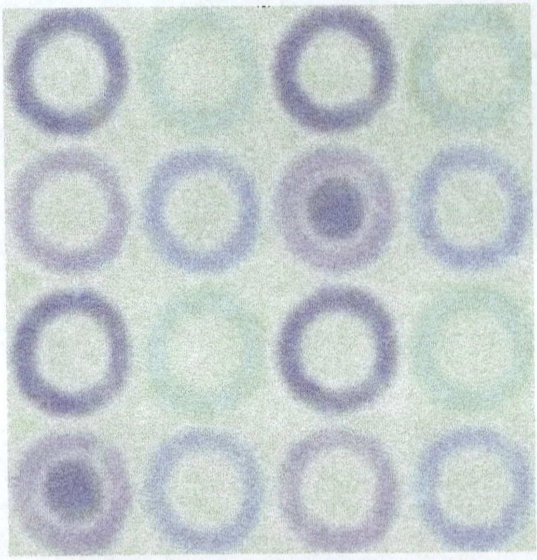

图14-36

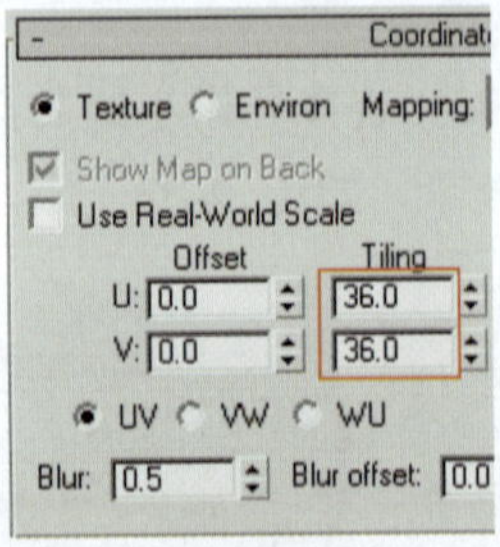

图14-37

Step 5 在该材质的“反射”选项组中进行图14-38所示的参数设置。

Step 6 接下来进行2号材质的制作，对2号材质进行图14-39所示的参数设置。

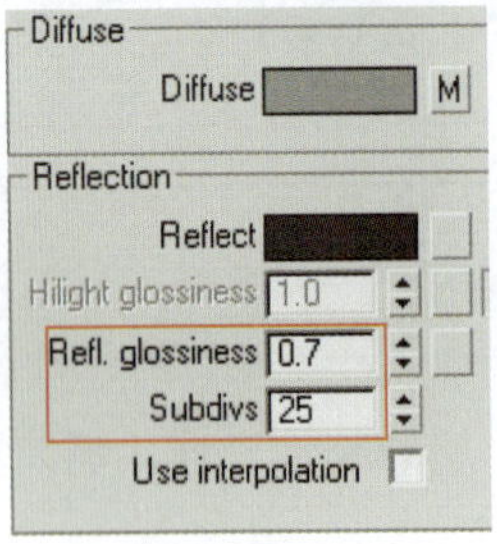

图14-38

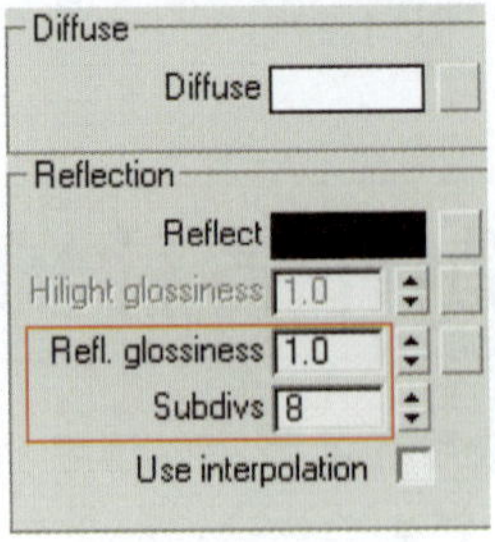

图14-39

Step 7 将材质指定给场景中的墙面对象并进行渲染，效果如图14-40所示。

图14-40

Step 8 下面进行门和地面材质的制作，选择VRayMtl类型，如图14-41所示。

Step 9 给材质的“漫反射”通道添加Bitmap（位图）贴图，如图14-42所示。

图14-41

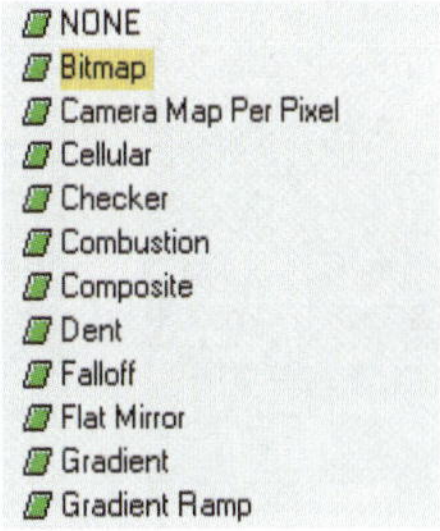

图14-42

Step 10 选择光盘中提供的图14-43所示的图片作为漫反射贴图。

Step 11 在“坐标”卷展栏中进行图14-44所示的参数设置。

图14-43

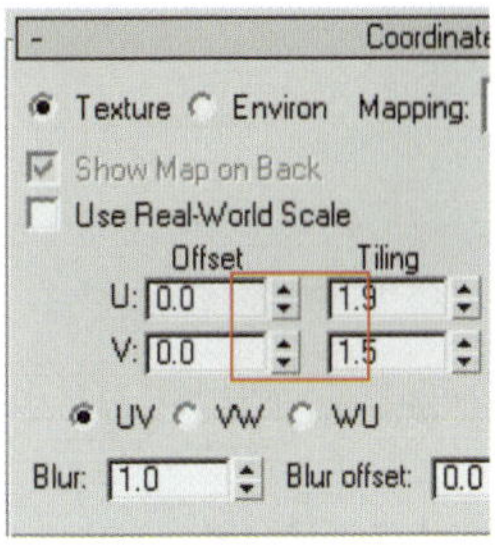

图14-44

Step 12 返回材质的基本参数面板，在“反射”选项组中进行图14-45所示的参数设置。

Step 13 设置完毕后的材质球效果如图14-46所示。

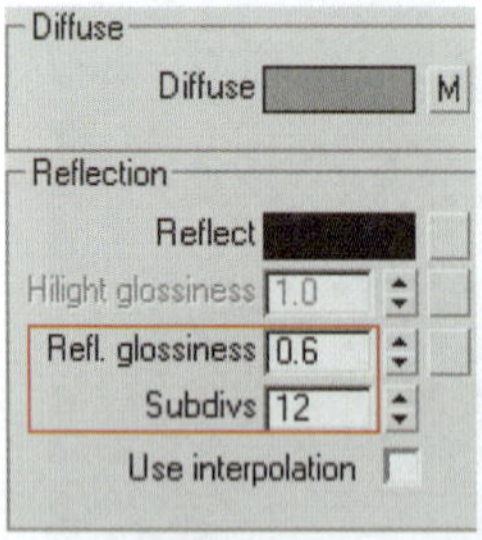

图14-45

图14-46

Step 14 将该材质指定给地面和门对象并进行渲染，效果如图14-47和图14-48所示。

图14-47

图14-48

Step 15 下面进行家具材质的制作。选择VRayMtl材质，在材质的参数面板中进行图14-49所示的设置，设置完毕后的材质球效果如图14-50所示。

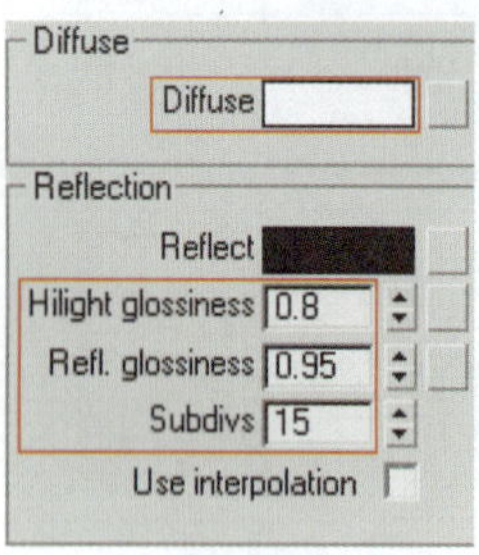

图14-49

图14-50

Step 16 将该材质指定给场景中的各种家具对象并进行渲染，效果如图14-51和图14-52所示。

图14-51

图14-52

Step 17 接下来进行床单和枕头材质的制作。选择VRayMtl材质，在基本参数卷展栏中进行图14-53所示的设置，设置完毕后的材质球效果如图14-54所示。

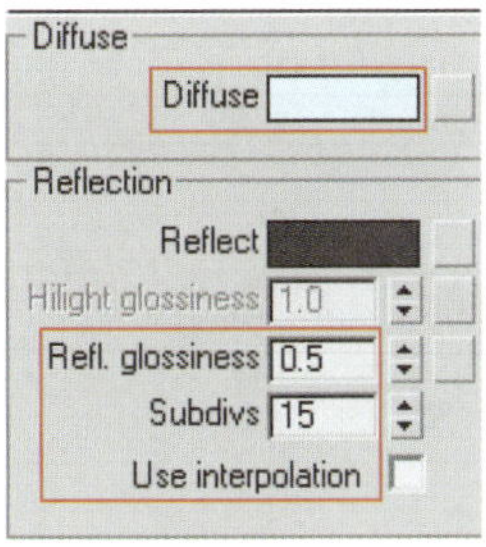

图14-53

图14-54

Step 18 重新选择一个VRayMtl材质，进行图14-55所示的参数设置，设置完毕后的材质球效果如图14-56所示。

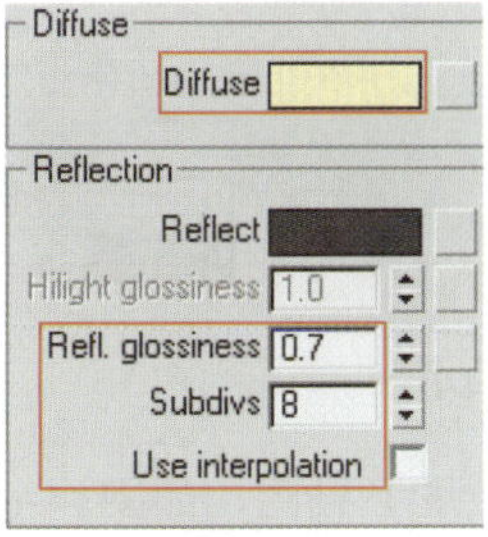

图14-55

图14-56

Step 19 将这两个材质分别指定给枕头和被褥对象并进行渲染，效果如图14-57所示。下面进行地毯材质的制作，选择VRayMtl材质类型，如图14-58所示。

图14-57

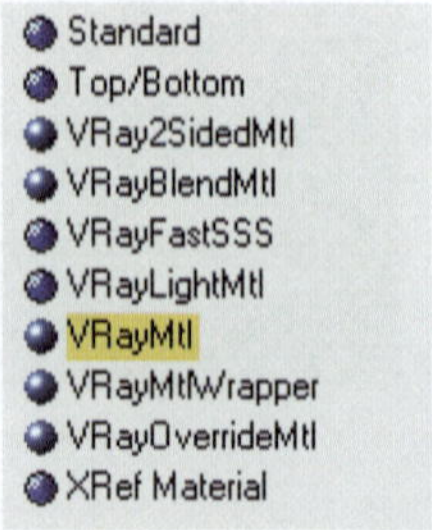

图14-58

Step 20 给“漫反射”通道添加一个Checker（棋盘格）贴图，如图14-59所示。

Step 21 对“棋盘格”贴图进行如图14-60所示的参数设置。

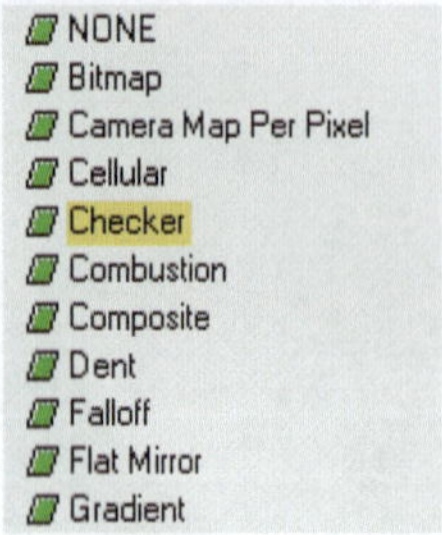

图14-59

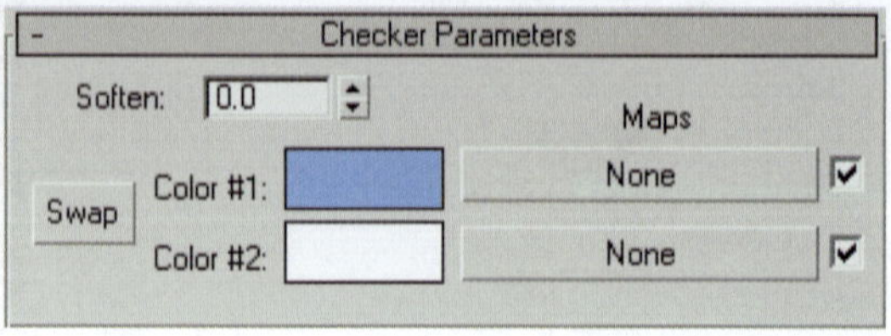

图14-60

Step 22 然后对“棋盘格”贴图的坐标进行图14-61所示的参数设置，返回到材质的基本参数面板。

Step 23 在“反射”选项组中进行图14-62所示的参数设置。

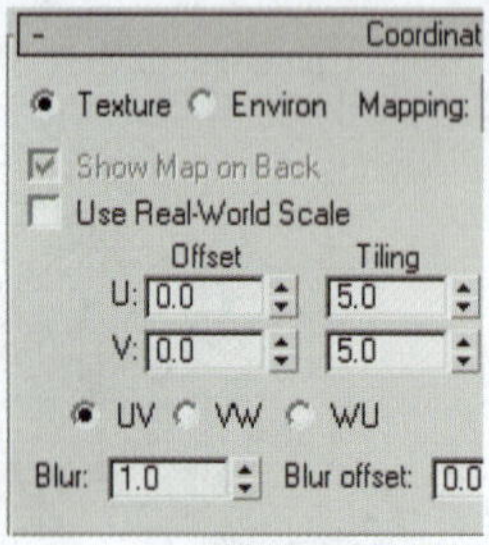

图14-61

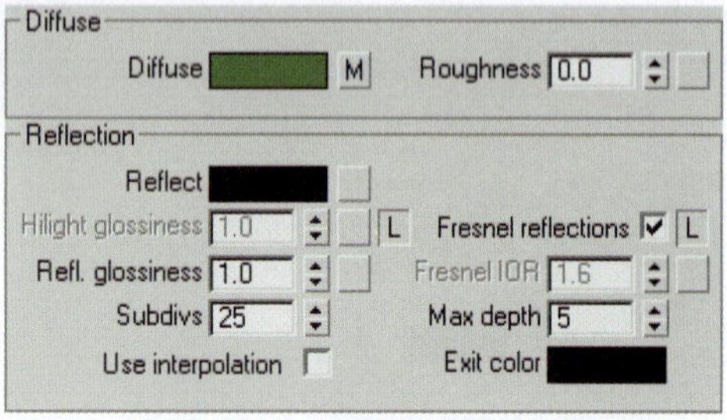

图14-62

Step 24 给该材质的Displace（置换）通道添加一个Bitmap（位图）贴图，如图14-63所示。

Step 25 然后选择光盘中提供的图14-64所示的图片作为置换贴图。

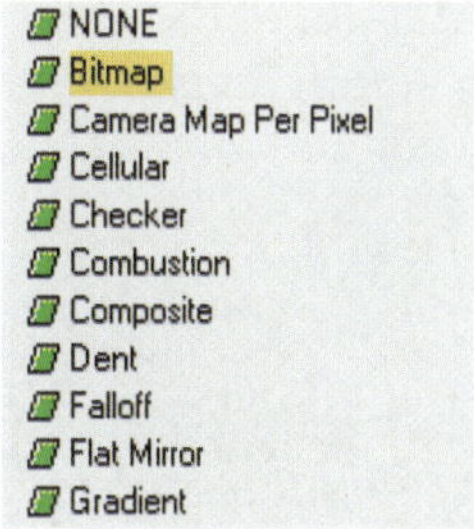

图14-63

图14-64

Step 26 在材质的“贴图”卷展栏中将“置换”数量设置为5.5，如图14-65所示。

Step 27 设置完毕后的材质球效果如图14-66所示。

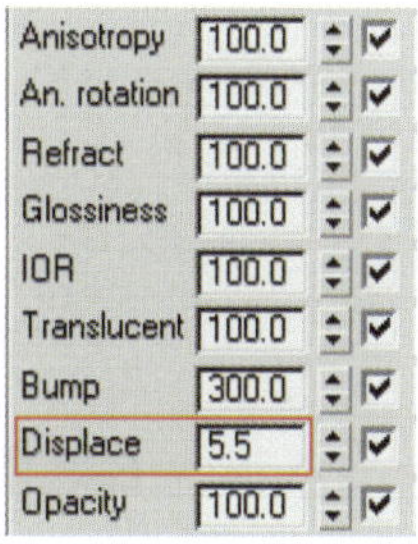

图14-65

图14-66

Step 28 将该材质指定给地毯对象进行渲染，效果如图14-67所示，置换贴图表现出了地毯所具有的凹凸效果。

图14-67

Step 29 下面进行场景中小木车的材质制作，首先给材质的“漫反射”通道添加一张“位图”贴图，如图14-68所示。

Step 30 然后选择光盘中提供的图14-69所示的木纹图片。

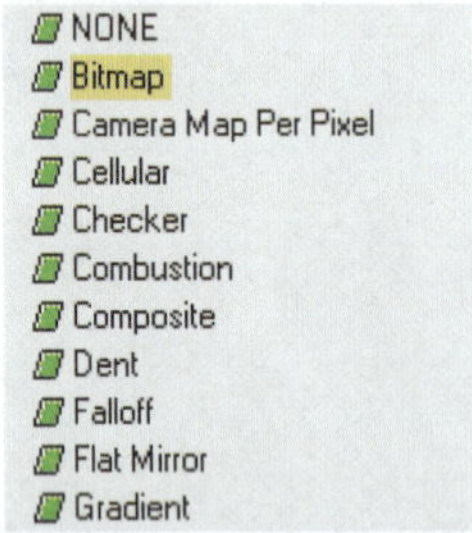

图14-68

图14-69

Step 31 将如图14-70所示的灰白木纹图片添加到材质的“反射”通道中。

Step 32 然后在“反射”选项组中进行如图14-71所示的参数设置。

图14-70

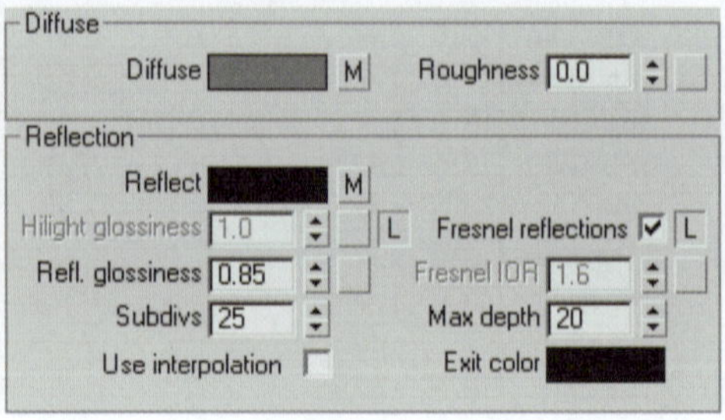

图14-71

Step 33 设置完毕后的材质球效果如图14-72所示，将材质指定给场景中的小车对象进行渲染，效果如图14-73所示。

图14-72

图14-73

Step 34 接下来将要进行场景中床头壁灯自发光材质的制作，选择VRayLightMtl（VRay自发光）材质类型，如图14-74所示。

Step 35 在该材质的“参数”卷展栏中进行图14-75所示的参数设置。

图14-74

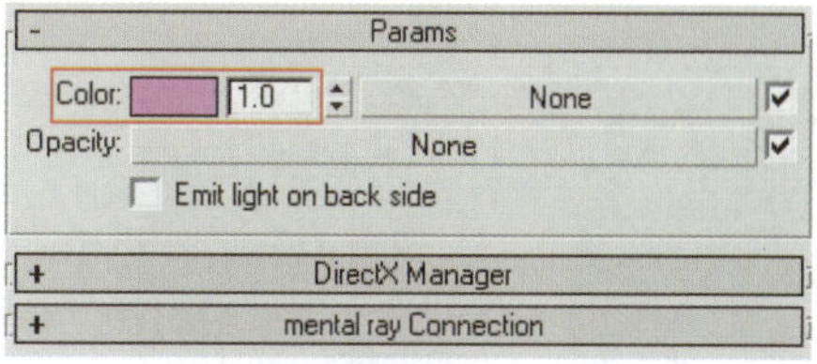

图14-75

Step 36 对场景进行渲染，效果如图14-76所示，自发光的强度不够强烈，周围的对象没有产生影响。

Step 37 将自发光的“强度”设置为10然后再次进行渲染，效果如图14-77所示，此时墙体对象受到了自发光材质的影响，表现出了光照效果。

图14-76

图14-77

Step 38 为了使该处的发光效果能够影响更多的对象，所以在该位置处创建一盏VRayLight，如图14-78所示。

Step 39 在该灯光的“参数”卷展栏中进行图14-79所示的参数设置，将灯光类型设置为球形。

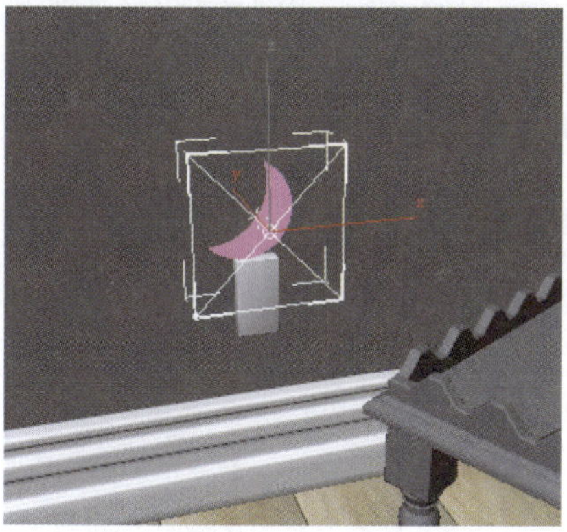

图14-78

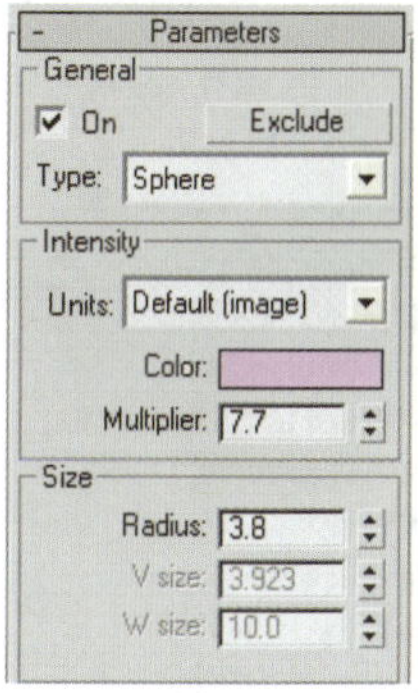

图14-79

Step 40 设置完毕后对场景进行渲染，效果如图14-80所示。

Step 41 接下来进行窗帘材质的制作，选择VRayMtl材质类型，对材质参数进行图14-81所示的设置。

图14-80

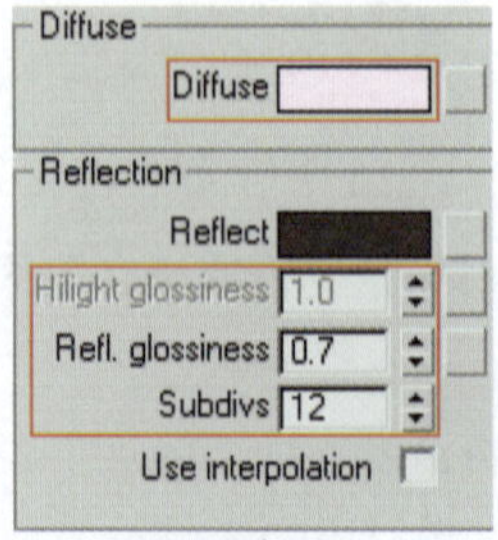

图14-81

Step 42 设置完毕后的窗帘材质球效果如图14-82所示。

Step 43 将该材质指定给窗帘对象进行渲染，效果如图14-83所示。

图14-82

图14-83

Step 44 接下来进行窗外背景的制作，选择VRayLight Mtl（VRay自发光）材质类型，如图14-84所示。

Step 45 给“自发光”材质贴图通道中添加一个“位图”贴图，如图14-85所示。

图14-84

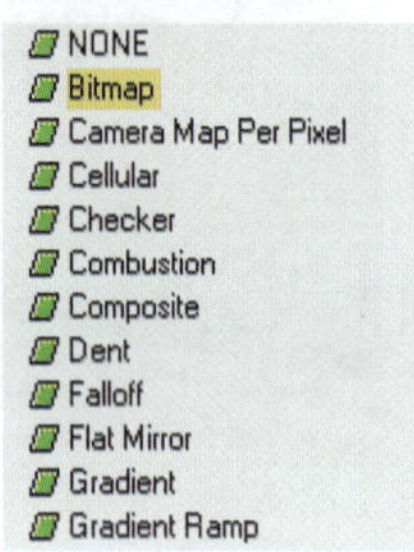

图14-85

Step 46 选择光盘中提供的图14-86所示的夜景天空图片作为“自发光”材质的贴图。

图14-86

Step 47 指定贴图后在“参数”卷展栏中设置自发光“强度”为2，如图14-87所示。

Step 48 然后对场景进行渲染，效果如图14-88所示。

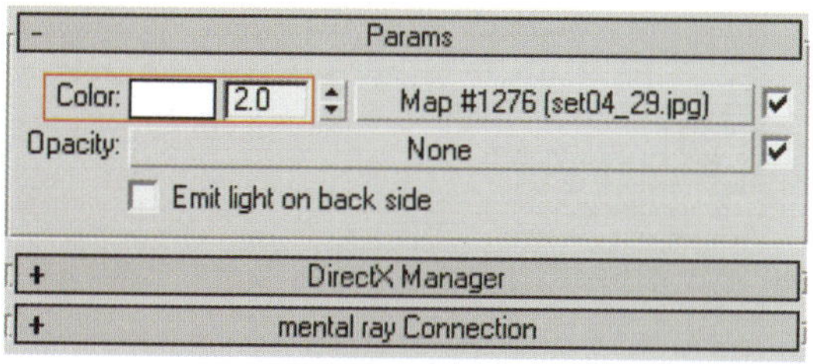

图14-87

图14-88

Step 49 至此，场景中的材质已经基本制作完成，对整个场景进行渲染，效果如图14-89所示。

图14-89

Step 50 接下来就可以对场景进行最终的渲染输出了。在“光照贴图”卷展栏中设置光照贴图的预设类型为High（高），如图14-90所示。

Step 51 勾选Auto save（自动保存）复选框，如图14-91所示。

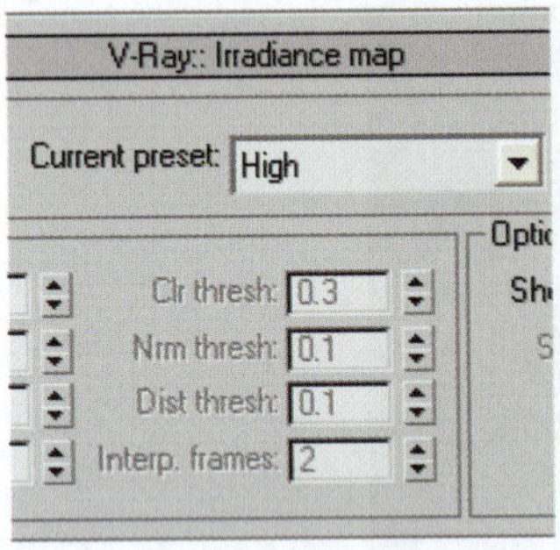

图14-90

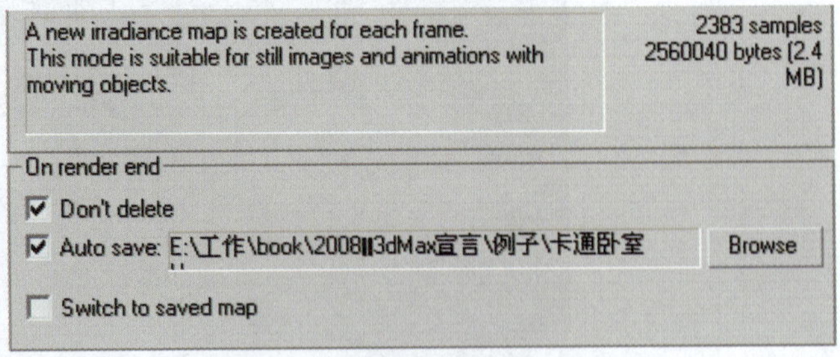

图14-91

Step 52 在“灯光缓存”卷展栏中设置“细分”为600，并同样启用自动保存，如图14-92所示。

Step 53 对场景进行渲染，在V-Ray messages窗口中出现Irradiance map saved successfully（光照贴图保存成功）提示后关闭渲染，如图14-93所示。

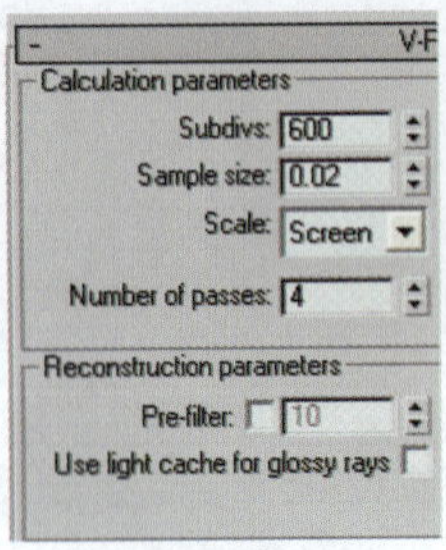

图14-92

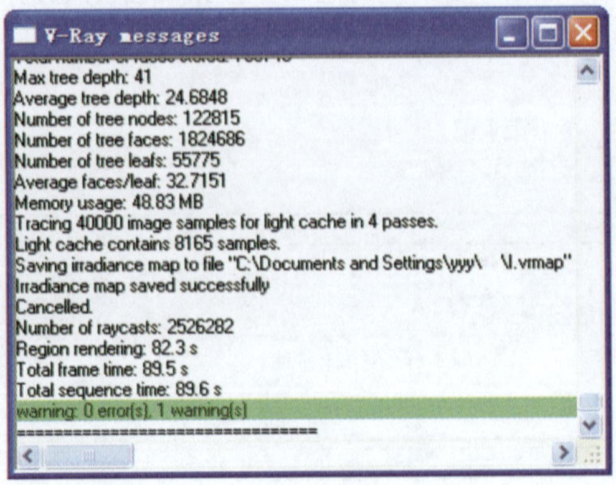

图14-93

Step 54 接下来在VRay的“图像采样器”卷展栏中进行图14-94所示的参数设置。

Step 55 将灯光的“细分”设置为36，如图14-95所示。

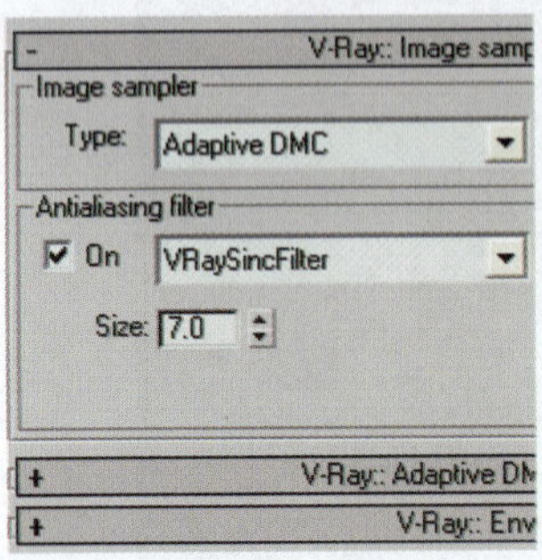

图14-94

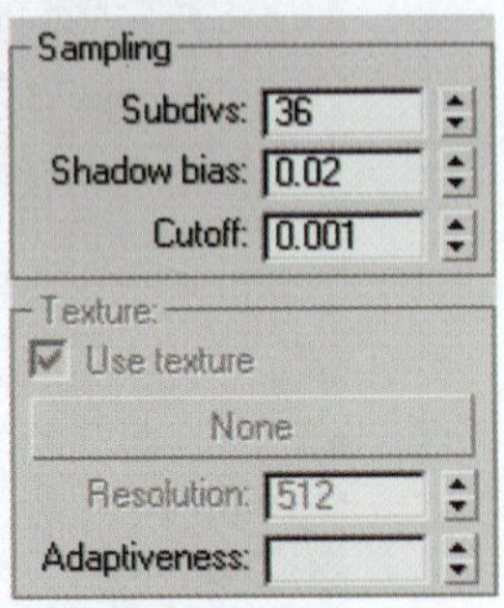

图14-95

Step 56 接下来调用前面所保存的“光照贴图”和“灯光缓存”文件，然后设置一个较大的尺寸进行渲染，渲染完成后效果如图14-96所示。

图14-96

Step 57 然后用户可以根据渲染图像的特点进行一些后期调整，例如明暗调节、色调的调整等，图14-97所示为经过后期处理后的最终图像效果。

图14-97

Chapter 15 综合训练：机场画面

本章将要进行一个动画综合实例的制作，向读者介绍3ds Max的一些常用的动画制作手法，例如粒子动画、轨迹编辑器、摄影机变换等，使读者掌握一个完整的动画场景的制作方法。

15.1 设置飞机动画

因为该场景中的主要目标对象为从机场起飞的飞机，所以首先来设置飞机从加速到起飞时的动画，主要通过关键帧的添加以及轨迹编辑器的调节来设置飞机起飞的动画。

Step 1 打开光盘中提供的“场景和素材\第15章\设置飞机动画.max”文件，如图15-1所示，该场景中包含了需要设置动画的所有模型对象。

Step 2 首先在3ds Max界面底部单击Time Configuration（时间配置）按钮，在弹出的“时间配置”对话框中将动画的“长度”设置为150帧，如图15-2所示。

图15-1

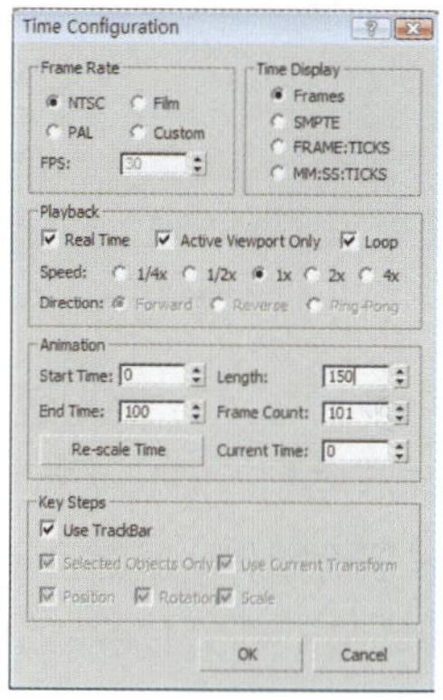

图15-2

Step 3 选择停在跑道上的飞机对象，单击“自动关键点”按钮Auto Key进入动画记录模式，将时间滑块拖动到第40帧的位置，然后将飞机向下移动一小段距离，这一阶段为飞机缓慢移动阶段，如图15-3所示。

Step 4 然后将时间滑块拖动到最后一帧，将飞机移动到跑道的最尽头，这一阶段为飞机加速到起飞阶段，到如图15-4所示。

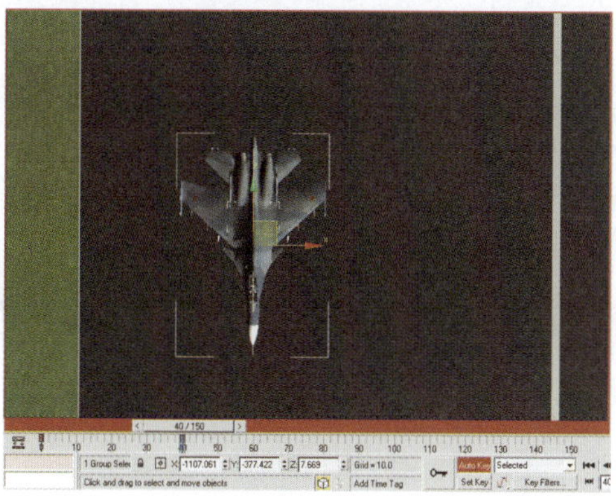

图15-3

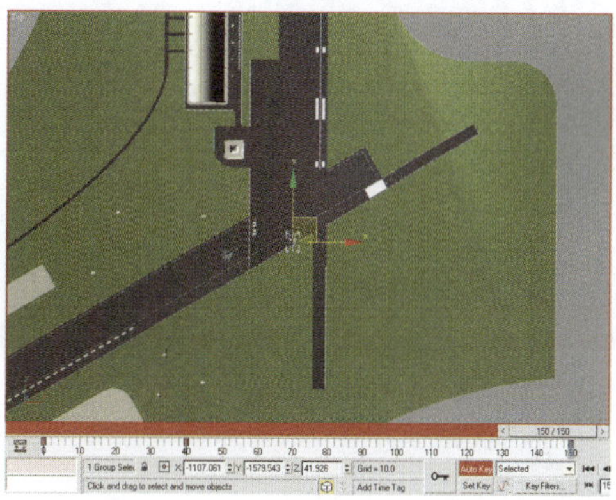

图15-4

Step 5 在主工具栏中单击Curve Editor（曲线编辑器）按钮，在打开的曲线编辑器中将飞机Y轴的变换曲线设置为图15-5所示的形式，这样表示飞机从开始到最后为加速运动状态。

Step 6 接下来制作飞机在Z轴上的变换。将时间滑块拖动到第106帧，单击Set Key（设置关键点）按钮Set Key，然后单击Set Key（设置关键帧）按钮，在第106帧位置插入一个新的关键帧，如图15-6所示。

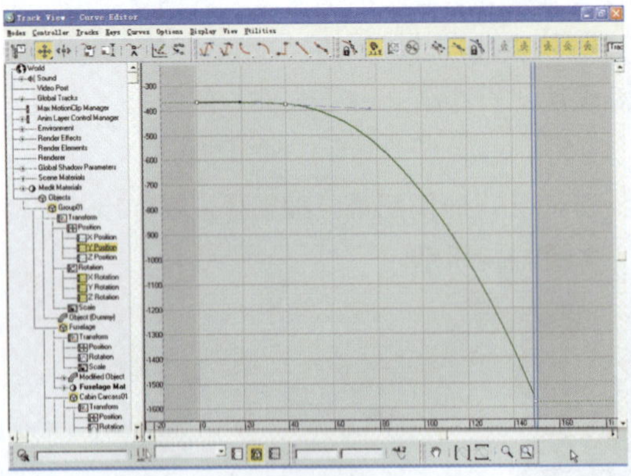

图15-5

图15-6

Step 7 然后将时间滑块拖动到最后一帧位置，将飞机沿着Z轴移动到如图15-7所示的高度位置。

Step 8 下面制作飞机起飞时机头逐渐抬起的效果。将时间滑块拖动到第130帧的位置，然后将飞机沿着X轴旋转至如图15-8所示的效果。

Step 9 至此飞机的起飞动画已经制作完成，单击界面底部的Play Animation（播放动画）按钮对动画进行预览，效果如图15-9所示。

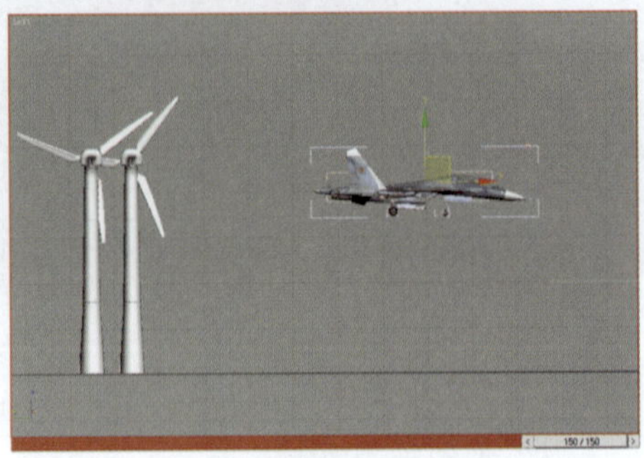

图15-7

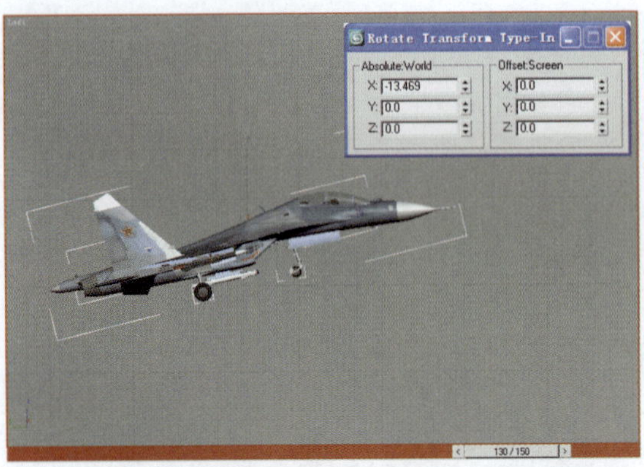

图15-8

图15-9

15.2 使用粒子和灯光添加特效

制作了飞机的起飞动画后，下面将要利用粒子以及灯光来表现一些特效，包括飞机起飞时尾部喷射的火焰，以及从远处观察机场跑道时所产生的热浪效果。

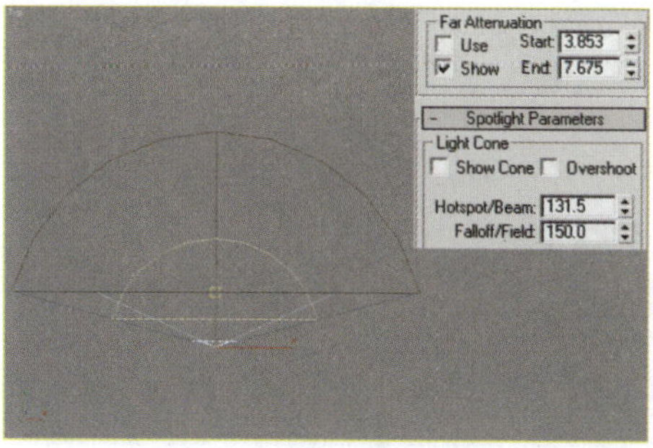

图15-10

图15-11

Step 1 接下来将灯光移动到飞机的引擎喷射口位置，使它的大小刚好和引擎吻合，如图15-12所示。

Step 2 按快捷键【8】打开“环境和特效”窗口，在Atmosphere（大气）卷展栏中单击Add（添加）按钮 Add... ，在弹出的对话框中选择Volume Light（体积光），如图15-13所示。

图15-12

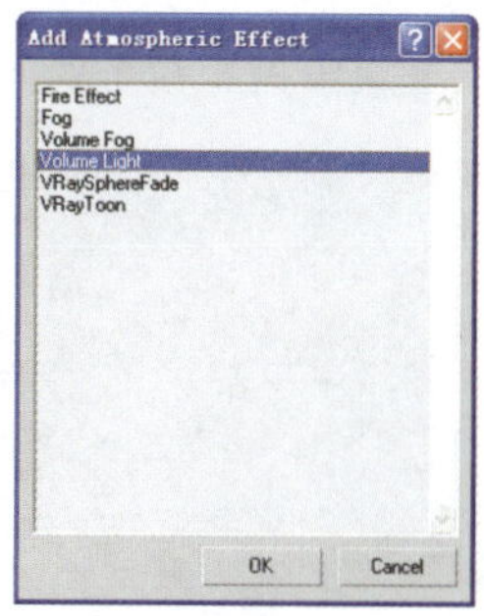

图15-13

Step 3 接下来单击Pick Light（拾取灯光）按钮 Pick Light ，在场景中拾取聚光灯对象，然后进行如图15-14所示的参数设置，将体积光的颜色设置为黄色和红色。

Step 4 然后在Noise（噪波）选项组中勾选Noise On（启用噪波）复选框，并进行如图15-15所示的参数设置。同时将时间滑块拖动到最后一帧开始记录动画，将Phase（相位）参数设置为300，这样可以使灯光产生抖动的效果。

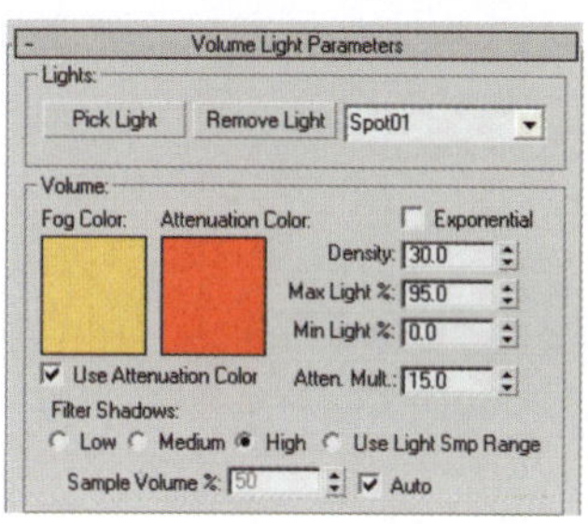

图15-14

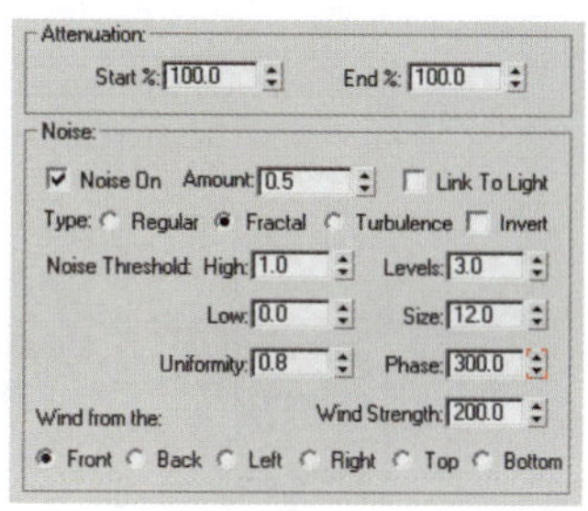

图15-15

Step 5 然后将目标聚光灯以实例的形式进行复制，并将复制后的灯光对象移动到另一个引擎位置，如图15-16所示。

Step 6 拖动时间滑块到任意一帧，观察体积光的效果，如图15-17所示，可以看到飞机的尾部出现了类似火焰的效果。

图15-16

图15-17

Step 7 接下来选择灯光对象，在主工具栏中单击Link（链接）按钮，然后在灯光对象上按住鼠标左键不放，拖动到飞机上松开鼠标，这样就将灯光对象绑定到了飞机上，使它跟随着飞机一起运动，如图15-18所示。

Step 8 下面将要利用粒子对象来模拟跑道上产生的气浪。在图15-19所示的位置创建一个Super Spray（超级喷射）粒子对象。

图15-18

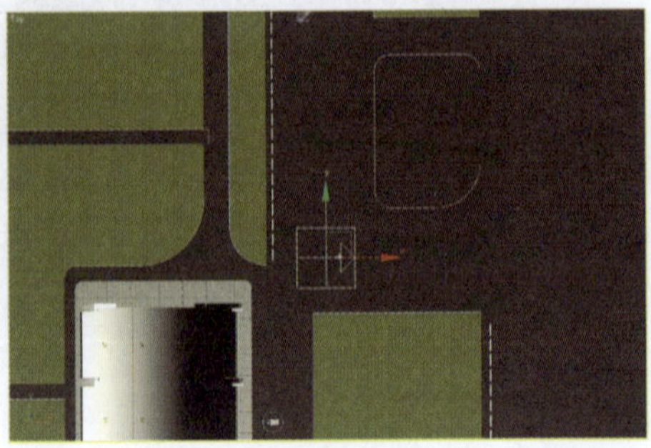

图15-19

Step 9 首先进入粒子的“基本参数”卷展栏进行图15-20所示的设置，使粒子在喷射过程中产生扩散。

Step 10 然后在“粒子常规”参数卷展栏中对粒子的速度及寿命等属性进行如图15-21所示的设置。

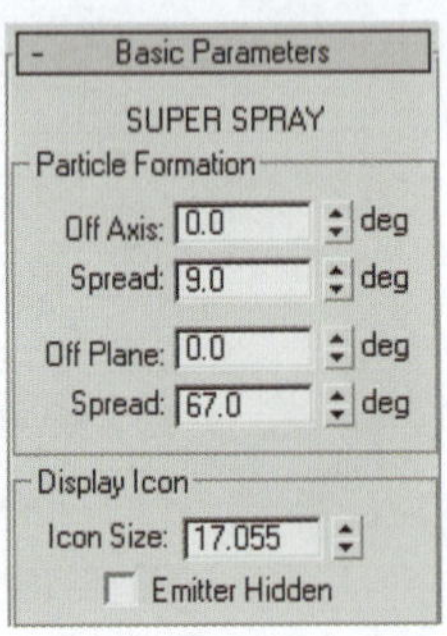

图15-20

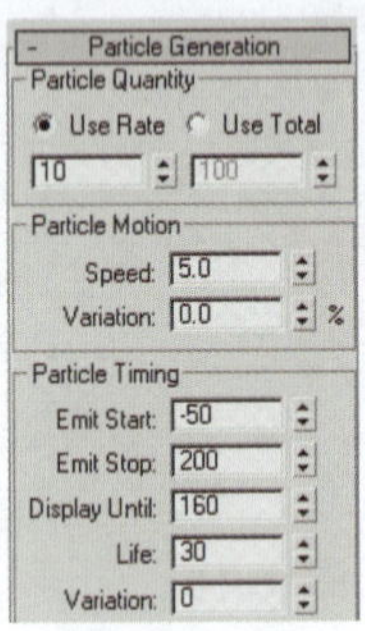

图15-21

Step 11 在“粒子大小”选项组中将粒子的“大小”设置为10，图15-22所示。

Step 12 最后在“粒子类型”卷展栏中将标准粒子的类型更改为Sphere（球体），如图15-23所示。

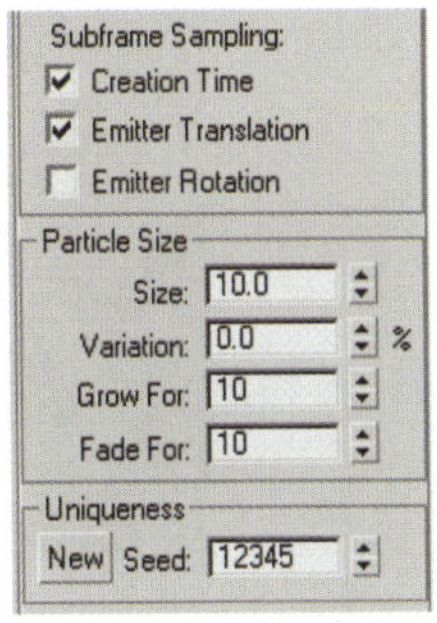

图15-22

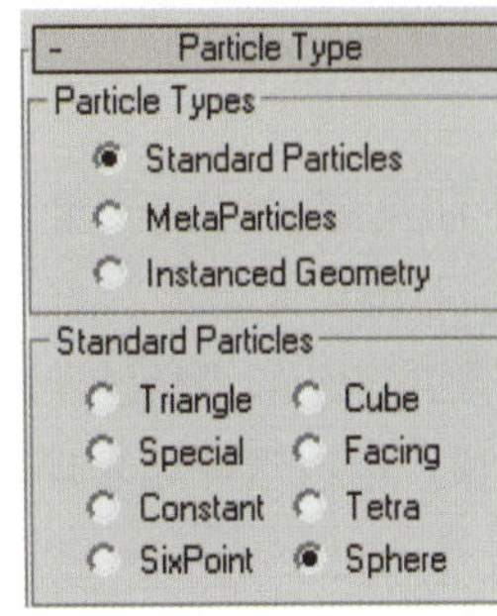

图15-23

Step 13 接下来进行粒子材质的制作。打开材质编辑器，选择材质的类型为Blend（混合）材质，如图15-24所示。

Step 14 首先进入“材质1”的编辑面板，给该材质的Bump（凹凸）通道添加一个Noise（噪波）贴图，并进行如图15-25所示的参数设置。

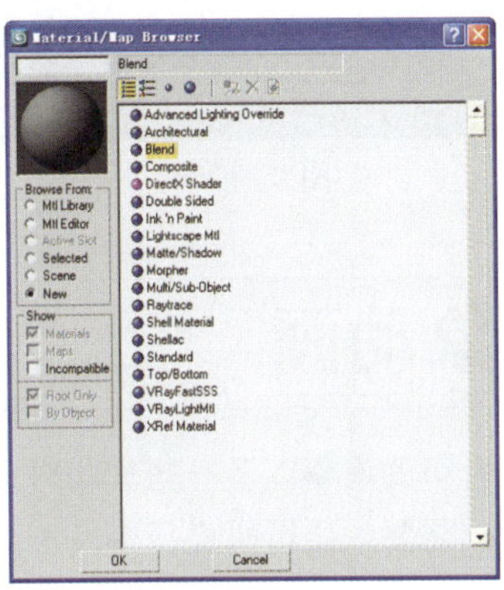

图15-24

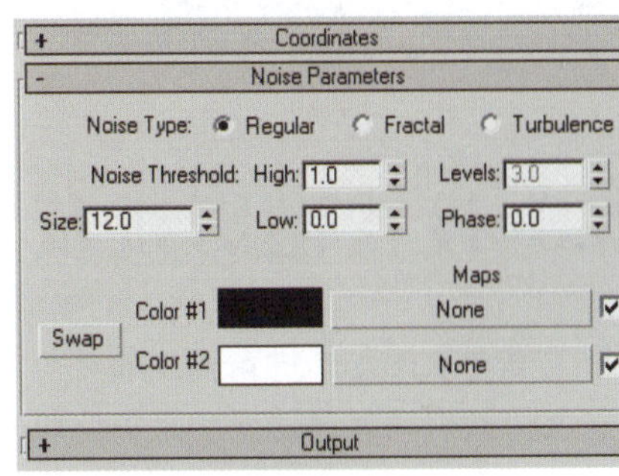

图15-25

Step 15 然后给材质的Refraction（折射）通道添加一张Thin Wall Refraction贴图，如图15-26所示。

Step 16 “材质2”的设置保持默认即可，然后给“混合”材质的Mask（遮罩）通道添加一张Particle Age（粒子年龄）贴图，并进行如图15-27所示的颜色设置。

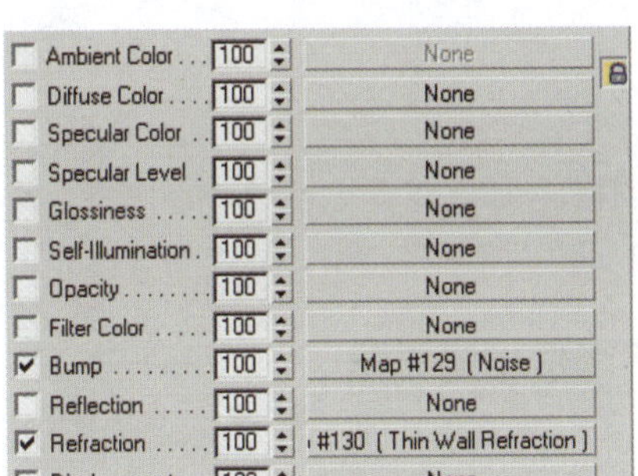

图15-26

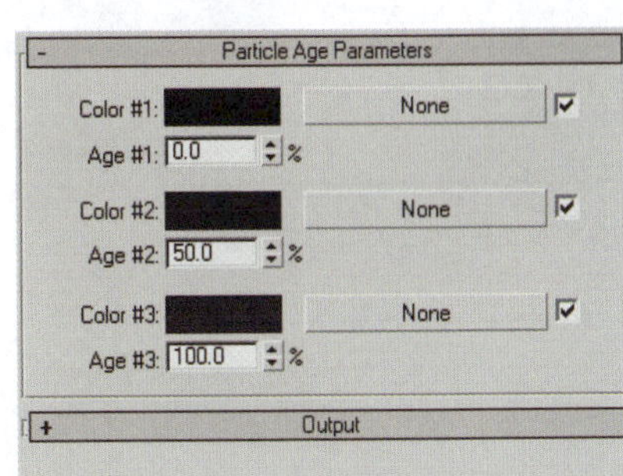

图15-27

图15-28

Step 17 设置完毕后的材质球效果如图15-28所示，材质产生了边缘扭曲的通透效果。

Step 18 将“超高喷射”粒子复制一个副本，并将它们摆放为如图15-29所示的相对的位置。

Step 19 对场景的第90帧进行渲染，效果如图15-30所示，由于给粒子制作了透明材质，所以很好地表现出了气浪的效果。

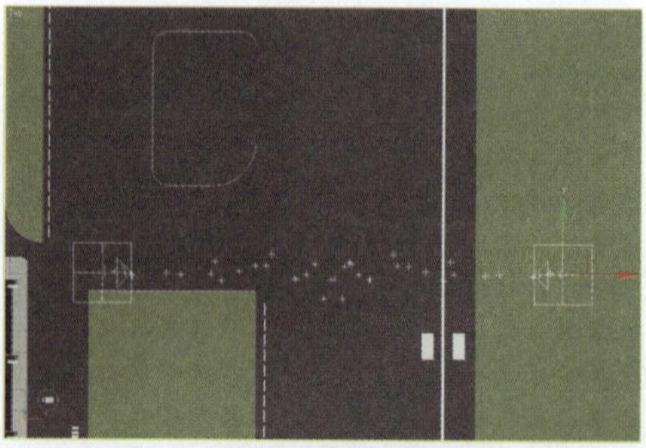
图15-29

图15-30

15.3 设置摄影机及其他对象动画

场景中主要对象的动画设置完成后，下面就该进行摄影机的设置以及一些辅助对象的动画制作。由于飞机从机场起飞是一个距离比较长的过程，所以需要对摄影机进行转换，从而表现飞机在不同时间段的状态。

Step 1 在场景中创建一个Target Camera（目标摄影机），将摄影机移动到如图15-31所示的位置，使它位于飞机的后方。

Step 2 进入动画记录模式，将时间滑块拖动到第74帧，然后将摄影机移动到如图15-32所示的飞机的前方。

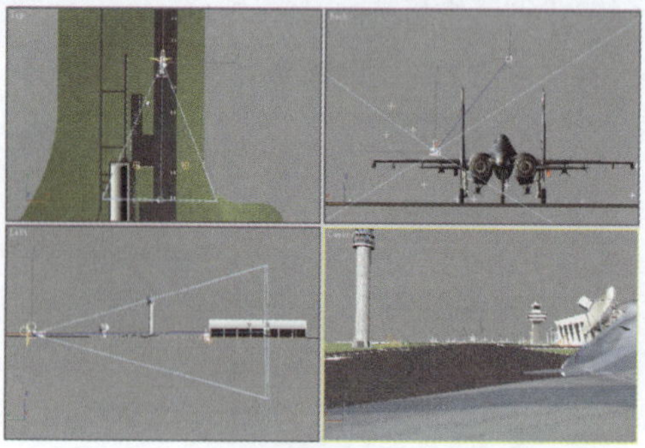
图15-31

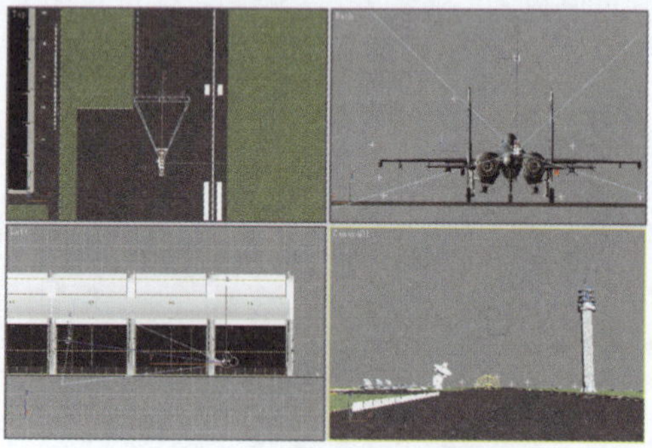
图15-32

Step 3 单击Set Key（设置关键点）按钮Set Key，将时间滑块拖动到第123帧的位置，单击Set Key（设置关键点）按钮，在该位置插入一个关键点，如图15-33所示。

Step 4 单击Auto Key（自动关键点）按钮Auto Key再次进入动画记录模式，将时间滑块拖动到第124帧位置，将摄影机调整为如图15-34所示的效果，这样摄影机就从123帧到124帧形成了一个转场效果。

图15-33

图15-34

Step 5 但是之前第1帧到第74帧之间摄影机是一个渐变的过程，我们需要将该阶段也制作成转场的效果。单击Curve Editor（曲线编辑器）按钮打开曲线编辑器，选择摄影机的变换曲线，然后单击Set Tangents to Step（将切线设置为阶越）按钮，将曲线的形式改为突变，如图15-35所示。

Step 6 下面进行一些辅助对象的动画设置。选择场景中的雷达对象，进入动画记录模式，将时间滑块拖动到第60帧的位置，并对雷达的上半部分沿着Y轴方向旋转一定的角度，如图15-36所示。

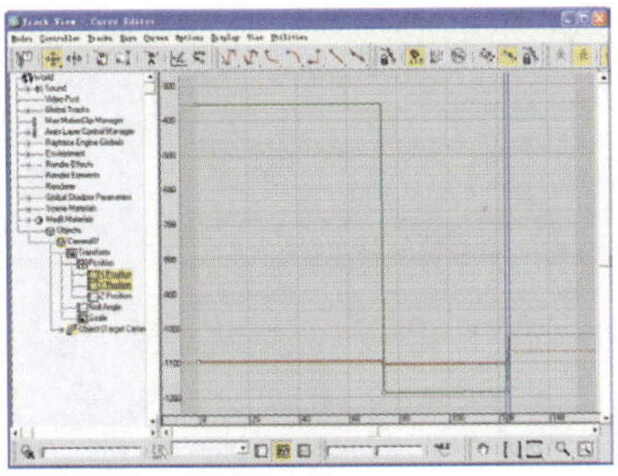

图15-35

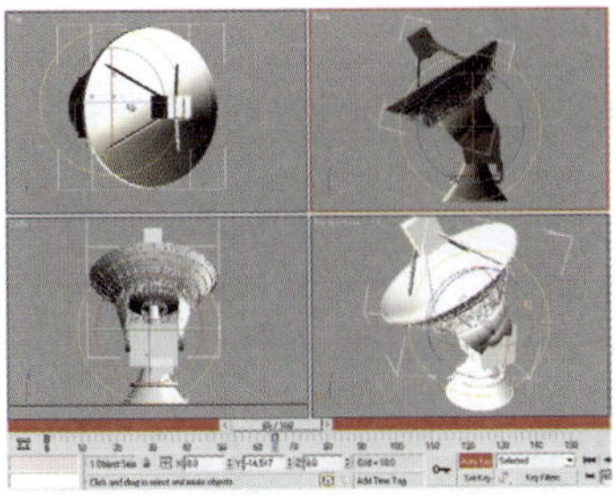

图15-36

Step 7 然后选择雷达中间部分的对象，将时间滑块拖动到最后一帧位置，沿着Z轴将选择的对象进行旋转，如图15-37所示。

Step 8 选择雷达的上半部分，用Link（链接）工具将上半部分链接到中间对象上，这样就可以使它们产生关联移动，如图15-38所示。

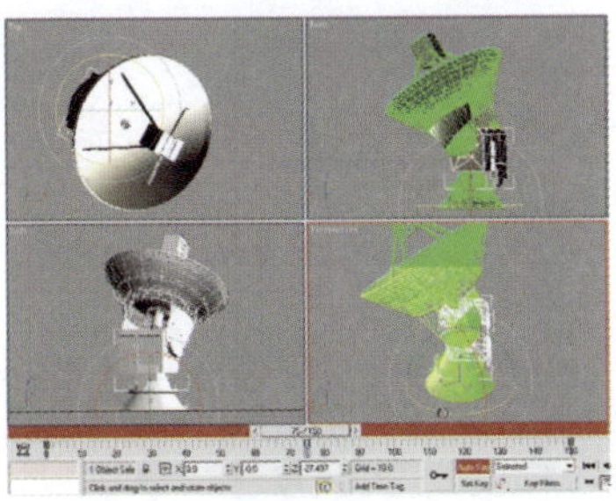

图15-37

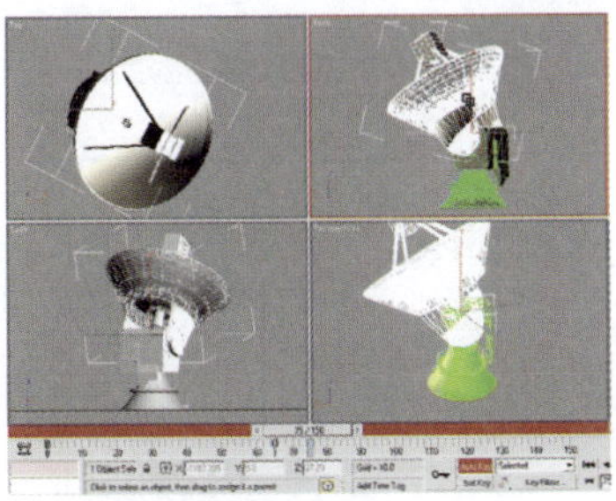

图15-38

Step 9 接下来制作飞机场两侧风车的转动动画。选择风车的扇叶，将时间滑块拖动到第30帧位置，并对扇叶进行旋转，如图15-39所示。

Step 10 进入“曲线编辑器”。选择扇叶在旋转轴上的曲线，单击工具栏中的Set Tangents to Linear（将切线设置为线性）按钮将曲线变为直线形态，这样表示对象的旋转处于匀速状态，如图15-40所示。

图15-39

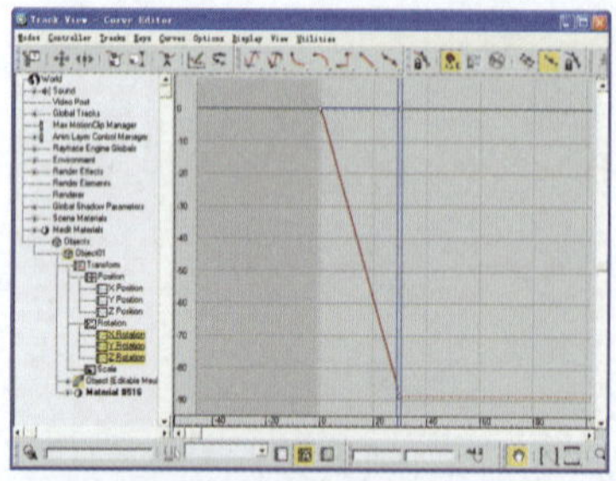

图15-40

Step 11 在“曲线编辑器”的工具栏中单击Param Curve Out-of-Range Type（参数曲线超出范围类型）按钮，在弹出的对话框中选择Relative Repeat（相对重复）类型，这样可以使风车永远处于匀速转动的状态，如图15-41所示。

Step 12 接下来对停在机场另一侧跑道上的飞机设置动画，由于这条跑道是处于斜向上的，所以需借助路径来控制飞机的移动，在场景中创建一条和跑道方向相同的直线，如图15-42所示。

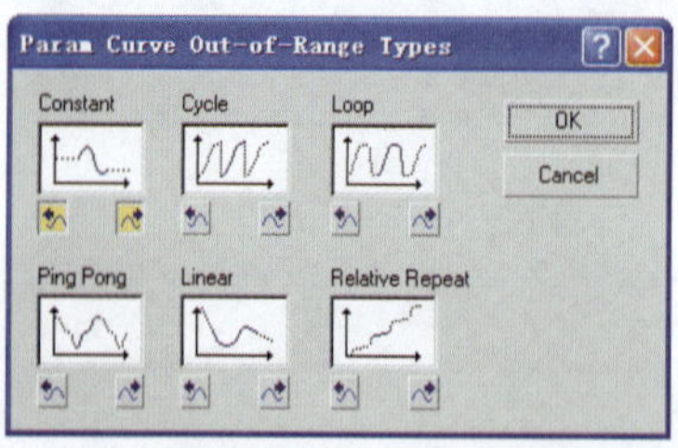

图15-41

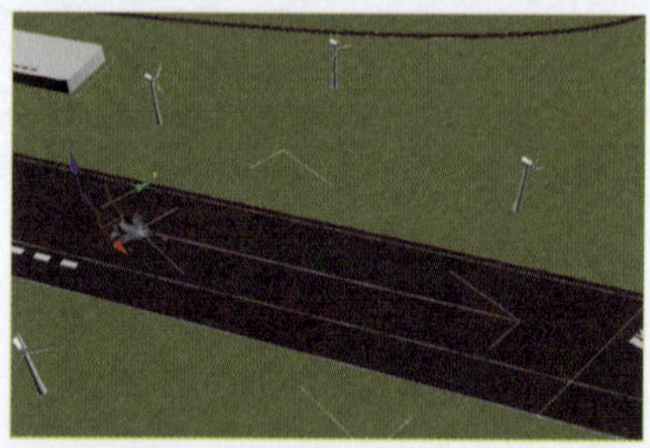

图15-42

Step 13 选择飞机对象，进入Motion（运动）命令面板，在“指定控制器”卷展栏中选择Position（位置），如图15-43所示。

Step 14 单击Assign Contro（指定控制器）按钮，在弹出的对话框中选择Path Constraint（路径控制），如图15-44所示。

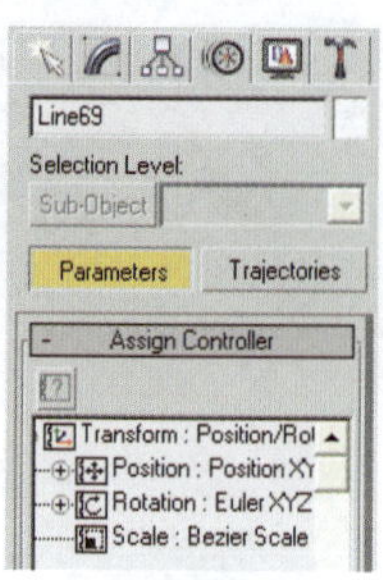

图15-43

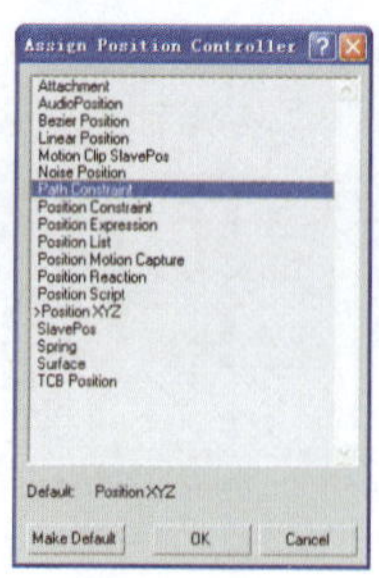

图15-44

Step 15 单击Add Path（添加路径）按钮 Add Path ，在场景中拾取刚才创建的直线，如图15-45所示。

Step 16 将时间滑块拖动到最后一帧位置，然后在Path Options（路径选项）选项组中设置Along Path（沿路径）参数为100，如图15-46所示，使飞机沿着路径进行缓慢移动。

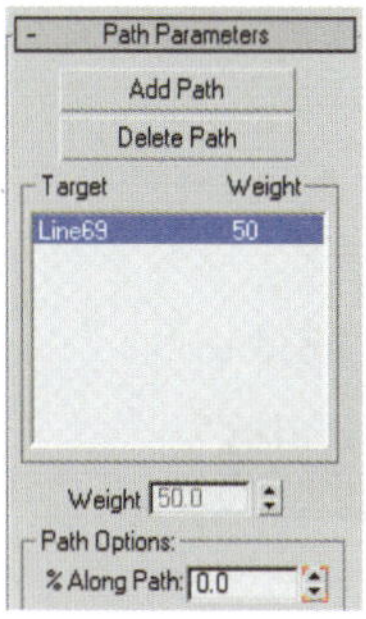

图15-45

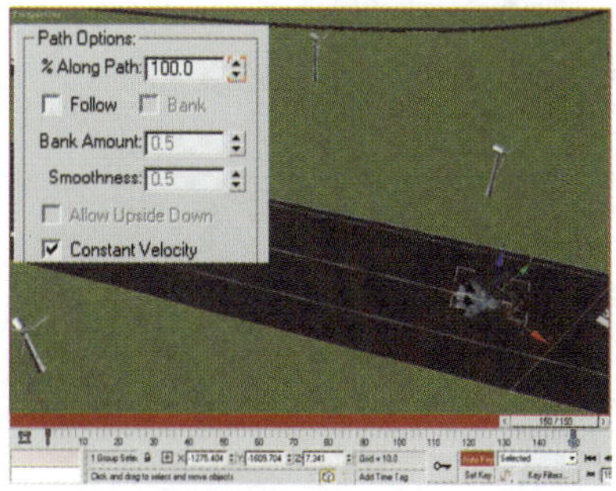

图15-46

Step 17 最后需要给场景添加一个光晕的效果。该场景中已经设置好了背景贴图，在图中阳光所在的位置创建一个Omni（泛光灯），如图15-47所示。

Step 18 使用快捷键【8】打开“环境和特效”窗口，在“特效”选项卡中添加一个Lens Effects（镜头效果），如图15-48所示。

图15-47

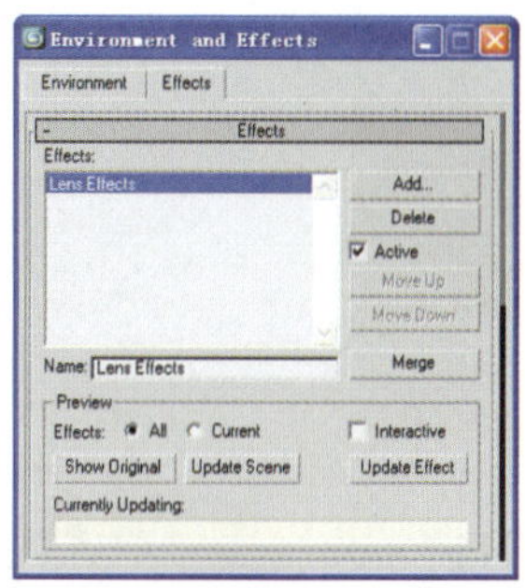

图15-48

Step 19 在“镜头特效参数”卷展栏中添加Glow（光晕）和Auto Secondary（自动二级光斑）两种类型的效果，并拾取场景中创建的泛光灯，如图15-49所示，参数都保持默认即可。

Step 20 至此，整个场景动画的设置已经完成，可以对场景进行输出，图15-50所示为最终的渲染效果。

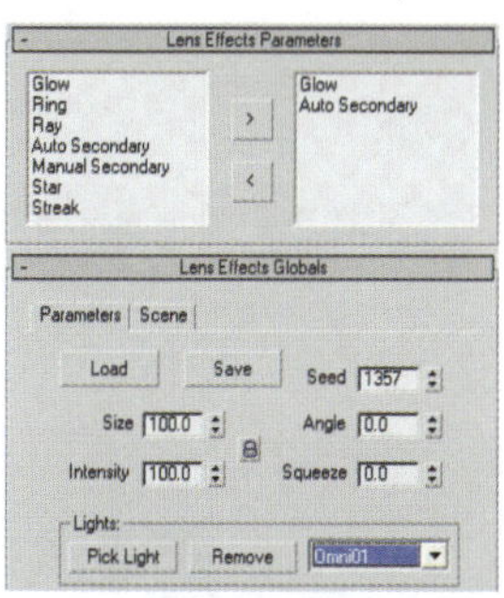

图15-49

图15-50

图形图像

集行业的深度与专业与一体
量身打造平面表现技法

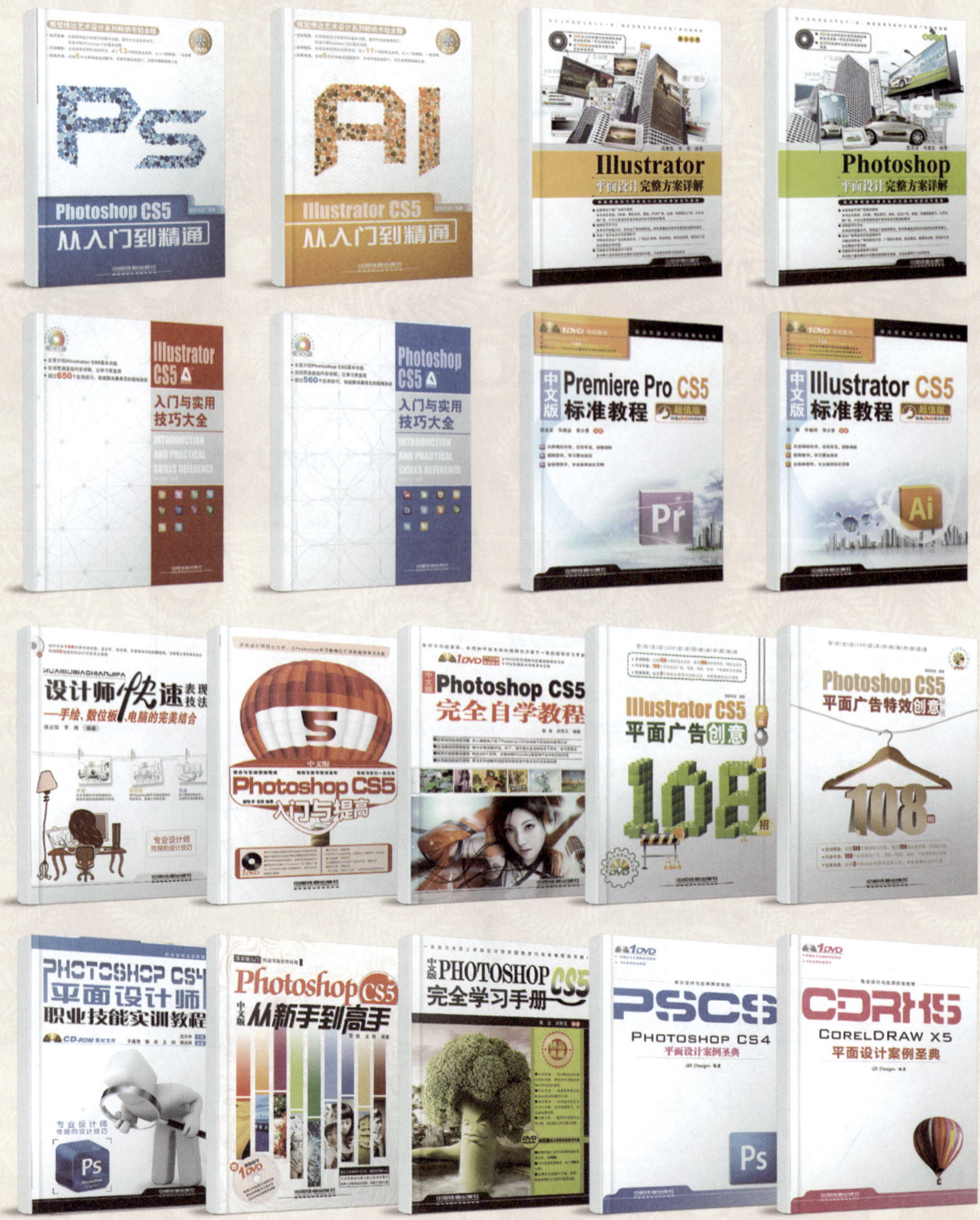

三维与影视

技术与艺术的集合，造就
三维高手 成就行业经典

读者意见反馈表

亲爱的读者：

感谢您对中国铁道出版社的支持，您的建议是我们不断改进工作的信息来源，您的需求是我们不断开拓创新的基础。为了更好地服务读者，出版更多的精品图书，希望您能在百忙之中抽出时间填写这份意见反馈表发给我们。随书纸制表格请在填好后剪下寄到：北京市西城区右安门西街8号中国铁道出版社综合编辑部 于先军 收（邮编：100054）。或者采用传真（010-63549458）方式发送。此外，读者也可以直接通过电子邮件把意见反馈给我们，E-mail地址是：46768089@qq.com。我们将选出意见中肯的热心读者，赠送本社的其他图书作为奖励。同时，我们将充分考虑您的意见和建议，并尽可能地给您满意的答复。谢谢！

所购书名：______________________

个人资料：

姓名：__________ 性别：__________ 年龄：__________ 文化程度：__________

职业：__________ 电话：__________ E-mail：__________

通信地址：______________________ 邮编：__________

您是如何得知本书的：

□书店宣传 □网络宣传 □展会促销 □出版社图书目录 □老师指定 □杂志、报纸等的介绍 □别人推荐

□其他（请指明）__________

您从何处得到本书的：

□书店 □邮购 □商场、超市等卖场 □图书销售的网站 □培训学校 □其他

影响您购买本书的因素（可多选）：

□内容实用 □价格合理 □装帧设计精美 □带多媒体教学光盘 □优惠促销 □书评广告 □出版社知名度

□作者名气 □工作、生活和学习的需要 □其他

您对本书封面设计的满意程度：

□很满意 □比较满意 □一般 □不满意 □改进建议

您对本书的总体满意程度：

从文字的角度 □很满意 □比较满意 □一般 □不满意

从技术的角度 □很满意 □比较满意 □一般 □不满意

您希望书中图的比例是多少：

□少量的图片辅以大量的文字 □图文比例相当 □大量的图片辅以少量的文字

您希望本书的定价是多少：

本书最令您满意的是：

1.

2.

您在使用本书时遇到哪些困难：

1.

2.

您希望本书在哪些方面进行改进：

1.

2.

您需要购买哪些方面的图书？对我社现有图书有什么好的建议？

您更喜欢阅读哪些类型和层次的计算机书籍（可多选）？

□入门类 □精通类 □综合类 □问答类 □图解类 □查询手册类 □实例教程类

您在学习计算机的过程中有什么困难？

您的其他要求：